U0938898

实用建筑工程系列手册

实用工程建设监理手册

（第二版）

雷艺君　钱昆润　主编

中国建筑工业出版社

图书在版编目（CIP）数据

实用工程建设监理手册／雷艺君，钱昆润 主编．—2版．北京：中国建筑工业出版社，2003
（实用建筑工程系列手册）
ISBN 7－112－05911－9

Ⅰ．实… Ⅱ．①雷…②钱… Ⅲ．建筑工程－监督管理－手册 Ⅳ．TU712－62

中国版本图书馆CIP数据核字（2003）第053167号

本手册是以工程项目监理过程中涉及到的内容为主体进行编写的。内容包括：监理大纲和监理规划的编制、工程项目监理机构的设置、监理人员的岗位职责、工程建设各阶段监理工作的内容和程序、实施细则、工程项目监理档案资料的管理、计算机在工程项目监理中的应用、国外工程项目管理简介等。

本手册以简明、实用、可操作性强为特点，是监理工程师和监理人员常用的工具书，也可供建设单位和承包单位的工程项目管理人员参考使用。

* * *

责任编辑：程素荣
责任设计：崔兰萍
责任校对：刘玉英

实用建筑工程系列手册
实用工程建设监理手册
（第二版）
雷艺君 钱昆润 主编
*
中国建筑工业出版社出版、发行（北京西郊百万庄）
新 华 书 店 经 销
北京市彩桥印刷有限责任公司印刷
*
开本：787×1092毫米 1/16 印张：61¼ 字数：1530千字
2003年10月第二版 2005年10月第八次印刷
印数：19 001—20 200册 定价：**82.00**元
ISBN 7－112－05911－9
TU·5189（11550）

本社网址：http：//www.china-abp.com.cn
网上书店：http：//www.china-building.com.cn

第一版序

当前监理事业的发展适逢大好机遇。一是向市场经济转轨时期；二是国民经济持续增长时期；三是开始走向知识经济信息化时代。这些机遇既为我国监理事业创造了发展的客观条件，同时也对我们的监理工作提出了更高、更具体的要求，为我国监理事业自身完善注入创新的动力。

由雷艺君、钱昆润同志主编的《实用工程建设监理手册》一书，根据我国建设监理的政策、法规，吸取了实际经验，系统介绍了工程项目监理的程序、内容以及涉及到的有关问题。具有简明、实用、可操作的特点，值得监理人员参考借鉴。

姚　兵

（建设部原总工程师）

第二版 前言

《实用工程建设监理手册》第一版于1997年下半年开始编写，1999年出版。自出版以来，得到了广大读者的喜爱，不少读者反映本《手册》具有实用性、可操作性。作为编者非常感谢读者朋友对我们工作的支持和帮助。

工程建设监理属技术服务行业，监理企业受业主委托对工程项目的建设实施监督管理。工程项目监理工作的重要依据是国家和建设行政主管部门发布的法律、法规、部门规章、规范和技术标准等。自1999年以来国家和建设部发布了一系列的与建设监理行业有关的法律、法规、部门规章、规范和标准。因此，本《手册》的修订工作已是十分的必要。

本《手册》修订的原则：一是原第一版的篇章结构不变；二是根据国家和建设部近年来发布的法律、法规、部门规章、规范及新修订的规范和标准，对本《手册》的内容进行修改、删减、补充；三是修订的依据主要有：《中华人民共和国招标投标法》、《建设工程质量管理条例》、《建设工程监理规范》、《建筑工程施工质量验收统一标准》及有关的专业工程质量验收规范（新版）等等。

本《手册》第二版共十一章，并附录了工程项目监理工作中涉及的现行的法律、法规、文件，供查询使用。第二版的第一、九章由雷艺君编写；第二、三、四、五、六、八章由雷艺君、钱昆润编写；第七章由刘伊生编写；第十章由李晋三编写。

本《手册》的修订，由于编者水平有限，错误及不当之处在所难免，敬请读者不吝指正，当致谢忱。

目　录

第一章　工程建设监理企业的管理

工程建设监理企业必须强化自身的管理，提高管理水平，才能保证工程项目监理工作的质量和水平，也才能在市场上有竞争力。工程监理企业加强自身管理的关键是应当建立健全管理制度。工程监理企业的管理包括两个方面，一是企业内部的管理；二是对工程项目监理工作的管理。

第一节　工程建设监理企业内部管理

一、工程建设监理企业应建立完善的组织机构

（一）工程建设监理企业的人员构成

工程建设监理企业的在册人数及人员构成必须符合国家关于《工程建设监理企业资质管理规定》。

（二）工程建设监理企业的组织机构

工程建设监理企业应根据本企业的经营方针，建立相应的组织机构，明确各部门的职责，建立岗位责任制。例如，某工程建设监理企业明确规定：

1. 总经理岗位职责；
2. 副总经理岗位职责；
3. 总工程师岗位职责；
4. 办公室职责；
5. 办公室主任岗位职责；
6. 经营计划部职责；
7. 经营计划部主任岗位职责；
8. 技术部职责；
9. 技术部主任岗位职责；
10. 工程监理部职责；
11. 工程监理部主任岗位职责。

二、建立健全的规章制度

（一）人事管理制度

1. 明确职业道德规范；
2. 监理人员的聘用办法；
3. 监理人员培训、继续教育和人才开发；
4. 监理人员的考核办法；

5. 与职工健康和安全有关的政策；
6. 人员待遇与福利政策。
（二）财务管理制度
1. 现金与支票使用管理办法；
2. 现场补贴及奖金发放制度；
3. 成本核算；
4. 固定资产管理办法；
5. 财务报销办法；
6. 其他有关财务管理的规定。
（三）市场开发与经营管理政策
1. 市场开发方针；
2. 投标策略；
3. 合同管理的规定。
（四）行政管理制度
1. 考勤制度；
2. 现场作息制度；
3. 职工休假制度；
4. 设立工程项目监理分部的管理规定；
5. 设立分公司的管理规定；
6. 其他有关行政管理的制度。

三、强化对工程项目监理工作的管理

（一）确立工程项目监理机构的设置原则
（二）建立工程项目监理机构中各级人员的岗位责任制，明确每个人的职责和权利
1. 总监理工程师：应规定总监理工程师的任职资格，明确其职责与权利；
2. 总监代表（必要时）：任职资格，委托的职责和权利；
3. 监理工程师的职责与权利；
4. 监理员的职责与权利；
5. 其他人员的职责与权利。
（三）建立对工程项目监理机构及监理人员的考核制度
（四）建立对工程项目监理机构的管理制度
（五）建立工程项目监理月报制度
1. 工程项目监理月报的编写内容及格式的规定；
2. 工程项目监理月报每月上报及分发的时间；
3. 工程项目监理月报的份数及分发办法。
（六）建立对工程项目监理档案的管理制度
1. 建立对工程项目监理档案的归档要求
(1) 工程项目监理档案包括的详细内容；
(2) 工程项目监理档案资料的编目规定；
(3) 工程项目监理台账及详细分类规定；

(4) 工程项目监理档案归档格式规定；

(5) 工程项目监理档案归档的时间要求。

2. 工程项目监理档案保管制度。

3. 工程项目监理档案的保管时间。

4. 工程项目监理档案必须由专人负责建档管理。

(七) 建立工程监理企业负责人定期对项目进行巡视检查的制度

第二节　工程项目监理工作的管理

一、根据合同的要求确定工程建设各阶段监理工作的内容

二、建立工程建设各阶段监理工作的程序

三、工程项目监理机构根据本企业的有关规定，建立工程项目监理机构人员岗位职责

四、建立总监理工程师领导下的工程项目监理机构的内部管理制度

五、工程项目监理机构在现场应配备必要的先进科学的便携式检测仪器

六、应使用计算机对工程项目监理的资料和信息进行管理，利用计算机辅助工程项目监理工作

七、建立工程项目监理机构现场办公室标准化管理

(一) 现场办公室的环境布置

1. 项目组织机构图

(1) 建设单位项目组织机构图；

(2) 承包单位项目组织机构图；

(3) 工程项目监理组织机构图，图上附上每个人的照片、姓名、专业，在项目监理组的职责；

(4) 设计单位项目组织机构图。

2. 工程项目监理工作的主要流程图

(1) 工程项目监理工作总流程；

(2) 工程合同管理流程；

(3) 工程项目进度控制流程；

(4) 工程项目质量控制流程；

(5) 工程项目投资控制流程；

(6) 工程项目竣工验收流程；

(7) 其他有关的流程。

3. 工程项目立面图、平面图（如能有效果图更好）。

4. 工程施工总进度计划控制图

工程施工总进度计划控制图（采用网络图或横道图表示），图上随工程施工的进展，按规定时间段（例如：月、旬）表示出实际进展情况，以便形象地显示出实际进度与计划进度的对比，继而分析差距原因，采取措施纠正。

5. 工程费用支付与计划投资对比图。

6. 分部、分项工程质量状况图。

7. 日天气状况记录表。

8. 其他需要的图表。

（二）必备的办公条件及仪器

1. 办公用桌椅；

2. 工程项目监理技术文件、资料柜；

3. 计算机；

4. 复印机；

5. 电话；

6. 必要的先进科学的便携式检测仪器；

7. 照相机、摄像机（如有条件）。

（三）必备的生活条件

1. 就餐的安排及必备的设施（例如：冰箱）；

2. 饮水设施；

3. 采暖与通风、降温设施（例如：空调机、电风扇、取暖器等）。

八、工程项目监理资料、技术文件的规范化管理

1. 根据本单位工程项目监理档案的归档要求，结合所监理工程的特点，对所有的技术文件、资料和信息统一分类编码；

2. 分类存放，每类一盒，按大类分柜保管，每盒上都贴有标签，便于查询、存放、归档；

3. 必须设专人负责管理资料、文件。

九、工程项目监理工作的管理制度

1. 建立工程项目监理机构会议制度；

2. 建立现场协调会制度；

3. 图纸会审制度；

4. 监理规划编审规定；

5. 工程项目监理月报制度；

6. 现场问题报告及处理规定；

7. 计算机使用及管理规定；

8. 检测仪器的使用及管理规定；

9. 工程拍照及摄像的规定；

10. 工程项目监理资料及技术文件管理规定；

11. 现场监理人员劳动保护、健康及安全规定；

12. 监理日记、监理备忘录的规定；

13. 其他有关规定。

附：国外某项目管理公司的管理规定

一、公司政策手册

(一) 董事会政策

1. 财务术语规定；
2. 标准的任命证书；
3. 代表委托文件；
4. 董事会成员旅游和接待规定；
5. 权力协议。

(二) 人事政策

1. 终身职位；
2. 年薪审核；
3. 培训和人才开发；
4. 有关工作场所吸烟的规定；
5. 平等的雇佣机会；
6. 培训保障计划；
7. 年终职员考核；
8. 职业健康和安全。

(三) 市场政策

1. 质量管理；
2. 费率指南。

(四) 财务政策

1. 投资认可；
2. 海外人员的个人所得税；
3. 外汇收入公布；
4. 项目损益计算。

(五) 行政管理政策

1. 海外旅行（旅差）；
2. 固定资产重估权；
3. 专业认证；
4. 公司的任务和目标；
5. 管理费的分配；
6. 海外机密合同的处理；
7. 图章使用的管理规定；
8. 职员现金预付；
9. 公司房屋管理。

二、公司质量管理手册

(一) 文件的控制

1. 记录的公布和许可；
2. 记录的分类；
3. 修改记录。
(二) 公司质量政策文件
(三) 质量管理方法
1. 总则；
2. 目标；
3. 质量体系；
4. 范围和应用；
5. 质量体系标准。
(四) 文件管理
1. 入门和培训；
2. 管理评价；
3. 分类、修改和重新分布；
4. 登记；
5. 保密；
6. 指定签名。
(五) 质量管理
管理的责任和权力
(1) 总则；
(2) 责任和权力——执行主管 (CEO)；
(3) 责任和权力——质量保证经理 (MQA)；
(4) 责任——总经理 (GM)；
(5) 责任和权力——项目主任 (PD)；
(6) 责任和权力——地方经理 (RM)；
(7) 责任和权力——项目经理 (PM)；
(8) 责任和权力——质量保证代表 (QAR)；
(9) 管理当局的代表；
(10) 检查资源和人员。
(六) 质量体系要求
1. 建议和合同审查
(1) 合同审查；
(2) 规划；
(3) 参考文献。
2. 设计控制
(1) 总则；
(2) 设计和编制规划；
(3) 任务分配；
(4) 组织和技术间关系；

(5) 设计投入;
(6) 设计完成;
(7) 设计审核;
(8) 设计变更;
(9) 设计跟踪;
(10) 参考资料。
3. 文件控制
(1) 总则;
(2) 文件批准和公布;
(3) 文件的修改;
(4) 文件的保管;
(5) 参考资料。
4. 采购
(1) 分包商;
(2) 采购;
(3) 到货;
(4) 检查采购的产品或设备;
(5) 参考资料。
5. 采购方提供的产品
(1) 记录和登记;
(2) 检验;
(3) 不合格产品;
(4) 控制性文件;
(5) 参考资料。
6. 产品鉴定和跟踪
(1) 鉴定;
(2) 跟踪;
(3) 参考资料。
7. 工序控制
(1) 总则;
(2) 特殊工序;
(3) 参考资料。
8. 检查和试验(测试)
(1) 总则;
(2) 接受检查和测试;
(3) 在工序中的检查和测试;
(4) 最终的检查和测试;
(5) 检查和测试记录;
(6) 参考资料。

9. 检查、测量和测试设备
(1) 标准状态；
(2) 实验室；
(3) 规程；
(4) 使用记录；
(5) 参考资料。
10. 检查和测试状态
(1) 总则；
(2) 参考资料。
11. 不合格产品的控制
(1) 总则；
(2) 参考资料。
12. 修正行动
(1) 总则；
(2) 修正行动的报告；
(3) 参考资料。
13. 运输、储存、包装和交货
(1) 总则；
(2) 参考资料。
14. 质量记录
(1) 总则；
(2) 参考资料。
15. 内部质量检查
(1) 评价；
(2) 内部检查；
(3) 外部检查；
(4) 参考资料。
16. 培训
(1) 总则；
(2) 培训的需要；
(3) 培训记录；
(4) 参考资料。
17. 服务
(1) 总则；
(2) 参考资料。
18. 统计技术
(1) 总则；
(2) 参考资料。
(七) 支持性文件

1. 综述；
2. 质量保证规程清单；
3. 技术规程；
4. 工作细则。

(八) 定义和名词

三、项目管理规程

(一) 管理与成本

1. 工时、加班、假期和工作时间记录卡；
2. 办公保密措施；
3. 采购、支出、现金及发票；
4. 办公用具；
5. 汽车和其他资产。

(二) 设计阶段的管理

详细设计

(三) 合同文件

1. 形式和类型；
2. 原始信息的收集；
3. 准备资格预审手册；
4. 准备参考信息；
5. 准备招标文件、招标表和时间安排；
6. 准备合同条件；
7. 计量和付款条款；
8. 准备技术规程；
9. 准备招标图纸；
10. 批准和打印招标文件；
11. 招标；
12. 发布招标文件；
13. 发布补充通知；
14. 进行现场调查；
15. 开标；
16. 评标；
17. 编辑合同文件。

(四) 施工监理

1. 现场会议；
2. 通讯联系；
3. 主管当局的代表；
4. 检查进度的小组会议；
5. 时间延长的变化、发布和索赔；
6. 进度付款；

7. 控制点；
8. 工日；
9. 项目月报；
10. 费用的预算；
11. 现场日记；
12. 工作日记；
13. 现场拍照和摄像；
14. 实际完成进度；
15. 最终检验证书；
16. 现场记录的最后交接；
17. 最后的合同报告；
18. 争端的解决；
19. 竣工图；
20. 整个外部工作关系的交接。

(五) 环境管理

1. 环境保护；
2. 水质检验。

(六) 外部关系

1. 地方委员会（议会）；
2. 公用事业局；
3. 工业关系；
4. 公共关系。

(七) 现场试验和测量

1. 测量设备的校准；
2. 计量；
3. 实验室测试设备的校准；
4. 现场试验室。

(八) 健康与安全

(九) 质量控制

1. 风险管理；
2. 监督；
3. 质量体系的检查；
4. 承包商质量体系的审查；
5. 产品质量的检查；
6. 分包商的评价；
7. 业主提供的产品。

第二章 工程项目监理大纲

第一节 工程项目监理大纲的编制目的和作用

监理大纲是监理企业在业主委托监理的过程中，为承揽监理业务而编制的监理方案性文件。它的主要作用有以下两个：

1. 使业主认可监理大纲中的监理方案，其目的是让业主信服本监理企业能胜任该项目的监理工作，从而承揽到监理业务；

2. 为监理企业对所承揽的监理项目，在以后开展监理工作制定方案，也是作为制订监理规划的基础。

第二节 工程项目监理大纲的主要内容

1. 监理企业拟派往监理项目的主要监理人员，并对这些人员的资格情况作介绍；

2. 监理企业根据业主所提供的和自己初步掌握的工程信息，制定准备采用的监理方案（如监理组织方案、合同管理方案、目标控制方案、组织协调等)；

3. 明确说明将提供给业主的、反映监理阶段性成果的文件。

第三节 工程项目监理大纲的范例

监理企业应根据工程项目监理招标文件、项目的特点、规模和监理企业自身的条件及以往承担工程项目监理的经验编写监理大纲。通常监理大纲具体内容如下：

1. 工程概况；
2. 工程项目监理工作的目标和范围；
3. 工程项目监理机构；
4. 合同管理的内容；
5. 质量控制的内容；
6. 进度控制的内容；
7. 投资控制的内容；
8. 信息管理的内容；
9. 其他技术服务；
10. 监理报告目录。

详细介绍如下：

一、工程概况

1. 建设单位；
2. 工程项目名称；
3. 工程项目建设地点；
4. 工程规模；
5. 项目总投资；
6. 建设工期；
7. 其他。

二、工程项目监理工作的目标和范围

工程项目监理是监理企业受建设单位委托对工程项目的实施进行监督管理，具体地说监理工作就是依据合同对工程项目实施目标控制。目标控制的内容与监理企业受建设单位委托的监理工作范围及监理业务有关。

通常在招标文件中明确建设单位要委托的监理工程范围及监理业务，即要写明是哪个阶段的监理业务。一般按如下阶段确定：

1. 项目立项阶段；
2. 设计阶段；
3. 施工招标阶段；
4. 施工阶段；
5. 保修阶段；
6. 全过程。

无论哪个阶段的监理业务或全过程的监理业务，具体内容都包括以下方面：合同管理、投资控制、进度控制、质量控制及信息管理。

三、工程项目监理机构

工程项目监理机构的组织形式通常采用如下形式（监理企业可从以下三种形式中选用或加以补充）：

1. 按监理工作职能设置的组织形式（见图 2-1）

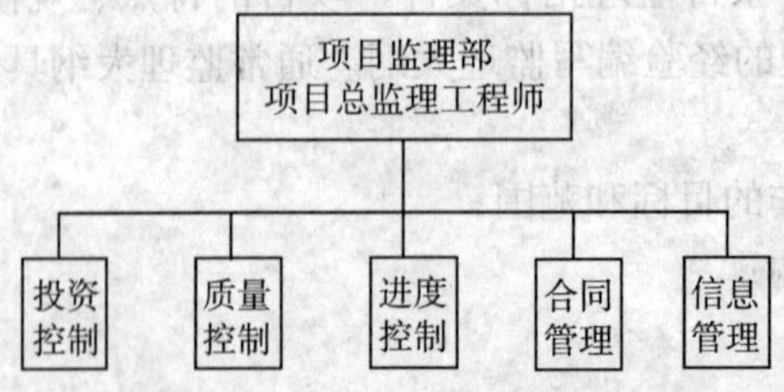

图 2-1　按职能分解的项目监理机构

2. 按监理子项设置的组织形式（图 2-2）

对于大型项目监理机构，在同时管理若干监理项目时，每个项目设子项监理组，致力于子项投资、质量、进度控制、合同及信息管理。这种是属两级监理的组织模式。

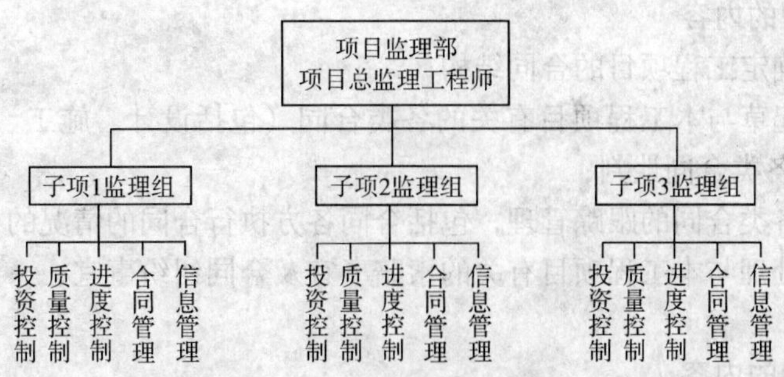

图 2-2　按子项分解的项目监理机构

3. 按矩阵式的监理组织形式（图 2-3）

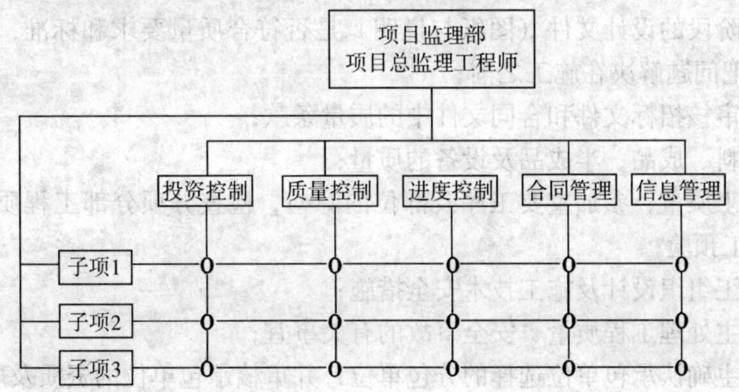

图 2-3　矩阵制项目监理机构

矩阵制监理组织形式是按监理职能及按子项设置的监理组织的综合形式。它适用于大型监理项目，既有利于各子项监理工作的责任制，又有利于职能管理，使监理工作规范化。

4. 工程项目监理机构组织形式示例（图 2-4）

图 2-4 监理机构组织形式是按监理职能设置的一种组织形式示例，以供参考。

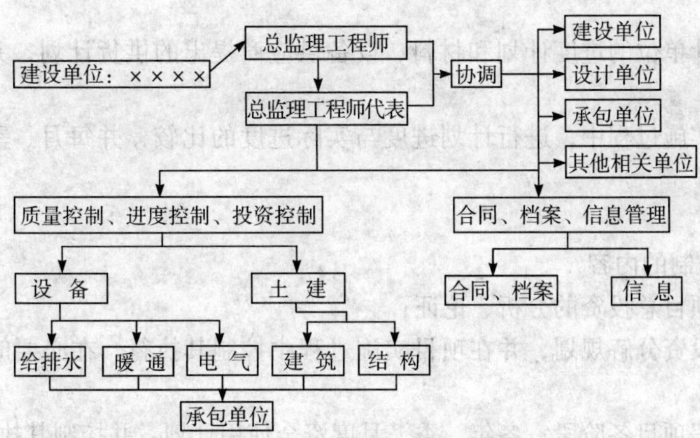

图 2-4　按监理职能设置的组织形式示例

四、合同管理的内容

1. 协助业主确定工程项目的合同结构；

2. 协助业主起草与本工程项目有关的各类合同（包括设计、施工、材料和设备订货等合同），并参与各类合同谈判；

3. 进行上述各类合同的跟踪管理，包括合同各方执行合同的情况的检查；

4. 协助业主处理与本工程项目有关的索赔事宜及合同纠纷事宜；

5. 其他。

五、质量控制的内容

1. 确定本工程项目的质量要求和标准（包括设计、施工、工艺、材料及设备等多方面）；

2. 编制设计任务文件，确定有关设计质量方面的原则要求；

3. 审核各阶段的设计文件（图纸与说明）是否符合质量要求和标准，并根据需要提出修改意见，把问题解决在施工之前；

4. 确定、审核招标文件和合同文件中的质量条款；

5. 审核材料、成品、半成品及设备的质量；

6. 检查施工质量，参加重要工序及部位的隐检，检查分项分部工程质量，进行主体结构及项目竣工预验；

7. 审核施工组织设计及施工技术安全措施；

8. 协助业主处理工程质量、安全事故的有关事宜；

9. 协助业主确认承包单位选择的分包单位，并审核承包单位的资质及质量保证体系；

10. 其他。

六、进度控制的内容

1. 对工程项目建设周期总目标作分析、论证；

2. 审核承包单位编制的工程项目总进度计划，并在实施过程中控制其执行，在必要时监督承包单位及时修改调整总进度计划；

3. 审核承包单位编制的各阶段进度计划，并控制其执行，必要时督促承包单位作及时调整；

4. 审核设计单位的进度计划和材料、设备供应商提出的供货计划，并检查、督促其执行；

5. 在项目实施过程中，进行计划进度与实际进度的比较，并每月、季、年提交各种进度控制报表；

6. 其他。

七、投资控制的内容

1. 对工程项目总投资的分析、论证；

2. 编制总投资分解规划，并在项目实施过程中控制其执行，在必要时及时调整总投资分解规划；

3. 监督工程项目各阶段，各年、季、月度资金使用计划，并控制其执行；

4. 审核工程概算、标底、预算、增减预算和决算；

5. 在项目实施过程中，每月进行投资计划值与实际值的比较，并每月、季、年提交各种投资控制报表；

6. 对计划、施工、工艺、材料及设备作必要的技术经济比较论证，以挖掘节约投资、提高经济效益的潜力；

7. 审核招标文件和合同文件中有关投资的条款；

8. 审核各种工程付款单；

9. 计算、审核各类索赔金额；

10. 其他。

八、信息管理的内容

1. 建立本工程项目的信息编码体系；

2. 负责本工程项目各类信息的收集、整理和保存；

3. 运用电子计算机进行本工程项目的合同管理投资控制、进度控制、质量控制，提供业主有关本工程项目的项目管理信息服务，定期提供监理报表；

4. 建立工程会议制度、整理各类会议记录；

5. 督促设计、施工、材料及设备供应单位及时整理工程技术、经济资料；

6. 其他。

九、其他服务

接受业主委托处理上述未包括的其他与本工程项目有关的事宜。

十、监理报告目录

1. 监理月报；

2. 监理通知；

3. 设计变更通知；

4. 不合格工程通知；

5. 工程检验认可书；

6. 竣工移交证书；

7. 工程暂停指令；

8. 停工指令；

9. 复工指令；

10. 工程款支付凭证；

11. 单位工程施工进度计划审批表；

12. 延长工期审批表；

13. 工地指令；

14. 索赔审批表；

15. 其他。

第三章 工程项目监理规划

第一节 概 述

一、基本概念

工程项目监理规划是监理企业在接受建设单位委托项目监理后编制的为指导项目监理机构全面开展监理工作的纲领性文件。

工程项目监理是监理企业依据法律、行政法规及有关的技术标准、规范、设计文件和工程监理合同，对工程项目实施监督管理，目的是实现项目的总目标。任何工程项目的管理中都包括如下6个基本的管理功能：(1) 规划；(2) 组织；(3) 人员调配；(4) 实施；(5) 控制；(6) 协调。

任何项目的正常管理都始于规划。为了有效地进行规划，首先必须确定项目的目标。当目标确定后，要制定实现目标的可行计划。计划确定之后，计划中涉及的工作将落实到人，工作的细化产生出组织机构。为了使这个项目监理组织机构有效地发挥职能，必须明确该组织机构中每个人的职责、任务和权限。项目管理组织机构的负责人的指挥能力是相当重要的，应恰当配备人选。管理的控制功能用来确定计划的执行情况是否有效，管理目标的运行情况如何，不断进行实际与计划的对比，找出差距，分析原因，采取措施，进行调整。整个过程中涉及组织机构内部、外部机构间关系的协调。只有这样才能实现项目的总目标，可见监理企业对工程项目的监督管理过程就是对项目组织、控制、协调的过程，工程项目监理规划就是项目监理机构对项目管理过程设想的文字表述。这也是编制工程项目监理规划的目的所在。工程项目监理规划是监理人员有效地进行监理工作的依据和指导性文件。

二、工程项目监理规划编写的要求

(一) 工程项目监理规划的内容应具有针对性、指导性

工程项目监理规划作为指导监理企业的项目监理组织全面开展监理工作的纲领性文件，工程项目监理规划应和施工组织设计一样，具有很强的针对性、指导性。对工程项目而言，没有两个项目是相同的，每个项目都有其特殊性，因而对每个项目都要求有自己的工程项目监理规划。每个项目的监理规划既要考虑项目自身的特点，也要根据承担这个项目监理工作的监理企业的情况来编制，这样的监理规划才有针对性，才能真正起到指导作用，因而才是可行的。在工程监理规划中应明确规定项目监理机构在工程实施过程中，每个阶段要做什么工作？由谁来做这些工作？在什么时间和什么地点做这些工作？如何才能做好这些工作？只有这样的监理规划才能起到有效的指导作用，真正成为

项目监理机构进行各项工作的依据，也才能称之为纲领性的文件。

（二）应由项目总监理工程师主持工程项目监理规划的编制

建设工程监理规范中明确我国建设工程监理实际总监理工程师负责制。监理规划既然是指导项目监理机构全面开展监理工作的纲领性文件，编写监理规划应当而且必须在总监理工程师的主持下进行，同时要广泛征求各专业监理工程师和其他监理人员的意见，专业监理工程师参加编写。

在监理规划的编写过程中还应当听取建设单位和被监理企业的意见，以便使监理工程师的工作得到有关各方的支持和理解。

（三）工程项目监理规划的编写应遵循科学性和实事求是的原则

（四）工程项目监理规划内容的书面表达

工程项目监理规划内容的书面表达应注意文字简洁、直观、意思确切，因而表格、图示及简单文字说明是经常采用的基本方法。

（五）监理规划的分阶段编写

工程项目监理机构在编写监理规划时应掌握大量与工程有关的信息，这样才能使编写的监理规划有针对性，切合实际。担任一工程项目的实施都是分阶段逐步实现。如前所述，项目的实施过程分为：立项阶段、设计阶段、招标阶段、施工阶段、保修阶段。每个阶段的工程信息都作为下一阶段规划的基础，不可能一开始就掌握工程进展过程的全部信息。所以应按具体工程的特点以及合同的规定，按上述阶段编写监理规划，在监理工作实施过程中，如实际情况或条件发生重大变化而需要调整监理规划时，应由总监理工程师组织专业监理工程师研究修改，按原报审程序经过批准后报建设单位。

三、监理规划的审定

监理规划在总监理工程师主持下编制好以后，一般应由监理企业的技术负责人审定。在这一过程中，可能还需要修改补充，一旦审定批准后将正式实施，批准后的监理规划应分送给建设单位和承包单位。

第二节　工程项目监理规划的内容

如前所述，工程项目监理规划是在工程建设监理合同签订以后编制的指导监理机构开展监理工作的纲领性文件。因此，监理规划比监理大纲在内容与深度上更为详细和具体，而监理大纲、监理投标文件是编制监理规划的依据之一。在项目总监理工程师的主持下，以监理合同、监理大纲、监理投标文件为依据，根据项目的特点和具体情况，充分收集与项目建设有关的信息和资料，结合监理企业自身的情况编写。

一、工程项目监理规划的内容

（一）工程项目概况

1. 工程项目名称；

2. 工程项目建设地点；

3. 工程项目组成及建筑规模（表 3-1）；

表 3-1

序 号	工程名称	单 位	工程数量

4. 主要建筑结构类型（表 3-2）；

表 3-2

工程名称	基 础	主体结构	设 备	……	装 修

5. 预计工程投资总额；
6. 工程项目计划工期；
7. 工程质量目标；
8. 设计单位及承包单位名称、项目负责人（表 3-3、3-4）；

设计单位名称 表 3-3

设 计 单 位	设 计 内 容	负 责 人

承包单位名称 表 3-4

承 包 单 位	承 包 工 程 内 容	负 责 人

9. 简述工程项目特点。

（二）工程项目监理工作范围

1. 工程项目监理阶段

工程项目监理阶段是指工程建设监理企业所承担监理任务的工程项目建设阶段，在监理合同中有明确的规定。

（1）工程项目立项阶段的监理；

（2）工程项目设计阶段的监理；

（3）工程项目招标阶段的监理；

(4) 工程项目施工阶段的监理；

(5) 工程项目保修阶段的监理。

2. 工程项目监理的范围

工程项目监理企业所承担的工程项目监理的范围，可能是全部工程项目，也可能是某单位工程项目，也可能是专业工程，这在监理合同上已确定，但在监理规划中仍要列表详细纳入并作说明。

(三) 工程项目监理工作内容

1. 工程项目决策阶段

(1) 投资项目的决策咨询；

(2) 项目可行性研究；

(3) 技术经济论证；

(4) 编制工程建设匡算；

(5) 组织设计任务书编制。

2. 设计阶段

(1) 结合工程项目特点，收集设计所需的技术经济资料；

(2) 编写设计要求文件；

(3) 协助业主组织工程项目设计方案竞赛，协助业主选择好勘察设计单位；

(4) 拟订和商谈设计委托合同内容；

(5) 向设计单位提供设计所需基础资料；

(6) 配合设计单位开展技术经济分析，搞好设计方案的优化；

(7) 配合设计进度，组织设计与有关部门，如消防、环保、土地、人防、防汛、园林以及供水、供电、供气、供热、电信等部门的协调工作；

(8) 作好各设计单位之间的协调工作；

(9) 参与主要设备、材料的选型；

(10) 审核工程估算、概算；

(11) 审核主要设备、材料清单；

(12) 审核工程项目设计图纸。

3. 施工招标阶段

(1) 拟订工程项目施工招标方案并征得业主同意；

(2) 准备工程项目施工招标条件；

(3) 办理施工招标申请；

(4) 编写施工招标文件；

(5) 标底经业主认可后，报送所在地方建设主管部门审核；

(6) 协助业主进行工程项目施工招标工作；

(7) 组织现场勘察与答疑会，回答投标人提出的问题；

(8) 协助业主开标、评标及决标；

(9) 协助业主与中标单位商签承包合同。

4. 施工阶段

(1) 施工阶段质量控制；

(2) 施工阶段进度控制；

(3) 施工阶段投资控制；

(4) 合同管理；

(5) 信息管理；

(6) 委托的其他服务。

(四) 工程项目监理工作目标

1. 投资目标及其分解；

2. 工期目标及其阶段里程碑目标；

3. 质量总目标及其分解。

(五) 项目监理工作依据

工程项目监理规划必须根据监理委托合同和监理项目的实际情况来制定。编制前应收集有关资料作为编制依据，如表 3-5 所示。

监理规划的编制依据 表 3-5

编制依据	资料名称	
反映项目特征的资料	设计阶段监理	(1) 可行性研究报告或计划任务书 (2) 项目立项批文 (3) 规划红线范围 (4) 用地许可证 (5) 设计条件通知书 (6) 地形图
	施工阶段监理	(1) 设计图纸和施工说明书 (2) 地形图 (3) 施工合同及其他工程建设合同
反映业主对项目监理要求的资料	监理委托合同：反映监理工作范围和内容 项目监理大纲、监理投标文件	
反映项目建设条件的资料	(1) 当地的气象资料和工程地质及水文资料 (2) 当地建筑材料供应状况的资料 (3) 当地勘察设计和土建安装力量的资料 (4) 当地交通、能源和市政公用设施的资料	
反映当地工程建设政策、法规方面的资料	(1) 工程建设程序 (2) 招、投标和建设监理制度 (3) 工程造价管理制度等 (4) 有关的法律、法规、规定及有关政策	
工程建设方面的法律、法规建设规范、标准	中央、地方和部门的法律、法规、建设工程监理规范，包括勘察、设计、施工、质量评定工程验收等方面的规范、规程、标准等	

(六) 项目监理机构的组织形式

图 3-1 为某矩阵式监理机构的组织形式示例。

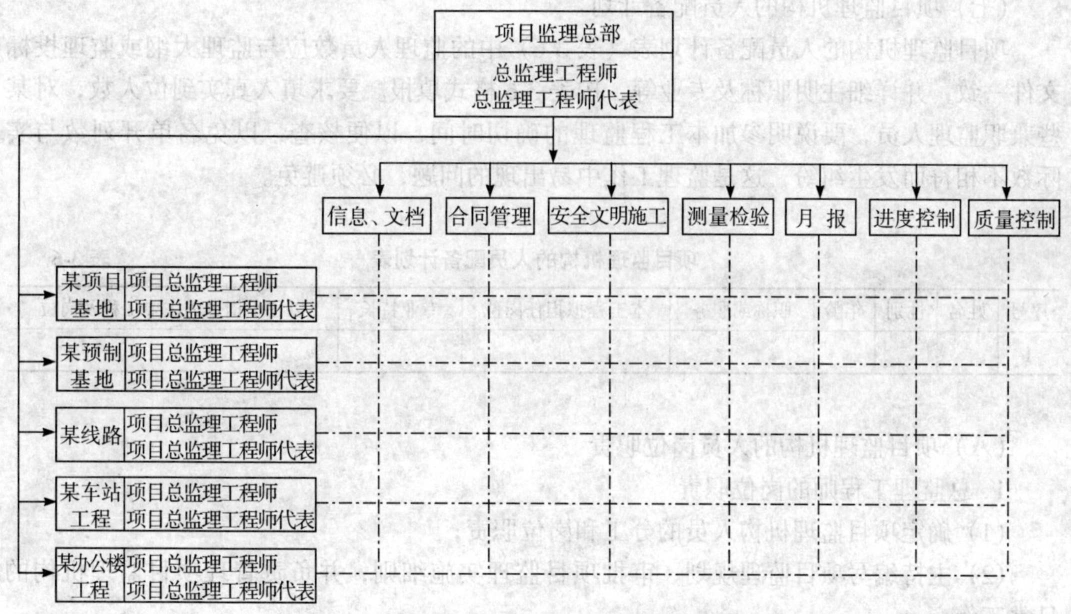

图 3-1 某矩阵式监理机构总部的组织形式示例

采用矩阵式监理组织形式时要注意，在具体工作中要确保指令的惟一性，明确规定当指令发生矛盾时，应执行哪一个指令。

示例的监理项目总部共设五个项目组，每组各设项目总监理工程师及其代表各一。此外，另有总监理工程师领导下的信息、文档、合同、安全、文明施工、测量、检验、月报、进度控制、质量控制等职能部门，有利于总监理工程师对整个项目实施规划、协调和指导，有利于统一监理工作的要求和规范化，同时又能发挥子项目组工作班子的积极性，强化责任制。

图 3-2 为某监理项目组的监理机构组织示例。在监理规划的组织机构图中注明各相关部门所任职监理人员的姓名。

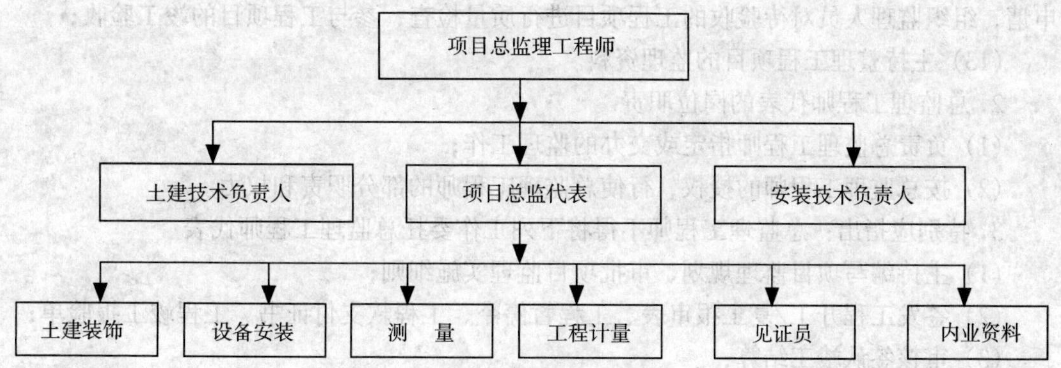

图 3-2 某监理项目组的监理机构组织示例

（七）项目监理机构的人员配备计划

项目监理机构的人员配备计划表（表3-6）中的监理人员数应与监理大纲或监理投标文件一致，并详细注明职称及专业等，按表3-6格式填报。要求填入真实到位人数，对某些兼职监理人员，要说明参加本工程监理的确切时间，以便核查，以免名单开列数与实际数不相符而发生纠纷，这是监理工作中易出现的问题，必须避免。

项目监理机构的人员配备计划表 **表3-6**

序号	姓名	性别	年龄	职称或职务	本工程拟担任岗位	专业特长	以往承担过的主要工程及岗位
1							

（八）项目监理机构的人员岗位职责

1. 总监理工程师的岗位职责

（1）确定项目监理机构人员的分工和岗位职责；

（2）主持编写项目监理规划、审批项目监理实施细则，并负责管理项目监理机构的日常工作；

（3）审查分包单位的资质，并提出审查意见；

（4）检查和监督监理人员的工作，根据工程项目的进展情况可进行监理人员调配，对不称职的监理人员应调换其工作；

（5）主持监理工作会议，签发项目监理机构的文件和指令；

（6）主持审定承包单位提交的开工报告、施工组织设计、技术方案、进度计划；

（7）主持审核签署承包单位的申请、支付证书和竣工结算；

（8）主持审查和处理工程变更；

（9）主持或参与工程质量事故的调查；

（10）调解建设单位与承包单位的合同争议、处理索赔、审批工程延期；

（11）组织编写并签发监理月报、监理工作阶段报告、专题报告和项目监理工作总结；

（12）主持审核签认分部工程和单位工程的质量检验评定资料，审查承包单位的竣工申请，组织监理人员对待验收的工程项目进行质量检查，参与工程项目的竣工验收；

（13）主持整理工程项目的监理资料。

2. 总监理工程师代表的岗位职责

（1）负责总监理工程师指定或交办的监理工作；

（2）按总监理工程师的授权，行使总监理工程师的部分职责和权力。

3. 特别应指出：总监理工程师不得将下列工作委托总监理工程师代表

（1）主持编写项目监理规划、审批项目监理实施细则；

（2）签发工程开工/复工报审表、工程暂停令、工程款支付证书、工程竣工报验单；

（3）审核签认竣工结算；

（4）调解建设单位与承包单位的合同争议，处理索赔，审批工程延期；

（5）根据工程项目的进展情况进行监理人员的调配，调换不称职的监理人员。

4. 专业监理工程师应履行岗位职责

(1) 负责编制本专业的监理实施细则；

(2) 负责本专业监理工作的具体实施；

(3) 组织、指导、检查和监督本专业监理员的工作，当人员需要调整时，向总监理工程师提出建议；

(4) 审查承包单位提交的涉及本专业的计划、方案、申请、变更，并向总监理工程师提出报告；

(5) 负责本专业分项工程验收及隐蔽工程验收；

(6) 定期向总监理工程师提交本专业监理工作实施情况报告，对重大问题及时向总监理工程师汇报和请示；

(7) 根据本专业监理工作实施情况做好监理日记；

(8) 负责本专业监理资料的收集、汇总及整理，参与编写监理月报；

(9) 核查进场材料、设备、构配件的原始凭证、检测报告等质量证明文件及其质量情况，根据实际情况认为有必要时对进场材料、设备、构配件进行平行检验，合格时予以签认；

(10) 负责本专业的工程计量工作，审核工程计量的数据和原始凭证；

(11) 根据总体计划、年计划、月计划、旬计划对照工程实际进展情况，发现偏差及时提出调整意见，并向总监汇报；

(12) 对总监签认工程计量单，申报单或合格工程量以建设单位认可索赔进行汇总，根据合同文件要求进行计算，确认支付数额，经总监签署后提交建设单位；

(13) 审核承包单位的工程预算，按施工阶段控制工程造价；

(14) 整理汇总各项计划统计，计量、支付资料，以便查询和竣工后作为资料归档。

5. 监理员应履行的岗位职责

(1) 在专业监理工程师的指导下开展现场监理工作；

(2) 检查承包单位投入工程项目的人力、材料、主要设备及其使用、运行状况，并做好检查记录；

(3) 复核或从施工现场直接获取工程计量的有关数据并签署原始凭证；

(4) 按设计图及有关标准，对承包单位的工艺过程或施工工序进行检查和记录，对加工制作及工序施工质量检查结果进行记录；

(5) 担任旁站工作，发现问题及时指出并向专业监理工程师报告；

(6) 做好监理日记和有关的监理记录。

(九) 项目监理工作程序

本书第五章中搜集、编绘了项目监理各阶段的监理工作程序，可根据所监理的工程实际情况、监理合同要求，加以选择后结合工程项目特点作适当调整，以供在制订监理规划中监理工作程序时参考。

(十) 项目监理工作方法及措施

主要包括如下内容：

1. 质量控制

(1) 质量目标分解；

(2) 质量控制的原则；

(3) 工程质量控制流程；
(4) 质量控制措施；
(5) 工程质量事故的处理；
(6) 原材料、构配件、设备、钢筋、混凝土、模板的预控。

2. 进度控制

(1) 进度控制的原则；
(2) 进度控制的内容；
(3) 进度控制工作流程；
(4) 进度控制的措施；
(5) 进度表的格式。

3. 投资控制

(1) 投资控制原则；
(2) 投资控制内容；
(3) 投资控制措施；
(4) 工程计量及支付报表。

4. 信息管理

(1) 信息资料编码系统；
(2) 信息目录表；
(3) 信息管理制度；
(4) 信息签认流程。

5. 合同管理

(1) 合同结构图；
(2) 合同执行措施；
(3) 合同管制制度；
(4) 索赔。

6. 施工阶段监理工作的主要方法

施工阶段监理工作的主要方法见表 3-7 所列，以供参考。

施工阶段监理工作的主要方法　　表 3-7

序号	监理方法	实施办法
1	巡视、旁站	监理人员在项目施工期间，应在施工现场对承建单位的施工活动进行跟踪监督。发现问题便可及时指令承建单位予以纠正，以减少质量缺陷的发生，保证工程的质量和进度
2	测量	监理工程师利用测量手段，在工程开工前核查工程的定位放线；在施工过程中控制工程的轴线和高程；在工程完工验收时测量各部位的几何尺寸、高度等，发现问题，指令承包单位即时纠正
3	试验 平行检验	监理工程师对项目或材料的质量评价，必须通过试验、平行检验取得数据后进行，不允许采用经验、目测或感觉评价质量

续表

序号	监理方法	实施办法
4	严格执行监理程序	如未经监理工程师批准开工申请的项目不能开工，这就强化了承建单位做好开工前的各项准备工作；没有监理工程师的付款证书，承建单位就得不到工程付款，这就保证了监理工程师的核心地位
5	指令性文件	监理工程师应充分利用指令性文件，对任何事项发出书面指示，并督促承建单位严格遵守与执行监理工程师的书面指示
6	工地会议	监理工程师与承建单位讨论施工过程中出现的各种问题，必要时，可邀请建设单位或有关人员参加。监理工程师可通过工地会议方式发出有关指示
7	专家会议	对于复杂的技术问题，监理工程师可召开专家会议研究讨论。根据专家意见和合同条件，再由监理工程师做出结论，这样可减少监理工程师处理复杂技术问题的片面性
8	计算机辅助管理	监理工程师利用计算机，对计量支付、工程质量、工程进度及合同条件进行辅助管理
9	停止支付	监理工程师应充分利用合同赋予的在支付方面的充分权力，承建单位的任何工程行为达不到合同要求，都应有权拒绝支付承建单位的工程款项，以约束承建单位认真按合同规定的条件完成各项任务
10	会见承建单位	当承建单位无视监理工程师的指示，违反合同条件及规范、标准进行工程活动时，由总监理工程师（或其代表）邀见承建单位的主要负责人，指出承建单位在工程上存在的问题的严重性和可能造成的后果，并提出挽救问题的途径建议，如仍不听劝告，监理工程师可进一步采取制裁措施

7. 监理工作的措施

监理工作的措施有组织、技术、经济及合同方面的措施。

(1) 组织措施可委任执行人员，授予相应职权，确定职责，制订相应监理工作考核标准，对实施过程中的工作进行考评、评估，以改进工作，挖掘潜在的工作能力，加强相互沟通。在控制过程中激励、调动和发挥实现目标的积极性、创造性，采取适当的、有效的组织措施，保证目标实现。

(2) 技术措施是通过技术来解决问题。对多个可行的技术方案通过研究、分析、比较加以优选，技术经济论证，寻求降低投资的有效途径，确保质量的技术措施等。

(3) 经济措施是监理工程师通过一切有效经济手段来达到项目目标的最优实施，这要求监理工程师广泛搜集、加工、整理项目经济信息和数据。

(4) 合同措施是监理工程师通过对承包合同的严格管理，监督承包单位切实履行合同，确保工程质量、工期及造价达到预定目标值。总监理工程师应正确、及时地签发工程暂停及复工令；项目监理机构要管理好工程变更，正确处理索赔、工程延期及工程延误。

（十一）监理工作制度

1. 项目立项阶段

(1) 可行性研究报告评审制度；

(2) 工程匡算审核制度。

2. 设计阶段

(1) 设计大纲、设计要求编写及审核制度;

(2) 设计委托合同管理制度;

(3) 设计咨询;

(4) 设计方案评审办法;

(5) 工程估算、概算审核制度;

(6) 施工图纸审核制度;

(7) 设计费用支付签认;

(8) 设计协调会制度。

3. 施工招标阶段

(1) 招标准备工作有关规定;

(2) 编制招标文件有关规定;

(3) 标底编制及审核制度;

(4) 合同条件拟订及审核制度;

(5) 组织招标实务有关规定等。

4. 施工阶段

(1) 施工图纸会审及设计交底制度;

(2) 施工组织设计审核制度;

(3) 工程开工审批制度;

(4) 工程材料、半成品质量检验制度;

(5) 隐蔽工程分项(部)工程质量验收制度;

(6) 单位工程、单项工程中间验收制度;

(7) 技术经济签证制度;

(8) 设计变更处理制度;

(9) 现场协调会及会议纪要签发制度;

(10) 施工备忘录签发制度;

(11) 工程款支付签认制度;

(12) 工程索赔签认制度等。

5. 项目监理机构内部工作制度

(1) 监理机构工作会议制度;

(2) 监理机构人员岗位职责制度;

(3) 对外行文审批制度;

(4) 建立监理工作日志制度;

(5) 监理周报、月报制度;

(6) 技术、经济资料及档案管理制度;

(7) 监理机构人员业绩考核及奖惩制度。

(十二) 监理设施

1. 项目监理机构应当在项目监理工作中应用计算机辅助管理;

2. 应当根据工程项目类别、规模、技术复杂程度、监理项目所在地的环境条件、按监理合同的约定，配备满足监理工作需要的检测设备、仪器和工具。

3. 应配备必要的影像设备；

4. 项目监理机构应将拥有的监理设施（设备、仪器、工具、照相机、摄像机等）列表，注明数量和规格，并指定专人负责管理。

二、工程项目监理规划案例

（一）工程项目概况（略）

（二）工程项目监理工作范围

1. 工程项目监理的阶段：施工阶段。

2. 工程项目监理的范围：本工程为全部工程项目监理，包括土建（含装饰）、给排水、采暖通风、空调、供配电、弱电、电话、电讯、电梯等工程。

本项目详细的监理工作范围见表 3-8 所列。(表中内容略)

××项目监理工作范围 表 3-8

序　号	监理工程名称	相应图纸编号	说　明

如果在编制监理规划时，图纸尚未出全，则以后收到图纸后，在表中补全。监理工作范围和监理工作内容是结算监理费的主要依据，故业主和监理企业双方在监理工作开始前及订立监理合同中必须详细确定，不能含糊。凡监理合同以外增加的监理工作范围和内容，均需另行计监理费。

（三）监理工作内容

本项目监理单位承担的是施工阶段的监理工作。主要工作内容如下：

(1) 编写招标文件，协助建设单位对投标单位进行资格审查，协助评审投标书，提出决标意见，协助业主与中标单位签订承包合同。

(2) 协助建设单位与承包单位参加设计图纸会审及设计交底，编写开工报告，审查施工和安装承包合同，审查承包单位的预算报价，确认承包单位选择的分包单位。

(3) 审查承包单位编制的施工组织设计、施工技术方案及施工进度计划，并监督检查其实施。

(4) 审查承包单位或建设单位提供的材料和设备清单及其所列的规格与质量，对不符合者不得使用在工程中，并提出更换要求。

(5) 督促、检查承包单位严格执行合同和严格按照国家技术规范、标准，市建筑安装规程以及设计图纸文件的要求进行施工和安装活动。检查施工过程中的主要部位、环节以及隐蔽工程的施工验收签证，未经签证不得进行下道工序，控制工程质量，对违反规范、标准及安全规定者，有权向承建单位签发停工通知单，工期及发生的费用由承建单位负责，并及时向建设单位报告处理的情况。

(6) 对用于工程的主要材料、构件的出厂合格证、材质化验单等进行核定，如发现不合格或不符处，有权责成承包单位（并指定化验单位）对材质进行再化验，防止不合格的材料或构件等用于工程。

（7）检查工程采用的主要设备及关键材料是否符合设计文件或标书所规定的厂家、型号和规格以及质量标准。在承包单位订货时，认为有必要时，可商请建设单位同意对生产厂家进行了解考查，所发生的差旅费用由订货单位负担。

（8）根据《建筑安装工程承包合同》规定的施工进度计划，检查承建单位的工程进度及其填报的旬、月、季等报表，并及时向建设单位汇报对工程进度执行情况的意见。

（9）对于重大的设计修改和技术洽商决定，除提出监理意见之外，应向建设单位报告并得到建设单位的同意，设计修改应由原设计单位负责。

（10）根据《建筑安装工程承包合同》的付款规定，对已完工程的质量、数量的核实，签认“工程价款结算账单”，报开户银行审查。工程竣工后，审查工程结算价款。

（11）监督检查工程的文明施工及安全防护措施，对不合格者督促承包单位定期整改。

（12）根据承包单位提出的阶段、部位、环节，各系统的分段工程的检验、验收以及整体工程的竣工验收申请报告，负责组织初验，签署由承包单位提出的全部工程的竣工验收报告，参加建设单位组织的最终验收。

（13）督促检查承包单位完成各阶段及全套竣工图的工作和整理各种必须归档的资料，交建设单位归档。

（14）协助建设单位主持与审查工程中出现的质量事故的处理，提出处理意见，由此所发生的费用支出由责任方负担。

（15）监理人员常驻现场，实行全过程、全方位监理，发现问题及时解决，每月一次向业主提交有关监理情况的书面报告，把进度控制、质量控制、投资控制及合同管理、信息管理及现场文明施工措施管理落实到实处。认真处理好质量、进度、投资三者之间关系，把工程管理好。

（16）督促建设单位与承包单位履行签订的合同，主持协调建设单位与承包单位签订的合同条款的变更，调解合同双方的争议，处理违约索赔事项，索赔发生前，应向建设单位及时提出避免索赔的意见。

（17）保修期内负责鉴定质量问题责任，督促保修，如在保修期内出现质量问题，处理时间超出保修期，监理方应对该问题的处理负责到底。

（四）监理工作目标

1. 总投资额（或合同价），根据本工程初步设计概算总投资额暂按××元考虑。待本工程建设单位与施工单位正式签订工程承包合同时，以合同价为目标。工程总投资分配详见工程总投资分配表（表3-9）。

工程总投资分配表　　**表3-9**

序　号	子　项　目　名　称	投资额（或合同价）（万元）
1	±0.00以下建筑工程	
2	±0.00以上建筑工程	
3	建筑安装及公用工程	
	合　计	

若有若干子项，可按子项列出。

2. 总工期（合同工期），根据本工期建设单位与施工单位签订的工程总承包合同中所确定的总工期（合同工期）为目标，见表 3-10。

工　程　工　期　目　标　　**表 3-10**

序　　号	形　象　部　位　名　称	形　象　进　度
1	完成±0.00 以下建筑工程	
2	完成±0.00 以上建筑工程，结构封顶	
3	完成建筑安装及装饰工程	
4	完成本工程竣工验收，交付使用	

如果本工程项目有若干子项工程，应分别列表。

3. 质量目标，根据本工程建设单位与施工单位签订的工程总承包合同中所确定的质量要求为目标，具体要求参见表 3-11。

质量目标要求表　　**表 3-11**

序　号	分部工程	质量目标	目　标　要　求（按分项）
1	地基与基础		
2	主体结构		
3	建筑装饰装修		
4	建筑屋面		
5	建筑给水、排水及采暖		
6	建筑电气		
7	智能建筑		
8	通风与空调		
9	电梯		

表 3-11 为其质量目标示例，不同工程按实际条件和目标要求填写。

（五）监理工作依据

1. 工程施工图纸及施工图中的技术说明；

2. 国家和本市制定的工程建设的法律、法规、规章、标准、规范和有关规定；

3. 建设单位与施工单位签订的施工承包合同；

4.《监理规划》和《监理实施细则》；

5.《建设工程监理规范》GB 50319—2000；

6. 本工程项目委托监理合同；

7. 本监理企业制定的 ISO 9000—2000 质量管理体系文件；

8.《建筑工程施工质量验收统一标准》(GB 50300—2001);

9. 中华人民共和国国家标准：现行各有关土建、安装工程的《施工质量验收规范》;

10. 建设部令第78号《房屋建筑工程和市政基础设施工程竣工验收备案管理暂行办法》;

11. 本工程地质勘察报告、说明设计变更通知（含设计交底图纸会审主记录）;

12. 施工总承包企业编制的、经批准的施工组织设计、施工方案、技术措施等文件;

13. 本工程执行的其他规定的文件和技术规程、质量标准。

（六）项目监理机构的组织形式

1. 项目组织结构图（图3-3）;

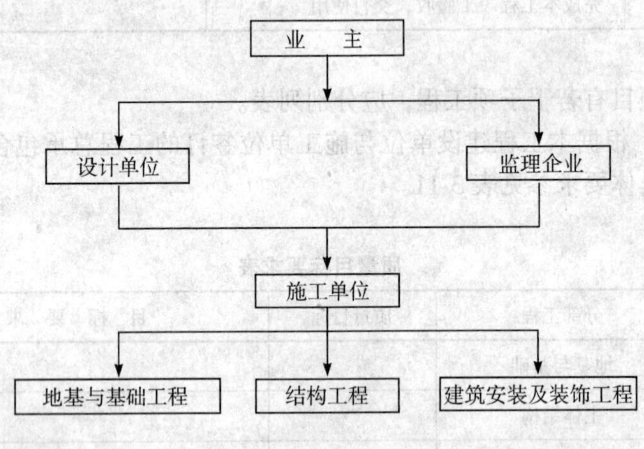

图3-3　项目组织结构图

2. 建设单位项目管理机构（略）;

3. 承包单位组织机构（图3-4）;

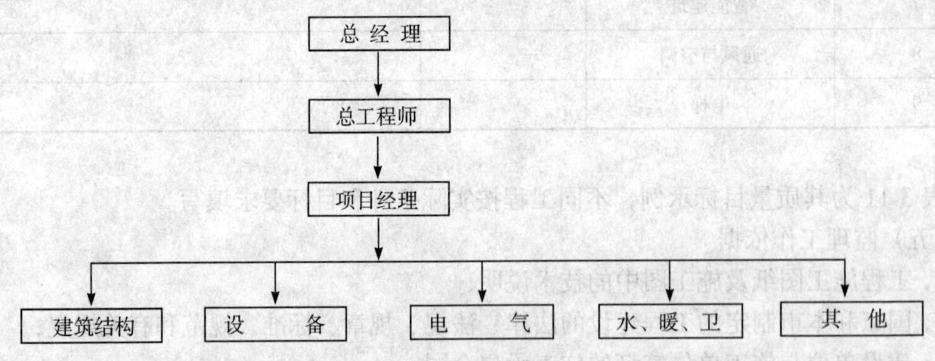

图3-4　承包单位组织机构

4. 监理组织机构图（图3-5）。

（七）项目监理机构的人员配备计划

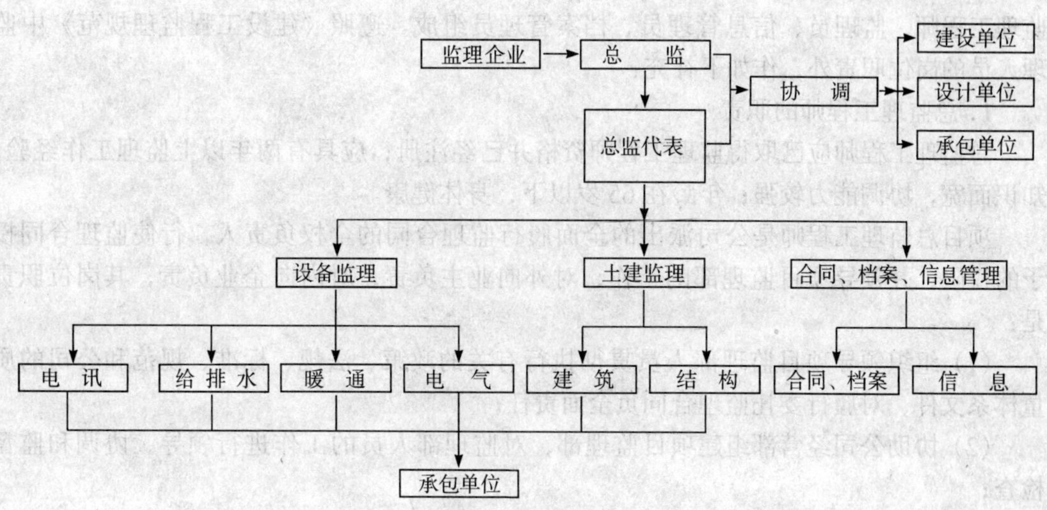

图 3-5　项目监理组织机构图示例

1. 项目监理机构人员情况（表 3-12）；

项目监理机构人员情况　　表 3-12

序号	姓名	性别	年龄	专业	监理工程师注册号	技术职称	监理职务	监理方式	备　注

注：1. 备注项内填写培训情况等；
　　2. 监理方式指常驻工地或流动。

2. 项目监理机构的人员构成情况（表 3-13）。

项目监理机构的人员构成　　表 3-13

序　号	职　称	人　数	培训情况	备　注
1	高级工程师、经济师			
2	工程师、经济师			
3	助　工			
4	文秘（档案）			
	合　计			

（八）项目监理机构的人员岗位职责

本工程项目监理机构根据工程的特点及该公司的管理规定，由总监理工程师、专业监理工程师、监理员、信息管理员、档案管理员组成。遵照《建设工程监理规范》中监理人员的岗位职责外，作如下补充：

1．总监理工程师的职责

总监理工程师应已取得监理工程师资格并已经注册；应具有两年以上监理工作经验；知识面宽，协调能力较强；年龄在65岁以下，身体健康。

项目总监理工程师是公司派出的全面履行监理合同的全权负责人，行使监理合同授予的权限，并领导项目监理部的工作，对外向业主负责，对内向企业负责，其岗位职责是：

（1）组织领导项目监理部人员贯彻执行有关的政策、法规、标准、规范和公司的质量体系文件，对履行委托监理合同负全面责任；

（2）协助公司经营部组建项目监理部，对监理部人员的工作进行领导、协调和监督检查；

（3）保持与业主的密切联系，弄清其要求和愿望；

（4）负责将其授予各专业监理工程师的权限以书面形式及时通知被监理方（设计承包商和施工承包商）；

（5）主持编写其所承担项目的监理规划或质量计划；

（6）组织审查施工承包商提出的施工组织设计、施工进度计划以及现场安全生产和文明施工措施；

（7）审核和确认承包商提出的分包商；

（8）在监理过程中代表公司对外联络与协调，并做出相关决定，对其所作的决定负责；

（9）负责协调工程项目专业之间的主要技术问题，保证工程项目总体功能的先进、合理和协调，防止出现不合格；

（10）审核并签署工程开工报告、停工令、复工令；

（11）主持处理合同履行中的重大争议和纠纷；

（12）检查工程的质量、进度和投资的实际控制情况，验收分项分部工程，签署工程款付款凭证，审核并签署分部工程质量等级；

（13）主持审核工程结算书；

（14）组织处理索赔事宜；

（15）审核并签署工程项目竣工资料；

（16）组织工程竣工初验；

（17）签发监理周报；

（18）审核监理月报；

（19）督促整理合同文件和监理档案资料，并对档案资料的安全性负责；

（20）主持编写工程项目监理工作总结。

项目总监理工程师最基本、最主要的任务是“协调”：对外协调业主、设计单位和施工承建单位之间关系；对内协调项目监理部各专业工种人员分工、协作、团结。

2．专业监理工程师的职责

监理工程师应取得资格证书并经注册。

(1) 协调承包单位的工作，核准详细的施工计划，核实总监理工程师是否已给予施工单位所有必要的指令并获得认可；

(2) 施工中出现有缺陷的工艺或材料，发出补救这些缺陷的指令；

(3) 核对建筑物在定线、标高和布局等方面是否符合设计图纸和合同的要求；

(4) 必要时，发出进一步指令廓清以上工作的一些细节；

(5) 计量已完成的工程量，作为付款和计算款额的凭证；

(6) 保存所有测量和试验的记录；

(7) 提供所有索赔和争议的联系渠道并提供有关的事实情况；

(8) 检查已完成的工程是否符合设计图纸和有关规范的要求，经过试验能否达到正常的功能；

(9) 查明各分项合同完成工作的最终价值；

(10) 按时向总监理工程师报告工作情况；

(11) 正确、详实填写监理日记。

3. 监理员的职责

(1) 执行监理工程师的指令和交办的任务；

(2) 对工程进行旁站监理，监督施工单位对施工程序的执行；

(3) 审查施工单位的开工申请、质量验收单，确认中间交工证书和对每道工序的质量验收检查；

(4) 完成规定的抽验试验，并监理施工单位的试验过程；

(5) 负责工程计量，并根据施工单位的付款申请，编制付款证书报监理工程师；

(6) 准备工地会议有关资料，负责处理施工过程中的一般性技术问题；

(7) 正确、详实填写监理日记。

4. 信息管理员职责

(1) 负责每月的工程量计量，负责对施工单位申报的工程量和已完工程实物量的复核，负责工程进度款的核定；

(2) 负责每天上午 9:00 收集、阅读各专业监理工程师的监理日记，了解工程进展，并简要向项目负责人汇报，负责编写监理月报，并在每月 5 号前发出监理月报；

(3) 及时处理档案管理员转交的文件、资料，发现问题及时与各专业监理工程师联系，确保文件资料的完整、准确、有效；

(4) 定期到现场巡视，负责现场各种信息的采集，计算机存储以及信息的分析处理工作；

(5) 信息管理员每人配备一台计算机并负责其保管和使用，借助计算机按公司统一的信息编码系统及统一的文件格式建立、录入各种监理台账，并将有关信息及时通知各专业监理工程师或项目负责人；

(6) 负责每月 25 日打印当月监理台账，交档案管理员归档，负责每月 2 次把现场台账信息全部传回公司；

(7) 负责收集整理工地所有会议（系由监理负责人召集或有监理员参加的）会议纪要，整理后交项目负责人审查，印后迅速分发给有关专业人员或有关单位；

(8) 信息传递按文件、资料签认流程框图进行。

5. 档案管理员职责

(1) 档案管理员负责对工程建设各方相互往来的一切书面资料（包括信件、电报等）妥善保管；

(2) 对技术资料、各种文件、逐件报告的收发应办理签收登记手续，签收的资料应及时转交给现场信息管理员，以便确认资料的完整性、准确性和有效性；

(3) 对各专业监理工程师确认返回的文件资料，按统一的编目系统进行分类整理归类；

(4) 负责文件资料的借阅，办理借阅手续；

(5) 负责现场办公用品（包括复印机、复印纸、稿纸等）和劳保用品（包括电风扇、安全帽等）的保管和领用；

(6) 协助项目负责人负责现场监理机构的生活后勤工作；

(7) 负责现场监理机构的留守工作；

(8) 负责现场监理人员的考勤工作；

(9) 收发文工作按文件资料签认流程框图进行。

(九) 工程项目监理的目标控制与程序

1. 质量控制

(1) 质量目标分解

根据承包合同中明确的质量目标要求，以主体结构为例，如表 3-14 所列。

主体结构的各个分项质量标准　**表 3-14**

分部工程名称	子分部工程	分项工程	分项质量标准
主体结构			

(2) 质量控制的原则

①工程质量是整个建设监理工作的核心，与进度控制、投资控制相互制约；

②坚持“严格要求、一丝不苟、实事求是、公正合理、热情服务”的原则；

③遵循“预防为主、动态管理、跟踪监控”，实现工程质量总目标。

(3) 工程质量控制流程

①单位工程质量控制流程（图 3-6）；

②隐蔽工程、分部分项工程质量控制流程（图 3-7）；

③原材料、构配件及设备质量控制流程（图 3-8）；

④工程质量事故处理流程（图 3-9）；

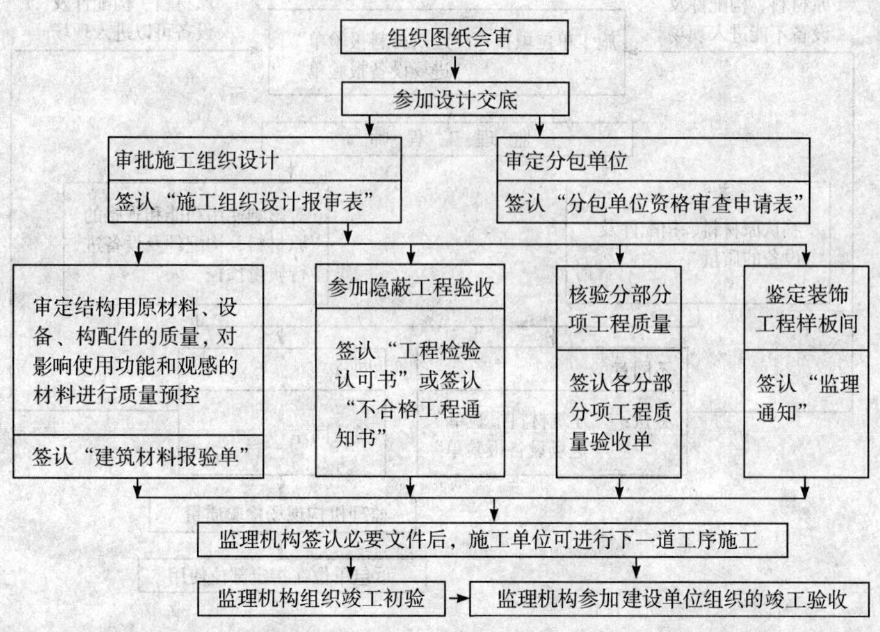

图 3-6　单位工程质量控制流程

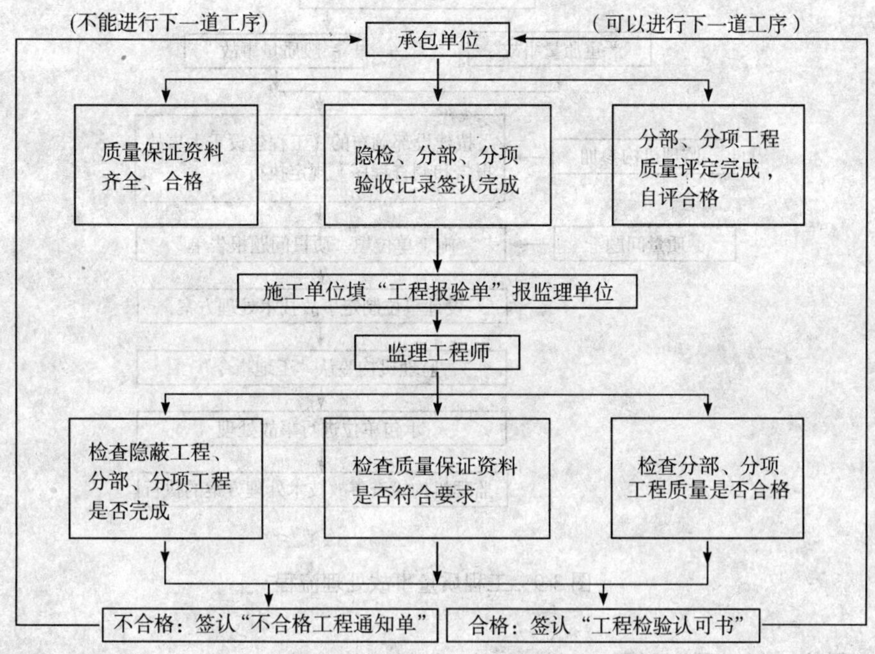

图 3-7　隐蔽工程、分部分项工程质量控制流程

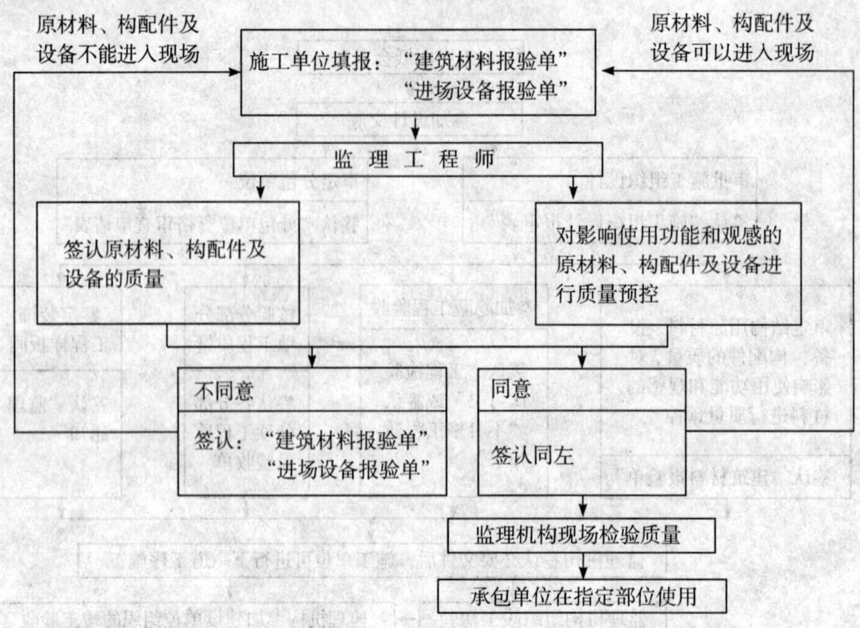

图 3-8　原材料、构配件及设备质量控制流程

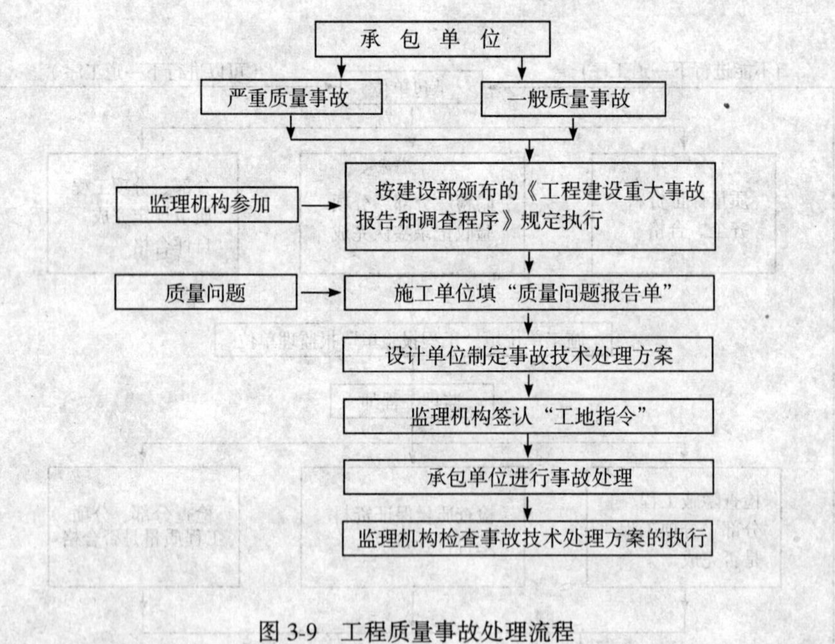

图 3-9　工程质量事故处理流程

⑤工程停、复工程序（图 3-10）。

(4) 质量控制措施

①一条原则

工程质量控制是整个监理工作的重点，与进度计划和工程计量相互制约，监理工程师监督承包单位按合同、技术规范设计图纸要求施工，是监理工作的原则。

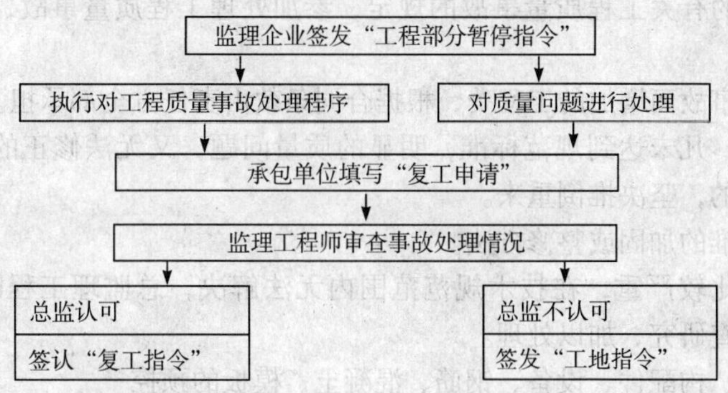

图 3-10 工程停工、复工程序图

②两个重点

（*A*）重要的分部工程：地基工程、主体结构、装饰工程。重要的分项工程是：钢筋、混凝土、防水（浴厕间及地下室）、煤气调压装置安装，成套配电柜（盘）及动力开关柜安装，避雷针（网）及接地装置安装，空气清洁，电梯安全保护装置，试运转等分项工程。

（*B*）关键部位：梁柱节点，箍筋加密区，钢筋焊接、搭接要求，大体积混凝土浇筑，C40 以上混凝土的试配及钢结构安装。

③三个阶段

（*A*）施工准备阶段：审查施工单位配备人力、材料、机械设备是否合理，审查拟定施工方案与技术、质量保证措施，原材料检验的审批的配合比是否合乎要求。

（*B*）施工阶段：检查施工单位工艺是否按规范和经审批的方案进行，并对施工过程的原材料、半成品和成品进行抽查。

（*C*）成品验收阶段：通过检测和验评该分项或分部已完工程是否达到规范要求的质量标准和误差允许范围。

④四个手段

（*A*）检查：施工过程中对重点的项目和部位实施必要的跟踪检查，检查施工过程中材料及混合料与批准的是否符合；检查施工单位是否按批准的方案、技术规范施工。

（*B*）测量：监理工程师对完成的工程的几何尺寸进行实测实量验收，不符合要求的要整修，无法进行的要求返工。

（*C*）试验：对各种材料、混合料配比、混凝土、砂浆等级等，监理人员可随机抽样试验，施工单位要提供条件。

（*D*）指令性文件：承包单位和监理工程师的工作往来，必须以文字为准，监理工程师通过书面指令和文字对施工单位进行质量控制。用以指出施工中发生或可能发生的质量问题，提请承包单位重视或修改。

（5）工程质量事故的处理

施工中发生质量问题，首先停止继续施工，责令其施工单位分析原因。根据事故的不同情况、不同性质、不同程度提出处理办法，并写出书面报告。监理工程师根据建设部及各地区颁布的有关工程质量事故的规定，参加处理工程质量事故，监督事故处理方案的执行。

但由于处理事故而增加的工程费，根据合同条款由责任方全部承担。

①推倒重来：凡未达到规范标准，明显的质量问题，又无法修正的缺陷或经再三努力不能达到合格的，坚决推倒重来。

②采取经批准的加固或整修方法。

③质量问题比较严重，在技术规范范围内无法解决，总监理工程师协调建设单位，组织专家技术调查研究，加以处理。

(6) 原材料、构配件、设备、钢筋、混凝土、模板的预控

①工程材料、构配件及设备的预控

(*A*) 材料加工定货的质量控制：

材料加工定货时，承包单位应向监理工程师提供产地和生产厂家，然后监理企业会同承包单位检查其资质和质量保证体系与措施。经认可后按检查评定样品标准验收，材料进场后，承包单位按批量抽查，并将结果报监理审核。

(*B*) 材料进场后的质量控制：

a. 材料进场必须附有原材料、半成品、成品的质量合格证或试（检）验报告；

b. 材料进场后按规定进行验收和提样复试；

c. 监理按原材料、构配件及设备质量签认程序检查或随机抽查。

②钢筋工程的质量预控

(*A*) 检查钢筋标牌、炉号、厂家及出厂质量合格证、实验报告，并按规定要求施工现场进行复试，监理随机抽样试验，每月 5 日前施工单位按建筑材料报验单填报钢筋进场报表。

(*B*) 有下列情况三种之一者，必须做化学成分分析试验：

a. 无出厂证明书或钢筋号不对的；

b. 有焊接要求的进口钢筋；

c. 在加工过程中发生脆断，焊接性能不良和材料机械性能显著不正常的。

(*C*) 试验不合格的钢筋，不能用于工程上，并及时报告有关上级和监理工程师做处理，并记录在案。

(*D*) 钢筋加工制作：

a. 施工单位应熟悉图纸，向监理工程师提供加工方案、加工翻样、加工料表、准备工作情况。

b. 操作人员必须实行挂牌制，焊工持证上岗；

c. 钢筋的级别、钢号和直径必须符合设计要求，带有颗粒状或鳞片状老化锈的钢筋不能用，需要代换钢筋时，必须上报监理工程师，应征得设计的同意，否则不得以其他钢筋代换。

d. 加强钢筋翻样的控制。

(*E*) 钢筋加工成品要求：

a．钢筋的形状、尺寸必须符合图纸要求；

b．钢筋的表面应洁净、无损伤、无油漆和锈蚀；

c．钢筋应平直无曲折，表面不得有明显的擦伤；

d．钢筋的弯折与弯钩应符合设计及规范要求。

（*F*）钢筋焊接接头的质量要求：

a．焊工必须经过培训，合格后方能上岗；

b．批量钢筋焊接前，必须根据施工条件试焊，合格后方能大批量焊接；

c．钢筋焊接质量验收按现行规范执行；

d．钢筋焊接加强工前检查和加工中间检查，焊接不合格的钢筋，不能进入安装现场。

（*G*）钢筋的绑扎与安装：

a．钢筋绑扎前要求弹出位置线标记，分出双层钢筋位置线，尤其是柱、墙、门、窗口的主筋位置，必须准确，采取防位移措施；

b．钢筋接头位置要符合施工验收规范和设计要求；

c．检验质量标准按《混凝土结构工程施工质量验收规范》（GB 50204—2002）有关规定。

③混凝土工程的质量控制

（*A*）混凝土开盘前的质量控制：

a．检查搅拌后台的计量控制是否符合要求，使用商品混凝土的必须对搅拌站的资质及质量保证体系进行审查；

b．混凝土浇筑前施工单位必须向监理工程师提交原材料的材质证明和试验报告（包括商品混凝土），水泥应有出厂日期、出厂合格证、水泥强度、安定性试验报告，砂石的试验报告和已通过试配的混凝土配比单；

c．混凝土开盘前认真组织水暖卫、电气、土建联合检查，办好隐蔽验收，申报施工方案，报监理工程师批准后，经各方确认方能开始浇筑。

（*B*）监理工程师在浇筑过程中跟踪检查，对混凝土随机抽查，发现缺陷及时处理。

（*C*）外加剂的质量必须符合规范的规定，凡无出厂证明或鉴定书的禁止使用，外加剂进场必须有专人验收、保管、发放，每 5t 为一批（不够亦按一批计）使用前验收。

（*D*）配合比的控制：

a．混凝土配合比的计算和试验应符合《普通混凝土配合比设计技术规定》，按试配结果由实验室负责人签发配比通知单；

b．本工程以下部分为 S10 抗渗混凝土，必须做好试配。

（*E*）对混凝土搅拌的控制。

（*F*）商品混凝土搅拌、运输、泵送质量控制。

（*G*）施工现场混凝土质量管理：

a．现场必须具备混凝土试块的制作、养护条件，有健全的管理制度；

b．现场试验员必须经培训、考核、持证上岗；

c．混凝土施工前应作技术安全交底，并应具备混凝土养护条件，特别是季节性施工期间的防水、防冻措施，要设专人负责实施；

d．各类混凝土试块的制作按各地区规定执行；

e．混凝土搅拌、运送、浇筑等过程中任何人不得擅自加水。

2．进度控制

(1) 进度控制的原则

①根据建设单位和承包单位正式签订的工程总承包合同（以下简称“合同”）中所确定的工程工期作为进度控制的总目标；

②承包单位依据“合同”工期总目标所编制的工程施工组织设计；

③经监理项目负责人审核通过的承包单位编制的施工总进度计划、年/季/月实施计划。

(2) 进度控制的内容

①审查施工组织设计、施工技术方案和进度计划，是否同意，提出意见；

②运用“监理通”软件，将施工组织设计中的有关进度计划方面的信息输入计算机；

③审查建设单位、承包单位提出的材料、设备及所列的规格与数量，质量是否满足工程进度的要求；

④在项目进行的全过程中，检查工程进度，随时将有关信息输入计算机，进行计划值与实际值的比较，发现偏离及时提出意见，协助承包单位修改网络计划，调整资源配置，实现进度计划总目标。

(3) 进度控制工作流程（图 3-11）

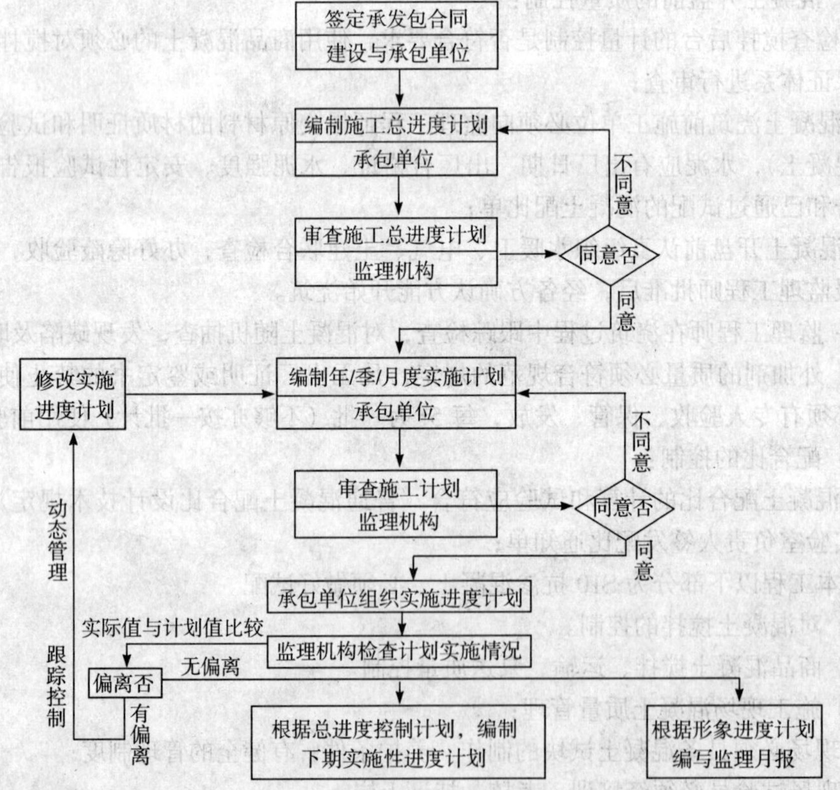

图 3-11 进度控制工作流程图

(4) 进度控制的措施

①审查承包单位施工管理组织机构，人员配备，资质，业务水平是否适应工程的需要，并提出意见。

②审核施工单位提出的工程项目总进度计划，并督促其执行。

③审查施工单位年、季度的进度计划并督促其执行。

④要求施工单位每月25日报下月的月进度计划和本月的完成工程量报表，监理工程师审核月报进度计划和月工程量报表作为结算和付款依据。

⑤监理工程师对进度计划和实际完成计划定期进行比较，找出影响进度的原因，并报总监理工程师，对客观原因造成进度拖期的应及时调整进度并备案。

此外，对影响进度的主要因素进行统计和分析，从总体判定进度是否属于正常。可按以下方法统计并计算出影响度（E），用以判定。

先统计出每个月度由于资金、材料、劳动力、组织、气候、机械等原因而影响进度的天数，填入表3-15内。如按季度计算影响度E，则累计三个月的各类原因影响进度的合计天数，分别为X、Y、F、K、L、Q值。

按公式(3-1)计算影响工期的计算天数W值。

$$W = 50\% \times X + 20\% \times Y + 10\% \times F + 10\% \times K + 5\% \times L + 5\% \times Q \tag{3-1}$$

按公式（3-2）计算得影响度E值：

$$E = \frac{W}{B} \times 100\% \tag{3-2}$$

式中　B——总作业天数。

E值如在5%以内为正常；超过10%为非正常，应采取针对性的有效措施予以解决。

实际影响进度的统计表　　表3-15

因素 时间	实际影响进度的统计天数（天/每月）					
	资金	材料	劳动力	组织	气候	机械
1月						
2月						
3月						
第一季度合计	$X=$　天	$Y=$　天	$F=$　天	$K=$　天	$L=$　天	$Q=$　天

⑥对承包单位提前完成计划，并没有发生质量、安全事故的应建议建设单位予以适当奖励；因承包单位主观原因造成工期拖后，应建议业主予以适当罚款。

3. 投资控制

(1) 投资控制的原则

①根据建设单位和承包单位正式签订的工程总承包合同（以下简称“合同”）中所确定的工程总价款，作为投资控制的总目标；

②根据建设单位和承包单位正式签订的“合同”中所确定的工程款支付方式，审核拨付签认；

③根据建设单位和承包单位正式签订的“合同”中所确定的工程款结算方式，进行

竣工结算。

(2) 投资控制的内容

①核实工程量，进行实物量签认；

②控制设计变更洽商

(*A*) 建设单位决策性的改变如提出新的设计要求对原设计进行修改，工程范围和内容发生变更等；

(*B*) 设计单位的设计文件和现场情况不符，绘制有图纸错误与说明不一致；

(*C*) 承包单位由于施工的需要而提出的变更，由于材料、设备的供应问题而产生的变更，以及由于人力不可抗拒的破坏而引起的设计变更等。

(3) 投资控制的措施

①投资总额切块

根据工程施工总形象进度，依时间分割把投资总额切块，见表3-16。

年度投资切块控制表　　**表3-16**

工程总价款（合同）	万　元							
年/季度	1998				1999			
	一	二	三	四	一	二	三	四
土方及护坡桩工程								
±0.00以下建筑工程								
±0.00以上建筑工程								
建筑安装工程								
装饰工程								

②严格执行工程量计量及工程变更程序

(*A*) 工程量计量程序（图3-12）；

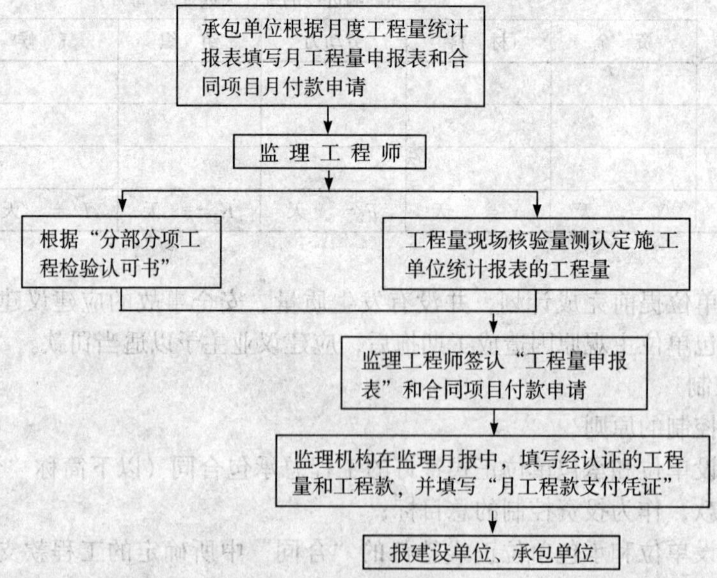

图3-12　工程量计量程序

(B) 设计变更程序(图 3-13);

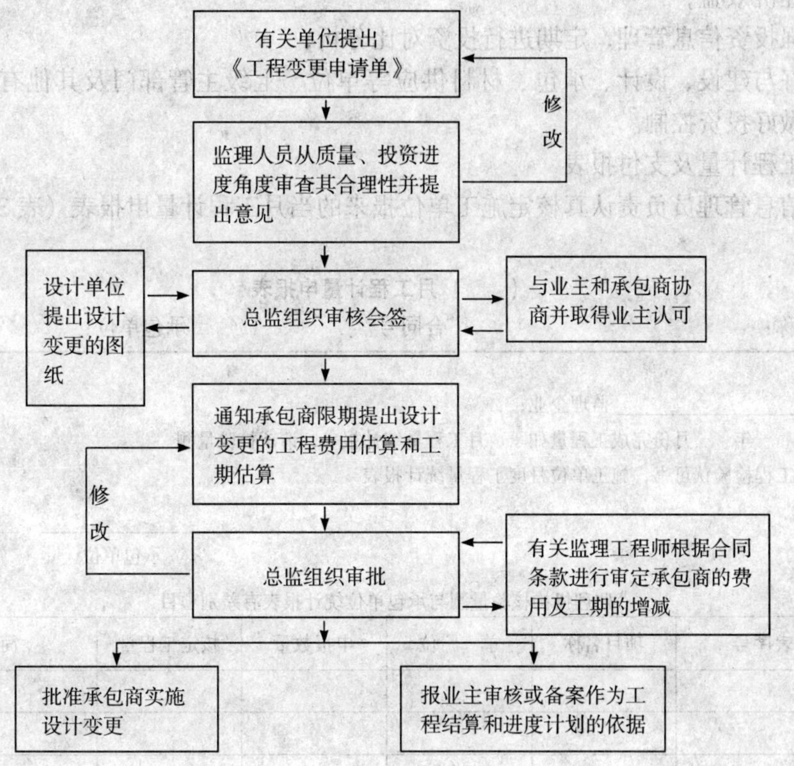

图 3-13　设计变更程序

(C) 工程洽商程序(图 3-14);

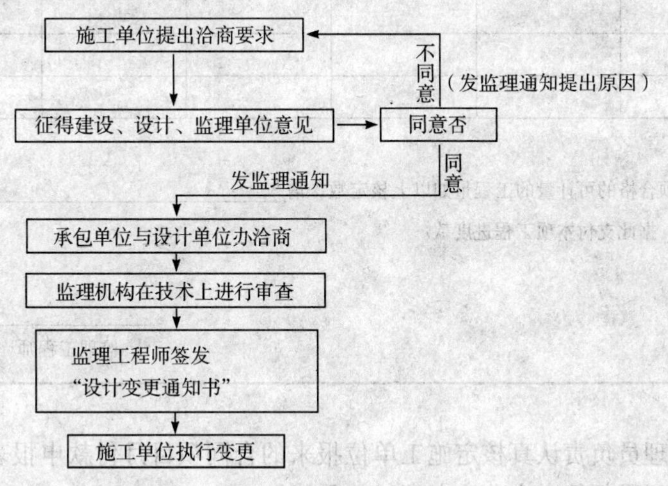

图 3-14　工程洽商程序

说明:1. 监理工程师审核变更,洽商是否符合施工验收规范及设计变更要求。
2. 无论来自哪一方的变更,均需监理工程师签发变更令。
3. 大的变更(指原设计方案或增加投资)要报经业主批准。

③积极推广新技术、新经验、新工艺及最佳的施工方案，合理化建议，节约开支，提高综合经济效益；

④加强投资信息管理，定期进行投资对比分析；

⑤搞好与建设、设计、承包、材料供应等单位、上级主管部门及其他有关单位的协作关系，做好投资控制。

（4）工程计量及支付报表

①由信息管理员负责认真核定施工单位报来的当月工程计量申报表（表 3-17）；

（　）月工程计量申报表

工程名称：　　合同号　　承包单位：　　**表 3-17**

致＿＿＿＿＿＿＿＿监理企业：

兹申报　年　月份完成工程量如　月工程量统计报表，请予核验量测。

附件：工程检验认可书，施工单位月度工程量统计报表

承包单位＿＿＿＿　日期＿＿＿＿

监理机构核验量测与承包单位统计报表有差别项目

统计报表序号	项目名称	单　位	申报数量	核定工程量	简要说明

经核验量测，本项合格的可计量的工程量如以上核定数，请＿＿＿＿＿＿＿＿＿＿＿＿＿＿＿＿据此支付本项工程进度款。

监理工程师＿＿＿＿　日期＿＿＿＿

②由信息管理员负责认真核定施工单位报来的合同项目月付款申报表（表 3-18），最后由项目总监理工程师签字交业主办理付款手续。

4. 信息管理

（1）信息资料编码系统流程结构图（图 3-15）；

（2）信息目录表（表 3-19）；

合同项目月付款申报表

工程名称：　　　　　　　　　　合同号　　　　　　　　承包单位：　　　　**表 3-18**

致＿＿＿＿＿＿＿＿＿＿＿＿监理公司：

兹申报＿＿＿年＿＿＿月完成合同项目总计＿＿＿＿＿＿＿＿＿＿元。请予核验量测。

附件：

1. 工程检验认可书
2. 承包单位工程量完成统计报表。

承包单位　　　　日　期

监理机构核验量测与承包单位统计报表有差别项目

统计报表序号	项目名称	单　位	施工单位申报			监理机构核定		
			数　量	单　价	合　价	数　量	单　价	合　价
合　计								

经核验量测本期应付合同项目的工程款为：

(　　　　　) － (　　　　　　　　) ＝ (　　　　　　)

承包单位申报额　　监理量测有差别项目额　　本期应付工程款

＿＿＿＿＿　＿＿＿＿　＿＿＿＿＿　＿＿＿＿

监理工程师　　日　期　　总监理工程师　　日　期

信 息 目 录 表

表 3-19

信息类型	时　间	供应信息者	信息接受者					
			上级	建设单位	承包单位	监理企业	设计单位	有关工作单位
上级工作指示	不定时	部、市有关部门				√		√
会议纪要	定　时	业主，承建单位，监理企业		√	√	√		√
监理月报	定　时	监理企业		√	√			
监理月报	定　时	监理企业		√	√			
备 忘 录	定　时	监理企业	√	√				√
质量验收	不定时	承建单位				√		
工程量申报	定　时	承建单位				√		
工程款申报	定　时	承建单位				√		
监理通知	不定时	监理企业	√		√			√

工程项目监理文件资料编号系统

工程建设法规性文件

- G-1 中央部委(含司局、协会)文件
- G-2 地方政府(含局处、协会)文件
- G-3 设计规范
- G-4 工程施工及验收规范
- G-5 工程质量评定标准
- G-6 计量器具检定规程
- G-7 其他法规性文件

工程项目文件

- X-1 勘察设计文件、图纸
- X-2 设计承包合同、协议
- X-3 施工安装承包合同、协议(含分包和招投标文件)
- X-4 建议监理合同、协议
- X-5 加工订货合同、协议(含业主方、总包方、分包方)
- X-6 项目建设其他文件

质量、进度、投资控制资料

- K-1 分承包方资质审查资料
- K-2 承包方(含分承包)技术员工资格资料
- K-3 设计交底资料
- K-4 施工机械设备报审资料
- K-5 工程开工报告
- K-6 施工组织设计(技术方案)报审资料
- K-7 施工承包方(含分承包)计划
- K-8 施工测量放线资料
- K-9 工程材料质保资料(砂、石、砖、水泥)
- K-10 工程材料质保资料(钢材、木材)
- K-11 工程材料质保资料(防水、保温材料)
- K-12 工程材料质保资料(给排水、煤气)
- K-13 工程材料质保资料(暖通、空调)
- K-14 工程材料质保资料(强、弱电)
- K-15 工程材料质保资料(装饰材料)
- K-16 工程设备质保资料
- K-17 焊接试验资料
- K-18 混凝土试验资料
- K-19 监理复试资料
- K-20 工程洽商与设计变更(建筑、结构、装饰)
- K-21 工程洽商与设计变更(给、排水、煤气)
- K-22 工程洽商与设计变更(暖通、空调)
- K-23 工程洽商与设计变更(强电、弱电)
- K-24 工程量计量与工程款支付(合同内、外)
- K-25 现场文明施工与安全检查资料
- K-26 工、料、机动态月报资料
- K-27 监理通知、指令
- K-28 监理备忘录
- K-29 业主备忘录
- K-30 施工承包方(含分包方)备忘录
- K-31 监理例会、协调会纪要
- K-32 监理规划、监理实施细则
- K-33 监理日记
- K-34 监理台账
- K-35 监理周报
- K-36 监理月报
- K-37 质监站检查资料
- K-38 总工程师巡视记录
- K-39 监理工作总结
- K-40 气象数据
- K-41 照片
- K-42 其他三控资料

工程验收资料

- Y-1 分部分项工程验收资料(地基与基础工程)
- Y-2 分部分项工程验收资料(主体工程)
- Y-3 分部分项工程验收资料(屋面工程)
- Y-4 分部分项工程验收资料(门窗工程)
- Y-5 分部分项工程验收资料(地面与楼面工程)
- Y-6 分部分项工程验收资料(给排水与煤气工程)
- Y-7 分部分项工程验收资料(暖通与空调工程)
- Y-8 分部分项工程验收资料(电气安装工程)
- Y-9 分部分项工程验收资料(装饰工程)
- Y-10 分部分项工程验收资料(电梯安装工程)
- Y-11 混凝土工程验评资料(基础结构工程)
- Y-12 混凝土工程验评资料(±0.00以上主体工程)
- Y-13 竣工验收资料
- Y-14 其他验收资料

图 3-15 信息资料编码系统流程结构图

（3）信息管理制度

①信息管理员负责本工程实施阶段全过程的信息收集、整理，按规定编目，输入计算机工作；

②总监理工程师组织定期工地会议或监理工作会议，信息管理员负责整理会议记录，并经总监理工程师签认打印分发；

③专业监理工程师定期或不定期检查承建单位的原材料、构配件、设备的质量状况以及工程质量的验收签认；

④专业监理工程师督促检查承建单位及时整理施工技术资料；

⑤随时向总监理工程师报告工作，并准确及时提供有关资料。

（4）信息签认流程图（图3-16）

5. 合同管理

（1）合同管理图（图3-17）

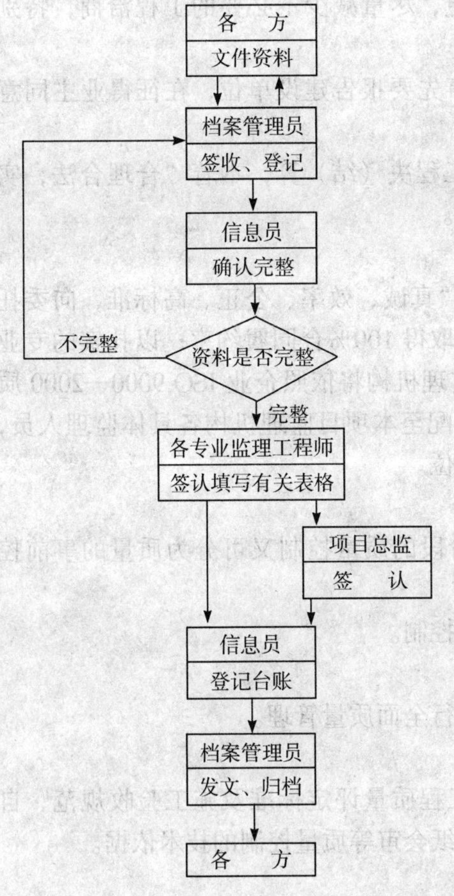

图3-16　信息签认流程图

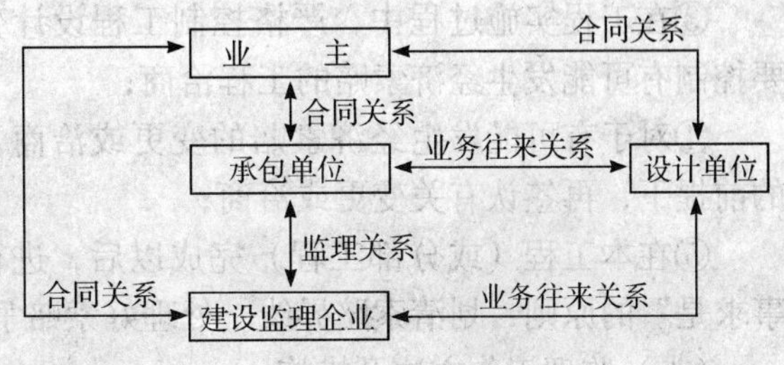

图3-17　合同管理图

（2）合同管理措施

①弄清合同中每一项内容，明确各方面的责、权、利，正确处理三方关系；

②用书面指示或文件代替口头指示；

③考虑问题要灵活，管理工作要做在其他工作前面，如需某项资料应提前发出索取信函；

④工程进行中细节的文件资料包括：信件、会议记录、建设单位的规定、指示、总监的决定、承包单位的请求、报告、监理的指令、记录、信函以及各种报表资料等；有关方一旦发生争执，监理工程师以此资料和记录作为调解问题的依据；

⑤对合同中的词意表达“含混”字句及时提出正确解释。

（3）合同管理制度

①向有关单位索取合同副本，了解掌握合同内容，以便进行合同的跟踪管理，包括合同各方面执行情况检查，向有关单位及时准确反映合同信息；

②审核工程设计变更和核定承包单位申报的实物工程量；

③督促承包单位落实工程进度计划，根据工程进度计划进行实际值与计划值的比较、分析，提出意见，并准确及时提供合同执行情况的有关资料；

④随时向总监理工程师报告工作，并准确及时提供有关资料；

⑤本工程合同执行情况每月在建设监理月报中反映。

(4) 索赔

为了维护建设单位的利益，保证建设单位与各方签订的合同顺利进行，减少索赔事项的发生，应努力做好以下几件工作：

①协助建设单位审查建设单位与各方签订的合同条款有无含混字句及分工不明，责任界线不清的地方，索赔条款内容是否明确，为做好索赔预控创造条件；

②协助建设单位，要求有关各方严格按合同办事，以达到控制质量、控制进度、控制投资的目的；

③在工程实施过程中，严格控制工程设计变更，尽量减少不必要的工程洽商，特别要控制有可能发生经济索赔的工程洽商；

④对于有可能发生经济索赔的变更或洽商，事先要报告建设单位，在征得业主同意的前提下，再签认有关变更或洽商；

⑤在本工程（或分部工程）完成以后，进行工程决（结）算，本着"合理合法，实事求是"的原则，划清索赔界线，处理好索赔争议。

（十）监理工作方法及措施

根据 ISO 9000—2000 质量体系要求，并遵照"真诚、效率、公正、高标准，向委托人提供满意的服务"的质量方针和"以高效的工作取得 100%合同履约率；以扎实的专业水准赢得 95%以上的顾客满意率"的质量目标，监理机构将依照企业 ISO 9000—2000 质量体系过程文件的要求，将本项目管理监控工作分配至本项目监理机构各具体监理人员，以做到事事有人管、分工明确、责任落实、管理到位。

1. 工程质量监控

根据工程实体、质量形成的时间阶段、施工阶段的质量控制又可分为质量的事前控制、事中控制和事后控制。

施工阶段的质量控制工作的重点是质量的事前控制。

(1) 质量的事前控制

①审查并督促施工单位建立健全质保体系，推行全面质量管理。

②掌握和熟悉质量控制的技术依据

监理人员应掌握和熟悉设计图纸和说明书、工程质量评定标准及施工验收规范、自审设计图纸及设计资料以及组织设计技术交底及图纸会审等质量控制的技术依据。

③施工场地的验收

主要为现场障碍物的认定和现场定位轴线及高程标桩的测设、验收。

④施工队伍的资质

在开工时检查工程主要技术负责人是否到位和审查分包单位资质。

⑤工程所需原材料、半成品的质量控制

审核工程所用材料、半成品的出厂证明、技术合格证或质保证书。

⑥施工机械的质量控制

凡直接危及工程质量的施工机械应按技术说明书查验其相应的技术性能；施工中使用的设备应有相应的技术合格证，并在正式使用前进行校验、校正。

⑦审查施工单位提交的施工组织设计或施工方案

⑧施工单位提交的施工组织设计或施工方案应有对保证工程质量可靠的技术和组织措施，并要求施工单位编制重点分部（项）工程的施工方法文件，提交为保证工程质量而制定的质量预控措施。

⑨生产环境、管理环境改善的措施

⑩协助施工单位完善质量保证工作体系，审核施工单位关于材料、制品试件、取样及试验的方法以及成品保护的方法、措施。

(2) 质量的事中控制

①施工工艺过程质量控制

针对监理项目的具体情况，组织施工工艺过程的质量控制。

②工序交接检查

坚持上道工序不经检查验收不准进行下道工序的原则，上道工序完成后，先由施工单位进行自检、专职检，认为合格后始通知现场监理工程师或其代表到现场会同检验。

③隐蔽工程检查验收

隐蔽工程完成后，先由施工单位自检、专职检，初验合格后填报隐蔽工程质量验收通知单，报告现场监理工程师检查验收。

④工程变更的处理

施工单位提出工程变更按常规处理流程处理。

⑤设计变更及技术核定的处理

对由建设单位原因提出的设计变更或技术核定进行处理。

⑥工程质量事故处理

包括质量事故原因、责任的分析、质量事故处理措施的商定；

批准处理工程质量事故的技术措施或方案，处理措施效果的检查。

⑦行使质量监督权，下达停工命令

为了保证工程质量，出现下述情况之一者，监理工程师有权指令事故单位立即停工整改，包括：

a．未经检验即进行下一道工序作业者；

b．工程质量下降经指出后，未采取有效改正措施或采取了一定措施，而效果不好，继续作业者；

c．擅自采用未经认可或批准的材料；

d．擅自变更设计图纸的要求；

e．擅自将工程转包者；

f．擅自让未经同意的分包单位进场作业者；

g．没有可靠的质保措施贸然施工，已出现质量下降征兆者；

h．其他。

⑧严格执行单项工程开工报告和复工报告审批制度，凡单项工程开工及停工后工程

复工，均应遵照规定的监理流程来实施。

⑨质量、技术签证

凡质量、技术问题方面有法律效力的最后签证，只能由项目总监理工程师一人签署。

行使质量否决权，为工程进度款的支付签署质量认证意见。

⑩建立质量监理日志。

⑪组织现场质量协调会。

⑫定期向总监、建设单位报告有关工程质量动态情况。

(3) 质量事后控制

①做好竣工验收前的准备工作。

②落实好工程竣工验收的实施。

③做好档案资料工作。

④做好收尾和有关竣工资料交接工作。

2. 工程进度监控

(1) 施工阶段进度控制任务

①审核施工总进度计划和分阶段施工进度计划，并督促承建单位按审定的施工进度计划进行施工。

②控制按总进度计划编制的设备进场计划并经常了解材料订购计划，及时向建设单位汇报。

③审核总承包单位提交的月施工计划并控制其执行。

④依据承建单位报送的施工作业计划进行日常的进度检查和控制，做好监理日记工作，掌握第一手进度资料。

⑤及时比较实际进度与计划进度，研究存在的问题，向建设单位汇报影响工期的原因和整改措施。

(2) 进度控制措施

①组织措施；

②落实项目监理组中的"进度控制"人员；

③确定进度协调制度，每周开一次例会；

④对影响进度目标实现的因素进行分析，提出解决办法。

(3) 技术措施

①合同措施

严格合同管理，督促合同工期执行。

②信息管理措施

通过计划进度与实际进度的动态比较，定期向建设单位提供进度比较报告。

3. 工程投资控制

(1) 对本工程施工图预算、工程进度款及结算的审核

①本工程施工图预算、进度款及结算的审核是作为投资控制的重要工作。审核施工图预算是对项目的预控；审核进度款是控制阶段拨款；审核结算是最终核定项目的实际投资。对本工程来说，重点应是审核结算。

②经济监理工程师对本工程的土建、各专业、各分部分项工程建立工程量库、单价

库及有关取费费率汇总表，按各时间段动态跟踪改变。特别是工程结算审核中，对在不同阶段、工程发生的施工时间、部位所核定的结算费用，与上述材料单位价、费率及工程量的变更密切相关。经济监理工程师建立各阶段动态单价、费率、工程量库后，特别对结算审核十分有效。

③本工程对核审工程量人员的要求，应是详细按图计算全部分部分项工程量，列出计算公式，标出轴线号及相应区段，必要时绘制计算简图，钢筋工程量要按施工图逐根计算。工程量计算要详细列出清单，便于复核。经济监理工程师亲自详细计算出各分部分项的工程量之后，并与承包商提出的工程量逐项核对，准确无误后，才是真正达到审核工程量。

④本工程对审查单价是否正确作为重点，着重审查工程名称、种类、规格、计量单位，与预算定额或单位估价表上所列的内容是否一致。如果一致时才能套用，否则错套单价，就会影响直接费的准确度。

⑤经审核后的建设项目预（结）算，必须再通过中国建设银行或政府指定的有关部门审查。

(2) 对本工程施工阶段进行投资控制

①确定本项目在施工阶段的投资控制目标值，包括项目的总目标值、分目标值、各细目标值。在项目施工过程中采取有效措施，控制投资的支出，将实际支出值与投资控制的目标值进行比较，并做出分析及预测，加强对各种干扰因素的控制，及时采取措施，确保项目投资控制目标的实现。同时，根据实际情况，允许对投资控制目标进行必要的调整，调整的目的是使投资控制目标永远处于最佳状态和切合实际。但应注意，调整既定目标应严肃对待并按规定程序。这是本监理公司对本工程施工阶段投资控制的重点。

②编制本工程施工阶段投资控制详细的工作流程图和投资计划；拟订本工程在施工阶段降低投资的技术经济措施。

③对设计变更部分进行技术经济比较；寻求本工程中，通过设计的修正挖潜节约投资的可能。

④在本工程施工阶段投资控制中对合同进行管理，主动参与处理工程索赔工作；参与合同修改、补充工作，着重考虑它对投资控制有影响的条款。

⑤本工程在施工阶段投资控制的立足点是节约项目的一次性投资和项目全寿命的经济分析，即进行全面考虑。因此本监理企业在投资控制部门中投入的经济监理工程师的素质要求较高。

⑥本工程在施工阶段投资控制中的技术经济分析旨在提高本工程的经济效益，降低投资和提高工程质量，对施工方案技术经济分析更为重视，这是有效的手段。

⑦监理工程师（负责投资控制）参加项目组共同工作，对控制投资和各合同造价负责。对投资总额切块，经业主批准后严格控制，监理工程师时时配合项目经理控制投资和造价，控制变更工程造价。

编制造价计划并遵照业主要求和工程实际的进展情况及时修订。

编制月度费用报告，内容包括：本月份批准的变更工程（含超支或节约原因分析），当前项目总投资目标，项目现金流量，预测未来可能的总投资超支。

编制现金流量计划和实际报告。

对涉及投资和造价问题提出建议，起动相应措施。

提出费用预控报告。

(3) 对本工程竣工阶段的投资控制

①本工程及时按施工合同的有关规定进行竣工结算，并对竣工结算的价款总额与建设单位和承包单位进行协商。

②经本监理企业审核的工程结算总额是本工程结算依据，至关重要。本监理企业以维护建设单位利益为重，公正、合理的核减一切理应核减的工程结算总额。

③本工程的总监理工程师组织专业监理工程师，依据有关法律、法规、工程建设强制性标准、设计文件及施工合同，对承包单位报送的竣工资料严格进行审查，并对工程质量进行竣工预验收。对存在的问题，及时要求承包单位整改。整改完毕由总监理工程师签署工程竣工报验单，并在此基础上提出工程质量评估报告。工程质量评估报告经总监理工程师和本监理单位技术负责人审核签字。

④参加由建设单位组织的竣工验收，并提供相关监理资料。对验收中提出的整改问题，本监理公司要求承包单位进行整改。工程质量符合要求，由总监理工程师会同参加验收的各方签署竣工验收报告。

4．安全生产、文明施工管理

(1) 安全生产管理

①设专人管安全生产，同时，每位监理人员都要牢固树立“安全第一”的思想，时刻不忘对安全的检查、监督。

②协助建设单位对承包单位进行安全资质审查确认，并协助建设单位与承包单位签订有关安全生产方面的协议。

③在审查施工单位的施工组织设计时，要求施工单位必须有相应的安全技术措施，制定措施应有针对性、具体化。

④施工单位应制定安全生产规章制度，完善安全生产管理网络。

⑤督促施工单位不仅要严格执行“工程施工技术规范”，更不能忘记执行“工程施工安全技术规程”，认真执行安全法规及有关指示。在现场发现违章指挥、违章操作，监理要及时予以制止。

⑥监督施工单位按规定搭设安全设施。

⑦参与事故的分析和处理，督促安全技术防范措施的实施和验收。

⑧督促施工单位及时整理，填报有关安全文书资料。

⑨施工单位特殊工种必须持证上岗，安全员上班必须佩戴安全员袖章。

(2) 文明施工管理

①协助建设单位督促、检查施工单位制定好文明施工制度；要求施工单位将文明施工减少噪声、防止污染及做好环境卫生设施纳入施工组织设计。

②督促各施工单位，都要按照有关规定，达到文明工地和文明生活区标准，严禁宿舍内有电线乱拉乱拖，并协助指挥部进行经常性的及定期的检查。

③文明工地现场按有关规定要求，必须从八个方面达到相应的要求，这八个方面是：挂牌施工、隔离措施、通道要求、排水畅通、现场布置、文明施工、管线保护、生活卫生。各施工单位必须在上述八方面，达到相应的具体要求。

④施工单位在同施工人员明确任务、安排进度、质量、安全生产要求的同时，必须向施工人员明确文明施工的要求，对此，监理要及时督促检查。

(十一) 监理工作制度

1. 建立报审制度

(1) 施工组织设计（方案）报审制度

①工程施工组织设计报审；

②特殊工程方案报审。

(2) 工程施工进度计划报审制度

①施工进度总计划报审；

②施工进度每月计划报审。

(3) 建筑材料报审制度

①进场施工的所有原材料质量报审；

②整改复查报审制度；

③监理通知单的整改内容都必须进行整改复查报审。

(4) 技术核定报审制度

施工单位进行工程技术变更，应以技术核定单报审形式，并经设计单位指定代表签字盖章后，向监理单位报审。

(5) 工程报验制度

施工单位完成自检工作，分项工作评定后，向监理单位进行工程报验。

2. 建立工程协调会议制度

(1) 工程例会制度

每周召开各单位参加的工程例会，其中各单位主要有：建设单位、监理企业、施工单位及相关单位。

(2) 专题会议制度

重要技术确定，工作单位进度协调，工作单位之间施工配合协调，要求业主或设计单位解决原则事项等进行专题会议研究、解决。

3. 建立施工现场巡视制度

(1) 巡视工作

现场责任监理工程师协调项目施工负责人进行日常定时、定项巡视工作，处理日常事务。

(2) 周巡视工作

每周一次定时由工程项目总监协调，监理成员和施工单位、设计单位、业主有关要负责人参加，一起对工程进度、质量、安全进行每周考察并及时总结。

4. 建立工程验收制度

(1) 工序交接验收工作

①原则：坚持上道工序不经检查验收不准进行下道工序施工。

②操作方法：上道工序完成后，先由施工单位自检，专职检，认为合格后通知现场监理工程师或其代表到现场会同检验。合格后进入下道工序工作，不合格则要整改。

(2) 隐蔽工程验收制度

①原则：在施工过程中，上一道工序的工作成果，将被下一道工序的工作成果覆盖，完工以后无法检查的那一部分工程，要办理隐蔽工程验收记录。

②操作方法：隐蔽工程先由施工单位自检、专职检、初检合格后，填报隐蔽单后申报监理单位于现场验收。合格后，经签字即刻进入隐蔽工作，若不合格必须整改。

5. 监理月报制度

施工阶段的监理月报包括以下内容：

（1）本月工程概况；

（2）本月工程形象进度；

（3）工程进度

①本月实际完成情况与计划进度比较；

②对进度完成情况及采取措施效果的分析。

（4）工程质量

①本月工程质量情况分析；

②本月采取的工程质量措施效果。

（5）工程计量与工程款交付

①工程量审核情况；

②工程款审批情况及月支付情况；

③工程款支付情况分析；

④本月采取的措施及效果。

（6）合同其他事项的处理情况

①工程变更；

②工程延期；

③费用索赔。

（7）本月监理工作小结

①对本月进度、质量、工程款支付等方面情况的综合评价；

②本月监理工作情况；

③有关本工程的意见和建议；

④下月监理工作的重点。

监理档案资料制度

施工阶段的监理档案资料包括下列内容：

（1）施工合同文件及委托监理合同；

（2）勘察设计文件；

（3）监理规划；

（4）监理实施细则；

（5）分包单位资格报审表；

（6）设计交底与图纸会审会议纪要；

（7）施工组织设计（方案）报审表；

（8）工程开工/复工报审表及工程暂停令；

（9）测量核验资料；

(10) 工程进度计划；
(11) 工程材料、构配件、设备的质量证明文件；
(12) 检查试验资料；
(13) 工程变更资料；
(14) 隐蔽工程验收资料；
(15) 工程计量单和工程款支付证书；
(16) 监理工程师通知单；
(17) 监理工作联系单；
(18) 报验申请表；
(19) 会议纪要；
(20) 来往函件；
(21) 监理日记；
(22) 监理月报；
(23) 质量缺陷与事故的处理文件；
(24) 分部工程、单位工程等验收资料；
(25) 索赔文件资料；
(26) 竣工结算审核意见书；
(27) 工程项目施工阶段质量评估报告等专题报告；
(28) 监理工作总结。

监理资料的提供，执行《建设工程监理规范》(GB 50319—2000) 的规定；工程竣工验收后一个月内交付全套监理资料，并对施工单位竣工资料提出审核意见，并签证竣工图纸。

6. 监理工作统一报表制度

监理工作统一报表分以下 A、B、C 三类

(1) A 类表（承包单位用表）

A1　工程开工/复工报审表
A2　施工组织设计（方案）报审表
A3　分包单位资格报审表
A4　报验申请表
A5　工程款支付申请表
A6　监理工程师通知回复单
A7　工程临时延期申请表
A8　费用索赔申请表
A9　工程材料/构配件/设备报审表
A10　工程竣工报验单

(2) B 类表（监理单位用表）

B1　监理工程师通知单
B2　工程暂停令
B3　工程款支付证书

B4　工程临时延期审批表

B5　工程最终延期审批表

B6　费用索赔审批表

(3) C类表（各方通用表）

C1　监理工作联系单

C2　工程变更单

(4) 工程监理竣工资料编制办法

①送交建设单位的竣工资料按建设单位有关规定进行编制。

②内部归档按本公司制定的《工程档案资料管理办法》进行。

(十二) 项目监理设施

本项目配备的检测仪器及设备清单（表3-20）

检测仪器与设备清单　　　　表3-20

序号	名称	型号及规格	数量
1	铟钢尺	2m	1对
2	水准仪	DSZ_2	1台
3	经纬仪	J2	1台
4	计算机	CATIA软件平台	1只
5	长杆千分尺		1把
6	测距仪	WILD1600	1台
7	钢卷尺	3m，5m，30m，50m	数把
8	游标卡尺	20mm，30mm，1000mm	数把
9	混凝土试压试模	标准或非标准试件	18组
10	混凝土抗折试模	150×150×550	10组
11	坍落度筒	标准	2只
12	焊缝量规		1只
13	检测工具	14件套装	6套
14	钢尺	1m、1.5m	各1把
15	水平尺	0.6m、1m	各1把
16	线锤		数只
17	孔径量规		1把
18	温度计	标准	1只
19	湿度仪	标准	1只
20	砂浆试模	标准试件	2组
21	混凝土抗渗试模	标准试件	2组
22	裂缝检测仪	标准	1把
23	回弹仪		1台
24	漆膜厚度测试仪		1台

第四章 工程项目监理机构

第一节 工程项目监理机构设置的原则

工程项目委托监理合同签订以后,监理企业应尽快组建监理机构。项目监理机构的组织形式和规模,应根据委托监理合同规定的服务内容、服务期限、工程类别、规模、技术复杂程度、工程环境等因素确定。监理企业履行施工阶段的委托监理合同时,必须在施工现场建立项目监理机构。项目监理机构在完成委托监理合同约定的监理工作后可撤离施工现场。

一、统一指挥,分层管理

根据我国《工程建设监理规定》和《建设工程监理规范》,工程项目监理实行总监理工程师负责制。总监理工程师全面负责受委托的监理工作,工程项目监理机构在总监的统一指挥下,完成监理合同中委托的监理任务。一般地,工程项目监理机构由总监理工程师、总监理工程师代表 、监理工程师、监理员组成,必要时聘请一些专业工程师协助完成专业性强的工作。

在 FIDIC 合同条件下,工程实施阶段监理机构一般分为 3 个层次:

工程师——工程师代表——工程师助理

通常按工程规模和工作量确定监理人员人数,应精简高效,要因事设人,防止机构臃肿和人浮于事。

二、各层人员职责明确,责权一致,有职有权

现场监理机构的监理人员既要有监督管理的责任,又要有控制的手段。既要有现场检查的义务,又要有决定问题和发布指令的权力。每个人都应该能妥善地将工程问题和合同问题相联系给予及时恰当的处理。

三、各层次人员应合理搭配,有利于团结协调,减少机构内耗,发挥监理机构的群体作用

四、工程项目监理机构的人员应具有综合业务素质。不能选择业务知识单一的人员负责全面管理

五、工程项目监理机构最好与承包单位的项目管理机构相对应,便于各层人员有明确的监督管理对象

第二节 工程项目监理机构的组织形式

工程项目监理机构的组织形式通常分为直线式和矩阵式两种。

一、直线式监理机构

直线式监理机构组织形式的特点是机构简单、隶属关系明确、职责分明。这种形式适用于大、中型工程项目。通常如图 4-1 所示。

例 1：某大桥工程现场监理机构（图 4-2）

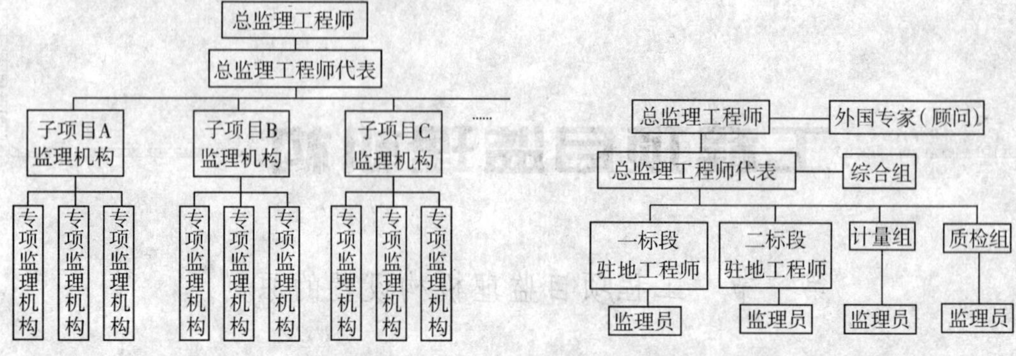

图 4-1　直线式监理机构　　　　图 4-2　某大桥工程现场监理机构

例 2：某金融大厅工程监理机构（图 4-3）

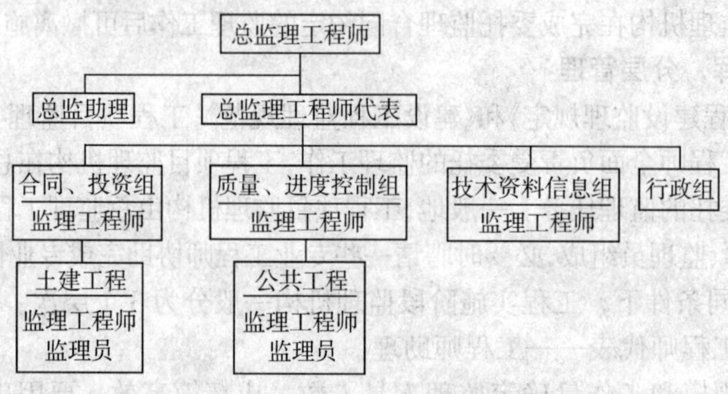

图 4-3　某金融大厅工程监理机构

例 3：某世界银行贷款项目——典型的 FIDIC 合同条件下的工程师项目机构（图 4-4）

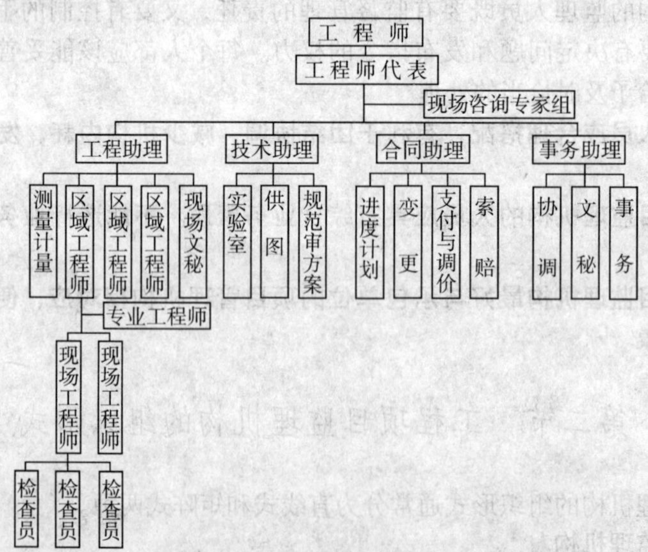

图 4-4　典型的 FIDIC 合同条件下工程师项目机构

例 4：某公路工程现场监理机构（图 4-5）

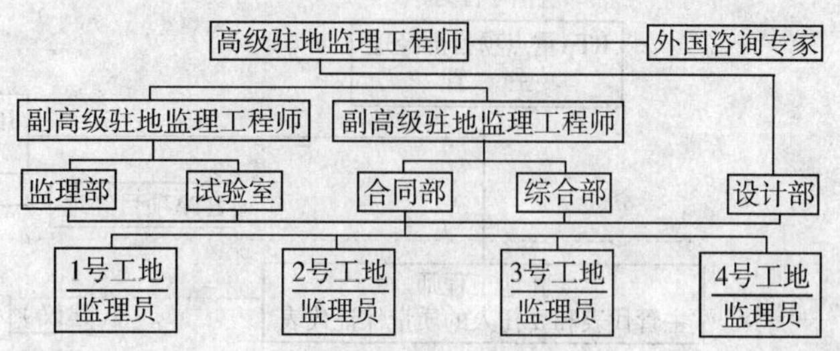

图 4-5　某公路工程现场监理机构

例 5：某公路工程现场监理机构（图 4-6）

例 6：澳大利亚雪山工程公司 Jugiong 改线高速公路项目机构图（图 4-7）

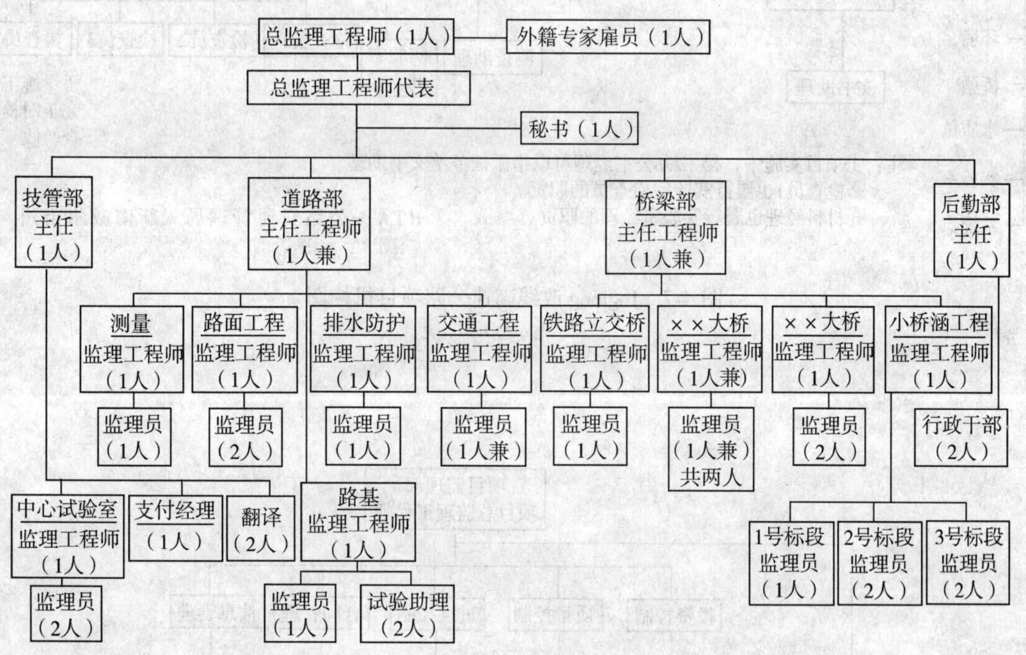

图 4-6　现场监理机构图

二、矩阵式监理机构

对于大型工程项目的监理，所监理项目能划分若干个相对独立的子项（如子项 1、子项 2 等），为有利于总监理工程师对整个项目实施规划、组织和指导，有利于统一监理工作的要求和规范化，同时又能发挥子项工作班子的积极性，强化责任制，可采用项目矩阵式监理机构组织形式见图 4-8。

采用矩阵式监理机构组织形式时要注意，在具体工作中要确保指令的惟一性，明确规定当指令发生矛盾时，应执行哪一个指令。

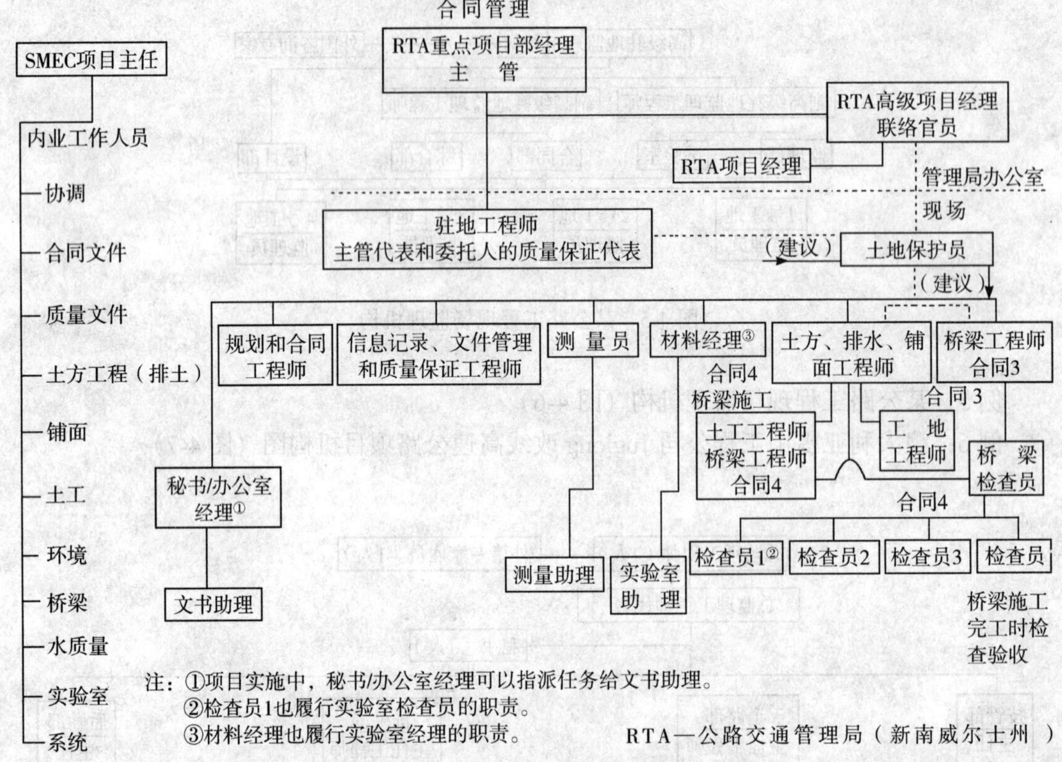

图 4-7　Jugiong 改线高速公路项目机构图

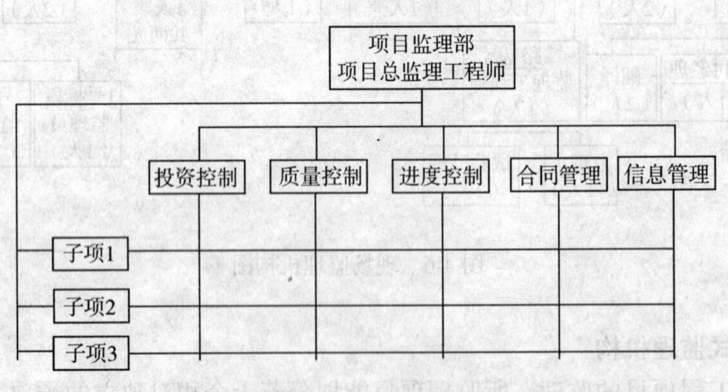

图 4-8　矩阵式监理机构组织形式

例 1：某大桥工程监理组织机构（图 4-9）

例 2：某煤炭工程监理组织机构（图 4-10）

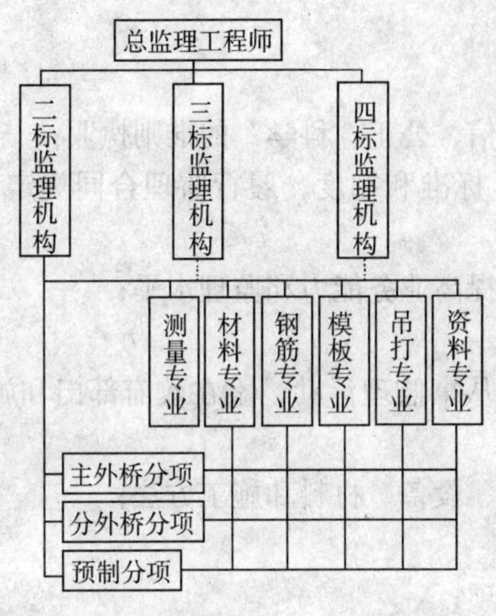

图 4-9　某大桥工程监理组织机构

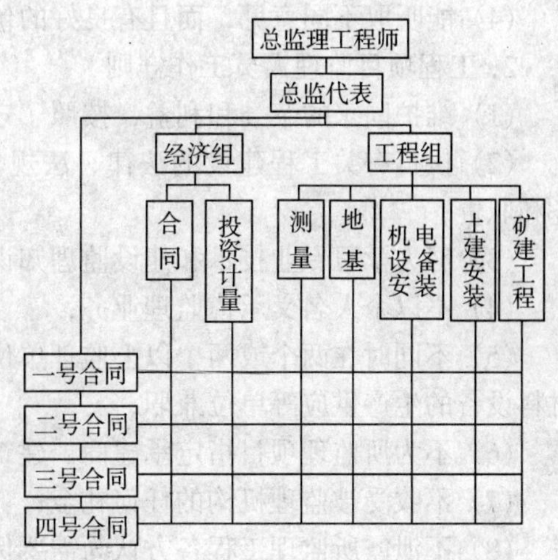

图 4-10　某煤炭工程监理组织机构

第三节　监 理 工 程 师

一、监理工程师的素质

监理工程师是取得国家监理工程师执业资格证书并经注册的监理人员。工程项目监理是高智能的技术服务，服务的水平和质量取决于监理队伍的水平、素质，最根本的是取决于监理工程师的水平和素质。监理工程师的素质主要体现有以下几点：

（一）扎实的专业理论基础

监理工程师依据合同对工程项目进行监督管理，监理工作具体涉及许多专业技术和理论，虽然不能要求监理工程师成为全才，门门精通，但是必须掌握所监理的工程项目涉及的专业技术和理论，才能承担好监理工作。

（二）具有丰富的工程建设实践经验

监理工程师在工程建设实施的各个阶段（尤其是设计、施工阶段）会碰到许多问题，只有善于发现问题并及时处理问题，才能够实现目标控制，因此必须有丰富的工程建设实践经验。

（三）组织协调能力

在工程建设的全过程中，监理工程师依据合同对工程项目实施监督管理，监理工程要面对建设单位、设计单位、承包单位、材料设备供应商等与工程有关的单位，只有协调好有关各方的关系，处理好各种矛盾和纠纷，才能使工程建设顺利地开展，实现项目投资目标。因此，监理工程师应具备良好的组织协调能力。

（四）具有良好的品德

1. 监理工程师应具有良好的品德

(1) 热爱社会主义祖国，热爱人民，热爱建设事业；

(2) 具有科学的工作态度；

(3) 具有廉洁奉公、为人正直、办事公道的高尚情操；

(4) 能听取不同意见，而且有良好的包容性。

2. 工程项目监理人员工作守则

(1) 维护国家的荣誉和利益，按照“守法、诚信、公正、科学”的准则执业；

(2) 执行有关工程建设的法律、法规、规范、标准和制度，履行监理合同规定的义务和职责；

(3) 努力学习专业技术和建设监理知识，不断提高业务能力和监理水平；

(4) 不以个人名义承揽监理业务；

(5) 不同时在两个或两个以上监理单位注册和从事监理活动，不在政府部门和施工、材料设备的生产供应等单位兼职；

(6) 不为所监理项目指定承建商、建筑构配件、设备、材料和施工方法；

(7) 不收受被监理机构的任何礼金；

(8) 不泄露所监理工程各方认为需要保密的事项；

(9) 坚持独立自主地开展工作。

附录：FIDIC 道德准则

FIDIC 认识到工程师的工作对于取得社会及其环境的持续发展是十分关键的。

为使工程师的工作充分有效，不仅要求工程师必须不断增长他们的知识和技能，并且要求社会尊重他们的道德公正性，信赖他们中的人员作出的评审，同时给予公正的报酬。

FIDIC 的全体会员协会同意并且相信，如果要想使社会对其专业顾问具有必要的信赖，下述准则是其成员行为的基本准则。

咨询工程师应该：

对社会和职业的责任：

1. 接受对社会的职业责任。

2. 寻求与确认的发展原则相适应的解决办法。

3. 在任何时候，维护职业的尊严、名誉和荣誉。

能力：

4. 保持其知识和技能与技术、法规和管理的发展相一致的水平，并且对于委托人要求的服务采用相应的技能、细心和努力。

5. 仅在有能力从事服务时方才进行。

正直性：

6. 在任何时候均为委托人的合法权益行使其职责，并且正直和忠诚地进行职业服务。

公正性：

7. 在提供职业咨询、评审或决策时不偏不倚。

8. 通知委托人在行使其委托权时可能引起的任何潜在的利益冲突。

9. 不接受可能导致判断不公的报酬。

对他人的公正：

10. 加强“按照能力进行选择”的观念。

11. 不得故意或无意地做出损害他人名誉或事务的事情。

12. 不得直接或间接取代某一特定工作中已经任命的其他咨询工程师的位置。

13. 通知该咨询工程师并且接到委托人终止其先前任命的建议前不得取代该咨询工程师的工作。

14. 在被要求对其他咨询工程师的工作进行审查的情况下，要以适当的职业行为和礼节进行。

第四节　工程项目监理机构的人员构成及岗位职责

监理企业与建设单位签订监理合同以后，根据《建设工程监理规范》，监理企业应根据所承担的监理任务，组建工程项目监理机构，项目监理机构一般由总监理工程师、监理工程师和其他监理人员组成。承担建设工程施工阶段、设备采购和制造监理工作的，监理机构应进驻施工现场。

在确定监理机构的人员结构时，应考虑要有合理的专业结构，即监理机构应具备与所承担的监理任务相适应的专业人员，同时要有合理的技术职务、职称结构。如图 4-11 所示。项目监理机构人员的数量，要依据工程的性质和特点、工程的规模、监理业务的范围以及监理人员的业务素质来确定。

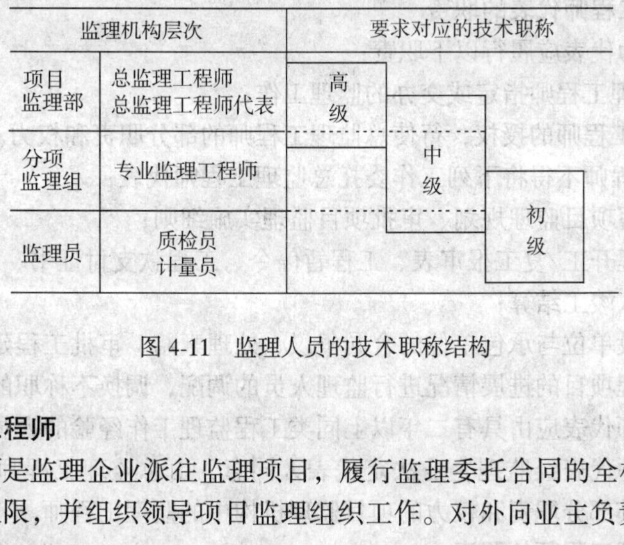

监理机构层次		要求对应的技术职称
项目监理部	总监理工程师 总监理工程师代表	高级
分项监理组	专业监理工程师	中级
监理员	质检员 计量员	初级

图 4-11　监理人员的技术职称结构

一、总监理工程师

总监理工程师是监理企业派往监理项目，履行监理委托合同的全权负责人，行使合同授予的职责和权限，并组织领导项目监理组织工作。对外向业主负责，对内向监理企业负责。

(一)《建设工程监理规范》中明确指出：

总监理工程师由监理企业法定代表人书面授权，全面负责委托监理合同的履行、主持项目监理机构工作的监理工程师。

总监理工程师应由具有三年以上同类工程监理工作经验的人员担任；

当总监理工程师需要调整时，监理企业应征得建设单位同意并书面通知建设单位；

一名总监理工程师只宜担任一项委托监理合同的项目总监理工程师工作。当需要同时担任多项委托监理合同的项目总监理工程师工作时，须经建设单位同意，且最多不得超过三项。

（二）总监理工程师应履行以下职责：

1. 确定项目监理机构人员的分工和岗位职责；

2. 主持编写项目监理规划、审批项目监理实施细则，并负责管理项目监理机构的日常工作；

3. 审查分包单位的资质，并提出审查意见；

4. 检查和监督监理人员的工作，根据工程项目的进展情况可进行监理人员调配，对不称职的监理人员应调换其工作；

5. 主持监理工作会议，签发项目监理机构的文件和指令；

6. 审定承包单位提交的开工报告、施工组织设计、技术方案、进度计划；

7. 审核签署承包单位的申请、支付证书和竣工结算；

8. 审查和处理工程变更；

9. 主持或参与工程质量事故的调查；

10. 调解建设单位与承包单位的合同争议、处理索赔、审批工程延期；

11. 组织编写并签发监理月报、监理工作阶段报告、专题报告和项目监理工作总结；

12. 审核签认分部工程和单位工程的质量检验评定资料，审查承包单位的竣工申请，组织监理人员对待验收的工程项目进行质量检查，参与工程项目的竣工验收；

13. 主持整理工程项目的监理资料。

二、总监理工程师代表的职责

总监理工程师代表应履行以下职责：

1. 负责总监理工程师指定或交办的监理工作；

2. 按总监理工程师的授权，行使总监理工程师的部分职责和权力。

3. 总监理工程师不得将下列工作委托总监理工程师代表：

（1）主持编写项目监理规划、审批项目监理实施细则；

（2）签发工程开工/复工报审表、工程暂停令、工程款支付证书、工程竣工报验单；

（3）审核签认竣工结算；

（4）调解建设单位与承包单位的合同争议、处理索赔、审批工程延期；

（5）根据工程项目的进展情况进行监理人员的调配，调换不称职的监理人员。

总监理工程师代表应由具有二年以上同类工程监理工作经验的人员担任。

总监理工程师代表经监理企业法定代表人同意，由总监理工程师书面授权，代表总监理工程师行使其部分职责和权力的项目监理机构中的监理工程师。

三、专业监理工程师的职责

（一）专业监理工程师应履行的职责

1. 负责编制本专业的监理实施细则；

2. 负责本专业监理工作的具体实施；

3. 组织、指导、检查和监督本专业监理员的工作，当人员需要调整时，向总监理工程师提出建议；

4. 审查承包单位提交的涉及本专业的计划、方案、申请、变更，并向总监理工程师提出报告；

5. 负责本专业分项工程验收及隐蔽工程验收；

6. 定期向总监理工程师提交本专业监理工作实施情况报告，对重大问题及时向总监理工程师汇报和请示；

7. 根据本专业监理工作实施情况做好监理日记；

8. 负责本专业监理资料的收集、汇总及整理，参与编写监理月报；

9. 核查进场材料、设备、构配件的原始凭证、检测报告等质量证明文件及其质量情况，根据实际情况认为有必要时对进场材料、设备、构配件进行平行检验，合格时予以签认；

10. 负责本专业的工程计量工作，审核工程计量的数据和原始凭证。

（二）专业监理工程师职责（表 4-1）

专业监理工程师职责 表 4-1

项　目	专业监理工程师职责内容	标　　准
工作标准	投资控制	符合投资分解规划
	进度控制	符合控制性进度计划
	质量控制	符合质量评定验收标准
	合同管理	按合同约定
基本职责	1. 在项目总监理工程师领导下，熟悉项目情况，清楚本专业监理的特点和要求	制定本专业监理工作计划或实施细则
	2. 具体负责组织本专业监理工作	监理工作有序，工程处于受控状态
	3. 做好与有关部门间的协调工作	保证监理工作及工程顺利进展
	4. 处理本专业有关的重大问题并及时向总监报告	及时、如实
	5. 负责本专业有关的签证、对外通知、备忘录，以及及时向总监理工程师的报告、报表资料	及时、如实、准确
	6. 负责整理本专业有关的竣工验收资料	完整、准确、真实

（三）专业监理工程师承担的具体工作

1. 根据监理合同、施工合同文件内容，熟悉和掌握施工图纸、施工操作规范和质量验收标准内容，以及有关法规和条例内容。

2. 参加由总监组织的审查设计图纸和施工组织设计，并提出意见供总监参考；督促承包单位按设计图纸和施工组织设计进行施工；参与编写监理细则。

3. 审查重点部位施工技术方案和承包单位拟采用的新技术和新工艺，并提出意见交总监；督促承包单位按审批同意后的技术措施和工艺进行施工；检查承包单位质保体系；督促施工进度计划的制订落实。

4. 审批确认承包单位已进场的施工机具和设备的性能、规格、数量。

5. 复核承包单位施工放样和预埋件，预留孔放样工作，做到在工序进行中检查和监督。在承包单位自检合格的基础上检查验收并签署质量检验单（隐蔽工程验收单），批准下道工序施工。

6. 提出质量事故整改通知单，处理承包单位施工中发生的一般质量事故，参与重大质量安全事故的调查，并提供发生事故的有关情况。

7. 审查承包单位提交的工程计量申报表或项目月付申报表，提供确实数据供总监审核签认。

8. 发现问题及时向总监汇报或做出总监授权下的处理。

9. 参与承包单位申请索赔和延期的理由情况调查，审查索赔和延期申请单；交总监审核签认。

10. 编写监理工作记录，及时向总监汇报工作情况，按时参加工地会议。

11. 检查现场材料、成品、半成品、构件、设备质量情况和质量保证资料，通知试验（材料）监理工程师进行质量抽检或试验。

12. 根据现场工程进展情况，及时通知试验（材料）监理工程师和测量监理工程师进行工程试验和测量复核工作。

13. 熟悉掌握工程承包合同中每一项内容及含义，根据现场监理工程师签认的工程量、支付款、索赔项目内容，提出合同依据，并提出意见交总监参考。

14. 负责图纸、文件、资料的签收、分发、保管。

15. 按工程部位汇总整理施工过程中的质量、进度、计量、支付等内业资料，进行编号存放，使用计算机管理。

16. 督促和检查承包单位内业资料的质量及完成情况，及时提供信息给专业监理工程师，以便及时整改与补充。

17. 工程验收前为总监提供编制初验报告及评估报告的数据资料。

18. 工程竣工后，按档案管理要求进行监理资料的整理和交公司存档。

19. 审查承包单位编制的施工进度计划（网络计划），根据承包单位实际生产能力、劳动力、资源配备等供应情况提出修改意见。

20. 根据总体计划、年计划、月计划、旬计划对照工程实际进展情况，发现偏差及时提出调整意见，并向总监汇报。

21. 对总监签认工程计量单，申报单或合格工程量以及建设单位认可索赔进行汇总。

22. 根据国家、地方和设计有关要求督促施工单位进行原材料、半成品和设备的质量验收。

23. 对承包单位已检查认可或按工程监理工程师要求对现场材料、成品、半成品按一定频率或要求作好抽检测试工作，对进场工程设计进行查验，发现问题及时向总监汇报，并提供处理意见。

24. 对承包单位外加工构件的材料进行检查认可。

25. 按工程验收规范要求对承包单位已验收合格的部分工程，按一定频率进行工程试验和测试，提供数据供监理工程师进行工程验收。

26. 检查承包单位试验室的管理制度和操作规程，对该实验室进行检查认可，监督承包单位按标准进行各项试验工作。

27. 汇总各项试验和测试成果，整理成册，以便随时查询。

28. 定期向总监汇报工作情况，参加工地会议。

29. 负责监理合同范围内的工程设计交接桩工作，对所交基准线、控制点、水准点进行复核，并提出书面复核文件；发现偏差及时向总监反映，并提出调整方案，供有关方面参考。

30. 根据测量要求精度，复核承包单位已完成的三级放样以及复核后的加密桩和临时水准点，对使用时限较长的点、线、高度进行定期复核，作好记录。

31. 复核施工过程中重要部位的施工放样，工程竣工后会同监理人员对工程进行实测实量，按抽检频率要求复核施工放样。

32. 每项复核工作开展前，认真作好复核方案和内业计算，组织协调其他人员共同进行复核工作。

33. 检查施工单位测量仪器和度量工具。

34. 定期检查监理自备仪器、度量工具，保管、保养监理自备仪器。

35. 汇总各项测量复核成果，以便随时查询，定期向总监汇报测量复核情况。

专业监理工程师根据项目监理岗位职责分工和总监理工程师的指令，负责实施某一专业或某一方面的监理工作，具有相应监理文件签发权的监理工程师。

当专业监理工程师需要调整时，总监理工程师应书面通知建设单位和承包单位。专业监理工程师应由具有一年以上同类工程监理工作经验的人员担任。

四、监理员的职责

监理员应履行以下职责：

1. 在专业监理工程师的指导下开展现场监理工作；

2. 检查承包单位投入工程项目的人力、材料、主要设备及其使用、运行状况，并做好检查记录；

3. 复核或从施工现场直接获取工程计量的有关数据并签署原始凭证；

4. 按设计图及有关标准，对承包单位的工艺过程或施工工序进行检查和记录，对加工制作及工序施工质量检查结果进行记录；

5. 担任旁站工作，发现问题及时指出并向专业监理工程师报告；

6. 做好监理日记和有关的监理记录。

项目监理机构的监理人员应专业配套、数量满足工程项目监理工作的需要。

监理企业应于委托监理合同签订后十天内将项目监理机构的组织形式、人员构成及对总监理工程师的任命书面通知建设单位。

第五章 工程建设各阶段监理工作的程序和内容

第一节 工程建设各阶段监理工作的程序

一、工程建设各阶段监理工作的程序

（一）签订监理合同的程序（图 5-1）

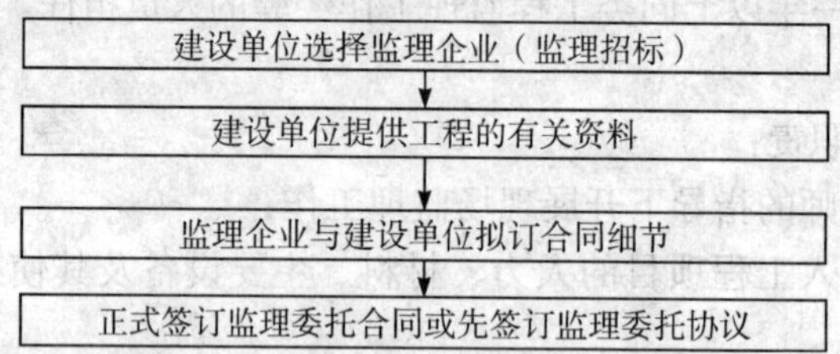

图 5-1 签订监理合同的程序

（二）工程项目监理工作总程序（图 5-2）

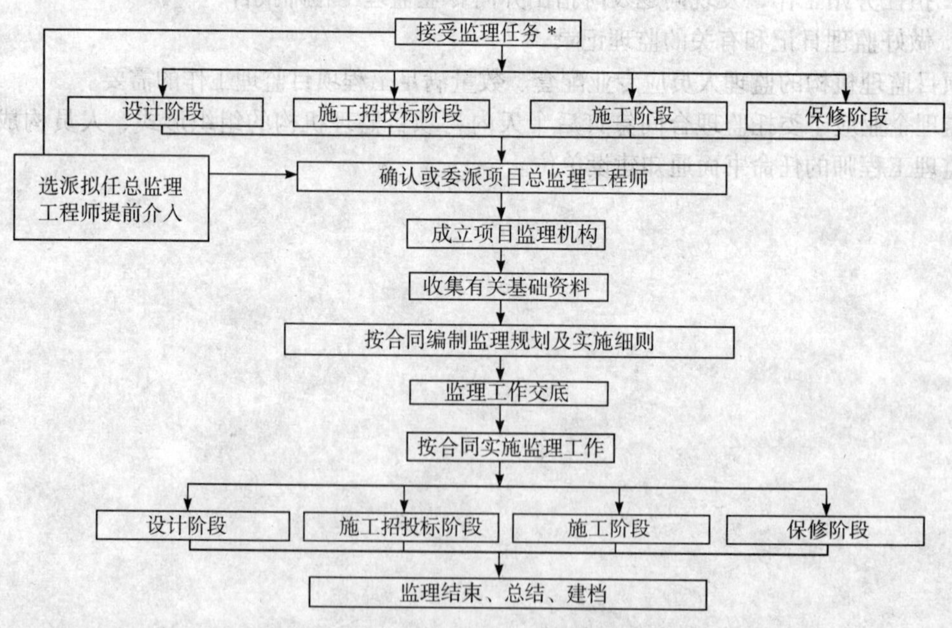

图 5-2 项目监理工作总程序图

* 根据建设单位实际要求接受以下各阶段监理任务

（三）设计阶段监理工作程序（图 5-3）

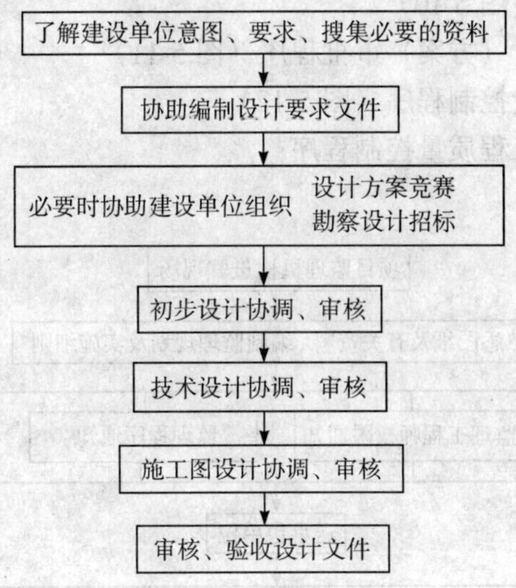

图 5-3　设计阶段监理工作程序

（四）施工招标阶段监理工作程序（图 5-4）

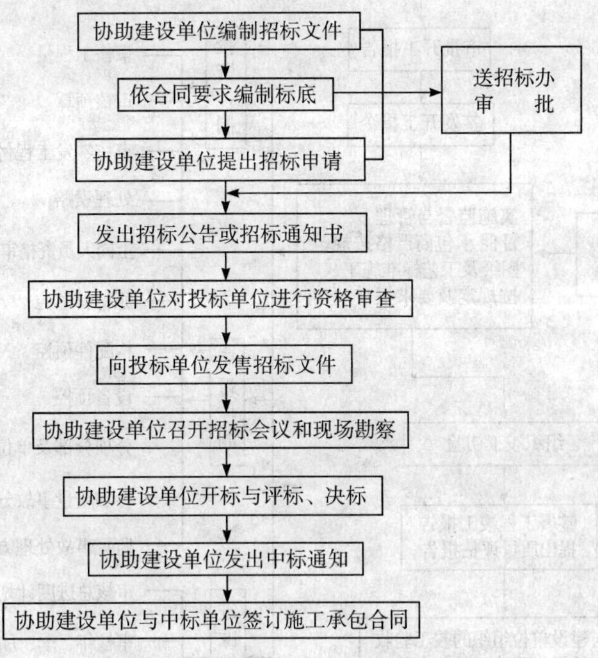

图 5-4　施工招标阶段监理工作程序

（五）施工阶段监理工作主程序（图 5-5）
（六）施工阶段进度控制程序（图 5-6）
（七）施工阶段投资控制程序（图 5-7）
（八）月工程款支付监理审核签认程序（图 5-8）

（九）施工阶段质量控制程序（图 5-9）

（十）图纸会审程序（图 5-10）

（十一）施工组织设计（方案）审批程序（图 5-11）

（十二）隐蔽工程质量控制程序（图 5-12）

（十三）钢筋混凝土工程质量控制程序

1. 主程序（图 5-13）

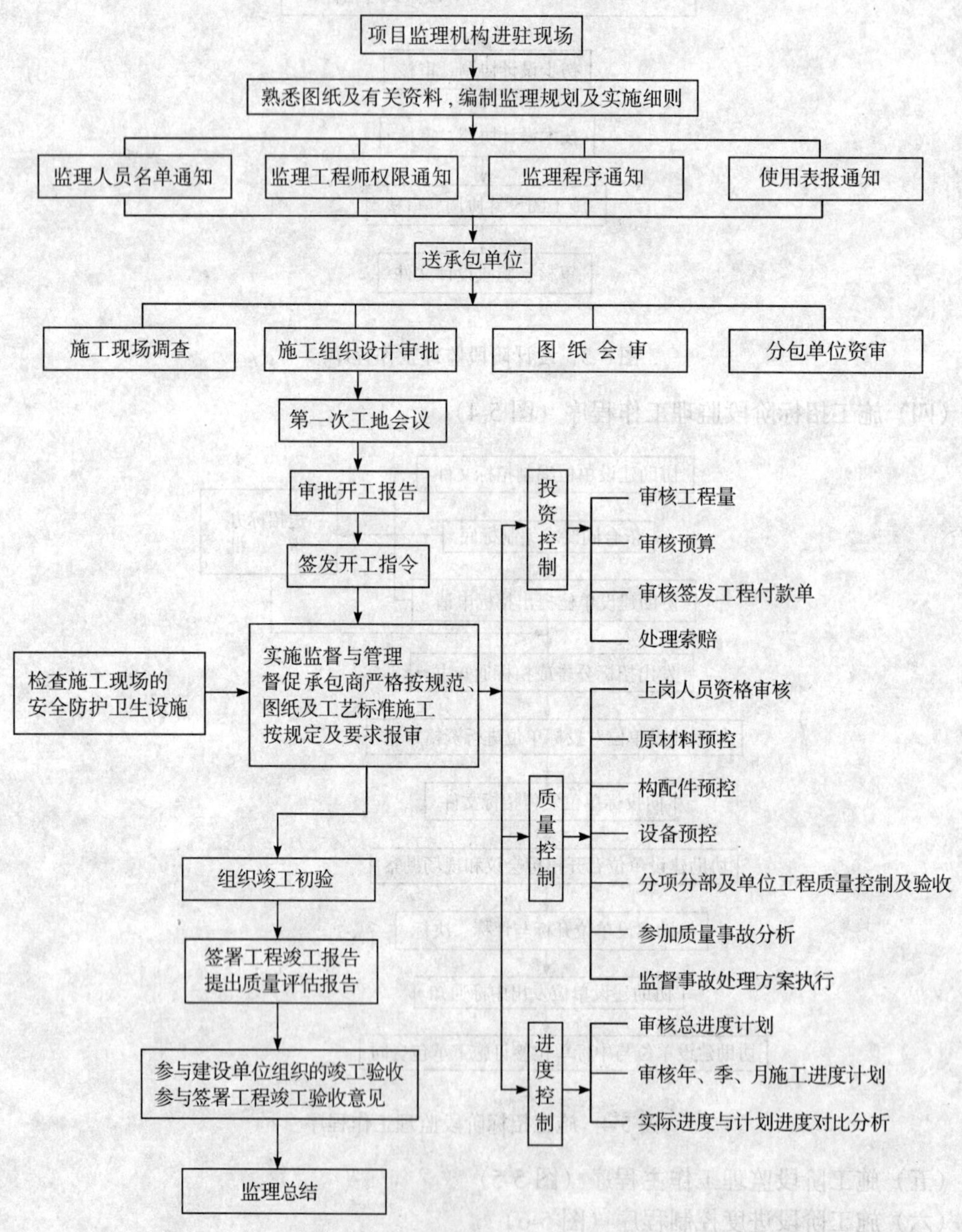

图 5-5 施工阶段监理工作主程序

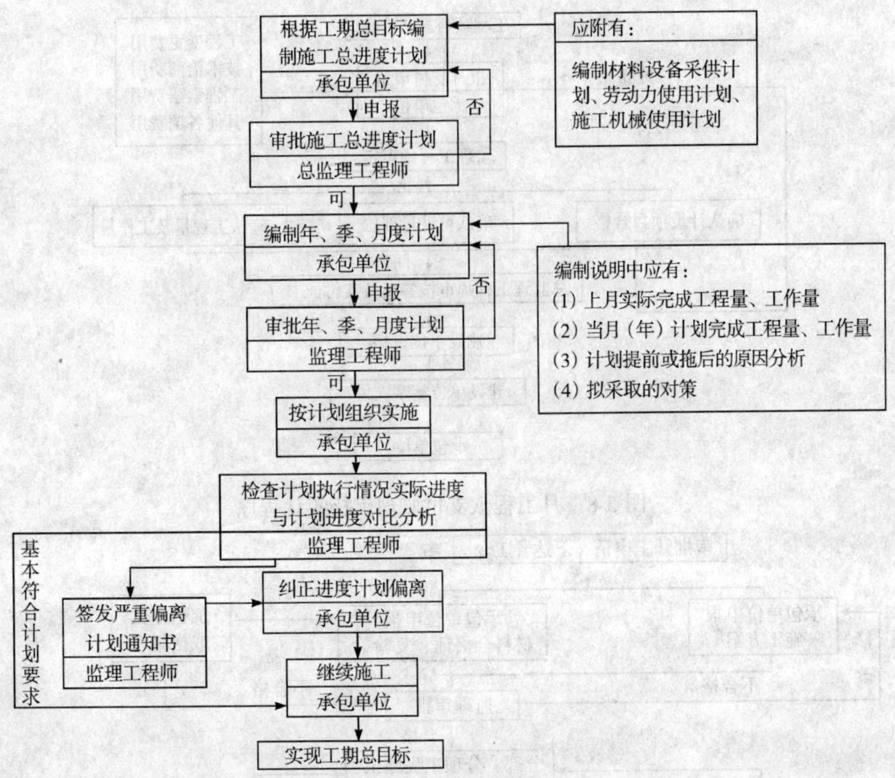

图 5-6　施工阶段进度控制程序

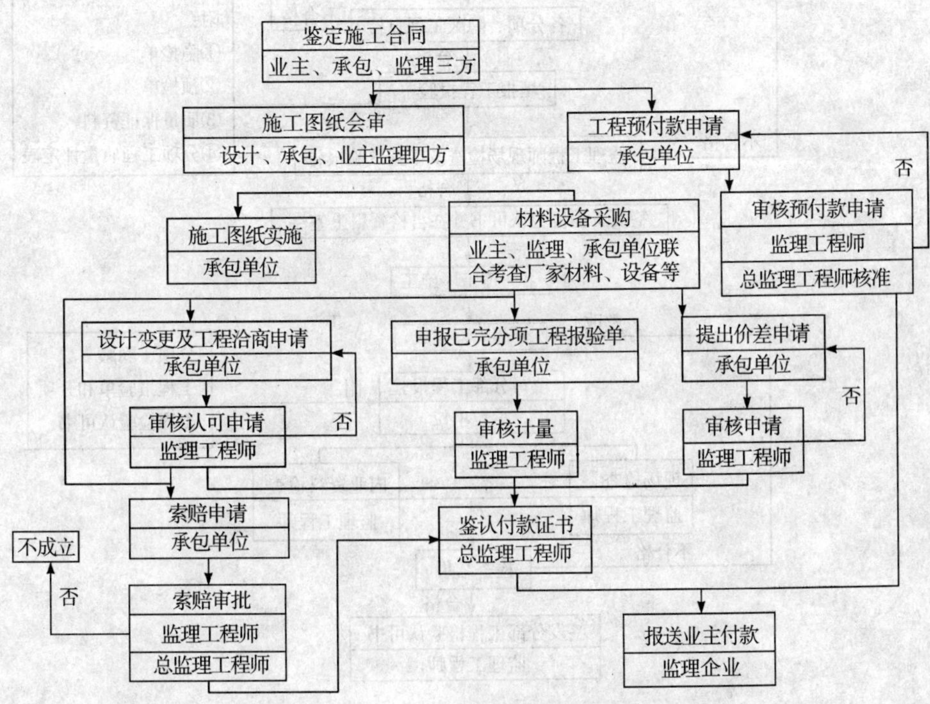

图 5-7　施工阶段投资控制程序

工程项目施工合格
修改重报
报月支付申请
承包单位
工程变更费用
技术洽商费用
工程索赔费用
其他各项费用
监理工程师审定
确认计量项目合格
确认可计量部位
确认工程量及工作量
同意
不同意
总监理工程师审核签发月支付证书
建设单位审核
建设单位签字支付
承包单位

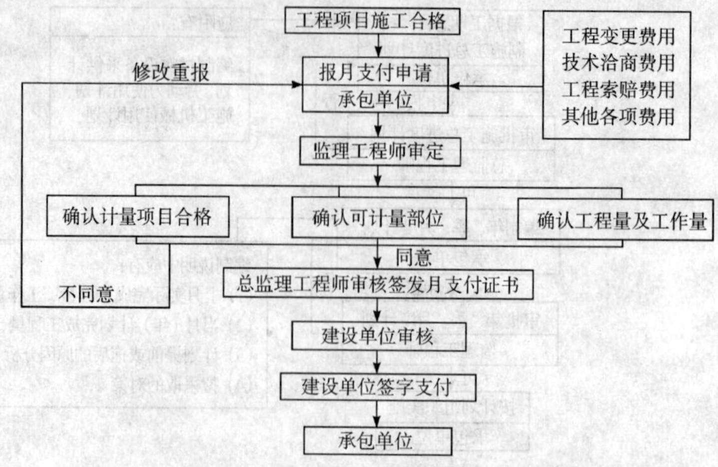

图 5-8　月工程款支付监理审核签认程序

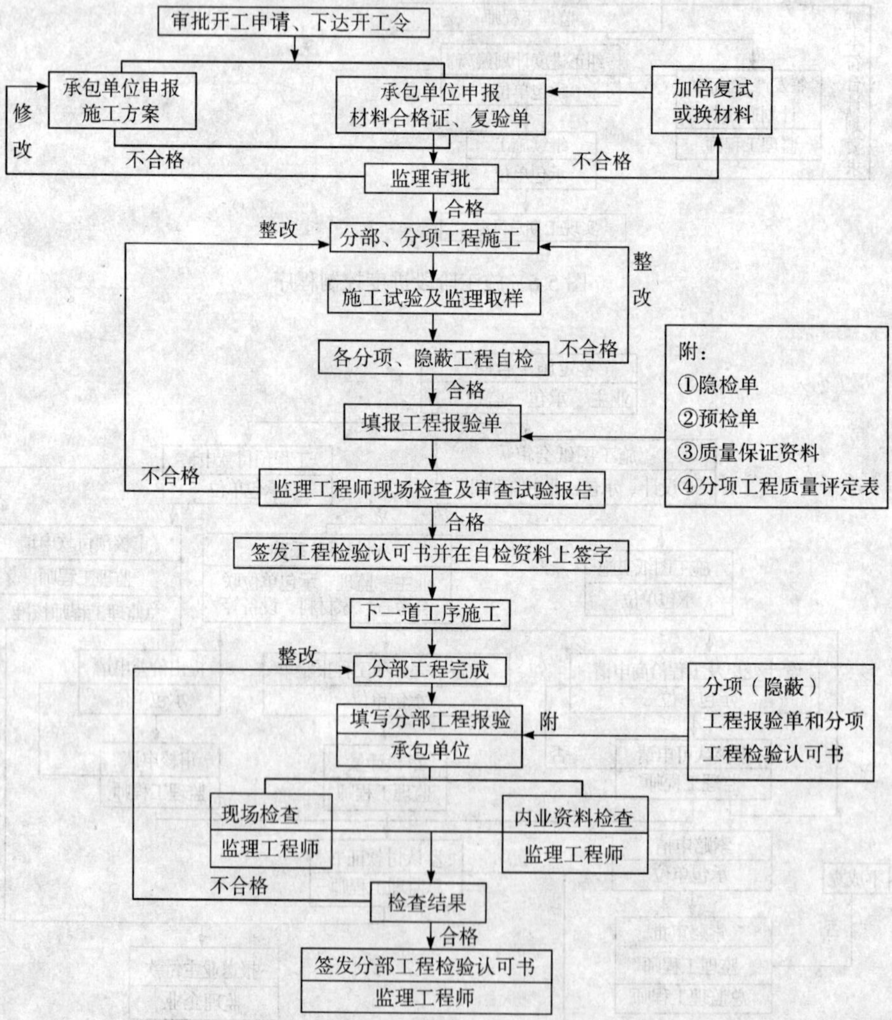

审批开工申请、下达开工令
承包单位申报
施工方案
承包单位申报
材料合格证、复验单
加倍复试
或换材料
修
改
不合格
不合格
监理审批
合格
整改
分部、分项工程施工
整
改
施工试验及监理取样
各分项、隐蔽工程自检
不合格
附：
①隐检单
②预检单
③质量保证资料
④分项工程质量评定表
合格
填报工程报验单
不合格
监理工程师现场检查及审查试验报告
合格
签发工程检验认可书并在自检资料上签字
下一道工序施工
整改
分部工程完成
填写分部工程报验
承包单位
附
分项（隐蔽）
工程报验单和分项
工程检验认可书
现场检查
监理工程师
内业资料检查
监理工程师
不合格
检查结果
合格
签发分部工程检验认可书
监理工程师

图 5-9　施工阶段质量控制程序

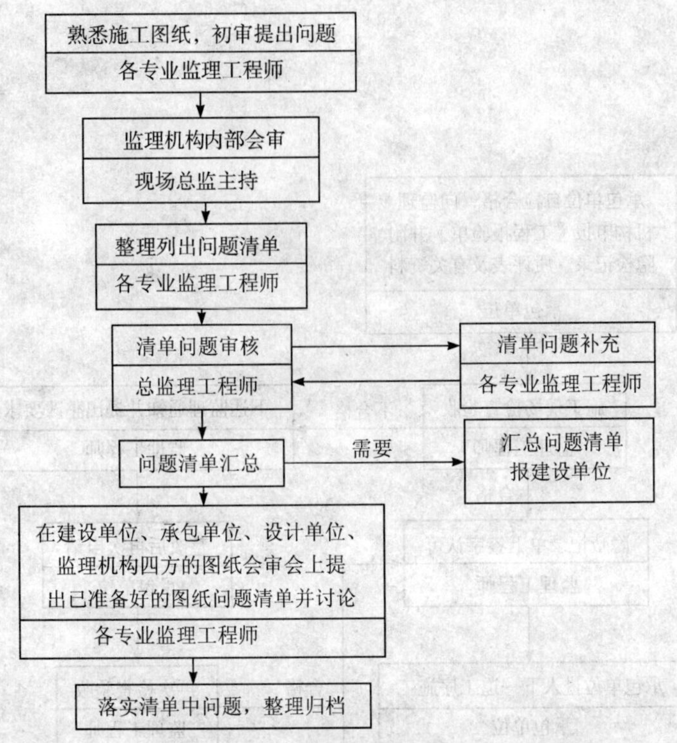

图 5-10　图纸会审程序

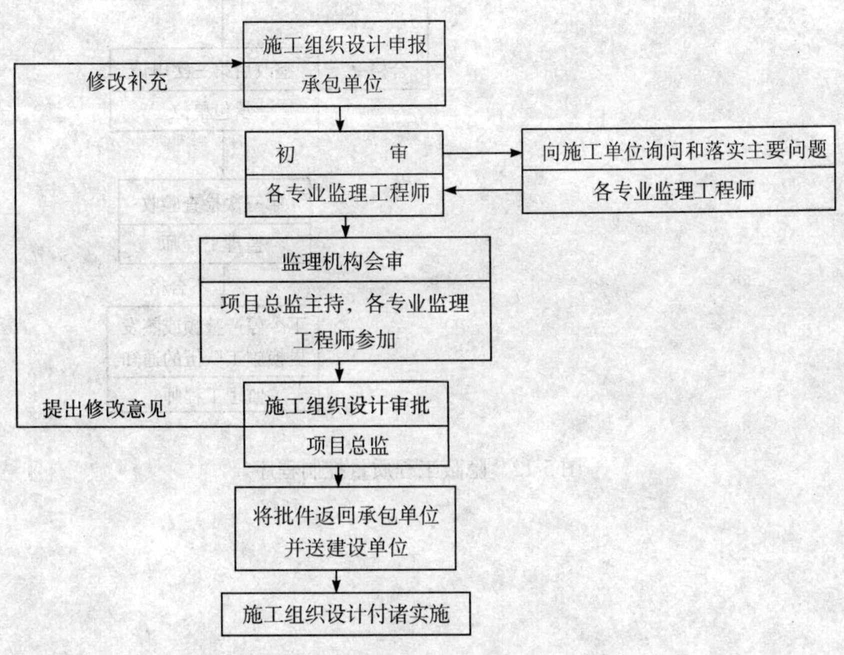

图 5-11　施工组织设计（方案）审批程序

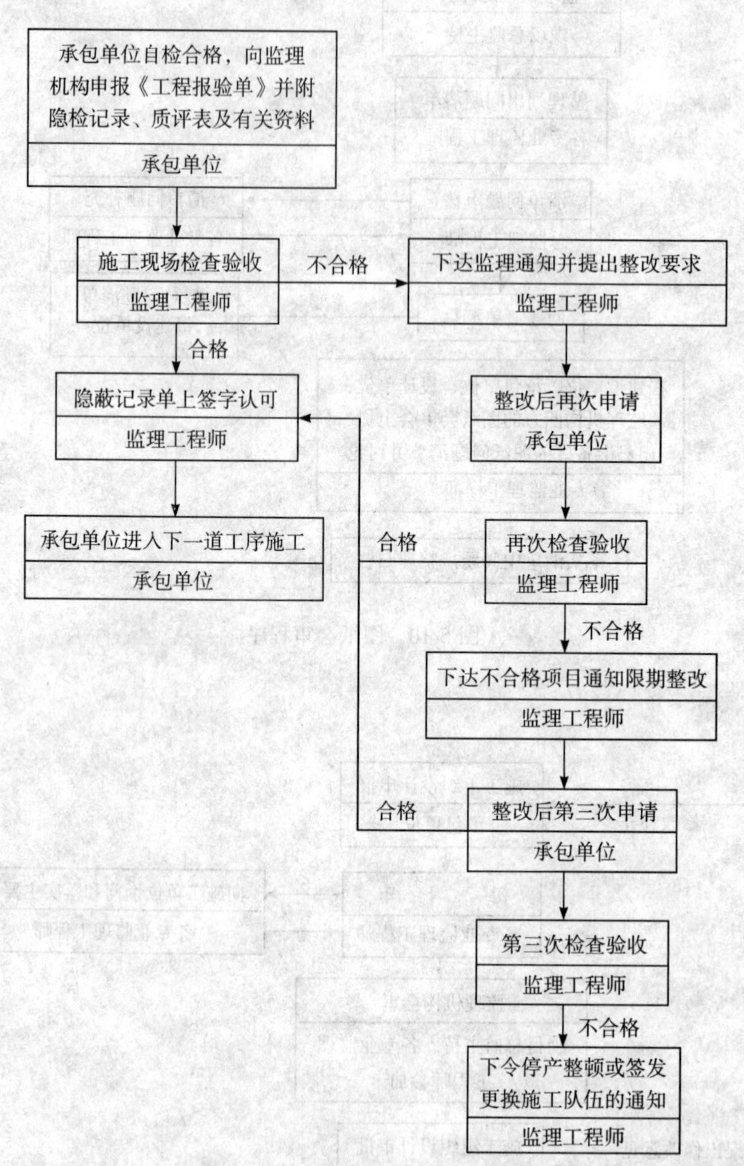

图 5-12　隐蔽工程质量控制程序

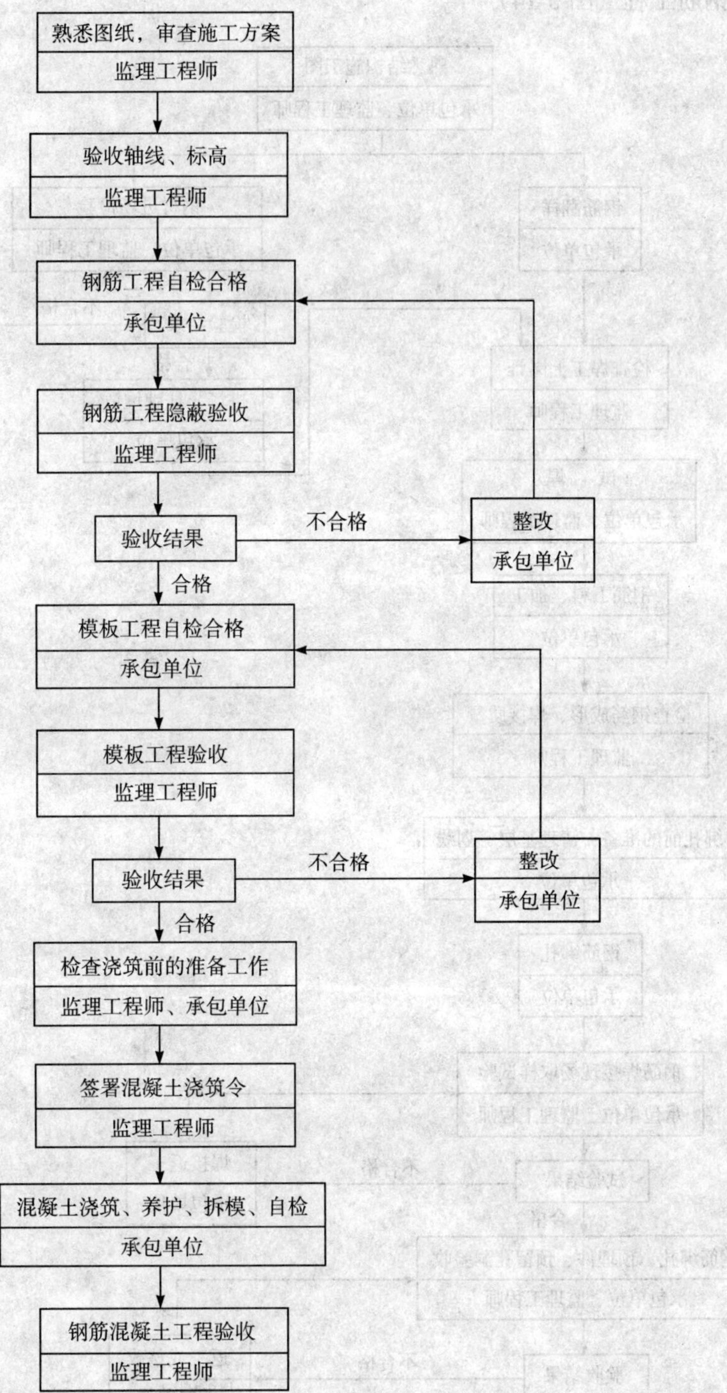

图 5-13　钢筋混凝土工程质量控制主程序

2. 钢筋工程（图 5-14）

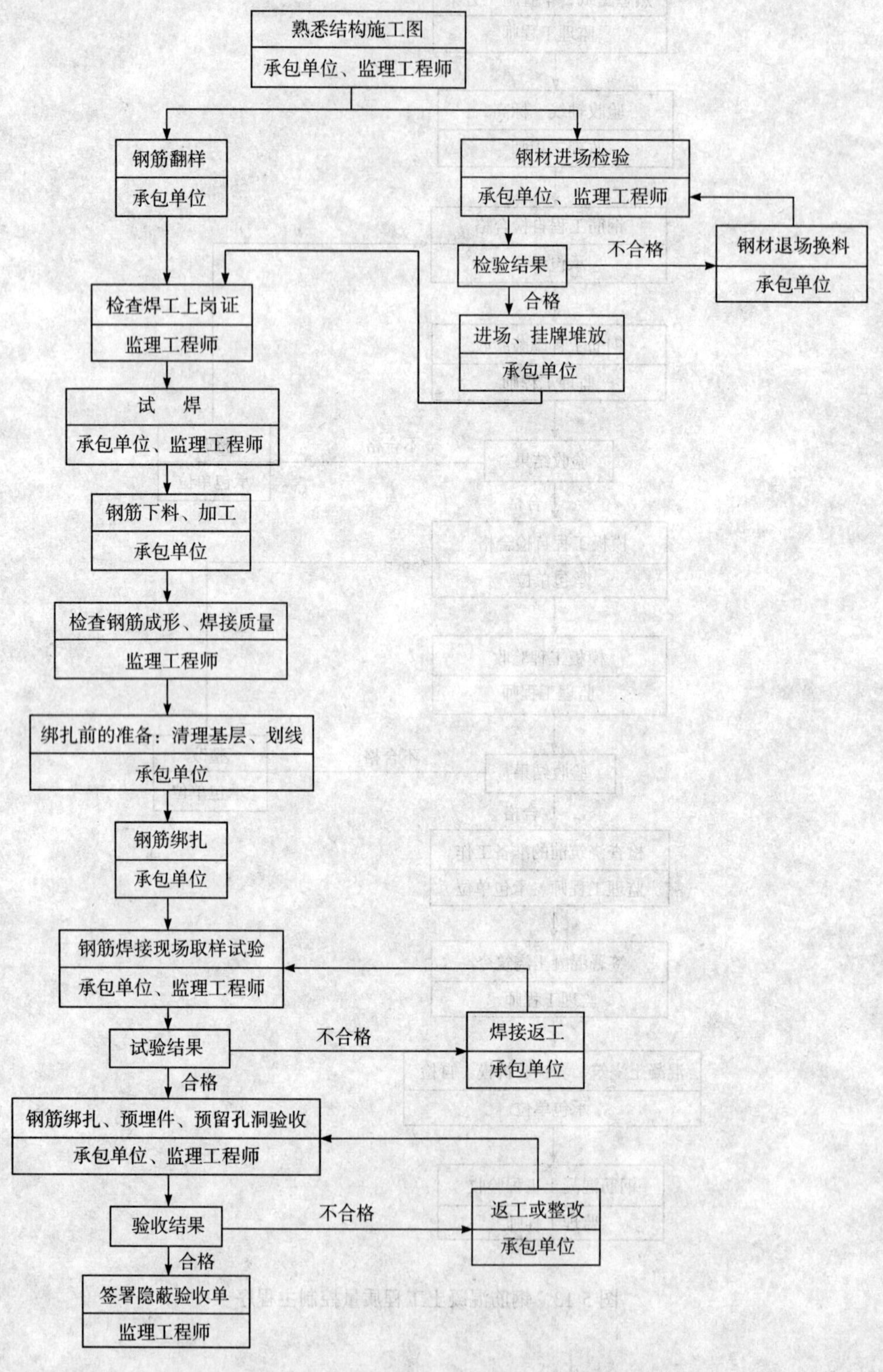

图 5-14 钢筋混凝土工程中钢筋工程质量控制程序

3. 模板工程（图 5-15）

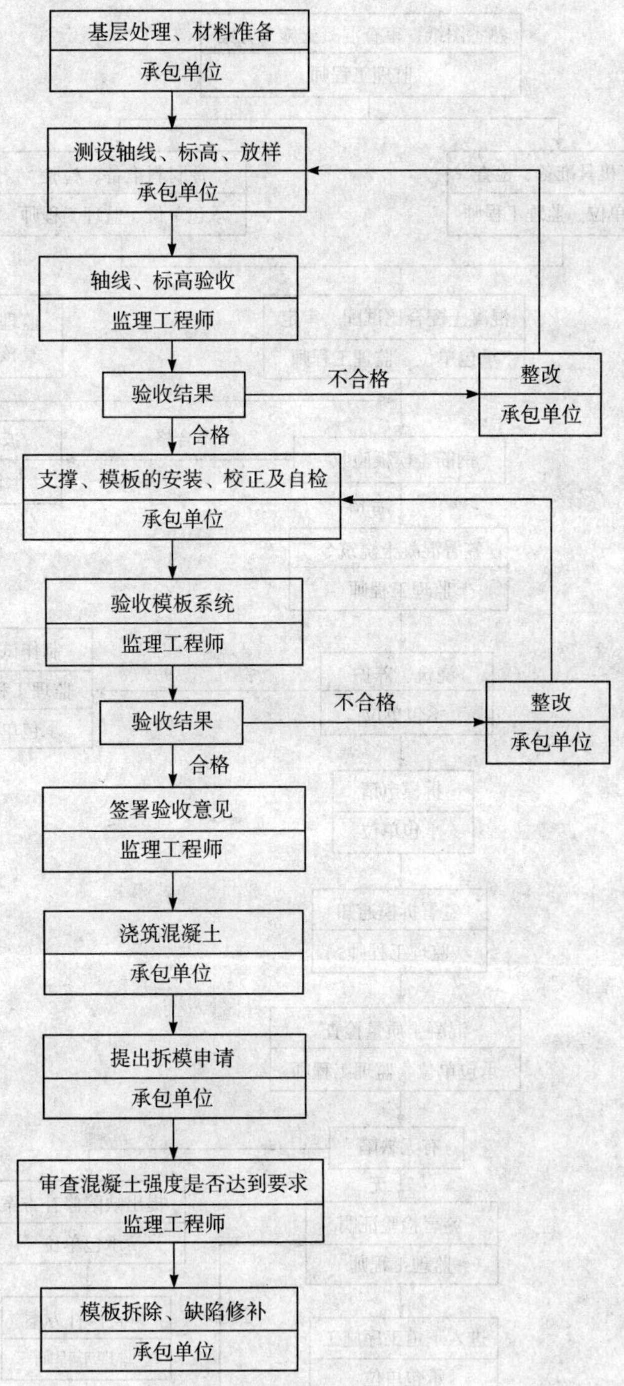

图 5-15 钢筋混凝土工程中模板工程质量控制程序

4. 混凝土工程（图 5-16）

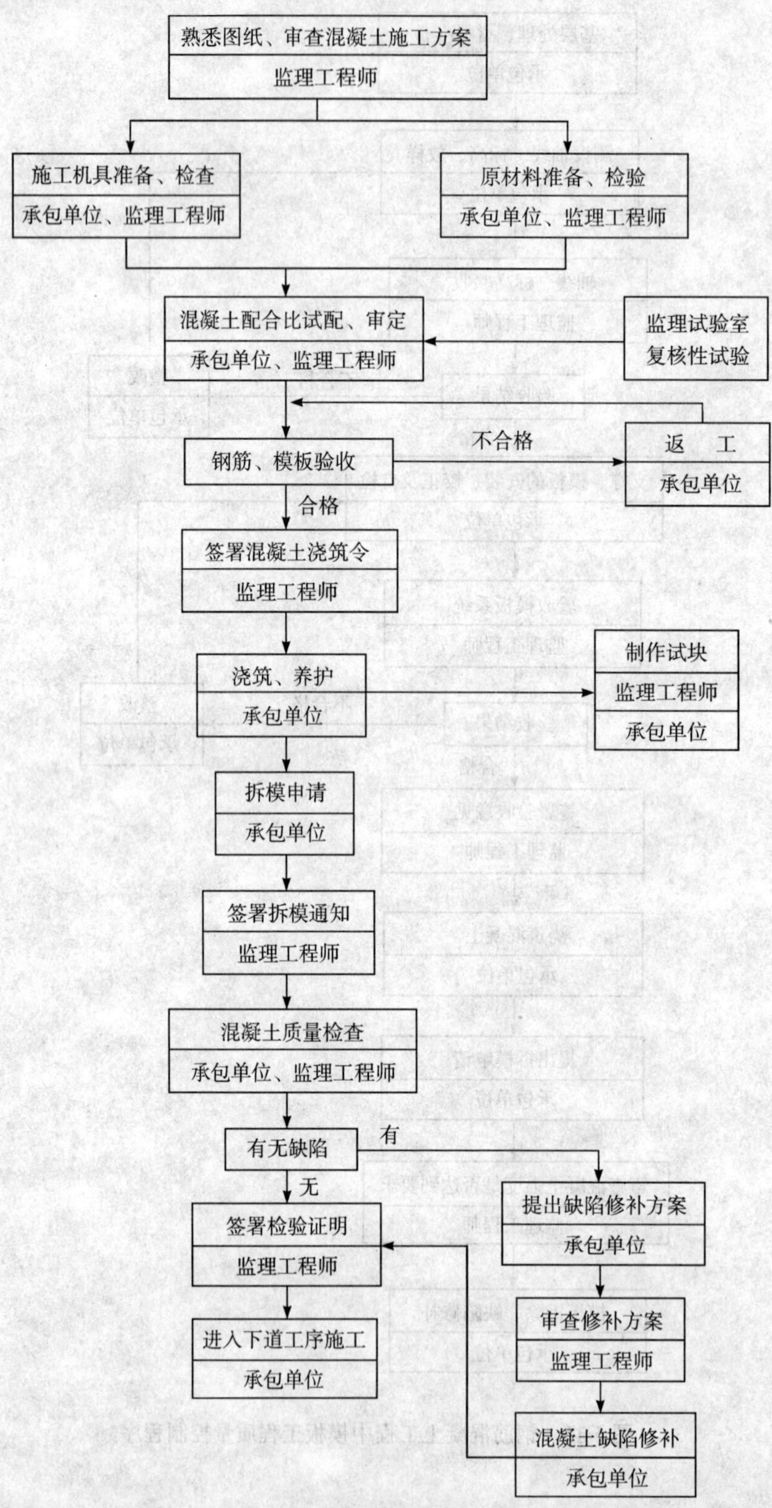

图 5-16　钢筋混凝土工程中混凝土工程质量控制程序

(十四) 钢结构工程质量控制程序

1. 加工制作（图 5-17）； 2. 安装（图 5-18）。

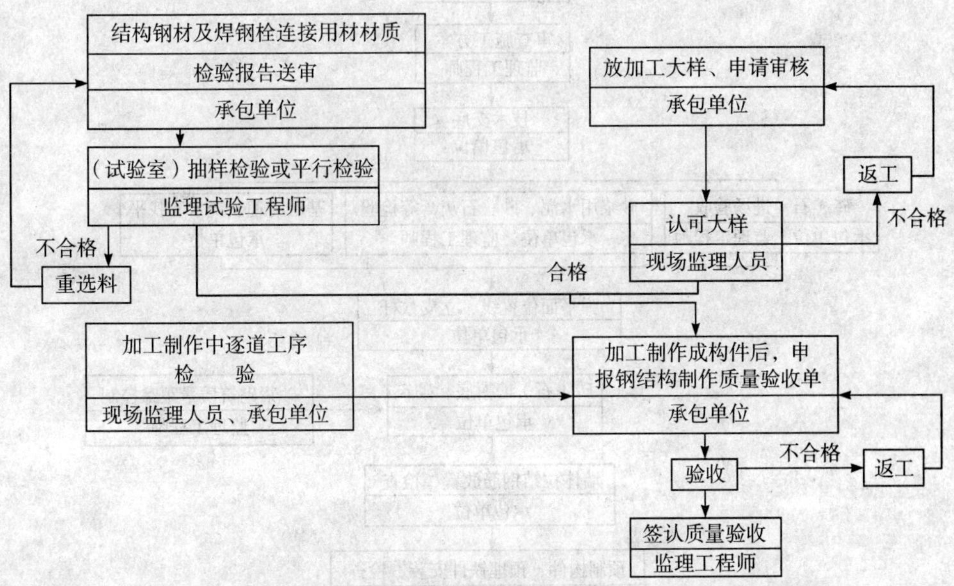

图 5-17 钢结构工程加工制作质量控制程序

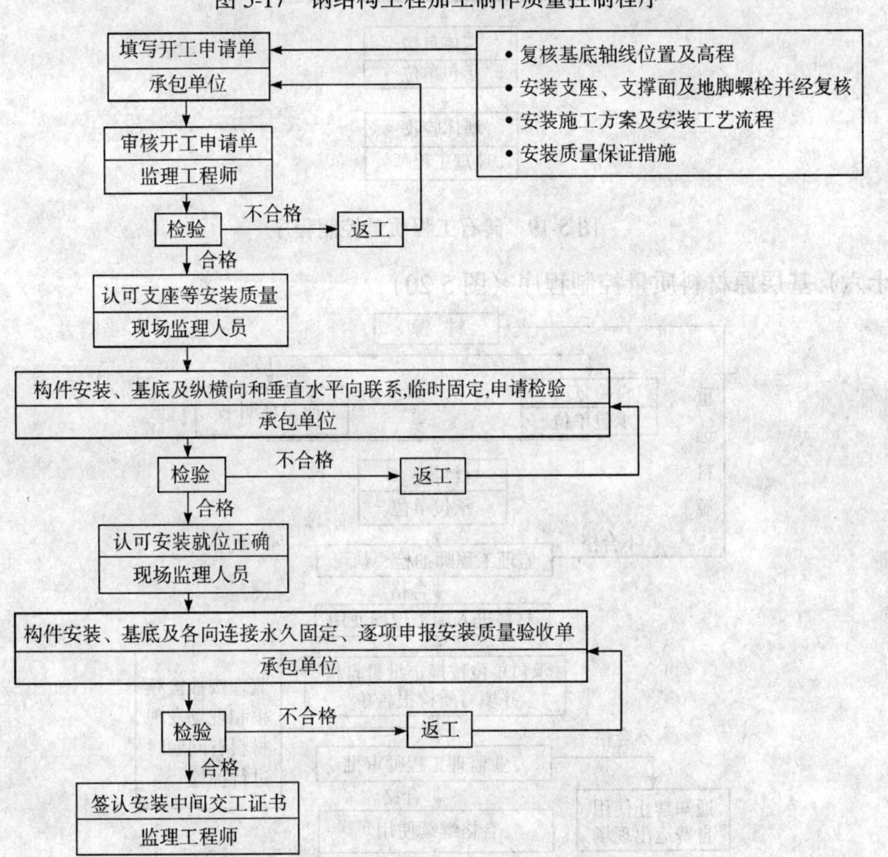

图 5-18 钢结构工程安装工作质量控制程序

（十五）砖石工程质量控制程序（图 5-19）

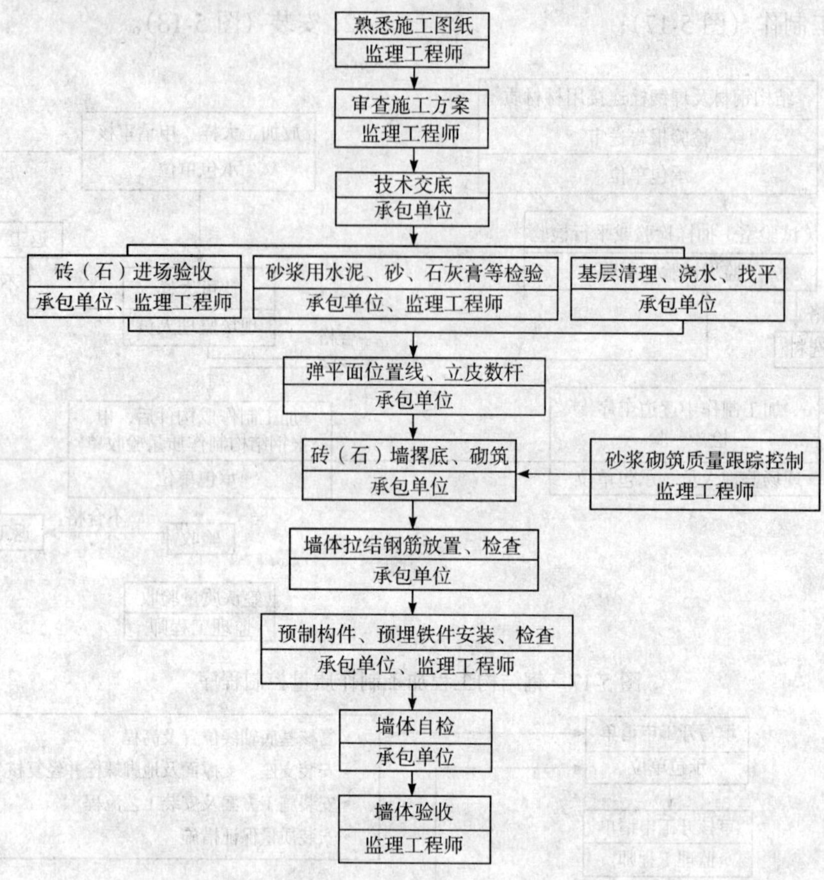

图 5-19 砖石工程质量控制程序

（十六）基层原材料质量控制程序（图 5-20）

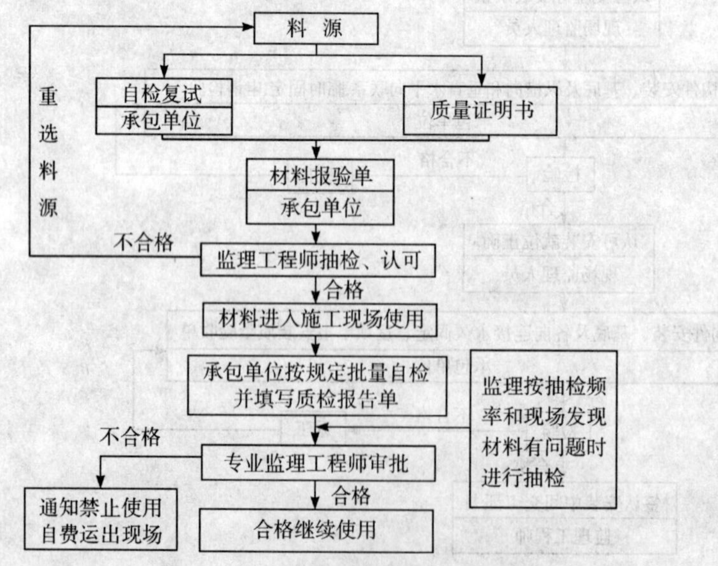

图 5-20 基层原材料质量控制程序

（十七）构件安装工程质量控制程序（图 5-21）

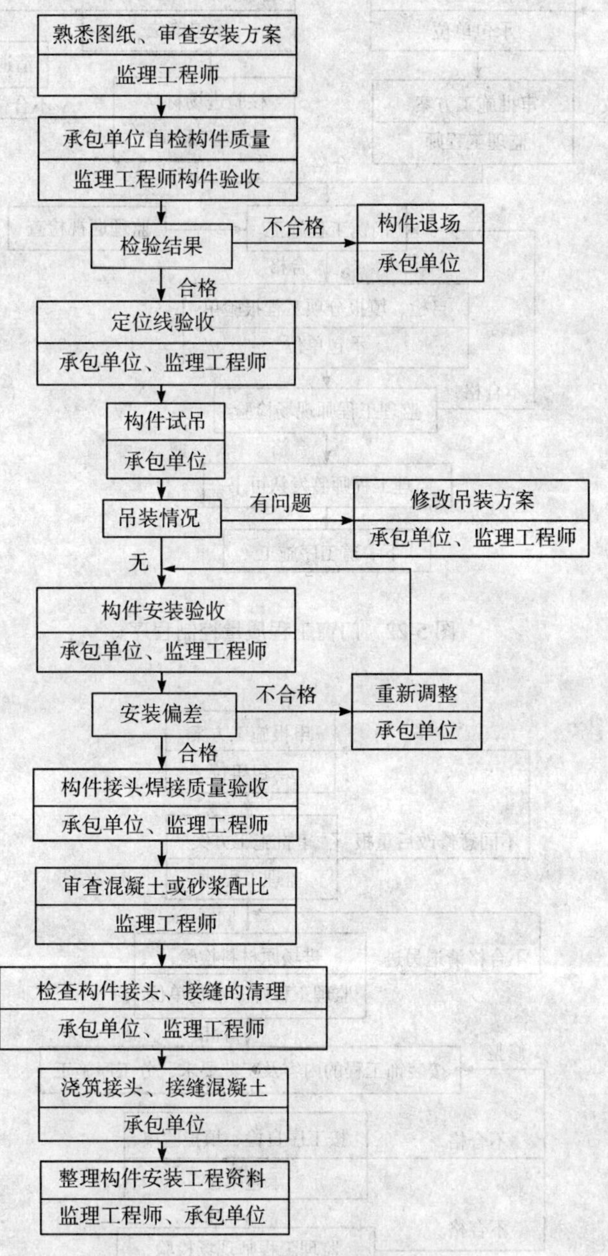

图 5-21 构件安装工程质量控制程序

（十八）门窗工程质量控制程序（图 5-22）

（十九）装饰工程质量控制程序（图 5-23）

（二十）屋面工程质量控制程序（图 5-24）

（二十一）防水工程质量控制程序（图 5-25）

（二十二）地面与楼面工程质量控制程序（图 5-26）

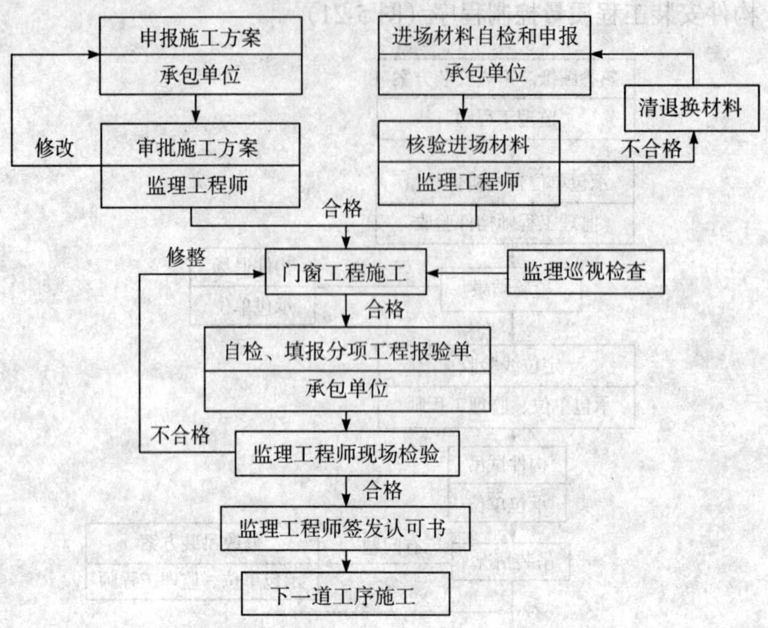

图 5-22　门窗工程质量控制程序

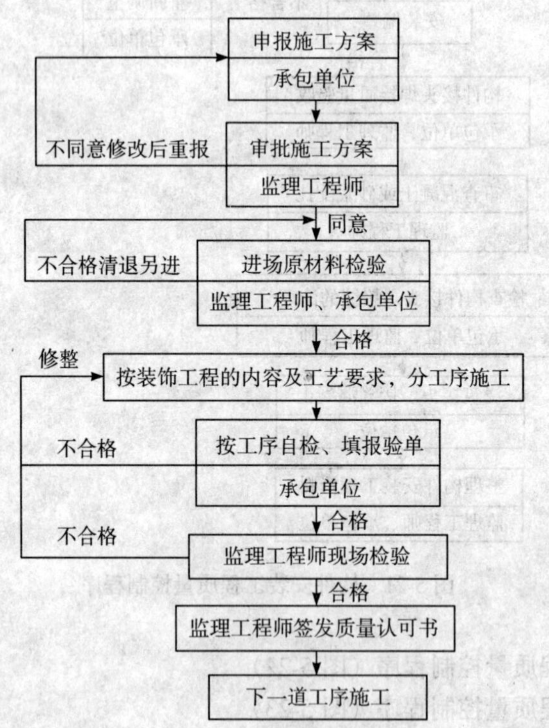

图 5-23　装饰工程质量控制程序

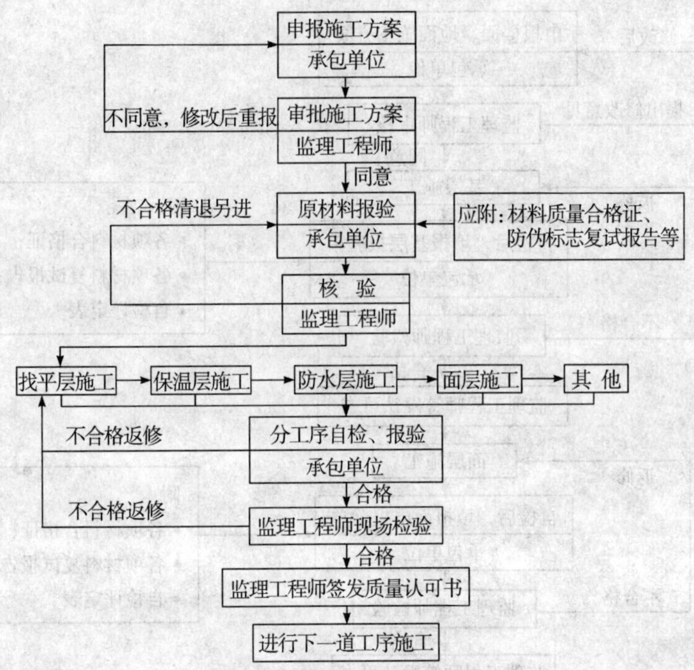

图 5-24　屋面工程质量控制程序

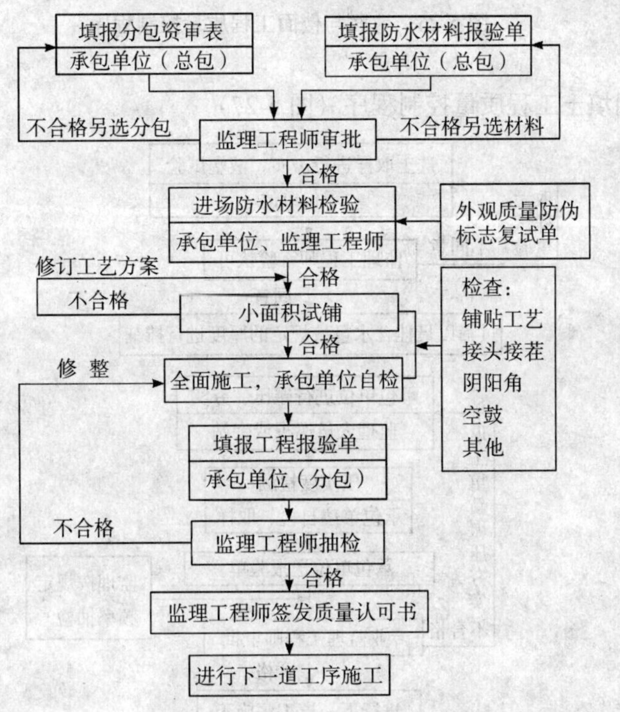

图 5-25　防水工程质量控制程序

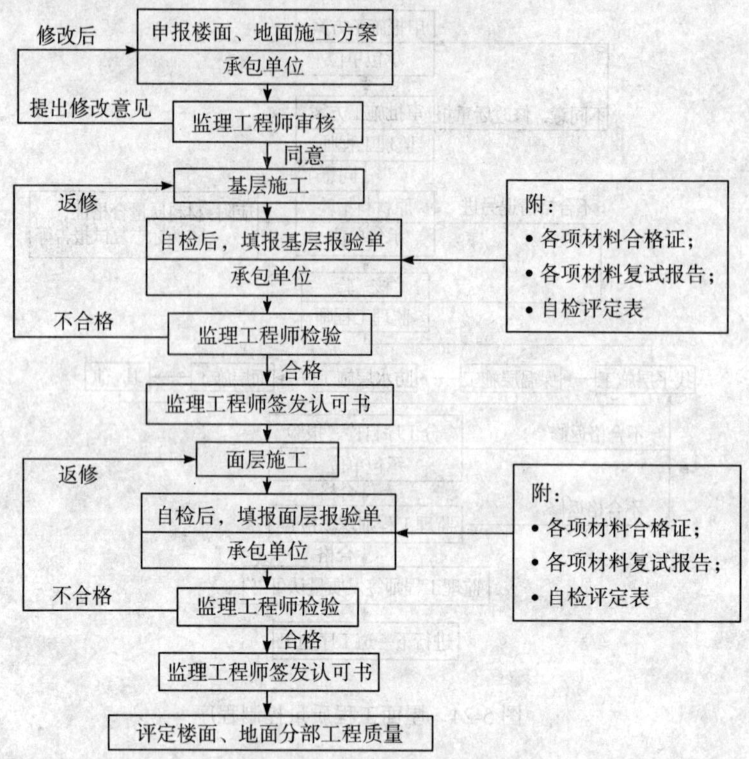

图 5-26　地面与楼面工程质量控制程序

（二十三）回填土工程质量控制程序（图 5-27）

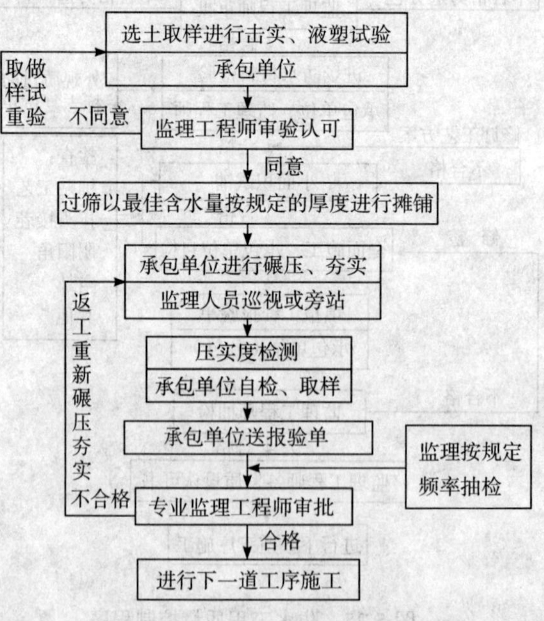

图 5-27　回填土工程质量控制程序

（二十四）地基与基础工程质量控制程序（图 5-28）

（二十五）建筑设备安装工程质量控制程序

1. 隐蔽工程（图 5-29）；

2. 部件及设备安装工程（图 5-30）。

（二十六）城市道路工程质量控制程序

1. 总程序（图 5-31）；

2. 道路路基（图 5-32）；

3. 道路基层（图 5-33）；

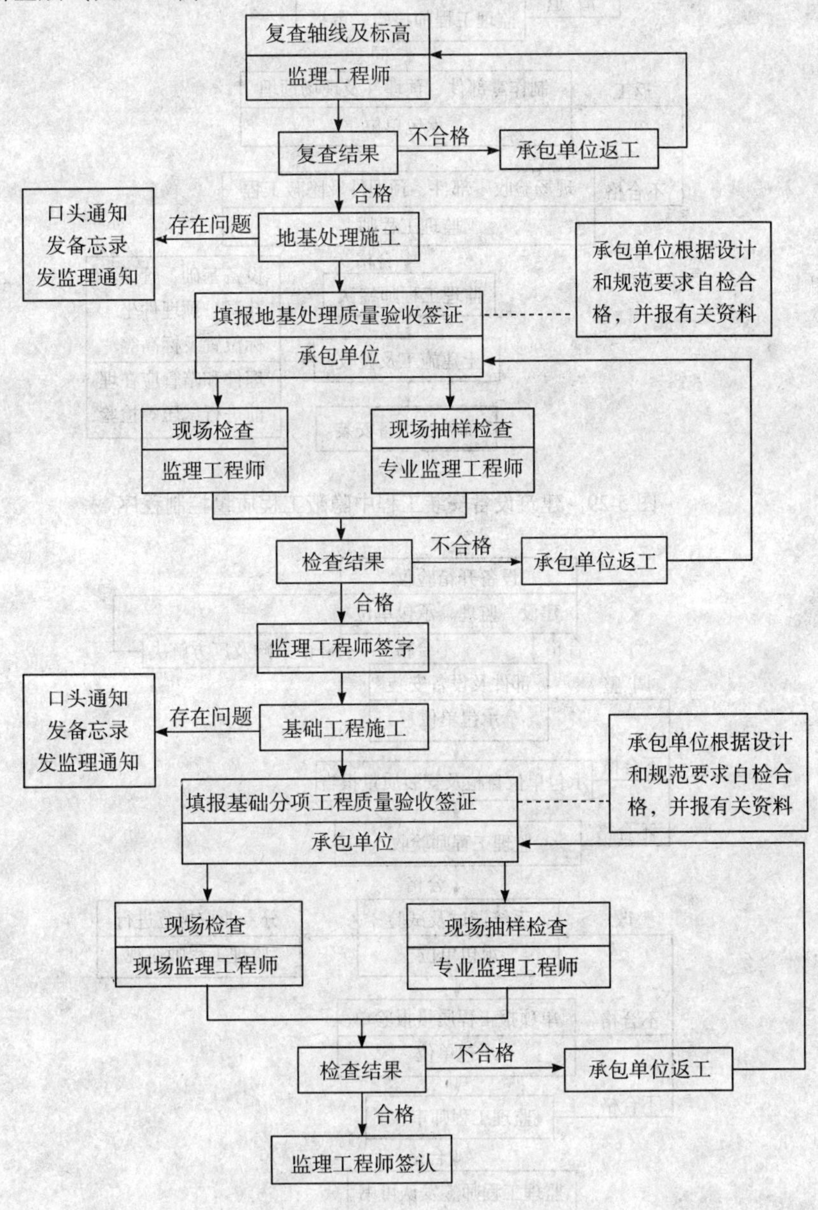

图 5-28 地基与基础工程质量控制程序

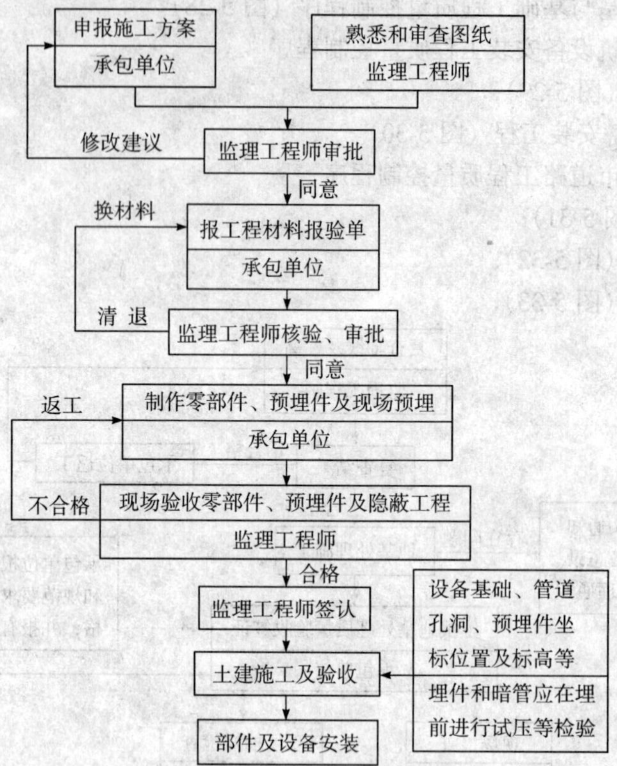

图 5-29　建筑设备安装工程中隐蔽工程质量控制程序

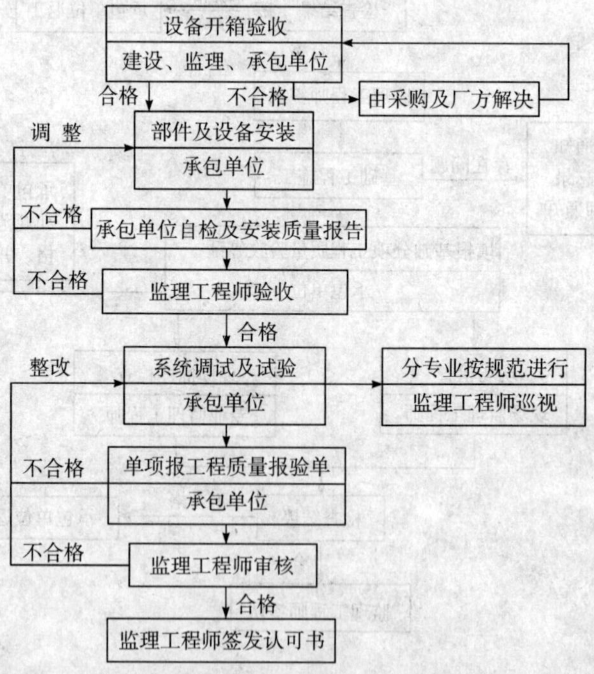

图 5-30　建筑设备安装工程中部件及设备安装质量控制程序

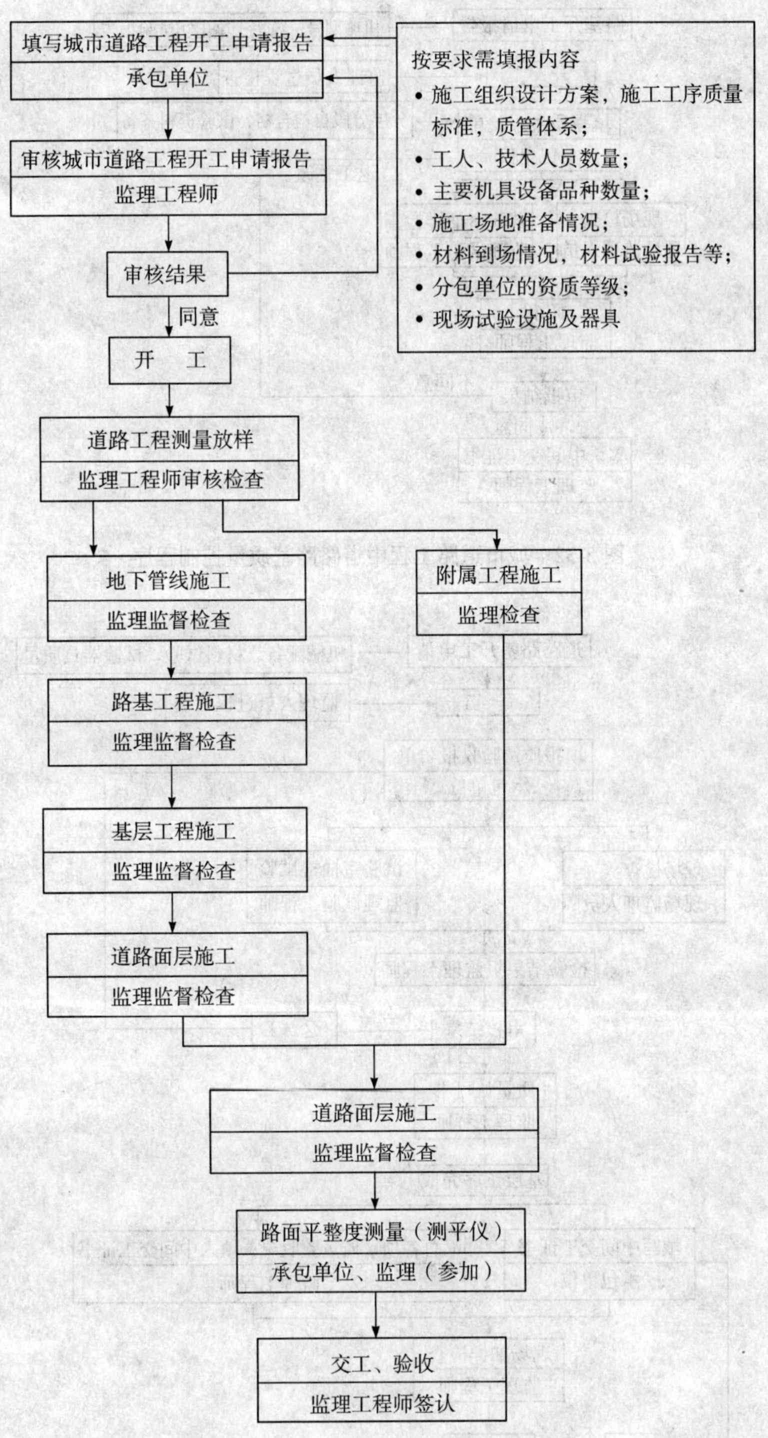

图 5-31　城市道路工程质量控制总程序

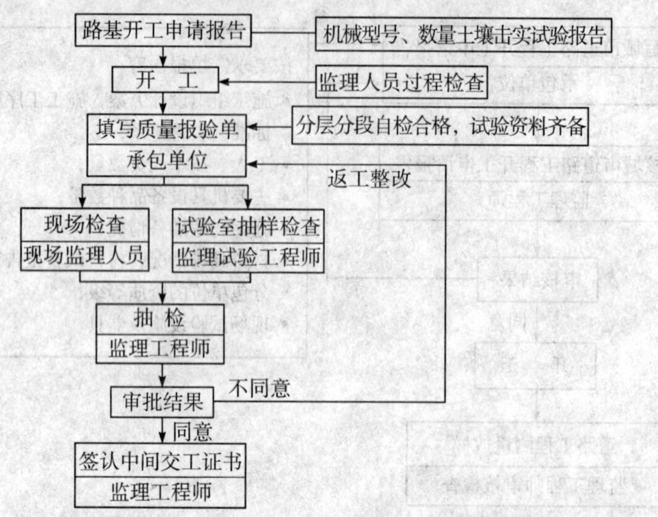

图 5-32　城市道路工程中道路路基质量控制程序

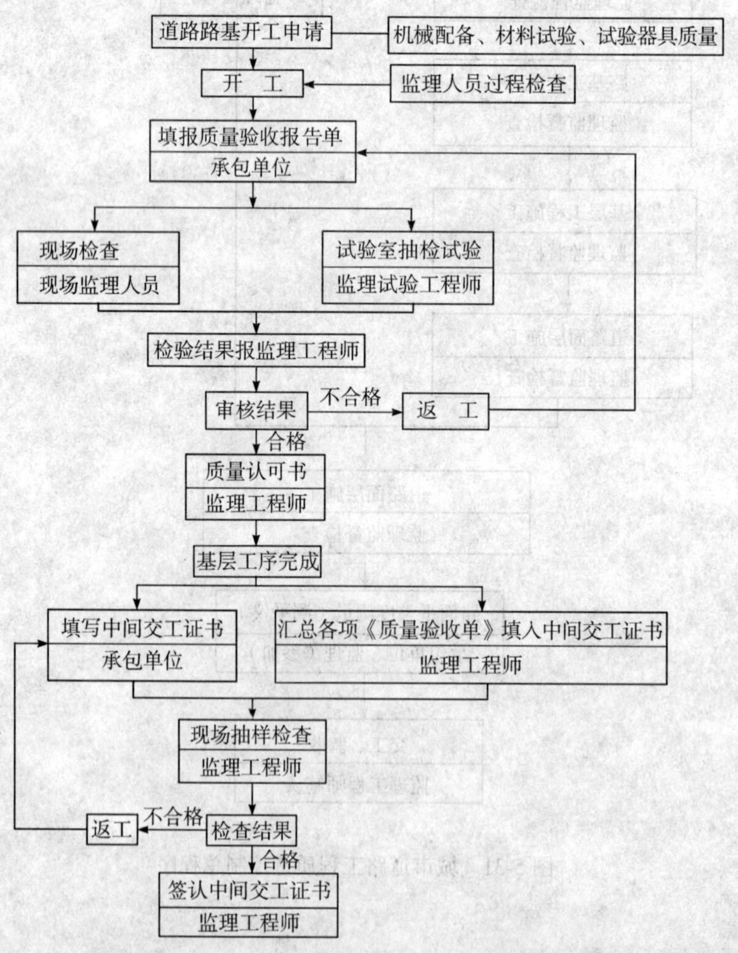

图 5-33　城市道路工程中道路基层质量控制程序

4. 道路面层（图 5-34）；

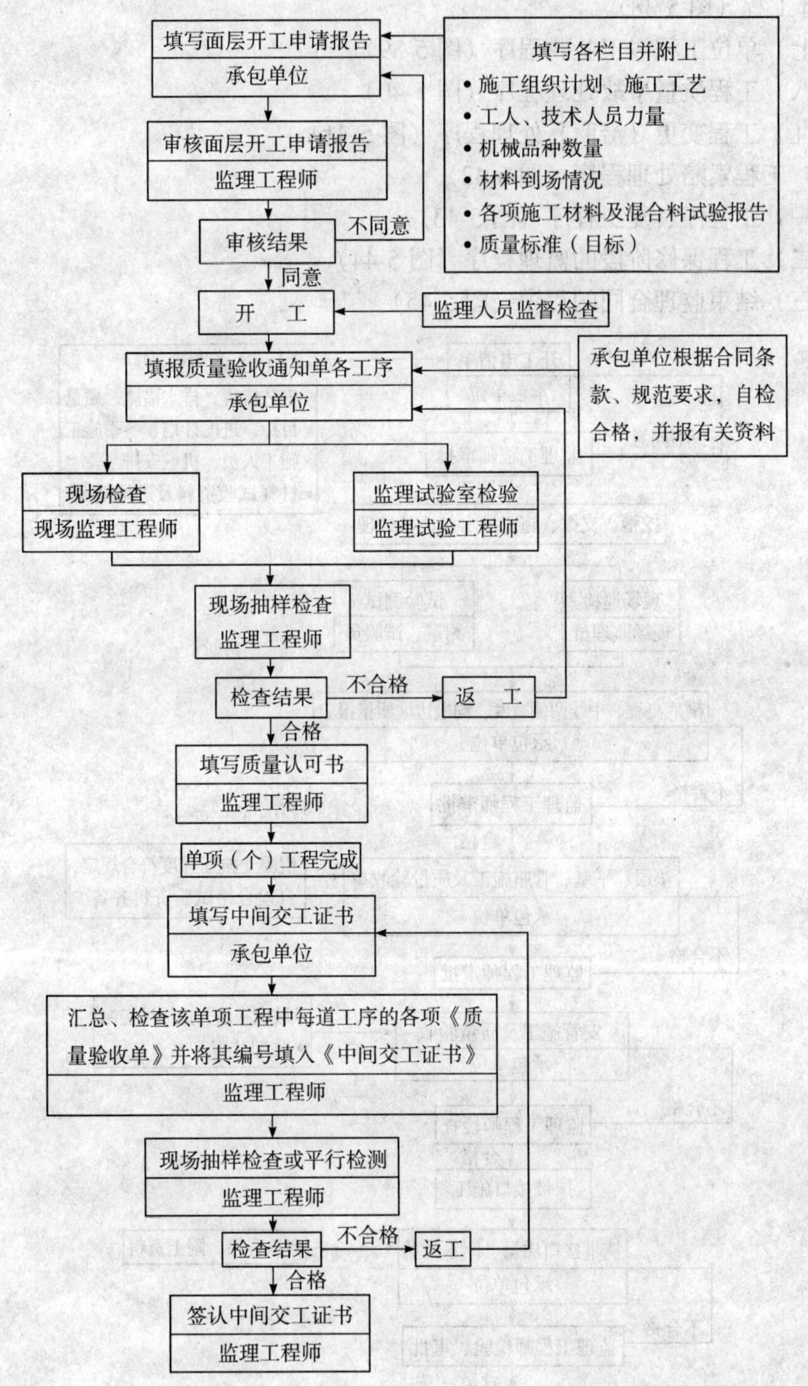

图 5-34　城市道路工程中道路面层质量控制程序

5. 地下管线（图 5-35）；

6. 检查井砌筑（图 5-36）；

7. 沟槽回填（图 5-37）；

8. 顶管工程（图 5-38）。

（二十七）单位工程竣工验收程序（图 5-39）

（二十八）工程质量事故处理程序（图 5-40）

（二十九）工程变更（洽商）处理程序（图 5-41）

（三十）工程索赔处理程序（图 5-42）

（三十一）工程停、复工程序（图 5-43）

（三十二）工程保修阶段的监理程序（图 5-44）

（三十三）结束监理合同的程序（图 5-45）

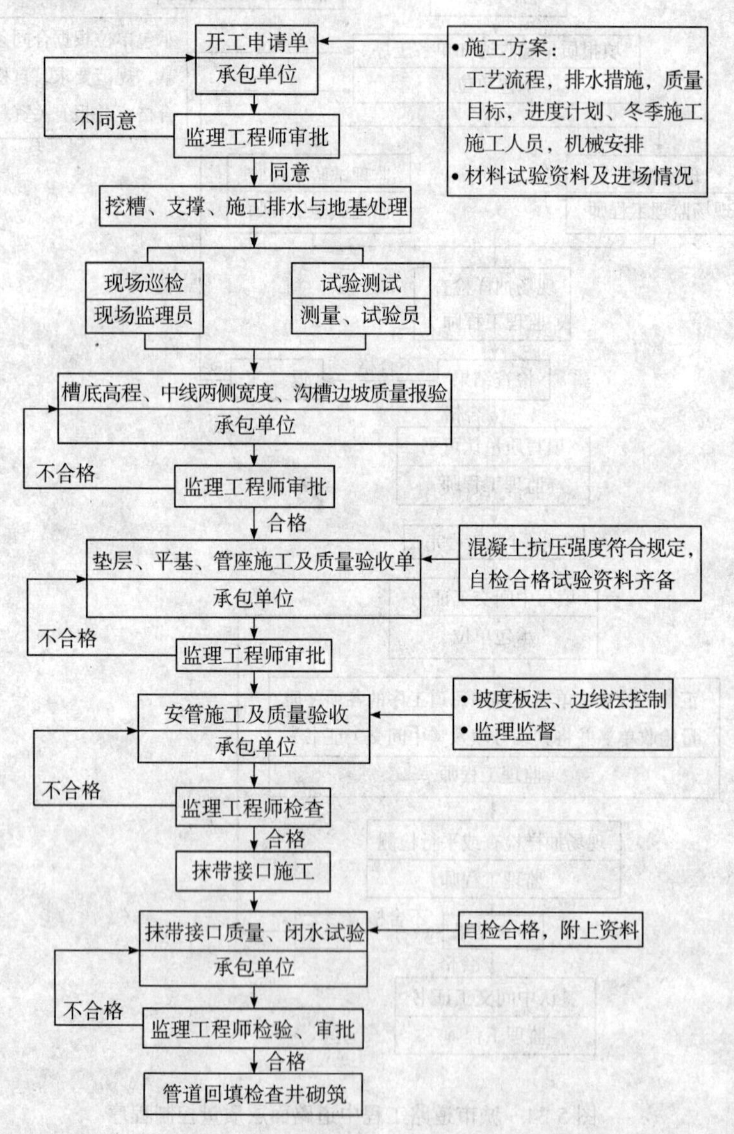

图 5-35 城市道路工程中地下管线质量控制程序

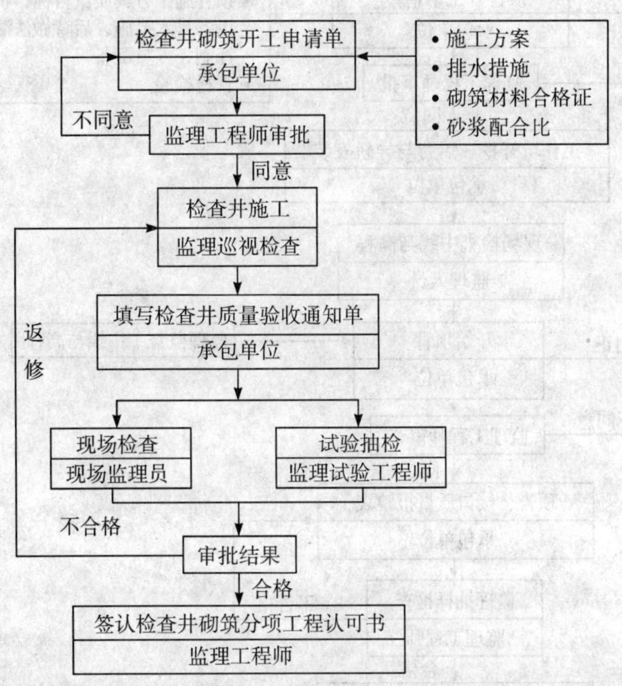

图 5-36　城市道路工程中检查井砌筑质量控制程序

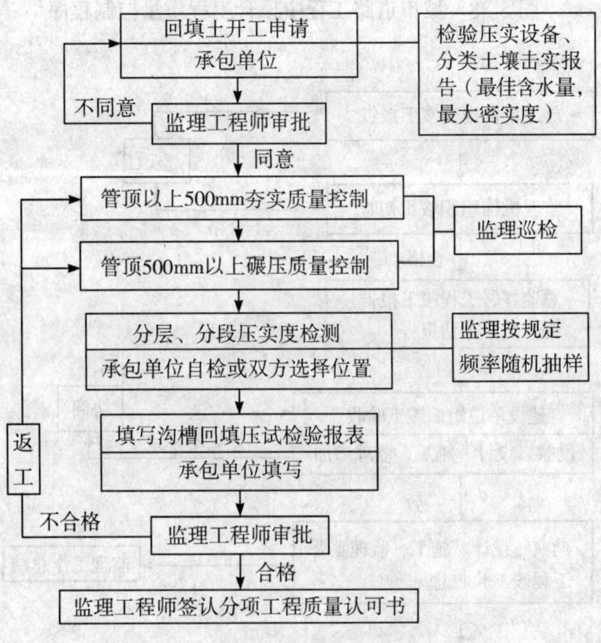

图 5-37　城市道路工程中沟槽回填质量控制程序

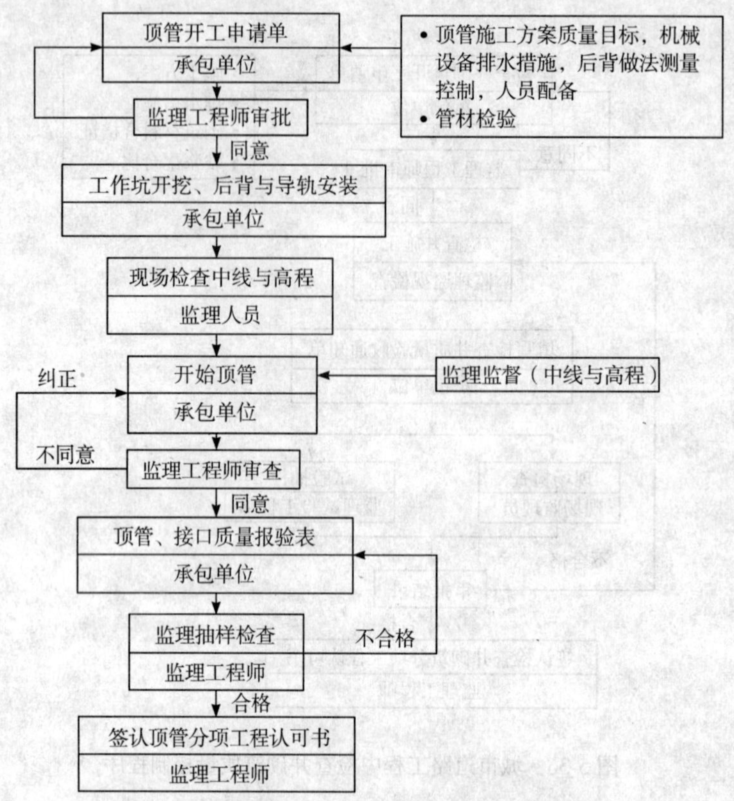

图 5-38　城市道路工程中顶管工程质量控制程序

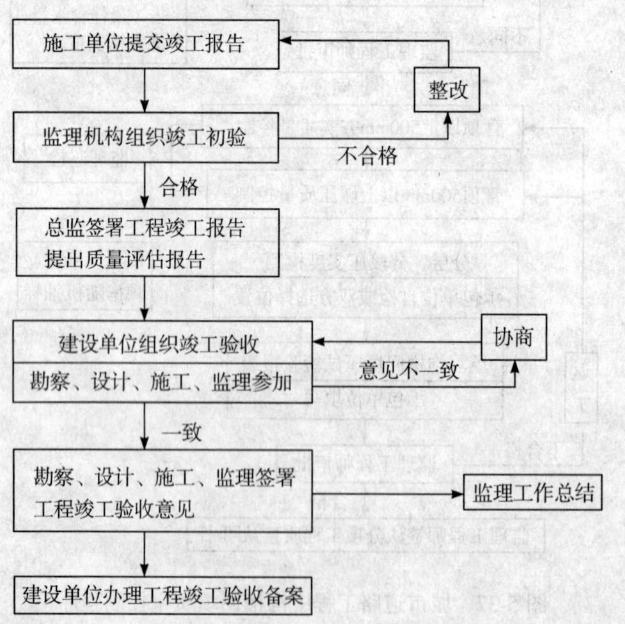

图 5-39　单位工程竣工验收程序

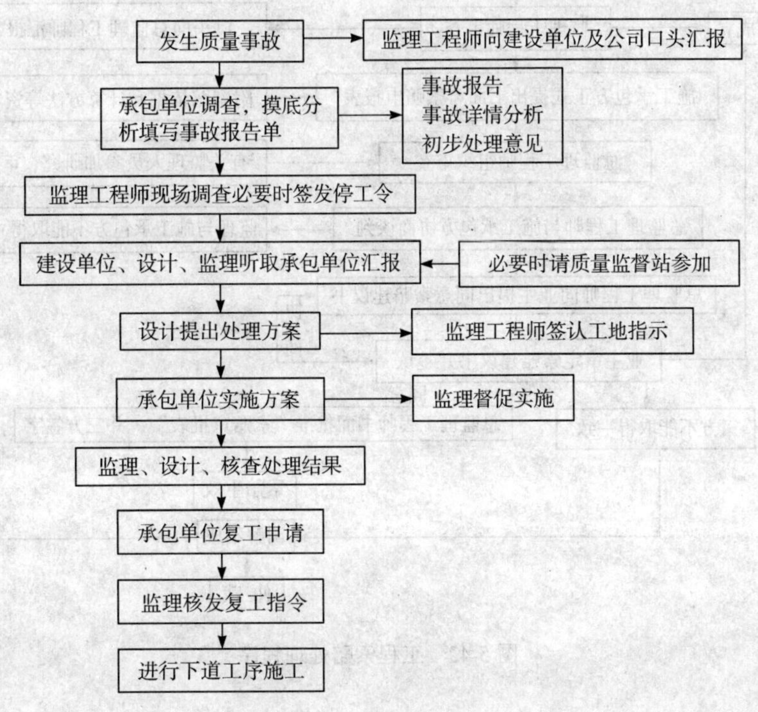

图 5-40 工程质量事故处理程序

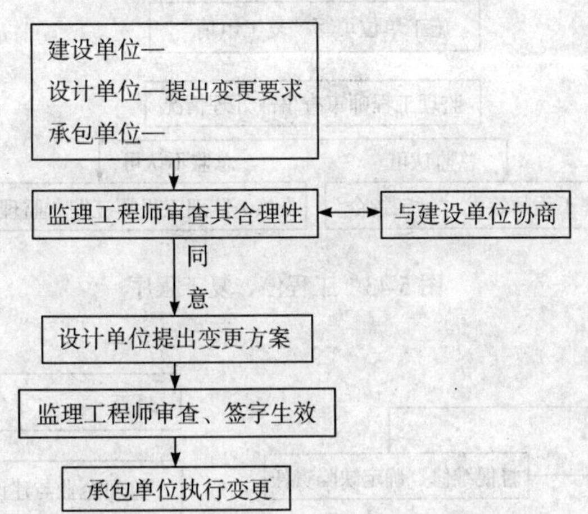

图 5-41 工程变更（洽商）处理程序

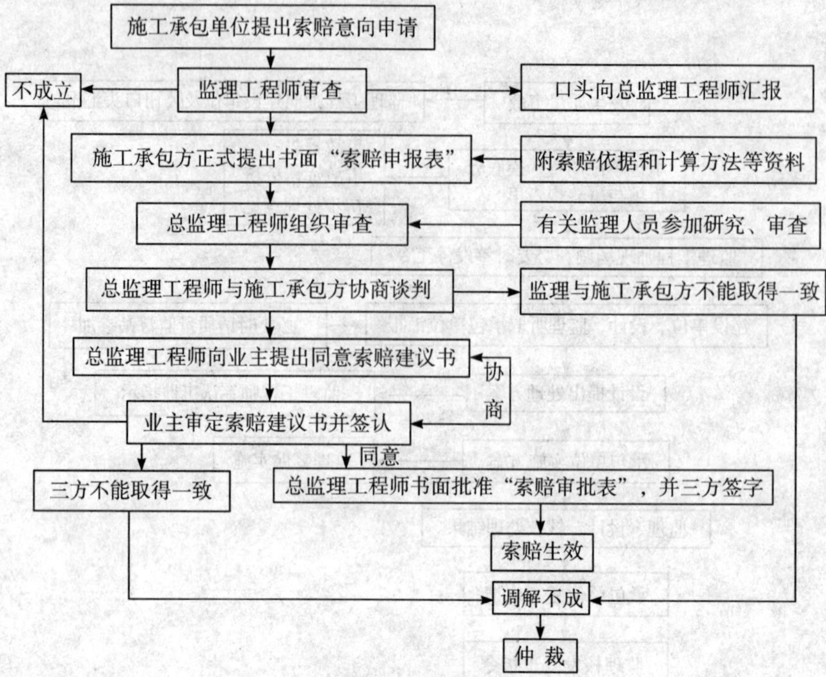

图 5-42　工程索赔处理程序

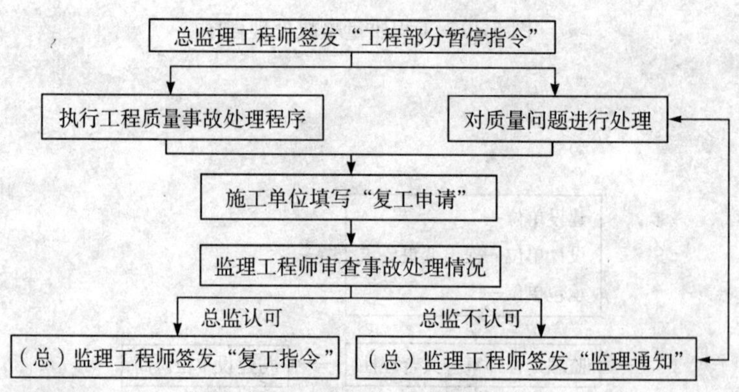

图 5-43　工程停、复工程序

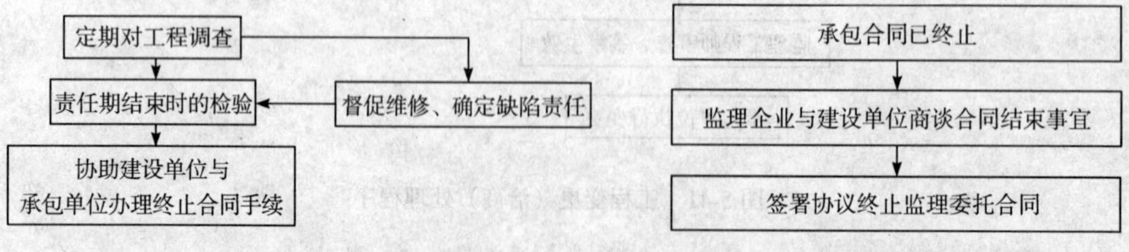

图 5-44　工程保修阶段的监理程序

图 5-45　结束监理合同的程序

第二节 决策阶段监理工作的内容

工程项目决策阶段的重要工作是可行性研究。可行性研究是工程项目科学投资决策的依据。建设项目的可行性研究是对项目从社会、经济和技术等各个方面进行深入的调研；对各种可能拟定的建设方案和技术方案进行认真的分析和比较；并对项目建成后的经济效益进行科学的预测和评价。在此基础上，综合分析研究建设项目的技术的先进性、经济的合理性，以及建设的可行性。根据建设项目的可行性研究的结果，建设单位继而做出对建设项目的投资决策。在这个阶段项目监理企业受建设单位委托，可以进行项目的可行性研究，也可以提供项目投资决策的咨询，在项目投资决策之后协助建设单位编制设计任务书。

由此可见，监理工程师应当掌握和了解可行性研究的内容、程序。

一、工程项目可行性研究

(一) 可行性研究程序

1. 原国家计委对可行性研究程序的规定

原国家计委提出可行性研究的程序是：各部、省、市或企业、事业单位，根据国家经济发展的长远规划，经济建设的方针和技术经济政策，结合资源情况，在广泛调查研究的基础上，提出需要进行可行性研究的“项目建议书”。各级计划部门对提出的项目建议书进行汇总、平衡之后，由主管部门或业主委托监理公司进行可行性研究，签订合同，规定研究的范围、进度和费用支付办法。大中型项目的可行性研究报告，由主管的部、省、市或全国性工业公司负责评审，报国家计委批准；重大建设项目的可行性研究报告，由国家计委会同各主管部门评审，报国务院批准。

文件指出，今后凡应编制可行性研究的建设项目，若没有可行性研究报告及评审意见的，不得审批设计任务书。凡是经过可行性研究说明不应建设的，即取消该项目。

2. 可行性研究程序

可行性研究应遵照如下程序：

(1) 研究拟建项目的必要性和现实性

首先是研究拟建工程项目的必要性和现实性。通过市场调查，了解进入国际市场的竞争力和渗透率，通过资源调查，掌握原材料、燃料、水、电、交通运输、地质、建材及生活设施等资料，以对拟建项目的必要性与现实性进行研究。

(2) 研究项目在技术上的可能性

建设项目地点的选择及确定生产工艺、工厂规模、产品方案、车间组成及设备选择。所有这些需作多方案的论证比较，选择最佳方案，以研究建设项目在技术上的可能性。

(3) 研究项目在经济上的合理性

财务分析与经济评价。计算项目的投资造价与生产成本、投资效果分析、资金偿还办法、偿还时间、项目的利润及还本期，以研究建设项目经济上的合理性。

(4) 研究项目实施方案

进行建设项目的初步设计与编制建设总进度计划，这是研究建设项目的实施方案。

(5) 提出可行性研究报告

最后提出可行性研究报告，得出结论性意见与建议，提供有关部门决策和审批。可行性研究的工作程序见图 5-46。

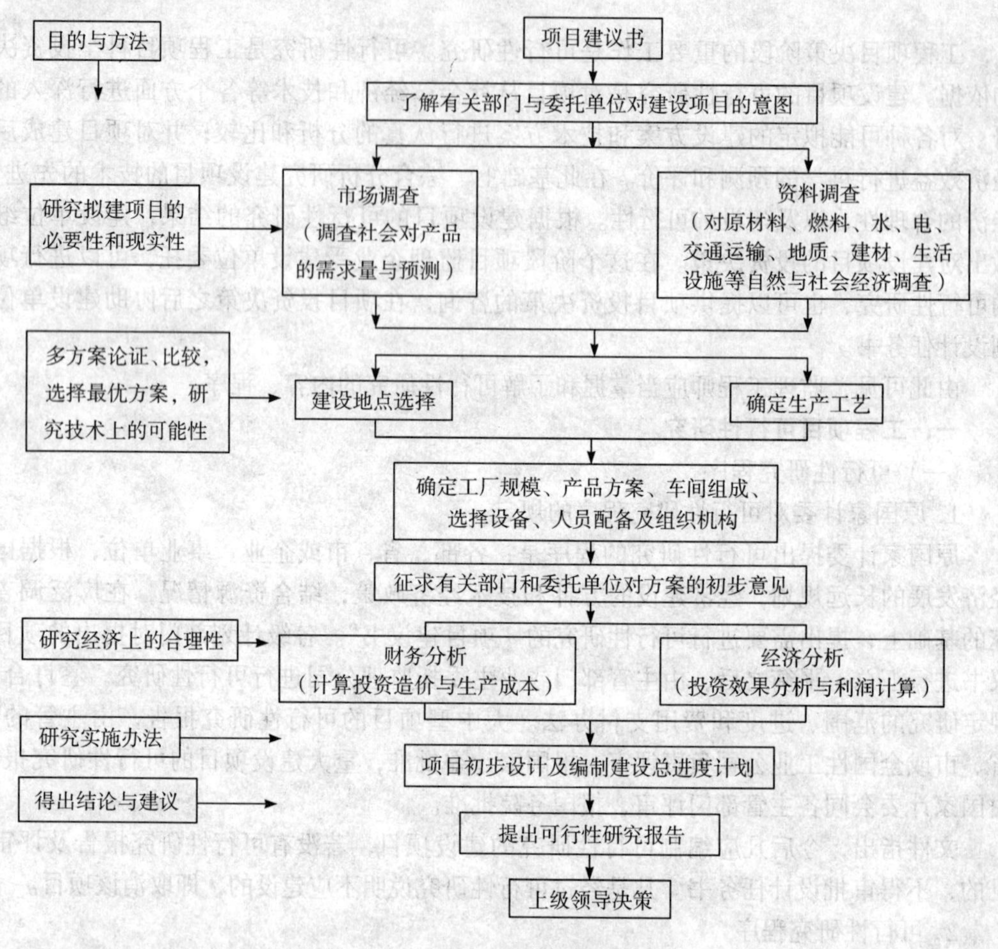

图 5-46 可行性研究的工作程序框图

（二）可行性研究报告编制步骤、内容与要求

原国家计委 2002 年 15 号文，同意中国国际工程咨询公司编辑的《投资项目可行性研究指南》。其中对可行性研究报告编制步骤、内容与要求，摘要如下：

《可行性研究报告》是投资项目可行性研究工作成果的体现，是投资者进行项目最终决策的重要依据。为保证《可行性研究报告》的质量，应切实做好编制前的准备工作，占有充分信息资料，进行科学分析比选论证，做到编制依据可靠、结构内容完整、《可行性研究报告》文本格式规范、附图附表附件齐全，《可行性研究报告》表述形式尽可能数字化、图表化，《可行性研究报告》深度能满足投资决策和编制项目初步设计的需要。

1.《可行性研究报告》编制步骤

（1）签订委托协议

可行性研究报告编制单位与委托单位，就项目可行性研究报告编制工作的范围、重点、深度要求、完成时间、费用预算和质量要求交换意见，并签订委托协议，据以开展可行性研究各阶段的工作。

(2) 组建工作小组

根据委托项目可行性研究的工作量、内容、范围、技术难度、时间要求等组建项目可行性研究工作小组。一般工业项目和交通运输项目可分为市场组、工艺技术组、设备组、工程组、总图运输及公用工程组、环保组、技术经济组等专业组。为使各专业组协调工作，保证《可行性研究报告》总体质量，一般应由总工程师、总经济师负责统筹协调。

(3) 制定工作计划

内容包括研究工作的范围、重点、深度、进度安排、人员配置、费用预算及《可行性研究报告》编制大纲，并与委托单位交换意见。

(4) 调查研究收集资料

各专业组根据《可行性研究报告》编制大纲进行实地调查，收集整理有关资料，包括向市场和社会调查，向行业主管部门调查，向项目所在地区调查，向项目涉及的有关企业、单位调查，收集项目建设、生产运营等各方面所必需的信息资料和数据。

(5) 方案编制与优化

在调查研究收集资料的基础上，对项目的建设规模与产品方案、场址方案、技术方案、设备方案、工程方案、原材料供应方案、总图布置与运输方案、公用工程与辅助工程方案、环境保护方案、组织机构设置方案、实施进度方案以及项目投资与资金筹措方案等，研究编制备选方案。进行方案论证比选优化后，提出推荐方案。

(6) 项目评价

对推荐方案进行环境评价、财务评价、国民经济评价、社会评价及风险分析，以判别项目的环境可行性、经济可行性、社会可行性和抗风险能力。当有关评价指标结论不足以支持项目方案成立时，应对原设计方案进行调整或重新设计。

(7) 编写《可行性研究报告》

项目可行性研究各专业方案，经过技术经济论证和优化之后，由各专业组分工编写。经项目负责人衔接协调综合汇总，提出《可行性研究报告》初稿。

(8) 与委托单位交换意见

《报告》初稿形成后，与委托单位交换意见，修改完善，形成正式《可行性研究报告》。

2.《可行性研究报告》编制依据

(1) 项目建议书（初步可行性研究报告）及其批复文件；

(2) 国家和地方的经济和社会发展规划，行业部门发展规划，如江河流域开发治理规划、铁路公路路网规划、电力电网规划、森林开发规划等；

(3) 国家有关法律、法规、政策；

(4) 国家矿产储量委员会批准的矿产储量报告及矿产勘探最终报告；

(5) 有关机构发布的工程建设方面的标准、规范、定额；

(6) 中外合资、合作项目各方签订的协议书或意向书；

(7) 编制《可行性研究报告》的委托合同；

(8) 其他有关依据资料。

3. 信息资料采集与应用

编制可行性研究报告应有大量的、准确的、可用的信息资料作为支持。一般工业项目在可行性研究工作中，应逐步收集积累整理分析：市场分析资料、自然资源条件资料、原材料燃料供应资料、工艺技术资料、场（厂）址条件资料、环境条件资料、财政税收资料、金融贸易资料等方面的信息资料，并用科学的方法对占有资料进行整理加工。信息资料收集与应用一般应达到如下要求：

(1) 充足性要求

占有的信息资料的广度和数量，应能满足各方案设计比选论证的需要。

(2) 可靠性要求

对占有的信息资料的来源和真伪进行辨识，以保证可行性研究报告准确可靠。

(3) 时效性要求

应对占有的信息资料发布的时间、时段进行辨识，以保证可行性研究报告，特别是有关预测结论的时效性。

4.《可行性研究报告》结构和内容

项目可行性研究报告，一般应按以下结构和内容编写：

(1) 总论

①项目提出的背景；

②项目概况；

③问题与建议。

(2) 市场预测

①市场现状调查；

②产品供需预测；

③价格预测；

④竞争力分析；

⑤市场风险分析。

(3) 资源条件评价

①资源可利用量；

②资源品质情况；

③资源赋存条件；

④资源开发价值。

(4) 建设规模与产品方案

①建设规模与产品方案构成；

②建设规模与产品方案的比选；

③推荐的建设规模与产品方案；

④技术改造项目与原有设施利用情况。

(5) 场址选择

①场址现状；

②场址方案比选；

③推荐的场址方案；

④技术改造项目现有场址的利用情况。

(6) 技术方案、设备方案和工程方案

①技术方案选择；

②主要设备方案选择；
③工程方案选择；
④技术改造项目改造前后的比较。
(7) 原材料燃料供应
①主要原材料供应方案；
②燃料供应方案。
(8) 总图运输与公用辅助工程
①总图布置方案；
②场内外运输方案；
③公用工程与辅助工程方案；
④技术改造项目现有公用辅助设施利用情况。
(9) 节能措施
①节能措施；
②能耗指标分析。
(10) 节水措施
①节水措施；
②水耗指标分析。
(11) 环境影响评价
①环境条件调查；
②影响环境因素分析；
③环境保护措施。
(12) 劳动安全卫生与消防
①危险因素和危害程度分析；
②安全防范措施；
③卫生保健措施；
④消防设施。
(13) 组织机构与人力资源配置
①组织机构设置及其适应性分析；
②人力资源配置；
③员工培训。
(14) 项目实施进度
①建设工期；
②实施进度安排；
③技术改造项目建设与生产的衔接。
(15) 投资估算
①建设投资估算；
②流动资金估算；
③投资估算表。
(16) 融资方案

①融资组织形式；
②资本金筹措；
③债务资金筹措；
④融资方案分析。
(17) 财务评价
①财务评价基础数据与参数选取；
②销售收入与成本费用估算；
③财务评价报表；
④盈利能力分析；
⑤偿债能力分析；
⑥不确定性分析；
⑦财务评价结论。
(18) 国民经济评价
①影子价格及评价参数选取；
②效益费用范围与数值调整；
③国民经济评价报表；
④国民经济评价指标；
⑤国民经济评价结论。
(19) 社会评价
①项目对社会影响分析；
②项目与所在地互适性分析；
③社会风险分析；
④社会评价结论。
(20) 风险分析
①项目主要风险识别；
②风险程度分析；
③防范风险对策。
(21) 研究结论与建议
①推荐方案总体描述；
②推荐方案优缺点描述；
③主要对比方案；
④结论与建议。

5.《可行性研究报告》深度要求

(1)《可行性研究报告》应能充分反映项目可行性研究工作的成果，内容齐全，结论明确，数据准确，论据充分，满足决策者定方案定项目要求。

(2)《可行性研究报告》选用主要设备的规格、参数应能满足预订货的要求，引进技术设备的资料应能满足合同谈判的要求。

(3)《可行性研究报告》中的重大技术、经济方案，应有两个以上方案的比选。

(4)《可行性研究报告》中确定的主要工程技术数据，应能满足项目初步设计的要求。

(5)《可行性研究报告》构造的融资方案，应能满足银行等金融部门信贷决策的需要。

(6)《可行性研究报告》中应反映在可行性研究过程中出现的某些方案的重大分歧及未被采纳的理由，以供委托单位与投资者权衡利弊进行决策。

(7)《可行性研究报告》应附有评估、决策（审批）所必需的合同、协议、意向书、政府批件等。

6.《可行性研究报告》编制单位及人员资质要求

可行性研究报告的质量取决于编制单位的资质和编写人员的素质。承担可行性研究报告编写单位和人员，应符合下列要求：

(1)《可行性研究报告》编制单位应具有经国家有关部门审批登记的资质等级证明。

(2) 编制单位应具有承担编制可行性研究报告的能力和经验。

(3) 可行性研究人员应具有所从事专业的中级以上专业职称，并具有相关的知识、技能和工作经历。

(4)《可行性研究报告》编制单位及人员，应坚持独立、公正、科学、可靠的原则，实事求是，对提供的可行性研究报告质量负完全责任。

7.《可行性研究报告》文本格式

(1)《可行性研究报告》文本排序

①封面：项目名称、研究阶段、编制单位、出版年月、并加盖编制单位印章。

②封一：编制单位资格证书，如工程咨询资质证书、工程设计证书。

③封二：编制单位的项目负责人、技术管理负责人、法人代表名单。

④封三：编制人、校核人、审核人、审定人名单。

⑤目录。

⑥正文。

⑦附图、附表、附件。

(2)《可行性研究报告》文本的外形尺寸统一为 A4（210mm×297mm）

二、工程建设的经济评价

1. 经济评价原则

经济评价是项目投资决策的核心，其目的是在于最大限度地提高项目的投资效益。

建设项目经济评价应遵循以下原则：

(1) 动态分析与静态分析相结合，以动态为主。静态分析是不考虑投入产出资金的时间价值，其评价指标很难反映未来时期的变动情况；动态分析则考虑资金的时间价值，故应进行动态的价值判断。投资者和决策者应树立资金时间价值观念。

(2) 定量分析与定性分析相结合，以定量分析为主。一切工艺技术方案、工程方案、环境方案的优劣，都应尽可能通过计算指标反映出其经济价值进行分析、判断。

(3) 全过程效益分析与阶段效益分析相结合，以全过程效益分析为主。过去，在项目经济评价时，往往偏重于建设投资多少、工期长短、造价高低，而对项目投产后的经济效益，不甚重视。应强调把项目经济评价的着眼点和归宿点放在全过程的经济效益分析上。

(4) 宏观效益分析与微观效益分析相结合，以宏观效益分析为主。项目经济评价除计算本项目获利量以外，还要考察国民经济付出的代价及其对国家的贡献，即分财务评价与国民经济评价两个层次，而应以国民经济评价的结论为主，来考虑项目或方案的取舍。

(5) 价值量分析与实物量分析相结合，以价值量分析为主。不论是财务评价还是国民经济评价，从社会主义市场经济前提出发，把投资因素、劳动因素、时间因素等都量化为资金价值因素的价值量去分析，作为判别、取舍的标准。

(6) 预测分析与统计分析相结合，以预测分析为主。以历史统计资料为依据，采用科学的预测技术以及对某些不确定性因素、风险性做出估算，还应包括敏感性分析、盈亏平衡分析和概率分析所进行的预测分析为主。

(7) 项目经济评价中财务评价和国民经济评价准则

1) 财务评价与国民经济评价均可行的项目，应予通过；

2) 均不可行的，应予否定；

3) 财务评价不可行，国民经济评价可行的项目，一般应采取经济优惠措施；

4) 财务评价可行，国民经济评价不可行的项目，应予否定，必要时可重新考虑方案，进行"再设计"。

2. 项目财务评价内容

(1) 项目财务评价获利性分析。财务获利性分析的任务是：分析和测算建设项目在其计算期的财务获利能力和获利水平，以衡量项目的综合效益。

(2) 清偿能力分析。其任务是分析、测算项目偿还银行贷款的能力。分析结论归纳在"财务平衡表"(见表 5-1)。是根据项目的财务状况及国家有关财税规定，测算项目计算期内各年的资金盈余或短缺情况，供选择资金筹措方案，制定借款及偿还计划，并据以测算固定资产投资款偿还期，进行清偿能力分析。

财务平衡表　　**表 5-1**

序号	年份 项目	建设期		投产期		达到设计能力生产期				合计
		1	2	3	4	5	6	……	n	
1	生产负荷 (%)									
	资金来源									
	(1) 利润总额									
	(2) 折旧费									
	其中：可作为归还借款的折旧									
	(3) 固定资产投资借款									
	1) 国内借款									
	2) 外汇借款									
	(4) 流动资金借款									
	(5) 企业自有资金									
	1) 用于固定资产投资									
	2) 用于流动资金									
	(6) 回收固定资产余值									
	(7) 回收自有流动资金									
	资金来源小计									

续表

序号	年份 项目	建设期		投产期		达到设计能力生产期				合计
		1	2	3	4	5	6	……	n	
2	资金运用 (1) 固定资产投资 (2) 流动资金 (3) 还款期间的企业留利 (4) 企业留用的折旧 (5) 自折旧中提取的能源交通基金 (6) 固定资产投资借款利息偿还 1) 国内借款利息 2) 外汇借款利息 (7) 固定资产投资借款本金偿还 1) 国内借款本金 2) 外汇借款本金 (8) 所得税 (9) 盈余资金（或资金短缺） 资金运用小计									

(3) 外汇效果分析。对涉及外资的建设项目或产品有出口的建设项目，应进行外汇效果分析，以衡量项目的创汇、节汇能力，以及产品在国际市场上的竞争能力。分析结论归纳在“财务外汇流量表”（见表5-2)。计算财务外汇净现值、换汇成本及节汇成本等指标。

财务外汇流量表 **表 5-2**

序号	年份 项目	建设期投产期达到设计能力生产期								合计
		1	2	3	4	5	6	……	n	
1	生产负荷（%）									
	外汇流入 (1) 产品外销收入 (2) 其他外汇收入 外汇流入小计									
2	外汇流出 (1) 进口原材料 (2) 进口零部件 (3) 技术转让费 (4) 偿还外汇借款本息 (5) 其他外汇支出 外汇流出小计									
3	净外汇流量 ([1] ~ [2])									
4	产品替代进口收入									
5	净外汇效果 ([3] ~ [4])									

续表

序号	年份 项目	建设期投产期达到设计能力生产期								合计
		1	2	3	4	5	6	……	n	
6	计算指标:	财务外汇净现值（$i=$　%） 财务换汇成本或财务节汇成本:								

注：技术转让费是指生产期支付的技术转让费。

（4）风险分析。其任务是：分析项目在建设和生产中可能遇到的不确定因素，以及它们对项目经济效益的影响，以预测项目可能承担的风险，确定项目财务上的稳定性。

3. 项目财务评价获利性分析

建设项目财务评价获利性分析，按是否考虑资金的时间价值，可分静态分析和动态分析两类。

（1）静态分析

1）投资收益率

$$投资收益率=\frac{建设项目投产后一个正常年的净收益}{建设项目总投资}\times 100\% \tag{5-1}$$

2）投资回收期

$$投资回收期=\frac{项目的总投资}{一个正常年的利润+折旧费} \tag{5-2}$$

3）追加投资回收期

追加投资回收期即用不同项目生产成本的节约额来回收不同项目追加投资额的期限。

设K_1为甲方案的基建总投资；

K_2为乙方案的基建总投资；

C_1为甲方案的生产成本；

C_2为乙方案的生产成本。

当甲方案的基建投资大于乙方案的基建投资（即 $K_1>K_2$），而甲方案的生产成本小于乙方案的生产成本（即 $C_2>C_1$）时，则追加投资回收期（T_D）：

$$T_D=\frac{K_1-K_2}{C_2-C_1}\leqslant T_H; \tag{5-3}$$

式中　T_H——标准投资回收期。

4）追加投资效果系数 E_D

$$E_D=\frac{C_2-C_1}{K_1-K_2}>E_H; \tag{5-4}$$

式中　E_H——标准投资效果系数

当 $T_D<T_H$，或 $E_D>E_H$ 时，则甲方案合理；

当 $T_D>T_H$，或 $E_D<E_H$ 时，则乙方案要合理。

在工业部门都可根据历年建设经验和生产水平规定本部门的 T_H 和 E_H。

【例 5-1】　某建设项目有甲、乙两个建厂方案，各项参数见表 5-3。用追加投资回收期 T_D 和追加投资效果系数 E_D 进行投资效果比较。

表 5-3

方案	总投资额（万元）	年生产成本经营费（万元/年）	年产量（台/年）	年单位产品投资（元/台）	年单位产品生产成本经营费（元/台）
0	〔1〕	〔2〕	〔3〕	〔4〕=〔1〕/〔3〕	〔5〕=〔2〕/〔3〕
甲	1500	400	1000	15000	4000
乙	1000	360	800	12500	4500

$$T_D = \frac{15000 - 12500}{4500 - 4000} = 5(\text{年})$$

$$E_D = \frac{1}{T_D} = \frac{1}{5} = 0.2$$

假定标准投资回收期 T_H 为 5.5 年；标准投资效果系数 $E_H = \frac{1}{5.5} = 0.18$。则说明甲方案虽然比乙方案投资要多，但是甲方案能够在比标准回收期要短的时间内，以自己经营费用的节约额来抵偿追加投资额，因而甲方案是经济合理的。衡量的标准是：

$$T_D < T_H; \qquad E_D > E_H$$

这里要提出一个值得讨论的问题，就是追加投资与节约生产成本经营费的时间价值，在本例中未加考虑，这些问题正是以下动态分析中讨论的问题。

(2) 动态分析

1) 追加投资回收期 T'_D

$$T'_D = \frac{\lg\Delta C - \lg(\Delta C - \Delta K \cdot i)}{\lg(1+i)}; \tag{5-5}$$

式中　$\Delta C = C_2 - C_1$；$\Delta K = K_1 - K_2$

【例 5-2】　同上例，$i = 5\%$，计算动态追加投资回收期 T'_D。

$$\Delta K = 15000 - 12500 = 2500 \text{ 元/台·年}$$

$$\Delta C = 4500 - 4000 = 500 \text{ 元/台}$$

则追加投资回收期　$T_D = \dfrac{\lg500 - \lg(500 - 2500 \times 0.05)}{\lg1.05}$

$$= \frac{2.699 - \lg875}{0.0212} = \frac{2.699 - 2.574}{0.0212} = 5.9\ (\text{年})$$

前例的静态分析计算结果 $T_D = 5$ 年，两者相差 0.9 年。故应用动态分析是比较符合贷款付息的实际情况。当追加投资回收期越长，两者的差距越大。

2) 净现值（NPV）

净现值就是在一个项目经济寿命期内的现金流入和现金流出之差额（即净现金流量），并按预定的折现率折现到基准年的数值。

$$NPV = \sum_{t=0}^{n} \frac{CF_t}{(1+i)^t} = \sum_{t=0}^{n} (CI_t - CO_t) a_t \tag{5-6}$$

式中　NPV——净现值；

CF_t——年份 t 的现金流量；

CI_t——年份 t 的现金流入；

CO_t——年份 t 的现金流出；

i——折现率；

a_t——t 年的折现系数［$a_t=(1+i)^{-t}$，查复利系数表可得］；

t——项目的经济寿命期间的年份（即 $t=1,2,\cdots,n$）。

一个项目的净现值也可以将历年的净现金流量按固定的折现率，折算到基准年的数值之总和。

也可按下式计算：

$$NPV = NCF_1 \times a_1 + NCF_2 \times a_2 + \cdots + NCF_n \times a_n \tag{5-7}$$

式中　NCF_1、NCF_2、NCF_n——该项目在年份1、2、…、n 的净现金流量；

a_2、…、a_n——在年份1、2、…、n 中对应于所选折现率 i 的折现系数。

【例5-3】　某建设项目的基建期为2年整，第3年初投产，投产后第一、第二年的产量达到设计生产能力的40%、60%；第三年（即建厂算起的第五年）达到项目的设计生产能力。该建设项目的寿命期计算到12年为止。其净现金流量分析见表5-4。以获利性动态分析计算的净现值（NPV）及动态投资回收期见表5-5。

某建设项目投资现金流量计算表示例　　单位：万元　　**表5-4**

	项　目	合计	基建时期		生　产　时　期									
			1	2	3	4	5	6	7	8	9	10	11	12
第一部分	计算产量		—	—	40	60	100	100	100	100	100	100	100	100
	一、现金流入													
	1.销售收入	94500	—	—	4200	6300	10500	10500	10500	10500	10500	10500	10500	10500
	2.回收固定资产残值	100	—	—	—	—	—	—	—	—	—	—	—	100
	3.回收流动资金	2200	—	—	—	—	—	—	—	—	—	—	—	2200
	流入小计	96800	—	—	4200	6300	10500	10500	10500	10500	10500	10500	10500	12800
	二、现金流出													
	1.基建投资	5300	2300	3000	—	—	—	—	—	—	—	—	—	—
	2.流动资金	2200	—	—	1000	400	800	—	—	—	—	—	—	—
	3.经营成本	67042	—	—	3480	4770	7349	7349	7349	7349	7349	7349	7349	7349
	4.工商税	4725	—	—	210	315	525	525	525	525	525	525	525	525
	流出小计	79267	2300	3000	4690	5485	8674	7874	7874	7874	7874	7874	7874	7874
	三、净现金流量	17533	-2300	-3000	-490	815	1820	2626	2626	2626	2626	2626	2626	4926
	四、累计净现金流量		-2300	-5300	-5790	-4975	-3149	-523	2103	4720	7355	9981	12607	17533

获利性动态分析的净现值（*NPV*）及动态投资回收期计算示例　单位：万元　表 5-5

	项　目	合计	基建时期		生产时期									
			1	2	3	4	5	6	7	8	9	10	11	12
第一部分	一、现金流入小计	96800	—	—	4200	6300	10500	10500	10500	10500	10500	10500	10500	12800
	二、现金流出小计	79267	2300	3000	4690	5485	8674	7874	7874	7874	7874	7874	7874	7874
	三、净现金流量	17533	-2300	-3000	-490	815	1820	2626	2626	2626	2626	2626	2626	4926
	四、累计净现金流量	—	-2300	-5300	-5790	-4975	-3149	-523	2103	4720	7355	9981	12607	17533
第二部分	净现值（*NPV*）计算（折现率 $i=15\%$）													
	一、折现系数 $a_t=\frac{1}{(1+i)^t}$	—	0.8696	0.7561	0.6575	0.5718	0.4972	0.4323	0.3759	0.3269	0.2843	0.2472	0.2149	0.1869
	二、净现值	2642	-2000	-2268	-322	466	905	1135	987	858	747	649	564	921
	三、累计净现值	—	-200	-4268	-4590	-4124	-3219	-2084	-1097	-239	508	1157	1721	2642
	四、动态投资回收期	$8+\frac{239}{747}=8.3$（年）												

表 5-5 所得的净现值（*NPV*）为 2642 万元，比表 5-4 所求得的累计现金流量 17533 万元低得多。此外，动态投资回收期按表 5-5 计算为 8.3 年，与静态投资回收期比较要延长 2 年多。

3）净现值比（*NPVR*）

$$NPVR=\frac{NPV}{PVI} \tag{5-8}$$

式中　*PVI*——项目总投资的现值。

4）内部利润率（*IRR*）

$$NPV=\sum_{t=0}^{n}\frac{CI_t-CO_t}{(1+IRR)^t}=0 \tag{5-9}$$

用图解法求解（图 5-47）：

$$\frac{|PV|}{|NV|}=\frac{IRR-i_1}{i_2-IRR} \tag{5-10}$$

故

$$IRR=\frac{|PV|(i_2-i_1)}{|PV|+|NV|}+i_1 \tag{5-11}$$

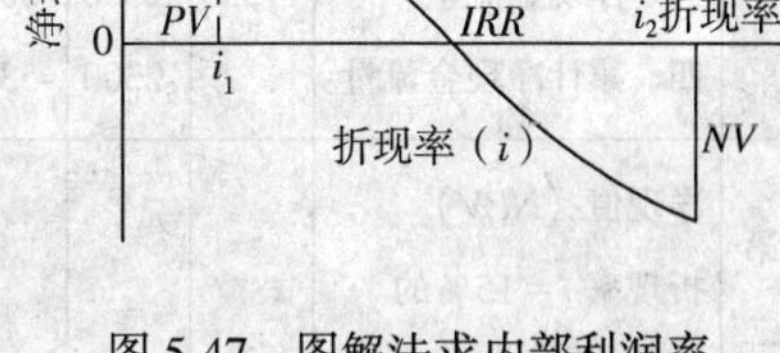

图 5-47　图解法求内部利润率

应注意：*PV* 与 *NV* 都很接近于零，即 i_1 与 i_2 彼此很接近，两者相差不应超过 1%～5%，否则用上式求得的内部利润率就不正确，因为折现率与净现值之间并非线性关系。

【例 5-4】　某建设项目按不同折现率求得的净现值如表 5-6 所示，求算其内部利润率。

不同折现率的净现值　表 5-6

折现率（%）	7.0	11.0	14.0	14.7	14.8
净现值（百万元）	141.2	52.95	3.32	1.014	-0.121

由表中看出，折现率增高则净现值减少，当折现率为 14.7%时，净现值已是接近于零的正值，而当取 14.8%，就使净现值降为接近于零的负值。可见内部利润率就在此两个折现率之间，按上述公式可求得：

$$IRR = 14.7 + \frac{1.014(14.8-14.7)}{1.014+0.121} = 14.79\% \qquad |-0.121| = 0.121$$

此外，用试差法求内部利润见表 5-7 第四部分所示。

【例 5-5】　建设项目整体现金流量计算、获利性静态分析及动态分析全部指标的计算过程和体系举例见表 5-7。

建设项目全部指标计算　单位：万元　**表 5-7**

	项　目	合计	基建时期		生　产　时　期									
			1	2	3	4	5	6	7	8	9	10	11	12
第一部分	计算产量		—	—	40	60	100	100	100	100	100	100	100	100
	一、现金流入													
	1. 销售收入	94500	—	—	4200	6300	10500	10500	10500	10500	10500	10500	10500	10500
	2. 回收固定资产残值	100	—	—	—	—	—	—	—	—	—	—	—	100
	3. 回收流动资金	2200	—	—	—	—	—	—	—	—	—	—	—	2200
	流入小计	96800	—	—	4200	6300	10500	10500	10500	10500	10500	10500	10500	12800
	二、现金流出													
	1. 基建投资	5300	2300	3000	—	—	—	—	—	—	—	—	—	—
	2. 流动资金	2200	—	—	1000	400	800	—	—	—	—	—	—	—
	3. 经营成本	67042	—	—	3480	4770	7349	7349	7349	7349	7349	7349	7349	7349
	4. 工商税	4725	—	—	210	315	525	525	525	525	525	525	525	525
	流出小计	79267	2300	3000	4690	5485	8674	7874	784	784	784	784	784	7874
	三、净现金流量	17533	-2300	-3000	-490	815	1820	2626	2626	2626	2626	2626	2626	4926
	四、累计净现金流量		-2300	-5300	-5790	-4975	-3149	-523	2103	4720	7355	9981	12607	17533
第二部分	净现值（*NPV*）													
	折现率 $i=15\%$的													
	折现系数	—	0.8698	0.7561	0.6575	0.5718	0.4972	0.4323	0.3759	0.3269	0.2843	0.2472	0.2149	0.1869
	净现值	2642	-2000	-2268	-322	466	905	1135	987	858	747	649	564	921
	累计净现值	—	-2000	-4268	-4590	-4124	-3219	-2084	-1097	-239	508	1157	1721	2642
第三部分	内部利润率(*IRR*)计算：													
	1. 折现率 $i=23\%$的													
	折现系数	—	0.8131	0.6610	0.5374	0.4369	0.3552	0.2888	0.2347	0.1908	0.1552	0.1262	0.1026	0.0834
	净现值	+180	-1870	-1983	-263	356	646	758	616	501	408	331	269	411
	2. 折现率 $i_2=24\%$的													
	折现系数	—	0.8065	0.6504	0.5245	0.4230	0.3411	0.2751	0.2218	0.1789	0.1443	0.1164	0.0938	0.0757
	净现值	-19	-1855	-1951	-257	345	621	722	582	470	379	306	246	373

续表

项　　目		合计	基建时间		生产时期									
			1	2	3	4	5	6	7	8	9	10	11	12
第四部分	指标汇总： 一、获利性静态分析 1. 投资收益率 $=\frac{2626}{5300+2200}\times 100\%=35\%$； 2. 净现金流量 = 17533 万元； 3. 投资回收期 $=6+\frac{523}{2626}=6.2$（年）。 二、获利性动态分析 1. 净现值（NPV）= 2642 万元（以折现率 $i=15\%$ 计）； 2. 投资回收期 $=8+\frac{239}{747}=8.3$ 年（以折现率 $i=15\%$ 计）； 3. 内部利润率（IRR）$=23\%+\frac{180\ (24-23)}{180+19}=23.9\%$。													

注：为简化净现值计算，视净现金流量发生在年末。

4. 建设项目国民经济评价

建设项目国民经济评价是从国家和全社会的角度，评价项目的实现对国民经济发展战略目标和社会福利的贡献，也就是进行国家获利性分析，以确定项目的可行性。对于大中型建设项目的取舍，主要应取决于国民经济评价。

国民经济评价与企业经济评价都是进行项目的成本和效益的比较，这是二者在形式上的相似点。但两者是有区别的，除了评价的角度和范围不同外，在计算依据和指标上有不同。企业经济评价是采用市场价格、官方汇率和金融市场上的一般利率为折现率；而国民经济评价是采用能反映实际社会成本的修正价格、修正汇率和社会折现率作为计算依据。国民经济评价的经济效果和社会效果有以下指标：

(1) 国民收入净增值和社会净收益

1）国民收入净增值是作为评价建设项目的一个综合指标，是表示建设项目投资后所能获得的净产值的增加额，计算如下：

(A) 建设项目正常年的净增值：

$$NVA = Q - (MI + D) \tag{5-12}$$

式中　NVA——建设项目正常年的净增值；

Q——建设项目正常年份产品销售总收入的预期值；

MI——建设项目正常年份的生产原材料和外界服务的预期价值（如：原材料、能量、燃料、运输、维修等）；

D——建设项目正常年份内固定资本的预期折旧费。

(B) 项目整个有效寿命期内国民收入总净增值 $\left(\sum_{t=1}^{n} NVA \cdot t \cdot a_t\right)$：

$$\sum_{t=1}^{n} NVA_t \cdot a_t = \sum_{t=1}^{n}\left[Q_t - (MI_t + K_t + RP_t)\right]a_t \tag{5-13}$$

式中　K_t——第 t 年的投资；

a_t——第 t 年的折现系数；

RP_t——第 t 年的国外付款（如：专利权费、国外贷款利息等）。

2）国民收入净增值现值 $\left(\sum_{t=1}^{n} NVT_t \cdot a_t\right)$

$$\sum_{t=1}^{n} NVT_t \cdot a_t = \sum_{t=1}^{n} W_t \cdot a_t + \sum_{t=1}^{n} SS_t \cdot a_t \tag{5-14}$$

式中　$\sum_{t=1}^{n} W_t \cdot a_t$——项目的工资总额现值；

$\sum_{t=1}^{n} SS_t \cdot a_t$——项目的社会净收益现值。

3）社会净收益

（A）静态计算社会净收益按下式计算：

社会净收益 = 企业利润 + 税金 + 国内贷款利率等

（B）动态计算社会净收益现值按下式计算：

$$\sum_{t=1}^{n} SS_t \cdot a_t = \sum_{t=1}^{n} NVA_t \cdot a_t - \sum_{t=1}^{n} W_t \cdot a_t \tag{5-15}$$

（2）新建项目的投资效果检验

1）绝对效果检验

（A）检验该项目的国民收入总净增值的现值是否大于或等于零：

$$\Sigma NVA_t \cdot a_t \geqslant 0 \tag{5-16}$$

如果小于零，说明项目没有增值，是不可行的；如果大于零，则有增值，增值越大，项目的国民经济效益亦越好。

（B）检验国民收入总净增值现值是否超过累计总工资和福利补助费用的现值：

绝对效果指标 = 国民收入总净增值现值 - 工资总额现值 ≥ 0

或　　　国民收入总净增值现值≥总工资额现值

用算式表示：

$$E_s = \sum_{t=1}^{n} NVA_t \cdot a_t - \sum_{t=1}^{n} W_t \cdot a_t \geqslant 0 \tag{5-17}$$

或
$$\sum_{t=1}^{n} NVA_t \cdot a_t \geqslant \sum_{t=1}^{n} W_t \cdot a_t \tag{5-18}$$

这是表示项目可以接受的充分条件。

式中　E_s——建设项目根据其国民收入总净增值是否超过累计工资和福利补助费用的现值，进行检验的绝对效果指标。

如果 $E_s>0$，说明所获增值扣除支付工人工资外还有社会收益，可进行社会扩大再生产；如果 $E_s=0$，则增值仅能抵偿工人的工资总额，这两种都说明项目是可行的；如果 $E_s<0$，则表明增加的净产值还不足以抵偿全部工资支出，说明项目是不可行的。

2）相对效果检验

是检验单位投资、劳动力和外汇的经济效果，用于考核在不同地区、不同时期和不同条件下选择建设项目的可能性。

（A）单位投资净增值率（E_d）：

从使用资金角度来考核检验项目的单位投资效果，应选择单位投资净增值率最大的建设项目。

$$E_{\mathrm{d}} = \frac{P(VA)}{P(K)} \times 100\% \tag{5-19}$$

式中　P（VA）——建设项目国民收入总净增值现值；

P（K）——项目总投资现值。

（B）单位外汇费用净增值率（E_{FE}）：

从使用外汇角度来考核，检验项目所能获得的单位外汇费用的效果，应选择单位外汇净增值率最大的项目。

$$E_{\mathrm{FE}} = \frac{P(VA)}{P(FE)} \times 100\% \tag{5-20}$$

式中　P（FE）——项目的净外汇费用现值，它等于外汇支出现值与外汇收入现值之差额，可按下式计算：

净外汇费用现值 = 外汇收入现值 - 外汇支出现值

（C）单位劳动力累计工资净增值率（E_{L}）：

从劳动力或熟练工人角度来考核，检验项目必需的每个劳动力所能获得的国民收入净增值，应选择净增值率最大的项目。

$$E_{\mathrm{L}} = \frac{P(VA)}{P(LS)} \times 100\% \tag{5-21}$$

式中　P（LS）——劳动力累计工资和补贴现值。

(3) 国民收入净增值率和社会净收益率

1) 国民收入净增值率（$NVAR$）

$$NVAR = \frac{\Sigma NVA_{\mathrm{t}} a_{\mathrm{t}}}{\Sigma K_{\mathrm{t}} a_{\mathrm{t}}} \times 100\% \tag{5-22}$$

式中　$\Sigma NVA_{\mathrm{t}} a_{\mathrm{t}}$——国民收入总净增值现值；

$\Sigma K_{\mathrm{t}} a_{\mathrm{t}}$——项目总投资现值。

单位投资净增值率 E_{d} 与本式的区别是：前者是为检验单位投资的经济效果和在不同条件下优选方案所用；后者是作为一个考核项目投资的重要指标。

2) 社会净收益率（SSB）

$$SSB = \frac{\Sigma SS_{\mathrm{t}}}{\Sigma K_{\mathrm{t}}} \times 100\% \tag{5-23}$$

式中　ΣSS_{t}——社会净收益；

ΣK_{t}——项目建设总投资（包括流动资金）。

(4) 国民收入净增值内部收益率和社会净收益内部收益率

1) 国民收入净增值内部收益率（I_{R1}）

$$\sum_{t=1}^{n} \frac{NVA_{\mathrm{t}}}{(1 + I_{\mathrm{R1}})_{\mathrm{t}}} = 0 \tag{5-24}$$

2) 项目社会净收益内部收益率（I_{R2}）

$$\sum_{t=1}^{n} \frac{SS_{\mathrm{t}}}{(1 + I_{\mathrm{R2}})_{\mathrm{t}}} = 0 \tag{5-25}$$

以上两个内部收益率亦可按试差法或图解法，参照内部收益率公式求得。

项目的国民收入净增值内部收益率和社会净收益率均高于基准投资收益率时，项目才能接受。目前在国家计划部门尚未颁布基准收益之前，国民收入净增值基准收益率暂定为12%；社会净收益基准收益率暂定为8%。

(5) 投资回收期

$$投资回收期(T)=\frac{总投资}{国民收入年净增值} \tag{5-26}$$

从国家角度计算：

$$国民收入年净增值 = 企业利润 + 折旧费 + 税金 + 工资$$

投资回收期（T）的准确计算法有静态和动态两种：

静态计算——即采用现金流量平衡表计算总投资回收期。

$$\sum_{t=1}^{n} NVA_{\mathrm{t}} = \sum_{t=1}^{n} K_{\mathrm{t}} \tag{5-27}$$

动态折现法计算——按表5-7所示方法计算

$$\sum_{t=1}^{n} NVA_{\mathrm{t}} a_{\mathrm{t}} = \sum_{t=1}^{n} K_{\mathrm{t}} a_{\mathrm{t}} \tag{5-28}$$

(6) 国民经济评价的社会效果指标

项目的社会效果评价指标。它可用价值形式表示，如劳动就业、收入分配、外汇效益、产品国际竞争能力、综合能耗、土地利用以及相关投资等效果指标；也有用非定量化的定性指标来表示，如先进技术引进、社会基础设施、环境保护、地区开发和经济发展、城市建设的发展、人口结构和工业经济结构的改变及人民科学文化水平的提高等社会效益指标，还有功能、质量、生态平衡、资源利用与政治、军事等其他因素的定性分析指标。

我国目前主要社会效果指标如下：

1) 就业效果指标

(A) 总就业效果：

$$总就业效果=\frac{总就业人数}{项目的总投资额}(人/万元)\geqslant 定额指标 \tag{5-29}$$

(B) 非熟练劳动力就业效果：

$$非熟练劳动力就业效果=\frac{非熟练就业人数}{项目的总投资}(人/万元)\geqslant 定额指标 \tag{5-30}$$

2) 分配效果指标

建设项目投产后所得的国民收入总净增值，将在国家、部门、企业、职工之间进行分配，主要有以下七个分配效果指标：

$$(A)\ 职工收入分配效果=\frac{工资收入+福利}{项目的年国民收入总净增值}\times 100\% \tag{5-31}$$

$$(B)\ 企业（或部门）收入分配效果=\frac{利润留成+折旧+附加福利}{项目的年国民收入总净增值}\times 100\% \tag{5-32}$$

$$(C)\ 国家（包括地区）收入分配效果=\frac{税金+折旧+利息+保险费}{项目的年国民收入总净增值}\times 100\% \tag{5-33}$$

$$(D)\ 积累部门的分配效果=\frac{扩建基金+后备基金+社会福利基金}{项目的年国民收入总净增值}\times 100\% \tag{5-34}$$

以上四种分配指标的总和应等于1。

$$(E)\ 地区分配效果=\frac{当地工人工资+当地企业利润+法定政府税金+地区福利收入}{项目的年国民收入总净增值}\times 100\% \tag{5-35}$$

如果评价中外合资建设或引进国外设备与技术的项目，则还应考虑国外投资者的分配效果。

(F) 国外投资者分配效果

$$国外投资者分配效果=\frac{外籍人员工资+国外贷款利息+其他国外付款}{项目国内年总净增值}\times 100\% \tag{5-36}$$

式中　国内年总净增值=年国民收入总净增值+国外投资的年净增值

$$(G)\quad 国民净增值效果=\frac{项目国民年净增值}{项目国内年净增值}\times 100\% \tag{5-37}$$

以上两项分配效果指标的总和应等于1。

3) 外汇效果指标

外汇效果是涉及外贸、外资以及影响外汇流量的项目，衡量其实施后对国家外汇状况影响的一个社会经济效果指标，主要有以下五个外汇效果指标：

(A) 净外汇效果：净外汇效果=净外汇流量+取代进口的节汇效果　(5-38)

(B) 净外汇流量：有以下两种计算式：

a. 按正常年份静态计算：

$$净外汇流量现值=外汇总收入现值-外汇总支出现值 \tag{5-39}$$

b. 按项目整个寿命期总额动态计算：

$$P(FE)=\sum_{t=1}^{n}(FI_t-FO_t)a_t \tag{5-40}$$

式中　$P(FE)$——整个寿命期净外汇流量现值；

FI_t——第 t 年外汇流入（包括外汇贷款、取代进口价值和出口产品收入）；

FO_t——第 t 年外汇支出（包括进口设备、物料、外籍人员工资、国外资本利息等）。

(C) 换汇成本（CF）：

是对产品出口项目分析和评价其生产产品能否出口的一个外汇效果指标。

换汇成本是指项目实施后为出口产品投入的国内资源数值（人民币）与出口产品的净外汇流量现值（美元）之比值。它表明为换取1美元外汇所需投入的人民币金额。这指标应小于或等于计算外汇率（调整汇率），否则该项不予接受。

$$CF=\frac{\sum_{t=1}^{n}DR_t a_t(人民币)}{\sum_{t=1}^{n}(FI_t-FO_t)a_t(美元)}\leqslant 调整汇率 \tag{5-41}$$

式中　$DR_t a_t$——项目在第 t 年为出口产品投入的国内资源现值（包括国内投资、国内生产物料投入和工资等）。

$$(D)\quad 投资创汇率=\frac{净外汇流量}{外汇投资}\times 100\% \tag{5-42}$$

$$(E)\quad 投资节汇率=\frac{正常年份节汇额}{外汇投资}\times 100\% \tag{5-43}$$

4）产品的国际竞争能力指标（I_C）

为生产出口产品所需的国内投入资源与产品出口中得到的净外汇收益进行对比，确定项目产品的国际竞争能力。

$$I_c = \frac{\sum_{t=0}^{n}(FI_t - FQ_t)a_t}{\sum_{t=0}^{n}DR_t a_t} \tag{5-44}$$

式中　$DR_t a_t$——第 t 年为出口产品投入的国内资源现值，以人民币计。

当出口产品获得的净外汇收益现值大于为其投入的国内资源现值，能使国家收益，说明该项目产品有国际竞争能力。因此，国际竞争能力指标 I_C 应大于1。I_C 越大，竞争力越强。

5. 建设项目风险分析

（1）风险分析的概念

建设项目进行获利性经济分析时，需运用价格、折现率、寿命期及生产规模等一些基本变量。根据这些基本变量计算出建设资金、经营成本、销售效益等指标来进行经济评价，最后对投资项目做出建议性结论。由于在实践中，这些基本变量和评价指标都是对未来的政治、社会发展、技术发展、市场波动等方面进行的假设和预测，这些数据必然会因外界客观状况变化而变动。对未来的实际情况，不一定与假设和预测的一致，这是因为项目的评价人，不可能对未来与现在的认识，完全与客观现实一致的缘故。因而这些以后可能变化的不确定因素，将影响项目最后决策的可靠性。因此，要求在项目的获利性分析中，对其中有重大影响的各种不能肯定的可变因素进行剖析。随着可变因素变量的增减，计算出它们对项目资金收益的变化幅度，使项目的投资决策建立在较为可靠的基础上，以减少经济风险。这种分析由于风险因素变动而对建设项目投资经济效益产生多大影响的分析方法，称为风险分析。

建设项目的经济评价中产生风险性的主要原因见表5-8。

风险性因素　　**表5-8**

风险性经济分析的主要因素	说　明
（1）物价变动	多数项目的投入和产出的价格，往往随时间延伸和其他各种社会因素的变化而变化
（2）工艺技术的改革	项目评价时的投入、产出的数量和价格，是根据当时的技术水平确定的，但有些项目投入生产以后往往随着新技术的引进、工艺技术的变动而变动
（3）生产能力的变化	这是指项目投产后也可能不能达到预期的设计生产能力，这将影响经营成本和销售收益
（4）建设资金估算不准	在经济分析和评价时低估了建设费用和流动资金的投资，这将要延长建设和投产时间，从而也会影响到投资规模、经营成本和销售收益
（5）政策的变化	这不是规划与经济所能控制的范围，尤其是政治因素引起的经济政策的变化，将会给项目带来风险

因此，在决定工程项目是否可行时，必须把这些因素作为对项目的考核，研究该项目今后能否经受住这种风险。风险分析主要是根据其销售收益、生产成本、投资费用和产品价格与寿命期等可变因素在容许范围内的变化，研究其对项目的获利性的影响，以确定项目可行的程度。

风险分析主要有以下三种方法：

1）收支平衡分析；

2）敏感性分析；

3）概率分析。

(2) 收支平衡分析

收支平衡分析是分析项目的收益及成本与不同产量之间的关系。确定收支平衡点，即销售收入与生产成本相同之点，此点的产量即为项目不亏不盈的产量，用来确定项目的最低产量。收支平衡点越低，项目盈利的机会就越大，亏损的风险越小，因此该点表达了项目生产能力必须利用的最低程度。

收支平衡分析有三个变量：产量、售价与成本。成本又分为固定成本和可变成本两大部分。固定成本总保持不变；可变成本与产量成正比，即随原材料、劳力等生产因素的变化而变化。

确定某一项目的收支平衡点应依据一个正常生产年度内的投入和产出水平、价格、投资及成本的数据，用图解法或数学计算方法求得。

1）图解法。假设投资项目生产单一产品，先估算出总固定成本（C_1）、单位产品可变成本（C_2）和单位产品销售价格（P）。按照正常生产年度的产量（Q）做出固定生产成本和可变生产成本线，即按公式 $C = C_1 + C_2 \cdot Q$ 绘出生产总成本线；按正常年度的生产销售量（Q）乘以单位产品销售价格（P），求得销售收入线（$Y = Q \cdot P$）。生产总成本线与销售收入线相交的点即收支平衡点（见图 5-48）。从收支平衡图可看出，在平衡点总成本与总收入相等。高于此点，项目获得利润；低于此点，项目就亏损。

2）数算法

可用以下三种形式进行计算：

(A) 以实物单位（产品销售量 Q）表示的收支平衡点：

销售收入（Y）= 销售量（Q）× 单位产品销售价格（P）

$$Y = Q \cdot P \tag{5-45}$$

生产成本（C）= 可变成本（C_2）× 销售量（Q）+ 固定成本（C_1）

$$C = C_2 \cdot Q + C_1 \tag{5-46}$$

因为在平衡点上销售收入（Y）= 生产成本（C）故

$$Q \cdot P = C_2 \cdot Q + C_1 \tag{5-47}$$

由此求出收支平衡点上的生产（销售）量（Q_0）

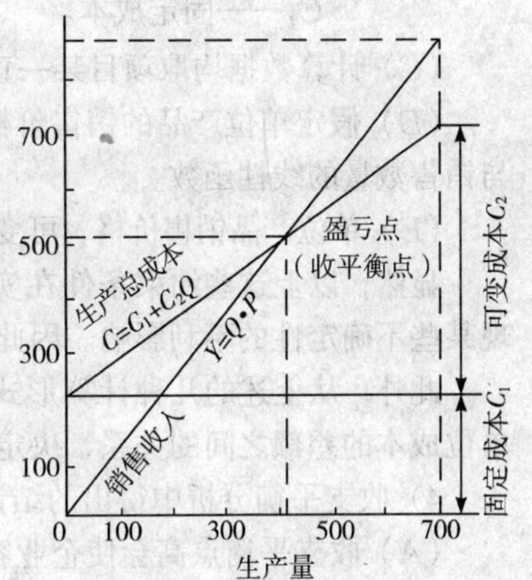

图 5-48 收支平衡图

$$Q_0=\frac{\text{固定成本}(C_1)}{\text{单位产品销售价格}(P)-\text{可变成本}(C_2)}$$

即
$$Q_0=\frac{C_1}{P-C_2} \tag{5-48}$$

（B）以销售收入（Y）表示的收支平衡点：

用实物单位计算的平衡点产量$\left(Q_0=\dfrac{C_1}{P-C_2}\right)$乘以单位产品销售价格（$P$）而得：

$$Y=P\cdot\frac{C_1}{P-C_2} \tag{5-49}$$

（C）以达到项目的设计生产能力的利用率来表示收支平衡点：

$$R=\frac{\text{收支平衡点上的产量}\ Q_0}{\text{达到项目设计能力的产量}\ Q}\times 100\%$$

$$=\frac{\dfrac{C_1}{P-C_2}}{Q}\times 100\%=\frac{C_1}{Y-Q\cdot C_2}\times 100\% \tag{5-50}$$

式中　R——达到项目的设计生产能力的利用率；

Y——达到设计生产能力时的销售收入（即 $Q\cdot P$）。

3）应用数算法计算时需注意以下几点：

（A）项目只按生产一种产品来分析，若该项目同时生产几种类似的产品时，应转换为一种基本产品来分析。

（B）分析中要求在整个生产期内产品组合保持不变，如产品组合由两种产品组成，已知各产品的预期生产量和单位产品价格，则生产总成本可按下式计算：

$$Q_1\cdot P_1+Q_2\cdot P_2=C_1+Q_1\cdot C_2^1+Q_2\cdot C_2^2 \tag{5-51}$$

式中　Q_1、Q_2——产品 1 和产品 2 的生产量；

P_1、P_2——产品 1 和产品 2 的销售价格；

C_2^1、C_2^2——产品 1 和产品 2 的单位可变成本；

C_1——固定成本。

（C）计算数据均取项目某一正常生产年度的数据，生产成本是生产量的函数关系。

（D）假定单位产品的销售价格在生产各个时间均相同，即销售收入是单位销售价格与销售数量的线性函数。

（E）单位产品销售价格、可变生产成本和固定生产成本不变，并且生产量等于销售量。

显然，以上这些约束条件在实际情况下不可能同时均满足，这会使收支平衡分析出现某些不确定性的不利影响。因此，这种分析方法也仅作为项目评价中的一种辅助手段。

此外，从上述的几种计算形式中可看出：固定生产成本与单位产品销售价格和可变单位成本的差额之间的关系，决定了收支平衡点的位置。

4）收支平衡分析中得出的结论

（A）收支平衡点高会使企业容易受生产与销售水平变化的影响，因此，平衡点越高对企业越不利。

（B）固定成本越高，则会使收支平衡点提高，因此，要采取一切措施降低企业的固定生产费用，使平衡点下降，以增加项目的盈利。

（C）单位销售价格可变单位成本之间的差额越大，收支平衡点就越低，因而降低可变单位成本，或提高单位销售价格，使企业获得更多盈利。

【例 5-6】　某制品厂年产饰面制品 200 万件，每件销售价格 6.25 元；单位产品生产成本 4.89 元，其中单位产品可变成本 3.25 元；如按年计算，销售收入为 200×6.25＝1250 万元；固定成本 328 万元，其中折旧为 73 万元；可变成本 200×3.25＝650 万元。试以数算法作收支平衡分析。

收支平衡点的产品 Q_0

$$Q_0 = \frac{C_1}{P - C_2} = \frac{3280000}{6.25 - 3.25} = 1093333 \text{ 件}$$

说明该厂生产量达到 1093333 件就不会亏本，而超过此产量就可盈利。

收支平衡点的销售收入 Y

$$Y = Q_0 \cdot P = \frac{C_1}{P - C_2} \cdot P = \frac{3280000}{6.25 - 3.25} \cdot 6.25 = 6833333 \text{ 元}$$

说明该厂达到销售收入 6833333 元以后才不致亏本，而大于此销售收入就可盈利。

该厂实际生产能力的利用率（R）

$$R = \frac{C_1}{Y - QC_2} = \frac{3280000}{12500000 - 6500000} \times 100\% = 55\%$$

说明该厂生产只要达到设计生产能力的 55%，企业就不会亏损，而把生产能力提高到 55%以上，就能增加收益。

收支平衡分析有助于确定由于单位价格变化、固定成本变化及可变成本变化对项目收支平衡点的影响。项目的特点、工艺类型和生产能力的不同，都会直接或间接地影响收支平衡点。例如项目规划者设计的工业项目生产能力不同就会引起固定成本的变化，工艺流程的改变也会影响可变成本，如采用先进技术的工艺流程可减少劳动成本，因而单位可变成本就随之下降。

（3）敏感性分析

1）敏感性分析的意义。敏感性分析就是研究由于客观条件的影响（如政治形势、通货膨胀、市场需求等）使项目的主要变量因素（如销售量、单位销售价格、单位成本等）发生变化，导致项目的主要经济效果评价指标（净现值、国民收入净增值、投资利润率、还本期等）的变动。如果变量的变动对评价指标的影响不大时，这种方案称为不敏感方案；反之，若变量的变化幅度甚小，而评价指标的反映很敏感，甚至否定了原方案，则该项目对变量的不确定性是敏感的，此项目的建设方案称为敏感性方案。由此可见，后者寓有较大的潜在风险，而前者较为可靠。

敏感性分析就是研究这些客观因素的变化对项目经济效果产生的影响，并从中发现哪些因素影响经济效果最大或最小？从而找出这些因素影响的根源，采取相应的有效措施，以改善项目的投资效果，为项目决策提供可靠的依据。

敏感性分析在项目规划阶段使用，可帮助选择项目建设的乐观或悲观方案；分析变量因素对项目经济效果的影响程度，以减少不确定性的成分；并能指出为保证项目在生产经营和商业上获得成功必须在管理上加以密切注意的一些生产要素（如原料、劳力和能源等）；以及研究使用某种代用品的可能性等等。

2）敏感性分析举例

【例 5-7】 某建设项目有两个方案，根据该项目的建设规模、投资、单位产品的成本、销售价、建设期限等数据，分别计算出项目的投资利润率为：

甲方案 19.5%

乙方案 22.3%

由于投资、成本、原料价格、销售价格、产量及建设工程等可变因素变量的增减，分别重新计算得甲、乙两方案相应增减的投资利润率（见表 5-9）。

某建设项目两个规划方案的敏感性分析比较表 表 5-9

序号	可变因素变量的增减值		甲方案			乙方案		
			利润率（%）	与原规划方案利润率之差值（%）	该项变量增减1%时，利润率的变化值（%）	利润率（%）	与原规划方案利润率之差值（%）	该项变量增减1%时，利润率的变化值（%）
1	原规划方案		19.5	0	0	22.3	0	0
2	销售价格	增加 10%（20%）	26.7（35.2）	+7.2	+0.72	25.8	+3.5	+0.35
3		降低 10%（20%）	11.2（4.3）	−8.3	−0.83	18.2	−4.1	−0.41
4	总投资	增加 10%（20%）	18.2（17.2）	−1.3	−0.13	21.5	−0.8	−0.08
5		降低 10%（20%）	20.4（21.2）	+0.9	+0.09	23.3	+1.0	+0.10
6	原料成本	增加 10%（20%）	10.5（2.2）	−9.0	−0.90	19.1	−3.2	−0.32
7		降低 10%（20%）	27.3（35.1）	+7.8	+0.78	26.2	+3.9	+0.39
8	产量	增加 10%（20%）	22.8（27.0）	+3.3	+0.33	24.6	+2.3	+0.23
9		降低 10%（20%）	15.5（11.0）	−4.0	−0.40	19.6	−2.7	−0.27
10	建设工期	延迟一年（二年）	17.2（11.5）	−2.3	−0.23	21.4	−0.9	−0.09
11		提前一年（二年）	22.2（24.2）	+2.7	+0.27	23.5	+1.2	+0.12

注：1. 该项的建设工期（序号 10、11）为延迟或提前一年对利润率的影响；

2. 括弧内的数字为当可变因素变量增减 20%（建设工期延迟或提前二年）时的利润率。

由表 5-9 所示甲、乙两方案的敏感性分析比较中可看出：

甲方案当可变因素变量增减 1%时，其投资利润率变动较大，尤其是甲方案的销售价格及原料成本两项，在发生不利因素时更为敏感。当销售价格下降及原料成本提高时，致使利润率大幅度下降。

乙方案的敏感性比甲方案小，即当不利因素有变化时所受影响较小，由此可见，这两个方案比较，乙方案胜于甲方案。

除以上分析比较外，还应分析这些因素产生不确定性的原因，并采取相应的措施和对策。

上例所计算的仅是单项可变因素的增减所引起的利润率的变化，实际上往往可能有几个可变因素同时有不同程度的增减，则可根据表 5-9 中可变因素变量每增减 1%，对投资利润率的变化值来计算相应的利润率。

在敏感性分析中计算各种变量的经济效果指标是一项十分繁琐的工作，应借助于电子计算机作敏感性分析。

敏感性分析是可行性研究经济评价中不可缺少的重要环节。通过敏感性分析可为决策者提供比较真实的资料，并能反映某些不确定因素对经济效果指标的影响程度，使决策人更全面地了解到建设项目的规划方案可能出现的经济效果的变动情况，能分析其原因，可采取相应的措施来减少和避免这些不利因素。通过敏感性分析可选择经济效果最优的规划方案。

敏感性分析是用以考核一个投资项目对一个或几个变量变化时的敏感程度，它仅仅是作为一种方法。尽管它不能指导投资者确切估计某些变量的范围；也不能告诉投资者在悲观或乐观的估计中究竟哪一个出现的机会较大；更不能帮助投资者充分估计自己投资承担风险程度。但敏感性分析可以帮助决策者做出这样的结论：一个项目在所有变量都处于最好条件下，该项目是否有收益？在最坏情况下，项目是否仍有收益？在实践中，有些变化可能同时向同一方向或相反方向变动。因此，不能按单一变量的变化作结论，而应进行综合分析。

3）敏感性分析的作用

(*A*) 确定影响项目经济效益的敏感因素。寻找出影响最大、最敏感的主要变量因素，进一步分析、预测或估算其影响程度，找出产生不确定性的根源，采取相应有效措施。

(*B*) 计算主要变量因素的变化引起项目经济效益评价指标变动的范围，使决策者全面了解建设项目投资方案可能出现的经济效益变动情况，以减少和避免不利因素的影响，改善和提高项目的投资效果。

(*C*) 通过各种方案敏感度大小的对比，区别敏感度大或敏感度小的方案，选择敏感度小的，即风险小的项目作投资方案。

(*D*) 通过可能出现的最有利与最不利的经济效益变动范围的分析，为投资决策者预测可能出现的风险程度，并对原方案采取某些控制措施或寻找可替代方案，为最后确定可行的投资方案提供可靠的决策依据。

4）敏感性分析的局限性。敏感性分析只是用以考核某些主要变量的变化对项目投资经济效果影响程度的简单分析手段，但不能估计风险程度和出现的可能性，为此，尚需作进一步的综合分析。

例如某项目的投资方案进行敏感性分析后，找出的某一敏感因素在未来可能发生某一幅度变动的机率很小，甚至可完全不用考虑其变化结果；而另一个不敏感因素，可能产生某一幅度的变化机率很大，以致必须考虑这种变化对项目经济效益的影响；同时这些不确定因素的变化方向有可能是相反的。因此，这种在敏感性分析中主观确定的变动幅度与实际可能发生变动的不一致性，只有通过经济效益的综合分析得以解决。

由于敏感性分析的局限性，故首先只能分析对单个不确定因素的变化及其影响；其次还要对不确定因素进行定性分析；最后借助概率分析对不确定因素和风险作定量分析。

(4) 概率分析

1) 概率分析的作用。建设项目评价中进行概率分析是为了提高经济效益预测的精确性。概率分析的结果，很大程度是取决于对每个概率值判断的正确性，例如在选择某项目评价的经济指标数据时，会出现两种以上变量的可能，如何正确选取？这就要运用历史数据进行科学统计，并请有丰富经验的专家参与判断，以经验概率为依据求得期望值作为概率分析的基础，因此，概率分析也就是提高精确度的预测和估算。

2) 概率分析的步骤。项目评价中进行概率分析的步骤是：

(*A*) 确定一个或两个不确定因素或风险因素（如投资、收益）进行概率分析。

(*B*) 估算该不确定因素可能出现的概率，需借助历史统计资料和评价人员的丰富经验，以经验概率为依据进行估算。

(*C*) 计算变量的期望值，按下式公式计算：

$$E(X) = \sum_{i=1}^{n} X_i P_i = X_1 P_1 + X_2 P_2 + \cdots\cdots + X_n P_n \tag{5-52}$$

式中　$E(X)$ ——变量 X 的期望值；

X_i——随机变量的各种取值

$P_i = P(X_i)$ ——对应所出现变量 X_i 的概率值。

(*D*) 根据各变量因素的期望者，求得项目经济效益指标的期望值。

(*E*) 计算该项目投资回收期。

3) 概率分析举例

【例 5-8】　某建设项目的经济评价中拟订两个可能的建设方案，试用概率分析方法求其投资回收期。

该建设项目投资、建设期、历年净现金收入及相应的概率见表 5-10。

项目投资、建设期、历年净现金收入　　**表 5-10**

序　号	项目指标		单　位	甲方案	乙方案
1	投资（建设期 2 年）		万元	1050	950
	概　率		%	40	60
2	净现金收入	第 3 年至第 10 年	万元	270	200
		第 11 年至第 30 年	万元	250	190
	概　率		%	30	70

根据概率计算出投资和年净现金收入的期望值见表 5-11。

项目指标计算　　表 5-11

序号	项目指标	考虑概率后的投资值	投资和年净现金收入的期望值
1	投资：(万元)		
	甲方案	1050×0.4=420	
	乙方案	950×0.6=570	420+570=990
2	年净现金收入：(万元)		
	第 3 年至第 10 年		
	甲方案	270×0.3=81	
	乙方案	200×0.7=140	81+140=221
	第 11 年至第 30 年		
	甲方案	250×0.3=75	
	乙方案	190×0.7=133	75+133=208

投资回收期计算　　表 5-12

年份		预期投入资金（万元）	预期净现金收入（万元）	预期累计现金流量（万元）
建设期	1	共 990		
	2			
生产期	3	221	-769	
	4	221	-548	
	5	221	-327	
	6	221	-106	
	7	221	+115	
	8	221	+336	
	9	221	+557	
	10	221	+778	
	11	208	+986	
	⋮	⋮	⋮	
	30	208	+4938	

根据表 5-11 中的投资和年净现金收入的期望值，计算项目的投资回收期见表 5-12。

$$\text{投资回收期} = \frac{990}{221} = 4.48 \approx 4\text{ 年半(不包括建设期)}$$

该工程项目投产后的第四年半即可偿还。

三、建设项目技术经济效果评价指标

上述内容阐明了建设项目财务评价的内容。此外，从技术经济效果评价角度，还应考虑以下建设项目的评价指标及方法。

(一) 建设周期与投资经济效果

建设周期对投资经济效果是一个比较重要的因素，建设周期长则占用的投资时间长，并用耗费的总投资必然提高，但是并非建设周期越短，投资经济效果一定就越好。事实上不同的建设项目在不同的条件下都存在投资与建设周期的优化问题，对每一个建设项目应寻求其最优建设周期。建设周期应考虑建设项目建成投产后的利润和创造的价值，以及与国家对该项目的投资计算和相应原配套项目一致，才能达到应有的效果。

在研究最优建设周期的同时应考虑在建设期间投资占用时间这一因素。我们可以用建设周期系数 K_i 来表示，它是反映占用投资时间长短的一个指标。K_i 值越小则表示投资效果越好。K_i 可用下式计算：

$$K_i = \frac{C_1 n + C_2(n-1) + \cdots + C_n}{C_0} \tag{5-53}$$

式中　C_1、C_2、C_n——各年投资额（如 C_1 表示第一年投资额，C_n 表示第 n 年投资额）；

n——建设期（年）；

C_0——建设项目投资总额（即 $C_1 + C_2 + \cdots C_n = C_0$）。

如果在建设期间，每年的投资额相同时，则建设周期系数用 K_C 表示，其计算式为：

$$K_C = \frac{\frac{C_0}{n} \cdot n \frac{C_0}{n}(n-1) + \cdots + \frac{C_0}{n}}{C_0} = \frac{n+1}{2} \tag{5-54}$$

【例 5-9】 某建设项目的总投资额为 2000 万元，建设期 4 年，根据每年投资额共有两个方案（见表 5-13）。试比较哪一个方案的投资效果为优？

两方案各年投资额　　表 5-13

方　案	第一年投资（万元）	第二年投资（万元）	第三年投资（万元）	第四年投资（万元）
第一方案	100	200	800	900
第二方案	1000	500	300	200

第一方案的建设周期系数 K_1：

$$K_1 = \frac{100\times4+200\times3+800\times2+900\times1}{2000} = 1.75\text{年}$$

第二方案的建设周期系数 K_2：

$$K_2 = \frac{1000\times4+500\times3+300\times2+200\times1}{2000} = 3.15\text{年}$$

如果建设期四年中每年投资额相同的建设周期系数 K_C：

$$K_C = \frac{4+1}{2} = 2.5\text{年}$$

故第一方案的投资效果为优。

（二）建设项目投资经济效果指标

1. 投资经济效果评价指标

表 5-14 所示为投资经济效果评价指标及计算式。

投资经济效果评价指标　　表 5-14

类别	指标名称	计算公式	备　注
(1) 国民经济评价	国民经济投资经济效果系数 K_K	$K_K=\frac{A}{C_K}$	A——新增固定资产投产后增加的国民收入； C_K——基本建设投资总额
	国民经济投资系数 K_D	$K_D=\frac{C_K}{A}=\frac{1}{K_K}$	
(2) 项目所属部门评价	部门单位生产能力投资额 Z_B	$Z_B=\frac{C_B}{B_B}$	C_B——部门基本建设投资额； B_B——相对新增加的生产能力
	部门单位投资额的生产能力 Z_D	$Z_D=\frac{B_B}{C_B}=\frac{1}{Z_B}$	
	部门投资经济效果系数 K_B	$K_B=\frac{Y_B}{C_B}$	Y_B——部门的利润额；
	部门投资系数 K_F	$K_F=\frac{C_B}{Y_B}=\frac{1}{K_B}$	

续表

类别	指标名称	计算公式	备注
③建设项目评价	建设项目单位生产能力投资额 Z_P	$Z_P=\frac{C_0}{E_P}$	C_0——建设项目投资额； E_P——建设项目的生产能力
	建设项目单位投资额的生产能力 Z_F	$Z_F=\frac{E_P}{C_0}=\frac{1}{Z_P}$	
	建设项目投资经济效果系数 K_P	$K_P=\frac{Y_P}{C_0}$	Y_P——建设项目投产后达到设计生产能力的利润额
	建设项目单位利润的投资额，即建设项目投资系数 K_Q	$K_Q=\frac{C_0}{Y_P}=\frac{1}{K_P}$	
	无息投资的建设项目投资经济效果系数 K_{P1}	$K_{P1}=\frac{Y_P}{C_0+Y_P-(Y_1+Y_2+\cdots+Y_m)}$	m——建设项目投产后至达到设计生产能力年度之间相隔的年数（如投产后第四年达到设计生产能力，$m=3$）； Y_1、Y_2，$\cdots Y_m$——投产后逐年的利润额
	单利计息的建设项目投资经济效果系数 K_{P2}	$K_{P2}=\frac{Y_P-C_0\cdot\frac{i}{2}}{C_0\left(1+i\cdot\frac{n+1}{2}\right)+mY_P-(Y_1+Y_2+\cdots+Y_m)}$	n——建设期
	复利计息的建设项目投资经济效果系数 K_{P3}	$K_{P3}=\frac{Y_P-C_0[(1+i)^n-1]\div 2}{C_0(1+i)^n}$	

【例5-10】　某建设项目总投资为1000万元，投产后第一年的利润额为100万元，第二年的利润额为200万元，投产后第三年达到设计生产能力，其年利润额为250万元。该建设项目按三种不同计息方式计算其投资经济效果系数。

按无息投资计算建设项目投资经济效果系数 K_{P1}

$$K_{P1}=\frac{250}{1000+2\times250-(100+200)}=0.208$$

按单利（$i=3\%$）计算建设项目投资经济效果系数 K_{P2}

$$K_{P2}=\frac{250-1000\times\frac{3\%}{2}}{1000\left(1+3\%\cdot\frac{3+1}{2}\right)+2\times250-(100+200)}=0.1865$$

按复利（$i=12\%$）计算建设项目投资经济效果系数 K_{P3}

$$K_{P3}=\frac{250-1000[(1+12\%)^3-1]\div 2}{1000(1+12\%)^3}=0.034$$

由此可见在不同计息的情况下，建设项目的投资经济效果系数相差较大。因此，在建设项目投资经济效果的评价中应特别注意计息的方式。

2．建设项目投资回收期 T_P

$$T_P = K_i + K_Q = \frac{C_1 n + C_2(n-1) + \cdots + C_n}{C_0} + \frac{C_0}{Y_P} \tag{5-55}$$

每年投资额相同时为 T_{PS}

$$T_{PS} = \frac{n+1}{2} + \frac{C_0}{Y_P} \tag{5-56}$$

考虑到计算方式的不同，投资回收期的计算也有不同。

（1）无息投资的回收期 T_{P1}

$$T_{P1} = \frac{C_1 n + C_2(n-1) + \cdots + C_n}{C_0} + \frac{C_0 + mY_P - (Y_1 + Y_2 + \cdots + Y_m)}{Y_P} \tag{5-57}$$

（2）单利计息的投资回收期 T_{P2}

$$T_{P2} = \frac{C_1 n + C_2(n-1) + \cdots + C_n}{C_0} + \frac{C_0\left(1 + i \cdot \frac{n+1}{2}\right) + mY_P - (Y_1 + Y_2 + \cdots + Y_m)}{Y_P - C_0 \cdot \frac{i}{2}} \tag{5-58}$$

（3）复利计算投资的回收期 T_{P3}

$$T_{P3} = \frac{C_1 n + C_2(n-1) + \cdots + C_n}{C_P} + \frac{C_P(1+i)^n}{Y_P - C_P[(1+i)^n - 1] \div 2} \tag{5-59}$$

【例 5-11】　某建设项目总投资为 1000 万元；第一年投资 500 万元，第二年投资 400 万元，第三年投资 100 万元；投产后第一年的利润额为 100 万元，第二年的利润额为 200 万元，投产后第三年达到设计生产能力（$m=2$），其年利润额为 250 万元。按不同计息方式计算投资回收期。

按无息投资计算投资回收期 T_{P1}

$$T_{P1} = \frac{500 \times 3 + 400 \times 2 + 100}{1000} + \frac{1000 + 2 \times 250 - (100 + 200)}{250} = 7.21\text{ 年}$$

如果按每年的投资额相等，并且投产后即达到平均年利润额，则无息投资回收期

$$T_{P1} = \frac{3+1}{2} + \frac{1000}{250} = 6\text{ 年}$$

按单利（$i=3\%$）计算投资回收期 T_{P2} 举例：

$$T_{P2} = \frac{500 \times 3 + 400 \times 2 + 100}{1000} + \frac{1000\left(1 + 3\% \cdot \frac{3+1}{2}\right) + 2 \times 250 - (100 + 200)}{250 - 1000 \cdot \frac{3\%}{2}} = 7.76\text{ 年}$$

如果按每年的投资额相等，并且投产后即达到平均年利润额，则单利计息投资回收期：

$$T_{P2} = \frac{3+1}{2} + \frac{100\left(1 + 3\% \cdot \frac{3+1}{2}\right)}{250 - 1000 \cdot \frac{3\%}{2}} = 6.51\text{ 年}$$

按复利（$i=12\%$）计算投资回收期 T_{P3}举例：

$$T_{P3}=\frac{500\times3+400\times2+100}{1000}+\frac{1000(1+12\%)^3}{250-1000[(1+12\%)^3-1]\div2}=31.97\text{年}$$

如果按每年的投资额相等计算复利计算的投资回收期 T_{P3}按公式计算：

$$T_{P3}=\frac{3+1}{2}+\frac{1000(1+12\%)^3}{250-1000[(1+12\%)^3-1]\div2}=31.57\text{年}$$

（三）建设项目综合经济效果评价方法

即建设项目的方案在建设期和生产期年限内，按其总支出与收入，根据基准收益率换算成现值、等额年值、将来值及费用效益分析进行评价。

1. 总现值（PW）

$$\begin{aligned}PW&=\text{投资现值}+\text{年经营成本的现值}-\text{固定资产残值的现值}\\&=P+R\left(\frac{P}{R},i,n\right)-S\left(\frac{P}{S},i,n\right)\end{aligned}\qquad(5\text{-}60)$$

PW 小的方案即为优越的方案

【例 5-12】　某建设项目有两个方案可供选择（计算参数见表 5-15）。用总现值法优选（$i=10\%$）。

计　算　参　数　　**表 5-15**

项　目	方　案　1	方　案　2	项　目	方　案　1	方　案　2
投资（万元）	3000	4000	残值（万元）	200	300
年经营成本（万元）	950	750	寿命（年）	5	5

$$\begin{aligned}PW_1&=3000+950(P/R,10\%,5)-200(P/S,10\%,5)\\&=3000+950\times3.7908-200\times0.6209=6477(\text{万元})\\PW_2&=4000+750(P/R,10\%,5)-300(P/S,10\%,5)\\&=4000+750\times3.7908-300\times0.6209=6657(\text{万元})\end{aligned}$$

$PW_1<PW_2$，故方案 1 为优。

2. 永久性工程（$n=\infty$）的总现值

对永久性建设工程（如：水利工程、铁路、桥梁等）的方案比较同样可用现值法，其项目寿命按无限长（即 $n=\infty$）计算。从已知年平均值 R 求现值 P 的公式可推导出：

$$P=R(P/R,i,n)=R\cdot\frac{(1+i)^n-1}{i(1+i)^n}=\frac{R}{i}\cdot\frac{(1+i)^n-1}{(1+i)^n}\qquad(5\text{-}61)$$

当 $n=\infty$时，则$\frac{(1+i)^n-1}{(1+i)^n}=1$

因此，$P=\frac{R}{i}$或$R=P\cdot i$

【例 5-13】　某桥梁工程有两个方案可供选择，每一方案投资为 3500 万元，每年维护费用为 15000 元，每十年大修一次需 50000 元，第二方案投资 1500 万元，每年维护费用为 7000 元，每五年大修一次，需 40000 元。若利率 5%，试按永久性工程比较方案。

$$PW_1 = 35000000 + \frac{15000 + 50000(R/S,5\%,10)}{5\%}$$

$$= 35000000 + \frac{15000 + 50000 \times 0.07951}{0.05} = 35379520\text{ 元}$$

$$PW_2 = 15000000 + \frac{7000 + 40000(R/S,5\%,5)}{5\%}$$

$$= 15000000 + \frac{7000 + 40000 \times 0.8098}{0.05} = 15284780\text{ 元}$$

因 $PW_2 < PW_1$，故第二方案为优。

3. 年总成本（AC）

年成本法的计算要点是把所有的支出值或收入值用对应于设定的收益率换算为等额年成本，再加等额年经营成本，求出等额年总成本进行对比选优。

$$AC = \text{等额年经营成本} + \text{投资换算为等额年成本} - \text{残值换算等额年成本}$$

$$= R + P(R/P,i,n) - L(R/S,i,n) \tag{5-62}$$

【例 5-14】 某项目的初始投资为 9000 元，八年后的残值为 400 元，假定每年的经营成本为 700 元，年利率 6%，试计算等额年总成本 AC：

$$AC = 700 + 9000\left(\frac{R}{P},6\%,8\right) - 400\left(\frac{R}{S},6\%,8\right)$$

$$= 700 + 9000 \times 0.161 - 400 \times 0.101 = 2109\text{ 元}$$

4. 将来值（SW）

是把所有现金收入和支出均转换到将来值 SW 进行比较。

$$SW = R\left(\frac{S}{R},i\%,N\right);\text{或 } SW = P\left(\frac{S}{P},i,N\right) \tag{5-63}$$

【例 5-15】 某建设项目投资 10000 元，在 5 年中每年平均收入 5310 元，5 年后残值 2000 元，每年支出的经营和修理费 2000 元，$i = 10\%$。用将来值法评价该项目是否可行？

将题中列举数值转换到将来值 SW。

$$SW = 5310\left(\frac{S}{R},10\%,5\right) + 2000 - 10000\left(\frac{S}{P},10\%,5\right) - 2000\left(\frac{S}{R},10\%,5\right)$$

$$= 5310 \times 6.105 + 2000 - 10000 \times 1.611 - 2000 \times 6.105 = 6098\text{ 元}$$

该项目的将来值（5 年后）为 6098 元，大于零，是可行的。

5. 费用效益分析

费用效益分析是通过项目的费用与效益的比较来评价。一个项目的费用和效益，有些是有形的、经济的、可以计量的；有些是无形的、非经济的、不可计量的；有些是直接的、内部的；也有些是间接的、外部的，甚至是跨部门、跨行业或跨地区的。因此这种评价方法在计算上较难，一般是着重对经济方面可计量的费用和效益进行分析。

费用效益分析一般的计算方法是在现值或等额年成本的基础上，把项目（方案）以货币表示的（年的或寿命期的）总效益 B 和总费用 C 进行比较，求出绝对指标如净总效益（$B-C$），或相对指标如效益费用比（B/C），以及增量效益与增量费用比（$\Delta B/\Delta C$）等作为评价指标。通常是对项目寿命期的费用和效益，按动态方法进行计算。

(1) 净总效益值（B）

净总效益是指项目寿命期内效益现值和费用现值之差，即净现值（NPV）。

$$B-C=\sum_{t=0}^{n}b_{t}a_{t}-\sum_{t=0}^{n}c_{t}a_{t} \tag{5-64}$$

式中　B——总效益现值；

C——总费用现值；

b_t——第 t 年的经济效益；

c_t——第 t 年的费用；

a_t——第 t 年的折现系数（与 i 相对应）；

n——项目寿命期。

净现值大于零的项目（方案），即总效益大于总费用的项目，才是可行的。在此前提下净现值大的项目（方案）为优。

(2) 效益费用比（B/C）

是指项目寿命期内效益现值与费用现值之比。

$$B/C=\sum_{t=0}^{n}b_{t}a_{t}\Big/\sum_{t=0}^{n}c_{t}a_{t} \tag{5-65}$$

如每年的效益均相等，设为 b；项目初期投资支出为 P，每年的经营成本均相等（即等额年经营成本），设为 R；资金回收系数为（R/P，i，n）则效益费用比亦可用下式表示。

$$B/C=\frac{b}{P(R/P,i,n)+R} \tag{5-66}$$

效益费用比大于1的项目（方案）是可行的，在此前提下，效益费用比高的项目（方案）为优

(3) 增量效益与增量费用比（$\Delta B/\Delta C$）

净增量效益 $=\Delta B-\Delta C$　(5-67)

增量效益与增量费用比 $=\Delta B/\Delta C$　(5-68)

净增量效益大于0或增量效益与增量费用比大于1的项目为可行。

【例 5-16】　修建某水库有高坝和低坝两个方案。其投资及各项费用、年收益如表5-16所示，设项目服务年限为50年，利润为5%。试问哪个方案较好？

两个方案的总效益 B 和总费用 C 等指标计算如下：

方案1：　$B_1=25(P/R,5\%,50)=25\times16.932=423$(万元)

水库筑坝方案　**表 5-16**

单位：万元

项　目	高坝方案 (1)	低坝方案 (2)
(1) 投资	360	150
(2) 年维护费用	4.5	2.5
(3) 年收益	25	15

$C_1=360+4.5(P/R,5\%,50)$

$=360+4.5\times16.932=436$(万元)

$B_1-C_1=423-436=-13$(万元) <0

$B_1/C_1=423/436=0.97<1$

方案2：$B_2=15(P/R,5\%,50)$

$=254$(万元)

$C_2=150+2.5(P/R,5\%,50)=192$(万元)

$$\therefore B_2 - C_2 = 254 - 192 = 62(\text{万元}) > 0$$

$$B_2/C_2 = 254/192 = 1.32 > 1$$

由计算结果可知，1方案不可行；2方案较好。

第三节　勘察、设计阶段监理工作的内容

一、工程项目勘察招投标与设计方案竞选

(一) 工程项目勘察招投标

1. 实行勘察招标的建设项目应具备的条件

(1) 具有经过有审批权的机关批准的设计任务书；

(2) 具有建筑规划管理部门同意的用地范围许可文件；

(3) 有符合要求的地形图。

工程项目勘察招标有两种方式，即公开招标和邀请招标。

2. 工程项目勘察招投标工作程序

(1) 招标单位向招标管理机构办理招标登记。

(2) 招标单位组织招标工作机构。招标工作机构应具备下列条件：有建设单位法人代表或由法人代表委托的代理人参加；有与工程规模相适应的技术、预算、财务、基建管理人员参加；有对投标单位进行资质评审的能力。

(3) 招标单位组织评标小组。评标小组成员由招标单位及其上级主管部门和有关专家组成，其他成员应根据建设工程的规模，重要程度、复杂程度等情况选定。

(4) 招标单位编制招标文件，建设工程勘察招标文件应包括下列内容：工程概况，应包括工程情况和建设场地情况及招标内容与招标范围等；招标依据，即经批准的可行性研究报告及其他文件的复印件；项目说明与勘察技术要求；合同主要条款，主要包括勘察的内容、范围、技术要求、工期进度、勘察取费标准及违约责任等；投标须知；招标方式及对投标单位资质的要求；组织勘察工程现场和招标文件答疑的时间、地点；招标、开标、决标等活动的安排；其他应说明的事项。

工程项目勘察招标文件经招标管理机构核准后，可发布招标广告。

(5) 投标单位报名参加投标。

(6) 招标单位对申请投标的单位进行资质审查。资质审查主要应审查投标单位的勘察证书、批准承担任务范围的文件的复印件、技术力量、主要勘察装备与测试手段及近几年承担的主要工程项目及其勘察质量情况。

(7) 经审查合格的投标单位领取招标文件。

(8) 招标单位组织投标单位勘察工程现场和进行招标文件答疑。

(9) 招标单位编制投标书，向招标单位递交投标书。投标书应包括如下内容：标书综合说明书；勘察方案及其实施的组织和技术措施；需要建设单位提供的配合条件；勘察开工、完工和提供勘察资料的日期；勘察费用；其他应说明的内容。

(10) 开标、评标、决标、确定中标单位。评标、决标时应考虑的主要问题包括以下几个方面：勘察方案的优劣；勘察进度的快慢；工程勘察费预算依据与取费率取值的合

理性和正确性；勘察资历和社会信誉。其中勘察方案的优劣，包括以下几方面：勘察测试的目的和应解决的工程技术问题的明确性；勘察、测试工作量的准确、合理程度；勘察方案实施的方法、手段的针对性、合理性、可靠性和先进性；拟定的勘察报告及图件、章节内容的完整性、实用性及满足招标文件和工程设计、施工的要求程度。以上几方面应综合考虑，择优确定中标单位。

(11) 招标单位发中标通知书，与中标单位签订勘察合同。

(二) 工程项目设计方案竞选

1. 范围

城市建筑项目的设计，凡符合下列条件之一的，均实行有偿方案竞选。

(1) 按建设部规定的特、一级的建筑项目；

(2) 重要地区或重要风景区的建筑项目；

(3) 4 万 m^2 以上（含 4 万 m^2）的住宅小区；

(4) 当地建设主管部门划定范围的建筑项目；

(5) 建设单位要求进行竞选的建筑项目。

但是，有保密或特殊要求的项目，由主管部门提出申请，经项目所在地的省、自治区、直辖市建设行政主管部门批准，可以不进行方案设计竞选。

2. 资质

(1) 建设单位或中介机构的条件

建设单位或组织方案竞选的中介机构应具备下列条件：

1) 是法人或依法成立的董事会机构；

2) 有相应的工程技术、经济管理人员；

3) 有组织编制方案竞选文件的能力；

4) 有组织方案设计竞选、评定的能力。

通常，建设单位应委托有相应能力的监理单位协助组织方案竞选。

(2) 实行方案设计竞选的建设项目应具备的条件

1) 具有经过有审批机关批准的项目建议书或设计任务书。

2) 具有规划管理部门划定的项目建设地点、平面位置和用地红线图。

3) 有符合要求的地形图。建设场地的工程地质、水文地质初勘资料或有参考价值的场地附近工程地质、水文地质详勘资料。水、电、燃气、供热、环保、通讯、市政道路等方面的基础资料。

4) 有设计要求说明书。

(3) 参加竞选的资质条件

1) 凡有建筑工程设计证书和收费证书、营业执照的设计单位盖章的，并经一级注册建筑师签字的方案才可以参加竞选；

2) 持有建筑设计证书、收费证书、营业执照，但没有一级注册建筑师的单位，可以与有一级注册建筑师的设计单位联合参加竞选；

3) 境外设计事务所参加境内工程项目方案设计竞选，在注册建筑师资格尚未相互确认前，其方案必须经中国一级注册建筑师咨询并签字，方为有效。

方案竞选采用公开竞选或邀请竞选两种方式。

3. 步骤

(1) 发布竞选文件

文件包括下列内容：

1) 工程综合说明，包括工程名称、地址、竞选项目、占地范围、建筑面积、竞选方式等；

2) 经批准的项目建设书或设计任务书及其他文件的复印件；

3) 项目说明书；

4) 合同的主要条件和要求；

5) 提供设计基础资料的内容、方式和期限；

6) 踏勘现场、竞选文件答疑的时间、地点；

7) 截止日期和评定时间；

8) 文件编制要求及评定原则；

9) 其他需要说明的事项。

竞选文件一经发出，组织竞选活动的单位不得擅自变更其内容或附加条件。确需变更和补充的应在截止日期7天前通知所有参加竞选的单位。

(2) 参加竞选的单位应提交的材料

1) 单位名称、法人代表、地址、单位所有制性质、隶属关系；

2) 设计证书复印件及证书副本、设计收费证书及营业执照的复印件；

3) 单位简历、技术力量及主要装备情况；

4) 方案签字者的一级注册建筑师资格证书。

参加竞选的单位应按要求做好方案设计和编制有关文件，经一级注册建筑师签字，并加盖单位法定代表人或法定代表人委托的代理人的印鉴，在规定的日期内，密封送达组织竞选单位。

(3) 方案择优的条件

1) 公布内容。组织竞选单位应邀请有关专家参加评定会议，当众宣布评定办法，启封各参加竞选单位的文件和补充函件，公布其主要内容。

2) 评定的标准。评定须按技术先进、功能全面，结构合理、安全适用，满足建筑节能、环境要求，经济、实用、美观的原则，综合设计方案优劣，设计进度快慢以及设计单位和注册建筑师的资历、信誉等因素综合考虑，择优确定。

3) 竞选文件的作废。有下列情况之一的，参加竞选的文件作废：

(*A*) 未经密封；

(*B*) 无一级注册建筑师签字，无单位和法定代表人或法定代表人委托的代理人的印鉴；

(*C*) 未按规定的格式填写，内容不全或字迹模糊、辨认不清；

(*D*) 逾期送达；

(*E*) 参加竞选单位未参加评定会议。

(4) 确定中选单位

经过综合评定，确定中选单位，并于7日内发出中选通知书，同时抄送未中选单位，未中选单位应在接到通知后7天内取回有关资料，中选通知发出30天内，建设单位与中选单位应依据有关规定签订工程设计合同。

二、工程项目勘察与设计阶段监理工作的意义

工程勘察是工程建设的先行工作，是项目建设安全、顺利、成功、效益的重要保证。

工程勘察是为建设项目查明建设场地的地形、地貌、地层、岩石、地质构造、水文地质条件和各种自然地质现象而进行的测量、测绘、测试、地质调查以及综合性的评价和研究工作，收集必要的第一手资料，为建设地址选择，为工程设计和施工提供基本的、科学的、可靠的依据。

我国传统的建设管理体制，建设单位缺少工程建设的专家，对工程勘察、设计不能进行有效的监督。致使许多工程项目设计水平不高，甚至存在着隐患和严重的浪费现象。

实施监理的意义如下：

（1）由于监理企业是工程建设专业化的咨询监理机构，它能够发挥专家的群体智慧。

（2）监理企业可向业主就建设地址选择、工程规模、采用的设计标准、使用功能要求和相应的投资规模，以及设计单位和设计方案选择等重大问题，提供科学的建议，保障业主决策的正确性，避免其决策的盲目性。

（3）监理企业可帮助勘察、设计单位避免勘察、设计工作中可能出现的失误和浪费，优化工程设计，最终达到保障工程项目安全可靠、提高其适用性和经济性的目的。

要把好勘察、设计质量关，光靠勘察、设计单位内部的审核是不够的。工程的设计质量直接影响着建筑产品的质量。根据我国对建筑工程质量事故的调查结果分析，其中由于设计责任占40.1%（其余：施工责任：29.3%；材料等原因30.6%），而由于设计者责任心不强或缺乏经验，造成工程造价过高、严重浪费的实例也较多。此外，设计费是按工程造价为基数计取，某些设计单位为了自身利益，提高设计标准，甚至把工程设计成肥梁胖柱，从而增加造价，既获利而又省事。

项目的勘察、设计阶段虽投资费用较少，但节约投资的潜力极大，约占总节约投资潜力的90%。由此可见实施设计监理是有利于工程的投资控制。许多实际的例子说明，经监理工程师认真论证后向设计单位提出若干修改设计与结构方案，经审查和经济比较后都得到了更正，得以避免和减少损失，从而节约投资。

实施勘察设计阶段的监理，可以杜绝无证设计、越级设计乃至出卖设计资质等不良现象，促进设计市场管理的规范化。

三、工程项目勘察的主要内容

（一）工程测量

1. 实地测量，测绘地形图

（1）测定所测对象坐标控制点的平面位置；

（2）测定所测对象的高程位置；

（3）将测量范围内的地物、地貌按比例绘制成地形图；

（4）对工程现场如果有现成的符合规划、设计要求的地形图，需实地复测平面及高程位置，特别是相邻有关征地红线的平面位置及坐标点；

（5）对路线测量，勘察单位协助设计部门进行现场踏勘，确定路线的方案，必要时进行草测或实测带状地形图；按选定路线或依据设计坐标等数据，在实地定线测角、量

距、设置曲线及测量断面。

2. 定位测量

把图纸上规划设计好的建筑物的位置在地面上标定出来，作为施工的依据。必须指出，此定位测量需经规划部门认可。

3. 建筑物沉降、倾斜、裂缝观测

(1) 测量新建的建筑物对邻近地面沉降的影响范围及大小；在建筑纵横延长线上埋设标志，定期观测；

(2) 新建建筑物的沉降观测，及时发现危害性沉降。在建设过程中和建成后观测；

(3) 新建建筑物的倾斜观测，通过对建筑物的差异沉降量或顶部与底部观测点的直接测定，掌握建筑物的倾斜情况，预测趋势，以便确定处理措施；

(4) 建筑物的裂缝观测，根据观测结果，分析裂缝原因、特征与趋势，判定建筑物能否正常使用。

(二) 工程测量主要技术参数

1. 各设计阶段的地形图比例

(1) 规划设计阶段：1:5000；

(2) 初步设计阶段：1:2000；

(3) 施工图设计阶段：1:500 或 1:1000。

2. 各设计阶段的地形图等高线距要求

(1) 规划设计阶段：5m～2m（地形倾斜角 6°以下时）；

(2) 初步设计阶段：2m～1m（地形倾斜角 6°以下时）；

(3) 施工图设计阶段：1m～0.5m（地形倾斜角 6°以下时）。

3. 线路测图的比例

(1) 铁路：

带状地形图：1:1000；1:2000；

水平纵断面图：1:1000；1:2000；

垂直纵断面图：1:100；1:200；

横断面图：1:100；1:200。

(2) 公路：

带状地形图：1:2000；1:5000；

水平纵断面图：1:2000；1:5000；

垂直纵断面图：1:200；1:500；

横断面图：1:100；1:200。

(三) 工程地质勘察各阶段的内容

1. 选址勘察

(1) 搜集、分析备选区域的地形、地质、地震等资料；

(2) 进行现场地质调查，测绘工程地质平面图，比例一般采用 1:25000～1:50000；

(3) 通过测绘，认为有重要的地质因素可能影响方案评价时，可进一步布置勘探工作予以查明；一般情况下此阶段不作勘探工作；

(4) 编制选址勘察和工程地质报告。

2. 设计勘察

(1) 初步设计勘察

1) 查明地层、构造、岩石和土壤的物理力学性质、地下水情况及冰冻深度；

2) 查明场地不良地质现象的成因、分布范围及对场址稳定性的影响与发展趋势；

3) 对设计烈度为7度或7度以上建筑要测定场地和地基的地震效应。

(2) 详细勘察（为施工图设计提供依据）

1) 查明建筑物范围内的地层结构、岩石和土壤的物理力学性能，并对地基的稳定性及承载力做出评价；

2) 提供不良地质现象及防治工程所需的计算指标和资料；

3) 查明地下水的埋藏条件和侵蚀性及地层渗透性、水位变化幅度与规律；

4) 判定地基岩石、土壤和地下水对建筑物施工与使用的影响。

(3) 施工勘察（为施工中遇到的地质问题）

1) 施工验槽；

2) 深基施工勘察和桩应力测试；

3) 地基加固处理勘察和加固效果检验；

4) 施工完成后的沉陷监测工作；

5) 其他有关环境工程地质的监测工作。

(四) 工程地质勘探主要参数

1. 勘探线、点间距

见表5-17。

勘探线点间距表　　**表5-17**

厂（场）地类别	勘探线间距（m）	勘探点间距（m）
简单场地	200～400	150～300
中等复杂场地	100～200	50～150
复杂场地	＜100	＜50

2. 勘探孔深度

见表5-18。

勘 探 孔 深 度　　**表5-18**

建 筑 物 类 别	勘 探 孔 种 类	
	一般性勘探孔深（m）	控制性勘探孔深（m）
重要建筑物	10～15	15～30
基底荷载不大的一般建筑物	6～12	12～20

3. 勘探点间距

见表 5-19。

勘探点间距　**表 5-19**

场地类别	建筑物类别	
	重要建筑物（m）	基底荷载不大的一般建筑物（m）
简单场地	35～50	50～75
中等复杂场地	20～35	25～50
复杂场地	＜20	＜25

（五）工程地质勘察的主要工作内容

1. 地质勘探

（1）槽探

用开槽的办法揭示和了解各种埋藏较浅的构造线的形状和覆盖层岩土的工程性质。

（2）井探

用人工或机械挖成圆形或长方形浅井（深度一般不超过 10m）以直接进行观察和采集原状结构土样。

（3）钻探

常用回转钻进、冲击钻进、冲击-回转钻进、震动钻进等方法获得深部地层资料。采集土样是其主要任务，其中扰动土样用以鉴别地层，原状土样用作物理力学性质试验。

（4）触探

有动力触探与静力触探之分。动力触探是用一定的锤击能量，将一定规格的圆锥形金属探头打入土层中，根据探头被打入的难易程度（贯入度）来鉴别试验土层的物理力学性能。静力触探是用静力按一定的速度将定型金属圆锥探头压入土层中，通过电测传感器量测探头的比贯入阻力，据此确定地基的允许承载力和抗剪强度以及单桩承载力。

2. 室内试验

（1）物理试验

通过测定土样的表观密度、天然含水量、密度、可塑性及相对密度等物理性质，求出其干湿状态（黏性土的液性指数，砂类土的饱和度）。

（2）力学试验

一般做压缩性试验以分析地层沉降。对饱和黏性土还要做固结试验，以求压缩变形与孔隙水排出的时间关系。

（3）化学试验

进行水质分析，有饮用水、工业用水、施工用水及地下水污染等不同项目，应按不同的要求进行。

3. 现场原位测试

（1）载荷试验

模拟建筑物基础工作条件在直接承受建筑物基础的岩土持力层上进行垂直分级加荷试验，测得每级荷载最终沉降值，加荷一直到岩土体破坏为止，绘制压力与沉降值曲线，作为确定地基承载力的重要依据。

（2）大型剪力试验

利用大面积（1000～1500cm²）直剪仪测得不同垂直荷载压力下土样剪损所需的剪应力，为确定地基极限承载力和计算斜坡稳定性提供主要数据。

（3）十字板剪力试验

利用上部传动部分使底部装有十字板头的钻杆在孔内转动，直至使所测试的土层破损为止，所测得的数据即为均匀黏土不排水的抗剪强度。

（4）地基动力特性试验

采用模型基础块体自由振动试验或通过振动试验测定动力机器基础的地基抗压刚度系数和阻尼比。

（5）横压试验

通过槽压仪在钻孔中产生径向膨胀，对孔壁四周加压测定地基在不同深度土层的横压试验曲线，以推算有关的物理力学性质指标，预测建筑物沉降的横压模量和地基土的允许承载力的极限压力。

（6）触探试验

触探既是一种勘探手段也是一种现场测试方法，既可定性地预估地基土层的种类、性质，进行力学分层，直接测定土层的物理力学指标，还可评价地基的湿陷性和饱和砂土地震液化的可能性，也可用于检验和控制回填土夯实质量，评价单桩的承载力等。

四、工程项目勘察管理工作的主要任务

（一）勘察任务书

由建设单位委托监理企业会同设计单位提出勘察任务书。

（二）接受任务

由建设单位或委托监理企业物色勘察单位或进行勘察任务招标，进行资格审查，授予勘察任务，签订勘察合同，支付定金。

（三）勘察前准备

由建设单位与监理企业作好以下准备工作：

（1）现场勘察条件准备；

（2）勘察队伍的生活条件准备；

（3）提供有关基础资料；

（4）审查勘察纲要。

（四）勘察

由建设单位会同监理企业在勘察期间的工作：

（1）督促按时进场；

（2）核实调查、测绘、勘探项目；

（3）检查勘察布点、钻探深度及取样方法；

（4）审查勘察成果报告。

（五）勘察成果

交设计、施工单位使用；沟通设计、施工单位与勘察单位的联系，协调他们的关系；发出补勘指令。

五、勘察阶段监理工作的内容

（一）编审勘察任务书

(1) 委托规划、设计单位编制勘察任务书，拟定勘察工作计划；

(2) 通过委托设计任务，将编制勘察任务书作为设计前期工作一并委托；

(3) 根据项目建设计划和设计进度计划拟定勘察进度计划；

(4) 审查勘察任务书，主要审查、项目概况、拟建设地点、勘察范围要求、提交成果的内容和时间。

（二）委托勘察

(1) 拟定勘察招标文件；

(2) 审查勘察单位的资质、信誉、技术水平、经验、设备条件，以及对拟勘项目的工作方案设想；

(3) 拟定合同条件；

(4) 参与合同谈判。

（三）为勘察单位准备资料

根据勘察工作的进程，提前准备好基础资料并审查资料可靠性。

（四）审查勘察单位的勘察纲要

审查勘察纲要是否符合合同规定，能否实现合同要求。大型或复杂的工程勘察纲要会同设计单位予以审核，即对其方案的合理性，手段有效性，设备的适用性，试验的必要性，进度的时间性进行审核。

（五）现场勘察

1. 质量管理

核查是否按勘察纲要实施：

(1) 勘察项目是否完全；

(2) 勘察点线有无偏、错、漏；

(3) 操作是否符合规范；

(4) 钻探深度、取样位置及样品保护是否得当；

(5) 对大型或复杂的工程，还要对其内业工作进行监理（试验条件、试验项目、试验操作等）。

2. 核查勘察报告

检查勘察报告的完整性、合理性、可靠性和实用性，以及对设计施工要求的满足程度。

3. 审核勘察费的结算

根据勘察进度，按合同规定签发支付费用通知。

（六）签发补勘通知书

设计、施工过程中若需要某种在勘察报告中没有反映，在勘察任务书中没有要求的勘察资料时，得另行签发补充勘察任务通知书，其中要注明预先商定并经业主同意的增加费额。

（七）协调勘察工作与设计、施工的配合

及时将勘察报告提交设计或施工单位，作为设计、施工依据，工程勘察的深度应与设计深度相适应。

六、工程项目设计阶段监理工作的内容

（一）监理工程师应明确的设计原则与程序

1. 设计的作用

（1）是设计大纲的具体化，即建设单位意图的具体化；

（2）是先进的科技成果应用于生产实践、工程实际的体现；

（3）是进行建设准备的重要依据；

（4）是施工的依据；

（5）直接影响工程造价；

（6）对项目建成后的使用价值起决定性的影响。

2. 设计指导思想

（1）贯彻执行国家经济建设的方针、政策；

（2）符合国家现行的建筑工程建设标准和设计规范；

（3）遵守工程设计程序，以安全可靠为前提、技术先进适用为目标、提高经济效益为核心。

3. 设计主要原则

（1）节约用地，这里有两层含义：一是提高土地利用率，二是尽可能少占耕地；

（2）尽可能考虑资源的综合利用；

（3）节约能源；

（4）环境保护；

（5）有利生产，方便生活。

4. 设计依据

（1）批准的可行性研究报告及有关文件；

（2）设计所需的各种基础资料和技术条件，指工程设计所必需的自然、地理、经济等方面基本条件和资料。一般包括：

1）工程所在地区的气象、水文、地理、地震、大气环境等资料；

2）建设场地的工程地质、水文地质资料；

3）各种资源及原材料、燃料等资料；

4）工艺、技术和设备资料，生产协作条件；

5）供电、供水、供气与通讯及交通运输等条件；

6）人文地理情况；

7）施工作业条件；

8）城市规划、环境保护等部门有关用地、规划、环保、消防、人防、抗震设防烈度等的要求和依据资料；

9）其他：如建设项目所在地区周围的机场、港口、码头、文物以及其他军事设施对建设项目的要求、限制或影响等方面的文件资料。

（3）工程建设的标准和设计规范。

5. 设计工作程序

（1）承接设计任务；

(2) 编制设计文件；

(3) 配合施工，解决施工中的设计问题；

(4) 参与工程验收。

(二) 设计文件的主要内容

1. 初步设计

(1) 总体设计（对大、中型工业项目、水利工程、小区开发等）

设计文件包括：

1) 建设规模；

2) 产品方案；

3) 原料来源；

4) 工艺流程概况；

5) 主要设备配置；

6) 主要建筑物、构筑物；

7) 公用、辅助工程；

8) “三废”治理和环境保护方案；

9) 占地面积估计；

10) 总体布置及运输方案；

11) 生产组织概况和劳动定员估计；

12) 生活区规划；

13) 施工基地的部署和地方材料的来源；

14) 建设总进度及进度配合要求；

15) 投资估算。

(2) 单项工程初步设计

1) 设计的依据；

2) 设计的指导思想；

3) 建设规模；

4) 产品方案；

5) 原料、燃料、动力的用量和来源；

6) 工艺流程；

7) 主要设备选型及配置；

8) 总图运输；

9) 主要建筑物、构筑物；

10) 公用、辅助设施；

11) 主要材料用量；

12) 外部协作条件；

13) 占地面积和场地利用情况；

14) 综合利用、“三废”治理、环境保护设施和评价；

15) 生活区建设；

16) 抗震和人防设施；

17）生产组织和劳动定员；

18）主要经济指标及分析；

19）建设顺序和年限；

20）总概算；

21）主要图纸有：总平面图（区域位置图、总平面布置图、竖向设计图等）；工艺流程图，各建（构）筑物的建筑平面图、立面图和剖面图（大型民用建筑工程或其他重要工程，根据需要可绘制透视图，鸟瞰图或制作模型）；结构梁、板布置图，以及给水排水、电气、采暖通风、动力等有关专业的平面图、系统图或剖面图等；

22）主要表格有：主要设备表、劳动定员表、主要材料用量表、总概算表等附表。

2. 技术设计

对特大型或特复杂而又无设计经验的项目，需进行技术设计。是初步设计的深化和补充，突出该阶段所解决的问题或确定的方案，如：

(1) 特殊工艺流程方面的试验、研究的成果与选定的方案；

(2) 新型设备的试验、制作的成果与选定的方案；

(3) 大型建筑物、构筑物某些关键部位的试验研究的成果和选定的方案；

(4) 某些技术复杂，需慎重对待的问题的研究的成果和选定的方案；

(5) 编制修正总概算。

3. 施工图设计

建筑、安装和非标准设备制作施工详图及设计说明。主要图纸有：

(1) 总平面图　包括总平面布置图、竖向设计图、土石方工程图、管道综合图、绿化布置图等；

(2) 建筑设计图　包括建筑平面图、立面图、剖面图、地沟平面图、节点详图等；

(3) 结构设计图　包括基础平面图、基础详图、结构布置图、节点构造详图等；

(4) 给水排水设计图　包括室外给、排水总平面图、管道纵断面图，供水、污水处理建（构）筑物平、剖面图和节点构造详图，室内给排水平面图、系统图等；

(5) 电气设计图　包括供电总平面图，变配电所高低压供电系统图、平、剖面图，电力平面图、系统图，电气照明平面图、系统图、控制图、安装图，自动控制与自动调节配电系统图、方框图、原理图、仪表盘面布置图、接线图、控制室图、安装图，建筑物防雷接地平面图等；

(6) 弱电设计图　包括电话站、电话音频路网，广播、电视、火警、信号、电钟等设备平面图、线路系统图、线路连接图、安装大样图等；

(7) 采暖通风设计图　包括采暖、通风、除尘、空调、制冷等设备平面布置图，管道、设备、零部件位置剖面图，管道系统图，空调系统控制原理图等；

(8) 动力设计图　包括锅炉房、压缩空气站、室外动力管道、室内动力管道等项目的管道总平面图、系统图、纵横断面图、设备平、剖面布置图，管道、设备安装详图等；

(9) 材料、设备明细表；

(10) 施工图预算等。

(三) 各设计阶段中各有关单位的工作内容

各设计阶段中建设单位、监理企业、设计单位的工作内容如表 5-20 所示。

各设计阶段中建设、监理、设计单位工作内容 表5-20

设计阶段	建设单位与监理企业工作内容	设计单位工作内容
(一) 设计准备阶段	(1) 委托设计监理机构; (2) 申请规划设计条件; (3) 编制设计纲要; (4) 组织方案竞选或设计招标; (5) 组织现场踏勘和设计谈判、签约; (6) 确认各分包设计单位; (7) 组织工程勘察,提供基础资料; (8) 为设计单位进场提供方便	(1) 了解建设单位资信与投资意图; (2) 参与方案竞选或设计招标; (3) 设计谈判、签约; (4) 选择设计分包; (5) 组织设计班子; (6) 编制设计进度计划; (7) 收集资料; (8) 研究设计思路; (9) 提出勘察任务
(二) 初步设计阶段	(1) 初审总体设计并报批(特大工程); (2) 督促设计进度、检查设计质量; (3) 初审初步设计并报批	(1) 总体设计(特大工程); (2) 方案设计; 1) 明确设计要求; 2) 草拟方案,包括工艺设计,建筑设计; 3) 进行方案比选。 (3) 编制初步设计文件; 1) 完善选定的方案; 2) 分专业设计并汇总; 3) 编制说明与概算; 4) 参加初步设计审批会议; 5) 修正初步设计
(三) 技术设计阶段	(1) 确认深化设计、开展研究或研制的内容; (2) 督促进度、检查设计质量; (3) 初审技术设计并报批	(1) 提出技术设计计划; 1) 工艺流程试验研究; 2) 特殊设备的研制; 3) 大型建(构)筑物关键部位的试验、研究; 4) 特殊技术的研究。 (2) 编制技术设计文件; (3) 参加初审、并作必要的修正
(四) 施工图设计阶段	(1) 提供相应的工程勘察资料; (2) 补充设计要求; (3) 协调关系,督促进度,检查质量; (4) 审查施工图; (5) 送政府有关部门审核(有些要求的项目)	(1) 建筑设计; (2) 结构设计; (3) 设备设计; (4) 专业设计的协调; (5) 编制设计文件; 1) 汇总设计图表; 2) 编制施工图预算; 3) 编写设计说明。 (6) 校审会签; (7) 按审核意见作必要的修改; (8) 正式出图

续表

设计阶段	建设单位与监理企业工作内容	设计单位工作内容
（五）施工阶段	（1）组织图纸会审，技术交底； （2）责成设计单位作必要的修正； （3）协调施工、设计单位的关系； （4）督促按图施工； （5）组织按图验收	（1）在图纸会审、技术交底会上介绍设计意图，向施工单位进行技术交底，并答疑； （2）必要时修正设计文件； （3）督促按图施工； （4）参加隐蔽工程的验收； （5）解决施工中的设计问题； （6）参加工程竣工验收； （7）回访项目

（四）设计阶段监理工作内容

1. 设计准备阶段

（1）协助申领规划设计条件通知书

1）向城规管理部门申请规划设计条件通知书（在申请中要简述建设的意图、构想并附建设项目批文，用地许可证，及拟建地址，地形图）；

2）持城市规划部门提出的规划设计条件咨询意见表，向有关部门咨询能否提供或有无能力承担该项目的配套建设及意见；

3）领取城市规划部门根据咨询意见表综合整理后发出的规划设计条件通知书（内含有工程项目建设位置、用地面积、各单项工程面积、高度及层数、高度限额及容积率限额、绿化面积比例限额、停车场及其他规划设计条件、注意事项等）。

（2）编制设计要点（或称设计纲要）

1）应依据已经批准的可行性研究报告和选址报告。

2）设计纲要的内容：

（*A*）阐明项目使用目的和建设依据。

（*B*）详述项目确切的设计要求，如是生产项目则应包括：建设的规模、产品方案和生产纲领；生产方法和工艺原则；矿产资源、水文、地质和原材料、燃料、动力、供水、运输等协作配合条件；资源综合利用和“三废”治理的要求；占用土地的估算；防灾、抗灾等要求；建设工期；要求达到的经济效益和技术水平等项。对改、扩建的大中型项目设计纲要，还应包括原有固定资产的利用程度和现有生产潜力的发挥情况。自筹资金的大中型项目设计纲要，还应注明资金、材料、设备的来源，并附有同级财政和物资部门签署的意见。

（*C*）介绍项目与其他项目、社会、环境的关系以及政府有关部门对项目的限制条件。

（*D*）业主财务计划限制等。

（*E*）设计的范围与深度（阶段）。

（*F*）设计进度要求（施工开工日期）。

（*G*）交付设计资料要求。

（3）协助业主优选设计单位

1）如果业主直接指定设计单位。监理企业工作是：明确设计要求，洽谈设计条件、合同谈判与签订。

2）如采用设计方案竞选。监理企业工作如下：

（A）拟定竞选规划，编写竞选文件；

（B）参与组织竞选；

（C）参与组织设计方案评选；

（D）与优秀方案设计单位洽谈委托设计事宜；

（E）参与设计合同的谈判与签订。

3）如公开招标。监理企业工作如下：

（A）确定招标方式，制定招标细则；

（B）拟就并发出招标通知或招标广告；

（C）编写招标文件；

（D）确定评标组成人员与评标标准；

（E）投标单位资格审查；

a．验证设计证书、收费资格证书和工商营业执照；

b 验证单位资质及业务范围是否与项目相适应；

c 收集有关设计单位的资信、经验、技术力量资料供业主参考。

（F）组织踏勘现场和招标文件答疑；

（G）协助组织评标、决标；

（H）拟定设计合同，参与合同谈判与签订；

（I）协助确认分包设计单位；

（J）编制勘察任务书。

4）准备基础资料

这些资料包括：经批准的设计任务书、规划设计通知书；规划部门核准的地形图；建筑总平面图和现状图；原有管线及新签订的协议书；当地气象、风向、风荷、雪荷及地震烈度；水文地质和工程地质勘察报告；对采光、照明、供气、供热、给排水、空调、电梯的要求；建筑构配件的适用要求；各类设备选型、生产厂和设备构造及设备安装图纸；建筑物的装饰标准及要求；对“三废”处理的要求；其他要求与限制（如地区规划、机场、港口、文物保护等）。

2．设计阶段

(1) 参与设计单位的设计方案优选

1）参与设计方案的优选工作，促进优化设计；

2）积极主动与设计单位进行技术磋商，共同确定控制设计标准和主要技术参数；

3）参与主要工艺路线的确定，主要设备材料的选型。

(2) 提供基础性资料，协调设计与政府有关部门的关系

1）初步设计前提供工程初勘资料；

2）施工图设计前提供工程详勘资料，及初步设计文件（分段委托设计时）；

3）及时沟通设计与政府有关部门的联系，尽可能争取认可和通融，主要有消防、人防、防汛、供电、水、气等部门。

(3) 设计进度控制

1）与设计单位商订出图进度计划；

2）核查设计力量是否切实保证。

（4）工程投资控制

1）进行造价估算；

（A）调查当地造价水平和类似工程的成本资料；

（B）预测工程造价与材料价格的走势；

（C）审查项目的独特问题后估算造价。

2）审查概算并比较之；

3）签发支付设计费通知。

（5）设计质量控制

1）分析检查各专业之间设计成果之协调情况；

2）从建筑形体、工艺路线、设备选型、施工组织等方面综合评价所采用的设计成果；

3）审核图纸质量；

4）审查各阶段设计文件；

（A）依据资料的可靠性；

（B）数据的正确性；

（C）与国家规范、标准的相容性；

（D）设计深度是否与设计阶段相适应。

（6）设计合同履行

1）检查设计成果的符合性；

2）检查设计深度的符合性；

3）检查设计质量的符合性；

4）检查设计进度的符合性。

3. 施工阶段

（1）组织图纸会审与技术交底

1）设计单位技术交底　介绍设计意图、结构特点、施工要求、技术措施和有关注意事项。

2）施工单位审核图纸　图纸会审的内容包括：

（A）是否无证设计或越级设计；图纸是否经设计单位正式签署。

（B）地质勘探资料是否齐全。

（C）设计图纸与说明是否齐全；有无分期供图的时间表。

（D）设计地震烈度是否符合当地要求。

（E）几个设计单位共同设计的图纸相互间有无矛盾；各专业图纸之间、平立剖面图之间有无矛盾；标注有无遗漏。

（F）总平面与施工图的几何尺寸、平面位置、标高等是否一致。

（G）防火、消防是否满足要求。

（H）建筑结构与各专业图纸本身是否有差错及矛盾；结构图与建筑图的平面尺寸及标高是否一致；建筑图与结构图的表示方法是否清楚；是否符合制图标准；预埋件是否表示清楚；有无钢筋明细表或钢筋的构造要求在图中是否表示清楚。

（I）施工图中所列各种标准图册施工单位是否具备。

（J）材料来源有无保证，能否代换；图中所要求的条件能否满足；新材料、新技术的应用有无问题。

（K）地基处理方法是否合理，建筑与结构构造是否存在不能施工、不便于施工的技术问题，或容易导致质量、安全、工程费用增加等方面的问题。

（L）工艺管道、电气线路、设备装置、运输道路与建筑物之间或相互间有无矛盾，布置是否合理。

（M）施工安全、环境卫生有无保证。

（N）图纸是否符合设计大纲所提出的要求。

（2）协调设计与施工的配合

1）当图纸确有问题时，要责成设计单位修改；

2）督促设计人员参与必要的现场指导及检查、验收工作；

3）设计变更

（A）审核合理性、必要性；

（B）工作量审核；

（C）材料、设备变更审核。

（3）质量事故的处理

1）事故分析、取证；

2）编制索赔文件；

3）索赔谈判；

4）拟定赔偿协议。

（五）监理企业对设计成果的审核

1.总体方案的审核内容

设计依据、设计规模、产品方案、工艺流程、项目组成及布局、设备配套、占地面积、协作条件、三废治理、环境保护、抗灾、防洪、工程期限、投资概算等的可靠性、合理性、经济性、先进性和协作条件，是否满足决策质量目标和水平。

2.专业设计方案的审核内容：

设计方案的设计参数、设计标准、设备和结构选型、功能和使用价值方面，是否满足适用、经济、美观、安全、可靠等要求。

（1）建筑设计方案

1）平面布置　主要房间平面尺寸及布置，车间组合，单元及户型组合，生产流水线组织，人流及物流组织等；

2）空间布置　主要房间尺寸，室内外标高，建筑层数及层高，生产性项目的生产流水线的立体组织等；

3）室内装饰　各类房间的装饰方案、装饰材料的选择等；

4）建筑物理功能　主要有：

（A）采光。采光方式，是否达到规定的采光标准及灯具。

（B）隔热、保温。隔热、保温的方式，是否达到规定的标准，设备及材料的选择等。

（C）隔声。隔声方式，是否达到规定标准，材料的选择及布置。

（D）通风。通风方式，是否达到规定的要求，建筑及构造措施等。

(2) 结构设计方案

主要审核结构方案的选择；安全度、可靠度、抗震是否符合要求；主体结构布置；结构材料的选择等。

(3) 给水工程设计方案

主要审核给水方案的选择；给水管线的布置和所需设备的选择等。

(4) 通风空调设计方案

主要审核通风、空调方案的选择；通风管道的布置和所需设备的选择等。

(5) 动力工程设计方案

主要审核动力方案的选择；动力线路的布置；所需设备、器材的选择等。

(6) 供热工程设计方案

主要审核供热方案的选择；供热管网的布置；所需设备、器材的选择等。

(7) 通信工程设计方案

主要审核通信方案的选择；通信线路的布置；所需设备、器材的选择等。

(8) 厂内运输设计方案

主要审核厂内运输方案的选择；运输线路及构筑物的布置和设计；所需设备、器材及工程材料的选择等。

(9) 排水工程设计方案

主要审核排水方案的选择；排水管网的布置；所需设备、器材的选择等。

(10) 三废治理工程设计方案

主要审核三废治理方案的选择；工程构筑物及管网布置与设计；所需设备、器材及工程材料的选择等。

3. 主要设备、材料清单的审核

审核设备、材料的型号、质量要求、数量、产地的合适性。

4. 概算审核

审核工程量计算、取费标准。

5. 图纸的专业性审核

(1) 初步设计图纸

审核工程所采用的技术方案是否符合总体方案的要求，以及是否达到项目决策阶段确定的质量标准。

(2) 技术设计图纸

审核专业设计是否符合预定的质量标准和要求。

(3) 施工图

1) 建筑施工图。主要应审核房间、车间尺寸及布置情况，门窗及内外装修，材料选用，要求的建筑功能是否满足等。

2) 结构施工图。主要应审核承重结构布置情况，结构材料的选择，施工质量的要求等。

3) 给排水施工图。主要应审核水处理工艺设备及管道布置和走向，加工安装的质量要求等。

4) 电气施工图。主要应审核供、配电设备；灯具及电器设备的布置；电气线路的走向及安装质量要求等。

5）供热、采暖施工图。主要应审核供热、采暖设备的布置，管网的走向及安装质量要求等。

（六）监理工程师在设计阶段的目标控制

1. 监理工程师在设计阶段的投资控制要点

（1）设计阶段投资控制的目标

1）使设计在满足质量及功能要求的前提下，不超过计划投资，并尽可能地节约费用。

2）为了不超计划投资，就要以初步设计开始前的项目计划投资（框算或估算）为目标，使初步设计的概算不超过框算；

3）技术设计完成时，控制其修正概算不超过初步设计概算；

4）施工图设计完成时，控制其施工图预算不超过修正概算。

（2）实现设计阶段投资控制目标的方法

1）监理工程师及时审查概算、修正概算和预算，如发现超投资，要向业主提出建议，在业主的指示下通知设计单位修改设计，以控制投资；

2）监理工程师要对设计进行技术经济比较，通过比较寻求设计挖潜的可能性；

3）监理工程师要督促、协助设计人员采用限额设计、优化设计及价值工程法等先进的有利于投资控制和节约项目费用的方法。

（3）采用限额设计控制投资

1）限额设计就是在计划投资范围内进行设计，实现项目投资控制的目标。

2）限额设计决非限制设计人员的设计思想，而是要让设计人员把设计与经济二者统一结合起来。即要求设计人员在设计过程中必须考虑经济性。

3）监理工程师在设计进展过程中及各阶段设计完成时，要主动地对已完成的图纸内容进行估价，并与相应的概算、修正概算、预算进行比较对照，若发现超投资情况，找其中原因，并向业主提出建议，从而在业主授权后，指示设计人员修改设计，使投资降低到投资额内。必须指出，未经业主同意，监理工程师无权提高设计标准和设计要求。

4）限额设计必须贯穿于设计的各个阶段，实现限额设计的投资纵向控制。

（*A*）在初步设计阶段要重视方案选择，控制在设计任务书批准的投资限额内。

（*B*）在施工图设计阶段要掌握施工图设计造价变化情况，严格按批准的初步设计确定的原则、内容、项目和投资额进行。但在设计过程中由于条件改变对设计局部修改、变更是正常现象。如果对初步设计有重大的变更时，则需通过原初步设计审批部门重审，以重新批准的投资控制额为准。

5）限额设计中采用动态管理。在设计概预算中引入“原值”、“现值”、“终值”三个不同概念。

（*A*）原值是指在编制估算、概算时的工程造价，不包括价差因素；

（*B*）现值是指工程批准开工年份，按当时的价格指数对原值进行调整后的工程造价，不包括以后年度的价差；

（*C*）终值是指工程开工后分年度投资各自产生的不同价差叠加到现值中去算得的工程造价；

（*D*）限额设计指标均以原值为准。

6）限额设计是健全和加强设计单位对建设单位以及设计单位内部的经济责任制，实现限额设计的横向控制。

（A）明确设计单位内部各专业科室对限额设计的责任，建立各专业投资分配考核制；

（B）设计开始前按估算、概算、预算不同阶段将工程投资按专业分配，分段考核。下一阶段指标不得突破上一阶段指标。哪一专业突破控制投资指标时，应首先分析突破原因，用修改设计的方法解决，在本阶段处理，责任落实到个人，建立限额设计的奖惩机制。

7）限额设计中设计单位应承担的责任范围。

（A）凡永久建筑、水电、设备等项目的工程量增加、型号规格变动等造成的投资增加；

（B）设计单位未经原审批单位同意，违反规定，擅自提高标准，增列初步设计范围以外的工程项目等原因造成的投资增加；

（C）由于初步设计深度不够或设计标准选用不当，未经原审查部门同意而导致下一设计阶段增加投资；

（D）未经原审批部门同意，其他部门要求设计单位提高工程建设标准，增加建设项目，并经设计单位出图增加的投资。

8）设计单位对以下情况造成的项目投资增加不承担责任。

（A）国家政策变动和设计调整；

（B）工资、物价调整后的价差；

（C）与工程无关的不合理摊派；

（D）土地征用费标准、水库淹没处理补偿费标准的改变；

（E）建设单位和地方承包项目超出国家规定及初步设计审批意见需开支的费用；

（F）经原审批部门同意，超出已审批的初步设计范围以外的重大设计变动及工程项目增加；

（G）其他单位强行干预设计，而设计单位又提出了不同的初步意见，并报送上级主管部门和投资方，仍然发生的项目投资增加；

（H）经原审批部门批准补充增加的勘察设计工作量相应增加的勘察设计科研费；

（I）审查单位对设计单位报审的初步设计中推荐的主要设计方案修改不当，致使设计方案审定后在技术设计和施工图设计阶段又有较大的修改，致使投资的增加；

（J）其他特殊情况，如施工过程中发生超标准洪水和地震等所增加的投资。

(4) 应用价值工程法对设计进行技术经济比较

1）在设计过程中，监理工程师要应用价值工程法进行项目全寿命费用分析，不仅考虑一次性投资，还要考虑到项目使用后的经常维修和管理费用。

2）监理工程师对设计的经济性要全面考虑、权衡分析。与限额设计相对应的是过分设计（即安全系数过大的设计），这种保守设计对设计的经济性考虑得不多。

3）在设计中应用价值工程法既可提高工程功能，又可降低项目投资。通过设计的多方案技术经济比较和价值工程进行分析，或在保证工程功能不变情况下，降低项目投资；或在项目投资不变的情况下提高工程功能，因而最终降低建设项目投资；或在工程主要功能不变、次要功能略有下降情况下，使项目投资大幅度降低；或在项目投资略有上升情况下，使工程功能大幅度提高。

(5) 监理工程师要控制主要材料、设备的选用

1）主要设备、材料的投资约占整个工程投资的70%左右，其对投资控制极为重要，必须谨慎从事。

2）监理工程师要充分研究主要材料、设备的用途和功能，了解业主的需求，以使主要材料、设备的选用及采购经济实惠，既能满足业主的功能要求，又价格较低。

(6）推广标准设计

1）推广标准设计有益于较大幅度降低工程造价。

2）可节约设计费用，大大加快提供设计图纸的速度（一般可加快设计速度1～2倍)，缩短设计周期。

3）构件预制厂生产标准件，能使工艺定型，容易提高工人技术，且易使生产均衡和提高劳动生产率以及统一配料，节约材料，有利于构配件生产成本的大幅度降低。例如：标准构件的木材消耗仅为非标准构件的25%。

4）可以使施工准备工作和定制预制构件等工作提前，并能使施工速度大大加快，既有利于保证工程质量，又能降低建筑安装工程费用（约可降低16%左右)。

5）标准设计是按通用性编制的，是按规定程序批准的，可供大量重复使用，既经济又优质。标准设计较好地贯彻执行国家的技术经济政策，密切结合自然条件和技术发展水平，合理利用能源、资源和材料设备，较充分考虑施工、生产、使用和维修的要求，便于工业化生产。因而，标准设计的推广，一般都能使工程造价低于个别设计工程造价。

2.监理工程师在设计阶段的进度控制要点

(1）设计阶段进度控制的目标与任务

1）建设项目设计阶段是项目实施阶段中的一个影响项目投资最大的阶段，也是影响项目工期的关键性阶段。因此，监理工程师必须对项目设计阶段的进度控制予以充分重视。监理工程师要审核设计单位提供的进度计划，以便有效地对进度计划进行控制，确保进度目标的实现。

2）设计进度控制的最终目标就是按质、按量、按时间要求提供施工图设计文件。在这个总目标下，设计进度控制还有阶段性目标和各专业的进度目标。

3）设计阶段进度控制的主要任务是出图的控制，也就是要采取有效措施促使设计人员如期完成方案设计、初步设计、技术设计、施工图设计图纸。

(2）设计进度的测定方法

可采用以下四种测定设计进度的方法：

1）消耗时数衡量法

凭以往设计经验，估算各阶段设计消耗的总时数（是指设计有关的总时数，不仅是设计出图消耗的时数)，然后可以计算各设计阶段完成设计进度的百分比，按下式计算：

$$\text{设计进度(已完成百分比)} = \frac{\text{已耗用设计时数}}{\text{估算本工程设计总时数}} \times 100\%$$

2）完成蓝图数衡量法

以蓝图数为衡量依据。按下式计算：

$$\text{实际设计进度(完成百分比)} = \frac{\text{已完成蓝图数}}{\text{预计总蓝图数}} \times 100\%$$

根据类似工程的设计经验，估计各工种设计的蓝图数，完成蓝图数与预计总蓝图数的百分比即为设计完成百分比。

3）采购单衡量法

为确保施工时主要设备、材料供应不脱节。设计阶段主要设备、材料选型后，要向有关厂家询价，货比三家，并及时发出采购单。设计进度也可以用已发采购单来衡量。

按下式计算：

$$设计进度(完成百分比) = \frac{已发采购单数}{预计采购单总数} \times 100\%$$

4）权数法

以上三种测定设计进度的方法直观易懂，能从一定程度上反映设计进度情况，但都不够全面。权数法是比以上三种较为确切的测定设计进度的方法。

权数法是以绘制蓝图为中心来计算设计完成百分数。具体步骤如下：

（*A*）订出各工种专业蓝图标准完成程度　蓝图的性质、大小是不同的，因而绘制的难易程度有别，显然所耗用的时数也就各异。监理工程师要与各专业设计负责人，根据经验和对历史数据的分析研究，制定出各种蓝图标准完成程度。以下举石油化学工程的施工图设计为例来说明这一工作。

表 5-21 为经过总结得到的石油与化学工程施工图制图进度。以建筑设计为例，完成设计构思，只完成了 20％的任务，制图完后，完成了 50％，制图检查完毕，完成了 70％，提供业主批准，完成了 90％，第一次发出，完成了 95％，最后发出，才算是 100％完成。

标准制图进度 **表 5-21**

（石油与化学工程）

工种（专业）设计名称	设计（％）	制图（累计％）	完成制图检查（累计％）	提供业主批准（累计％）	第一次发出（累计％）	最后一次发出（累计％）
工作流程图	40	50	60	80	95	100
建筑设计	20	50	70	90	95	100
电气工程设计	35	70	80	85	95	100
土木工程	20	60	75	85	95	100
结构设计	20	60	75	85	95	100
仪表设计	20	60	75	85	95	100
工艺设计	40	60	75	85	95	100
管道系统设计一（平面图、设备安排）	25	70	85	90	95	100
管道系统设计二（草图、详图、截面图）	10	65	85	90	95	100

（*B*）测定各专业设计实际完成程度　以仪表设计为例，先测定该专业设计所有图纸进展状况，并根据各图纸的难易程度分别给以一定的权数。下表中给予 5001 图纸的权数为 100，其他的权数凭经验视图纸的难易程度类似给出，然后即可求出仪表专业施工图设计的实际完成程度。

$$设计实际完成程度 = \frac{折合权数}{总权数}$$

至报告日，仪表专业设计完成的折合权数为 317，总权数为 910，于是

$$\text{仪表专业设计实际完成程度} = \frac{317}{910} = 35\%$$

各工种专业设计实际完成情况　　表 5-22

工程名称：　　（仪表设计）

工程编号：　　报表日期：1997 年 10 月 30 日

图纸号	开始日期	发出日期	蓝图权数	进展情况：设计 20%	制图 60%	检查 75%	业主批准 85%	发出有效 95%	完成（%）	折合权数
5001	97.1	97.3	100	→	→	→			67	67
5002	96.10	96.12	150	→	→	→	→	→	95	143
5003	97.3	97.6	80	→	→				40	32
5004	97.2	97.7	95	→	→				60	57
5005	97.11	98.1	180						0	
5006	97.11	97.11	140						0	
5007	97.7	97.9	90	→					20	18
5008	97.11	98.2	75						0	
权数合计			910							317

上表中折合权数＝蓝图权数×完成%；

同样可以求出其他如建筑、电气等各专业设计实际完成情况，并把算得的数据填入下表中的“实际完成百分比”栏。

实际设计进度　　表 5-23

工程名称：

工程编号：　　报表日期：　1997 年 10 月 30 日

编号	工种（专业）设计名称	图纸数：初始估计数	现在估计数	已发数	工时数：计划耗时总数	已耗时数	已耗占计划百分比	设计实际完成百分比
1	工作流程图	61	61		573	542	94.5	62.0
2	建筑	20	20		1283	0	0	0
3	电气	196	196		11573	378	3.2	3.0
4	土木工程	38	38		2300	360	15.6	10.0
5	结构	28	28		2189	0	0	0
6	仪表	45	45		4035	531	13.1	35.0
7	管道系统	134	134		11611	272	2.3	0
8	总计	522	522		33564	2083		

$$\text{设计进度（完成百分比）} = \frac{573}{33564}\times 6.20 + \frac{1283}{33564}\times 0 + \frac{11573}{33564}\times 3.0 + \frac{2300}{33564}\times 10.0 + \frac{2189}{33564}\times 0 + \frac{4035}{33564}\times 35.0 + \frac{11611}{33564}\times 0 = 6.99\%$$

（*C*）估计出各专业设计计划耗时数　凭经验和历史数据，估计出各专业设计（包括设计及其有关工作）的设计完成计划总耗时数及已耗时数（见上表中数据为例）。

（*D*）计算实际设计进度

按下式计算：

$$\text{工程设计进度} = \sum\left(\frac{\text{各专业设计计划耗时数}}{\text{总耗时数}}\right)\times \text{各专业设计完成百分数}$$

本例计算见上表，工程设计至报告之日（1997年10月30日）实际完成6.99%。

(3) 设计阶段的进度控制

1）监理工程师不是代替设计单位去制订各专业具体的设计进度，而是要根据项目总体进度的安排，审查设计单位主要设计进度的计划开始时间、计划结束时间，核查各专业设计进度安排的合理性、可行性，满足设计总进度情况。

2）监理工程师要求设计单位，无论是在初步设计、技术设计或是施工图设计阶段，各专业设计的进度安排要具体，要检查实际进度情况。如果进度滞后，要分析其原因，并在后续工作中，采取有效措施将进度赶上去。监理工程师要按表5-24进行核查、分析，提出自己的见解和弥补方法。

设计进度分析表　　**表5-24**

<table>
<tr><td colspan="2">工程项目名称：
项目编号：
监理企业：

出图控制</td><td>阶段设计名称：
图纸编号：　　版次：
图纸名称：
本图纸设计负责人：
本表编制日期：</td></tr>
<tr><td>设计步骤</td><td>监理企业批准的计划完成时间</td><td>实际完成时间</td></tr>
<tr><td>草　图</td><td></td><td></td></tr>
<tr><td>制　图</td><td></td><td></td></tr>
<tr><td>设计院自身审核</td><td></td><td></td></tr>
<tr><td>监理机构、业主审核</td><td></td><td></td></tr>
<tr><td>发　出</td><td></td><td></td></tr>
<tr><td colspan="3">简短原因分析：</td></tr>
<tr><td colspan="3">措施与对策：</td></tr>
</table>

3）监理工程师在各阶段设计过程中，可使用以上介绍的四种方法中的一种或几种来检查设计进度完成的情况，以便及时调整计划，确保设计整体进度。

4）在各阶段设计完成时，监理工程师要与设计单位共同检查本阶段设计进度实际完成情况，对照原计划分析、比较，商量制订对策，并调整下一阶段设计的进度。

5）监理工程师要向业主及时汇报阶段设计进度情况，报表形式参见表5-25。

设计进度报表　　　　**表 5-25**

<table>
<tr><td colspan="2">工程项目名称：
项目编号：
监理企业：</td><td colspan="4" rowspan="2">阶段设计名称：
编制人：
编制时间：
审核人：
第___页；共___页</td></tr>
<tr><td colspan="2">阶段设计完成进度情况：</td></tr>
<tr><td>阶段设计名称</td><td>本阶段（选①、②或③）</td><td>计划开始时间</td><td>实际开始时间</td><td>计划结束时间</td><td>实际结束时间</td></tr>
<tr><td>初步设计①
技术设计②
施工图设计③</td><td></td><td></td><td></td><td></td><td></td></tr>
<tr><td colspan="6">简短原因分析</td></tr>
<tr><td colspan="6">措施与对策：</td></tr>
</table>

3. 监理工程师在设计阶段的质量控制要点

（1）设计阶段质量控制的目标

1）工程项目设计阶段是质量、投资控制的关键性阶段，必须处理好质量和投资二者间的关系。质量和投资之间，质量是核心，投资决定于质量。

2）设计阶段对工程质量的基本要求是：使项目的质量在符合现行规范和标准的条件下，满足业主所要求的功能和使用价值。

3）合理的质量要求是指在一定投资限额下，所达到的最佳功能及其水平。合理的投资是指满足业主所需功能条件下，所付出的费用最小。

4）在设计阶段，监理工程师还要协调好设计内外各环节之间的联系，规划和控制设计工作的进度，以确保项目工期目标的实现。

5）对设计质量总的目标，作如下归纳：

（*A*）在经济性好的前提下，建筑造型、使用功能及设计标准满足业主的要求；

（*B*）结构安全可靠，符合城市规划、公用设施等主管部门的规定。

6）监理工程师要充分了解业主对这方面的意图和要求，将这些意图和要求转化成有关的设计语言，详细描述到上述有关的文件中去。

7）城规部门对建筑物高度，建筑容积率，市政配套部门对商场、道路等配套要求，绿化部门对绿化方面的要求，环保、卫生等各方面要求是除业主方面要求以外的另一方面对设计的要求，它们的主要表现形式是有关的文件规定、技术规定、答复（批复）函和设计规范。

8）设计单位完成设计文件要满足上述各方面条件和要求，当然结构安全性、施工可行性、设计经济性也是衡量设计质量的重要依据之一，也是监理控制设计内在质量的主要内容之一。

(2) 监理工程师在设计阶段质量控制的内容

1) 根据项目建设要求和有关批文、资料、编制设计大纲或方案竞选文件，协助建设单位组织设计招标或方案竞选、评定设计方案。

2) 协助建设单位进行勘察、设计资质审查，优选勘察、设计单位；办理勘察设计合同，并督促检查合同的实施。

3) 审查设计方案、图纸和概预算。保证各部分设计符合决策阶段确定的质量要求，符合有关技术法规和技术标准的确定；保证有关设计文件、图纸符合现场和施工的实际条件，其深度应能满足施工的要求；保证工程造价符合投资限额。

4) 对设计工作进行协调控制，保证各专业设计之间能互相配合、衔接，及时消除质量隐患，按期完成设计任务。

(3) 监理工程师对设计质量控制的方法

1) 对设计进行质量跟踪

为了有效地控制设计质量，就必须对设计进行质量跟踪。需要指出的是，质量跟踪不是监督设计人员画图，不是监督设计人员结构计算和结构配筋，而是要定期地对设计文件进行审查，发现不符质量标准和要求的，要求设计予以修改，直至符合标准为止。这里的标准就是设计质量目标。换句话说，设计质量控制就是在设计过程中定期地审查设计文件并将其与设计质量目标进行对照比较，发现不符要求的就要请设计予以修改。

2) 对设计文件的审查

有了监理对设计文件的审查，决不等于设计单位就可以因此取消原来的逐级校核审定制度，相反，这种本身的校审制度应该更加加强。

3) 质量控制工作的依据

监理工程师审查设计文件并确定文件是否符合要求，即对设计文件进行中间或最后审核，工程师设计文件进行审核的主要依据是：

(A) 设计招标文件（含设计任务书、地质勘察报告、选址报告等）；

(B) 设计合同；

(C) 城市规划、建筑管理等部门的有关批文；

(D) 各项设计规范和技术规定；

(E) 地区气象、地震等自然条件；

(F) 监理委托合同；

(G) 其他有关资料文件。

4) 质量控制的方法

控制设计质量的主要手段是进行设计质量跟踪，也就是在设计过程中和阶段设计完成时要对设计文件进行深入细致的审查，审查的内容主要是以下几方面：

(A) 图纸的规范性　审查图纸是否规范、标准。如图纸的编号、名称、设计人、校核人、审定人、日期、版次等栏目是否齐全。

(B) 建筑造型与立面设计　选定的设计方案进入正式设计阶段，在建筑造型与立面设计方面具体体现情况。

(C) 平面设计　包括房间布置、面积分配、楼梯布置、总面积满足情况。

(D) 空间设计　包括层高、空间利用情况等。

（*E*）装修设计　包括外墙、内墙、楼地面、顶棚装修设计标准及协调性，满足业主装修要求情况。

（*F*）结构设计　核查结构安全的可靠性，经济性。

（*G*）工艺流程设计　审查工艺流程设计的合理性、可行性、先进性。

（*H*）设备设计　包括设备的布置、选型。如电梯的布置、选型、锅炉的布置与选型。

（*I*）水、电、自控等设计　包括给水、排水、强电、弱电、消防、自控等设计的合理性、可行性。

（*J*）城市规划、环境保护、消防、卫生等部门要求的满足情况

（*K*）各专业设计的协调一致情况　审查建筑、结构、水电等专业设计之间是否存在不一致等情况。

（*L*）施工可行性　审查设计图纸的施工可行性。要从以上各方面去审查图纸，在审查过程中，特别是留意过分设计与不足设计两种极端情况。对过分设计虽结构安全，但安全系数过高，导致经济性差，浪费投资；不足设计则相反，虽省投资，但结构不安全。

对设计文件审查的结果，若发现有不符合标准及要求的地方，监理工程师应要求设计单位对设计予以修改，直至符合标准，满足要求为止。

(4) 监理工程师在设计阶段应审核设计人员编制的设计纲要

1) 为正确掌握建设标准，编制好设计纲要是确保设计质量的重要环节。因为设计纲要是确定工程设计质量目标、水平，反映业主意图的文件，它是编制设计文件的主要依据，是决定工程设计成败的关键。

2) 如果决策不当，设计纲要编制失误，就会造成最大的设计失误。为此，编制和审核设计纲要时，应对可行性研究报告进行充分研究、核实，保证设计纲要的内容建立在物质资源和外部建设条件的可靠基础上。

3) 设计纲要包括以下主要内容：

（*A*）建设项目的目的和根据，建设项目的规模、产品方案和生产纲领，生产方法和工艺原则；

（*B*）矿产资源、水文、地质和原材料、燃料、动力、供水、运输等协作配合条件；

（*C*）资源综合利用和“三废”治理的需求；

（*D*）建设地区和地点以及占用土地的估算；

（*E*）防灾、抗灾等要求；

（*F*）建设工期；

（*G*）投资控制；

（*H*）要求达到的经济效益和技术水平；

（*I*）对改、扩建的大中型项目设计纲要，还应包括原有固定资产的利用程度和现有生产潜力的发挥情况。

（七）设计阶段的技术经济评价和影响设计方案的技术经济因素

1. 设计方案技术经济评价内容

(1) 工程项目方案的技术经济评价

项目规划、可行性研究、总体方案、总图设计及各阶段方案的经济指标分析。

(2) 单体方案的技术经济评价

方案设计、初步设计、施工图设计各阶段经济指标、方案比较及其分析。

(3) 专业工程方案的技术经济评价

工艺方案、运输方案、给水系统方案、排水系统方案、供热方案等的技术经济评价。

(4) 主要建筑设计参数的技术经济评价

主要建筑设计参数有：建筑密度、建筑标准、建筑层数、层高、跨度与跨数，平面尺寸（柱网尺寸）、平面单元数等。

(5) 建筑构造方案的技术经济评价

建筑结构方案、屋盖系统方案、围护结构方案、基础结构方案、内外装饰方案、室内设计方案的技术经济评价等。

(6) 材料选用的技术经济评价

材质选择与比较、材料产地及其综合价格比较，材料运输及其费用分析等。

2. 设计方案的技术经济因素分析

通过设计方案经济因素的分析，用以研究设计参数变化对方案经济性的影响，一方面有助于正确评价设计方案，另一方面又为我们指出进一步提高设计方案经济性的方向和途径。主要内容有：

(1) 建筑密度与投资关系的分析；

(2) 建筑系数对造价影响的分析；

(3) 建筑层高对造价影响的分析；

(4) 建筑层数对造价影响的分析；

(5) 柱网尺寸、平面开间尺寸对造价的影响分析；

(6) 建筑标准（如面积标准、户室比、采光、通风、采暖标准等）合理性的研究等。

3. 设计方案技术经济评价的一般程序

(1) 根据评价的目的，明确方案评价的任务和范围；

(2) 探讨和建立可能的技术方案，必要时还应确定某些对比方案；

(3) 确定反映方案特征的指标体系；

技术经济指标体系分为适用性指标，经济性指标及其他。从阶段分有建设阶段的指标和使用阶段的指标；

(4) 指标及对比参数的计算。为了使指标有可比性，计算时应用相同的计算口径和计算方法；

(5) 方案的分析和评价；

(6) 综合论证方案抉择。

4. 监理工程师对设计方案的技术经济评价指标

(1) 工业建设项目设计方案的技术经济评价指标

1) 建设阶段

(*A*) 投资

a. 总投资；

b. 单位生产能力的投资。

(*B*) 工期

a. 总工期；

b. 工期的变化率，即相对于定额工期（或规定工期）提前或延迟的量。

（*C*）主要材料的耗用量

指项目所需的主要建筑材料和各种特殊材料，贵稀材料的需要量。

（*D*）占地面积

a. 厂区占地面积（公顷）。指厂区围墙（或规定界限）以内的用地面积。

b. 建筑物和构筑物的占地面积（m^2）。建筑物占地面积按上述规定计算，构筑物的占地面积按外轮廓计算。

c. 有固定装卸设备的堆场（如露天栈桥、龙门吊堆场）和露天堆场（如原料、燃料堆场）的占地面积（m^2）。

d. 铁路、道路、管线和绿化占地面积（m^2）。铁路、道路的长度乘以宽度即为占地面积，但厂外铁路专用线用地不计在此项内。

（*E*）建筑密度

指建筑物、构筑物、有固定装卸设备的堆场，露天堆场的占地面积之和与厂区占地面积之比。其计算式如下：

$$建筑密度 = \frac{建筑物和构筑物占地面积 + 露天仓库、堆场占地面积}{厂区占地面积} \times 100\%$$

建筑密度是工厂总平面设计中比较重要的技术经济指标，它可以反映总平面设计中用地是否紧凑合理。建筑密度高，表明可节省土地和土石方工程量。又可以缩短管线长度，从而降低建厂费用和使用费。

（*F*）土地利用系数

指建筑物、构筑物、露天仓库、堆场、铁路、道路、管线等占地面积之和与厂区占地面积之比，其计算式如下：

$$土地利用系数 = \frac{A + B + C + D}{E} \times 100\%$$

式中　A——建筑物和构筑物占地面积；

B——露天仓库、堆场占地面积；

C——铁路、道路占地面积；

D——地上、地下管线占地面积；

E——厂区占地面积。

（*G*）实物工程量指标

主要实物工程量指标有：场地平整土方工程量、铁路长度、道路及广场铺砌面积、排水、给水管线长度、围墙长度、绿化面积等。

2）使用阶段

（*A*）预期成果指标

a. 年产量。如果产品的品种规格较多，可采用换算方法，将各种产品的产量都折算成主要产品的产量。换算公式如下：

$$生产品的折合量 = \frac{全年工业总产值}{主要产品的单价}(台、t、kW)$$

b. 年产值。产值是产量指标的货币表现，按不变价格计算。

工业总产值。由各种产品产量乘以相应的出厂价格计算，从价值形态来看，工业总产值由三部分组成：第一、生产中消耗的原材料、燃料、动力和固定资产价值；第二、职工的工资和福利基金；第三、产品销售利润和税金、工业总产值存在重复计算转移价值的缺陷。

工业净产值。净产值是企业一定时期内新创造价值的货币表现，它是从工业总产值中扣除生产中消耗的原材料、燃料、动力和固定资产折旧后剩下的部分。

计算净产值的方法有：

生产法：即总产值减去转移价值（向其他单位支付的费用）；

分配法：即工资总额+职工福利基金+生产基金+向国家上交税金+支付银行的利息。

c.净利润。净利润是企业的职工为社会创造的一部分剩余产品的价值表现形式，它的计算公式如下：

$$\text{年利润} = \text{全年产品销售收入} - \text{全年产品生产成本} - \text{年税金}$$

d.净收益。净收益是在年净利润的基础上，再扣除逐年均衡偿还投资本息和定额流动资金利息后的金额，其计算公式如下：

$$\text{年净收益} = \text{年净利润} - \text{年投资本息偿还额} - \text{年定额流动资金利息}$$

$$\text{年投资本息偿还额} = \text{投资总额} \times (R/P, i_1, n)$$

$$\text{年定额资金利息} = \text{定额流动资金总额} \times i_2$$

式中　i_1——基建投资年利息率；

i_2——流动资金年利息率。

e.反映功能或适用性的指标。对于专业工程，如动力、运输、给水、排水、供热等设计方案，则要用提供动力的大小、运输能力、供水能力、排水能力、供热能力来表示。

（*B*）劳动消耗指标

劳动消耗指标，包括活劳动消耗（如职工总数、工时总额、工资总额等）。物化劳动消耗（如单位产品的各类材料消耗量、设备和厂房的折旧费、材料利用率、设备负荷率、每台设备年产量、单位生产性建筑面积年产量等），以及活劳动与物化劳动的综合消耗（如成本、劳动生产率等）。

（*C*）劳动占用指标

制造产品需要占用一定的厂房设备，还需要有一定数量的原材料和半成品的储备，所有这些占用都是人们对过去物化劳动的占用。属于这方面的指标有：固定资产总额、流动资金总额、设备总台数、总建筑面积等。

（*D*）综合指标

a.产值利润率：

$$\text{产值利润率} = \frac{\text{年净利润}}{\text{年总产值}} \times 100\%$$

b.成本利润率。它可从利润角度反映项目在生产过程中劳动消耗的多少，也可间接反映出工人劳动创造财富的多少。

$$\text{单位产品成本利润率} = \frac{\text{单位产品净利润}}{\text{单位产品成本}} \times 100\%$$

$$\text{年成本利润率} = \frac{\text{年净利润}}{\text{年产品总成本}} \times 100\%$$

c. 资金利润率。可较全面反映项目经营后的经济效果。

$$资金利润率 = \frac{年净利润}{固定资金 + 年平均占用流动资金} \times 100\%$$

d. 投资利润率。它是从利润角度来反映投资的经济效果。

$$投资利润率 = \frac{年净利润}{投资总额} \times 100\%$$

e. 投资回收期。投资回收期表示设计方案所需的全部投资由投产后每年所获得的利润来偿还的年数。投资回收期用投资利润率的倒数来计算。

(*E*) 其他指标

如反映方案维修难易性、可靠性、安全性、公害防治等方面情况的指标。

上述构成指标体系的各类指标，既都能说明一定问题，但又都有一定局限性。在进行方案评价时应根据具体情况选择其主要指标或其组合。

(2) 民用工程项目设计方案的技术经济评价指标

1) 居住建筑设计评价指标

(*A*) 适用性指标

a. 平均每户建筑面积 $= \frac{建筑总面积}{总户数}$ (m^2/户)；

b. 平均每户居住面积 $= \frac{居住总面积}{总户数}$ (m^2/户)；

c. 平均每人居住面积 $= \frac{居住总面积}{总人数}$ (m^2/人)；

d. 平均每户居室数及户型比 $\left(即：\frac{某户型的户数}{总户数}\right)$

e. 居住面积系数 K，反映居住面积与建筑面积的比例

$$K = \frac{标准层的居住面积}{建筑面积} \times 100\%$$

$K > 56\%$ 为佳，$< 50\%$ 为最差。

f. 辅助面积系数 K_1，反映辅助面积与使用面积之比例

$$K_1 = \frac{标准层的辅助面积}{使用面积} \times 100\%$$

使用面积也称有效面积，等于居住面积加辅助面积，K_1 一般在 20%～27%之间

g. 结构面积系数 K_2，反映结构面积与建筑面积之比例

$$K_2 = \frac{墙体等结构所占面积}{建筑面积} \times 100\%$$

K_2 一般在 20% 左右。

h. 建筑周长系数 K'，即建筑物外墙周长与建筑面积之比

$$K' = \frac{建筑周长}{建筑占地面积} (m/m^2)$$

i. 每户面宽 $= \frac{建筑物总长}{总户数}$ (m/户)

j. 通风。主要以自然通风组织的顺畅程度为准。评价时以道路短直、通风流畅为佳；对角通风次之；路线曲折、通风受阻为差。

k. 采光。住宅的采光面积，应保证居室有适宜的阳光和照度。采光面过小，不仅不符合卫生要求，而且视觉、感觉上也感到不适；但若窗口面积过大，对隔声、隔热、保温也是不利的。

l. 保温隔热。根据建筑外围护结构的热工性能指标（如总热阻）来评价。

(*B*) 经济性指标

a. 工期。指工程从开工到竣工的全部日历天数，但应扣除不正常的停歇天数。评价工期应以法定的定额工期（或计算工期）为标准。

b. 投资及造价：

工程总造价；

每平方米建筑面积造价（元/m^2）；

每平方米居住面积造价（元/m^2）；

平均每户造价：

$$平均每户造价 = \frac{工程总造价}{总户数}(元/户)$$

平均每人造价：

$$平均每人造价 = \frac{工程总造价}{总居住人数}(元/人)$$

一次性投资。是指为发展某一建筑体系而必须设置的制造厂、生产线及专用生产设备、施工设备所需的基建投资。

c. 主要材料耗用量。指直接用于建设工程的主要材料（如钢材、木材、水泥、黏土砖等）的消耗总量及单方耗用量。

d. 其他材料耗用量。指用于建设工程中的其他材料（如平板玻璃、卫生陶瓷、沥青材料、装饰涂料等）的消耗数量。

e. 劳动消耗量。指工程建设过程中直接耗用的全部劳动量。劳动耗用量可分现场和预制场两部分，劳动消耗量可用工日总数或工日/m^2 来计算。

f. 土地占用量。主要是指建筑红线范围内的占地面积。

(*C*) 使用阶段评价指标

a. 经常使用费。指建筑物投入使用后每年所支出的费用，包括维修费、折旧费、管理费等项费用。

b. 能源耗用量。主要指建筑物每年用于采暖、交通（电梯）等方面能源的耗用量(可折合成标准煤或电力)。

c. 使用年限。

2）公共建筑设计方案评价指标

(*A*) 适用性指标

a. 平均单位建筑面积：

$$单位建筑面积 = \frac{建筑面积总数}{使用单位(人、座位、床位)总数}[m^2/人(座、床)]$$

影剧院、体育馆、餐馆等按座位计算建筑面积；旅馆、医院按床位计算建筑面积；教学楼、办公楼则按人数计算建筑面积（同理可计算单位使用面积）。

b. 平均单位使用面积。公共建筑中的使用面积包括主要使用面积，如教室、实验室

病房、营业厅、观众厅等的面积和辅助房间面积，如厕所、储藏室、电气、水暖设备用房的面积。

$$单位使用面积 = \frac{使用面积总数}{使用单位(人、床位、座位)总数}〔m^2/人(床、座)〕$$

c. 建筑平面系数：

$$建筑平面系数 = \frac{使用部分面积}{建筑面积}$$

$$使用部分面积 = 使用房间面积 + 辅助房间面积$$

平面系数越大，说明方案的平面有效利用率越高。

d. 辅助面积系数：

$$辅助面积系数 = \frac{辅助面积}{使用面积}$$

辅助面积系数小，则方案在辅助面积上的浪费小，这也说明方案的平面有效利用率高。

e. 结构面积系数：

$$结构面积系数 = \frac{结构面积}{建筑面积}$$

结构面积系数越小，说明有效使用面积增加，这是评价采用新材料、新结构的重要指标。

(*B*) 经济性指标

a. 反映建设期经济性的指标。反映建设期经济性的主要指标有：工程工期、工程造价、单位造价、主要工程材料耗用量、劳动消耗量指标等。

b. 反映长期使用期内经济性的指标。反映长期使用期内经济性的主要指标有：土地占用量、年度经常使用费、能源耗用量等。

c. 经济效果指标。对于生产性（盈利性）项目可采用内部投资收益率，投资回收期等指标；对于非生产性（非盈利性）项目可采用效益费用比的指标。

3）居住小区规划设计方案评价指标

(*A*) 占用土地（公顷）

指生活居住用地、公共建筑用地、道路用地、绿化用地、其他用地的总和。

(*B*) 居住总人口（人）

(*C*) 人口密度

a. 人口毛密度

$$人口毛密度 = \frac{居住总人口}{总用地面积}(人/公顷)$$

b. 人口净密度

$$人口净密度 = \frac{居住总人口}{总居住建筑用地面积}(人/公顷)$$

(*D*) 平均每人用地

$$每人居住用地 = \frac{总居住建筑用地面积}{居住总人口}(m^2/人)$$

(*E*) 建筑密度

$$建筑密度 = \frac{建筑占地面积}{占地总面积} \times 100\%$$

(*F*) 建筑面积密度

$$建筑面积密度 = \frac{总建筑面积}{占地总面积}(m^2/公顷)$$

(*G*) 居住建筑密度

$$居住建筑密度 = \frac{居住建筑占地面积}{占地总面积} \times 100\%$$

居住建筑密度，是衡量用地经济性和保证居住区必要的卫生条件的主要技术经济指标，其数值的大小与建筑层数、房屋间距、层高、房屋排列方式等因素有关，适当提高建筑密度可节省用地，但应保证日照、绿化、通风、防火、交通安全的基本需要。

(*H*) 居住建筑面积密度

$$居住建筑面积密度 = \frac{总居住建筑面积}{居住建筑占地面积}(m^2/公顷)$$

(*I*) 工程造价及投资

a. 工程总投资。

b. 分项工程投资。包括拆迁及场地准备、公用设施（道路及室外管线），各类建筑物的投资。

c. 平均每户投资。

(*J*) 主要材料及其资源消耗量

5. 影响工业建筑设计方案的技术经济因素

(1) 柱网尺寸

1) 柱距不变时

跨度越大，则单位面积造价越低（见表 5-26)。这是由于除屋盖构件外，其他构件如柱、外墙、基础等的费用均分摊在单位面积的造价上，随跨度增大而费用减少。

厂房跨度与造价的比较（%）　　**表 5-26**

吊车起重量 (t)	柱　距 (m)	距　度　(m)		
		12	18	24
5～10	6	100	83	80
15～20	6	100	90	78

2) 多跨厂房

当跨度不变时，中跨数目越多越经济。这是因为柱和基础分摊在单位面积上的造价减少，见表 5-27。

3) 柱距与生产面积关系

扩大柱网能增加生产面积，因小柱网的柱多，柱本身占的面积及其周围不便利用的面积增加。据统计，每柱约增 0.24m² 面积（柱为 600mm×400mm)。此外，扩大柱网有利于设备的布置并使厂房使用灵活，节约用地和投资。柱距与生产面积利用率关系见表 5-28。

(2) 厂房层高

厂房层高主要是根据生产工艺需要和起重机设备要求确定。厂房层高每增加 1m，相应增加造价和采暖费见表 5-29 所列。

跨度、跨数不同的厂房造价比较　　**表 5-27**

建筑跨度 / 建筑面积	跨度 (m)															
	15				18				24				30			
	单跨	双跨	三跨	四跨	单跨	双跨	三跨	四跨	单跨	双跨	三跨	四跨	单跨	双跨	三跨	四跨
1000	118	103			113				104				100			
2000	130	110	103		121	109	102		111	102			106	100		
5000	145	120	110	109	132	111	106	103	120	116	106	104	116	114	107	105
10000			113	110		114	106	103			106	101		105	103	101
15000				112				105				101			103	100

柱距与生产面积利用率的关系　**表 5-28**

跨度 (m)	建筑面积利用率（%）	
	柱距为 6m	柱距为 12m
12	100	106.8
18	100	107～110
24	100	111

厂房层高与造价和采暖费关系　**表 5-29**

厂房层高增加量 (m)	相应增加造价（%）		单层厂房年采暖费增加（%）
	单层厂房	多层厂房	
1	1.8～3.6	13.3	3

多层厂房造价增加幅度比单层厂房大的主要原因，是由于多层厂房的承重结构部分占总造价的比重较大。

(3) 厂房层数

工业厂房中，多层比单层的突出优点是占地面积小，减少了基础和层盖的工程量、缩短了交通线路、工程管线和围墙等长度，降低了层盖和基础的单方造价，缩小了传热面，节约了热能供应费用，因而经济效果显著。

多层厂房层数主要根据工艺要求来确定，另外还要考虑厂区自然条件，材料供应、结构形式以及施工方法等因素。

(4) 平面形状

厂房平面形状不同，则周长系数不同，将影响建筑造价，见表 5-30。厂房面积约 5000m^2 的方形多跨厂房，比矩形厂房降低造价 6%；比条形厂房降低 20%。

不同跨度和长度的厂房造价比较（%）　　**表 5-30**

分部名称	平面尺寸 (m)		
	方形：72×72	矩形：48×104	条形：24×108
外围结构	100	123	189
柱	100	106	125
基础	100	110	140
总造价	100	106	120

6. 影响民用建筑设计方案的技术经济因素

(1) 建筑层高

1) 层高与用地

降低层高可以减少住宅建筑总高度，缩小建筑之间的日照间距。因此，降低层高而节约用地的效果往往比层数增加而节约用地的效果更好。据统计和测算，住宅建筑的层数由五层增加到七层。可以节约用地 7.5%～9.5%，层高从 3.2m 降到 2.8m，用地节约可达 8.3%～10.5%；10 层住宅建筑的层高从 2.9m 减为 2.7m，用地可节约 7% 左右。

2) 层高与造价

降低层高可减少墙、柱材料和内外粉刷工程量，节约采暖费用，减轻建筑物自重，从而降低造价并有利于抗震。据测算；北京市层高为 2.7m 的六层砖混住宅与层高为 2.9m 的住宅相比，单方造价降低 2.99%，节约用地 6.3%。

据统计：日、美、英等国室内净高为 2.1～2.46m；俄、捷、波、意等国的室内净高为 2.30～2.50m。我国建筑层高降到 2.7m，净高为 2.52m 左右。

(2) 平面形状

住宅平面形状的经济比较：住宅建筑的平面形状，影响建设用地和造价。统计如表 5-31 所示：

单层建筑平面形状对造价的影响　　表 5-31

平面形状	总造价	分项造价				
		基础	墙体	楼板	屋顶	内装修
正方形	100	100 13%	100 36%	100 9%	100 34%	100 8%
矩形 (15.2m×6m)	106	113 14%	110 37%	100 9%	100 32%	105 8%
T或L形	109	112 14%	118 39%	100 8%	100 31%	105 8%

注：以正方形单层建筑的各项指标为 100；各百分数表示各分项造价占总造价的比率。

从上表可看出：以正方形的总造价为 100%，则矩形为 106%。T 形或 L 形为 109%。平面形状简单，则总造价降低，平面形状复杂或不规划，则总造价增高。平面形状对造价的影响，最明显地表现在基础、墙体和装修，对楼板和屋顶的影响不明显。

(3) 建筑周长系数分析

$$周长系数\ K' = \frac{建筑外墙周长\ L}{建筑面积\ A};$$

有以下五种平面形状并分别计算出其周长系数 K'（图 5-49)：

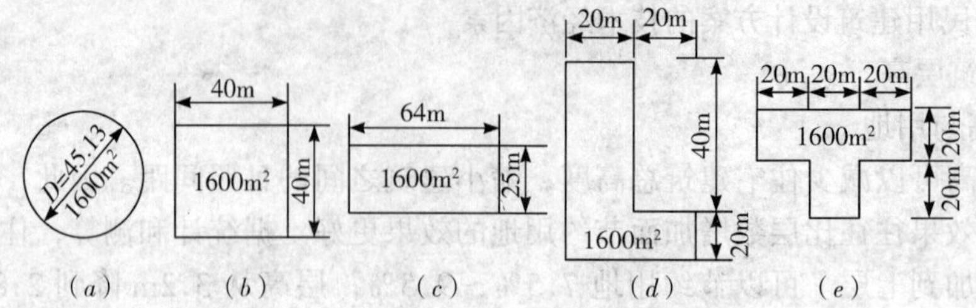

图 5-49　周长系数计算

(a) 圆形　$K' = \frac{L}{A} = \frac{\pi D}{1600} = \frac{114.78}{1600} = 0.089\ (\text{m/m}^2)$　　(b) 正方形　$K' = \frac{L}{A} = \frac{4 \times 40}{1600} = 0.100\ (\text{m/m}^2)$

(c) 矩形　$K' = \frac{L}{A} = \frac{2\ (64 + 25)}{1600} = 0.111\ (\text{m/m}^2)$　　(d) L 形　$K' = \frac{L}{A} = \frac{60 + 20 \times 7}{1600} = 0.125\ (\text{m/m}^2)$

(e) T 形　$K' = \frac{L}{A} = \frac{60 + 40 \times 2 + 20 \times 3}{1600} = 0.125\ (\text{m/m}^2)$

由图可知：圆形最经济，其次是正方形、矩形，L 形和 T 形的经济性较差。

在同样建筑面积条件下，周长系数增大意味着外墙周长加长，外墙面积增大，墙身下面的基础增加，墙身内外表面的装修面积增大，直接表现为墙身、基础和装修单方造价的提高。

(4) 平面形状与用地

建筑物的平面形状对节约用地有显著的影响。平面形状应简单规整，有利于节省用地提高土地的利用率。当然，不能为了节约用地把房屋的平面都设计成方形或矩形，那样会出现许多房间自然采光差。或狭长不适用，并影响建筑的艺术效果。

图 5-50 为两栋平面形状不同的建筑物，建筑基底面积均为 244m²。若距建筑物最靠外的墙面 3m 处，围以栏杆形成院落，则建筑物 *A* 的用地面积为 480m²，建筑物 *B* 的用地面积为 850m²，后者为前者的 1.77 倍。若不考虑围成院落，建筑物 *B* 的实际占地面积应是 532m²（即图中虚线构成的矩形面积）为建筑物 *A* 的 2.18 倍。因为建筑物 *B* 周围的用地被分割得很零碎。已不适宜安排其他建筑物。

(5) 建筑物进深

进深对用地也有较大的影响，特别是住宅建筑设计，在保证每户建筑面积相同的前提下，当加大进深缩小每户面宽时，不仅可以节约用地，而且可以减少建筑物的外墙面积，节约采暖费，以及道路和管网设施。

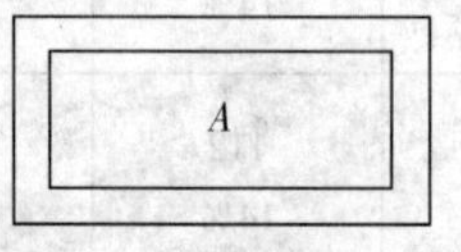

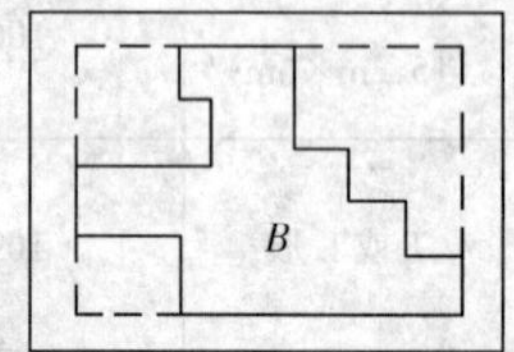

图 5-50　建筑物用地面积

住宅建筑进深的加大，对节约用地的效果比较明显，表 5-32 是实际测算结果，以每户建筑面积为 42m² 为例，共 60 户的五层住宅建筑采用不同进深后每户的平均用地面积。

增大进深，相应即缩小每户面宽。在每户建筑面积不变的情况下，平均每户面宽每减少 10cm，可节约用地 1.43%。

此外，适当增加建筑物的长度，也可节约用地，例如住宅长度在 30～60m 之间，每加长 10m，每公顷居住用地可增加建筑面积 800m² 左右。当长度超过 60m 时，则增加建筑面积的幅度不大，并由于要设伸缩缝而不经济。

五层住宅建筑不同进深的用地比较　表 5-32

进　深（m）	每户用地（m^2）	与 10m 进深的用地比较（%）	进　度（m）	每户用地（m^2）	与 10m 进深的用地比较（%）
7	43.73	124.2	12	32.10	91.2
8	40.20	114.2	13	30.90	87.8
9	37.40	106.2	14	29.9	84.9
10	35.20	100.0	15	29.10	82.7
11	33.50	95.2	16	28.4	80.7

七、设计阶段投资控制

（一）设计阶段投资控制要点

1. 设计阶段投资控制的目标

设计阶段投资控制是指在工程项目投资范围内得到控制，投资控制的目标是：使该项目的总投资小于该项目的计划投资。

在工程设计阶段对建设项目造价的影响极大，对建筑工程来说，其材料和设备的消耗费用约占工程成本的70%左右，如此高的费用，主要是在设计阶段形成和控制的。

2. 设计阶段投资控制方法的思路

设计阶段投资控制方法的思路：

（1）完善投资控制的管理手段；

（2）应用价值工程的原理和方法协调设计的目标关系；

（3）通过技术经济分析确定工程造价的影响因素，从而提出降低造价的措施；

（4）采用技术手段和方法进行优化设计以降低造价。

3. 设计阶段投资控制的宏观管理

在设计阶段对投资控制与监督，是政府主管部门宏观管理的内容。根据我国基本建设程序规定，设计必须有经主管部门批准的可行性研究和设计任务书，主管部门在审查初步设计时，应严格审查设计概算，施工图预算不能超过批准的概算。应建立对施工图设计质量的监督制度，既有利于对设计质量把关，又可克服和减少投资的不合理现象和资金的节约，这是监理工程师的职责和任务。

投资控制宏观管理的另一方面是严格审查概算的真实性和准确性。政府主管部门应对概算编制、审批实行严密有效的监督管理；监理公司在制定投资控制的规划时，应慎重全面地审查概算文件，以确定控制目标。

4. 设计阶段投资控制的措施

（1）优选设计单位。采用设计竞赛，选择最优的设计方案，是鼓励竞争，促进设计单位改进管理，采用先进技术，降低工程造价，缩短工期，提高投资效益。因此，在设计招标文件中应对降低工程造价要有明确要求，有相应的降低工程造价的具体措施。

(2) 推行限额设计。对设计单位提出工程造价的限制范围，如果各设计阶段的造价计算超过限额，就须进一步修改设计，修正造价，直至概（预）算造价控制在限额以内。这是一种投资控制的管理方法。但必须具备下列条件，才能达到限额设计的效果。

①要具有对设计概、预算工程造价进行审查的能力；

②能通过技术经济分析确定降低工程造价的主要设计因素；

③明确设计单位限额设计的职责；

④处理好限额设计与其他方面的关系；

⑤要具备相适应的管理基础。

(3) 对初步设计的总图方案及单项设计方案进行评价，通过技术经济指标的计算、比较与分析，在满足设计要求和投资控制的前提下，选取最合理的方案。经验表明，好的设计方案，既可满足功能要求，又可节省投资。

(4) 审查设计概算和施工图预算。这是我国目前控制投资的常用方法之一，如果与前述三种方法结合使用，效果将更好。

5. 设计阶段的限额设计

限额设计是根据已批准的设计任务书及投资估算来控制初步设计；根据已批准的初步设计概算来控制施工图设计。此外各专业在保证达到使用功能的前提下，按分配的投资限额来控制设计，以保证和控制在项目总投资限额内。

限额设计并非简单地只考虑节约投资或投资越少越好，而是对项目的功能、规模、标准、工程量等总体的控制与优化。

(1) 限额设计的目标

各阶段已批准的设计文件即下一阶段进行限额设计控制的目标。限额设计的投资控制目标，是对设计规模、设计标准、工程数量与概算指标等多方面的控制。

(2) 限额设计要贯穿到各个阶段

即从可行性研究、初步勘察、初步设计、详细勘察、技术设计、施工图设计各阶段明确限额目标。

1) 在初步设计阶段应作多方案比较，特别注意对投资影响大的因素，将任务与规定的投资限额按专业下达设计人员，以控制投资。

2) 施工图设计必须严格按批准的初步设计确定的原则、范围、内容、项目和投资额进行。当涉及建设规模、产品方案、开拓方案、工艺流程或设计方案的重大变更时，原初步设计已经失去指导施工图设计的意义，则必须重新编制或修改初步设计文件。随着初步设计的重编和修改，要另行编制修改初步设计的概算报原审查单位审批。投资控制额即以批准的修改初步设计概算额为准。

3) 要建立相应设计管理制度，尽可能把设计变更控制在设计阶段，对影响工程造价的重大设计变更，更要用先算账后变更的办法解决，使工程造价得到有效控制。

4) 在限额设计中树立动态管理的观念。为了在工程建设过程中体现物价指数变化引起的价差因素影响，应当在设计概预算中引入“原值”、“现值”、“终值”三个不同的概念。原值是指在编制估算、概算时，根据当时价格预计的工程造价，不包括价差因素。现值是指在工程批准开工年份，按当时的价格指数对原值进行调整后的工程造价，不包括以后年度的价差。终值是指工程开工后分年度投资各自产生的不同价差叠加到现值中去算得的工程造价。为了排除价格上涨对限额设计的影响，限额设计指标均以原值为准，设计概算、预算的计算均采用投资估算或造价指标所依据的同年份的价格。

(3) 明确责任

为加强设计单位与建设单位以及设计单位内部的经济责任制，要正确处理责权利三者之间的有机关系，其核心是责任。必须明确设计单位内部各专业对限额设计所负的责任。设计开始前按照设计过程的估算、概算、预算不同阶段，将工程投资按专业进行分配，分段考核。

要明确设计单位对限额设计承担的责任范围；但由于国家政策变动等因素导致项目投资的增加，设计单位不承担限额设计的责任。此外，为实施限额设计要制订出，对设计单位节约投资的奖励和由于设计错误导致投资超支的罚则。

(二) 监理工程师对单位工程设计概算的审查

1. 审查内容

(1) 审查概算编制依据

审查概算编制采用的《概算定额》或《概算指标》的结构特征和工程量，是否与初步设计相符；材料、设备的价格和各项取费标准是否遵守国家或地区的规定。

(2) 审查概算文件

审查概算文件是指审查设计文件所包括的设计内容是否完整，设计项目有无遗漏或多列，工程项目是否按照设计要求确定；审查总图布置是否紧凑合理，是否符合生产或生活需要；审查总图占地面积是否与规划指标相符，在规划局批准的建筑红线范围内。

(3) 审查概算编制方法、项目工程量和单价

审查概算编制方法及计算表、工程量和采用定额单价是否正确，工程项目有否漏项或余项。

(4) 审查概算单位造价和技术经济指标

审查概算中的单价或概算指标基价，将其与已建工程类似预算的单价，或国家颁发的控制指标进行比较，检查是否符合。同时，审查概算技术经济指标有无错误，是否合理或超过国家控制数字。通常可按同类工程的技术经济指标作对比，查找分析高低的原因。

(5) 审查概算费用

审查概算所列项目费用是否准确齐全，概算投资是否是全部建设费用。

(6) 审查其他各项费用

审查其他各项费用（如土地征购费、障碍物清除费、青苗赔偿费、施工机械搬迁费、大型机械进退场费等）的计算是否符合国家、地区的有关规定及符合实际不属建设项目范围的费用不得列入，无规定者要根据情况核实后，方可列入。

2. 审查步骤

(1) 掌握数据和收集资料

根据项目可行性研究报告，设计任务书，了解建设项目的建设规模、设计能力、工艺流程、自身建设条件及外部配合条件等。在审查前要弄清设计概算编制的依据、组成

内容和编制方法，收集概算定额、概算指标、综合预算定额、现行费用标准和其他有关文件资料等。

(2) 分析技术经济指标

在调查研究，掌握数据资料的基础上。利用概算定额、概算指标或有关的其他技术经济指标，与已建同类型设计概算进行对比分析（如设计概算的占地面积、建筑面积、结构类型、建设条件、投资比例、生产规模、造价指标、费用构成等方面，与已建同类型工程的概算作分析对比）。

(3) 进行审查

监理工程师对概算审查着重于建设项目的技术可行、功能有效基础上的经济合理，应与项目的计划投资相符。

(4) 整理资料

对已通过审查的工程项目设计概算，要进行认真的收集和整理，以便积累有关数据及技术经济指标资料，为今后修订概算定额、概算指标和审查同类型工程设计概算，提供有效的参考数据。

3. 审查方法

审查设计概算时，应根据工程项目的投资规模、工程类型性质、结构复杂程度和概算编制质量，来确定审查方法。

(1) 对定额单价和取费标准进行逐项审查

在概算表中，只简要地对各分部分项工程的单价和取费标准，进行逐项地审查，审查其定额单价和取费标准的选用是否恰当。

(2) 对定额单价、工程量和取费标准进行全面审查

在概算表中，对各分部分项工程的单价、工程量和取费率进行全面审查，如发现问题，及时进行修正。

(3) 对价值大的工程全面审查

对某些概算价值较大，工程量数值大而计算又复杂，或单价需换算的分部分项工程项目，应进行全面的审查，其一般的分项工程项目就不必审查。

(4) 参考有关技术经济指标的简略审查

参照已建工程的有关技术经济指标，对各分项工程量进行核对比较，如发现有超过指标幅度较多时，则应对其进行重点审查。

(5) 利用国家规定的造价指标审查

（三）价值分析在设计阶段投资控制中的运用

1. 价值分析在建设项目实施中运用的概念

价值分析在建设项目实施中运用难度较大，这是由建设项目的生产及其产品的技术经济特征所决定的。每座建筑物的用途、规模、施工条件各不相同，不适于大批量重复生产，在设计部门组织价值分析小组，从分析功能入手，设计多种方案，选出最优方案；在工程承包合同中规定由于改进原设计方案的奖励办法，能激励施工安装企业开展价值分析。

2. 特点

(1) 设计阶段开展价值分析最有效。在建筑工程中运用价值分析，开始是在施工安

装阶段，因为其成果较为明显。但现在则移向设计阶段，因为成本降低的潜力是在设计阶段。

(2) 设计与施工过程的一次性比重大。建筑产品具有建筑和使用地点固定性的特点，工程项目从设计到施工是一次性的单件生产，不再重复进行。但是，对每一建筑工程，特别是耗资巨大的工程应开展价值分析，虽然价值分析活动只影响一次设计和施工，但其节约的投资常常是很大的。

对建筑工程中标准化、定型化大批量工厂化生产的构配件，以及住宅标准图等开展价值分析，从设计标准、材料供应、生产工艺、运输吊装、使用等各个环节寻求降低成本的可能。

(3) 影响建筑物总费用的部门和工种多。建设项目所涉及的部门和工种相当多，进行任何一项工程的价值分析，都需要组织各有关方面参加，发挥集体的智慧才能取得成效。实际工作中，常常是各部门、各工种各行其是，只图本单位的节约和少数人的方便，反而使总费用增加，使用功能不能保证或是过剩，使价值降低。

土建设计是决定建筑物使用性质、建筑标准、平面和空间布局的工作。

另外，建筑物的寿命周期很长，使用期间费用大，所以在进行价值分析时，应按整个寿命周期来计算全部费用。既要求降低造价（一次性投资）；又要求在使用过程中节约经常性费用。

3. 价值分析在建设项目实施中应用

(1) 在工程设计期间，积极向设计部门提出提高工程价值的合理化建议；

(2) 在不影响设计功能和质量标准的前提下，积极采用可以降低成本的代用材料(包括构配件)；

(3) 改进施工工艺，合理选择设备，降低工程成本；

(4) 改善施工组织与计划，降低工程成本。

主要是通过功能分析与评价，不断改进设计从而相应地提高功能、降低成本。在研究设计阶段应用价值分析，其效果显著。

4. 某市大模板高层住宅外墙板的价值分析示例

1) 选择价值分析对象

某市用大模板工艺建造了一批高层住宅楼，分析其造价，发现结构造价占土建工程的70%，而外墙造价又占结构造价的1/3，但外墙体积在结构混凝土量中只占1/4强。从造价的构成上看，外墙是降低造价的主要矛盾，应作为价值分析的主攻目标。

2) 功能分析

通过调研和功能分析，可以明确回答下列问题：

(1) 在大模板住宅建筑体系中，外墙的功能是什么？

答：作为受力部件，抵抗水平力；

作为围护部件，挡风防雨，隔热防寒。

(2) 这种外墙用什么材料做成？

答：配钢筋的陶粒混凝土墙板。

(3) 规格尺寸如何？

答：长×高×厚＝330cm×290cm×28cm，重量约4t，净面积7.3m^2。

(4) 有几道生产工艺？成本如何分配？

答：在构件厂预制板材，300元，占87%；

专用拖车运到工地，30元，占3.7%；

塔式起重机吊装，15元，占4.3%。

(5) 有哪些可供选择的代替方案？

答：现浇混凝土贴钙塑保暖板；加气混凝土拼装整间大板；玻璃纤维增强水泥复合板。

3) 评价代替方案

经过建筑师、结构工程师、混凝土制品工艺技术人员和工人、施工技术人员和材料供应人员，以及预算人员的共同分析后，选出以膨胀珍珠岩做保暖层的玻璃纤维增强水泥复合板，作为优先考虑的代替方案，并拟定产品规格为：

长×高×厚＝630cm×290cm×12cm

重量约5t

生产工艺及成本分配预计为：

构件厂预制板材,320元,占93.3%

专用拖车运到工地,8元,占2.3%

塔式起重机吊装,15元,占4.4%

代替方案与原方案的成本比较，见表5-33。

不同方案的成本比较　　**表5-33**

成本项目	原方案（元）		代替方案（元）	
	每块墙板净面积7.3m²	每平方米墙面成本	每块墙板净面积13.3m²	每平方米墙面成本
板材预制	300	41.10	320	23.19
运　输	30	4.11	8	0.58
吊　装	15	2.05	15	1.09
合　计	345	47.26	343	24.86

经过测试，代替方案的物理性能和力学性能都可满足功能要求，代替方案的经济效益是很显著的。从表中可以看出，每平方米墙体可节约成本：

47.26元－24.86元＝22.40元，节约率高达47.4%。据此，建议采用该代替方案。

建设项目应从新技术、新结构的采用，工艺改进、设备改进、设备选择、材料的代用，构配件的选择，地方资源，工业废料的利用，物资定货、采购、运输、包装、保管、使用状况的改善，质量检测和研究试验工作的改进，合理使用与维修各种固定资产，节约各种间接费用，剔除不必要的功能或过剩功能等多方面来提高建筑产品、制品和劳务的价值。

（四）限额设计控制投资的内容

1. 限额设计的要点

限额设计是工程建设领域控制投资及有效使用建设资金的有力措施。限额设计是按照批准的设计任务书及投资估算控制初步设计，按照批准的初步设计总概算控制施工图设计，同时各专业在保证达到使用功能的前提下，按分配的投资限额严格控制技术设计和施工图设计的不合理变更，以保证总投资限额不被突破。

限额设计并非仅考虑节约投资，而是包含了尊重科学，尊重实际，实事求是和精心设计。限额设计体现了设计标准、规模、原则的合理确定及有关概预算基础资料的合理取定，通过层层限额设计，实现了投资限额的控制与管理，也就同时实现了对设计规模、设计标准、工程数量与概预算指标等各个方面的控制。

为提高投资估算的准确性，必须合理确定设计限额。可行性研究报告一经批准，即是下达设计任务书、核准总投资额的重要依据。总投资额批准后，即作为下阶段进行限额设计控制投资的主要依据。

为适应开展限额设计的要求，应适当加深可行性研究报告的深度，在充分搜集资料作好方案研究的前提下，经过全面分析比较和论证，选出推荐方案。整个工作过程从可行性研究开始，就要树立限额设计的观念。

2. 设计限额的确定

(1) 在设计任务书批准的投资限额内，进一步落实投资限额的实现。

初步设计应该是方案比较优选的结果，是项目投资估算的进一步具体化。在初步设计开始时，将设计任务书的设计原则、建设方针和各项控制经济指标向设计人员交底，对关键设备、工艺流程、总图方案、主要建筑和各种费用指标要提出技术经济方案选择，研究实现设计任务书中投资限额的可能性，特别注意对投资有较大影响的因素。

(2) 将施工图预算严格控制在批准的概算以内

设计单位的最终产品是施工图设计，它是工程建设的依据。设计部门在进行施工图设计的过程中，要随时控制造价、调整设计，要求从设计部门发出的施工图，其造价严格控制在批准的概算以内，并有所节约。

(3) 加强设计变更管理工作

对必须的设计变更，应尽量提前实现，避免施工之后再变更设计而造成重大损失。要建立相应的设计管理制度，尽可能将设计变更控制在设计阶段。对影响工程造价重大的设计变更，更要用先算账后变更的办法，使工程造价得到有效控制。

(4) 在限额设计中采用动态控制

为考虑物价变化引起的价差，在设计概预算中引入“原值”、“现值”、“终值”三个概念。原值是指在编制估算、概算时，根据当时价格预计的工程造价，不包括价差因素；现值是指在工程批准开工年份，按当时的价格指数对原值进行调整后的工程造价，不包括以后年度的价差；终值是指工程开工后分年度投资各自产生的不同价差叠加到现值中去算得的工程造价，还包括考虑资金的时间价值在内。为排除价格上涨时限额设计的影响，限额设计指标均以原值为准，设计概、预算的计算均采用投资估算或造价指标所依据的同年份的价格。

附件一 1993年建设部部级优秀工程设计部分获奖项目主要技术经济指标

项目	深圳华夏艺术中心	广东国际大厦	清华大学图书馆新馆	开罗国际会议中心	首都速滑馆
结构类型	框剪	框架	框架	框架	地上预应力刚架、钢桁架地下预应力板柱体系
层数 地上	4层	63层	2~5层	3~4	3层
层数 地下	—	4层	1层		1层
高度地上（m）	20.3	213.46	20.33	35	27
建筑面积（m^2）	13000	157000	20120	58415	37800
规模				3900	
钢筋混凝土折厚 地上 地下（cm/m^2）		58	53.3	55	
钢材用量 钢筋（kg/m^2）	91	110	64.51	89	18
钢材用量 型钢（kg/m^2）				5	56
耗热量（W/m^2）		68.3	62（暖气） 132（空调）		119.1
耗冷量（W/m^2）	98.4	136.6	103.8	100	55.56
耗电量（W/m^2）	168	25.29	36.9	112	70
概算造价（元/m^2）	2923		779.29	2651瑞士法郎	1287.65
结算造价（元/m^2）	3234	629.49美元	986.86	1808瑞士法郎	
土建与安装造价比（%）			79.7:20.3	52:48	65.35
设计年月	90.3	85.6	85.4	83.10	88.10
竣工年月	91.12	91.12	91.9	90.1	91.11

项目	武汉东湖风景区楚文化游览区	沪西清真寺（上海）	广州白云机场国际候机楼	上海生物制品研究所血液制剂生产楼	岭南画派纪念馆	沈阳市“9.18”纪念建筑
结构类型	框架	混合	框架	框架	框架	框架
层数 地上	6	2	3	3	3	3
层数 地下	—	—	2	—	1	—
高度地上（m）	24	塔23.9、 大殿9.9		23.9	12.7	18
建筑面积（m^2）	2240	1125	27000	11500	3447	530
规模（人）			1100			
钢筋混凝土折厚 地上（cm/m^2）	36		36	40	29	172
钢筋混凝土折厚 地下（cm/m^2）				13		
钢材用量 钢筋（kg/m^2）	49.4		47	175.8	32	245
钢材用量 型钢（kg/m^2）			15	25.8		2.36
耗热量（W/m^2）				52		339
耗冷量（W/m^2）		48	115	139	88	
耗电量（W/m^2）	11.75	71.8	106	471	62	
概算造价（元/m^2）	1392		1481.5	2544.86	870	2138.61
结算造价（元/m^2）	1698	1163	2928.9	3101.27	1035.7	2139
土建与安装造价比（%）	95:5	94.8:5.2			75:25	90:10
设计年月	86.5	88.8	86.1	87.3	88.12	91.2
竣工年月	91.5	91.12	91.7	88.11	91.6	91.9

续表

项目	宁波影都	成都市人民体育场	沈阳新北站	中国职工之家（北京）	梅地亚中心（北京）	泰山华侨大厦
结构类型	悬索	框架	框架	框架	主框剪，群框架	框架
层数 地上	2～4	3	16	20	13	16
层数 地下	—	—	1	2	1	1
高度地上（m）	20.2	26.5	64	58.8	49.8	50
建筑面积（m^2）	5010	32622	80000	27738.66	39698.28	21329
规模	1580 座	40000 座		432 间		204 间
钢筋混凝土折厚 地上（cm/m^2）	32.4	60.9	35.08	58	63	29.5
钢筋混凝土折厚 地下（cm/m^2）	23.4		298.64	47		
钢材用量 钢筋（kg/m^2）	70	87.5	123.84	105	95.7	103.7
型钢（kg/m^2）	4	6.82		10	10.6	0.3
耗热量（W/m^2）	150		85		75	54.9
耗冷量（W/m^2）	150	150			93	59.4
耗电量（W/m^2）	120		33.44		94	47.45
概算造价（元/m^2）	1242.32	1611.35	804.7	1060	2859	1103.58
结算造价（元/m^2）	1746.09	1519.78	1334.4	2124.54	1209 美元	2223.96
土建与安装造价比（%）	658:34.2	73.1:26.9	96.3:3.7		52:48	
设计年月	89.8	85.10	87.3	86.2	88.8	86.2
竣工年月	91.12	91.12	91.12	92.4	90.8	89.10

项目	合肥七桂塘二期工程	沈阳市和平商场营业楼	成都市人民商场	华中科技大学图书馆逸夫馆	陕西历史博物馆	上海虹桥国际展览中心
结构类型	框架	框架	全现浇	框架	框架	框架
层数 地上	9	5	5	5	6	2
层数 地下	2	1	1	1	1	—
高度地上（m）			24	21.5	20	16
建筑面积（m^2）	25500	10640	37500	15320	55600	18262
规模						
钢筋混凝土折厚 地上（cm/m^2）	51.31	37.3		29.52		34
钢筋混凝土折厚 地下（cm/m^2）		161.8			84.48	19
钢材用量 钢筋（kg/m^2）	73.1	115.5		40.67	126.31	93
型钢（kg/m^2）		8.4		0.98	3.49	2.2
耗热量（W/m^2）	170	70		72	45.7	93
耗冷量（W/m^2）	98	174		348	85.83	233（空调面积）
耗电量（W/m^2）	24	95.9	64.6	32	99.97	134
概算造价（元/m^2）	518	1746.06	1612	764.43	3144.1	1922
结算造价（元/m^2）	643	1989	2667	739.71	3178.4	2213.97
土建与安装造价比（%）	86.7:13.3	84.65:15.35	69.13:30.87		70.3:29.7	48.3:51.7
设计年月	87.1	90.3	87	87.7	84.4	91.5
竣工年月	90.8	91.1	91.11	90.8	91.4	92.10

续表

项　目	上海园林宾馆	昆明锦华大酒店	北京师范大学英东教育楼	桂林桂湖饭店	武汉人文科学馆	广州开发区中学
结构类型	框　架	框　剪	框　架	框　架	框　架	框　架
层数 地上	主6，	22	8～9	6	9	
层数 地下	别墅2	2	—	1	—	
高度地上（m）		78.85	32	22.7	43.45	21.9
建筑面积（m²）	18000	35024.38	19000	20988	10670	11756
规　模	180间	320间		250间		
钢筋混凝土折厚 地上（cm/m²）					40	25
钢筋混凝土折厚 地下（cm/m²）		46.6	39		80	
钢材用量 钢筋（kg/m²）	68	68	53		86	42
型钢（kg/m²）	5.6	2.5			4	
耗热量（W/m²）	64.6		82.4	63.4		
耗冷量（W/m²）	103	60	38.8	82.5	195	
耗电量（W/m²）	190	68	52.8	76.7		16.7
概算造价（元/m²）	1737（不含精装修）	2202.2	1134	329.51美元	823	515
结算造价（元/m²）	666.7美元	3511.92	1491	—	1060	
土建与安装造价比（%）	44.4:55.6		76:24	52:48		
设计年月	87.7	85.10	87.12	88.3	87.9	88.12
竣工年月	90.6	92.2	91.9	89.12	90.9	90.12

项　目	上海复旦大学逸夫楼	广州开发区幼儿园	经贸部办公楼（北京）	南京市中级人民法院	第二炮兵综合指挥楼（北京）	北京颐和园后湖"苏州街"
结构类型	框　架	框　架	框　剪	框　架	框　架	木结构
层数 地上	6	3	8	7	16	1～2
层数 地下	—	—	2	—	1	—
高度（地上m）		11.06			66.3	3～6
建筑面积（m²）	5770	3135	17000	8050	41300	4800
规　模		9班				
钢筋混凝土折厚 地上（cm/m²）				50.8	54	
钢筋混凝土折厚 地下（cm/m²）		27	54	38.2	267	
钢材用量 钢筋（kg/m²）	65	31	85	91	102.66	
型钢（kg/m²）	13.52			9.43	0.19	
耗热量（W/m²）			94.2		25.2	135.4
耗冷量（W/m²）	16		86.2	26	58.6	
耗电量（W/m²）	98.7	22	46		78.7	58
概算造价（元/m²）	1019	574	1400	690.7	1169.27	1460
结算造价（元/m²）	1239	602	2500			1875
土建与安装造价比（%）	76:24		66:34			97.45:2.55
设计年月		89.4	88.7	88.4	87.11	86.12
竣工年月	91.5	90.6	90.12	91.12	92.6	90.8

注：1.本资料为参加评选时的部分记录整理稿。

2.表中项目为一、二、三、四等（鼓励）奖的获奖者，除前三项为一等奖外，其余排列不分等级。

八、工程勘察设计合同管理

（一）GF—2000—0203 建设工程勘察合同（一）［岩土工程勘察、水文地质勘察（含凿井）工程测量、工程物探］。见附录

（二）GF—2000—0204 建设工程勘察合同（二）［岩土工程设计、治理、监测］。见附录

（三）GF—2000—0209 建设工程设计合同（一）［民用建筑工程设计合同］。见附录

（四）GF—2000—0210 建设工程设计合同（二）［专业建设工程设计合同］。见附录

（五）建设工程勘察设计合同管理办法

（六）建设工程勘察质量管理办法

（七）建筑工程施工图设计文件审查暂行办法

（五）建设工程勘察设计合同管理办法

建设工程勘察设计合同管理办法

建设〔2000〕50号

第一条 为了加强对工程勘察设计合同的管理，明确签订《建设工程勘察合同》、《建设工程设计合同》（以下简称勘察设计合同）双方的技术经济责任，保护合同当事人的合法权益，以适应社会主义市场经济发展的需要，根据《中华人民共和国合同法》，制定本办法。

第二条 凡在中华人民共和国境内的建设工程（包括新建、扩建、改建工程和涉外工程等），其勘察设计应当按本办法签订合同。

第三条 签订勘察设计合同应当执行《中华人民共和国合同法》和工程勘察设计市场管理的有关规定。

第四条 勘察设计合同的发包人（以下简称甲方）应当是法人或者自然人，承接方（以下简称乙方）必须具有法人资格。甲方是建设单位或项目管理部门，乙方是持有建设行政主管部门颁发的工程勘察设计资质证书、工程勘察设计收费资格证书和工商行政管理部门核发的企业法人营业执照的工程勘察设计单位。

第五条 签订勘察设计合同，应当采用书面形式，参照文本的条款，明确约定双方的权利义务。对文本条款以外的其他事项，当事人认为需要约定的，也应采用书面形式。对可能发生的问题，要约定解决办法和处理原则。

双方协商同意的合同修改文件、补充协议均为合同的组成部分。

第六条 双方应当依据国家和地方有关规定，确定勘察设计合同价款。

第七条 乙方经甲方同意，可以将自己承包的部分工作分包给具有相应资质条件的第三人。第三人就其完成的工作成果与乙方向甲方承担连带责任。

禁止乙方将其承包的工作全部转包给第三人或者肢解以后以分包的名义转包给第三人。禁止第三人将其承包的工作再分包。严禁出卖图章、图签等行为。

第八条 建设行政主管部门和工商行政管理部门，应当加强对建设工程勘察设计合同的监督管理。主要职能为：

一、贯彻国家和地方有关法律、法规和规章；

二、制定和推荐使用建设工程勘察设计合同文本；

三、审查和鉴证建设工程勘察设计合同，监督合同履行，调解合同争议，依法查处违法行为；

四、指导勘察设计单位的合同管理工作，培训勘察设计单位的合同管理人员，总结交流经验，表彰先进的合同管理单位。

第九条　签订勘察设计合同的双方，应当将合同文本送所在地省级建设行政主管部门或其授权机构备案，也可以到工商行政管理部门办理合同鉴证。

第十条　合同依法成立，即具有法律效力，任何一方不得擅自变更或解除。单方擅自终止合同的，应当依法承担违约责任。

第十一条　在签订、履行合同过程中，有违反法律、法规、扰乱建设市场秩序行为的，建设行政主管部门和工商行政管理部门要依照各自职责，依法给予行政处罚。构成犯罪的，提请司法机关追究其刑事责任。

第十二条　当事人对行政处罚决定不服的，可以依法提起行政复议或行政诉讼，对复议决定不服的，可向人民法院起诉。逾期不申请复议或向人民法院起诉，又不执行处罚决定的，由做出处罚的部门申请人民法院强制执行。

第十三条　本办法解释权归建设部和国家工商行政管理局。

第十四条　各省、自治区、直辖市建设行政主管部门和工商行政管理部门可根据本办法制定实施细则。

第十五条　本办法自发布之日起施行。

（六）建设工程勘察质量管理办法

建设工程勘察质量管理办法

建设〔2000〕167号

第一章　总　　则

第一条　为了加强建设工程勘察成果质量的管理，确保建设工程质量，维护建设工程有关各方及工程勘察单位的合法权益，根据《中华人民共和国建筑法》、《建设工程质量管理条例》和国家有关法律、法规，制定本办法。

第二条　凡在中华人民共和国境内从事建设工程勘察活动的，必须遵守本办法。

本办法所称建设工程勘察是指岩土工程与工程地质勘察、水文地质勘察与凿井工程、工程测量与地理信息系统工程等。

第三条　工程勘察单位要对提供的勘察成果质量全面负责；建设单位要对勘察工程提供必要的客观条件和技术保障，并负相应的质量责任。

第四条　国家鼓励工程勘察单位采用先进适用的勘察技术和管理方法，在继续推行全面质量管理的基础上，认真学习贯彻GB/T 19000－ISO9000系列标准，建立一套适合勘察工程特点的质量管理体系，并在实践过程中不断总结、完善和提高。

国家对优秀勘察成果和质量管理先进的单位、个人，给予表彰和奖励。

第五条　国务院建设行政主管部门负责全国建设工程勘察质量监督管理工作。

县级以上地方人民政府建设行政主管部门负责本行政区内的建设工程勘察质量的监督管理工作。

水利、交通、铁道等国务院有关部门负责所属部门建设工程勘察质量的监督管理工作。

第二章　工程勘察单位的质量责任和义务

第六条　工程勘察单位必须依法取得《工程勘察资质证书》，并在资质等级许可的范围内承揽勘察任务。

禁止工程勘察单位超越其资质等级许可的业务范围或者以其他勘察单位的名义承揽勘察任务。禁止工程勘察单位允许其他单位或个人以本单位的名义承揽勘察任务。工程勘察单位不得转包或者违法他包所承揽的勘察任务。

第七条 工程勘察单位应按照国家有关的法律、法规，技术标准和勘察合同的要求进行勘察工作，并建立健全科学有效的质量管理程序和质量责任制，明确单位的法定代表人、项目负责人（技术负责人)、审核人，以及与勘察作业有关人员的质量责任。确保勘察成果客观、真实、可靠，并对勘察成果质量负法律责任和相应的经济责任。

第八条 工程勘察单位内部要实行技术、劳务分离，劳务工作逐步社会化，并由技术部门指导、监督劳务工作，确保野外工作质量，保证量测、记录和取样的正确性、真实性和可靠性。

第九条 工程勘察单位的有关人员，特别是单位法定代表人、项目负责人、审核人等，应按各自的岗位职责对其经手的建设工程勘察质量，在建设工程寿命期限和法律追诉期限内负终身质量责任，并承担相应的行政、经济和法律责任。

第十条 工程勘察单位要加强勘察仪器、设备及试验室的管理，现场钻探、取样的机具设备（特别是取样器)、岩土工程原位测试及工程测量仪器等应符合有关规范、规程的规定，进行定期检定或者校准，并逐步通过计量行政部门组织的计量认证。

第十一条 工程勘察单位应加强作业全过程的质量控制，着重做好以下几方面工作：

一、质量策划控制

(一）明确勘察任务、技术要求及工程类别，并按勘察合同、有关规范、规程的要求进行勘察工作。

(二）项目负责人应组织有关人员，现场踏勘调查，按要求编写“勘察纲要”。

(三)“勘察纲要”应按规定程序进行审核、审批和实施。

二、现场作业质量控制

(一）现场作业人员应进行专业培训，重要岗位要实施持证上岗制度，并严格按“勘察纲要”及有关“操作规程”的要求开展现场工作并留下印证记录。

(二）原始资料取得的方法、手段及使用的仪器设备应当正确、合理。

(三）原始记录表格按要求认真填写清楚，并经有关作业人员检查、签字。

(四）项目负责人应始终在作业现场进行指导、督促检查，并对各项作业资料检查验收签字。

三、勘察文件质量控制

(一）工程勘察资料、图表、报告等文件要依据工程类别按有关规定执行各级审核、审批程序，并由责任人签字。

(二）工程勘察成果应齐全、可靠，满足国家有关法规及技术标准和合同规定的要求。

第十二条 工程勘察单位应当按照勘察工程规律办事，有权拒绝用户提出的违反国家有关规定的不合理要求，有权提出保证工程勘察质量所必需的工作条件、合理工期和合理价格。

第十三条 工程勘察成果必须严格按照质量管理有关程序进行检查和验收，质量合格后方能提供用户使用。对工程勘察成果的检查验收和质量评定，应当执行国家、行业和地方有关工程勘察成果检查验收和质量评定的规定。

第十四条 工程勘察单位必须接受政府主管部门的质量审查和监督检查，并无偿提供所需要的文件、数据、图表（包括原始数据和图表）和样品等。

工程勘察单位对审查、监督检查机构的违规行为，或对审查、监督检查结果持有异议的，可以向上一级勘察设计主管部门提出申诉或申请复查。

第十五条 工程勘察单位应参与建设工程质量事故的处理工作，并对因勘察原因造成的质量事故，提出相应的技术处理方案。

第十六条 工程勘察单位应加强技术培训，加强质量责任和职业道德教育，使勘察人员不断进行知识更新，掌握新技术和熟悉质量管理法规，提高质量责任意识，把好质量关。

第十七条　工程勘察单位必须加强技术档案的管理工作。工程项目完成后，必须将全部资料，特别是作为质量审查、监督依据的原始资料，分类编目，装订成册，归档保存。

第三章　工程勘察成果的质量管理

第十八条　国家实行工程勘察质量审查、监督检查制度。各级建设行政主管部门应严格按照建设部第60号令《建设工程勘察和设计单位资质管理规定》和《工程勘察资质分级标准》要求，对工程勘察单位资质等级、业务范围实行动态管理，以确保从事工程勘察业务的单位具有保证质量的技术水平和综合实力。

第十九条　各级建设行政主管部门及其委托的监督检查机构（包括设计审查机构），在履行工程勘察质量审查、监督职责时，有权采取以下措施：

一、要求被审查或检查的单位提供有关工程勘察质量管理文件、文字报告、图纸图表、数据（含原始资料）等。

二、到被检查单位的作业现场进行检查。

三、发现有影响勘察质量的问题时，责令其改正。

第二十条　各地建设行政主管部门，可根据本地区地质、环境等客观条件，对工程勘察单位的试验室，重点对从事试验工作的人员和设备进行考核，检查其设备、试验操作是否符合标准，试验成果是否正确等。

第二十一条　各级建设行政主管部门，应按本办法第十一条的要求，加强对工程勘察单位的勘察作业全过程的质量管理程序实施情况的抽查。建设行政主管部门每年可组织或通过其委托的监督检查机构（包括设计审查机构），对勘察单位的质量体系和勘察质量进行抽查，并将抽查结果与单位年检和资质动态管理挂钩，对存在严重问题的单位要加大处罚力度，定期向社会公布抽查和处理结果，充分发挥新闻舆论的监督作用。

第二十二条　建设单位、工程勘察单位、设计单位应加强相互协作，使勘察成果质量满足建设工程的经济、适用和安全等方面的要求。

第二十三条　工程勘察发生重大质量事故，有关单位应按规定向上级建设行政主管部门报告。

第二十四条　任何单位和个人有权对重大工程勘察质量问题检举、投诉；用户有权就工程勘察质量问题向勘察单位查询，或向建设行政主管部门投诉。

第二十五条　与建设工程勘察有关的各方应认真贯彻执行国家法律、法规和技术标准，对违规的各方，要严格按照《中华人民共和国建筑法》、《建设工程质量管理条例》等法律法规进行处罚。

第四章　附　　则

第二十六条　本办法由国务院建设行政主管部门负责解释。

第二十七条　国务院其他有关部门和省、自治区、直辖市人民政府建设行政主管部门可以按照本办法，结合本部门、本地区实际情况，制定实施办法。

第二十八条　本办法自发布之日起施行。

（七）建筑工程施工图设计文件审查暂行办法

建筑工程施工图设计文件审查暂行办法

建设〔2000〕41号

第一条　为加强建筑工程勘察设计质量监督与管理，保护国家财产和人民生命安全，维护社会公众利益，做好建筑工程施工图设计文件（以下简称施工图）审查工作，根据《建设工程质量管理条例》，制定本办法。

第二条　施工图审查是政府主管部门对建筑工程勘察设计质量监督管理的重要环节，是基本建设必不可少的程序，工程建设有关各方必须认真贯彻执行。

第三条　国务院建设行政主管部门负责全国的施工图审查管理工作。省、自治区、直辖市人民政府建设行政主管部门负责组织本行政区域内的施工图审查工作的具体实施和监督管理工作。

第四条　本办法所称施工图审查是指国务院建设行政主管部门和省、自治区、直辖市人民政府建设行政主管部门，依照本办法认定的设计审查机构，根据国家的法律、法规、技术标准与规范，对施工图进行结构安全和强制性标准、规范执行情况等进行的独立审查。

第五条　建筑工程设计等级分级标准中的各类新建、改建、扩建的建筑工程项目均属审查范围。省、自治区、直辖市人民政府建设行政主管部门，可结合本地的实际，确定具体的审查范围。

第六条　建设单位应当将施工图报送建设行政主管部门，由建设行政主管部门委托有关审查机构，进行结构安全和强制性标准、规范执行情况等内容的审查。

第七条　施工图审查的主要内容：

（一）建筑物的稳定性、安全性审查，包括地基基础和主体结构体系是否安全、可靠；

（二）是否符合消防、节能、环保、抗震、卫生、人防等有关强制性标准、规范；

（三）施工图是否达到规定的深度要求；

（四）是否损害公众利益。

第八条　建设单位将施工图报建设行政主管部门审查时，还应同时提供下列资料：

（一）批准的立项文件或初步设计批准文件；

（二）主要的初步设计文件；

（三）工程勘察成果报告；

（四）结构计算书及计算软件名称。

第九条　为简化手续，提高办事效率，凡需进行消防、环保、抗震等专项审查的项目，应当逐步做到有关专业审查与结构安全性审查统一报送、统一受理；通过有关专项审查后，由建设行政主管部门统一颁发设计审查批准书。

第十条　审查机构应当在收到审查材料后 20 个工作日内完成审查工作，并提出审查报告；特级和一级项目应当在 30 个工作日内完成审查工作，并提出审查报告，其中重大及技术复杂项目的审查时间可适当延长。审查合格的项目，审查机构向建设行政主管部门提交项目施工图审查报告，由建设行政主管部门向建设单位通报审查结果，并颁发施工图审查批准书。对审查不合格的项目，提出书面意见后，由审查机构将施工图退回建设单位，并由原设计单位修改，重新送审。施工图审查批准书，由省级建设行政主管部门统一印制，并报国务院建设行政主管部门备案。

第十一条　施工图审查报告的主要内容应当符合本办法第七条的要求，并由审查人员签字、审查机构盖章。

第十二条　凡应当审查而未经审查或者审查不合格的施工图项目，建设行政主管部门不得发放施工许可证，施工图也不得交付施工。

第十三条　施工图一经审查批准，不得擅自进行修改。如遇特殊情况需要进行涉及审查主要内容的修改时，必须重新报请原审批部门，由原审批部门委托审查机构审查后再批准实施。

第十四条　建设单位或者设计单位对审查机构作出的审查报告如有重大分歧时，可由建设单位或者设计单位向所在省、自治区、直辖市人民政府建设行政主管部门提出复查申请，由省、自治区、直辖市人民政府建设行政主管部门组织专家论证并做出复查结果。

第十五条　建筑工程竣工验收时，有关部门应当按照审查批准的施工图进行验收。

第十六条　建设单位要对报送建设行政主管部门的审查材料的真实性负责；勘察、设计单位对提交的勘察报告、设计文件的真实性负责，并积极配合审查工作。建设行政主管部门对在勘察设计文件中弄虚作假的单位和个人将依法予以处罚。

第十七条　设计审查人员必须具备下列条件：

（一）具有10年以上结构设计工作经历，独立完成过五项二级以上（含二级）项目工程设计的一级注册结构工程师、高级工程师，年满35周岁，最高不超过65周岁；

（二）有独立工作能力，并有一定语言文字表达能力；

（三）有良好的职业道德。上述人员经省级建设行政主管部门组织考核认定后，可以从事审查工作。

第十八条　设计审查机构的设立，应当坚持内行审查的原则。

符合以下条件的机构方可申请承担设计审查工作：

（一）具有符合设计审查条件的工程技术人员组成的独立法人实体；

（二）有固定的工作场所，注册资金不少于20万元；

（三）有健全的技术管理和质量保证体系；

（四）地级以上城市（含地级市）的审查机构，具有符合条件的结构审查人员不少于6人；勘察、建筑和其他配套专业的审查人员不少于7人。县级城市的设计审查机构应具备的条件，由省级人民政府建设行政主管部门规定。

（五）审查人员应当熟练掌握国家和地方现行的强制性标准、规范。

第十九条　符合第十八条规定的直辖市、计划单列市、省会城市的设计审查机构，由省、自治区、直辖市建设行政主管部门初审后，报国务院建设行政主管部门审批，并颁发施工图设计审查许可证；其他城市的设计审查机构由省级建设行政主管部门审批，并颁发施工图设计审查许可证。取得施工图设计审查许可证的机构，方可承担审查工作。首批通过建筑工程甲级资质换证的设计单位，申请承担设计审查工作时，建设行政主管部门应优先予以考虑。已经过省、自治区、直辖市建设行政主管部门或计划单列市、省会城市建设行政主管部门批准设立的专职审查机构，按本办法做适当调整、充实，并取得施工图设计审查许可证后，可继续承担审查工作。

第二十条　施工图审查工作所需经费，由施工图审查机构向建设单位收取。具体取费标准由省、自治区、直辖市人民政府建设行政主管部门商当地有关部门确定。

第二十一条　施工图审查机构和审查人员应当依据法律、法规和国家与地方的技术标准认真履行审查职责。施工图审查机构应当对审查的图纸质量负相应的审查责任，但不代替设计单位承担设计质量责任。施工图审查机构不得对本单位，或与本单位有直接经济利益关系的单位完成的施工图进行审查。审查人员要在审查过的图纸上签字。对玩忽职守、徇私舞弊、贪污受贿的审查人员和机构，由建设行政主管部门依法给予暂停或者吊销其审查资格，并处以相应的经济处罚。构成犯罪的，依法追究其刑事责任。

第二十二条　城市市政基础设施工程的施工图审查工作，参照本办法执行。铁道、交通、水利等专业工程的施工图审查办法，由国务院有关专业部门参照本办法制定，并报国务院建设行政主管部门。

第二十三条　本办法自颁布之日起施行。省、自治区、直辖市人民政府建设行政主管部门，可结合本地实际制定具体实施办法，并报国务院建设行政主管部门备案。

第四节　招标阶段监理工作的内容

一、工程项目施工招标投标管理

我国于2000年1月1日起施行《中华人民共和国招标投标法》，国家建设部颁布了《房屋建筑和市政基础设施工程施工招标投标管理办法》等重要法规。

(一)《中华人民共和国招标投标法》

(见附录三)

(二) 房屋建筑和市政基础设施工程施工招标投标管理办法

中华人民共和国建设部令 [第89号]

第一章 总 则

第一条 为了规范房屋建筑和市政基础设施工程施工招标投标活动，维护招标投标当事人的合法权益，依据《中华人民共和国建筑法》、《中华人民共和国招标投标法》等法律、行政法规，制定本办法。

第二条 在中华人民共和国境内从事房屋建筑和市政基础设施工程施工招标投标活动，实施对房屋建筑和市政基础设施工程施工招标投标活动的监督管理，适用本办法。

本办法所称房屋建筑工程，是指各类房屋建筑及其附属设施和与其配套的线路、管道、设备安装工程及室内外装修工程。

本办法所称市政基础设施工程，是指城市道路、公共交通、供水、排水、燃气、热力、园林、环卫、污水处理、垃圾处理、防洪、地下公共设施及附属设施的土建、管道、设备安装工程。

第三条 房屋建筑和市政基础设施工程（以下简称工程）的施工单项合同估算价在200万元人民币以上，或者项目总投资在3000万元人民币以上的，必须进行招标。

省、自治区、直辖市人民政府建设行政主管部门报经同级人民政府批准，可以根据实际情况，规定本地区必须进行工程施工招标的具体范围和规模标准，但不得缩小本办法确定的必须进行施工招标的范围。

第四条 国务院建设行政主管部门负责全国工程施工招标投标活动的监督管理。

县级以上地方人民政府建设行政主管部门负责本行政区域内工程施工招标投标活动的监督管理。具体的监督管理工作，可以委托工程招标投标监督管理机构负责实施。

第五条 任何单位和个人不得违反法律、行政法规规定，限制或者排斥本地区、本系统以外的法人或者其他组织参加投标，不得以任何方式非法干涉施工招标投标活动。

第六条 施工招标投标活动及其当事人应当依法接受监督。

建设行政主管部门依法对施工招标投标活动实施监督，查处施工招标投标活动中的违法行为。

第二章 招 标

第七条 工程施工招标由招标人依法组织实施。招标人不得以不合理条件限制或者排斥潜在投标人，不得对潜在投标人实行歧视待遇，不得对潜在投标人提出与招标工程实际要求不符的过高的资质等级要求和其他要求。

第八条 工程施工招标应当具备下列条件：

（一）按照国家有关规定需要履行项目审批手续的，已经履行审批手续；

（二）工程资金或者资金来源已经落实；

（三）有满足施工招标需要的设计文件及其他技术资料；

（四）法律、法规、规章规定的其他条件。

第九条 工程施工招标分为公开招标和邀请招标。

依法必须进行施工招标的工程，全部使用国有资金投资或者国有资金投资占控股或者主导地位的，应当公开招标，但经国家计委或者省、自治区、直辖市人民政府依法批准可以进行邀请招标的重点建设项目除外；其他工程可以实行邀请招标。

第十条　工程有下列情形之一的，经县级以上地方人民政府建设行政主管部门批准，可以不进行施工招标：

（一）停建或者缓建后恢复建设的单位工程，且承包人未发生变更的；

（二）施工企业自建自用的工程，且该施工企业资质等级符合工程要求的；

（三）在建工程追加的附属小型工程或者主体加层工程，且承包人未发生变更的；

（四）法律、法规、规章规定的其他情形。

第十一条　依法必须进行施工招标的工程，招标人自行办理施工招标事宜的，应当具有编制招标文件和组织评标的能力：

（一）有专门的施工招标组织机构；

（二）有与工程规模、复杂程度相适应并具有同类工程施工招标经验、熟悉有关工程施工招标法律法规的工程技术、概预算及工程管理的专业人员。

不具备上述条件的，招标人应当委托具有相应资格的工程招标代理机构代理施工招标。

第十二条　招标人自行办理施工招标事宜的，应当在发布招标公告或者发出投标邀请书的5日前，向工程所在地县级以上地方人民政府建设行政主管部门备案，并报送下列材料：

（一）按照国家有关规定办理审批手续的各项批准文件；

（二）本办法第十一条所列条件的证明材料，包括专业技术人员的名单、职称证书或者执业资格证书及其工作经历的证明材料；

（三）法律、法规、规章规定的其他材料。

招标人不具备自行办理施工招标事宜条件的，建设行政主管部门应当自收到备案材料之日起5日内责令招标人停止自行办理施工招标事宜。

第十三条　全部使用国有资金投资或者国有资金投资占控股或者主导地位，依法必须进行施工招标的工程项目，应当进入有形建筑市场进行招标投标活动。

政府有关管理机关可以在有形建筑市场集中办理有关手续，并依法实施监督。

第十四条　依法必须进行施工公开招标的工程项目，应当在国家或者地方指定的报刊、信息网络或者其他媒介上发布招标公告，并同时在中国工程建设和建筑业信息网上发布招标公告。

招标公告应当载明招标人的名称和地址，招标工程的性质、规模、地点以及获取招标文件的办法等事项。

第十五条　招标人采用邀请招标方式的，应当向3个以上符合资质条件的施工企业发出投标邀请书。

投标邀请书应当载明本办法第十四条第二款规定的事项。

第十六条　招标人可以根据招标工程的需要，对投标申请人进行资格预审，也可以委托工程招标代理机构对投标申请人进行资格预审。实行资格预审的招标工程，招标人应当在招标公告或者投标邀请书中载明资格预审的条件和获取资格预审文件的办法。

资格预审文件一般应当包括资格预审申请书格式、申请人须知，以及需要投标申请人提供的企业资质、业绩、技术装备、财务状况和拟派出的项目经理与主要技术人员的简历、业绩等证明材料。

第十七条　经资格预审后，招标人应当向资格预审合格的投标申请人发出资格预审合格通知书，告知获取招标文件的时间、地点和方法，并同时向资格预审不合格的投标申请人告知资格预审结果。

在资格预审合格的投标申请人过多时，可以由招标人从中选择不少于7家资格预审合格的投标申请人。

第十八条　招标人应当根据招标工程的特点和需要，自行或者委托工程招标代理机构编制招标文件。招标文件应当包括下列内容：

（一）投标须知，包括工程概况，招标范围，资格审查条件，工程资金来源或者落实情况（包括银行出具的资金证明），标段划分，工期要求，质量标准，现场踏勘和答疑安排，投标文件编制、提交、修改、撤回的要求，投标报价要求，投标有效期，开标的时间和地点，评标的方法和标准等；

（二）招标工程的技术要求和设计文件；

（三）采用工程量清单招标的，应当提供工程量清单；

（四）投标函的格式及附录；

（五）拟签订合同的主要条款；

（六）要求投标人提交的其他材料。

第十九条 依法必须进行施工招标的工程，招标人应当在招标文件发出的同时，将招标文件报工程所在地的县级以上地方人民政府建设行政主管部门备案。建设行政主管部门发现招标文件有违反法律、法规内容的，应当责令招标人改正。

第二十条 招标人对已发出的招标文件进行必要的澄清或者修改的，应当在招标文件要求提交投标文件截止时间至少15日前，以书面形式通知所有招标文件收受人，并同时报工程所在地的县级以上地方人民政府建设行政主管部门备案。该澄清或者修改的内容为招标文件的组成部分。

第二十一条 招标人设有标底的，应当依据国家规定的工程量计算规则及招标文件规定的计价方法和要求编制标底，并在开标前保密。一个招标工程只能编制一个标底。

第二十二条 招标人对于发出的招标文件可以酌收工本费。其中的设计文件，招标人可以酌收押金。对于开标后将设计文件退还的，招标人应当退还押金。

第三章 投 标

第二十三条 施工招标的投标人是响应施工招标、参与投标竞争的施工企业。

投标人应当具备相应的施工企业资质，并在工程业绩、技术能力、项目经理资格条件、财务状况等方面满足招标文件提出的要求。

第二十四条 投标人对招标文件有疑问需要澄清的，应当以书面形式向招标人提出。

第二十五条 投标人应当按照招标文件的要求编制投标文件，对招标文件提出的实质性要求和条件做出响应。

招标文件允许投标人提供备选标的，投标人可以按照招标文件的要求提交替代方案，并作出相应报价作备选标。

第二十六条 投标文件应当包括下列内容：

（一）投标函；

（二）施工组织设计或者施工方案；

（三）投标报价；

（四）招标文件要求提供的其他材料。

第二十七条 招标人可以在招标文件中要求投标人提交投标担保。投标担保可以采用投标保函或者投标保证金的方式。投标保证金可以使用支票、银行汇票等，一般不得超过投标总价的2%，最高不得超过50万元。

投标人应当按照招标文件要求的方式和金额，将投标保函或者投标保证金随投标文件提交招标人。

第二十八条 投标人应当在招标文件要求提交投标文件的截止时间前，将投标文件密封送达投标地点。招标人收到投标文件后，应当向投标人出具标明签收人和签收时间的凭证，并妥善保存投标文件。在开标前，任何单位和个人均不得开启投标文件。在招标文件要求提交投标文件的截止时间后送达的投标文件，为无效的投标文件，招标人应当拒收。

提交投标文件的投标人少于3个的，招标人应当依法重新招标。

第二十九条 投标人在招标文件要求提交投标文件的截止时间前，可以补充、修改或者撤回已提交的投标文件。补充、修改的内容为投标文件的组成部分，并应当按照本办法第二十八条第一款的规定送达、签收和保管。在招标文件要求提交投标文件的截止时间后送达的补充或者修改的内容无效。

第三十条　两个以上施工企业可以组成一个联合体，签订共同投标协议，以一个投标人的身份共同投标。联合体各方均应当具备承担招标工程的相应资质条件。相同专业的施工企业组成的联合体，按照资质等级低的施工企业的业务许可范围承揽工程。

招标人不得强制投标人组成联合体共同投标，不得限制投标人之间的竞争。

第三十一条　投标人不得相互串通投标，不得排挤其他投标人的公平竞争，损害招标人或者其他投标人的合法权益。

投标人不得与招标人串通投标，损害国家利益、社会公共利益或者他人的合法权益。

禁止投标人以向招标人或者评标委员会成员行贿的手段谋取中标。

第三十二条　投标人不得以低于其企业成本的报价竞标，不得以他人名义投标或者以其他方式弄虚作假，骗取中标。

第四章　开标、评标和中标

第三十三条　开标应当在招标文件确定的提交投标文件截止时间的同一时间公开进行；开标地点应当为招标文件中预先确定的地点。

第三十四条　开标由招标人主持，邀请所有投标人参加。开标应当按照下列规定进行：

由投标人或者其推选的代表检查投标文件的密封情况，也可以由招标人委托的公证机构进行检查并公证。经确认无误后，由有关工作人员当众拆封，宣读投标人名称、投标价格和投标文件的其他主要内容。

招标人在招标文件要求提交投标文件的截止时间前收到的所有投标文件，开标时都应当当众予以拆封、宣读。

开标过程应当记录，并存档备查。

第三十五条　在开标时，投标文件出现下列情形之一的，应当作为无效投标文件，不得进入评标：

（一）投标文件未按照招标文件的要求予以密封的；

（二）投标文件中的投标函未加盖投标人的企业及企业法定代表人印章的，或者企业法定代表人委托代理人没有合法、有效的委托书（原件）及委托代理人印章的；

（三）投标文件的关键内容字迹模糊、无法辨认的；

（四）投标人未按照招标文件的要求提供投标保函或者投标保证金的；

（五）组成联合体投标的，投标文件未附联合体各方共同投标协议的。

第三十六条　评标由招标人依法组建的评标委员会负责。

依法必须进行施工招标的工程，其评标委员会由招标人的代表和有关技术、经济等方面的专家组成，成员人数为5人以上单数，其中招标人、招标代理机构以外的技术、经济等方面专家不得少于成员总数的三分之二。评标委员会的专家成员，应当由招标人从建设行政主管部门及其他有关政府部门确定的专家名册或者工程招标代理机构的专家库内相关专业的专家名单中确定。确定专家成员一般应当采取随机抽取的方式。

与投标人有利害关系的人不得进入相关工程的评标委员会。评标委员会成员的名单在中标结果确定前应当保密。

第三十七条　建设行政主管部门的专家名册应当拥有一定数量规模并符合法定资格条件的专家。省、自治区、直辖市人民政府建设行政主管部门可以将专家数量少的地区的专家名册予以合并或者实行专家名册计算机联网。

建设行政主管部门应当对进入专家名册的专家组织有关法律和业务培训，对其评标能力、廉洁公正等进行综合评估，及时取消不称职或者违法违规人员的评标专家资格。被取消评标专家资格的人员，不得再参加任何评标活动。

第三十八条 评标委员会应当按照招标文件确定的评标标准和方法，对投标文件进行评审和比较，并对评标结果签字确认；设有标底的，应当参考标底。

第三十九条 评标委员会可以用书面形式要求投标人对投标文件中含义不明确的内容作必要的澄清或者说明。投标人应当采用书面形式进行澄清或者说明，其澄清或者说明不得超出投标文件的范围或者改变投标文件的实质性内容。

第四十条 评标委员会经评审，认为所有投标文件都不符合招标文件要求的，可以否决所有投标。

依法必须进行施工招标工程的所有投标被否决的，招标人应当依法重新招标。

第四十一条 评标可以采用综合评估法、经评审的最低投标价法或者法律法规允许的其他评标方法。

采用综合评估法的，应当对投标文件提出的工程质量、施工工期、投标价格、施工组织设计或者施工方案、投标人及项目经理业绩等，能否最大限度地满足招标文件中规定的各项要求和评价标准进行评审和比较。以评分方式进行评估的，对于各种评比奖项不得额外计分。

采用经评审的最低投标价法的，应当在投标文件能够满足招标文件实质性要求的投标人中，评审出投标价格最低的投标人，但投标价格低于其企业成本的除外。

第四十二条 评标委员会完成评标后，应当向招标人提出书面评标报告，阐明评标委员会对各投标文件的评审和比较意见，并按照招标文件中规定的评标方法，推荐不超过3名有排序的合格的中标候选人。招标人根据评标委员会提出的书面评标报告和推荐的中标候选人确定中标人。

使用国有资金投资或者国家融资的工程项目，招标人应当按照中标候选人的排序确定中标人。当确定中标的中标候选人放弃中标或者因不可抗力提出不能履行合同的，招标人可以依序确定其他中标候选人为中标人。

招标人也可以授权评标委员会直接确定中标人。

第四十三条 有下列情形之一的，评标委员会可以要求投标人做出书面说明并提供相关材料：

（一）设有标底的，投标报价低于标底合理幅度的；

（二）不设标底的，投标报价明显低于其他投标报价，有可能低于其企业成本的。

经评标委员会论证，认定该投标人的报价低于其企业成本的，不能推荐为中标候选人或者中标人。

第四十四条 招标人应当在投标有效期截止时限30日前确定中标人。投标有效期应当在招标文件中载明。

第四十五条 依法必须进行施工招标的工程，招标人应当自确定中标人之日起15日内，向工程所在地的县级以上地方人民政府建设行政主管部门提交施工招标投标情况的书面报告。书面报告应当包括下列内容：

（一）施工招标投标的基本情况，包括施工招标范围、施工招标方式、资格审查、开评标过程和确定中标人的方式及理由等。

（二）相关的文件资料，包括招标公告或者投标邀请书、投标报名表、资格预审文件、招标文件、评标委员会的评标报告（设有标底的，应当附标底）、中标人的投标文件。委托工程招标代理的，还应当附工程施工招标代理委托合同。

前款第二项中已按照本办法的规定办理了备案的文件资料，不再重复提交。

第四十六条 建设行政主管部门自收到书面报告之日起5日内未通知招标人在招标投标活动中有违法行为的，招标人可以向中标人发出中标通知书，并将中标结果通知所有未中标的投标人。

第四十七条 招标人和中标人应当自中标通知书发出之日起30日内，按照招标文件和中标人的投标文件订立书面合同；招标人和中标人不得再行订立背离合同实质性内容的其他协议。订立书面合同后7日内，中标人应当将合同送县级以上工程所在地的建设行政主管部门备案。

中标人不与招标人订立合同的,投标保证金不予退还并取消其中标资格,给招标人造成的损失超过投标保证金数额的,应当对超过部分予以赔偿;没有提交投标保证金的,应当对招标人的损失承担赔偿责任。

招标人无正当理由不与中标人签订合同，给中标人造成损失的，招标人应当给予赔偿。

第四十八条　招标文件要求中标人提交履约担保的，中标人应当提交。招标人应当同时向中标人提供工程款支付担保。

第五章　罚　　则

第四十九条　有违反《招标投标法》行为的，县级以上地方人民政府建设行政主管部门应当按照《招标投标法》的规定予以处罚。

第五十条　招标投标活动中有《招标投标法》规定中标无效情形的，由县级以上地方人民政府建设行政主管部门宣布中标无效，责令重新组织招标，并依法追究有关责任人责任。

第五十一条　应当招标未招标的，应当公开招标未公开招标的，县级以上地方人民政府建设行政主管部门应当责令改正，拒不改正的，不得颁发施工许可证。

第五十二条　招标人不具备自行办理施工招标事宜条件而自行招标的，县级以上地方人民政府建设行政主管部门应当责令改正，处1万元以下的罚款。

第五十三条　评标委员会的组成不符合法律、法规规定的，县级以上地方人民政府建设行政主管部门应当责令招标人重新组织评标委员会。招标人拒不改正的，不得颁发施工许可证。

第五十四条　招标人未向建设行政主管部门提交施工招标投标情况书面报告的，县级以上地方人民政府建设行政主管部门应当责令改正；在未提交施工招标投标情况书面报告前，建设行政主管部门不予颁发施工许可证。

附　　则

第五十五条　工程施工专业分包、劳务分包采用招标方式的，参照本办法执行。

第五十六条　招标文件或者投标文件使用两种以上语言文字的，必须有一种是中文；如对不同文本的解释发生异议的，以中文文本为准。用文字表示的金额与数字表示的金额不一致的，以文字表示的金额为准。

第五十七条　涉及国家安全、国家秘密、抢险救灾或者属于利用扶贫资金实行以工代赈、需要使用农民工等特殊情况，不适宜进行施工招标的工程，按照国家有关规定可以不进行施工招标。

第五十八条　使用国际组织或者外国政府贷款、援助资金的工程进行施工招标，贷款方、资金提供方对招标投标的具体条件和程序有不同规定的，可以适用其规定，但违背中华人民共和国的社会公共利益的除外。

第五十九条　本办法由国务院建设行政主管部门负责解释。

第六十条　本办法自发布之日起施行。1992年12月30日建设部颁布的《工程建设施工招标投标管理办法》（建设部令第23号）同时废止。

（三）工程建设项目招标范围和规模标准规定

中华人民共和国国家发展计划委员会令

第3号

（2000年4月4日国务院批准2000年5月1日国家发展计划委员会发布）

第一条　为了确定必须进行招标的工程建设项目的具体范围和规模标准，规范招标投标活动，根据《中华人民共和国招标投标法》第三条的规定，制定本规定。

第二条　关系社会公共利益、公众安全的基础设施项目的范围包括：

（一）煤炭、石油、天然气、电力、新能源等能源项目；

（二）铁路、公路、管道、水运、航空以及其他交通运输业等交通运输项目；

（三）邮政、电信枢纽、通信、信息网络等邮电通讯项目；

（四）防洪、灌溉、排涝、引（供）水、滩涂治理、水土保持、水利枢纽等水利项目；

（五）道路、桥梁、地铁和轻轨交通、污水排放及处理、垃圾处理、地下管道、公共停车场等城市设施项目；

（六）生态环境保护项目；

（七）其他基础设施项目。

第三条 关系社会公共利益、公众安全的公用事业项目的范围包括：

（一）供水、供电、供气、供热等市政工程项目；

（二）科技、教育、文化等项目；

（三）体育、旅游等项目；

（四）卫生、社会福利等项目；

（五）商品住宅，包括经济适用住房；

（六）其他公用事业项目。

第四条 使用国有资金投资项目的范围包括：

（一）使用各级财政预算资金的项目；

（二）使用纳入财政管理的各种政府性专项建设基金的项目；

（三）使用国有企业事业单位自有资金，并且国有资产投资者实际拥有控制权的项目。

第五条 国家融资项目的范围包括：

（一）使用国家发行债券所筹资金的项目；

（二）使用国家对外借款或者担保所筹资金的项目；

（三）使用国家政策性贷款的项目；

（四）国家授权投资主体融资的项目；

（五）国家特许的融资项目。

第六条 使用国际组织或者外国政府资金的项目的范围包括：

（一）使用世界银行、亚洲开发银行等国际组织贷款资金的项目；

（二）使用外国政府及其机构贷款资金的项目；

（三）使用国际组织或者外国政府援助资金的项目。

第七条 本规定第二条至第六条规定范围内的各类工程建设项目，包括项目的勘察、设计、施工、监理以及与工程建设有关的重要设备、材料等的采购，达到下列标准之一的，必须进行招标：

（一）施工单项合同估算价在200万元人民币以上的；

（二）重要设备、材料等货物的采购，单项合同估算价在100万元人民币以上的；

（三）勘察、设计、监理等服务的采购，单项合同估算价在50万元人民币以上的；

（四）单项合同估算价低于第（一）、（二）、（三）项规定的标准，但项目总投资额在3000万元人民币以上的。

第八条 建设项目的勘察、设计，采用特定专利或者专有技术的，或者其建筑艺术造型有特殊要求的，经项目主管部门批准，可以不进行招标。

第九条 依法必须进行招标的项目，全部使用国有资金投资或者国有资金投资占控股或者主导地位的，应当公开招标。

招标投标活动不受地区、部门的限制，不得对潜在投标人实行歧视待遇。

第十条 省、自治区、直辖市人民政府根据实际情况，可以规定本地区必须进行招标的具体范围和规模标准，但不得缩小本规定确定的必须进行招标的范围。

第十一条 国家发展计划委员会可以根据实际需要，会同国务院有关部门对本规定确定的必须进行招标的具体范围和规模标准进行部分调整。

第十二条 本规定自发布之日起施行。

（四）招标公告发布暂行办法

中华人民共和国国家发展计划委员会令

第4号

《招标公告发布暂行办法》已经国家发展计划委员会主任办公会议讨论通过，现予发布施行。

国家计委根据国务院授权，指定《中国日报》、《中国经济导报》、《中国建设报》、《中国采购与招标网》(http://www.chinabidding.com.cn）为发布依法必须招标项目的招标公告的媒介。其中，依法必须招标的国际招标项目的招标公告应在《中国日报》发布。

国家发展计划委员会主任：曾培炎

二〇〇〇年七月一日

招标公告发布暂行办法

第一条 为了规范招标公告发布行为，保证潜在投标人平等、便捷、准确地获取招标信息，根据《中华人民共和国招标投标法》，制定本办法。

第二条 本办法适用于依法必须招标项目招标公告发布活动。

第三条 国家发展计划委员会根据国务院授权，按照相对集中、适度竞争、受众分布合理的原则，指定发布依法必须招标项目招标公告的报纸、信息网络等媒介（以下简称指定媒介），并对招标公告发布活动进行监督。

指定媒介的名单由国家发展计划委员会另行公告。

第四条 依法必须招标项目的招标公告必须在指定媒介发布。

招标公告的发布应当充分公开，任何单位和个人不得非法限制招标公告的发布地点和发布范围。

第五条 指定媒介发布依法必须招标项目的招标公告，不得收取费用，但发布国际招标公告的除外。

第六条 招标公告应当载明招标人的名称和地址、招标项目的性质、数量、实施地点和时间、投标截止日期以及获取招标文件的办法等事项。

招标人或其委托的招标代理机构应当保证招标公告内容的真实、准确和完整。

第七条 拟发布的招标公告文本应当由招标人或其委托的招标代理机构的主要负责人签名并加盖公章。

招标人或其委托的招标代理机构发布招标公告，应当向指定媒介提供营业执照（或法人证书）、项目批准文件的复印件等证明文件。

第八条 在指定报纸免费发布的招标公告所占版面一般不超过整版的四十分之一，且字体不小于六号字。

第九条 招标人或其委托的招标代理机构应至少在一家指定的媒介发布招标公告。

指定报纸在发布招标公告的同时，应将招标公告如实抄送指定网络。

第十条 招标人或其委托的招标代理机构在两个以上媒介发布的同一招标项目的招标公告的内容应当相同。

第十一条 指定报纸和网络应当在收到招标公告文本之日起七日内发布招标公告。

指定媒介应与招标人或其委托的招标代理机构就招标公告的内容进行核实，经双方确认无误后在前款规定的时间内发布。

第十二条 拟发布的招标公告文本有下列情形之一的，有关媒介可以要求招标人或其委托的招标代理机构及时予以改正、补充或调整：

（一）字迹潦草、模糊，无法辨认的；

（二）载明的事项不符合本办法第六条规定的；

（三）没有招标人或其委托的招标代理机构主要负责人签名并加盖公章的；

（四）在两家以上媒介发布的同一招标公告的内容不一致的。

第十三条 指定媒介发布的招标公告的内容与招标人或其委托的招标代理机构提供的招标公告文本不一致，并造成不良影响的，应当及时纠正，重新发布。

第十四条 指定媒介应当采取快捷的发行渠道，及时向订户或用户传递。

第十五条 指定媒介的名称、住所发生变更的，应及时公告并向国家发展计划委员会备案。

第十六条 招标人或其委托的招标代理机构有下列行为之一的，由国家发展计划委员会和有关行政监督部门视情节依照《中华人民共和国招标投标法》第四十九条、第五十一条的规定处罚：

（一）依法必须招标的项目，应当发布招标公告而不发布的；

（二）不在指定媒介发布依法必须招标项目的招标公告的；

（三）招标公告中有关获取招标文件的时间和办法的规定明显不合理的；

（四）招标公告中以不合理的条件限制或排斥潜在投标人的；

（五）提供虚假的招标公告、证明材料的，或者招标公告含有欺诈内容的；

（六）在两个以上媒介发布的同一招标项目的招标公告的内容不一致的。

第十七条 指定媒介有下列情形之一的，给予警告；情节严重的，取消指定：

（一）违法收取或变相收取招标公告发布费用的；

（二）无正当理由拒绝发布招标公告的；

（三）不向网络抄送招标公告的；

（四）无正当理由延误招标公告的发布时间的；

（五）名称、住所发生变更后，没有及时公告并备案的；

（六）其他违法行为。

第十八条 任何单位和个人非法干预招标公告发布活动，限制招标公告的发布地点和发布范围的，由有关行政监督部门依照《中华人民共和国招标投标法》第六十二条的规定处罚。

第十九条 任何单位或个人认为招标公告发布活动不符合本办法有关规定的，可向国家发展计划委员会投诉或举报。

第二十条 各地方人民政府依照审批权限审批的依法必须招标的民用建筑项目的招标公告，可在省、自治区、直辖市人民政府发展计划部门指定的媒介发布。

第二十一条 使用国际组织或者外国政府贷款，援助资金的招标项目，贷款方、资金提供方对招标公告的发布另有规定的，适用其规定。

第二十二条 本办法自二〇〇〇年七月一日起执行。

（五）工程建设项目自行招标试行办法

中华人民共和国国家发展计划委员会令

第5号

《工程建设项目自行招标试行办法》已经国家发展计划委员会主任办公会议讨论通过，现予发布施行。

该办法试行取得经验后，国家计委将依据国务院有关规定制定适用于所有依法必须招标项目的自行招标办法。

国家发展计划委员会主任：曾培炎

二〇〇〇年七月一日

工程建设项目自行招标试行办法

第一条　为了规范工程建设项目招标人自行招标行为，加强对招标投标活动的监督，根据《中华人民共和国招标投标法》（以下简称招标投标法）和《国务院办公厅印发国务院有关部门实施招标投标活动行政监督的职责分工意见的通知》（国办发［2000］34号），制定本办法。

第二条　本办法适用于经国家计委审批（含经国家计委初审后报国务院审批）的工程建设项目的自行招标活动。

前款工程建设项目的招标范围和规模标准，适用《工程建设项目招标范围和规模标准规定》（国家计委第3号令）。

第三条　招标人是指依照法律规定进行工程建设项目的勘察、设计、施工、监理以及与工程建设有关的重要设备、材料等招标的法人。

第四条　招标人自行办理招标事宜，应当具有编制招标文件和组织评标的能力，具体包括：

（一）具有项目法人资格（或者法人资格）；

（二）具有与招标项目规模和复杂程度相适应的工程技术、概预算、财务和工程管理等方面专业技术力量；

（三）有从事同类工程建设项目招标的经验；

（四）设有专门的招标机构或者拥有3名以上专职招标业务人员；

（五）熟悉和掌握招标投标法及有关法规规章。

第五条　招标人自行招标的，项目法人或者组建中的项目法人应当在国家计委上报项目可行性研究报告时，一并报送符合本办法第四条规定的书面材料。

书面材料应当至少包括：

（一）项目法人营业执照、法人证书或者项目法人组建文件；

（二）与招标项目相适应的专业技术力量情况；

（三）内设的招标机构或者专职招标业务人员的基本情况；

（四）拟使用的专家库情况；

（五）以往编制的同类工程建设项目招标文件和评标报告，以及招标业绩的证明材料；

（六）其他材料。

在报送可行性研究报告前，招标人确需通过招标方式或者其他方式确定勘察、设计单位开展前期工作的，应当在前款规定的书面材料中说明。

第六条　国家计委审查招标人报送的书面材料，核准招标人符合本办法规定的自行招标条件的，招标人可以自行办理招标事宜。任何单位和个人不得限制其自行办理招标事宜，也不得拒绝办理工程建设有关手续。

第七条　国家计委审查招标报送的书面材料，认定招标人不符合本办法规定的自行招标条件的，在批复可行性研究报告时，要求招标人委托招标代理机构办理招标事宜。

第八条　一次核准手续仅适用于一个工程建设项目。

第九条　招标人不具备自行招标条件，不影响国家计委对项目可行性研究报告的审批。

第十条　招标人自行招标的，应当自确定中标人之日起十五日内，向国家计委提交招标投标情况的书面报告。书面报告至少应包括下列内容：

（一）招标方式和发布招标公告的媒介；

（二）招标文件中投标人须知、技术规格、评标标准和方法、合同主要条款等内容；

（三）评标委员会的组成和评标报告；

（四）中标结果。

第十一条 招标人不按本办法规定要求履行自行招标核准手续的或者报送的书面材料有遗漏的，国家计委要求其补正；不及时补正的，视同不具备自行招标条件。

招标人履行核准手续中有弄虚作假情况的，视同不具备自行招标条件。

第十二条 招标人不按本办法提交招标投标情况的书面报告的，国家计委要求补正；拒不补正的，给予警告，并视招标人是否有招标投标法第五章规定的违法行为，给予相应的处罚。

第十三条 任何单位和个人非法强制招标人委托招标代理机构或者其他组织办理招标事宜的，非法拒绝办理工程建设有关手续的，或者以其他任何方式非法干预招标人自行招标活动的，由国家计委依据招标投标法的有关规定处罚或者向有关行政监督部门提出处理建议。

第十四条 本办法自发布之日起施行。

（六）评标委员会和评标方法暂行规定

中华人民共和国国家发展计划委员会
中华人民共和国国家经济贸易委员会
中 华 人 民 共 和 国 建 设 部
中 华 人 民 共 和 国 铁 道 部
中 华 人 民 共 和 国 交 通 部
中 华 人 民 共 和 国 信 息 产 业 部
中 华 人 民 共 和 国 水 利 部 令
12号

为了规范评标委员会的组成和评标活动，国家计委、国家经贸委、建设部、铁道部、交通部、信息产业部、水利部联合制定了《评标委员会和评标方法暂行规定》，现予发布施行。

第一章 总 则

第一条 为了规范评标活动，保证评标的公平、公正，维护招标投标活动当事人的合法权益，依照《中华人民共和国招标投标法》，制定本规定。

第二条 本规定适用于依法必须招标项目的评标活动。

第三条 评标活动遵循公平、公正、科学、择优的原则。

第四条 评标活动依法进行，任何单位和个人不得非法干预或者影响评标过程和结果。

第五条 招标人应当采取必要措施，保证评标活动在严格保密的情况下进行。

第六条 评标活动及其当事人应当接受依法实施的监督。

有关行政监督部门依照国务院或者地方政府的职责分工，对评标活动实施监督，依法查处评标活动中的违法行为。

第二章 评 标 委 员 会

第七条 评标委员会依法组建，负责评标活动，向招标人推荐中标候选人或者根据招标人的授权直接确定中标人。

第八条 评标委员会由招标人负责组建。

评标委员会成员名单一般应于开标前确定。评标委员会成员名单在中标结果确定前应当保密。

第九条 评标委员会由招标人或其委托的招标代理机构熟悉相关业务的代表，以及有关技术、经济等方面的专家组成，成员人数为五人以上单数，其中技术、经济等方面的专家不得少于成员总数的三分之二。

评标委员会设负责人的，评标委员会负责人由评标委员会成员推举产生或者由招标人确定。评标委员会负责人与评标委员会的其他成员有同等的表决权。

第十条　评标委员会的专家成员应当从省级以上人民政府有关部门提供的专家名册或者招标代理机构的专家库内的相关专家名单中确定。

按前款规定确定评标专家，可以采取随机抽取或者直接确定的方式。一般项目，可以采取随机抽取的方式；技术特别复杂、专业性要求特别高或者国家有特殊要求的招标项目，采取随机抽取方式确定的专家难以胜任的，可以由招标人直接确定。

第十一条　评标专家应符合下列条件：

（一）从事相关专业领域工作满八年并具有高级职称或者同等专业水平；

（二）熟悉有关招标投标的法律法规，并具有与招标项目相关的实践经验；

（三）能够认真、公正、诚实、廉洁地履行职责。

第十二条　有下列情形之一的，不得担任评标委员会成员：

（一）投标人或者投标人主要负责人的近亲属；

（二）项目主管部门或者行政监督部门的人员；

（三）与投标人有经济利益关系，可能影响对投标公正评审的；

（四）曾因在招标、评标以及其他与招标投标有关活动中从事违法行为而受过行政处罚或刑事处罚的。

评标委员会成员有前款规定情形之一的，应当主动提出回避。

第十三条　评标委员会成员应当客观、公正地履行职责，遵守职业道德，对所提出的评审意见承担个人责任。

评标委员会成员不得与任何投标人或者与招标结果有利害关系的人进行私下接触，不得收受投标人、中介人、其他利害关系人的财物或者其他好处。

第十四条　评标委员会成员和与评标活动有关的工作人员不得透露对投标文件的评审和比较、中标候选人的推荐情况以及与评标有关的其他情况。

前款所称与评标活动有关的工作人员，是指评标委员会成员以外的因参与评标监督工作或者事务性工作而知悉有关评标情况的所有人员。

第三章　评标的准备与初步评审

第十五条　评标委员会成员应当编制供评标使用的相应表格，认真研究招标文件，至少应了解和熟悉以下内容：

（一）招标的目标；

（二）招标项目的范围和性质；

（三）招标文件中规定的主要技术要求、标准和商务条款；

（四）招标文件规定的评标标准、评标方法和在评标过程中考虑的相关因素。

第十六条　招标人或者其委托的招标代理机构应当向评标委员会提供评标所需的重要信息和数据。

招标人设有标底的，标底应当保密，并在评标时作为参考。

第十七条　评标委员会应当根据招标文件规定的评标标准和方法，对投标文件进行系统地评审和比较。招标文件中没有规定的标准和方法不得作为评标的依据。

招标文件中规定的评标标准和评标方法应当合理，不得含有倾向或者排斥潜在投标人的内容，不得妨碍或者限制投标人之间的竞争。

第十八条　评标委员会应当按照投标报价的高低或者招标文件规定的其他方法对投标文件排序。以多种货币报价的，应当按照中国银行在开标日公布的汇率中间价换算成人民币。

招标文件应当对汇率标准和汇率风险作出规定。未作规定的，汇率风险由投标人承担。

第十九条　评标委员会可以书面方式要求投标人对投标文件中含义不明确、对同类问题表述不一致或者有明显文字和计算错误的内容作必要的澄清、说明或者补正。澄清、说明或者补正应以书面形式进行并不得超出投标文件的范围或者改变投标文件的实质性内容。

投标文件中的大写金额和小写金额不一致的，以大写金额为准；总价金额与单价金额不一致的，以单价金额为准，但单价金额小数点有明显错误的除外；对不同文字文本投标文件的解释发生异议的，以中文文本为准。

第二十条　在评标过程中，评标委员会发现投标人以他人的名义投标、串通投标、以行贿手段谋取中标或者以其他弄虚作假方式投标的，该投标人的投标应作废标处理。

第二十一条　在评标过程中，评标委员会发现投标人的报价明显低于其他投标报价或者在设有标底时明显低于标底，使得其投标报价可能低于其个别成本的，应当要求该投标人做出书面说明并提供相关证明材料。投标人不能合理说明或者不能提供相关证明材料的，由评标委员会认定该投标人以低于成本报价竞标，其投标应作废标处理。

第二十二条　投标人资格条件不符合国家有关规定和招标文件要求的，或者拒不按照要求对投标文件进行澄清、说明或者补正的，评标委员会可以否决其投标。

第二十三条　评标委员会应当审查每一投标文件是否对招标文件提出的所有实质性要求和条件做出响应。未能在实质上响应的投标，应作废标处理。

第二十四条　评标委员会应当根据招标文件，审查并逐项列出投标文件的全部投标偏差。

投标偏差分为重大偏差和细微偏差。

第二十五条　下列情况属于重大偏差：

（一）没有按照招标文件要求提供投标担保或者所提供的投标担保有瑕疵；

（二）投标文件没有投标人授权代表签字和加盖公章；

（三）投标文件载明的招标项目完成期限超过招标文件规定的期限；

（四）明显不符合技术规格、技术标准的要求；

（五）投标文件载明的货物包装方式、检验标准和方法等不符合招标文件的要求；

（六）投标文件附有招标人不能接受的条件；

（七）不符合招标文件中规定的其他实质性要求。

投标文件有上述情形之一的，为未能对招标文件做出实质性响应，并按本规定第二十三条规定作废标处理。招标文件对重大偏差另有规定的，从其规定。

第二十六条　细微偏差是指投标文件在实质上响应招标文件要求，但在个别地方存在漏项或者提供了不完整的技术信息和数据等情况，并且补正这些遗漏或者不完整不会对其他投标人造成不公平的结果。细微偏差不影响投标文件的有效性。

评标委员会应当书面要求存在细微偏差的投标人在评标结束前予以补正。拒不补正的，在详细评审时可以对细微偏差作不利于该投标人的量化，量化标准应当在招标文件中规定。

第二十七条　评标委员会根据本规定第二十条、第二十一条、第二十二条、第二十三条、第二十五条的规定否决不合格投标或者界定为废标后，因有效投标不足三个使得投标明显缺乏竞争的，评标委员会可以否决全部投标。

投标人少于三个或者所有投标被否决的，招标人应当依法重新招标。

第四章　详　细　评　审

第二十八条　经初步评审合格的投标文件，评标委员会应当根据招标文件确定的评标标准和方法，对其技术部分和商务部分作进一步评审、比较。

第二十九条　评标方法包括经评审的最低投标价法、综合评估法或者法律、行政法规允许的其他评标方法。

第三十条　经评审的最低投标价法一般适用于具有通用技术、性能标准或者招标人对其技术、性能没有特殊要求的招标项目。

第三十一条　根据经评审的最低投标价法，能够满足招标文件的实质性要求，并且经评审的最低投标价的投标，应当推荐为中标候选人。

第三十二条　采用经评审的最低投标价法的，评标委员会应当根据招标文件中规定的评标价格调整方法，对所有投标人的投标报价以及投标文件的商务部分作必要的价格调整。

采用经评审的最低投标价法的，中标人的投标应当符合招标文件规定的技术要求和标准，但评标委员会无需对投标文件的技术部分进行价格折算。

第三十三条　根据经评审的最低投标价法完成详细评审后，评标委员会应当拟定一份“标价比较表”，连同书面评标报告提交招标人。“标价比较表”应当载明投标人的投标报价、对商务偏差的价格调整和说明以及经评审的最终投标价。

第三十四条　不宜采用经评审的最低投标价法的招标项目，一般应当采取综合评估法进行评审。

第三十五条　根据综合评估法，最大限度地满足招标文件中规定的各项综合评价标准的投标，应当推荐为中标候选人。

衡量投标文件是否最大限度地满足招标文件中规定的各项评价标准，可以采取折算为货币的方法、打分的方法或者其他方法。需量化的因素及其权重应当在招标文件中明确规定。

第三十六条　评标委员会对各个评审因素进行量化时，应当将量化指标建立在同一基础或者同一标准上，使各投标文件具有可比性。

对技术部分和商务部分进行量化后，评标委员会应当对这两部分的量化结果进行加权，计算出每一投标的综合评估价或者综合评估分。

第三十七条　根据综合评估法完成评标后，评标委员会应当拟定一份“综合评估比较表”，连同书面评标报告提交招标人。“综合评估比较表”应当载明投标人的投标报价、所作的任何修正、对商务偏差的调整、对技术偏差的调整、对各评审因素的评估以及对每一投标的最终评审结果。

第三十八条　根据招标文件的规定，允许投标人投备选标的，评标委员会可以对中标人所投的备选标进行评审，以决定是否采纳备选标。不符合中标条件的投标人的备选标不予考虑。

第三十九条　对于划分有多个单项合同的招标项目，招标文件允许投标人为获得整个项目合同而提出优惠的，评标委员会可以对投标人提出的优惠进行审查，以决定是否将招标项目作为一个整体合同授予中标人。将招标项目作为一个整体合同授予的，整体合同中标人的投标应当最有利于招标人。

第四十条　评标和定标应当在投标有效期结束日30个工作日前完成。不能在投标有效期结束日30个工作日前完成评标和定标的，招标人应当通知所有投标人延长投标有效期。拒绝延长投标有效期的投标人有权收回投标保证金。同意延长投标有效期的投标人应当相应延长其投标担保的有效期，但不得修改投标文件的实质性内容。因延长投标有效期造成投标人损失的，招标人应当给予补偿，但因不可抗力需延长投标有效期的除外。

招标文件应当载明投标有效期。投标有效期从提交投标文件截止日起计算。

第五章　推荐中标候选人与定标

第四十一条　评标委员会在评标过程中发现的问题，应当及时做出处理或者向招标人提出处理建议，并作书面记录。

第四十二条　评标委员会完成评标后，应当向招标人提出书面评标报告，并抄送有关行政监督部门。评标报告应当如实记载以下内容：

（一）基本情况和数据表；

（二）评标委员会成员名单；

（三）开标记录；

（四）符合要求的投标一览表；

（五）废标情况说明；

（六）评标标准、评标方法或者评标因素一览表；

（七）经评审的价格或者评分比较一览表；

（八）经评审的投标人排序；

（九）推荐的中标候选人名单与签订合同前要处理的事宜；

（十）澄清、说明、补正事项纪要。

第四十三条　评标报告由评标委员会全体成员签字。对评标结论持有异议的评标委员会成员可以书面方式阐述其不同意见和理由。评标委员会成员拒绝在评标报告上签字且不陈述其不同意见和理由的，视为同意评标结论。评标委员会应当对此做出书面说明并记录在案。

第四十四条　向招标人提交书面评标报告后，评标委员会即告解散。评标过程中使用的文件、表格以及其他资料应当及时归还招标人。

第四十五条　评标委员会推荐的中标候选人应当限定在一至三人，并标明排列顺序。

第四十六条　中标人的投标应当符合下列条件之一：

（一）能够最大限度满足招标文件中规定的各项综合评价标准；

（二）能够满足招标文件的实质性要求，并且经评审的投标价格最低；但是投标价格低于成本的除外。

第四十七条　在确定中标人之前，招标人不得与投标人就投标价格、投标方案等实质性内容进行谈判。

第四十八条　使用国有资金投资或者国家融资的项目，招标人应当确定排名第一的中标候选人为中标人。排名第一的中标候选人放弃中标、因不可抗力提出不能履行合同，或者招标文件规定应当提交履约保证金而在规定的期限内未能提交的，招标人可以确定排名第二的中标候选人为中标人。

排名第二的中标候选人因前款规定的同样原因不能签订合同的，招标人可以确定排名第三的中标候选人为中标人。

招标人可以授权评标委员会直接确定中标人。

国务院对中标人的确定另有规定的，从其规定。

第四十九条　中标确定后，招标人应当向中标人发出中标通知书，同时通知未中标人，并与中标人在30个工作日之内签订合同。

第五十条　中标通知书对招标人和中标人具有法律约束力。中标通知书发出后，招标人改变中标结果或者中标人放弃中标的，应当承担法律责任。

第五十一条　招标人应当与中标人按照招标文件和中标人的投标文件订立书面合同。招标人与中标人不得再行订立背离合同实质性内容的其他协议。

第五十二条　招标人与中标人签订合同后5个工作日内，应当向中标人和未中标的投标人退还投标保证金。

第六章　罚　　则

第五十三条　评标委员会成员在评标过程中擅离职守，影响评标程序正常进行，或者在评标过程中不能客观公正地履行职责的，给予警告；情节严重的，取消担任评标委员会成员的资格，不得再参加任何依法必须进行招标项目的评标，并处一万元以下的罚款。

第五十四条　评标委员会成员收受投标人、其他利害关系人的财物或者其他好处的，评标委员会成员或者与评标活动有关的工作人员向他人透露对投标文件的评审和比较、中标候选人的推荐以及与评标有关的其他情况的，给予警告，没收收受的财物，可以并处三千元以上五万元以下的罚款；对有所列违法行为的评标委员会成员取消担任评标委员会成员的资格，不得再参加任何依法必须进行招标项目的评标；构成犯罪的，依法追究刑事责任。

第五十五条　招标人在评标委员会依法推荐的中标候选人以外确定中标人的，依法必须进行招标项目在所有投标被评标委员会否决后自行确定中标人的，中标无效。责令改正，可以处中标项目金额千分之五以上千分之十以下的罚款；对单位直接负责的主管人员和其他直接责任人员依法给予处分。

第五十六条　招标人与中标人不按照招标文件和中标人的投标文件订立合同的，或者招标人、中标人订立背离合同实质性内容的协议的，责令改正；可以处中标项目金额千分之五以上千分之十以下的罚款。

第五十七条　中标人不与招标人订立合同的，投标保证金不予退还并取消其中标资格，给招标人造成的损失超过投标保证金数额的，应当对超过部分予以赔偿；没有提交投标保证金的，应当对招标人的损失承担赔偿责任。

招标人迟迟不确定中标人或者无正当理由不与中标人签订合同的，给予警告，根据情节可处一万元以下的罚款；造成中标人损失的，并应当赔偿损失。

第七章　附　　则

第五十八条　依法必须招标项目以外的评标活动，参照本规定执行。

第五十九条　使用国际组织或者外国政府贷款、援助资金的招标项目的评标活动，贷款方、资金提供方对评标委员会与评标方法另有规定的，适用其规定，但违背中华人民共和国的社会公共利益的除外。

第六十条　本规定颁布前有关评标机构和评标方法的规定与本规定不一致的，以本规定为准。法律或者行政法规另有规定的，从其规定。

第六十一条　本规定由国家发展计划委员会会同有关部门负责解释。

第六十二条　本规定自发布之日起施行。

国家发展计划委员会主任　曾培炎
国家经济贸易委员会主任　李荣融
建设部部长　俞正声
铁道部部长　傅志寰
交通部部长　黄镇东
信息产业部部长　吴基传
水利部部长　汪恕诚
二〇〇一年七月五日

二、监理工程师在施工招标阶段的工作内容

施工招标的目的是择优选择承包商。优的标准是什么，这要看工程特征对施工方法的要求，看业主基于工程项目管理目标对承包商的要求。这是一个技术、经济的综合评价指标，评价指标的因素一般是承包商能保证工程质量和工期，并有相应的保证措施，承包商的报价合理，业主可以接受，承包商的社会信誉好，企业有较高的管理水平。为此，要求监理工程师具有综合评价能力。监理工程师为达此目的，必须事先对工程特征、环境特征、市场价格、招标工程的施工特点及有利、不利条件、施工资源的需求、施工方法及特殊工艺的技术措施进行调查、分析；还要对各有意投标承包商进行企业状况调查、了解。

1. 拟招标准备工作计划

监理工程师为使工作周密而有序，提高工作效率，应先开列一项招标前的准备工作

计划，将所有准备工作顺序，完成时间、分工及完成标准编入计划内。

招标前，监理工程师的准备工作大体上分以下三方面：

(1) 查阅资料　监理工程师应查阅如下资料：

1) 固定资产投资批准文件。我国的建设活动须在国家宏观调控和管理下进行，只有建设项目报请国家有关部门批准并列入国家年度固定资产投资计划之后，设计文件确定的投资才有保证。不同类型的项目、不同资金渠道的项目有不同的批准机关。

2) 有关报建的批准文件。考虑建设项目建成后对环境的影响，国家规定对污水、废渣、废料的处理等必须经环保部门批准，并有批准文件后，工程方可施工；基于建设区域的安全、项目本身的安全，工程设计必须经公安部门对消防设计、消防设施、工程防火标准进行审查合格方可动建；规划建筑管理部门要对建筑标准、设计安全、建筑红线等审查满足城市规划和建筑要求后发放规划建设许可证及施工许可证。监理工程师在进行招标之前必须查对上述批准文件。

(2) 招标前的技术准备：

1) 熟悉施工图纸、了解工程概况、明了设计意图。监理工程师必须认真读图审图，掌握本专业的设计；通过读图审图对设计思想、设计内容、工程特征及对施工技术、施工管理的要求十分清楚。

2) 熟悉工程预算、掌握主要工程实物量，进而对控制投资、资源需求、工期心中有数，给招标文件编制积累量值，给评标时提供依据。

3) 熟悉工程建设区域各类定额、规范、标准。

(3) 环境调查　环境调查内容包括施工条件、资源状况、气象资料、当地建设主管部门对工程的管理深度、招投标的组织机构、主要材料及设备协作配套的条件、市场价格信息、能够承担本工程的各承包商的企业概况和社会信誉等。

2. 监理工程师向业主提出招标决策性意见

监理工程师通过认真地调查分析和测算工作，对工程特点、工程施工方法的要求、施工的主客观利弊条件、工程量及造价的估算、业主对工期、质量、投资的意图和建设政策有了全面了解，即可向业主提出招标决策性的意见，包括标底、招标方式、招标策略、评标原则、邀标单位名单等。

(1) 招标方式的确定　工程建设的招标方式按招标形式分有公开招标、邀请招标。采取何种形式要看工程性质及重要程度，有的地区如采用邀请招标需通过当地建设主管部门批准。

监理工程师在充分掌握情况，认真分析利弊后提出招标方式，供业主确定。

(2) 拟定招标文件的主要条款及特殊条款　监理工程师根据自己掌握的图纸设计、技术经济资料、环境信息、施工要求、项目计划、业主意图，利用自己的专业知识，向业主提出招标文件的主要条款和特别条款。这些条款包括技术要求、质量标准、适用规范、发包范围、现场条件、工程量清单、工程款支付方式及预付款比例、材料与设备订货情况、材料差价的结算方式、新技术的推广、合理化建议及业主对投标者的特殊要求；还有建设区域行政主管部门的要求（如环境保护、施工噪声、交通方面的限制、当地治安、卫生要求承建者承担的义务等）。

(3) 对评标标准、方法、因素评价权数及综合评价标准的建议。

(4) 招标的其他建议。对承包商资格要求的建议，对投标者进行资信、能力的考察方法和内容的建议，对工期、质量和奖罚幅度的建议，对招标办事机构组成的建议。

3. 监理工程师在招标阶段的工作内容

在提供业主的招标决策意见得到业主同意后，监理工程师即按一定程序，围绕监理委托合同中施工招标阶段的工作内容开展工作。

(1) 起草招标文件。工程项目施工招标文件的内容，参照《房屋建筑和市政基础设施工程招标文件范本》。一般包括：

1) 投标须知及投标须知前附表

2) 合同条款

3) 合同文件格式

4) 工程建设标准

5) 图纸

6) 工程量清单

7) 投标文件投标函部分格式

8) 投标文件商务部分格式

9) 投标文件技术部分格式

10) 资格审查申请书格式

招标文件的起草必须针对工程特点、技术要求并表达业主意图。招标文件内容要叙述简捷、表达准确、术语标准。

在投标须知前附表中，要说明包括工程名称、建设地点、建设规模、招标范围、承包方式、质量标准、工期要求、资金来源、投标人资质等级要求、资格审查方式、工程报价方式、投标有效期、投标担保金额、踏勘现场时间、投标人替代方案、投标文件份数、投标文件提交地点、时间，开标时间、地点、评标方法及标准、履约担保金额等事项。

合同条款，作为招标文件的内容，监理工程师在起草招标文件时必须充分考虑影响工程质量、工期和造价的各种因素，充分考虑特殊条件给施工造成特别措施支出的合理补偿，也要考虑有利的环境因素给业主带来的投资效益，以公平、科学、公正的立场上力求条款合理。

要充分考虑施工困难条件，同时也认真考虑业主的要求，并考虑施工的特殊要求，有的还需将双方物资供应范围、方法写进招标文件，对合同价款的组成、工程款支付和预决算方式、合同价款可调整的因素和工程预决算依据写进招标文件。这些条款对事后承包合同的洽谈签订将起到关键性作用。

(2) 组织招标小组，发出招标邀请　全部招标工作能否体现竞争的优越性，能否达到招标效果，组织好招标小组是个关键。招标小组有业主或业主的委托人，当地招投标管理机关的官员、设计人员、监理人员等组成。监理工程师受业主委托负责标底编制、招标文件和评标文件的编写、发布招标文件、参与评审投标书，提出评审意见，协助业主与中标者签订施工合同。

准备好全部招标文件后，监理工程师受业主委托发布招标通知（公开招标）或邀请函（邀请招标）。邀请招标邀请单位一般可按如下情况选定：一是对该项工程有兴趣承包商，并已通过一定渠道向业主表明；二是依据事前调查，有承担该工程资格的施工单位。

邀请函要说明招标文件发售时间、地点及押金交付事宜。

(3) 预审投标单位资格，发售招标文件　在收到投标单位要求资格预审文件后，监理工程师要公正地行使权力，结合工程重要程度、自己掌握的信息，客观地向业主提供预审意见。业主决定预审意见后，监理工程师向预审合格的投标者发售招标文件。

(4) 安排组织投标单位进行现场勘察　组织投标者现场勘察，进行工程交底并对投标单位提出问题的答疑，是承包商在投标前的重要工作，都想利用此机会获得更多直接的信息。监理工程师在解答问题时不能做出可能左右投标者意见的推论。对属于原投标文件中含糊不清的，监理工程师要向所有投标者发出同样的书面补充说明，不允许向不同的投标者发布不同的信息。

(5) 接受投标书　监理工程师在接受投标单位的投标文件时，要认真做好记录，记好时间，对投标文件采取安全保护措施，开标前不允许任何人以任何理由启封，随时将投标文件收到情况告知业主。对超过投标截止日期的标书一概原封退还；对未密封标书，未在封口线上加盖单位印章、法人代表或委托代理人印章的一律视为无效标保存。

(6) 开标、评标、定标　监理工程师为业主设定开、评标的工作议程及评议的内容、方法，组织邀请招标小组成员和有关专家届时出席开标会议。

开标时要原本宣读各投标文件，不作任何解释。监理工程师要文字记录开标过程，说明开标会议的有关情况。

开标后、评标前可安排各投标单位进行补充说明，对此，监理工程师逐一作好记录，作为评标的补充依据。

监理工程师协助业主评审投标书，提出决标评估意见。评审标书时，监理工程师要认真审查如下内容：投标文件是否符合招标文件的要求，是否构成无效标；投标文件是否对招标文件的条款完全确认；投标文件是否提出了业主无法接受的保留条款，是否有暗示今后会完全否定或部分否定招标文件中某一条款。监理工程师将上述审查结果及时报告业主或提请业主注意。

监理工程师评标重点是对投标文件中的技术条款（施工组织设计、重要部位的施工方案、保证质量的措施及可靠性）、合同条款、报价进行评估。并综合考虑工期、质量、报价、优惠条件、企业的信誉及管理水平进行评估。因为各标书往往在一、两项因素上占据优势，比如某标书工期最短，但另一标书报价合理。这样的情况在招标中经常发生，产生这种情况需要监理工程师根据业主对各项因素要求的程度进行综合分析，并将分析结果提交业主决定。

定标后，要向中标单位发中标通知书，并通知未中标单位办理归还资料和退回押金手续。

4. 协助业主与中标承包商签订承包合同

定标结束，监理工程师即着手起草承包合同文件，并协助业主与承包商洽谈、签订合同。

承包合同是业主、承包商双方在施工中权利、义务和责任的法律体现。由于合同的主要条款及合同条件在招标文件中明确，承包商又在投标文件中确认，在起草合同文件时要保持一致。招标文件上未有的条款，监理工程师负责按业主意图与承包商洽谈，并将洽谈结果随时告知业主。洽谈结束，监理工程师组织双方签约事宜，并完成合同的法律程序。

5. 施工招标阶段监理工作程序（图 5-51）

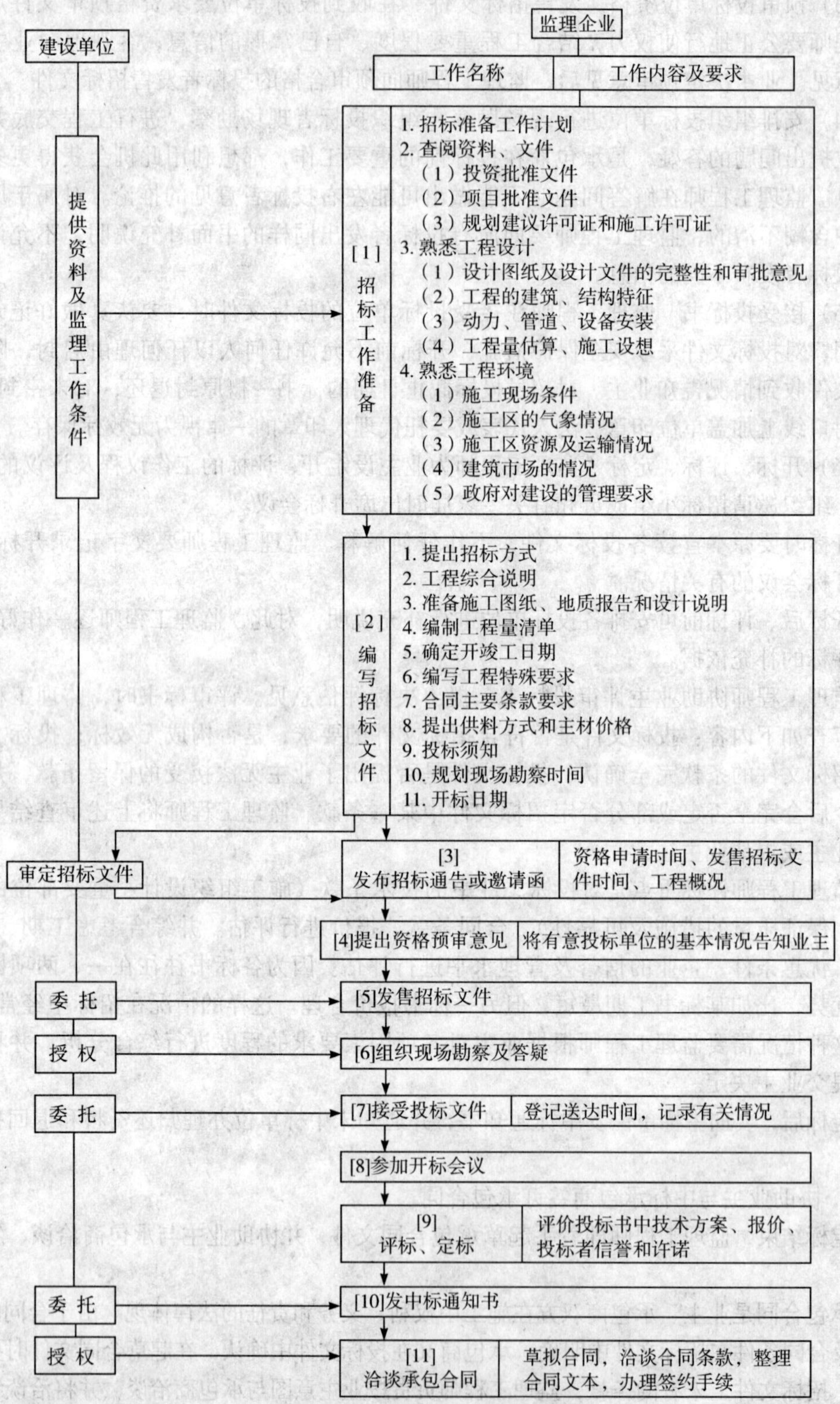

图 5-51　招标阶段监理工作程序及内容示意图

三、房屋建筑和市政基础设施工程施工招标文件范本简介

为规范房屋建筑和市政基础设施工程施工招标投标活动，保障招标人和投标人的合法权益，根据《中华人民共和国招标投标法》、《中华人民共和国建筑法》、《中华人民共和国合同法》以及《房屋建筑和市政基础设施工程施工招标投标管理办法》（建设部令第89号）等有关规定，建设部组织制订了《房屋建筑和市政基础设施工程施工招标文件范本》，自2003年1月1日施行。1996年建设部批准发布的《建设工程施工招标文件范本》（建监［1996］577号文）同时废止。

《施工招标文件范本》是指导招标人编制各类房屋建筑和市政基础设施工程招标文件的示范性文本。招标人可结合工程的实际情况，在编制招标文件时依法对其进行调整或修改。

《施工招标文件范本》适用于各类房屋建筑和市政基础设施工程的施工招标活动。

《施工招标文件范本》由五部分内容组成：招标公告、投标邀请书、投标申请人资格预审文件、招标文件、中标通知书。

《范本》有关问题的说明：

1. 公开招标的工程采用招标公告的形式，邀请招标的工程采用投标邀请书的形式。

2. 鉴于对投标人资格审查有预审、后审之分，招标公告和投标邀请书亦分别按采用资格预审方式和资格后审方式编制。

3. 投标申请人资格预审文件在《施工招标文件范本》内单独编列，资格后审文件包括在招标文件内。对于规模大、结构复杂的工程，可采取资格预审方式；对于工期较短、结构不太复杂的工程，可采取资格后审方式。资格审查采用何种方式，由招标人视工程情况自行确定。

4. 招标人在编制招标文件时，对拟招标工程的质量等级，除按国家颁布的《工程施工质量验收规范》提出要求外，不得提出任何带有限制或排斥潜在投标人的其他条件。

5. 招标文件内的合同条款，推荐使用建设部、国家工商行政管理局制定的《建设工程施工合同（示范文本）》（GF—1999—0201）。

6. 招标人在编制工程量清单时，应当执行建设部颁发的相关的工程量计算规则。

7. 根据有关规定，《施工招标文件范本》编制了综合单价法和工料单价法两种报价方法以及投标报价的相应格式。招标人可以选择一种报价方法的格式列入招标文件内。

8. 关于银行保函格式，应采用担保银行提供的格式。

第一部分　招　标　公　告

招标公告

（采用资格预审方式）

招标工程项目编号：＿＿＿＿＿＿＿＿＿＿

1. ＿（招标人名称）＿的＿（招标工程项目名称）＿，已由＿（项目批准机关名称）＿批准建设。现决定对该项目的工程施工进行公开招标，选定承包人。

2. 本次招标工程项目的概况如下：

2.1　（说明招标工程项目的性质、规模、结构类型、招标范围、标段及资金来源和落实情况等）；

2.2　工程建设地点为＿＿＿＿＿＿＿＿＿＿；

2.3　计划开工日期为＿＿年＿＿月＿＿日，计划竣工日期为＿＿年＿＿月＿＿日，工期＿＿日历天；

2.4　工程质量要求符合＿（《工程施工质量验收规范》）＿标准。

3. 凡具备承担招标工程项目的能力并具备规定的资格条件的施工企业，均可对上述＿（一个或多个）＿招标工程项目（标段）向招标人提出资格预审申请，只有资格预审合格的投标申请人才能参加投标。

4. 投标申请人须是具备建设行政主管部门核发的＿（建筑业企业资质类别、资质等级）＿级及以上资质的法人或其他组织。自愿组成联合体的各方均应具备承担招标工程项目的相应资质条件；相同专业的施工企业组成的联合体，按照资质等级低的施工企业的业务许可范围承揽工程。

5. 投标申请人可从＿（地点和单位名称）＿处获取资格预审文件，时间为＿＿年＿＿月＿＿日至＿＿年＿＿月＿＿日，每天上午＿＿时＿＿分至＿＿时＿＿分，下午＿＿时＿＿分至＿＿时＿＿分（公休日、节假日除外）。

6. 资格预审文件每套售价为＿（币种，金额，单位）＿，售后不退。如需邮购，可以书面形式通知招标人，并另加邮费每套＿（币种，金额，单位）＿。招标人在收到邮购款后＿＿日内，以快递方式向投标申请人寄送资格预审文件。

7. 资格预审申请书封面上应清楚地注明"＿（招标工程项目名称和标段名称）＿投标申请人资格预审申请书"字样。

8. 资格预审申请书须密封后，于＿＿年＿＿月＿＿日＿＿时＿＿分以前送至＿＿＿＿处，逾期送达的或不符合规定的资格预审申请书将被拒绝。

9. 资格预审结果将及时告知投标申请人，并预计于＿＿年＿＿月＿＿日发出资格预审合格通知书。

10. 凡资格预审合格的投标申请人，请按照资格预审合格通知书中确定的时间、地点和方式获取招标文件及有关资料。

招 标 人：＿＿＿＿＿＿＿＿＿＿
办公地址：＿＿＿＿＿＿＿＿＿＿
邮政编码：＿＿＿＿　　联系电话：＿＿＿＿
传　　真：＿＿＿＿　　联 系 人：＿＿＿＿
招标代理机构：＿＿＿＿＿＿＿＿
办 公 地 址：＿＿＿＿＿＿＿＿
邮政编码：＿＿＿＿　　联系电话：＿＿＿＿
传　　真：＿＿＿＿　　联 系 人：＿＿＿＿
日期＿＿＿＿年＿＿＿月＿＿＿日

招标公告

（采用资格后审方式）

招标工程项目编号：＿＿＿＿＿＿＿＿

1. ＿（招标人名称）＿的＿（招标工程项目名称）＿，已由＿（项目批准机关名称）＿批准建设。现决定对该项目的工程施工进行公开招标，选定承包人。

2. 本次招标工程项目的概况如下：

2.1（说明招标工程项目的性质、规模、结构类型、招标范围、标段及资金来源和落实情况等）；

2.2 工程建设地点为＿＿＿＿＿＿＿＿＿＿；

2.3 计划开工日期为＿＿年＿＿月＿＿日，计划竣工日期为＿＿年＿＿月＿＿日，工期＿＿日历天；

2.4 工程质量要求符合＿（《工程施工质量验收规范》）＿标准。

3. 凡具备承担招标工程项目的能力并具备规定的资格条件的施工企业，均可参加上述(一个或多个)招标工程项目（标段）的投标。

4. 投标申请人须是具备建设行政主管部门核发的＿＿（建筑业企业资质类型、资质等级）＿＿级及以上资质的法人或其他组织。自愿组成联合体的各方均应具备承担招标工程项目的相应资质条件；相同专业的施工企业组成的联合体，按照资质等级低的施工企业的业务许可范围承揽工程。

5. 本工程对投标申请人的资格审查采用资格后审方式，主要资格审查标准和内容详见招标文件中的资格审查文件，只有资格审查合格的投标申请人才有可能被授予合同。

6. 投标申请人可从＿＿（地点和单位名称）＿＿处获取招标文件、资格审查文件和相关资料，时间为＿＿年＿＿月＿＿日至＿＿年＿＿月＿＿日，每天上午＿＿时＿＿分至＿＿时＿＿分，下午＿＿时＿＿分至＿＿时＿＿分（公休日、节假日除外）。

7. 招标文件每套售价为＿＿（币种，金额，单位）＿＿，售后不退。投标人需交纳图纸押金＿＿（币种，金额，单位）＿＿,当投标人退还全部图纸时，该押金将同时退还给投标人（不计利息）。本公告第6条所述的资料如需邮寄，可以书面形式通知招标人，并另加邮费每套＿＿（币种，金额，单位）＿＿。招标人在收到邮购款后＿＿日内，以快递方式向投标申请人寄送上述资料。

8. 投标申请人在提交投标文件时，应按照有关规定提供不少于投标总价的＿＿%或＿＿（币种，金额，单位）＿＿的投标保证金。

9. 投标文件提交的截止时间为＿＿年＿＿月＿＿日＿＿时＿＿分，提交到＿＿（地点和单位名称）＿＿。逾期送达的投标文件将被拒绝。

10. 招标工程项目的开标将于上述投标截止的同一时间在＿＿（开标地点）＿＿公开进行，投标人的法定代表人或其委托代理人应准时参加。

招 标 人：＿＿＿＿＿＿＿＿

办公地址：＿＿＿＿＿＿＿＿

邮政编码：＿＿＿＿　联系电话：＿＿＿＿

传　　真：＿＿＿＿　联 系 人：＿＿＿＿

招标代理机构：＿＿＿＿＿＿＿＿

办 公 地 址：＿＿＿＿＿＿＿＿

邮政编码：＿＿＿＿　联系电话：＿＿＿＿

传　　真：＿＿＿＿　联 系 人：＿＿＿＿

日期＿＿＿＿年＿＿＿＿月＿＿＿＿日

第二部分　投标邀请书

投标邀请书

（采用资格预审方式）

招标工程项目编号：＿＿＿＿＿＿＿＿

致：＿＿（投标人名称）＿＿

1. ＿＿（招标人名称）＿＿的＿＿（招标工程项目名称）＿＿，已由＿＿（项目批准机关名称）＿＿批准建设。现决定对该项目的工程施工进行邀请招标，选定承包人。

2. 本次招标工程项目的概况如下：

2.1　（说明招标工程项目的性质、规模、结构类型、招标范围、标段及资金来源和落实情况等）；

2.2　工程建设地点为＿＿＿＿＿＿＿＿；

2.3　计划开工日期为＿＿年＿＿月＿＿日，计划竣工日期为＿＿年＿＿月＿＿日，工期＿＿日历天；

2.4　工程质量要求符合＿（《工程施工质量验收规范》）＿标准。

3. 如你方对本工程上述(一个或多个) 招标工程项目（标段）感兴趣，可向招标人提出资格预审申请，只有资格预审合格的投标申请人才有可能被邀请参加投标。

4. 请你方从＿（地点和单位名称）＿处获取资格预审文件，时间为＿年＿月＿日至＿年＿月＿日，每天上午＿时＿分至＿时＿分，下午＿时＿分至＿时＿分（公休日、节假日除外）。

5. 资格预审文件每套售价为＿（币种，金额，单位）＿，售后不退。如需邮购，可以书面形式通知招标人，并另加邮费每套＿（币种，金额，单位）＿。招标人在收到邮购款后＿日内，以快递方式向投标申请人寄送资格预审文件。

6. 资格预审申请书封面上应清楚地注明“＿（招标工程项目名称和标段名称）＿投标申请人资格预审申请书”字样。

7. 资格预审申请书须密封后，于＿年＿月＿日＿时＿分以前送至＿（地点和单位名称）＿，逾期送达的或不符合规定的资格预审申请书将被拒绝。

8. 资格预审结果将及时告知投标申请人，并预计于＿年＿月＿日发出资格预审合格通知书。

9. 凡资格预审合格并被邀请参加投标的投标申请人，请按照资格预审合格通知书中确定的时间、地点方式获取招标文件及有关资料。

招 标 人：＿＿＿＿＿＿＿＿（盖章）
办公地址：＿＿＿＿＿＿＿＿
邮政编码：＿＿＿＿　　联系电话：＿＿＿＿
传　　真：＿＿＿＿　　联 系 人：＿＿＿＿
招标代理机构：＿＿＿＿＿＿＿＿（盖章）
办 公 地 址：＿＿＿＿＿＿＿＿
邮政编码：＿＿＿＿　　联系电话：＿＿＿＿
传　　真：＿＿＿＿　　联 系 人：＿＿＿＿
日期＿＿＿＿年＿＿＿月＿＿＿日

投标邀请书

（采用资格后审方式）

招标工程项目编号：＿＿＿＿＿＿＿＿

致：＿（投标邀请人名称）＿

1. ＿（招标人名称）＿的＿（招标工程项目名称）＿，已由＿（项目批准机关名称）＿批准建设。现决定对该项目的工程施工进行邀请招标，选定承包人。

2. 本次招标工程项目的概况如下：

2.1　（说明招标工程项目的性质、规模、结构类型、招标范围、标段及资金来源和落实情况等）；

2.2　工程建设地点为＿＿＿＿＿＿＿＿；

2.3　计划开工日期为＿年＿月＿日，计划竣工日期为＿年＿月＿日，工期＿日历天；

2.4　工程质量要求符合＿（《工程施工质量验收规范》）＿标准。

3. 本工程对投标申请人的资格审查采用资格后审方式，主要资格审查标准和内容详见招标文件中的资格审查文件，只有资格审查合格的投标申请人才有可能被授予合同。

4. 如你方对本工程上述＿（一个或多个）＿招标工程项目（标段）感兴趣，请从＿（地点和单位名称）＿处购买招标文件、资格审查文件和相关资料。时间为＿年＿月＿日至＿年＿

月____日，每天上午____时____分至____时____分，下午____时____分至____时____分（公休日、节假日除外）。

5. 招标文件每套售价为______（币种，金额，单位）______，售后不退。投标人还需交纳图纸押金____（币种，金额，单位）______，当投标人退还图纸时，该押金将同时退还给投标人（不计利息）。第4条所述的资料如需邮购，可以书面形式通知招标人，并另加邮费每套______（币种，金额，单位）______。招标人在收到邮购款后____日内，以快递方式向投标申请人寄送上述资料。

6. 投标申请人在提交投标文件时，应按照有关规定提交不少于投标总价的____%或______（币种，金额，单位）______元的投标保证金。

7. 投标文件提交的截止时间为____年____月____日____时____分，提交到________（地点和单位名称）________。逾期送达的或不符合规定的投标文件将被拒绝。

8. 本招标工程项目的开标会将于上述投标截止时间的同一时间在______（开标地点）______公开进行，投标人的法定代表人或其委托代理人应准时参加开标会议。

招 标 人：________________________

办公地址：________________________

邮政编码：________ 联系电话：________

传　　真：________ 联 系 人：________

招标代理机构：____________________

办 公 地 址：____________________

邮政编码：________ 联系电话：________

传　　真：________ 联 系 人：________

日期__________年________月________日

第三部分　投标申请人资格预审文件

一、投标申请人资格预审须知

主要内容：

（一）总则

（二）资格预审申请

（三）资格预审评审标准

（四）联合体

（五）利益冲突

（六）申请书的提交

（七）资格预审申请书材料的更新

（八）通知与确认

（九）附件

1. 资格预审必要合格条件标准

2. 资格预审附加合格条件标准

3. 招标工程项目概况

附件1 资格预审必要合格条件标准

序号	项目内容	合格条件	投标申请人具备的条件或说明
1	有效营业执照		
2	资质等级证书	______工程施工___承包___级以上或同等资质等级	
3	财务状况	开户银行资信证明和符合要求的财务报表，___级资信评估证书	
4	流动资金	有合同总价___%以上的流动资金可投入本工程	
5	固定资产	不少于______（币种，金额，单位）	
6	净资产总值	不小于在建工程未完合同额与本工程合同总价之和的___%	
7	履约情况	有无因投标申请人违约或不恰当履约引起的合同中止、纠纷、争议、仲裁和诉讼记录	
8	分包情况	符合《中华人民共和国建筑法》和《中华人民共和国招标投标法》的规定	
9			
10			

附件2 资格预审附加合格条件标准

序号	附加合格条件项目	附加合格条件内容	投标申请人具备的条件或说明

附件3 招标工程项目概况

一、项目概况

（一）项目位置

（二）地质与地貌

（三）气候与水文

（四）交通、电力供应与其他服务

二、工程描述

（一）综述

（二）土建工程

（三）安装工程

（四）标段划分

（五）建设工期

（六）设计标准、规范简介（附主要技术指标表）

（七）各标段主要工程数量（列出初步工程量清单）

二、投标申请人资格预审申请书

（一）资格预审申请书

致：＿＿（招标人名称）＿＿

1. 经授权作为代表，并以(投标申请人名称)（以下简称“投标申请人”）的名义，在充分理解《投标申请人资格预审须知》的基础上，本申请书签字人在此以＿＿（招标工程项目名称）下列标段投标申请人的身份，向你方提出资格预审申请：

项目名称	标段号

2. 本申请书附有下列内容的正本文件的复印件：

2.1　投标申请人的法人营业执照；

2.2　投标申请人的＿＿（施工资质等级）＿＿证书；

3. 按资格预审文件的要求，你方授权代表可调查、审核我方提交的与本申请书相关的声明、文件和资料，并通过我方的开户银行和客户，澄清本申请书中有关财务和技术方面的问题。本申请书还将授权给有关的任何个人或机构及其授权代表，按你方的要求，提供必要的相关资料，以核实本申请书中提交的或与本申请人的资金来源、经验和能力有关的声明和资料。

4. 你方授权代表可通过下列人员得到进一步的资料：

一般质询和管理方面的质询	
联系人1：	电话：
联系人2：	电话：

有关人员方面的质询	
联系人1：	电话：
联系人2：	电话：

有关技术方面的质询	
联系人1：	电话：
联系人2：	电话：

有关财务方面的质询	
联系人1：	电话：
联系人2：	电话：

5. 本申请充分理解下列情况：

5.1　资格预审合格的申请人的投标，须以投标时提供的资格预审申请书主要内容的更新为准；

5.2　你方保留更改本招标项目的规模和金额的权利。前述情况发生时，投标仅面向资格预审合格且能满足变更后要求的投标申请人。

6. 如为联合体投标，随本申请，我们提供联合体各方的详细情况，包括资金投入（及其他资源投入）和盈利（亏损）协议。我们还将说明各方在每个合同价中以百分比形式表示的财务方面以及合同履行方面的责任。

7. 我们确认如果我方投标，则我方的投标文件和与之相应的合同将：

7.1　得到签署，从而使联合体各方共同地和分别地受到法律约束；

7.2　随同提交一份联合体协议，该协议将规定，如果我方被授予合同，联合体各方共同的和分别的责任。

8. 下述签字人在此声明，本申请书中所提交的声明和资料在各方面都是完整、真实和准确的：

签名：	签名：
姓名：	姓名：
兹代表（申请人或联合体主办人）	兹代表（联合体成员 1）
申请人或联合体主办人盖章	联合体成员 1 盖章
签字日期：	签字日期：

签名：	签名：
姓名：	姓名：
兹代表（联合体成员 2）	兹代表（联合体成员 3）
联合体成员 2 盖章	联合体成员 3 盖章
签字日期：	签字日期：

签名：	签名：
姓名：	姓名：
兹代表（联合体成员 4）	兹代表（联合体成员 5）
联合体成员 4 盖章	联合体成员 5 盖章
签字日期：	签字日期：

注：1. 联合体的资格预审申请，联合体各方应分别提交本申请书第（2）条要求的文件。

2. 联合体各方应按本申请书第（4）条的规定分别单独据表提供相关资料。

3. 非联合体的申请人无须填写本申请书第（6）、（7）条以及第（8）条有关部分。

4. 联合体的主办人必须明确，联合体各方均应在资格预审申请书上签字并加盖公章。

(二) 资格预审申请书附表

1. 投标申请人一般情况

2. 近三年工程营业额数据表

3. 近三年已完工程及目前在建工程一览表

4. 财务状况表

5. 联合体情况

6. 类似工程经验

7. 公司人员及拟派往本招标工程项目的人员情况

8. 拟派往本招标工程项目负责人与主要技术人员

9. 拟派往本招标工程项目负责人与项目技术负责人简历

10. 拟用于本招标工程项目的主要施工设备情况

11. 现场组织机构情况

12. 拟分包企业情况

13. 其他资料

三、投标申请人资格预审合格通知书

致：__(预审合格的投标申请人名称)__：

鉴于你方参加了我方组织的招标工程项目编号为______的__(招标工程项目名称)__工程施工投标资格预审，经我方审定，资格预审合格。现通知你方作为资格预审合格的投标人就上述工程施工进行密封投标，并将其他有关事宜告知如下：

1. 凭本通知书于____年____月____日至____年____月____日，每天上午____时____分至____时____分，下午____时____分至____时____分（公休日、节假日除外）到__(地址和单位名称)__购买招标文件，招标文件每套售价为__(币种，金额，单位)__，无论是否中标，该费用不予退还。另需交纳图纸押金__(币种，金额，单位)__，当投标人退回图纸时，该押金将同时退还给投标人（不计利息）。上述资料如需邮寄，可以书面形式通知招标人，并另加邮费每套__(币种，金额，单位)__。招标人在收到邮购款____日内，以快递方式向投标人寄送上述资料。

2. 收到本通知书后____日内，请以书面形式予以确认。如果你方不准备参加本次投标，请于____年____月____日前通知我方。

招 标 人：____________________(盖章)

办公地址：____________________

邮政编码：________ 联系电话：________

传　　真：________ 联 系 人：________

招标代理机构：____________________(盖章)

办 公 地 址：____________________

邮政编码：________ 联系电话：________

传　　真：________ 联 系 人：________

日期________年______月______日

第四部分 招 标 文 件

第一章 投标须知及投标须知前附表

一、投标须知前附表

二、投标须知

（一）总则

1. 工程说明

2. 招标范围及工期

3. 资金来源

4. 合格的投标人

5. 踏勘现场

6. 投标费用

（二）招标文件

7. 招标文件的组成

包括：投标须知及投标须知前附表、合同条款、合同文件格式、工程建设标准、图纸、工程量清单、投标文件投标函部分格式、投标文件商务部分格式、投标文件技术部分格式、资格审查申请书格式（用于资格后审）。

8. 招标文件的澄清

9. 招标文件的修改

（三）投标文件的编制

10. 投标文件的语言及度量衡单位

11. 投标文件的组成

12. 投标文件格式

13. 投标报价

14. 投标货币

15. 投标有效期

16. 投标担保

17. 投标人替代方案

18. 投标文件的份数和签署

（四）投标文件的提交

19. 投标文件的装订、密封和标记

20. 投标文件的提交

21. 投标文件提交的截止时间

22. 迟交的投标文件

23. 投标文件的补充、修改与撤回

24. 资格预审申请书材料的更新

（五）开标

25. 开标

26. 投标文件的有效性

（六）评标

27. 评标委员会与评标

28. 评标过程的保密

29. 资格后审（如采用时）

30. 投标文件的澄清

31. 投标文件的初步评审

32. 投标文件计算错误的修正

33. 投标文件的评审、比较和否决

（七）合同的授予

34. 合同授予标准

35. 招标人拒绝投标的权力

36. 中标通知书

37. 合同协议书的签订

38. 履约担保

第二章　合同条款

使用建设部、国家工商行政管理局

1999年12月24日印发的《建设工程施工合同（示范文本）》（建建［1999］313号）

（见本书后附录）

第三章　合同文件格式

一、合同协议书

二、房屋建筑工程质量保修书

三、承包人银行履约保函

四、承包人履约担保书

五、承包人预付款银行保函

六、发包人支付担保银行保函

七、发包人支付担保书

第四章　工程建设标准

1. 依据设计文件的要求，本招标工程项目的材料、设备、施工须达到下列现行中华人民共和国以及省、自治区、直辖市或行业的工程建设标准、规范的要求。

1.1　工程测量规范（GB 50026—93）；

1.2　……；

1.3　……；

1.4　……；

2. 根据工程设计要求，该项工程下列项目的材料、施工除必须达到以上标准外，还应满足下列标准要求：

（列出特殊项目的施工工艺标准和要求）。

第五章　图　　纸

一、图纸清单

二、标准图集清单

第六章　工程量清单

一、工程量清单说明

二、工程量清单表

应按分部、分项列明项目名称、计量单位及工程量。

第七章　投标文件投标函部分格式

一、法定代表人身份证明书

二、投标文件签署授权委托书
三、投标函
四、投标函附录
五、投标担保银行保函格式
六、投标担保书
七、招标文件要求投标人提交的其他投标资料

第八章 投标文件商务部分格式

目录（采用综合单价形式的）
一、投标报价说明
二、投标报价汇总表
三、主要材料清单报价表
四、设备清单报价表
五、工程量清单报价表
六、措施项目报价表
七、其他项目报价表
八、工程量清单项目价格计算表
九、投标报价需要的其他资料
目录（采用工料单价形式的）
一、投标报价说明
二、投标报价汇总表
三、主要材料清单报价表
四、设备清单报价表
五、分部工程工料价格计算表
六、分部工程费用计算表
七、投标报价需要的其他资料

第九章 投标文件技术部分格式

一、施工组织设计

1. 投标人应编制施工组织设计，包括招标文件第一卷第一章投标须知11.4项规定的施工组织设计基本内容。编制的具体要求是：编制时应采用文字并结合图表形式说明各分部分项工程的施工方法；拟投入的主要施工机械设备情况、劳动力计划等；结合招标工程特点提出切实可行的工程质量、安全生产、文明施工、工程进度、技术组织措施，同时应对关键工序、复杂环节重点提出相应技术措施，如冬雨季施工技术措施、减少扰民噪音、降低环境污染技术措施、地下管线及其他地上地下设施的保护加固措施等。

2. 施工组织设计除采用文字表述外应附下列图表，图表及格式要求附后

2.1 拟投入的主要施工机械设备表

2.2 劳动力计划表

2.3 计划开、竣工日期和施工进度网络图

2.4 施工总平面图

2.5 临时用地表

二、项目管理机构配备情况

1. 项目管理机构配备情况表
2. 项目经理简历表
3. 项目技术负责人简历表
4. 项目管理机构配备情况辅助说明资料

三、拟分包项目情况表

第十章　资格审查申请书格式

一、资格审查申请书
二、资格审查申请书附表
1. 投标人一般情况
2. 近三年类似工程营业额数据表
3. 近三年已完工程及目前在建工程一览表
4. 财务状况表
5. 联合体情况
6. 类似工程经验
7. 现场条件类似工程的施工经验
8. 其他资料

第五部分　中标通知书

___(中标人名称)___:

___(招标人名称)___的___(工程项目名称)___，于___年___月___日公开开标后，已完成评标工作和向建设行政主管部门提交该施工招标投标情况的书面报告工作，现确定你单位为中标人，中标标价为___(币种，金额，单位)___，中标工期自___年___月___日开工，___年___月___日竣工，总工期为___日历天，工程质量要求符合___(《工程施工质量验收规范》)___标准。项目经理______。

你单位收到中标通知书后，须于___年___月___日___时___分前到___(地点)___与招标人签订合同。

招标人：______(盖章)
法定代表人或其委托代理人：______(签字或盖章)
招标代理机构：______(盖章)
法定代表人或其委托代理人：______(签字或盖章)
日期______年______月______日

四、建设工程施工招标评标办法

遵循中华人民共和国国家发展计划委员会等七个部门联合颁布的12号令《评标委员会和评标方法暂行规定》(见本章第四节一、(六))。

五、施工招标标底

(一) 标底的内容

1. 工程量表；
2. 工程项目分部分项的单价，包括补充单价分析表；

3. 招标工程的直接费；

4. 按各地区规定的取费标准计算的间接费、计划利润及税金；

5. 其他不可预见的费用估计；

6. 招标工程项目的总造价，即标底总价；

7. 钢材、水泥、木材三大材料需用量。钢筋的耗用量应按施工图实际配筋调整。

(二) 标底编制步骤

1. 准备工作

对图纸之间矛盾或说明不够明确之处，要求变底；到实地进行了解，作为施工方案、措施的依据。了解招标范围、承包方式、对技术质量和工期要求、物资供应方式、交通运输条件、施工企业所有制或隶属关系；市场调查，掌握材料市场实际价格；考虑合理的施工方法和施工机械制造费用。

2. 准确计算工程量和确定单价

根据图纸和相应定额编号列出项目清单，反复核对，以免漏项或重复；定额单价的选用、换算和编制补充定额单价。

3. 计算直接费

按分部分项工程各项工程量与单价乘积之和分别计算直接费。还应包括其他直接费，必须指出，有些地区已包括在分项单价内的一切费用，决不能作为其他直接费重复计算。凡当地预算定额有规定者，均应按规定计算应纳入直接费的项目。

4. 确定施工管理费及其他间接费的费率

目前各地区按工程类型或按参加投标的施工企业的等级及所有制性质或隶属关系确定不同的管理费费率及其他间接费的费率。有的地区为了简化计算施工管理费和其他间接费，制定出包括上述内容的综合费率，定期颁布、统一遵照执行。

5. 计算主要材料价差

根据各地区各时段（一般是按季度）统一颁布的地区主要材料信息价与定额材料价，计算出材料差价。或按招标书的相应条款来计算。有的地区对于其他材料的差价按每季度颁布的其他材料差价费率来计算。

6. 确定其他费用

包括各项包干费、不可预见费、施工期间工资和材料价格变化预测等，均应逐项分析，确定适当系数或计算出金额后列出。

7. 确定标底

上述直接费、施工管理费、其他间接费和其他费用确定之后，即可算出标底。一个工程只能编制一个标底。标底初步算出后必须详细复核并分析其是否合理。如发现超出批准的概算或修正概算时，应全面加以调整，以保证控制在额定范围以内。如标底合理：但原概算不准而必须突破时，则在招标前应由建设单位同设计单位调整设计标准、工程内容后，重新编制概算，并经主管机关批准后方可进行招标。

8. 编制标底尚需考虑的因素

标底尚应包括钢、木、水泥三材的指标；设计要求的施工操作程序及方法与预算定额中规定往往有差异，需要进行调整，不能按定额硬套，应按实际情况加以换算；各种加工件的加工地点远近，考虑其运输费及其价差；要测算大型施工机械的进退场及装拆费；对施工周期长的工程，还应测算材料综合价格上涨指数；预计超高、超重构件，需要按施工方案确定的特种施工机械所需的费用；工期要求急的工程，在比额定工期缩短过多时，应考虑为缩短工期采取的施工措施所增加的费用；对工程质量有特别要高要求的，还应增加相应费用。

(三) 标底价格

1. 工程施工招标必须编制标底价格，标底价格由招标单位自行编制或委托经建设行政主管部门批准具有编制标底价格资格和能力的中介机构代理编制。

2. 编制标底价格应遵循下列原则

(1) 根据国家公布的统一工程项目划分、统一计量单位、统一计算规则以及施工图纸、招标文件，并参照国家制订的基础定额和国家、行业、地方规定的技术标准规范，以及要素市场价格确定工程量和编制标底价格。

(2) 按工程项目类别计价。

(3) 标底价格作为建设单位的期望计划价，应力求与市场的实际变化吻合，要有利于竞争和保证工程质量。

(4) 标底价格应由成本、利润、税金等组成，一般应控制在批准的总概算（或修正概算）及投资包干的限额内。

(5) 标底价格应考虑人工、材料、设备、机械台班等变化因素，还应包括不可预见费（特殊情况）、预算包干费、措施费（赶工措施费、施工技术费）现场因素费用、保险以及采用固定价格的工程的风险金等。工程要求优良的还应增加相应的费用。

(6) 计价方法

根据我国现行的工程造价计算方法及国际惯例，在工程量清单的配价上有以下两种方法：

1) 工料单价：工程量清单的单价，按照现行预算定额的工、料、机消耗标准及预算价格确定。其他直接费、间接费、利润、有关文件规定的调价、风险金、税金等费用计入其他相应标底价格计算表中。

2) 综合单价：工程量清单的单价综合了直接费、间接费、工程取费、有关文件规定的调价、材料差价、利润、税金、风险金等一切费用。

(7) 一个工程只能编制一个标底价格。

3. 标底价格必须报经招标管理机构审定。

4. 标底价格编制完成后，应密封报送招标管理机构审定。标底价格审定后必须及时妥善封存，直至开标时，所有接触标底价格的人员均负有保密责任，不得泄漏。

(四) 标底价格编、审程序

1. 标底具备条件

(1) 确定招标商务条款。

(2) 工程施工图纸、编制工程量清单的基础资料、编制标底所依据的施工方案、工程建设地点的现场地质、水文以及地上情况的有关资料。

(3) 编制标底价格前的施工图纸设计交底及施工方案交底。

2. 标底价格编制

(1) 确定标底价格计价内容及计价方法、编制总说明、施工方案或施工组织设计、编制（或审查确定）工程量清单、临时设施布置及临时用地表、材料设备清单、“生项”补充定额单价、钢筋铁件调整、预算包干费、按工程类别的取费标准等。

1) 编制标底价格所依据施工方案或施工组织设计指：

(*A*) 大型工程、高层建筑、高级装饰装修工程以及采用新技术、新工艺、新结构的工程；

(*B*) 施工现场作业环境特殊的工程；

(*C*) 招标工程给定工期比定额工期缩短 20% 以上（含 20%）的工程；

(*D*) 工程质量要求达到优良的工程

2) 钢筋、铁件调整：

(*A*) 全现浇框架、框剪结构；

(*B*) 现浇混凝土框轻结构；

(*C*) 钢筋混凝土排架结构；

(*D*) 升板、滑模、内浇外挂、大模大板工程。

(2) 确定材料设备的市场价格。

(3) 采用固定价格的工程测算的施工周期人工、材料、设备、机械台班价格波动风险系数。

(4) 确定施工方案或施工组织设计中的计费内容。

3. 标底价格送审

标底价格应在投标截止日期后、开标之前报招标管理机构审查，结构不太复杂的中小型工程 7 天以内，结构复杂的大型工程 14 天以内。未经审查的标底价格一律无效。

4. 标底价格审定

(1) 提交工程施工图纸、施工方案或施工组织设计、填有单价与合价的工程量清单、标底价格计算书、标底价格汇总表、标底价格审定书、采用固定价格的工程的风险系数测算明细以及现场因素、各种施工措施、测算明细、材料设备清单等。

(2) 标底价格审定交底。

(3) 标底价格审定内容：

1) 采用工料单价

(*A*) 标底价格计价内容：承包范围、招标文件规定的计价方法及招标文件的其他有关条款。

(*B*) 预算内容：工程量清单单价、"生项"补充定额单价、直接费、其他直接费、有关文件规定的调价、间接费、现场经费、预算包干费、取费标准、利润、设备费、税金以及主要材料设备数量等。

(*C*) 预算外费用：材料、设备的市场供应价格、措施费（赶工措施费、施工技术措施费）、现场因素费用、不可预见费（特殊情况）、材料设备差价、对于采用固定价格的工程测算的施工周期人工、材料、设备、机械台班价格波动风险系数等。

2) 采用综合单价

(*A*) 标底价格计价内容：承包范围、招标文件规定的计价方法及招标文件的其他有关条款。

(*B*) 工程量清单单价组成分析，人工、材料、机械台班计取的价格、直接费、其他直接费、有关文件规定调价、间接费、现场经费、预算包干费、取费标准、利润、税金、采用固定价格的工程测算的施工周期人工、材料、设备、机械台班价格波动风险系数、不可预见费（特殊情况）以及主要材料数量等。

(*C*) 设备市场供应价格、措施费（赶工措施费、施工技术措施费）、现场因素费用等。

(五) 标底价格编、审说明及附表

1. 采用工料单价

(1) 标底价格的计算说明

1) 工程量清单应与投标须知、合同条件、合同协议条款、技术规范和图纸一起使用。

2) 工程量清单所列的工程量系招标单位估算的和临时的，作为编制标底价格及投标报价的共同基础。付款以实际完成的工程量为依据。由承包单位计量、监理工程师核准的实际完成工程量。

3) 工程量清单中所填入的单价和合价，应按照现行预算定额的工、料、机消耗标准及预算价格确定，作为直接费的基础。其他直接费、间接费、利润、有关文件规定的调价、材料差价、设备价、现场因素费用、施工技术措施费、赶工措施费以及采用固定价格的所测算的风险金、税金等的费用，计入其他相应标底价格计算表中。

4) 工程量清单不再重复或概括工程及材料的一般说明，在编制和填写工程量清单的每一项的单价和合价时应参考投标须知和合同文件的有关条款。

5) 标底价格中所有标价应以人民币表示。

(2) 标底价格审定书

表 5-34

<table>
<tr><td>建设单位</td><td></td><td>工程名称</td><td></td><td>报　建建筑面积</td><td>m^2</td><td>层数</td><td></td><td>结构类型</td><td></td></tr>
<tr><td>标底价格编制单位</td><td></td><td>编制人</td><td></td><td>报审时间</td><td colspan="2">年　月　日</td><td>工程类别</td><td colspan="2"></td></tr>
</table>

<table>
<tr><td rowspan="10">报送标底价格</td><td>建筑面积（m^2）</td><td colspan="3"></td><td rowspan="10">审定标底价格</td><td>建筑面积（m^2）</td><td colspan="3"></td></tr>
<tr><td>项　目</td><td colspan="2">单方价（元/m^2）</td><td>合　价（元）</td><td>项　目</td><td colspan="2">单方价（元/m^2）</td><td>合　价（元）</td></tr>
<tr><td>工程直接费合计</td><td colspan="2"></td><td></td><td>工程直接费合计</td><td colspan="2"></td><td></td></tr>
<tr><td>工程间接费</td><td colspan="2"></td><td></td><td>工程间接费</td><td colspan="2"></td><td></td></tr>
<tr><td>利　润</td><td colspan="2"></td><td></td><td>利　润</td><td colspan="2"></td><td></td></tr>
<tr><td>其他费</td><td colspan="2"></td><td></td><td>其他费</td><td colspan="2"></td><td></td></tr>
<tr><td>税　金</td><td colspan="2"></td><td></td><td>税　金</td><td colspan="2"></td><td></td></tr>
<tr><td>标底价格总价</td><td colspan="2"></td><td></td><td>标底价格总价</td><td colspan="2"></td><td></td></tr>
<tr><td rowspan="2">主要材料总量</td><td>钢　材</td><td>木　材</td><td>水　泥</td><td rowspan="2">主要材料总量</td><td>钢　材</td><td>木　材</td><td>水　泥</td></tr>
<tr><td>t</td><td>m^3</td><td>t</td><td>t</td><td>m^3</td><td>t</td></tr>
</table>

<table>
<tr><td colspan="2">审　定　意　见</td><td>审　定　说　明</td></tr>
<tr><td>增加项目

小计：______元</td><td>减少项目

小计：______元</td><td rowspan="2"></td></tr>
<tr><td colspan="2">合计：__________元</td></tr>
</table>

<table>
<tr><td>审定人</td><td></td><td>复核人</td><td></td><td>审定单位盖章</td><td>审定时间：　年　月　日</td></tr>
</table>

(3) 标底价格计算用表

标底价格汇总表　　**表 5-35**

金额单位：人民币元

项　目	标底价格组成					合计	备注
	工程直接费合计	工程间接费合计	利　润	其他费	税　金		
1. 工程量清单汇总及取费							
2. 材料差价							
3. 设备价（含运杂费）							
4. 现场因素、施工技术措施、赶工措施费							
5. 其　他							
6. 风　险　金							
7. 合　计							
8. 标底价格总价	元						

工程量清单汇总及取费表

表 5-36

金额单位：人民币元

项目			单位	费率 %	土建工程	给排水工程	采暖工程	电气工程	……	合计
一、工程直接费合计										
其中	1. 工程量清单合计									
	(1)	人工费								
	(2)	材料费								
	(3)	机械费								
	2. 其他直接费合计									
	(1)	冬雨季施工增加费								
	(2)	夜间施工增加费								
	(3)	二次搬运费								
	(4)	……								
	(5)	……								
	3. 现场经费									
二、间接费合计										
其中	1. 企业管理费									
	2. 财务费									
	3.……									
三、利润										
四、其他费										
其中	(1) 预算包干费									
	(2) 地区差价									
	(3) ……									
五、税金										
合计										

工程量清单汇总及取费合计＿＿＿＿＿＿＿元（结转至表 5-35）

工程量清单表

表 5-37

＿＿＿＿＿＿＿＿工程

金额单位：人民币元

项目编号	项目名称	单位	工程量	单价	合价	其中		
						人工费	材料费	机械费

续表

项目编号	项　目　名　称	单　位	工程量	单　价	合　价	其　中		
						人工费	材料费	机械费

共＿＿＿＿页，本页小计：＿＿＿＿元

＿＿＿＿工程量清单合计：＿＿＿＿元（结转至表5-36　工程量清单汇总及取费表）

材料清单及材料差价　　**表5-38**

金额单位：人民币元

序号	材料名称及规格	单　位	数　量	预算价格中供应价	市场供应价	差　价	价格来源及询价时间	备注

共＿＿＿＿页，本页小计＿＿＿＿元

合　计	元
税　金	

材料差价合计＿＿＿＿元　　（结转至表5-35　标底价格汇总表）

设 备 清 单 及 价 格　　**表5-39**

金额单位：人民币元

序号	设备名称	型号及规格	单　位	数　量	出厂价	运杂费	合　价	价格来源及询价时间

共＿＿＿＿页，本页小计＿＿＿＿元（其中设备出厂价＿＿＿＿元，运杂费＿＿＿＿元）

合　计	元
税　金	

设备价格（含运杂费）合计＿＿＿＿元　　（结转至表5-35　标底价格汇总表）

现场因素、施工技术措施及赶工措施费用表 **表 5-40**

金额单位：人民币元

序 号	计价内容及计算过程	金 额	备 注

共________页，本页小计________元

合 计	元
税 金	

合计________元 （结转表 5-35 标底价格汇总表）

2. 采用综合单价

(1) 标底价格的计算说明

1) 工程量清单应与投标须知、合同条件、合同协议条款、技术规范和图纸一起使用。

2) 工程量清单所列的工程量系招标单位估算的和临时的，作为编制标底价格及投标报价的共同基础。付款以实际完成的工程量为依据。由承包单位计量、监理工程师核准的实际完成工程量。

3) 工程量清单中所填入的单价和合价，应包括人工费、材料费、机械费、其他直接费、间接费、有关文件规定的调价、利润、税金以及现行取费中的有关费用、材料差价以及采用固定价格的工程所测算的风险金等的全部费用。

4) 工程量清单不再重复或概括工程及材料的一般说明，在编制和填写工程量清单的每一项的单价和合价时应参考投标须知和合同文件的有关条款。

5) 标底价格中所有标价应以人民币表示。

(2) 标底价格审定书

表 5-41

建设单位		工程名称		报建建筑面积	m^2	层数		结构类型	
标底价格编制单位		编制人		报审时间	年 月 日	工程类别			

	建筑面积（m^2）				建筑面积（m^2）		
报送标底价格	项 目	单方价（元/m^2）	合 价（元）	审定标底价格	项 目	单方价（元/m^2）	合 价（元）
	报送标底价格				审定标底价格		
	主要材料	单方用量	总用量		主要材料	单方用量	总用量
	钢 材				钢 材		
	木 材				木 材		
	水 泥				水 泥		
审定意见				审定说明			

续表

建设单位		工程名称		报　建 建筑面积	m²	层数		结构类型	
增加项目 小计：_____元			减少项目 小计：_____元						
合计：__________元									
审定人		复核人		审定单位盖章		审定时间：　　年　月　日			

(3) 标底价格计算用表

标底价格汇总表　　　　**表 5-42**

金额单位：人民币元

序　号	表　号	工　程　项　目　名　称	金　额	备　注

报送标底价格____________元

工程量清单表　　　　**表 5-43**

金额单位：人民币元

编号	项目名称	单位	工程量	单价	合价	单价分析									
						人工费	材料费	机械费	其他直接费	间接费	利润	税金	材差	风险金	其他

共__________页，本页小计：__________元

__________工程量清单合计：__________元（结转至表 5-42　标底价格汇总表）

设备清单及价格　　表 5-44

金额单位：人民币元

序号	设备名称	型号及规格	单位	数量	出厂价	运杂费	合价	价格来源及询价时间

共＿＿＿＿页，本页小计＿＿＿＿元（其中设备出厂价＿＿＿＿元，运杂费＿＿＿＿元）

合计	元
税金	元

设备价格（含运杂费）合计＿＿＿＿元　　（结转至表 5-42　标底价格汇总表）

现场因素、施工技术措施及赶工措施费用表　　表 5-45

金额单位：人民币元

序号	计价内容及计算过程	金额	备注

共＿＿＿＿页，本页小计＿＿＿＿元

合计	元
税金	元

合计＿＿＿＿元　　（结转至表 5-42　标底价格汇总表）

材料清单及材料差价　　表 5-46

金额单位：人民币元

序号	材料名称及规格	单位	数量 ①	预算价格中供应单价②	预算供应价合计 ③=①×②	市场供应单价 ④	市场供应价合计 ⑤=①×④	材料差价合计 ⑥=⑤-③	备注
	合计								

人工工日及人工费 表 5-47

金额：人民币元

序号	工种	工日	定额人工费		计算标底价格取定		人工费差价		备注
			单价	合价	单价	合价	每工差价	差价合计	
	合计								

机械台班及机械费 表 5-48

金额：人民币元

序号	施工机械名称及型号	台班	定额机械费		计算标底价格取定		机械费差价		备注
			台班单价	合价	台班单价	合价	台班差价	差价合计	
	合计								

（六）施工方案及现场条件

1. 施工方法给定条件

（1）编制标底价格所依据的方案应先进、可行、经济、合理，并能指导施工。

（2）各分部分项工程的施工方法，提交包括临时设施和施工道路的施工总布置图及其他必须的图表、文字说明书等资料，要求量化图文并茂。至少应包括：

1）各分部分项工程的施工方法，保证质量的措施；

2）各分部施工进度计划；

3）施工机械的进场计划；

4）工程材料的进场计划；

5）施工现场平面布置图及施工道路平面图；

6）冬、雨季施工措施；

7）地下管线及其他地上地下设施的加固措施；

8）保证安全生产、文明施工，减少扰民降低环境污染和噪音的措施。

2. 工程建设地点现场条件

（1）现场自然条件

（包括：现场环境、地形、地貌、地质、水文、地震烈度及气温、雨雪量、风向、风力等）

（2）现场施工条件

（包括：建设用地面积、建筑物占用面积、场地拆迁及平整情况、施工用水、电及有关勘探资料等）

3. 临时设施布置及临时用地表

（1）临时设施

招标单位应提交一份施工现场临时设施布置图表并附文字说明，说明临时设施、加工车间、现场办公、设备及仓储、供电、供水、卫生、生活等设施的情况和布置。

临 时 用 地 表　　　　表 5-49

用　　途	面　积　(m^2)	布　　置	需用时间（自____至____止）
合　计			

注：注明全部临时设施用地面积以及详细用途。

第五节　施工阶段监理工作的内容

一、施工阶段监理工作流程

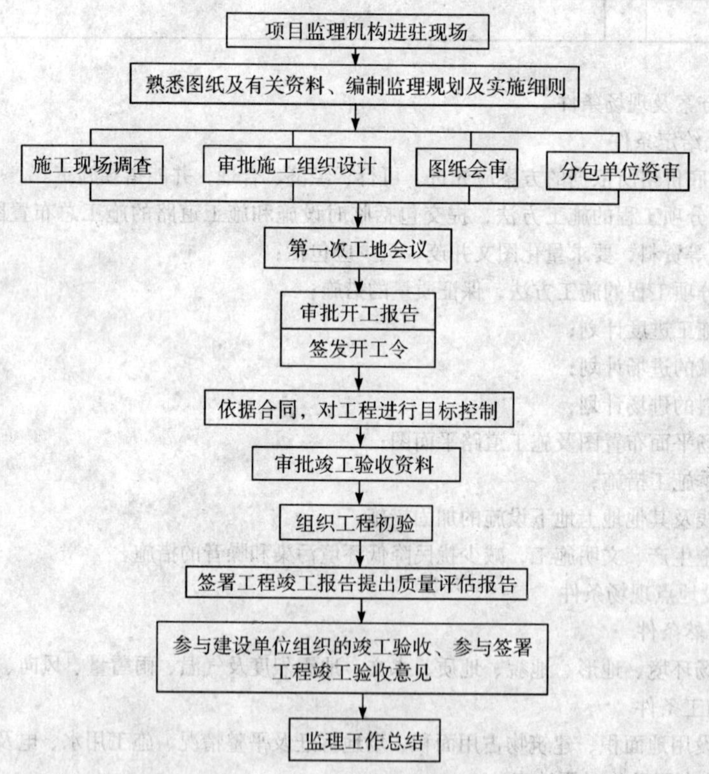

图 5-52　施工阶段监理工作流程

二、施工阶段监理工作基本内容

施工阶段监理工作基本内容如表 5-50 所示：

表 5-50

序号	工作名称	工作内容	人员		成果	工作依据
			负责	配合		
1	确定监理组织	1. 确定项目总监理工程师及监理专业人员 2. 摸清任务条件及具体内容	公司领导	总监	确定项目总监理工程师及监理机构专业人员	依据监理合同
2	制定监理规划及准备工作	1. 项目总监理工程师主持编制监理规划 2. 各专业监理工程师熟悉施工图及有关技术资料 3. 各专业提出图纸会审意见 4. 根据合同规定拟定专业监理岗位责任 5. 进驻现场做准备工作	项目总监理工程师	各专业监理工程师	1. 制定监理规划 2. 提出图纸会审意见 3. 确定各专业监理要点 4. 现场监理机构内部管理制度	按合同规定内容及有关资料
3	审查施工组织设计	1. 组织各专业监理工程师认真审查施工组织设计 2. 汇总对施工组织设计的审查意见	项目总监理工程师	各专业监理工程师	施工组织设计的审查认可工作，提出书面意见	
4	工程投资、进度、质量目标动态控制	按合同要求监督施工单位严格按规范标准和设计图纸施工，对整个施工过程进行动态跟踪。主要抓以下工作： 1. 检查施工进度计划 2. 审查和会签设计变更，工地洽商 3. 主要材料、构配件和设备复核 4. 核定施工试验报告 5. 核查隐蔽工程 6. 审阅“施工记录”和“安装记录” 7. 参加水、暖、电、通风有关系统试压和试运行并签认 8. 审查工程量及付款申请 9. 参与分项分部工程质量验收	各专业监理工程师	监理员	控制工程质量、进度和投资	有关设计施工规范和设计文件
5	质量评定	1. 分部质量评定核查 2. 质量综合评定监理意见	项目总监理工程师	各专业监理工程师监理员	填写核查监理意见表	按国家《建筑工程施工质量验收统一标准》(GB 50300—2001)及各工程施工质量验收规范

续表

序号	工作名称	工作内容	人员		成果	工作依据
			负责	配合		
6	工程验收	1. 审查施工单位提出的竣工有关技术资料 2. 项目总监理工程师组织初验 3. 参加建设单位组织的竣工验收工作	建设单位项目总监理工程师	各专业监理工程师	竣工验收监理工程质量评估报告	依据国家有关工程竣工验收备案管理规定办理
7	竣工结算	审查工程竣工结算	（技术经济）监理工程师	各专业监理工程师		
8	监理工作总结	1. 总结监理机构实施监理经验教训 2. 整理监理文档资料做好归档工作	项目总监理工程师	监理工程师监理员	监理总结	按监理企业文档管理规定
9	保修阶段	1. 检查工程状况 2. 定期回访鉴定质量问题	总监	各专业监理工程师	保修跟踪服务	按国家有关文件及监理合同规定

三、施工阶段监理工作细则

（一）工作依据

1. 本项目实施阶段的监理委托合同；
2. 建设单位提供项目完整的施工图及有关资料说明；
3. 建设单位和施工单位签订的承包合同；
4. 本项目有关的施工质量验收规范、标准和规定。

（二）工作细则

按照监理委托合同要求，全面负责对工程的监督、管理和检查，协调各方的关系。

1. 审查施工组织设计

(1) 要求施工单位于正式开工前，将本工程施工组织设计报送现场监理项目组。

(2) 收到报送的施工组织设计后，总监理工程师应及时组织有关专业监理工程师共同进行审议，将审查结果以书面答复施工单位。

(3) 工程的重点或关键部位施工，应要求施工单位提出具体施工方案，经有关专业监理工程师审查认定后方可施工。

2. 控制工程进度

(1) 要求施工单位根据合同要求，提出工程总进度计划，监理机构对总进度计划是否满足规定的竣工日期进行审查，提出意见。

(2) 在总的进度计划前提下，要求施工单位做出季度、月份工程各工种的具体计划与安排，并审查其可行性，如发现执行过程中不能完成工程计划时，应检查分析原因，督促施工单位及时调整计划和采取补救措施，以保证工程进度的实现。

(3) 现场监理机构应建立工程监理日志制度，详细记录工程进度、质量、设计修改、工地洽商等问题和有关工程施工过程中必须记录的问题。

(4) 定期召开有关工程进度的协调会，对其中有关进度问题提出监理意见。

(5) 督促施工单位按月提出施工进度报表，交监理机构由各专业监理工程师审查认定，最后应写出监理月报。

3. 控制工程质量

(1) 各专业监理工程师应熟悉施工图及有关设计说明资料，了解设计要求，明确土建与设备、安装相关部位及工序之间的关系，审查图纸有无差错和表达不清楚的地方，对工程关键部位和施工难点做到心中有数，并做好设计会审工作。

(2) 督促施工单位严格按照施工安装规范、验收标准、设计图纸进行施工，并经常深入现场检查施工质量和质量保证技术措施的落实。

(3) 各专业监理工程师对施工单位交验的有关施工质量报表，应进行核查或认定。对于隐蔽工程未经监理工程师核查签字不能继续施工。

4. 审查设计变更

(1) 对设计修改（包括施工、建设单位和监理机构对设计的修改意见）请设计单位研究确定后提出修改通知，并须经监理工程师会签后交施工单位施工。

(2) 监理工程师会签有关各种设计变更，应侧重审查对工程质量、进度、投资是否有不利影响，如发现有不利影响时，应明确提出监理意见，必要时提出书面意见向建设单位反映。

5. 监督检查施工安全防护措施

(1) 审查施工安装单位提出的安全技术措施方案并监督其实现，但施工安全防护的责任仍由施工单位承担。

(2) 施工过程的安全防护措施，应由施工单位负责定期检查，监理机构配合监督。如发现施工中存在重大不安全问题，可直接向施工单位负责人提出停止施工意见，并写出书面监理意见，向建设单位反映。

6. 审查主要建筑材料、主要设备的订货和核定其性能

(1) 主要建筑材料、配件订货前，施工单位应提出样品（或看样）和有关订货厂家资质证明以及单价等资料向监理工程师申报。经监理工程师会同设计、建设单位研究同意后方可订货。

(2) 主要设备订货，在订货前施工单位应向监理机构提出申请，由监理工程师会同设计、建设单位研究同意后方可订货。设备到货后应及时向监理机构报送出厂合格证及有关设备的技术参数资料，由监理工程师进行核定是否符合设计要求。

(3) 对用于工程的主要材料，进场时必须具备正式的出厂合格证和材质化验单。如不具备或对检验证明有疑问时应向施工单位说明原因并要求施工单位补做检验。所有材料检验合格证均须经监理工程师验证，否则一律不准用于工程上。

(4) 工程中所用各种构件必须具有厂家、批号和出厂合格证。由于运输安装等原因出现的构件质量问题，应进行分析研究。采取措施处理后经监理工程师同意方能使用。

(5) 监理工程师应检查工程上所采用的主要设备是否符合设计文件或标书所规定的厂家、型号规格和标准。

(6) 对进口设备必须具有海关商检书。

7. 投资控制

(1) 对施工单位所报月度完成工程量，监理工程师应进行认真核实。

(2) 按照建设单位与施工单位签订的承包合同规定的工程付款办法，根据核实的完成工程数量，签发付款凭证。

(3) 对超出承包合同之外的设计修改、工地洽商，由施工安装单位做出预算，监理机构可根据建设单位委托审查预算（签订合同时应予明确）。

8. 工程验收

(1) 现场监理机构人员根据施工单位有关阶段的、分部工程的以及单位工程的竣工验收申请报告，负责组织初验。单位工程的正式验收仍由建设单位组织。

(2) 监理机构接到施工单位有关竣工验收申请报告后，项目总监理工程师负责组织有关专业监理工程师进行初验，并将初验意见书面答复施工单位。对工程存在的质量问题和漏项工程限定处理期限和再次复验日期。

(3) 经初验全部合格后，由项目总监理工程师在相应的工程竣工验收报告单上签明认可的正式竣工日期，并向建设单位提出竣工报告。然后建设单位组织有关部门和人员参加进行正式验收工作。一切遵照建设部第 78 号令《房屋建筑工程和市政基础设施工程竣工验收备案管理暂行办法》。

(4) 项目总监理工程师应严格掌握阶段的或分部的工程验收，通过正式验收合格后，方可同意继续下阶段施工。单位工程正式竣工验收合格后方可办理移交手续。

9. 组织工程质量事故的处理

(1) 监理工程师对工程质量事故，负责组织有关方面进行事故原因分析，并责成事故责任方及时写出事故报告和提出处理方案。

(2) 责任方提出的质量事故处理方案，征得设计单位及监理企业同意后，由责任方对事故进行处理，监理工程师监督检查实施情况。

四、施工阶段现场监理机构管理

（一）监理工程师守则

1. 认真学习贯彻国家有关建设监理政策法规。

2. 坚持原则，秉公办事，自觉抵制不正之风。

3. 严格按国家规范、标准监理工程，对工作严肃认真，一丝不苟。

4. 努力钻研监理业务，坚持科学的工作态度，对工程以科学数据为认定质量依据。

5. 尊重客观事实，准确反映建设监理情况，及时妥善处理问题。

6. 虚心听取施工单位的意见，接受监理主管部门指导，及时总结经验教训，不断提高监理工作水平。

（二）现场监理机构人员的职责

1. 项目总监理工程师

（1）工程施工过程中

1）监理公司委派总监理工程师、总监理工程师代表并组建监理机构，依据监理委托合同管理和监督施工承包单位的施工质量、施工进度、造价审查等相应内容的实施及处理施工承包合同执行中发生的问题。

2）总监理工程师受监理企业委托对工程的监理工作负责，按照监理合同规定的监理内容实行有效的监督并签署有关技术文件和凭证。

3）总监理工程师要严格执行监理合同中所规定的有限权力，他无权变更设计图纸和施工承包合同的规定，但在监理合同规定范围内，有权要求施工承包单位，提供受监工程的全部施工计划、方案，对有关的计划、方案进度审查和提出修改意见，施工承包单位应就总监理工程师提出的审查意见做出采纳或说明答复。

4）监理机构的监理人员在总监理工程师领导下，负责分管监理项目和内容的具体监理工作，对不符合规范和有关规定要求的操作方法，所用材料及成品、半成品等，可直接向施工负责人提出要求改正的意见，得不到解决时要及时向总监理工程师反映，由其出面解决或召集协调会议，直到书面下达停工通知单。

5）遇有重大技术问题或经济问题或影响监理合同任务完成时，总监理工程师，要及时向公司经理或总工程师汇报，由公司组织研究会或选派有关专家赴现场研究解决，总监理工程师对这类问题应避免仓促做出决定和表态。

6）总监理工程师要负责和督促监理机构的有关人员，定期按制度和合同规定填写有关报表或书面情况汇报。将工程进度情况、存在问题和监理工作情况，报送有关单位和监理企业。

7）监理任务完成后，总监理工程师应组织全体监理人员进行监理工作总结，并书面报公司。

8）总监理工程师必须遵循监理规范中规定的总监理工程师应履行的职责。

（2）项目验收移交

1）监理项目完成后，施工承包单位提出工程竣工验收证书及全部应移交的工程技术档案资料，竣工图可于正式验收时交出报送总监理工程师审核无误后，在规定时间内组织监理机构及有关单位进行初验。初验合格后监理机构负责报告建设单位，按施工承包合同规定组织正式验收。

2）工程项目的安装工程或装饰工程，如系由建设单位另行分包给其他单位负责施工时，应组织中间交接验收。一般应在分包插入施工前和完成后各进行一次，并用书面协议形式明确交接双方责任。执行中如双方有争议，由总监理工程师进行协调。

3）工程全部竣工并经验收合格后，总监理工程师应在施工承包单位提出的竣工验收证书上签明认可施工期，然后送建设单位，据此由建设单位与施工承包单位办理工程正式验收移交和结算手续。一切遵从工程竣工验收备案管理暂行办法。

4）当所监理工程办完验收移交手续，监理企业与建设单位办理监理费用结算手续。

5）保修阶段负责检查工程状况，鉴定质量问题责任督促保修。

2. 专业监理工程师

根据工程的情况安排结构、建筑、暖通、管道、电气、热机、技经等专业监理工程师参加，专业监理工程师主要负责本专业的有关建设监理业务，履行监理规范中规定的职责。

3. 监理员

协助监理工程师具体实施有关监理工作，履行监理规范中规定的监理员应履行的职责。

4. 其他管理人员

负责图纸、资料保管及技术档案的管理，按监理企业规定收发文件统一编号并存档。

负责办公用具、交通、食宿等生活工作和监理机构的后勤工作。经常与公司办公室取得联系和帮助做好现场的行政事务工作。

（三）监理例会制度

(1) 每周由项目总监理工程师召集监理机构会议，小结上周监理工作，布置下周监理工作要求，讨论监理中有关的问题。

(2) 每月在规定时间提出监理月报报监理企业、建设单位。月报内容一般包括：工程形象进度和计划完成情况、工程质量情况、控制工程投资情况、重大设计变更和工地洽商、重大质量事故情况，以及需要上报的其他问题。

(3) 项目总监理工程师（或指定其他专业监理工程师代表）参加现场定期召开的工程例会。

(4) 施工过程中一般专业技术问题由专业监理工程师负责处理，并及时将处理结果向项目总监理工程师汇报。

(5) 施工过程中遇到有关监理的重大技术经济问题或影响到监理合同执行的问题时，项目总监理工程师应及时向监理企业总工程师或主管经理请示汇报，公司主管领导应及时组织研究处理。

（四）现场所有监理人员都应按日填写监理日记

（五）技术资料的管理

监理公司应统一技术资料的管理，提高工程监理水平，依据国家颁发的现行施工验收规范及有关规范、标准，结合实际情况制定标准。

范例：

1. 收文

(1) 凡收到的文件均需编号并登记记入收文本。

(2) 凡由设计单位、施工单位、建设单位的来函，收文后分专业在函件的右上角编号，如：建施—001，结施—006号，暖施—023等。

专业号　序号

(3) 凡由上级单位、建设单位、设计单位来的文件，没有明确的专业界限者，在函件的右上角编号监（一)、监（八）等。

(4) 由设计单位发出的设计变更及由施工单位发出的材质与产品检验单，施工试验报告，施工记录，预检记录，隐检记录，基础、结构验收记录，水、暖、卫安装记录，电气安装记录，工程质量检验评定，竣工验收资料，洽商记录，竣工图等均应整理归档。

2.发文

(1) 凡由监理工程师发出的文件均需编号并登记入发文本。

(2) 发往施工单位、建设单位等的文件按专业编号，如监建—001、监水—005、监

专业号　序号

电—013等。

(3) 发往上级单位、设计单位的文件，没有明确的专业界限者，编号监—1、监—8…等。

3.收、发文手续

(1) 收、发文本统一设置，按收、发文日期顺序登记填写；

(2) 收、发文件必须有签字手续。收文由收件人及保管人签字，发文由发往单位的有关人员签字。

4.技术资料整理

技术资料按下述分项整理：

(1) 技术交底；

(2) 材质与产品检验；

(3) 施工试验报告；

(4) 施工记录。

5.全部项目监理机构的文件、资料，应采用计算机辅助管理。

(六）监理工程师应重视安全防护

(1) 牢固树立“安全生产人人有责”的思想，不能只管技术不问安全。

(2) 积极参加有关安全施工的学习教育，熟悉本专业的安全技术要求，并监督检查施工单位严格遵守安全技术规程。

(3) 监理工程师应树立严格的自我防护意识，进入施工现场时必须配戴安全帽和有关个人防护用品，并自觉遵守施工现场有关安全防护规定。

(4) 监理工程师审查有关施工方案时应认真注意施工安全防护措施的采取。如发现重大不安全因素，要明确提出监理意见，要求施工单位切实纠正，并写监理月报。

(七）其他

(1) 现场监理机构人员进驻施工现场前，公司应将项目总监理工程师及专业监理工程师名单书面通知建设单位。

(2) 建设单位在开工前，将监理内容、监理工程师姓名及所授权限书面通知承建单位并抄送设计单位。

(3) 为配合施工进度，做好监理工作，现场监理机构人员应建立值班制度。

五、施工阶段合同管理

施工阶段监理企业依据监理委托合同中确定的监理企业的权利、义务和职责，按照合同要求，全面负责地对工程进行监督、管理和检查、协调现场各承包单位及有关单位间的关系，负责对合同文件的解释和说明，处理有关问题，以确保合同的圆满执行。

应该注意的是，监理企业受建设单位委托，履行合同中规定的职责，行使合同中规定或合同隐含的权力，但监理企业不是签订工程承包合同的一方，除非建设单位授权，监理企业无权改变合同，也无权解除合同规定的承包单位的任何义务。

监理企业是独立的公正的第三方，不属于建设单位和承包单位之间签订合同中的任何一方，只负责合同管理和工程监督。在施工阶段，监理企业不去具体地安排工程施工，只是宏观上控制施工进度，审核承包单位编制的施工总进度计划及阶段性的进度计划，并进行督促检查，以确保工期目标的实现；监理企业对工程质量则是按合同中的技术规范、图纸要求去进行检查验收。监理企业可以向承包单位提出建议，但并不对如何保证工程质量负责，监理企业应按照合同规定，为建设单位把好工程款支付关，应避免承包单位的不合理的索赔要求。

（一）合同管理中的有关问题

1. 合同的转让和分包

在工程承包合同实施的过程中，未经建设单位的事先同意，承包单位不得自行将全部或部分合同转让给他人。但是承包单位将一部分工作分包给其他的承包单位是正常的，但这种分包必须经过批准。如果在总包合同中已列入有关分包的条款，表明建设单位已批准；如果是在工程开工后再分包时，必须经监理企业审核分包单位的资质，然后报经建设单位批准。

《建筑法》中第三章第三节第二十八条与第二十九条对此作了明确规定。

第二十八条　禁止承包单位将其承包的全部建筑工程转包给他人，禁止承包单位将其承包的全部建筑工程肢解以后以分包的名义分别转包给他人。

第二十九条　建筑工程总承包单位可以将承包工程中的部分工程发包给具有相应资质条件的分包单位；但是，除总承包合同中约定的分包外，必须经建设单位认可。施工总承包的，建筑工程主体结构的施工必须由总承包单位自行完成。

建筑工程总承包单位按照总承包合同的约定对建设单位负责：分包单位按照分包合同的约定对总承包单位负责。总承包单位和分包单位就分包工程对建设单位承担连带责任。

禁止总承包单位将工程分包给不具备相应资质条件的单位。禁止分包单位将其承包的工程再分包。

2. 建设单位的职责

在施工阶段，虽然建设单位已委托监理企业对工程进行监督管理，但建设单位也应指定专人作为代表、负责与监理企业和承包单位的联系，处理合同执行中的有关具体事宜，但对一些重要问题，如工程变更的批准、工程款支付的审批、工期的延长等应由建设单位负责。因此，监理企业应明确建设单位的职责。

（1）以书面形式将总监理工程师，建设单位代表通知承包单位；

（2）按合同负责解决施工前期的准备工作；

(3) 批准承包单位工程分包申请;

(4) 当承包单位有关手续齐备后，及时向承包单位拨付有关款项。例如：工程预付款、设备和材料预付款、月工程款、工程最终结算等;

(5) 当承包单位为工程进口材料、设备以及承包单位的施工装备等时，建设单位应负责为其开具证明材料，以便办理海关、税收等有关手续;

(6) 主持解决合同中的纠纷、合同条款的更改和变动;

(7) 及时签发工程变更令;

(8) 批准监理工程师同意上报的工程延期报告;

(9) 及时答复承包单位的信函;

(10) 协助承包单位解决生活物资供应、材料供应、运输等问题;

(11) 负责组织工程竣工验收，并签发有关证书;

(12) 如果承包单位违约，建设单位有权终止合同并授权其他人去完成合同。

3. 施工合同的档案管理

监理企业应协助建设单位做好施工合同的档案管理工作。工程项目全部竣工之后，应将全部合同文件加以系统整理，归档保管。在合同的履行过程中，对合同文件，包括有关的签证、记录、协议、补充合同、备忘录、函件、电报、传真件都应按归档要求系统分类，报送建设单位统一管理。

(二) 工程施工索赔

1. 索赔的定义

索赔——作为合法的所有者，根据自己的权利提出的有关某一资格、财产、金钱等方面的要求。

2. 索赔的概念

在工程承包合同中，索赔是工程承包合同的当事人依照合同条款和法律的规定，根据违约事实和损害的后果，向违约方提出要求支付和（或）获得其他形式赔偿（如给予延长工期）的法律行为。

在工程建设的各个阶段，都有可能发生索赔，但是最易发生，处理难度较大、较为复杂的情况发生在施工阶段，故通常指工程施工的索赔。

3. 索赔的分类

索赔的分类方法有多种，主要有以下分类方法:

(1) 按索赔的依据分类

1) 合同规定的。例如：工程变更、暂停导致的索赔。

2) 非合同规定的。

3) 道义索赔，又称“额外支付”。

(2) 按索赔涉及有关当事人分类

1) 承包单位与业主之间。

2) 承包单位与分承包单位之间。

3) 承包单位与供货单位之间。

4) 承包单位与保险公司之间。

(3) 按索赔发生的原因

1）设计修改引起的索赔。

2）工程量变更引起的索赔。

3）合同文件的理解和解释引起的索赔。

4）第三方造成的索赔

（A）政治问题；

（B）货币变化；

（C）通货膨胀等。

5）不利自然条件引起的索赔

（A）洪水；

（B）滑坡；

（C）特殊气候条件等等。

6）不利和不可预见的地质及岩石条件引起的索赔。

(4) 按索赔对象分类

1）索赔：承包商向业主提出的索赔。

2）反索赔：业主向承包商提出的索赔。

(5) 按索赔的目的分类

1）工期索赔。其目的是延长施工时间，使原规定的完工日期顺延，避免了违约罚款的风险；

2）费用索赔。目的是得到费用补偿，使承包商所遭遇到的，超出工程计划成本的附加开支得到补偿。

4. 处理索赔的原则

(1) 监理工程师处理合同双方所提出的索赔时必须以合同为依据

监理工程师在处理索赔事件时，应站在客观公正的立场上审查索赔的要求是否正当，必须以合同为依据来公平处理合同双方的利益纠纷。因此，监理工程师必须详细的了解合同条件、协议条款。

(2) 监理工程师必须重视积累资料

应当积累一切可能涉及索赔论证的资料。处理索赔时以事实和数据为依据。

(3) 应当及时、合理地处理索赔。

5. 索赔的依据

(1) 合同和合同文件

工程承包合同是工程承包当事人间最基本的约定文件。应注意的是，只有正式编入合同的条款才能作为索赔的依据。

(2) 施工文件

1）工程图纸；

2）工程进度计划；

3）施工记录；

4）会议记录；

5）施工备忘录；

6）来往信函；

7）由监理工程师签字批准的各类工程检查记录和竣工验收报告；

8）各类财务单据；

9）工程施工录像和照相资料；

10）其他资料。

(3) 法律和法规

6. 处理索赔的工作流程图

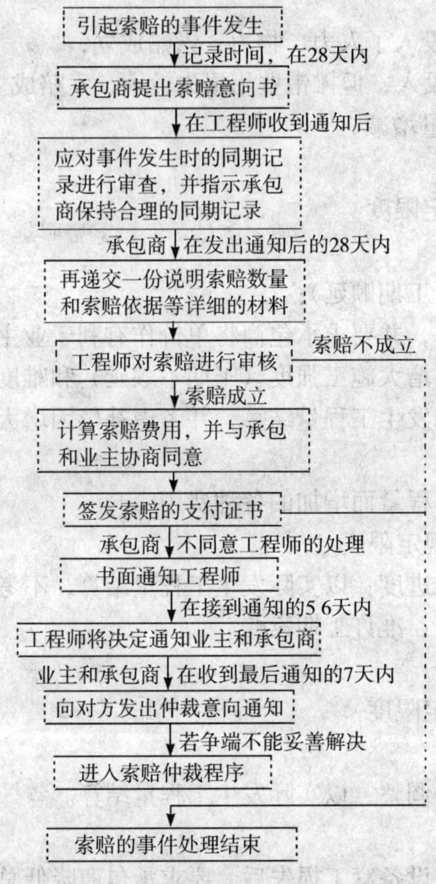

图5-53　处理索赔的工作流程图

7. 索赔审核

审核索赔是一项十分细致的工作，必须根据索赔原因，结合合同条款的规定，进行全面审核。

(1) 审核工程变更引起的索赔

1）设计变更——项目增减

增加项目

(A) 不延长工期，承包商现有人员、设备经调整仍不能满足进度需要，除应支付新增工程项目费用外，其他费用索赔成立。

(B) 变更工程的单价或价格处理

a. 借用工程量报价表中合适的单价；
b. 对增加工程项目的实际成本进行详细估算，以求出单价；
c. 参照工程量报价表中同类工程单价，进行推算以计算单价；
d. 议价。
(*C*) 处理方式：
承包商提出，监理工程师审核，业主同意。
减少项目
a. 当承包商已为此项投入了人力、物力，索赔成立；
b. 承包商并未为此项投入，但摊销费用损失较大，索赔成立。
2) 设计修改——工程量增减
(*A*) 工程量增加
a. 工程量增加超过规定限度
单价合同
不必增加人员、设备 (工期顺延)：
以实际发生工程量结算，并要求承包商将单价作有利于业主的调整。
增加人员、设备投入，增大施工强度 (工期不顺延) 和难度：
单价不作调整，按实际发生工程量结算，并考虑补偿因增大难度而增加的费用。
总价合同
应支付完成超额部分工程量而增加的各种费用。
b. 工程量增加未超过规定限度
增加工程量不致影响总进度：以实际发生工程量结算，不考虑其他费用。
增加工程量影响总进度：准许工期索赔。
(*B*) 工程量减少
a. 工程量减少超过规定限度
单价合同
单价向有利于承包商的调整，以实际发生工程量结算。
总价合同
在考虑了承包商人员、设备窝工损失后，要求承包商降低总价。
b. 工程量减少未超过规定限度
任何形式的索赔均不成立
3) 施工难度及质量要求变化
(*A*) 施工难度增大
因工程变更引起的施工难度增加：
a. 应承包商的要求而变更，索赔不成立。
b. 非承包商的原因，以合同及实际情况进行处理。
因客观原因引起的施工难度增加：索赔成立。
(*B*) 质量要求提高
采用新材料、新工艺、新技术或质量标准提高，索赔成立。
4) 施工方案改变

(*A*) 因工程变更引起

a. 因设计变更引起的施工方案改变，索赔成立。

费用估算：新旧方案的费用差额，为补偿的依据。

b. 因承包商要求进行变更而导致方案改变，索赔不成立。

(*B*) 应某一方要求而改变方案

a. 业主要求加快进度，索赔成立。数量依据为新旧方案费用差额。

b. 应承包商要求而改变方案，索赔不成立。

(2) 工程暂停或终止

1) 承包商的原因

承包商的原因违约或毁约，索赔不成立。

2) 非承包商的原因

(*A*) 工地天气恶劣造成工程暂停，索赔不成立。

(*B*) 监理工程师因工程的需要或为了工程的安全而指令暂停，索赔不成立。

(*C*) 因业主或工程师的过失导致工程暂停，并使承包商付出额外费用，索赔成立。

(*D*) 业主迟付工程款，承包商在通知业主和监理工程师的28天之后暂停工程而支付了额外费用，索赔成立。

(*E*) 业主违约，承包商宣布终止合同。因此而造成承包商的损失，索赔成立。

3) 双方的原因

索赔受理，依据合同，实事求是处理。

(3) 不可预见的施工条件及人为阻碍

1) 工程水文、地质条件变化

(*A*) 工程水文、地质条件与标书中所提示的条件发生变化，索赔成立。

(*B*) 标书中原定明挖土石比例与实际不符，索赔成立。

2) 不可预见的风险

(*A*) 承包商不可预见的风险与人为阻碍，索赔成立。

(*B*) 能被有经验的承包商所预料的风险，索赔不成立。

(4) 额外试验、检查，处理地下埋藏物

1) 额外试验、检查

(*A*) 监理工程师指令进行额外试验，且试验符合合同要求，索赔成立。

(*B*) 监理工程师指令对承包商自行覆盖的隐蔽工程开孔检查，检查结果符合合同要求，索赔成立。

2) 处理地下埋藏物

因处理地下埋藏物（文物、化石等）的损失，索赔成立。

(5) 价格变化

1) 政策性物价调整

由于国家政策性价格调整，索赔成立。

2) 市场价格变化

对于合同中明确规定的可调整的物价变化，索赔成立。

审核的重点：

(A) 调价基数月是否正确；

(B) 物价指数是否系工程所在国统计局所公布的；

(C) 调价基本金额是否正确；

(D) 材料和运输调价内容是否正确。

(6) 迟付工程价款

业主未按合同规定及时支付工程款引起的利息索赔，索赔成立。

(7) 不可抗力及特殊风险

1) 人力不可抗拒的灾害

由于遭受各种自然灾害而引起的索赔，索赔成立。

处理方法：对灾害损失详细调查，协商确定赔偿金额。

2) 特殊风险

动乱、战争、政变及其他特殊风险引起的索赔，索赔成立。

(8) 工期

索赔工期的项目必须是工程进度网络中处于施工关键路线上的项目，否则索赔不成立。

(9) 其他

1) 合同条款中的遗漏、矛盾或错误

由于标书中的遗漏、矛盾、错误而导致的索赔，索赔成立。

2) 其他

(A) 业主拖延竣工验收时间，索赔成立；

(B) 因业主的原因导致工程分包费用增加，索赔成立；

(C) 施工详图未按合同规定时间提供，索赔成立；

(D) 监理工程师提供的工程测量参考点、参照高程不准确，索赔成立；

(E) 业主没有提前分期移交施工现场，索赔成立；

(F) 因工程变更致使承包商工程保险费用增加，索赔成立。

(10) 应注意的问题

1) 索赔费用的数量确定

无论是工程直接费、还是保险费、保证金、利息、管理费，只要是有经验的承包商预料不到的风险和自身以外的原因导致的损失或额外支付，当承包商在合理时限内提出索赔申请，监理工程师都应充分调查和审核，并及时确定数量，索赔总数量包括有关原因引起的各项直接费用索赔数量和各项其他费用索赔数量之和。

2) 索赔费用的支付

按国际惯例，监理工程师经过审核确定的合理的索赔数量，经与承包商和业主协商同意，由监理工程师列在中期（或终期）支付证书中，向业主证明应支付给承包商的总数额。

业主接到工程师的支付证书后，应在合同规定的时限内支付给承包商。

3) 索赔的争端处理

若承包商或业主对工程师的索赔处理报告不满意，首先，应书面通知工程师，并抄送另一方。工程师在收到该通知的 84 天内，应将其决定通知业主与承包商。其次，若工程师在收到通知的84天内未能做出决定时，业主与承包商在收到最后决定后的7天（或在上述84天到期后的7天）内，可给对方发出要求开始仲裁的意向通知，并抄送工程师。

这时，如果双方对争端不能妥善解决，仲裁便不可避免。否则，超过上述规定期限提出的仲裁意向是无效的，工程师的决定将成为最终有约束力的决定。

8. 索赔的费用计算

(1) 索赔依据和准备

工程施工合同是提出索赔要求和进行索赔值估算的依据。承包商应注意合同中对工期和费用索赔的具体规定，如工程合同价格的可调整性及调整方法；工程量变更与合同单价的关系；附加工程价格的确定方法等。与此同时，应收集所有与索赔事件有关的证据，准备索赔估算所需要的各种单价、定额、取费标准等计算数据和信息。

(2) 索赔费用估算原则

索赔费用的估算，对具体工程来说，不存在一个大家共同认可和统一的估算方法。估算方法的选择对索赔值的大小影响很大，如选用不合理往往会被对方驳回。因此承包商必须具备丰富的索赔经验和工程估算经验。

(3) 索赔费用的构成

费用索赔是索赔的重点和主要内容，对于不同的索赔事件，将会有不同的索赔费用内容，一般情况下，应根据索赔事件的性质，分析其具体的费用项目。下面列出一些索赔事件可能产生的费用构成：

1) 工期延长

(*A*) 人工费增加；

(*B*) 材料费增加；

(*C*) 现场施工机械设备停置费；

(*D*) 现场施工管理费增加；

(*E*) 因工期延长和通货膨胀使原工程成本增加；

(*F*) 相应保险费增加；

(*G*) 保函费用增加；

(*H*) 分包商索赔；

(*I*) 总部管理费分摊；

(*J*) 推迟支付引起的兑换率损失；

(*K*) 银行手续费和利息支出。

2) 业主指令工程加速

(*A*) 人工费增加；

(*B*) 材料费增加；

(*C*) 机械施工使用费增加；

(*D*) 因加速施工增加现场管理人员的费用；

(*E*) 总部管理费增加；

(*F*) 额外利息增加（若有的话）。

3) 工程中断

(*A*) 人工费；

（B）机械使用费；

（C）保函、保险费、银行手续费；

（D）贷款施工利息；

（E）总部管理费；

（F）其他额外费用。

4）工程量增加和附加工程

（A）工程量增加所引起的索赔额，其构成与合同报价组成相似；

（B）附加工程的索赔额，其构成与合同报价组成相似。

（4）索赔费用的估算方法

对于索赔费用的估算，一般是先计算与索赔事件有关的直接费用，然后计算由此索赔事件应分摊的管理费用。每项费用的具体计算方法虽千差万别，但基本上与承包商的报价计算相似。从总体上看，国际承包商一般采用总费用法和分项费用法进行估算，并选择合理的分摊方法进行管理费的分配。

1）总费用法

总费用法的基本算法为：将固定总价合同转化为成本加酬金，合同或索赔值按成本加酬金的方法来计算。以下为总费用法的计算：

（A）合同实际成本；

a. 直接费

人工费

材料费

分包商

设　备

其　他

———

合　计

b. 间接费

c. 总成本［（*a*）＋（*b*）］

（B）合同总收入（合同价＋变更令）；

（C）成本超支［（A）－（B）］；加：未补偿的办公费和行政费（总成本的10%计）、利润（总成本的15%加管理费）、利息；

（D）索赔总额；

（E）索赔准备费；

（F）索赔总额利息（从提出索赔通知之日至提出本索赔报告的一段时间）；

（G）现时索赔总额［（D）＋（E）＋（F）］。

这种方法的应用必须满足四个条件：

a. 合同实际发生的总费用应计算准确，合同造成的成本应符合普遍接受的会计原则，若需要分配成本，则分摊方法和分摊基础选择要合理。

b. 承包商的报价需合理，并符合实际情况。

c. 合同总成本的超支系其他当事人行为所致，承包商在合同实施过程中无任何失误。

d. 合同争执的性质不合适采用其他计算方法。

2）分项法

分项法是对每个引起损失的索赔事件和各个费用项目作单独分析计算，最终求和。该方法虽复杂和困难，但比较合理、清晰，能反映实际情况，而且可为索赔报告的分析、评价、索赔谈判和最终解决提供方便，也是国际承包商广泛采用的方法。以下为分项法的计算：

（*A*）工程延误（现场管理费增加，材料费提高）；

（*B*）工程中断（劳动生产率下降）；

（*C*）工程加速（加班奖金）；

（*D*）附加工程（增加排水管挖土）；

（*E*）利息支出（因延误、中断、加速和附加工程引起的现金负流量）；

（*F*）利润（（*A*）+（*B*）+（*C*）+（*D*））×15%；

（*G*）索赔总额（以上项目之和）；

（*H*）索赔总额利息（从提出索赔通知之日至提出本索赔报告的一段时间）；

（*I*）现时索赔总额［（*G*）+（*H*）］。

以上每一项费用的计算应有详细的计算方法、计算基础和证据，与当时的索赔事件有关。

3）管理费的分摊方法

在确定索赔事件的直接费用后，就应提出承包商应分摊的总部管理费。由于管理费金额较大，其确认和计算都比较困难，常常会引起双方争执，因此对分摊方法的选用非常关键。在实践中主要采用以下方法：

（*A*）日费率分摊法（Eichleay 法）

该法取自于“Eichleay”公司的一桩成功的索赔案例。其基本思想为：按合同额分配管理费，再用日费率法计算应分摊的管理费索赔值。计算公式如下：

$$分摊在争议合同上的管理费=同期总部管理费总额\times\frac{争议合同额}{合同期承包商完成的合同总额}$$

$$日管理费率=\frac{分摊在争议合同上的管理费}{合同履行天数}$$

$$管理费索赔额=日管理费率\times合同延误天数$$

本方法的优点是简单、实用、易于理解，且在实际应用中得到一定程度的认可，存在问题主要有两个：

a. 是管理费按合同额分摊与按成本分摊结果不同，而后者在通常会计核算和实际工作中更容易被人接受；

b. 是“合同履行天数”中包括了“合同延误天数”，降低了日管理费率和承包商的管理费索赔值。

（*B*）总直接费分摊法（Total Direct Cost Allocation）

该方法是将直接费作为比较基础来分摊管理费，它简单易行，说服力强，应用面较宽。计算公式如下：

$$单位直接费的管理费率=\frac{总部管理费总额}{合同期承包商完成的总直接费}$$

管理费索赔额 = 单位直接的管理费率 × 争议合同直接费

该方法的缺点是当直接费太大或太小时，计算误差较大。

(C) 特殊基础分摊法（SBAM）

该方法是一种精确且较复杂的分摊方法，它将管理费支出按用途分成许多分项，根据这些分项的性质分别规定它们不同的分摊基础。

以下给出该方法的一个例子：

管理费分项	分摊基础
机械设备、配件及各种供应	机械工作时间
管理人员工资及有关费用	直接人工工时
固定资产使用费	总直接费
利息支出	总直接费
采购和购买	直接材料费

这种方法在理论上是最合适和精确的分摊方法。但在实践中仅用于某些风险高的大型项目。

六、施工阶段工程质量控制工作要点

施工阶段质量控制的任务就是根据业主的委托，按照建设工程施工合同，监督承包单位按图纸、规范、规程、标准施工，使施工与安装有序地进行，最终形成合格的、具有完整使用价值的工程。为此，监理工程师要做一系列的工作，其监理工作可分为施工准备、施工过程、竣工等三个阶段。

建筑安装工程质量控制三阶段示意

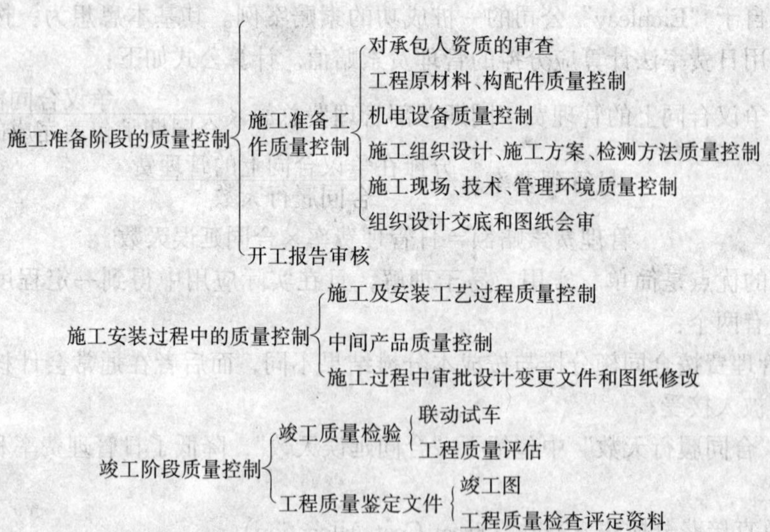

(一) 工程开工前的质量控制

监理工程师在工程正式开工前对工程质量的控制须做以下工作：

1. 对承包人资质的审查

对于承包人的资质，通常在招标阶段进行审查。主要审查其是否具有完成工程并确保其质量的技术能力和管理能力，资质审查主要包括以下几项内容：

(1) 企业注册证明和技术等级，要求交验有关证件（复印件）；

(2) 主要施工安装经历；

(3) 技术力量简况；

(4) 施工机械设备简况；

(5) 对其近期已完成或在建的工程进行实绩考察；

(6) 资金或财务状况。

对于承包人选择的分包人，需经监理工程师审查认可后，方能进场施工。

2. 工程所需原材料、构配件的质量控制

主要建筑材料、构配件进场必须提交产品合格证和检验报告。若对检验证明有疑问，有权要求复检，检验合格认可后，方可使用。对某些工程材料和构配件还应事先提交样品，经认可后，才能采购、订货。

3. 机电水暖设备的控制

对施工机械设备应结合工程具体情况选购。塔式起重机、人货两用电梯等设备进场，应有产品合格证及检验报告，以保证安全施工。对于永久性生产设备或装置，应按审批同意的设计图纸采购，设备到场后应参与检查验收，主要设备还应开箱检验。对从国外购买的机械设备，应在交货合同规定的期限内开箱逐一查验。

4. 检查砂、石、水泥供应情况，审定混凝土配合比

砂、石用量约占混凝土原材料的75%左右，其质量对混凝土质量的影响很大。由于多种原因，砂、石质量较难控制。故宜协助承包人深入砂场、石矿调查，择优定点采购。发现与样品不符者，不准运入施工现场；已运进现场的，应勒令退场。混凝土必须经过试配，包括选择适用的外加剂，其质量达到设计和规范要求经监理工程师认可后，才允许用在工程上。

5. 审核施工组织设计

根据工程特点及影响工程质量的关键，审核承包人提交的施工组织设计、并针对其不足之处，提出改进建议。此外，还要明确检测方法，使工程质量具有可靠的技术措施。

6. 施工现场及周围环境的管理

审核施工总平面图的布置是否合理，测量标桩及主要控制网点在整个施工期间能否准确、牢固地保留到工程竣工。审查测量放线方案和检查建筑物的定位、放线。基坑开挖，应防止坍塌；深基坑的支护结构必须可靠，不能损坏邻近建筑物和城市地下管网；避免污水堵塞下水道或污染环境。在高压电线附近，应设防护装置，避免碰撞高压线，造成短路。

7. 督促承包单位完善质量保证体系

8. 组织或参与设计交底和图纸会审

设计交底是设计单位阐述设计意图，以便监理工程师和承包单位了解有关项目的技术、管理、工期、材料，构配件、设备等方面要求的例行工作，必须认真做好。

图纸会审是监理工程师和承包单位在熟悉图纸、掌握其细节、了解施工应达到的技术标准、明确工艺流程的基础上，对设计图纸交待不清或相互矛盾之处，要求设计单位

解释或变更，特别是就建筑、结构、水暖以及电气图纸间存在的矛盾，进行协调的一项工作。会审后要写出图纸会审纪要，作为施工安装的依据。

9. 向承包单位宣布监理工作的要点

监理工程师要取得工作主动，进场后应将《施工阶段监理规划》分发给承包单位，目的是使承包单位了解监理工程师怎样开展工作和自己应该怎样接受监理工程师的监督。《监理规划》包括：监理范围及控制目标、监理依据、监理人员组成及其职责、监理与有关各方面的关系、工程质量控制、工程事故的处理、审查技术变更、竣工验收等。当然，还包括工程进度、工程造价控制的内容。

（二）建筑安装过程中的质量控制

监理工程师在建筑安装过程中具体工作主要有：

1. 督促承包单位完善工序控制，把影响工序质量的因素都纳入受控状态。

2. 严格工序间的交接检查

重要工序（包括隐蔽作业）需按有关质量验收标准经监理人员检查验收，否则不得进行下道工序。例如，筏形基础施工，其位置、标高、尺寸要经过量测认定；开挖好的基坑要经设计单位验槽签证；基坑四周要有排水沟、集水坑，使基坑无积水，才允许浇混凝土垫层；柱网轴线、梁柱尺寸、钢筋绑扎、模板架设，要分别经过检查验收；预埋管线要复核其位置与标高，管道要通过水压试验；最后要核对混凝土配合比，检查混凝土搅拌站的准备工作，包括砂、石的质量及储存量；签署开机单后，才允许浇灌混凝土。

3. 重要工程部位要组织试验或技术检验

重要工程部位视具体工程而定。就框架结构而言，柱子，特别是高层建筑的框架柱的工程质量至关重要。以对柱子的钢筋重视为例：钢筋进场必须有钢材质量保证书，监理人员还应参与取样，经检验合格，才能用于工程实际；电焊工要持证并经钢筋焊接考核合格，才允许到现场实际操作；每一楼层柱子钢筋焊好后，监理人员要作焊接接头外观检查，看各焊接接头是否照规范的规定，并要按焊接及验收规程，在现场指定截取试件，检验合格后，才允许绑扎箍筋，此外，防雷接地的跨接、框架节点核心区有无按规范配置的箍筋等等，均属检查内容。

4. 审批设计变更文件和修改的图纸

设计变更文件的审批，主要是看其是否可行，建筑、结构、水电、暖通图纸是否协调。设计变更还应按《建设工程施工合同》（GF—1999—0201）第 29 条的有关规定办理。

5. 行使质量监督权

对于不按设计图纸施工或违反施工安装验收规范等质量问题，应及时向承包单位指出，并要求改进或返工。改正不力或不听从劝告者，应签发监理通知单，通知其整改；问题严重者，则签发停工通知单，并申明停工责任和损失概由承包单位承担。

6. 及时通报质量信息

定期或不定期召开现场质量会议，及时通报和分析工程质量问题，并协调有关各方的活动。

7. 工程质量事故的处理

责成事故责任方及时写出事故报告并提出处理方案，经审批后，监督其实施。对于重大施工质量事故，应在事故发生后 24h 内发出监理通知单，通知承包单位，并向业主和有关主管部门报告，以便及时组织有关单位共同研究处理。

8. 对已完成的分项、分部工程，按照《建筑工程施工质量验收统一标准》（GB 50300—2001）及各工程施工质量验收规范的有关标准和检验方法，进行检验评定。

（三）竣工阶段质量控制

监理工程师在收到承包单位提交的竣工报告、验收资料和竣工图后，应分别做下述工作：

1. 协助业主组织联动试车

在设备安装单机无负荷试车获得通过，具备联动无负荷试车条件时，协助业主组织联动试车。试车通过，业主代表和承包单位在联动试车记录上签字后，方可进行竣工验收。

2. 竣工检查验收

监理工程师应就工程质量、有无漏项工程、验收资料是否齐全等方面，组织监理人员逐项检查，然后用书面答复承包单位。若还存在问题，应一一列出，限定处理时间和初验日期。

业主代表、监理人员和承包单位共同进行初验。初验合格，监理工程师向业主正式报告初验结果。业主据此确定竣工验收日期，组织有关部门和人员进行正式竣工验收。

3. 审核竣工图及有关资料

审核承包单位提交的竣工图纸与工程实际是否相符，竣工图的编制是否符合当地政府主管部门的有关规定。

审核承包单位提交的有关工程质量的检查、评定报告及其他技术性文件。

4. 整理工程竣工档案

竣工档案报送内容有：

(1) 工程项目申请及审批文件；

(2) 地质勘察报告、基础资料；

(3) 总平面位置图；

(4) 隐蔽工程验收记录（含打桩记录）；

(5) 沉降观测记录；

(6) 开工报告、图纸会审记录、变更通知单以及工程质量事故处理报告；

(7) 各专业竣工图；

(8) 竣工验收技术总结。

（四）保修阶段

负责检查工程状况，鉴定质量问题的责任，遵照国家建设部2000年80号令《房屋建筑工程质量保修办法》规定（见附录）督促保修。

七、施工阶段工程质量控制流程

1. 建筑工程质量控制流程

2. 建筑施工测量质量控制流程图

3. 土方工程质量控制流程

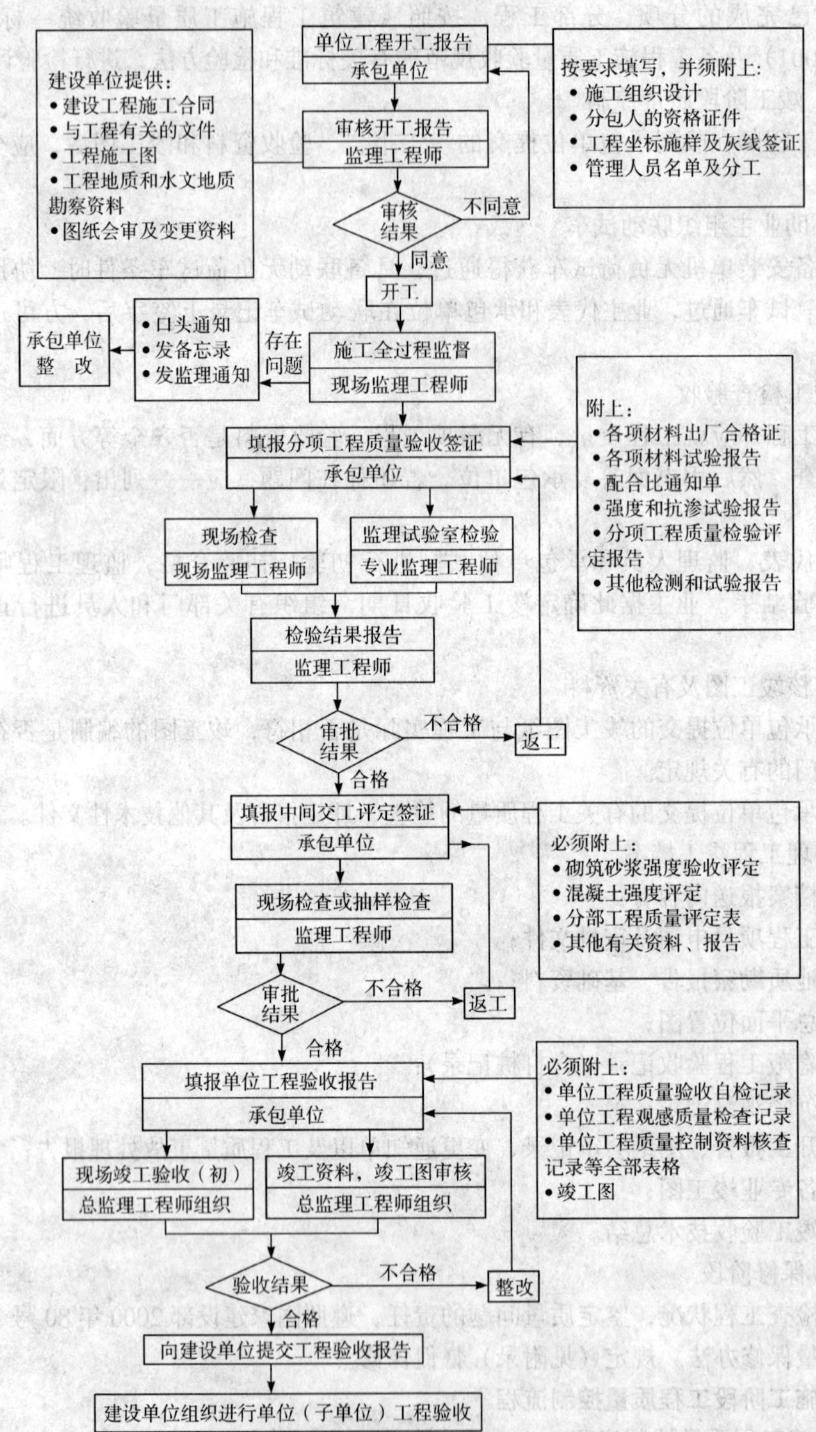

图 5-54　建筑工程质量控制流程

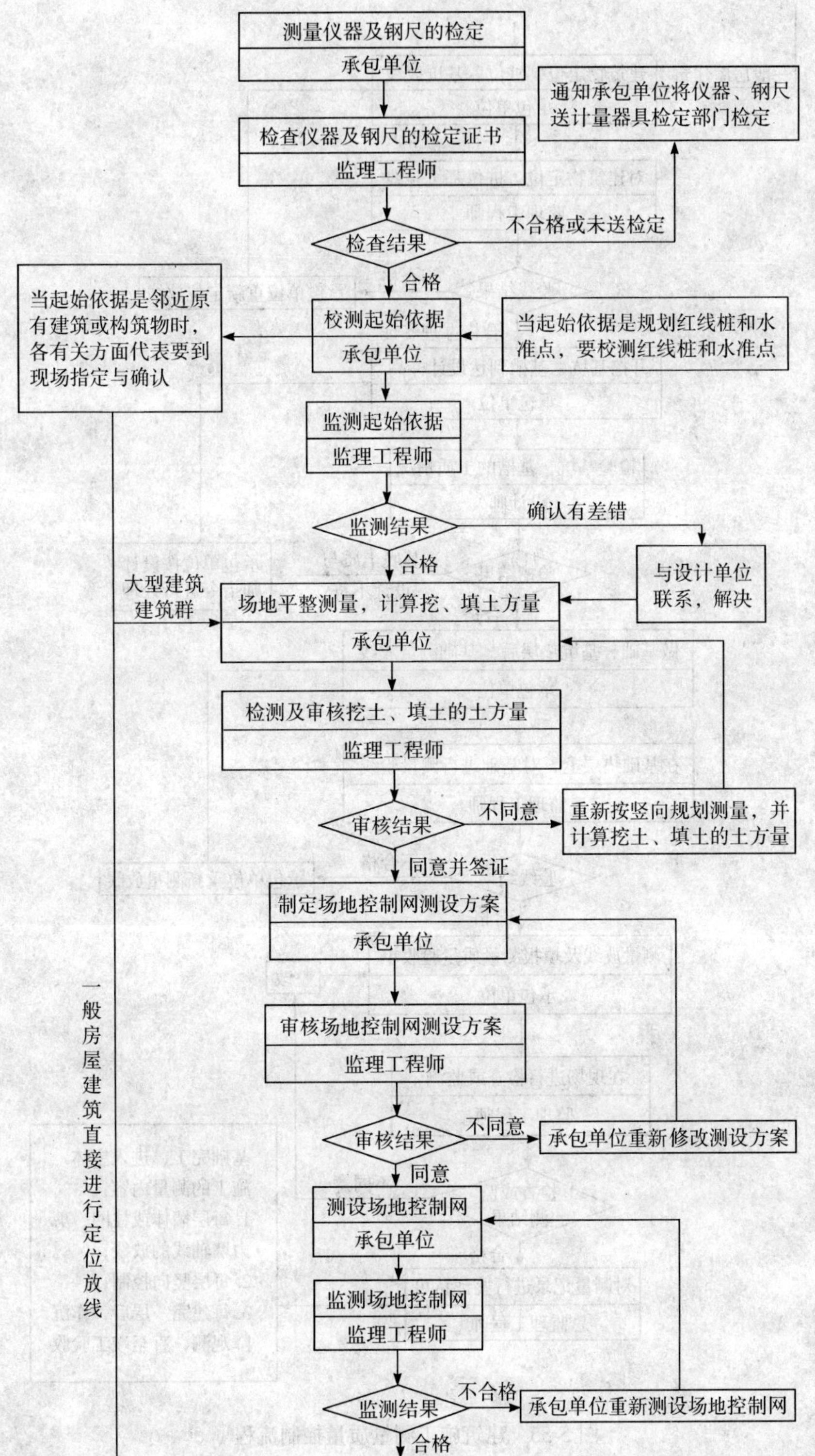
测量仪器及钢尺的检定
承包单位
通知承包单位将仪器、钢尺送计量器具检定部门检定
检查仪器及钢尺的检定证书
监理工程师
不合格或未送检定
检查结果
合格
当起始依据是邻近原有建筑或构筑物时，各有关方面代表要到现场指定与确认
校测起始依据
承包单位
当起始依据是规划红线桩和水准点，要校测红线桩和水准点
监测起始依据
监理工程师
监测结果
确认有差错
合格
与设计单位联系，解决
大型建筑建筑群
场地平整测量，计算挖、填土方量
承包单位
检测及审核挖土、填土的土方量
监理工程师
审核结果
不同意
重新按竖向规划测量，并计算挖土、填土的土方量
同意并签证
制定场地控制网测设方案
承包单位
审核场地控制网测设方案
监理工程师
一般房屋建筑直接进行定位放线
审核结果
不同意
承包单位重新修改测设方案
同意
测设场地控制网
承包单位
监测场地控制网
监理工程师
监测结果
不合格
承包单位重新测设场地控制网
合格

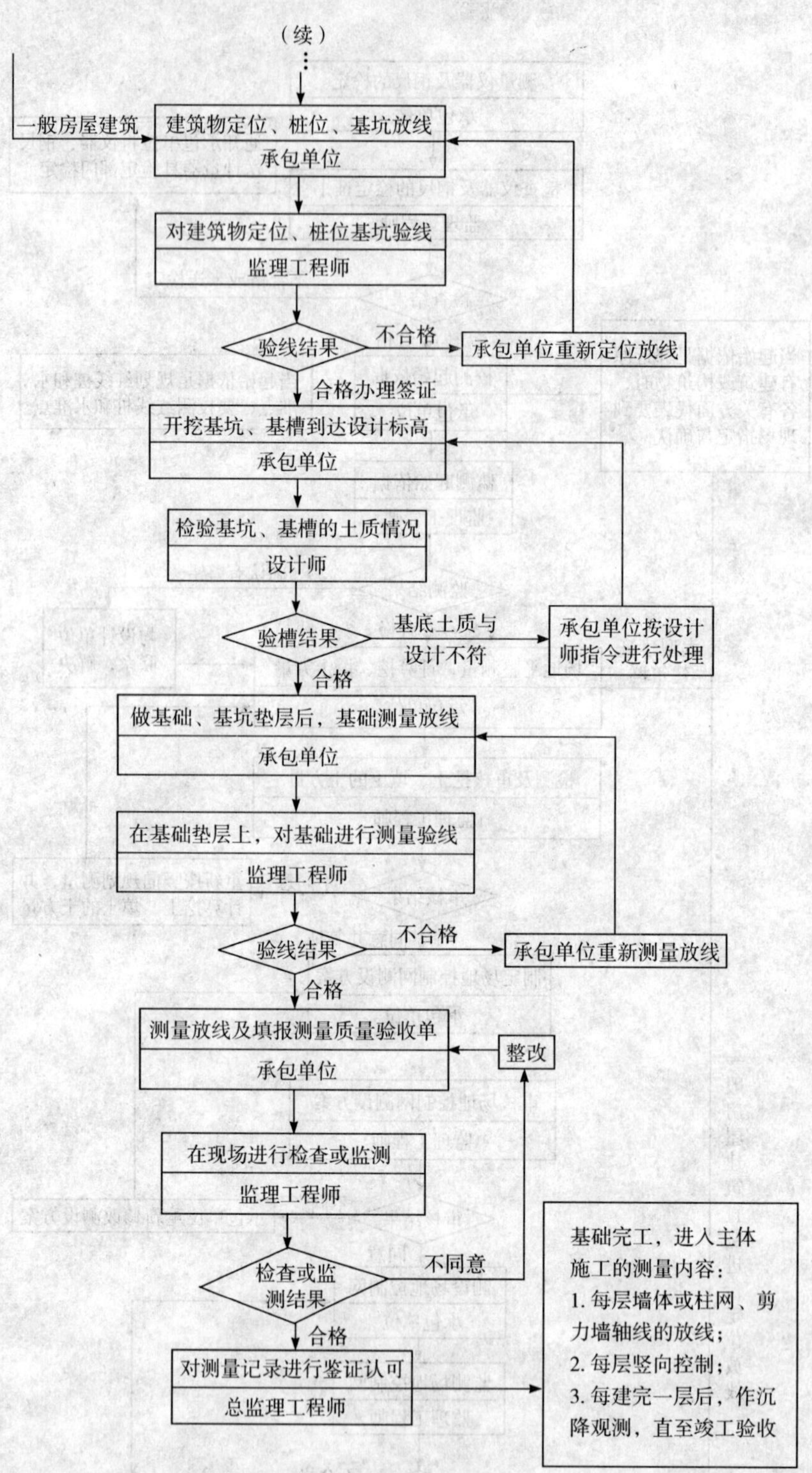

图 5-55　建筑施工测量质量控制流程

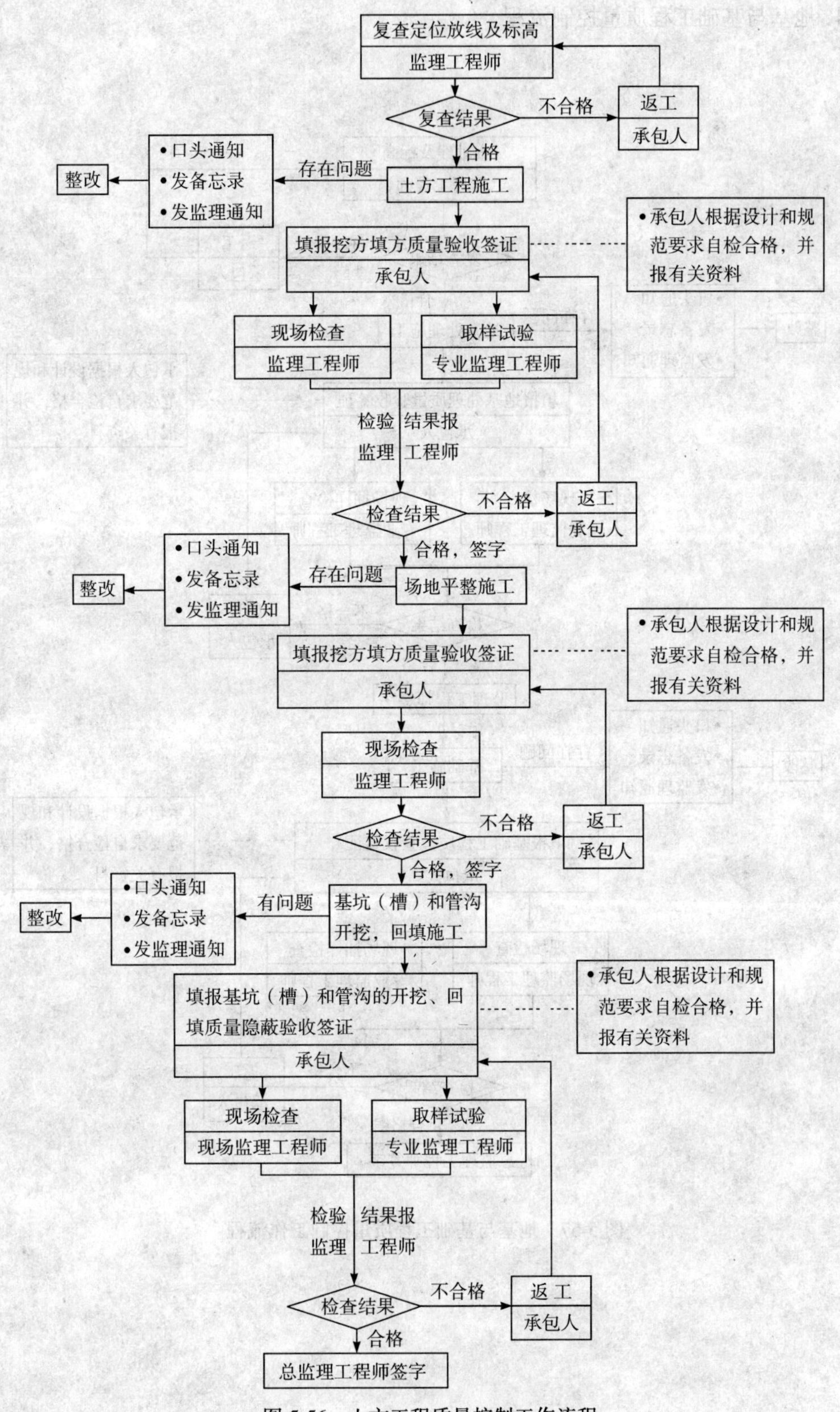

图 5-56　土方工程质量控制工作流程

4. 地基与基础工程质量控制流程

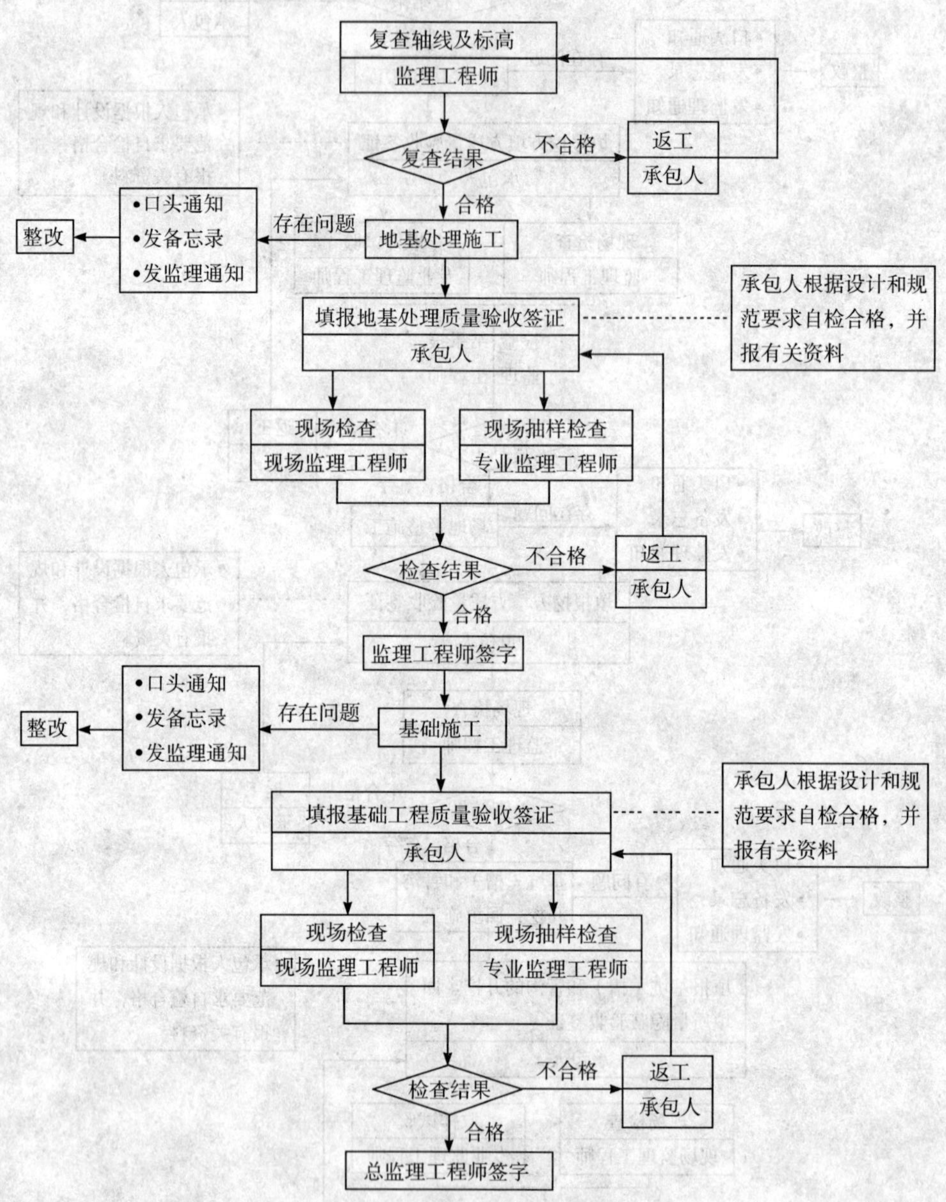

图 5-57　地基与基础工程质量控制工作流程

5. 主体工程质量控制流程

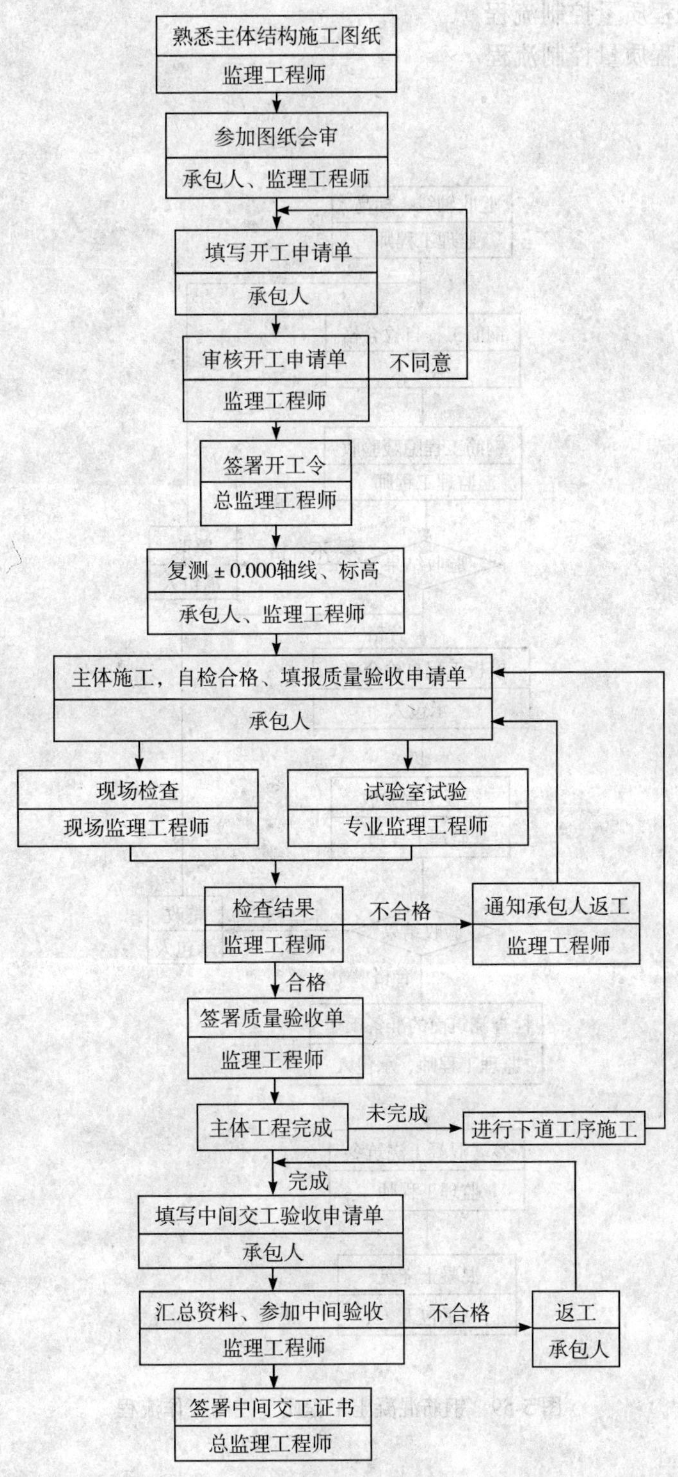

图 5-58　主体工程质量控制工作流程

(1) 钢筋混凝土工程质量控制流程

(2) 模板工程质量控制流程

(3) 钢筋工程质量控制流程

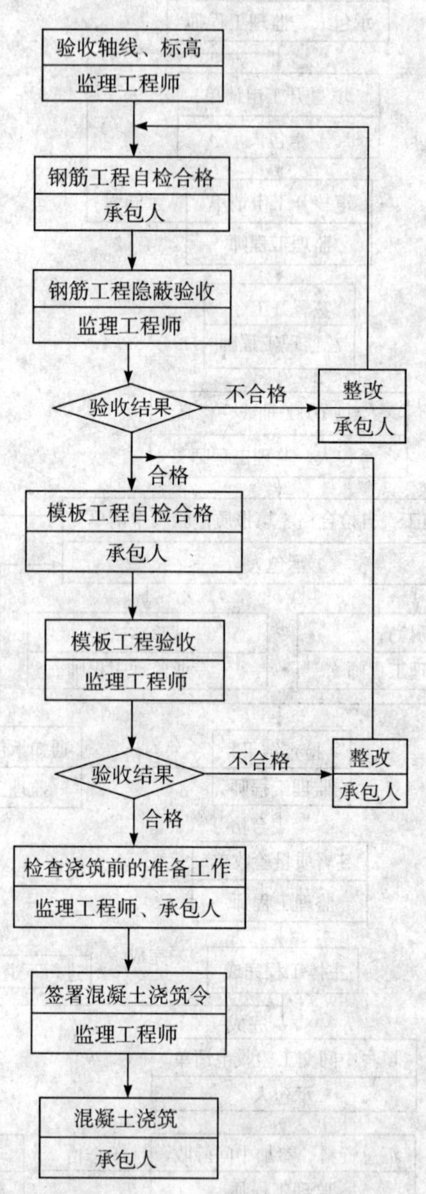

图 5-59 钢筋混凝土工程质量控制工作流程

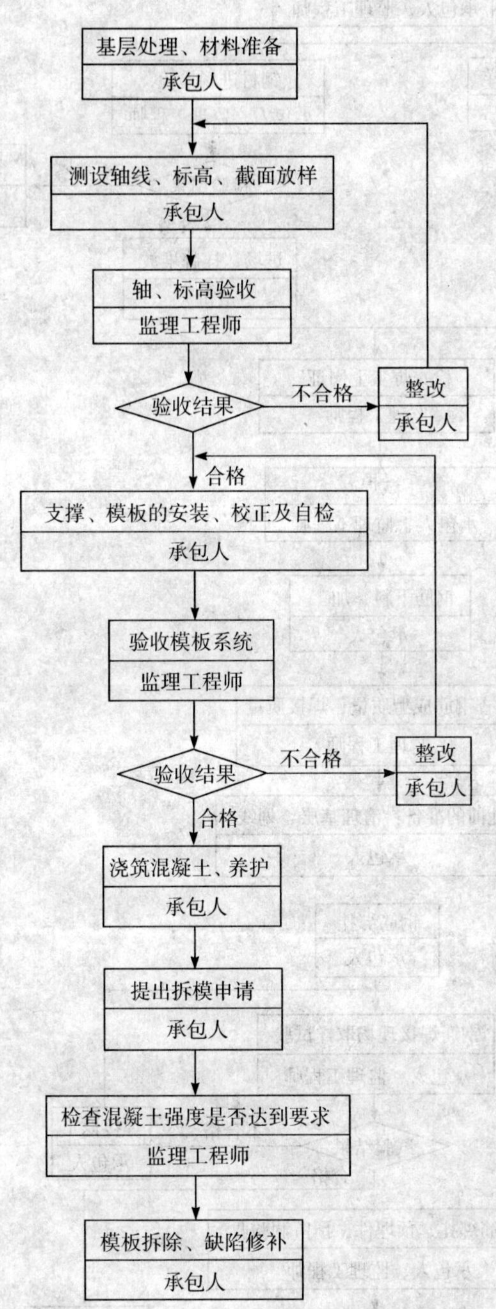

图 5-60　模板工程质量控制工作流程

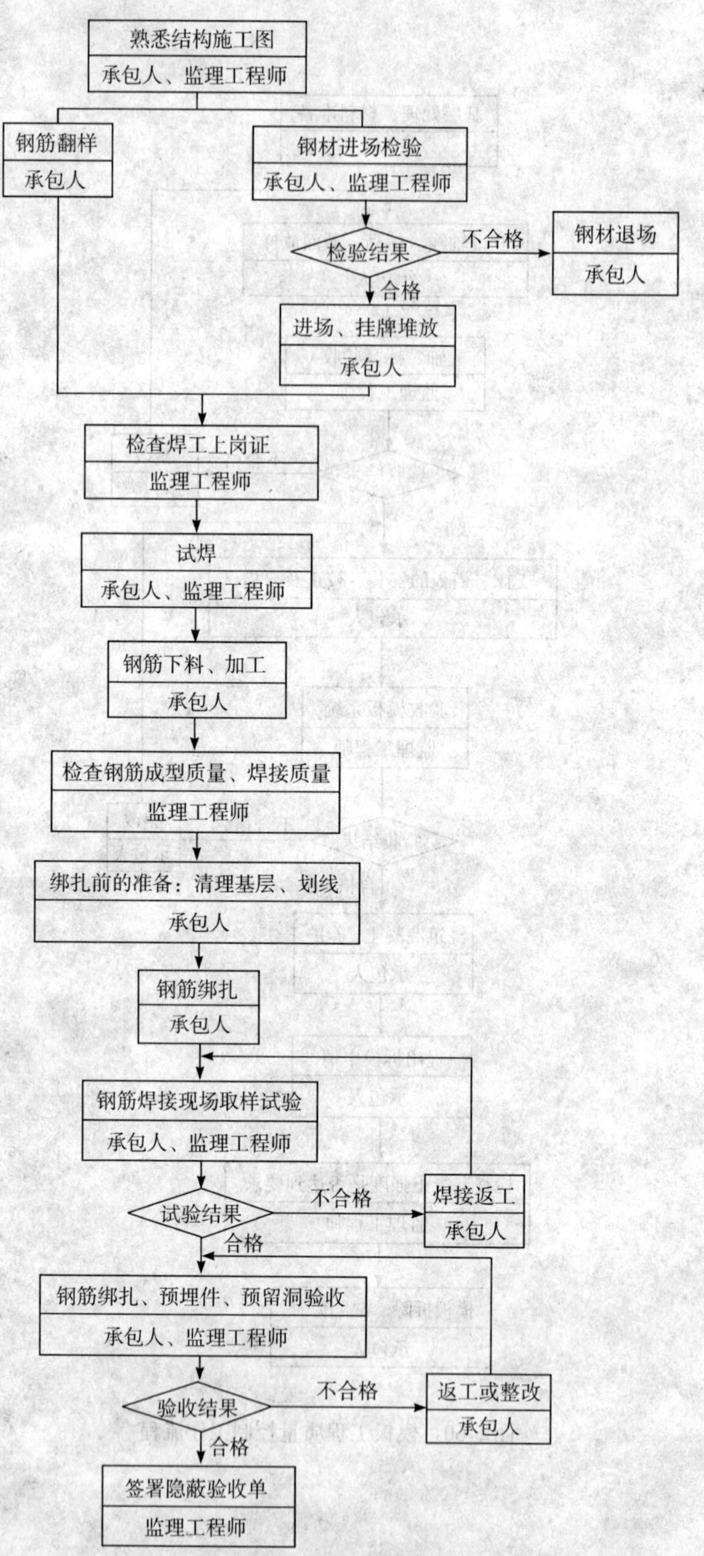

图 5-61　钢筋工程质量控制工作流程

（4）混凝土工程质量控制流程

（5）预应力钢筋混凝土工程质量控制流程

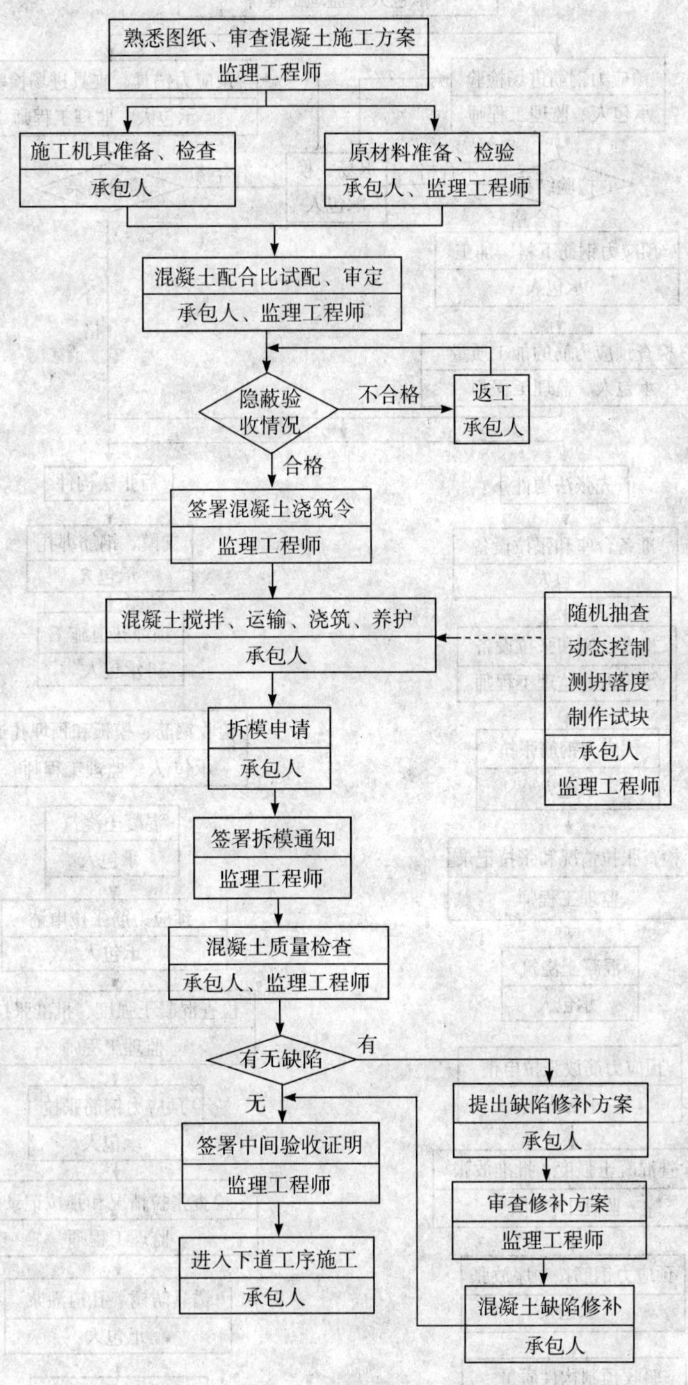

图5-62　混凝土工程质量控制工作流程

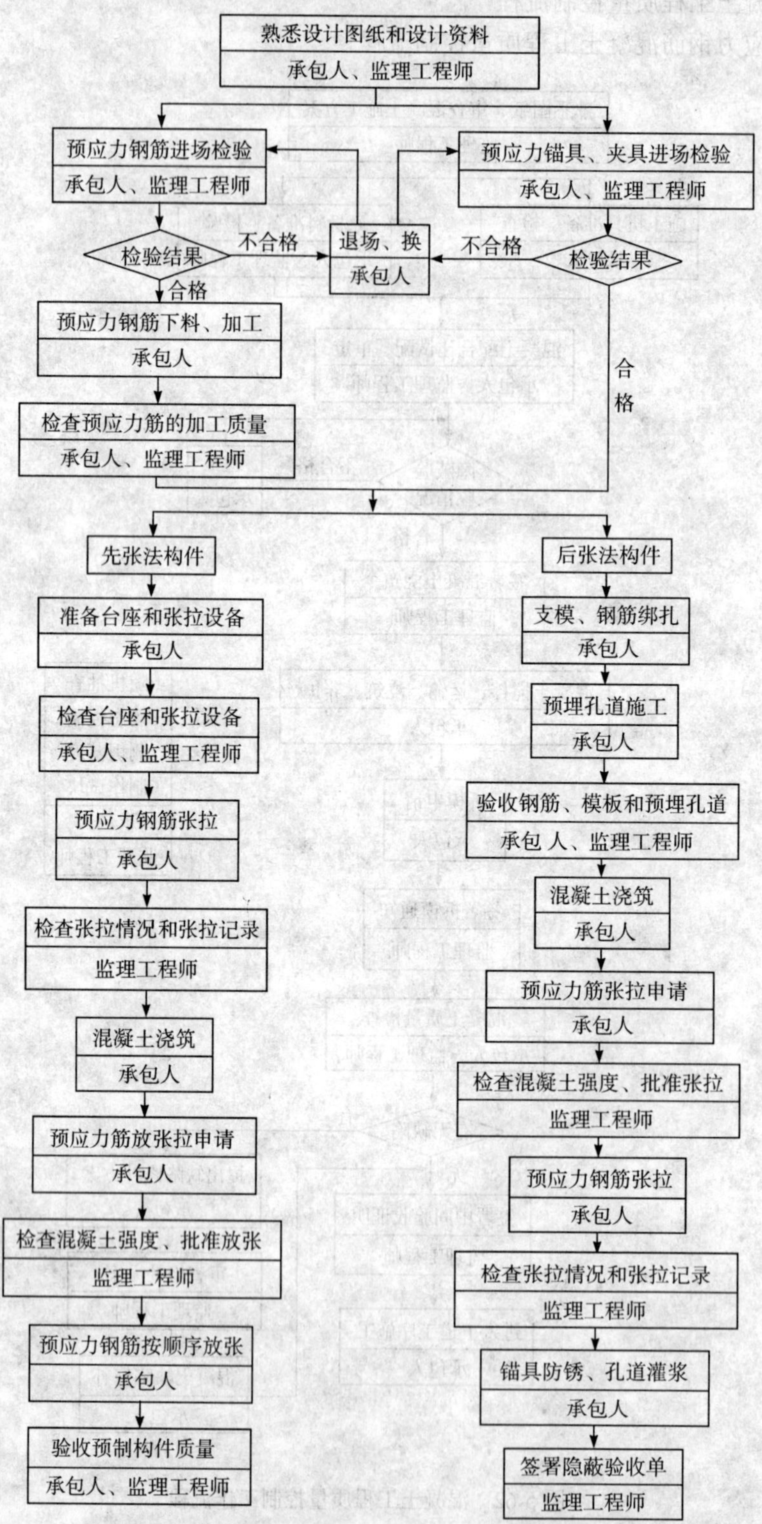

图 5-63　预应力钢筋混凝土工程质量控制工作流程

(6) 构件安装工程质量控制流程

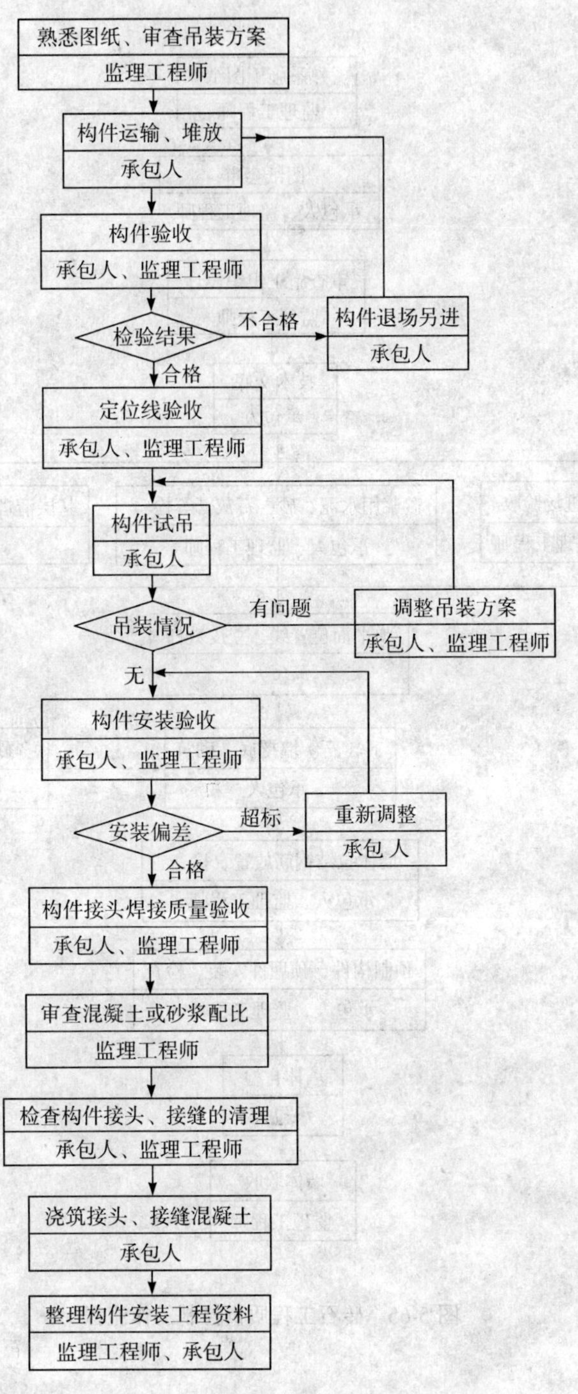

图 5-64 构件安装工程质量控制工作流程

6. 砖石工程质量控制流程

7. 地面与楼面工程质量控制流程

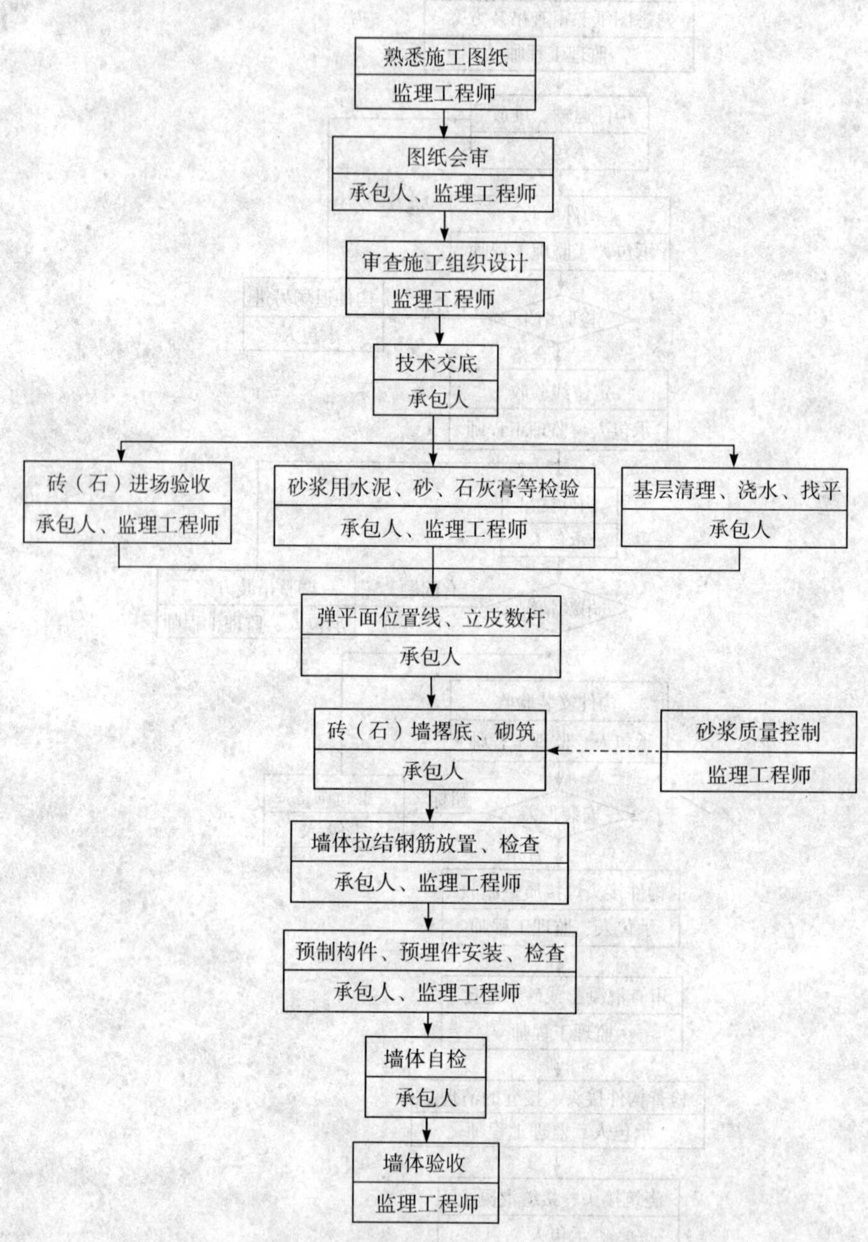

图 5-65　砖石工程质量控制工作流程

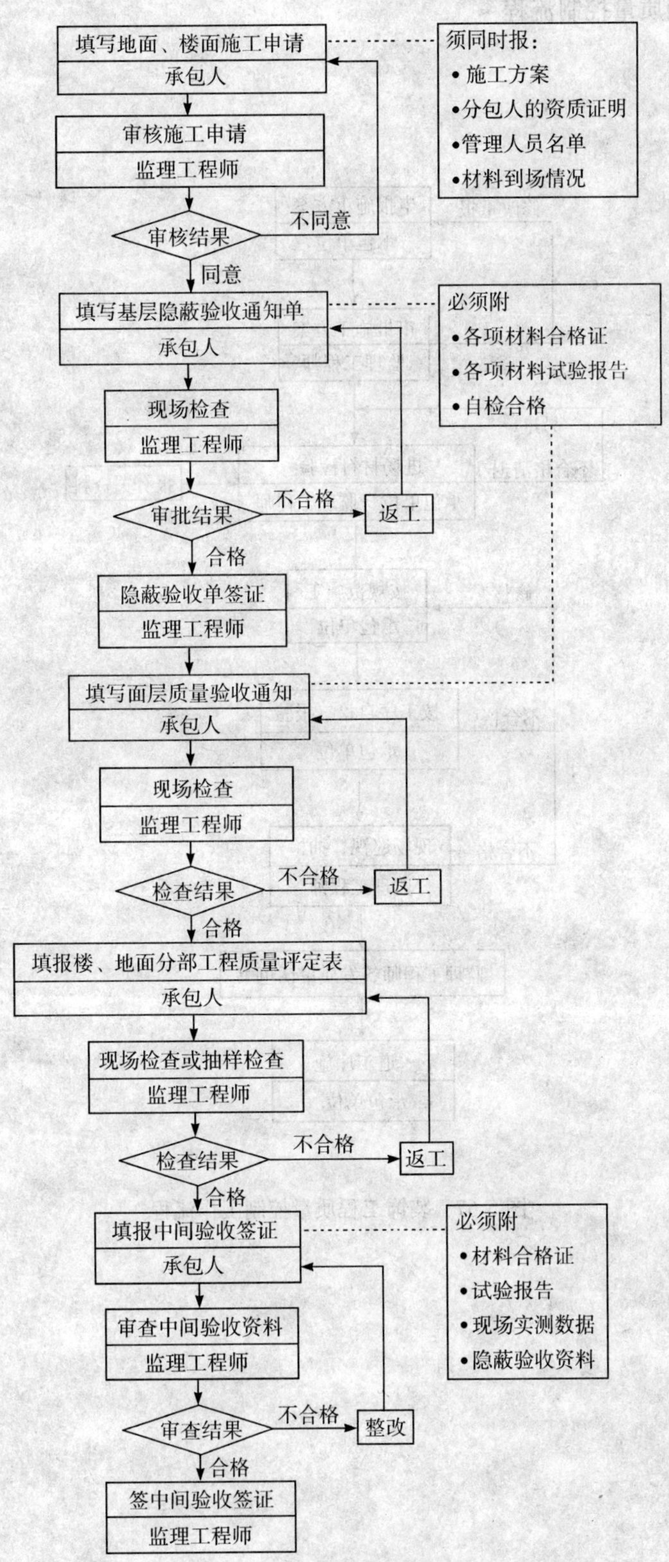

图 5-66　地面与楼面工程质量控制的工作流程

8. 装饰工程质量控制流程

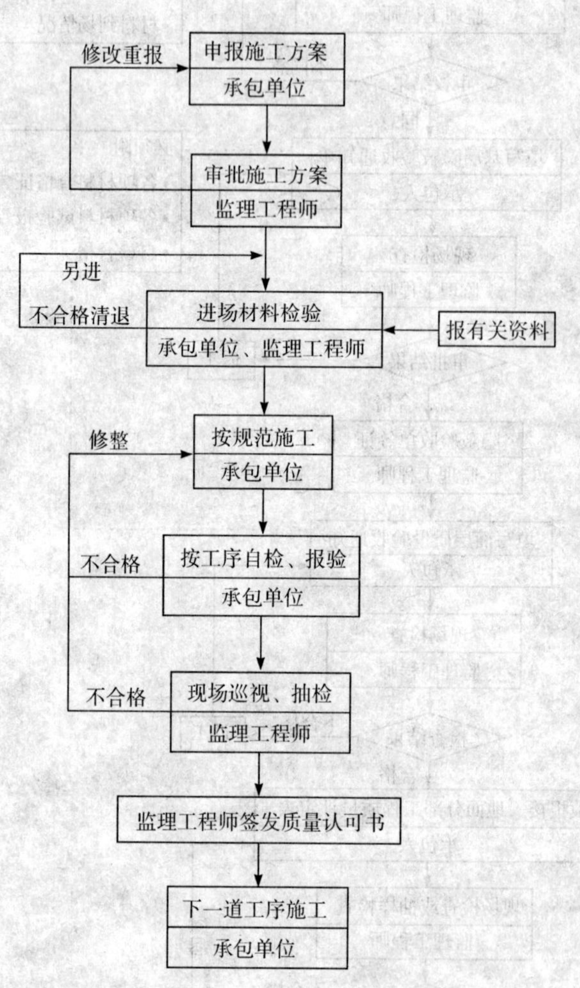

图 5-67　装饰工程质量控制工作流程

9. 施工阶段建筑设备安装工程质量控制流程

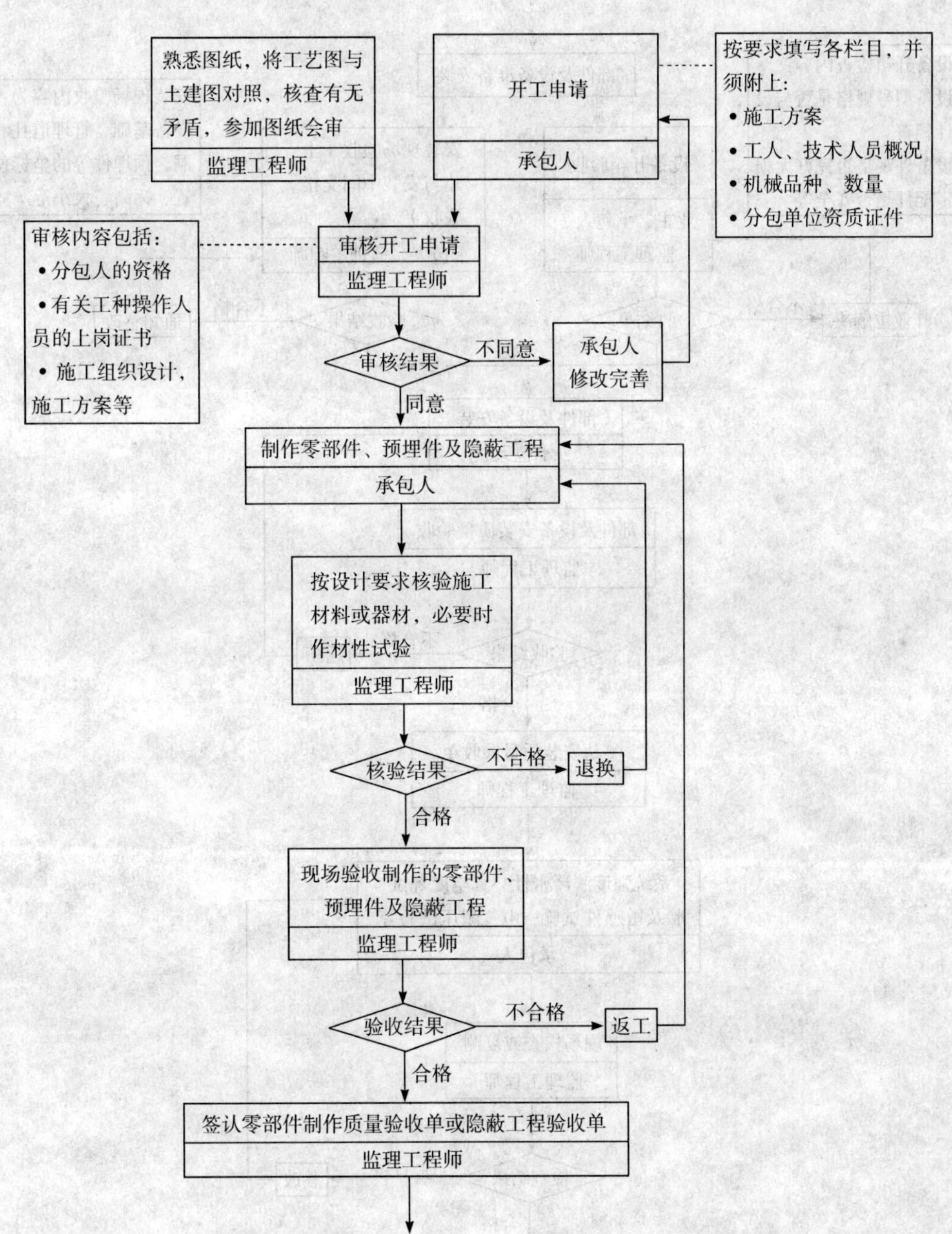

（续）

设备开箱检查内容：
设备型号规格是否与设计相符
设备外观是否完好无损
零配件是否齐全等
部件及设备准备安装
设备开箱验收
业主、承包人、监理工程师
安装现场验收（土建与安装中间交接验收）
承包人、监理工程师
安装现场验收内容为：
设备基础、管理道孔洞、预埋件等的坐标位置、标高、大小等
业主解决
不合格
验收结果
验收结果
不合格
通知整改
部件及设备安装
承包人
部件及设备安装质量验收
监理工程师
验收结果
不合格
返工
合格
签认安装质量验收单
监理工程师
系统强度、严密性、真空度等试验及敏感件试验、电气耐压试验等
承包人
现场核查或复测
监理工程师
检查结果
不合格
整改
合格

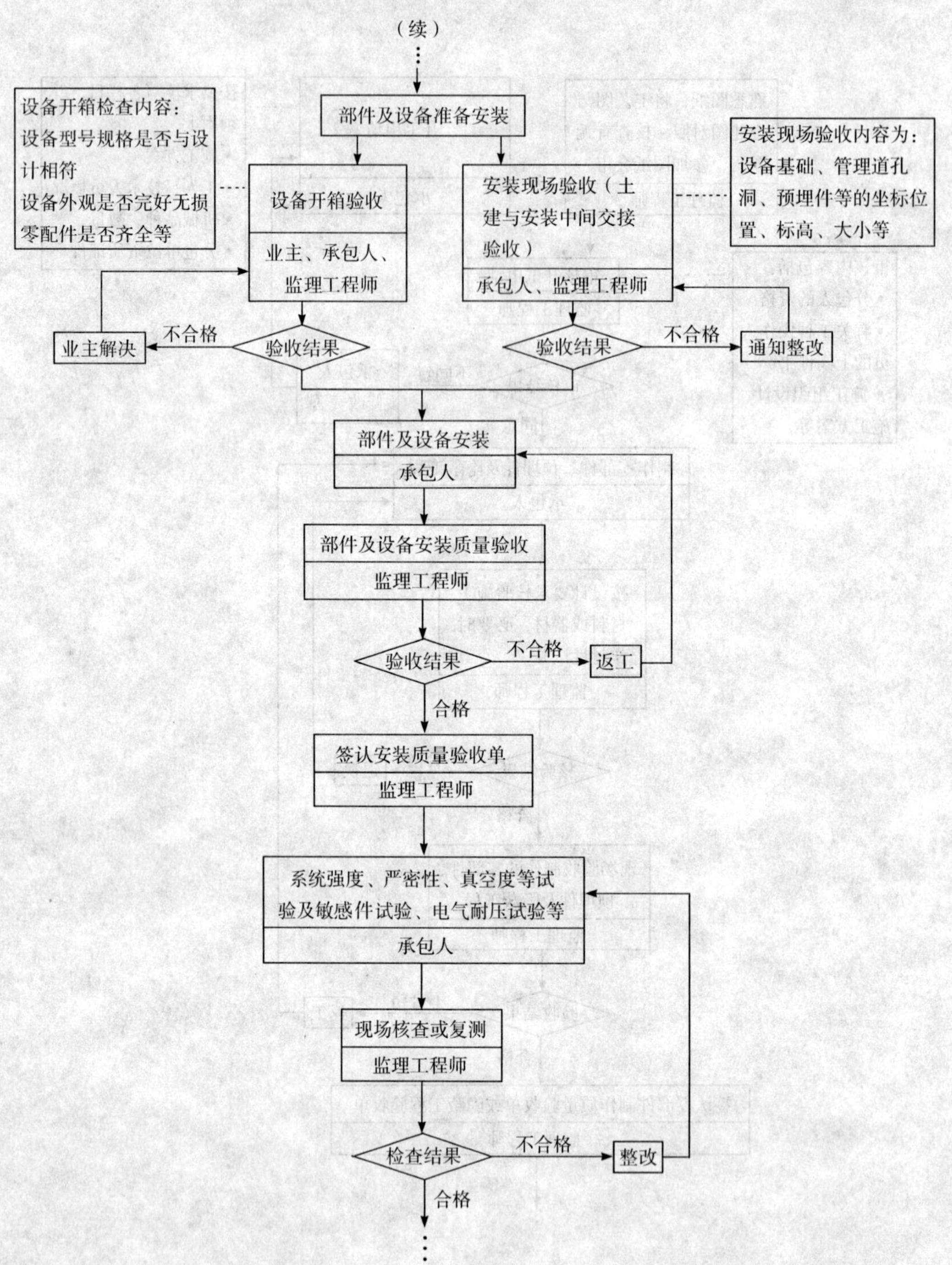

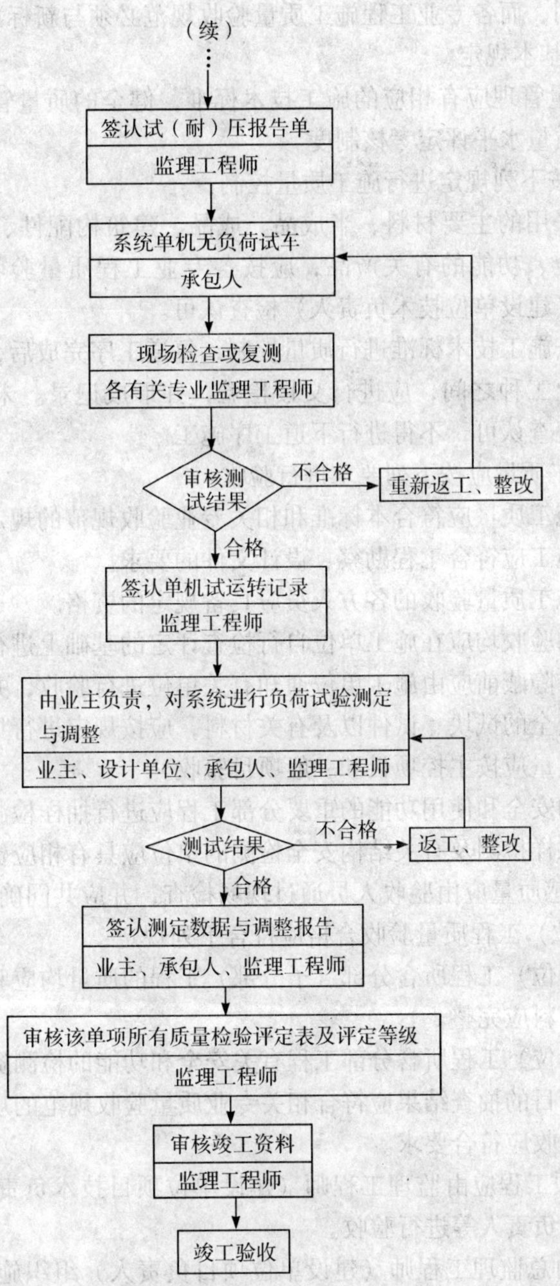

图 5-68　建筑设备安装工程质量控制工作流程

八、国家《建筑工程施工质量验收统一标准》新标准及工程施工质量验收要求

从 2002 年 1 月 1 日起，我国建筑工程质量验收开始执行国家新标准—中华人民共和国国家标准《建筑工程施工质量验收统一标准》GB 50300—2001（以下称新标准），监理企业和监理人员必须贯彻实施新标准。

新标准适用于建筑工程施工质量的验收，并作为建筑工程各专业工程施工质量验收规范编制的统一准则，而各专业工程施工质量验收规范必须与新标准配合使用。

（一）新标准的基本规定

1. 施工现场质量管理应有相应的施工技术标准，健全的质量管理体系、施工质量检验制度和综合施工质量水平评定考核制度。

2. 建筑工程应按下列规定进行施工质量控制：

（1）建筑工程采用的主要材料、半成品、成品、建筑构配件、器具和设备应进行现场验收。凡涉及安全、功能的有关产品，应按各专业工程质量验收规范规定进行复验，并应经监理工程师（建设单位技术负责人）检查认可。

（2）各工序应按施工技术标准进行质量控制，每道工序完成后，应进行检查。

（3）相关各专业工种之间，应进行交接检验，并形成记录。未经监理工程师（建设单位技术负责人）检查认可，不得进行下道工序施工。

3. 建筑工程施工质量应按下列要求进行验收：

（1）建筑工程施工质量应符合本标准和相关专业验收规范的规定。

（2）建筑工程施工应符合工程勘察、设计文件的要求。

（3）参加工程施工质量验收的各方人员应具备规定的资格。

（4）工程质量的验收均应在施工单位自行检查评定的基础上进行。

（5）隐蔽工程在隐蔽前应由施工单位通知有关单位进行验收，并应形成验收文件。

（6）涉及结构安全的试块、试件以及有关材料，应按规定进行见证取样检测。

（7）检验批的质量应按主控项目和一般项目验收。

（8）对涉及结构安全和使用功能的重要分部工程应进行抽样检测。

（9）承担见证取样检测及有关结构安全检测的单位应具有相应资质。

（10）工程的观感质量应由验收人员通过现场检查，并应共同确认。

4. 单位（子单位）工程质量验收合格应符合下列规定：

（1）单位（子单位）工程所含分部（子分部）工程的质量均应验收合格。

（2）质量控制资料应完整。

（3）单位（子单位）工程所含分部工程有关安全和功能的检测资料应完整。

（4）主要功能项目的抽查结果应符合相关专业质量验收规范的规定。

（5）观感质量验收应符合要求。

5. 检验批及分项工程应由监理工程师（建设单位项目技术负责人）组织施工单位项目专业质量（技术）负责人等进行验收。

6. 分部工程应由总监理工程师（建设单位项目负责人）组织施工单位项目负责人和技术、质量负责人等进行验收；地基与基础、主体结构分部工程的勘察、设计单位工程项目负责人和施工单位技术、质量部门负责人也应参加相关分部工程验收。

7. 单位工程完工后，施工单位应自行组织有关人员进行检查评定，并向建设单位提交工程验收报告。

8. 建设单位收到工程验收报告后，应由建设单位（项目）负责人组织施工（含分包单位）、设计、监理等单位（项目）负责人进行单位（子单位）工程验收。

9. 单位工程有分包单位施工时，分包单位对所承包的工程项目应按本标准规定的程序检查评定，总包单位应派人参加。分包工程完成后，应将工程有关资料交总包单位。

10. 当参加验收各方对工程质量验收意见不一致时，可请当地建设行政主管部门或工程质量监督机构协调处理。

11. 单位工程质量验收合格后，建设单位应在规定时间内将工程竣工验收报告和有关文件，报建设行政管理部门备案。

（二）新标准的特点

1. 新标准是将原《施工及验收规范》和《工程施工质量验收标准》结合起来

这实际上是重新建立一个新的技术标准体系，达到统一验收方法、统一验收程序、统一质量指标；而老标准是将“施工规范”与“质量标准”分开编写，分成相互平行，而内容又相互交叉的两套技术标准，给执行中带来诸多不便，甚至矛盾。

2. 新标准坚持“验评分离”

新标准改变了老标准将质量验收与质量评定合在一起的弊病。新的验收标准不涉及质量等级评定。这就大大简化了验收指标和验收操作内容，使工程质量验收标准具有更强的针对性和适用性。

3. 新标准体现了我国全面推行建设监理制后，工程施工质量标准体制的改革。

工程施工质量验收从旧标准规定的甲、乙双方验收的二元管理体制，改革为由业主、监理和承包商三方验收的三元管理体制，这是一个很重要的、根本性的变化。标志着我国工程建设从计划经济体制向社会主义市场经济体制的转变，工程建设管理和质量标准与国际接轨。

4. 新标准规定从每一道工序直至整个工程项目验收都要求监理人员签字和签署审核意见。

政府监督部门对安全和主要使用功能进行核查与抽查，并执行工程竣工备案管理制。这样既加强了监理人员对施工质量和微观管理，又强化了政府监督部门对施工质量的宏观控制。在施工质量管理的广度上、深度上、力度上均有更新。

5. 新标准不是单一的质量标准

新标准是与13个专业工程质量标准、施工工艺、检测方法标准、工程质量评优标准等相配套、相支持。它们之间构成了一个完整的工程施工质量技术标准系列。体现其科学性、严密性与完整性。

6. 新老标准在验收步骤、方法、内容上都有很大区别

（1）新标准将单位工程施工质量验收层次由老标准的三个层次：

分项工程→分部工程→单位工程，改为四个层次：检验批→分项工程→分部工程→单位工程。并将分项工程由老标准中的128个增加至505个，以适应目前工程复杂程度提高和工程体量增大的特点，使工程施工质量验收更加严格，更加科学。

（2）新标准增加了对“施工现场质量管理”的验收。

（3）新标准在分部工程验收中增加了对“质量控制资料”、“安全和功能检验报告”和“观感质量验收”这三项内容。也就是新标准将分部工程施工质量验收视同老标准中的单位工程施工质量进行验收。

（4）新标准共有45条条文，其中有六条是国家“强制性标准条文”。这六条是新标准的核心内容，在实际操作中如果违反了就是违法，将会受到严厉的惩处。建设部关于“实行工程建设强制性标准监督的规定”中明确规定，对违反强制性标准条文，将实行以下处罚“对建设单位处以20万至50万元的罚款；”，“对勘察、设计单位处以10万至30

万元的罚款;","对施工单位处以工程合同价款2%至4%的罚款;","对工程监理企业处以50万元至100万元的罚款。"

7.新标准增加了工程施工质量验收的内容

主要体现在以下几个方面:

(1)增加了主要材料、半成品、成品、建筑、构配件、器具及设备的进场验收;

(2)增加了施工现场质量管理检查;

(3)增加了检验批、子分部和子单位工程质量验收。

这些变化,充分体现了"事前控制"、"动态管理"等现代工程建设管理理念。

8.新标准修订了工程的划分

新标准根据工程项目的规模、使用功能及施工条件等情况,修订划分为:

(1)将工程项目划分为一个或若干个单位(子单位)工程;

(2)将单位(子单位)工程划分为一个或若干个分部(子分部)工程;

(3)将分部(子分部)工程划分为一个或若干个分项工程;

(4)将分项工程划分为一个或若干个检验批。最小划分单位为"检验批"。

9.新标准明确了监理企业在工程质量验收中的职责主要体现在以下方面:

(1)检查施工现场质量管理;

(2)验收工程主要材料;

(3)验收工程质量;

(4)核查工程质量控制资料、安全与功能检验资料及观感质量检查记录等工程档案资料;

(5)协助业主组织工程竣工验收。

以上职责的明确,是我国工程建设管理体制改革及政府职能转变的具体反映,解决了旧标准执行中存在的施工单位与监理企业在工程质量验收中的脱节问题。

10.监理企业要遵照新标准做好质量管理和质量验收工作

监理企业在监理过程中,应根据工程建设的进展,经常对照检查工程施工组织管理是否符合有关规定。对于存在的问题,要有针对性地提出意见,督促、帮助有关单位改进。比如,对于施工测量放线、桩基、高支撑模板、幕墙、网架等特殊专业工程施工,应当编制专门的施工方案,制订有效的技术措施。不少施工单位不了解这些规定,或者不懂得如何编制。这时,监理人员就应该出示依据,督促和指导对方按规定完成该项工作。

11."事前控制"是项目监理的主要指导思想和工作方法

对工程使用的主要材料、半成品、成品、建筑构配件、器具和设备进行检查验收就是这一思想和方法的具体体现。对于工程主要材料、设备验收必须做到:

(1)做好看样订货把关工作,即在材料、设备进场之前,先了解供应商的信用程度,材料的性能是否满足设计标准;

(2)做好材料、设备的进场验收工作,即在材料、设备进场时,进行初步检查,记录该批材料、设备的名称、规格、型号、数量、厂家、出厂日期及出厂合格证明资料等内容。然后,按规定进行见证取样检验;

(3)在材料、设备使用前对其进行复验,即在材料、设备现场见证取样的检验报告结果出来后,核对检验结果是否合格。

通过以上步骤,监理工程师才能下达是否同意使用该批材料、设备的指令。

12. 监理人员要做好工程质量中间验收工作

对工程施工质量的判定，单靠最终一次“验收”是不够的。它需要通过动态管理，对施工条件、组织管理、技术资料、使用材料、工艺流程、施工操作及工程实体进行多方面、深层次的检查与控制，及时掌握工程施工中各方面、各个环节的情况。这也是做好工程质量中间验收工作的必要途径。例如对于幕墙工程质量验收，如果在施工前认真审查施工队伍和主要管理及作业人员是否具备资质和资格，施工方案是否合理可行，是否对施工人员进行了技术交底，拟用材料是否合格，主体结构是否验收等事项；在施工过程中严格检查施工单位的质量行为和工程实体质量是否符合设计及技术、标准，发现隐患或问题，立即通知返修或返工，直至达到规定要求。这样，在进行该工程验收时，就会收到事半功倍的效果。

（三）新标准对建筑工程的分部（子分部）工程、分项工程划分

建筑工程分部工程、分项工程划分　**表 5-51**

序号	分部工程	子分部工程	分项工程
1	地基与基础	无支护土方	土方开挖、土方回填
		有支护土方	排桩、降水、排水、地下连续墙、锚杆、土钉墙、水泥土桩、沉井与沉箱，钢及混凝土支撑
		地基处理	灰土地基、砂和砂石地基、碎砖三合土地基，土工合成材料地基，粉煤灰地基，重锤夯实地基，强夯地基，振冲地基，砂桩地基，预压地基，高压喷射注浆地基，土和灰土挤密桩地基，注浆地基，水泥粉煤灰碎石桩地基，夯实水泥土桩地基
		桩基	锚杆静压桩及静力压桩，预应力离心管桩，钢筋混凝土预制桩，钢桩，混凝土灌注桩（成孔、钢筋笼、清孔、水下混凝土灌注）
		地下防水	防水混凝土，水泥砂浆防水层，卷材防水层，涂料防水层，金属板防水层，塑料板防水层，细部构造，喷锚支护，复合式衬砌，地下连续墙，盾构法隧道；渗排水、盲沟排水，隧道、坑道排水；预注浆、后注浆，衬砌裂缝注浆
		混凝土基础	模板、钢筋、混凝土，后浇带混凝土，混凝土结构缝处理
		砌体基础	砖砌体，混凝土砌块砌体，配筋砌体，石砌体
		劲钢（管）混凝土	劲钢（管）焊接，劲钢（管）与钢筋的连接，混凝土
		钢结构	焊接钢结构、栓接钢结构，钢结构制作，钢结构安装，钢结构涂装
2	主体结构	混凝土结构	模板，钢筋，混凝土，预应力、现浇结构，装配式结构
		劲钢（管）混凝土结构	劲钢（管）焊接，螺栓连接，劲钢（管）与钢筋的连接，劲钢（管）制作、安装，混凝土
		砌体结构	砖砌体，混凝土小型空心砌块砌体，石砌体，填充墙砌体，配筋砖砌体
		钢结构	钢结构焊接，紧固件连接，钢零部件加工，单层钢结构安装，多层及高层钢结构安装，钢结构涂装，钢构件组装，钢构件预拼装，钢网架结构安装，压型金属板
		木结构	方木和原木结构，胶合木结构，轻型木结构，木构件防护
		网架和索膜结构	网架制作，网架安装，索膜安装，网架防火，防腐涂料

续表

序号	分部工程	子分部工程	分项工程
3	建筑装饰装修	地面	整体面层：基层，水泥混凝土面层，水泥砂浆面层，水磨石面层，防油渗面层，水泥钢（铁）屑面层，不发火（防爆的）面层；板块面层：基层，砖面层（陶瓷锦砖、缸砖、陶瓷地砖和水泥花砖面层），大理石面层和花岗岩面层，预制板块面层（预制水泥混凝土、水磨石板块面层），料石面层（条石、块石面层），塑料板面层，活动地板面层，地毯面层；木竹面层：基层、实木地板面层（条材、块材面层），实木复合地板面层（条材、块材面层），中密度（强化）复合地板面层（条材面层），竹地板面层
		抹灰	一般抹灰，装饰抹灰，清水砌体勾缝
		门窗	木门窗制作与安装，金属门窗安装，塑料门窗安装，特种门安装，门窗玻璃安装
		吊顶	暗龙骨吊顶，明龙骨吊顶
		轻质隔墙	板材隔墙，骨架隔墙，活动隔墙，玻璃隔墙
		饰面板（砖）	饰面板安装，饰面砖粘贴
		幕墙	玻璃幕墙，金属幕墙，石材幕墙
		涂饰	水性涂料涂饰，溶剂型涂料涂饰，美术涂饰
		裱糊与软包	裱糊、软包
		细部	橱柜制作与安装，窗帘盒、窗台板和暖气罩制作与安装，门窗套制作与安装，护栏和扶手制作与安装，花饰制作与安装
4	建筑屋面	卷材防水屋面	保温层，找平层，卷材防水层，细部构造
		涂膜防水屋面	保温层，找平层，涂膜防水层，细部构造
		刚性防水屋面	细石混凝土防水屋，密封材料嵌缝，细部构造
		瓦屋面	平瓦屋面，油毡瓦屋面，金属板屋面，细部构造
		隔热屋面	架空屋面，蓄水屋面，种植屋面
5	建筑给水、排水及采暖	室内给水系统	给水管道及配件安装，室内消火栓系统安装，给水设备安装，管道防腐，绝热
		室内排水系统	排水管道及配件安装，雨水管道及配件安装
		室内热水供应系统	管道及配件安装，辅助设备安装，防腐，绝热
		卫生器具安装	卫生器具安装，卫生器具给水配件安装，卫生器具排水管道安装
		室内采暖系统	管道及配件安装，辅助设备及散热器安装，金属辐射板安装，低温热水地板辐射采暖系统安装，系统水压试验及调试，防腐，绝热
		室外给水管网	给水管道安装，消防水泵接合器及室外消火栓安装，管沟及井室
		室外排水管网	排水管道安装，排水管沟与井池
		室外供热管网	管道及配件安装，系统水压试验及调试、防腐，绝热
		建筑中水系统及游泳池系统	建筑中水系统管道及辅助设备安装，游泳池水系统安装
		供热锅炉及辅助设备安装	锅炉安装，辅助设备及管道安装，安全附件安装，烘炉、煮炉和试运行，换热站安装，防腐，绝热

续表

序号	分部工程	子分部工程	分项工程
6	建筑电气	室外电气	架空线路及杆上电气设备安装，变压器、箱式变电所安装，成套配电柜、控制柜（屏、台）和动力、照明配电箱（盘）及控制柜安装，电线、电缆导管和线槽敷设，电线、电缆穿管和线槽敷设，电缆头制作、导线连接和线路电气试验，建筑物外部装饰灯具、航空障碍标志灯和庭院路灯安装，建筑照明通电试运行，接地装置安装
		变配电室	变压器、箱式变电所安装，成套配电柜、控制柜（屏、台）和动力、照明配电箱（盘）安装，裸母线、封闭母线、插接式母线安装，电缆沟内和电缆竖井内电缆敷设，电缆头制作、导线连接和线路电气试验，接地装置安装，避雷引下线和变配电室接地干线敷设
		供电干线	裸母线、封闭母线、插接式母线安装，桥架安装和桥架内电缆敷设，电缆沟内和电缆竖井内电缆敷设，电线、电缆导管和线槽敷设，电线、电缆穿管和线槽敷线，电缆头制作、导线连接和线路电气试验
		电气动力	成套配电柜、控制柜（屏、台）和动力、照明配电箱（盘）及控制柜安装，低压电动机、电加热器及电动执行机构检查、接线，低压电气动力设备检测、试验和空载试运行，桥架安装和桥架内电缆敷设，电线、电缆导管和线槽敷设，电线、电缆穿管和线槽敷线，电缆头制作、导线连接和线路电气试验，插座、开关、风扇安装
		电气照明安装	成套配电柜、控制柜（屏、台）和动力、照明配电箱（盘）安装，电线、电缆导管和线槽敷设，电线、电缆导管和线槽敷线，槽板配线，钢索配线，电缆头制作、导线连接和线路电气试验，普通灯具安装，专用灯具安装，插座、开关、风扇安装，建筑照明通电试运行
		备用和不间断电源安装	成套配电柜、控制柜（屏、台）和动力、照明配电箱（盘）安装，柴油发电机组安装，不间断电源的其他功能单元安装，裸母线、封闭母线、插接式母线安装，电线、电缆导管和线槽敷设，电线、电缆导管和线槽敷线，电缆头制作、导线连接和线路电气试验，接地装置安装
		防雷及接地安装	接地装置安装，避雷引下线和变配电室接地干线敷设，建筑物等电位连接，接闪器安装

续表

序号	分部工程	子分部工程	分项工程
7	智能建筑	通信网络系统	通信系统，卫星及有线电视系统，公共广播系统
		办公自动化系统	计算机网络系统，信息平台及办公自动化应用软件，网络安全系统
		建筑设备监控系统	空调与通风系统，变配电系统，照明系统，给排水系统，热源和热交换系统，冷冻和冷却系统，电梯和自动扶梯系统，中央管理工作站与操作分站，子系统通信接口
		火灾报警及消防联动系统	火灾和可燃气体探测系统，火灾报警控制系统，消防联动系统
		安全防范系统	电视监控系统，入侵报警系统，巡更系统，出入口控制（门禁）系统，停车管理系统
		综合布线系统	缆线敷设和终接，机柜、机架、配线架的安装，信息插座和光缆芯线终端的安装
		智能化集成系统	集成系统网络，实时数据库，信息安全，功能接口
		电源与接地	智能建筑电源，防雷及接地
		环境	空间环境，室内空调环境，视觉照明环境，电磁环境
		住宅（小区）智能化系统	火灾自动报警及消防联动系统，安全防范系统（含电视监控系统、入侵报警系统、巡更系统、门禁系统、楼宇对讲系统、住户对讲呼救系统、停车管理系统），物业管理系统（多表现场计量及与远程传输系统、建筑设备监控系统、公共广播系统、小区网络及信息服务系统、物业办公自动化系统），智能家庭信息平台
8	通风与空调	送排风系统	风管与配件制作，部件制作，风管系统安装，空气处理设备安装，消声设备制作与安装，风管与设备防腐，风机安装，系统调试
		防排烟系统	风管与配件制作，部件制作，风管系统安装，防排烟风口、常闭正压风口与设备安装，风管与设备防腐，风机安装，系统调试
		除尘系统	风管与配件制作，部件制作，风管系统安装，除尘器与排污设备安装，风管与设备防腐，风机安装，系统调试
		空调风系统	风管与配件制作，部件制作，风管系统安装，空气处理设备安装，消声设备制作与安装，风管与设备防腐，风机安装，风管与设备绝热，系统调试
		净化空调系统	风管与配件制作，部件制作，风管系统安装，空气处理设备安装，消声设备制作与安装，风管与设备防腐，风机安装，风管与设备绝热，高效过滤器安装，系统调试
		制冷设备系统	制冷机组安装，制冷剂管道及配件安装，制冷附属设备安装，管道及设备的防腐与绝热，系统调试
		空调水系统	管道冷热（媒）水系统安装，冷却水系统安装，冷凝水系统安装，阀门及部件安装，冷却塔安装，水泵及附属设备安装，管道与设备的防腐与绝热，系统调试

续表

序号	分部工程	子分部工程	分项工程
9	电梯	电力驱动的曳引式或强制式电梯安装	设备进场验收，土建交接检验，驱动主机，导轨，门系统，轿厢，对重（平衡重），安全部件，悬挂装置，随行电缆，补偿装置，电气装置，整机安装验收
		液压电梯安装	设备进场验收，土建交接检验，液压系统，导轨，门系统，轿厢，对重（平衡重），安全部件，悬挂装置，随行电缆，电气装置，整机安装验收
		自动扶梯、自动人行道安装	设备进场验收，土建交接检验，整机安装验收

室外工程划分

单位工程	子单位工程	分部（子分部）工程
室外建筑环境	附属建筑	车棚，围墙，大门，挡土墙，垃圾收集站
	室外环境	建筑小品，道路，亭台，连廊，花坛，场坪绿化
室外安装	给排水与采暖	室外给水系统，室外排水系统，室外供热系统
	电　气	室外供电系统，室外照明系统

（四）工程施工质量验收资料和要求

1.《建筑地基基础工程施工质量验收规范》（GB 50202—2002）的验收规定

（1）分项工程、分部（子分部）工程质量的验收，均应在施工单位自检合格的基础上进行。施工单位确认自检合格后提出工程验收申请，工程验收时应提供下列技术文件和记录：

①原材料的质量合格证和质量鉴定文件；

②半成品如预制桩、钢桩、钢筋笼等产品合格证书；

③施工记录及隐蔽工程验收文件；

④检测试验及见证取样文件；

⑤其他必须提供的文件或记录。

（2）对隐蔽工程应进行中间验收。

（3）分部（子分部）工程验收应由总监理工程师或建设单位项目负责人组织勘察、设计单位及施工单位的项目负责人、技术质量负责人，共同按设计要求和本规范及其他有关规定进行。

（4）验收工作应按下列规定进行：

①分项工程的质量验收应分别按主控项目和一般项目验收；

②隐蔽工程应在施工单位自检合格后，于隐蔽前通知有关人员检查验收，并形成中间验收文件；

③分部（子分部）工程的验收，应在分项工程通过验收的基础上，对必要的部位进行见证检验。

(5) 主控项目必须符合验收标准规定，发现问题应立即处理直至符合要求，一般项目应有80%合格。混凝土试件强度评定不合格或对试件的代表性有怀疑时，应采用钻芯取样，检测结果符合设计要求可按合格验收。

2.《地下防水工程施工质量验收规范》(GB 50208—2002) 的验收规定

(1) 地下防水工程验收文件和记录应按表5-52的要求进行。

地下防水工程验收的文件和记录 **表5-52**

序号	项目	文件和记录
1	防水设计	设计图及会审记录、设计变更通知单和材料代用核定单
2	施工方案	施工方法、技术措施、质量保证措施
3	技术交底	施工操作要求及注意事项
4	材料质量证明文件	出厂合格证、产品质量检验报告、试验报告
5	中间检查记录	分项工程质量验收记录、隐蔽工程检查验收记录、施工检验记录
6	施工日志	逐日施工情况
7	混凝土、砂浆	试配及施工配合比，混凝土抗压、抗渗试验报告
8	施工单位资质证明	资质复印证件
9	工程检验记录	抽样质量检验及观察检查
10	其他技术资料	事故处理报告、技术总结

(2) 地下防水隐蔽工程验收记录应包括以下主要内容：

①卷材、涂料防水层的基层；

②防水混凝土结构和防水层被掩盖的部位；

③变形缝、施工缝等防水构造的做法；

④管道设备穿过防水层的封固部位；

⑤渗排水层、盲沟和坑槽；

⑥衬砌前围岩渗漏水处理；

⑦基坑的超挖和回填。

(3) 地下建筑防水工程的质量要求：

①防水混凝土的抗压强度和抗渗压力必须符合设计要求；

②防水混凝土应密实，表面应平整，不得有露筋、蜂窝等缺陷；裂缝宽度应符合设计要求；

③水泥砂浆防水层应密实、平整、粘结牢固，不得有空鼓、裂纹、起砂、麻面等缺陷；防水层厚度应符合设计要求；

④卷材接缝应粘结牢固、封闭严密，防水层不得有损伤、空鼓、皱褶等缺陷；

⑤涂层应粘结牢固，不得有脱皮、流淌、鼓泡、露胎、皱褶等缺陷；涂层厚度应符合设计要求；

⑥塑料板防水层应铺设牢固、平整，搭接焊缝严密，不得有焊穿、下垂、绷紧现象；

⑦金属板防水层焊缝不得有裂纹、未熔合、夹渣、焊瘤、咬边、烧穿、弧坑、针状

气孔等缺陷；保护涂层应符合设计要求；

⑧变形缝、施工缝、后浇带、穿墙管道等防水构造应符合设计要求。

(4) 特殊施工法防水工程的质量要求：

①内衬混凝土表面应平整，不得有孔洞、露筋、蜂窝等缺陷；

②盾构法隧道衬砌自防水、衬砌外防水涂层、衬砌接缝防水和内衬结构防水应符合设计要求；

③锚喷支护、地下连续墙、复合式衬砌等防水构造应符合设计要求。

(5) 排水工程的质量要求：

①排水系统不淤积、不堵塞，确保排水畅通；

②反滤层的砂、石粒径、含泥量和层次排列应符合设计要求；

③排水沟断面和坡度应符合设计要求。

(6) 注浆工程的质量要求：

①注浆孔的间距、深度及数量应符合设计要求；

②注浆效果应符合设计要求；

③地表沉降控制应符合设计要求。

(7) 检查地下防水工程渗漏水量，应符合地下工程防水等级标准的规定。

(8) 地下防水工程验收后，应填写子分部工程质量验收记录，随同工程验收的文件和记录交建设单位和施工单位存档。

3.《混凝土结构工程施工质量验收规范》(GB 50204—2002) 的验收规定

(1) 对涉及混凝土结构安全的重要部位应进行结构实体检验。结构实体检验应在监理工程师（建设单位项目专业技术负责人）见证下，由施工项目技术负责人组织实施。承担结构实体检验的试验室应具有相应的资质。

(2) 结构实体检验的内容应包括混凝土强度、钢筋保护层厚度以及工程合同约定的项目；必要时可检验其他项目。

(3) 对混凝土强度的检验，应以在混凝土浇筑地点制备并与结构实体同条件养护的试件强度为依据。混凝土强度检验用同条件养护试件的留置、养护和强度代表值应符合本规范附录 D 的规定。

对混凝土强度的检验，也可根据合同的约定，采用非破损或局部破损的检测方法，按国家现行有关标准的规定进行。

(4) 当同条件养护试件强度的检验结果符合现行国家标准《混凝土强度检验评定标准》GBJ 107 的有关规定时，混凝土强度应判为合格。

(5) 对钢筋保护层厚度的检验，抽样数量、检验方法、允许偏差和合格条件应符合本规范附录 E 的规定。

(6) 当未能取得同条件养护试件强度、同条件养护试件强度被判为不合格或钢筋保护层厚度不满足要求时，应委托具有相应资质等级的检测机构按国家有关标准的规定进行检测。

(7) 混凝土结构子分部工程施工质量验收时，应提供下列文件和记录：

①设计变更文件；

②原材料出厂合格证和进场复验报告；

③钢筋接头的试验报告；

④混凝土工程施工记录；

⑤混凝土试件的性能试验报告；

⑥装配式结构预制构件的合格证和安装验收记录；

⑦预应力筋用锚具、连接器的合格证和进场复验报告；

⑧预应力筋安装、张拉及灌浆记录；

⑨隐蔽工程验收记录；

⑩分项工程验收记录；

⑪混凝土结构实体检验记录；

⑫工程的重大质量问题的处理方案和验收记录；

⑬其他必要的文件和记录。

(8) 混凝土结构子分部工程施工质量验收合格应符合下列规定：

①有关分项工程施工质量验收合格；

②应有完整的质量控制资料；

③观感质量验收合格；

④结构实体检验结果满足本规范的要求

(9) 当混凝土结构施工质量不符合要求时，应按下列规定进行处理：

①经返工、返修或更换构件、部件的检验批，应重新进行验收；

②经有资质的检测单位检测鉴定达到设计要求的检验批，应予以验收；

③经有资质的检测单位检测鉴定达不到设计要求，但经原设计单位核算并确认仍可满足结构安全和使用功能的检验批，可予以验收；

④经返修或加固处理能够满足结构安全使用要求的分项工程，可根据技术处理方案和协商文件进行验收。

(10) 混凝土结构工程子分部工程施工质量验收合格后，应将所有的验收文件存档备案。

4.《砌体工程施工质量验收规范》(GB 50203—2002) 的验收规定

(1) 砌体工程验收前，应提供下列文件和记录：

①施工执行的技术标准；

②原材料的合格证书、产品性能检测报告；

③混凝土及砂浆配合比通知单；

④混凝土及砂浆试件抗压强度试验报告单；

⑤施工记录；

⑥各检验批的主控项目、一般项目验收记录；

⑦施工质量控制资料；

⑧重大技术问题的处理或修改设计的技术文件；

⑨其他必须提供的资料。

(2) 砌体子分部工程验收时，应对砌体工程的观感质量做出总体评价。

(3) 当砌体工程质量不符合要求时，应按现行国家标准《建筑工程施工质量统一验收标准》GB 50300 规定执行。

(4) 对有裂缝的砌体应按下列情况进行验收：

①对有可能影响结构安全性的砌体裂缝，应由有资质的检测单位检测鉴定，需返修或加固处理的，待返修或加固满足使用要求后进行二次验收；

②对不影响结构安全性的砌体裂缝，应予以验收，对明显影响使用功能和观感质量的裂缝，应进行处理。

5.《建筑装饰装修工程质量验收规范》(GB 50210—2001) 的验收规定

(1) 建筑装饰装修工程质量验收的程序和组织应符合《建筑工程施工质量验收统一标准》(GB 50300—2001) 的规定。

(2) 建筑装饰装修工程的子分部工程及其分项工程应按规范附录划分。

(3) 建筑装饰装修工程施工过程中，应按规范各章一般规定的要求对隐蔽工程进行验收。

(4) 检验批的质量验收应按《建筑工程施工质量验收统一标准》(GB 50300—2001) 附录格式记录。检验批的合格判定应符合下列规定：

①抽查样本均应符合本规范主控项目的规定。

②抽查样本的80%以上应符合本规范一般项目的规定。其余样本不得有影响使用功能或明显影响装饰效果的缺陷，其中有允许偏差的检验项目，其最大偏差不得超过本规范规定允许偏差的1.5倍。

(5) 分项工程的质量验收应按《建筑工程施工质量验收统一标准》(GB 50300—2001) 附录格式记录，各检验批的质量均应达到本规范的规定。

(6) 子分部工程的质量验收应按《建筑工程施工质量验收统一标准》(GB 50300—2001) 的格式记录。子分部工程中各分项工程的质量均应验收合格，并应符合下列规定：

①应具备本规范各子分部工程规定检查的文件和记录。

②应具备表5-53所规定的有关安全和功能的检测项目的合格报告。

③观感质量应符合本规范各分项工程中一般项目的要求。

有关安全和功能的检测项目表 **表5-53**

项次	子分部工程	检测项目
1	门窗工程	1 建筑外墙金属窗的抗风压性能、空气渗透性能和雨水渗漏性能 2 建筑外墙塑料窗的抗风压性能、空气渗透性能和雨水渗漏性能
2	饰面板（砖）工程	1 饰面板后置埋件的现场拉拔强度 2 饰面砖样板件的粘结强度
3	幕墙工程	1 硅酮结构胶的相容性试验 2 幕墙后置埋件的现场拉拔强度 3 幕墙的抗风压性能、空气渗透性能、雨水渗漏性能及平面变形性能

(7) 分部工程的质量验收应按《建筑工程施工质量验收统一标准》(GB 50300—2001) 附录的格式记录。分部工程中各子分部工程的质量均应验收合格，并应按上述(6)之①、②和③的规定进行核查。

当建筑工程只有装饰装修分部工程时，该工程应作为单位工程验收。

(8) 有特殊要求的建筑装饰装修工程，竣工验收时应按合同约定加测相关技术指标。

(9) 建筑装饰装修工程的室内环境质量应符合国家现行标准《民用建筑工程室内环境污染控制规范》(GB 50325) 的规定。

(10) 未经竣工验收合格的建筑装饰装修工程不得投入使用。

6.《建筑地面工程施工质量验收规范》(GB 50209—2002) 的验收规定

(1) 建筑地面工程施工质量中各类面层子分部工程的面层铺设与其相应的基层铺设的分项工程施工质量检验应全部合格。

(2) 建筑地面工程子分部工程质量验收应检查下列工程质量文件和记录：

①建筑地面工程设计图纸和变更文件等；

②原材料的出厂检验报告和质量合格保证文件、材料进场检（试）验报告（含抽样报告)；

③各层的强度等级、密实度等试验报告和测定记录；

④各类建筑地面工程施工质量控制文件；

⑤各构造层的隐蔽验收及其他有关验收文件。

(3) 建筑地面工程子分部工程质量验收应检查下列安全和功能项目：

①有防水要求的建筑地面子分部工程的分项工程施工质量的蓄水检验记录，并抽查复验认定；

②建筑地面板块面层铺设子分部工程和木、竹面层铺设子分部工程采用的天然石材、胶粘剂、沥青胶结料和涂料等材料证明资料。

(4) 建筑地面工程子分部工程观感质量综合评价应检查下列项目：

①变形缝的位置和宽度以及填缝质量应符合规定；

②室内建筑地面工程按各子分部工程经抽查分别做出评价；

③楼梯、踏步等工程项目经抽查分别做出评价。

7.《屋面工程质量验收规范》(GB 50207—2002) 的验收规定

(1) 屋面工程施工应按工序或分项工程进行验收，构成分项工程的各检验批应符合相应质量标准的规定。

(2) 屋面工程验收的文件和记录应按表 5-54 要求执行。

屋面工程验收的文件和记录　　表 5-54

序号	项　目	文件和记录
1	防水设计	设计图纸及会审记录、设计变更通知单和材料代用核定单
2	施工方案	施工方法、技术措施、质量保证措施
3	技术交底记录	施工操作要求及注意事项
4	材料质量证明文件	出厂合格证、质量检验报告和试验报告
5	中间检查记录	分项工程质量验收记录、隐蔽工程验收记录、施工检验记录、淋水或蓄水检验记录
6	施工日志	逐日施工情况
7	工程检验记录	抽样质量检验及观察检查
8	其他技术资料	事故处理报告、技术总结

(3) 屋面工程隐蔽验收记录应包括以下主要内容：

①卷材、涂膜防水层的基层。

②密封防水处理部位。

③天沟、檐沟、泛水和变形缝等细部做法。

④卷材、涂膜防水层的搭接宽度和附加层。

⑤刚性保护层与卷材、涂膜防水层之间设置的隔离层。

(4) 屋面工程质量应符合下列要求：

①防水层不得有渗漏或积水现象。

②使用的材料应符合设计要求和质量标准的规定。

③找平层表面应平整，不得有酥松、起砂、起皮现象。

④保温层的厚度、含水率和表观密度应符合设计要求。

⑤天沟、檐沟、泛水和变形缝等构造，应符合设计要求。

⑥卷材铺贴方法和搭接顺序应符合设计要求，搭接宽度正确，接缝严密，不得有皱褶、鼓泡和翘边现象。

⑦涂膜防水层的厚度应符合设计要求，涂层无裂纹、皱褶、流淌、鼓泡和露胎体现象。

⑧刚性防水层表面应平整、压光，不起砂，不起皮，不开裂。分格缝应平直，位置正确。

⑨嵌缝密封材料应与两侧基层粘牢，密封部位光滑、平直，不得有开裂、鼓泡、下塌现象。

⑩平瓦屋面的基层应平整、牢固，瓦片排列整齐、平直，搭接合理，接缝严密，不得有残缺瓦片。

(5) 检查屋面有无渗漏、积水和排水系统是否畅通，应在雨后或持续淋水 2h 后进行。有可能作蓄水检验的屋面，其蓄水时间不应少于 24h。

(6) 屋面工程验收后，应填写分部工程质量验收记录，交建设单位和施工单位存档。

8.《钢结构工程施工质量验收规范》(GB 50205—2001) 的验收规定

(1) 根据现行国家标准《建筑工程施工质量验收统一标准》GB 50300 的规定，钢结构作为主体结构之一应按子分部工程竣工验收；当主体结构均为钢结构时应按分部工程竣工验收。大型钢结构工程可划分成若干个子分部工程进行竣工验收。

(2) 钢结构分部工程有关安全及功能的检验和见证检测项目见本规范附录，检验应在其分项工程验收合格后进行。

(3) 钢结构分部工程有关观感质量检验应按本规范附录执行。

(4) 钢结构分部工程合格质量标准应符合下列规定：

①各分项工程质量均应符合合格质量标准；

②质量控制资料和文件应完整；

③有关安全及功能的检验和见证检测结果应符合本规范相应合格质量标准的要求；

④有关观感质量应符合本规范相应合格质量标准的要求。

(5) 钢结构分部工程竣工验收时，应提供下列文件和记录：

①钢结构工程竣工图纸及相关设计文件；

②施工现场质量管理检查记录；

③有关安全及功能的检验和见证检测项目检查记录；

④有关观感质量检验项目检查记录；

⑤分部工程所含各分项工程质量验收记录；

⑥分项工程所含各检验批质量验收记录；

⑦强制性条文检验项目检查记录及证明文件；

⑧隐蔽工程检验项目检查验收记录；

⑨原材料、成品质量合格证明文件、中文标志及性能检测报告；

⑩不合格项的处理记录及验收记录；

⑪重大质量、技术问题实施方案及验收记录；

⑫其他有关文件和记录。

(6) 钢结构工程质量验收记录应符合下列规定：

①施工现场质量管理检查记录可按现行国家标准《建筑工程施工质量验收统一标准》GB 50300 中附录进行；

②分项工程检验批验收记录可按本规范附录进行；

③分项工程验收记录可按现行国家标准《建筑工程施工质量验收统一标准》GB 50300 中附录进行；

④分部（子分部）工程验收记录可按现行国家标准《建筑工程施工质量验收统一标准》GB 50300 中附录进行。

9.《通风与空调工程施工质量验收规范》(GB 50243—2002) 的验收规定

(1) 通风与空调工程的竣工验收，是在工程施工质量得到有效监控的前提下，施工单位通过整个分部工程的无生产负荷系统联合试运转与调试和观感质量的检查，按本规范要求将质量合格的分部工程移交建设单位的验收过程。

(2) 通风与空调工程的竣工验收，应由建设单位负责，组织施工、设计、监理等单位共同进行，合格后即应办理竣工验收手续。

(3) 通风与空调工程竣工验收时，应检查竣工验收的资料，一般包括下列文件及记录：

①图纸会审记录、设计变更通知书和竣工图；

②主要材料、设备、成品、半成品和仪表的出厂合格证明及进场检（试）验报告；

③隐蔽工程检查验收记录；

④工程设备、风管系统、管道系统安装及检验记录；

⑤管道试验记录；

⑥设备单机试运转记录；

⑦系统无生产负荷联合试运转与调试记录；

⑧分部（子分部）工程质量验收记录；

⑨观感质量综合检查记录；

⑩安全和功能检验资料的核查记录。

(4) 观感质量检查应包括以下项目：

①风管表面应平整、无损坏；接管合理，风管的连接以及风管与设备或调节装置的

连接，无明显缺陷；

②风口表面应平整，颜色一致，安装位置正确，风口可调节部件应能正常动作；

③各类调节装置的制作和安装应正确牢固，调节灵活，操作方便。防火及排烟阀等关闭严密，动作可靠；

④制冷及水管系统的管道、阀门及仪表安装位置正确，系统无渗漏；

⑤风管、部件及管道的支、吊架型式、位置及间距应符合本规范要求；

⑥风管、管道的软性接管位置应符合设计要求，接管正确、牢固，自然无强扭；

⑦通风机、制冷机、水泵、风机盘管机组的安装应正确牢固；

⑧组合式空气调节机组外表平整光滑、接缝严密、组装顺序正确，喷水室外表面无渗漏；

⑨除尘器、积尘室安装应牢固、接口严密；

⑩消声器安装方向正确，外表面应平整无损坏；

⑪风管、部件、管道及支架的油漆应附着牢固，漆膜厚度均匀，油漆颜色与标志符合设计要求；

⑫绝热层的材质、厚度应符合设计要求；表面平整、无断裂和脱落；室外防潮层或保护壳应顺水搭接、无渗漏。

检查数量：风管、管道各按系统抽查 10%，且不得少于 1 个系统。各类部件、阀门及仪表抽检 5%，且不得少于 10 件。

检查方法：尺量、观察检查。

(5) 净化空调系统的观感质量检查还应包括下列项目：

①空调机组、风机、净化空调机组、风机过滤器单元和空气吹淋室等的安装位置应正确、固定牢固、连接严密，其偏差应符合本规范有关条文的规定；

②高效过滤器与风管、风管与设备的连接处应有可靠密封；

③净化空调机组、静压箱、风管及送回风口清洁无积尘；

④装配式洁净室的内墙面、吊顶和地面应光滑、平整、色泽均匀、不起灰尘，地板静电值应低于设计规定；

⑤送回风口、各类末端装置以及各类管道等与洁净室内表面的连接处密封处理应可靠、严密。

检查数量：按数量抽查 20%，且不得少于 1 个。

检查方法：尺量、观察检查。

10.《建筑给水排水及采暖工程施工质量验收规范》(GB 50242—2002) 的验收规定

(1) 检验批、分项工程、分部（或子分部）工程质量的验收，均应在施工单位自检合格的基础上进行。并应按检验批、分项、分部（或子分部）、单位（或子单位）工程的程序进行验收，同时做好记录。

①检验批、分项工程的质量验收应全部合格。

检验批质量验收见附录 B。

分项工程质量验收见附录 C。

②分部（子分部）工程的验收，必须在分项工程验收通过的基础上，对涉及安全、卫生和使用功能的重要部位进行抽样检验和检测。

子分部工程质量验收见附录D。

建筑给水、排水及采暖（分部）工程质量验收见附录E。

(2) 建筑给水、排水及采暖工程的检验和检测应包括下列主要内容：

①承压管道系统和设备及阀门水压试验。

②排水管道灌水、通球及通水试验。

③雨水管道灌水及通水试验。

④给水管道通水试验及冲洗、消毒检测。

⑤卫生器具通水试验，具有溢流功能的器具满水试验。

⑥地漏及地面清扫口排水试验。

⑦消火栓系统测试。

⑧采暖系统冲洗及测试。

⑨安全阀及报警联动系统动作测试。

⑩锅炉48h负荷试运行。

(3) 工程质量验收文件和记录中应包括下列主要内容：

①开工报告。

②图纸会审记录、设计变更及洽商记录。

③施工组织设计或施工方案。

④主要材料、成品、半成品、配件、器具和设备出厂合格证及进场验收单。

⑤隐蔽工程验收及中间试验记录。

⑥设备试运转记录。

⑦安全、卫生和使用功能检验和检测记录。

⑧检验批、分项、子分部、分部工程质量验收记录。

⑨竣工图。

11.《建筑电气工程施工质量验收规范》(GB 50303—2002) 的验收规定

(1) 当建筑电气分部工程施工质量检验时，检验批的划分应符合下列规定：

①室外电气安装工程中分项工程的检验批，依据庭院大小、投运时间先后、功能区块不同划分；

②变配电室安装工程中分项工程的检验批，主变配电室为1个检验批；有数个分变配电室，且不属于子单位工程的子分部工程，各为1个检验批，其验收记录汇入所有变配电室有关分项工程的验收记录中；如各分变配电室属于各子单位工程的子分部工程，所属分项工程各为1个检验批，其验收记录应为一个分项工程验收记录，经子分部工程验收记录汇入分部工程验收记录中。

③供电干线安装工程分项工程的检验批，依据供电区段和电气线缆竖井的编号划分；

④电气动力和电气照明安装工程中分项工程及建筑物等电位联结分项工程的检验批，其划分的界区，应与建筑土建工程一致；

⑤备用和不间断电源安装工程中分项工程各自成为1个检验批；

⑥防雷及接地装置安装工程中分项工程检验批，人工接地装置和利用建筑物基础钢筋的接地体各为1个检验批，大型基础可按区块划分成几个检验批；避雷引下线安装6层

以下的建筑为1个检验批，高层建筑依均压环设置间隔的层数为1个检验批；接闪器安装同一屋面为1个检验批。

（2）当验收建筑电气工程时，应核查下列各项质量控制资料，且检查分项工程质量验收记录和分部（子分部）质量验收记录应正确，责任单位和责任人的签章齐全。

①建筑电气工程施工图设计文件和图纸会审记录及洽商记录；

②主要设备、器具、材料的合格证和进场验收记录；

③隐蔽工程记录；

④电气设备交接试验记录；

⑤接地电阻、绝缘电阻测试记录；

⑥空载试运行和负荷试运行记录；

⑦建筑照明通电试运行记录；

⑧工序交接合格等施工安装记录。

（3）根据单位工程实际情况，检查建筑电气分部（子分部）工程所含分项工程的质量验收记录应无遗漏缺项。

（4）当单位工程质量验收时，建筑电气分部（子分部）工程实物质量的抽检部位如下，且抽检结果应符合本规范规定。

①大型公用建筑的变配电室，技术层的动力工程，供电干线的竖井，建筑顶部的防雷工程，重要的或大面积活动场所的照明工程，以及5%自然间的建筑电气动力、照明工程；

②一般民用建筑的配电室和5%自然间的建筑电气照明工程，以及建筑顶部的防雷工程；

③室外电气工程以变配电室为主，且抽检各类灯具的5%。

（5）核查各类技术资料应齐全，且符合工序要求，有可追溯性；各责任人均应签章确认。

（6）为方便检测验收，高低压配电装置的调整试验应提前通知监理和有关监督部门，实行旁站确认。变配电室通电后可抽测的项目主要是：各类电源自动切换或通断装置、馈电线路的绝缘电阻、接地（PE）或接零（PEN）的导通状态、开关插座的接线正确性、漏电保护装置的动作电流和时间、接地装置的接地电阻和由照明设计确定的照度等。抽测的结果应符合本规范规定和设计要求。

（7）检验方法应符合下列规定：

①电气设备、电缆和继电保护系统的调整试验结果，查阅试验记录或试验时旁站；

②空载试运行和负荷试运行结果，查阅试运行记录或试运行时旁站；

③绝缘电阻、接地电阻和接地（PE）或接零（PEN）导通状态及插座接线正确性的测试结果，查阅测试记录或测试时旁站或用适配仪表进行抽测；

④漏电保护装置动作数据值，查阅测试记录或用适配仪表进行抽测；

⑤负荷试运行时大电流节点温升测量用红外线遥测温度仪抽测或者阅负荷试运行记录；

⑥螺栓紧固程度用适配工具做拧动试验；有最终拧紧力矩要求的螺栓用扭力扳手抽测；

⑦需吊芯、抽芯检查的变压器和大型电动机，吊芯、抽芯时旁站或查阅吊芯、抽芯记录；

⑧需做动作试验的电气装置，高压部分不应带电试验，低压部分无负荷试验；

⑨水平度用铁水平尺测量，垂直度用线锤吊线尺量，盘面平整度拉线尺量，各种距离的尺寸用塞尺、游标卡尺、钢尺、塔尺或采用其他仪器仪表等测量；

⑩外观质量情况目测检查；

⑪设备规格型号、标志及接线，对照工程设计图纸及其变更文件检查。

12.《电梯安装工程施工质量验收规范》(GB 50310—2002) 的验收规定

(1) 分项工程质量验收合格应符合下列规定：

①各分项工程中的主控项目应进行全验，一般项目应进行抽验，且均应符合合格质量规定。

②应具有完整的施工操作依据、质量检查记录。

(2) 分部（子分部）工程质量验收合格应符合下列规定：

①子分部工程所含分项工程的质量均应验收合格且验收记录应完整。

②分部工程所含子分部工程的质量均应验收合格。

③质量控制资料应完整；

④观感质量应符合本规范要求。

(3) 当电梯安装工程质量不合格时，应按下列规定处理：

①经返工重做、调整或更换部件的分项工程，应重新验收；

②通过以上措施仍不能达到本规范要求的电梯安装工程，不得验收合格。

九、竣工验收备案管理

建设部于2000年4月7日发布了《房屋建筑工程和市政基础设施工程竣工验收备案管理暂行办法》(建设部第18号部令)。规定了在我国境内新建、扩建、改建各类房屋建筑工程和市政基础设施工程的竣工验收备案，必须实施该《办法》。

(一) 工程竣工验收的条件：

1. 完成工程设计和合同约定的各项内容。

2. 施工单位在工程完工后对工程质量进行了检查，确认工程质量符合有关法律、法规和工程建设强制性标准，符合设计文件及合同要求，并提出工程竣工报告。工程竣工报告应经项目经理和施工单位有关负责人审核签字。

3. 对于委托监理的工程项目，监理企业对工程进行了质量评估，具有完整的监理资料，并提出工程质量评估报告。工程质量评估报告应经总监理工程师和监理企业有关负责人审核签字。

4. 勘察、设计单位对勘察、设计文件及施工过程中由设计单位签署的设计变更通知书进行了检查，并提出质量检查报告。质量检查报告应经该项目勘察、设计负责人和勘察、设计单位有关负责人审核签字。

5. 有完整的技术档案和施工管理资料。

6. 有工程使用的主要建筑材料、建筑构配件和设备的进场试验报告。

7. 建设单位已按合同约定支付工程款。

8. 有施工单位签署的工程质量保修书。

9. 城乡规划行政主管部门对工程是否符合规划设计要求进行检查，并出具认可文件。

10. 有公安消防、环保等部门出具的认可文件或者准许使用文件。

11. 建设行政主管部门及其委托的工程质量监督机构等有关部门责令整改的问题全部整改完毕。

（二）建设单位组织工程竣工验收。程序如下：

1. 建设、勘察、设计、施工、监理单位分别汇报工程合同履约情况和在工程建设各个环节执行法律、法规和工程建设强制性标准的情况；

2. 审阅建设、勘察、设计、施工、监理单位的工程档案资料；

3. 实地查验工程质量；

4. 对工程勘察、设计、施工、设备安装质量和各管理环节等方面做出全面评价，形成经验收组人员签署的工程竣工验收意见。

参与工程竣工验收的建设、勘察、设计、施工、监理等各方不能形成一致意见时，应当协商提出解决的方法，待意见一致后，重新组织工程竣工验收。

（三）竣工验收备案

1. 建设单位应当自工程竣工验收合格之日起15日内，依照《房屋建筑工程和市政基础设施工程竣工验收备案管理暂行办法》的规定，向工程所在地的县级以上地方人民政府建设行政主管部门备案。

2. 工程质量监督机构应当在工程竣工验收之日起5日内，向备案机关提交工程质量监督报告。

3. 建设单位办理工程竣工验收备案应当提交下列文件：

（1）工程竣工验收备案表；

（2）工程竣工验收报告。竣工验收报告应当包括工程报建日期，施工许可证号，施工图设计文件审查意见，勘察、设计、施工、监理等单位分别签署的质量合格文件及验收人员签署的竣工验收原始文件，市政基础设施的有关质量检测和功能性试验资料以及备案机关认为需要提供的有关资料；

（3）法律、行政法规规定应当由规划、公安消防、环保等部门出具的认可文件或者准许使用文件；

（4）施工单位签署的工程质量保修书；

（5）法规、规章规定必须提供的其他文件。

商品住宅还应当提交《住宅质量保证书》和《住宅使用说明书》。

4. 备案机关收到建设单位报送的竣工验收备案文件，验证文件齐全后，应当在工程竣工验收备案表上签署文件收讫。

工程竣工验收备案表一式二份，一份由建设单位保存，一份留备案机关存档。

（四）竣工验收阶段监理工作要点

1. 协助建设单位检查竣工验收条件

（1）检查确认项目工作量。

总监理工程师应组织专业监理工程师，依据有关法律、法规、工程建设强制性标准、设计文件及施工合同，对承包单位报送的竣工资料进行审查，并对工程质量进行检查，确认是否已完成工程设计和合同约定的各项内容，达到竣工标准；对存在的问题，应及时要求承包单位整改。整改完毕由总监理工程师签署工程竣工报验单。

（2）检查施工质量和施工文件。

承包单位在工程完工后，对工程质量进行全面检查，确认工程质量符合法律、法规和工程建设强制性标准规定，符合设计文件及合同要求。监理企业应按有关规定在承包单位的质量验收文件和试验、检测资料上签字认可。

（3）检查设计文件。

勘察、设计单位对勘察、设计文件及实施过程中由设计单位参加签署的更改原设计的资料进行了检查，确认勘察、设计符合国家规范、标准要求，承包单位的工程质量达到设计要求。监理单位应对施工过程中发生形成的设计文件资料根据设计合同、国家规范、标准进行平行检查，确认文件符合规定，工程质量达到设计要求。

（4）核定质量。

监理企业在承包单位自评合格，勘察、设计单位认可的基础上，对竣工工程质量进行检查和核定质量合格额，并应在此基础上向建设单位提出工程质量评估报告。工程质量评估报告应经总监理工程师和监理企业技术负责人审核签字，并加盖公章。

（5）检查工程竣工档案资料。

工程项目全过程档案资料包括：

a）建设单位施工前期资料（项目审批、受监及与工程建设参与各方有关合同等）；

b）施工阶段工程建设参与各方的档案资料；

c）建设行政主管部门出具的认可文件；

d）建设行政主管部门及其委托的监督机构出具的整改问题的消号情况。

（6）配合建设单位支付工程款。

工程项目竣工验收前监理单位应配合建设单位确认工程量、工程质量，为建设单位及时支付工程款提供依据，建设单位在工程竣工验收前应按合同约定支付工程款，有工程款支付证明。

（7）确认工程质量保修期的责任。

承包单位和建设单位签署了工程质量保修书，监理企业和建设单位已约定工程质量保修期监理的责任年限、范围、内容和权限。

（8）建设行政主管部门及其委托的建设工程质量监督机构等有关部门要求整改的问题。

项目监理机构应要求承包单位进行整改工程质量符合要求，由监理工程师会同参加验收的各方签署整改完成报验单消号。

2．协助建设单位完成竣工验收的实施

（1）在竣工验收前，项目监理机构应完成监理工作档案资料的初步整理工作，应确保内容齐全、不遗漏，符合监理工作档案归档的相关要求。并按要求对承包单位的项目竣工归档资料进行核验，出具施工技术及质保资料审查意见。

（2）总监理工程师应组织专业监理工程师对竣工图进行审核，确认各种技术变更签证已在原施工图上修改到位，并标注清楚，以及工程项目建设实物与竣工图所标示的相一致，无缺漏和不实之处，并在承包单位加盖竣工图审核章后，加盖监理企业竣工图审核章。

(3) 总监应视监理项目建设单位要求和工程验收实际情况，提前组织工程竣工预验收。竣工预验收的内容包括：工程项目实体施工质量是否符合设计图和规范的要求；相关的工程质量检测报告和功能性试验资料、评估报告是否真实反映施工质量，监理验收意见的正确性；是否存在遗漏的质量问题；对承包单位的竣工质量保证资料进行检查，确保符合相关的验收规定；对建设工程的使用功能进行抽查、试验；对监理工作质量保证资料的审查和监理工作是否按规定的程序执行等。必要时可听取建设单位的相关意见。

注：功能性试验内容包括：

a）厕所间及阳台（不封闭）进行泼水试验；

b）排污水立管进行通球试验，给水管进行通水试验；

c）浴缸、水盘和水池进行盛水试验；

d）绝缘电阻及接地电阻测试；

e）通电试验及漏电保护测试；

f）屋面天沟盛水试验；

g）外墙门窗、幕墙冲淋试验；

h）消防、空调、通风等系统测试。

试验和测试报告应经建设单位、监理单位和承包单位联合会签。

(4) 预验收小组所开具的整改意见经组长签字后交项目总监，由项目总监组织落实，并将整改情况书面向预验收小组汇报，由预验收小组组长组织审查并签署验收意见。

(5) 预验收合格后，总监理工程师应在承包单位自评合格，勘察、设计单位认可的前提下（应分别出具合格证明书），对竣工工程质量按规范和相关标准要求进行核查，组织编制工程质量竣工验收评估报告（评估报告中应明确上述单位的验收意见，和工程质量评定依据。如有人防、电梯安装专业工程需向专业质监机构申请验收备案工作的，应独立出具工程质量竣工验收评估报告）。

(6) 组成工程竣工验收组，制定验收方案。工程完工，建设单位收到承包单位的工程质量竣工报告，勘察、设计单位的工程质量检查报告，监理企业的工程质量评估报告后，对符合竣工验收要求的工程，应组织勘察、设计、承包、监理等单位和其他有关方面的专家组成验收组。

(7) 监理企业应协助建设单位在工程竣工验收 7 日前，将竣工验收时间、地点及验收组名单书面通知建设工程质量监督机构。

(8) 项目总监应在竣工验收会议前，根据工程项目建设质量状况、合同履约及执行国家法律、法规和工程建设强制性标准情况，编制书面汇报文件。

注：监理书面汇报材料应包含如下内容：

a）工程概况

b）施工过程中的监理工作

c）工程施工质量概述

d）分项、分部工程质量核定意见

e）质量保证资料审查意见

f）工程质量评估意见

(9) 验收组人员审阅建设、勘察、设计、承包、监理单位的工程档案资料；实地查验工程质量；

(10) 对工程勘察、设计、承包、监理单位各管理环节和工程实物质量等方面做出全面评价，形成经验收组人员签署的工程竣工验收意见。

a）单位（子单位）工程质量竣工验收记录（GB 50300—2001 附录G.0.1 －1）由承包单位填写，验收结论由监理（建设）单位填写。综合验收结论由参加验收各方共同商定，建设单位填写（应对工程质量是否符合设计和规范要求及总体质量水平做出评价，各方签名并加盖公章）。

b）单位（子单位）工程质量控制资料核查记录（GB 50300—2001 附录G.0.1 －2）由承包单位填写，监理单位专业监理工程师核查，并在核查意见栏内签署意见，在核查人栏内签名，总监理工程师（建设单位项目负责人）在结论栏内签名。

c）单位（子单位）工程安全功能检验资料核查及主要功能抽查记录（GB 50300—2001 附录G.0.1 －3）。

d）抽查项目由验收组协商确定，专业监理工程师核查，总监理工程师在结论栏签字。

e）单位（子单位）工程观感质量检查记录（GB 50300—2001 附录 G .0. 1－4），总监理工程师（建设单位项目负责人）在结论栏内签字。质量评价为差的项目，应进行维修。

(11) 竣工验收完毕，验收组成员达到一致意见，并对单位工程做出最终质量评定后，在“建设工程竣工验收备案表”中，“监理企业意见”一栏由总监理工程师负责填写，总监理工程师和监理企业法人代表签字确认。

(12) 参与工程竣工验收的建设、勘察、设计、承包、监理等各方不能形成一致意见时，应当协商提出解决的方法，待意见一致后，重新组织工程竣工验收。

(13) 当建设单位根据工程建设需要，需进行分阶段竣工验收备案时，总监在确认申请分阶段验收部位的屋面、外墙装饰、室内公共部位、水、电、通风设备、电梯和室外总体工程已按设计图纸和合同要求施工完毕，同时分阶段验收备案部位的供电、消火栓给水、给排水、通风、空调、消防排烟、煤气、防雷、安全接地、应急照明、防火隔断和设计文件明确的其他系统使用功能齐全，已能正常开通时，可按上述程序和步骤参加分阶段竣工验收工作，在评估报告中应特别注明分阶段验收的部位和部分遗留事项。

(14) 工程项目竣工验收合格后一个月内，项目总监按《建设工程监理规范》的相关规定完成监理工作总结报告的编制工作并经总监签字，在完成相关报审和审批工作后向建设单位提交。同时应按相关规定，由总监完成“监理业务手册”的填报和盖章工作，并报监理单位备存。

(15) 根据委托监理合同和相关法律、法规要求的规定，在工程竣工后，需向建设单位提交监理工作资料，作为工程项目竣工归档资料的，应由总监理工程师亲自向建设单位进行移交，并书面确认移交的内容。

(五) 竣工验收备案表式填写

1. 竣工验收备案应提交的文件目录

(1) 房屋建筑工程和市政基础设施工程竣工验收备案表

(2) 房屋建筑工程和市政基础设施工程竣工验收备案表附件

a) 建设工程竣工验收报告

b) 建设工程施工许可证

c) 施工图设计文件审查意见《建筑工程施工图审查通过证书》建筑工程施工图审查通过项目表

d) 承包单位工程质量竣工报告 (合格证明书)

e) 勘察单位工程质量检查报告 (合格证明书)

f) 设计单位工程质量检查报告 (合格证明书)

g) 监理企业工程质量评估报告 (合格证明书)

h) 工程质量保修书

i) 规划行政主管部门准许使用文件

j) 公安消防主管部门准许使用文件

k) 环保主管部门准许使用文件

l) 建设项目 (工程) 竣工档案预验收合格证

m) 建设工程质量检测报告和功能试验资料汇总表

此外，还包括以下记录表:

- 单位工程竣工验收记录
- 竣工验收应整改质量问题备忘录
- 整改完毕报告
- 泼水检查记录表
- 排污水管道通球试验记录表 (多层)
- 单位工程竣工通水记录
- 卫生器具盛水记录表
- 电气 (设备) 工程线路绝缘测试记录表
- 接地 (保护) 电阻值测试记录表
- 电气通电记录表
- 工程线路漏电保护测试记录
- 工程沉降观测记录表
- 现浇楼板板厚、裂缝检查记录

2. 监理企业相关文件填写说明

(1) 分项、分部工程质量验收证明书填写要求

(2) 监理企业工程质量检查报告 (合格证明书) 填写要求

(3) 房屋建筑工程和市政基础设施工程竣工验收备案表填写要求

十、施工阶段工程进度控制

施工阶段是工程项目的实体形成阶段，对其进度进行控制是整个工程项目建设进度控制的重点。做好施工进度计划与项目建设总进度计划的衔接，并跟踪检查施工进度计划的执行情况，在必要时对施工进度计划进行调整，对于工程建设进度控制总目标的实现具有十分重要的意义。

监理工程师受业主的委托在工程建设施工阶段实施监理时，其进度控制的总任务就是在满足工程项目建设总进度计划要求的基础上，编制或审核施工进度计划，并对其执行情况加以动态控制，以保证工程项目按期竣工交付使用。

(一) 施工阶段进度控制目标的确定

1. 施工进度控制目标及其分解

保证工程项目按期建成交付使用，是工程建设施工阶段进度控制的最终目标。为了有效地控制施工进度，首先要对施工进度总目标从不同角度进行层层分解，形成施工进度控制目标体系，从而作为实施进度控制的依据。

工程建设施工进度控制目标体系如图 5-69 所示。

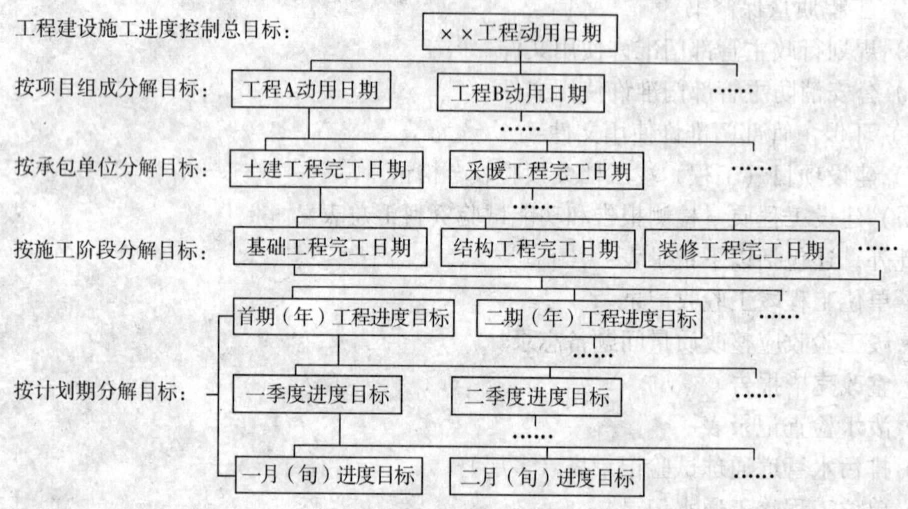

图 5-69　工程建设施工进度目标分解图

从上图可以看出，工程建设不但要有项目建成交付使用的确切日期这个总目标，还要有各单项工程交工动用的分目标以及按承包单位、施工阶段和不同计划期划分的分目标。各目标之间相互联系，共同构成工程建设施工进度控制目标体系。其中，下级目标受上级目标的制约，下级目标保证上级目标，最终保证施工进度总目标的实现。

(1) 按项目组成分解，确定各单项工程开工及动用日期

各单项工程的进度目标在工程项目建设总进度计划及工程建设年度计划中都有体现。在施工阶段应进一步明确各单项工程的开工和交工动用日期，以确保施工总进度目标的实现。

(2) 按承包单位分解，明确分工条件和承包责任

在一个单项工程中有多个承包单位参加施工时，应按承包单位将单项工程的进度目标分解，确定出各分包单位的进度目标，列入分包合同，以便落实分包责任，并根据各专业工程交叉施工方案和前后衔接条件，明确不同承包单位工作面交接的条件和时间。

（3）按施工阶段分解，划定进度控制分界点

根据工程项目的特点，应将其施工分成几个阶段，如土建工程可分为基础、结构和内外装修等阶段。每一阶段的起止时间都要有明确的标志。特别是不同单位承包的不同施工段之间，更要明确划定时间分界点，以此作为形象进度的控制标志，从而使单项工程动用目标具体化。

（4）按计划期分解，组织综合施工

将工程项目的施工进度控制目标按年度、季度、月（或旬）进行分解，并用实物工程量、货币工作量及形象进度表示，将有利于监理工程师明确对各承包单位的进度要求。同时，还可以据之监督其实施，检查其完成情况。计划期愈短，进度目标愈细，进度跟踪就愈及时，发生进度偏差时也就更能有效地采取措施予以纠正。这样，就形成一个有计划有步骤协调施工、长期目标对短期目标自上而下逐级控制、短期目标对长期目标自下而上逐级保证、逐步趋近进度总目标的局面，最终达到工程项目按期竣工交付使用的目的。

2. 施工进度控制目标的确定

为了提高进度计划的预见性和进度控制的主动性，在确定施工进度控制目标时，必须全面细致地分析与工程项目进度有关的各种有利因素和不利因素。只有这样，才能订出一个科学、合理的进度控制目标。确定施工进度控制目标的主要依据有：工程建设总进度目标对施工工期的要求；工期定额、类似工程项目的实际进度；工程难易程度和工程条件的落实情况等。

在确定施工进度分解目标时，还要考虑以下各个方面：

（1）对于大型工程建设项目，应根据尽早提供可动用单元的原则，集中力量分期分批建设，以便尽早投入使用，尽快发挥投资效益。这时，为保证每一动用单元能形成完整的生产能力，就要考虑这些动用单元交付使用时所必需的全部配套项目。因此，要处理好前期动用和后期建设的关系、每期工程中主体工程与辅助及附属工程之间的关系、地下工程与地上工程之间的关系、场外工程与场内工程之间的关系等。

（2）合理安排土建与设备的综合施工。要按照它们各自的特点，合理安排土建施工与设备基础、设备安装的先后顺序及搭接、交叉或平行作业，明确设备工程对土建工程的要求和土建工程为设备工程提供施工条件的内容及时间。

（3）结合本工程的特点，参考同类工程建设的经验来确定施工进度目标。避免只按主观愿望盲目确定进度目标，从而在实施过程中造成进度失控。

（4）做好资金供应能力、施工力量配备、物资（材料、构配件、设备）供应能力与施工进度需要的平衡工作，确保工程进度目标的要求而不使其落空。

（5）考虑外部协作条件的配合情况。包括施工过程中及项目竣工动用所需的水、电、气、通讯、道路及其他社会服务项目的满足程序和满足时间。它们必须与有关项目的进度目标相协调。

（6）考虑工程项目所在地区地形、地质、水文、气象等方面的限制条件。

总之，要想对工程项目的施工进度实施控制，就必须有明确、合理的进度目标（进度总目标和进度分目标），否则，控制便失去了意义。

（二）监理工程师在施工阶段进度控制的任务和职责

1. 监理工程师在施工阶段进度控制的任务

在工程建设施工阶段监理工程师进度控制的基本任务是：从组织管理的角度采取有效措施，确保工程建设进度总目标——工程项目按期交付使用目标的合理实现。具体讲，包括以下内容：

（1）适时发布开工令；

（2）审批承包单位提交的施工进度计划，提出修改意见；

（3）监督施工进度计划的实施，定期进行实际进度与计划进度的比较分析，一旦发现进度出现偏差，应立即督促承包单位采取有效措施加快进度，或及时修改计划以保证施工进度控制目标的实现；

（4）做好各有关单位之间的协调工作，预防和排除施工进度的干扰因素，保证工程施工顺利进行；

（5）控制好材料、设备与施工机具的供应进度；

（6）按合同规定和政策法规公正处理承包单位的工期索赔要求，调解业主与承包单位之间出现的有关争议；

（7）必要时发布停工令和复工令；

（8）督促承包单位整理技术档案资料，协助业主组织设计单位、施工承包单位进行工程竣工初步验收，编写竣工验收报告。

2. 施工进度控制中监理工程师的职责

按照我国建设监理有关规定，监理企业在受工程业主的委托进行工程建设监理时，须成立由总监理工程师、专业监理工程师及监理员、检查员等组成的工程项目现场监理组织机构进驻施工现场，对业主委托的工程项目实施监理。由于上述人员在监理组织机构中所处的地位不同，所以在实施施工进度控制时其职责也各不相同。

（1）总监理工程师的职责

总监理工程师是建设监理企业派往工程项目现场监理组织机构的全权负责人。他对内向自己的监理企业负责，对外向工程业主负责。总监理工程师在施工进度控制方面的职责如下：

1）保持与工程业主的密切联系，弄清其要求和愿望；

2）落实工程项目监理组织机构中进度控制部门的人员及其职责；

3）与各承包单位负责人联系，确定工作中的相互配合问题及有关需要提供的资料；

4）审核承包单位提交的开工申请报告，发布开工令；

5）审核承包单位提交的施工进度计划，签署改进意见；

6）检查工程实际进展情况，签署工程进度款支付凭证；

7）主持召开现场协调会议，签发协调会议纪要和必要的协调指令；

8）向业主提供所有索赔和争议的事实分析资料，并提出监理方的决定性意见；

9）协助业主组织设计单位和施工承包单位进行工程竣工初步验收；

10）定期或及时向业主报告上述有关事项。

（2）专业监理工程师的职责

在工程项目的现场监理组织机构中，驻工地的专业监理工程师具有承上启下的重要作用。对上，他们是承担各专业工作的具体执行人，要对总监理工程师负责，经常报告工程的实际进展情况；对下，他们又要指导检查员、监理员各阶段的进度控制工作。其基本职责是从各自的专业角度出发，察看工程施工是否符合设计要求和合同规定，检查承包单位是否履行了合同规定的各项职责。具体内容如下：

1）核准承包单位呈报的施工进度计划和分部分项工程进度计划，并监督检查其执行；

2）做好施工记录，保管、整理各种报告、批示、指令及其他有关资料；

3）核实总监理工程师给予承包单位的指示是否已经发出并已得到认可；

4）做好各承包单位之间的协调工作；

5）对已完分项工程进行计量，并查明其最终价值；

6）提供工期索赔和争议的有关事实资料；

7）定期或及时向总监理工程师报告上述有关事项。

驻工地的专业监理工程师是总监理工程师的各专业工作具体负责人，他无权发布超越合同的指示，也无权签发工程付款凭证。这些都应以总监理工程师的名义进行。我国工程建设监理规定中指出，“总监理工程师应当将其授予监理工程师的权限书面通知被监理单位。”这样，可以使承包单位了解各专业监理工程师的全部权限，从而对他所发出的指示的有效性做出明确的判断而不致误解。

(3) 其他监理人员的职责

其他监理人员包括监理员、检查员等。他们的主要职责是：经常不间断地巡视、旁站、检查、记录工程的实际进展情况，并及时向监理工程师报告，使监理工程师能全面、准备地掌握工程项目的实际进展情况。其具体职责如下：

1）熟悉合同文件、施工图设计文件及有关技术规范，用以检查施工状况，发现和纠正施工中出现的问题；

2）监督检查分管的工程进展状况，包括资源进场状况、施工方法及施工机械是否合适，分部分项工程量是否按计划完成，工程形象进度是否符合进度控制目标等，并做好施工现场的值班记录；

3）对所发现的问题应及时向承包单位提出改正意见，并向监理工程师报告。

(三) 施工阶段进度控制工作内容

1. 工程项目施工进度控制工作流程

工程项目施工进度控制工作流程如图 5-70 所示。

2. 工程项目施工进度控制工作内容

工程项目的施工进度控制从审核承包单位提交的施工进度计划开始，直至工程项目保修期满为止，其主要工作内容如下：

(1) 编制施工阶段进度控制工作细则

施工进度控制工作细则是在工程项目监理规划的指导下，由工程项目监理班子中进度控制监理工程师负责编制的更具有实施性和操作性的监理业务文件。其主要内容包括：

1）施工进度控制目标分解图；

2）施工进度控制的主要工作内容和深度；

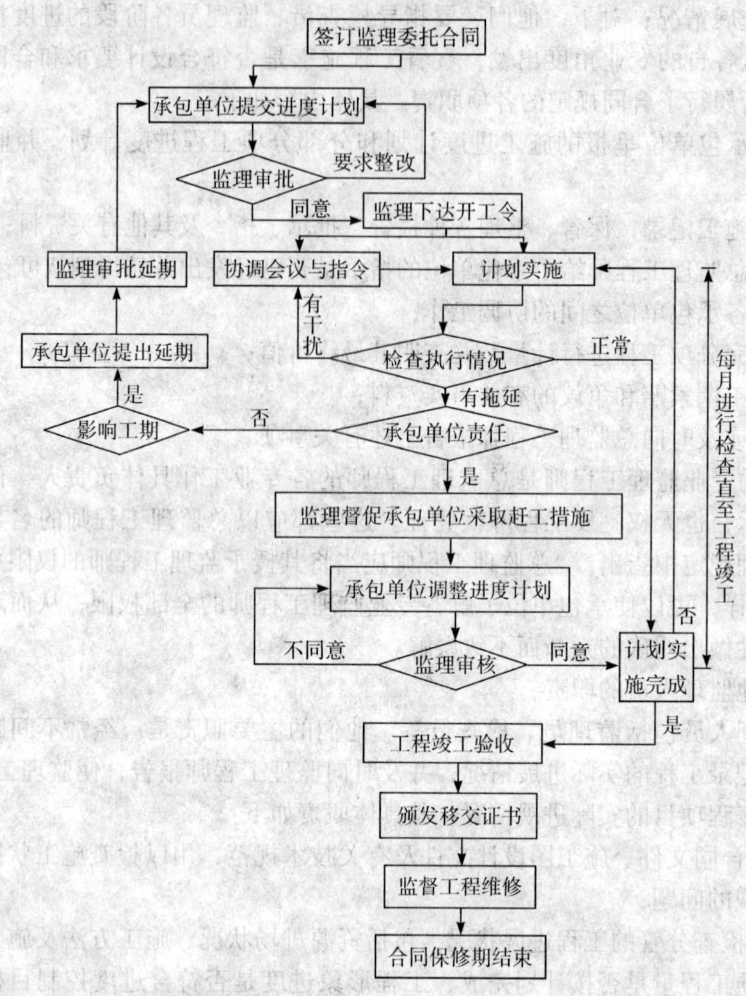

图 5-70　工程项目施工进度控制工作流程图

3）进度控制人员的具体分工；

4）与进度控制有关各项工作的时间安排及工作流程；

5）进度控制的方法（包括进度检查日期、数据收集方式、进度报表格式、统计分析方法等）；

6）进度控制的具体措施（包括组织措施、技术措施、经济措施及合同措施等）；

7）施工进度控制目标实现的风险分析；

8）尚待解决的有关问题。

事实上，施工进度控制工作细则是对工程项目监理规划中有关进度控制内容的进一步深化和补充。它对监理工程师的进度控制实务工作起着具体的指导作用。

（2）编制或审核施工进度计划

为了保证工程项目的施工任务按期完成，监理工程师必须审核承包单位提交的施工进度计划。对于大型工程项目，由于单项工程较多、施工工期长，且采取分期分批发包又没有一个负责全部工程的总承包单位时，监理工程师就要负责编制施工总进度计划；

或者当工程项目由若干个承包单位平行承包时，监理工程师也有必要编制施工总进度计划。施工总进度计划应确定分期分批的项目组成；各批工程项目的开工、竣工顺序及时间安排；全场性准备工程，特别是首批准备工程的内容与进度安排等。

当工程项目有总承包单位时，监理工程师只需对总承包单位提交的施工总进度计划进行审核即可。而对于单位工程施工进度计划，监理工程师只负责审核而不管编制。

施工进度计划审核的内容主要有：

1）进度安排是否符合工程项目建设总进度计划中总目标和分目标的要求，是否符合施工合同中开、竣工日期的规定。

2）施工总进度计划中的项目是否有遗漏，分期施工是否满足分批动用的需要和配套动用的要求。

3）施工顺序的安排是否符合施工程序的要求。

4）劳动力、材料、构配件、机具和设备的供应计划是否能保证进度计划的实现，供应是否均衡、需求高峰期是否有足够能力实现计划供应。

5）业主的资金供应能力是否能满足进度需要。

6）施工进度的安排是否与设计单位的图纸供应进度相一致。

7）业主应提供的场地条件及原材料和设备，特别是国外设备的到货与进度计划是否衔接。

8）总分包单位分别编制的各项单位工程施工进度计划之间是否相协调，专业分工与计划衔接是否明确合理。

9）进度安排是否合理，是否有造成业主违约而导致索赔的可能存在。

如果监理工程师在审查施工进度计划的过程中发现问题，应及时向承包单位提出书面修改意见（也称整改通知书），并协助承包单位修改。其中重大问题应及时向业主汇报。

应当说明，编制和实施施工进度计划是承包单位的责任。承包单位之所以将施工进度计划提交给监理工程师审查，是为了听取监理工程师的建设性意见。因此，监理工程师对施工进度计划的审查或批准，并不解除承包单位对施工进度计划的任何责任和义务。此外，对监理工程师来讲，其审查施工进度计划的主要目的是为了防止承包单位计划不当，以及为承包单位保证实现合同规定的进度目标提供帮助。如果强制地干预承包单位的进度安排，或支配施工中所需要的劳动力、设备和材料，将是一种错误行为。

尽管承包单位向监理工程师提交施工进度计划是为了听取建设性的意见，但施工进度计划一经监理工程师确认，即应当视为合同文件的一部分。它是以后处理承包单位提出的工程延期或费用索赔的一个重要依据。

(3) 按年、季、月编制工程综合计划

在按计划期编制的进度计划中，监理工程师应着重解决各承包单位施工进度计划之间、施工进度计划与资源（包括资金、设备、机具、材料及劳动力）保障计划之间及外部协作条件的延伸性计划之间的综合平衡与相互衔接问题。并根据上期计划的完成情况对本期计划作必要的调整，从而作为承包单位近期执行的指令性计划。

(4) 下达工程开工令

监理工程师应根据承包单位和业主双方关于工程开工的准备情况，选择合适的时机发布工程开工令。工程开工令的发布，要尽可能及时，因为从发布工程开工令之日算起，加上合同工期后即为工程竣工日期。如果开工令发布拖延，就等于推迟了竣工时间，甚至可能引起承包单位的索赔。

为了检查双方的准备情况，由建设单位主持并有监理企业和承包单位参加的第一次工地会议。业主应按照合同规定，做好征地拆迁工作，及时提供施工用地。同时还应当完成法律及财务方面的手续，以便能及时向承包单位支付工程预付款。承包单位应当将开工所需要的人力、材料及设备准备好，同时还要按合同规定为监理工程师提供各种条件。

(5) 监督施工进度计划的实施

这是工程项目施工阶段进度控制的经常性工作。监理工程师不仅要及时检查承包单位报送的施工进度报表和分析资料，同时还要进行必要的现场实地检查，核实所报送的已完项目时间及工程量，杜绝虚报现象。

在对工程实际进度资料进行整理的基础上，监理工程师应将其与计划进度相比较，以判定实际进度是否出现偏差。如果出现进度偏差，监理工程师应进一步分析此偏差对进度控制目标的影响程度及其产生的原因，以便研究对策，并督促承包单位采取纠偏措施。必要时还应对后期工程进度计划作适当的调整。

(6) 组织现场协调会

监理工程师应每月、每周定期组织召开不同层级的现场协调会议，以解决工程施工过程中的相互协调配合问题。在每月召开的高级协调会上通报工程项目建设的重大变更事项，协商其后果处理，解决各个承包单位之间以及业主与承包单位之间的重大协调配合问题；在每周召开的管理层协调会上，通报各自进度状况、存在的问题及下周的安排，解决施工中的相互协调配合问题。通常包括各承包单位之间的进度协调问题；工作面交接和阶段成品保护责任问题；场地与公用设施利用中的矛盾问题；某一方面断水、断电、断路、开挖要求对其他方面影响的协调问题以及资源保障、外协条件配合问题等。

在平行、交叉施工单位多，工序交接频繁且工期紧迫的情况下，现场协调会甚至需要每日召开。在会上通报和检查当天的工程进度，确定薄弱环节，部署当天的赶工任务，以便为次日正常施工创造条件。

对于某些未曾预料的突发变故或问题，监理工程师还可以通过发布紧急协调指令，督促有关单位采取应急措施维护工程施工的正常秩序。

(7) 签发工程进度款支付凭证

监理工程师应对承包单位申报的已完成分项工程量进行核实，在质量监理人员通过检查验收后签发工程进度款支付凭证。

(8) 审批工程延期

造成工程进度拖延的原因有两个方面：一是由于承包单位自身的原因；一是由于承包单位以外的原因。前者所造成的进度拖延，称为工期延误；而后者所造成的进度拖延称为工程延期。

1) 工期延误

当出现工期延误时，监理工程师有权要求承包单位采取有效措施加快施工进度。如果经过一段时间后，实际进度没有明显改进，仍然拖后于计划进度，而且显然将影响工程按期竣工时，监理工程师应要求承包单位修改进度计划，并提交监理工程师重新确认。

监理工程师对修改后的施工进度计划的确认，并不是对工程延期的批准，他只是要求承包单位在合理的状态下施工。因此，监理工程师对进度计划的确认，并不能解除承包单位应负的一切责任，承包单位需要承担全部额外开支和误期损失赔偿。

2）工程延期

如果由于承包单位以外的原因造成工期拖延，承包单位有权提出延长工期的申请。监理工程师应根据合同规定，审批工程延期时间。经监理工程师核实批准的工程延期时间，应纳入合同工期，作为合同工期的一部分。即新的合同工期应等于原定的合同工期加上监理工程师批准的工程延期时间。

监理工程师对于施工进度的拖延，是否批准为工程延期，对承包单位和业主都十分重要。如果承包单位得到监理工程师批准的工程延期，不仅可以不赔偿由于工期延长而支付的误期损失费，而且还要由业主承担由于工期延长所增加的费用。因此，监理工程师应按照合同的有关规定，公正地区分工期延误和工程延期，并合理地批准工程延期的时间。

(9) 向业主提供进度报告

监理工程师应随时整理进度资料，并做好工程记录，定期向业主提交工程进度报告。

(10) 督促承包单位整理技术资料

监理工程师要根据工程进展情况，督促承包单位及时整理有关技术资料。

(11) 审批竣工申请报告、协助组织竣工验收

当工程竣工后，监理工程师应审批承包单位在自行预验基础上提交的初验申请报告，组织业主和设计单位进行初验。在初验通过后填写初验报告及竣工验收申请书，并协助业主组织工程项目的竣工验收，编写竣工验收报告书。

(12) 处理争议和索赔

在工程结算过程中，监理工程师要处理有关争议和索赔问题。

(13) 整理工程进度资料

在工程完工以后，监理工程师应将工程进度资料收集起来，进行归类、编目和建档，以便为今后其他类似工程项目的进度控制提供参考。

(14) 工程移交

监理工程师应督促承包单位办理工程移交手续，颁发工程移交证书。在工程移交后的保修期内，还要处理验收后质量问题的原因及责任等争议问题，并督促责任单位及时修理。当保修期结束且再无争议时，工程项目进度控制的任务即告完成。

(四) 施工进度计划的编制

施工进度计划是表示各项工程的施工顺序、开始和结束时间以及相互衔接关系的计划。它既是承包单位进行现场施工管理的核心指导文件，也是监理工程师实施进度控制的依据。施工进度计划通常是按工程对象编制的。

1. 施工总进度计划的编制

施工总进度计划一般是指工程建设项目的施工进度计划。它是用来确定工程项目中所包含的各单项工程或单位工程的施工顺序、施工时间及相互间衔接关系的计划。编制施工总进度计划的依据有：施工总方案；资源供应条件；各类定额资料；合同文件；工程建设总进度计划；工程动用时间目标；建设地区自然条件及有关技术经济资料等。

施工总进度计划的编制步骤和方法如下。

(1) 计算工程量

根据批准的工程项目一览表，按单位工程分别计算其主要实物工程量，这不仅是为了编

制施工总进度计划，而且还为了编制施工方案和选择施工、运输机械，初步规划主要施工过程的流水施工，以及计算人工及物资的需要量。因此，工程量只需粗略地计算即可。

工程量的计算可按初步设计（或扩大初步设计）图纸和有关定额手册或资料进行。常用的定额、资料有：

1）万元、10万元投资工程量、劳动量及材料消耗扩大指标。

2）概算指标和扩大结构定额。

3）已建成的类似建筑物、构筑物的资料。

计算出的工程量应填入工程量汇总表（见表5-55）。

工程量汇总表　　**表5-55**

序号	工程量名称	单位	合计	生产车间			仓库运输			管网				生活福利		大型临设		备注
				××车间	⋮	⋮	仓库	铁路	公路	供电	供水	排水	供热	宿舍	文化福利	生产	生活	

（2）确定各单位工程的施工期限

各单位工程的施工期限应根据合同工期确定，同时还要考虑建筑类型、结构特征、施工方法、施工管理水平、施工机械化程度及施工现场条件等因素。如果在编制施工总进度计划时没有合同工期，则应保证计划工期不超过工期定额。

（3）确定各单位工程的开竣工时间和相互搭接关系

确定各单位工程的开竣工时间和相互搭接关系主要应考虑以下几点：

1）同一时期施工的项目不宜过多，以避免人力、物力过于分散。

2）尽量做到均衡施工，以使劳动力、施工机械和主要材料的供应在整个工期范围内达到均衡。

3）尽量提前建设可供工程施工使用的永久性工程，以节省临时工程费用。

4）急需和关键的工程先施工，以保证工程项目如期交工。对于某些技术复杂、施工周期较长、施工困难较多的工程，亦应安排提前施工，以利于整个工程项目按期交付使用。

5）施工顺序必须与主要生产系统投入生产的先后次序相吻合，同时还要安排好配套工程的施工时间，以保证建成的工程能迅速投入生产或交付使用。

6）应注意季节对施工顺序的影响，使施工季节不导致工期拖延，不影响工程质量。

7）安排一部分附属工程或零星项目作为后备项目，用以调整主要项目的施工进度。

8）注意主要工种和主要施工机械能连续施工。

（4）编制初步施工总进度计划

施工总进度计划应安排全工地性的流水作业。全工地性的流水安排应以工程量大、工期长的单项工程或单位工程为主导，组织若干条流水线，并以此带动其他工程。

施工总进度计划既可以用横道图表示，也可以用网络图表示。表5-56所示即为横道图形式表示的某高层公寓群体工程施工总进度计划。由于采用网络计划技术控制工程进度更加有效，所以人们更多地开始采用网络图来表示施工总进度计划。特别是电子计算机的广泛应用，为网络计划技术的推广和普及创造了更加有利的条件。图5-71所示即为网络图形式表示的某饮料厂工程施工总进度计划。

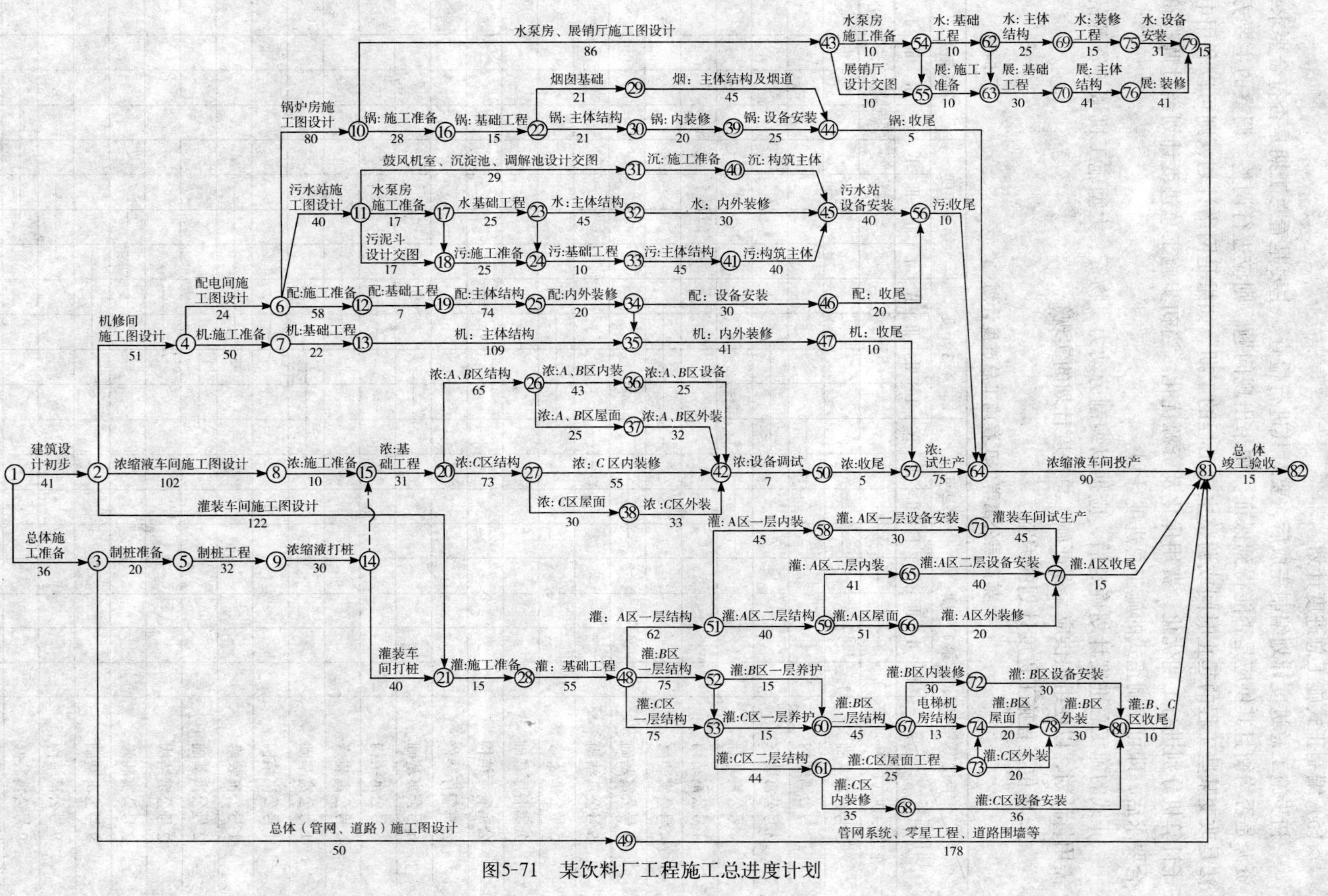

图5-71　某饮料厂工程施工总进度计划

(5) 编制正式施工总进度计划

初步施工总进度计划编制完成后，要对其进行检查。主要是看总工期是否符合要求，资源是否均衡且其供应是否能得到保证。如果出现问题，则应进行调整。调整的主要方法是改变某些工程的起止时间或调整主导工程的工期。如果是网络计划，则可以利用电子计算机分别进行工期优化、费用优化及资源优化。当初步施工总进度计划经过调整符合要求后，即可编制正式的施工总进度计划。

正式的施工总进度计划确定后，应据以编制劳动力、物资、大型施工机械等资源的需用量计划，以便组织供应，保证施工总进度计划的实现。

2. 单位工程施工进度计划的编制

某高层公寓群体工程施工总进度计划　　表 5-56

年度、季度 / 项目名称	第1年度				第2年度				第3年度				第4年度				第5年度			
	Ⅰ	Ⅱ	Ⅲ	Ⅳ	Ⅰ	Ⅱ	Ⅲ	Ⅳ	Ⅰ	Ⅱ	Ⅲ	Ⅳ	Ⅰ	Ⅱ	Ⅲ	Ⅳ	Ⅰ	Ⅱ	Ⅲ	Ⅳ
车库一期（1~9号）		—	—	—	—	—														
3号公寓基础					—	—														
3号公寓结构							—	—												
3号公寓装修								—	—	—	—									
4号公寓基础					—	—														
4号公寓结构							—	—												
4号公寓装修								—	—	—	—									
5号公寓基础					—	—														
5号公寓结构							—	—												
5号公寓装修									—	—	—									
公寓餐厅基础											—									
公寓餐厅结构												—								
公寓餐厅装修													—	—						
6号公寓基础									—	—										
6号公寓结构											—	—								
6号公寓装修												—	—	—	—					
1号公寓基础									—	—										
1号公寓结构											—	—								
1号公寓装修												—	—	—	—					
2号公寓基础									—	—										
2号公寓结构											—	—								
2号公寓装修												—	—	—	—					
9号公寓基础											—	—	—							
9号公寓结构														—	—					
9号公寓装修															—	—	—	—		
8号公寓基础											—	—	—							

续表

年度、季度 / 项目名称	第1年度				第2年度				第3年度				第4年度				第5年度			
	Ⅰ	Ⅱ	Ⅲ	Ⅳ	Ⅰ	Ⅱ	Ⅲ	Ⅳ	Ⅰ	Ⅱ	Ⅲ	Ⅳ	Ⅰ	Ⅱ	Ⅲ	Ⅳ	Ⅰ	Ⅱ	Ⅲ	Ⅳ
8号公寓结构																				
8号公寓装修																				
7号公寓基础																				
7号公寓结构																				
7号公寓装修																				
热力变电基础																				
热力变电结构																				
热力变电装修																				
房管办公楼基础																				
房管办公楼结构																				
房管办公楼装修																				
二期地下车库																				
幼儿园工程																				
室外管线工程																				
庭院道路工程																				

单位工程施工进度计划，是在既定施工方案的基础上，根据规定的工期和各种资源供应条件，对单位工程中的各分部分项工程的施工顺序、施工起止时间及衔接关系进行合理安排的计划。其编制的主要依据有：施工总进度计划；单位工程施工方案；合同工期或定额工期；施工定额；施工图和施工预算；施工现场条件；资源供应条件；气象资料等。

3. 单位工程施工进度计划的编制程序

单位工程施工进度计划的编制程序如图5-72所示。

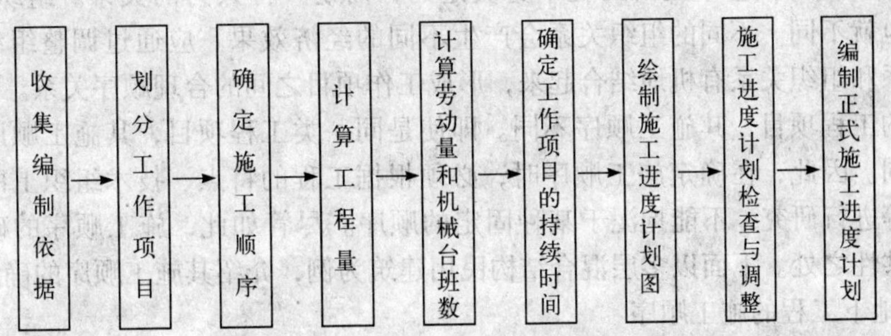

图5-72　单位工程施工进度计划编制程序

(1) 单位工程施工进度计划的编制方法

1) 划分工作项目

工作项目是包括一定工作内容的施工过程，它是施工进度计划的基本组成单元。项目内容的多少，划分的粗细程度，应该根据计划的需要来决定。对于大型工程项目，经常需要编制控制性施工进度计划，此时工作项目可划分得粗一些，一般只明确到分部工程。例如在装配式单层厂房控制性施工进度计划中，只列出土方工程、基础工程、预制工程、安装工程等各分部工程项目。如果编制实施性施工进度计划，工作项目就应划分得细一些。在一般情况下，单位工程施工进度计划中的工作项目应明确到分项工程或更具体，以满足指导施工作业、控制施工进度的要求。例如在装配式单层厂房实施性施工进度计划中，应将基础工程进一步划分为挖基础、做垫层、砌基础、回填土等分项工程。

由于单位工程中的工作项目较多，应在熟悉施工图纸的基础上，根据建筑结构特点及已确定的施工方案，按施工顺序逐项列出，以防止漏项或重项。凡是与工程对象施工直接有关的内容均应列入计划，而不属于直接施工的辅助性项目和服务性项目则不必列入计划。例如在多层混合结构民用建筑的施工进度计划中，应将主体工程中的搭脚手架，砌砖墙，现浇圈梁、大梁及板混凝土，安装预制楼板和灌缝等工序列入。而完成主体工程中的运砖、砂浆及混凝土，搅拌混凝土和砂浆，以及楼板的预制和运输等项目，既不是在建筑物上直接完成，也不占用工期，所以不列入计划之中。

另外，有些分项工程在施工顺序上和时间安排上是相互穿插进行的，或者是由同一专业施工队完成的，为了简化进度计划的内容，应尽量将这类项目合并，以突出重点。例如防潮层施工可以合并在砌筑基础项目内，安装门窗框可以并入砌墙工程。

2）确定施工顺序

确定施工顺序是为了按照施工的技术规律和合理的组织关系，解决各工作项目之间在时间上的先后和搭接问题，以达到保证质量、安全施工、充分利用空间、争取时间、实现合理安排工期的目的。

一般说来，施工顺序受施工工艺和施工组织两方面的制约。当施工方案确定之后，工作项目之间的工艺关系也就随之确定。如果违背这种关系，将不可能施工，或者导致工程质量事故和安全事故的出现，或者造成返工浪费。

工作项目之间的组织关系是由于劳动力、施工机械、材料和构配件等资源的组织和安排需要而形成的。它不是由工程本身决定的，而是一种人为的关系。组织方式不同，组织关系也就不同。不同的组织关系会产生不同的经济效果。应通过调整组织关系，并将工艺关系和组织关系有机地结合起来，形成工作项目之间的合理顺序关系。

不同的工程项目，其施工顺序不同。即使是同一类工程项目，其施工顺序也难以做到完全相同。因此，在确定施工顺序时，必须根据工程的特点、技术组织上的要求以及施工方案等进行研究，不能拘泥于某种固定的顺序。尽管如此，施工顺序的确定在许多方面有其共性之处。下面以多层混合结构民用建筑为例，介绍其施工顺序的确定方法。

（A）地下工程的施工顺序

地下工程是指室内地坪（±0.00）以下的所有工程。这些工程的施工首先应考虑地下障碍物、墓穴、防空洞、软土地基的处理。如无上述问题，其施工顺序一般为先挖土，然后做垫层、砌筑大放脚和铺设防潮层，最后回填土。若底部有地下室，则在基础砌完或砌完一部分之后，砌筑地下室墙身。在做完防潮（水）层之后，安装地下室顶板（或支模、绑扎钢筋、浇筑地下室顶板混凝土），最后回填土。在安排搭接施工时，要考虑做垫层在技术上的间歇时间，使之具有一定的强度，否则不能承受砖基础和墙身的重量。

地下工程的施工，应特别注意挖基槽（坑）和做垫层的施工安排。它们之间的时间不宜隔得过长，以防止下雨后基槽（坑）内灌水，影响地基的承载能力，造成质量事故或人工、材料的浪费。墓槽（坑）回填土，一般在基础工程完工之后一次分层夯填完毕。这样，一方面可避免基槽（坑）遭雨水浸泡；另一方面也可为后续工程的施工创造条件。对零标高以下的室内回填土，如果工期不紧，劳动力又许可，最好与基槽（坑）回填土同时进行。若不可能与基槽（坑）回填土同时进行，也可留在装修工程之前，与主体结构工程施工交叉进行。

(B) 主体结构工程的施工顺序

主体结构工程的施工，包括搭脚手架，墙体砌筑，安门窗框，安预制门窗过梁，安装预制楼板，现浇盥厕间楼盖、雨篷和圈梁，安装楼梯或现浇楼梯，安装预制楼面板等分项工程。其中，墙体砌筑和安装楼板是主导工程。现浇盥厕间楼盖的支模、绑扎钢筋可安排在墙体砌筑的最后一步插入，在浇筑圈梁的同时浇筑盥厕间楼盖。同样，对各层预制楼梯段的安装，必须与墙体砌筑和安装楼板紧密配合，一般应在墙体砌筑和安装楼板的同时或其后完成。当采用现浇钢筋混凝土楼梯时，更应与楼层施工紧密配合，否则由于混凝土养护时间的限制，将使后续工程不能按期施工而影响工期。

如果采用硬架支模，则主体结构工程的施工顺序为：

放线→立构造柱筋→砌墙→支硬架模板→吊装楼板→扎圈梁钢筋→支现浇混凝土模板、楼梯及板缝钢筋→浇筑混凝土→养护。

(C) 装修工程的施工顺序

装修工程的施工，主要包括抹灰、勾缝、门窗扇安装、门窗玻璃安装和油漆、喷浆等分项工程。其中，抹灰是主导工程，它包括内部抹灰和外部抹灰。内部抹灰又包括天棚、墙面和地面抹灰。为了组织好装修工程的立体交叉、平行流水作业，必须首先确定整个装修工程施工的空间顺序。

装修工程的施工应待主体结构工程完成，经过验收后才能进行。为了保证工程质量和安全，室内外装修均应自上而下逐层进行。

室外装修既可先自上而下进行里层施工，再自上而下进行表层施工，也可逐层进行里层与表层施工。在装修的同时安装落水管并油漆。当每层所有工序都完成后拆掉脚手架，最后完成勒脚、台阶和散水。

通常情况下，室内装修与室外装修相互间干扰不大，先室内、后室外；或先室外，后室内，或两者同时进行都可以，应视施工条件而定。但要特别注意气候条件，室外装修要避开雨季和冬季。当室内有水磨石地面时，为了避免从墙面渗水对外墙抹灰的影响，应先做水磨石地面。当采用单排脚手架砌墙时，由于墙面留有脚手眼，最好先做外墙抹灰，拆除脚手架，同时填补脚手眼，然后再进行内墙抹灰。

室内抹灰在同一层内的顺序一般为：地面和踢脚线→天棚→墙面。这样清理简便，地面质量易于保证，且便于收集墙面和天棚抹灰时的落地灰，节省材料。但由于地面需要有技术间歇（养护），墙面和天棚的抹灰时间推后，影响后续工作，从而导致工期拉长。有时也可按天棚→墙面→地面的顺序进行施工，此时在做地面之前必须将楼面上的落地灰和渣子扫清洗净，否则会影响地面层同楼板之间的粘结，引起地面起壳。底层地面一般是在各层墙面、楼地面做好以后再进行施工。楼梯间和踏步，由于在施工期间容易受到损坏，通常在整个抹灰工程完成以后，自上而下统一施工。

门窗扇的安装一般是在抹灰之前或之后进行，应视气候和施工条件而定。如果室内装修是在冬季施工，为加速干燥和防止抹灰层冻结，门窗扇和玻璃应在抹灰之前安装好。但是，目前也有将门窗框和门窗扇在加工厂拼装完，运至现场于抹灰之前或之后进行一次安装的。门窗玻璃应在门窗扇油漆后再安装。

基于以上考虑，内装修的施工顺序一般为：砌隔墙→安木门窗框（或钢窗框扇）→楼面抹灰（含踢脚线）→天棚抹灰→墙面抹灰→安木门窗扇→木装修→楼梯间及踏步抹灰→地面抹灰→油漆→喷浆（底层需干燥）→试灯、试水→检查并修理。

（*D*）屋面工程的施工顺序

屋面防水工程的施工顺序应为：铺保温层→抹找平层→刷冷底子油→铺卷材。但在此之前必须要做好屋面上的水箱房、烟囱、排气孔、天窗等及其屋面泛水。在铺卷材之前，应使找平层干燥。

屋面工程应在主体结构完成后开始，并尽快完成，为顺利进行室内装修创造条件。在一般情况下，屋面工程可以和装修工程平行施工。

（*E*）水暖电卫等工程的施工顺序

水暖电卫等工程不同于土建工程，可以分成几个有明显区别的施工阶段。但是，它可与土建工程中有关分部分项工程交叉施工，紧密配合。

a. 在基础工程施工时，应先将相应的上下水管沟和暖气管沟的垫层、管沟墙做好，然后再回填土。

b. 在主体结构施工时，应在砌砖墙或现浇钢筋混凝土楼板的同时，预留上下水管和暖气立管的孔洞、电线孔槽，或预埋木砖和其他预埋件。但抗震房屋例外，可按有关规范规定处理。

c. 在装修工程施工前，应安设相应的各种管道和电气照明用的附墙暗线、接线盒等。水暖电卫安装最好在楼地面和墙面抹灰之前或之后穿插施工，若电线采用明线，则应在室内粉刷以后进行。

室外上下水道等工程的施工可以安排在土建工程施工之前或与土建工程同时进行。

3）计算工程量

工程量的计算应根据施工图和工程量计算规则，针对所划分的每一个工作项目进行。当编制施工进度计划时已有预算文件，且工作项目的划分与施工进度计划一致时，可以直接套用施工预算的工程量，不必重新计算。若某些项目有出入，但出入不大时，应结合工程的实际情况进行某些必要调整。计算工程量时应注意以下问题：

（*A*）工程量的计量单位应与现行定额手册中所规定的计量单位相一致，以便计算劳动力、材料和机械数量时直接套用定额，而不必进行换算。

（*B*）要结合具体的施工方法和安全技术要求计算工程量。例如计算柱基土方工程量时，应根据所采用的施工方法（单独基坑开挖、基槽开挖还是大开挖）和边坡稳定要求（放边坡还是加支撑）进行计算。

（*C*）应结合施工组织的要求，按已划分的施工段分层分段进行计算。

4）计算劳动量和机械台班数

计算劳动量和机械台班数时，应首先确定所采用的定额。定额有时间定额和产量定额两种，可以任选其一。其值可以直接由现行施工定额手册中查出，亦可考虑施工承包单位的实际生产水平对其进行必要的调整，以使单位工程施工进度计划更切合实际。对有些新技术和特殊的施工方法，定额手册中尚未列出的，可参考类似工程项目的定额或通过实测确定。

当某工作项目是由若干个分项工程合并而成时，则应分别根据各分项工程的时间定额（或产量定额）及工程量，按公式（5-69）计算出合并后的综合时间定额（或综合产量定额）。

$$H = \frac{Q_1H_1 + Q_2H_2 + \cdots + Q_nH_n}{Q_1 + Q_2 + \cdots + Q_n} \tag{5-69}$$

式中　H——综合时间定额（工日/m^3，工日/m^2，工日/t，……）；

Q_i——工作项目中第 i 个分项工程的工程量；

H_i——工作项目中第 i 个分项工程的时间定额。

根据工作项目的工程量和所采用的定额，即可按公式（5-70）或（5-71）计算出各工作项目所需要的劳动量和机械台班数。

$$P = Q \times H \tag{5-70}$$

或：

$$P = Q/S \tag{5-71}$$

式中　P——工作项目所需要的劳动量（工日）或机械台班数（台班）；

S——工作项目所采用的人工产量定额（m^3/工日，m^2/工日，t/工日，……）或机械台班产量定额（m^3/台班，m^2/台班，t/台班，……）。

其他符号同上。

零星项目所需要的劳动量可结合实际情况，根据承包单位的经验进行估算。

由于水暖电卫等工程通常由专业施工单位施工，因此，在编制施工进度计划时，不计算其劳动量和机械台班数，仅安排其与土建施工相配合的进度。

5）确定工作项目的持续时间

根据工作项目所需要的劳动量或机械台班数，以及该工作项目每天安排的工人数或配备的机械台数，即可按公式（5-72）计算出各工作项目的持续时间。

$$D = \frac{P}{R \times B} \tag{5-72}$$

式中　D——完成工作项目所需要的时间，即持续时间（天）；

R——每班安排的工人数或施工机械台数；

B——每天工作班数。

其他符号同上。

在安排每班工人数和机械台数时，应综合考虑以下问题：

（A）要保证各个工作项目上工人班组中的每一个工人拥有足够的工作面（不能少于最小工作面），以发挥高效率并保证施工安全。

（B）要使各个工作项目上的工人数量不低于正常施工时所必需的最低限度（不能小于最小劳动组合），以达到最高的劳动生产率。

由此可见，最小工作面限定了每班安排人数的上限，而最小劳动组合限定了每班安排人数的下限。对于机械台数的确定也是如此。

每天的工作班数应根据工作项目施工的技术要求和组织要求来确定。例如浇筑大体积混凝土，要求不留施工缝连续浇筑时，就必须根据混凝土工程量决定采用双班或三班制。

以上是根据安排的工人数和配备的机械台数来确定工作项目的持续时间。但有时根据组织要求（如组织流水施工时），需要采用倒排的方式来安排进度。即先确定各工作项目的持续时间，然后以此来确定所需要的工人数和机械台数。此时，需要把公式（5-72）变换成公式（5-73）。利用该公式即可确定各工作项目所需要的工人数和机械台数。

$$R = \frac{P}{D \times B} \tag{5-73}$$

如果根据上式求得的工人数或机械台数已超过承包单位现有的人力、物力，除了寻求其他途径增加人力、物力外，承包单位应从技术上和施工组织上采取积极措施加以解决。

6）绘制施工进度计划图

绘制施工进度计划，首先应选择施工进度计划的表达形式。目前，表达工程进度计划的常用方法有横道图和网络图两种形式。横道图比较简单，而且非常直观。它用线条形象地表现了各工作项目的持续时间及开始和完成时间，并综合地反映了各工作项目之间的关系。多年来，人们已习惯于采用横道图来表达施工进度计划，并以此作为控制工程进度的主要依据。表 5-57 所示即为某多层混合结构民用房屋施工进度横道计划。

但是，采用横道图控制工程进度具有一定的局限性。当单位工程项目中包含的工作项目较多且其相互间的关系比较复杂时，横道图就难以充分暴露矛盾。尤其在计划的执行过程中，当某工作项目进度由于某种原因提前或拖后时，将对其他工作项目及总工期产生多大的影响就难以进行分析，因而也就不利于进度控制人员抓住主要矛盾指挥工程施工。

用网络图的形式表达单位工程施工进度计划，能够弥补横道图的不足。它能充分揭示工程项目中各工作项目之间的相互制约和相互依赖关系，并能明确地反映出进度计划中的主要矛盾。由于其可以利用电子计算机进行计算、优化和调整，不仅减轻了进度控制人员的工作量，而且使工程进度计划更加科学。同时，由于能够利用电子计算机编制和调整计划，也使得进度计划的编制和调整更能满足进度控制及时、准确的要求。

图 5-73 为现浇钢筋砖高层住宅工程施工总控制网络计划图。从图中可以看出，每一层的结构施工只用一根箭杆表示（标准层的施工进度计划可以另行绘制），并把每一层的设备管道及土建装修施工都绘制在同一层上，图形呈阶梯状，比较形象。此外，为了使图面清晰，避免箭线之间的交叉，采用了引出箭线与节点的做法。

7）施工进度计划的检查与调整

当施工进度计划初始方案编制好以后，需要对其进行检查与调整，以便使进度计划更加合理。进度计划检查的内容主要有：

（*A*）各工作项目的施工顺序、平行搭接和技术间歇是否合理；

（*B*）总工期是否满足合同规定；

（*C*）主要工种的工人是否能满足连续、均衡施工的要求；

表 5-57

某多层混合结构民用房屋施工进度横道计划

序号		工作项目	持续时间（天）	施工进度（4月 2 4 6 8 10 2 4 6 8 20 2 4 6 8 30；5月 2 4 6 8 40 2 4 6 8 50 2 4 6 8 60；6月 2 4 6 8 70 2 4 6 8 80 2 4 6 8 90；7月 2 4 6 8 100 2 4 6 8 110 2 4 6 8 120；8月 2 4 6 8 130 2 4 6 8 140）
1	基础工程	基坑土方开挖	4	
2	基础工程	浇混凝土垫层	8	
3	基础工程	砌毛石基础	8	
4	基础工程	浇钢混凝土圈梁	4	
5	基础工程	室内基坑回填土	6	
6	主体工程	砌砖墙(含门窗框)	60	
7	主体工程	搭脚手架	56	
8	主体工程	现浇圈梁雨篷	40	
9	主体工程	吊装楼板、屋面板及灌缝	20	
10	屋面、装修工程	砌砖墩、铺隔垫板	3	
11	屋面、装修工程	水泥砂浆找平层	3	
12	屋面、装修工程	浇室内混凝土地坪	5	
13	屋面、装修工程	楼地面 107 胶面层	10	
14	屋面、装修工程	外墙抹灰、干粘石	20	
15	屋面、装修工程	内墙抹灰、106 胶刷面	20	
16	屋面、装修工程	安装门窗扇	20	
17	屋面、装修工程	厨房、厕所贴瓷砖	20	
18	屋面、装修工程	门窗栏杆、油漆	20	
19	屋面、装修工程	安装玻璃	5	
20	屋面、装修工程	楼梯踏步抹灰	10	
21	屋面、装修工程	勒脚、明沟、道路	5	
22	屋面、装修工程	冷底子油、油毡防水层	4	
23	水电	水暖管线安装		
24	水电	电气设备安装		

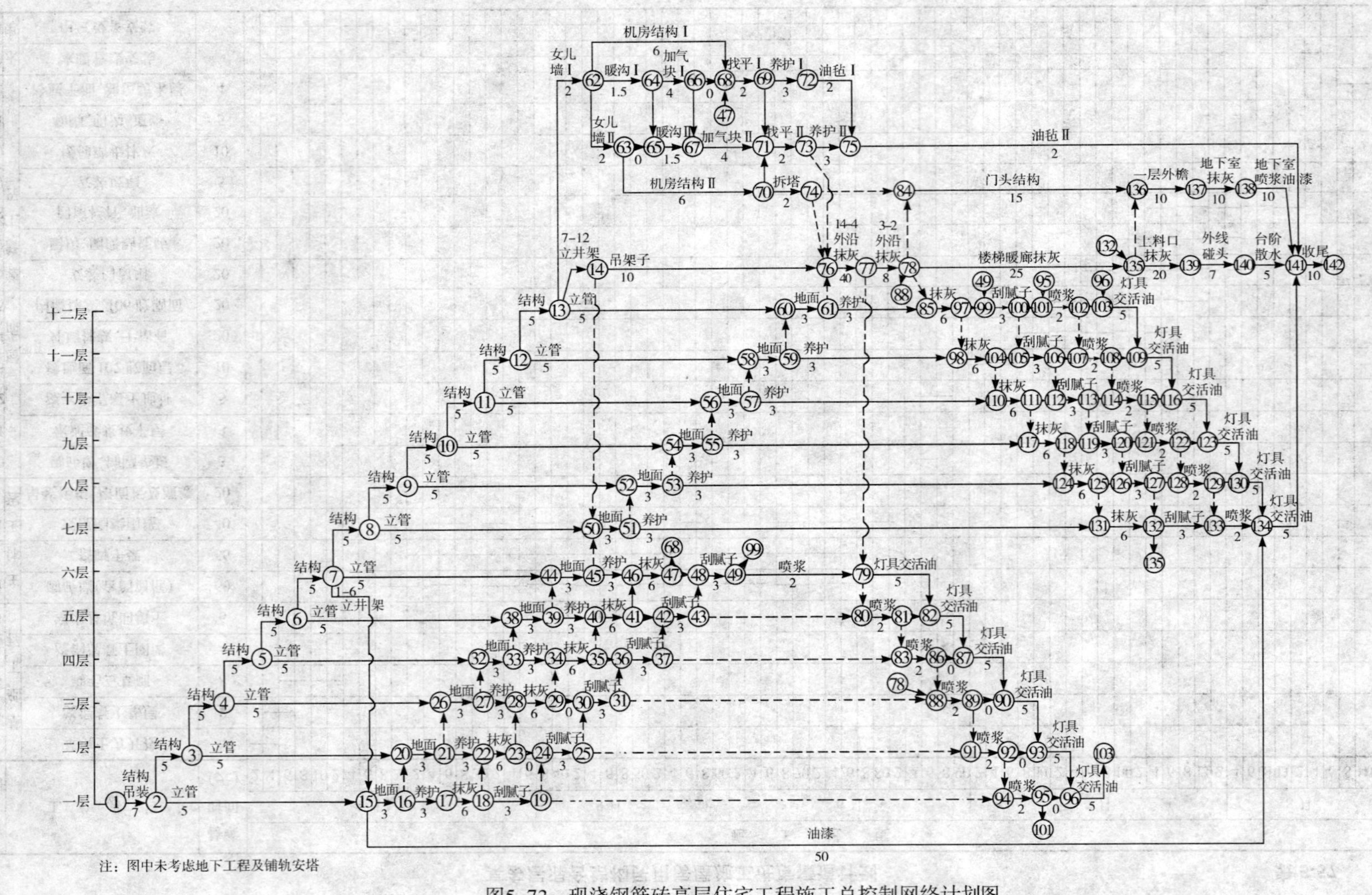

注：图中未考虑地下工程及铺轨安塔

图5-73 现浇钢筋砖高层住宅工程施工总控制网络计划图

(D) 主要机具、材料等的利用是否均衡和充分。

在上述四个方面中，首要的是前两方面的检查，如果不满足要求，必须进行调整。只有在前两个方面均达到要求的前提下，才能进行后两个方面的检查与调整。前者是解决可行与否的问题，而后者则是优化的问题。

进度计划的初始方案若是网络计划，则可以利用前述方法分别进行工期优化、费用优化及资源优化。待优化结束后，还可将优化后的方案用时标网络计划表达出来，以便于有关人员更直观地了解进度计划。

(五) 施工进度计划实施中的检查与调整

施工进度计划由承包单位编制完成后，应提交给监理工程师审查，待监理工程师审查确认后即可付诸实施。承包单位在执行施工进度计划的过程中，应接受监理工程师的监督与检查。而监理工程师应定期向业主报告工程进度状况。

1. 影响工程项目施工进度的因素

为了对工程项目的施工进度进行有效地控制，监理工程师必须在施工进度计划实施之前对影响工程项目施工进度的因素进行分析，进而提出保证施工进度计划实施成功的措施，以实现对工程项目施工进度的主动控制。影响工程项目施工进度的因素有很多，归纳起来，主要有以下几个方面：

(1) 工程建设相关单位的影响

影响工程项目施工进度的单位不只是施工承包单位。事实上，只要是与工程建设有关的单位（如政府有关部门、业主、设计单位、物资供应单位、资金贷款单位，以及运输、通讯、供电等部门等），其工作进度的拖后必将对施工进度产生影响。因此，控制施工进度仅仅考虑施工承包单位是不够的，必须充分发挥监理的作用，协调各相关单位之间的进度关系。而对于那些无法进行协调控制的进度关系，在进度计划的安排中应留有足够的机动时间。

(2) 物资供应进度的影响

施工过程中需要的材料、构配件、机具和设备等如果不能按期运抵施工现场或者是运抵施工现场后发现其质量不符合有关标准的要求，都会对施工进度产生影响。因此，监理工程师应严格把关，采取有效措施控制好物资供应进度。

(3) 资金的影响

工程施工的顺利进行必须有足够的资金作保障。一般来说，资金的影响主要来自业主，或者是由于没有及时给足工程预付款，或者是由于拖欠了工程进度款，这些都会影响到承包单位流动资金的周转，进而殃及施工进度。监理工程师应根据业主的资金供应能力，安排好施工进度计划，并督促业主及时拨付工程预付款和工程进度款，以免因资金供应不足拖延进度，导致工期索赔。

(4) 设计变更的影响

在施工过程中出现设计变更是难免的，或者是由于原设计有问题需要修改，或者是由于业主提出了新的要求。监理工程师应加强图纸审查，严格控制随意变更，特别应对业主的变更要求进行制约。

(5) 施工条件的影响

在施工工程中一旦遇到气候、水文、地质及周围环境等方面的不利因素，必然会影响到施工进度。此时，承包单位应利用自身的技术组织能力予以克服。监理工程师应积极疏通关系，协助承包单位解决那些自身不能解决的问题。

(6) 各种风险因素的影响

风险因素包括政治、经济、技术及自然等方面的各种可预见或不可预见的因素。政治方面的有战争、内乱、罢工、拒付债务、制裁等；经济方面的有延迟付款、汇率浮动、换汇控制、通货膨胀、分包单位违约等；技术方面的有工程事故、试验失败、标准变化等；自然方面的有地震、洪水等。监理工程师必须对各种风险因素进行分析，提出控制风险、减少风险损失及对施工进度影响的措施，并对发生的风险事件给予恰当的处理。

(7) 承包单位自身管理水平的影响

施工现场的情况千变万化，如果承包单位的施工方案不当，计划不周，管理不善，解决问题不及时等，都会影响工程项目的施工进度。承包单位应通过总结分析吸取教训，及时改进。而监理工程师应提供服务，协助承包单位解决问题，以确保施工进度控制目标的实现。

正是由于上述因素的影响，才使得施工阶段的进度控制显得非常重要。在施工进度计划的实施过程中，监理工程师一旦掌握了工程的实际进展情况以及产生问题的原因之后，其影响是可以得到控制的。当然，上述某些影响因素，如自然灾害等是无法避免的，但在大多数情况下，其损失是可以通过有效的进度控制而得到弥补的。

2. 施工进度的检查与监督

在施工进度计划的实施过程中，由于各种因素的影响，常常会打乱原始计划的安排而出现进度偏差。因此，监理工程师必须定期地、经常地对施工进度计划的执行情况进行检查和监督，并分析进度偏差产生的原因，以便为施工进度计划的调整提供必要的信息。

(1) 施工进度的检查方式

在工程项目的施工过程中，监理工程师可以通过以下方式获得工程项目的实际进展情况：

1) 定期地、经常地收集由承包单位提交的有关进度报表资料

工程施工进度报表资料不仅是监理工程师实施进度控制的依据，同时也是其核发工程进度款的依据。在一般情况下，进度报表格式由监理单位提供给施工承包单位，施工承包单位按时填写完后提交给监理工程师核查。报表的内容根据施工对象及承包方式的不同而有所区别，但一般应包括工作的开始时间、完成时间、持续时间、逻辑关系、实物工程量和工作量，以及工作时差的利用情况等。承包单位若能准确地填报进度报表，监理工程师就能从中了解到工程项目的实际进展情况。

2) 由驻地监理人员现场跟踪检查工程项目的实际进展情况

为了避免施工承包单位超报已完工程量，驻地监理人员有必要进行现场实地检查和监督。至于每隔多长时间检查一次，应视工程项目的类型、规模、监理范围及施工现场的条件等多方面的因素而定。可以每月或每半月检查一次，也可以每旬或每周检查一次。如果在某一施工阶段出现不利情况时，甚至需要每天检查。

除上述两种方式外，由监理工程师定期组织现场施工负责人召开现场会议，也是获得工程项目实际进展情况的一种方式。通过这种面对面的交谈，监理工程师可以从中了解到施工过程中的潜在问题，以便及时采取相应的措施加以预防。

(2) 施工进度的检查方法

施工进度检查的主要方法是对比法。即将经过整理的实际进度数据与计划进度数据

进行比较，从中发现是否出现进度偏差以及进度偏差的大小。

通过检查分析，如果进度偏差比较小，应在分析其产生原因的基础上采取有效措施，解决矛盾，排除障碍，继续执行原进度计划。如果经过努力，确实不能按原计划实现时，再考虑对原计划进行必要的调整。即适当延长工期，或改变施工速度。计划的调整一般是不可避免的，但应当慎重，尽量减少变更计划性的调整。

3. 施工进度计划的调整

通过检查分析，如果发现原有进度计划已不能适应实际情况时，为了确保进度控制目标的实现或需要确定新的计划目标，就必须对原有进度计划进行调整，以形成新的进度计划，作为进度控制的新依据。

施工进度计划的调整方法主要有两种：一是通过压缩关键工作的持续时间来缩短工期；一是通过组织搭接作业或平行作业来缩短工期。在实际工作中应根据具体情况选用上述方法进行进度计划的调整。

(1) 压缩关键工作的持续时间

这种方法的特点是不改变工作之间的先后顺序关系，而通过缩短网络计划中关键线路上工作的持续时间来缩短工期。这时通常需要采取一定的措施来达到目的。具体措施包括：

1) 组织措施

(A) 增加工作面，组织更多的施工队伍；

(B) 增加每天的施工时间（如采用三班制等）；

(C) 增加劳动力和施工机械的数量。

2) 技术措施

(A) 改进施工工艺和施工技术，缩短工艺技术间歇时间；

(B) 采用更先进的施工方法，以减少施工过程的数量（如将现浇框架方案改为预制装配方案）；

(C) 采用更先进的施工机械。

3) 经济措施

(A) 实行包干奖励；

(B) 提高奖金数额；

(C) 对所采取的技术措施给予相应的经济补偿。

4) 其他配套措施

(A) 改善外部配合条件；

(B) 改善劳动条件；

(C) 实施强有力的调度等。

一般来说，不管采取哪种措施，都会增加费用。因此，在调整施工进度计划时，应利用费用优化的原理选择费用增加最少的关键工作作为压缩对象。

(2) 组织搭接作业或平行作业

这种方法的特点是不改变工作的持续时间，而只改变工作的开始时间和完成时间。对于大型工程项目，由于其单位工程较多且相互间的制约比较小，可调整的幅度比较大，所以容易采用平行作业的方法来调整施工进度计划。而对于单位工程项目，由于受工作之间工艺关系的限制，可调整的幅度比较小，所以通常采用搭接作业的方法来调整施工进度计划。但不管是搭接作业还是平行作业，工程项目在单位时间内的资源需求量将会增加。

除了分别采用上述两种方法来缩短工期外，有时由于工期拖延得太多，当采用某种方法进行调整，其可调整的幅度又受到限制时，还可以同时利用这两种方法对同一施工进度计划进行调整，以满足工期目标的要求。

（六）工程延期

如前所述，在工程项目的施工过程中，其工期的延长有两种情况：工期延误和工程延期。虽然它们都是使工程拖期，但性质不同，因而业主与承包单位所承担的责任也就不同。如果是属于工期延误，则由此造成的一切损失均应由承包单位承担。同时，业主还有权对承包单位施行违约误期罚款。而如果是属于工程延期，则承包单位不仅有权要求延长工期，而且还有权向业主提出赔偿费用的要求以弥补由此造成的额外损失。因此，监理工程师是否将施工过程中工期的延长批准为工程延期，对业主和承包单位都十分重要。

1. 工程延期的申报与审批

（1）申报工程延期的条件

由于以下原因导致工程拖期，承包单位有权提出延长工期的申请，监理工程师应按合同规定，批准工程延期的时间。

（*A*）监理工程师发出工程变更指令而导致工程量增加；

（*B*）合同中所涉及的任何可能造成工程延期的原因，如延期交图、工程暂停、对合格工程的剥离检查及不利的外界条件等；

（*C*）异常恶劣的气候条件；

（*D*）由业主造成的任何延误、干扰或障碍，如未及时提供施工场地、未及时付款等；

（*E*）除承包单位自身以外的其他任何原因。

（2）工程延期的审批程序

工程延期的审批程序如图5-74所示。当工程延期事件发生后，承包单位应在合同规定的有效期内以书面形式通知监理工程师(即工程延期意向通知)，以便于监理工程师尽早了解所发生的事件，及时做出一些减少延期损失的决定。随后，承包单位应在合同规定的有效期内(或监理工程师可能同意的合理期限内)向监理工程师提交详细的申述报告(延期理由及依据)。监理工程师收到该报告后应及时进行调查核实，准确地确定出工程延期的时间。

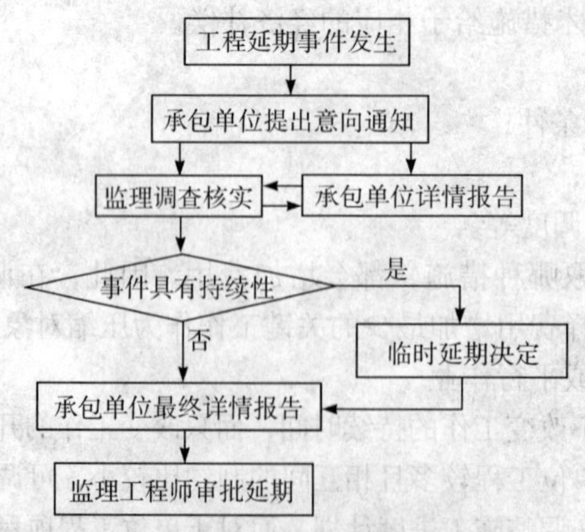

图5-74　工程延期的审批程序

当延期事件具有持续性，承包单位在合同规定的有效期内不能提交最终详细的申述报告时，应先向监理工程师提交阶段性的详情报告。监理工程师应在调查核实阶段性报告的基础上，尽快做出延长工期的临时决定。临时决定的延期时间不宜太长，一般不应超过最终批准的延期时间。

待延期事件结束后，承包单位应在合同规定的期限内向监理工程师提交最终的详情报告。监理工程师应复查详情报告的全部内容，然后确定该延期事件所需要的延期时间。

如果遇到比较复杂的延期事件，监理工程师可以成立专门小组进行处理。对于一时难以做出结论的延期事件，即使不属于持续性的事件，也可以采用先做出临时延期的决定，然后再做出最后决定的办法。这样既可以保证有充足的时间处理延期事件，又可以避免由于处理不及时而造成的损失。

(3) 工程延期的审批原则

监理工程师在审批工程延期时应遵循下列原则：

1) 合同条件

监理工程师批准的工程延期必须符合合同条件。也就是说，导致工期拖延的原因确定是属于承包单位自身以外的，否则不能批准为工程延期。这是监理工程师审批工程延期的一条根本原则。

例如在某公路工程施工阶段，承包商与采石场签订了石料供应计划。但由于采石场的破碎机出现故障，不能按石料供应合同所规定的时间供料，致使承包商的施工时间推迟，进而导致工期延长。承包商据此提出申请，要求工程延期。此时，监理工程师应拒绝批准工程延期，因为在本工程项目中，采购材料是承包商的责任。由承包商自身原因造成的工期延误，应由承包商承担其一切损失。

2) 关键线路

发生延期事件的工程部位，必须在施工进度计划的关键线路上时，才能批准工程延期。如果延期事件发生在非关键线路上，且延长的时间并未超过其总时差时，即使符合批准为工程延期的合同条件，也不能批准工程延期。

应当说明，工程进度计划中的关键线路并非固定不变，它会随着工程的进展和情况的变化而转移的。监理工程师应以承包单位提交的、经自己审核后的施工进度计划（不断调整后）为依据来决定是否批准工程延期。

例如某公路桥梁工程，其桥面施工进度计划如表 5-58 所示。为了提高路面质量，监理工程师发出关于桥面伸缩缝施工工艺变更通知，要求将原设计毛勒缝在沥青面层铺筑前安装，改为沥青面层铺筑后进行安装。由于这一施工工艺的改变，使承包商不能按原进度计划施工，其调整后的进度计划如表 5-59 所示。

原施工进度计划　　　　**表 5-58**

时间 / 工作名称	5月			6月			7月			8月		
	10	20	31	10	20	30	10	20	31	10	20	31
桥面安装	5				15							
安装伸缩缝			25		20							
铺筑沥青面层						20			20			

调整后施工进度计划　　表 5-59

时间 / 工作名称	5月			6月			7月			8月		
	10	20	31	10	20	30	10	20	31	10	20	31
桥面安装	5				15							
铺筑沥青面层						20			20			
安装毛勒缝									20			29

从上述进度计划可知，如果伸缩缝在沥青面层铺筑前安装，则该项工作可以同桥面安装工作同时进行，此时对工期的影响很小。如表 5-59 所示，只占用 5 天时间（从 6 月 16 日到 6 月 20 日）。当改为铺筑沥青面层后再安装毛勒缝时，该工作便处于关键线路上。如表 5-59 所示，安装毛勒缝的工作将占用 40 天时间（从 7 月 21 日到 8 月 29 日）。

根据合同条件，监理工程师接受承包商的工程延期申请，批准工程延期。但是，在调整后的进度计划中，铺筑沥青面层的工作不应与原计划中的开始时间相同，即不应在 6 月 21 日才开始。6 月 16 日就应该开始此项工作，因为桥面安装工作已在 6 月 15 日完毕。因此，该工程应在 8 月 24 日完工，而不是 8 月 29 日完工。监理工程师批准的工程延期时间应为 35 天，而不是表中所显示的 40 天。

3）实际情况

批准的工程延期必须符合实际情况。为此，承包单位应对延期事件发生后的各类有关细节进行详细地记载，并及时向监理工程师提交详细报告。与此同时，监理工程师也应对施工现场进行详细考察和分析，并做好有关记录，从而为合理确定工程延期时间提供可靠依据。

2．工程延期的控制

发生工程延期事件，不仅会影响工程的进展，而且会给业主带来损失。因此，合同各方均应做好有关方面的工作，严格履行合同，尽量减少或避免工程延期事件的发生。

（1）业主方的主要职责

为了减少或避免工程延期事件的发生，工程业主应做好以下工作：

1）做好前期准备工作

业主的前期准备工作是否充分，与工程延期关系很大。实际上，很多工程延期都是由于业主的前期工作准备不好而造成的。根据 FIDIC 合同条件规定，业主的前期准备工作主要包括以下几个方面：

（*A*）及时提供施工场地

根据合同规定，业主如果不能按照监理工程师批准的施工进度计划，在合理的时间范围内及时给承包商提供施工用地，承包商有权获得工程延期时间。目前在我国由于政府与地方之间对工程用地的征用问题不易解决，经常会影响到承包商对施工场地的及时占有。由此造成的工程延期是普遍存在的。因此，业主应提前做好征地拆迁工作，确保能及时给承包商提供施工场地，减少或避免由此而引起的工程延期。

（*B*）抓好工程设计工作

为了避免由于设计图纸不能及时提供而造成的工程延期，业主应抓好工程设计工作。

在工程建设中，有些工程采用初步设计进行招标，但在开工之后施工图设计文件却不能及时提供。更普遍的问题是在施工过程中，由于业主前期工作不够充分，导致设计中变更过多。加之有些变更未能提供变更图纸，往往又造成更大的工程延期。业主如果能抓好前期的工程设计工作，这方面的工程延期是完全可以减少或避免的。

(*C*) 做好付款的准备工作

根据合同规定，如果业主不能及时向承包商支付工程款项，承包商有权减缓施工进度或暂停工作，并有权获得工程延期时间。为了减少或避免由于延期支付而造成的工程延期，业主应按照承包商的资金流动计划，做好付款的准备工作，保证按合同规定的时间支付工程款项。

(*D*) 在施工过程中少干预、多协调

合同中明确规定，由于业主的干扰和阻碍导致工期延长时，承包商有权获得工程延期时间。由于受到我国长期管理工程习惯做法的影响，业主（建设单位）对承包商在施工中的干预过多。特别是业主与承包商同属于一个系统时，业主甚至不通过监理工程师，直接以行政手段指挥承包商，改变合同内容，这是严重违反合同的行为。实践证明，业主干预越少，工程干得越好。反之，由于业主的干预往往会造成工程延期。因此，业主应当少干预，多协调，在施工过程中帮助承包商与地方政府，特别是与当地老百姓在涉及工程中的一些问题进行协调，确保工程施工顺利进行。

(2) 监理工程师的主要职责

监理工程师在减少或避免工程延期方面应尽到以下职责：

1) 选择合适的时机下达工程开工令

监理工程师在下达工程开工令之前，应充分考虑业主的前期准备工作是否充分。特别是征地、拆迁问题是否已解决，设计图纸能否及时提供，以及付款方面有无问题等，以避免由于上述问题缺乏准备而造成工程延期。

2) 提醒业主履行施工承包合同中所规定的职责

在施工过程中，监理工程师应当经常提醒业主履行自己的职责。要根据承包商的施工进度计划以及实际工程进展情况，积极建议业主提前做好有关征地、拆迁以及设计图纸的提供工作，保证在合理的时间内向承包商提供施工用地和设计图纸。监理工程师还应督促业主及时支付工程进度款，以减少或避免由此而造成的工程延期。

3) 妥善处理工程延期事件

当工程延期事件发生之后，监理工程师应当根据合同条件进行妥善处理。这包括以下两方面的工作：

(*A*) 首先根据施工现场情况，有可能的条件下可指令承包商进行其他项目或工程部位的施工。例如：如果项目甲发生了延期事件，而项目乙可以施工时，则监理工程师可以指令承包商进行项目乙的施工，这样既可以减少工程延期时间，也可以减少其他方面的损失。

(*B*) 在详细调查研究的基础上，监理工程师应合理批准工程延期时间。

3. 工期延误的制约

如果由于承包单位自身的原因造成工期拖延，而承包单位又未按照监理工程师的指令改变延期状态时，按照FIDIC合同条件的规定，通常可以采用下列手段予以制约：

(1) 停止付款

按照FIDIC合同条件规定，当承包单位的施工活动不能使监理工程师满意时，监理工程师有权拒绝承包单位的支付申请。因此，当承包单位的施工进度拖后，又不采取积极措施时，监理工程师可以采取停止付款的手段制约承包单位。

（2）误期损失赔偿

停止付款一般是监理工程师在施工过程中制约承包单位延误工期的手段，而误期损失赔偿则是当承包单位未能按合同规定的工期完成合同范围内的工作时对其的处罚。按照FIDIC合同条件规定，如果承包单位未能按合同规定的工期和条件完成整个工程，则应向业主支付投标书附件中规定的金额，作为该项违约的损失赔偿费。

（3）终止对承包单位的雇佣

为了保证合同工期，FIDIC合同条件规定，如果承包单位严重违反合同，而又不采取补救措施，则业主有权终止对他的雇佣。例如：承包单位接到监理工程师的开工通知后，无正当理由推迟开工时间，或在施工过程中无任何理由要求延长工期，施工进度缓慢，又无视监理工程师的书面警告等，都有可能受到终止雇佣的处罚。

终止雇佣是对承包单位违约的严厉制裁。因为业主一旦终止了对承包单位的雇佣，承包单位不但要被驱逐出施工现场，而且还要承担由此而造成的业主的损失费用。

十一、施工阶段工程投资控制

（一）施工阶段工程投资控制程序（见图5-75）

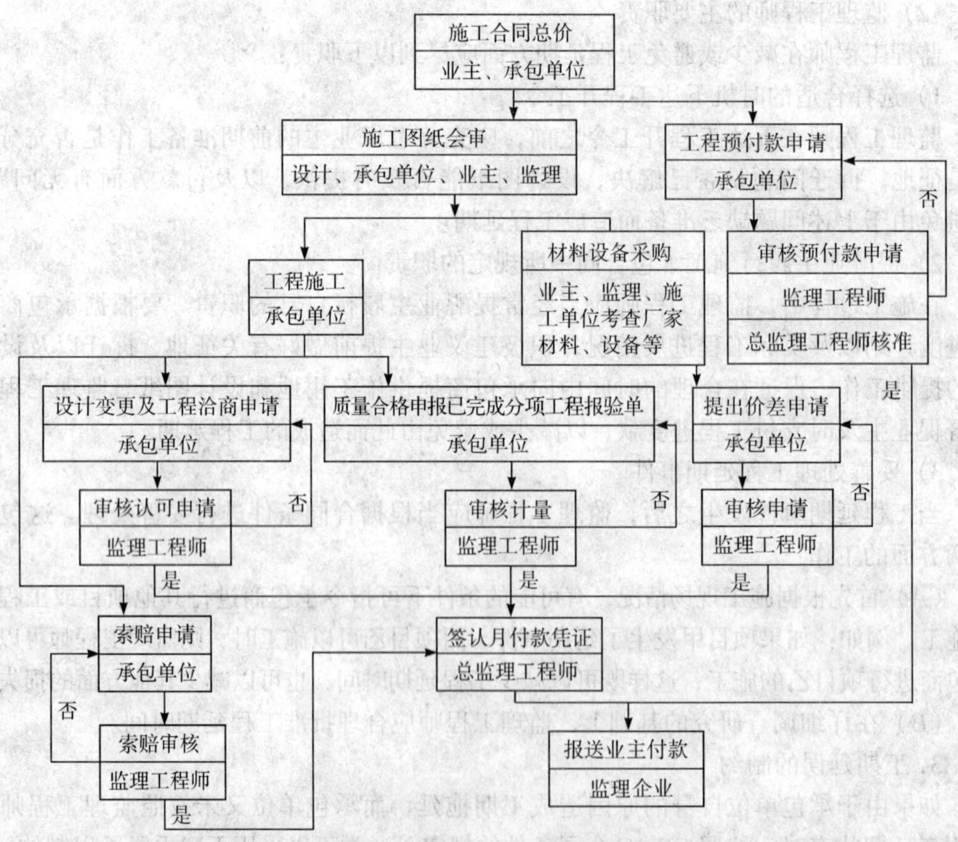

图5-75　施工阶段工程投资控制程序

（二）施工阶段工程投资控制重点

1. 确定投资控制目标

建设单位与承包单位间签订的工程承包合同中确定的工程合同总价是监理企业进行投资控制的目标。据此目标，监理工程师应认真审核承包单位编制的概算。并认真审核承包单位编制的项目总费用计划、年度、月度费用计划。并监督其实施。

2. 确定合理的计量支付方法

计量支付工作是投资控制中的手段，也是对投资计划执行情况的检查、核实，使投资处于动态控制状态。

按月计量与工程计量段计量。目前常用的计量方法是按月计量工程款，即以时间为计量段。这种方法在实践中发现，以工程实物量与实际形象进度的可比较性不直观明了，即定量不确切，甚至脱节，直接影响对投资的有效控制；

另一种是以工程计量段的划分而不是以月份时间划分。是根据工程的结构部位，亦称形象部位划分成多个投资控制计量段。按这种划分方法，不但能够直观反映出投资数额与实际进度之间的比例关系，还便于投资分析和调控，使之与进度协调相一致。

上述两种计量方法在实践中均有采用，后者更为合理。

3. 将计量工作分为实物工程量计量和费用计量两部分并使计量规范化

实物工程量是费用计量的依据。在各计量段内，施工单位每完成一项分部分项工程并经检验合格后，应及时完成实物工程量计量的申报和签认工作；费用计量则在整个计量段内的所有项目全部完成并经检验合格后，才能进行本段的费用计量工作。以上两部分分别提出，工程各计量段完成后必须经监理工程师认可质量后方能申报其工程量计量表。

要做到计量工作程序化、规范化，才能使计量工作有条不紊地进行，遵照以下计量工作流程图（图 5-76）。

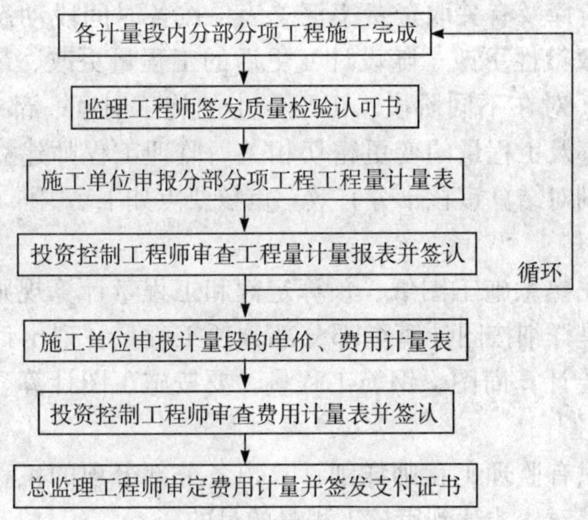

图 5-76　计量工作流程图

4. 严格控制设计变更，做好现场签证

设计变更是影响投资控制的重要因素之一。因此，监理人员要严格控制设计变更，未经业主同意，不得任意修改或变更设计。特别是施工单位提出的修改设计。有的往往只是从便于施工出发，有的将增加造价。故无论哪方提出变更，均需经监理企业审定。对需变更的项目，设计单位在设计变更的同时必须进行相应的投资分析，提出费用增减数额，杜绝只有图纸变更，没有预算分析的现象。

5. 做好“议价材”和大型设备使用控制

工程所用材料，其价格以合同规定价或预算价、信息价计取。对“议价材”和合同未规定价格的材料，监理人员一方面督促施工方必须在进场前先作书面报价并提出样品，经监理企业与业主协商后确定其价格；另一方面对材料的实际使用数量应及时做好现场签证。

对影响投资的大型机械设备调用，施工单位必须先提出使用申请（包括台班单价）经监理企业审定、业主同意后，施工单位才可进场使用。监理工程师应书面签认机械设备的工作时间和内容，作为费用计量的依据。

6. 认真审核竣工结算

竣工结算是对投资控制成效的最终具体反映，绝不可忽视。工程进度款是投资的中间计量、计价拨款，只有通过竣工结算审查才能反映出投资控制的效果。因此，监理企业应认真对待竣工结算的审核工作，依据有关签证和各计量段的工程量和费用计量，按工程结算程序进行认真复核确认。

（三）监理企业对施工图预算、进度款及结算审核要点

监理企业对施工图预算、进度款及结算的审核是投资控制的重要工作。审核施工图预算是对项目的预控；审核进度款是控制阶段拨款；审核结算是最终核定项目的实际投资。对监理企业来说，重点应是审核结算，但是其审核要点基本相同。

监理工程师对所监理工程的土建及各专业（水、电、消防、空调等）各分部分项工程建立工程量库、单价库及有关取费费率汇总表，按各时间段动态跟踪。例如各季度材料单价、取费费率的政策性更改、随设计变更后的工程量更改、最终实际工程量等。特别是工程结算审核中，对在不同阶段、工程发生的施工时间、部位所核定的结算费用，与上述材料单价、费率及工程量的变更密切相关。监理工程师建立各阶段动态单价、费率、工程量库后，特别对结算审核十分有效。审核要点如下。

1. 审核工程量

审核工程量必须先熟悉施工图纸、预算定额和工程量计算规则。监理企业对核审工程量人员的要求，应是详细按图计算全部分部分项工程量，列出计算公式，标出轴线号及相应区段，必要时绘计算简图，钢筋工程量，要按施工图计算。工程量计算要详细列出清单，便于复核。

根据实践经验，只有监理工程师详细计算出各分部分项的工程量之后，并与承包单位提出的工程量逐项核对，才达到审核工程量的目的。

工程量审核是否认真、准确，直接关系到工程投资，这项较繁琐、细致的工作，应予重视，特别是对监理企业，应作为重要工作之一。

在审核工程量过程中还应注意构造中的若干细节，现举例说明如下：

（1）墙基挖土　先根据基础埋深和土质情况，审查槽壁是否需要放坡，坡度系数是

否符合规定；其次审查计算内墙基槽长度是否符合规定，是否重叠多算。

（2）墙基与墙身的分界线　通常砖墙基础计算时，以室内地坪为界线；而石墙墙身计算时，却以室外地坪为界线。因此，审查其是否有重叠多算的情况存在。

（3）内外墙砌体　应审查砌体扣除的部分，是否按规定扣除，有否不应增加的砌体部分被增加了（如腰线挑砖）。

（4）钢筋混凝土框架中的梁和柱分界　钢筋混凝土框架柱与梁按柱内边线为界，在计算框架柱和框架梁体积时，应列入柱内的就不要再在梁中重复计算。

（5）整个单位工程钢筋混凝土结构中的钢筋和铁件　在设计用量与定额规定发生差异时，应按规定作增减调整。但不能按定额项目只调增而不调减，应审查总用量。

（6）定额内已包括者就不得再另行重算　室外工程的散水、台阶、斜坡等的工程量，是按水平投影面积计算，定额规定已包括挖土、运土、垫层、找平层及面层等工程内容在内，则不应再重复计算挖、运、垫、找平及面层的工程量。

2．审查定额单价

（1）审查单价是否正确　应着重审查工程名称、种类、规格、计量单位，与预算定额或单位估价表上所列的内容是否一致。如果一致时才能套用，否则错套单价，就会影响直接费的准确度。

（2）审查换算单价《预算定额》规定允许换算部分的分项工程单价，应根据《预算定额》的分部分项说明、附注和有关规定进行换算；《预算定额》规定不允许换算部分的分项工程单价，则不得强调工程特殊或其他原因，而任意加以换算：以保持定额的法令性和统一性。

（3）审查补充单价　目前各省、市、自治区都有统一编制，经过审批的《地区单位估价表》，是具有法令性的指标，这就无需再进行审查。但对于某些采用新结构、新技术、新材料的工程，在定额确实缺少这些项目，尚需编制补充单位估价时，就应进行审查，审查其分项项目和工程量是否属实，套用单价是否正确；审查其补充单价的工料分析是根据工程测算数据，还是估算数字确定的。

3．审查直接费

决定直接费用的主要因素，是各分部分项工程量及其预算定额（或单位估价表）单价。因此，审查直接费，也就是审查直接费部分的整个预算表，即根据已经过审查的分项工程量和预算定额单价，审查单价套用是否准确，有否套错和应换算的单价是否已换算，以及换算是否正确等。审查时应注意：

（1）预算表上所列的各分项工程名称、内容、做法、规格及计量单位，与单位估价表中所规定的内容是否相符；

（2）在预算表中是否有错列已包括在定额内的项目，从而出现重复多算情况；或因漏列定额未包括的项目，而少算直接费的情况。

4．审查间接费

依据承包单位性质、等级、规模和承包工程性质不同，间接费的计算方法，有按直接费和也有按人工费为基础的百分比进行计算的。因此，主要审查以下内容：

（1）中央、省、市属国有企业与市、区、县、乡镇、街道属集体施工企业，在套用间接费定额时，是否符合各地区规定，有否集体企业套用全民企业定额标准；

(2) 各种费用的计算基础是否符合规定；

(3) 各种费用的费率，是否按地区的有关规定计算；

(4) 计划利润是否按国家规定标准计取，没有计取资格的施工企业不应计取；

(5) 各种间接费采用是否正确合理；

(6) 单项定额与综合定额有无重复计算情况。

如果一个单位建筑工程内，有混凝土构件厂制作的混凝土构件，有金属加工厂制作的钢结构构件，有土方基础工程公司施工的打桩工程等，这些工程的间接费，应根据各地区的不同规定计取。

(四) 施工阶段工程投资控制的主要内容

1. 施工阶段投资控制的目标与任务

(1) 施工阶段投资控制的目标

确定建设项目在施工阶段的投资控制目标值，包括项目的总目标值、分目标值。在项目施工过程中采取有效措施，控制投资的支出，将实际支出值与投资控制的目标值进行比较，并做出分析及预测，加强对各干扰因素的控制，及时采取措施，确保项目投资控制目标的实现。同时，根据实际情况，允许对投资控制目标进行必要的调整，调整目的是使投资控制目标永远处于最佳状态和切合实际。但应注意，调整既定目标应严肃对待并按规定程序。

(2) 施工阶段投资控制任务

1) 编制施工阶段投资详细的工作流程图和投资计划。

2) 施工阶段投资控制的具体工作：

(*A*) 项目的工程量复核，并与已完成的实物工程量比较；

(*B*) 审核工程进度款清单；

(*C*) 在项目施工进展过程中，进行投资跟踪；

(*D*) 定期向监理总负责人、业主提供投资控制报表；

(*E*) 编制施工阶段详细的费用支出计划，复核一切付款账单；

(*F*) 审核竣工决算。

3) 施工阶段投资控制的技术措施主要有以下两方面工作：

(*A*) 对设计变更部分进行技术经济比较；

(*B*) 继续寻求建设项目中，通过设计的修正挖潜节约投资的可能。

4) 施工阶段投资控制中对合同管理，主要有以下两方面工作：

(*A*) 参与处理工程索赔工作；

(*B*) 参与合同修改、补充工作，着重考虑它对投资控制有影响的条款。

(3) 对投资控制人员素质的要求

投资控制的性质绝不是单纯的经济工作，投资控制的任务也不仅是财务部门的工作，而是技术、经济、管理的综合工作。投资控制的立足点是节约项目的一次性投资和项目全寿命的经济分析，即进行全面考虑。因此对投资控制人员素质的要求很高。

1) 在经济方面具备：

(*A*) 要懂得并能充分掌握所有信息和数据，能进行分析、处理；

(*B*) 懂得建设项目投资费用的划分和掌握各类费用的依据；

(C) 能进行概预算的编制和审核；

(D) 对每项付款能进行审核；

(E) 对建设项目投资能进行全寿命经济分析；

(F) 能完成各类技术经济比较和论证。

2) 在管理方面应具备：

(A) 进行建设项目规划和投资分解；

(B) 能组织建设项目的设计竞赛；

(C) 能组织项目施工招标和发包；

(D) 掌握项目投资动态控制方法；

(E) 进行项目承包合同管理。

3) 在技术方面具备包括建筑、结构、施工、工艺、设备、材料等方面的知识。

2. 施工阶段投资控制中的技术经济分析

为提高建设项目的经济效益，降低造价和提高工程质量，对施工方案技术经济分析十分重要。例如：主要施工机械的选择，施工方法的选用，施工组织的安排以及缩短施工工期等方面的技术经济比较。以下通过国内外的若干示例和实例来说明技术经济分析的应用。

(1) 主要施工机械选择的经济分析

选择主要施工机械要从机械的多用性、耐久性、经济性及生产率等因素来考虑。如果有若干种可供选择的机械，其使用性能和生产率相类似的条件下，对机械的经济性，人们通常的概念是从机械的价格的高低来衡量。但是在技术经济评价中应全面考虑。机械的经济性包括原价、保养费、维修费、能耗费、使用年限、折旧费、操作人员工资及期满后的残余价值等的综合评价。

【例】

某大型建设项目中需购置一台施工机械，现有甲、乙两台性能相似的机械可加以选择，该两台机械的有关费用和使用年限等参数见表 5-60 所列。

表 5-60

费用名称	A 机械	B 机械	费用名称	A 机械	B 机械
原　价（元）	20000	18000	期满后残余价值（元）	3000	5000
年度保养和维修费等（元）	1000	1200	年复利率（%）	8	8
使用年限（年）	20	15			

试按上述条件合理选择经济的方案。

【解】

根据投入资金的时间价值和机械的使用年限折算到每个年度的实际摊销费用（即年度费用）来加以比较，这才是正确评价方法。按下式计算：

$$R = P\left[\frac{i(1+i)^{\mathrm{N}}}{(1+i)^{\mathrm{N}}-1}\right] + Q - r\left[\frac{i}{(1+i)^{\mathrm{n}}-1}\right]$$

式中　R——折算成机械的年度费用（元/年）；

P——机械原价（元）；

Q——机械的年度保养和维修费（元）；

N——机械的使用年限（年）；

r——机械期满后残余价值（元）；

$\left[\dfrac{i\ (1+i)^N}{(1+i)^N-1}\right]$——资金再生系数，即投入资金 P，复利率为 i，按使用年限 N 年摊销的系数；

$\left[\dfrac{i}{(1+i)^N-1}\right]$——偿还债务系数，即未来 N 年的资金（债务），复利率为 i，在 N 年内每年应偿还金额的系数。

将表中两种机械的参数分别代入上式。得：

$$A\text{ 机械的年度费}=20000\left[\frac{0.08\ (1+0.08)^{20}}{(1+0.08)^{20}-1}\right]+1000-3000\left[\frac{0.08}{(1+0.08)^{20}-1}\right]=2971.49\text{ 元；}$$

$$B\text{ 机械的年度费}=18000\left[\frac{0.08\ (1+0.08)^{15}}{(1+0.08)^{15}-1}\right]+1200-5000\left[\frac{0.08}{(1+0.08)^{15}-1}\right]=3118.78\text{ 元。}$$

故选购 A 机械较为经济。

（2）施工方案的技术经济比较

在单位工程施工组织设计中对施工方案首先要考虑技术上的可能性，即是否能实现，然后是经济上是否合理。在拟定出若干方案中来加以选择。如果各施工方案均能满足要求，则最经济的方案即最优方案。因此，要计算出各方案所发生的费用。

由于施工方案的类别较多，故方案的技术经济分析应从实际条件出发，切实计算一切发生的费用。如果属固定资产的一次性投资，则就要分别计算资金的时间价值；若仅仅是在施工阶段的临时性一次投资，由于时间短，可不考虑资金的时间价值。举例说明如下：

【例】

某工程项目施工中，混凝土制作的技术经济分析，有以下两个可供选择的方案：

（1）现场制作混凝土；

（2）采用商品混凝土。

试根据上述两个方案进行技术经济比较：

【解】

1）原始资料的经济分析

（A）本工程总混凝土需要量为 4000m^3；如现场制作混凝土，则需设置搅拌机容量为 0.75m^3 的设备装置；

（B）根据混凝土供应距离，已算出商品混凝土平均单价为 41 元/m^3；

（C）现场一个临时搅拌站一次性投资费。包括地坑基础、骨料仓库、设备的运输费、装拆费以及工资等总共为 11450 元；

（D）与工期有关的费用，即容量 0.75m^3 搅拌站设备装置的租金与维修费为 2450 元/日；

(*E*) 与混凝土数量有关的费用，即水泥、骨料、附加剂、水电及工资等总共 29 元/m^3；

2) 技术经济比较

(*A*) 现场制作混凝土的单价计算公式如下：

$$\text{现场制作混凝土的单价}=\frac{\text{搅拌站一次性投资费}}{\text{现场混凝土总需要量}}+\frac{\text{与工期有关的费用}\times\text{工期}}{\text{现场混凝土总需要量}}+\frac{\text{与混凝土量有关的费用}}{\text{现场混凝土总需要量}}$$

(*B*) 当工期为 12 个月时的成本分析

$$\text{现场制作混凝土的单价}=\frac{11450}{4000}+\frac{2450\times12}{4000}+29=39.21\text{ 元/m}^3<41\text{ 元/m}^3；$$

即当工期为 12 个月时，现场制作混凝土的单价小于商品混凝土单价；

(*C*) 当工期为 24 个月时的成本分析

$$\text{现场制作混凝土的单价}=\frac{11450}{4000}+\frac{2450\times24}{4000}+29=46.56\text{ 元/m}^3>41\text{ 元/m}^3；$$

即当工期为 24 个月时，购买商品混凝土比现场制作混凝土为经济；

(*D*) 当工期为多少时（x）这两个方案的费用相同?

$$\frac{1145}{4000}+\frac{2450x}{4000}+29=41$$

$$x=14.9\text{ 月；}$$

即工期为 14.9 个月时，这两个方案的费用相同；

(*E*) 当工期为 12 个月，现场制作混凝土的最少数量为多少（y）时方为经济?

$$\frac{11450}{y}+\frac{2450\times12}{y}+29=41$$

$$y=3404.2\text{m}^3；$$

即当工期为 12 个月时，现场制作混凝土的数量必须大于 3404.2m^2 时方为经济。

由此可见，在不同工期或混凝土数量变化时对费用变化的影响。此外，当不同运距下亦可得到商品混凝土的不同单价予以比较。

通过技术经济比较，可以得到各种方案的经济规律，可分别制作成表格或统计曲线以供查用。因此，建筑企业要掌握大量原始经济资料，以供方案比较之用，不致由于经济数据不足而受影响。经济比较必须严格按实际发生的数据进行计划，决不能先有某种倾向性方案，这就不能真正做到客观分析的效果。经济比较必须实事求是，每个数据都应有根据。

这种比较方法虽然计算极为简单，但就在这样简单的计算中得到经济效益的提高。

【例】

某高层宾馆的基础深度 8.95m，地下水位在 -1.0m，该层地层为渗水性较差的粉质粘土层。因此，在基坑开挖前，地下水位应降低至基坑底标高下 50cm，才能保证基坑干燥，以利施工。试进行降低地下水位施工方案的技术经济分析。

【解】

根据上述实际工程、地质情况和施工条件，拟订了井点降水和深井降水两个方案。该两个方案的费用、劳动力耗用和工期的技术经济指标见表 5-61、表 5-62、表 5-63 所示。

从以上三个表中所列技术经济指标来分析，深井降水虽费用较大（比井点降水高约6%），但是准备工作不占工期，故可缩短工期60天，除减少施工管理费用外，还有可能提前交付营业（该项节约费用尚未算入），缩短工期是本工程的关键问题之一。此外，采用深井降水还可利用深井中的地下水，作为混凝土养护及冲洗骨料之用，尤其是夏季，可达到降温的作用。

降低地下水方案的费用比较 **表 5-61**

降水方案	费用 （万元）	百分率比较（%）	说明
井点降水	8.98	93.6	费用中还包括埋管、挖井及值班管理人员的费用
深井降水	9.59	100	

降低地下水方案的劳动力耗用比较 **表 5-62**

降水方案	劳动力（工）	百分率比较（%）	说明
井点降水	8400	215	劳动力中还包括埋管、挖井及值班管理人员
深井降水	3900	100	

降低地下水方案的工期比较 **表 5-63**

降水方案	工期 （天）	说明
井点降水	延长总天数 60天	因井管理埋设后，影响打桩，故必须在打桩后，才能埋设井管，需延长工期60天
深井降水	对总工期无影响	挖深井可与打桩工程平行施工，故对总工期无影响

在技术上，根据施工实践经验及研究文献，采取深井降水在技术上是有把握将挖土层内的地下水排除，并与外围的地下水隔断和封闭，以满足施工要求。从最终的经济效益、劳动力耗用和缩短工期来分析，对本工程来说，深井降水的方案是比井点降水为优，并且在技术上也是可能实现的。因此，最后选定深井降水。

在布置深井位置以前，先打三个深井并作抽水试验，然后确定深井间距和布置。

井深12～20m，直径0.8m，混凝土管外径37mm。在8m以上的管壁留进水孔，外包玻璃纤维布和钢筋网作滤水层，外填绿豆砂层。

基坑开挖后，地表水和雨水的排除，采用在基坑四周挖排水沟和集水井的措施，以确保基坑干燥。

在基坑降水及基坑开挖过程中，为防止邻近建筑物引起下沉或墙面出现裂缝的可能，需在局部邻近房屋旁边打钢板保护桩。基坑四周，严禁堆放材料和设备，防止塌方。

(3) 缩短施工工期的经济分析

各施工方案的比较中必然会涉及工期因素，根据缩短施工工期的经济效果进行综合比较，来选择方案。

缩短施工工期的经济效果 G，有由于工程项目提前交付使用所得的收益 G_1；加速资金周转的经济效益 G_2；节约施工企业间接费的经济效益 G_3 故由于缩短施工工期的总经

济效益 G 是上述三方面效益之和。即：

$$G = G_1 + G_2 + G_3$$

以下分别对 G_1、G_2、G_3 进行分析：

1）计算工程项目提前交付使用的经济效益

工程项目提前交付使用的经济效益，按下式计算：

$$G_1 = B(T_1 - T_2)$$

式中　B——工程项目提前使用时期内的平均收益；

T_1——计划规定的施工工期；

T_2——实际的施工工期。

【例】

某容量为 20 万 kW 的火电站工程，由于改进了施工组织方案，能提前半年投入生产。该火电站按设计能力每年发电时间为 6000h，每度电的出厂价格为 0.12 元，计划成本为 0.03 元，试计算提前投产的经济效益。

（A）计算每度电的利润：

利润＝出厂价格－计划成本＝0.12 元/（kW·h）－0.03 元/（kW·h）＝0.09 元（kW·h）

（B）计算火电站提前投产的年平均收益：

年平均收益 B＝年生产能力×单位产品利润＝20×6000×0.09＝10800（万元）；

（C）计算提前半年投产的经济效益（G_1）：

$$G_1 = B(T_1 - T_2) = 10800(1 - 0.5) = 5400(\text{万元});$$

计算结果，说明火电站提前半年投产，所得收益为 5400 万元。

2）计算工程项目加速资金周转的经济效益

当单位工程的施工工期缩短时，可节约施工中占有的固定生产基金投资，减少流动资金和未完成工程费用。则该项目投资的国民经济效果可按下式确定：

$$G_2 = E_H(K_1 T_1 - K_2 T_2)$$

式中　K_1——计划的基建投资；

K_2——改进施工工艺后，需要的基建投资；

T_1、T_2——意义同前；

E_H——该部门投资的定额效果系数。

【例】

某工程项目原计划基建投资 2500 万元，建设工期为 3 年。后因改进了施工工艺方案，需要投资 3000 万元，建设工期可缩短一年。试求缩短工期一年带来的经济效益（该部门投资的定额效果系数为 $E_H=0.2$）。

【解】

$$G_2 = 0.2(2500 \times 3 - 3000 \times 2) = 300\text{ 万元};$$

计算说明缩短一年施工工期，使该项目投资能获得 300 万元经济效益。

3）计算缩短工期节省的施工企业间接费的经济效益

由于缩短工程项目施工周期，而使施工企业因此节省间接费的经济效益，可按下式计算。

$$G_3 = H_y\left(1 - \frac{T_2}{T_1}\right)$$

式中　H_y——是基准方案与工期有关的间接费固定部分，即：

$$H_y = \frac{C \times H \times R}{(1 + y)(1 + H)}$$

式中　C——工程预算造价；

H——工程间接费率；

R——与工期有关的间接费的固定部分比率；

y——计划利润（%）。

【例】

某工程采用两种不同的施工方案：

第一方案，工期为7个月；第二方案工期为6个月。工程预算造价为330万元，计划利润（y）为7%，间接费率（H）是18%，间接费中与缩短中期有关的固定部分（R）占50%，试计算该工程由于缩短施工工期的效益。

【解】

（A）计算该工程间接费的固定部分（H_y）：

$$H_y = \frac{C \times H \times R}{(1 + y)(1 + H)}$$

$$H_y = \frac{330 \times 0.18 \times 0.50}{(1 + 0.7)(1 + 0.18)} = \frac{29.7}{2} = 14.85\text{ 万元}$$

（B）计算该工程缩短工期后，间接费的节约效果：

$$G_3 = H_y\left(1 - \frac{T_2}{T_1}\right) = 14.85 \times \left(1 - \frac{6}{7}\right) = 14.85(1 - 0.86)$$

$$= 14.85 \times 0.14 = 2.079\text{ 万元}$$

计算说明，该工程缩短工期14%，节约施工间接费的经济效益为2.079万元。

（五）降低工程项目投资的途径

每一个工程项目都是一项投资活动。而投资活动是对资本商品的购买交易行为。其商业目的就在于取得利润。从投资者的角度来讲，他所关心的是投资效益，即在投入一笔资金，建成一个项目之后，什么时候能收回项目投资总额？什么时候开始盈利？赚多少钱？在整个项目寿命期内的盈利总额是多少？这就是我们常常说的经济效益。投资者最感兴趣的是以较少的投入去取得较大的产出（盈利）。而投入产出的比例，虽然常与项目的属性、用途、区域有关，但它更受项目管理水平的影响。科学的管理产生效益，这正逐步为项目业主所理解、接受和追逐。

一个工程项目，特别是一个大型工程项目，固定资产投资额度很大，建设周期长达2～3年，甚至更长。致使可变因素增多，所涉及的技术、材料、设备问题既多又杂，若用简单粗放的管理方法，去组织项目的实施，很难达到预期的目标成果。弄得不好，将会给项目带来无法挽回的损失。

对应于项目建设程序各阶段，相应的费用目标分别为投资估（匡）算，设计概算和施工图预算。工程的竣工决算则是对工程实际投入费用的总核算，也是对费用控制成果的总结与考评。对工程项目投资实施控制的目的，就是通过千方百计的努力，使各阶段实际发生的费用额度都不超过前阶段确定的费用值。即要求由设计方案和初步设计所产生的设计概算，不超过项目前期阶段的投资估算值；由施工图产生的施工图预算值，不超过初步设计确定的概算值；而施工阶段发生的合同造价或实际造价，应控制在施工图预算内。项目投资控制是一个系统工程，它随着项目实施进程的推进，目标值越来越明确具体；实施控制的要求越来越高，难度越来越大，而控制产生的绝对节约额度却越来越小，而其实际意义却越来越大。

在投资决策、设计、工程招标各阶段中投资控制和降低投资是极重要的。而施工阶段是业主投放资金量最大的阶段，对项目投资格外明显，监理工程师应认真编制切实可行的项目投资控制方案，应重点抓好以下工作：

1. 重视施工承包合同的管理

合同是发包方与承包商为完成一个项目的交易活动，明确双方责任、权力，相互配合、相互制约的法律文件。发包方——业主，期望用较少的资金支付换得一个建设快、质量好的项目，承包商则希望减少投入、降低成本，盈得更多的利润。双方利益是不一致的，是矛盾的。利用合同条件保护自己，制约对方，就成了双方合同管理的主要任务。有经验的承包商都深刻意识到：一个工程，盈，在于合同；亏，亦在于合同。国际承包工程的某些资料载明，合同管理成功与失误对经济效益产生的影响之差能达到工程造价的20%左右。所以承包商非常重视合同的管理，而将盈利的希望寄于合同管理。作为受业主委托承担项目管理的监理工程师，对此应该有清醒的认识，充分的准备，制订相应的措施，以保证合同的正常履行，确保业主的合法权益不受损害。

(1) 协助业主签订有利的合同

协助业主签订一个有利的合同，是控制好项目投资的基础。

合同一经双方签字生效，就成为约束双方当事人在工程实施中行为的最高法律文件。它的每一个条款，都与双方的经济利益紧密相关，它深刻地影响双方的成本、费用和收入。有人说“合同字字值千金”就是这个意思。所以监理工程师应协助业主签订一个有利的合同。

首先利用起草合同的便利，将招标文件中业已确定的主要合同条款，投标人在标函中的承诺，对业主有利的方面尽可能地写入合同。但一定要公正、公平，不得采用欺诈哄骗手段，同时要注意合同的结构完整，合理和易于操作，特别注意以下几点：

1) 内容齐全、条款完整，不能漏项

对合同履行中出现的各种可能情况，都要尽量做出定量的表述。针对各种情况的具体处理办法，要书写清楚，尽量不留活口，以免执行中争执扯皮，浪费时间和精力。

2) 定义要清楚、严格、准确，责任界限要明确，不得含糊

定义清楚，双方要有一种认同的解释，否则会引来意外的麻烦。

3) 内容具体详尽

内容要尽量具体、详细，不要笼统，不要怕条文多。

4) 坚持原则

合同应体现双方平等互利、公平、公正的原则。

(2) 加强合同管理，减少业主额外费用的支出

（3）合同签署前对合同条文进行再审查

正式合同签署之前，监理工程师应对合同条文进行一次认真仔细的审查校核，特别要注意对方对合同条件有无增删，合同条文有无含糊不清的概念，如有易于引起争执和理解不一致的地方，最好双方先协商清楚，做出备忘录，以免影响今后合同的履行。

（4）妥善处理合同问题

目前，各承包方已非常重视合同管理，除设有专职的合同管理组织之外，积极提高全员合同意识，这对监理工程师无疑是一种挑战。工程项目的实施过程，实际上是双方合同管理水平的较量。对在合同执行中发现的问题，要及时妥善处理，处理得当，可为业主挽回损失，反之，则使业主遭受损失。如渤海铝二期工程，在合同签订付诸实施之后，监理工程师发现某些合同条款明显不合理，依据这些条款，承包方加大了取费，将使业主多付1500万元的费用，对此监理工程师建议业主修改合同，做出新的补正条文，取得了承包方的谅解，为业主挽回了损失。

（5）随时检查合同执行情况，及时纠正

监理工程师要随时注意主要合同目标的执行情况，发现偏离要及时指令纠正，这是业主的根本利益所在。同时也要经常提醒业主履行合同的责任与义务，避免不必要的违约事件，减少索赔支出。更要深入到施工活动之中，及时、准确地了解掌握发生的情况，及时收集归整有关纪要文件、资料，以应急用。

2.施工阶段降低投资途径

（1）重视施工图纸的会审工作

通过认真会审图纸，可以发现图纸中存在的错、漏、碰、缺等毛病，消除质量隐患，减少设计变更，为施工顺利进行奠定基础。如某一钢筋混凝土框架工程，柱距3.5m×5m，柱断面为350mm×400mm，按七度抗震设防，而设计柱的配筋为4×ϕ22，经监理工程师依据经验审图，发现配筋不足，建议原设计单位复算，结果证明少配筋4×ϕ20，占应配筋额的45.2%，几乎酿成重大质量事故。又如湖北隔岩河水利枢纽工程，监理工程师通过审图，提出81项修改建议，经设计认可实施，节减投资746.88万元，仅围堰工程一项修改设计，就减少混凝土量2.7万m^3。西三高级公路工程，监理工程师完善设计43处，节约投资近百万元。

（2）用技术经济的观点，从优化的角度，评定完善施工方案

一个先进可行的施工方案，是项目目标实现的基本保证。不同的施工方案，又对应着不同的费用成本。除固定成本外，可变成本更是如此。如施工技术措施费：降水、支护、四邻建筑物和道路的加固保护等，不同的方法间会有不同的费用支出。以深基坑支护方案为例，采用悬臂桩加锁口梁方案与非封闭环拱对口撑的方案相比，前者费用要高20%以上。同样在施工技术上，若推广可靠的新技术、新材料、新工艺也可以大大降低成本。广西岩滩水电站监理工程师建议大坝使用碾压混凝土新技术，使每立方米混凝土的水泥用量减少至45～55kg，共节约水泥25000t，折合近千万元。

所以监理工程师对施工方案的审查要认真负责，兼顾全面。

（3）认真办理现场技术经济签证工作

现场经济技术签证是指事前不能论定而需按实结算的一部分工作量。它涉及的面较宽，如隐蔽工程、材料代换、施工条件变化、停水停电、排水抗洪、设计变更等等。由

于这一部分工程比较琐碎，常常被监理工程师疏忽。有时不经亲自核验，就签字认账，给业主增加不必要的额外支出。如某人工挖孔桩工程，遇到了砂层，出现了流砂，其处理费依合同规定应按实计算。个别监理人员偷懒怕脏，不下井进行实地量测，仅依据施工单位的申报就签字认账，结果仅此一项签证就达 60 万元之多，占桩基工程造价的 32%，引起业主强烈不满。

(4) 严格控制设计变更

设计变更会引起造价的增减，会发生对原已施工部分的处理或拆除，打乱原有的施工计划和秩序，出现待工窝工，延误工期。有时又可能诱发承包商的索赔事件，增加额外支出。故应慎重处理，从严控制，非变更不可的，要尽量缩小变更范围，并争取尽早变更，因为变更越早影响就越小。可变可不变的就要坚持不变。如京津唐高速公路徐庄互通式立交桥，因设计变更，承包商增加报价 2000 多万元，经监理工程师认真审核，做耐心细致的解释工作，才将费用增加额度减至 860 万元。

(5) 严格工程价款计量支付程序

依据合同规定，控制好已完工程价款的计量与支付，是监理工程师控制项目投资的最重要手段。首先要认真做好已完工程量的验方计量工作。对于承包商申报的已完工程量，要严按照招标书、合同规定的套用定额、计算规则和标准，去核验复算申报工程量的数量是否准确无误，所申报各分项子目是否与标书工程量清算子目一致，工程质量是否符合规定，是否已经监理工程师签字确认。不符的子目，未完的分项和质量达不到合同标准的不能进入支付。这样做的目的，是为了避免因计算方法的改变而引起工程量的增加，和避免资金的过早投入，减少利息支付。

如某一路基挖石方项目，在工程清单说明中是这样定义的："凡需进行爆破，或者要使用金属插楔或大铁锤，或该材料的移动除需要使用空气压缩机钻外，不能用带有单个尾装重形松土器的，至少应为 112.5kW 的拖拉机所松翻"。这个定义是确定挖方是土方还是石方的定义依据。凡符合上述定义的为石方，否则为土方。但承包商在实施中，向监理工程师提交了一个鉴定石方的新方法。据说该方法是一项新的技术发明，其可靠性勿需怀疑，而且操作简便。监理工程师采纳使用了这一方法，结果使实际结算石方量较按定义鉴定石方量多出了 20 万方，给业主造成二三百万元的经济损失。

在同一个项目上，对挖石方的工作内容做了这样规定：①爆破石方；②将石方解小至块径不大于 90cm；③将石块移至指定地点堆放。但承包商未将石块解小，即申报计量支付。监理工程师无经验，只看到路堑已形成且符合质量要求，石块已移至指定地点堆放，即签发了计量证书，结果使业主到后来使用石料时，不得不再请人进行石块解小，又多支付了一笔费用。

严格按照约定与规定计量支付这是原则，不论实际情况如何，监理工程师不能自作主张，否则就会引起费用的加大。

(6) 做好预（结）算的审核工作

与计量支付相对应的还有预（结）算的审核。这对于实行预（结）算办法的工程十分重要。目前有不少承包商，出于个人利益的考虑，或由于竞争报价太低，难以保本，往往采取虚估冒算重复多算，改变计算规则等办法来增加收入，有时这笔费用还十分可观，对此监理工程师不要掉以轻心。如渤海铝二期工程，监理工程师对八项土建工程施工图预算进行了逐项复核，核减了300多万元。

竣工结算工作同样十分重要，除正常的预算额外，还涉及变更、签证、索赔等方方面面。

3. 注意资金的时间效益

资金通过时间增值，产生效益，这对从事项目投资控制的监理工程师要特别引起重视。时间效益及工期效益，是指通过缩短项目的建设周期而盈得的经济收益。这种收益来自三个方面：

(1) 由于项目提前运营而产生的生产经营收入。

(2) 因工期缩短而减少支付的贷款利息。

(3) 因提前竣工而使业主节约的建设管理费用。

工期提前有时产生的社会效益也是十分可观的。如广西岩滩水电站工期提前一年投产，不仅减少了5000万元的利息支出，为国家赢得税利，创出社会效益。上海杨浦大桥是利用世界银行贷款的项目，大桥提前一百天竣工投入使用，仅节约利息支出和过桥费收入就达3358万元。

对于工期效益我们要从项目总体上考虑。只有整个项目正式投入营运，才会有经济效益，而具体到某个局部，则可能是快有效益，慢亦可能有效益。如渤海铝二期工程，监理工程师注意到冷轧和熔铸工程的设备订货较晚，而土建进度却又较快，若不进行调整，就可能出现土建竣工后等待设备进场安装的局面。这样就等于将土建的部分工程款项提前支付。而多支付利息。于是，监理工程师指令放缓这两个土建项目施工速度，将人员调往施工难度大而又要求提前竣工使用的锅炉房和110kVA变电站工程，结果满足了整体工期需要，减缓了部分资金的流入速度，达到了节约投资的目的。

所以一个好的总体进度计划，它应当是在确保整体总目标的前提下，合理安排分项、工序、专业、工种的前后快慢，特别注意设备定货进场与土建和安装的协调。设备费用占总投资的份额越来越大，过早定货等于过早的垫付一笔数目可观的资金，增加利息支出，而且过早的设备进场还要发生储存保管等仓储费用。

在谈及项目实施中的资金时间效益时，特别要注意控制好资金的流入顺序、时间、数量和流入速度。

4. 风险管理和工程保险

和一切投资活动一样，风险与效益伴生。工程项目的实施，受着多种多样风险事件的困扰。正像有关专家说的那样："项目实施期间的大部分风险事件，多属灾难性事件"。这些风险事件的发生，严重干扰项目的正常进行，影响项目质量、项目工期和项目投资的控制，常常给项目造成难以预料的重大经济损失。于是风险管理技术，就自然而然的被引入到项目管理的工作之中。

(1) 风险管理

风险管理是项目管理的一部分，它服务于项目的总体管理。它的目标是通过有效的管理去避免项目风险的发生，或减少风险事件发生后给工程带来的损失，以确保项目工期和项目造价不超过限值（计划值），施工质量满足合同要求和施工活动安全顺利进行。所以它是一项十分重要的综合性的管理工作。监理工程师应熟悉项目风险管理方面的知识和技术，并将它有效地运用到日常的监理工作之中。

风险，是指影响项目目标实现的各种事件发生的可能性，这种风险事件的发生是不确定的，发生后对项目目标的影响也是不确定的。风险管理，就是一个确定和度量项目风险，以及制定、选择和管理风险处理方案的过程。这个过程一般由以下五个步骤组成。

1）风险识别

组织相关人员，运用各种方法，尽可能全面地找出影响项目目标实现的风险事件，并依其对项目目标影响程度和潜在损失的大小，进行排队，列出详细的风险事件清单。

2）风险分析和评估

这是一个将项目风险的不确定性，进行定量化，用概率论来评价项目风险潜在影响的过程。它按下列顺序进行：确定风险事件发生的概率和可能性→风险事件发生对项目的影响程度→将风险事件定量化，找出项目风险清单中最严重、最难以控制而又最需要注意的项目风险→将项目风险作为一个整体，评价它们的潜在影响，从而得到项目风险的决策变量值，作为决策的依据。参见图5-77。

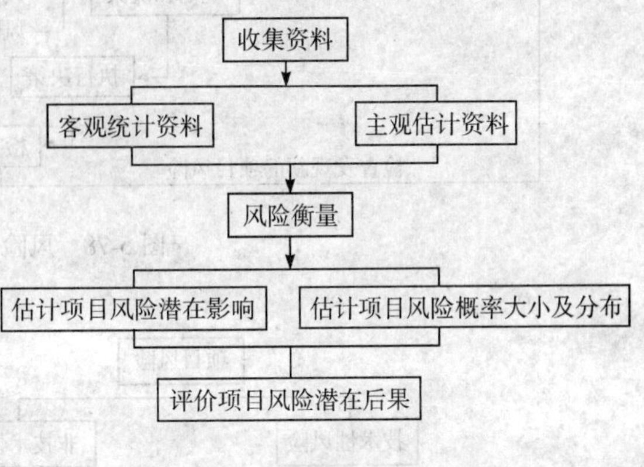

图5-77　风险分析与评价图

3）规划并决策

依据风险识别和风险分析评估成果，对风险管理对策进行规划，并就处理项目风险的最佳对策组合进行决策。一般而言，风险管理有三种对策；风险控制（风险回避，风险预防和风险减少）；风险保留（计划风险保留，非计划风险保留）；和风险转移（保留转移，非保险转移）；

4）实施决策

风险管理对策选定之后，必须认真实施这一决策，安排制定安全计划（损失预防计划）、灾难计划（损失控制计划）和应急计划（损失挽救计划）。确定保险水准和保费额度，选择保险公司，办理投保手续等。

5）检查

在项目实施中，不断检查前四个步骤和决策的实施情况，评估决策的合理性。掌握情况的变化，决定在条件变化时，是否提出新的风险处理方案，是否需要补充遗漏和新生的风险事件。风险管理的整个过程可参见图5-78。

从以上的论述中，我们看到风险管理过程可以粗分为三个阶段：第一阶段为风险管理的前期阶段即风险的识别；第二阶段为风险管理方案设计阶段；第三阶段为风险管理的实施阶段。如同工程项目一样，风险管理前期阶段的工作成果是非常关键的，它是风险管理方案设计的基础和依据，故对第一阶段的工作应予以特别的关注。

在风险管理中，最积极的手段是风险控制，最安全的办法是风险转移。

风险因素是风险事件发生的基础和条件。我们对风险的控制，实际上应该是对引发风险事件的风险因素的控制，在众多的风险因素中（见图5-79），技术因素、人员因素、设备因素，材料因素和环境因素是引起风险事件发生的五个基本因素。所以欲想预防风险事件的发生，减少风险事件发生后的损失，首先要对这五大风险因素进行控制与管理。

其中又以人的因素最为重要。为了便于理解，我们把风险因素及其引发的风险事件示例摘录如表5-64。

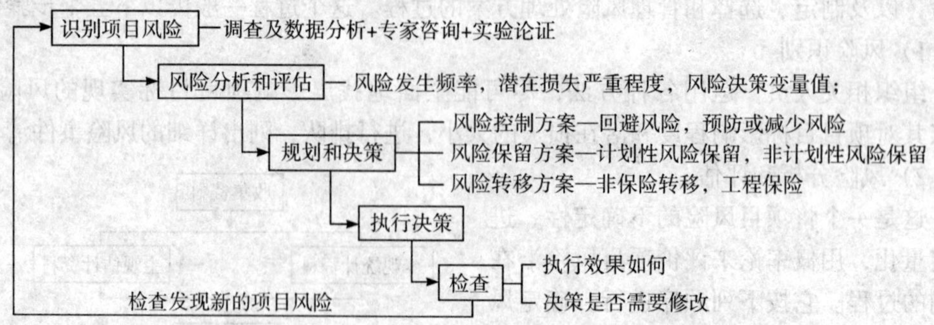

图5-78　风险管理流程图

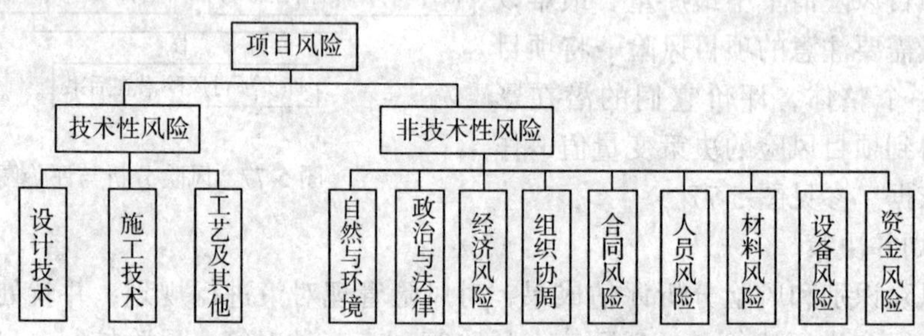

图5-79　项目风险因素分类图

由于各类风险因素隐居于项目实施的过程之中，分布在每个环节上，所以风险管理是一个动态发展的过程管理。由于过程中每个环节上的环境条件不同，每种风险因素出现的机会，组合的形式也多种多样，所以风险管理一定要树立动态观念。要像消防队员那样，时刻保持警觉，及时发现险情，随时准备行动。对于任何因环境变化而可能出现的风险事件，要及时识别分析，并依此确定是否要对管理对策做出调整。对风险因素、风险事件的识别认定，仅靠有限的风险管理专业人员是不够的，应当发动全体项目参与者共同来做，才能准确确定风险的形态、发生的频率、严重的程度和发生后对项目正常进行和财务上所产生的影响，才能提供一份高质量的风险事件清单，供规划决策者做出正确的决策。同样，决策的实施，也必须是全员的行动。所有参与项目的单位和人员（业主、设计、施工、供应），都要树立风险意识，积极参与风险管理，风险管理水平才会不断提高。

风险的合同转移，并非全出于经济上的考虑，它是提高风险管理水平的需要。是风险共担的一种分配办法。因为只有那些最有能力控制风险的项目直接参与者，对风险负责控制，效果才是最好的。所以风险管理不仅是业主、监理工程师的事，也是设计者的事，施工单位的事，材料设备供应商的事。只不过监理工程师在风险管理上应该更为活跃，更能发挥组织协调、沟通联络作用。

由于风险事件可以诱发工程索赔，产生经济上的得失，所以风险的合同转移，要注意适度合理，讲究技巧，易为承受者接收，以便积极落实。

风险事件示例 表 5-64

风险因素		典型风险事件
技术风险	设计	设计内容不全，设计缺陷、错误和遗漏，规范不恰当，未考虑地质条件，未考虑施工可能性等
	施工	施工工艺的落后，不合理的施工技术和方案，施工安全措施不当，应用新技术新方案的失败，未考虑现场情况等
	其他	工艺设计未达到先进性指标，工艺流程不合理，未考虑操作安全性等
非技术风险	自然与环境	洪水、地震、火灾、台风、雷电等不可抗拒自然力，不明的水文气象条件，复杂的工程地质条件，恶劣的气候，施工对环境的影响等
	政治与法律	法律及规章的变化，战争和骚乱、罢工，经济制裁或禁运等
	经济	通货膨胀，汇率的变动，市场的动荡，社会各种摊派和征费的变化等
	组织协调	业主和上级主管部门的协调，业主和设计方、施工方以及监理方的协调，业主内部的组织协调等
	合同	合同条款遗漏、表达有误，合同类型选择不当，承发包模式选择不当，索赔管理不力，合同纠纷等
	人员	业主人员、设计人员、监理人员，一般工人、技术员、管理人员的素质（能力、效率、责任心、品德）
	材料	原材料、成品、半成品的供货不足或拖延，数量差错，质量规格有问题，特殊材料和新材料的使用有问题，损耗和浪费等
	设备	施工设备供应不足，类型不配套，故障，安装失误、选型不当
	资金	资金筹措方式不合理，资金不到位，资金短缺

(2) 工程保险

风险转移的一种重要形式是向保险公司投保——工程保险。

风险管理和工程保险有着依存关系，就像一对孪生兄弟，每当人们提到风险管理时就必然要论及到工程保险，可见工程保险在项目风险管理中的作用和地位。

工程保险是通过业主向承保商（保险公司）支付一定额的保费，而将工程进行中发生的大部分风险，作为投保对象，转嫁给承保商——保险公司。一旦风险事件发生，给工程造成了经济损失，则由保险公司负责赔偿业主的损失。这样做的结果，是减少了业主在风险管理方面的工作压力，心理较为平衡稳当，便于集中精力去抓好其他方面的管理工作。而且风险事件发生后，能及时得到资金上的补给，有利于风险事件的善后处理。尽快恢复正常工作。这对确保项目目标的实现肯定是有利的。项目目标的圆满实现，是业主的根本利益所在，所以进行工程保险无疑是一种明智之举。如前所述，风险管理是监理工程师的一项重要工作内容，他自然也应该对工程保险操作的技术要清楚明白。否则，他应建议业主另外聘请保险顾问公司负责这项业务。监理工程师首先应向业主提交一份高水平的投保建议书，供业主决策参考。这份建议书应在策划风险管理的过程中形成。主要包括：保险计划安排，投保范围，保险参与单位图，保险目标，保险基本原则，投保方式，保险合同的主要条款及建议投保的保险公司等。建议书获业主接受后，即应按计划准备投保资料，办理具体投保事宜，监督保险合同的履行及办理风险索赔事项(图 5-80)。

对于应该由承包商、供应商进行投保的部分，监理工程师要督促他们积极办妥投保，并核查投保计划和实施情况，及时将情况汇报业主（图 5-81)。

需要特别提醒注意的是，决不能因为工程投保而放松风险管理工作。工程保险与风险管理的其他手段是相辅相成的，互为补益的。只有全方位的风险管理，才能将风险及其损失降至最小。另外投保也有个互选问题，保险公司也会从自身的利益出发，认真考察分析投保对象的工程特点、工程环境；对业主、设计单位、承包商、供应商和监理单位的信誉、实力和管理水平，也要进行认真的了解。因为这一些又将成为保险公司的风险，若这些风险过大，保险公司会索要较高的保费，或尽量扩大免赔值，缩小赔偿限额，甚至有的拒绝承保。从这个角度讲，也要认真做好投保后的风险管理工作。

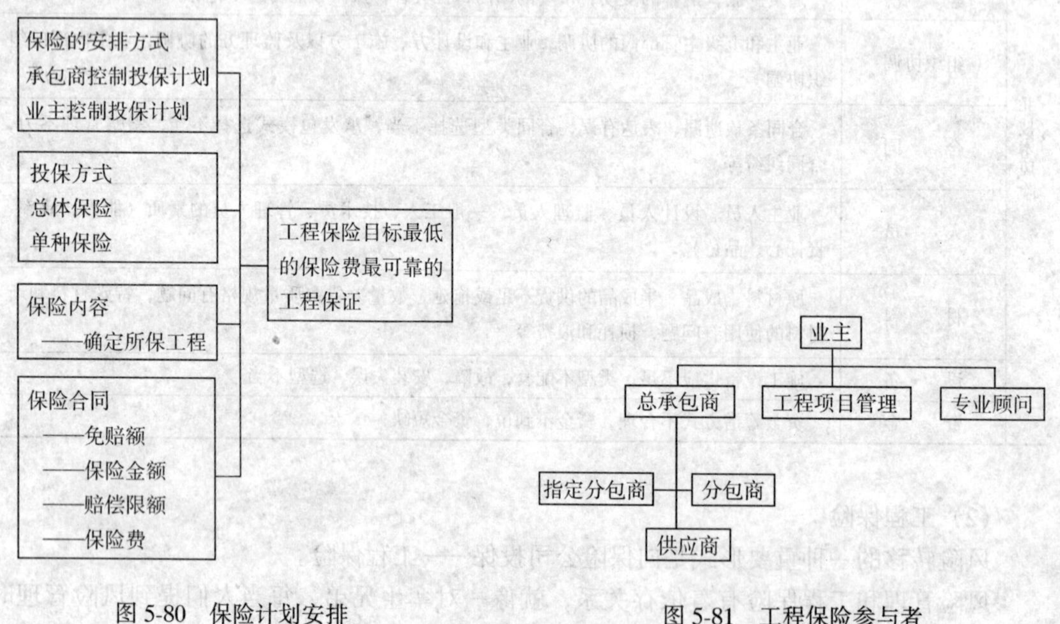

图 5-80　保险计划安排

图 5-81　工程保险参与者

目前在我国建筑行业推广较为普遍的险种有三个：①建筑工程（安装工程）一切险；②人身意外伤害险；③第三者责任险。

一般的投保程序是，首先由投保人递交投保申请，填写投保单，送达保险公司。保险公司对工程技术资料、现场环境及工程实况进行调查核实后，双方商签保险合同，由保险公司签发保险单给顾主保存。保险合同应列明以下主要事项：

（1）被保险人，即保险受益人的权力与义务；

（2）保险范围及保险责任（含除外责任)；

（3）保险金额和赔偿限额；

（4）保费计算标准及支付办法；

（5）保险期限；

（6）赔偿处理；

（7）免赔额；

（8）特别约定；

（9）其他。

由于建筑安装工程的最终所有者是业主，故建筑安装工程一切险和第三者责任险宜以业主名义投保，业主和所有工程参与者均可成为被保险人。

在施工现场除了总承包商外，还有业主指定的分包商和材料设备供应商，他们所使用的机械设备、工具、设施及聘用的劳务和管理人员的有关保险，应由他们自行投保，而业主在现场的雇员及监理工程师的人身意外伤害险应由业主投保。

承建商许诺业主的各种工程承诺和保证亦可向保险公司投保。

一个负责任的、业务水平较高的保险公司，在承保之后，他会经常与投保人及有关项目管理人员保持经常的联系勾通。也会对项目实施的工作提出建议，与投保人共同做好项目风险的管理工作。

第六章 工程项目监理实施细则

第一节　设计阶段监理实施细则

一、设计阶段监理工作的基本内容

设计阶段力求使设计成果最佳的体现建设单位的意图和要求。重点是设计审核及技术经济分析。

（1）让设计人员充分了解建设单位的意图和要求，并融合到设计中去；

（2）分阶段（初步设计、施工图设计等）对图纸进行审核，审核设计单位编制的概算，以建设单位的投资框算为依据，与建设单位、设计单位协商，使总投资合理；

（3）依项目总进度安排，参与设计进度的安排；

（4）协调好设计单位与外部有关单位（如：消防、人防、环保、大市政工程、供水、供电、供热等等）的配合关系；

（5）如属于几家设计的大型项目，监理要协调处理设计单位之间的关系；

（6）按建设意图和要求，依据国家和地方性法规、规范，审查设计文件的规范性、安全性以及施工的可行性。

二、设计阶段监理工作的主要依据

（1）经批准的设计计划任务书；

（2）设计合同；

（3）委托监理合同；

（4）经批准的项目可行性研究报告及项目评估报告；

（5）主管部门核发的建筑用地许可证等相应证明文件；

（6）有关工程建设及质量管理的法律、法规；

（7）有关技术标准、设计规范、规程及设计参数；

（8）有关技术经济指标、定额、费率；

（9）地区地质、气象、地震等自然条件；

（10）其他有关资料。

三、设计阶段质量控制

（一）设计阶段质量控制工作内容（图6－1）

（二）确定设计质量控制目标

1. 总目标应从以下几方面确定：

（1）建筑造型、使用功能、装饰标准等方面满足建设单位的要求；

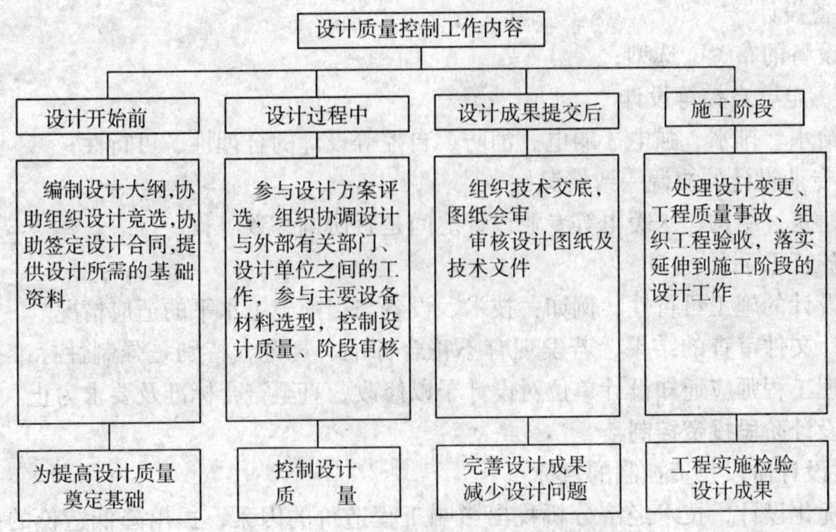

图 6-1 设计阶段质量控制工作内容

(2) 在文件规定、技术规定、设计规范等方面满足城规公用设施、主管部门的规定;

(3) 结构安全;

(4) 经济性好;

(5) 技术先进。

2. 质量目标应做到具体、明确,既有总目标,也有分阶段,分专业的具体目标。

3. 确定的质量目标要在需要与可能之间仔细分析,使标准和投资目标相一致。

4. 要适当留些余地,以适应设计过程中目标调整的可能性。

(三) 设计阶段质量控制方法

为了有效地控制设计质量,在设计过程中定期地审查设计文件并将其与设计质量目标进行对照比较,发现不符要求的就要请设计予以修改。

必须指出,有了监理工程师对设计文件的审查,设计单位本身的校审制度应该更加加强。

1. 建筑设计

设计方案进入正式设计阶段,在建筑造型与立面设计方面效果;

2. 平面设计

包括功能分区平面布置、面积分配、总面积情况;

3. 空间设计

包括层高、空间利用情况等;

4. 装修设计

装修设计标准及协调性,满足业主装修要求情况;

5. 结构设计

核查结构方案的可靠性、安全性、经济性,是否符合强制性标准;

6. 工艺流程设计

审查工艺流程的合理性、可行性、先进性;

7. 设备设计

包括设备的布置、选型;

8. 水、电、自控等设计

包括给水、排水、强电、弱电、消防、自控等设计的合理性、可行性;

9. 各专业设计的协调一致情况

审查建筑、结构、水暖电等专业设计之间是否协调一致等;

10. 施工可行性

审查设计的施工可行性，例如：技术、设备与当前施工水平的适应情况。

对设计文件审查的结果，若发现有不符合标准、规范，特别是强制性标准及要求的地方，监理工程师应通知设计单位对设计予以修改，直至符合标准及要求为止。

四、设计阶段投资控制

(一) 设计阶段投资控制的目标

通过优化设计，技术经济分析找出影响工程造价的因素，提出降低造价的措施，使工程项目在实现功能要求，质量要求的条件下，总投资在计划投资范围内得到控制。

(二) 监理工程师在设计阶段投资控制的职责和任务

1. 优选设计单位

通过设计竞选，选择最优的设计方案，鼓励竞争优选设计单位，促使设计单位采用先进技术，降低工程造价，缩短工期，提高投资效益。因此，在设计招标文件中应对降低工程造价要有明确要求，有相应的降低工程造价的具体措施。

2. 推行限额设计

必须具备下列条件，才能达到限额设计的效果:

(1) 要具有能力对设计概、预算工程造价进行审查;

(2) 能通过技术经济分析确定降低工程造价的主要设计因素;

(3) 明确设计单位限额设计的职责;

(4) 处理好限额设计与其他方面的关系;

(5) 要具备相适应的管理基础。

3. 对初步设计的总图方案及单项设计方案进行评价

通过技术经济指标的计算、比较与分析，在满足设计要求和投资控制的前提下，选取最合理的方案。实践证明好的设计方案，既可满足功能要求，又可节省投资。

4. 审查设计概算和施工图预算

严格审查概算的真实性和准确性。施工图预算不能超过批准的概算，应对概算编制、审批实行严密有效的监督管理。

(三) 限额设计的概念

限额设计是根据已批准的设计任务书及投资估算来控制初步设计；根据已批准的初步设计概算来控制施工图设计。此外各专业在保证达到使用功能的前提下，按分配的投资限额来控制设计，以保证控制在项目总投资限额内。

限额设计并非简单地只考虑节约投资或投资越少越好，而是对项目的功能、规模、标准、工程量等总体的控制与优化。

1. 限额设计的目标

各阶段已批准的设计文件即下一阶段进行限额设计控制的目标。限额设计的投资控制目标，是对设计规模、设计标准、工程数量与概算指标等多方面的控制。

2. 限额设计要贯穿到各个阶段

即从可行性研究、初步勘察、初步设计、详细勘察、技术设计、施工图设计各阶段明确限额目标。

(1) 在初步设计阶段应作多方案比较，特别注意对投资影响大的因素，将任务与规定的投资限额按专业下达设计人员，以控制投资。

(2) 施工图设计必须严格按批准的初步设计确定的原则、范围、内容、项目和投资额进行。当涉及建设规模、产品方案、开拓方案、工艺流程或设计方案的重大变更时，原初步设计已经失去指导施工图设计的意义，则必须重新编制或修改初步设计文件。随着初步设计的重编和修改，要另行编制修改初步设计的概算报原审查单位审批。投资控制额即以批准的修改初步设计概算额为准。

(3) 当在必须变更设计时，则变更发生得越早，损失越小。如果在设计阶段变更，只须修改图纸，其他费用尚未发生，损失有限；要建立相应设计管理制度，尽可能把设计变更控制在设计阶段，对影响工程造价的重大设计变更，更要用先算账后变更的办法解决，使工程造价得到有效控制。

(4) 在限额设计中树立动态管理的观念。为了在工程建设过程中体现物价指数变化引起的价差因素影响，应当在设计概算中引入“原值”、“现值”、“终值”三个不同的概念。原值是指在编制估算、概算时，根据当时价格预计的工程造价，不包括价差因素。现值是指在工程批准开工年份，按当时的价格指数对原值进行调整后的工程造价，为包括以后年度的价差。终值是指工程开工后分年度投资各自产生的不同价差叠加到现值中去算得的工程造价。为了排除价格上涨对限额设计的影响，限额设计指标均以原值为准，设计概算、预算的计算均采用投资估算或造价指标所依据的同年份的价格。

3. 明确责任

为加强设计单位与建设单位以及设计单位内部的经济责任制，要正确处理责权利三者之间的有机关系，其核心是责任。必须明确设计单位内部各专业科室对限额设计所负的责任。要建立设计部门内各专业投资分配考核制。设计开始前按照设计过程的估算、概算、预算不同阶段，将工程投资按专业进行分配，分段考核。

在明确设计单位对限额设计承担的责任范围；但由于国家政策变动等因素导致项目投资的增加，设计单位为承担限额设计的责任。此外，为实施限额设计要制定出，对设计单位节约投资的奖励和由于设计错误导致投资超支的罚则。

(四) 监理工程师对单位工程设计概算的审查内容

1. 审查概算编制采用的《概算定额》或《概算指标》和各项取费标准是否遵守国家或地区的规定。

2. 审查概算文件

审查概算文件是指审查设计文件所包括的设计内容是否完整，设计项目有无遗漏或多列，工程项目是否按照设计要求确定；审查总图布置是否紧凑合理是否符合生产或生活需要；审查总图占地面积是否与规划指标相符，在规划局批准的建筑红线范围内。

3. 审查概算编制方法、项目工程量和单价审查概算编制方法及计算表、工程量计算方法和采用定额单价是否正确，工程项目有否漏项或余项。

4. 审查概算单位造价和技术经济指标

审查概算中的单位造价或概算指标基价的单位造价，将其与已建工程类似预算的单位造价，或国家颁发的控制指标进行比较，检查是否符合。同时，审查概算技术经济指标有无错误，是否符合。同时，审查概算技术经济指标有无错误，是否合理或超过国家控制数字。通常可按与同类工程的技术经济指标作对比，查找分析有差别的原因。

（五）监理工程师对单位工程概算审查的步骤

1. 掌握数据和收集资料

根据项目可行性研究报告，设计任务书，了解建设项目的建设规模、设计能力、工艺流程自身建设条件及外部配合条件等。在审查前要弄清设计概算编制的依据、组成内容和编制方法，收集概算定额、概算指标、综合预算额、现行费用标准和其他有关文件资料等。

2. 分析技术经济指标

在调查研究掌握数据资料的基础上，利用概算定额、概算指标或有关的其他技术经济指标，与已建同类型设计概算进行对比分析（如设计概算的占地面积、建筑面积、结构类型、建设条件、投资比例、生产规模、造价指标，费用构成等方面，与已建同类型工程的概算作分析对比）。

3. 进行审查

监理工程师对概算审查着重于建设项目在技术可行、功能有效基础上的经济合理，应与项目的计划投资相符。

4. 整理资料

对已通过审查的工程项目设计概算，要进行认真的收集和整理，以便积累有关数据及技术经济指标资料，为今后修订概算定额、概算指标和审查同类型工程设计概算，提供有效的参考数据。

（六）监理工程师对单位工程概算审查的方法

审查设计概算时，应根据工程项目的投资规模、工程类型性质、结构复杂程度和概算编制质量，来确定审查方法。

1. 对定额单价和取费标准进行逐项审查

在概算表中，只简要地对各分部分项工程的单价和取费标准，进行逐项地审查，审查其定额单价和取费标准的选用是否恰当。

2. 对定额单价、工程量和取费标准进行全面审查

在概算表中，对各分部分项工程的单价、工程量和取费率进行全面审查，如发现问题，及时进行修正。

3、对某些概算价值较大、工程量数值大而计算又复杂、或单价需换算的分部分项工程项目，应进行全面的审查，其他一般的分项工程项目就不必审查。

4. 参考有关技术经济指标的简略审查

参照已建工程的有关技术经济指标，对各分项工程量进行核对比较，如发现有超过指标幅度较多时，则应对其进行重点审查。

5. 利用国家规定的造价指标审查

附：建设项目概（预）算费的构成

建筑安装工程费用是国家确定建设项目投资的重要组成部分。为适应建筑业和基本建设管理体制改革的要求，有利于合理确定工程造价，国家计委和建设银行于1985年制定了“建筑安装工程费用项目划分暂行规定”，统一了工程费用项目的内容，明确建筑安装工程费由直接费、间接费、法定利润（从1988年起按国家规定，将技术装备费和法定利润合并改为计划利润）和税金四个部分组成。

近年来，随着经济体制改革的深入发展，不少地区在制订定额和费用标准时，虽然工程费用的划分作了综合归并简化，但就其具体内容，基本上并没有多大变化。建筑安装造价由直接费、间接费、计划利润和税金四部分组成（表6-1）。

建筑安装工程费用（造价）组成表 表6-1

<table>
<tr><td colspan="2">直 接 费</td><td>1. 人工费
2. 材料费
3. 施工机械使用费
4. 其他直接费</td><td>1. 冬、雨期施工增加费
2. 夜间施工增加费
3. 流动施工津贴
4. 材料二次搬运费
5. 其他（特殊地区、特殊工程）等</td></tr>
<tr><td rowspan="2">间
接
费</td><td>施工管理费</td><td>1. 工作人员工资
2. 工作人员工资附加费
3. 工作人员劳动保护费
4. 职工教育经费
5. 办公费</td><td>6. 差旅交通费
7. 固定资产使用费
8. 行政工具用具使用费
9. 利息
10. 其他费用</td></tr>
<tr><td>其他间接费</td><td>1. 临时设施费
2. 劳动保险基金</td><td></td></tr>
<tr><td colspan="2">计划利润</td><td></td><td></td></tr>
<tr><td colspan="2">税 金</td><td></td><td></td></tr>
</table>

五、设计阶段进度目标控制

（一）设计进度控制的主要工作

1. 确定进度计划：监理工程师要会同设计负责人依据以下内容安排初步设计、技术设计、施工图设计完成的时间。

（1）工程项目的规划要求和总工期要求；

（2）工程勘察设计合同规定的设计总工期、开始日期、完成日期；

（3）施工图设计的工期规定，出图日期要求；

（4）设计单位的人员配备情况。

2. 审查和批准设计单位提交的设计总进度计划、各阶段的出图计划、现金流量计划及变更计划。

3. 在勘察设计过程中，检查和督促计划的实施。确保按合同规定的期限提交初步设计、技术设计和施工图设计各阶段的设计图纸、概（预）算文件；

4. 定期向建设单位汇报设计工作进展情况、存在的问题及解决存在问题的建议，供建设单位做出决定。

（二）设计进度计划的主要内容

在工程勘察设计合同签订后的规定时间内，设计单位应书面提交以下文件：

(1) 工程设计总体进度计划，以及设计各阶段和重点工作设计的进度计划；

(2) 有关设计方案和总体设想的总说明；

(3) 分年度设计进度计划以及分项工程的设计进度计划，出图计划；

(4) 有关年度、月度的现金流量估算；

(5) 各阶段所需要配备的人力和资源数量。

（三）进度计划的审批

监理工程师在设计单位提交设计进度计划后，应组织有关人员进行审查，并应在合同规定的或监理工程师与设计单位协商的合理时间内审查和批复进度计划。

(1) 按定额工期及设计经验审查进度计划的总工期安排的合理性；

(2) 审查总工期与勘察设计合同，与项目总进度安排（含施工工期）符合性；

(3) 工程任务量与安排的设计人员、设备是否适应。

（四）进度控制的措施

1. 进行进度计划的目标分解，可按勘察、初步设计、技术设计和施工图设计等阶段分解计划的目标，确定各自的工期目标；也可按设计年度分解各年度的进度目标等。

2. 利用工程勘察设计合同和监理服务合同所赋予监理工程师的权力，督促设计单位按期完成设计任务。

3. 按合同规定的期限对设计单位完成的任务量进行检查、验收、签发支付证书。

4. 督促建设单位按时支付设计单位的工程设计款。

六、《设计要求》文件参考内容（以民用公共建筑为例）

（一）编制的依据

1. 批准的可行性研究报告；

2. 批准的设计任务书；

3. 批准的选址报告；

4. 建筑场地的工程地质勘察报告。

（二）技术经济指标

1. 建筑物的面积指标（总面积及组成部分的面积分配）；

2. 总投资控制及投资分配；

3. 单位面积的造价控制。

（三）有关城市规划方面的要求

1. 建筑红线范围（四角坐标）及后退红线的要求；

2. 建筑高度、层数及道路中心的仰角要求；

3. 建筑体型、景观及环境的要求；

4. 占地系数、绿化系数、容积率的要求；

5. 防火间距及消防通道；

6. 主要及次要出入口与城市道路的关系；

7. 日照、通风、朝向；
8. 对污染、噪声、粉尘等环境保护的要求；
9. 停车场与车库面积；
10. 对市政、燃气、热力、给排水、电力、电信等管线的布置要求。
(四) 有关建筑的造型及立面的构图要求
1. 建筑物的风格、共性与个性；
2. 建筑群体与个性的体形组合；
3. 建筑的立面构图、比例与尺度；
4. 建筑物视线焦点部位的重点处理要求；
5. 外装修的材料质感与色彩。
(五) 有关使用空间设计方面的要求
1. 使用空间的平、剖面形状及组成；
2. 使用空间的尺度、空间感；
3. 使用空间的序列、导向、围护；
4. 使用空间的合理利用的要求。
(六) 平面布局的要求
1. 各组成部分的面积比例及使用功能要求；
2. 各使用部分的联系与分隔要求；
3. 水平与垂直交通的布置与选型要求；
4. 出入口布置要求；
5. 防火、防烟、安全疏散及消防要求；
6. 人防的设置；
7. 辅助用房的设置：如燃气、热力、给排水、电力、电信等专业机房及管井的要求。
(七) 建筑剖面的要求
1. 建筑标准层高的要求；
2. 对有特殊使用要求的层高确定；
3. 建筑地上、地下高度满足规划及防火要求。
(八) 室内装修的设计要求
1. 一般用房的内装修要求；
2. 重点公共用房的要求；
3. 对有特殊使用要求的内装修。
(九) 有关结构设计要求
1. 主体结构体系的选择；
2. 对地基基础的设计要求；
3. 有关抗地震结构的设计要求；
4. 有关人防和特种结构的设计要求；
5. 有关结构设计的主要参数的确定。
(十) 设备设计要求
1. 有关燃气设置、调压站及管网的要求；

2. 给水系统（饮用水、生活热水、设备用水、消防用水）的水量及系统和设备；

3. 生活污水系统：中水处理；化粪池等；

4. 空调系统：空调季节、冷源、冷量、空调方式、控制方式、冬季采暖方式；

5. 电气系统：电源及用电负荷、变配电室、高低压设备、备用电源、电梯、防雷等；

6. 电信系统：电话、电传、有线广播、闭路电视、治安电视监视、声像系统、对讲系统、自控系统等。

（十一）消防设计要求

1. 消防等级的要求；

2. 消防指挥中心；

3. 自动报警系统；

4. 防火及防烟分区；

5. 安全疏散、疏散口数量、位置、距离、疏散时间；

6. 防火材料、设备及器材的要求。

第二节　施工阶段监理实施细则

工程建设监理的中心任务是建设监理企业协助建设单位实现项目总目标。总目标的实现是一个系统过程。在项目实施过程中，时间消耗最长、人力和物力投入最大的阶段是施工阶段。相应监理企业投入的监理人员也是最多的。监理企业在接受监理任务委托之后，为了全面安排和指导现场监理组织有效地开展监理工作，在总监理工程师的领导下首先编制了工程项目监理规划，作为项目监理组织全面开展监理工作的纲领性文件。在此基础上，当落实了各专业监理的责任和工作内容之后，由专业监理工程师针对项目的具体情况制定出更具有实施性和可操作性的业务文件。它的作用是具体指导监理业务的开展，这就是工程项目监理实施细则。

项目监理大纲、监理规划、监理实施细则是相互关联的，它们之间存在着明显的依据性关系；在编写项目监理规划时，要根据监理大纲的有关内容来编写；在制定项目监理实施细则时，要在监理规划的指导下进行。

监理大纲、监理规划、监理实施细则之间的比较见表 6-2

监理大纲、监理规划、监理实施细则的比较　　**表 6-2**

	编制对象	编制时间和作用	内容		
			为什么做	做什么	如何做
监理大纲	项目整体	在监理招标阶段编制的，目的是获得监理任务	√	○	
监理规划	项目整体	在监理委托合同签订后制订，目的是指导项目监理工作，起“初步设计”作用	○	√	√
监理实施细则	某项专业监理工作	在完善项目监理组织，落实监理责任后制订，目的是具体指导各项监理工作的开展，起“施工图设计”的作用		○	√

注：√表示重点；○表示一般。

根据《建设工程监理规范》中规定的监理规划与监理实施细则的比较，见表6-3所列。

监理规划与监理实施细则比较　　表6-3

要点＼名称	监理规划	监理实施细则
一、编制时间	在签订委托监理合同及收到设计文件后开始编制并应在召开第一次工地会议前报送建设单位	在相应工程施工开始前编制完成。
二、编制人	应由总监理工程师主持、专业监理工程师参加编制	应由专业监理工程师编制
三、批准人	必须经监理单位技术负责人审核批准	必须经总监理工程师批准
四、目的、作用	是监理工作的纲领性文件，指导监理企业内部自身业务工作的功能作用。 应针对项目的实际情况，明确项目监理机构的工作目标，确定具体的监理工作制度、程序、方法和措施、并应具有可操作性。	在完善项目监理组织，落实监理责任后制订，目的是具体指导实施各项监理专业作业。 对中型及以上或专业性较强的工程项目，项目监理机构应编制监理实施细则。应符合监理规划的要求，并应结合工程项目的专业特点，做到详细具体、具有可操作性。
五、编制依据	1. 建设工程的相关法律、法规及项目审批文件； 2. 与建设工程项目有关的标准、设计文件、技术资料； 3. 委托监理合同文件以及与建设工程项目相关的合同文件。	1. 已批准的监理规划； 2. 与专业工程相关的标准、设计文件和技术资料； 3. 施工组织设计。

《建设工程监理规范》规定监理实施细则应包括下列主要内容：

1. 专业工程的特点；
2. 监理工作的流程；
3. 监理工作的控制要点及目标值；
4. 监理工作的方法及措施。

在监理工作实施过程中，监理实施细则应根据实际情况进行补充、修改和完善。

在施工阶段监理企业依据合同对承包单位进行监督管理，其主要工作是控制工程建设的投资、建设工期、工程质量、进行工程建设合同管理，协调有关单位间的工作关系。现场监理组织为了完成好建设单位委托的监理任务，当接受委托任务后，首先在总监领导下编制了监理规划，在监理规划中已就合同管理、进度控制、投资控制、质量控制的工作内容，作了明确的表述。就这几方面的工作而言，专业性最强、涉及的工作内容最多的是质量控制，监理工程师不仅应掌握专业理论，还要熟悉设计、施工的规范，熟悉标准，应有丰富的实践经验。本手册的前面部分已就合同管理、进度控制、投资控制的内容和方法已作了详细的陈述，本章重点陈述质量控制实施细则，是根据 2002 年建设部、国家质量监督检验检疫总局联合发布的中华人民共和国国家标准（GB）中工程施工质量验收规范的主要部分及结合工程实践经验，归纳各主要分部、分项工程的质量控制要点、质量检验标准等，供专业监理工程师在编写监理实施细则时参考。

一、土方工程

(一) 土方开挖

1. 临时性挖方的边坡值应符合表 6-4 的规定。

临时性挖方边坡值　　**表 6-4**

土的类别		边坡值（高:宽）
砂土（不包括细砂、粉砂）		1:1.25～1:1.50
一般性黏土	硬	1:0.75～1:1.00
	硬、塑	1:1.00～1:1.25
	软	1:1.50 或更缓
碎石类土	充填坚硬、硬塑黏性土	1:0.50～1:1.00
	充填砂土	1:1.00～1:1.50

注：1. 设计有要求时，应符合设计标准。
2. 如采用降水或其他加固措施，可不受本表限制，但应计算复核。
3. 开挖深度，对软土不应超过 4m，对硬土不应超过 8m。

2. 土方开挖工程的质量检验标准应符合表 6-5 的规定。

土方开挖工程质量检验标准（mm）　　**表 6-5**

项	序	项目	允许偏差或允许值					检验方法
			柱基基坑基槽	挖方场地平整		管沟	地（路）面基层	
				人工	机械			
主控项目	1	标高	−50	±30	±50	−50	−50	水准仪
	2	长度、宽度（由设计中心线向两边量）	+200 −50	+300 −100	+500 −150	+100	−	经纬仪，用钢尺量
	3	边坡	设计要求					观察或用坡度尺检查
一般项目	1	表面平整度	20	20	50	20	20	用 2m 靠尺和楔形塞尺检查
	2	基底土性	设计要求					观察或土样分析

注：地（路）面基层的偏差只适用于直接在挖、填方上做地（路）面的基层。

(二) 土方回填

1. 填方施工过程中应检查排水措施，每层填筑厚度、含水量控制、压实程度。填筑厚度及压实遍数应根据土质、压实系数及所用机具确定，如无试验依据，应符合表 6-6 的规定。

填土施工时的分层厚度及压实遍数　　表 6-6

压实机具	分层厚度（mm）	每层压实遍数
平碾	250～300	6～8
振动压实机	250～350	3～4
柴油打夯机	200～250	3～4
人工打夯	<200	3～4

2. 填方施工结束后，应检查标高、边坡坡度、压实程度等，检验标准应符合表 6-7 的规定。

填土工程质量检验标准（mm）　　表 6-7

<table>
<tr><th rowspan="3">项</th><th rowspan="3">序</th><th rowspan="3">检查项目</th><th colspan="5">允许偏差或允许值</th><th rowspan="3">检查方法</th></tr>
<tr><th rowspan="2">桩基基坑基槽</th><th colspan="2">场地平整</th><th rowspan="2">管沟</th><th rowspan="2">地（路）面基础层</th></tr>
<tr><th>人工</th><th>机械</th></tr>
<tr><td rowspan="2">主控项目</td><td>1</td><td>标高</td><td>－50</td><td>±30</td><td>±50</td><td>－50</td><td>－50</td><td>水准仪</td></tr>
<tr><td>2</td><td>分层压实系数</td><td colspan="5">设计要求</td><td>按规定方法</td></tr>
<tr><td rowspan="3">一般项目</td><td>1</td><td>回填土料</td><td colspan="5">设计要求</td><td>取样检查或直观鉴别</td></tr>
<tr><td>2</td><td>分层厚度及含水量</td><td colspan="5">设计要求</td><td>水准仪及抽样检查</td></tr>
<tr><td>3</td><td>表面平整度</td><td>20</td><td>20</td><td>30</td><td>20</td><td>20</td><td>用靠尺或水准仪</td></tr>
</table>

（三）基坑土方开挖

1. 土方开挖的顺序、方法必须与设计情况相一致，并遵循"开槽支撑，先撑后挖，分层开挖，严禁超挖"的原则。

2. 基坑（槽）、管沟土方工程验收必须确保支护结构安全和周围环境安全为前提。当设计有指标时，以设计要求为依据，如无设计指标时，应按表 6-8 的规定执行。

基坑变形的监控值（cm） 表 6-8

基坑类别	围护结构墙顶位移监控值	围护结构墙体最大位移监控值	地面最大沉降监控值
一级基坑	3	5	3
二级基坑	6	8	6
三级基坑	8	10	10

注：1. 符合下列情况之一，为一级基坑：

1）重要工程或支护结构做主体结构的一部分；

2）开挖深度大于 10m；

3）与邻近建筑物、重要设施的距离在开挖深度以内的基坑；

4）基坑范围内有历史文物、近代优秀建筑、重要管线等需严加保护的基坑。

2. 三级基坑为开挖深度小于 7m，且周围环境无特别要求时的基坑。

3. 除一级和三级外的基坑属二级基坑。

4. 当周围已有的设施有特殊要求时，尚应符合这些要求。

（四）土方人工挖土中应注意的质量问题

1. 基底超挖：开挖基坑（槽）或管沟不得超过基底标高，如个别地方超挖时，其处理方法应取得设计单位的同意；

2. 软土地区桩基挖土应注意的问题：在密集群桩上开挖基坑时，应在打桩完成后间隔一段时间，再对称挖土。在密集桩附近开挖基坑（槽）时，应采取措施防止桩基位移；

3. 基底未保护：基坑（槽）开挖后，应尽量减少对基土的扰动。如基础不能及时施工时，可在基底标高以上留 0.3m 厚土层，待作基础时再挖；

4. 施工顺序不合理：土方开挖宜先从低处开始，分层分段依次进行，形成一定坡度，以利排水；

5. 开挖尺寸不足：基坑（槽）或管沟底部的开挖宽度，除结构宽度外，应根据施工需要增加工作面宽度，如排水设施、支撑结构所需宽度；

6. 基坑（槽）或管沟边坡不直不平、基底不平：应加强检查，随挖随修，并要认真验收。

（五）人工回填土应注意的质量问题

1. 未按要求测定土的干土质量密度：回填土每层都应测定夯实后的干土质量密度，检验其密实度，符合设计要求才能铺摊上层土。试验报告要注明土料种类、要求干土质量密度、试验日期、试验结论及试验人员签字。未达到设计要求的部位应有处理方法和复验结果。

2. 回填土下沉：因虚铺土超过规定厚度或冬期施工时有较大冻土块，或夯实不够遍数，甚至漏夯，坑（槽）底杂物或落土清理不干净，以及冬期作散水，施工用水渗入垫层中，受冻膨胀等造成。这些问题均应在施工中认真执行规范规定，发现后及时纠正。

3. 管道下部夯填不实：管道下部应按要求填夯回填土，如果漏夯或夯不实会造成管道下方空虚，造成管道折断而渗漏。

4. 回填土夯压不密实：应在夯压前对干土适当洒水加以润湿；回填土太湿，同样夯压不密实，呈“橡皮土”现象，这时应挖出换土重填。

(六) 机械挖土应注意的质量问题

1. 基底超挖：开挖基坑（槽）、管沟不得超过基底标高，如个别地方超挖时，其处理方法应取得设计单位的同意。

2. 基底未保护：基坑（槽）开挖后应尽量减少对基土的扰动。如果基础不能及时施工时，可在基底标高以上预留 30cm 土层不挖，待做基础时再挖。

3. 施工顺序不合理：应严格按施工方案规定的施工顺序进行开挖土方，应注意宜先从低处开挖，分层、分段依次进行，形成一定坡度，以利排水。

4. 施工机械下沉：施工时必须了解土质和地下水位情况。推土机、铲土机一般需要在地下水位 0.5m 以上推铲土；挖土机一般需在地下水位 0.8m 以上挖土，以防机械自身下沉。正铲挖土机挖方的台阶高度，不得超过最大挖掘高度的 1.2 倍。

5. 开挖尺寸不足，边坡过陡：基坑（槽）或管沟底部的开挖宽度和坡度，除应考虑结构尺寸要求外，应根据施工需要增加工作面宽度，如排水设施、支撑结构等所需宽度。

(七) 机械回填土应注意的质量问题

1. 未按要求测定土的干土质量密度：回填土每层都应测定压实后的干土质量密度，检验其密实度，符合设计要求后才能铺摊上层土。试验报告要注明土料种类、试验日期、试验结论及试验人员签字。未达到设计要求部位应有处理方法和复验结果。

2. 回填土下沉：因虚铺土超过规定厚度或冬期施工时有较大的冻土块，或压实不够遍数，甚至漏压，坑（槽）底有机物或落土等杂物清理不彻底等造成。这些问题均应在施工中认真执行规范规定，检查发现后及时纠正。

3. 回填土夯压不密实：应在夯压前对干土适当洒水加以润湿；对湿土造成的“橡皮土”要挖出换土重填。

4. 在地形、工程地质复杂地区内的填土，且对填土密实度要求较高时，应采取措施(如排水暗沟、护坡等)，以防填方土粒流失，造成不均匀下沉和坍塌等事故。

5. 填方基土为杂填土时，应按设计要求加固地基，并应妥善处理基底的软硬点、空隙、旧基、暗塘等。

6. 回填管沟时，为防止管道中心线位移或损坏管道，应用人工先在管子周围填土夯实，并应从管道两边同时进行，直至管顶 0.5m 以上，在不损坏管道的情况下，可采用机械回填和压实。

在抹带接口处、防腐绝缘层或电缆周围，应使用细粒土料回填。

7. 填方应按设计要求预留沉降量，如设计无要求时，可根据工程性质、填方高度、填料种类、密实要求和地基情况等与建设单位共同确定（沉降量一般不超过填方高度的 3%）。

二、地基与基础工程

(一) 一般规定

1. 对灰土地基、砂和砂石地基、土工合成材料地基、粉煤灰地基、强夯地基、注浆地基、预压地基，其竣工后的结果（地基强度或承载力）必须达到设计要求的标准。检验数量，每单位工程不应少于3点，1000m^{2}以上工程，每100m^{2}至少应有1点，3000m^{2}以上工程，每300m^{2}至少应有1点。每一独立基础下至少应有1点，基槽每20延米应有1点。

2. 对水泥土搅拌桩复合地基、高压喷射注浆桩复合地基、砂桩地基、振冲桩复合地基、土和灰土挤密桩复合地基、水泥粉煤灰碎石桩复合地基及夯实水泥土桩复合地基，其承载力检验，数量为总数的0.5%～1%，但不应少于3处。有单桩强度检验要求时，数量为总数的0.5%～1%，但不应少于3根。

（二）灰土地基

1. 灰土的土料宜用黏土、粉质黏土，严禁采用冻土、膨胀土和盐渍土等活动性较强的土料。

2. 验槽发现有软弱土层或孔穴时，应挖除并用素土或灰土分层填实。最优含水量可通过击实试验确定。分层厚度可参考表6-9所示数值。

灰土最大虚铺厚度 **表6-9**

序	夯实机具	质量(t)	厚度(mm)	备注
1	石夯、木夯	0.04～0.08	200～250	人力送夯，落距400～500mm，每夯搭接半夯
2	轻型夯实机械	—	200～250	蛙式或柴油打夯机
3	压路机	机重6～10	200～300	双轮

3. 灰土地基施工应注意的质量问题

（1）未按要求测定干土质量密度：灰土施工时，每层都应测定夯实后的干土质量密度，检验其密实度，符合设计要求后才能铺摊上层灰土，并应在试验报告中注明土料种类、配合比、试验日期、结论、试验人员签字。未达到设计要求的部位，均应有处理方法和复验结果。

（2）石灰熟化不良：没有认真过筛，颗粒过大，造成颗粒遇水熟化时体积膨胀，将上部结构或垫层拱裂，务必认真对待石灰熟化工作，严格按要求过筛。

（3）房心灰土表面平整度偏差过大，致使地面混凝土垫层过厚或过薄，造成地面开裂、空鼓，应认真检查灰土表面标高和平整度，防止造成返工损失。

（4）雨、冬期不宜做灰土工程，否则应编好分项施工方案；施工时应严格执行技术措施，避免造成灰土水泡、冻胀等返工事故。

（三）砂和砂石地基

1. 原材料宜用中砂、粗砂、砾砂、碎石（卵石）、石屑。细砂应同时掺入25%～35%碎石或卵石。

2. 砂和砂石地基每层铺筑厚度及最优含水量可参考表6-10所示数值。

砂和砂石地基每层铺筑厚度及最优含水量　**表 6-10**

序	压实方法	每层铺筑厚度（mm）	施工时的最优含水量（%）	施 工 说 明	备 注
1	平振法	200～250	15～20	用平板式振捣器往复振捣	不宜使用干细砂或含泥量较大的砂所铺筑的砂地基
2	插振法	振捣器插入深度	饱和	（1）用插入式振捣器； （2）插入点间距可根据机械振幅大小决定； （3）不应插至下卧黏性土层； (4)插入振捣完毕后，所留的孔洞，应用砂填实	不宜使用细砂或含泥量较大的砂所铺筑的砂地基
3	水撼法	250	饱和	（1）注水高度应超过每次铺筑面层； （2）用钢叉摇撼捣实插入点间距为100mm； （3）钢叉分四齿，齿的间距 80mm，长300mm，木柄长 90mm	
4	夯实法	150～200	8～12	（1）用木夯或机械夯； （2）木夯重 40kg，落距 400～500mm； （3）一夯压半夯全面夯实	
5	碾压法	250～350	8～12	6～12t 压路机往复碾压	适用于大面积施工的砂和砂石地基

注：在地下水位以下的地基其最下层的铺筑厚度可比上表增加 50mm。

3. 砂石地基应注意的质量问题

（1）大面积下沉：主要原因是未严格按要求施工，分层过厚，辗压遍数不够，洒水不足等。

（2）局部下沉：边缘和转角处夯压不实，留接槎未按规定搭接和夯实。

（3）级配不良：应配专人及时处理砂窝、石堆等问题，做到砂石级配良好。

（4）在地下水位以下的地基，其最下层的铺筑砂石厚度可增加 50mm。

（5）密实度不符合要求：坚持分层检查砂石地基的质量，每层纯砂检查点的干砂质量密度必须符合规定，否则不能进行上层的施工。

（6）砂石垫层厚度不宜小于 100mm，冻结的天然砂石不得使用。

（四）桩基础

1. 一般规定

（1）桩位的放样允许偏差如下：

群桩　　　20mm；

单排桩　　10mm。

（2）桩基工程的桩位验收，除设计有规定外，应按下述要求进行：

①当桩顶设计标高与施工场地标高相同时，或桩基施工结束后，有可能对桩位进行检查时，桩基工程的验收应在施工结束后进行。

②当桩顶设计标高低于施工场地标高，送桩后无法对桩位进行检查时，对打入桩可在每根桩桩顶沉至场地标高时，进行中间验收，待全部桩施工结束，承台或底板开挖到设计标高后，再做最终验收。对灌注桩可对护筒位置做中间验收。

(3) 打(压)入桩(预制混凝土方桩、先张法预应力管桩、钢桩)的桩位偏差，必须符合表6-11的规定。斜桩倾斜度的偏差不得大于倾斜角正切值的15%（倾斜角系桩的纵向中心线与铅垂线间夹角)。

预制桩（钢桩）桩位的允许偏着（mm）　　表6-11

序	项　目	允 许 偏 差
1	盖有基础梁的桩： （1）垂直基础梁的中心线 （2）沿基础梁的中心线	 100+0.01H 150+0.01H
2	桩数为1～3根桩基中的桩	100
3	桩数为4～16根桩基中的桩	1/2桩径或边长
4	桩数大于16根桩基中的桩： （1）最外边的桩 （2）中间桩	 1/3桩径或边长 1/2桩径或边长

注：H为施工现场地面标高与桩顶设计标高的距离。

(4) 灌注桩的桩位偏差必须符合表6-12的规定，桩顶标高至少要比设计标高高出0.5m，桩底清孔质量按不同的成桩工艺有不同的要求，应按本章的各节要求执行。每浇注$50m^3$必须有1组试件，小于$50m^3$的桩，每根桩必须有1组试件。

灌注桩的平面位置和垂直度的允许偏差　　表6-12

序	成 孔 方 法		桩径允许偏差（mm）	垂直度允许偏差（%）	桩位允许偏差（mm）	
					1～3根、单排桩基垂直于中心线方向和群桩基础的边桩	条形桩基沿中心线方向和群桩基础的中间桩
1	泥浆护壁钻孔桩	D≤1000mm	±50	<1	D/6，且不大于100	D/4，且不大于150
		D>1000mm	±50		100+0.01H	150+0.01H
2	套管成孔灌注桩	D≤500mm	-20	<1	70	150
		D>500mm			100	150
3	干成孔灌注桩		-20	<1	70	150
4	人工挖孔桩	混凝土护壁	+50	<0.5	50	150
		钢套管护壁	+50	<1	100	200

注：1.桩径允许偏差的负值是指个别断面。

2.采用复打、反插法施工的桩，其桩径允许偏差不受上表限制。

3.H为施工现场地面标高与桩顶设计标高的距离，D为设计桩径。

(5) 工程桩应进行承载力检验。对于地基基础设计等级为甲级或地质条件复杂，成桩质量可靠性低的灌注桩，应采用静载荷试验的方法进行检验，检验桩数不应少于总数的1%，且不应少于3根，当总桩数小于50根时，不应少于2根。

(6) 桩身质量应进行检验。对设计等级为甲级或地质条件复杂，成检质量可靠性低的灌注桩，抽检数量不应少于总数的30%，且不应少于20根；其他桩基工程的抽检数量不应少于总数的20%，且不应少于10根；对混凝土预制桩及地下水位以上且终孔后经过核验的灌注桩，检验数量不应少于总桩数的10%，且不得少于10根。每个柱子承台下不得少于1根。

(7) 对砂、石子、钢材、水泥等原材料的质量、检验项目、批量和检验方法，应符合国家现行标准的规定。

(8) 除 (5)、(6) 条规定的主控项目外，其他主控项目应全部检查，对一般项目，除已明确规定外，其他可按20%抽查，但混凝土灌注桩应全部检查。

2. 钢筋混凝土预制桩

(1) 桩在现场预制时，应对原材料、钢筋骨架（见表6-13)、混凝土强度进行检查；采用工厂生产的成品桩时，桩进场后应进行外观及尺寸检查。

(2) 施工中应对桩体垂直度、沉桩情况、桩顶完整状况、接桩质量等进行检查，对电焊接桩，重要工程应做10%的焊缝探伤检查。

(3) 施工结束后，应对承载力及桩体质量做检验。

(4) 对长桩或总锤击数超过500击的锤击桩，应符合桩体强度及28d龄期的两项条件才能锤击。

(5) 钢筋混凝土预制桩的质量检验标准应符合表6-14的规定。

预制桩钢筋骨架质量检验标准 (mm)　　**表 6-13**

项	序	检查项目	允许偏差或允许值	检查方法
主控项目	1	主筋距桩顶距离	±5	用钢尺量
	2	多节桩锚固钢筋位置	5	用钢尺量
	3	多节桩预埋铁件	±3	用钢尺量
	4	主筋保护层厚度	±5	用钢尺量
一般项目	1	主筋间距	±5	用钢尺量
	2	桩尖中心线	10	用钢尺量
	3	箍筋间距	±20	用钢尺量
	4	桩顶钢筋网片	±10	用钢尺量
	5	多节桩锚固钢筋长度	±10	用钢尺量

钢筋混凝土预制桩的质量检验标准　　表 6-14

项	序	检 查 项 目	允许偏差或允许值		检 查 方 法
			单位	数值	
主控项目	1	桩体质量检验	按基桩检测技术规范		按基桩检测技术规范
	2	桩位偏差	见表 6-11		用钢尺量
	3	承载力	按基桩检测技术规范		按基桩检测技术规范
一般项目	1	砂、石、水泥、钢材等原材料(现场预制时)	符合设计要求		查出厂质保文件或抽样送检
	2	混凝土配合比及强度(现场预制时)	符合设计要求		检查称量及查试块记录
	3	成品桩外形	表面平整,颜色均匀,掉角深度＜10mm,蜂窝面积小于总面积0.5%		直观
	4	成品桩裂缝（收缩裂缝或起吊、装运、堆放引起的裂缝）	深度＜20mm，宽度＜0.25mm，横向裂缝不超过边长的一半		裂缝测定仪，该项在地下水有侵蚀地区及锤击数超过 500 击的长桩不适用
	5	成品桩尺寸：横截面边长 桩顶对角线差 桩尖中心线 桩身弯曲矢高 桩顶平整度	mm mm mm mm mm	±5 ＜10 ＜10 ＜l/1000 ＜2	用钢尺量 用钢尺量 用钢尺量 用钢尺量，l 为桩长 用水平尺量
	6	电焊接桩：焊缝质量 电焊结束后停歇时间 上下节平面偏差 节点弯曲矢高	见表 6-15 min mm mm	 ＞1.0 ＜10 ＜l/1000	见表 6-15 秒表测定 用钢尺量 用钢尺量，l 为两节桩长
	7	硫磺胶泥接桩：胶泥浇注时间 浇注后停歇时间	min min	＜2 ＞7	秒表测定 秒表测定
	8	桩顶标高	mm	±50	水准仪
	9	停锤标准	设计要求		现场实测或查沉桩记录

钢桩施工质量检验标准　　表 6-15

项	序	检 查 项 目	允许偏差或允许值		检 查 方 法
			单位	数值	
主控项目	1	桩位偏差	见表 6-11		用钢尺量
	2	承载力	按基桩检测技术规范		按基桩检测技术规范
一般项目	1	电焊接桩焊缝： （1）上下节端部错口 （外径≥700mm） （外径＜700mm） （2）焊缝咬边深度 （3）焊缝加强层高度 （4）焊缝加强层宽度	 mm mm mm mm mm	 ≤3 ≤2 ≤0.5 2 2	 用钢尺量 用钢尺量 焊缝检查仪 焊缝检查仪 焊缝检查仪
		（5）焊缝电焊质量外观	无气孔，无焊瘤，无裂缝		直观
		（6）焊缝探伤检验	满足设计要求		按设计要求
	2	电焊结束后停歇时间	min	＞1.0	秒表测定
	3	节点弯曲矢高	mm	＜l/1000	用钢尺量，l 为两节桩长
	4	桩顶标高	mm	±50	水准仪
	5	停锤标准	设计要求		用钢尺量或沉桩记录

(6) 钢筋混凝土预制桩应注意的质量问题

①预制桩必须提前订制，打桩时预制桩强度必须达到设计强度的100%，锤击预制桩，宜采取强度与龄期双控制。蒸养养护时，蒸养后应增加自然养护期一个月后方准施打。

②桩身断裂：由于桩身弯曲过大、强度不足及地下有障碍物等原因造成，或桩在堆放、起吊、运输过程中产生的断裂没有发现而致。

③桩顶碎破：由于桩顶强度不够及钢筋网片不足、主筋距桩顶太小或桩顶不平、施工机具选择不当等原因造成。

④桩身倾斜：由于场地不平，打桩机底盘不水平或稳桩不垂直，桩尖在地下遇见硬物等原因造成。

⑤接桩处拉脱开裂：连接处表面不干净，连接铁件不平，焊接质量不符合要求，接桩上下中心线不在同一条线上等造成。

3. 混凝土灌注桩

(1) 混凝土灌注桩的质量检验标准应符合表6-16、表6-17的规定。

混凝土灌注桩钢筋笼质量检验标准 (mm) 表6-16

项	序	检查项目	允许偏差或允许值	检查方法
主控项目	1	主筋间距	±10	用钢尺量
	2	长度	±100	用钢尺量
一般项目	1	钢筋材质检验	设计要求	抽样送检
	2	箍筋间距	±20	用钢尺量
	3	直径	±10	用钢尺量

混凝土灌注桩质量检验标准 表6-17

项	序	检查项目	允许偏差或允许值		检查方法
			单位	数值	
主控项目	1	桩位	见表6-12		基坑开挖前量护筒，开挖后量桩中心
	2	孔深	mm	+300	只深不浅，用重锤测，或测钻杆、套管长度，嵌岩桩应确保进入设计要求的嵌岩深度
	3	桩体质量检验	按基桩检测技术规范。如钻芯取样，大直径嵌岩桩应钻至桩尖下50cm		按基桩检测技术规范
	4	混凝土强度	设计要求		试件报告或钻芯取样送检
	5	承载力	按基桩检测技术规范		按基桩检测技术规范

续表

项	序	检查项目	允许偏差或允许值		检查方法
			单位	数值	
一般项目	1	垂直度	见表 6-12		测套管或钻杆，或用超声波探测，干施工时吊垂球
	2	桩径	见表 6-12		井径仪或超声波检测，干施工时用钢尺量，人工挖孔桩不包括内衬厚度
	3	泥浆比重（黏土或砂性土中）	1.15～1.20		用比重计测，清孔后在距孔底 50cm 处取样
	4	泥浆面标高（高于地下水位）	m	0.5～1.0	目测
	5	沉渣厚度：端承桩 摩擦桩	mm mm	≤50 ≤150	用沉渣仪或重锤测量
	6	混凝土坍落度：水下灌注 干施工	mm mm	160～220 70～100	坍落度仪
	7	钢筋笼安装深度	mm	±100	用钢尺量
	8	混凝土充盈系数	>1		检查每根桩的实际灌注量
	9	桩顶标高	mm	+30 −50	水准仪，需扣除桩顶浮浆层及劣质桩体

（2）人工挖孔桩、嵌岩桩的质量检验应按（1）执行。

（3）混凝土灌注桩应注意的质量问题

①孔底虚土过多：钻孔完毕应及时盖好孔口，并防止在盖板上过车和行车，操作中应及时清理虚土，必要时可二次投钻清理虚土。

②塌孔：注意土质变化，遇有砂卵石或流塑淤泥、上层滞水渗漏等情况，应立即采取措施。

③桩身混凝土质量差，有缩径、空洞、夹土等，要严格按操作工艺边灌混凝土边振捣的规定执行，严禁把土及杂物和混凝土一起灌入孔中。

④钢筋笼变形：钢筋笼在堆放、运输、起吊、入孔等过程中，没有严格执行操作规定，必须加强对操作工人的技术交底，严格执行保证质量的措施。

⑤当出现钻杆跳动、机架摇晃、钻不进尺等异常情况时，应立即停车检查。

⑥混凝土灌到桩顶时，应随时测量顶部标高，以免过多截桩。

⑦钻进砂层遇地下水时，钻深应不超过初见水位，以防塌孔。

（4）灌注桩工程质量预控

①研究工程地质勘察报告、桩位平面布置图、桩基结构施工图，弄清设计要求，对灌注桩工程进行预测分析。

②审核承包单位的灌注桩施工技术方案。

③审查承包单位申报和进场的原材料——水泥、砂、石、外加剂、钢筋等的合格证

或复试单。

④考察混凝土搅拌厂或现场搅拌等机械设备的状况（生产能力、生产质量、管理水平等）。

⑤核查钻孔机、起吊、灌注、清渣与排浆以及加工和压浆等设备状况。

⑥审核混凝土配合比及检查施工配合比（水泥标号不宜低于325号，每立方米水泥用量不少于350kg，强度等级应符合设计要求，含砂率为40％～50％）。

⑦检查现场排污、排渣的安排。

⑧监督承包单位认真做好第一孔或试桩，以取得经验和根据实际情况修改工艺操作，以保证施工质量。

(5) 灌注桩工程施工质量的控制要点

①复查桩孔定位及标高。

②检查钻杆的垂直度，控制垂直偏差在2‰以内，钻头对孔应正确，钻头中心与护筒中心偏差宜控制在15mm以内。

③监督承包单位做好清泥换浆工作，以减少孔底沉淀物。

④对水泥浆试验和调制进行质量控制（一般要求泥浆黏度为18～22s，含砂率为4％～8％，胶体率不小于90％）。

⑤进行终孔验收，监理工程师应检查孔深、孔径、沉渣厚度，对于支承桩及摩擦桩应注意核实桩尖进入持力层的深度。

⑥监督承包单位在1.5～3h内（最多不超过4h）完成混凝土浇筑的准备工作，就绪后，监理工程师书面下达浇筑通知。

⑦成孔后不能立即灌注混凝土的桩孔，应检查是否满水，以防塌孔，灌注前应进行第二次清孔，清孔后，再检查沉渣厚度是否符合规范要求；

⑧检查钢筋笼的制作质量、压浆管的焊接质量，对钢筋笼进行隐检验收，检查保障保护层的措施；注意起吊钢筋笼情况，防备严重变形。

⑨检查压浆头在钢筋上焊接的是否牢固。

⑩检查导管，防止导管破裂、脱节或漏水，造成事故，导管应拆装灵活，浇筑过程中应保持导管始终在孔洞中心，随时量测浇筑深度，确定埋置深度（一般控制在1.5～2.0m），防止导管提拔过快、过多，造成断桩。

⑪下导管后，灌注混凝土之前，应检查压浆管是否已灌满水，防止混凝土灌注时，把压浆头上封闭的橡胶膜冲破。

⑫核算混凝土浇筑量（浇筑量必须大于按孔径计算的体积，充盈系数一般土质为1）。

4．静力压桩

(1) 施工前应对成品桩（锚杆静压成品桩一般均由工厂制造，运至现场堆放）做外观及强度检验，接桩用焊条或半成品硫磺胶泥应有产品合格证书，或送有关部门检验，压桩用压力表、锚杆规格及质量也应进行检查。硫磺胶泥半成品应每100kg做一组试件(3件)。

(2) 压桩过程中应检查压力、桩垂直度、接桩间歇时间、桩的连接质量及压入深度。重要工程应对电焊接桩的接头做10％的探伤检查，对承受反力的结构应加强观测。

(3) 锚杆静压桩质量检验标准应符合表6-18的规定。

静力压桩质量检验标准 表 6-18

项	序	检查项目	允许偏差或允许值 单位	允许偏差或允许值 数值	检查方法
主控项目	1	桩体质量检验	按基桩检测技术规范		按基桩检测技术规范
主控项目	2	桩位偏差	见表 6-11		用钢尺量
主控项目	3	承载力	按基桩检测技术规范		按基桩检测技术规范
一般项目	1	成品桩质量：外观	表面平整，颜色均匀，掉角深度＜10mm，蜂窝面积小于总面积0.5%		直观
		外形尺寸	见表 6-14		见表 6-14
		强度	满足设计要求		查产品合格证书或钻芯试压
	2	硫磺胶泥质量（半成品）	设计要求		查产品合格证书或抽样送检
	3	接桩 电焊接桩：焊缝质量	见表 6-15		见表 6-15
		电焊结束后停歇时间	min	＞1.0	秒表测定
		硫磺胶泥接桩：胶泥浇注时间	min	＜2	秒表测定
		浇注后停歇时间	min	＞7	秒表测定
	4	电焊条质量	设计要求		查产品合格证书
	5	压桩压力（设计有要求时）	%	±5	查压力表读数
	6	接桩时上下节平面偏差	mm	＜10	用钢尺量
		接桩时节点弯曲矢高		＜1/1000l	用钢尺量，l 为两节桩长
	7	桩顶标高	mm	±50	水准仪

5. 先张法预应力管桩

先张法预应力管桩的质量检验应符合表 6-19 的规定。

先张法预应力管桩质量检验标准 表 6-19

项	序	检查项目	允许偏差或允许值 单位	允许偏差或允许值 数值	检查方法
主控项目	1	桩体质量检验	按基桩检测技术规范		按基桩检测技术规范
主控项目	2	桩位偏差	见表 6-11		用钢尺量
主控项目	3	承载力	按基桩检测技术规范		按基桩检测技术规范
一般项目	1	成品桩质量 外观	无蜂窝、露筋、裂缝，色感均匀、桩顶处无孔隙		直观
		桩径	mm	±5	用钢尺量
		管壁厚度	mm	±5	用钢尺量
		桩尖中心线	mm	＜2	用钢尺量
		顶面平整度	mm	10	用水平尺量
		桩体弯曲	mm	＜l/1000	用钢尺量，l 为桩长
	2	接桩：焊缝质量	见表 6-15		见表 6-15
		电焊结束后停歇时间	min	＞1.0	秒表测定
		上下节平面偏差	mm	＜10	用钢尺量
		节点弯曲矢高	mm	＜l/1000	用钢尺量，l 为两节桩长
	3	停锤标准	设计要求		现场实测或查沉桩记录
	4	桩顶标高	mm	±50	水准仪

6. 钢桩

钢桩施工质量检验应符合表 6－20 及表 6-21 的规定。

成品钢桩质量检验标准 **表 6-20**

项	序	检查项目	允许偏差或允许值		检查方法
			单位	数值	
主控项目	1	钢桩外径或断面尺寸：桩端 桩身	mm	$\pm 0.5\%D$ $\pm 1D$	用钢尺量，D 为外径或边长
	2	矢高	mm	$<l/1000$	用钢尺量，l 为桩长
一般项目	1	长度	mm	$+10$	用钢尺量
	2	端部平整度	mm	$\leqslant 2$	用水平尺量
	3	H钢桩的方正度 $h>300$ $h<300$	mm mm	$T+T'\leqslant 8$ $T+T'\leqslant 6$	用钢尺量，h、T、T' 见图示
	4	端部平面与桩中心线的倾斜值	mm	$\leqslant 2$	用水平尺量

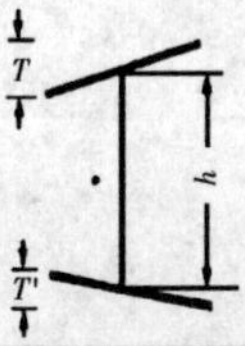

钢桩施工质量检验标准 **表 6-21**

项	序	检查项目	允许偏差或允许值		检查方法
			单位	数值	
主控项目	1	桩位偏差	见表 6-11		用钢尺量
	2	承载力	按基桩检测技术规范		按基桩检测技术规范
一般项目	1	电焊接桩焊缝： (1) 上下节端部错口 外径≥700mm 外径<700mm (2) 焊缝咬边深度 (3) 焊缝加强层高度 (4) 焊缝加强层宽度	 mm mm mm mm mm	 $\leqslant 3$ $\leqslant 2$ $\leqslant 0.5$ 2 2	 用钢尺量 用钢尺量 焊缝检查仪 焊缝检查仪 焊缝检查仪
		(5) 焊缝电焊质量外观	无气孔，无焊瘤，无裂缝		直观
		(6) 焊缝探伤检验	满足设计要求		按设计要求
	2	电焊结束后停歇时间	min	>1.0	秒表测定
	3	节点弯曲矢高	mm	$<l/1000$	用钢尺量，l 为两节桩长
	4	桩顶标高	mm	± 50	水准仪
	5	停锤标准	设计要求		用钢尺量或沉桩记录

三、地下防水工程

(一) 基本规定

1. 地下工程的防水等级分为 4 级，各级标准应符合表 6-22 的规定。

地下工程防水等级标准　　表 6-22

防水等级	标　　准
1　级	不允许渗水，结构表面无湿渍
2　级	不允许漏水，结构表面可有少量湿渍； 工业与民用建筑：湿渍总面积不大于总防水面积的 1‰，单个湿渍面积不大于 $0.1m^2$，任意 $100m^2$ 防水面积不超过 1 处； 其他地下工程：湿渍总面积不大于总防水面积的 6‰，单个湿渍面积不大于 $0.2m^2$，任意 $100m^2$ 防水面积不超过 4 处
3　级	有少量漏水点，不得有线流和漏泥砂； 单个湿渍面积不大于 $0.3m^2$，单个漏水点的漏水量不大于 2.5L/d，任意 $100m^2$ 防水面积不超过 7 处
4　级	有漏水点，不得有线流和漏泥砂； 整个工程平均漏水量不大于 $2L/m^2 \cdot d$，任意 $100m^2$ 防水面积的平均漏水量不大于 $4L/m^2 \cdot d$

2. 地下工程的防水设防要求，应按表 6-23 和表 6-24 选用。

明挖法地下工程防水设防　　表 6-23

工程部位		主　体						施工缝					后浇带				变形缝、诱导缝						
防水措施		防水混凝土	防水砂浆	防水卷材	防水涂料	塑料防水板	金属板	遇水膨胀止水条	中埋式止水带	外贴式止水带	外抹防水砂浆	外涂防水涂料	膨胀混凝土	遇水膨胀止水条	外贴式止水带	防水嵌缝材料	中埋式止水带	外贴式止水带	可卸式止水带	防水嵌缝材料	外贴防水卷材	外涂防水涂料	遇水膨胀止水条
防水等级	1级	应选	应选一至二种					应选二种					应选	应选二种			应选	应选二种					
	2级	应选	应选一种					应选一至二种					应选	应选一至二种			应选	应选一至二种					
	3级	应选	宜选一种					宜选一至二种					应选	宜选一至二种			应选	宜选一至二种					
	4级	宜选	—					宜选一种					应选	宜选一种			应选	宜选一种					

暗挖法地下工程防水设防　　表 6-24

工程部位		主　体				内衬砌施工缝					内衬砌变形缝、诱导缝				
防水措施		复合式衬砌	离壁式衬砌、衬套	贴壁式衬砌	喷射混凝土	外贴式止水带	遇水膨胀止水条	防水嵌缝材料	中埋式止水带	外涂防水涂料	中埋式止水带	外贴式止水带	可卸式止水带	防水嵌缝材料	遇水膨胀止水条
防水等级	1级	应选一种			—	应选二种					应选	应选二种			
	2级	应选一种			—	应选一至二种					应选	应选一至二种			
	3级	—	应选一种			宜选一至二种					应选	宜选一种			
	4级	—	应选一种			宜选一种					应选	宜选一种			

3. 地下防水工程的施工，应建立各道工序的自检、交接检和专职人员检查的“三检”制度，并有完整的检查记录。未经建设（监理）单位对上道工序的检查确认，不得进行下道工序的施工。

4. 地下防水工程所使用的防水材料，应有产品的合格证书和性能检测报告，材料的品种、规格、性能等应符合现行国家产品标准和设计要求。不合格的材料不得在工程中使用。

5. 地下防水工程施工期间，明挖法的基坑以及暗挖法的竖井、洞口，必须保持地下水位稳定在基底0.5m以下，必要时应采取降水措施。

6. 地下防水工程的防水层，严禁在雨天、雪天和五级风及其以上时施工，其施工环境气温条件宜符合表6-25的规定。

防水层施工环境气温条件　　**表6-25**

防水层材料	施工环境气温
高聚物改性沥青防水卷材	冷粘法不低于5℃，热熔法不低于-10℃
合成高分子防水卷材	冷粘法不低于5℃，热风焊接法不低于-10℃
有机防水涂料	溶剂型-5～35℃，水溶性5～35℃
无机防水涂料	5～35℃
防水混凝土、水泥砂浆	5～35℃

（二）防水混凝土

1. 防水等级为1～4级的地下整体式混凝土结构，不适用环境温度高于80℃或处于耐侵蚀系数小于0.8的侵蚀性介质中使用的地下工程。

注：耐侵蚀系数是指在侵蚀性水中养护6个月的混凝土试块的抗折强度与在饮用水中养护6个月的混凝土试块的抗折强度之比。

2. 防水混凝土所用的材料应符合下列规定：

（1）水泥品种应按设计要求选用，其强度等级不应低于32.5级，不得使用过期或受潮结块水泥。

（2）碎石或卵石的粒径宜为5～40mm，含泥量不得大于1.0%，泥块含量不得大于0.5%。

（3）砂宜用中砂，含泥量不得大于3.0%，泥块含量不得大于1.0%。

（4）拌制混凝土所用的水，应采用不含有害物质的洁净水。

（5）外加剂的技术性能，应符合国家或行业标准一等品及以上的质量要求。

（6）粉煤灰的级别不应低于二级，掺量不宜大于20%，硅粉掺量不应大于3%，其他掺合料的掺量应通过试验确定。

3. 防水混凝土的配合比应符合下列规定：

（1）试配要求的抗渗水压值应比设计值提高0.2MPa。

（2）水泥用量不得少于300kg/m^3；掺有活性掺合料时，水泥用量不得少于280kg/m^3。

（3）砂率宜为35%～45%，灰砂比宜为1:2～1:2.5。

（4）水灰比不得大于0.55。

(5) 普通防水混凝土坍落度不宜大于 50mm，泵送时入泵坍落度宜为 100～140mm。

4. 混凝土拌制和浇筑过程控制应符合下列规定：

(1) 拌制混凝土所用材料的品种、规格和用量，每工作班检查不应少于两次，每盘混凝土各组成材料计量结果的偏差应符合表 6-26 的规定。

混凝土组成材料计量结果的允许偏差（%） 表 6-26

混凝土组成材料	每盘计量	累计计量
水泥、掺合料	±2	±1
粗、细骨料	±3	±2
水、外加剂	±2	±1

注：累计计量仅适用于微机控制计量的搅拌站。

(2) 混凝土在浇筑地点的坍落度，每工作班至少检查两次。混凝土的坍落度试验应符合现行《普通混凝土拌合物性能试验方法》GBJ 80 的有关规定。

混凝土实测的坍落度与要求坍落度之间的偏差应符合表 6-27 的规定。

混凝土坍落度允许偏差 表 6-27

要求坍落度（mm）	允许偏差（mm）
≤40	±10
50～90	±15
≥100	±20

5. 防水混凝土抗渗性能，应采用标准条件下养护混凝土抗渗试件的试验结果评定，试件应在浇筑地点制作。

连续浇筑混凝土每 500m^3 应留置一组抗渗试件（一组为 6 个抗渗试件），且每项工程不得少于两组。采用预拌混凝土的抗渗试件，留置组数应视结构的规模和要求而定。

抗渗性能试验应符合现行《普通混凝土长期性能和耐久性能试验方法》GBJ 82 的有关规定。

6. 防水混凝土的施工质量检验数量，应按混凝土外露面积每 100m^2 抽查 1 处，每处 10m^2，且不得少于 3 处；细部构造应按全数检查。

主 控 项 目

7. 防水混凝土的原材料、配合比及坍落度必须符合设计要求。

检验方法：检查出厂合格证、质量检验报告、计量措施和现场抽样试验报告。

8. 防水混凝土的抗压强度和抗渗压力必须符合设计要求。

检验方法：检查混凝土抗压、抗渗试验报告。

9. 防水混凝土的变形缝、施工缝、后浇带、穿墙管道、埋设件等设置和构造，均须符合设计要求，严禁有渗漏。

检验方法：观察检查和检查隐蔽工程验收记录。

一　般　项　目

10. 防水混凝土结构表面的裂缝宽度不应大于0.2mm，并不得贯通。

检验方法：用刻度放大镜检查。

11. 防水混凝土结构厚度不应小于250mm，其允许偏差为+15mm、-10mm；迎水面钢筋保护层厚度不应小于50mm，其允许偏差为±10mm。

检验方法：尺量检查和检查隐蔽工程验收记录。

12. 防水混凝土应注意的质量问题

(1) 蜂窝、麻面：造成原因是振捣不当，脱模早，模板干燥，模板缝隙偏大跑浆。

(2) 孔洞：造成主要原因是漏振。管道密集，预埋件和钢筋稠密处，浇灌混凝土有困难时，应采用相同抗压强度细石混凝土浇灌。大管径套管或面积大的预埋钢板应开设浇灌振捣孔，以便于浇灌、振捣、排气。孔洞补救办法是将松散的石子剔掉，用水冲刷干净，用比原强度提高一级并加防水剂的豆石混凝土堵塞孔洞，并仔细捣实。2d后浇水养护，至少养护7d。

(3) 渗水、漏水：多是由于施工缝接楂处未处理好或施工中漏振，混凝土随意加水、水灰比不准等造成。应严格控制加水量，按工艺要求振捣密实，并认真处理好施工缝。

(4) 穿越墙体的管道应埋套管，一次浇灌完成，不能留洞二次浇灌。

(5) 穿墙螺栓的端头处理应符合规范。

(6) 变形缝、止水带应保持位置和搭接正确。

(7) 为确保防水混凝土的防水功能，防水混凝土的最高使用温度不得超过80℃，一般应控制在50～60℃。

(8) 为确保防水混凝土的抗渗等级及抗压强度，规定水泥强度等级不应低于32.5级。

(9) 防水混凝土不宜采用蒸汽养护。

(10) 防水混凝土工程施工质量的检验数量，应按混凝土外露面积每100m^2抽查1处，每处10m^2，且不得少于3处。抽查面积是以地下混凝土工程总面积的1/10来考虑的。

(三) 水泥砂浆防水层

1. 适用于混凝土或砌体结构的基层上采用多层抹面的水泥砂浆防水层，不适用环境有侵蚀性、持续振动或温度高于80℃的地下工程。

2. 普通水泥砂浆防水层的配合比应按表6-28选用；掺外加剂、掺合料、聚合物水泥砂浆的配合比应符合所掺材料的规定。

普通水泥砂浆防水层的配合比　表6-28

名称	配合比（质量比）		水灰比	适用范围
	水泥	砂		
水泥浆	1	—	0.55～0.60	水泥砂浆防水层的第一层
水泥浆	1	—	0.37～0.40	水泥砂浆防水层的第三、五层
水泥砂浆	1	1.5～2.0	0.40～0.50	水泥砂浆防水层的第二、四层

3. 水泥砂浆防水层所用的材料应符合下列规定：

（1）水泥品种应按设计要求选用，其强度等级不应低于 32.5 级，不得使用过期或受潮结块水泥。

（2）砂宜采用中砂，粒径 3mm 以下，含泥量不得大于 1%，硫化物和硫酸盐含量不得大于 1%。

（3）水应采用不含有害物质的洁净水。

（4）聚合物乳液的外观质量，无颗粒、异物和凝固物。

（5）外加剂的技术性能应符合国家或行业标准一等品及以上的质量要求。

4. 水泥砂浆防水层的基层质量应符合下列要求：

（1）水泥砂浆铺抹前，基层的混凝土和砌筑砂浆强度应不低于设计值的 80%。

（2）基层表面应坚实、平整、粗糙、洁净，并充分湿润，无积水。

（3）基层表面的孔洞、缝隙应用与防水层相同的砂浆填塞抹平。

5. 水泥砂浆防水层施工应符合下列要求：

（1）分层铺抹或喷涂，铺抹时应压实、抹平和表面压光。

（2）防水层各层应紧密贴合，每层宜连续施工，必须留施工缝时应采用阶梯坡形槎，但离开阴阳角处不得小于 200mm。

（3）防水层的阴阳角处应做成圆弧形。

（4）水泥砂浆终凝后应及时进行养护，养护温度不宜低于 5℃并保持湿润，养护时间不得少于 14d。

6. 水泥砂浆防水层的施工质量检验数量，应按施工面积每 $100m^2$ 抽查 1 处，每处 $10m^2$，且不得少于 3 处。

主 控 项 目

7. 水泥砂浆防水层的原材料及配合比必须符合设计要求。

检验方法：检查出厂合格证、质量检验报告、计量措施和现场抽样试验报告。

8. 水泥砂浆防水层各层之间必须结合牢固，无空鼓现象。

检验方法：观察和用小锤轻击检查。

一 般 项 目

9. 水泥砂浆防水层表面应密实、平整，不得有裂纹、起砂、麻面等缺陷，阴阳角处应做成圆弧形。

检验方法：观察检查。

10. 水泥砂浆防水层施工缝留槎位置应正确，接槎应按层次顺序操作，层层搭接紧密。

检验方法：观察检查和检查隐蔽工程验收记录。

11. 水泥砂浆防水层的平均厚度应符合设计要求，最小厚度不得小于设计值的 85%。

检验方法：观察和尺量检查。

12. 水泥砂浆防水层施工应注意的质量问题

（1）空鼓、裂缝：基层未处理好，刷素浆前混凝土表面未凿毛，油污处未用火碱水刷洗干净，以致出现空鼓、裂缝。另外养护不好、养护期限不够也是原因之一。

（2）渗漏：各层抹灰时间掌握不当，跟得太紧，出现流坠。素浆干得太快，抹面层砂浆粘结不牢固造成渗水。接槎、穿墙管及穿楼板管洞处理不好易造成局部渗漏，必须按设计要求及施工规范规定认真操作。

(3) 水泥砂浆防水层的基层质量至关重要。基层表面状态不好，不平整、不坚实，有孔洞和缝隙，则会影响水泥砂浆防水层的均匀性及与基层的粘结性。

(4) 施工缝是水泥砂浆防水层的薄弱部位，由于施工缝接槎不严密及位置留设不当等原因，导致防水层渗漏水。因此水泥砂浆防水层各层应紧密结合，每层宜连续施工；如必须留槎时，采用阶梯坡形槎，但离开阴阳角处不得小于200mm，接槎要依层次顺序操作，层层搭接紧密。

(5) 为了防止水泥砂浆防水层早期脱水而产生裂缝导致渗水，规定在砂浆硬化后(约12～24h) 要及时进行养护。

(6) 水泥砂浆防水层工程施工质量的检验数量，应按抽查面积与防水层总面积的1/10考虑。

(四) 卷材防水层

1. 本卷材防水层适用于受侵蚀性介质或受振动作用的地下工程主体迎水面铺贴的卷材防水层。

2. 防水卷材厚度选用应符合表6-29的规定。

防水卷材厚度　　**表6-29**

<table>
<tr><th>防水等级</th><th>设防道数</th><th>合成高分子防水卷材</th><th>高聚物改性沥青防水卷材</th></tr>
<tr><td>1级</td><td>三道或三道以上设防</td><td rowspan="2">单层：不应小于1.5mm；双层：每层不应小于1.2mm</td><td rowspan="2">单层：不应小于4mm；双层：每层不应小于3mm</td></tr>
<tr><td>2级</td><td>二道设防</td></tr>
<tr><td rowspan="2">3级</td><td>一道设防</td><td>不应小于1.5mm</td><td>不应小于4mm</td></tr>
<tr><td>复合设防</td><td>不应小于1.2mm</td><td>不应小于3mm</td></tr>
</table>

主 控 项 目

3. 卷材防水层所用卷材及主要配套材料必须符合设计要求。

检验方法：检查出厂合格证、质量检验报告和现场抽样试验报告。

4. 卷材防水层及其转角处、变形缝、穿墙管道等细部做法均须符合设计要求。

检验方法：观察检查和检查隐蔽工程验收记录。

5. 卷材防水层施工应注意的质量问题

(1) 空鼓、裂缝：基层未处理好，刷素浆前混凝土表面未凿毛，油污处未用火碱水刷洗干净，以致出现空鼓、裂缝。另外养护不好、养护期限不够也是原因之一。

(2) 渗漏：各层抹灰时间掌握不当，跟得太紧，出现流坠。素浆干得太快，抹面层砂浆粘结不牢固造成渗水。接槎、穿墙管及穿楼板管洞处理不好易造成局部渗漏，必须按设计要求及施工规范规定认真操作。

(3) 卷材防水层空鼓，发生在找平层与卷材之间，且多在卷材的搭接缝处。造成的原因是卷材防水层中存有水分，找平层未干，含水量过大，有潮气；卷材铺贴沥青过薄，粘贴不密实，压得不紧，水分受热后产生气体膨胀，使卷材起泡、起鼓。

(4) 地下防水工程渗漏，主要发生在穿墙管处、螺栓处、变形缝及底板与墙接槎处等薄弱部位，其原因是：

①防水结构施工时，混凝土漏振，衬垫材料填塞不严。

②变形缝处漏水，是由于地下结构不均匀沉降而拉裂防水层或防水层施工操作马虎而产生。

③接槎处漏水原因是甩出的油毡未保护好造成破损，清理不净，基层油毡粘贴不严密以及搭接长度不够等造成。

(5) 建筑工程地下防水的卷材铺贴方法，主要采用冷粘法和热熔法。底板垫层混凝土平面部位的卷材宜采用空铺法、点粘法或条粘法，其他与混凝土结构相接触的部位应采用满铺法。

(6) 采用冷粘法铺贴卷材时，胶粘剂的涂刷对保证卷材防水施工质量关系极大；涂刷不均匀，有堆积或漏涂现象，不但影响卷材的粘结力，还会造成材料的浪费。

(7) 对热熔法铺贴卷材的施工，加热时卷材幅宽内必须均匀一致，要求火焰加热器的喷嘴与卷材的距离应适当，加热至卷材表面有光亮黑色时方可进行粘合。

(8) 铺贴卷材前应在其表面上涂刷基层处理剂，基层处理剂应与卷材及胶粘剂的材料相容，可采用喷涂或涂刷法施工，喷涂应均匀一致、不露底，待表面干燥后方可铺贴卷材。

(9) 为了保证卷材防水层的搭接缝粘结牢固和封闭严密，规定两幅卷材短边和长边的搭接缝宽度均不应小于100mm。

(10) 卷材防水层工程施工质量的检验数量，应按所铺贴卷材面积的1/10进行抽查，每处检查10m^2，且不得少于3处。

四、钢筋混凝土结构工程

(一) 模板分项工程

1. 一般规定

(1) 模板及其支架应根据工程结构形式、荷载大小、地基土类别、施工设备和材料供应等条件进行设计。模板及其支架应具有足够的承载能力、刚度和稳定性，能可靠地承受浇筑混凝土的重量、侧压力以及施工荷载。

(2) 模板及其支架拆除的顺序及安全措施应按施工技术方案执行。

2. 模板安装

主 控 项 目

(1) 安装现浇结构的上层模板及其支架时，下层楼板应具有承受上层荷载的承载能力，或加设支架；上、下层支架的立柱应对准，并铺设垫板。

检查数量：全数检查。

检验方法：对照模板设计文件和施工技术方案观察。

(2) 在涂刷模板隔离剂时，不得沾污钢筋和混凝土接槎处。

检查数量：全数检查。

检验方法：观察。

一 般 项 目

(3) 对跨度不小于4m的现浇钢筋混凝土梁、板，其模板应按设计要求起拱；当设计无具体要求时，起拱高度宜为跨度的1/1000～3/1000。

检查数量：在同一检验批内，对梁，应抽查构件数量的10%，且不少于3件；对板，应按有代表性的自然间抽查 10%，且不少于 3 间；对大空间结构，板可按纵、横轴线划分检查面，抽查 10%，且不少于 3 面。

检验方法：水准仪或拉线、钢尺检查。

(4) 固定在模板上的预埋件、预留孔和预留洞均不得遗漏，且应安装牢固，其偏差应符合表 6-30 的规定。

检查数量：在同一检验批内，对梁、柱和独立基础，应抽查构件数量的 10%，且不少于 3 件；对墙和板，应按有代表性的自然间抽查 10%，且不少于 3 间；对大空间结构，墙可按相邻轴线间高度 5m 左右划分检查面，板可按纵横轴线划分检查面，抽查 10%，且均不少于 3 面。

检验方法：钢尺检查。

(5) 现浇结构模板安装的偏差应符合表 6-31 的规定。

检查数量：在同一检验批内，对梁、柱和独立基础，应抽查构件数量的 10%，且不少于 3 件；对墙和板，应按有代表性的自然间抽查 10%，且不少于 3 间；对大空间结构，墙可按相邻轴线间高度 5m 左右划分检查面，板可按纵、横轴线划分检查面，抽查 10%，且均不少于 3 面。

预埋件和预留孔洞的允许偏差　　表 6-30

项　目		允许偏差 (mm)
预埋钢板中心线位置		3
预埋管、预留孔中心线位置		3
插　筋	中心线位置	5
	外露长度	+10，0
预埋螺栓	中心线位置	2
	外露长度	+10，0
预留洞	中心线位置	10
	尺　寸	+10，0

注：检查中心线位置时，应沿纵、横两个方向量测，并取其中的较大值。

现浇结构模板安装的允许偏差及检验方法　　表 6-31

项　目		允许偏差 (mm)	检　验　方　法
轴线位置		5	钢尺检查
底模上表面标高		±5	水准仪或拉线、钢尺检查
截面内部尺寸	基　础	±10	钢尺检查
	柱、墙、梁	+4，-5	钢尺检查
层高垂直度	不大于 5m	6	经纬仪或吊线、钢尺检查
	大于 5m	8	经纬仪或吊线、钢尺检查
相邻两板表面高低差		2	钢尺检查
表面平整度		5	2m 靠尺和塞尺检查

注：检查轴线位置时，应沿纵、横两个方向量测，并取其中的较大值。

(6) 预制构件模板安装的偏差应符合表 6-32 的规定。

检查数量：首次使用及大修后的模板应全数检查；使用中的模板应定期检查，并根据使用情况不定期抽查。

预制构件模板安装的允许偏差及检验方法 **表 6-32**

项 目		允许偏差（mm）	检 验 方 法
长 度	板、梁	±5	钢尺量两角边，取其中较大值
	薄腹梁、桁架	±10	
	柱	0，−10	
	墙 板	0，−5	
宽 度	板、墙板	0，−5	钢尺量一端及中部，取其中较大值
	梁、薄腹梁、桁架、柱	+2，−5	
高（厚）度	板	+2，−3	钢尺量一端及中部，取其中较大值
	墙 板	0，−5	
	梁、薄腹梁、桁架、柱	+2，−5	
侧向弯曲	梁、板、柱	l/1000 且≤15	拉线、钢尺量最大弯曲处
	墙板、薄腹梁、桁架	l/1500 且≤15	
板的表面平整度		3	2m 靠尺和塞尺检查
相邻两板表面高低差		1	钢尺检查
对角线差	板	7	钢尺量两个对角线
	墙 板	5	
翘 曲	板、墙板	l/1500	调平尺在两端量测
设计起拱	薄腹梁、桁架、梁	±3	拉线、钢尺量跨中

注：l 为构件长度（mm）。

3. 模板拆除

主 控 项 目

底模及其支架拆除时的混凝土强度应符合设计要求，当设计无具体要求时，混凝土强度应符合表 6-33 的规定。

检查数量：全数检查。

检验方法：检查同条件养护试件强度试验报告。

底模拆除时的混凝土强度要求 **表 6-33**

构件类型	构件跨度（m）	达到设计的混凝土立方体抗压强度标准值的百分率（%）
板	≤2	≥50
	>2，≤8	≥75
	>8	≥100
梁、拱、壳	≤8	≥75
	>8	≥100
悬臂构件	—	≥100

4. 模板施工中应注意的质量问题

(1) 构造柱处外墙砖挤鼓变形：支模板时应在外墙面采取加固措施。

(2) 圈梁模板外胀：圈梁模板支撑没卡紧，支撑不牢固，模板上口拉杆碰坏或没钉牢固。浇筑混凝土时设专人修理模板。

(3) 混凝土流坠：模板板缝过大没有用纤维板、木板条等贴牢；外墙圈梁没有先支模板后浇筑圈梁混凝土，而是先包砖代替模板再浇筑混凝土，致使水泥浆顺砖缝流坠。

(4) 板缝模板下沉：悬吊模板时铅丝没有拧紧吊牢，采用钢木支撑时，支撑下面垫木没有楔紧钉牢。

(5) 审核模板工程施工方案的重点是：

①能否保证工程结构和构件各部分形状尺寸和相关位置的正确，对结构节点及异型部位模板设计是否合理（是否采用专用模板）。

②是否具有足够的承载能力、刚度和稳定性，能否可靠地承受新浇混凝土的自重和侧压力，以及在施工过程中所产生的荷载。

③模板接缝处理方案能否保证不漏浆。

④模板及支架系统构造是否简单、装拆方便，并便于钢筋的绑扎、安装、清理和混凝土的浇筑、养护。

⑤承包单位应绘制全套模板设计图（模板平面图、分块图、组装图、节点大样图以及零件加工图）。

(6) 对进场模板规格、质量进行检查

目前施工中常用钢组合模板、木模板、胶合板模板、塑料模板等。监理工程师应对模板质量（包括重复使用条件下的模板）、外形尺寸、平整度、板面的洁净程度以及相应的附件（角模、连接附件），以及支撑系统都应进行检查，并确定是否可用于工程，提出修整意见。重要部位应要求承包单位按要求预拼装。

对承包单位采用的模板螺栓应在加工前提出预控意见，确保加工质量，确保模板连接后的牢固。

(7) 隔离剂（脱膜剂）

选用质地优良和价格适宜的隔离剂是提高混凝土结构、构件表面质量和降低模板工程费用的重要措施，各种隔离剂都有一定的应用范围和应用条件，在审批时应注意：

①注意脱模剂对模板的适用性。如脱模剂用于金属模板时，应具有防锈、阻锈性能；用于塑料模板时，应不使塑料软化变质；用于木模板时，要求它渗入木材一定深度，但不致全部吸收掉，并能提高木材的防水性能。

②要考虑混凝土结构构件的最终饰面要求。如构件的最终饰面是油漆、刷浆或抹灰，应选用不影响混凝土表面粘结的脱模剂。有建筑装饰的混凝土构件，则应选用不会使混凝土表面污染和变色的脱模剂。

③要注意施工时的气温和环境条件。在冬期施工时，要选用冻结点低于最低气温的脱模剂；在雨季施工时，要选用耐雨水冲刷的脱模剂；当混凝土构件采取蒸汽养护时，应选用热稳定性合格的脱模剂。

④应注意施工工艺的适应性。有些脱模剂刷后即可浇筑混凝土，但有些脱模剂要等干燥后才能浇筑混凝土，因此选用时应考虑脱模剂的干燥时间是否能满足施工工艺要求。

脱模剂的脱模效果与拆模时间有关，当脱模剂与混凝土接触面之间粘结力大于混凝土的内聚力时，往往发生表层混凝土被局部粘掉的现象，因此具体拆模时间，应通过试验确定。

(8) 墙、柱支模前应先在基底弹线，以弹线校正钢筋位置，并为合模后，检查位置提供准确的依据。

(9) 为防止胀模、跑模、错位，造成结构断面尺寸超差、位置偏离，漏浆造成蜂窝麻面，模板支撑应符合模板设计要求。

①柱模应有斜撑或拉杆，柱模拉杆每边宜设两根，固定在事先埋入楼板内的钢筋环上，用花篮螺栓调节校正模板垂直度，拉杆与地面夹角宜为45°，预埋钢筋环与柱距离宜为3/4柱高。

②剪力墙模板穿墙螺栓规格和间距应符合模板设计，一般穿墙螺栓应用ϕ12以上的钢筋制作，间距一般不大于60cm。

③梁模板一般情况下采用双支柱，间距以60～100cm为宜。支柱上面垫10cm×10cm方木，支柱中间或下边加剪力撑和水平拉杆。梁侧模板竖龙骨一般情况下宜为75cm，梁模板上口应用卡子固定，当梁高超过60cm时，加穿梁螺栓加固。

④楼板模板一般情况下支柱间距为80～120cm，大龙骨间距60～120cm，小龙骨间距为40～60cm。

(10) 对模板拼缝、节点位置、模板支搭情况及加固情况，应认真检查，防止漏浆及缩颈现象。

(11) 梁、板底模当跨度大于4m时应起拱，设计无具体要求时，一般起拱高度宜为：1/1000～3/1000。

(12) 预埋件、预留孔洞的位置、标高、尺寸应复核，预埋件固定方法应可靠，防止位移。

(13) 模板在下列情况下要开洞：一次支模过高，浇捣困难；有大的预留洞口，洞口下难以浇筑；有暗梁或梁穿过；钢筋密集，下部不易浇筑。

(14) 合模前钢筋隐检已合格，模内已清扫干净，应剔凿部位已剔凿合格；合模后核验模板位置、尺寸及钢筋位置、垫块位置与数量，符合要求才能浇筑混凝土。

(15) 模板涂刷隔离剂时首先应清除模板表面的尘土和混凝土残留物，再涂刷，涂刷应均匀，不得漏刷或沾污钢筋。

(16) 混凝土整体结构的拆模原则：

①底模混凝土强度已达到设计要求，一般均应达到设计强度等级的75%以上（混凝土强度应以同条件养护的试块抗压强度为准，一般也可参照混凝土强度增长率推算表估算）；结构跨度大于8m的梁、板、拱壳和大于2m的悬臂构件应达到100%。

②侧模混凝土强度能保证其表面及棱角不因拆模而损坏。

③在拆除模板过程中，如发现混凝土有影响结构安全的质量问题，应暂停拆除，经过处理后方可继续。

④大模板墙体施工，在常温下墙体混凝土强度必须达到1MPa，冬期施工全现浇结构混凝土应达到7.5MPa，内墙混凝土应达到4MPa。

⑤冬期施工要遵照现行混凝土工程施工及验收规范中的有关冬期施工规定进行拆模。

⑥对于大体积混凝土的拆模时间，除应满足混凝土强度要求外，还应考虑产生温度裂缝的可能性。一般应采取保温措施，使混凝土内外温差降低到25℃以下时方可拆模。为了加速模板周转，需要提早拆模时，必须采取有效措施，使拆模与养护措施密切配合，边拆除，边用草袋覆盖，以防止外部混凝土温度降低过快使内外温差超过25℃而产生温度裂缝。

（二）钢筋分项工程

1. 原材料

主　控　项　目

（1）钢筋进场时，应按现行国家标准《钢筋混凝土用热轧带肋钢筋》GB 1499等的规定抽取试件作力学性能检验，其质量必须符合有关标准的规定。

检查数量：按进场的批次和产品的抽样检验方案确定。

检验方法：检查产品合格证、出厂检验报告和进场复验报告。

（2）对有抗震设防要求的框架结构，其纵向受力钢筋的强度应满足设计要求；当设计无具体要求时，对一、二级抗震等级，检验所得的强度实测值应符合下列规定：

①钢筋的抗拉强度实测值与屈服强度实测值的比值不应小于1.25。

②钢筋的屈服强度实测值与强度标准值的比值不应大于1.3。

检查数量：按进场的批次和产品的抽样检验方案确定。

检验方法：检查进场复验报告。

（3）当发现钢筋脆断、焊接性能不良或力学性能显著不正常等现象时，应对该批钢筋进行化学成分检验或其他专项检验。

检验方法：检查化学成分等专项检验报告。

2. 钢筋加工

主　控　项　目

（1）受力钢筋的弯钩和弯折应符合下列规定：

①HPB235级钢筋末端应作180°弯钩，其弯弧内直径不应小于钢筋直径的2.5倍，弯钩的弯后平直部分长度不应小于钢筋直径的3倍。

②当设计要求钢筋末端需作135°弯钩时，HRB335级、HRB400级钢筋的弯弧内直径不应小于钢筋直径的4倍，弯钩的弯后平直部分长度应符合设计要求。

③钢筋作不大于90°的弯折时，弯折处的弯弧内直径不应小于钢筋直径的5倍。

检查数量：按每工作班同一类型钢筋、同一加工设备抽查不应少于3件。

检验方法：钢尺检查。

（2）除焊接封闭环式箍筋外，箍筋的末端应作弯钩，弯钩形式应符合设计要求；当设计无具体要求时，应符合下列规定：

①箍筋弯钩的弯弧内直径除应满足第（1）条的规定外，尚应不小于受力钢筋直径。

②箍筋弯钩的弯折角度：对一般结构，不应小于90°；对有抗震等要求的结构，应为135°。

③箍筋弯后平直部分长度：对一般结构，不宜小于箍筋直径的5倍；对有抗震等要求的结构，不应小于箍筋直径的10倍。

检查数量：按每工作班同一类型钢筋、同一加工设备抽查不应少于3件。

检验方法：钢尺检查。

一　般　项　目

(3) 钢筋加工的形状、尺寸应符合设计要求，其偏差应符合表6-34的规定。

检查数量：按每工作班同一类型钢筋、同一加工设备抽查不应少于3件。

检验方法：钢尺检查。

钢筋加工的允许偏差　　　　**表6-34**

项　目	允许偏差（mm）
受力钢筋顺长度方向全长的净尺寸	±10
弯起钢筋的弯折位置	±20
箍筋内净尺寸	±5

3. 钢筋连接

(1) 在施工现场，应按国家现行标准《钢筋机械连接通用技术规程》JGJ 107、《钢筋焊接及验收规程》JGJ 18的规定抽取钢筋机械连接接头、焊接接头试件作力学性能检验，其质量应符合有关规程的规定。

检查数量：按有关规程确定。

检验方法：检查产品合格证、接头力学性能试验报告。

一　般　项　目

(2) 当受力钢筋采用机械连接接头或焊接接头时,设置在同一构件内的接头宜相互错开。

(3) 同一构件中相邻纵向受力钢筋的绑扎搭接接头宜相互错开，绑扎搭接接头中钢筋的横向净距不应小于钢筋直径，且不应小于25mm。

(4) 在梁、柱类构件的纵向受力钢筋搭接长度范围内，应按设计要求配置箍筋；当设计无具体要求时，应符合下列规定：

①箍筋直径不应小于搭接钢筋较大直径的0.25倍。

②受拉搭接区段的箍筋间距不应大于搭接钢筋较小直径的5倍，且不应大于100mm。

③受压搭接区段的箍筋间距不应大于搭接钢筋较小直径的10倍，且不应大于200mm。

④当柱中纵向受力钢筋直径大于25mm时，应在搭接接头两个端面外100mm范围内各设置两个箍筋，其间距宜为50mm。

检查数量：在同一检验批内，对梁、柱和独立基础，应抽查构件数量的10%，且不少于3件；对墙和板，应按有代表性的自然间抽查10%，且不少于3间；对大空间结构，墙可按相邻轴线间高度5m左右划分检查面，板可按纵、横轴线划分检查面，抽查10%，且均不少于3面。

检验方法：钢尺检查。

4. 钢筋安装

主　控　项　目

(1) 钢筋安装时，受力钢筋的品种、级别、规格和数量必须符合设计要求。

检查数量：全数检查。

检验方法：观察，钢尺检查。

一 般 项 目

(2) 钢筋安装位置的偏差应符合表 6-35 的规定。

钢筋安装位置的允许偏差和检验方法 表 6-35

<table>
<tr><th colspan="3">项 目</th><th>允许偏差(mm)</th><th>检 验 方 法</th></tr>
<tr><td rowspan="2">绑扎钢筋网</td><td colspan="2">长、宽</td><td>±10</td><td>钢尺检查</td></tr>
<tr><td colspan="2">网眼尺寸</td><td>±20</td><td>钢尺量连续三档，取最大值</td></tr>
<tr><td rowspan="2">绑扎钢筋骨架</td><td colspan="2">长</td><td>±10</td><td>钢尺检查</td></tr>
<tr><td colspan="2">宽、高</td><td>±5</td><td>钢尺检查</td></tr>
<tr><td rowspan="5">受力钢筋</td><td colspan="2">间距</td><td>±10</td><td rowspan="2">钢尺量两端、中间各一点，取最大值</td></tr>
<tr><td colspan="2">排距</td><td>±5</td></tr>
<tr><td rowspan="3">保护层厚度</td><td>基础</td><td>±10</td><td>钢尺检查</td></tr>
<tr><td>柱、梁</td><td>±5</td><td>钢尺检查</td></tr>
<tr><td>板、墙、壳</td><td>±3</td><td>钢尺检查</td></tr>
<tr><td colspan="3">绑扎箍筋、横向钢筋间距</td><td>±20</td><td>钢尺量连续三档，取最大值</td></tr>
<tr><td colspan="3">钢筋弯起点位置</td><td>20</td><td>钢尺检查</td></tr>
<tr><td rowspan="2">预埋件</td><td colspan="2">中心线位置</td><td>5</td><td>钢尺检查</td></tr>
<tr><td colspan="2">水平高差</td><td>+3，0</td><td>钢尺和塞尺检查</td></tr>
</table>

注：1 检查预埋件中心线位置时，应沿纵、横两个方向量测，并取其中的较大值；

2 表中梁类、板类构件上部纵向受力钢筋保护层厚度的合格点率应达到 90%及以上，且不得有超过表中数值 1.5 倍的尺寸偏差。

5. 钢筋施工中应注意的质量问题

(1) 墙、柱预埋钢筋位移：墙、柱主筋插筋与底板上下筋需妥善固定绑扎牢固，确保位置正确，必要时可附加钢筋电焊焊牢。混凝土浇筑时应有专人检查修整。

(2) 墙柱钢筋每隔 1m 左右加绑带铅丝的水泥砂浆垫块（或塑料卡）。

(3) 钢筋绑扎时应对每个接头进行尺量，检查搭接长度是否符合设计和规范要求。

(4) 梁、柱、墙钢筋接头较多时，翻样配料加工时应根据图纸预先画施工简图，注明各号钢筋搭配顺序，并避开受力钢筋的最大弯矩处。

(5) 经对焊加工的钢筋，在现场进行绑扎时对焊接头要错开搭接位置，因此加工下料时，凡距钢筋端头搭接长度范围以内不得有对焊接头。

(6) 钢筋骨架绑扎时应注意绑扣方法，宜用反十字扣绑扎，不得全绑一面顺扣。

(7) 楼板端头钢筋连接不当：应在楼板吊装前将板端外露预应力筋弯成 45°，吊装整理后加通长钢筋绑扎，同时要注意在安装过程中不得将板端外露预应力筋折断。

(8) 阳台外圈梁钢筋压扁：阳台下圈梁为“L”形箍筋，吊阳台时必须注意保护，如碰坏应将阳台吊起，修整钢筋后再就位阳台。

(9) 构造柱伸出钢筋位移：除将构造柱伸出筋与圈梁钢筋绑牢外，并在伸出筋处绑一道定位箍筋，浇筑完混凝土后，应立即修整。

(10) 板缝钢筋外露：纵向板缝内钢筋应绑好砂浆垫块，横向板缝要把钢筋绑在板端头外露预应力筋上。

(11) 柱筋和剪力墙筋位移：原因是振捣混凝土时碰动钢筋，应在浇筑混凝土前检查位置是否正确，宜用固定卡或临时箍筋加以固定，浇筑完混凝土立即修整钢筋的位置。当钢筋位置有明显位移时必须进行处理，处理方案须经设计单位同意。一般宜用以下处理方法：

①竖筋位移可按 1:6 坡度进行调整。

②加垫筋或垫钢板的焊接方法。

(12) 梁钢筋骨架尺寸小于设计尺寸：原因是配制箍筋时按箍筋外径尺寸计算，造成骨架的宽和高均小于设计尺寸。另外采用双支箍筋的梁，经常出现箍筋组合绑扎后宽度小于设计尺寸。在翻样和绑扎前应熟悉图纸，绑扎后加强检查。

(13) 梁、柱交接处核心区箍筋未加密：原因是图纸不熟悉，绑扎前应先熟悉图纸，在绑梁钢筋前先将柱箍筋套在竖筋上，穿完梁钢筋后再绑扎。

(14) 箍筋搭接处未弯成135°，平直长度不足 $10d$（d 为箍筋直径）：加工成型时应注意检查平直长度是否符合要求，现场绑扎操作时，应认真按 135°弯钩。

(15) 梁主筋进支座锚固长度不够、弯起钢筋位置不准：在绑扎前，先按设计图纸检查对照已摆好的钢筋是否正确，然后再进行绑扎。

(16) 水平筋位置、间距不符合要求：钢筋绑扎时应搭设高凳或简易脚手架，以免水平筋发生位移。

(17) 下层伸出的墙体钢筋和竖直钢筋绑扎不符合要求：绑扎时应先将下层伸出钢筋调直理顺，然后绑扎或焊接，如下层伸出的钢筋位移大时，应征得设计同意后再进行处理。

(18) 门窗洞口加强筋位置尺寸不符合要求：各层门窗洞口两侧伸出筋，应在绑扎前根据洞口边线位置调整，绑扎洞口加强竖筋时应吊线找正。

(19) 剪力墙水平钢筋锚固长度不符合要求：绑扎之前要熟悉图纸，特别注意在拐角、十字节点、墙端、连梁等部位钢筋的锚固长度必须符合设计要求。

(20) 检查帮条尺寸、坡口角度、钢筋端头间隙、钢筋轴线偏移，以及钢材表面质量情况，不符合要求时不得焊接。

(21) 搭接线应与钢筋接触良好，不得随意乱搭，防止打弧。

(22) 带有钢板或帮条的接头，引弧应在钢板或帮条上进行；无钢板或无帮条的接头，引弧应在形成焊缝部位，不得随意引弧，防止烧伤主筋。

(23) 根据钢筋级别、直径、接头型式和焊接位置，选择适宜的焊条直径和焊接电流，保证焊缝与钢筋熔合良好。

(24) 焊接过程中及时清渣，焊缝表面光滑平整，焊缝美观，加强焊缝应平缓过渡，弧坑应填满。

6. 钢筋工程的质量预控

(1) 钢筋

①钢筋应有出厂质量证明书或试验报告单。

②钢筋进入工地后应进行外观检查，按批量（一般为≤60t，冷拉钢筋为≤20t）进行复试，未经复试或复试不合格的钢筋，不能用于工程，见表 6-36。

外观检查要求　表 6-36

钢筋种类	外观要求
热轧钢筋	表面无裂缝、结疤和折叠，如有凸块不得超过螺纹的高度，其他缺陷的高度和深度不得大于所在部位的允许偏差
热处理钢筋	表面无肉眼可见裂纹、结疤、折叠，如有凸块不得超过横肋的高度，表面不得沾有油污
冷拉钢筋	钢筋表面不得有裂纹和局部缩颈
冷拔低碳钢丝	表面不得有裂纹和机械损伤
碳素钢丝	表面不得有裂纹、小刺、机械损伤、氧化铁皮和油迹，但允许有浮锈和回火色
刻痕钢丝	表面不得有裂纹、分层、铁锈、结疤，但允许有浮锈和加火色
钢绞线	不得有折断、横裂和相互交叉的钢丝，表面不得有润滑剂、油渍，允许有轻微浮锈，但不得有锈麻坑

③建筑用钢一般不作化学分析，但如钢筋在加工过程中，发现脆断、焊接性能不良或力学性能显著不正常等现象时，或者无出厂证明，钢种钢号不明时，或者是有焊接要求的进口钢筋时，仍应进行化学成分检验。

④集中加工的钢筋，应由加工厂出具出厂证明及钢筋出厂合格证或钢筋试验单批件(复印件)，但须加盖加工单位印章。

⑤钢筋复试结果应按钢筋种类进行检验。

(2) 焊条及焊剂

①焊条及焊剂应有出厂合格证，且应与焊接形式、母材种类或设计所要求的品种、规格一致。

②需要进行烘焙的应有烘焙记录（恒温 250℃，烘焙 1～2h）。

(3) 考虑到目前钢筋用量大，结构节点钢筋密集，交叉复杂，而设计出图方式比较简化，因而应根据工程情况绘制节点钢筋布置实况图（翻样），或做出节点样板，以合理布置钢筋和安排好穿钢筋顺序。此项工作施工单位应当做，专业监理工程师也应学透图纸，绘制必要的图表，以免控制失误。

(4) 监理工程师应检查焊工的焊工考试合格证（每两年复试一次）。在正式焊接前，必须监督焊工在现场条件下进行焊接性能试验，合格后方可正式生产。

(三) 预应力分项工程

1. 原材料

主　控　项　目

(1) 预应力筋进场时，应按现行国家标准《预应力混凝土用钢绞线》GB/T 5224 等的规定抽取试件作力学性能检验，其质量必须符合有关标准的规定。

检查数量：按进场的批次和产品的抽样检验方案确定。

检验方法：检查产品合格证、出厂检验报告和进场复验报告。

一 般 项 目

(2) 预应力筋用锚具、夹具和连接器使用前应进行外观检查，其表面应无污物、锈蚀、机械损伤和裂纹。

检查数量：全数检查。

检验方法：观察。

2. 制作与安装

主 控 项 目

(1) 预应力筋安装时，其品种、级别、规格、数量必须符合设计要求。

检查数量：全数检查。

检验方法：观察，钢尺检查。

(2) 先张法预应力施工时应选用非油质类模板隔离剂，并应避免沾污预应力筋。

检查数量：全数检查。

检验方法：观察。

(3) 施工过程中应避免电火花损伤预应力筋，受损伤的预应力筋应予以更换。

检查数量：全数检查。

检验方法：观察。

一 般 项 目

(4) 预应力筋束形控制点的竖向位置偏差应符合表 6-37 的规定。

束形控制点的竖向位置允许偏差 表 6-37

截面高（厚）度（mm）	$h \leqslant 300$	$300 < h \leqslant 1500$	$h > 1500$
允许偏差（mm）	±5	±10	±15

检查数量：在同一检验批内，抽查各类型构件中预应力筋总数的 5%，且对各类型构件均不少于 5 束，每束不应少于 5 处。

检验方法：钢尺检查。

注：束形控制点的竖向位置偏差合格点率应达到 90% 及以上，且不得有超过表中数值 1.5 倍的尺寸偏差。

3. 张拉和放张

主 控 项 目

(1) 张拉过程中应避免预应力筋断裂或滑脱，当发生断裂或滑脱时，必须符合下列规定：

①对后张法预应力结构构件，断裂或滑脱的数量严禁超过同一截面预应力筋总根数的 3%，且每束钢丝不得超过一根；对多跨双向连续板，其同一截面应按每跨计算。

②对先张法预应力构件，在浇筑混凝土前发生断裂或滑脱的预应力筋必须予以更换。

检查数量：全数检查。

检验方法：观察，检查张拉记录。

一 般 项 目

(2) 锚固阶段张拉端预应力筋的内缩量应符合设计要求，当设计无具体要求时，应符合表 6-38 的规定。

检查数量：每工作班抽查预应力筋总数的 3%，且不少于 3 束。

检验方法：钢尺检查。

张拉端预应力筋的内缩量限值 表 6-38

锚 具 类 别		内缩量限值（mm）
支承式锚具（镦头锚具等）	螺帽缝隙	1
	每块后加垫板的缝隙	1
锥塞式锚具		5
夹片式锚具	有顶压	5
	无顶压	6~8

4. 灌浆与封锚

(1) 锚具的封闭保护应符合设计要求，当设计无具体要求时，应符合下列规定：

①应采取防止锚具腐蚀和遭受机械损伤的有效措施。

②凸出式锚固端锚具的保护层厚度不应小于 50mm。

③外露预应力筋的保护层厚度：处于正常环境时，不应小于 20mm；处于易受腐蚀的环境时，不应小于 50mm。

检查数量：在同一检验批内，抽查预应力筋总数的 5%，且不少于 5 处。

检验方法：观察，钢尺检查。

一 般 项 目

(2) 灌浆用水泥浆的水灰比不应大于 0.45，搅拌后 3h 泌水率不宜大于 2%，且不应大于 3%。泌水应能在 24h 内全部重新被水泥浆吸收。

检查数量：同一配合比检查一次。

检验方法：检查水泥浆性能试验报告。

5. 预应力施工中应注意的质量问题

(1) 预应力张拉端的设置，应符合设计要求，当设计无具体要求时，应符合下列规定：

①抽芯成形孔道：对曲线预应力筋和长度大于 24m 的直线预应力筋，应在两端张拉；对长度不大于 24m 的直线预应力筋，可在一端张拉。

②预埋波纹管孔道：对曲线预应力筋和长度大于 30m 的直线预应力筋，宜在两端张拉；对长度不大于 30m 的直线预应力筋可在一端张拉。

当同一截面中有多根一端张拉的预应力筋时，张拉端宜分别设置在结构的两端。

当两端同时张拉一根预应力筋时，宜先在一端锚固，再在另一端补足张拉力后进行锚固。

(2) 平卧重叠浇筑的构件，宜先上后下逐层进行张拉。为了减少上下层之间因摩阻引起的预应力损失，可逐层加大张拉力，但底层张拉力不宜比顶层张拉力大 5%（钢丝、钢绞线、热处理钢筋）或 9%（冷拉Ⅱ、Ⅲ、Ⅳ级钢筋），且最大张拉应力：冷拉Ⅱ、Ⅲ、Ⅳ级钢不得超过屈服强度的 90%，钢丝、钢绞线不得超过屈服强度的 75%，热处理钢筋不得超过标准强度的 70%。张拉后的实际预应力值的偏差不得超过规定值的 5%。

(3) 预应力锚固后的外露长度，不宜小于 30mm。锚具应用封端混凝土保护，如需长期外露，应采取措施防止锈蚀。

(4) 预应力筋张拉后，孔道应尽快灌浆。用连接器连接的多跨连续预应力筋的孔道灌浆，应张拉完一跨随即灌筑一跨，不应在各跨全部张拉完毕后一次连续灌浆。

(5) 孔道灌浆应采用标号不低于 425 号普通硅酸盐水泥配制的水泥浆；对孔隙大的孔道，可采用砂浆灌浆。水泥浆及砂浆强度，应满足设计要求，且均不应低于 $20N/mm^2$。

(6) 灌浆水泥浆水灰比为 0.4～0.45，搅拌后 3h 泌水率宜控制在 2%，最大不得超过 3%，水泥浆中可掺入对预应力筋无腐蚀作用的外加剂，一般可掺入 0.05%～0.1% 的铝粉或 0.25% 的木质素磺酸钙减水剂。

(四) 混凝土分项工程

1. 一般规定

检验评定混凝土强度用的混凝土试件的尺寸及强度的尺寸换算系数应按表 6-39 取用，其标准成型方法、标准养护条件及强度试验方法应符合普通混凝土力学性能试验方法标准的规定。

混凝土试件尺寸及强度的尺寸换算系数　　表 6-39

骨料最大粒径 (mm)	试件尺寸 (mm)	强度的尺寸换算系数
≤31.5	100×100×100	0.95
≤40	150×150×150	1.00
≤63	200×200×200	1.05

注：对强度等级为 C60 及以上的混凝土试件，其强度的尺寸换算系数可通过试验确定。

2. 原材料

主 控 项 目

(1) 水泥进场时应对其品种、级别、包装或散装仓号、出厂日期等进行检查，并应对其强度、安定性及其他必要的性能指标进行复验，其质量必须符合现行国家标准《硅酸盐水泥、普通硅酸盐水泥》GB 175 等的规定。

当在使用中对水泥质量有怀疑或水泥出厂超过三个月（快硬硅酸盐水泥超过一个月）时，应进行复验，并按复验结果使用。

钢筋混凝土结构、预应力混凝土结构中，严禁使用含氯化物的水泥。

检查数量：按同一生产厂家、同一等级、同一品种、同一批号且连续进场的水泥，袋装不超过 200t 为一批，散装不超过 500t 为一批，每批抽样不少于一次。

检验方法：检查产品合格证、出厂检验报告和进场复验报告。

(2) 混凝土中掺用外加剂的质量及应用技术应符合现行国家标准《混凝土外加剂》GB 8076、《混凝土外加剂应用技术规范》GB 50119 等和有关环境保护的规定。

预应力混凝土结构中，严禁使用含氯化物的外加剂。钢筋混凝土结构中，当使用含氯化物的外加剂时，混凝土中氯化物的总含量应符合现行国家标准《混凝土质量控制标准》GB 50164 的规定。

检查数量：按进场的批次和产品的抽样检验方案确定。

检验方法：检查产品合格证、出厂检验报告和进场复验报告。

3. 混凝土施工

主 控 项 目

(1) 结构混凝土的强度等级必须符合设计要求，用于检查结构构件混凝土强度的试件，应在混凝土的浇筑地点随机抽取。取样与试件留置应符合下列规定：

每拌制 100 盘且不超过 $100m^3$ 的同配合比的混凝土，取样不得少于一次；

每工作班拌制的同一配合比的混凝土不足 100 盘时，取样不得少于一次；

当一次连续浇筑超过 $1000m^3$ 时，同一配合比的混凝土每 $200m^3$ 取样不得少于一次；

每一楼层、同一配合比的混凝土，取样不得少于一次；

每次取样应至少留置一组标准养护试件，同条件养护试件的留置组数应根据实际需要确定。

检验方法：检查施工记录及试件强度试验报告。

(2) 混凝土原材料每盘称量的偏差应符合表 6-40 的规定

原材料每盘称量的允许偏差　　表 6-40

材料名称	允许偏差
水泥、掺合料	±2%
粗、细骨料	±3%
水、外加剂	±2%

注：1 各种衡器应定期校验，每次使用前应进行零点校核，保持计量准确；

2 当遇雨天或含水率有显著变化时，应增加含水率检测次数，并及时调整水和骨料的用量。

检查数量：每工作班抽查不应少于一次。

检验方法：复称。

4. 混凝土工程施工质量控制要点

(1) 浇筑前的质量控制要点

①对混凝土浇筑方案进行审批：要根据浇筑面积、浇筑工程量、劳力组织、施工设备、泵车位置、浇筑顺序、后浇带或施工缝的位置、混凝土原材料供应、保障混凝土浇筑的连续性以及停电的应急措施等问题进行认真的综合研究并落实，确保万无一失。

②模板、钢筋应作好预检和隐检，在浇筑混凝土前应再次检查，确保模板位置、标高、截面尺寸与设计相符，且支撑牢固，拼缝严密，模板内杂物已清除干净。钢筋位置固定正确，变形的钢筋已被修好，关键部位应再次查验钢筋品种、数量、规格、插筋、锚固情况。

③检查机具准备，对搅拌机、运输车、料斗、串筒、活塞泵、输送管线、振捣器等要准备充足，对可能出现的故障已有所准备，必要时应进行试运转。

④混凝土浇灌申请书已办妥。

⑤对天气预报已做了解和必要的冬施、雨施准备。

⑥水、电、照明等现场条件已做好，且应有保证。

(2) 常规混凝土浇筑过程中的质量控制要点

①对浇筑的混凝土应坚持开盘鉴定制度，开盘鉴定表原则上每天都应根据料源情况

进行调整。

②混凝土浇筑中，要加强旁站监理，严格控制浇筑质量，检查混凝土坍落度，严禁在已搅拌好的混凝土中注水，不合格混凝土要退回搅拌站。

③检查振捣情况，不能漏振、过振，注视模板、钢筋的位置和牢固度，有跑模和钢筋位移情况时应及时处理，特别注意混凝土浇筑中施工缝、沉降缝、后浇带处混凝土的浇筑处理。

④对节点部位不同等级混凝土的浇筑顺序和浇筑混凝土的等级要严格检查，防止低等级混凝土注入高等级混凝土部位。

⑤根据混凝土浇筑情况，在监理工程师指定的时间和部位，留置监理工程师亲自监制的试块，并在标养后亲自送到监理试验室，在监理人员监督之下做试验，以验证承包单位的试验结果。

⑥要检查和督促承包单位适时做好成型压光和覆盖浇水养护，防止混凝土出现裂缝。

⑦承包单位拆模要事先向监理工程师提出要求，经监理工程师依拆模条件判断确认后方可进行。

(3) 冬季混凝土浇筑过程中的质量控制要点

①监理工程师加强对冬施的预控工作，要坚持冬施措施不落实不得施工的原则。冬施方案要根据工程进度、气温预测、施工环境做出详细的技术措施方案，规定好测温孔布置、测温方案、浇灌方案、拆模条件。方案要具体，可操作，结合工程，切合实际。对照抄照搬，应付差事的冬施方案要求重做，重新审批。

②冬施方案实施前要认真检查落实

a）及时收集天气中期预报，依气温调整施工进度，完善施工措施；

b）对冬施的混凝土配合比、外加剂性能、掺量必须提前做好审定；

c）对应到场的保温材料的质量和数量要提前检查到位情况；

d）对拟采取的保温措施要做出科学的判断，监理工程师应做好必须的热工计算审核；

e）对商品混凝土及现场搅拌站的外掺剂、搅拌方法、计量等进行必要考察和监控等等。

③抓好冬施关键点。监理工程师应根据工程实际情况，明确冬施监理的关键部位、关键点的内容，并加强现场监控。监理工程师必须做好以下的检查和抽测工作：

a）混凝土实际入模温度的监测；

b）混凝土内外温度及温差的监测、分析，必须时要采取措施防止混凝土受冻和裂缝的发生；

c）加强对蓄热覆盖防风措施的督察，确保覆盖及时到位；

d）适时控制拆模时间及拆模后的保温及养护问题；

e）督促检查留置混凝土强度试块，包括同条件和转常温条件试件，均不得漏作。

(4) 夏季混凝土浇筑过程中的质量控制要点

①对高温环境下影响混凝土的因素进行预测分析，督促承包单位制定施工措施，并抓好落实。

②监理工程师应从以下方面做好检查和督促：

a）原材料中，水泥是否选用合理，骨料是否有防止升温措施，外加剂（缓凝剂）是否选用已被认证的合格产品；

b）配合比是否考虑了夏季施工坍落度损失大的措施；

c）浇筑方案是否合理，浇筑速度是否适当；

d）养护条件是否有保证；

e）温度控制是否有效（宜在气温 30℃以下施工）等等。

（5）混凝土的质量评定

①应以现场取样试验结果作为鉴定混凝土强度的依据，结构工程冬期施工尚应留 2 组同条件养护试块，一组用以检验混凝土受冻前的强度，另一组用以检验转入常温养护 28d 的强度。

②当对结构强度或对混凝土试件强度的代表性有怀疑时，可采用非破损检验方法或从结构、构件中钻取芯样方法，按有关标准的规定，对结构、构件中的混凝土强度进行推定，作为是否应进行处理的依据。

（6）混凝土工程缺陷修补

①混凝土工程的质量缺陷，必须按有关标准加以认定，并经有关方面研究，由承包单位提出书面修补方案后，经监理工程师批准方可修补。

②需修补部位必须认真剔凿，用高压水及钢丝刷将基层冲洗干净。

③修补用水泥品种应与原混凝土的一致，强度等级一般高于原混凝土等级，并适量掺加微膨胀剂。

④修补部位，应略高于原混凝土表面，待达到构件设计强度后，再将外表凿平。

5. 混凝土工程外观质量问题

（1）蜂窝

①配合比计量不准，砂石级配不好。

②搅拌不匀。

③模板漏浆。

④振捣不够或漏振。

⑤一次浇捣混凝土太厚，分层不清，混凝土交接不清，振捣质量无法掌握。

⑥自由倾落高度超过规定，混凝土离析、石子赶堆。

⑦振捣器损坏，或临时断电造成漏振。

⑧振捣手少，振点少，振捣不到位。

（2）麻面

①同“蜂窝”原因。

②模板清理不净，或拆模过早，模板粘连。

③脱模剂涂刷不匀或漏刷。

④木模未浇水湿润，混凝土表面脱水，起粉。

⑤浇筑时间过长，模板上挂灰过多不及时清理，造成面层不密实。

⑥振捣时间不充分，气泡未排除。

（3）孔洞

①同蜂窝原因。

②钢筋太密，混凝土骨料太粗，不易下灰，不易振捣。

③洞口、坑底模板无排气口，混凝土内有气囊。

(4) 露筋

①同“蜂窝”原因。

②钢筋骨架加工不准，顶贴模板。

③缺保护层垫块。

④钢筋过密。

⑤无钢筋定位措施、钢筋位移贴模。

(5) 烂根

①模板根部缝隙堵塞不严，漏浆。

②浇筑前未下与混凝土配合比成分相同的无石子砂浆。

③混凝土和易性差，水灰比过大，石子沉底。

④浇筑高度过高，混凝土集中一处下料，混凝土离析或石子赶堆。

⑤振捣不实。

⑥模内清理不净、湿润不好。

(6) 缺棱掉角

①模板设计未考虑防止拆模掉角因素。

②木模未提前湿润，浇筑后木模膨胀造成混凝土角拉裂。

③模板缝不严，漏浆。

④模板未涂刷隔离剂或涂刷不佳，造成拆模粘连。

⑤拆模过早、过猛，拆模方法及程序不当。

⑥养护不好。

(7) 洞口变形

①模内顶撑间距太大，断面太小。

②模内无斜顶撑，刚度不足，不能保持方正。

③混凝土不对称浇筑，将模挤偏。

④洞口模板与主体模板固定不好，造成相对移动。

(8) 错台

①放线误差过大。

②模板位移变形，支模时无顺直找正措施。

③下层模板顶部倾斜或涨模，上层模板纠正复位，形成错台。

(9) 板缝混凝土浇筑不实

①板缝太小，石子过大。

②缝模板支吊不牢、变形、漏浆。

③缝内杂物未清，或缝内布管。

④无小振动棒插捣或不振捣或振捣不好。

(10) 裂缝

①水灰比过大，表面产生气孔、龟裂。

②水泥用量过大，收缩裂纹。

③养护不好或不及时，表面脱水，干缩裂纹。

④坍落度太大，浇筑过高、过厚，素浆上浮，表面龟裂。

⑤拆模过早，用力不当将混凝土撬裂。

⑥混凝土表面抹压不实。

⑦钢筋保护层太薄，顺筋而裂。

⑧缺箍筋、温度筋，使混凝土开裂。

⑨大体积混凝土无降低内外温差措施。

⑩洞口拐角等应力集中处无加强钢筋。

⑪混凝土裂缝的原因及裂缝的特征。

（五）现浇结构分项工程

1. 一般规定

现浇结构的外观质量缺陷，应由监理（建设）单位、施工单位等各方根据其对结构性能和使用功能影响的严重程度，按表6-41确定。

现浇结构外观质量缺陷 表6-41

名称	现象	严重缺陷	一般缺陷
露筋	构件内钢筋未被混凝土包裹而外露	纵向受力钢筋有露筋	其他钢筋有少量露筋
蜂窝	混凝土表面缺少水泥砂浆而形成石子外露	构件主要受力部位有蜂窝	其他部位有少量蜂窝
孔洞	混凝土中孔穴深度和长度均超过保护层厚度	构件主要受力部位有孔洞	其他部位有少量孔洞
夹渣	混凝土中夹有杂物且深度超过保护层厚度	构件主要受力部位有夹渣	其他部位有少量夹渣
疏松	混凝土中局部不密实	构件主要受力部位有疏松	其他部位有少量疏松
裂缝	缝隙从混凝土表面延伸至混凝土内部	构件主要受力部位有影响结构性能或使用功能的裂缝	其他部位有少量不影响结构性能或使用功能的裂缝
连接部位缺陷	构件连接处混凝土缺陷及连接钢筋、连接件松动	连接部位有影响结构传力性能的缺陷	连接部位有基本不影响结构传力性能的缺陷
外形缺陷	缺棱掉角、棱角不直、翘曲不平、飞边凸肋等	清水混凝土构件有影响使用功能或装饰效果的外形缺陷	其他混凝土构件有不影响使用功能的外形缺陷
外表缺陷	构件表面麻面、掉皮、起砂、沾污等	具有重要装饰效果的清水混凝土构件有外表缺陷	其他混凝土构件有不影响使用功能的外表缺陷

2. 外观质量

主 控 项 目

现浇结构的外观质量不应有严重缺陷。

对已经出现的严重缺陷，应由施工单位提出技术处理方案，并经监理（建设）单位认可后进行处理。对经处理的部位，应重新检查验收。

检查数量：全数检查。

检验方法：观察，检查技术处理方案。

3. 尺寸偏差

主　控　项　目

(1) 现浇结构不应有影响结构性能和使用功能的尺寸偏差。混凝土设备基础不应有影响结构性能和设备安装的尺寸偏差。

对超过尺寸允许偏差且影响结构性能和安装、使用功能的部位，应由施工单位提出技术处理方案，并经监理（建设）单位认可后进行处理。对经处理的部位，应重新检查验收。

检查数量：全数检查。

检验方法：量测，检查技术处理方案。

一　般　项　目

(2) 现浇结构和混凝土设备基础拆模后的尺寸偏差应符合表 6-42、表 6-43 的规定。

检查数量：按楼层、结构缝或施工段划分检验批。在同一检验批内，对梁、柱和独立基础，应抽查构件数量的 10%，且不少于 3 件；对墙和板，应按有代表性的自然间抽查 10%，且不少于 3 间；对大空间结构，墙可按相邻轴线间高度 5m 左右划分检查面，板可按纵、横轴线划分检查面，抽查 10%，且均不少于 3 面；对电梯井，应全数检查；对设备基础，应全数检查。

现浇结构尺寸允许偏差和检验方法　　表 6-42

项　目			允许偏差（mm）	检　验　方　法
轴线位置	基础		15	钢尺检查
	独立基础		10	
	墙、柱、梁		8	
	剪力墙		5	
垂直度	层　高	≤5m	8	经纬仪或吊线、钢尺检查
		>5m	10	经纬仪或吊线、钢尺检查
	全高（H）		H/1000 且≤30	经纬仪、钢尺检查
标高	层　高		±10	水准仪或拉线、钢尺检查
	全　高		±30	
截面尺寸			+8，−5	钢尺检查
电梯井	井筒长、宽对定位中心线		+25，0	钢尺检查
	井筒全高（H）垂直度		H/1000 且≤30	经纬仪、钢尺检查
表面平整度			8	2m 靠尺和塞尺检查
预埋设施中心线位置	预埋件		10	钢尺检查
	预埋螺栓		5	
	预埋管		5	
预留洞中心线位置			15	钢尺检查

注：检查轴线、中心线位置时，应沿纵、横两个方向量测，并取其中的较大值。

混凝土设备基础尺寸允许偏差和检验方法　表 6-43

项　　目		允许偏差 (mm)	检　验　方　法
坐标位置		20	钢尺检查
不同平面的标高		0，－20	水准仪或拉线、钢尺检查
平面外形尺寸		±20	钢尺检查
凸台上平面外形尺寸		0，－20	钢尺检查
凹穴尺寸		+20，0	钢尺检查
平面水平度	每米	5	水平尺、塞尺检查
	全长	10	水准仪或拉线、钢尺检查
垂直度	每米	5	经纬仪或吊线、钢尺检查
	全高	10	
预埋地脚螺栓	标高（顶部）	+20，0	水准仪或拉线、钢尺检查
	中心距	±2	钢尺检查
预埋地脚螺栓孔	中心线位置	10	钢尺检查
	深　度	+20，0	钢尺检查
	孔垂直度	10	吊线、钢尺检查
预埋活动地脚螺栓锚板	标高	+20，0	水准仪或拉线、钢尺检查
	中心线位置	5	钢尺检查
	带槽锚板平整度	5	钢尺、塞尺检查
	带螺纹孔锚板平整度	2	钢尺、塞尺检查

注：检查坐标、中心线位置时，应沿纵、横两个方向量测，并取其中的较大值。

4. 框架结构混凝土浇筑应注意的质量问题

（1）蜂窝：原因是混凝土一次下料过厚，振捣不实或漏振，模板有缝隙水泥浆流失，钢筋较密而混凝土坍落度过小或石子过大，柱、墙根部模板有缝隙，以致混凝土中的砂浆从下部涌出而造成。

（2）露筋：原因是钢筋垫块位移、间距过大、漏放，钢筋紧贴模板造成露筋，或梁、板底部振捣不实也可能出现露筋。

（3）麻面：拆模过早或模板表面漏刷隔离剂或模板湿润不够，构件表面混凝土易粘附在模板上造成麻面脱皮。

（4）孔洞：原因是钢筋较密的部位混凝土被卡，未经振捣就继续浇筑上层混凝土。

（5）缝隙与夹渣层：施工缝处杂物清理不净或未浇底浆等原因易造成缝隙、夹渣层。

（6）梁、柱连接处断面尺寸偏差过大：主要原因是柱接头模板刚度差或支此部位模板时未认真控制断面尺寸。

（7）现浇楼板面和楼梯踏步上表面平整度偏差太大：主要原因是混凝土浇筑后，表面不用抹子认真抹平，冬期施工在覆盖保温层时上人过早或未垫板进行操作。

（六）装配式结构分项工程

1. 一般规定

预制构件应进行结构性能检验。结构性能检验不合格的预制构件不得用于混凝土结构。

2. 预制构件

预制构件的尺寸偏差应符合表6-44的规定。

检查数量：同一工作班生产的同类型构件，抽查5%且不少于3件。

预制构件尺寸的允许偏差及检验方法　　表6-44

项　目		允许偏差（mm）	检　验　方　法
长　度	板、梁	+10，−5	钢尺检查
	柱	+5，−10	
	墙　板	±5	
	薄腹梁、桁架	+15，−10	
宽度、高（厚）度	板、梁、柱、墙板、薄腹梁、桁架	±5	钢尺量一端及中部，取其中较大值
侧向弯曲	梁、柱、板	l/750且≤20	拉线、钢尺量最大侧向弯曲处
	墙板、薄腹梁、桁架	l/1000且≤20	
预埋件	中心线位置	10	钢尺检查
	螺栓位置	5	
	螺栓外露长度	+10，−5	
预留孔	中心线位置	5	钢尺检查
预留洞	中心线位置	15	钢尺检查
主筋保护层厚度	板	+5，−3	钢尺或保护层厚度测定仪量测
	梁、柱、墙板、薄腹梁、桁架	+10，−5	
对角线差	板、墙板	10	钢尺量两个对角线
表面平整度	板、墙板、柱、梁	5	2m靠尺和塞尺检查
预应力构件预留孔道位置	梁、墙板、薄腹梁、桁架	3	钢尺检查
翘　曲	板	l/750	调平尺在两端量测
	墙板	l/1000	

注：1. l为构件长度（mm）；
2. 检查中心线、螺栓和孔道位置时，应沿纵、横两个方向量测，并取其中的较大值；
3. 对形状复杂或有特殊要求的构件，其尺寸偏差应符合标准图或设计的要求。

3. 预制钢筋混凝土框架结构构件安装应注意的质量问题

（1）构件缺陷：构件型号、规格使用错误，构件出厂尚未达到规定的强度，造成断裂、损坏。在运输和安装前应认真检查构件的外观质量，检查混凝土强度。运输、装卸时应针对构件的完好性进行交接，采用正确的装卸、堆放方法，防止损坏构件。损坏或有缺陷的构件，未经技术部门鉴定，不得使用。

（2）构件位置偏移：安装前构件应标明型号和使用部位，放线复查无误后进行安装，防止放线误差造成构件偏移。应认真复核放线的尺寸，不同气候变化应调整量具误差。操作时认真负责，细心校正、纠偏。使构件安装位置、标高、垂直度符合设计要求。

(3) 上层与下层轴线不对应，出现错位，影响结构安装。上层的定位线应由底层引上去，用经纬仪引垂线，测定正确的楼层轴位线。保证上、下层之间轴线完全吻合。

(4) 节点混凝土浇捣不密实：节点模板不严跑浆，浇灌时钢筋密、振捣不认真。浇灌前将节点处模板缝堵严，浇筑时认真振捣，核心区钢筋很密，混凝土要有良好的和易性，适宜的坍落度，确保浇捣密实，符合要求。模板应留清扫口，浇灌前认真清理，避免夹渣。

(5) 主筋位移：节点部位下层柱子主筋位移，给搭接焊造成困难，原因是构件生产未采取有效措施控制主筋位置，运输、吊装当中造成主筋变形，偏位。构件生产过程应有严格的措施，保证梁、柱主筋的正确位置，吊运当中避免碰撞，安装前先理直、理顺，使主筋顺直，位置正确。点焊定位箍应根据轴线进行检查，确保柱接头处主筋位置正确。

(6) 节点区构造不符合设计要求：不看图，不按图施工，不按规定操作，核心区不按规定使用箍筋或箍筋数量不够。施工中应认真按节点图的构造要求处理。

(7) 楼层超高，多数是上偏差。原因主要在于吊装过程对标高控制不严，抬高了安装标高。应从首层开始，引测柱基上皮实际相对标高，找准柱底找平层的标高，安装楼层柱子时，要调整定位钢板的标高来控制楼层的标高，节点定位钢板定位前后均用水准仪认真找平，根据柱子的实际长度，逐根定出柱子定位钢板的负偏差。负偏差数值以3～5mm为宜，可以用垫片去调整，而正偏差则难于调整。

(8) 柱身歪斜：柱身不正，轴线上下不垂直，主要原因是施焊方法不良。为防止柱子歪斜，梁柱接头有两个或两个以上的施焊点，应采用对称轮流施焊的方法，施焊过程不允许猛撬钢筋，主筋焊接过程随时用经纬仪观察柱身垂直偏差情况，发现偏差及时纠正。

(9) 柱子位移：与楼层的轴线对照，柱子轴线产生偏离，因只依据小柱头上的十字线就位，而不对照柱身大面上的轴线，或主筋焊接时因热变形影响产生扭曲，导致轴线位移。就位时除依据小柱头上的十字线，还要对照大面上已弹好的轴线进行校正。主筋焊接前必须先将小柱头上的连接钢板与柱定位钢板焊接牢固。主筋焊接后应复核，纠正柱子轴位偏离。

(10) 柱子垂直超偏，柱子不直。因安装时不认真进行垂直度检查与校正，不消除由于焊接热变形造成的影响。安装时应在相邻的两个面，用线坠进行垂直校正。小柱头上的连接钢板点焊以后，再用柱子校正器进行二次纠偏，主筋采用对称、等速、间歇施焊。合理安排焊接顺序，从框架的整体上应采用错开施焊的方法，防止因施焊过程应力不均的影响，使框架产生不同程度的变形。

(11) 梁产生位移：梁在就位以后中心线（轴线）对定位轴线之间的位移超过允许偏差。由于相对称框架梁之间主筋位置互相顶撞、挤压。梁、柱主筋相碰，摆设困难，将大梁挤歪。或因其他结构安装时被碰击，或承受施工中的外力而产生位移。应在大梁就位前找准柱顶的轴线。标定大梁主筋的实际位置线、间距和搭接尺寸，从中间往两边排尺，预先对梁的主筋作一些小的调整；合理安排相互间的位置，避免相互碰挤。加工厂预制时梁主筋外露部分必须按设计规定位置设置。当主筋位置有矛盾也不得任意烧割钢筋，发现问题及时调整。

(12) 节点区做法不规矩，核心区钢筋杂乱。不按大样图的要求去做。核心区的箍筋必须按规定间距加密（包括节点上部1/6柱净高，且不小于500mm范围内）或设置点焊钢筋网片。如设计无明确规定，一般箍筋规格不小于 $\phi8$，间距最大不超过 $8d$（或100mm）。

预制装配式框架结构梁、柱、板各节点的连接构造是施工中的关键部位，对结构的整体刚度、强度影响很大，要求细心操作，精心施工，进行严格的质量控制与检查，在自检的基础上办好隐蔽工程验收。

(13) 梁、板的支撑长度不够。梁在安装时要注意支座上的搁置长度，在固定之前进行调整，两头伸入节点区的锚固长度要一致，加支撑顶牢，楼端头不得跨空。不压胡子筋。

(14) 梁产生垂偏：梁在安装以后梁身出现歪斜，因柱顶或大梁底部不平，支垫不平稳，或因柱子主筋有碍梁端正位，造成大梁侧偏。应在安装前先对柱顶、梁顶进行整修、抹平、搁方。就位前理顺梁、柱钢筋的交叉关系，将支座垫平，楔稳。空腹花篮梁的槽空要顺直，不能歪斜。槽孔不符合要求时应吊装前剔凿修理完好，以利穿插剪力墙的竖向钢筋，并保证其间距位置正确。

(15) 焊接不符合要求，焊缝太薄，烧伤主筋，咬肉，夹渣，不清除药皮焊渣等。因钢筋之间接触不严实，不平顺，空隙过大，操作环境狭窄，有碍操作。焊接前应将各部位的钢筋用扳手调整顺直靠紧，交叉位置合理平顺，便于施焊。操作时严格按焊接规程执行，确保安装、焊接质量。

4. 构件安装工程的质量预控

(1) 详细审核图纸，熟悉有关技术资料，明确安装标准；

(2) 审核承包单位提交的施工组织设计或施工方案；特别要注意有特殊要求的构件安装方案；

(3) 对构件预制厂进行资质考查；

(4) 对进场的构件要检验合格证、混凝土强度试验报告，检查外形尺寸，检查构件变形、裂缝情况，检查码放是否合理，要求承包单位对可修补的部位进行修补；

(5) 对进场的构件，督促承包单位做好构件轴线的弹线和标高控制的标记，并进行编号；

(6) 对支撑结构进行质量验收，并完成控制轴线和标高的调整、校核和验收；

(7) 检查吊装设备，设备应满足该项吊装工程，特别是钢丝绳，刹车装置及限位装置等应可靠。

5. 构件安装工程的施工质量控制要点

(1) 吊点的质量控制，一般钢筋混凝土梁、板的吊点位置设在距端头1/5～1/6梁长处，柱子的绑扎位置和绑扎点数应根据柱的形状、断面、长度、配筋位置和起重机性能等具体情况确定。监理工程师要依据理论和经验对承包单位的做法予以判定，防止吊装过程损坏构件。

(2) 构件安装并临时就位固定后，应检查固定措施是否可靠，经校正偏差后，监理工程师应对构件外观及安装质量进行验收。

(3) 构件接头做法应符合设计要求和施工规范规定

构件接头有:柱与柱、柱与梁、板与板等较多形式。如设计无要求时应注意下列各点：

①板与梁、墙：板的搭接长度一般应等于板厚，并不得少于70mm。如有抗震要求时，在墙上≮100mm；在梁上≮80mm。有与梁、墙预埋件焊接要求时，焊点不得少于板的3个板角。

②柱与柱：目前有榫式接头、插入式接头、浆锚式接头等形式，如有外露钢筋焊接接头应符合下表的要求。

预制柱钢筋外露长度　　表6-45

序　号	外接形式	钢筋外露长度（mm）		备　注
		受力钢筋≤14根	受力钢筋＞14根	
1	坡口焊	250	350	缝长度及焊接要求应符合钢筋接头及搭接长度的要求
2	搭接焊	250＋焊缝长度	350＋焊缝长度	

③梁与柱：目前有明牛腿式和齿槽式等接头形式，大多为在牛腿上、柱端角上预埋钢板，互相焊接后再焊接柱与梁伸出的钢筋，由于梁端灌缝，必须在梁制作时在梁端上部预留出一段不浇筑混凝土部分。

(4) 钢筋接头的焊缝长度及外观质量；当焊缝长度符合要求，无较大的凹陷、焊瘤，接头处无裂纹和气孔，咬边深度不大于0.5mm（低温焊接咬边深度不大于0.2mm）时，可评为合格。如焊缝长度符合要求，表面平整，没有上述缺陷时则评为优良。

(5) 构件接头、接缝及焊接质量应进行验收。接缝和接头处的混凝土或砂浆配合比须经监理工程师确认。梁、柱接头的关键是浇筑、振捣和捻缝，浇筑应密实，振捣要采用高频插入式振捣器，承受内力的接头、接缝混凝土的强度等级应比构件混凝土强度等级提高二级，对不承受内力的接缝，强度不应低于150N/mm^2，捻缝应选用干硬性混凝土；接头湿润养护应不少于7天。

6. 预制钢筋混凝土隔墙板安装应注意的质量问题

(1) 埋件移位：原因是隔墙板在预制加工生产过程对周边连接埋件的固定没有采取有效的措施，造成埋件偏移、不平、不正，使安装隔墙板时四周的连接焊件与结构墙体相对应的连接钢板之间出现很大的偏移，焊接时彼此连接不上，给焊接带来很大困难。应认真加强预制生产过程的质量控制，加工时认真交底，进场前进行检验，不合格板不许上墙。必要时可加较长的连接钢板焊接，连接点的钢板、钢筋均不得凸出墙面，以免影响室内装修。

钢筋混凝土隔墙板安装允许偏差　　表6-46

项　次	项　　目	允许偏差（mm）	检验方法
1	垂直度	3	用2m吊线板
2	轴线位置偏移	3	尺量检查
3	墙板拼缝高差	±5	用直尺楔形塞尺检查
4	标　　高	±10	用水准仪或尺量检查

(2) 隔墙板缺棱掉角：原因是装卸、运输、堆放过程不注意成品保护。在吊运中应加强成品保护，防止损坏。缺棱掉角应用1:2.5水泥砂浆，加水用量10%的107胶进行修补。

(3) 挠曲变形：隔墙板出现挠曲、裂缝，原因是由于出模时混凝土强度偏低或存放不合理，倾斜角度大，板互相挤压，造成挠曲变形。应在生产、吊运、存放过程中注意隔墙板厚度小的特点，轻起轻落，直立靠板，防止变形，已形成挠曲的板不得使用。

(4) 焊接不牢：隔墙板上的连接部位不按规定施焊，原因是操作人员不按连接构造做法的要求，未事先准备好连接用钢板，而是随意使用小直径的钢筋头、铁片作为连接件，违反操作规定。节点焊接应认真按设计规定的节点构造做法大样图的要求施工，必须使用准备好的（40～60）×40×4（mm）的连接钢板，且周边满焊。互相垂直的两个面上的埋件焊接，连接钢板应适当加长，加工成90°或双侧施焊，确保连接牢固。

(5) 连接焊点数不够：隔墙板与周边结构墙体之间，只对上角的一两个点进行焊接，其余点则不焊，影响质量和安全。原因是交底不清，准备工作不细，造成单侧有埋件，而对应的另一侧无埋件，且多数结构现浇墙体上的对应部位没有事先设置埋件，或两个埋件之间的距离太远，无法焊接。改进措施：

1）主体结构施工时，在隔墙板的安装位置上按照隔墙板的加工图，凡隔墙板上有连接埋件的地方在结构墙体的相对部位应准确地设置埋件，以利焊接。

2）有门洞的隔墙板（俗称刀把板），在靠近门洞一侧其上部应与结构墙体的埋件焊接，下端应与楼地面上的埋件焊接牢固。如楼地面没有预埋件，必须补埋。严禁只作单侧或一点固定，以保安全。

3）所有设置埋件的连接点，均应逐个焊接牢固，认真检查，不得漏焊。

(6) 隔墙板平摆浮搁，不坐浆，不捻实：原因是安装时只图操作省事，不认真执行规定，将隔墙板直接蹲在楼板上，板底缝不垫楔子，不坐浆，板顶缝过大，不捻浆或捻浆不实。安装就位时板的上下缝均用楔子垫平，楔实。板校正、焊牢以后，用1:2.5加水用量10%的107胶聚合物水泥砂浆，将上下及双侧板缝认真捻实、刮平，使隔墙板垂直、牢固地安装在正确的位置上。

7. 预制外墙板安装应注意的质量问题

(1) 外墙板防水构造破损：吊装前应做好检查，已破损部分做好修整工作。安装时避免用橇棍橇动易损部位。

(2) 上下层外墙板出现错台：外墙板就位时，按线就位，以外边线为准，保证上下层外墙板平顺。

(3) 节点钢筋不符合规定：如墙板钢筋套环与内墙钢筋套环不吻合，竖向钢筋插入套环不足三组等。因此，在钢筋作业时应认真负责，保证节点钢筋构造符合设计要求。

(4) 键槽处理不及时：键槽钢筋应及时焊接并浇灌混凝土，焊接质量应符合设计要求。

8. 加气混凝土条板安装应注意的质量问题

(1) 加气混凝土墙下预设的钢筋混凝土带易损坏：原因是与楼板固定不牢；工种之间的交叉损坏；浇筑不实，养护不好。钢筋混凝土带下边的楼板应采取“毛化处理”；安排好工序搭接文明施工；钢筋混凝土带要仔细操作，认真养护。

(2) 条板安装后上端及侧面局部粘结不牢：原因是不按操作工艺施工；安装前没认

真涂抹粘结剂；安装时挤压力不够；下端楔子没背紧。应认真按操作工艺施工；安装时加大挤压力，下端楔子应背紧。

(3) 坏板上墙：原因是安装时不严格把关，破损严重的板也安装上墙；数量不够，没有板顶替。加工订货时应注意考虑合理损耗，坚持不能用的板不上墙，严把质量关。

(4) 安装拼缝不垂直：原因是施工时没有找垂直；关键是第一块板安装没保证垂直度。注意第一块板安装后一定认真检查无问题后再继续安装。

(5) 拼缝处胶痕处理不净或挤胶不严；施工时合理分工，对挤出的胶及时刮净。

9. 预应力圆孔板安装应注意的质量问题

(1) 不合格的大楼板不能上墙，安装前认真检查。

(2) 大楼板安装的方向标志应保证与图纸符合，以保证孔洞位置与图纸相符，不可任意剔凿孔洞，破坏大楼板结构。

(3) 防止板两端搭墙长度不等，造成一端压墙太少，吊装时应认真调整板端搭墙长度。

(4) 安装楼板时不准切断板端伸出的钢筋，不准剔掉键槽，也不准在安装楼板时把板端伸出的钢筋压在后安装的相邻大楼板的板下。

(5) 安装大楼板时不论采用硬架支模还是抹找平层方法，标高应符合设计要求，使用的支撑应有足够的刚度，保证不下沉。

10. 预制阳台、雨罩、通道板安装应注意的质量问题

(1) 安装不平，临时支撑顶部和水泥砂浆找平层必须在一个水平面上。

(2) 位置不准确：安装时必须按控制线及标高就位，若有偏差应及时调整。

(3) 支座不实：应注意找平层的平整，安装时应浇水泥素浆，安装完仍有孔隙应用干硬性砂浆塞实。

(4) 锚固筋的长度及搭接焊不符合要求：原因是任意断弯阳台外露锚固筋，造成筋固长度不够。锚固筋采用搭接焊时宜采用双面焊缝，但有时改为单面焊缝，造成焊缝长度或锚固长度不符合要求。

(5) 锚固筋未伸进墙内或圈梁内：由于预制阳台板或通道板安装位置不准确，使锚固筋与混凝土墙位错开，吊装时应特别注意必须按位置线安装。

(6) 阳台、通道板上下不垂直：主要原因是由于安装时未按预先弹的控制线安装，安装过程中未随时吊线进行控制。

(7) 阳台、通道板下缝渗水：由于未认真做防水处理。安装完之后应随时将外边缝3cm宽的垫浆剔掉，按设计和规定要求做防水处理。通道板与通道板之间的缝隙必须用细石混凝土浇筑密实。

11. 预制楼梯及垃圾道安装应注意的质量问题

(1) 楼梯段支承不良：主要原因是支座处接触不实或搭接长度不够。安装休息板（或楼梯段）时要校对休息板标高及楼梯段斜向长度。

(2) 楼梯段干摆：原因是操作不当，安装时没有坐浆，干摆，安装找正后未及时灌缝。安装时应严格按设计要求浇水泥浆，安装后及时灌缝。

(3) 焊接不符合要求：构件连接采用短钢筋仅两端点焊接，影响结构整体性能。应该按设计图纸要求，用连接铁件围焊牢固。

(4) 休息板面与踏步板面接槎高低不符合要求：主要原因是找平放线不准、安装标

高不符合设计要求。安装休息板时特别要注意标高和水平位置的准确性。

(5) 垃圾道不顺直及垃圾箱口位置高低不符合设计要求：安装时未严格按设计要求标高就位和找正。

(6) 楼梯段左右反向：安装楼梯段时应注意扶手栏杆预埋件的位置方向。

五、砌体工程

(一) 基本规定

1. 砌筑基础前，应校核放线尺寸，允许偏差应符合表 6-47 的规定。

放线尺寸的允许偏差　　表 6-47

长度 L、宽度 B (m)	允许偏差 (mm)	长度 L、宽度 B (m)	允许偏差 (mm)
L (或 B) ≤30	±5	60< L (或 B) ≤90	±15
30< L (或 B) ≤60	±10	L (或 B) >90	±20

2. 在墙上留置临时施工洞口，其侧边离交接处墙面不应小于 500mm，洞口净宽度不应超过 1m。

抗震设防烈度为 9 度的地区建筑物的临时施工洞口位置，应会同设计单位确定。

临时施工洞口应做好补砌。

3. 不得在下列墙体或部位设置脚手眼：

(1) 120mm 厚墙、料石清水墙和独立柱；

(2) 过梁上与过梁成 60°角的三角形范围及过梁净跨度 1/2 的高度范围内；

(3) 宽度小于 1m 的窗间墙；

(4) 砌体门窗洞口两侧 200mm（石砌体为 300mm）和转角处 450mm（石砌体为 600mm）范围内；

(5) 梁或梁垫下及其左右 500mm 范围内。

4. 尚未施工楼板或屋面的墙或柱，当可能遇到大风时，其允许自由高度不得超过表 6-48 的规定。如超过表中限值时，必须采用临时支撑等有效措施。

墙和柱的允许自由高度 (m)　　表 6-48

墙(柱)厚 (mm)	砌体密度>1600 (kg/m³)			砌体密度 1300～1600 (kg/m³)		
	风载 (kN/m²)			风载 (kN/m²)		
	0.3 (约7级风)	0.4 (约8级风)	0.5 (约9级风)	0.3 (约7级风)	0.4 (约8级风)	0.5 (约9级风)
190	—	—	—	1.4	1.1	0.7
240	2.8	2.1	1.4	2.2	1.7	1.1
370	5.2	3.9	2.6	4.2	3.2	2.1
490	8.6	6.5	4.3	7.0	5.2	3.5
620	14.0	10.5	7.0	11.4	8.6	5.7

注：1. 本表适用于施工处相对标高 (H) 在 10m 范围内的情况。如 10m< H ≤15m，15m< H ≤20m 时，表中的允许自由高度应分别乘以 0.9、0.8 的系数；如 H >20m 时，应通过抗倾覆验算确定其允许自由高度。

2. 当所砌筑的墙有横墙或其他结构与其连接，而且间距小于表列限值的 2 倍时，砌筑高度可不受本表的限制。

5. 搁置预制梁、板的砌体顶面应找平，安装时应坐浆。当设计无具体要求时，应采用1∶2.5的水泥砂浆。

6. 砌体施工质量控制等级应分为三级，并应符合表6-49的规定。

砌体施工质量控制等级　　**表 6-49**

项　目	施工质量控制等级		
	A	B	C
现场质量管理	制度健全，并严格执行；非施工方质量监督人员经常到现场，或现场设有常驻代表；施工方有在岗专业技术管理人员，人员齐全，并持证上岗	制度基本健全，并能执行；非施工方质量监督人员间断地到现场进行质量控制；施工方有在岗专业技术管理人员，并持证上岗	有制度；非施工方质量监督人员很少作现场质量控制；施工方有在岗专业技术管理人员
砂浆、混凝土强度	试块按规定制作，强度满足验收规定，离散性小	试块按规定制作，强度满足验收规定，离散性较小	试块强度满足验收规定，离散性大
砂浆拌合方式	机械拌合；配合比计量控制严格	机械拌合；配合比计量控制一般	机械或人工拌合；配合比计量控制较差
砌筑工人	中级工以上，其中高级工不少于20%	高、中级工不少于70%	初级工以上

（二）砌筑砂浆

1. 水泥进场使用前，应分批对其强度、安定性进行复验。检验批应以同一生产厂家、同一编号为一批。

当在使用中对水泥质量有怀疑或水泥出厂超过三个月（快硬硅酸盐水泥超过一个月）时，应复查试验，并按其结果使用。

不同品种的水泥，不得混合使用。

2. 凡在砂浆中掺入有机塑化剂、早强剂、缓凝剂、防冻剂等，应经检验和试配符合要求后，方可使用。有机塑化剂应有砌体强度的型式检验报告。

（三）砖砌体工程

主 控 项 目

1. 砖和砂浆的强度等级必须符合设计要求。

2. 砖砌体的转角处和交接处应同时砌筑，严禁无可靠措施的内外墙分砌施工。对不能同时砌筑而又必须留置的临时间断处应砌成斜槎，斜槎水平投影长度不应小于高度的2/3。

3. 砖砌体的位置及垂直度允许偏差应符合表6-50的规定。

砖砌体的位置及垂直度允许偏差　表 6-50

<table>
<tr><th>项次</th><th colspan="3">项　目</th><th>允许偏差（mm）</th><th>检 验 方 法</th></tr>
<tr><td>1</td><td colspan="3">轴线位置偏移</td><td>10</td><td>用经纬仪和尺检查或用其他测量仪器检查</td></tr>
<tr><td rowspan="3">2</td><td rowspan="3">垂直度</td><td colspan="2">每层</td><td>5</td><td>用 2m 托线板检查</td></tr>
<tr><td rowspan="2">全高</td><td>≤10m</td><td>10</td><td rowspan="2">用经纬仪、吊线和尺检查，或用其他测量仪器检查</td></tr>
<tr><td>>10m</td><td>20</td></tr>
</table>

一 般 项 目

砖砌体的一般尺寸允许偏差应符合表 6-51 的规定。

砖砌体一般尺寸允许偏差　表 6-51

<table>
<tr><th>项次</th><th colspan="2">项　目</th><th>允许偏差（mm）</th><th>检 验 方 法</th><th>抽 检 数 量</th></tr>
<tr><td>1</td><td colspan="2">基础顶面和楼面标高</td><td>±15</td><td>用水平仪和尺检查</td><td>不应少于 5 处</td></tr>
<tr><td rowspan="2">2</td><td rowspan="2">表面平整度</td><td>清水墙、柱</td><td>5</td><td rowspan="2">用 2m 靠尺和楔形塞尺检查</td><td rowspan="2">有代表性自然间 10%，但不应少于 3 间，每间不应少于 2 处</td></tr>
<tr><td>混水墙、柱</td><td>8</td></tr>
<tr><td>3</td><td colspan="2">门窗洞口高、宽（后塞口）</td><td>±5</td><td>用尺检查</td><td>检验批洞口的 10%，且不应少于 5 处</td></tr>
<tr><td>4</td><td colspan="2">外墙上下窗口偏移</td><td>20</td><td>以底层窗口为准，用经纬仪或吊线检查</td><td>检验批的 10%，且不应少于 5 处</td></tr>
<tr><td rowspan="2">5</td><td rowspan="2">水平灰缝平直度</td><td>清水墙</td><td>7</td><td rowspan="2">拉 10m 线和尺检查</td><td rowspan="2">有代表性自然间 10%，但不应少于 3 间，每间不应少于 2 处</td></tr>
<tr><td>混水墙</td><td>10</td></tr>
<tr><td>6</td><td colspan="2">清水墙游丁走缝</td><td>20</td><td>吊线和尺检查，以每层第一皮砖为准</td><td>有代表性自然间 10%，但不应少于 3 间，每间不应少于 2 处</td></tr>
</table>

（四）石砌体工程

一 般 规 定

1. 挡土墙的泄水孔当设计无规定时，施工应符合下列规定：

（1）泄水孔应均匀设置，在每米高度上间隔 2m 左右设置一个泄水孔；

（2）泄水孔与土体间铺设长宽各为 300mm、厚 200mm 的卵石或碎石作疏水层。

主 控 项 目

2. 石材及砂浆强度等级必须符合设计要求。

3. 石砌体的轴线位置及垂直度允许偏差应符合表 6-52 的规定。

石砌体的轴线位置及垂直度允许偏差　表 6-52

项次	项目		允许偏差（mm）							检验方法
			毛石砌体		料石砌体					
					毛料石		粗料石		细料石	
			基础	墙	基础	墙	基础	墙	墙、柱	
1	轴线位置		20	15	20	15	15	10	10	用经纬仪和尺检查，或用其他测量仪器检查
2	墙面垂直度	每层		20		20		10	7	用经纬仪、吊线和尺检查或用其他测量仪器检查
		全高		30		30		25	20	

一 般 项 目

4. 石砌体的一般尺寸允许偏差应符合表 6-53 的规定。

抽检数量：外墙，按楼层（4m 高以内）每 20m 抽查 1 处，每处 3 延长米，但不应少于 3 处；内墙，按有代表性的自然间抽查 10%，但不应少于 3 间，每间不应少于 2 处，柱子不应少于 5 根。

石砌体的一般尺寸允许偏差　表 6-53

项次	项目		允许偏差（mm）							检验方法
			毛石砌体		料石砌体					
					毛料石		粗料石		细料石	
			基础	墙	基础	墙	基础	墙	墙、柱	
1	基础和墙砌体顶面标高		±25	±15	±25	±15	±15	±15	±10	用水准仪和尺检查
2	砌体厚度		+30	+20 −10	+30	+20 −10	+15	+10 −5	+10 −5	用尺检查
3	表面平整度	清水墙、柱	—	20	—	20	—	10	5	细料石用 2m 靠尺和楔形塞尺检查，其他用两直尺垂直于灰缝拉 2m 线和尺检查
		混水墙、柱	—	20	—	20	—	15	—	
4	清水墙水平灰缝平直度		—	—	—	—	—	10	5	拉 10m 线和尺检查

（五）配筋砌体工程

主 控 项 目

1. 钢筋的品种、规格和数量应符合设计要求。

2. 构造柱、芯柱、组合砌体构件、配筋砌体剪力墙构件的混凝土或砂浆的强度等级应符合设计要求。

3. 构造柱位置及垂直度的允许偏差应符合表 6-54 的规定。

构造柱尺寸允许偏差 表 6-54

<table>
<tr><th>项次</th><th colspan="3">项 目</th><th>允许偏差（mm）</th><th>抽 检 方 法</th></tr>
<tr><td>1</td><td colspan="3">柱中心线位置</td><td>10</td><td>用经纬仪和尺检查或用其他测量仪器检查</td></tr>
<tr><td>2</td><td colspan="3">柱层间错位</td><td>8</td><td>用经纬仪和尺检查或用其他测量仪器检查</td></tr>
<tr><td rowspan="3">3</td><td rowspan="3">柱垂直度</td><td colspan="2">每 层</td><td>10</td><td>用 2m 托线板检查</td></tr>
<tr><td rowspan="2">全高</td><td>≤10m</td><td>15</td><td rowspan="2">用经纬仪、吊线和尺检查，或用其他测量仪器检查</td></tr>
<tr><td>>10m</td><td>20</td></tr>
</table>

（六）填充墙砌体工程

填充墙砌体一般尺寸的允许偏差应符合表 6-55 的规定。

填充墙砌体一般尺寸允许偏差 表 6-55

<table>
<tr><th>项次</th><th colspan="2">项 目</th><th>允许偏差（mm）</th><th>检 验 方 法</th></tr>
<tr><td rowspan="3">1</td><td colspan="2">轴线位移</td><td>10</td><td>用尺检查</td></tr>
<tr><td rowspan="2">垂直度</td><td>小于或等于 3m</td><td>5</td><td rowspan="2">用 2m 托线板或吊线、尺检查</td></tr>
<tr><td>大于 3m</td><td>10</td></tr>
<tr><td>2</td><td colspan="2">表面平整度</td><td>8</td><td>用 2m 靠尺和楔形塞尺检查</td></tr>
<tr><td>3</td><td colspan="2">门窗洞口高、宽（后塞口）</td><td>±5</td><td>用尺检查</td></tr>
<tr><td>4</td><td colspan="2">外墙上、下窗口偏移</td><td>20</td><td>用经纬仪或吊线检查</td></tr>
</table>

（七）冬期施工

冬期施工所用材料应符合下列规定：

（1）石灰膏、电石膏等应防止受冻，如遭冻结，应经融化后使用；

（2）拌制砂浆用砂，不得含有冰块和大于 10mm 的冻结块；

（3）砌体用砖或其他块材不得遭水浸冻。

（八）砖砌体施工应注意的质量问题

1. 砂浆配合比不准：水泥和砂都要车车过磅，计量要准确。搅拌时间要保证达到规定要求。

2. 冬期砌筑砂浆不得使用无水泥配制的砂浆。

3. 基础墙身位移过大：大放脚两边收退要均匀，砌到基础墙身时，要拉通线找正墙的轴线和边线，砌筑时保持墙身垂直。如偏差较小时，可在基础部位纠正，不得在防潮层以上退台或出沿。

4. 墙面不平：一砖半墙必须双面挂线，一砖墙反手挂线；舌头灰要随砌随刮平。

5. 水平灰缝高低不平：盘角时灰缝要掌握均匀，每层砖都要与皮数杆对平，通线要绷紧穿平。砌筑时要左右照顾，避免留接槎处接的高低不平。

6. 皮数杆不平：抄平放线时要细致认真；钉皮数杆的木桩要牢固，防止碰撞松动。皮数杆立完后，要再进行一次水平标高的复验，确保皮数杆高度一致。

7. 埋入砌体中的拉结筋位置不准：应随时注意砌的皮数，保证按皮数杆标明的位置放拉结筋，其外露部分在施工中不得任意弯折，并保证其长度符合图纸要求。

8. 留槎不符合要求：砌体的转角和交接处，应同时砌筑，否则应砌成斜槎。

9. 有高低台的基础，应从低处砌起，并由高台向低台搭接。设计无要求时，搭接长度不应小于基础扩大部分的高度。

10. 砌体临时间断处的高度差过大：不得超过一步脚手架的高度。

11. 基础墙与墙错台：基础砖撂底要正确，收退大放脚两边要相等，退到墙身之前要检查轴线和边线是否正确，如偏差较小可在基础部位纠正，不得在防潮层以上退台或出沿。

12. 清水墙游丁走缝：排砖时必须把立缝排匀，砌完一步架高度，每隔 2m 间距在丁砖立楞处用托线板吊直弹线，两步架往上继续吊直弹粉线，由底往上所有七分头的长度应保持一致，上层分窗口位置时必须同下层窗口保持垂直。

13. 水平灰缝大小不匀：立皮数杆要保证标高一致，盘角时灰缝要掌握均匀，砌砖时小线要拉紧，防止一层线松、一层线紧。

14. 窗口上部立缝变活：清水墙排砖时，为了使窗间墙、垛排成好活，把破活排在中间位置，在砌过梁上第一行砖时，不得随意变动破活位置。

15. 砖墙鼓胀：外砖内模墙体砌筑时，在窗间墙上，抗震柱两边分上中下留出 60mm ×120mm 通孔，抗震柱外墙面垫 50mm 厚木板，用花篮螺栓与大模板连接牢固，混凝土要分层浇灌，振捣棒不可直接触及外墙。楼层圈梁外三皮 120mm 砖墙也应认真加固。如在振捣时发现砖墙已鼓胀，则应及时拆掉重砌。

16. 混水墙粗糙：舌头灰未刮尽，半头砖集中使用造成通缝；一砖厚墙背面偏差较大；砖墙错层造成螺丝墙。半头砖要分散使用在较大的墙体上，首层或楼层的第一皮砖要查对皮数杆的标高及层高，防止到顶砌成螺丝墙，一砖厚墙采用外手挂线。

17. 构造柱砌筑不符合要求：构造柱砖墙应砌成大马牙槎，设置好拉结筋从柱脚开始两侧都应先退后进，当齿深 120mm 时上口一皮进 60mm，再上一皮进 120mm，以保证混凝土浇灌上角密实，构造柱内的落地灰，砖渣杂物清理干净，防止夹渣。

（九）加气混凝土砌块施工应注意的质量问题

1. 碎块上墙：原因是施工搬运中损坏较多，事前又不进行粘结，随意用破碎块砌墙，影响墙体的强度。应在砌筑前先将断裂块加工粘制成规格尺寸，然后再用。碎小块未经加工不得使用。

2. 墙体与板梁底部的连接不符合要求，出现较大空隙：原因是结构施工时板、梁底部未事先留置拉结筋，砌筑时又不采取拉结措施，影响墙体的稳定性。在结构施工时按要求在板、梁底部留好拉结筋，按要求做到墙顶连接牢固。

3. 粘结不牢：原因是用混合砂浆加 107 胶代替粘结砂浆使用，导致粘结不牢。应按操作工艺要求的配合比调制粘结砂浆，砌筑时用力挤压密实。

4. 拉结钢筋不符合规定：原因是拉结筋、拉结带不按规定预留、设置，造成砌体不稳定。拉结筋、拉结带应按设计要求留置。

5. 门窗洞口构造做法不符合规定：原因是未事先加工混凝土块，不符合设计构造大样图的规定，造成门窗安装不牢。应先预制好足够的混凝土垫块，注意过梁梁端部位按规定砌好四皮机砖，或放混凝土垫块。宜在门窗洞上口设钢筋混凝土带并整道墙贯通。

6. 灰缝不匀：原因是砌筑前对灰缝大小不进行计算，不作分层标记，不拉通线，使灰缝大小不一致。应根据墙体尺寸及砌块规格进行安排，将皮数、灰缝做出标记，拉通线砌筑，做到灰缝基本一致，墙面平整，灰缝饱满。

7. 排块及局部做法不合理：原因是砌筑前对整体立面、剖面及水平砌筑时不按规定排块，造成构造不合理，影响砌体质量。砌筑时排块及构造做法，应依照通用图集的有关规定执行。

（十）砌空心砖墙应注意的质量问题

1. 砂浆强度不够：注意不使用过期水泥，计量要准确，保证搅拌时间，砂浆试块的制作、养护及试压均应符合规定。

2. 墙体顶面不平直：空心砖墙砌到最顶部时不好使线，墙体容易里出外进不平顺，应在梁底或板底弹出墙边线，认真按线砌筑，确保顶部墙体平直通顺。

3. 室内门窗框两侧漏砌实心砖：空心砖墙在门窗框两侧应砌实心砖，便于埋设木砖及铁件固定门窗框、安放混凝土过梁。

4. 空心砖墙后剔凿：孔洞、埋件应按设计图纸的位置、标高、尺寸准确预留或埋设，避免事后剔凿开洞，影响质量。

5. 拉结筋不合砖行：混凝土墙、柱内预埋拉结筋，经常不能与空心砖行灰缝吻合，应预先计算好砖行模数，保证拉结筋与空心砖行吻合，不应将拉结筋弯折使用。

6. 预埋在墙、柱内的拉结筋任意弯折、切断：墙、柱外露的拉结筋应注意保护，不得随意弯折或切断。

7. 留槎不符合要求：砌体的转角和交接处，应同时砌筑或砌成斜槎，不得留直槎。

（十一）砌砖工程质量预控工作

1. 认真研究施工图纸，搞清不同楼层、不同部位对砌体强度等级、砂浆强度等级的要求，对各部位砌体的配筋、预留洞、预埋件、预埋木砖的位置，做到心中有数，便于巡视时检查；

2. 审核承包单位的施工技术方案，特别应检查其对墙体垂直度、平整度、标高的控制措施，并督促其进行技术交底；

3. 审查承包单位提供的砖样品、出厂证明书、试验报告和进场的砖外观质量，符合设计及规范要求才允许其使用。用于承重结构或对其材质有怀疑时，应进行复试（必试项目为强度）。

4. 对砌筑砂浆的原材料及配合比应进行控制

（1）砌筑砂浆的原材料

水泥：同混凝土工程

砂：采用中砂，含泥量在 $M>5$ 时，不得大于 5%，$M<5$ 时，不得大于 10%。

石灰膏：如在现场用生石灰制作时，熟化时间不得少于 7d；如采购成品石膏，应问清熟化时间，不得购买、使用脱水硬化的石灰膏。监理工程师对进场的石灰（膏），应检查其质量，并督促承包单位采取措施，防止石灰膏干燥、冻结和被污染。

无机塑化剂和有机塑化剂的质量应符合相应的技术要求。

微沫剂的质量，除应符合相应的技术要求外，应要求承包单位对微沫剂的掺量进行试验。

(2) 砌筑砂浆配合比应由试验室通过试验签发砂浆配合比通知单，砂浆试验室强度配合比应高于设计强度15%。

(3) 检查承包单位的原材料、水平运输、垂直运输、砂浆拌合机的准备情况。

(十二) 砌砖工程施工质量控制要点

1. 监理工程师应加强对砌筑砂浆质量检查

(1) 对拌合的检查

①应督促、检查承包单位根据审定的砂浆配合比进行生产，计量要准确。塑化材料的掺量对水泥混合砂浆强度影响很大，计量时一定要特别加以注意。

②督促承包单位使用机械拌合砂浆。拌合时应注意投料顺序，保证块状的塑化材料能拌开，搅拌时间不得少于1.5min。掺用微沫剂时，应适当延长。

③检查、测定拌出砂浆的质量。砂浆的稠度应满足不同种类砌体的具体要求；保水性要好，分层度不宜大于20mm，发现砂浆和易性差，容易产生沉淀、泌水现象时，应仔细分析原因。当用高标号水泥和细砂配制低等级砂浆产生离析现象时，应调整配合比，改用低标号水泥和中砂；发现掺入的石灰膏质量差，例如已经干燥、结硬或含有较多灰渣、杂物，以及计量不准、搅拌时间过短、存放时间太长等影响砂浆质量的问题时，应督促承包单位及时解决。

(2) 砂浆试块的制作，往往被承包单位忽略，监理工程师应及时检查、督促。

(3) 砂浆在运输过程中，要采取措施防止其离析。搅拌出的砂浆应及时使用，水泥砂浆和水泥混合砂浆必须在拌成后，分别在3h内和4h内使用完毕，如气温超过30℃，相应缩短1h。灰槽中的砂浆应及时清理干净，隔日的砂浆不能再使用。

2. 检查砌砖的现场准备工作

(1) 检查和复核承包单位测设的墙体平面尺寸和标高，以及皮数杆设立情况。

(2) 检查基底的清理情况，砂浆、杂物等要清除干净。基底若为垫层或砖砌体，应事先浇水湿润。

(3) 检查摞底情况，特别要核对门口、窗口、等与砖缝的对应情况。

(4) 砖在砌筑前一天就应浇水湿润，砖含水率控制在10%～15%，严禁干砖上墙。

3. 砌筑过程中监理工程师应加强巡视

(1) 检查工人砌墙的砌筑形式是否符合规范要求，是否按皮数杆拉线控制砖层水平；内外墙砖应相互咬槎，不允许出现竖向通缝：若留直槎，必须按规定设置拉结钢筋，并应检查拉结筋的长度、间距以及拉结筋部位砂浆的饱满程度。

(2) 检查砌体的水平灰缝厚度和竖向灰缝宽度，灰缝一般为10mm，不小于8mm，也不应大于12mm。砖层水平灰缝砂浆的饱满度不得低于80%；竖缝内砂浆应饱满（对外墙必须达到此要求，否则，雨水渗到墙内壁，将使墙饰面发霉）。

(3) 检查砌体中的预埋件、预留洞以及配筋是否符合设计要求，对埋于砖砌体中的木砖要做好防腐处理。木砖的数量，应按图纸或有关规定设置，一般不超过10皮砖一块，单砖墙或轻质隔墙要用混凝土木砖，否则门窗框容易松动。

(4) 砖柱横、竖向灰缝的砂浆都必须饱满，每砌完一层砖，都要进行一次竖缝刮浆塞缝工作，以提高砌体强度。

(5) 抗震设防区的砖砌体，应符合相应的构造要求。

(6) 督促承包单位合理组织施工，内外墙要同步砌筑，尽量不留槎。当要留槎时，留槎的部位、形式，必须事先报请监理工程师批准。接槎时，接槎处必须清理干净并浇水湿润。

4. 注意要求承包单位做清水墙勾缝的样板勾缝培训。勾缝前应要求将墙体砖缺楞掉角部位、瞎缝、括缝深度不够的灰缝进行开凿（开缝深度为 10mm），缝上下切口应开凿整齐。要提前浇水冲刷墙面浮浆，待砖墙面干时，开始勾缝。勾缝要用过筛细砂。勾凹缝的深度 4～5mm，勾缝后应根据天气温度情况，喷水养护。

5. 对优质目标工程还应特别注意室外大角垂直度，室外墙面平整度、建筑物横竖装饰线的一致（横平、竖直）、砖面颜色、组砌合理、勾缝美观等影响单位工程观感质量评定的因素。

（十三）砌料石应注意的质量问题

1. 砂浆强度不稳定：材料计量要准确，搅拌时间要达到规定要求。试块的制作、养护、试压要符合规定。

2. 水平灰缝不平：钉立的皮数杆应牢固，标高一致，砌筑时小线要拉紧穿平，墙面跟线。

3. 料石不符合质量要求：对进场料石的品种、规格、颜色要严格验收把关，不符合设计规定的料石，不验收、不使用。

4. 勾缝粗糙：料石墙应叼缝操作，灰缝深度一致，横竖缝交接平整，其表面应光洁、清扫干净。

六、建筑地面工程

（一）基本规定

1. 建筑地面工程的子分部工程、分项工程的划分，按表 6-56 执行。

建筑地面子分部工程、分项工程划分表　　表 6-56

分部工程	子分部工程		分项工程
建筑装饰装修工程	地面	整体面层	基层：基土、灰土垫层、砂垫层和砂石垫层、碎石垫层和碎砖垫层、三合土垫层、炉渣垫层、水泥混凝土垫层、找平层、隔离层、填充层
			面层：水泥混凝土面层、水泥砂浆面层、水磨石面层、水泥钢（铁）屑面层、防油渗面层、不发火（防爆的）面层
		板块面层	基层：基土、灰土垫层、砂垫层和砂石垫层、碎石垫层和碎砖垫层、三合土垫层、炉渣垫层、水泥混凝土垫层、找平层、隔离层、填充层
			面层：砖面层（陶瓷锦砖、缸砖、陶瓷地砖和水泥花砖面层）、大理石面层和花岗石面层、预制板块面层（水泥混凝土板块、水磨石板块面层）、料石面层（条石、块石面层）、塑料板面层、活动地板面层、地毯面层
		木、竹面层	基层：基土、灰土垫层、砂垫层和砂石垫层、碎石垫层和碎砖垫层、三合土垫层、炉渣垫层、水泥混凝土垫层、找平层、隔离层、填充层
			面层：实木地板面层（条材、块材面层）、实木复合地板面层（条材、块材面层）、中密度（强化）复合地板面层（条材面层）、竹地板面层

2. 建筑地面工程采用的材料应按设计要求和规范规定选用，并应符合国家标准的规定；进场材料应有中文质量合格证明文件、规格、型号及性能检测报告，对重要材料应有复验报告。

3. 厕浴间和有防滑要求的建筑地面的板块材料应符合设计要求。

4. 厕浴间、厨房和有排水（或其他液体）要求的建筑地面面层与相连接各类面层的标高差应符合设计要求。

（二）基层铺设

1. 基层的标高、坡度、厚度等应符合设计要求。基层表面应平整，其允许偏差应符合表 6-57 的规定。

基层表面的允许偏差和检验方法（mm）　表 6-57

项次	项目	允许偏差												检验方法
		基土	垫层					找平层			填充层		隔离层	
						毛地板								
		土	砂、砂石、碎石、碎砖	灰土、三合土、炉渣、水泥混凝土	木搁栅	拼花实木地板、拼花实木复合地板面层	其他种类面层	用沥青玛琋脂做结合层铺设拼花木板、板块面层	用水泥砂浆做结合层铺设板块面层	用胶粘剂做结合层铺设拼花木板、塑料板、强化复合地板、竹地板面层	松散材料	板、块材料	防水、防潮、防油渗	
1	表面平整度	15	15	10	3	3	5	3	5	2	7	5	3	用2m靠尺和楔形塞尺检查
2	标高	0 -50	±20	±10	±5	±5	±8	±5	±8	±4	±4		±4	用水准仪检查
3	坡度	不大于房间相应尺寸的 2/1000，且不大于 30												用坡度尺检查
4	厚度	在个别地方不大于设计厚度的 1/10												用钢尺检查

2. 灰土垫层

（1）灰土垫层应采用熟化石灰与粘土（或粉质粘土、粉土）的拌合料铺设，其厚度不应小于 100mm。

（2）熟化石灰颗粒粒径不得大于 5mm；粘土（或粉质粘土、粉土）内不得含有有机物质，颗粒粒径不得大于 15mm。

（3）灰土垫层表面的允许偏差应符合表 6-57 的规定。

3. 砂垫层和砂石垫层

（1）砂垫层厚度不应小于 60mm；砂石垫层厚度不应小于 100mm。

（2）砂和砂石不得含有草根等有机杂质；砂应采用中砂；石子最大粒径不得大于垫

层厚度的2/3。

(3) 砂垫层和砂石垫层表面的允许偏差应符合表6-57的规定。

4. 碎石垫层和碎砖垫层

(1) 碎石垫层和碎砖垫层厚度不应小于100mm。

(2) 碎石的强度应均匀，最大粒径不应大于垫层厚度的2/3；碎砖不应采用风化、酥松、夹有有机杂质的砖料，颗粒粒径不应大于60mm。

5. 三合土垫层

(1) 三合土垫层采用石灰、砂（可掺入少量粘土）与碎砖的拌合料铺设，其厚度不应小于100mm。

(2) 熟化石灰颗粒粒径不得大于5mm；砂应用中砂，并不得含有草根等有机物质；碎砖不应采用风化、酥松和有机杂质的砖料，颗粒粒径不应大于60mm。

6. 炉渣垫层

(1) 炉渣垫层采用炉渣或水泥与炉渣或水泥、石灰与炉渣的拌合料铺设，其厚度不应小于80mm。

(2) 炉渣或水泥炉渣垫层的炉渣，使用前应浇水闷透；水泥石灰炉渣垫层的炉渣，使用前应用石灰浆或用熟化石灰浇水拌合闷透；闷透时间均不得少于5d。

(3) 炉渣内不应含有有机杂质和未燃尽的煤块，颗粒粒径不应大于40mm，且颗粒粒径在5mm及其以下的颗粒，不得超过总体积的40%；熟化石灰颗粒粒径不得大于5mm。

7. 水泥混凝土垫层

(1) 水泥混凝土垫层的厚度不应小于60mm。

(2) 室内地面的水泥混凝土垫层，应设置纵向缩缝和横向缩缝；纵向缩缝间距不得大于6m，横向缩缝不得大于12m。

(3) 垫层的纵向缩缝应做平头缝或加肋板平头缝。当垫层厚度大于150mm时，可做企口缝。横向缩缝应做假缝。

平头缝和企口缝的缝间不得放置隔离材料，浇筑时应互相紧贴。企口缝的尺寸应符合设计要求，假缝宽度为5～20mm，深度为垫层厚度的1/3；缝内填水泥砂浆。

(4) 水泥混凝土垫层采用的粗骨料，其最大粒径不应大于垫层厚度的2/3；含泥量不应大于2%；砂为中粗砂，其含泥量不应大于3%。

8. 找平层

(1) 有防水要求的建筑地面工程，铺设前必须对立管、套管和地漏与楼板节点之间进行密封处理；排水坡度应符合设计要求。

(2) 在预制钢筋混凝土板上铺设找平层前，板缝填嵌的施工应符合下列要求：

①预制钢筋混凝土板相邻缝底宽不应小于20mm；

②填嵌时，板缝内应清理干净，保持湿润；

③填缝采用细石混凝土，其强度等级不得小于C20；填缝高度应低于板面10～20mm，且振捣密实，表面不应压光；填缝后应养护；

④当板缝底宽大于40mm时，应按设计要求配置钢筋。

9. 隔离层

(1) 防水材料铺设后，必须蓄水检验。蓄水深度应为20～30mm，24h内无渗漏为合格，并做记录。

(2) 厕浴间和有防水要求的建筑地面必须设置防水隔离层。楼层结构必须采用现浇混凝土或整块预制混凝土板，混凝土强度等级不应小于C20；楼板四周除门洞外，应做混凝土翻边，其高度不应小于120mm。施工时结构层标高和预留孔洞位置应准确，严禁乱凿洞。

(3) 防水隔离层严禁渗漏，坡向应正确，排水通畅。

10. 填充层

(1) 填充层的下一层表面应平整。当为水泥类时，尚应洁净、干燥，并不得有空鼓、裂缝和起砂等缺陷。

(2) 采用松散材料铺设填充层时，应分层铺平拍实；采用板、块状材料铺设填充层时，应分层错缝铺贴。

11. 垫层施工应注意的质量问题

(1) 混凝土不密实：主要由于漏振和振捣不密实，或配合比不准及操作不当造成。基底太干燥和垫层过薄也会造成不密实。

(2) 表面不平标高不准：水平线或水平木桩不准；操作时未认真找平或没用大杠刮平。

(3) 不规则裂缝：由于垫层面积过大，没有分段断块或暖气沟盖板上没留现浇混凝土的厚度而产生的收缩裂缝所致，也可能是基土不均匀沉陷或埋设管线太多，造成垫层厚薄不均匀而裂缝。冬期施工保温措施不当，因土受冻膨胀而将垫层拱裂，或因垫层下面灰土中有较大的生石灰块，受水膨胀也会拱裂垫层。

(4) 炉渣垫层施工中：

①垫层空鼓开裂：炉渣内含有机杂物和未燃尽的煤渣，含有遇水能膨胀分解的物质；炉渣闷水不透，铺料与结合层粘结不好，炉渣微颗粒较多等原因造成。材料应按要求选用，基层清理应认真，粘结层应随刷、随铺，在规定操作时间内完成滚压，加强成品养护。

②标高不准，表面不平：炉渣搅拌不均匀，稠度不好，造成操作困难，铺炉渣不平。应严格控制各道工序的操作质量。

③强度不足：主要是配合比不准，施工全过程时间过长，滚压不实，养护不好等造成。施工应正确掌握配合比，认真计量，控制加水量，加强检查铺炉渣的平整度和厚度，滚压密实均匀，成品加强养护。

(5) 陶粒混凝土垫层施工中：

①垫层空鼓开裂：陶粒内含有机杂质和未燃尽的煤、石灰石或含有遇水能膨胀分解的物质；陶粒闷水不透、铺设与结合层粘结不好或因拍压不实等原因造成。材料应按要求选用和把关，基层清理应认真并按关键工序对待，粘结层应随刷随浇筑陶粒混凝土，完成成品后要加强养护。

②强度低：主要是配合比不准、搅拌时间短、拌合不匀，施工操作全过程时间过长，滚压或拍压不实尤其是靠墙根边部；此外，由于水泥标号不够或使用过期水泥，以及养护不好等造成。施工时应正确掌握配合比，严格控制加水量和搅拌时间，加强垫层的浇筑、振捣和铺平压实的检查工作，认真滚压密实均匀，成品加强养护。

③标高不准，表面不平：陶粒混凝土搅拌不均匀，稠度不好，造成操作困难，铺设陶粒混凝土不平等。应严格控制各道工序的操作质量。

(三) 整体面层铺设

1. 一般规定

整体面层的允许偏差应符合表 6-58 的规定。

整体面层的允许偏差和检验方法 (mm)　　表 6-58

项次	项　目	允许偏差						检验方法
		水泥混凝土面层	水泥砂浆面层	普通水磨石面层	高级水磨石面层	水泥钢(铁)屑面层	防油渗混凝土和不发火(防爆的)面层	
1	表面平整度	5	4	3	2	4	5	用 2m 靠尺和楔形塞尺检查
2	踢脚线上口平直	4	4	3	3	4	4	拉 5m 线和用钢尺检查
3	缝格平直	3	3	3	2	3	3	

2. 水泥混凝土面层

(1) 水泥混凝土采用的粗骨料，其最大粒径不应大于面层厚度的 2/3，细石混凝土面层采用的石子粒径不应大于 15mm。

(2) 面层的强度等级应符合设计要求，且水泥混凝土面层强度等级不应小于 C20；水泥混凝土垫层兼面层强度等级不应小于 C15。

(3) 楼梯踏步的宽度、高度应符合设计要求。楼层梯段相邻踏步高度差不应大于 10mm，每踏步两端宽度差不应大于 10mm；旋转楼梯梯段的每踏步两端宽度的允许偏差为 5mm。楼梯踏步的齿角应整齐，防滑条应顺直。

3. 水泥砂浆面层

(1) 水泥砂浆面层的厚度应符合设计要求，且不应小于 20mm。

(2) 水泥采用硅酸盐水泥、普通硅酸盐水泥，其强度等级不应小于 32.5，不同品种、不同强度等级的水泥严禁混用；砂应为中粗砂，当采用石屑时，其粒径应为 1～5mm，且含泥量不应大于 3%。

(3) 水泥砂浆面层的体积比（强度等级）必须符合设计要求；且体积比应为 1∶2，强度等级不应小于 M15。

4. 水磨石面层

(1) 水磨石面层的结合层的水泥砂浆体积比宜为 1∶3，相应的强度等级不应小于 M10，水泥砂浆稠度（以标准圆锥体沉入度计）宜为 30～35mm。

(2) 普通水磨石面层磨光遍数不应少于 3 遍。高级水磨石面层的厚度和磨光遍数由设计确定。

(3) 水磨石面层的石粒，应采用坚硬可磨白云石、大理石等岩石加工而成，石粒应洁净无杂物，其粒径除特殊要求外应为 6～15mm；水泥强度等级不应小于 32.5；颜料应采用耐光、耐碱的矿物原料，不得使用酸性颜料。

5. 水泥钢（铁）屑面层

(1) 水泥钢（铁）屑面层配合比应通过试验确定。当采用振动法使水泥钢（铁）屑拌合料密实时，其密度不应小于 2000kg/m^3，其稠度不应大于 10mm。

(2) 水泥钢（铁）屑面层铺设时应先铺一层厚 20mm 的水泥砂浆结合层，面层的铺设应在结合层的水泥初凝前完成。

(3) 水泥强度等级不应小于 32.5；钢（铁）屑的粒径应为 1～5mm；钢（铁）屑中不应有其他杂质，使用前应去油除锈，冲洗干净并干燥。

6. 防油渗面层

(1) 防油渗混凝土面层内不得敷设管线。凡露出面层的电线管、接线盒、预埋套管和地脚螺栓等的处理，以及与墙、柱、变形缝、孔洞等连接处泛水均应符合设计要求。

(2) 防油渗混凝土所用的水泥应采用普通硅酸盐水泥，其强度等级应不小于 32.5；碎石应采用花岗石或石英石，严禁使用松散多孔和吸水率大的石子，粒径为 5～15mm，其最大粒径不应大于 20mm，含泥量不应大于 1%；砂应为中砂，洁净无杂物，其细度模数应为 2.3～2.6；掺入的外加剂和防油渗剂应符合产品质量标准。防油渗涂料应具有耐油、耐磨、耐火和粘结性能。

7. 不发火（防爆的）面层

不发火（防爆的）面层采用的碎石应选用大理石、白云石或其他石料加工而成，并以金属或石料撞击时不发生火花为合格；砂应质地坚硬、表面粗糙，其粒径宜为 0.15～5mm，含泥量不应大于 3%，有机物含量不应大于 0.5%；水泥应采用普通硅酸盐水泥，其强度等级不应小于 32.5；面层分格的嵌条应采用不发生火花的材料配制。配制时应随时检查，不得混入金属或其他易发生火花的杂质。

8. 整体面层施工应注意的质量问题

(1) 细石混凝土面层施工应注意的质量问题

①地面起砂：水泥标号不够或使用过期水泥，水灰比太大，抹压遍数不够，养护不好或不及时。施工要严格执行标准，认真操作，加强养护。

②空鼓开裂：砂子过细，接触面基层清理不干净，撒灰面不匀抹压不实，结构预制楼板灌缝不密实，应按工艺规程施工。

③地面不平或漏压：地面的边角和水暖立管四周容易漏压或不平，施工时要加强责任心，认真操作。

④倒泛水：厕浴间、厨房等有地漏的房间要在冲筋时找准泛水，可避免地面积水或倒流水。

(2) 水泥砂浆面层施工应注意的质量问题

①地面起砂：水泥过期标号不够，水泥砂浆搅拌不均匀，水灰比掌握不准，压光不适时而造成。施工用水泥应符合材质要求，严格控制配合比，压光应在砂浆终凝前完成交活。

②空鼓裂纹：基层清理不干净，前一天没认真洒水湿润，涂刷水泥浆与铺灰操作工序的间隔时间过长造成。施工应保证用料符合要求，基层清理应认真，铺灰、压实、压光应掌握好时间，保证垫层、面层应有的厚度。

③地面不平和漏压：水泥砂浆铺设后压边角、管根刮杠不到头，搓平不到边，容易漏压或不平。施工时应认真操作。

④倒泛水：有垫层的地面在做垫层时坡度没有找准。面层施工前应检查基层泛水是否符合要求，面层施工冲筋时找好泛水。

(3) 水磨石面层施工应注意的质量问题

(1) 空鼓：分格块四角最易出现，主要是基层表面及镶分格条时，条高 1/3 以上部位有浮灰，扫浆不匀造成。操作中应坚持随扫浆随铺灰，压实后注意养护。

(2) 漏磨：边角、炉片、管根等处易漏磨，应注意磨完头遍后全面检查，漏磨处及时补磨。

(3) 磨纹、砂眼：磨光时按工艺擦两遍浆，并注意养护后按工艺程序操作。

(4) 倒泛水：冲筋后进行检查，拉线找好泛水，坡度应符合设计及施工规范要求。

(5) 面层石渣粒不匀：石渣规格不好，石渣灰拌合不匀，铺抹不平，滚压不密实。应认真操作每道工序。

(6) 强度偏底：严格掌握配合比，拌合均匀，拌合好的灰应掌握铺抹滚压时间，注意养护及管理。

(7) 分格条掀起，显露不清晰：分格条应镶压牢固、平整、石渣灰铺抹后，滚压应高出分格条，高度一致，磨光严格掌握平顺。

(四) 板块面层铺设

板、块面层的允许偏差应符合表 6-59 的规定。

板、块面层的允许偏差和检验方法 (mm)　　**表 6-59**

项次	项目	允许偏差											检验方法
		陶瓷锦砖面层、高级水磨石板、陶瓷地砖面层	缸砖面层	水泥花砖面层	水磨石板块面层	大理石面层和花岗石面层	塑料板面层	水泥混凝土板块面层	碎拼大理石、碎拼花岗石面层	活动地板面层	条石面层	块石面层	
1	表面平整度	2.0	4.0	3.0	3.0	1.0	2.0	4.0	3.0	2.0	10.0	10.0	用 2m 靠尺和楔形塞尺检查
2	缝格平直	3.0	3.0	3.0	3.0	2.0	3.0	3.0	—	2.5	8.0	8.0	拉 5m 线和用钢尺检查
3	接缝高低差	0.5	1.5	0.5	1.0	0.5	0.5	1.5	—	0.4	2.0	—	用钢尺和楔形塞尺检查
4	踢脚线上口平直	3.0	4.0	—	4.0	1.0	2.0	4.0	1.0	—	—	—	拉 5m 线和用钢尺检查
5	板块间隙宽度	2.0	2.0	2.0	2.0	1.0	—	6.0	—	0.3	5.0	—	用钢尺检查

1. 砖面层

(1) 在水泥砂浆结合层上铺贴缸砖、陶瓷地砖和水泥花砖面层时，应符合下列规定：

①在铺贴前，应对砖的规格尺寸、外观质量、色泽等进行预选，浸水湿润晾干待用；

②勾缝和压缝应采用同品种、同强度等级、同颜色的水泥，并做养护和保护。

(2) 在水泥砂浆结合层上铺贴陶瓷锦砖面层时，砖底面应洁净，每联陶瓷锦砖之间、与结合层之间以及在墙角、镶边和靠墙处，应紧密贴合。在靠墙处不得采用砂浆填补。

(3) 在沥青胶结料结合层上铺贴缸砖面层时，缸砖应干净，铺贴时应在摊铺热沥青胶结料上进行，并应在胶结料凝结前完成。

2. 预制板块面层

(1) 水泥混凝土板块面层的缝隙，应采用水泥浆（或砂浆）填缝；彩色混凝土板块和水磨石板块应用同色水泥浆（或砂浆）擦缝。

(2) 楼梯踏步和台阶板块的缝隙宽度一致、齿角整齐，楼层梯段相邻踏步高度差不应大于10mm，防滑条顺直。

3. 料石面层

(1) 条石和块石面层所用的石材的规格、技术等级和厚度应符合设计要求。条石的质量应均匀，形状为矩形六面体，厚度为80～120mm；块石形状为直棱柱体，顶面粗琢平整，底面面积不宜小于顶面面积的60%，厚度为100～150mm。

(2) 块石面层结合层铺设厚度：砂垫层不应小于60mm；基土层应为均匀密实的基土或夯实的基土。

4. 塑料板面层

(1) 水泥类基层表面应平整、坚硬、干燥、密实、洁净，无油脂及其他杂质，不得有麻面、起砂、裂缝等缺陷。

(2) 板块的焊接，焊缝应平整、光洁，无焦化变色、斑点、焊瘤和起鳞等缺陷，其凹凸允许偏差为±0.6mm。焊缝的抗拉强度不得小于塑料板强度的75%。

5. 活动地板面层

(1) 活动地板所有的支座柱和横梁应构成框架一体，并与基层连接牢固；支架抄平后高度应符合设计要求。

(2) 活动地板面层应无裂纹、掉角和缺楞等缺陷。行走无声响、无摆动。

6. 地毯面层

(1) 水泥类面层（或基层）表面应坚硬、平整、光洁、干燥，无凹坑、麻面、裂缝，并应清除油污、钉头和其他突出物。

(2) 海绵衬垫应满铺平整，地毯拼缝处不露底衬。

(3) 固定式地毯铺设应符合下列规定：

①固定地毯用的金属卡条(倒刺板)、金属压条、专用双面胶带等必须符合设计要求；

②铺设的地毯张拉应适宜，四周卡条固定牢；门口处应用金属压条等固定；

③地毯周边应塞入卡条和踢脚线之间的缝中；

④粘贴地毯应用胶粘剂与基层粘贴牢固。

7. 板块面层施工应注意的质量问题

(1) 预制水磨石地面施工应注意的质量问题

①找平层砂浆与基层结合不牢：由于基层清理不干净、浇水湿润不够及水泥素浆结合层涂刷不均匀或涂刷时间过长，致使风干硬结造成基层与找平层、找平层与面层空鼓。

因此地面基层必须认真清理，并充分湿润，涂刷水泥浆时应涂刷均匀。

②找平层砂浆与面层结合不牢：找平层砂浆必须用干硬性砂浆，如果加水较多或一次铺得太厚、敲击不密实，容易造成面层空鼓。

③板块背面浮灰没有清理净，未浸水湿润，也会影响粘结效果。

④接缝不平不直，缝隙不匀：挑选预制水磨石板时不严格，有薄有厚、宽窄不一致造成。试铺时应仔细调整，缝子必须拉通长线加以控制。

⑤板块间高低差过大：板块之间高低差超过允许偏差时，宜采取机磨方法处理，并打蜡磨光。

⑥预制磨石踢脚板安装后出墙厚度偏差较大：主要原因是墙或墙抹灰的水平偏差较大而造成，因此在安装内隔墙时，必须严格控制墙面平整和垂直度。在安装镶贴踢脚板时，发现墙面不垂直不水平，应预先进行处理，符合要求后再继续操作。

⑦预制磨石踢脚板底端不严有空隙：主要是安装镶贴踢脚板时，标高未控制好，因此在镶贴时首先找好标高点，再拉水平线进行控制。

⑧预制磨石踢脚板上口不洁净：主要原因是墙面喷浆或刷乳胶漆时，踢脚板未覆盖保护所致，打蜡前必须将上口清理干净。

⑨柱子镶贴踢脚板、转圈搭接，应按要求，在安装前将踢脚板两端做割角处理。

(2) 陶瓷锦砖地面施工应注意的质量问题

①地面标高超高：预制或现浇楼板施工时应严格掌握板面标高，防水层厚度也要严格控制，镶铺陶瓷锦砖时要按水平线镶铺。

②缝格不直不匀：操作前应挑选陶瓷锦砖，长宽相同整张锦砖用于同一房间内。拨缝时分格缝可拉通线，将超线的砖块拨顺直。

③面层空鼓：找平层做完之后应跟着做面层，防止污染，影响与面层的粘结。铺锦砖前刮的水泥浆防止风干，薄厚要均匀。

④地面渗漏：厕浴间地面防水层施工时注意保护，穿楼板的管洞应堵实并加套管，与防水层连接严密以防止造成渗漏。厕浴间锦砖面层达到上人的强度后要进行二次蓄水试验。

⑤面层污染严重：擦缝时应将余浆擦干净。面层做完后必须加以覆盖，以防其他工种操作污染。

⑥地漏周围锦砖镶贴不规矩：做找平层时应找好地漏坡度，当大面积铺完后，再铺地漏周围的锦砖。根据地漏直径预先计算好块数进行加工，试铺合适后再正式粘铺。

(3) 塑料板地面施工应注意的质量问题

①塑料板地面翘曲，空鼓：主要原因是基层不平、刷胶不匀或有漏刷之处，铺设时滚压不实或胶刷后没风干就急于铺贴，干缩后翘起或局部空鼓。

②踢脚板上口空鼓和上口不齐：粘贴踢脚板时不挂线，上口胶漏刷，滚压不实，干燥收缩后形成空鼓。

③踢脚板阴阳角处空鼓：煨弯的尺寸角度与实际不符，粘贴后滚压不够。应使煨弯尺寸正确、滚压粘实。

④地面污染:成品保护差,油浆活施工前不采取保护措施,污染后不易清理。铺贴前刷胶太厚,应随铺贴随清擦干净。滚压时胶液外溢,污染地面,接缝处胶痕多,不易涂擦。

⑤面层有凹坑或小包：铺贴面层前对基层处理及修补不认真，凹坑没用水泥腻子分层补平，大楼板面上的小包及砂浆痕迹没剔平。

(4) 大理石、花岗石及碎拼大理石地面施工应注意的质量问题

①板面与基层空鼓：混凝土垫层清理不净或浇水湿润不够，刷水泥素浆不均匀或刷完时间过长已风干，找平层用的素水泥砂浆结合层变成了隔离层，大理石板未浸水湿润等因素都易引起空鼓。因此，必须严格遵守操作工艺要求，基层必须清理干净，找平层砂浆用干硬性的，随铺随刷一层素水泥浆，大理石（或花岗石）板块在铺砌之前必须浸水湿润。

②尽端出现大小头：铺砌时操作者未拉通线或不同操作者在同一行铺设时掌握板块之间缝隙大小不一致造成。所以在铺砌前必须拉通线，操作者要跟线铺砌，每铺完一行后立即再拉通线检查缝隙是否顺直，避免出现大小头现象。

③接缝高低不平、缝子宽窄不匀：主要原因是板块本身有厚薄、宽窄、窜角、翘曲等缺陷，预先未严格挑选。房间内水平标高线不统一，铺砌时未严格拉通线等因素均易产生接缝高低不平、缝子不匀等缺陷。所以应预先严格挑选板块，凡是翘曲、拱背、宽窄不方正等块材剔出不予使用。铺设标准块后应向两侧和后退方向顺序铺设，并随时用水平尺和直尺找准，缝子必须拉通线不能有偏差。房间内的标高线要有专人负责引入，且各房间和楼道的标高必须相一致。

④过门处石板活动：铺砌时没有及时将铺砌过门石板与相邻的地面相接。在工序安排上，大理石(或花岗石)地面以外的房间地面应先完成。过门处大理石板与地面连续铺砌。

⑤踢脚板出墙厚度不一致：在镶贴踢脚板时，必须要拉线加以控制。

(5) 缸砖、水泥花砖地面施工应注意的质量问题

①地面标高错误：多出现在厕所、浴室、盥洗室等，超过设计标高。原因是：

a）楼板标高超高；

b）防水层过厚；

c）粘结层砂浆过厚。

施工时应对楼层标高认真核对，并应严格控制每道工序的施工厚度，防止超高。

②泛水过小或局部倒坡：地漏安装标高过高，基层不平有凹坑，造成局部存水；由于楼层标高错误减小地面的坡度，50cm 的平线不准，或施工时没按平线施工。要求对 50cm 平线认真检查无误，水暖及土建施工人员均应按平线下反，尺寸、标高要准确。地面施工时应先冲好筋，以保证坡向正确。

③地面铺贴不平，出现高低差：砖的厚度不一致，没严格挑选，或砖不平劈棱窜角，或铺贴时没铺平或粘结层过厚，上人太早。为解决此问题首先应选砖，不合规格、不标准的砖不能用，铺贴时要拍实，铺好地面后封闭门口，常温 48h 用湿锯末养护。

④地面面层及踢脚空鼓：基层清理不干净，浇水不透，早期脱水所致；上人过早，粘结砂浆未达到强度受外力振动，影响粘结强度，形成空鼓。解决办法：认真清理，严格检查，注意控制上人操作的时间，加强养护。

踢脚空鼓的原因：墙面基层清理不净，尚有余灰没清刷干净，影响粘结形成空鼓；浇水不透，形成早期脱水，踢脚板后的粘结砂浆没抹到边，且砂浆量少，挤不到边角，造成边角空鼓。解决办法：加强基层清理浇水，粘贴踢脚时做到满铺满挤。

⑤黑边：不足整块砖时，不切割半块砖铺贴而用砂浆补边，形成黑边，影响观感。解决办法：按规矩切割边条补贴。

(6) 水泥方砖、预制混凝土块路面施工应注意的质量问题

①路面和场平下沉：基土碾压不密实。基层碾压应达到标准。

②块材松动:坐砂浆不平不稳,稳振不严密,行车过早。操作应按程序,注意养护期。

③勾缝脱落：勾缝前不很好清理，不浇水润湿，勾缝操作不认真。操作应按标准。

④非标准块处处理不好：半块破楂处不齐，现浇混凝土补齐处抹接不好，应加细施工操作。

(7) 地毯铺设应注意的质量问题

①压边粘结产生松动及发霉等现象：地毯、胶粘剂等材质、规格、技术指标，要有产品出厂合格证，必要时做复试。使用前要认真检查并事先做好试铺工作。

②地毯表面不平、打皱、鼓包等：主要问题发生在铺设地毯这道工序时，未认真按照操作工艺缝合、拉伸与固定、用胶粘剂粘结固定要求去做所致。

③拼缝不平、不实：尤其是地毯与其他地面的收口或交接处，例如门口、过道与门厅、拼花及变换材料等部位往往容易出现拼缝不平、不实。因此在施工时要特别注意上述部位的基层本身接槎是否平整，如严重者应返工处理，如问题不太大可采取加衬垫的方法用胶粘剂把衬垫粘牢，同时要认真把面层和垫层拼缝处的缝合工作做好，一定要严密、紧凑、结实，并满刷粘结剂粘牢固。

④涂刷胶粘剂时由于不注意往往容易污染踢脚板、门框扇及地弹簧等，应认真精心操作，并采取轻便可移动的保护挡板或随污染随时清擦等措施保护成品。

⑤暖气炉片、空调回水和立管根部以及卫生间与走道间应设有防水坎等，防止渗漏将已铺设好的地毯成品泡湿损坏。此事在铺设地毯之前必须解决好。

(五) 木、竹面层铺设

木、竹面层的允许偏差，应符合表 6-60 的规定。

木、竹面层的允许偏差和检验方法（mm）　　**表 6-60**

<table>
<tr><th rowspan="3">项次</th><th rowspan="3">项　目</th><th colspan="4">允　许　偏　差</th><th rowspan="3">检　验　方　法</th></tr>
<tr><th colspan="3">实木地板面层</th><th rowspan="2">实木复合地板、中密度（强化）复合地板面层、竹地板面层</th></tr>
<tr><th>松木地板</th><th>硬木地板</th><th>拼花地板</th></tr>
<tr><td>1</td><td>板面缝隙宽度</td><td>1.0</td><td>0.5</td><td>0.2</td><td>0.5</td><td>用钢尺检查</td></tr>
<tr><td>2</td><td>表面平整度</td><td>3.0</td><td>2.0</td><td>2.0</td><td>2.0</td><td>用 2m 靠尺和楔形塞尺检查</td></tr>
<tr><td>3</td><td>踢脚线上口平齐</td><td>3.0</td><td>3.0</td><td>3.0</td><td>3.0</td><td rowspan="2">拉 5m 通线，不足 5m 拉通线和用钢尺检查</td></tr>
<tr><td>4</td><td>板面拼缝平直</td><td>3.0</td><td>3.0</td><td>3.0</td><td>3.0</td></tr>
<tr><td>5</td><td>相邻板材高差</td><td>0.5</td><td>0.5</td><td>0.5</td><td>0.5</td><td>用钢尺和楔形塞尺检查</td></tr>
<tr><td>6</td><td>踢脚线与面层的接缝</td><td colspan="4">1.0</td><td>楔形塞尺检查</td></tr>
</table>

1. 实木地板面层

(1) 铺设实木地板面层时，其木搁栅的截面尺寸、间距和稳固方法等均应符合设计要求。木搁栅固定时，不得损坏基层和预埋管线。木搁栅应垫实钉牢，与墙之间应留出30mm的缝隙，表面应平直。

(2) 毛地板铺设时，木材髓心应向上，其板间缝隙不应大于3mm，与墙之间应留8～12mm空隙，表面应刨平。

(3) 实木地板面层铺设时，面板与墙之间应留8～12mm缝隙。

(4) 实木地板面层所采用的材质和铺设时的木材含水率必须符合设计要求。木搁栅、垫木和毛地板等必须做防腐、防蛀处理。

(5) 实木地板面层应刨平、磨光，无明显刨痕和毛刺等现象；图案清晰、颜色均匀一致。

2. 实木复合地板面层

(1) 铺设实木复合地板面层时，其木搁栅的截面尺寸、间距和稳固方法等均应符合设计要求。木搁栅固定时，不得损坏基层和预埋管线。木搁栅应垫实钉牢，与墙之间应留出30mm缝隙，表面应平直。

(2) 实木复合地板面层铺设时，相邻板材接头位置应错开不小于300mm距离；与墙之间应留不小于10mm空隙。

(3) 实木复合地板面层所采用的条材和块材，其技术等级及质量要求应符合设计要求。木搁栅、垫木和毛地板等必须做防腐、防蛀处理。

3. 中密度（强化）复合地板面层

(1) 中密度（强化）复合地板面层铺设时，相邻条板端头应错开不小于300mm距离；衬垫层及面层与墙之间应留不小于10mm空隙。

(2) 中密度（强化）复合地板面层所采用的材料，其技术等级及质量要求应符合设计要求。木搁栅、垫木和毛地板等应做防腐、防蛀处理。

4. 竹地板面层

(1) 竹地板面层所采用的材料，其技术等级和质量要求应符合设计要求。木搁栅、毛地板和垫木等应做防腐、防蛀处理。

(2) 面层铺设应牢固；粘贴无空鼓。

5. 长条、拼花硬木地板施工应注意的质量问题

①行走时有响声：龙骨没垫实、垫平，捆绑不牢有空隙，龙骨间距过大，木地板弹性大所致。要求钉毛地板前先检查龙骨的施工质量，人踩龙骨检查没响声后再铺毛地板。

②拼缝不严：铺木地板时企口处要插严、钉牢，施工时严格拼缝。

③铺钉时应注意木板与墙，木板与木板碰头缝的处理，按规范要求留置，不应顶墙铺钉，防止木地板受潮后弯拱。

④铺设席纹和人字木地板时应注意弹线、套方、找规矩，以保证铺钉质量。

⑤刨木地板时吃刀不要过深，走刀速度不应过快，防止产生戗茬，刨光机的刨刃应勤磨。

⑥木搁栅与地面和墙接触处应进行防腐处理。

⑦木地板下填嵌的材料一定要干燥，要塞实。

（六）楼面与地面工程质量的预控

1. 使用的主要材料及半成品应有合格证，新材料、新技术、新工艺都应根据设计要求进行复试，取得合格等级。对材质要求较高的板块应进行厂家考察，对产品进行筛选。对木材则应注意控制含水率和颜色。对材料应进行进场后的质量验收，确保不合格材料不进场，不用于工程。对进场的合格材料要督促施工单位做好保管工作。

2. 对铺装楼面、地面的基层进行质量验收。对基层的标高、坡度、表面清理、清扫、平整度均应对照图纸及已施工部位的相对关系进行校验，并通过承包单位做好必要的处理。

3. 对施工管理人员及操作人员要进行技术交底，监理工程师应审核施工方案及技术交底单，并在必要时进行样板试验引路。

（七）楼面与地面工程质量控制要点

监理工程师针对本分部工程质量通病（楼、地面不平整、空鼓、裂缝、渗漏等）监督承包单位严格操作规程，消除通病。

1. 基层质量控制要点

(1) 要核查土质，测定土质最佳干密度；施工时要控制在最佳含水量下施工（施工土质含水量与最佳含水量之差应控制在－6%～＋2%以内），要控制虚铺厚度，要确保分层压实，严禁大于50mm粒径的块及冻土做回填。监理工程师应加强巡视，抽测和分层隐检。

(2) 灰土基层要注意生石灰的消解、过筛，摊铺前应严格按比例拌合灰土，在最佳含水量下摊铺，虚铺厚度应控制在150～250mm以内，且应分层压实。

(3) 素混凝土基层（垫层，找平层），施工前应控制配合比，施工时应留置试块，铺筑后要做好养护（至少3d）

2. 整体楼面、地面质量控制要点

(1) 混凝土或砂浆面层

水泥应采用不低于325号硅酸盐水泥或普通硅酸水泥，严禁使用土水泥，过期水泥或混用不同品种、标号的水泥；砂子应用中砂或粗砂，含泥量不大于3%，水泥砂浆稠度不大于35mm；混凝土用石子粒径不应大于150mm和面层厚度的2/5；按设计要求配制混凝土，坍落度不大于30mm。

要督促承包单位清理好底层、浇水湿润；铺设面层前应刷素水泥浆，且应随刷随铺，以防止空鼓。

要督促承包单位适时，按工艺要求压光。一般要求三遍成活。第二次压光应在终凝前进行。水泥地面压光后（一般为12h后），进行洒水养护，连续养护的时间不应少于7昼夜，以防止起砂、不耐磨。

(2) 水磨石面层

水磨石的石料应采用坚硬可磨的岩石，如白云石，大理石等，石料应洁净无杂物，其粒径一般为6－14mm。水泥标号应不低于425号，彩色水磨石应掺入耐碱的矿物颜料，掺入量宜为水泥用量的3%～6%。

为了达到磨石表面无砂眼和磨纹，表面光滑，监理工程师应坚持要求承包单位按“三磨两浆”工艺要求做，即三次打磨，三遍成活，打磨过程中要两次补浆（补浆不是刷浆，必须擦浆）。磨石规格由粗到细，应齐全，最后打磨应用油石。

为了防止彩色水磨石地面颜色深浅不一，彩色石子分布不均，监理工程师应注意检查，并督促承包单位使用同一厂、同一批号的材料，且应一次全部进场，固定专人配料。

(3) 带地漏的地面，铺抹前应以地漏为中心，向四周辐射冲筋，找好坡度，用刮尺刮平（安装地漏宁低勿高）。

3. 板块楼面、地面质量监理要点

(1) 面层所用板块（预制水磨石、大理石、花岗石、釉面砖等）的品种、花色、质量均应符合设计要求和国家有关验收规范。对大理石和花岗石板材的技术等级、光泽度和外观进行验收。地板块质量也应符合现行国家产品标准。

(2) 督促承包单位组织人力，在铺设前，按设计要求，根据板块的颜色、花纹、图案纹理试拼，并编号；剔除有裂缝、掉角、翘曲、拱背或表面上有缺陷的板块。品种不同的板块不应混杂使用。

(3) 为防止空鼓，基层应清理干净，充分湿润，在表面稍晾干后再进行铺设；铺设应用干硬性砂浆，水泥与砂子配比为1:2（体积比）；相应的砂浆强度为2MPa，砂浆稠度为25～35mm。铺设前应在基层刷一层素灰（严禁一次铺砌成活）。

(4) 为了防止接缝不平，特别是在门口与楼道相接处出现接缝不平，监理工程师在图纸会审时就应审查和调整好标高。

4. 木质板楼面、地面质量监理要点

(1) 重视木材含水率的监测，木材含水率一般不大于12%，不仅要保证入库时材料合格，还要加强入库保管工作。不得使用含水率超标的材料；要合理安排工序，先施工湿作业，装好门窗玻璃，间隔10d左右，或更长一些时间，使室内工作环境干燥，再施工地板。

(2) 木搁栅、毛地板和垫木应先进行防腐处理，再进行安装。

(3) 监理工程师应用观察，脚踩检查和检查施工记录方法，检查木质地板面层是否牢固、无松动、粘接牢固、无空鼓、缝隙严密、接头位置错开、表面洁净。

(4) 拼花木板面层，应监督承包单位对木板条精心选料，使规格尺寸、颜色一致。施工时必须弹线找方。胶粘剂应是合格产品。磨光应按先粗后细顺序进行。监理工程师用手摸，脚踩和观察面板刨平磨光有无刨痕和毛刺，图案是否清晰，颜色是否均匀一致，缝隙是否严密，接头位置错开是否正确，表面是否洁净。

(5) 木踢脚线表面应平整，高度一致，出墙厚度一致，接缝严密。

七、门窗工程

(一) 一般规定

1. 门窗工程应对下列材料及其性能指标进行复验：

(1) 人造木板的甲醛含量。

(2) 建筑外墙金属窗、塑料窗的抗风压性能、空气渗透性能和雨水渗漏性能。

2. 门窗工程应对下列隐蔽工程项目进行验收：

(1) 预埋件和锚固件。

(2) 隐蔽部位的防腐、填嵌处理。

3. 建筑外门窗的安装必须牢固。在砌体上安装门窗严禁用射钉固定。

(二) 木门窗制作与安装

主 控 项 目

1. 木门窗的木材品种、材质等级、规格、尺寸、框扇的线型及人造木板的甲醛含量应符合设计要求。设计未规定材质等级时，所用木材的质量应符合表 6-61、表 6-62 的规定。

普通木门窗用木材的质量要求 **表 6-61**

<table>
<tr><th colspan="2">木材缺陷</th><th>门窗扇的立梃、冒头，中冒头</th><th>窗棂、压条、门窗及气窗的线脚、通风窗立梃</th><th>门心板</th><th>门窗框</th></tr>
<tr><td rowspan="3">活节</td><td>不计个数，直径（mm）</td><td><15</td><td><5</td><td><15</td><td><15</td></tr>
<tr><td>计算个数，直径</td><td>≤材宽的 1/3</td><td>≤材宽的 1/3</td><td>≤30mm</td><td>≤材宽的 1/3</td></tr>
<tr><td>任 1 延米个数</td><td>≤3</td><td>≤2</td><td>≤3</td><td>≤5</td></tr>
<tr><td colspan="2">死　节</td><td>允许，计入活节总数</td><td>不允许</td><td colspan="2">允许，计入活节总数</td></tr>
<tr><td colspan="2">髓　心</td><td>不露出表面的，允许</td><td>不允许</td><td colspan="2">不露出表面的，允许</td></tr>
<tr><td colspan="2">裂　缝</td><td>深度及长度≤厚度及材长的 1/5</td><td>不允许</td><td>允许可见裂缝</td><td>深度及长度≤厚度及材长的 1/4</td></tr>
<tr><td colspan="2">斜纹的斜率（%）</td><td>≤7</td><td>≤5</td><td>不限</td><td>≤12</td></tr>
<tr><td colspan="2">油　眼</td><td colspan="4">非正面，允许</td></tr>
<tr><td colspan="2">其　他</td><td colspan="4">浪形纹理、圆形纹理、偏心及化学变色，允许</td></tr>
</table>

高级木门窗用木材的质量要求 **表 6-62**

<table>
<tr><th colspan="2">木材缺陷</th><th>木门扇的立梃、冒头，中冒头</th><th>窗棂、压条、门窗及气窗的线脚，通风窗立梃</th><th>门心板</th><th>门窗框</th></tr>
<tr><td rowspan="3">活节</td><td>不计个数，直径（mm）</td><td><10</td><td><5</td><td><10</td><td><10</td></tr>
<tr><td>计算个数，直径</td><td>≤材宽的 1/4</td><td>≤材宽的 1/4</td><td>≤20mm</td><td>≤材宽的 1/3</td></tr>
<tr><td>任 1 延米个数</td><td>≤2</td><td>0</td><td>≤2</td><td>≤3</td></tr>
<tr><td colspan="2">死　节</td><td>允许，包括在活节总数中</td><td>不允许</td><td>允许，包括在活节总数中</td><td>不允许</td></tr>
<tr><td colspan="2">髓　心</td><td>不露出表面的，允许</td><td>不允许</td><td colspan="2">不露出表面的，允许</td></tr>
<tr><td colspan="2">裂　缝</td><td>深度及长度≤厚度及材长的 1/6</td><td>不允许</td><td>允许可见裂缝</td><td>深度及长度≤厚度及材长的 1/5</td></tr>
<tr><td colspan="2">斜纹的斜率（%）</td><td>≤6</td><td>≤4</td><td>≤15</td><td>≤10</td></tr>
<tr><td colspan="2">油　眼</td><td colspan="4">非正面，允许</td></tr>
<tr><td colspan="2">其　他</td><td colspan="4">浪形纹理、圆形纹理、偏心及化学变色，允许</td></tr>
</table>

2. 木门窗的结合处和安装配件处不得有木节或已填补的木节。木门窗如有允许限值以内的死节及直径较大的虫眼时，应用同一材质的木塞加胶填补。对于清漆制品，木塞的木纹和色泽应与制品一致。

一 般 项 目

3. 木门窗制作的允许偏差和检验方法应符合表 6-63 的规定。

木门窗制作的允许偏差和检验方法 表 6-63

<table>
<tr><th rowspan="2">项次</th><th rowspan="2">项 目</th><th rowspan="2">构件名称</th><th colspan="2">允许偏差（mm）</th><th rowspan="2">检 验 方 法</th></tr>
<tr><th>普通</th><th>高级</th></tr>
<tr><td rowspan="2">1</td><td rowspan="2">翘曲</td><td>框</td><td>3</td><td>2</td><td rowspan="2">将框、扇平放在检查平台上，用塞尺检查</td></tr>
<tr><td>扇</td><td>2</td><td>2</td></tr>
<tr><td>2</td><td>对角线长度差</td><td>框、扇</td><td>3</td><td>2</td><td>用钢尺检查，框量裁口里角，扇量外角</td></tr>
<tr><td>3</td><td>表面平整度</td><td>扇</td><td>2</td><td>2</td><td>用 1m 靠尺和塞尺检查</td></tr>
<tr><td rowspan="2">4</td><td rowspan="2">高度、宽度</td><td>框</td><td>0；−2</td><td>0；−1</td><td rowspan="2">用钢尺检查，框量裁口里角，扇量外角</td></tr>
<tr><td>扇</td><td>+2；0</td><td>+1；0</td></tr>
<tr><td>5</td><td>裁口、线条结合处高低差</td><td>框、扇</td><td>1</td><td>0.5</td><td>用钢直尺和塞尺检查</td></tr>
<tr><td>6</td><td>相邻棂子两端间距</td><td>扇</td><td>2</td><td>1</td><td>用钢直尺检查</td></tr>
</table>

4. 木门窗安装的留缝限值、允许偏差和检验方法应符合表 6-64 的规定。

木门窗安装的留缝限值、允许偏差和检验方法 表 6-64

<table>
<tr><th rowspan="2">项次</th><th rowspan="2" colspan="2">项 目</th><th colspan="2">留缝限值（mm）</th><th colspan="2">允许偏差（mm）</th><th rowspan="2">检验方法</th></tr>
<tr><th>普通</th><th>高级</th><th>普通</th><th>高级</th></tr>
<tr><td>1</td><td colspan="2">门窗槽口对角线长度差</td><td>—</td><td>—</td><td>3</td><td>2</td><td>用钢尺检查</td></tr>
<tr><td>2</td><td colspan="2">门窗框的正、侧面垂直度</td><td>—</td><td>—</td><td>2</td><td>1</td><td>用 1m 垂直检测尺检查</td></tr>
<tr><td>3</td><td colspan="2">框与扇、扇与扇接缝高低差</td><td>—</td><td>—</td><td>2</td><td>1</td><td>用钢直尺和塞尺检查</td></tr>
<tr><td>4</td><td colspan="2">门窗扇对口缝</td><td>1～2.5</td><td>1.5～2</td><td>—</td><td>—</td><td rowspan="6">用塞尺检查</td></tr>
<tr><td>5</td><td colspan="2">工业厂房双扇大门对口缝</td><td>2～5</td><td>—</td><td>—</td><td>—</td></tr>
<tr><td>6</td><td colspan="2">门窗扇与上框间留缝</td><td>1～2</td><td>1～1.5</td><td>—</td><td>—</td></tr>
<tr><td>7</td><td colspan="2">门窗扇与侧框间留缝</td><td>1～2.5</td><td>1～1.5</td><td>—</td><td>—</td></tr>
<tr><td>8</td><td colspan="2">窗扇与下框间留缝</td><td>2～3</td><td>2～2.5</td><td>—</td><td>—</td></tr>
<tr><td>9</td><td colspan="2">门扇与下框间留缝</td><td>3～5</td><td>3～4</td><td>—</td><td>—</td></tr>
<tr><td>10</td><td colspan="2">双层门窗内外框间距</td><td>—</td><td>—</td><td>4</td><td>3</td><td>用钢尺检查</td></tr>
<tr><td rowspan="4">11</td><td rowspan="4">无下框时门扇与地面间留缝</td><td>外 门</td><td>4～7</td><td>5～6</td><td>—</td><td>—</td><td rowspan="4">用塞尺检查</td></tr>
<tr><td>内 门</td><td>5～8</td><td>6～7</td><td>—</td><td>—</td></tr>
<tr><td>卫生间门</td><td>8～12</td><td>8～10</td><td>—</td><td>—</td></tr>
<tr><td>厂房大门</td><td>10～20</td><td>—</td><td>—</td><td>—</td></tr>
</table>

(三) 金属门窗安装工程

主 控 项 目

1. 金属门窗框和副框的安装必须牢固。预埋件的数量、位置、埋设方式、与框的连接方式必须符合设计要求。

2. 金属门窗扇必须安装牢固，并应开关灵活、关闭严密，无倒翘。推拉门窗扇必须有防脱落措施。

一 般 项 目

3. 钢门窗安装的留缝限值、允许偏差和检验方法应符合表 6-65 的规定。

钢门窗安装的留缝限值、允许偏差和检验方法 表 6-65

项次	项 目		留缝限值（mm）	允许偏差（mm）	检验方法
1	门窗槽口宽度、高度	≤1500mm	—	2.5	用钢尺检查
		＞1500mm	—	3.5	
2	门窗槽口对角线长度差	≤2000mm	—	5	用钢尺检查
		＞2000mm	—	6	
3	门窗框的正、侧面垂直度		—	3	用 1m 垂直检测尺检查
4	门窗横框的水平度		—	3	用 1m 水平尺和塞尺检查
5	门窗横框标高		—	5	用钢尺检查
6	门窗竖向偏离中心		—	4	用钢尺检查
7	双层门窗内外框间距		—	5	用钢尺检查
8	门窗框、扇配合间隙		≤2	—	用塞尺检查
9	无下框时门扇与地面间留缝		4～8	—	用塞尺检查

4. 铝合金门窗安装的允许偏差和检验方法应符合表 6-66 的规定。

铝合金门窗安装的允许偏差和检验方法 表 6-66

项次	项 目		允许偏差（mm）	检 验 方 法
1	门窗槽口宽度、高度	≤1500mm	1.5	用钢尺检查
		＞1500mm	2	
2	门窗槽口对角线长度差	≤2000mm	3	用钢尺检查
		＞2000mm	4	
3	门窗框的正、侧面垂直度		2.5	用垂直检测尺检查
4	门窗横框的水平度		2	用 1m 水平尺和塞尺检查
5	门窗横框标高		5	用钢尺检查
6	门窗竖向偏离中心		5	用钢尺检查
7	双层门窗内外框间距		4	用钢尺检查
8	推拉门窗扇与框搭接量		1.5	用钢直尺检查

5. 涂色镀锌钢板门窗安装的允许偏差和检验方法应符合表6-67的规定。

涂色镀锌钢板门窗安装的允许偏差和检验方法 表6-67

项次	项目		允许偏差(mm)	检验方法
1	门窗槽口宽度、高度	≤1500mm	2	用钢尺检查
		>1500mm	3	
2	门窗槽口对角线长度差	≤2000mm	4	用钢尺检查
		>2000mm	5	
3	门窗框的正、侧面垂直度		3	用垂直检测尺检查
4	门窗横框的水平度		3	用1m水平尺和塞尺检查
5	门窗横框标高		5	用钢尺检查
6	门窗竖向偏离中心		5	用钢尺检查
7	双层门窗内外框间距		4	用钢尺检查
8	推拉门窗扇与框搭接量		2	用钢直尺检查

(四)塑料门窗安装工程

主 控 项 目

1. 塑料门窗框、副框和扇的安装必须牢固。固定片或膨胀螺栓的数量与位置应正确,连接方式应符合设计要求。固定点应距窗角、中横框、中竖框150~200mm,固定点间距应不大于600mm。

2. 塑料门窗的品种、类型、规格、尺寸、开启方向、安装位置、连接方式及填嵌密封处理应符合设计要求,内衬增强型钢的壁厚及设置应符合国家现行产品标准的质量要求。

一 般 项 目

3. 塑料门窗安装的允许偏差和检验方法应符合表6-68的规定。

塑料门窗安装的允许偏差和检验方法 表6-68

项次	项目		允许偏差(mm)	检验方法
1	门窗槽口宽度、高度	≤1500mm	2	用钢尺检查
		>1500mm	3	
2	门窗槽口对角线长度差	≤2000mm	3	用钢尺检查
		>2000mm	5	
3	门窗框的正、侧面垂直度		3	用1m垂直检测尺检查
4	门窗横框的水平度		3	用1m水平尺和塞尺检查
5	门窗横框标高		5	用钢尺检查
6	门窗竖向偏离中心		5	用钢直尺检查
7	双层门窗内外框间距		4	用钢尺检查
8	同樘平开门窗相邻扇高度差		2	用钢直尺检查
9	平开门窗铰链部位配合间隙		+2; -1	用塞尺检查
10	推拉门窗扇与框搭接量		+1.5; -2.5	用钢直尺检查
11	推拉门窗扇与竖框平行度		2	用1m水平尺和塞尺检查

（五）特种门安装工程

特种门是指防火门、防盗门、自动门、全玻门、旋转门、金属卷帘门等。

主 控 项 目

1. 特种门的配件应齐全，位置应正确，安装应牢固，功能应满足使用要求和特种门的各项性能要求。

一 般 项 目

2. 推拉自动门安装的留缝限值、允许偏差和检验方法应符合表 6-69 的规定。

推拉自动门安装的留缝限值、允许偏差和检验方法 表 6-69

项次	项目		留缝限值（mm）	允许偏差（mm）	检验方法
1	门槽口宽度、高度	≤1500mm	—	1.5	用钢尺检查
		>1500mm	—	2	
2	门槽口对角线长度差	≤2000mm	—	2	用钢尺检查
		>2000mm	—	2.5	
3	门框的正、侧面垂直度		—	1	用 1m 垂直检测尺检查
4	门构件装配间隙		—	0.3	用塞尺检查
5	门梁导轨水平度		—	1	用 1m 水平尺和塞尺检查
6	下导轨与门梁导轨平行度		—	1.5	用钢尺检查
7	门扇与侧框间留缝		1.2～1.8	—	用塞尺检查
8	门扇对口缝		1.2～1.8	—	用塞尺检查

3. 推拉自动门的感应时间限值和检验方法应符合表 6-70 的规定。

推拉自动门的感应时间限值和检验方法 表 6-70

项次	项目	感应时间限值（s）	检验方法
1	开门响应时间	≤0.5	用秒表检查
2	堵门保护延时	16～20	用秒表检查
3	门扇全开启后保持时间	13～17	用秒表检查

4. 旋转门安装的允许偏差和检验方法应符合表 6-71 的规定。

旋转门安装的允许偏差和检验方法 表 6-71

项次	项目	允许偏差（mm）		检验方法
		金属框架玻璃旋转门	木质旋转门	
1	门扇正、侧面垂直度	1.5	1.5	用 1m 垂直检测尺检查
2	门扇对角线长度差	1.5	1.5	用钢尺检查
3	相邻扇高度差	1	1	用钢尺检查
4	扇与圆弧边留缝	1.5	2	用塞尺检查
5	扇与上顶间留缝	2	2.5	用塞尺检查
6	扇与地面间留缝	2	2.5	用塞尺检查

（六）门窗玻璃安装工程

主 控 项 目

1. 带密封条的玻璃压条，其密封条必须与玻璃全部贴紧，压条与型材之间应无明显缝隙，压条接缝应不大于0.5mm。

2. 玻璃的品种、规格、尺寸、色彩、图案和涂膜朝向应符合设计要求。单块玻璃大于1.5m^2时应使用安全玻璃。

一 般 项 目

3. 玻璃表面应洁净，不得有腻子、密封胶、涂料等污渍。中空玻璃内外表面均应洁净，玻璃中空层内不得有灰尘和水蒸气。

4. 门窗玻璃不应直接接触型材。单面镀膜玻璃的镀膜层及磨砂玻璃的磨砂面应朝向室内。中空玻璃的单面镀膜玻璃应在最外层，镀膜层应朝向室内。

（七）门窗安装应注意的质量问题

1. 木门窗安装应注意的质量问题

(1) 有贴脸的门框安装后与抹灰面不平：主要原因是立口时没掌握好抹灰层的厚度。

(2) 门窗洞口预留尺寸不准：安装门窗框后四周的缝子过大或过小；砌筑时门窗洞口尺寸不准，所留余量大小不均；砌筑上下左右，拉线找规矩，偏位较多。一般情况下安装门窗框上皮应低于门窗过梁10～15mm，窗框下皮应比窗台上皮高5mm。

(3) 门窗框安装不牢：预埋的木砖数量少或木砖不牢；砌半砖墙没设置带木砖的预制混凝土块，而是直接使用木砖，干燥收缩松动。预制混凝土隔板，应在预制时埋设木砖使之牢固，以保证门窗框的安装牢固。木砖的设置一定要满足数量和间距的要求。

(4) 合页不平，螺丝松动，螺帽斜露，缺少螺钉，合页槽深浅不一：安装时螺钉钉入太长或倾斜拧入。要求安装时螺钉应钉入1/3拧入2/3，拧时不能倾斜，安装时如遇木节，应在木节处钻眼，重新塞入木塞后再拧螺钉，同时应注意不要遗漏螺钉。

(5) 上下层门窗不顺直，左右门窗安装不符线，洞口预留偏位：安装前没按要求弹线找规矩，没吊好垂直立线，安装时没按500mm拉线找规矩。为解决此问题，要求施工者必须按工艺要求，施工安装前先弹线找规矩，做好准备工作后，先安样板，经鉴定符合要求后，再全面安装。

2. 铝合金门窗安装应注意的质量问题

(1) 安装组合不平不正：铝合金门窗如采用单件组合时应注意拼装质量，拼头处应平整，不应劈棱窜角、出台。

(2) 地弹簧及拉手安装不规矩，尺寸不准：应提前检查预先剔洞及预留孔眼尺寸是否准确，如有问题，应处理后再进行安装。

(3) 面层污染咬色：施工时不注意成品保护，造成污染未及时清理。

(4) 表面划痕：施工及清理过程不认真，或用硬物磨划所致。铝门窗清洗前应进行交底，规定使用溶剂及工具。

(5) 漏装披水：外窗没按设计要求装设披水，或设计漏掉披水，影响使用。

(6) 外表面花感（颜色不一）：1）产品质量差，外门窗色差大，应认真验收；2）施工时损坏或污染，清理后面层受损表面处理不力，形成花感，或没找厂方去购买染色液体，自行配制，修理后颜色不一，影响整体效果。应加强成品保护。

3. 钢门窗安装应注意的质量问题

(1) 翘曲和窜角：钢门窗加工质量有个别口扇不符标准，在运输堆放时不认真保管，安装时垂直平整自检不够。安装前应认真进行检查，发现翘曲和窜角及时校正处理，修好后再行安装。

(2) 铁脚固定不符要求：原预留洞与铁脚位置不符，安装前没有检查和处理，在安装时有的任意将铁脚用气焊烧去，有的将铁脚打弯后勉强塞入孔内，严重影响钢窗的安装牢固。

(3) 上下钢门窗不顺直，左右钢门窗标高不一致：没按操作工艺要点进行施工，施工前没找规矩，安装时没挂线。

(4) 开关不灵活：抹灰时吃口影响门窗开关的灵活，安装时垂直方正没找好，门窗劈棱和窜角。要求在钢门窗安装后进行开关，看是否灵活，对其影响开关的抹灰层剔去重新补抹，门扇劈棱及窜角的应调整。

(5) 开启方向不到位：抹灰的口角不方正，抹的旋脸下垂，凸线不直，直接影响门窗的开启。要求抹灰时严格按验评标准施工，对不合格的点要修好后再交木工安装门窗。

(6) 钢窗调整、找方或补焊、气割等处理不认真，焊药药皮不砸，补焊处不用钢挫挫平，不补刷防锈漆。

(7) 钢窗披水不全：有的安装时窗号使用错误，钢窗保管不好。应认真核对窗号，符合要求后再安装，并在堆放时注意对披水的保护。

(8) 五金配件不齐全、不配套，施工时丢失，二次补配与原牌号不符：要求钢门窗与五金配件同时加工配套进场，并考虑合理的损坏率，一次加工订货备足。

八、装饰工程

(一) 基本规定

1. 建筑装饰装修工程所用材料应符合国家有关建筑装饰装修材料有害物质限量标准的规定。

2. 建筑装饰装修工程施工中，严禁违反设计文件擅自改动建筑主体、承重结构或主要使用功能；严禁未经设计确认和有关部门批准擅自拆改水、暖、电、燃气、通讯等配套设施。

3. 施工单位应遵守有关环境保护的法律法规，并应采取有效措施控制施工现场的各种粉尘、废气、废弃物、噪声、振动等对周围环境造成的污染和危害。

(二) 抹灰工程

1. 一般规定

(1) 抹灰用的石灰膏的熟化期不应少于15d；罩面用的磨细石灰粉的熟化期不应少于3d。

(2) 室内墙面、柱面和门洞口的阳角做法应符合设计要求。设计无要求时，应采用1:2水泥砂浆做暗护角，其高度不应低于2m，每侧宽度不应小于50mm。

(3) 抹灰工程应对下列隐蔽工程项目进行验收：

①抹灰总厚度大于或等于35mm时的加强措施。

②不同材料基体交接处的加强措施。

2. 一般抹灰工程

主 控 项 目

(1) 抹灰工程应分层进行。当抹灰总厚度大于或等于 35mm 时，应采取加强措施。不同材料基体交接处表面的抹灰，应采取防止开裂的加强措施。当采用加强网时，加强网与各基体的搭接宽度不应小于 100mm。

(2) 抹灰层与基层之间及各抹灰层之间必须粘结牢固，抹灰层应无脱层、空鼓，面层应无爆灰和裂缝。

一 般 项 目

一般抹灰工程质量的允许偏差和检验方法应符合表 6-72 的规定。

一般抹灰的允许偏差和检验方法 **表 6-72**

项次	项 目	允许偏差（mm）		检验方法
		普通抹灰	高级抹灰	
1	立面垂直度	4	3	用 2m 垂直检测尺检查
2	表面平整度	4	3	用 2m 靠尺和塞尺检查
3	阴阳角方正	4	3	用直角检测尺检查
4	分格条（缝）直线度	4	3	拉 5m 线，不足 5m 拉通线，用钢直尺检查
5	墙裙、勒脚上口直线度	4	3	拉 5m 线，不足 5m 拉通线，用钢直尺检查

注：1）普通抹灰，本表第 3 项阴角方正可不检查；
2）顶棚抹灰，本表第 2 项表面平整度可不检查，但应平顺。

3. 装饰抹灰工程

主 控 项 目

(1) 抹灰工程应分层进行。当抹灰总厚度大于或等于 35mm 时，应采取加强措施。不同材料基体交接处表面的抹灰，应采取防止开裂的加强措施，当采用加强网时，加强网与各基体的搭接宽度不应小于 100mm。

一 般 项 目

装饰抹灰工程质量的允许偏差和检验方法应符合表 6-73 的规定。

装饰抹灰的允许偏差和检验方法 **表 6-73**

项次	项 目	允许偏差（mm）				检验方法
		水刷石	斩假石	干粘石	假面砖	
1	立面垂直度	5	4	5	5	用 2m 垂直检测尺检查
2	表面平整度	3	3	5	4	用 2m 靠尺和塞尺检查
3	阳角方正	3	3	4	4	用直角检测尺检查
4	分格条（缝）直线度	3	3	3	3	拉 5m 线，不足 5m 拉通线，用钢直尺检查
5	墙裙、勒脚上口直线度	3	3	–	–	拉 5m 线，不足 5m 拉通线，用钢直尺检查

4. 内墙抹石灰砂浆应注意的质量问题

(1) 门窗洞口、墙面、踢脚板、墙裙上口抹灰空鼓裂缝

①门窗框两边塞灰不严，墙体预埋木砖间距过大或木砖松动，经开关振动，在门窗框处产生空鼓裂缝。故应重视门窗框塞缝作为一道工序施工，并应经检查验收。

②基层清理不干净或处理不当，墙面浇水不透，抹灰后砂浆中的水分很快被基层（或底灰）吸收，影响粘结力。应认真清理和提前浇水，砖墙可提前一天浇水，一般浇二遍，使水渗入砖墙里面约达 8～10mm 即可达到要求。

③基层偏差较大，一次抹灰层过厚，干缩产生裂缝，应分层赶平，每遍厚度宜为 7～9mm。

④配制的砂浆和原材料质量不符合要求，应根据不同基层采取配制所需要的砂浆，同时要加强对原材料和使用部位的管理。

(2) 抹灰面层起泡、有抹纹、曝灰开花

①抹完罩面灰后，压光跟得太紧，灰浆没有收水，故压光后多余水气化后产生起泡现象。

②底灰过分干燥，又没有浇透水，抹罩面灰后，水分很快被底灰吸走，故压光时容易出现抹纹或漏压。

③淋制面灰时（包括底灰），对欠火灰、过火灰颗粒及杂质应过滤彻底，保证灰膏熟化体之间必须粘结牢固，无脱层、空鼓，面层无爆灰和裂缝（风裂除外）等缺陷。

(3) 基本项目

①表面：

普通抹灰：表面光滑、洁净，接槎平整。

中级抹灰：表面光滑、洁净，接槎平整，线角顺直清晰。

高级抹灰：表面光滑、洁净、颜色均匀，无抹纹，线角和灰线平直方正，清晰美观。

②孔洞、槽、盒、管道后面的抹灰表面：尺寸正确、边缘整齐、光滑；管道后面平整。

③门窗框与墙体间缝隙填塞密实，表面平整。护角材料、高度符合施工规范规定，表面光滑平顺。

④分格条（缝）宽度、深度均匀，条（缝）平整光滑、楞角整齐，横平竖直、通顺。

5. 抹水泥砂浆应注意的质量问题

(1) 空鼓、开裂和烂根：由于抹灰前对基层清理不干净或不彻底造成的。抹灰前不浇水，每层灰抹得过厚，跟得太紧；对于预制混凝土光滑表面不认真进行“毛化处理”；甚至混凝土表面的酥皮不处理就抹灰；加气混凝土表面没清扫，不浇水就抹灰，抹灰后不养护。为解决好空鼓，开裂等质量问题，应从三方面解决，第一，施工前的浇水，清理；第二，施工操作分层分遍压实，需认真、不马虎；第三，施工后及时浇水养护，并注意施工地点的洁净。

(2) 滴水线（槽）不符合要求：不按规范规定在窗台、碳脸下预设分格条，起条后保持滴水槽有 10mm×10mm 的槽，而是抹灰后用溜子划缝压槽，或用钉子划沟，使滴水槽不符合要求。

(3) 分格条、滴水槽处起条后不整齐不美观：起条后应用素水泥浆勾缝，并将损坏的棱角及时修补好。

(4) 窗台吃口：同一层的窗台标高砌得不一致，窗台抹灰时为保证横竖线角的规矩需拉线找直故造成窗台吃口，影响使用。要求结构施工时尺寸要准确，考虑抹灰层的厚度，并注意窗台抹灰应伸入框下10mm，并勾成小圆角，上口找好流水坡度。

(5) 面层接槎不平，颜色不一致：槎子甩得不规矩、不平，故接槎时难找平。接槎应避免分在块中介处，应甩在分格条处，并注意外抹水泥一定要采用同品种、同批号的水泥，严禁混用，防止颜色不均。基层浇水要透，便于操作，避免将水泥表面压黑。

6. 加气混凝土条板墙面抹灰应注意的质量问题

(1) 粘结不牢，空鼓、裂缝：加气混凝土墙面抹灰，最常见通病之一就是灰层与基体之间粘结不牢、空鼓、裂缝。主要原因是基层清扫不干净，用水冲刷、湿润不够，不刮素水泥浆。由于砂浆在强度增长、硬化过程中，自身产生不均匀的收缩，形成干缩裂缝。改进措施，可采用喷洒防裂剂或涂刷107胶素水泥浆。增加粘结作用，减少砂浆的收缩，提高砂浆早期抗拉强度，改进抹灰基层处理及砂浆配合比是解决加气混凝土墙面空鼓、裂缝的关键。

(2) 抹灰层过厚：抹灰层的厚度大大超过规定，尤其是一次成活，将抹灰层坠裂。抹灰层的厚度应通过冲筋进行控制，保持15～20mm为宜。操作时应分层间歇抹灰，每遍厚度宜7～8mm，应在第一遍灰终凝后再抹第二遍，切忌一遍成活。

(3) 门窗框边缝不塞灰或塞灰不实；预埋木砖间距大，木砖松动；反复开关振动，在窗框两侧产生空鼓、裂缝：应把门窗框塞缝当作一个工序由专人负责，木砖必须预埋在混凝土预制的砌块内，随着墙体砌筑按规定间距摆放。

(4) 抹灰配合比使用不合适：底子灰的强度太高，使灰层出现空鼓、开裂。改进办法：各层灰的配合比要适宜，尤其是底子灰的材料，要优先采用与加气混凝[illegible]能相接近的材料。其强度、弹性模量和收缩率基本接近为宜。抹[illegible]与底子灰之间容易产生大面积空鼓、裂缝。所以采用适当的配合比是必要的。

(5) 抹灰层起泡，有明显抹子纹，墙面开花的原因

①抹完罩面灰以后，还不具备早期强度，赶压工作跟得太紧，灰层没有收水，故压光后出现起泡现象。罩面灰抹完之后，灰层已具有一定硬度，手压变形不大，灰层表面水分已收干，再进行压实、赶光。

②底子灰过分干燥，又没有浇透水，抹罩面灰后，水分很快被底子灰吸收，故压光时容易出现抹子纹和漏压。当底灰五六成干时应开始抹罩面灰，过于干燥要充分喷水。赶压罩面灰应掌握好时间，消除抹子纹。

③淋制灰膏和浸泡生石灰粉时，对慢性石灰、过火石灰颗粒及杂质没有过滤彻底，灰膏熟化时间短，尤其对磨细石灰粉，不按规定时间浸泡，致使过火颗粒未能充分熟化，灰上墙以后遇水分继续熟化，体积膨胀，造成抹灰表面胀裂，出现开花，爆皮。淋制灰膏或泡制磨细生石灰粉，熟化时间必须达到规定天数，提前做好准备。未充分熟化的灰膏不得使用。

(6) 抹灰表面不平，阴阳角不垂直，不方正：主要是抹灰前挂线、做灰饼、冲筋不认真，冲筋时间过短或过长造成收缩量不同，出现高低不平，阴阳角不顺直、不方正。

抹灰前用托线板、靠尺对抹灰墙面尺寸预测摸底，安排好阴阳角不同两个面的灰层厚度和方正，认真做好灰饼、冲筋。阴阳角处用方尺套方。做到墙面垂直、平顺、阴阳角方正。

(7) 踢脚板和水泥墙裙，窗台板上口出墙厚度不一致，上口毛刺，口角不方正，根部出现八字形歪斜：主要原因是操作不细，不按规定吊墙面的垂直度，不套方，不拉通线找直，找规矩。改进办法：操作时按工序要求认真吊线、套方找直。用反尺将上口刮平，压实、赶光。削直根部，使之方正、顺直。

(8) 管道背后抹灰不平、不光、管根空裂，暖气槽两侧上下抹灰不通顺。改进办法：管线过墙按规定放套管，凡有管道设备的部位应提前抹好灰，并清扫干净。槽、垛按尺寸吊直、找平、压光。收边整齐，不甩破活。

7. 混凝土内墙、顶抹灰应注意的质量问题

(1) 门窗洞口、墙面、踢脚板、墙裙上口抹灰空鼓裂缝

①门窗框两边塞灰不严实，墙体预埋木砖间距过大或木砖松动。经开关振动，在门窗框周边处产生空鼓裂缝。应重视门窗框塞缝工序的施工质量。

②基层清理不干净或处理不当：墙面浇水不透，抹灰后砂浆中的水分很快被基层（或底灰）吸收，影响粘结力。应认真清理和提前浇水，砖墙可提前一天浇水，一般浇两遍，使洇水深度达到 8～10mm 即可符合要求。

③基层偏差较大，一次抹灰层过厚，干缩较大产生裂缝。应分层赶平，每遍厚度宜为 7～9mm。

④配制的砂浆和原材料质量不符合要求或使用不当，应根据不同基层采取配制所需要的砂浆，同时要加强对原材料和材料使用部位的管理。

(2) 抹灰面层起泡、有抹纹、曝灰开花

[illegible]罩面灰后，压光工作跟得太紧，灰没有收水，故压光后产生起泡现象，其中[illegible]混凝土墙面较为常见。

②[illegible]过分干燥，抹罩面灰后，水分很快被底灰吸收，故压光时容易出现抹纹或漏压。

③淋制面灰时（包括底灰），对欠火灰、过火灰颗粒及杂质应过滤彻底，保证灰膏熟化时间，否则抹灰后遇水或潮湿空气继续熟化、体积膨胀，造成抹灰表面曝灰，出现开花。

(3) 抹灰面不平、阴阳角不垂直、不方正：抹灰前要认真挂线、做灰饼和冲筋，使冲筋交圈，阴阳角处亦要冲筋，顺杠、找规矩。

(4) 门窗洞口、墙面、踢脚板、墙裙等抹罩面灰接槎明显或颜色不一致：抹罩面灰时要留施工缝时，注意要尽量留在分格条、阴角处和门窗框边部；室内如遇施工洞口时，可采用甩整面墙的方法。

(5) 踢脚板、水泥墙裙和窗台板上口出墙厚不一致，上口毛刺和口角不方等：操作要加细，按规范去吊垂直、拉线找直、找方，抹完灰要反尺把上口赶平压光。

(6) 暖气槽两侧上下窗口墙垛抹灰不通顺：应按规范吊直找方。

(7) 管道后抹灰不平、不光、管根空裂等：应按规范安放过墙套管等，管后抹灰准备专用工具（鸭嘴铁抹子），工作细致即能克服。

(8) 水泥面层无强度、表面不实：水泥早期脱水或使用过夜灰造成，要加强管理。

8. 墙面水刷石施工应注意的质量问题

(1) 灰层粘结不牢、空鼓：原因是基层未浇水湿润；基层没清理或清理不干净；每层灰跟得太紧或一次抹灰太厚；打底后没浇水养护；预制混凝土外墙板太光滑且基体面没“毛化”处理；板面酥皮未剔凿干净；分格条两侧空是因为起条时将灰层拉裂。应注意基层的清理、浇水；每层灰控制抹灰厚度不能过厚；打底灰抹好 24h 内注意浇水养护。对预制混凝土外墙板一定要清除酥皮并进行“毛化”处理。

(2) 墙面脏、颜色不一致：刷石墙面没抹平压实，凹坑内水泥浆没冲洗干净或最后没用清水冲洗干净；原材料一次备料不够；水泥或石渣颜色不一致或配合比不准，级配不一致。操作时应反复揉压抹平，使其无凸凹不平之处，最后用清水冲刷干净。要求刷石配合比专人掌握，所用水泥、石渣应一次备齐。

(3) 坠裂、裂缝：原因是面层厚度不一，冲刷时厚薄交接处由于自重不同将面层坠裂，干后裂缝加大；压活遍数不够，灰层不密实也易形成裂纹或龟裂；石渣内有未熟化颗粒，遇水后体积膨胀将面层爆裂。要求打底灰一定要平整，面层施工一定按工艺标准边刷水边压，直至表面压实压光为止。

(4) 烂根：刷石与散水、腰线等接触平面部分没有清理干净，表面有杂物，待将杂物清净后形成烂根；由于在下边施工困难，压活遍数不够，灰层不密实，冲洗后形成掉渣或局部石渣不密实。注意刷石与散水和腰线接触部位的清理。

(5) 阴角刷石、墙面刷石污染、混浊、不清晰：阴角做刷石分两次做两个面，后刷的一面，就污染前面已刷好的一面。整个墙面多块分格，后做的一块，刷洗时污染已经做好一块，将阴角的两个面找好规矩，一次做成，同时喷刷。对大面积墙面刷石为防止污染，在冲刷后做的刷石前，先将已做好的刷石用净水冲洗干净并湿润后再冲刷新做的刷石，新活完成后，再用净水同时由上而下冲洗已做好的刷石，防止因冲洗不净造成污染、混浊。

(6) 刷石留槎混乱，整体效果差：刷石槎子应留在分格条处，不得留在块中。

9. 墙面干粘石施工应注意的质量问题

(1) 粘石面层不平，颜色不均匀：主要原因是粘石灰抹的不平，造成粘石后面层不平；拍按粘石时抹灰鼓的地方按后易出浆，低的地方，按不到，石渣浮在表面颜色较重，而出浆处反白，造成面层花感，颜色不一致。

(2) 阳角及分格条两侧出现黑边：分格条两侧灰干的快，粘不上石渣；抹阳角时没采用八字靠尺，又不及时修整。分格条处应先粘小面，再粘大面，阳角粘石应采用八字靠尺，起尺后应及时用米粒石修补处理黑边。

(3) 石渣浮动，手触即掉：主要是灰层干的过快，石渣没拍，或因拍的劲不够，抹粘石灰前注意底灰浇水要透，粘石后拍按一定要将石渣压入灰层 2/3。

(4) 坠裂：底灰浇水饱和，粘石灰过稀，灰层过厚，粘石后裂缝下滑，要浇水适度，且要保证粘石灰的稠度。

(5) 空鼓开裂原因有两种：一种是底灰与基体之间的空裂；另一种为面层粘石灰与底灰之间的空裂。底灰与基体空裂原因是清理不净，浇水不透，灰层过厚，抹灰没分层分遍抹。底灰与面层空裂主要是由于坠裂引起的为多。为防止空裂发生，一是注意清理，二是注意浇水要适度，三是注意灰层厚度及砂浆的稠度，加强施工过程的检查把关。

(6) 分格条、滴水槽不光滑，不清晰：主要是起条后不勾缝，应按施工程序控制。

10. 拉毛灰应注意的质量问题

(1) 外墙拉毛颜色不均匀，花感。原因是水泥标号品种不统一，或不是同批进场水泥；拉毛厚薄不一；拉毛长短不匀；拉毛灰配合比不准。要求外墙拉毛使用同品种、同标号、同批进场水泥，并有专人掌握砂浆配合比。拉毛时要培养专人操作使拉出的毛长度合适、均匀。

(2) 拉毛接槎明显：外墙拉毛设计不要求分格；甩槎时没有规律随意乱甩槎子；槎子处的拉毛重叠。拉毛外墙应设分格条，槎子应甩在分格条或水落管后不明显的地方，不得随意甩槎。槎子处拉毛的施工应严格控制厚度，防止拉毛层重叠造成接槎明显。

(3) 拉出的毛长度不匀，稀疏不均：主要是操作者手法及熟练程度差，用力不一。应加强对操作手的技术培训和指导。

(4) 二次修补接槎明显：墙上的预留孔洞及预埋件等没按图纸提前做好；或由于设计变更，造成二次修补。应加强检查把关，加强工种配合搞好交接检验，防止工种之间的不交圈及互相损坏造成的二次修补。

11. 斩假石应注意的质量问题

(1) 空鼓裂缝

1) 因冬期施工气温低，砂浆受冻，第二年春天化冻后容易产生面层与底层或基层粘结不好而空鼓，严重时有粉化现象。因此在进行室外斩假石施工时应保持正温，不宜冬期施工。

2) 一层地面与台阶基层回填土应分步分层夯打密实，否则容易造成混凝土垫层与基层空鼓和沉陷裂缝。台阶混凝土垫层厚度不应小于 80mm。

3) 基层材料不同时应加钢板网。不同做法的基层地面与台阶应留置沉降缝或分格条，预防产生不均匀的沉降与裂缝。

4) 底层、面层总厚度超过 40mm 者，在底层应加 ϕ4 或 ϕ6 钢筋网，其间距为 200mm，预防产生裂缝。

5) 基层表面偏差较大，基层处理或施工不当，如每层抹灰跟得太紧，又没有洒水养护，各层之间的粘结强度很差，面层或基层就容易产生空鼓裂缝。

6) 基层清理不净又没做认真的处理，是造成面层与基层空鼓裂缝的主要原因。因此，必须严格按工艺操作，重视基层处理和养护工作。

(2) 剁纹不匀：主要是由于没掌握好开剁时间，剁纹不规矩，操作时用力不一致和斧刃不快等造成。应加强技术培训、辅导和抓样板，以样板指导操作和施工。

(3) 剁石面有坑：大面积剁前未试剁、面层强度低所致。在大面积开剁前应进行试剁和剁样板。

12. 清水砖墙勾缝应注意的质量问题

(1) 横竖缝接槎不平：主要原因是勾缝时横竖缝没有勾平，扫缝时没有把横竖缝清扫干净。

(2) 门窗框周围塞灰不严：主要原因是对门窗框周围塞灰不认真，只勾表面，里面不实。应作为一道工序认真操作，塞灰前先浇水湿润，再用砂浆分层塞实、抹平。

(3) 缝子深浅不一致：主要原因是个别灰缝划得太浅、窄缝和瞎缝开缝深度不够，操作不认真，技术不熟练。砌砖墙时水平缝要按皮数杆灰缝厚度控制，立缝要与已砌完的下皮砖墙立缝对直。划缝深度要保持10～12mm。

(4) 漏勾缝：勒脚、腰檐、过梁上第一皮砖及门窗旁砖墙侧面等部位经常漏勾缝，操作者应加强自检，发现漏勾缝时应及时补勾。

13. 抹灰工程的质量、控制

(1) 抹灰工程进行之前结构工程必须经监理工程师、质量监督部门验收合格。

(2) 抹灰前应督促承包单位做好以下检查和修整

①检查门窗框位置是否正确，与墙连接是否牢固，水泥砂浆或水泥混合砂浆分层嵌塞密实，木门口要用铁皮或木板保护。

②过梁、梁垫、圈梁、组合柱及其他需抹面部分剔平，对混凝土蜂窝、麻面、露筋等处应剔到实处，做好修补。

③管道穿越的墙洞、脚手眼、模板洞和楼板洞用相应的材料嵌实。

④各种管道已安装完毕，电线管、消火栓箱、配线盒用纸堵严。

(3) 所采购和进入施工现场的材料已正式报验，色泽、质量，除应有产品合格证外，还应自检和经监理工程师认可。

(4) 正式大面积抹灰前应先做样板间，经鉴定合格和确定施工方案后再安排正式施工（在样板间基础上修订完善工艺做法，做好技术交底和技术培训）。

14. 抹灰工程施工质量控制要点

(1) 注意检查处理基层上的残余砂浆、灰尘、污垢和油渍，应清理并“毛化处理”，基层面必须充分淋水洇透（一般应在抹灰前一天进行一天浇两遍，砖墙渗水深度达8～10mm）。

(2) 基层垂直度、平整度较差，抹灰厚度局部应分层衬平（每遍厚度宜为7～9mm）。

(3) 注意巡视成活后的质量，及时发现不合格的部位联系处理，必要时以书面通知提出修改意见。

(4) 注意成品保护和湿润养护。

(5) 冬期施工时，不能在冻结的基层上施工（最好不做抹灰工程），室外作业时砂浆温度亦不宜低于5℃，防止冻害发生（为了防止受冻，砂浆内不宜掺入白灰膏）。

15. 外墙贴面砖施工应注意的质量问题

(1) 空鼓、脱落的主要原因

①因冬季气温低，砂浆受冻，解冻后容易发生脱落。因此在进行室外贴面砖操作时应保持正温，尽量不在冬期施工。

②基层表面偏差较大，基层处理或施工不当，如每层抹灰跟得太紧，面砖勾缝不严，又没有洒水养护，各层之间的粘结强度很差，面层就容易产生空鼓、脱落。

③砂浆配合比不准，稠度控制不好，砂子含泥量过大，在同一施工面上采用几种不同的配合比砂浆，因而产生不同的干缩亦会空鼓。应在贴面砖砂浆中加适量107胶，增强粘结力，严格按工艺操作，重视基层处理和自检工作，要逐块检查，发现空鼓的应随即返工重做。

(2) 墙面不平：主要是结构施工期间，尺寸控制不好，造成外墙面垂直、平整偏差大，而装修前对基层处理又不够认真，应加强对基层打底工作的检查，合格后方进行下道工序。

(3) 分格缝不匀、不直：主要原因是施工前没有认真按照图纸尺寸核对结构施工的实际情况，加上分段分块弹线，排砖不细，贴灰饼控制点少，以及面砖规格尺寸偏差大，施工中选砖不细，操作不当等造成。

(4) 墙面脏：主要原因是勾完缝后没有及时擦净砂浆以及其他工种污染所致。可用棉丝蘸盐酸加20%水刷洗，然后用水冲净。同时应加强成品保护。

16. 大理石、磨光花岗石、预制水磨石饰面施工应注意的质量问题

(1) 接缝不平，高低差过大：主要是基层处理不好，对板材质量没有严格挑选，安装前试拼不认真，施工操作不当，分次灌浆过高等，容易造成石板外移或板面错动，出现接缝不平、高低差过大。

(2) 空鼓：主要是灌浆不饱满密实所致。如灌浆稠度小，使砂浆不能流动或因钢筋网阻挡造成该处不实而空鼓；如砂浆过稀也容易造成漏浆，或由于水分蒸发形成空隙而空鼓；此外，最后清理石膏时，剔凿用力过大使板材振动空鼓；缺乏养护，脱水过早也会产生空鼓。

(3) 开裂

1) 有的大理石石质较差，色纹多，当镶贴部位不当，墙面上下空隙留得较小，常受到各种外力影响，出现在色纹暗缝或其他隐伤等处，产生不规则的裂缝。

2) 镶贴墙面、柱面时，上下空隙较小，结构受压变形，使饰面石板受到垂直方向的压力而开裂。施工时应待墙、柱面等随结构沉降稳定后进行，尤其在顶部和底部，安装板块时，应留有一定的缝隙，以防结构压缩、饰面石板直接承重被压开裂。

(4) 墙面碰损、污染：主要是由于块材在搬运和操作中被砂浆等脏物污染，不及时清洗，或安装后成品保护不好所致。应随手擦净，以免时间过长污染板面，此外，还应防止酸碱类化学物品、有色液体等直接接触大理石表面造成污染。

17. 墙面贴陶瓷锦砖施工应注意的质量问题

(1) 空鼓、脱落的主要原因

1) 因冬季气温低，砂浆受冻，第二年春天化冻后陶瓷锦砖背面比较光滑容易发生脱落。因此在进行镶贴陶瓷锦砖操作时应保持正温，室外陶瓷锦砖不宜冬季施工。

2) 基层表面偏差较大，基层处理或施工不当，如每层抹灰跟的太紧，陶瓷锦砖勾缝不严，又没有洒水养护，各层之间的粘结强度很差，面层就容易产生空鼓、脱落。

3) 砂浆配合比不准，稠度控制不好，砂子含泥过大，在同一施工面上，采用几种不同的配合比砂浆，因而产生不同的干缩也会造成空鼓。应认真严格按照工艺标准操作，重视基层处理和自检工作，发现空鼓的应随即返工重贴。整间或独立部位宜一次完成。

(4) 压缝条、压边条不严密、不平直：施工时应弹位置线，罩面板安装接缝应平直，压缝条与罩面板紧贴密实。

18. 轻钢骨架石膏罩面板隔墙施工应注意的质量问题

(1) 墙体收缩变形及板面裂缝：原因是竖向龙骨紧顶上下龙骨，没留伸缩量，超过12m长的墙体未做控制变形缝，造成墙面变形。隔墙周边应留3mm的空隙，这样可减少

不平，与顶面衔接不吻合，使整个吊顶装饰效果不好。

安装空调风口箅子时，要注意与顶面衔接吻合，使人看到不显眼。

安装自动喷淋头、烟感器时，必须安装在吊顶平面上。自动喷淋头须通过吊顶平面与自动喷淋系统的水管相接。在安装过程中要注意处理好三种情况：一是水管伸出吊顶面，造成喷淋头安装不符合设计要求；二是水管留短了，自动喷淋头不能在吊顶面与水管连接；三是喷淋头边上不能有遮挡物。

②罩面板安装前应对原材料进行检查，将不干净的饰面擦净，对不规整的饰面进行处理。罩面板安装后与龙骨应连接紧密，平面需平整，不得有凸凹不平，缺棱掉角和翘曲现象。

（三）吊顶工程

1. 一般规定

（1）吊顶工程中的预埋件、钢筋吊杆和型钢吊杆应进行防锈处理。

（2）安装饰面板前应完成吊顶内管道和设备的调试及验收。

（3）吊杆距主龙骨端部距离不得大于300mm，当大于300mm时，应增加吊杆。当吊杆长度大于1.5m时，应设置反支撑。当吊杆与设备相遇时，应调整并增设吊杆。

（4）重型灯具、电扇及其他重型设备严禁安装在吊顶工程的龙骨上。

2. 暗龙骨吊顶工程

主 控 项 目

（1）吊杆、龙骨的材质、规格、安装间距及连接方式应符合设计要求。金属吊杆、龙骨应经过表面防腐处理；木吊杆、龙骨应进行防腐、防火处理。

（2）石膏板的接缝应按其施工工艺标准进行板缝防裂处理。安装双层石膏板时，面层板与基层板的接缝应错开，并不得在同一根龙骨上接缝。

一 般 项 目

（3）暗龙骨吊顶工程安装的允许偏差和检验方法应符合表6-74的规定。

暗龙骨吊顶工程安装的允许偏差和检验方法　　表6-74

项次	项　目	允许偏差（mm）				检 验 方 法
		纸面石膏板	金属板	矿棉板	木板、塑料板、格栅	
1	表面平整度	3	2	2	2	用2m靠尺和塞尺检查
2	接缝直线度	3	1.5	3	3	拉5m线，不足5m拉通线，用钢直尺检查
3	接缝高低差	1	1	1.5	1	用钢直尺和塞尺检查

3. 明龙骨吊顶工程

主 控 项 目

（1）饰面材料的安装应稳固严密。饰面材料与龙骨的搭接宽度应大于龙骨受力面宽度的2/3。

(2) 吊杆、龙骨的材质、规格、安装间距及连接方式应符合设计要求。金属吊杆、龙骨应进行表面防腐处理；木龙骨应进行防腐、防火处理。

一 般 项 目

(3) 明龙骨吊顶工程安装的允许偏差和检验方法应符合表6-75的规定。

明龙骨吊顶工程安装的允许偏差和检验方法　表6-75

项次	项 目	允许偏差 (mm)				检 验 方 法
		石膏板	金属板	矿棉板	塑料板、玻璃板	
1	表面平整度	3	2	3	2	用2m靠尺和塞尺检查
2	接缝直线度	3	2	3	3	拉5m线，不足5m拉通线，用钢直尺检查
3	接缝高低差	1	1	2	1	用钢直尺和塞尺检查

4. 木骨架罩面板顶棚应注意的质量问题

(1) 吊顶不平：小龙骨安装时标高定位不准。施工时应拉通线，使通长小龙骨按起拱要求，做到标高位置正确。

(2) 木骨架固定不牢：大龙骨与吊挂连接方法，龙骨钉固的方法应符合设计和施工规范的要求。

(3) 罩面板分块间隙缝不直，宽窄不一致：施工时应注意板块规格，分块尺寸，安装位置应正确。

(4) 压缝条、压边条不严密、不平直：施工时应弹位置线，罩面板安装接缝应平直，压缝条与罩面板紧贴密实。

(四) 轻质隔墙工程

1. 一般规定

(1) 轻质隔墙工程应对人造木板的甲醛含量进行复验。

(2) 轻质隔墙工程应对下列隐蔽工程项目进行验收：

①骨架隔墙中设备管线的安装及水管试压；

②木龙骨防火、防腐处理；

③预埋件或拉结筋；

④龙骨安装；

⑤填充材料的设置。

2. 板材隔墙工程

主 控 项 目

(1) 隔墙板材的品种、规格、性能、颜色应符合设计要求。有隔声、隔热、阻燃、防潮等特殊要求的工程，板材应有相应性能等级的检测报告。

一 般 项 目

(2) 板材隔墙安装的允许偏差和检验方法应符合表6-76的规定。

板材隔墙安装的允许偏差和检验方法　表 6-76

项次	项　目	允许偏差（mm）				检　验　方　法
		复合轻质墙板		石膏空心板	钢丝网水泥板	
		金属夹芯板	其他复合板			
1	立面垂直度	2	3	3	3	用 2m 垂直检测尺检查
2	表面平整度	2	3	3	3	用 2m 靠尺和塞尺检查
3	阴阳角方正	3	3	3	4	用直角检测尺检查
4	接缝高低差	1	2	2	3	用钢直尺和塞尺检查

3. 骨架隔墙工程

主　控　项　目

（1）骨架隔墙所用龙骨、配件、墙面板、填充材料及嵌缝材料的品种、规格、性能和木材的含水率应符合设计要求。有隔声、隔热、阻燃、防潮等特殊要求的工程，材料应有相应性能等级的检测报告。

一　般　项　目

（2）骨架隔墙安装的允许偏差和检验方法应符合表 6-77 的规定。

骨架隔墙安装的允许偏差和检验方法　表 6-77

项次	项　目	允许偏差（mm）		检　验　方　法
		纸面石膏板	人造木板、水泥纤维板	
1	立面垂直度	3	4	用 2m 垂直检测尺检查
2	表面平整度	3	3	用 2m 靠尺和塞尺检查
3	阴阳角方正	3	3	用直角检测尺检查
4	接缝直线度	—	3	拉 5m 线，不足 5m 拉通线，用钢直尺检查
5	压条直线度	—	3	拉 5m 线，不足 5m 拉通线，用钢直尺检查
6	接缝高低差	1	1	用钢直尺和塞尺检查

（3）轻钢骨架石膏罩面板隔墙应注意的质量问题

①墙体收缩变形及板面裂缝：原因是竖向龙骨紧顶上下龙骨，没留伸缩量，超过 12m 长的墙体未做控制变形缝，造成墙面变形。隔墙周边应留 3mm 的空隙，这样可减少因温度和湿度影响产生的变形和裂缝。

②轻钢骨架连接不牢固：原因是局部节点不符合构造要求，安装时局部节点应严格按图规定处理。钉固间距、位置、连接方法应符合设计要求。

③墙体罩面板不平，多数由两个原因造成：一是龙骨安装横向错位，二是石膏板厚度不一致。

④明凹缝不匀：纸面石膏板拉缝未很好掌握尺寸；施工时注意板块分档尺寸，保证

板间拉缝一致。

4. 活动隔墙工程

主 控 项 目

(1) 活动隔墙所用墙板、配件等材料的品种、规格、性能和木材的含水率应符合设计要求。有阻燃、防潮等特性要求的工程，材料应有相应性能等级的检测报告。

一 般 项 目

(2) 活动隔墙安装的允许偏差和检验方法应符合表6-78的规定。

活动隔墙安装的允许偏差和检验方法 表6-78

项次	项 目	允许偏差 (mm)	检 验 方 法
1	立面垂直度	3	用2m垂直检测尺检查
2	表面平整度	2	用2m靠尺和塞尺检查
3	接缝直线度	3	拉5m线，不足5m拉通线，用钢直尺检查
4	接缝高低差	2	用钢直尺和塞尺检查
5	接缝宽度	2	用钢直尺检查

5. 玻璃隔墙工程

主 控 项 目

玻璃隔墙工程所用材料的品种、规格、性能、图案和颜色应符合设计要求。玻璃板隔墙应使用安全玻璃。

一 般 项 目

玻璃隔墙安装的允许偏差和检验方法应符合表6-79的规定。

玻璃隔墙安装的允许偏差和检验方法 表6-79

项次	项 目	允许偏差 (mm)		检 验 方 法
		玻璃砖	玻璃板	
1	立面垂直度	3	2	用2m垂直检测尺检查
2	表面平整度	3	—	用2m靠尺和塞尺检查
3	阴阳角方正	—	2	用直角检测尺检查
4	接缝直线度	—	2	拉5m线，不足5m拉通线，用钢直尺检查
5	接缝高低差	3	2	用钢直尺和塞尺检查
6	接缝宽度	—	1	用钢直尺检查

(五) 饰面板（砖）工程

1. 一般规定

(1) 饰面板（砖）工程验收时应检查下列文件和记录：

①饰面板（砖）工程的施工图、设计说明及其他设计文件。

②材料的产品合格证书、性能检测报告、进场验收记录和复验报告。

③后置埋件的现场拉拔检测报告。

④外墙饰面砖样板件的粘结强度检测报告。

⑤隐蔽工程验收记录。

⑥施工记录。

(2) 饰面板(砖)工程应对下列材料及其性能指标进行复验:

①室内用花岗石的放射性。

②粘贴用水泥的凝结时间、安定性和抗压强度。

③外墙陶瓷面砖的吸水率。

④寒冷地区外墙陶瓷面砖的抗冻性。

2. 饰面板安装工程

主 控 项 目

(1) 饰面板安装工程的预埋件(或后置埋件)、连接件的数量、规格、位置、连接方法和防腐处理必须符合设计要求。后置埋件的现场拉拔强度必须符合设计要求。饰面板安装必须牢固。

一 般 项 目

(2) 饰面板安装的允许偏差和检验方法应符合表 6-80 的规定。

饰面板安装的允许偏差和检验方法 **表 6-80**

项次	项目	允许偏差(mm)							检验方法
		石材			瓷板	木材	塑料	金属	
		光面	剁斧石	蘑菇石					
1	立面垂直度	2	3	3	2	1.5	2	2	用 2m 垂直检测尺检查
2	表面平整度	2	3	—	1.5	1	3	3	用 2m 靠尺和塞尺检查
3	阴阳角方正	2	4	4	2	1.5	3	3	用直角检测尺检查
4	接缝直线度	2	4	4	2	1	1	1	拉 5m 线,不足 5m 拉通线,用钢直尺检查
5	墙裙、勒脚上口直线度	2	3	3	2	2	2	2	拉 5m 线,不足 5m 拉通线,用钢直尺检查
6	接缝高低差	0.5	3	—	0.5	0.5	1	1	用钢直尺和塞尺检查
7	接缝宽度	1	2	2	1	1	1	1	用钢直尺检查

3. 饰面砖粘贴工程

主 控 项 目

(1) 饰面砖粘贴工程的找平、防水、粘结和勾缝材料及施工方法应符合设计要求及国家现行产品标准和工程技术标准的规定。

(2) 饰面砖粘贴必须牢固。

一 般 项 目

(3) 饰面砖粘贴的允许偏差和检验方法应符合表 6-81 的规定。

饰面砖粘贴的允许偏差和检验方法　表 6-81

项次	项　目	允许偏差 (mm)		检验方法
		外墙面砖	内墙面砖	
1	立面垂直度	3	2	用 2m 垂直检测尺检查
2	表面平整度	4	3	用 2m 靠尺和塞尺检查
3	阴阳角方正	3	3	用直角检测尺检查
4	接缝直线度	3	2	拉 5m 线，不足 5m 拉通线，用钢直尺检查
5	接缝高低差	1	0.5	用钢直尺和塞尺检查
6	接缝宽度	1	1	用钢直尺检查

(六) 幕墙工程

1. 一般规定

(1) 幕墙工程验收时应检查下列文件和记录：

①幕墙工程的施工图、结构计算书、设计说明及其他设计文件。

②建筑设计单位对幕墙工程设计的确认文件。

③幕墙工程所用各种材料、五金配件、构件及组件的产品合格证书、性能检测报告、进场验收记录和复验报告。

④幕墙工程所用硅酮结构胶的认定证书和抽查合格证明；进口硅酮结构胶的商检证；国家指定检测机构出具的硅酮结构胶相容性和剥离粘结性试验报告；石材用密封胶的耐污染性试验报告。

⑤后置埋件的现场拉拔强度检测报告。

⑥幕墙的抗风压性能、空气渗透性能、雨水渗漏性能及平面变形性能检测报告。

⑦打胶、养护环境的温度、湿度记录；双组分硅酮结构胶的混匀性试验记录及拉断试验记录。

⑧防雷装置测试记录。

⑨隐蔽工程验收记录。

⑩幕墙构件和组件的加工制作记录；幕墙安装施工记录。

(2) 隐框、半隐框幕墙所采用的结构粘结材料必须是中性硅酮结构密封胶，其性能必须符合《建筑用硅酮结构密封胶》(GB 16776)的规定；硅酮结构密封胶必须在有效期内使用。

(3) 立柱和横梁等主要受力构件，其截面受力部分的壁厚应经计算确定，且铝合金型材壁厚不应小于 3.0mm，钢型材壁厚不应小于 3.5mm。

(4) 主体结构与幕墙连接的各种预埋件，其数量、规格、位置和防腐处理必须符合设计要求。

(5) 幕墙的金属框架与主体结构预埋件的连接、立柱与横梁的连接及幕墙面板的安装必须符合设计要求，安装必须牢固。

2. 玻璃幕墙工程

主 控 项 目

(1) 玻璃幕墙使用的玻璃应符合下列规定：

①幕墙应使用安全玻璃，玻璃的品种、规格、颜色、光学性能及安装方向应符合设计要求。

②幕墙玻璃的厚度不应小于6.0mm。全玻幕墙肋玻璃的厚度不应小于12mm。

③幕墙的中空玻璃应采用双道密封。明框幕墙的中空玻璃应采用聚硫密封胶及丁基密封胶；隐框和半隐框幕墙的中空玻璃应采用硅酮结构密封胶及丁基密封胶；镀膜面应在中空玻璃的第2或第3面上。

④幕墙的夹层玻璃应采用聚乙烯醇缩丁醛（PVB）胶片干法加工合成的夹层玻璃。点支承玻璃幕墙夹层玻璃的夹层胶片（PVB）厚度不应小于0.76mm。

⑤钢化玻璃表面不得有损伤；8.0mm以下的钢化玻璃应进行引爆处理。

⑥所有幕墙玻璃均应进行边缘处理。

(2) 隐框或半隐框玻璃幕墙，每块玻璃下端应设置两个铝合金或不锈钢托条，其长度不应小于100mm，厚度不应小于2mm，托条外端应低于玻璃外表面2mm。

一 般 项 目

(3) 每平方米玻璃的表面质量和检验方法应符合表6-82的规定。

每平方米玻璃的表面质量和检验方法 表6-82

项次	项 目	质量要求	检验方法
1	明显划伤和长度＞100mm的轻微划伤	不允许	观 察
2	长度≤100mm的轻微划伤	≤8条	用钢尺检查
3	擦伤总面积	≤500mm^2	用钢尺检查

(4) 一个分格铝合金型材的表面质量和检验方法应符合表6-83的规定。

一个分格铝合金型材的表面质量和检验方法 表6-83

项次	项 目	质量要求	检验方法
1	明显划伤和长度＞100mm的轻微划伤	不允许	观 察
2	长度≤100mm的轻微划伤	≤2条	用钢尺检查
3	擦伤总面积	≤500mm^2	用钢尺检查

(5) 明框玻璃幕墙安装的允许偏差和检验方法应符合表6-84的规定。

明框玻璃幕墙安装的允许偏差和检验方法 表 6-84

项次	项目		允许偏差(mm)	检验方法
1	幕墙垂直度	幕墙高度≤30m	10	用经纬仪检查
		30m<幕墙高度≤60m	15	
		60m<幕墙高度≤90m	20	
		幕墙高度>90m	25	
2	幕墙水平度	幕墙幅宽≤35m	5	用水平仪检查
		幕墙幅宽>35m	7	
3	构件直线度		2	用2m靠尺和塞尺检查
4	构件水平度	构件长度≤2m	2	用水平仪检查
		构件长度>2m	3	
5	相邻构件错位		1	用钢直尺检查
6	分格框对角线长度差	对角线长度≤2m	3	用钢尺检查
		对角线长度>2m	4	

(6) 隐框、半隐框玻璃幕墙安装的允许偏差和检验方法应符合表6-85的规定。

隐框、半隐框玻璃幕墙安装的允许偏差和检验方法 表 6-85

项次	项目		允许偏差(mm)	检验方法
1	幕墙垂直度	幕墙高度≤30m	10	用经纬仪检查
		30m<幕墙高度≤60m	15	
		60m<幕墙高度≤90m	20	
		幕墙高度>90m	25	
2	幕墙水平度	层高≤3m	3	用水平仪检查
		层高>3m	5	
3	幕墙表面平整度		2	用2m靠尺和塞尺检查
4	板材立面垂直度		2	用垂直检测尺检查
5	板材上沿水平度		2	用1m水平尺和钢直尺检查
6	相邻板材板角错位		1	用钢直尺检查
7	阳角方正		2	用直角检测尺检查
8	接缝直线度		3	拉5m线，不足5m拉通线，用钢直尺检查
9	接缝高低差		1	用钢直尺和塞尺检查
10	接缝宽度		1	用钢直尺检查

(7) 玻璃幕墙使用材料质量控制

玻璃幕墙使用的材料基本分为：骨架、玻璃、填缝材料和粘接材料四大部分。

①骨架材料：骨架，主要有构成骨架的各种型材，以及连接与固定的各种规格的连接件，紧固件。型材有：角钢、方钢管、槽钢及铝合金型材。紧固件主要有：膨胀螺栓、铝打钉、射钉、连接件多采用角钢、槽钢、钢板加工而成。

玻璃幕墙所用铝合金材料均根据需要制成各种复杂几何形状断面的型材，其合金成分及机械性能应有生产厂家的合格证。型材表面经阳极氧化处理或镀古铜色。

②玻璃：玻璃幕墙的玻璃，按品种分有浮法透明玻璃、吸热玻璃（又称染色玻璃）、热反射玻璃（又称镜面玻璃）、中空玻璃。按构造分有单层玻璃和双层玻璃，单层玻璃一般由钢化玻璃制成，厚度一般为 5 或 7mm。双面玻璃通常用非钢化玻璃制成，厚度一般为 5－12－5（mm）或 7－9－7（mm），中间数值为两层玻璃之间间隙。

单层或双层玻璃一侧均镀金属膜，称之“反射玻璃”。金属膜是金属氧化物。对 6mm 厚度和镀膜玻璃来说，阳光透过率只有 23%～40%，而对于一般无色透明玻璃，阳光透过率可达 78%。用反射玻璃能起到遮阳、隔热、节能的作用。玻璃的颜色取决于氧化物的种类，依氧化物的不同，可形成茶色、金色、银灰色等多种颜色。

对于可能直接造成人身伤害的玻璃幕墙应采用安全玻璃，否则应采取相应的安全措施，玻璃幕墙使用热反射镀膜玻璃时，应采用真空磁控阴极溅射镀膜玻璃。对弧形玻璃幕墙玻璃，在安装使用时可考虑采用热喷涂镀膜玻璃。玻璃安装时，应严格检查表面质量及外观几何尺寸偏差，须符合有关标准规定，钢化玻璃表面不得有伤痕。

③填缝材料：填缝材料是用于玻璃幕墙装配及块与块之间的缝隙处理，一般常用填充材料、密封材料、防水材料三种组成。

填充材料，主要是用在间隙的底部，起到填充作用。常用的是聚乙烯泡沫胶系，有片状、圆柱条等多种规格。

密封材料，在玻璃装配中，不仅仅起密封作用，同时也起到缓冲、粘接的作用，使脆性的玻璃与硬性的金属之间得以过渡。

目前应用较多的密封、固定材料是橡胶密封条，亦称为锁条。因它是在玻璃固定时嵌入玻璃两侧，起到一定的密封作用。橡胶压条的断面形式很多，其规格主要要与凹槽的实际尺寸相符，否则过松或过紧都是不妥的。

防水材料，目前使用较多的是硅酮系列的密封胶。其中的醋酸型硅酮密封胶和中性硅酮密封胶选用较多，可按基层的材质适当选择。因其采用管装，使用时用特制的胶枪注入间隙内，操作简便，存储方便。

隐框及半隐框玻璃幕墙的中空玻璃所用密封胶必须采用结构硅酮密封胶和丁基密封腻子，明框玻璃幕墙和中空玻璃的密封胶可采用聚硫密封胶和丁基密封腻子。

结构硅酮密封胶必须有生产厂家出具的粘接性、相溶性的试验合格报告，以及物理耐用年限和保险年限的质量保证书和国家认定的检测部门出具的检测报告。玻璃幕墙所用的结构胶、耐候胶在施工安装前应严格检查出厂日期，凡超过使用日期的胶，严禁在玻璃幕墙工程中使用。

④胶粘剂：由于胶粘剂品种繁多，适应性能各有不同，对胶粘剂必须进行性能检验，检验其粘接强度和粘接后是否脱胶起鼓，符合要求后才能正式操作使用。

⑤其他材料：如防火、保温材料、镀色铝墙板（用于装饰玻璃幕墙边缘或建筑物拐角处），亦应根据设计要求及相关规范进行检查、验收。

(8) 玻璃幕墙安装时质量控制要点

①基层处理：对照玻璃幕墙的骨架设计，检查主体结构的质量是否符合要求。特别是检查墙面的垂直度、平整度，对主体结构的孔洞及表面的缺陷，要求施工单位及时进行处理。

②校核施工放线：放线是指将骨架的位置弹线到主体结构上，玻璃幕墙的设计一般是以建筑物的轴线为依据的，玻璃幕墙的布置应与建筑物的轴线取得一定的关系。所以应以建筑物的轴线为依据，按土建施工单位提供的中心线及标高点进行。

③检查骨架安装的质量：安装时要注意检查铝合金骨架氧化膜的保护，在与混凝土直接接触的部位，应对氧化膜进行防腐处理。焊接部位应符合焊接要求，凡焊接部位均应刷防腐漆。骨架安装完毕应进行全面检查，特别是横竖杆件的中心线。对于某些通长的竖向杆件，当高度较大时，应用仪器进行中心线的校正。因为玻璃是固定在骨架上的，在玻璃尺寸一定的情况下，玻璃幕墙骨架的尺寸准确就显得至关重要。

④玻璃幕墙的骨架吊装就位后进行水平、垂直、间距三个方向的调整工作时，监理工程师应旁站检验，确保质量。

⑤全部胶条、胶带的塞实、压接工作应细致周到，不得遗漏，防止漏风、漏雨，降低密闭性能，达不到防风、防水的效果。密封胶要注得均匀、饱满，一般注入深度在5mm左右。

⑥房间四道（上下左右）间隙应塞好防火矿棉，按设计要求，固定和塞紧，不得松散，更不能有间隙，以达到防火和保温的效果。

⑦玻璃幕墙顶部和低部与结构连接的密封件应牢固连接，并符合图纸要求。

⑧玻璃幕墙是大面积金属导体，故每层玻璃幕墙至少应有三点与基础避雷系统相连。

(9) 玻璃幕墙安装应注意的质量问题

①玻璃安装不上：安装竖向、横向龙骨时未认真核对中心线和垂直度，也未核对玻璃尺寸，因此在安装竖、横龙骨时必须严格控制垂直度及中心线位置。

②装饰压条不垂直、不水平：安装装饰压条时应吊线和拉水平线进行控制，安装完后应横平、竖直。

③玻璃出现严重"影像畸变"现象：造成原因是，玻璃本身翘曲、橡胶条安装不平、玻璃镀膜层的一侧沾染胶泥等等。因此玻璃进场时要进行开箱抽查，安装前发现有翘曲现象应剔出不用。安装过程中各道工序严格操作，密封条镶嵌平整，打胶后将表面擦拭干净。

④铝合金构件表面污染严重：主要是在运输安装过程中，过早撕掉表面保护膜，或打胶时污染面层。

⑤玻璃幕渗水：由于玻璃四周的橡胶条嵌塞不严或接口有缝隙而造成雨水渗入，到冬季积水可能结冰后膨胀造成整块玻璃被挤压碎，因此安装橡胶条时胶条规格要匹配，尺寸不得过大或过小，嵌塞要平整密实，接口处一定要用密封胶充填密实，达到不漏水为准。

3. 金属幕墙工程

主　控　项　目

（1）金属幕墙的防雷装置必须与主体结构的防雷装置可靠连接。

一　般　项　目

（2）每平方米金属板的表面质量和检验方法应符合表 6-86 的规定。

每平方米金属板的表面质量和检验方法　表 6-86

项次	项　目	质量要求	检验方法
1	明显划伤和长度＞100mm 的轻微划伤	不允许	观察
2	长度≤100mm 的轻微划伤	≤8 条	用钢尺检查
3	擦伤总面积	≤500mm²	用钢尺检查

（3）金属幕墙安装的允许偏差和检验方法应符合表 6-87 的规定。

金属幕墙安装的允许偏差和检验方法　表 6-87

项次	项　目		允许偏差（mm）	检验方法
1	幕墙垂直度	幕墙高度≤30m	10	用经纬仪检查
		30m＜幕墙高度≤60m	15	
		60m＜幕墙高度≤90m	20	
		幕墙高度＞90m	25	
2	幕墙水平度	层高≤3m	3	用水平仪检查
		层高＞3m	5	
3	幕墙表面平整度		2	用 2m 靠尺和塞尺检查
4	板材立面垂直度		3	用垂直检测尺检查
5	板材上沿水平度		2	用 1m 水平尺和钢直尺检查
6	相邻板材板角错位		1	用钢直尺检查
7	阳角方正		2	用直角检测尺检查
8	接缝直线度		3	拉 5m 线，不足 5m 拉通线，用钢直尺检查
9	接缝高低差		1	用钢直尺和塞尺检查
10	接缝宽度		1	用钢直尺检查

（七）涂饰工程

1. 一般规定

（1）涂饰工程的基层处理应符合下列要求：

①新建筑物的混凝土或抹灰基层在涂饰涂料前应涂刷抗碱封闭底漆。

②旧墙面在涂饰涂料前应清除疏松的旧装修层，并涂刷界面剂。

③混凝土或抹灰基层涂刷溶剂型涂料时，含水率不得大于8%；涂刷乳液型涂料时，含水率不得大于10%。木材基层的含水率不得大于12%。

④基层腻子应平整、坚实、牢固，无粉化、起皮和裂缝；内墙腻子的粘结强度应符合《建筑室内用腻子》(JG/T 3049）的规定。

⑤厨房、卫生间墙面必须使用耐水腻子。

(2）水性涂料涂饰工程施工的环境温度应在5～35℃之间。

2．水性涂料涂饰工程

主　控　项　目

(1）水性涂料涂饰工程应涂饰均匀、粘结牢固，不得漏涂、透底、起皮和掉粉。

一　般　项　目

(2）薄涂料的涂饰质量和检验方法应符合表6-88的规定。

薄涂料的涂饰质量和检验方法　　表6-88

项次	项　目	普通涂饰	高级涂饰	检验方法
1	颜色	均匀一致	均匀一致	观察
2	泛碱、咬色	允许少量轻微	不允许	
3	流坠、疙瘩	允许少量轻微	不允许	
4	砂眼、刷纹	允许少量轻微砂眼，刷纹通顺	无砂眼，无刷纹	
5	装饰线、分色线直线度允许偏差（mm）	2	1	拉5m线，不足5m拉通线，用钢直尺检查

(3）厚涂料的涂饰质量和检验方法应符合表6-89的规定。

厚涂料的涂饰质量和检验方法　　表6-89

项次	项　目	普通涂饰	高级涂饰	检验方法
1	颜色	均匀一致	均匀一致	观察
2	泛碱、咬色	允许少量轻微	不允许	
3	点状分布	—	疏密均匀	

(4）复层涂料的涂饰质量和检验方法应符合表6-90的规定。

复层涂料的涂饰质量和检验方法　　表6-90

项次	项　目	质量要求	检验方法
1	颜色	均匀一致	观察
2	泛碱、咬色	不允许	
3	喷点疏密程度	均匀，不允许连片	

3．溶剂型涂料涂饰工程

主　控　项　目

(1) 溶剂型涂料涂饰工程应涂饰均匀、粘结牢固，不得漏涂、透底、起皮和反锈。

一　般　项　目

(2) 色漆的涂饰质量和检验方法应符合表6-91的规定。

色漆的涂饰质量和检验方法　表6-91

项次	项　目	普通涂饰	高级涂饰	检验方法
1	颜色	均匀一致	均匀一致	观察
2	光泽、光滑	光泽基本均匀 光滑无挡手感	光泽均匀一致 光滑	观察、手摸检查
3	刷纹	刷纹通顺	无刷纹	观察
4	裹棱、流坠、皱皮	明显处不允许	不允许	观察
5	装饰线、分色线直线度允许偏差（mm）	2	1	拉5m线，不足5m拉通线，用钢直尺检查

注：无光色漆不检查光泽。

(3) 清漆的涂饰质量和检验方法应符合表6-92的规定。

清漆的涂饰质量和检验方法　表6-92

项次	项　目	普通涂饰	高级涂饰	检验方法
1	颜色	基本一致	均匀一致	观察
2	木纹	棕眼刮平、 木纹清楚	棕眼刮平、 木纹清楚	观察
3	光泽、光滑	光泽基本均匀 光滑无挡手感	光泽均匀一致 光滑	观察、手摸检查
4	刷纹	无刷纹	无刷纹	观察
5	裹棱、流坠、皱皮	明显处不允许	不允许	观察

4．喷涂、滚涂、弹涂应注意的质量问题

(1) 颜色不匀，二次修补接槎明显：主要原因是配合比掌握不准，掺加料不匀；喷、滚、弹手法不一，或涂层厚度不一；采用单排外架子施工，随拆架子，随堵脚手眼，随补抹灰，随喷、滚、弹，避免因后补灰活与原抹灰层含水不一，造成面层二次修补接槎明显。解决办法：由专人掌握配合比，合理配料，计量要准确；喷、滚、弹面层施工指定专人负责，施工手法一致，面层厚度一致；使用此类方法施工，严禁采用单排外架子；如采用双排外架子施工时也要禁止将支杆靠压在墙上，以免造成灰层的二次修补，影响涂层美观。

(2) 喷、滚、弹面层的空鼓和裂缝：主要原因是底层抹灰没按要求分格，水泥砂浆面积过大，干缩不一，会形成空鼓及开裂。底层的空裂以致将面层拉裂，因此，打底灰时应按图示要求分格，以解决灰层收缩裂缝。

(3) 底灰抹的不平，或抹纹明显：主要因为喷、滚、弹涂层较薄，底灰抹的不平顺要想通过面层来盖平是不可能有好效果的。所以要求底灰抹好后，应按水泥砂浆抹面交接的标准来检查验收，否则，面层涂层不能施涂。

(4) 面层施工接槎明显：主要原因是面层施工没将槎子甩在分格条处或不明显的地方，而是无计划乱甩槎，形成面层涂层接槎明显可见。解决办法：施工中间甩槎，必须把槎子甩到分格缝、伸缩缝或管后不明显的地方，严禁在块中甩槎；二次接槎施工时注意涂层厚度，避免涂层重叠，形成深浅不一。

(5) 施工时颜色很好，交工时污染严重：产生原因是涂层颜料褪色，经风吹、雨淋、日晒颜色变化。解决办法：选用抗紫外线、抗老化、抗日光照射的颜料，施工时严格控制加水，中途不能随意加水以保证颜色一致；为防止面层的污染在涂层完工 24h 后喷有机硅一道。并注意有机硅喷涂厚度一致，防止流淌或过厚，形成花感。

5. 木材面混色油漆（溶剂型混色涂料）应注意的质量问题

(1) 漏刷：一般多发生在门窗的上、下冒头和靠合页小面以及门窗框、压缝条的上、下端。其主要原因是内门扇安装油工与木工不配合，故往往造成下冒头未刷油漆就安装门扇了，事后油工除非把门扇合页卸下来重刷，再有是纱扇纱门由于加工来料不配套，不能同步完工。甩项后装及把关不严等，往往有少刷一遍油漆的现象。其他漏刷问题主要是操作者不认真所致。

(2) 缺腻子、缺砂纸：一般多发生在合页槽、上下冒头、榫头和钉孔、裂缝、节疤以及边棱残缺处等。主要原因是操作者未认真按照规范和工艺标准去操作所致。

(3) 流坠、裹楞：主要原因有二：一是由于漆料太稀、漆膜太厚或环境温度高、油漆干燥慢等原因都易造成流坠；二是由于操作顺序和手法不当，尤其是门窗边棱分色处，如一旦油量大和操作不注意就往往容易造成流坠、裹楞等。

(4) 刷纹明显：主要是油刷子小或油刷未泡开，刷毛发硬所致。应用相应合适的刷子并把油刷用稀料泡软后使用。

(5) 皱纹：主要是漆质不好、兑配不均匀、溶剂挥发快或气温高、加催干剂等原因造成。

(6) 五金污染：除了操作要细和及时将小五金等污染处清擦干净外，应尽量把门锁、拉手和插销等后装（但可以事先把位置和门锁孔眼钻好），确保五金洁净美观。

(7) 倒光：木面吸油快慢不均或木面不平、室内潮湿或底漆未干透及稀释剂过量等原因，都可能产生局部漆面失去光泽的倒光现象。

6. 木门窗清漆应注意的质量问题

(1) 漏刷：漏刷一般多发生在门窗的上、下冒头和靠合页小面以及门窗框、压缝条的上、下端部和衣柜门框的内侧等。其主要原因是内门扇安装时油工与木工不配合，故往往下冒头未刷油漆就把门扇安装了，管理不到位，往往有少刷一遍油的现象。其他漏刷问题主要是操作者不认真所致。

(2) 缺腻子、缺砂纸：一般多发生在合页槽、上中下冒头、榫头和钉孔、裂缝、节疤以及边棱残缺处等。主要原因是操作未认真按照工艺规程去操作所致。

(3) 流坠、裹楞：主要原因有二：一是由于漆料太稀，漆膜太厚或环境温度高，油漆干性慢等都易造成流坠、裹楞。二是由于操作顺序和手法不当，尤其是门窗边棱分色处，如一旦油量大和操作不注意就往往容易造成流坠、裹楞。

(4) 刷纹明显：主要是油刷子小或油刷未泡开刷毛发硬所致。应用相应合适的刷子并把油刷用稀料泡软后使用。

(5) 粗糙：主要原因是基层不干净，油漆内有杂质或尘土飞扬时施工，造成油漆表面常发生粗糙现象。应注意用湿布擦净，油漆要过箩，严禁刷油时清扫或刮大风时刷油。

(6) 皱纹：主要是漆质不好、兑配不均匀、溶剂挥发快或催干剂过多等原因造成。

(7) 五金污染：防止五金污染除了操作要细，宜将门锁、拉手、插销等五金后装(但可以事先把位置和门锁孔眼钻好)，确保五金洁净美观。

7. 木材表面混色磁漆磨退应注意的质量问题

(1) 漏刷：一般多发生在门窗的上、下冒头和靠合页小面以及门窗框、压缝条的上、下端部和衣柜门框的内侧等。其主要原因是门扇安装时油工下冒头底面未刷漆就把门扇安装了，事后油工根本刷不了（除非把门扇合页卸下来）；把关不严、管理不到位等，往往有少刷一遍的现象。其他漏刷问题主要是操作者不认真所致。

(2) 缺腻子、缺砂纸：一般多发生在合页槽、上中下冒头、榫头和钉孔、裂缝、节疤以及边棱残缺处等。主要原因是操作未认真按照工艺规程去操作所致。例如，棱角腻子不平整：主要原因是腻子抹得不够满，由于腻子收缩引起不平。解决办法是复补几次腻子，干后用水砂纸打磨平整；阳角局部磨破：主要原因是磨水砂纸时用力不够或漏磨所致。

(3) 流坠、裹楞：主要原因一是由于漆料太稀，漆膜太厚或环境温度高，油漆干性慢等原因都易造成流坠、裹楞。二是由于操作顺序和手法不当，尤其是门窗边棱分色处，如一旦油量大和操作不注意就往往容易造成流坠、裹楞。

(4) 刷纹明显：主要是油刷子小或油刷未泡开刷毛发硬所致。应用相应合适的刷子并把油刷用稀料泡软后使用。

(5) 粗糙：主要原因是基层不干净，油漆内有杂质或尘土飞扬时施工，造成油漆表面常发生粗糙现象。应注意用湿布擦净，油漆要过箩，严禁刷油时清扫或刮大风时刷油。

(6) 皱纹：主要是漆质不好、兑配不均匀、溶剂挥发快或催干剂过多等原因造成。

(7) 出现亮点：主要原因是打砂蜡时没有揉开所致。

(8) 五金污染：除了操作要细和及时将小五金等污染处清擦干净外，应尽量把门锁、拉手和插销等后装（但可以事先把位置和门锁孔眼钻好），确保五金洁净美观。

8. 木材表面丙烯酸清漆磨退应注意的质量问题

(1) 棱角腻子不平整：主要是腻子抹得不饱满，以及收缩引起。解决办法是重补腻子，直至达到平整为止，干后用砂纸打磨平整。

(2) 磨破棱角：主要是门窗棱角容易磨穿磨破，磨水砂纸和打砂蜡时不要用力过猛。要轻磨轻打才能保持棱角完整。

(3) 流坠：主要是涂刷不均、涂层过重、刷时沾油过多，施涂不匀或温度过低等造成。解决措施是发现流坠处应及时用水砂纸磨平。

(4) 五金污染：除了操作要细和及时将小五金等污染处清擦干净外，应尽量后装门锁、拉手和插销等（但可以事先把位置和门锁孔眼钻好），确保五金洁净美观。

9. 金属面混色油漆应注意的质量问题

(1) 漏刷、反锈

①反锈一般多发生在钢门窗和金属面等工程，一是产品在出厂前由于没认真除锈就涂刷防锈涂层；二是由于运输和保管不好碰破了防锈漆；三是钢门窗或金属面在安装之前未认真进行检查和补做除锈、涂刷防锈涂层工作，后者是应注意的主要质量问题。

②漏刷则多发生于钢门窗的上、下冒头和靠合页小面以及门窗框、压缝条的上下端。其主要原因是内门扇安装没与油工配合好，故往往发生下冒头未刷油漆就安装门扇，事后油工根本刷不到（除非把门扇合页卸下来重刷）；再有是钢纱门和钢纱窗在绷纱之前未预先把分色的油漆刷上就绷纱。同时有少刷遍数的现象。其他漏刷问题主要是操作者不认真所致。

(2) 缺腻子、缺砂纸：一般多发生在合页槽、上下冒头、框件接头和钉孔、拼缝以及边棱伤痕处等。主要原因是操作者未认真按照工艺规程去操作所致。

(3) 流坠、裹楞：主要原因一是由于漆料太稀、漆膜太厚或环境温度高、油漆干性慢等原因都易造成流坠；二是由于操作顺序和手法不当，尤其是门窗边棱分色处，如一旦油量大和操作不注意就往往容易造成流坠、裹棱。

(4) 刷纹明显：主要是油刷子小或油刷子未泡开，刷毛发硬所致。应用相应合适的刷子并把油刷用稀料泡软后使用。

(5) 皱纹：主要是漆质不好，兑配不均匀，溶剂挥发快或气温高、加催干剂等原因造成。

(6) 五金污染：预防办法是操作要细致和及时将小五金等污染处清擦干净，确保五金洁净美观。

10. 混凝土及抹灰面刷油性涂料应注意的质量问题

(1) 油漆流坠：产生原因是涂料太稀，涂刷过厚干燥太慢，施工环境温度过高，墙面不平整或有油、水等污物。防治方法是选择挥发性适当的稀释剂，墙面应清理干净表面没有油污，环境温度适当，涂刷均匀一致。

(2) 透底：产生原因是刷油漆前没有把油漆调和均匀，稀释剂加入太多破坏了原漆稠度；底子油虚或色重。防治方法是严格控制油漆稠度，不要随意在油漆中加稀释剂，底子油漆色要浅于交活油漆色。

(3) 漆面失光：产生原因是墙面不平整漏刮腻子或漏磨砂纸，涂料质量不好或加入稀释剂过多，施工环境温度过低或温度过高等。防治方法是加强基层表面处理，腻子不漏刮，全面磨砂纸，选用优良品种的油漆涂料，施工时不随意加入稀释剂，涂刷时必须前一道工序干燥后再涂刷下一道工序的油漆，施工环境要合适。

(4) 出现接头：产生原因是油漆干燥太快，或者操作工人不足。防治方法是油漆如果干燥太快可稍加清油。施工时操作工人要配足，施工面不宜铺的过大，人与人的距离不宜过宽。

11. 混凝土及抹灰面刷乳胶漆应注意的质量问题

(1) 透底：产生原因是漆膜薄，因此刷涂料时除应注意不漏刷外，还应保持涂料乳胶漆的稠度，不可加水过多。

(2) 接槎明显：涂刷时要上下刷顺，后一排笔紧接前一排笔，若间隔时间稍长，就容易看出明显接头，因此大面积涂刷时，应配足人员，互相衔接。

(3) 刷纹明显：涂料（乳胶漆）稠度要适中，排笔蘸涂料量要适当，多理多顺，防止刷纹过大。

(4) 分色线不齐：施工前应认真划好粉线，刷分色线时要靠放直尺，用力均匀，起落要轻，排笔蘸量要适当，从左向右刷。

(5) 涂刷带颜色的涂料时，配料要合适，保证独立面每遍用同一批涂料，并宜一次用完，保证颜色一致。

12．一般刷（喷）浆工程应注意的质量问题

(1) 喷浆面粗糙：主要原因是基层处理不彻底，打磨不平，刮腻子时没将腻子收净；干燥后打磨不平，清扫不净；大白粉细度不够，喷头孔径大，浆颗粒粗糙。

(2) 浆皮开裂：墙面粉尘没清理干净，腻子干后收缩形成裂纹：墙面凸凹不平腻子超厚产生的裂纹。

(3) 脱皮：原因是喷浆层过厚，面层浆内胶量过大，基层胶量少强度低，干后，面层浆形成硬壳使之开裂脱皮。故应掌握好浆内的胶用量，为增加浆与基层的粘结强度，可于喷浆前先刷一道胶水。

(4) 掉粉：原因是面层浆液中胶的用量少。为解决掉粉的问题，可进行一道扫胶，在原配好的浆液内多加一些乳液使之胶量增大，用新配浆液喷涂一道。

(5) 反碱、咬色、墙面潮湿或墙面干湿不一致：原因是赶工期浆活每遍跟得太紧，前道浆没干就喷下道浆；冬季施工室内生火炉，后墙面泛黄；有跑水、漏水后形成的水痕。解决办法，冬季施工取暖用暖气或电炉，将墙面烘干，浆活遍数不能跟得太紧。

(6) 流坠：墙面潮湿易产生流坠；喷浆过厚，浆内胶多不易干燥。解决办法：应待墙面干后再喷下遍浆，喷浆时最好由专人负责，喷头要均匀移动，配浆要专人掌握保证配比正确。

(7) 透底：基层表面太光滑或表面有油污没清洗净，浆喷上去固化不住，配浆时稠度掌握不好，浆过稀，喷几遍也不盖底。要求喷浆前将混凝土表面油污清刷干净，浆料稠度要合适，喷浆时由专人负责，喷头距墙 20～30cm，移动速度均匀，不漏喷。

(8) 石膏板墙接缝处开裂：安装石膏板不按要求留置缝隙；对接缝处理马虎从事，不按规矩贴拉结带，不认真用嵌缝腻子进行填刮，腻子干后收缩拉裂。

(9) 室外喷刷浆与油漆或涂料接槎处分色线不清晰，施工时不认真。

(10) 皱褶、开裂：浆刷后未干遇雨造成浆皮皱褶，应加强成品保护。

(11) 花感、掉粉：主要是自配浆料配比不准，稠度掌握不好，用胶量不准，胶少浆活会发生掉粉现象，而且涂刷后不盖底造成表面花感。

(12) 外墙浆活反碱咬色：墙太潮湿，冬施抹灰中掺入抗冻剂后极易产生反碱。

(13) 表面划痕或腻子斑痕明显：刮腻子后没认真磨砂纸找平，又不二次复找腻子所致。

13．木地板油漆打蜡应注意的质量问题

(1) 局部出现地板接缝开裂：刮腻子不认真，嵌缝不密实，腻子干后收缩拉开裂缝。要求刮腻子时要横抹竖起，填嵌密实，如一次补不平，要反复修补直至补平为止。

(2) 油漆面上有“痱子”：磨光砂纸后没有用净布将粉尘擦净就刷油，或刷油时环境不清洁、粉尘污染油漆，或油漆质量差、杂质多又未过箩或过箩太糙。

(3) 倒光、超亮：原因是木地板不平，底漆未干透就刷面漆，稀释剂掺入量过多，室内潮湿，冬季施工室内烟雾过大等。

(4) 流坠或涂层颜色不匀：踢脚与地面交角处易造成涂层重叠，局部会形成流坠或花感；木地板面层颜色不均，又没进行处理，或涂刷面大，油漆没一次兑好，多次兑料出现油漆色差，造成涂层颜色花感；刷油漆时沾油过多，涂层过厚，也会产生流坠。

九、屋面工程

(一) 基本规定

1. 屋面工程应根据建筑物的性质、重要程度、使用功能要求以及防水层合理使用年限，按不同等级进行设防，并应符合表6-93的要求。

屋面防水等级和设防要求　　**表6-93**

项　目	屋面防水等级			
	Ⅰ	Ⅱ	Ⅲ	Ⅳ
建筑物类别	特别重要或对防水有特殊要求的建筑	重要的建筑和高层建筑	一般的建筑	非永久性的建筑
防水层合理使用年限	25年	15年	10年	5年
防水层选用材料	宜选用合成高分子防水卷材、高聚物改性沥青防水卷材、金属板材、合成高分子防水涂料、细石混凝土等材料	宜选用高聚物改性沥青防水卷材、合成高分子防水卷材、金属板材，合成高分子防水涂料、高聚物改性沥青防水涂料、细石混凝土、平瓦、油毡瓦等材料	宜选用三毡四油沥青防水卷材、高聚物改性沥青防水卷材、合成高分子防水卷材、金属板材、高聚物改性沥青防水涂料、合成高分子防水涂料、细石混凝土、平瓦、油毡瓦等材料	可选用二毡三油沥青防水卷材、高聚物改性沥青防水涂料等材料
设防要求	三道或三道以上防水设防	二道防水设防	一道防水设防	一道防水设防

2. 屋面工程所采用的防水、保温隔热材料应有产品合格证书和性能检测报告，材料的品种、规格、性能等应符合现行国家产品标准和设计要求。

3. 屋面的保温层和防水层严禁在雨天、雪天和五级风及其以上时施工。施工环境气温宜符合表6-94的要求。

屋面保温层和防水层施工环境气温 表 6-94

项 目	施工环境气温
粘结保温层	热沥青不低于－10℃；水泥砂浆不低于 5℃
沥青防水卷材	不低于 5℃
高聚物改性沥青防水卷材	冷粘法不低于 5℃；热熔法不低于－10℃
合成高分子防水卷材	冷粘法不低于 5℃；热风焊接法不低于－10℃
高聚物改性沥青防水涂料	溶剂型不低于－5℃，水溶型不低于 5℃
合成高分子防水涂料	溶剂型不低于－5℃，水溶型不低于 5℃
刚性防水层	不低于 5℃

4. 屋面工程各子分部工程和分项工程的划分，应符合表 6-95 的要求。

屋面工程各子分部工程和分项工程的划分 表 6-95

分部工程	子分部工程	分 项 工 程
屋面工程	卷材防水屋面	保温层，找平层，卷材防水层，细部构造
	涂膜防水屋面	保温层，找平层，涂膜防水层，细部构造
	刚性防水屋面	细石混凝土防水层，密封材料嵌缝，细部构造
	瓦屋面	平瓦屋面，油毡瓦屋面，金属板材屋面，细部构造
	隔热屋面	架空屋面，蓄水屋面，种植屋面

（二）卷材防水屋面工程

1. 屋面找平层

(1) 找平层的厚度和技术要求应符合表 6-96 的规定。

找平层的厚度和技术要求 表 6-96

类 别	基 层 种 类	厚度（mm）	技 术 要 求
水泥砂浆找平层	整体混凝土	15～20	1:2.5～1:3（水泥:砂）体积比，水泥强度等级不低于 32.5 级
	整体或板状材料保温层	20～25	
	装配式混凝土板，松散材料保温层	20～30	
细石混凝土找平层	松散材料保温层	30～35	混凝土强度等级不低于 C20
沥青砂浆找平层	整体混凝土	15～20	1:8（沥青:砂）质量比
	装配式混凝土板，整体或板状材料保温层	20～25	

主 控 项 目

(2) 屋面（含天沟、檐沟）找平层的排水坡度，必须符合设计要求。

一 般 项 目

(3) 水泥砂浆、细石混凝土找平层应平整、压光、不得有酥松、起砂、起皮现象；沥青砂浆找平层不得有拌和不匀、蜂窝现象。

2. 屋面保温层

(1) 松散材料保温层施工应符合下列规定：

①铺设松散材料保温层的基层应平整、干燥和干净

②保温层含水率应符合设计要求。

③松散保温材料应分层铺设并压实，压实的程度与厚度应经试验确定。

④保温层施工完成后，应及时进行找平层和防水层的施工；雨季施工时，保温层应采取遮盖措施。

(2) 板状材料保温层施工应符合下列规定：

①板状材料保温层的基层应平整、干燥和干净。

②板状保温材料应紧靠在需保温的基层表面上，并应铺平垫稳。

③分层铺设的板块上下层接缝应相互错开；板间缝隙应采用同类材料嵌填密实。

④粘贴的板状保温材料应贴严、粘牢。

主 控 项 目

(3) 保温层的含水率必须符合设计要求。

一 般 项 目

(4) 保温层厚度的允许偏差：松散保温材料和整体现浇保温层为+10%，－5%；板状保温材料为±5%，且不得大于4mm。

3. 屋面保温隔热层施工应注意的质量问题。

(1) 保温隔热层功能不良：保温材料容重过大，颗粒和粉末含量比例不均匀，铺设前含水量大，未充分晾干。使用前的材料应严格按照有关标准选择，加强保管和处理，对不符合规范要求的材料，不得使用。

(2) 铺设厚度不均匀：松散材料铺设时移动堆积，找坡不匀；抹砂浆找平层的方法不当,压实过程中挤压了保温层；分层铺设时，应掌握好各层的厚度，认真进行操作。

4. 卷材防水层

(1) 卷材铺贴方向应符合下列规定：

①屋面坡度小于3%时，卷材宜平行屋脊铺贴。

②屋面坡度在3%～15%时，卷材可平行或垂直屋脊铺贴。

③屋面坡度大于15%或屋面受震动时，沥青防水卷材应垂直屋脊铺贴，高聚物改性沥青防水卷材和合成高分子防水卷材可平行或垂直屋脊铺贴。

④上下层卷材不得相互垂直铺贴。

(2) 卷材厚度选用应符合表6-97的规定。

卷材厚度选用表 表 6-97

屋面防水等级	设防道数	合成高分子防水卷材	高聚物改性沥青防水卷材	沥青防水卷材
Ⅰ级	三道或三道以上设防	不应小于 1.5mm	不应小于 3mm	—
Ⅱ级	二道设防	不应小于 1.2mm	不应小于 3mm	—
Ⅲ级	一道设防	不应小于 1.2mm	不应小于 4mm	三毡四油
Ⅳ级	一道设防	—	—	二毡三油

(3) 铺贴卷材采用搭接法时，上下层及相邻两幅卷材的搭接缝应错开。各种卷材搭接宽度应符合表 6-98 的要求。

卷材搭接宽度（mm） 表 6-98

卷材种类＼铺贴方法		短边搭接		长边搭接	
		满粘法	空铺、点粘、条粘法	满粘法	空铺、点粘、条粘法
沥青防水卷材		100	150	70	100
高聚物改性沥青防水卷材		80	100	80	100
合成高分子防水卷材	胶粘剂	80	100	80	100
	胶粘带	50	60	50	60
	单缝焊	60，有效焊接宽度不小于 25			
	双缝焊	80，有效焊接宽度 10×2＋空腔宽			

主 控 项 目

(4) 卷材防水层不得有渗漏或积水现象。

5. 卷材防水施工质量控制要点

(1) 卷材防水的材料种类多样，常用的施工工艺有热粘法、热熔法、自粘法、机械固定法、埋置法等等。施工中应检查承包单位严格按照施工工艺标准和施工规范要求、施工工艺流程进行，铺贴方向、两幅卷材和卷材层与层间，其搭接的宽度与长度要符合要求。

(2) 卷材冷粘施工时，胶接材料要依据卷材性能配套选用胶粘剂调配要专人进行，及时采样化验，不得错用、混用，在这方面要严加控制。

(3) 严格掌握基层含水率达到要求后，才能进行粘贴。注意控制阴阳角、加固层等细部节点的处理。

6. 沥青防水卷材屋面防水层施工应注意的质量问题

(1) 积水现象：有泛水的檐沟、屋面等处的基层应按规定做好泛水，卷材铺贴后的层面坡度应符合要求。

(2) 渗漏水：已铺完的屋面防水层应加强保护，小形工具和手推车走动易损伤防水层，应采取防护措施。

7. 合成高分子防水卷材屋面防水层施工应注意的质量问题

(1) 空鼓：卷材防水层空鼓，发生在找平层与卷材之间，且多在卷材的接缝处，其原因是防水层中存有水分，找平层不干，含水率过大；空气排除不彻底，卷材没有粘贴牢固。施工中应控制基层的含水率，并应把住各道工序的操作关。

(2) 渗漏：渗水漏水多发生在穿过屋面管根、出水口、伸缩缝和卷材搭接处等部位。伸缩缝未断开，产生防水层撕裂；其他部位由于粘贴不牢、卷材松动有空隙等；接槎处漏水原因是甩出的卷材未保护好，出现损伤和撕裂，或基层清理不干净，卷材搭接长度不够等；施工中应加强检查，严格执行工艺规程认真操作，这样渗漏可以得到有效控制。

8. 高聚物改性沥青防水卷材防水层施工应注意的质量问题

(1) 空鼓：卷材防水层空鼓，发生在找平层与卷材之间，且多在卷材的接缝处，其原因是防水层中存有水分，找平层不干，含水率过大；空气排除不彻底，卷材没有粘贴牢固。施工中应控制基层含水率，并应把住各道工序的操作关。

(2) 渗漏：渗水、漏水发生在穿过屋面管根、出水口、伸缩缝和卷材搭接处等部位。伸缩缝未断开，产生防水层撕裂；其他部位由于粘贴不牢，卷材松动或衬垫材料不严，有空隙等；接槎处漏水原因是甩出的卷材未保护好，出现损伤和撕裂，或基层清理不干净，卷材搭接长度不够等。施工中应加强检查，严格执行工艺规程认真操作，渗漏可以得到有效控制。

9. 屋面找平层施工应注意的质量问题

(1) 找平层起砂

①砂浆拌合配合比不准，水泥标号不够或不稳定。

②抹压程度不足，养护过早、过晚，过早上人踩踏等均能引起找平层起砂。

(2) 找平层空鼓、开裂

①所用砂子过细，基层表面清理不干净，施工前未浇水或浇水养护不够。

②基底厚薄不均匀或施工中局部漏压。

③屋面的转角处，出屋管根和埋件周围漏压或操作不够认真，构件吊环在抹灰前未割掉等原因，易产生空、鼓、裂现象。

(3) 屋面倒泛水：冲筋时泛水坡没有找准确，或在铺灰时未用木杠找出泛水。铺灰厚度没按冲筋刮平顺，使泛水失去作用。

(三) 涂膜防水屋面工程

1. 涂膜防水层

(1) 防水涂膜施工应符合下列规定：

①涂膜应根据防水涂料的品种分层分遍涂布，不得一次涂成。

②应待先涂的涂层干燥成膜后，方可涂后一遍涂料。

③需铺设胎体增强材料时，屋面坡度小于15%时可平行屋脊铺设，屋面坡度大于15%时应垂直于屋脊铺设。

④胎体长边搭接宽度不应小于50mm，短边搭接宽度不应小于70mm。

⑤采用二层胎体增强材料时，上下层不得相互垂直铺设，搭接缝应错开，其间距不

应小于幅宽的1/3。

(2) 涂膜厚度选用应符合表6-99的规定。

涂膜厚度选用表　　表6-99

屋面防水等级	设防道数	高聚物改性沥青防水涂料	合成高分子防水涂料
Ⅰ级	三道或三道以上设防	—	不应小于1.5mm
Ⅱ级	二道设防	不应小于3mm	不应小于1.5mm
Ⅲ级	一道设防	不应小于3mm	不应小于2mm
Ⅳ级	一道设防	不应小于2mm	—

主 控 项 目

(3) 涂膜防水层不得有渗漏或积水现象。

一 般 项 目

(4) 涂膜防水层与基层应粘结牢固，表面平整，涂刷均匀，无流淌、皱褶、鼓泡、露胎体和翘边等缺陷。

2. 涂膜防水施工质量控制要点

涂膜防水施工按涂膜厚度划分为薄质涂料施工和厚质涂料施工。无论是薄质涂料采用的涂刷法和喷涂法，还是厚质涂料常用的抹压法和刮涂法施工；在单纯涂膜或胎体增强材料涂膜（如玻璃纤维或化学纤维）做成一布二涂、二布三涂，多布多涂都要做到：防水材料规格型号符合设计要求；操作施工方法符合各项规定；防水涂料的配方符合工艺要求；胎体增强材料与所使用的涂料要匹配无误；施工操作的条件、配料温度、施工环境温度（气温）、操作时间配料用量和顺序、搅拌强度、涂料遍数（次）必须符合工艺规定。施工顺序必须按照“先高后低，先远后近”的原则进行。

(四) 刚性防水屋面工程

1. 细石混凝土防水层

(1) 细石混凝土不得使用火山灰质水泥；当采用矿渣硅酸盐水泥时，应采用减少泌水性的措施。粗骨料含泥量不应大于1%，细骨料含泥量不应大于2%。

混凝土水灰比不应大于0.55；每立方米混凝土水泥用量不得少于330kg；含砂率宜为35%～40%；灰砂比宜为1:2～1:2.5；混凝土强度等级不应低于C20。

(2) 细石混凝土防水层的分格缝，应设在屋面板的支承端、屋面转折处、防水层与突出屋面结构的交接处，其纵横间距不宜大于6m。分格缝内应嵌填密封材料。

(3) 细石混凝土防水层的厚度不应小于40mm，并应配置双向钢筋网片。钢筋网片在分格缝处应断开，其保护层厚度不应小于10mm。

主 控 项 目

(4) 细石混凝土防水层不得有渗漏或积水现象。

一 般 项 目

(5) 细石混凝土防水层表面平整度的允许偏差为5mm。

2. 密封材料嵌缝

（1）密封防水处理连接部位的基层，应涂刷与密封材料相配套的基层处理剂。基层处理剂应配比准确，搅拌均匀。采用多组分基层处理剂时，应根据有效时间确定使用量。

（2）接缝处的密封材料底部应填放背衬材料，外露的密封材料上应设置保护层，其宽度不应小于200mm。

主 控 项 目

（3）密封材料嵌填必须密实、连续、饱满，粘结牢固，无气泡、开裂、脱落等缺陷。

一 般 项 目

（4）密封防水接缝宽度的允许偏差为±10%，接缝深度为宽度的0.5～0.7倍。

（五）建筑防水工程施工质量控制要点

1．建筑防水工程质量预控

（1）对承包单位的资质进行审查和认定；对承包单位的管理人员及技术操作人员进行考核，对施工方案及技术交底文件进行审核，并在必要时进行样板试验引路。

（2）对防水工程使用的主要材料、辅助材料要进行质量预控，要有出厂产品合格证书或质量鉴定文件。

①对防水材料出厂质量合格证书的验收

生产厂家要提供："北京市建筑防水材料使用认证书"的复印件，此件应盖有红色印章和标明认定有限期限；此认证书要与市建委下发文件相对应相吻合。

生产厂家提供的产品合格证书应包括：品种、标号或型号及该批产品各项性能试验指标数据，合格证的编号、批号、出厂日期和生产厂检验部门的印章；卷材或产品包装的合格证上应有北京市建筑防水材料使用认证及防伪标志。

②进入施工现场的防水材料要进行复试和外观检查。卷材进入施工现场后，应抽样检验，检验的内容是不透水性、拉力、柔度和耐热度，其他防水材料也应按规范要求做试件，进行耐热度、粘结力和柔韧性试验。

外观检验主要是防水材料外型尺寸、厚度等问题，每批抽检一定数量（例如10卷）进行产品称重检验，不合格产品应清退出厂。

③防水材料批数的划分依有关规范进行。若无此资料，可参照防水卷材同期生产的每1000卷为一批，沥青类为20t为一批，不足此数者也划为一批。

④对防水材料的质量有异议时，监理工程师可以进行取样复验，严格把住材料使用的质量关，确保不合格材料不进场，不合格材料不用于施工工程。

⑤对进场的合格材料要督促施工单位做好保存工作。对不允许暴晒、超高堆放或堆压其他的材料，要严禁不符合存放要求的现象产生。

（3）对要进行防水的部位基层，进行质量验收。对基层的标高、坡度、表面平整度、表面清理、清扫，均应对照图纸及已施工部位的相对关系进行校验，并通过施工单位进行做好校正处理。

2．建筑防水工程质量控制要点

有关部门对防水工程出现渗漏现象分析结果，渗漏原因中由于材料不良造成的占20%～33%，由于施工粗糙造成的约占45%～48%，由于设计存在问题造成的占18%～26%，建筑防水工程质量所谓"四漏"（屋面漏、厕浴间漏、外墙体渗漏和地下室漏）问题已成为常见的质量通病，应引起注意，监理工程师针对本分部的工程质量通病，监督承包单位严格遵守操作规程，消除质量通病。

(1) 基层控制要点

防水层是依附于主体结构基层的，其质量好坏直接影响防水层的质量，主体结构和找平层的刚度、平整度、强度、表层坡度准确，表面完善无起砂、起皮、裂缝、基层的含水率等都是保证防水层施工质量的基础。

①预制板的安装及灌缝要求：预制板安装应平整牢固，防止因承重荷载不一，变形不一，而出现缝隙，屋面板间板面高差控制在10mm以内，板缝宽应基本一致，上口缝宽不应小于20mm，当板缝超宽大于40mm且上窄下宽，板缝内必须配置构造筋。板缝浇筑细石混凝土应密实，否则易产生裂缝，造成渗漏。

②坡度控制要点

建筑屋面及厕浴间必须有准确坡度，否则因排水不畅，易造成积水，浸泡防水层，加速其老化而造成渗漏。防水施工前要检查排水坡度是否符合设计要求，还必须检查天沟、水落口、地漏、伸出屋面管道周围及自由排水的檐口等的坡度。

③平整度控制要点

找平层的平整度对柔性防水层施工质量影响很大。找平层不平整，粘结剂涂不均匀就影响卷材铺贴质量，对深层涂料的施工影响更大，更易造成涂层厚薄不均，削弱防水能力。用2m靠尺检查平整度，最大孔隙不超过5mm，空隙仅允许平缓变化，且必须顺坡度变化，不能产生逆坡。

④设计要求防水层（卷材、涂层）与基层全粘结，且必须粘结牢固，基层表面必须具备强度高、表面光滑、不起砂、不起皮、不开裂的条件。若设计要求空铺或采取压埋法铺设的防水层，则可以降低基层的要求，做到坡度准确，表面平整即可。

⑤柔性防水对基层的含水率要求较高，含水率高，会引起防水层铺贴起鼓和剥离，但对于埋压干铺的防水层则可降低要求或不受含水率的限制。

⑥细部节点施工条件的控制要点

大面积防水层施工前，应先对节点进行处理，做好密封材料填嵌、附加层的铺设。但也有些节点如：防水层收头、变形缝等要在大面积防水层做完后单独进行。

要注意将水落口杯和地漏先装好预埋于混凝土中，这些部位加大局部坡度（5%），保证其标高的准确。

注意天沟、檐沟的找坡和转角的抹圆；反梁过水孔，管道穿过防水层，分格缝等细部节点的施工。

防水层在建筑的阴、阳角处基层应按设计做成圆角或倒角；并在此增铺附加防水层，其做法及宽度严格按设计要求进行；防水层的收头、防水层及保护层的固定要按设计图纸施工或遵守施工工艺规程进行质量控制工作。

(2) 防水层施工作业条件的控制要点

①气候条件

施工条件成熟与否直接关系到施工质量，防水工程大部分露天作业，气候因素影响较大。施工期内遇雨、雪、霜、雾、大风和气温低于5℃或高于35℃都会影响防水层施工质量，也妨碍施工作业人员顺利施工操作。热熔贴卷材和溶剂型涂料可在－10℃以上气温条件下施工；沥青、改性沥青和高分子聚合物卷材不宜在0℃以下施工；沥青基涂料、高分子聚合物水乳型涂料及刚性防水层，不宜在5℃以下气温中施工；气温超过35℃时所有防水层均不宜施工；炎热夏季后半夜因产生露水、5级以上大风天气尘土砂粒影响与基层粘接，污染基面均不得进行防水施工作业。

②重视防水层与相关层次施工交叉问题

与防水层相关的层次是找平层、隔汽层、保温层、隔离层、保护层等。防水层施工往往与相关层要交叉作业，这些相关层次的施工质量对防水层的质量有很大影响，甚至直接影响到防水工程的成败。特别要注意监督保护层的施工，决不能碰坏、戳破防水层，特别是在多头分包施工情况下，交叉管理，更加大了质量控制的难度。因此必须引起对施工质量控制的足够重视。

3. 密封防水材料施工质量控制要点

密封材料常用的主要有改性沥青和合成高分子密封防水材料两大类；施工方法根据材料不同各异，分冷嵌法和热灌法两种。

为确保施工质量应在施工机具的选用、配料与搅拌、粘结性能试验和嵌填背衬材料的控制，以及施工操作等几个关键环节进行监督控制。

热灌法操作要重视密封材料现场塑化和加热温度一般在110～130℃；最高不得超过140℃，注意使用的温度计测温时应在中心液面下100mm左右处进行。塑化或加热到温度（不宜低于110℃）应立即现场浇灌，嵌填要高出板缝3～5mm。

冷嵌法施工用手工操作，从底部嵌起，防止漏嵌虚填，注意不得产生混气现象；嵌填要密实饱满，要按顺序进行。最好用电动或手动嵌缝枪进行操作。

4. 防水层的保护层材料选用和施工

应按设计图纸进行施工；保护层施工时要注意防水层的保护，要在防水层上做好临时保护措施，严防戳破防水层，防水层施工完毕应及早进行下道施工工序，不宜间隔时间过长，防止防水层材质损坏。

5. 刚性防水层施工要求

刚性防水层包括细石混凝土防水层、水泥砂浆防水层、块体刚性防水层及防水混凝土的施工。刚性防水层对地基沉降不均匀，温度变化、结构振动等因素非常敏感，因此对基础处理要求严格。

（1）细石混凝土防水层施工质量关键在于保证混凝土的密实性，要及时养护。因此在配料、浇筑、振捣、表面处理、养护要严细操作。保证混凝土的养生条件。

（2）防水砂浆防水层施工所用水泥一般不低于425号普通硅酸盐水泥，砂宜采用中砂或细砂。防水剂的选用要符合设计要求，进场要认真检验并经试验室进行配合比的试配，施工中严格按配合比配料。砂浆的铺抹是防水层施工又一关键，应严格遵守工艺操作要求进行。要注意基面的清洗和基面缺陷的处理，并做好防水层的养护工作。

（3）防水混凝土施工

防水混凝土具有承重和防水的双重作用，往往是防水的第一设防措施。防水混凝土应遵守设计要求进行外加剂的选用，按照材料配合比，经试验室试配方案和监理工程师审定后进行防水混凝土的施工；混凝土浇筑要注意振捣密实和防止出现混凝土离析而影响防水混凝土质量的问题；施工缝是防水工程的薄弱环节，最好连续一次浇筑完毕，不允许留施工缝，必要时要保证底板一次浇筑完毕。更应进行严格的混凝土养生工作；防水混凝土浇筑后不得打洞凿孔，所有穿墙管、预埋件、预留洞要在浇筑前埋设完毕。

(六) 瓦屋面工程

1. 平瓦屋面

(1) 平瓦屋面的有关尺寸应符合下列要求：

①脊瓦在两坡面瓦上的搭盖宽度，每边不小于40mm。

②瓦伸入天沟、檐沟的长度为50～70mm。

③天沟、檐沟的防水层伸入瓦内宽度不小于150mm。

④瓦头挑出封檐板的长度为50～70mm。

⑤突出屋面的墙或烟囱的侧面瓦伸入泛水宽度不小于50mm。

主 控 项 目

(2) 平瓦必须铺置牢固。地震设防地区或坡度大于50%的屋面，应采取固定加强措施。

一 般 项 目

(3) 脊瓦应搭盖正确，间距均匀，封固严密；屋脊和斜脊应顺直，无起伏现象。

(4) 泛水做法应符合设计要求，顺直整齐，结合严密，无渗漏。

2. 油毡瓦屋面

(1) 油毡瓦屋面的有关尺寸应符合下列要求：

①脊瓦与两坡面油毡瓦搭盖宽度每边不小于100mm。

②脊瓦与脊瓦的压盖面不小于脊瓦面积的1/2。

③油毡瓦在屋面与突出屋面结构的交接处铺贴高度不小于250mm。

主 控 项 目

(2) 油毡瓦所用固定钉必须钉平、钉牢，严禁钉帽外露油毡瓦表面。

一 般 项 目

(3) 油毡瓦的铺设方法应正确；油毡瓦之间的对缝，上下层不得重合。

3. 金属板材屋面

(1) 压型板屋面的有关尺寸应符合下列要求：

①压型板的横向搭接不小于一个波，纵向搭接不小于200mm。

②压型板挑出墙面的长度不小于200mm。

③压型板伸入檐沟内的长度不小于150mm。

④压型板与泛水的搭接宽度不小于200mm。

主 控 项 目

(2) 金属板材的连接和密封处理必须符合设计要求，不得有渗漏现象。

一 般 项 目

(3) 金属板材屋面的檐口线、泛水段应顺直，无起伏现象。

十、钢结构工程

(一) 原材料及成品进场

1. 钢材

主　控　项　目

(1) 钢材、钢铸件的品种、规格、性能等应符合现行国家产品标准和设计要求。进口钢材产品的质量应符合设计和合同规定标准的要求。

(2) 对属于下列情况之一的钢材，应抽样复验，其复验结果应符合现行国家产品标准和设计要求。

①国外进口钢材；

②钢材混批；

③板厚等于或大于40mm，且设计有Z向性能要求的厚板；

④建筑结构安全等级为一级，大跨度钢结构中主要受力构件所采用的钢材；

⑤设计有复验要求的钢材；

⑥对质量有疑义的钢材。

一　般　项　目

(3) 钢材的表面外观质量除应符合国家现行有关标准的规定外，尚应符合下列规定：

①当钢材的表面有锈蚀、麻点或划痕等缺陷时，其深度不得大于该钢材厚度负允许偏差值的1/2；

②钢材表面的锈蚀等级应符合现行国家标准《涂装前钢材表面锈蚀等级和除锈等级》GB 8923规定的C级及C级以上；

③钢材端边或断口处不应有分层、夹渣等缺陷。

2. 焊接材料

主　控　项　目

(1) 焊接材料的品种、规格、性能等应符合现行国家产品标准和设计要求。

检验方法：检查焊接材料的质量合格证明文件、中文标志及检验报告等。

一　般　项　目

(2) 焊钉及焊接瓷环的规格、尺寸及偏差应符合现行国家标准《圆柱头焊钉》GB 10433中的规定。

3. 连接用紧固标准件

主　控　项　目

(1) 钢结构连接用高强度大六角头螺栓连接副、扭剪型高强度螺栓连接副、钢网架用高强度螺栓、普通螺栓、铆钉、自攻钉、拉铆钉、射钉、锚栓（机械型和化学试剂型）、地脚锚栓等紧固标准件及螺母、垫圈等标准配件，其品种、规格、性能等应符合现行国家产品标准和设计要求。高强度大六角头螺栓连接副和扭剪型高强度螺栓连接副出厂时应分别随箱带有扭矩系数和紧固轴力（预拉力）的检验报告。

一　般　项　目

(2) 对建筑结构安全等级为一级，跨度40m及以上的螺栓球节点钢网架结构，其连接高强度螺栓应进行表面硬度试验，对8.8级的高强度螺栓其硬度应为HRC21～29；10.9级高强度螺栓其硬度应为HRC32～36，且不得有裂纹或损伤。

4. 焊接球

主　控　项　目

(1) 焊接球及制造焊接球所采用的原材料，其品种、规格、性能等应符合现行国家产品标准和设计要求。

一　般　项　目

(2) 焊接球表面应无明显波纹及局部凹凸不平不大于1.5mm。

5. 螺栓球

主　控　项　目

(1) 螺栓球不得有过烧、裂纹及褶皱。

一　般　项　目

(2) 螺栓球螺纹尺寸应符合现行国家标准《普通螺纹基本尺寸》GB 196中粗牙螺纹的规定，螺纹公差必须符合现行国家标准《普通螺纹公差与配合》GB 197中6H级精度的规定。

6. 封板、锥头和套筒

主　控　项　目

封板、锥头、套筒外观不得有裂纹、过烧及氧化皮。

7. 金属压型板

主　控　项　目

(1) 金属压型板及制造金属压型板所采用的原材料，其品种、规格、性能等应符合现行国家产品标准和设计要求。

一　般　项　目

(2) 压型金属板的规格尺寸及允许偏差、表面质量、涂层质量等应符合设计要求和本规范的规定。

8. 涂装材料

主　控　项　目

(1) 钢结构防腐涂料、稀释剂和固化剂等材料的品种、规格、性能等应符合现行国家产品标准和设计要求。

一　般　项　目

(2) 防腐涂料和防火涂料的型号、名称、颜色及有效期应与其质量证明文件相符，开启后，不应存在结皮、结块、凝胶等现象。

(二) 钢结构焊接工程

1. 钢构件焊接工程

主　控　项　目

(1) 焊工必须经考试合格并取得合格证书。持证焊工必须在其考试合格项目及其认可范围内施焊。

一　般　项　目

(2) 焊成凹形的角焊缝，焊缝金属与母材间应平缓过渡；加工成凹形的角焊缝，不得在其表面留下切痕。

(3) 焊缝感观应达到：外形均匀、成型较好，焊道与焊道、焊道与基本金属间过渡较平滑，焊渣和飞溅物基本清除干净。

2. 焊钉（栓钉）焊接工程

主 控 项 目

（1）焊钉焊接后应进行弯曲试验检查，其焊缝和热影响区不应有肉眼可见的裂纹。

一 般 项 目

（2）焊钉根部焊脚应均匀，焊脚立面的局部未熔合或不足360°的焊脚应进行修补。

（三）紧固件连接工程

1. 普通紧固件连接

主 控 项 目

（1）普通螺栓作为永久性连接螺栓时，当设计有要求或对其质量有疑义时，应进行螺栓实物最小拉力载荷复验，试验方法见本规范附录B，其结果应符合现行国家标准《紧固件机械性能螺栓、螺钉和螺柱》GB 3098的规定。

一 般 项 目

（2）永久性普通螺栓紧固应牢固、可靠，外露丝扣不应少于2扣。

2. 高强度螺栓连接

主 控 项 目

（1）钢结构制作和安装单位应按本规范附录B的规定分别进行高强度螺栓连接摩擦面的抗滑移系数试验和复验，现场处理的构件摩擦面应单独进行摩擦面抗滑移系数试验，其结果应符合设计要求。

一 般 项 目

（2）高强度螺栓连接副终拧后，螺栓丝扣外露应为2～3扣，其中允许有10%的螺栓丝扣外露1扣或4扣。

（3）螺栓球节点网架总拼完成后，高强度螺栓与球节点应紧固连接，高强度螺栓拧入螺栓球内的螺纹长度不应小于1.0d（d为螺栓直径），连接处不应出现有间隙、松动等未拧紧情况。

（四）钢零件及钢部件加工工程

1. 切割

主 控 项 目

（1）钢材切割面或剪切面应无裂纹、夹渣、分层和大于1mm的缺棱。

一 般 项 目

（2）气割的允许偏差应符合表6-100的规定。

气割的允许偏差（mm）　　表6-100

项　目	允 许 偏 差
零件宽度、长度	±3.0
切割面平面度	0.05t，且不应大于2.0
割纹深度	0.3
局部缺口深度	1.0

注：t为切割面厚度。

（3）机械剪切的允许偏差应符合表 6-101 的规定。

机械剪切的允许偏差（mm） 表 6-101

项 目	允 许 偏 差
零件宽度、长度	±3.0
边缘缺棱	1.0
型钢端部垂直度	2.0

2. 矫正和成型

主 控 项 目

（1）碳素结构钢在环境温度低于 -16℃、低合金结构钢在环境温度低于 -12℃ 时，不应进行冷矫正和冷弯曲。碳素结构钢和低合金结构钢在加热矫正时，加热温度不应超过 900℃。低合金结构钢在加热矫正后应自然冷却。

一 般 项 目

（2）矫正后的钢材表面，不应有明显的凹面或损伤，划痕深度不得大于 0.5mm，且不应大于该钢材厚度负允许偏差的 1/2。

3. 边缘加工

主 控 项 目

（1）气割或机械剪切的零件，需要进行边缘加工时，其刨削量不应小于 2.0mm。

一 般 项 目

（2）边缘加工允许偏差应符合表 6-102 的规定。

边缘加工的允许偏差（mm） 表 6-102

项 目	允 许 偏 差
零件宽度、长度	±1.0
加工边直线度	l/3000，且不应大于 2.0
相邻两边夹角	±6′
加工面垂直度	0.025t，且不应大于 0.5
加工面表面粗糙度	50▽

4. 管、球加工

主 控 项 目

（1）螺栓球成型后，不应有裂纹、褶皱、过烧。

一 般 项 目

（2）螺栓球加工的允许偏差应符合表 6-103 的规定。

螺栓球加工的允许偏差（mm） 表 6-103

项目		允许偏差	检验方法
圆度	$d \leqslant 120$	1.5	用卡尺和游标卡尺检查
	$d > 120$	2.5	
同一轴线上两铣平面平行度	$d \leqslant 120$	0.2	用百分表V形块检查
	$d > 120$	0.3	
铣平面距球中心距离		±0.2	用游标卡尺检查
相邻两螺栓孔中心线夹角		±30′	用分度头检查
两铣平面与螺栓孔轴线垂直度		$0.005r$	用百分表检查
球毛坯直径	$d \leqslant 120$	+2.0 −1.0	用卡尺和游标卡尺检查
	$d > 120$	+3.0 −1.5	

（3）焊接球加工的允许偏差应符合表 6-104 的规定。

焊接球加工的允许偏差（mm） 表 6-104

项目	允许偏差	检验方法
直径	$\pm 0.005d$ ±2.5	用卡尺和游标卡尺检查
圆度	2.5	用卡尺和游标卡尺检查
壁厚减薄量	$0.13t$，且不应大于 1.5	用卡尺和测厚仪检查
两半球对口错边	1.0	用套模和游标卡尺检查

（4）钢网架（桁架）用钢管杆件加工的允许偏差应符合表 6-105 的规定。

钢网架（桁架）用钢管杆件加工的允许偏差（mm） 表 6-105

项目	允许偏差	检验方法
长度	±1.0	用钢尺和百分表检查
端面对管轴的垂直度	$0.005r$	用百分表V形块检查
管口曲线	1.0	用套模和游标卡尺检查

5. 制孔

主 控 项 目

（1）A、B 级螺栓孔（Ⅰ类孔）应具有 H12 的精度，孔壁表面粗糙度 R_a 不应大于 12.5μm，其孔径的允许偏差应符合表 6-106 的规定。

C 级螺栓孔（Ⅱ类孔），孔壁表面粗糙度 R_a 不应大于 25μm，其允许偏差应符合表 6-107 的规定。

A、B 级螺栓孔径的允许偏差（mm）　表 6-106

序　号	螺栓公称直径、螺栓孔直径	螺栓公称直径允许偏差	螺栓孔直径允许偏差
1	10～18	0.00 −0.21	+0.18 0.00
2	18～30	0.00 −0.21	+0.21 0.00
3	30～50	0.00 −0.25	+0.25 0.00

C 级螺栓孔的允许偏差（mm）　表 6-107

项　目	允许偏差
直　径	+1.0 0.0
圆　度	2.0
垂直度	0.03t，且不应大于 2.0

一　般　项　目

（2）螺栓孔孔距的允许偏差应符合表 6-108 的规定。

螺栓孔孔距允许偏差（mm）　表 6-108

螺栓孔孔距范围	≤500	501～1200	1201～3000	>3000
同一组内任意两孔间距离	±1.0	±1.5	—	—
相邻两组的端孔间距离	±1.5	±2.0	±2.5	±3.0

注：1. 在节点中连接板与一根杆件相连的所有螺栓孔为一组；
2. 对接接头在拼接板一侧的螺栓孔为一组；
3. 在两相邻节点或接头间的螺栓孔为一组，但不包括上述两款所规定的螺栓孔；
4. 受弯构件翼缘上的连接螺栓孔，每米长度范围内的螺栓孔为一组。

（3）螺栓孔孔距的允许偏差超过表 6-108 规定的允许偏差时，应采用与母材材质相匹配的焊条补焊后重新制孔。

（五）钢构件组装工程

1. 焊接 H 型钢

一　般　项　目

焊接 H 型钢的翼缘板拼接缝和腹板拼接缝的间距不应小于 200mm。翼缘板拼接长度不应小于 2 倍板宽；腹板拼接宽度不应小于 300mm，长度不应小于 600mm。

2. 组装

主 控 项 目

（1）吊车梁和吊车桁架不应下挠。

一 般 项 目

（2）桁架结构杆件轴线交点错位的允许偏差不得大于3.0mm，允许偏差不得大于4.0mm。

3. 端部铣平及安装焊缝坡口

主 控 项 目

（1）端部铣平的允许偏差应符合表6-109的规定。

端部铣平的允许偏差（mm）　表6-109

项　目	允许偏差
两端铣平时构件长度	±2.0
两端铣平时零件长度	±0.5
铣平面的平面度	0.3
铣平面对轴线的垂直度	l/1500

一 般 项 目

（2）安装焊缝坡口的允许偏差应符合表6-110的规定。

安装焊缝坡口的允许偏差　表6-110

项　目	允许偏差
坡口角度	±5°
钝边	±1.0mm

4. 钢构件外形尺寸

主 控 项 目

钢构件外形尺寸主控项目的允许偏差应符合表6-111的规定。

钢构件外形尺寸主控项目的允许偏差（mm）　表6-111

项　目	允许偏差
单层柱、梁、桁架受力支托（支承面）表面至第一个安装孔距离	±1.0
多节柱铣平面至第一个安装孔距离	±1.0
实腹梁两端最外侧安装孔距离	±3.0
构件连接处的截面几何尺寸	±3.0
柱、梁连接处的腹板中心线偏移	2.0
受压构件（杆件）弯曲矢高	l/1000，且不应大于10.0

（六）钢构件预拼装工程预拼装

主 控 项 目

高强度螺栓和普通螺栓连接的多层板叠，应采用试孔器进行检查，并应符合下列规定：①当采用比孔公称直径小 1.0mm 的试孔器检查时，每组孔的通过率不应小于 85%；②当采用比螺栓公称直径大 0.3mm 的试孔器检查时，通过率应为 100%。

（七）单层钢结构安装工程

1. 基础和支承面

主 控 项 目

（1）基础顶面直接作为柱的支承面和基础顶面预埋钢板或支座作为柱的支承面时，其支承面、地脚螺栓（锚栓）位置的允许偏差应符合表 6-112 的规定。

支承面、地脚螺栓（锚栓）位置的允许偏差（mm） 表 6-112

项目		允许偏差
支承面	标高	±3.0
	水平度	l/1000
地脚螺栓（锚栓）	螺栓中心偏移	5.0
预留孔中心偏移		10.0

（2）采用坐浆垫板时，坐浆垫板的允许偏差应符合表 6-113 的规定。

坐浆垫板的允许偏差（mm） 表 6-113

项目	允许偏差
顶面标高	0.0 −3.0
水平度	l/1000
位置	20.0

（3）采用杯口基础时，杯口尺寸的允许偏差应符合表 6-114 的规定。

杯口尺寸的允许偏差（mm） 表 6-114

项目	允许偏差
底面标高	0.0 −5.0
杯口深度 H	±5.0
杯口垂直度	H/100，且不应大于 10.0
位置	10.0

一 般 项 目

（4）地脚螺栓（锚栓）尺寸的偏差应符合表 6-115 的规定，地脚螺栓（锚栓）的螺纹应受到保护。

地脚螺栓（锚栓）尺寸的允许偏差（mm） 表 6-115

项 目	允许偏差
螺栓（锚栓）露出长度	+30.0 0.0
螺纹长度	+30.0 0.0

2. 安装和校正

(1) 钢屋（托）架、桁架、梁及受压杆件的垂直度和侧向弯曲矢高的允许偏差应符合表 6-116 的规定。

钢屋（托）架、桁架、梁及受压杆件垂直度和侧向弯曲矢高的允许偏差（mm） 表 6-116

项目	允许偏差		图 例
跨中的垂直度	$h/250$，且不应大于 15.0		1 1 h 1–1
侧向弯曲矢高 f	$l\leqslant 30$m	$l/1000$，且不应大于 10.0	l
	30m$<l\leqslant 60$m	$l/1000$，且不应大于 30.0	
	$l>60$m	$l/1000$，且不应大于 50.0	f

(2) 单层钢结构主体结构的整体垂直度和整体平面弯曲的允许偏差应符合表 6-117 的规定。

整体垂直度和整体平面弯曲的允许偏差（mm） 表 6-117

项目	允许偏差	图例
主体结构的整体垂直度	$H/1000$，且不应大于 25.0	
主体结构的整体平面弯曲	$L/1500$，且不应大于 25.0	

一 般 项 目

现场焊缝组对间隙的允许偏差应符合表 6-118 的规定。

现场焊缝组对间隙的允许偏差（mm） 表 6-118

项目	允许偏差
无垫板间隙	+3.0 0.0
有垫板间隙	+3.0 −2.0

（八）多层及高层钢结构安装工程

1. 基础和支承面

主 控 项 目

（1）建筑物的定位轴线、基础上柱的定位轴线和标高、地脚螺栓（锚栓）的规格和位置、地脚螺栓（锚栓）紧固应符合设计要求。当设计无要求时，应符合表 6-119 的规定。

建筑物定位轴线、基础上柱的定位轴线和标高、地脚螺栓（锚栓）的允许偏差（mm） 表 6-119

项目	允许偏差	图例
建筑物定位轴线	$L/20000$，且不应大于 3.0	

续表

项　目	允许偏差	图　例
基础上柱的定位轴线	1.0	
基础上柱底标高	±2.0	基准点
地脚螺栓（锚栓）位移	2.0	

一　般　项　目

（2）地脚螺栓（锚栓）尺寸的允许偏差应符合表6-115的规定。地脚螺栓（锚栓）的螺纹应受到保护。

2. 安装和校正

主　控　项　目

（1）柱子安装的允许偏差应符合表6-120的规定。

柱子安装的允许偏差（mm）　　**表6-120**

项　目	允许偏差	图　例
底层柱柱底轴线对定位轴线偏移	3.0	
柱子定位轴线	1.0	
单节柱的垂直度	$h/1000$，且不应大于10.0	

（2）多层及高层钢结构主体结构的整体垂直度和整体平面弯曲的允许偏差应符合表6-121的规定。

整体垂直度和整体平面弯曲的允许偏差（mm）　表6-121

项　目	允许偏差	图　例
主体结构的整体垂直度	（$H/2500+10.0$），且不应大于50.0	
主体结构的整体平面弯曲	$L/1500$，且不应大于25.0	

一　般　项　目

（3）当钢构件安装在混凝土柱上时，其支座中心对定位轴线的偏差不应大于10mm；当采用大型混凝土屋面板时，钢梁（或桁架）间距的偏差不应大于10mm。

（九）钢网架结构安装工程

1．支承面顶板和支承垫块

主　控　项　目

（1）支承面顶板的位置、标高、水平度以及支座锚栓位置的允许偏差应符合表6-122的规定。

支承面顶板、支座锚栓位置的允许偏差（mm）　表6-122

项　目		允许偏差
支承面顶板	位置	15.0
	顶面标高	0 −3.0
	顶面水平度	$l/1000$
支座锚栓	中心偏移	±5.0

一　般　项　目

（2）支座锚栓尺寸的允许偏差应符合本规范表6-115的规定，支座锚栓的螺纹应受到保护。

2．总拼与安装

主　控　项　目

（1）小拼单元的允许偏差应符合表 6-123 的规定。

小拼单元的允许偏差（mm）　　**表 6-123**

<table>
<tr><th colspan="4">项　目</th><th>允许偏差</th></tr>
<tr><td colspan="4">节点中心偏移</td><td>2.0</td></tr>
<tr><td colspan="4">焊接球节点与钢管中心的偏移</td><td>1.0</td></tr>
<tr><td colspan="4">杆件轴线的弯曲矢高</td><td>L_1/1000，且不应大于 5.0</td></tr>
<tr><td rowspan="3">锥体型小拼单元</td><td colspan="3">弦杆长度</td><td>±2.0</td></tr>
<tr><td colspan="3">锥体高度</td><td>±2.0</td></tr>
<tr><td colspan="3">上弦杆对角线长度</td><td>±3.0</td></tr>
<tr><td rowspan="5">平面桁架型小拼单元</td><td rowspan="2">跨长</td><td colspan="2">≤24m</td><td>+3.0
−7.0</td></tr>
<tr><td colspan="2">>24m</td><td>+5.0
−10.0</td></tr>
<tr><td colspan="3">跨中高度</td><td>±3.0</td></tr>
<tr><td rowspan="2">跨中拱度</td><td colspan="2">设计要求起拱</td><td>±L/5000</td></tr>
<tr><td colspan="2">设计未要求起拱</td><td>+10.0</td></tr>
</table>

注：1. L_1 为杆件长度；
　　2. L 为跨长。

（2）中拼单元的允许偏差应符合表 6-124 的规定。

中拼单元的允许偏差（mm）　　**表 6-124**

<table>
<tr><th colspan="2">项　目</th><th>允许偏差</th></tr>
<tr><td rowspan="2">单元长度≤20m，拼接长度</td><td>单跨</td><td>±10.0</td></tr>
<tr><td>多跨连续</td><td>±5.0</td></tr>
<tr><td rowspan="2">单元长度>20m，拼接长度</td><td>单跨</td><td>±20.0</td></tr>
<tr><td>多跨连续</td><td>±10.0</td></tr>
</table>

（3）钢网架结构总拼完成后及屋面工程完成后应分别测量其挠度值，且所测的挠度值不应超过相应设计值的 1.15 倍。

一　般　项　目

（4）钢网架结构安装完成后，其安装的允许偏差应符合表 6-125 的规定。

钢网架结构安装的允许偏差（mm）　表 6-125

项　目	允许偏差	检验方法
纵向、横向长度	L/2000，且不应大于 30.0 $-L$/2000，且不应小于 -30.0	用钢尺实测
支座中心偏移	L/3000，且不应大于 30.0	用钢尺和经纬仪实测
周边支承网架相邻支座高差	L/400，且不应大于 15.0	用钢尺和水准仪实测
支座最大高差	30.0	
多点支承网架相邻支座高差	L_1/800，且不应大于 30.0	

注：1. L 为纵向、横向长度；

2. L_1 为相邻支座间距。

（十）压型金属板工程

1. 压型金属板制作

主　控　项　目

（1）有涂层、镀层压型金属板成型后，涂、镀层不应有肉眼可见的裂纹、剥落和擦痕等缺陷。

一　般　项　目

（2）压型金属板的尺寸允许偏差应符合表 6-126 的规定。

压型金属板的尺寸允许偏差（mm）　表 6-126

项　目			允许偏差
波　距			±2.0
波高	压型钢板	截面高度≤70	±1.5
		截面高度＞70	±2.0
侧向弯曲	在测量长度 l_1 的范围内		20.0

注：l_1 为测量长度，指板长扣除两端各 0.5m 后的实际长度（小于 10m）或扣除后任选的 10m 长度。

压型金属板施工现场制作的允许偏差应符合表 6-127 的规定。

压型金属板施工现场制作的允许偏差（mm）　表 6-127

项　目		允许偏差
压型金属板的覆盖宽度	截面高度≤70	+10.0，−2.0
	截面高度＞70	+6.0，−2.0
板　长		±9.0
横向剪切偏差		6.0
泛水板、包角板尺寸	板　长	±6.0
	折弯面宽度	±3.0
	折弯面夹角	2°

2. 压型金属板安装

主 控 项 目

（1）压型金属板应在支承构件上可靠搭接，搭接长度应符合设计要求，且不应小于表 6-128 所规定的数值。

压型金属板在支承构件上的搭接长度（mm） **表 6-128**

项目		搭接长度
截面高度＞70		375
截面高度≤70	屋面坡度＜1/10	250
	屋面坡度≥1/10	200
墙面		120

一 般 项 目

（2）压型金属板安装的允许偏差应符合表 6-129 的规定。

压型金属板安装的允许偏差（mm） **表 6-129**

项目		允许偏差
屋面	檐口与屋脊的平行度	12.0
	压型金属板波纹线对屋脊的垂直度	$L/800$，且不应大于 25.0
	檐口相邻两块压型金属板端部错位	6.0
	压型金属板卷边板件最大波浪高	4.0
墙面	墙板波纹线的垂直度	$H/800$，且不应大于 25.0
	墙板包角板的垂直度	$H/800$，且不应大于 25.0
	相邻两块压型金属板的下端错位	6.0

注：1. L 为屋面半坡或单坡长度；
2. H 为墙面高度。

（十一）钢结构涂装工程

1. 钢结构防腐涂料涂装

主 控 项 目

（1）涂装前钢材表面除锈应符合设计要求和国家现行有关标准的规定。处理后的钢材表面不应有焊渣、焊疤、灰尘、油污、水和毛刺等。当设计无要求时，钢材表面除锈等级应符合表 6-130 的规定。

各种底漆或防锈漆要求最低的除锈等级 **表 6-130**

涂料品种	除锈等级
油性酚醛、醇酸等底漆或防锈漆	St2
高氯化聚乙烯、氯化橡胶、氯磺化聚乙烯、环氧树脂、聚氨酯等底漆或防锈漆	Sa2
无机富锌、有机硅、过氯乙烯等底漆	Sa2 $\frac{1}{2}$

涂料、涂装遍数、涂层厚度均应符合设计要求。当设计对涂层厚度无要求时，涂层干漆膜总厚度：室外应为150μm，室内应为125μm，其允许偏差为-25μm，每遍涂层干漆膜厚度的允许偏差为-5μm。

一 般 项 目

(2) 构件表面不应误涂、漏涂，涂层不应脱皮和返锈等，涂层应均匀、无明显皱皮、流坠、针眼和气泡等。

2. 钢结构防火涂料涂装

主 控 项 目

(1) 薄涂型防火涂料的涂层厚度应符合有关耐火极限的设计要求。厚涂型防火涂料涂层的厚度，80%及以上面积应符合有关耐火极限的设计要求，且最薄处厚度不应低于设计要求的85%。

一 般 项 目

(2) 防火涂料不应有误涂、漏涂，涂层应闭合无脱层、空鼓、明显凹陷、粉化松散和浮浆等外观缺陷，乳突已剔除。

(十二) 钢结构工程施工应注意的质量问题

1. 手工电弧焊焊接应注意的质量问题

(1) 尺寸偏差大（焊缝长度、宽度、厚度不足，中心线偏移、弯折等）：应严格控制焊接部位的相对位置，合格后方准焊接，焊接中精心操作，不得马虎。

(2) 裂纹：为防止裂纹产生，应选择合理的焊接工艺参数和次序，应该一头焊完再焊另一头，如发现有裂纹应铲除重新焊接。

(3) 气孔：焊条应按规定温度和时间进行烘焙，焊接区域必须清理干净，焊接过程中，可适当加大焊接电流，降低焊接速度，使熔池中的气体完全逸出。

(4) 夹渣：多层施焊应层层将焊渣清除干净，操作中应注意熔渣的流动方向，若采用碱性焊条时，必须使熔渣留在熔池后面。

2. 扭剪型高强螺栓连接应注意的质量问题

(1) 装配面不符合要求：表面有浮锈、油污，螺栓孔壁有毛刺，均应清理干净。

(2) 连接板拼装不严：连接板变形应校正后再使用。

(3) 螺栓丝扣损伤：螺栓应自由穿入螺孔，不准许锤击强行打入。

(4) 扭矩不准：应定期校正电动扳手或手动扳手的扭矩值，其偏差不大于5%，严格按紧固顺序进行。

3. 钢结构工程质量预控

(1) 钢材的化学成分、钢材的焊条选配等遵照现行国家产品标准和设计要求规定。

(2) 高层钢结构工程的材料另外还有高强螺栓、栓钉、压型板及涂料及钢板的冲击功值的要求。

(3) 监理工程师应检查制作安装焊工合格证（焊工技术资格证）。检查时重点核对合格证的签发单位的资格、合格证有效期限（3年）、焊接位置（平、立、横、仰焊），焊接材料（钢材和焊条）与实际工程的一致性。

还要检查特殊工种操作安全证（焊工上岗证）。

对重要钢结构工程，在正式焊接前，必须在监理工程师监督下，利用现场施工条件进行焊工摸底考核，考试合格后方可上岗。

(4) 在监理工程师监督下进行焊接工艺评定。具有如下五项之一的情况时，就要进行工艺试验：

①结构钢材系首次应用；

②焊条、焊丝、焊剂的型号改变；

③焊接方法改变，或由于焊接设备的改变而引起焊接参数的改变；

(5) 焊接工艺需改变；

(6) 需要预热、后热或焊后做热处理者。

试验用料、工艺试验条件、焊件的检验及焊工都要与工程一致，接头的形式一般为对接，也有T型接头。

通过焊接工艺评定，制定施工工艺技术文件。对于高层钢结构工程的工艺评定，在具体项目上还应有详细要求。

4. 钢结构工程质量控制要点

由于钢结构工程，从备料、加工制作、组装成型到安装就位其间的加工工序繁多，加工精度较严，因此，检查项目也多。要求承包单位，必须逐道工序、逐个部位仔细检验，以确保制作安装质量。在施工单位自检合格基础上，然后由监理工程师复验，检查时要掌握关键环节。

(1) 必须熟悉设计图纸和设计变更文件，明确设计对钢材品种、规格、性能以及对焊接等加工的要求，特别要注意图纸中的总说明和图纸标注的加工符号。还要熟练的掌握《钢结构工程施工质量验收规范》(GB 50205—2001) 等现行相关标准与规定。

(2) 监理工程师应要求设计单位作详细的制造和安装工程技术交底，随后由监理工程师发出“钢结构工程的质量通知书”给承包单位。通知书中除了说明工程性质外，还应明确重点部位和重要的施工流水段以及关键的工序要求和工艺试验等内容，对本工程制作安装的“首件”要做全过程的检查，发现问题要及时通知承包单位并即时改正。

(3) 钢结构的制作安装过程中监理工程师要着重检查如下几部分

①下料时根据工艺要求，预留制作安装时焊接收缩余量、切割等加工余量以及立柱在荷载下的压缩变形值。焊件坡口按图纸规定的标准施工。

②构件在拼装时，防止扭曲、构件起拱不准确。

③焊接时要坚持对厚度大于50mm碳素结构钢和大于36mm的低合金结构钢的焊前预热、焊后进行后热，特别要强调在焊接时环境温度低于0℃时，要进行预热、后热。

④对焊缝的质量验收除了对焊缝的外形尺寸、表面质量检查外，还要检查焊缝的内部缺陷，按图纸的要求确定焊缝质量等级和缺陷的分级进行无损探伤。

⑤柱子在安装之前，详细检查底脚螺栓与轴线相对位置偏移量。

⑥钢柱的单节柱垂直度，同一层各节柱柱顶标高偏差，上、下柱连接处的错口值。

⑦楼层轴线和楼层标高的误差值。

(4) 钢构件在制作和安装时，监理工程师在巡视时，发现问题及时通知承包单位。

(5) 钢构件在成品交货时，必须有产品质量认可书和合格证，才能发往安装现场，在安装部门作成品验收后监理工程师着重检查构件上的安装连接零件齐备情况和钢构件与混凝土相连接栓钉、预留穿筋孔洞。

5. 钢结构防火涂料施工应注意的质量问题

（1）空鼓：首先应严格掌握配合比，基层处理干净是关键，并注意分批抽检原材料粘结强度。

（2）裂缝：环境温、湿度应适宜，分层喷涂时通风干燥的时间掌握好。

（3）厚薄不匀：喷涂时喷嘴角度应与构件表面垂直，距离适宜；各层喷涂应有一定时间间隔。

十一、建筑给水排水及采暖工程

（一）室内给水系统安装

1. 给水管道及配件安装

一　般　项　目

给水管道和阀门安装的允许偏差应符合表6-131的规定。

管道和阀门安装的允许偏差和检验方法　　表6-131

项次	项　目			允许偏差（mm）	检验方法
1	水平管道纵横方向弯曲	钢　管	每米 全长25m以上	1 ≯25	用水平尺、直尺、拉线和尺量检查
		塑料管 复合管	每米 全长25m以上	1.5 ≯25	
		铸铁管	每米 全长25m以上	2 ≯25	
2	立管垂直度	钢　管	每米 5m以上	3 ≯8	吊线和尺量检查
		塑料管 复合管	每米 5m以上	2 ≯8	
		铸铁管	每米 5m以上	3 ≯10	
3	成排管段和成排阀门		在同一平面上间距	3	尺量检查

2. 室内消火栓系统安装

主　控　项　目

（1）室内消火栓系统安装完成后应取屋顶层（或水箱间内）试验消火栓和首层取二处消火栓做试射试验，达到设计要求为合格。

一　般　项　目

（2）箱式消火栓的安装应符合下列规定：

①栓口应朝外，并不应安装在门轴侧。

②栓口中心距地面为1.1m，允许偏差±20mm。

③阀门中心距箱侧面为140mm，距箱后内表面为100mm，允许偏差±5mm。

④消火栓箱体安装的垂直度允许偏差为3mm。

3. 给水设备安装

一 般 项 目

（1）室内给水设备安装的允许偏差应符合表 6-132 的规定。

室内给水设备安装的允许偏差和检验方法　表 6-132

<table>
<tr><th>项次</th><th colspan="4">项　目</th><th>允许偏差（mm）</th><th>检 验 方 法</th></tr>
<tr><td rowspan="3">1</td><td rowspan="3">静置设备</td><td colspan="3">坐　标</td><td>15</td><td>经纬仪或拉线、尺量检查</td></tr>
<tr><td colspan="3">标　高</td><td>±5</td><td>用水准仪、拉线和尺量检查</td></tr>
<tr><td colspan="3">垂直度（每米）</td><td>5</td><td>吊线和尺量检查</td></tr>
<tr><td rowspan="4">2</td><td rowspan="4">离心式水　泵</td><td colspan="3">立式泵体垂直度（每米）</td><td>0.1</td><td>水平尺和塞尺检查</td></tr>
<tr><td colspan="3">卧式泵体水平度（每米）</td><td>0.1</td><td>水平尺和塞尺检查</td></tr>
<tr><td rowspan="2">联轴器同心度</td><td colspan="2">轴向倾斜（每米）</td><td>0.8</td><td rowspan="2">在联轴器互相垂直的四个位置上用水准仪、百分表或测微螺钉和塞尺检查</td></tr>
<tr><td colspan="2">径向位移</td><td>0.1</td></tr>
</table>

（2）管道及设备保温层的厚度和平整度的允许偏差应符合表 6-133 的规定。

管道及设备保温的允许偏差和检验方法　表 6-133

<table>
<tr><th>项次</th><th colspan="2">项　目</th><th>允许偏差（mm）</th><th>检 验 方 法</th></tr>
<tr><td>1</td><td colspan="2">厚　度</td><td>+0.1δ
−0.05δ</td><td>用钢针刺入</td></tr>
<tr><td rowspan="2">2</td><td rowspan="2">表　面平整度</td><td>卷　材</td><td>5</td><td rowspan="2">用 2m 靠尺和楔形塞尺检查</td></tr>
<tr><td>涂　抹</td><td>10</td></tr>
</table>

注：δ 为保温层厚度。

4．室内消防管道及设备安装应注意的质量问题

（1）喷洒管道拆改严重：各专业工序安装协调不好，应有总体安排。

（2）喷洒头处有渗漏现象：由于系统尚未试压就封吊顶，造成通水后渗漏，封吊顶前必须试压，办理隐蔽工程验收手续。

（3）喷洒头与吊顶接触不牢，护口盘偏斜：由于支管末端弯头处未加卡件固定，支管尺寸不准，使护口盘不正。

（4）喷洒头不成排、成行：由于未拉线安装。

（5）水流指示器工作不灵敏：由于安装方向相反或电接点有氧化物造成接触不良。

（6）水泵接合器不能加压：由于阀门未开启，单向阀装反或有盲板未拆除造成。

（7）开式喷洒系统测试时喷头工作中堵塞：应在安装喷头前做冲洗或吹洗工作。

（8）消火栓箱门关闭不严：由于安装未找正或箱门强度不够变形造成。

（9）消火栓阀门关闭不严：由于管道未冲洗干净，阀座有杂物造成。

（二）室内排水系统安装

1．排水管道及配件安装

主 控 项 目

(1) 隐蔽或埋地的排水管道在隐蔽前必须做灌水试验，其灌水高度应不低于底层卫生器具的上边缘或底层地面高度。

(2) 生活污水铸铁管道的坡度必须符合设计或本规范，见表 6-134 的规定。

生活污水铸铁管道的坡度　　**表 6-134**

项　次	管　径 (mm)	标准坡度 (‰)	最小坡度 (‰)
1	50	35	25
2	75	25	15
3	100	20	12
4	125	15	10
5	150	10	7
6	200	8	5

(3) 生活污水塑料管道的坡度必须符合设计或本规范，见表 6-135 的规定。

生活污水塑料管道的坡度　　**表 6-135**

项　次	管　径 (mm)	标准坡度 (‰)	最小坡度 (‰)
1	50	25	12
2	75	15	8
3	110	12	6
4	125	10	5
5	160	7	4

一 般 项 目

(4) 排水塑料管道支、吊架间距应符合表 6-136 的规定。

排水塑料管道支吊架最大间距 (单位：m)　　**表 6-136**

管径 (mm)	50	75	110	125	160
立　管	1.2	1.5	2.0	2.0	2.0
横　管	0.5	0.75	1.10	1.30	1.6

室内排水管道安装的允许偏差应符合表 6-137 的相关规定。

室内排水和雨水管道安装的允许偏差和检验方法　　表 6-137

<table>
<tr><th>项次</th><th colspan="4">项　目</th><th>允许偏差（mm）</th><th>检验方法</th></tr>
<tr><td>1</td><td colspan="4">坐　标</td><td>15</td><td rowspan="12">用水准仪（水平尺）、直尺、拉线和尺量检查</td></tr>
<tr><td>2</td><td colspan="4">标　高</td><td>±15</td></tr>
<tr><td rowspan="10">3</td><td rowspan="10">横管纵横方向弯曲</td><td rowspan="2">铸铁管</td><td colspan="2">每 1m</td><td>≯1</td></tr>
<tr><td colspan="2">全长（25m 以上）</td><td>≯25</td></tr>
<tr><td rowspan="4">钢　管</td><td rowspan="2">每 1m</td><td>管径小于或等于 100mm</td><td>1</td></tr>
<tr><td>管径大于 100mm</td><td>1.5</td></tr>
<tr><td rowspan="2">全长（25m 以上）</td><td>管径小于或等于 100mm</td><td>≯25</td></tr>
<tr><td>管径大于 100mm</td><td>≯38</td></tr>
<tr><td rowspan="2">塑料管</td><td colspan="2">每 1m</td><td>1.5</td></tr>
<tr><td colspan="2">全长（25m 以上）</td><td>≯38</td></tr>
<tr><td rowspan="2">钢筋混凝土管、混凝土管</td><td colspan="2">每 1m</td><td>3</td></tr>
<tr><td colspan="2">全长（25m 以上）</td><td>≯75</td></tr>
<tr><td rowspan="6">4</td><td rowspan="6">立管垂直度</td><td rowspan="2">铸铁管</td><td colspan="2">每 1m</td><td>3</td><td rowspan="6">吊线和尺量检查</td></tr>
<tr><td colspan="2">全长（5m 以上）</td><td>≯15</td></tr>
<tr><td rowspan="2">钢　管</td><td colspan="2">每 1m</td><td>3</td></tr>
<tr><td colspan="2">全长（5m 以上）</td><td>≯10</td></tr>
<tr><td rowspan="2">塑料管</td><td colspan="2">每 1m</td><td>3</td></tr>
<tr><td colspan="2">全长（5m 以上）</td><td>≯15</td></tr>
</table>

2. 雨水管道及配件安装

主　控　项　目

（1）悬吊式雨水管道的敷设坡度不得小于 5‰；埋地雨水管道的最小坡度，应符合表 6-138 的规定。

地下埋设雨水排水管道的最小坡度　　表 6-138

项　次	管　径（mm）	最小坡度（‰）
1	50	20
2	75	15
3	100	8
4	125	6
5	150	5
6	200～400	4

一　般　项　目

（2）悬吊式雨水管道的检查口或带法兰堵口的三通的间距不得大于表 6-139 的规定。

悬吊管检查口间距　　表 6-139

项　次	悬吊管直径（mm）	检查口间距（m）
1	≤150	≯15
2	≥200	≯20

(3) 雨水钢管管道焊接的焊口允许偏差应符合表 6-140 的规定。

钢管管道焊口允许偏差和检验方法　　表 6-140

<table>
<tr><th>项　次</th><th colspan="3">项　　目</th><th>允许偏差</th><th>检验方法</th></tr>
<tr><td>1</td><td>焊口平直度</td><td colspan="2">管壁厚 10mm 以内</td><td>管壁厚 1/4</td><td rowspan="3">焊接检验尺和游标卡尺检查</td></tr>
<tr><td rowspan="2">2</td><td rowspan="2">焊缝加强面</td><td colspan="2">高　度</td><td rowspan="2">+1mm</td></tr>
<tr><td colspan="2">宽　度</td></tr>
<tr><td rowspan="3">3</td><td rowspan="3">咬　边</td><td colspan="2">深　度</td><td>小于 0.5mm</td><td rowspan="3">直尺检查</td></tr>
<tr><td rowspan="2">长度</td><td>连续长度</td><td>25mm</td></tr>
<tr><td>总长度（两侧）</td><td>小于焊缝长度的 10%</td></tr>
</table>

(三) 室内热水供应系统安装

1. 管道及配件安装

主　控　项　目

(1) 热水供应系统安装完毕，管道保温之前应进行水压试验，试验压力应符合设计要求。当设计未注明时，热水供应系统水压试验压力应为系统顶点的工作压力加 0.1MPa，同时在系统顶点的试验压力不小于 0.3MPa。

一　般　项　目

(2) 热水供应管道和阀门安装的允许偏差应符合表 6-131 的规定。

(3) 热水供应系统管道应保温（浴室内明装管道除外），保温材料、厚度、保护壳等应符合设计规定。保温层厚度和平整度的允许偏差应符合表 6-133 的规定。

2. 辅助设备安装

主　控　项　目

(1) 在安装太阳能集热器玻璃前，应对集热排管和上、下集管作水压试验，试验压力为工作压力的 1.5 倍。

检验方法：试验压力下 10min 内压力不降，不渗不漏。

(2) 热交换器应以工作压力的 1.5 倍作水压试验。蒸汽部分应不低于蒸汽供汽压力加 0.3MPa；热水部分应不低于 0.4MPa。

一　般　项　目

(3) 安装固定式太阳能热水器，朝向应正南。如受条件限制时，其偏移角不得大于 15°。集热器的倾角，对于春、夏、秋三个季节使用的，应采用当地纬度为倾角；若以夏季为主，可比当地纬度减少10°。

（4）太阳能热水器安装的允许偏差应符合表6-141的规定。

太阳能热水器安装的允许偏差和检验方法　表6-141

项　目			允许偏差	检验方法
板式直管太阳能热水器	标　高	中心线距地面（mm）	±20	尺量检查
	固定安装朝向	最大偏移角	不大于15°	分度仪检查

（四）室内给水排水系统施工应注意的质量问题

1. 室内给水管道安装应注意的质量问题

（1）管道镀锌层损坏：由于压力管钳日久失修，卡不住管道造成。

（2）立管甩口高度不准确：由于层高超出允许偏差或测量不准。

（3）立管距墙不一致或半明半暗：由于立管位置安排不当，或隔断墙位移偏差太大造成。

（4）热水立管的套管向下层漏水：由于套管露出地面高度不够，或地面抹灰太厚造成。

2. 室内铸铁排水管道安装应注意的质量问题

（1）立、支管距墙过远、过近，半明半暗，造成减少使用面积，维修施工不便：主要是管道安装定位不当或墙体移位。

（2）排水管的插口倾斜，造成灰口漏水：原因是预留口方向不准，灰口缝隙不均匀。

（3）地漏安装过高或过低，影响使用：要求根据水平线找准地坪，量准尺寸。

（4）立管检查口渗、漏水：检查口堵盖必须加垫，以防渗漏。

（5）卫生洁具的排水管预留口距地偏高或偏低：原因是标高没找准，或下料量尺寸有误。

（6）排水管道坡度过小或倒坡，均影响使用效果，各种管道坡度必须按设计要求找准。

3. 室内塑料排水管道安装应注意的质量问题

（1）预制好的管段弯曲或断裂：原因是直管堆放未垫实，或曝晒所致。

（2）接口处外观不清洁，不美观：粘接后外溢胶粘剂应及时除掉。

（3）粘接口漏水：原因是胶粘剂涂刷不均匀，或粘接处未处理干净所致。

（4）地漏安装过高过低，影响使用：原因是地平线未找准。

（5）立管穿楼板处板缝渗水：原因是立管穿楼板处没做防水处理。

（五）卫生器具安装

1. 一般规定

（1）卫生器具安装高度如设计无要求时，应符合表6-142的规定。

卫生器具的安装高度　　　　**表 6-142**

项次	卫生器具名称			卫生器具安装高度（mm） 居住和公共建筑	幼儿园	备　注
1	污水盆（池）	架空式 落地式		800 500	800 500	
2	洗涤盆（池）			800	800	
3	洗脸盆、洗手盆（有塞、无塞）			800	500	自地面至器具上边缘
4	盥洗槽			800	500	
5	浴　盆			≯520		
6	蹲式大便器	高水箱 低水箱		1800 900	1800 900	自台阶面至高水箱底 自台阶面至低水箱底
7	坐式大便器	高水箱		1800	1800	自地面至高水箱底 自地面至低水箱底
		低水箱	外露排水管式 虹吸喷射式	510 470	 370	
8	小便器	挂　式		600	450	自地面至下边缘
9	小便槽			200	150	自地面至台阶面
10	大便槽冲洗水箱			≮2000		自台阶面至水箱底
11	妇女卫生盆			360		自地面至器具上边缘
12	化验盆			800		自地面至器具上边缘

（2）卫生器具给水配件的安装高度，如设计无要求时，应符合表 6-143 的规定。

卫生器具给水配件的安装高度　　　　**表 6-143**

项次	给水配件名称			配件中心距地面高度（mm）	冷热水龙头距离（mm）
1	架空式污水盆（池）水龙头			1000	—
2	落地式污水盆（池）水龙头			800	
3	洗涤盆（池）水龙头			1000	150
4	住宅集中给水龙头			1000	—
5	洗手盆水龙头			1000	—
6	洗脸盆	水龙头（上配水）		1000	150
		水龙头（下配水）		800	150
		角阀（下配水）		450	—
7	盥洗槽	水龙头		1000	150
		冷热水管上下并行	其中热水龙头	1100	150
8	浴盆	水龙头（上配水）		670	150

续表

<table>
<tr><th>项次</th><th colspan="2">给水配件名称</th><th>配件中心距地面高度
(mm)</th><th>冷热水龙头距离
(mm)</th></tr>
<tr><td rowspan="3">9</td><td rowspan="3">淋浴器</td><td>截止阀</td><td>1150</td><td>95</td></tr>
<tr><td>混合阀</td><td>1150</td><td></td></tr>
<tr><td>淋浴喷头下沿</td><td>2100</td><td>—</td></tr>
<tr><td rowspan="6">10</td><td rowspan="6">蹲式大便器（台阶面算起）</td><td>高水箱角阀及截止阀</td><td>2040</td><td>—</td></tr>
<tr><td>低水箱角阀</td><td>250</td><td>—</td></tr>
<tr><td>手动式自闭冲洗阀</td><td>600</td><td>—</td></tr>
<tr><td>脚踏式自闭冲洗阀</td><td>150</td><td>—</td></tr>
<tr><td>拉管式冲洗阀（从地面算起）</td><td>1600</td><td>—</td></tr>
<tr><td>带防污助冲器阀门（从地面算起）</td><td>900</td><td>—</td></tr>
<tr><td rowspan="2">11</td><td rowspan="2">坐式大便器</td><td>高水箱角阀及截止阀</td><td>2040</td><td>—</td></tr>
<tr><td>低水箱角阀</td><td>150</td><td>—</td></tr>
<tr><td>12</td><td colspan="2">大便槽冲洗水箱截止阀（从台阶面算起）</td><td>≮2400</td><td>—</td></tr>
<tr><td>13</td><td colspan="2">立式小便器角阀</td><td>1130</td><td>—</td></tr>
<tr><td>14</td><td colspan="2">挂式小便器角阀及截止阀</td><td>1050</td><td>—</td></tr>
<tr><td>15</td><td colspan="2">小便槽多孔冲洗管</td><td>1100</td><td>—</td></tr>
<tr><td>16</td><td colspan="2">实验室化验水龙头</td><td>1000</td><td>—</td></tr>
<tr><td>17</td><td colspan="2">妇女卫生盆混合阀</td><td>360</td><td>—</td></tr>
</table>

注：装设在幼儿园内的洗手盆、洗脸盆和盥洗槽水嘴中心离地面安装高度应为 700mm，其他卫生器具给水配件的安装高度，应按卫生器具实际尺寸相应减少。

2. 卫生器具安装

主　控　项　目

(1) 排水栓和地漏的安装应平整、牢固，低于排水表面，周边无渗漏。地漏水封高度不得小于 50mm。

一　般　项　目

(2) 卫生器具安装的允许偏差应符合表 6-144 的规定。

卫生器具安装的允许偏差和检验方法　　表 6-144

<table>
<tr><th>项次</th><th colspan="2">项　目</th><th>允许偏差
(mm)</th><th>检　验　方　法</th></tr>
<tr><td rowspan="2">1</td><td rowspan="2">坐标</td><td>单独器具</td><td>10</td><td rowspan="4">拉线、吊线和尺量检查</td></tr>
<tr><td>成排器具</td><td>5</td></tr>
<tr><td rowspan="2">2</td><td rowspan="2">标高</td><td>单独器具</td><td>±15</td></tr>
<tr><td>成排器具</td><td>±10</td></tr>
<tr><td>3</td><td colspan="2">器具水平度</td><td>2</td><td>用水平尺和尺量检查</td></tr>
<tr><td>4</td><td colspan="2">器具垂直度</td><td>3</td><td>吊线和尺量检查</td></tr>
</table>

3．卫生器具给水配件安装

主　控　项　目

（1）卫生器具给水配件应完好无损伤，接口严密，启闭部分灵活。

一　般　项　目

（2）卫生器具给水配件安装标高的允许偏差应符合表6-145的规定。

卫生器具给水配件安装标高的允许偏差和检验方法　　表6-145

项次	项　目	允许偏差（mm）	检　验　方　法
1	大便器高、低水箱角阀及截止阀	±10	尺量检查
2	水嘴	±10	
3	淋浴器喷头下沿	±15	
4	浴盆软管淋浴器挂钩	±20	

4．卫生器具排水管道安装

主　控　项　目

（1）与排水横管连接的各卫生器具的受水口和立管均应采取妥善可靠的固定措施，管道与楼板的接合部位应采取牢固可靠的防渗、防漏措施。

一　般　项　目

（2）卫生器具排水管道安装的允许偏差应符合表6-146的规定。

卫生器具排水管道安装的允许偏差及检验方法　　表6-146

项次	检查项目		允许偏差（mm）	检验方法
1	横管弯曲度	每1m长	2	用水平尺量检查
		横管长度≤10m，全长	＜8	
		横管长度＞10m，全长	10	
2	卫生器具的排水管口及横支管的纵横坐标	单独器具	10	用尺量检查
		成排器具	5	
3	卫生器具的接口标高	单独器具	±10	用水平尺和尺量检查
		成排器具	±5	

（3）连接卫生器具的排水管管径和最小坡度，如设计无要求时，应符合表6-147的规定。

连接卫生器具的排水管管径和最小坡度　表6-147

<table>
<tr><th>项次</th><th colspan="2">卫生器具名称</th><th>排水管管径（mm）</th><th>管道的最小坡度（‰）</th></tr>
<tr><td>1</td><td colspan="2">污水盆（池）</td><td>50</td><td>25</td></tr>
<tr><td>2</td><td colspan="2">单、双格洗涤盆（池）</td><td>50</td><td>25</td></tr>
<tr><td>3</td><td colspan="2">洗手盆、洗脸盆</td><td>32～50</td><td>20</td></tr>
<tr><td>4</td><td colspan="2">浴盆</td><td>50</td><td>20</td></tr>
<tr><td>5</td><td colspan="2">淋浴器</td><td>50</td><td>20</td></tr>
<tr><td rowspan="3">6</td><td rowspan="3">大便器</td><td>高、低水箱</td><td>100</td><td>12</td></tr>
<tr><td>自闭式冲洗阀</td><td>100</td><td>12</td></tr>
<tr><td>拉管式冲洗阀</td><td>100</td><td>12</td></tr>
<tr><td rowspan="2">7</td><td rowspan="2">小便器</td><td>手拉、自闭式冲洗阀</td><td>40～50</td><td>20</td></tr>
<tr><td>自动冲洗水箱</td><td>40～50</td><td>20</td></tr>
<tr><td>8</td><td colspan="2">化验盆（无塞）</td><td>40～50</td><td>25</td></tr>
<tr><td>9</td><td colspan="2">净身器</td><td>40～50</td><td>20</td></tr>
<tr><td>10</td><td colspan="2">饮水器</td><td>20～50</td><td>10～20</td></tr>
<tr><td>11</td><td colspan="2">家用洗衣机</td><td>50（软管为30）</td><td></td></tr>
</table>

5．卫生洁具安装应注意的质量问题

(1) 蹲便器不平，左右倾斜：稳装时，正面和两侧垫砖不牢，焦渣填充后，没有检查，抹灰后不好修理，造成高水箱与便器不对中。

(2) 高、低水箱拉、扳把不灵活：高、低水箱内部配件安装时，三个主要部件在水箱内位置不合理。高水箱进水、拉把应放在水箱同侧，以免使用时互相干扰。

(3) 零件镀铬表层被破坏：安装时使用管钳，应采用平面扳手或自制扳手。

(4) 坐便器与背水箱中心没对正，弯管歪扭：画线不对中，便器稳装不正或先稳背箱，后稳便器，工序颠倒。

(5) 坐便器周围离开地面：下水管口预留过高，稳装前没修理。

(6) 立式小便器距墙缝隙太大：甩口尺寸不准确。

(7) 洁具溢水失灵：下水口无溢水眼。

(8) 通水之前，将器具内污物清理干净，不得借通水之便将污物冲入下水管内，以免管道堵塞。

(9) 严禁使用未经过滤的白灰粉代替白灰膏稳装卫生设备，避免造成卫生设备胀裂。

(六) 室内采暖系统安装

1．管道及配件安装

主　控　项　目

(1) 管道安装坡度，当设计未注明时，应符合下列规定：

①汽、水同向流动的热水采暖管道和汽、水同向流动的蒸汽管道及凝结水管道，坡

度应为3‰，不得小于2‰；

②汽、水逆向流动的热水采暖管道和汽、水逆向流动的蒸汽管道，坡度不应小于5‰；

③散热器支管的坡度应为1%，坡向应利于排气和泄水。

一 般 项 目

(2) 采暖管道安装的允许偏差应符合表6-148的规定。

采暖管道安装的允许偏差和检验方法　　表6-148

<table>
<tr><th>项次</th><th colspan="3">项　目</th><th>允许偏差</th><th>检验方法</th></tr>
<tr><td rowspan="4">1</td><td rowspan="4">横管道纵、横方向弯曲(mm)</td><td rowspan="2">每1m</td><td>管径≤100mm</td><td>1</td><td rowspan="4">用水平尺、直尺、拉线和尺量检查</td></tr>
<tr><td>管径>100mm</td><td>1.5</td></tr>
<tr><td rowspan="2">全长(25m以上)</td><td>管径≤100mm</td><td>≯13</td></tr>
<tr><td>管径>100mm</td><td>≯25</td></tr>
<tr><td rowspan="2">2</td><td rowspan="2">立管垂直度(mm)</td><td colspan="2">每1m</td><td>2</td><td rowspan="2">吊线和尺量检查</td></tr>
<tr><td colspan="2">全长(5m以上)</td><td>≯10</td></tr>
<tr><td rowspan="4">3</td><td rowspan="4">弯管</td><td rowspan="2">椭圆率 $\frac{D_{max}-D_{min}}{D_{max}}$</td><td>管径≤100mm</td><td>10%</td><td rowspan="4">用外卡钳和尺量检查</td></tr>
<tr><td>管径>100mm</td><td>8%</td></tr>
<tr><td rowspan="2">折皱不平度(mm)</td><td>管径≤100mm</td><td>4</td></tr>
<tr><td>管径>100mm</td><td>5</td></tr>
</table>

注：D_{max}、D_{min}分别为管子最大外径及最小外径。

2. 辅助设备及散热器安装

主 控 项 目

(1) 散热器组对后，以及整组出厂的散热器在安装之前应作水压试验。试验压力如设计无要求时应为工作压力的1.5倍，但不小于0.6MPa。

一 般 项 目

(2) 散热器组对应平直紧密，组对后的平直度应符合表6-149的规定。

组对后的散热器平直度允许偏差　　表6-149

<table>
<tr><th>项次</th><th>散热器类型</th><th>片　数</th><th>允许偏差(mm)</th></tr>
<tr><td rowspan="2">1</td><td rowspan="2">长翼型</td><td>2~4</td><td>4</td></tr>
<tr><td>5~7</td><td>6</td></tr>
<tr><td rowspan="2">2</td><td rowspan="2">铸铁片式
钢制片式</td><td>3~15</td><td>4</td></tr>
<tr><td>16~25</td><td>6</td></tr>
</table>

(3) 散热器支架、托架安装，位置应准确，埋设牢固。散热器支架、托架数量，应符合设计或产品说明书要求，如设计未注时，则应符合表6-150的规定。

散热器支架、托架数量　　表 6-150

项次	散热器型式	安装方式	每组片数	上部托钩或卡架数	下部托钩或卡架数	合计
1	长翼型	挂墙	2～4	1	2	3
			5	2	2	4
			6	2	3	5
			7	2	4	6
2	柱型 柱翼型	挂墙	3～8	1	2	3
			9～12	1	3	4
			13～16	2	4	6
			17～20	2	5	7
			21～25	2	6	8
3	柱型 柱翼型	带足落地	3～8	1	—	1
			8～12	1	—	1
			13～16	2	—	2
			17～20	2	—	2
			21～25	2	—	2

3. 金属辐射板安装

主　控　项　目

辐射板在安装前应作水压试验，如设计无要求时试验压力应为工作压力 1.5 倍，但不得小于 0.6MPa。

4. 低温热水地板辐射采暖系统安装

主　控　项　目

(1) 地面下敷设的盘管埋地部分不应有接头。

检验方法：隐蔽前现场查看。

(2) 盘管隐蔽前必须进行水压试验，试验压力为工作压力的 1.5 倍，但不小于 0.6MPa。

5. 系统水压试验及调试

主　控　项　目

(1) 采暖系统安装完毕，管道保温之前应进行水压试验，试验压力应符合设计要求，当设计未注明时，应符合下列规定：

①蒸汽、热水采暖系统，应以系统顶点工作压力加 0.1MPa 作水压试验，同时在系统顶点的试验压力不小于 0.3MPa。

②高温热水采暖系统，试验压力应为系统顶点工作压力加 0.4MPa。

③使用塑料管及复合管的热水采暖系统，应以系统顶点工作压力加 0.2MPa 作水压试验，同时在系统顶点的试验压力不小于 0.4MPa。

(2) 使用塑料管的采暖系统应在试验压力下 1h 内压力降不大于 0.05MPa，然后降压至工作压力的1.15倍，稳压2h，压力降不大于0.03MPa，同时各连接处不渗、不漏。

(3) 系统冲洗完毕应充水、加热，进行试运行和调试。

(七) 室外给水管网安装

1. 给水管道安装

主 控 项 目

(1) 镀锌钢管、钢管的埋地防腐必须符合设计要求，如设计无规定时，可按表6-151的规定执行。卷材与管材间应粘贴牢固，无空鼓、滑移、接口不严等。

管道防腐层种类 表6-151

防腐层层次（从金属表面起）	正常防腐层	加强防腐层	特加强防腐层
1	冷底子油	冷底子油	冷底子油
2	沥青涂层	沥青涂层	沥青涂层
3	外包保护层	加强包扎层（封闭层）	加强保护层（封闭层）
4		沥青涂层	沥青涂层
5		外包保护层	加强包扎层（封闭层）
6			沥青涂层
7			外包保护层
防腐层厚度不小于（mm）	3	6	9

(2) 给水管道在竣工后，必须对管道进行冲洗，饮用水管道还要在冲洗后进行消毒，满足饮用水卫生要求。

一 般 项 目

(3) 管道的坐标、标高、坡度应符合设计要求，管道安装的允许偏差应符合表6-152的规定。

室外给水管道安装的允许偏差和检验方法 表6-152

项次	项目			允许偏差(mm)	检验方法
1	坐标	铸铁管	埋地	100	拉线和尺量检查
			敷设在沟槽内	50	
		钢管、塑料管、复合管	埋地	100	
			敷设在沟槽内或架空	40	
2	标高	铸铁管	埋地	±50	拉线和尺量检查
			敷设在地沟内	±30	
		钢管、塑料管、复合管	埋地	±50	
			敷设在地沟内或架空	±30	

续表

<table>
<tr><th>项次</th><th colspan="3">项　　目</th><th>允许偏差（mm）</th><th>检验方法</th></tr>
<tr><td rowspan="2">3</td><td rowspan="2">水平管纵横向弯曲</td><td>铸铁管</td><td>直段（25m 以上）起点～终点</td><td>40</td><td rowspan="2">拉线和尺量检查</td></tr>
<tr><td>钢管、塑料管、复合管</td><td>直段（25m 以上）起点～终点</td><td>30</td></tr>
</table>

（4）铸铁管承插捻口连接的对口间隙应不小于 3mm，最大间隙不得大于表 6-153 的规定。

铸铁管承插捻口的对口最大间隙　　表 6-153

管径（mm）	沿直线敷设（mm）	沿曲线敷设（mm）
75	4	5
100～250	5	7～13
300～500	6	14～22

（5）铸铁管沿直线敷设，承插捻口连接的环型间隙应符合表 6-154 的规定，沿曲线敷设，每个接口允许有 2°转角。

铸铁管承插捻口的环型间隙　　表 6-154

管径（mm）	标准环型间隙（mm）	允许偏差（mm）
75～200	10	+3 -2
250～450	11	+4 -2
500	12	+4 -2

2. 消防水泵接合器及室外消火栓安装

主 控 项 目

（1）系统必须进行水压试验，试验压力为工作压力的 1.5 倍，但不得小于 0.6MPa。

一 般 项 目

（2）室外消火栓和消防水泵接合器的各项安装尺寸应符合设计要求，栓口安装高度允许偏差为 ±20mm。

3. 管沟及井室

主 控 项 目

（1）重型铸铁或混凝土井圈，不得直接放在井室的砖墙上，砖墙上应做不少于 80mm 厚的细石混凝土垫层。

一 般 项 目

(2) 管沟回填土，管顶上部 200mm 以内应用砂子或无块石及冻土块的土，并不得用机械回填；管顶上部 500mm 以内不得回填直径大于 100mm 的块石和冻土块；500mm 以上部分回填土中的块石或冻土块不得集中。上部用机械回填时，机械不得在管沟上行走。

(八) 室外排水管网安装

1. 排水管道安装

主 控 项 目

(1) 排水管道的坡度必须符合设计要求，严禁无坡或倒坡。

一 般 项 目

(2) 管道的坐标和标高应符合设计要求，安装的允许偏差应符合表 6-155 的规定。

室外排水管道安装的允许偏差和检验方法 表 6-155

项次	项 目		允许偏差（mm）	检验方法
1	坐标	埋地	100	拉线、尺量检查
		敷设在沟槽内	50	
2	标高	埋地	±20	用水平仪、拉线和尺量检查
		敷设在沟槽内	±20	
3	水平管道纵横向弯曲	每 5m 长	10	拉线、尺量检查
		全长（两井间）	30	

(3) 混凝土管或钢筋混凝土管采用抹带接口时，应符合下列规定：

①抹带前应将管口的外壁凿毛，扫净，当管径小于或等于 500mm 时，抹带可一次完成；当管径大于 500mm 时，应分二次抹成，抹带不得有裂纹。

②钢丝网应在管道就位前放入下方，抹压砂浆时应将钢丝网抹压牢固，钢丝网不得外露。

③抹带厚度不得小于管壁的厚度，宽度宜为 80～100mm。

2. 排水管沟及井池

主 控 项 目

排水检查井、化粪池的底板及进、出水管的标高，必须符合设计，其允许偏差为 ±15mm。

(九) 室外供热管网安装

1. 管道及配件安装

主 控 项 目

(1) 检查井室、用户入口处管道布置应便于操作及维修，支、吊、托架稳固，并满足设计要求。

(2) 直埋管道的保温应符合设计要求，接口在现场发泡时，接头处厚度应与管道保温层厚度一致，接头处保护层必须与管道保护层成一体，符合防潮防水要求。

一 般 项 目

(3) 室外供热管道安装的允许偏差应符合表 6-156 的规定。

室外供热管道安装的允许偏差和检验方法　表 6-156

<table>
<tr><th>项次</th><th colspan="3">项　目</th><th>允许偏差</th><th>检验方法</th></tr>
<tr><td rowspan="2">1</td><td colspan="2" rowspan="2">坐标（mm）</td><td>敷设在沟槽内及架空</td><td>20</td><td rowspan="2">用水准仪（水平尺）、直尺、拉线检查</td></tr>
<tr><td>埋　地</td><td>50</td></tr>
<tr><td rowspan="2">2</td><td colspan="2" rowspan="2">标高（mm）</td><td>敷设在沟槽内及架空</td><td>±10</td><td rowspan="2">尺量检查</td></tr>
<tr><td>埋　地</td><td>±15</td></tr>
<tr><td rowspan="4">3</td><td rowspan="4">水平管道纵、横方向弯曲（mm）</td><td rowspan="2">每 1m</td><td>管径≤100mm</td><td>1</td><td rowspan="4">用水准仪（水平尺）、直尺、拉线和尺量检查</td></tr>
<tr><td>管径>100mm</td><td>1.5</td></tr>
<tr><td rowspan="2">全长（25m 以上）</td><td>管径≤100mm</td><td>≯13</td></tr>
<tr><td>管径>100mm</td><td>≯25</td></tr>
<tr><td rowspan="5">4</td><td rowspan="5">弯管</td><td rowspan="2">椭圆率 $\frac{D_{max}-D_{min}}{D_{max}}$</td><td>管径≤100mm</td><td>8%</td><td rowspan="5">用外卡钳和尺量检查</td></tr>
<tr><td>管径>100mm</td><td>5%</td></tr>
<tr><td rowspan="3">折皱不平度（mm）</td><td>管径≤100mm</td><td>4</td></tr>
<tr><td>管径 125～200mm</td><td>5</td></tr>
<tr><td>管径 250～400mm</td><td>7</td></tr>
</table>

（4）地沟内的管道安装位置，其净距（保温层外表面）应符合下列规定：

与沟壁　100～150mm；

与沟底　100～200mm；

与沟顶（不通行地沟）　50～100mm；

（半通行和通行地沟）　200～300mm。

2. 系统水压试验及调试

主　控　项　目

（1）供热管道的水压试验压力应为工作压力的 1.5 倍，但不得小于 0.6MPa。

（2）管道冲洗完毕应通水、加热，试运行和调试。当不具备加热条件时，应延期进行。

（十）建筑中水系统及游泳池水系统安装摘要

1. 建筑中水系统管道及辅助设备安装

主　控　项　目

（1）中水供水管道严禁与生活饮用水给水管道连接，并应采取下列措施：

①中水管道外壁应涂浅绿色标志；

②中水池（箱）、阀门、水表及给水栓均应有“中水”标志。

一　般　规　定

（2）中水管道与生活饮用水管道、排水管道平行埋设时，其水平净距离不得小于 0.5m；交叉埋设时，中水管道应位于生活饮用水管道下面，排水管道的上面，其净距离不应小于 0.15m。

2. 游泳池水系统安装

主 控 项 目

(1) 游泳池的给水口、回水口、泄水口应采用耐腐蚀的铜、不锈钢、塑料等材料制造。溢流槽、格栅应为耐腐蚀材料制造，并为组装型。安装时其外表面应与池壁或池底面相平。

(2) 游泳池的毛发聚集器应采用铜或不锈钢等耐腐蚀材料制造，过滤筒（网）的孔径应不大于3mm，其面积应为连接管截面积的1.5～2倍。

(十一) 供热锅炉及辅助设备安装

1. 锅炉安装

主 控 项 目

(1) 锅炉设备基础的混凝土强度必须达到设计要求，基础的坐标、标高、几何尺寸和螺栓孔位置应符合表6-157的规定。

锅炉及辅助设备基础的允许偏差和检验方法　　表6-157

项次	项 目		允许偏差（mm）	检验方法
1	基础坐标位置		20	经纬仪、拉线和尺量检查
2	基础各不同平面的标高		0，-20	水准仪、拉线尺量检查
3	基础平面外形尺寸		20	尺量检查
4	凸台上平面尺寸		0，-20	
5	凹穴尺寸		+20，0	
6	基础上平面水平度	每米	5	水平仪（水平尺）和楔形塞尺检查
		全长	10	
7	竖向偏差	每米	5	经纬仪或吊线和尺量检查
		全高	10	
8	预埋地脚螺栓	标高（顶端）	+20，0	水准仪、拉线和尺量检查
		中心距（根部）	2	
9	预留地脚螺栓孔	中心位置	10	尺量检查
		深 度	-20，0	
		孔壁垂直度	10	吊线和尺量检查
10	预埋活动地脚螺栓锚板	中心位置	5	拉线和尺量检查
		标高	+20，0	
		水平度（带槽锚板）	5	水平尺和楔形塞尺检查
		水平度（带螺纹孔锚板）	2	

(2) 锅炉的汽、水系统安装完毕后，必须进行水压试验。水压试验的压力应符合表6-158的规定。

水压试验压力规定 表 6-158

项次	设备名称	工作压力 P（MPa）	试验压力（MPa）
1	锅炉本体	$P<0.59$	$1.5P$ 但不小于 0.2
		$0.59\leqslant P\leqslant 1.18$	$P+0.3$
		$P>1.18$	$1.25P$
2	可分式省煤器	P	$1.25P+0.5$
3	非承压锅炉	大气压力	0.2

注：①工作压力 P 对蒸汽锅炉指锅筒工作压力，对热水锅炉指锅炉额定出水压力；

②铸铁锅炉水压试验同热水锅炉；

③非承压锅炉水压试验压力为 0.2MPa，试验期间压力应保持不变。

一 般 项 目

（3）锅炉安装的坐标、标高、中心线和垂直度的允许偏差应符合表 6-159 的规定。

锅炉安装的允许偏差和检验方法 表 6-159

项次	项 目		允许偏差（mm）	检验方法
1	坐 标		10	经纬仪、拉线和尺量检查
2	标 高		±5	水准仪、拉线和尺量检查
3	中心线垂直度	卧式锅炉炉体全高	3	吊线和尺量检查
		立式锅炉炉体全高	4	吊线和尺量检查

（4）组装链条炉排安装的允许偏差应符合表 6-160 的规定。

组装链条炉排安装的允许偏差和检验方法 表 6-160

项次	项 目		允许偏差（mm）	检验方法
1	炉排中心位置		2	经纬仪、拉线和尺量检查
2	墙板的标高		±5	水准仪、拉线和尺量检查
3	墙板的垂直度，全高		3	吊线和尺量检查
4	墙板间两对角线的长度之差		5	钢丝线和尺量检查
5	墙板框的纵向位置		5	经纬仪、拉线和尺量检查
6	墙板顶面的纵向水平度		长度 1/1000，且≯5	拉线、水平尺和尺量检查
7	墙板间的距离	跨距≤2m	$^{+3}_{0}$	钢丝线和尺量检查
		跨距＞2m	$^{+5}_{0}$	
8	两墙板的顶面在同一水平面上相对高差		5	水准仪、吊线和尺量检查
9	前轴、后轴的水平度		长度 1/1000	拉线、水平尺和尺量检查
10	前轴和后轴的轴心线相对标高差		5	水准仪、吊线和尺量检查
11	各轨道在同一水平面上的相对高差		5	水准仪、吊线和尺量检查
12	相邻两轨道间的距离		±2	钢丝线和尺量检查

(5) 往复炉排安装的允许偏差应符合表 6-161 的规定。

往复炉排安装的允许偏差和检验方法　　表 6-161

<table>
<tr><th>项次</th><th colspan="2">项　　目</th><th>允许偏差（mm）</th><th>检验方法</th></tr>
<tr><td>1</td><td colspan="2">两侧板的相对标高</td><td>3</td><td>水准仪、吊线和尺量检查</td></tr>
<tr><td rowspan="2">2</td><td rowspan="2">两侧板间距离</td><td>跨距≤2m</td><td>+3
0</td><td rowspan="2">钢丝线和尺量检查</td></tr>
<tr><td>跨距＞2m</td><td>+4
0</td></tr>
<tr><td>3</td><td colspan="2">两侧板的垂直度，全高</td><td>3</td><td>吊线和尺量检查</td></tr>
<tr><td>4</td><td colspan="2">两侧板间对角线的长度之差</td><td>5</td><td>钢丝线和尺量检查</td></tr>
<tr><td>5</td><td colspan="2">炉排片的纵向间隙</td><td>1</td><td rowspan="2">钢板尺量检查</td></tr>
<tr><td>6</td><td colspan="2">炉排两侧的间隙</td><td>2</td></tr>
</table>

(6) 铸铁省煤器破损的肋片数不应大于总肋片数的 5%，有破损肋片的根数不应大于总根数的 10%。

铸铁省煤器支承架安装的允许偏差应符合表 6-162 的规定。

铸铁省煤器支承架安装的允许偏差和检验方法　　表 6-162

项次	项　目	允许偏差（mm）	检验方法
1	支承架的位置	3	经纬仪、拉线和尺量检查
2	支承架的标高	0 −5	水准仪、吊线和尺量检查
3	支承架的纵、横向水平度（每米）	1	水平尺和塞尺检查

2. 辅助设备及管道安装

主　控　项　目

(1) 连接锅炉及辅助设备的工艺管道安装完毕后，必须进行系统的水压试验，试验压力为系统中最大工作压力的 1.5 倍。

一　般　项　目

(2) 锅炉辅助设备安装的允许偏差应符合表 6-163 的规定。

锅炉辅助设备安装的允许偏差和检验方法　　表 6-163

<table>
<tr><th>项次</th><th colspan="2">项　目</th><th>允许偏差（mm）</th><th>检验方法</th></tr>
<tr><td rowspan="2">1</td><td rowspan="2">送、引风机</td><td>坐标</td><td>10</td><td>经纬仪、拉线和尺量检查</td></tr>
<tr><td>标高</td><td>±5</td><td>水准仪、拉线和尺量检查</td></tr>
</table>

续表

项次	项目			允许偏差（mm）	检验方法
2	各种静置设备（各种容器、箱、罐等）	坐标		15	经纬仪、拉线和尺量检查
		标高		±5	水准仪、拉线和尺量检查
		垂直度（lm）		2	吊线和尺量检查
3	离心式水泵	泵体水平度（lm）		0.1	水平尺和塞尺检查
		联轴器同心度	轴向倾斜（lm）	0.8	水准仪、百分表、（测微螺钉）和塞尺检查
			径向位移	0.1	

(3) 连接锅炉及辅助设备的工艺管道安装的允许偏差应符合表 6-164 的规定。

工艺管道安装的允许偏差和检验方法　　表 6-164

项次	项目		允许偏差（mm）	检验方法
1	坐标	架空	15	水准仪、拉线和尺量检查
		地沟	10	
2	标高	架空	±15	水准仪、拉线和尺量检查
		地沟	±10	
3	水平管道纵、横方向弯曲	*DN*≤100mm	2‰，最大 50	直尺和拉线检查
		DN＞100mm	3‰，最大 70	
4	立管垂直		2‰，最大 15	吊线和尺量检查
5	成排管道间距		3	直尺尺量检查
6	交叉管的外壁或绝热层间距		10	

3．安全附件安装

主 控 项 目

(1) 锅炉和省煤器安全阀的定压和调整应符合表 6-165 的规定。锅炉上装有两个安全阀时，其中的一个按表中较高值定压，另一个按较低值定压。装有一个安全阀时，应按较低值定压。

安全阀定压规定　　表 6-165

项次	工作设备	安全阀开启压力（MPa）
1	蒸汽锅炉	工作压力＋0.02MPa
		工作压力＋0.04MPa
2	热水锅炉	1.12 倍工作压力，但不少于工作压力＋0.07MPa
		1.14 倍工作压力，但不少于工作压力＋0.10MPa
3	省煤器	1.1 倍工作压力

(2) 锅炉的高、低水位报警器和超温、超压报警器及连锁保护装置必须按设计要求安装齐全和有效。

4. 烘炉、煮炉和试运行

主 控 项 目

锅炉在烘炉、煮炉合格后，应进行48h的带负荷连续试运行，同时应进行安全阀的热状态定压检验和调整。

5. 换热站安装

主 控 项 目

热交换器应以最大工作压力的1.5倍作水压试验，蒸汽部分应不低于蒸汽供汽压力加0.3MPa；热水部分应不低于0.4MPa。

(十二) 采暖及给排水工程施工应注意的问题

1. 暖卫设备及管道安装应注意的质量问题

(1) 管道断口有飞刺、铁膜：用砂轮锯断管后应铣口。

(2) 锯口不平、不正，出现马蹄形：锯管时站的角度不合适或锯条未上紧。

(3) 丝头缺扣、乱扣：不能只套一板，套丝时应加润滑剂。

(4) 管段表面有飞刺和环形沟：主要是管钳失灵，压力失修，压不住管材，致使管材转动滑出横沟，应及时修理工具或更换。

(5) 管段局部凹陷：是由于调直时手锤用力过猛或锤头击管部太集中，因此调直时发现管段弯曲过死或管径过大，则应加热调直。

(6) 托、吊、卡架不牢固：由于剔洞深度不够，卡子燕尾被切断，埋设卡架洞内杂物未清理净，又不浇水致使固定不牢。

(7) 焊接管道错口，焊缝不匀：主要是在焊接管道时未将管口轴线对准，厚壁管道未认真开出坡口。

(8) 排水管段及管件连接处弯曲现象：打麻时应认真将管与管件找正、找直。

2. 建筑给水工程施工质量的预控

(1) 审核设计图纸，组织施工图纸的设计交底会

审核和熟悉施工图纸，了解工程特点和工程质量的要求。将设计图纸中影响施工进行、图纸差错和工程质量等问题汇总记录形成文件，并及时组织设计交底会议，做好设计变更和工程洽商等图纸预控审核工作。

(2) 审核施工单位提交监理的施工方案及技术交底单

施工单位编写的施工方案必须经监理工程师审核批准后方可进行施工。施工方案一经批准承包单位必须认真执行，不得擅自改动，必要时进行样板试验引路。

(3) 对分包单位的资质，施工管理人员、技术人员的资格，特殊技术工种的上岗证要进行审核。

(4) 安装开始之前，应对土建工程的基面进行验收，对基面的外形尺寸、标高、坐标、坡度以及预留洞和预埋件要对照图纸进行核验。

(5) 工程上使用的各种材料、配件及设备应经过监理工程师的认定。

使用的各种管材及管件，其规格应符合设计要求，管壁厚薄均匀，内外壁光滑整洁，不得有伤残、砂眼、裂纹，管材、管件应有出厂合格证。

使用的各种配件、附件（如水表、消火栓、饮水器、喷头等）其规格要符合设计要求，要有经过自来水公司、消防局等业务部门确认的证明，所使用的阀门其规格、型号和材质应符合设计要求，热水阀门应符合温度要求。阀门铸造规矩，表面光洁，无裂纹，开关灵活，关闭严密，填料密封完好无渗漏，手轮完好无损坏，要有出厂合格证。

阀门安装前，应作耐压强度试验。试验应以每批（同牌号、同规格、同型号）数量中抽查10%，且不少于一个，如有漏、裂不合格的应再抽查20%，仍有不合格的则须逐个试验。对于安装在主干管上起切断作用的闭路阀门，应逐个作强度和严密性试验。强度和严密性试验压力应为阀门出厂规定的压力。

凡采用新材料、新型制品，应检查技术鉴定文件，必要时应到生产厂家实地考察其生产工艺、质量控制、检测手段，然后再确定订货单位。

所有设备，在安装前应按相应技术说明书的要求进行质量检查。必要时还应由法定检测部门检测。

(6) 在土建主体结构施工中，注意本专业须做的预埋件、预埋洞施工配合与预控工作。

3. 建筑给水工程施工质量控制要点

监理工程师针对给水工程施工过程中的质量通病，监督承包单位严格遵守施工工艺操作规程，消除通病。

(1) 管道施工作业条件的控制要点

①埋地管道的施工控制要点

埋地管道必须铺设在未经扰动的坚实土层，或铺设在按设计要求经夯实的松散土层上，管道及管道支撑或支墩不得铺设在冻土层和未经处理的被扰动过的松土上；沟槽内遇有块石要清除，扰动的土层要经过处理，防止管道产生不均匀沉陷造成质量事故，管道铺设的高程和坐标要符合设计要求。

室外管道在雨季施工，应做好沟槽排水措施，不能产生积水泡槽，更应防止因地面雨水流入管沟内，造成漂管，使管口折裂事故。

冬季室外管道施工，安装铸铁管不应采用石棉水泥接口。

埋地管道安装就绪，在沟槽回填之前，要做好管道试压和隐蔽检查，填写“隐蔽验收记录”，办好隐检手续。

②暗装管道应在地下管沟未盖沟盖板和吊顶未封闭之前进行安装。管道试压和管道防腐保温工作全面完成验收后，才能允许盖沟盖板和封闭吊顶。

③明装管道必须在本安装层土建结构顶板完成后进行，管道托架、吊卡件均应安装牢固，位置正确，外形整齐。

④立管安装应在主体结构完成后进行，各层标高控制线要正确，暗装管道的竖井内，应把模板、杂物清除干净，并有防坠落措施，层间管道井的封堵要符合设计要求。

⑤支管安装（包括安装明、暗支管）应在墙体砌筑完毕和装修之前进行。

(2) 干管安装控制要点

①给水铸铁管道安装

安装前要检查管膛，承口内侧和插口外侧端头沥青涂层是否清理干净，承口朝向（顶压）、顺序排列，连接的对口间隙是否符合规范；管子调直找平后应及时固定，管道拐弯处和始端应支撑顶牢，防止捻口时转向移动，管头的管口封堵是否严密，是否有小动物和垃圾污染；各种接口方式是否符合工艺操作规程。

②给水镀锌管道安装

检查安装顺序（一般从总进入口开始操作），安装前检查管膛，安装后，检查管道直顺，并复核甩口的位置、方向、标高，所有管口要加装临时丝堵。

③非镀锌碳素钢管安装

采用接口方式要符合设计要求和施工工艺规程，管道试压后进行除锈涂漆防腐保温工作。

④埋地管道在试压隐蔽验收后方准许回填。

(3) 立管安装

①立管明装：监理应检查安装后的管道垂直度，与墙壁的间距，预留甩口的高度和方向，截门安装朝向等是否正确。

②立管暗装：管道井内立管安装的卡件宜在管道井口处设置型钢支撑，上下统一吊线后安装卡件。安装暗埋在墙内的立管，应在土建砌墙预留管槽，安装固定管道后要核验甩口位置是否正确，甩口要加装临时丝堵。

(4) 支管安装

支管的暗装与明装应首先核定支管高度、不同卫生器具的冷热水预留口高度和位置是否正确，再找平找正固定支管卡件，加好临时丝堵。热水支管应在冷水支管上方，支管预留口位置应为左热右冷。

(5) 管道试压、冲洗

①给水管道在隐蔽之前，应督促承包单位做好浸泡和单项水压试验。管道系统安装完毕后进行综合水压试验。水压试验时放净空气，充满水后加压，当压力升到试水压力后，进行渗漏检查，试水压力降压在允许范围内，即可办理验收手续。冬季管道试压环境，气温应在+5℃以上，夏季管道试压环境应防止管道结露。

②管道冲洗：管道在试压完成后即可冲洗，应保证充足的冲洗流量，冲洗洁净后方可办理验收手续，做好验收记录。

(6) 管道防腐和保温

①管道防腐：给水管道防腐均按设计要求及国家验收规范进行施工，所有型钢支架及施工中管道镀锌层破损处和外露丝扣要补刷防锈漆。

②管道保温：明装或暗装的给水管道保温目的是：防冻、防热损失和防管道结露，其材质及厚度均应严格按设计要求验收。

(7) 建筑给水附属设备安装质量控制要点

①消火栓及消火栓箱体的检验应注意栓阀启闭灵活、关闭严密、密封填料好。

②喷洒系统的报警阀、作用阀、控制阀、延迟器、水流指示器、水泵结合器等主要组件安装后，应进行系统验收。

③报警阀应安装在明显和易操作位置，其高度要符合规定，环境温度不低于+5℃。

④水泵安装后应检查规格型号是否符合设计要求和施工验收规范，水泵出口要设缓闭止回阀，泵体不得承受管道重量荷载。

⑤高位水箱：若无特殊要求，应在主体结构封顶前就位，严格按图纸设计要求施工

安装，并做满水试验；满水试验合格后，要进行防腐验收。

⑥冬季通、试水后，要督促承包单位采取措施，防止管道冻裂。

(8) 成品保护

①安装好的管道不得做支撑或搭放脚手板，不得踏压，其支托卡架不得作为其他用途的受力点。

②管道在装修施工中加以保护，防止喷浆的灰浆液或其他的污染物污染管道。

③截门的手轮及安装的水表、消火栓箱、报警阀配件等要注意保护，防止后序施工损坏和丢失，可在交工前统一装好。

④给水管、消防系统施工完毕后，各部位的设备附件要有保护措施，防止碰动跑水，损坏内外装修的成品，喷洒头安装时也不得污染和损坏吊顶装修。

4. 建筑排水工程施工质量的预控

(1) 审核设计图纸和组织施工图纸的设计交底会

审核和熟悉施工图纸，了解工程特点和工程质量的要求，将设计图纸中影响施工顺利进行、图纸差错和工程质量等问题汇总，形成文件，及时组织设计交底会，并做好设计变更和工程洽商等图纸的预控工作。

(2) 审核承包单位提交的施工方案及技术交底单

承包单位编制的施工方案，必须经过监理工程师审核认定后方可进行施工。施工方案一经批准承包单位必须认真执行，不得擅自改动，必要时进行样板试验引路。

(3) 对分包单位的资质、施工管理人员与技术人员和资格、特殊技术工种的上岗证要进行审核。

(4) 安装开始之前应对土建主体工程的基面进行验收，对基面的外形尺寸、标高、坐标、坡度以及预留洞、预埋件要对照图纸进行核验。

(5) 工程使用的各种材料、配件及设备应经过监理工程师的认定，使用的各种管材设备必须符合设计要求。

①铸铁排水管及管件规格品种应符合设计要求。灰口铸铁管的壁薄厚均匀，内外光滑整洁，无浮砂、包砂、粘砂，更不允许有砂眼、裂纹、飞刺和疙瘩。承插口的内外径及管件造型规矩，法兰接口平整，光滑严密，地漏和反水弯的扣距必须一致，不得有偏扣与乱扣、方扣与丝扣不全等现象。

②镀锌碳素钢管及管件管壁内外镀锌均匀，无锈蚀，内壁无飞刺，管件不得有偏扣与乱扣、方扣与丝扣不全等现象。

③建筑排水用硬质聚氯乙烯（UPVC）管材应符合 GB/T5836.1—92 国家标准，所用胶粘剂应是同一厂家配套产品，应与卫生洁具连接相适应，并有产品合格证及说明书。管材内外表层应光滑，无气泡、裂纹、管壁厚度均匀，色泽一致，直管段挠度不大于1%。管件造型应规矩、光滑、无毛刺。承口应有稍度，并与插口配套。

④捻口所用青麻、油麻不允许有腐朽现象。所用沥青漆、防锈漆、调和漆、银粉、胶粘剂，必须有生产日期和出厂合格证。

⑤卫生洁具的规格、型号必须符合设计要求，并有出厂产品合格证。卫生洁具外观应规矩、造型周正、表面光滑、美观、无裂纹、边缘平滑，色调一致。

卫生洁具零件规格应标准，质量应可靠并符合国标，外表光滑、电镀均匀、螺纹清晰，螺母松紧适度，无砂眼裂纹等缺陷。应采用节水型洁具。

⑥硬聚氯乙烯管道运输装卸，不得剧烈撞击、抛摔和重压，堆放高不得超过1.5m，距热源不少于1.0m，不准露天曝晒，绝对不允许用明火烘煨管，贮存一般不超过一年。

(6) 在土建主体结构施工中，注意本专业须做的预埋件、预留洞施工配合与预控工作。

5. 建筑排水工程施工质量控制要点

监理工程师针对排水工程施工过程中的质量通病，监督施工承包单位严格遵守施工工艺操作规程，消除通病。

(1) 管道施工作业条件和控制要点

①埋地管道施工控制要点

埋地管道必须铺设在未经扰动的坚实土层，或铺设在按设计要求经夯实的松散土层上，管道及管道支撑或支墩不得铺设在冻土层和未经处理的扰动的松土上，沟槽内遇有块石要清除，扰动的土层要经过处理，要防止管道产生不均匀沉陷造成质量事故，管道铺设的高程、坐标要符合设计要求，硬质聚氯乙烯塑料管只适用建筑内部管道安装。

室外管道在雨季施工，应做好沟槽排水措施，不能产生积水泡槽，更应严防因地面雨水流入管沟内造成漂管，使管口折裂事故。

埋设管道沟槽要平直，沟底要夯实平整，坡度符合要求，穿过建筑基础处要预先留好管洞。

②暗装管道（包括设备层、管道竖井、吊顶内的管道）首先应该核对各种管道的标高、坐标，各种管道排列有序，符合设计图纸要求。

③室内明装管道要与土建结构的进度相隔1～2层的条件下进行安装，室内地平线标高和房间尺寸线应弹好，在粗装修工序已完无其他障碍下进行安装。

④安装卫生洁具应在与洁具连接的管道做完压力试水、闭水试验，并已办好隐蔽工程预检手续；

浴盆的稳装应在厕浴间内土建专业做完地面防水层及保护层经试水后再进行施工安装。

(2) 排水干管安装

①埋地管道的基础符合设计和管道作业条件，管坡标高、坐标、复验准确后方可进行安装；承口朝来水方向，由出水口处向室内顺序排列，捻口材料和接口方式严格按照设计要求和安装工艺规程进行，并做好捻口时管道移位的预防措施。冬季接管捻口要做好冬施防冻口措施，否则不能捻口。

②埋地管道装好经闭水试验符合要求后，方可进行管道隐蔽工程验收手续，做好临时封堵各预留管口后才允许管道按规定要求敷土回填。

(3) 排水立管托、吊管道安装

①安装在设备层内或吊顶内的排水管道可根据设计要求做好托、吊或砌墩支架。在管道安装完毕做好闭水试验，按隐蔽工程项目做好隐检手续，才允许进行管道的防腐保温工序施工，经验收合格，再进行土建结构的盖沟盖板、封设备层盖顶和吊顶的装修工作。

②排水立管安装

立管安装注意预留横向支管和检查孔的位置、高程，要符合设计要求；高层建筑的主管应考虑管道胀缩补偿器的安装。

(4) 内排雨水管道的管材要按设计要求选用，注意管道承压的要求，雨水漏斗的连接管应固定在屋面承重结构上，雨水漏斗边缘应与屋面相接处做到严密不漏。雨水管道安装后，应做灌水试验进行渗漏检查。

(5) 硬质塑料管安装的质量控制要点

接口要注意先试插接口合格及清口除灰，胶粘剂涂抹做到先抹承口后抹插口，注意接好口后的余料擦拭干净。

立管要注意安装伸缩节，位置距地坪或蹲台70～100mm；埋地管道（室内）管道周围应先用细砂回填至管顶100mm，上覆过筛土，夯实时勿碰管道。

(6) 卫生洁具安装质量控制要点

①安装卫生器具时，宜采用预埋支架或用膨胀螺栓进行固定。如用木螺丝固定应于墙体内预埋浸泡沥青漆的防腐木砖，木砖低于净墙面10mm。

②卫生器具的陶瓷件与支架接触面应平稳妥帖，必要时应加软垫，如陶瓷件直接固定墙体时，螺栓应加软垫圈，拧紧时不能用力过猛，防止陶瓷破裂。

③管道及管道附件与卫生洁具的陶瓷件连接处应垫胶皮、油灰等填料和垫料。

④固定洗脸盆、洗手盆、洗涤盆、浴盆和排水口接头，应通过旋紧螺母来实现，不得强行旋转落水口，落水口应与盆相平或略低于盆底。

⑤需装设冷水和热水的卫生器具，应将冷水龙头装在左手侧，热水龙头装在右手侧。

⑥安装坐便器和妇女卫生盆时要在其底部与所接触的地坪之间加进橡胶垫。

⑦大便器、小便器的排水口承插接头应用油灰填充，不得用水泥砂浆填充。

⑧坐便器安装时注意便器坐标超偏和冲水主管坐标超偏，橡胶软管弯瘪或伸接过紧，橡胶软管拉伸过紧，搭接过短或软管质量不好。严禁用低碳钢丝捆绑软管与硬管搭接处，应用喉箍卡固定卡牢，以防此处漏水。

⑨地漏应安在最低处，其箅子顶面应低于设置处地面5mm。

⑩安装电热器应有接地保护装置，试验时先加满水后通电启动。

(7) 成品保护

①管道安装完成后，应将所有管口妥善封闭严密，防止杂物进入，造成管道堵塞。

②安装完的管道应加强保护，严防被当脚手架承重，尤其是立管距地2m以下时，应用木板捆绑保护。

③严禁利用塑料管道作为脚手架的支点或安全带的拉点、吊顶的吊点。

④其临近管道焊接时，不许明火烘烤塑料管，以防管道变形。

⑤油漆粉刷前应将排水管道包裹保护，以防污染管道。

⑥埋地管道回填时，管道四周和顶部要用细土覆盖，人工夯填，逐层夯实，不许在管道顶部用蛤蟆夯等机械夯土。

⑦冬季施工接口必须采用防冻措施。

⑧不允许在安装好的托吊管道上搭架子拴物器。

⑨卫生洁具安装成品保护：冬季无通暖时，要把卫生洁具放水干净，做到存水弯无积水，以免冻裂。搬运卫生洁具要防止磕碰，对洁具和镀件要做好保护工作，也可以竣

工前统一安装。注意地漏是否通畅，分户阀门是否关好，以免渗漏，使装修工程受损。

6. 室外给水管道及设备安装应注意的质量问题

(1) 埋地管道断裂：原因是管基处理不好，或填土夯实方法不当。

(2) 阀门井深不够，地下消火栓的顶部出水口距盖底部距离小于400mm，原因是埋地管道坐标及标高不准。

(3) 管道冲洗数遍，水质仍达不到设计要求和施工规范规定：原因是管膛清扫不净。

(4) 水泥接口渗漏：原因是水泥强度不够或过期，接口未养护好，捻口操作不认真，未捻实。

7. 室外供热管道安装应注意的质量问题

(1) 管道坡度不均匀或倒坡：原因是托吊架间距过大，造成局部管道下垂，坡度不匀；安装干管后又开口，接口以后不调直造成。

(2) 热水供热系统通暖后，局部不热：原因是干管敷设的坡度不够或倒坡，系统的排气装置安装位置不正确，使系统中的空气不能顺利排出，或有异物泥砂堵塞管路所造成。

(3) 蒸汽系统不热：原因是蒸汽干管倒坡，无法排除干管中的沿途凝结水，疏水器失灵，或干管及凝结水管在返水弯处未安装排气阀门及低点排水阀门。

(4) 管道焊接弯头处的外径不一致：原因是压制弯头与管道的外径不一致，采用压制弯头，必须使其外径与管道外径相同。

(5) 地沟内间隙太小，维修不便：原因是安装管道时排列不合理或施工前没认真审查图纸。

(6) 试压或调试时，管道被堵塞：主要是安装时预留口没装临时堵，掉进杂物造成。

8. 锅炉及附属设备安装应注意的质量问题

(1) 风、烟道跑风、漏烟

①原因：主要是法兰填料加的不正确，石棉绳加在法兰连接螺栓的外边，造成螺栓孔漏风，或靠墙和距地面近的螺栓拧得不紧，造成接口漏风、漏烟。

②解决办法：(*a*) 将法兰填料加在法兰连接螺栓的内侧；(*b*) 螺栓应拧紧，漏加螺栓处应补齐。

(2) 地下砖风道漏风

①原因：砖风道盖板缝未抹严造成漏风。

②解决办法：在安装水泥盖板时应安装一块抹严一块，最后把上边盖板缝抹严。

(3) 炉排跑偏

①原因：炉排前后轴不平行。

②解决办法：调整主动轴的调节螺母。

(4) 水泵噪声大

①原因：靠背轮不同心。

②解决办法：用工具重新找同心。

(5) 两只水位表水位差过大

①原因：(*a*) 锅炉安装不垂直造成；(*b*) 锅炉制造时孔距不水平和管座不水平。

②解决办法：(*a*) 锅炉安装时应用垫铁找直；(*b*) 管座不水平应用乙炔加热调平；

（c）制造孔距不水平应与制造厂联系解决。

9. 管道及设备防腐应注意的质量问题

（1）保温材料使用不当、交底不清、做法不明：应熟悉图纸，了解设计要求，不允许擅自变更保温做法，严格按设计要求施工。

（2）保温层厚度不按设计要求规定施工：主要是凭经验施工，对保温的要求理解不深。

（3）表面粗糙不美观：主要是操作不认真，要求不严格。

（4）空鼓、松动不严密：主要原因是保温材料大小不合适，缠裹时用力不均匀，搭茬位置不合理。

10. 室内采暖管道安装应注意的质量问题

（1）管道坡度不均匀：造成的原因是安装干管后又开口，接口以后不调直，吊卡松紧不一致，立管卡子未拧紧，灯叉弯不平，及管道分路预制时，没有连接调直。

（2）立管不垂直：主要因支管尺寸不准，推拉立管造成。分层立管上下不对正，距墙不一致，主要是剔板洞时，不吊线而造成。

（3）支管灯叉弯上下不一致：主要原因是煨弯的大小不同，角度不均，长短不一造成。

（4）套管在过墙两侧或预制板下面外露：原因是套管过长或钢套管没焊架铁造成。

（5）麻头清理不净：原因是操作人员未及时清理造成。

（6）试压及通暖时，管道被堵塞：主要是安装时，预留口没装临时堵，掉进杂物造成。

11. 室内散热器组对与安装应注意的质量问题

（1）散热器安装位置不一致：没按图纸施工或测量炉钩炉卡尺寸不准确造成。

（2）散热器对口的石棉橡胶垫过厚，衬垫外径突出对口表面：使用衬垫厚度超过1.5mm或使用双垫，衬垫外径过大，应使用合格的衬垫；圆翼法兰衬垫厚度不得超过3mm。

（3）散热器安装不稳固：这是由于托钩弧度与散热器不符或接触不严密，托钩、炉卡不牢，柱型散热器腿着地不实造成，应采取措施补救。

（4）炉钩炉卡不牢不正：栽入孔洞太浅、洞内清洗不干净，水泥强度太低或砂浆没填实而造成不牢；栽入时没有找正或位置不准确造成炉钩、炉卡不正。

（5）炉堵、炉补心上扣过少：由于丝扣过紧造成，安装前应做好丝扣的选择。

（6）落地安装的柱型散热器腿片数量不对，位置不均：要求14片及以下的安装两个腿片，15～24片的应安装3个腿片，25个及以上的安装4个腿片，腿片分布均匀。

（7）挂式散热器距地高度按设计要求确定，设计无要求时，一般不低于150mm，但明装散热器上表面不得高于窗台标高。

（8）圆翼型散热器掉翼面安装时应向下或朝墙安装，以免影响美观；组对时中心及偏心法兰不要用错，保证水或凝结水顺利流出散热器。

（9）要与土建密切配合，保证立管预留口和地面标高的准确性，以避免造成散热器安装困难，避免出现锯、卧、垫炉腿现象。

十二、通风与空调工程

(一) 基本规定

当通风与空调工程作为建筑工程的分部工程施工时，其子分部与分项工程的划分应按表 6-166 的规定执行。当通风与空调工程作为单位工程独立验收时，子分部上升为分部，分项工程的划分同上。

通风与空调分部工程的子分部划分　　**表 6-166**

子分部工程	分项工程	
送、排风系统	风管与配件制作 部件制作 风管系统安装 风管与设备防腐 风机安装 系统调试	通风设备安装，消声设备制作与安装
防、排烟系统		排烟风口、常闭正压风口与设备安装
除尘系统		除尘器与排污设备安装
空调系统		空调设备安装，消声设备制作与安装，风管与设备绝热
净化空调系统		空调设备安装，消声设备制作与安装，风管与设备绝热，高效过滤器安装，净化设备安装
制冷系统	制冷机组安装，制冷剂管道及配件安装，制冷附属设备安装，管道及设备的防腐与绝热，系统调试	
空调水系统	冷热水管道系统安装，冷却水管道系统安装，冷凝水管道系统安装，阀门及部件安装，冷却塔安装，水泵及附属设备安装，管道与设备的防腐与绝热，系统调试	

(二) 风管制作

一　般　规　定

1. 风管系统按其系统的工作压力划分为三个类别，其类别划分应符合表 6-167 的规定。

风管系统类别划分　　**表 6-167**

系统类别	系统工作压力 P (Pa)	密封要求
低压系统	$P \leqslant 500$	接缝和接管连接处严密
中压系统	$500 < P \leqslant 1500$	接缝和接管连接处增加密封措施
高压系统	$P > 1500$	所有的拼接缝和接管连接处，均应采取密封措施

主　控　项　目

2. 金属风管的材料品种、规格、性能与厚度等应符合设计和现行国家产品标准的规定。当设计无规定时，应按本规范执行。钢板或镀锌钢板的厚度不得小于表 6-168 的规定；不锈钢板的厚度不得小于表 6-169 的规定；铝板的厚度不得小于表 6-170 的规定。

钢板风管板材厚度（mm）　表 6-168

类别 风管直径 D 或长边尺寸 b	圆形风管	矩形风管		除尘系统风管
		中、低压系统	高压系统	
D（b）≤320	0.5	0.5	0.75	1.5
320＜D（b）≤450	0.6	0.6	0.75	1.5
450＜D（b）≤630	0.75	0.6	0.75	2.0
630＜D（b）≤1000	0.75	0.75	1.0	2.0
1000＜D（b）≤1250	1.0	1.0	1.0	2.0
1250＜D（b）≤2000	1.2	1.0	1.2	按设计
2000＜D（b）≤4000	按设计	1.2	按设计	

注：1. 螺旋风管的钢板厚度可适当减小 10％～15％。
2. 排烟系统风管钢板厚度可按高压系统。
3. 特殊除尘系统风管钢板厚度应符合设计要求。
4. 不适用于地下人防与防火隔墙的预埋管。

高、中、低压系统不锈钢板风管板材厚度（mm）　表 6-169

风管直径或长边尺寸 b	不锈钢板厚度
b≤500	0.5
500＜b≤1120	0.75
1120＜b≤2000	1.0
2000＜b≤4000	1.2

中、低压系统铝板风管板材厚度（mm）　表 6-170

风管直径或长边尺寸 b	铝板厚度
b≤320	1.0
320＜b≤630	1.5
630＜b≤2000	2.0
2000＜b≤4000	按设计

3. 防火风管的本体、框架与固定材料、密封垫料必须为不燃材料，其耐火等级应符合设计的规定。

4. 复合材料风管的覆面材料必须为不燃材料，内部的绝热材料应为不燃或难燃 B_1 级，且对人体无害的材料。

5. 金属风管的连接应符合下列规定：

（1）风管板材拼接的咬口缝应错开，不得有十字形拼接缝。

（2）金属风管法兰材料规格不应小于表 6-171 或表 6-172 的规定。中、低压系统风管法兰的螺栓及铆钉孔的孔距不得大于 150mm；高压系统风管不得大于 100mm。矩形风管法兰的四角部位应设有螺孔。

当采用加固方法提高了风管法兰部位的强度时，其法兰材料规格相应的使用条件可适当放宽。

无法兰连接风管的薄钢板，法兰高度应参照金属法兰风管的规定执行。

金属圆形风管法兰及螺栓规格（mm） 表 6-171

风管直径 D	法兰材料规格		螺栓规格
	扁钢	角钢	
$D\leqslant140$	20×4	—	M6
$140<D\leqslant280$	25×4	—	
$280<D\leqslant630$	—	25×3	
$630<D\leqslant1250$	—	30×4	M8
$1250<D\leqslant2000$	—	40×4	

金属矩形风管法兰及螺栓规格（mm） 表 6-172

风管长边尺寸 b	法兰材料规格（角钢）	螺栓规格
$b\leqslant630$	25×3	M6
$630<b\leqslant1500$	30×3	M8
$1500<b\leqslant2500$	40×4	
$2500<b\leqslant4000$	50×5	M10

6. 非金属（硬聚氯乙烯、有机、无机玻璃钢）风管的连接还应符合下列规定：

(1) 法兰的规格应分别符合表 6-173、6-174、6-175 的规定，其螺栓孔的间距不得大于 120mm；矩形风管法兰的四角处，应设有螺孔；

硬聚氯乙烯圆形风管法兰规格（mm） 表 6-173

风管直径 D	材料规格（宽×厚）	连接螺栓	风管直径 D	材料规格（宽×厚）	连接螺栓
$D\leqslant180$	35×6	M6	$800<D\leqslant1400$	45×12	M10
$180<D\leqslant400$	35×8	M8	$1400<D\leqslant1600$	50×15	
$400<D\leqslant500$	35×10		$1600<D\leqslant2000$	60×15	
$500<D\leqslant800$	40×10		$D>2000$	按设计	

硬聚氯乙烯矩形风管法兰规格（mm）　　**表 6-174**

风管边长 b	材料规格（宽×厚）	连接螺栓	风管边长 b	材料规格（宽×厚）	连接螺栓
b≤160	35×6	M6	800＜b≤1250	45×12	M10
160＜b≤400	35×8	M8	1250＜b≤1600	50×15	
400＜b≤500	35×10		1600＜b≤2000	60×18	
500＜b≤800	40×10	M10	b＞2000	按设计	

有机、无机玻璃钢风管法兰规格（mm）　　**表 6-175**

风管直径 D 或风管边长 b	材料规格（宽×厚）	连接螺栓
D（b）≤400	30×4	M8
400＜D（b）≤1000	40×6	
1000＜D（b）≤2000	50×8	M10

（2）采用套管连接时，套管厚度不得小于风管板材厚度。

一　般　项　目

7. 金属风管的制作应符合下列规定：

（1）圆形弯管的曲率半径（以中心线计）和最少分节数量应符合表 6-176 的规定。圆形弯管的弯曲角度及圆形三通、四通支管与总管夹角的制作偏差不应大于 3°；

圆形弯管曲率半径和最少节数　　**表 6-176**

弯管直径 D（mm）	曲率半径 R	弯管角度和最少节数							
		90°		60°		45°		30°	
		中节	端节	中节	端节	中节	端节	中节	端节
80～220	≥1.5D	2	2	1	2	1	2	—	2
220～450	D～1.5D	3	2	2	2	1	2	—	2
450～800	D～1.5D	4	2	2	2	1	2	1	2
800～1400	D	5	2	3	2	2	2	1	2
1400～2000	D	8	2	5	2	3	2	2	2

（2）风管与配件的咬口缝应紧密、宽度应一致；折角应平直，圆弧应均匀；两端面平行。风管无明显扭曲与翘角；表面应平整，凹凸不大于 10mm；

（3）风管外径或外边长的允许偏差：当小于或等于 300mm 时，为 2mm；当大于 300mm 时，为 3mm。管口平面度的允许偏差为 2mm，矩形风管两条对角线长度之差不应大于 3mm；圆形法兰任意正交两直径之差不应大于 2mm；

（4）焊接风管的焊缝应平整，不应有裂缝、凸瘤、穿透和夹渣、气孔及其他缺陷等，焊接后板材的变形应矫正，并将焊渣及飞溅物清除干净。

（三）风管部件与消声器制作

主　控　项　目

1. 防爆风阀的制作材料必须符合设计规定，不得自行替换。

2. 防排烟系统柔性短管的制作材料必须为不燃材料。

一　般　项　目

3. 手动单叶片或多叶片调节风阀应符合下列规定：

(1) 结构应牢固，启闭应灵活，法兰应与相应材质风管的相一致；

(2) 叶片的搭接应贴合一致，与阀体缝隙应小于 2mm；

(3) 截面积大于 $1.2m^2$ 的风阀应实施分组调节。

风口的验收，规格以颈部外径与外边长为准，其尺寸的允许偏差值应符合表 6-177 的规定。风口的外表装饰面应平整、叶片或扩散环的分布应匀称、颜色应一致、无明显的划伤和压痕；调节装置转动应灵活、可靠，定位后应无明显自由松动。

风口尺寸允许偏差 (mm)　　表 6-177

圆形风口			
直　径	≤250	>250	
允许偏差	0～-2	0～-3	
矩形风口			
边　长	<300	300～800	>800
允许偏差	0～-1	0～-2	0～-3
对角线长度	<300	300～500	>500
对角线长度之差	≤1	≤2	≤3

(四) 风管系统安装

主　控　项　目

1. 在风管穿过需要封闭的防火、防爆的墙体或楼板时，应设预埋管或防护套管，其钢板厚度不应小于 1.6mm。风管与防护套管之间，应用不燃且对人体无危害的柔性材料封堵。

2. 风管安装必须符合下列规定：

(1) 风管内严禁其他管线穿越；

(2) 输送含有易燃、易爆气体或安装在易燃、易爆环境的风管系统应有良好的接地，通过生活区或其他辅助生产房间时必须严密，并不得设置接口；

(3) 室外立管的固定拉索严禁拉在避雷针或避雷网上。

3. 输送空气温度高于 80℃ 的风管，应按设计规定采取防护措施。

一　般　项　目

4. 风管的安装应符合下列规定：

(1) 风管安装前，应清除内、外杂物，并做好清洁和保护工作；

(2) 风管安装的位置、标高、走向，应符合设计要求。现场风管接口的配置，不得缩小其有效截面；

(3) 连接法兰的螺栓应均匀拧紧，其螺母宜在同一侧；

(4) 风管接口的连接应严密、牢固。风管法兰的垫片材质应符合系统功能的要求，厚度不应小于 3mm。垫片不应凸入管内，亦不宜突出法兰外；

(5) 柔性短管的安装，应松紧适度，无明显扭曲；

(6) 可伸缩性金属或非金属软风管的长度不宜超过 2m，并不应有死弯或塌凹；

(7) 风管与砖、混凝土风道的连接接口，应顺着气流方向插入，并应采取密封措施。风管穿出屋面处应设有防雨装置；

(8) 不锈钢板、铝板风管与碳素钢支架的接触处，应有隔绝或防腐绝缘措施。

5. 风口与风管的连接应严密、牢固，与装饰面相紧贴；表面平整、不变形，调节灵活、可靠。条形风口的安装，接缝处应衔接自然，无明显缝隙。同一厅室、房间内的相同风口的安装高度应一致，排列应整齐。

明装无吊顶的风口，安装位置和标高偏差不应大于 10mm。

风口水平安装，水平度的偏差不应大于 3/1000。

风口垂直安装，垂直度的偏差不应大于 2/1000。

(五) 通风与空调设备安装

主　控　项　目

1. 通风机传动装置的外露部位以及直通大气的进、出口，必须装设防护罩（网）或采取其他安全设施。

2. 静电空气过滤器金属外壳接地必须良好。

3. 电加热器的安装必须符合下列规定：

(1) 电加热器与钢构架间的绝热层必须为不燃材料；接线柱外露的应加设安全防护罩；

(2) 电加热器的金属外壳接地必须良好；

(3) 连接电加热器的风管的法兰垫片，应采用耐热不燃材料。

一　般　项　目

4. 通风机的安装应符合下列规定：

(1) 通风机的安装，应符合表 6-178 的规定，叶轮转子与机壳的组装位置应正确；叶轮进风口插入风机机壳进风口或密封圈的深度，应符合设备技术文件的规定，或为叶轮外径值的 1/100；

通风机安装的允许偏差　　**表 6-178**

<table>
<tr><th>项次</th><th colspan="2">项　目</th><th>允许偏差</th><th>检验方法</th></tr>
<tr><td>1</td><td colspan="2">中心线的平面位移</td><td>10mm</td><td>经纬仪或拉线和尺量检查</td></tr>
<tr><td>2</td><td colspan="2">标高</td><td>±10mm</td><td>水准仪或水平仪、直尺、拉线和尺量检查</td></tr>
<tr><td>3</td><td colspan="2">皮带轮轮宽中心平面偏移</td><td>1mm</td><td>在主、从动皮带轮端面拉线和尺量检查</td></tr>
<tr><td>4</td><td colspan="2">传动轴水平度</td><td>纵向 0.2/1000
横向 0.3/1000</td><td>在轴或皮带轮 0°和 180°的两个位置上，用水平仪检查</td></tr>
<tr><td rowspan="2">5</td><td rowspan="2">联轴器</td><td>两轴芯径向位移</td><td>0.05mm</td><td rowspan="2">在联轴器互相垂直的四个位置上，用百分表检查</td></tr>
<tr><td>两轴线倾斜</td><td>0.2/1000</td></tr>
</table>

（2）现场组装的轴流风机叶片安装角度应一致，达到在同一平面内运转，叶轮与筒体之间的间隙应均匀，水平度允许偏差为1/1000；

（3）安装隔振器的地面应平整，各组隔振器承受荷载的压缩量应均匀，高度误差应小于2mm；

（4）安装风机的隔振钢支、吊架，其结构形式和外形尺寸应符合设计或设备技术文件的规定；焊接应牢固，焊缝应饱满、均匀。

5. 除尘设备的安装应符合下列规定：

（1）除尘器的安装位置应正确、牢固平稳，允许误差应符合表6-179的规定；

除尘器安装允许偏差和检验方法 **表6-179**

项次	项 目		允许偏差（mm）	检验方法
1	平面位移		≤10	用经纬仪或拉线、尺量检查
2	标高		±10	用水准仪、直尺、拉线和尺量检查
3	垂直度	每米	≤2	吊线和尺量检查
		总偏差	≤10	

（2）除尘器的活动或转动部件的动作应灵活、可靠，并应符合设计要求；

（3）除尘器的排灰阀、卸料阀、排泥阀的安装应严密，并便于操作与维护修理。

6. 风机盘管机组的安装应符合下列规定：

（1）机组安装前宜进行单机三速试运转及水压检漏试验。试验压力为系统工作压力的1.5倍，试验观察时间为2min，不渗漏为合格；

（2）机组应设独立支、吊架，安装的位置、高度及坡度应正确、固定牢固；

（3）机组与风管、回风箱或风口的连接，应严密、可靠。

（六）空调制冷系统安装

主 控 项 目

1. 制冷系统管道、管件和阀门的安装应符合下列规定：

（1）制冷系统的管道、管件和阀门的型号、材质及工作压力等必须符合设计要求，并应具有出厂合格证、质量证明书；

（2）法兰、螺纹等处的密封材料应与管内的介质性能相适应；

（3）制冷剂液体管不得向上装成“Ω”形。气体管道不得向下装成“℧”形（特殊回油管除外）；液体支管引出时，必须从干管底部或侧面接出；气体支管引出时，必须从干管顶部或侧面接出；有两根以上的支管从干管引出时，连接部位应错开，间距不应小于2倍管径。

（4）制冷机与附属设备之间制冷剂管道的连接，其坡度与坡向应符合设计及设备技术文件要求。当设计无规定时，应符合表6-180的规定：

制冷剂管道坡度、坡向　　表 6-180

管道名称	坡向	坡度
压缩机吸气水平管（氟）	压缩机	≥10/1000
压缩机吸气水平管（氨）	蒸发器	≥3/1000
压缩机排气水平管	油分离器	≥10/1000
冷凝器水平供液管	贮液器	(1～3) /1000
油分离器至冷凝器水平管	油分离器	(3～5) /1000

(5) 制冷系统投入运行前，应对安全阀进行调试校核，其开启和回座压力应符合设备技术文件的要求。

2. 燃油管道系统必须设置可靠的防静电接地装置，其管道法兰应采用镀锌螺栓连接或在法兰处用铜导线进行跨接，且接合良好。

3. 燃气系统管道与机组的连接不得使用非金属软管。燃气管道的吹扫和压力试验应为压缩空气或氮气，严禁用水。当燃气供气管道压力大于 0.005MPa 时，焊缝的无损检测的执行标准应按设计规定。当设计无规定，且采用超声波探伤时，应全数检测，以质量不低于Ⅱ级为合格。

一 般 项 目

4. 制冷机组与制冷附属设备的安装应符合下列规定：

(1) 制冷设备及制冷附属设备安装位置、标高的允许偏差，应符合表 6-181 的规定；

制冷设备与制冷附属设备安装允许偏差和检验方法　　表 6-181

项次	项目	允许偏差（mm）	检验方法
1	平面位移	10	经纬仪或拉线和尺量检查
2	标　　高	±10	水准仪或经纬仪、拉线和尺量检查

(2) 整体安装的制冷机组，其机身纵、横向水平度的允许偏差为 1/1000，并应符合设备技术文件的规定；

(3) 制冷附属设备安装的水平度或垂直度允许偏差为 1/1000，并应符合设备技术文件的规定；

(4) 采用隔振措施的制冷设备或制冷附属设备，其隔振器安装位置应正确；各个隔振器的压缩量，应均匀一致，偏差不应大于 2mm；

(5) 设置弹簧隔振的制冷机组，应设有防止机组运行时水平位移的定位装置。

制冷系统管道、管件的安装应符合下列规定：

1. 管道、管件的内外壁应清洁、干燥；铜管管道支吊架的型式、位置、间距及管道安装标高应符合设计要求，连接制冷机的吸、排气管道应设单独支架；管径小于等于 20mm 的铜管道，在阀门处应设置支架；管道上下平行敷设时，吸气管应在下方；

2. 制冷剂管道弯管的弯曲半径不应小于 3.5D（管道直径），其最大外径与最小外径之差不应大于 0.08D，且不应使用焊接弯管及皱褶弯管；

3. 制冷剂管道分支管应按介质流向弯成90°弧度与主管连接，不宜使用弯曲半径小于1.5D的压制弯管；

4. 铜管切口应平整、不得有毛刺、凹凸等缺陷，切口允许倾斜偏差为管径的1%，管口翻边后应保持同心，不得有开裂及皱褶，并应有良好的密封面；

5. 采用承插钎焊焊接连接的铜管，其插接深度应符合表6-182的规定，承插的扩口方向应迎介质流向。当采用套接钎焊焊接连接时，其插接深度应不小于承插连接的规定。

采用对接焊缝组对管道的内壁应齐平，错边量不大于0.1倍壁厚，且不大于1mm。

承插式焊接的铜管承口和扩口深度表（mm）　表6-182

铜管规格	≤DN15	DN20	DN25	DN32	DN40	DN50	DN65
承插口的扩口深度	9～12	12～15	15～18	17～20	21～24	24～26	26～30

（七）空调水系统管道与设备安装

主 控 项 目

1. 管道安装应符合下列规定：

（1）焊接钢管、镀锌钢管不得采用热煨弯；

（2）管道与设备的连接，应在设备安装完毕后进行，与水泵、制冷机组的接管必须为柔性接口。柔性短管不得强行对口连接，与其连接的管道应设置独立支架；

（3）冷热水及冷却水系统应在系统冲洗、排污合格（目测：以排出口的水色和透明度与入水口对比相近，无可见杂物），再循环试运行2h以上，且水质正常后才能与制冷机组、空调设备相贯通；

（4）固定在建筑结构上的管道支、吊架，不得影响结构的安全。管道穿越墙体或楼板处应设钢制套管，管道接口不得置于套管内，钢制套管应与墙体饰面或楼板底部平齐，上部应高出楼层地面20～50mm，并不得将套管作为管道支撑。

保温管道与套管四周间隙应使用不燃绝热材料填塞紧密。

2. 阀门的安装应符合下列规定：

（1）阀门的安装位置、高度、进出口方向必须符合设计要求，连接应牢固紧密；

（2）安装在保温管道上的各类手动阀门，手柄均不得向下；

（3）阀门安装前必须进行外观检查，阀门的铭牌应符合现行国家标准《通用阀门标志》GB 12220的规定。对于工作压力大于1.0MPa及在主干管上起到切断作用的阀门，应进行强度和严密性试验，合格后方准使用。其他阀门可不单独进行试验，待在系统试压中检验。

强度试验时，试验压力为公称压力的1.5倍，持续时间不少于5min，阀门的壳体、填料应无渗漏。

严密性试验时，试验压力为公称压力的1.1倍；试验压力在试验持续的时间内应保持不变，时间应符合表6-183的规定，以阀瓣密封面无渗漏为合格。

阀门压力持续时间　　表 6-183

公称直径 DN（mm）	最短试验持续时间（s）	
	严密性试验	
	金属密封	非金属密封
≤50	15	15
65～200	30	15
250～450	60	30
≥500	120	60

一　般　项　目

3. 钢制管道的安装应符合下列规定：

(1) 管道和管件在安装前，应将其内、外壁的污物和锈蚀清除干净。当管道安装间断时，应及时封闭敞开的管口；

(2) 管道弯制弯管的弯曲半径，热弯不应小于管道外径的 3.5 倍、冷弯不应小于 4 倍；焊接弯管不应小于 1.5 倍；冲压弯管不应小于 1 倍。弯管的最大外径与最小外径的差不应大于管道外径的 8/100，管壁减薄率不应大于 15%；

(3) 冷凝水排水管坡度，应符合设计文件的规定。当设计无规定时，其坡度宜大于或等于 8‰；软管连接的长度，不宜大于 150mm；

(4) 冷热水管道与支、吊架之间，应有绝热衬垫（承压强度能满足管道重量的不燃、难燃硬质绝热材料或经防腐处理的木衬垫），其厚度不应小于绝热层厚度，宽度应大于支、吊架支承面的宽度。衬垫的表面应平整、衬垫接合面的空隙应填实；

(5) 管道安装的坐标、标高和纵、横向的弯曲度应符合表 6-184 的规定。在吊顶内等暗装管道的位置应正确，无明显偏差。

管道安装的允许偏差和检验方法　　表 6-184

项　目			允许偏差（mm）	检 查 方 法
坐标	架空及地沟	室外	25	按系统检查管道的起点、终点、分支点和变向点及各点之间的直管 用经纬仪、水准仪、液体连通器、水平仪、拉线和尺量检查
		室内	15	
	埋　地		60	
标高	架空及地沟	室外	±20	
		室内	±15	
	埋　地		±25	
水平管道平直度		DN≤100mm	$2L$‰，最大 40	用直尺、拉线和尺量检查
		DN＞100mm	$3L$‰，最大 60	
立管垂直度			$5L$‰，最大 25	用直尺、线锤、拉线和尺量检查
成排管段间距			15	用直尺尺量检查
成排管段或成排阀门在同一平面上			3	用直尺、拉线和尺量检查

注：L—管道的有效长度（mm）。

4. 钢塑复合管道的安装，当系统工作压力不大于1.0MPa时，可采用涂（衬）塑焊接钢管螺纹连接，与管道配件的连接深度和扭矩应符合表6-185的规定；当系统工作压力为1.0～2.5MPa时，可采用涂（衬）塑无缝钢管法兰连接或沟槽式连接，管道配件均为无缝钢管涂（衬）塑管件。

沟槽式连接的管道，其沟槽与橡胶密封圈和卡箍套必须为配套合格产品；支、吊架的间距应符合表6-186的规定。

钢塑复合管螺纹连接深度及紧固扭矩 **表6-185**

公称直径（mm）		15	20	25	32	40	50	65	80	100
螺纹连接	深度（mm）	11	13	15	17	18	20	23	27	33
	牙数	6.0	6.5	7.0	7.5	8.0	9.0	10.0	11.5	13.5
扭矩（N·m）		40	60	100	120	150	200	250	300	400

沟槽式连接管道的沟槽及支、吊架的间距 **表6-186**

公称直径（mm）	沟槽深度（mm）	允许偏差（mm）	支、吊架的间距（mm）	端面垂直度允许偏差（mm）
65～100	2.20	0～+0.3	3.5	1.0
125～150	2.20	0～+0.3	4.2	1.5
200	2.50	0～+0.3	4.2	
225～250	2.50	0～+0.3	5.0	
300	3.0	0～+0.5	5.0	

注：1. 连接管端面应平整光滑、无毛刺；沟槽过深，应作为废品，不得使用。

2. 支、吊架不得支承在连接头上，水平管的任意两个连接头之间必须有支、吊架。

5. 金属管道的支、吊架的型式、位置、间距、标高应符合设计或有关技术标准的要求。设计无规定时，应符合下列规定：

(1) 支、吊架的安装应平整牢固，与管道接触紧密。管道与设备连接处，应设独立支、吊架；

(2) 冷（热）媒水、冷却水系统管道机房内总、干管的支、吊架，应采用承重防晃管架；与设备连接的管道管架宜有减振措施。当水平支管的管架采用单杆吊架时，应在管道起始点、阀门、三通、弯头及长度每隔15m设置承重防晃支、吊架；

(3) 无热位移的管道吊架，其吊杆应垂直安装；有热位移的，其吊杆应向热膨胀（或冷收缩）的反方向偏移安装，偏移量按计算确定；

(4) 滑动支架的滑动面应清洁、平整，其安装位置应从支承面中心向位移反方向偏移1/2位移值或符合设计文件规定；

(5) 竖井内的立管，每隔2～3层应设导向支架。在建筑结构负重允许的情况下，水平安装管道支、吊架的间距应符合表6-187的规定；

钢管道支、吊架的最大间距　表 6-187

公称直径 (mm)		15	20	25	32	40	50	70	80	100	125	150	200	250	300
支架的最大间距（m）	L_1	1.5	2.0	2.5	2.5	3.0	3.5	4.0	5.0	5.0	5.5	6.5	7.5	8.5	9.5
	L_2	2.5	3.0	3.5	4.0	4.5	5.0	6.0	6.5	6.5	7.5	7.5	9.0	9.5	10.5
	对大于 300mm 的管道可参考 300mm 管道														

注：1. 适用于工作压力不大于 2.0MPa，不保温或保温材料密度不大于 200kg/m^3 的管道系统。

2. L_1 用于保温管道，L_2 用于不保温管道。

（6）管道支、吊架的焊接应由合格持证焊工施焊，并不得有漏焊、欠焊或焊接裂纹等缺陷。支架与管道焊接时，管道侧的咬边量，应小于 0.1 管壁厚。

（八）防腐与绝热

主 控 项 目

1. 在下列场合必须使用不燃绝热材料：

（1）电加热器前后 800mm 的风管和绝热层；

（2）穿越防火隔墙两侧 2m 范围内风管、管道和绝热层。

2. 输送介质温度低于周围空气露点温度的管道，当采用非闭孔性绝热材料时，隔汽层（防潮层）必须完整，且封闭良好。

一 般 项 目

3. 风管绝热层采用粘结方法固定时，施工应符合下列规定：

（1）胶粘剂的性能应符合使用温度和环境卫生的要求，并与绝热材料相匹配；

（2）粘结材料宜均匀地涂在风管、部件或设备的外表面上，绝热材料与风管、部件及设备表面应紧密贴合，无空隙；

（3）绝热层纵、横向的接缝，应错开；

（4）绝热层粘贴后，如进行包扎或捆扎，包扎的搭接处应均匀、贴紧；捆扎得应松紧适度，不得损坏绝热层。

4. 管道绝热层的施工，应符合下列规定：

（1）绝热产品的材质和规格，应符合设计要求，管壳的粘贴应牢固、铺设应平整；绑扎应紧密，无滑动、松弛与断裂现象；

（2）硬质或半硬质绝热管壳的拼接缝隙，保温时不应大于 5mm、保冷时不应大于 2mm，并用粘结材料勾缝填满；纵缝应错开，外层的水平接缝应设在侧下方。当绝热层的厚度大于 100mm 时，应分层铺设，层间应压缝；

（3）硬质或半硬质绝热管壳应用金属丝或难腐织带捆扎，其间距为 300～350mm，且每节至少捆扎 2 道；

（4）松散或软质绝热材料应按规定的密度压缩其体积，疏密应均匀。毡类材料在管道上包扎时，搭接处不应有空隙。

管道防潮层的施工应符合下列规定：

1. 防潮层应紧密粘贴在绝热层上，封闭良好，不得有虚粘、气泡、褶皱、裂缝等缺陷；

2. 立管的防潮层，应由管道的低端向高端敷设，环向搭接的缝口应朝向低端；纵向的搭接缝应位于管道的侧面，并顺水；

3. 卷材防潮层采用螺旋形缠绕的方式施工时，卷材的搭接宽度宜为30～50mm。

（九）系统调试摘要

主　控　项　目

1. 通风与空调工程安装完毕，必须进行系统的测定和调整（简称调试）。系统调试应包括下列项目：

(1) 设备单机试运转及调试；

(2) 系统无生产负荷下的联合试运转及调试。

2. 设备单机试运转及调试应符合下列规定：

(1) 通风机、空调机组中的风机，叶轮旋转方向正确、运转平稳、无异常振动与声响，其电机运行功率应符合设备技术文件的规定。在额定转速下连续运转2h后，滑动轴承外壳最高温度不得超过70℃；滚动轴承不得超过80℃；

(2) 水泵叶轮旋转方向正确，无异常振动和声响，紧固连接部位无松动，其电机运行功率值符合设备技术文件的规定。水泵连续运转2h后，滑动轴承外壳最高温度不得超过70℃；滚动轴承不得超过75℃；

(3) 冷却塔本体应稳固、无异常振动，其噪声应符合设备技术文件的规定。风机试运转按本条第1款的规定；

冷却塔风机与冷却水系统循环试运行不少于2h，运行应无异常情况；

(4) 制冷机组、单元式空调机组的试运转，应符合设备技术文件和现行国家标准《制冷设备、空气分离设备安装工程施工及验收规范》GB 50274的有关规定，正常运转不应少于8h；

(5) 电控防火、防排烟风阀（口）的手动、电动操作应灵活、可靠，信号输出正确。

3. 防排烟系统联合试运行与调试的结果（风量及正压），必须符合设计与消防的规定。

一　般　项　目

4. 设备单机试运转及调试应符合下列规定：

(1) 水泵运行时不应有异常振动和声响、壳体密封处不得渗漏、紧固连接部位不应松动、轴封的温升应正常；在无特殊要求的情况下，普通填料泄漏量不应大于60mL/h，机械密封的不应大于5mL/h；

(2) 风机、空调机组、风冷热泵等设备运行时，产生的噪声不宜超过产品性能说明书的规定值；

(3) 风机盘管机组的三速、温控开关的动作应正确，并与机组运行状态一一对应。

5. 通风工程系统无生产负荷联动试运转及调试应符合下列规定：

(1) 系统联动试运转中，设备及主要部件的联动必须符合设计要求，动作协调、正确，无异常现象；

(2) 系统经过平衡调整，各风口或吸风罩的风量与设计风量的允许偏差不应大于15%；

(3) 湿式除尘器的供水与排水系统运行应正常。

（十）通风与空调工程施工应注意的质量问题

1. 金属风管制作工程应注意的质量问题

金属风管制作时易产生的质量问题和防止措施

（1）常产生的质量问题

①铆钉脱落；

②风管法兰连接不方；

③法兰翻边四角漏风；

④管件连接孔洞。

（2）防治措施

①增强责任心，铆后检查，按工艺正确操作，加长铆钉；

②用方尺找正，使法兰与直管棱垂直管口、四边翻边量宽度一致；

③管片压口前要倒角，咬口重叠处翻边时铲平，四角不应出现豁口；

④出现孔洞用焊锡密封，堵严。

2. 硬聚氯乙烯风管制作应注意的质量问题

硬聚氯乙烯风管制作过程中常出现的质量问题

（1）常出现的质量问题

①下料时不注意留收缩余量，管径不合适；

②纵缝在同一线上；

③焊缝开裂，焊条与焊缝未粘接牢；

④焊缝不平，外观差。

（2）防治措施

①收缩量随加热时间变化，每批板材下料前先做试验，定出收缩量；

②焊接时相邻纵缝交错排列；

③正确选用焊缝形式；

④控制好压缩空气温度；

⑤掌握好焊枪嘴的角度；

⑥焊条断处接头要修成坡面；

⑦焊缝要自然冷却。

3. 风管部件制作工程应注意的质量问题

（1）风口的装饰面极易产生划痕，在组装过程中应在操作台上垫以橡胶板等软性材料。

（2）风阀叶片应根据阀门的规格计算好叶片的数量及展开宽度尺寸。

（3）风阀、风口的制作要方、正、平，各种尺寸偏差应控制在允许范围之内。

（4）部件产品的活动部件，在喷漆后，会产生操作不灵活的现象，在加工中应注意相互配合尺寸。

（5）部件产品在制作过程中的板材连接，一定要牢固、可靠，尤其是防火阀产品。

（6）防火阀产品要注意叶片与阀体的间隙，以保证满足其气密性要求。

4. 风管及部件安装应注意的质量问题

风管安装过程中应注意的质量问题

（1）常产生的质量问题

①支、吊架不刷油，吊杆过长；

②支、吊架间距过大；

③法兰、腰箍开焊；

④螺丝漏穿、不紧、松动；

⑤帆布口过长、扭曲；

⑥修改管、铆钉孔未堵；

⑦垫料脱落；

⑧净化垫料不涂密封胶；

⑨防火阀离墙太远，法兰在墙内；

⑩风口软接不实。

（2）防治措施

①增强责任心，制完后应及时刷油，吊杆截取时应仔细核对标高；

②贯彻规范，安装完后，认真复查有无间距过大现象；

③安装前仔细检查，发现问题，及时修理；

④增加责任心，法兰孔距应及时调整；

⑤铆接帆布应拉直、对正，铁皮条要压紧帆布，不要漏铆；

⑥修改后应用锡焊或密封胶堵严；

⑦严格按工艺去做，法兰表面应清洁；

⑧按规范操作；

⑨按图安装，放样时避免此类问题发生；

⑩应该用软管专用卡子，软管应套进风口喉颈100mm后用卡子上紧。与软管连接风管的端，应压制鼓筋，以利于软管安装。

5. 风管及部件保温工程应注意的质量问题

（1）常出现的质量问题

①保温钉粘接不牢，造成保温材料脱落；

②保温外表不美观；

③玻璃丝布松散。

（2）防治措施

①严格按工艺要求操作，避免磕碰；

②保温材料裁剪要准确，四角要适当加铁皮包角，玻璃布缠绕松紧要适度；

③玻璃布甩头要卡牢或粘牢。

6. 空气处理室安装工程应注意的质量问题

空调设备安装时应注意的质量问题

（1）常产生的质量问题

①坐标、标高不准、不平不正；

②段体之间连接处、垫料规格不按要求作，有漏垫现象；

③表冷器段体存水排不出。

（2）防治措施

①加强责任心，严格按设计和操作工艺要求进行；

②认真按工艺要求操作，加强自检，互检工作。

7. 风机盘管和诱导器安装应注意的质量问题

应注意的质量问题及防治措施

(1) 常产生的质量问题

①冬季施工易冻坏表面交换器；

②风机盘管运输时易碰坏；

③风机盘管表冷器易堵塞；

④风机盘管凝结水盘易堵塞。

(2) 防治措施

①试水压后必须将水放净以防冻坏；

②搬运时单排码放，轻装轻卸；

③风机盘管的管道未经冲洗排污，不得投入运行，以防堵塞；

④风机盘管运行前应清理凝结水盘内杂物，保证凝结水畅通。

8. 消声器制作与安装应注意的质量问题

(1) 消声器的覆面材料容易破损，使吸声材料外露或脱落，影响功能。制作时，钉覆面材料的泡钉应加垫片。发现覆面材料有破损现象，应根据情况及时修复或更换。

(2) 消声片敷设的消声材料容易下沉，出现空隙而影响吸声效果。制作时对容积较大的吸声片可在容腔内装设适当的托挡板，搬运及安装时应轻拿轻放。安装前应进行检查，消声材料不得有明显下沉。

(3) 消声器外壳拼接处及角部易产生孔洞而漏风，制作时应加以注意，发现孔洞后应及时用锡焊或密封胶堵严。

(4) 穿孔板经钻孔后产生的毛刺易划破覆面材料或产生噪声，应将孔口的毛刺锉平。

9. 除尘器制作与安装工程应注意的质量问题

除尘器制作应注意的质量问题

(1) 质量通病

①异形排出管与筒体连接不平；

②芯子的螺旋叶片角度不对。

(2) 防治措施

①在卷圆时用各种样板找准各段弧度；

②组装时边点焊边检查。

10. 通风机安装应注意的质量问题

(1) 风机运转中皮带滑下或产生跳动：应检查两皮带轮是否找正，并在一条中线上，或调整两皮带轮的距离；如皮带过长应更换。

(2) 风机产生与转速相应的振动：应检查叶轮重量是否对称或叶片上是否有附着物；双进通风机应检查两侧进气量是否相等，如不等，可调节挡板，使两侧进风口负压相等。

(3) 通风机和电动机整体振动。应检查地脚螺栓是否松动，机座是否紧固；与通风机相连的风管是否加支撑固定；柔性短管是否过紧。

(4) 用型钢制作的风机支座，焊接后应保证支座的平整，若有扭曲，校正好后方能安装。

(5) 风机减振器所承受的压力不均。应适当调整减振器的位置，或检查减振器的底板是否同基础固定。

11. 制冷管道安装应注意的质量问题

(1) 常产生的质量问题

①除锈不净，刷漆遗漏；

②阀门不严密；

③随意用气焊切割型钢、螺栓孔及管子等。

(2) 防治措施

①操作人员按规程规范要求认真作业，加强自检、互检，保证质量；

②阀门安装前按设计规定做好检查、清洗、试压工作，施工班组要做好自检、互检和验收记录；

③直径 *DN*50 以下的管子切断和 *DN*40 以下的管子同径三通开口，均不得用气焊割口，可用砂轮锯或手锯割口；

④支、吊架钢结构上的螺栓孔 $\phi \leqslant 13$mm 的不允许用气焊割孔，应用电钻打孔；

⑤支、吊架金属材料均用砂轮锯或手锯断口。

12. 制冷管道保温应注意的质量问题

(1) 常产生的质量问题

①镀锌钢丝结头松脱；

②隔热层严密平整不够；

③管道穿楼板墙处结露；

④玻璃丝布、塑料布结头松脱；

⑤防火涂料油漆漏刷。

(2) 防治措施

①严禁螺旋形缠绕；

②加强责任心按工艺操作；

③隔热材料填满填实；

④粘接绑扎应牢固加强检查；

⑤加强责任心经常检查。

13. 通风与空调系统调试后产生的问题和解决方法

(1) 产生的问题

①实际风量过大；

②实际风量过小；

③气流速度过大；

④噪声超过规定。

(2) 原因分析

①系统阻力偏小；

②风机有问题；

③系统阻力偏大；

④风机有问题；

⑤漏风；

⑥风口风速过大，送风量过大，气流组织不合理；

⑦风机、水泵噪声传入，风道风速偏大，局部部件引起，消声器质量不好。

（3）解决办法

①调节风机风板或阀门，增加阻力；

②降低风机转速，或更换风机；

③放大部分管段尺寸，改进部分部件，检查风道或设备有无堵塞；

④调紧传动皮带，提高风机转速或改换风机；

⑤堵严法兰接缝、人孔、检查门或其他存在的漏缝；

⑥改大送风口面积，减少送风量，改变风口型式或加挡板使气流组织合适；

⑦做好风机平衡，风机和水泵的隔振，改小风机转速，放大风速偏大的风道尺寸，改进局部部件，在风道中增贴消声材料。

（十一）竣工验收

1. 通风与空调工程竣工验收时，应检查竣工验收的资料，一般包括下列文件及记录：

（1）图纸会审记录、设计变更通知书和竣工图；

（2）主要材料、设备、成品、半成品和仪表的出厂合格证明及进场检（试）验报告；

（3）隐蔽工程检查验收记录；

（4）工程设备、风管系统、管道系统安装及检验记录；

（5）管道试验记录；

（6）设备单机试运转记录；

（7）系统无生产负荷联合试运转与调试记录；

（8）分部（子分部）工程质量验收记录；

（9）观感质量综合检查记录；

（10）安全和功能检验资料的核查记录。

2. 观感质量检查应包括以下项目：

（1）风管表面应平整、无损坏；接管合理，风管的连接以及风管与设备或调节装置的连接，无明显缺陷；

（2）风口表面应平整，颜色一致，安装位置正确，风口可调节部件应能正常动作；

（3）各类调节装置的制作和安装应正确牢固，调节灵活，操作方便。防火及排烟阀等关闭严密，动作可靠；

（4）制冷及水管系统的管道、阀门及仪表安装位置正确，系统无渗漏；

（5）风管、部件及管道的支、吊架型式、位置及间距应符合本规范的要求；

（6）风管、管道的软性接管位置应符合设计要求，接管正确、牢固，自然无强扭；

（7）通风机、制冷机、水泵、风机盘管机组的安装应正确牢固；

（8）组合式空气调节机组外表平整光滑、接缝严密、组装顺序正确，喷水室外表面无渗漏；

（9）除尘器、积尘室安装应牢固、接口严密；

（10）消声器安装方向正确，外表面应平整无损坏；

（11）风管、部件、管道及支架的油漆应附着牢固，漆膜厚度均匀，油漆颜色与标志符合设计要求；

（12）绝热层的材质、厚度应符合设计要求；表面平整、无断裂和脱落；室外防潮层或保护壳应顺水搭接、无渗漏。

3. 净化空调系统的观感质量检查还应包括下列项目：

（1）空调机组、风机、净化空调机组、风机过滤器单元和空气吹淋室等的安装位置应正确、固定牢固、连接严密，其偏差应符合本规范有关条文的规定；

（2）高效过滤器与风管、风管与设备的连接处应有可靠密封；

（3）净化空调机组、静压箱、风管及送回风口清洁无积尘；

（4）装配式洁净室的内墙面、吊顶和地面应光滑、平整、色泽均匀、不起灰尘，地板静电值应低于设计规定；

（5）送回风口、各类末端装置以及各类管道等与洁净室内表面的连接处密封处理应可靠、严密。

十三、建筑电气工程

（一）一般规定

1. 接地（PE）或接零（PEN）支线必须单独与接地（PE）或接零（PEN）干线相连接，不得串联连接。

2. 高压的电气设备和布线系统及继电保护系统的交接试验，必须符合现行国家标准《电气装置安装工程电气设备交接试验标准》GB 50150 的规定。

3. 变压器、箱式变电所、高压电器及电瓷制品应符合下列规定：

（1）查验合格证和随带技术文件，变压器有出厂试验记录；

（2）外观检查：有铭牌，附件齐全，绝缘件无缺损、裂纹，充油部分不渗漏，充气高压设备气压指示正常，涂层完整。

4. 高低压成套配电柜、蓄电池柜、不间断电源柜、控制柜（屏、台）及动力、照明配电箱（盘）应符合下列规定：

（1）查验合格证和随带技术文件，实行生产许可证和安全认证制度的产品，有许可证编号和安全认证标志。不间断电源柜有出厂试验记录；

（2）外观检查：有铭牌，柜内元器件无损坏丢失、接线无脱落脱焊，蓄电池柜内电池壳体无碎裂、漏液，充油、充气设备无泄漏，涂层完整，无明显碰撞凹陷。

5. 电线、电缆应符合下列规定：

（1）按批查验合格证，合格证有生产许可证编号，按《额定电压450/750V及以下聚氯乙烯绝缘电缆》GB 5023.1～5023.7 标准生产的产品有安全认证标志；

（2）外观检查：包装完好，抽检的电线绝缘层完整无损，厚度均匀。电缆无压扁、扭曲，铠装不松卷。耐热、阻燃的电线、电缆外护层有明显标识和制造厂标；

（3）按制造标准，现场抽样检测绝缘层厚度和圆形线芯的直径；线芯直径误差不大于标称直径的1%；常用的BV型绝缘电线的绝缘层厚度不小于表6-188的规定。

BV型绝缘电线的绝缘层厚度 **表6-188**

序号	1	2	3	4	5	6	7	8	9	10	11	12	13	14	15	16	17
电线芯线标称截面积（mm^2）	1.5	2.5	4	6	10	16	25	35	50	70	95	120	150	185	240	300	400
绝缘层厚度规定值（mm）	0.7	0.8	0.8	0.8	1.0	1.0	1.2	1.2	1.4	1.4	1.6	1.6	1.8	2.0	2.2	2.4	2.6

（二）架空线路及杆上电气设备安装

主 控 项 目

1. 变压器中性点应与接地装置引出干线直接连接，接地装置的接地电阻值必须符合设计要求。

2. 杆上低压配电箱的电气装置和馈电线路交接试验应符合下列规定：

（1）每路配电开关及保护装置和规格、型号，应符合设计要求；

（2）相间和相对地间的绝缘电阻值应大于0.5MΩ；

（3）电气装置的交流工频耐压试验电压为1kV，当绝缘电阻值大于10MΩ时，可采用2500V兆欧表摇测替代，试验持续时间1min，无击穿闪络现象。

一 般 项 目

3. 杆上电气设备安装应符合下列规定：

（1）固定电气设备的支架、紧固件为热浸镀锌制品，紧固件及防松零件齐全；

（2）变压器油位正常、附件齐全、无渗油现象、外壳涂层完整；

（3）跌落式熔断器安装的相间距离不小于500mm；熔管试操作能自然打开旋下；

（4）杆上隔离开关分、合操作灵活，操作机构机械锁定可靠，分合时三相同期性好，分闸后，刀片与静触头间空气间隙距离不小于200mm；地面操作杆的接地（PE）可靠，且有标识；

（5）杆上避雷器排列整齐，相间距离不小于350mm，电源侧引线铜线截面积不小于$16mm^2$、铝线截面积不小于$25mm^2$，接地侧引线铜线截面积不小于$25mm^2$，铝线截面积不小于$35mm^2$。与接地装置引出线连接可靠。

（三）变压器、箱式变电所安装

主 控 项 目

1. 箱式变电所的交接试验，必须符合下列规定：

（1）由高压成套开关柜、低压成套开关柜和变压器三个独立单元组合成的箱式变电所高压电气设备部分，按本小节（一）3. 的规定交接试验合格。

（2）高压开关、熔断器等与变压器组合在同一个密闭油箱内的箱式变电所，交接试验按产品提供的技术文件要求执行；

（3）低压成套配电柜交接试验符合本小节（二）2. 的规定。

一 般 项 目

2. 变压器应按产品技术文件要求进行检查器身，当满足下列条件之一时，可不检查器身。

(1) 制造厂规定不检查器身者；

(2) 就地生产仅做短途运输的变压器，且在运输过程中有效监督，无紧急制动、剧烈振动、冲撞或严重颠簸等异常情况者。

(四) 成套配电柜、控制柜（屏、台）和动力、照明配电箱（盘）安装

主 控 项 目

1. 低压成套配电柜、控制柜（屏、台）和动力、照明配电箱（盘）应有可靠的电击保护。柜（屏、台、箱、盘）内保护导体应有裸露的连接外部保护导体的端子，当设计无要求时，柜（屏、台、箱、盘）内保护导体最小截面积 S_p 不应小于表 6-189 的规定。

保护导体的截面积 **表 6-189**

相线的截面积 S (mm^2)	相应保护导体的最小截面积 S_p (mm^2)
$S \leqslant 16$	S
$16 < S \leqslant 35$	16
$35 < S \leqslant 400$	$S/2$
$400 < S \leqslant 800$	200
$S > 800$	$S/4$

注：S 指柜（屏、台、箱、盘）电源进线相线截面积，且两者（S、S_p）材质相同。

2. 照明配电箱（盘）安装应符合下列规定：

(1) 箱（盘）内配线整齐，无铰接现象。导线连接紧密，不伤芯线，不断股。垫圈下螺丝两侧压的导线截面积相同，同一端子上导线连接不多于 2 根，防松垫圈等零件齐全；

(2) 箱（盘）内开关动作灵活可靠，带有漏电保护的回路，漏电保护装置动作电流不大于 30mA，动作时间不大于 0.1s。

(3) 照明箱（盘）内，分别设置零线（N）和保护地线（PE 线）汇流排，零线和保护地线经汇流排配出。

一 般 项 目

3. 基础型钢安装应符合表 6-190 的规定。

基础型钢安装允许偏差 **表 6-190**

项 目	允许偏差	
	(mm/m)	(mm/全长)
不直度	1	5
水平度	1	5
不平行度	/	5

4. 照明配电箱（盘）安装应符合下列规定：

(1) 位置正确，部件齐全，箱体开孔与导管管径适配，暗装配电箱箱盖紧贴墙面，箱（盘）涂层完整；

(2) 箱（盘）内接线整齐，回路编号齐全，标识正确；

(3) 箱（盘）不采用可燃材料制作；

(4) 箱（盘）安装牢固，垂直度允许偏差为1.5‰；底边距地面为1.5m，照明配电板底边距地面不小于1.8m。

（五）低压电动机、电加热器及电动执行机构检查线路

主 控 项 目

1. 电动机、电加热器及电动执行机构的可接近裸露导体必须接地（PE）或接零（PEN）。

2. 100kW以上的电动机，应测量各相直流电阻值，相互差不应大于最小值的2%；无中性点引出的电动机，测量线间直流电阻值，相互差不应大于最小值的1%。

一 般 项 目

3. 电动机抽芯检查应符合下列规定：

(1) 线圈绝缘层完好、无伤痕，端部绑线不松动，槽楔固定、无断裂，引线焊接饱满，内部清洁，通风孔道无堵塞；

(2) 轴承无锈斑，注油（脂）的型号、规格和数量正确，转子平衡块紧固，平衡螺丝锁紧，风扇叶片无裂纹；

(3) 连接用紧固件的防松零件齐全完整；

(4) 其他指标符合产品技术文件的特有要求。

4. 在设备接线盒内裸露的不同相导线间和导线对地间最小距离应大于8mm，否则应采取绝缘防护措施。

（六）柴油发电机组安装

主 控 项 目

1. 柴油发电机馈电线路连接后，两端的相序必须与原供电系统的相序一致。

一 般 项 目

2. 受电侧低压配电柜的开关设备、自动或手动切换装置和保护装置等试验合格，应按设计的自备电源使用分配预案进行负荷试验，机组连续运行12h无故障。

（七）不间断电源安装

主 控 项 目

1. 不间断电源输出端的中性线（N极），必须与由接地装置直接引来的接地干线相连接，做重复接地。

一 般 项 目

2. 不间断电源装置的可接近裸露导体应接地（PE）或接零（PEN）可靠，且有标识。

3. 不间断电源正常运行时产生的A声级噪声，不应大于45dB；输出额定电流为5A及以下的小型不间断电源噪声，不应大于30dB。

（八）低压电气动力设备试验和试运行

一　般　项　目

1. 交流电动机在空载状态下（不投料）可启动次数及间隔时间应符合产品技术条件的要求；无要求时，连续启动2次的时间间隔不应小于5min，再次启动应在电动机冷却至常温下。空载状态（不投料）运行，应记录电流、电压、温度、运行时间等有关数据，且应符合建筑设备或工艺装置的空载状态运行（不投料）要求。

2. 大容量（630A及以上）导线或母线连接处，在设计计算负荷运行情况下应做温度抽测记录，温升值稳定且不大于设计值。

（九）裸母线、封闭母线、插接式母线安装

主　控　项　目

1. 绝缘子的底座、套管的法兰、保护网（罩）及母线支架等可接近裸露导体应接地（PE）或接零（PEN）可靠。不应作为接地（PE）或接零（PEN）的接续导体。

2. 封闭、插接式母线安装应符合下列规定：

（1）母线与外壳同心，允许偏差为±5mm；

（2）当段与段连接时，两相邻段母线及外壳对准，连接后不使母线及外壳受额外应力；

（3）母线的连接方法符合产品技术文件要求。

一　般　项　目

3. 母线与母线、母线与电器接线端子搭接，搭接面的处理应符合下列规定：

（1）铜与铜：室外、高温且潮湿的室内，搭接面搪锡；干燥的室内，不搪锡；

（2）铝与铝：搭接面不做涂层处理；

（3）钢与钢：搭接面搪锡或镀锌；

（4）铜与铝：在干燥的室内，铜导体搭接面搪锡；在潮湿场所，铜导体搭接面搪锡，且采用铜铝过渡板与铝导体连接；

（5）钢与铜或铝：钢搭接面搪锡。

4. 母线在绝缘子上安装应符合下列规定：

（1）金具与绝缘子间的固定平整牢固，不使母线受额外应力；

（2）交流母线的固定金具或其他支持金具不形成闭合铁磁回路；

（3）除固定点外，当母线平置时，母线支持夹板的上部压板与母线间有1～1.5mm的间隙；当母线立置时，上部压板与母线间有1.5～2mm的间隙；

（4）母线的固定点，每段设置1个，设置于全长或两母线伸缩节的中点；

（5）母线采用螺栓搭接时，连接处距绝缘子的支持夹板边缘不小于50mm。

（十）电缆桥架安装和桥架内电缆敷设

主　控　项　目

1. 金属电缆桥架及其支架和引入或引出的金属电缆导管必须接地（PE）或接零（PEN）可靠，且必须符合下列规定：

（1）金属电缆桥架及其支架全长应不少于2处与接地（PE）或接零（PEN）干线相连接；

（2）非镀锌电缆桥架间连接板的两端跨接铜芯接地线，接地线最小允许截面积不小于$4mm^2$；

(3) 镀锌电缆桥架间连接板的两端不跨接接地线，但连接板两端不少于2个有防松螺帽或防松垫圈的连接固定螺栓。

一 般 项 目

2. 电缆桥架安装应符合下列规定：

(1) 直线段钢制电缆桥架长度超过30m、铝合金或玻璃钢制电缆桥架长度超过15m设有伸缩节；电缆桥架跨越建筑物变形缝处设置补偿装置；

(2) 电缆桥架转弯处的弯曲半径，不小于桥架内电缆最小允许弯曲半径，电缆最小允许弯曲半径见表6-191；

电缆最小允许弯曲半径 **表6-191**

序号	电 缆 种 类	最小允许弯曲半径
1	无铅包钢铠护套的橡皮绝缘电力电缆	10*D*
2	有钢铠护套的橡皮绝缘电力电缆	20*D*
3	聚氯乙烯绝缘电力电缆	10*D*
4	交联聚氯乙烯绝缘电力电缆	15*D*
5	多芯控制电缆	10*D*

注：*D*为电缆外径。

(3) 当设计无要求时，电缆桥架水平安装的支架间距为1.5～3m；垂直安装的支架间距不大于2m；

(4) 桥架与支架间螺栓、桥架连接板螺栓固定紧固无遗漏，螺母位于桥架外侧；当铝合金桥架与钢支架固定时，有相互间绝缘的防电化腐蚀措施；

(5) 电缆桥架敷设在易燃易爆气体管道和热力管道的下方，当设计无要求时，与管道的最小净距，符合表6-192的规定；

与管道的最小净距（m） **表6-192**

管 道 类 别		平 行 净 距	交 叉 净 距
一般工艺管道		0.4	0.3
易燃易爆气体管道		0.5	0.5
热力管道	有保温层	0.5	0.3
	无保温层	1.0	0.5

(6) 敷设在竖井内和穿越不同防火区的桥架，按设计要求位置，有防火隔堵措施；

(7) 支架与预埋件焊接固定时，焊缝饱满；膨胀螺栓固定时，选用螺栓适配，连接紧固，防松零件齐全。

3. 桥架内电缆敷设应符合下列规定：

(1) 大于45°倾斜敷设的电缆每隔2m处设固定点；

(2) 电缆出入电缆沟、竖井、建筑物、柜(盘)、台处以及管子管口处等做密封处理；

(3) 电缆敷设排列整齐，水平敷设的电缆，首尾两端、转弯两侧及每隔 5～10m 处设固定点；敷设于垂直桥架内的电缆固定点间距，不大于表 6-193 的规定。

电缆固定点的间距（mm）　　表 6-193

电缆种类		固定点的间距
电力电缆	全塑型	1000
	除全塑型外的电缆	1500
控制电缆		1000

(十一) 电缆沟内和电缆竖井内电缆敷设

主　控　项　目

1. 金属电缆支架、电缆导管必须接地（PE）或接零（PEN）可靠。

一　般　项　目

2. 电缆支架安装应符合下列规定：

(1) 当设计无要求时，电缆支架最上层至竖井顶部或楼板的距离不小于 150～200mm；电缆支架最下层至沟底或地面的距离不小于 50～100mm；

(2) 当设计无要求时，电缆支架层间最小允许距离符合表 6-194 的规定；

电缆支架层间最小允许距离（mm）　　表 6-194

电缆种类	支架层间最小距离
控制电缆	120
10kV 及以下电力电缆	150～200

(3) 支架与预埋件焊接固定时，焊缝饱满；用膨胀螺栓固定时，选用螺栓适配，连接紧固，防松零件齐全。

3. 电缆敷设固定应符合下列规定：

(1) 垂直敷设或大于 45°倾斜敷设的电缆在每个支架上固定；

(2) 交流单芯电缆或分相后的每相电缆固定用的夹具和支架，不形成闭合铁磁回路；

(3) 电缆排列整齐，少交叉；当设计无要求时，电缆支持点间距，不大于表 6-195 的规定；

电缆支持点间距（mm）　　表 6-195

电缆种类		敷设方式	
		水平	垂直
电力电缆	全塑型	400	1000
	除全塑型外的电缆	800	1500
控制电缆		800	1000

（十二）电线导管、电缆导管和线槽敷设

主 控 项 目

1. 金属导管严禁对口熔焊连接；镀锌和壁厚小于等于2mm的钢导管不得套管熔焊连接。

一 般 项 目

2. 暗配的导管，埋设深度与建筑物、构筑物表面的距离不应小于15mm；明配的导管应排列整齐，固定点间距均匀，安装牢固；在终端、弯头中点或柜、台、箱、盘等边缘的距离150～500mm范围内设有管卡，中间直线段管卡间的最大距离应符合表6-196的规定。

管卡间最大距离　　表6-196

敷设方式	导管种类	导管直径（mm）				
		15～20	25～32	32～40	50～65	65以上
		管卡间最大距离（m）				
支架或沿墙明敷	壁厚＞2mm刚性钢导管	1.5	2.0	2.5	2.5	3.5
	壁厚≤2mm刚性钢导管	1.0	1.5	2.0	—	—
	刚性绝缘导管	1.0	1.5	1.5	2.0	2.0

3. 绝缘导管敷设应符合下列规定：

（1）管口平整光滑；管与管、管与盒（箱）等器件采用插入法连接时，连接处结合面涂专用胶粘剂，接口牢固密封；

（2）直埋于地下或楼板内的刚性绝缘导管，在穿出地面或楼板易受机械损伤的一段，采取保护措施；

（3）当设计无要求时，埋设在墙内或混凝土内的绝缘导管，采用中型以上的导管；

（4）沿建筑物、构筑物表面和在支架上敷设的刚性绝缘导管，按设计要求装设温度补偿装置。

（十三）电线、电缆穿管和线槽敷线

主 控 项 目

1. 三相或单相的交流单芯电缆，不得单独穿于钢导管内。

一 般 项 目

2. 线槽敷线应符合下列规定：

（1）电线在线槽内有一定余量，不得有接头。电线按回路编号分段绑扎，绑扎点间距不应大于2m；

（2）同一回路的相线和零线，敷设于同一金属线槽内；

（3）同一电源的不同回路无抗干扰要求的线路可敷设于同一线槽内；敷设于同一线槽内有抗干扰要求的线路用隔板隔离，或采用屏蔽电线且屏蔽护套一端接地。

（十四）槽板配线

主 控 项 目

1. 槽板内电线无接头，电线连接设在器具处；槽板与各种器具连接时，电线应留有余量，器具底座应压住槽板端部。

一 般 项 目

2. 木槽板无劈裂，塑料槽板无扭曲变形。槽板底板固定点间距应小于500mm；槽板盖板固定点间距应小于300mm；底板距终端50mm和盖板距终端30mm处应固定。

（十五）钢索配线

主 控 项 目

1. 应采用镀锌钢索，不应采用含油芯的钢索。钢索的钢丝直径应小于0.5mm，钢索不应有扭曲和断股等缺陷。

2. 钢索配线的零件间和线间距离应符合表6-197的规定。

钢索配线的零件间和线间距离（mm）　表6-197

配线类别	支持件之间最大距离	支持件与灯头盒之间最大距离
钢　管	1500	200
刚性绝缘导管	1000	150
塑料护套线	200	100

（十六）电缆头制作、接线和线路绝缘测试

主 控 项 目

1. 铠装电力电缆头的接地线应采用铜绞线或镀锡铜编织线，截面积不应小于表6-198的规定。

电缆芯线和接地线截面积（mm^2）　表6-198

电缆芯线截面积	接地线截面积
120及以下	16
150及以上	25

注：电缆芯线截面积在16mm^2及以下，接地线截面积与电缆芯线截面积相等。

一 般 项 目

2. 芯线与电器设备的连接应符合下列规定：

（1）截面积在10mm^2及以下的单股铜芯线和单股铝芯线直接与设备、器具的端子连接；

（2）截面积在2.5mm^2及以下的多股铜芯线拧紧搪锡或接续端子后与设备、器具的端子连接；

（3）截面积大于2.5mm^2的多股铜芯线，除设备自带插接式端子外，接续端子后与设备或器具的端子连接；多股铜芯线与插接式端子连接前，端部拧紧搪锡；

（4）多股铝芯线接续端子后与设备、器具的端子连接；

（5）每个设备和器具的端子接线不多于2根电线。

（十七）普通灯具安装

主 控 项 目

1. 花灯吊钩圆钢直径不应小于灯具挂销直径，且不应小于 6mm。大型花灯的固定及悬吊装置，应按灯具重量的 2 倍做过载试验。

2. 当灯具距地面高度小于 2.4m 时，灯具的可接近裸露导体必须接地（PE）或接零（PEN）可靠，并应有专用接地螺栓，且有标识。

一 般 项 目

3. 引向每个灯具的导线线芯最小截面积应符合表 6-199 的规定。

导线线芯最小截面积（mm^2） 表 6-199

灯具安装的场所及用途		线芯最小截面积		
		铜芯软线	铜 线	铝 线
灯头线	民用建筑室内	0.5	0.5	2.5
	工业建筑室内	0.5	1.0	2.5
	室 外	1.0	1.0	2.5

（十八）专用灯具安装

主 控 项 目

1. 防爆灯具安装应符合下列规定：

(1) 灯具的防爆标志、外壳防护等级和温度组别与爆炸危险环境相适配。当设计无要求时，灯具种类和防爆结构的选型应符合表 6-200 的规定；

灯具种类和防爆结构的选型 表 6-200

爆炸危险区域防爆结构 / 照明设备种类	Ⅰ区		Ⅱ区	
	隔爆型 d	增安型 e	隔爆型 d	增安型 e
固定式灯	○	×	○	○
移动式灯	△	—	○	—
携带式电池灯	○	—	○	—
镇流器	○	△	○	○

注：○为适用；△为慎用；×为不适用。

(2) 灯具配套齐全，不用非防爆零件替代灯具配件（金属护网、灯罩、接线盒等）；

(3) 灯具的安装位置离开释放源，且不在各种管道的泄压口及排放口上下方安装灯具；

(4) 灯具及开关安装牢固可靠，灯具吊管及开关与接线盒螺纹啮合扣数不少于 5 扣，螺纹加工光滑、完整、无锈蚀、并在螺纹上涂以电力复合脂或导电性防锈脂；

(5) 开关安装位置便于操作，安装高度 1.3m。

一　般　项　目

2. 应急照明灯具安装应符合下列规定：

(1) 疏散照明采用荧光灯或白炽灯；安全照明采用卤钨灯，或采用瞬时可靠点燃的荧光灯；

(2) 安全出口标志灯和疏散标志灯装有玻璃或非燃材料的保护罩，面板亮度均匀度为1:10（最低:最高），保护罩应完整、无裂纹。

3. 防爆灯具安装应符合下列规定：

(1) 灯具及开关的外壳完整，无损伤、无凹陷或沟槽，灯罩无裂纹，金属护网无扭曲变形，防爆标志清晰；

(2) 灯具及开关的紧固螺栓无松动、锈蚀，密封垫圈完好。

（十九）建筑物景观照明灯、航空障碍标志灯和庭院灯安装

主　控　项　目

1. 建筑物景观照明灯具安装应符合下列规定：

(1) 每套灯具的导电部分对地绝缘电阻值大于2MΩ；

(2) 在人行道等人员来往密集场所安装的落地式灯具，无围栏防护，安装高度距地面2.5m以上；

(3) 金属构架和灯具的可接近裸露导体及金属软管的接地（PE）或接零（PEN）可靠，且有标识。

一　般　项　目

2. 建筑物景观照明灯具构架应固定可靠，地脚螺栓拧紧，备帽齐全；灯具的螺栓紧固、无遗漏。灯具外露的电线或电缆应有柔性金属导管保护；

3. 庭院灯安装应符合下列规定：

(1) 灯具的自动通、断电源控制装置动作准确，每套灯具熔断器盒内熔丝齐全，规格与灯具适配；

(2) 架空线路电杆上的路灯，固定可靠，紧固件齐全、拧紧，灯位正确；每套灯具配有熔断器保护。

（二十）开关、插座、风扇安装

主　控　项　目

1. 插座接线应符合下列规定：

(1) 单相两孔插座，面对插座的右孔或上孔与相线连接，左孔或下孔与零线连接；单相三孔插座，面对插座的右孔与相线连接，左孔与零线连接；

(2) 单相三孔、三相四孔及三相五孔插座的接地（PE）或接零（PEN）线接在上孔。插座的接地端子不与零线端子连接。同一场所的三相插座，接线的相序一致。

(3) 接地（PE）或接零（PEN）线在插座间不串联连接。

一　般　项　目

2. 照明开关安装应符合下列规定：

(1) 开关安装位置便于操作，开关边缘距门框边缘的距离0.15～0.2m，开关距地面高度1.3m；拉线开关距地面高度2～3m，层高小于3m时，拉线开关距顶板不小于100mm，拉线出口垂直向下；

(2) 相同型号并列安装及同一室内开关安装高度一致，且控制有序不错位。并列安装的拉线开关的相邻间距不小于 20mm；

(3) 暗装的开关面板应紧贴墙面，四周无缝隙，安装牢固，表面光滑整洁、无碎裂、划伤，装饰帽齐全。

3. 吊扇安装应符合下列规定：

(1) 涂层完整，表面无划痕、无污染，吊杆上下扣碗安装牢固到位；

(2) 同一室内并列安装的吊扇开关高度一致，且控制有序不错位。

(二十一) 建筑物照明通电试运行

主　控　项　目

1. 照明系统通电，灯具回路控制应与照明配电箱及回路的标识一致；开关与灯具控制顺序相对应，风扇的转向及调速开关应正常。

2. 公用建筑照明系统通电连续试运行时间应为 24h，民用住宅照明系统通电连续试运行时间应为 8h。所有照明灯具均应开启，且每 2h 记录运行状态 1 次，连续试运行时间内无故障。

(二十二) 接地装置安装

主　控　项　目

1. 测试接地装置的接地电阻值必须符合设计要求。

2. 防雷接地的人工接地装置的接地干线埋设，经人行通道处埋地深度不应小于 1m，且应采取均压措施或在其上方铺设卵石或沥青地面。

一　般　项　目

3. 当设计无要求时，接地装置的材料采用为钢材，热浸镀锌处理，最小允许规格、尺寸应符合表 6-201 的规定：

最小允许规格、尺寸　　　　**表 6-201**

种类、规格及单位		敷设位置及使用类别			
		地　上		地　下	
		室　内	室　外	交流电流回路	直流电流回路
圆钢直径（mm）		6	8	10	12
扁钢	截面（mm^2）	60	100	100	100
	厚度（mm）	3	4	4	6
角钢厚度（mm）		2	2.5	4	6
钢管管壁厚度（mm）		2.5	2.5	3.5	4.5

(二十三) 避雷引下线和变配电室接地干线敷设

主　控　项　目

1. 暗敷在建筑物抹灰层内的引下线应有卡钉分段固定；明敷的引下线应平直、无急弯，与支架焊接处，油漆防腐，且无遗漏。

2. 变压器室、高低压开关室内的接地干线应有不少于 2 处与接地装置引出干线连接。

一　般　项　目

3. 变配电室内明敷接地干线安装应符合下列规定：

(1) 便于检查，敷设位置不妨碍设备和拆卸与检修；

(2) 当沿建筑物墙壁水平敷设时，距地面高度 250～300mm；与建筑物墙壁间的间隙 10～15mm；

(3) 当接地线跨越建筑物变形缝时，设补偿装置；

(4) 接地线表面沿长度方向，每段为 15～100mm，分别涂以黄色和绿色相间的条纹；

(5) 变压器室、高压配电室的接地干线上应设置不少于 2 个供临时接地用的接线柱或接地螺栓。

(二十四) 接闪器安装

主　控　项　目

1. 建筑物顶部的避雷针、避雷带等必须与顶部外露的其他金属物体连成一个整体的电气通路，且与避雷引下线连接可靠。

一　般　项　目

2. 避雷针、避雷带应位置正确，焊接固定的焊缝饱满无遗漏，螺栓固定的应备帽等防松零件齐全，焊接部分补刷的防腐油漆完整。

(二十五) 建筑物等电位联结

主　控　项　目

1. 等电位联结的线路最小允许截面应符合表 6-202 的规定：

线路最小允许截面（mm^2）　　**表 6-202**

材　料	截　面	
	干　线	支　线
铜	16	6
钢	50	16

一　般　项　目

2. 等电位联结的可接近裸露导体或其他金属部件、构件与支线连接应可靠，熔焊、钎焊或机械紧固应导通正常。

(二十六) 建筑电气工程施工应注意的质量问题

1. 硬质阻燃型塑料管明敷设工程应注意的质量问题

(1) 套箍偏中，有松动，插不到位，胶粘剂抹得不均匀，应用小刷均匀涂抹配套供应的胶粘剂，插入时用力转动插入到位。

(2) 大管煨弯时，有凹扁、裂痕及烤伤、烤变色现象：因烤烘面积小，加热不均匀，应灌砂用电炉间接烤，或用火烤。面积要大，热要均匀，并有型具一次煨成。

(3) 管路敷设出现垂直与水平超偏，管卡间距不均匀：固定管卡前未拉线，造成水平误差；使用卷尺测量有误，应使用水平尺复核，让始终点水平，然后弹线再固定管卡，先固定起终二点，中间加档管卡，选择规格产品，并要用尺杆测量使管卡固定高度一致。

2. 硬质和半硬质阻燃型塑料管暗敷设工程应注意的质量问题

(1) 管路有外露现象，或保护层不足 15mm，剔槽时要保证深度，并且及时将管子固定，再用水泥砂浆保护。

(2) 稳筑或预埋的盒、箱有歪斜、坐标不准、灰浆不饱满等现象：稳筑盒、箱时一定要找准位置，先注入适量的水泥砂浆，再用线坠找正，然后用水泥砂浆将盒、箱周围的缝隙填实。

(3) 管子煨弯处的凹扁度过大及弯曲半径应大于等于 6D，煨弯应按要求操作并及时地固定和保护。

(4) 管路不通：朝上的管口容易掉进杂物，因此，应及时将管口封堵好。其他工种作业时，应注意不要碰损敷设完的管路，以免造成管路堵塞。

3. 塑料阻燃型可挠（波纹）管敷设工程应注意的质量问题

(1) 配合土建结构预埋箱、盒容易出现歪斜、埋深及砂浆不饱满现象。

(2) 并列安装的盒、箱不在同一水平线上，超出允许偏差：应测量准确挂通线稳装找平找正。

(3) 管入盒、箱处不顺直，管口不平齐：

距箱、盒 0.15m 以内管段应固定，箱、盒内断管应使用锋利的刀具，操作应认真。

(4) 波纹管弯曲处宜出现凹扁或死弯现象：

应选用优质管材，管材不应在露天长期存放。预制大楼板内的预埋管与墙体内管路连接，应在水平方向适当错开位置，且管子弯曲处的楼板与墙体均应剔成弯曲状。弯曲处加装半硬质阻燃型套管或使用定弯套，以保证弯曲度。

(5) 穿线时发生管路堵塞现象：

主要原因是没有按要求进行预扫管工作或预扫管时不认真。也有预扫管工作进行后，其他工种施工时碰伤管路。除及时纠正外，应严格按要求进行预扫管工作。

4. 钢管敷设工程应注意的质量问题

(1) 煨弯处出现凹扁过大或弯曲半径不够倍数的现象。其原因及解决办法有：

1) 使用手扳煨管器时，移动要适度，用力不要过猛。

2) 使用油压煨管器或煨管机时，模具要配套，管子的焊缝应在正反面。

(2) 暗配管路弯曲过多，敷设管路时，应按设计图要求及现场情况，沿最近的路线敷设，不绕行弯曲处可明显减少。

(3) 预埋盒、箱、支架、吊杆歪斜，或者盒、箱里进外出严重，应根据具体情况进行修复。

(4) 剔注盒、箱出现空、收口不好，应在稳注盒、箱时，其周围灌满灰浆，盒、箱口应及时收好后再穿线上器具。

(5) 预留管口的位置不准确。配管时未按设计图要求找出轴线尺寸位置，造成定位不准。应根据设计图要求进行修复。

(6) 线管在焊跨接地线时，将管焊漏，焊接不牢、漏焊、焊接面不够倍数，主要是操作者责任心不强，或者技术水平太低，应加强操作者责任心和技术教育、严格按照规范要求进行焊接。

(7) 明配管、吊顶内或护墙板内配管、固定点不牢，螺丝松动铁卡子、固定点间距过大或不均匀。应采用配套管卡，固定牢固，档距应找均匀。

(8) 暗配管路堵塞，配管后应及时扫管，发现堵管及时修复。配管后应及时加管堵把管口堵严实。

(9) 管口不平齐有毛刺，断管后未及时铣口，应用锉把管口锉平齐，去掉毛刺再配管。

(10) 焊口不严破坏镀锌层，应将焊口焊严，受到破坏的镀锌层处，应及时补刷防锈漆。

5. 管内穿绝缘导线工程应注意的质量问题

(1) 在施工中存在护口遗漏、脱落、破损及管径不符等现象。因操作不慎而使护口遗漏或脱落者应及时补齐，护口破损与管径不符者应及时更换。

(2) 铜导线连接时，导线的缠绕圈不足 5 圈，未按工艺要求连接的接头均应拆除重新连接。

(3) 导线连接处的焊锡不饱满，出现虚焊、夹渣等现象。焊锡的温度要适当，涮锡要均匀。涮锡后应用布条及时擦去多余的焊剂，保持接头部分的洁净。

(4) 导线线芯受损是由于用力过猛和剥线钳使用不当造成的，削线应根据线径选用剥线钳相应的刀口。

(5) 多股软铜线涮锡遗漏，应及时进行补焊锡。

(6) 接头部分包扎不平整、不严密。应按工艺要求重新进行包扎。

(7) 螺旋接线钮松动和线芯外露。接线钮不合格及线芯剪得余量过短都会造成其松动，线芯剪得太长就会造成线芯外露。应选用与导线截面和导线根数相应的合格产品。

(8) 套管压接后，压模的位置不在中心线上。压模不配套或深度不够，应选用合格的压模进行压接。

(9) 线路的绝缘电阻值偏低。管路内可能进水或者绝缘层受损都将造成线路的绝缘电阻值偏低。应将管路中的泥水及时清干净或更换导线。

(10) 采用 LC 线帽的接头，导线绝缘应和帽内压接管平齐。

6. 瓷夹或塑料夹配线工程应注意的质量问题

(1) 瓷件固定不牢、不平齐，应先将木砖或塑料胀管预埋牢固，再用木螺钉将瓷件固定在木砖或塑料胀管上，并调整平齐。

(2) 导线过分松弛，超过允许偏差，应及时进行调整，使其达到规定要求。

(3) 在导线分支处、转角处未加装固定瓷件，应及时补装。

(4) 变形缝两侧的导线未加装瓷件固定，应按要求及时补装，导线要留有补偿余量。

(5) 导线敷设位置距地面的高度不符合要求。应按要求进行调整。

(6) 丁字配线时，导线有不顺直现象。配线时，在丁字瓷件处，应先将导线理顺。不符合要求的应及时调整正确。

7. 瓷柱、瓷瓶配线工程应注意的质量问题

(1) 瓷件表面不清洁及个别瓷件有破损现象：瓷件安装时，应擦去其表面的污物，及时将破损瓷件更换。

(2) 瓷件的固定不合要求：应用木螺钉固定瓷件，严禁使用圆钉和采用粘接法。

(3) 变形缝两侧的导线未加装瓷件固定：应按要求及时补装，导线要留有补偿余量。

(4) 导线过分松弛，超过允许偏差：应及时进行调整，使其达到要求。

(5) 绑扎导线时，采用裸导线作为绑线：塑料绝缘导线必须采用塑料绑线进行绑扎。

(6) 在导线分支处、接头处未加装固定瓷件：应及时补装，保证导线不受横向拉力。

8. 塑料护套线配线工程应注意的质量问题

(1) 线卡间距不均匀，超出允许偏差，且有松动、不平整等现象。应重新进行调整、固定。

(2) 导线松弛、有弯，平直度，垂直度超差：应重新将导线调直、抻紧，按照要求将导线用线卡子固定好。

(3) 变形缝处的导线未留补偿余量：应补做补偿装置并预留补偿余量。

(4) 导线在过楼板、墙、梁及其他管道交错时未做保护管，应及时地予以补做。

(5) 导线连接的接、焊、包不符合要求：应按第 5.4.8 条至第 5.4.10 条的要求执行。

(6) 接线盒开口过大，与护套线不吻合，应修补开口或换新接线盒、按要求重新开孔。

9. 钢索配管、配线工程应注意的质量问题

(1) 钢索垂度过大

1) 吊装前钢索未进行预抻，吊装后产生下坠造成垂度过大：应调整花篮螺栓，使钢索的垂度符合安装要求。

2) 耳环接口处未焊死，承重后抻开，造成钢索垂度过大：应将耳环的接口处补焊牢固。

3) 中间档距过大，造成垂度过大：应按要求补加吊点。

(2) 钢索未做保护地线或保护地线的截面过小：应按照要求补做明显可靠的保护地线。

(3) 扁钢吊架不垂直、平整、固定点松动：应及时进行修复找正。

(4) 扁钢吊架的间隔不均匀，差别过大：应按规定要求重新调整。

(5) 导线不平整，出现扭弯和松弛现象：应按要求将导线理顺调直后再绑扎牢固。

(6) 导线线芯受损：采用电工刀削绝缘层时极易损伤线芯。应使用剥线钳削去导线的绝缘层。

(7) 导线连接处的焊锡不饱满，出现虚焊、夹渣等现象：焊锡的温度要合适，锡焊要均匀。涮锡后应该用布条及时擦去多余的焊剂，保持接头部分的清洁。

(8) 导线接头部分的包扎层不紧密平整：绝缘包扎时，应先用橡皮绝缘带或粘塑料绝缘带半幅重叠包扎紧密后，再用黑胶布半幅重叠包扎紧密。

(9) 钢索穿过墙、梁等处时未加穿保护管：应采取有效的补救措施。

(10) 钢管或钢电线管的管口不光滑；煨弯倍数不够，凹扁度过大：应将管口的毛刺锉光，重新煨弯。更换凹扁度过大的管。

(11) 塑料管有变色、承插口偏心及凹扁度过大等现象：应重新找正承插口，更换凹扁度过大和质量不合要求的管子。

(12) 护套线配线平整度差，导线铝卡子不牢，使得导线的松弛度不一致或导线局部有弯：应理顺导线后再固定。

(13) 穿过墙体的护套线被抹在墙上：应补做保护管后再配线。

(14) 配管时，盒子的材料与管材不符：金属管应选用金属盒，塑料管应选用塑料盒。

10. 金属线槽配线安装工程应注意的质量问题

(1) 支架与吊架固定不牢：主要原因是金属膨胀螺栓的螺母未拧紧，或者是焊接部位开焊，应及时将螺栓上的螺母拧紧，将开焊处重新焊牢。金属膨胀螺栓固定不牢，或吃墙过深或出墙过多，钻孔偏差过大造成松动，应及时修复。

(2) 支架或吊架的焊接处未做防腐处理：应及时补刷遗漏处的防锈漆。

(3) 保护地线的线径和压接螺钉的直径不符合要求，应全部按规范要求执行。

(4) 线槽穿过建筑物的变形缝时未做处理：过变形缝的线槽应断开底板，并在变形缝的两端加以固定，保护地线和导线留有补偿余量。

(5) 线槽接茬处不平齐，线槽盖板有残缺，线槽与管连接处的护口破损遗漏，暗敷线槽未做检修入孔：应调整加以完善。

(6) 导线连接时，线芯受损，缠绕圈数和倍数不符合规定要求，涮锡不饱满，绝缘层包扎不严密：应按照导线连接的要求重新进行导线连接。

(7) 线槽内的导线放置杂乱无章：应将导线理顺平直，并绑扎成束。

(8) 竖井内配线未做防坠落措施：应按要求予以补做。

(9) 不同电压等级的线路，敷设于同一线槽内，应分开。

(10) 切割钢结构或轻钢龙骨：应及时采取补救措施，进行补焊加固。

11. 塑料线槽配线工程应注意的质量问题

(1) 线槽内有灰尘和杂物：配线前应先将线槽内的灰尘和杂物清净。

(2) 线槽底板松动和有翘边现象，胀管或木砖固定不牢，螺钉未拧紧：槽板本身的质量有问题。固定底板时，应先将木砖或胀管固定牢，再将固定螺钉拧紧。线槽应选用合格产品。

(3) 线槽盖板接口不严，缝隙过大并有错台：操作时应仔细地将盖板接口对好，避免有错台。

(4) 线槽内的导线放置杂乱：配线时，应将导线理顺，绑扎成束。

(5) 不同电压等级的电路放置在同一线槽内：操作时应按照图纸及规范要求将不同电压等级的线路分开敷设。同一电压等级的导线可放在同一线槽内。

(6) 线槽内导线截面和根数超出线槽的允许规定：应按要求配线。

(7) 接、焊、包不符合要求：应按要求及时改正。

12. 灯具、吊扇安装工程应注意的质量问题

(1) 成排灯具、吊扇的中心线偏差超出允许范围：在确定成排灯具、吊扇的位置时，必须拉线，最好拉十字线。

(2) 木台固定不牢，与建筑物表面有缝隙：木台直径在 75～150mm 时，应用两个螺钉固定；木台直径在 150mm 以上时，应用三个螺钉成三角形固定。

(3) 法兰盘、吊盒、平灯口不在塑料（木）台的中心上，其偏差超过 1.5mm：安装时应先将法兰盘、吊盒、平灯口的中心对正塑料（木）台的中心。

(4) 吊链日光灯的吊链选用不当，应按下列要求进行更换

带罩或双管日光灯以及单管无罩日光灯链长，应使用镀锌吊链。

(5) 采用木结构明（暗）装灯具时，导线接头和普通塑料导线裸露，应采取防火措施，导线接头应放在灯头盒内或器具内，塑料导线应改用护套线进行敷设，或放在阻燃型塑料线槽内进行明配线。

(6) 各类灯具的适用场所和安装方法，应参考生产厂家提供的安装示意图和说明书进行安装。何种灯具不采用木台直接安装在结构上，应由设计确定。在接地范围内安装的金属外壳灯具，灯具在体上应设有专用接地螺栓。

13. 开关、插座安装工程应注意的质量问题

(1) 开关、插座的面板不平整，与建筑物表面之间有缝隙：应调整面板后再拧紧固定螺钉，使其紧贴建筑物表面。

(2) 开关未断相线，插座的相线、零线及地线压接混乱：应按要求进行改正。

(3) 多灯房间开关与控制灯具顺序不对应：对接线时应仔细分清各路灯具的导线，依次压接，并保证开关方向一致。

(4) 固定面板的螺钉不统一（有一字和十字螺钉）：为了美观，应选用统一的螺钉。

(5) 同一房间的开关、插座的安装高度之差超出允许偏差范围：应及时更正。

(6) 铁管进盒护口脱落或遗漏：安装开关、插座接线时，应注意把护口带好。

(7) 开关、插座面板已经上好，但盒子过深（20～25mm），未加套盒处理：应及时补上。

(8) 开关、插销箱内拱头接线：应改为压线帽接导线总头，再分支导线接各开关或插座端头。

14. 配电箱安装工程应注意的质量问题

(1) 配电箱（盘）的标高或垂直度超出允许偏差：是由于测量定位不准确或者是地面高低不平造成的，应及时进行修正。

(2) 铁架不方正：在安装铁架之前未进行调直找正，或安装时固定点位置偏移造成的，应用吊线重新找正后再进行固定。

(3) 盘面电具、仪表不牢固、平整或间距不均，压头不牢、压头伤线芯，多股导线压头未装压线端子。闸具下方未装卡片框，螺钉不紧的应拧紧，间距应按要求调整均匀，找平整。伤线芯的部分应剪掉重接，多股线应装上压线端子，卡片框应补装。

(4) 接地导线截面不够或保护地线截面不够，保护地线串接，对这些不符合要求的应按有关规定进行纠正。配电箱、盘内的 PE 线端子适用于一般公用建筑工程，民用住宅工程不宜使用。

(5) 盘后配线排列不整齐：应按支路绑扎成束，并固定在盘内。

(6) 配电箱（盘）缺零部件，如合页、锁、螺钉等：应配齐各种安装所需零部件。

(7) 铁制箱电、气焊开长孔：应一管一孔，不应用电、气焊开孔，管入箱应平齐。

(8) 箱体稳筑周边缝隙过大：应用水泥砂浆将箱、管筑实、牢固。

(9) 木箱外侧无防腐、内壁粗糙：应按规定处理。

(10) 铁箱内壁焊点锈蚀：应补刷防锈漆。

15. 消防自动报警系统安装应注意的质量问题

(1) 探测器及手动报警器的盒子有破口，盒子过深及安装不牢固等现象：应将盒子口收平齐，安装应牢固，如有不合格现象应及时修理好。

(2) 导线编号混乱，颜色不统一：应根据产品技术说明书的要求，按编号进行查线，并将标注清楚的异型端子编号管装牢，相同回路的导线应颜色一致。

(3) 导线压接松动，反圈，绝缘电阻值低：应重新将压接不牢的导线压牢固，反圈的应按顺时针方向调整过来，绝缘电阻值低于标准值的应找出原因，否则不准投入使用。

(4) 安装位置距墙、吊顶不符合要求：应按消防规范规定和第 19.4.2 条中的要求执行。

(5) 探测器与灯位、通风口等部位互相干扰：应同设计人员及有关方面进行协商调整。

(6) 端子箱固定不牢固，暗装箱贴脸四周有破口、不贴墙：应重新稳装牢固、贴脸破损进行修复，损坏严重应重新更换。与墙贴不实的应找一下墙面是否平整，修平后再稳装端子箱。

(7) 压接导线时，应认真遥测各回路的绝缘电阻，如造成调试困难时，应拆开压接导线重新进行复核，直到准确无误为止。

(8) 基础槽钢不平直，超过允许偏差：槽钢安装前应进行调直，刷好防锈漆，再配合土建施工时，找好水平后固定牢固。

(9) 柜、盘、箱的平直度超出允许偏差：应及时纠正。

(10) 柜（盘）、箱的接地导线截面不符合要求、压接不牢：应按要求选用接地导线，压接时应配好防松垫圈且压接牢固，并做明显接地标记，以便于检查。

(11) 探测器、柜、盘、箱等被浆活污染：应将其清理干净。

(12) 运行中出现误报：应检查接地电阻值是否符合要求、是否有虚接现象，直到调试正常为止。

16. 防雷及接地安装工程应注意的质量问题

(1) 接地体

①接地体埋深或间隔距离不够：按设计要求执行。

②焊接面不够，药皮处理不干净，防腐处理不好：焊接面按质量要求进行纠正，将药皮敲净，做好防腐处理。

③利用基础、梁柱钢筋搭接面积不够：应严格按质量要求去做。

(2) 支架安装

①支架松动，混凝土支座不稳固：将支架松动的原因找出来，然后固定牢靠，混凝土支座放平稳。

②支架间距（或预埋铁件间距）不均匀，直线段不直，超出允许偏差：重新修改好间距，将直线段校正平直，不得超出允许偏差。

③焊口有夹渣、咬肉、裂纹、气孔等缺陷现象：重新补焊，不允许出现上述缺陷。

④焊接处药皮处理不干净，漏刷防锈漆：应将焊接处药皮处理干净，补刷防锈漆。

(3) 防雷引下线暗（明）敷设

①焊接面不够，焊口有夹渣、咬肉、裂纹、气孔及药皮处理不干净等现象：应按第 (2) 条进行处理。

②漏刷防锈漆：应及时补刷。

③主筋错位：应及时纠正。

④引下线不垂直，超出允许偏差：引下线应横平竖直，超差应及时纠正。

（4）避雷网敷设

①焊接面不够、焊口有夹渣、咬肉、裂纹、气孔及药皮处理不干净等现象：按第（2）条进行处理。

②防锈漆不均匀或有漏刷处：应刷均匀，漏刷处补好。

③避雷线不平直、超出允许偏差：调整后应横平竖直，不得超出允许偏差。

④卡子螺钉松动，缺少弹簧垫圈：应及时将螺钉拧紧。

⑤变形缝处未做补偿处理：应补做。

⑥出屋面的金属管道未与避雷网连接：应补做。

⑦管道与避雷网连接采用暗敷设时，应做隐蔽验收。

（5）避雷带与均压环

①焊接面不够，焊口有夹渣、咬肉、裂纹、气孔等：应按第（2）条处理。

②钢门窗、铁栏杆接地引线遗漏：应及时补上。

③圈梁的接头未焊：应进行补焊。

（6）避雷针制作与安装

①焊接处不饱满，焊药处理不干净，漏刷防锈漆：应及时予以补焊，将药皮敲净，刷上防锈漆。

②针体弯曲，安装的垂直度超出允许偏差：应将针体重新调直，符合要求后再安装。

（7）接地干线安装

①扁钢不平直：应重新进行调整。

②接地端子漏垫弹簧垫：应及时补齐。

③焊口有夹渣、咬肉、裂纹、气孔及药皮处理不干净等现象：应按第（2）条进行处理。

17. 电气安装工程质量预控措施

决定电气安装工程质量的三大因素为设计、施工及材料和设备制造。

（1）设计文件复核及优化

电气专业监理工程师首先应该熟悉电气安装工程设计图纸及说明书，参加图纸会审并做好记录。全面了解设计要求和使用要求。

①设计文件的组成内容是否符合标准、规范；

②设计说明、工程数量、设备和主要材料是否与施工图相符，施工图相互间是否符合一致，设计文件是否有错误或遗漏；

③室内外设备的布置和线路路径，是否符合规范规定和现场实际；

④采用新产品是否指明产品来源，加工非定型产品是否附有足够份数的工厂生产用图纸和其他必要的资料；

⑤文件中是否附有充分而完整的协议，如电源协议、外委配合工程协议，城建管理部门批准的线路路径的有关文件等；

⑥结合供电方案，熟悉、了解、掌握供配电系统构成及切换系统，重要负荷逻辑关系，了解相关专业的系统功能及负载情况。重要数据应复核。

（2）电气安装工程施工企业的资格审查

①从事建筑电气工程施工企业，必须持有北京供电局颁发的《供用电工程施工许可证》，其资格和能力，应与承包工程的规模和技术要求相适应。

②电气安装工程由总承包单位分包的项目，总包单位应对工程质量全面负责。分包单位应按相应质量检验评定标准的规定，检验评定所承担的分项、分部工程的质量等级。并将评定结果及资料交总包单位、监理单位。

建设单位直接分包的项目，按协议规定执行。

境外企业承包电气安装工程应符合京政发（1987）150号文件的规定。

③从事电气安装工程施工的企业，必须有健全的质量保证体系和技术管理体系，并对安装质量负责，施工现场必须具备下列条件：

a）施工现场必须明确电气工程负责人，对工程质量全面负责，并负责施工现场临时用电技术安全，制定施工组织，管理措施，安全措施；

b）施工现场设电气技术人员担任技术负责人，熟悉电气安装的施工工艺和技术指标，对电气安装施工质量负直接责任；

c）施工现场设有专职质量检查人员，坚持三检制度，如实填写记录、资料齐全有效；

④了解施工企业的业绩、信誉、人员素质及构成情况，进场后仍需进一步观察了解。

（3）电气安装工程设备、器材的认定：

①采用的设备及器材均应符合国家现行技术标准的规定，审核出厂证明，技术合格证或质量保证书。设备应有铭牌及安全认证。进口设备需经国家商检部门检验合格。

②落实设备、器材订货时间、交货条件及附加技术条件。了解、掌握对重要设备的质量控制、检测手段、安装工艺，必要时应到生产厂家实地考察。

③设备、器材的运输、保管应符合规范要求，当产品有特殊要求时，并应符合产品的要求。其保管期限为1年及以下，应符合设备及器材保管的专门规定。

④督促承包单位及时做好设备及器材进场后的检查、内容包括：

a）包装及密封良好，无缺损；

b）开箱清点并做记录，规格应符合设计要求、附件、备件应齐全；

c）按规范要求做外观检查，需做试验的，应由有关部门进行试验；

d）产品的技术文件应齐全。

⑤凡采用新材料、新型制品应有合格的试验报告及有关部门的技术鉴定文件。引进设备及拆、改建工程中使用经有关部门批准的旧设备、旧器材应首先满足或符合我国现行标准中的规定。

（4）技术准备步骤及土建施工条件

①落实建设单位、设计单位、承包单位电气专业人员的情况、联络方式、联络渠道、明确分工和权限，必要时在建设单位安排下与供电部门建立联系。

②参加施工组织设计施工方案的审查，重点审查电气安装工程及施工现场临时用电组织设计；监理工程师除了进行文字审核以外，还应与施工单位的技术人员交谈，了解方案的真实性及可信程度。有针对性地制订监理措施。掌握具体施工方案、质量保证措施。审查相关专业工序安排及衔接、交叉关系和预留部位、预埋件的保障手段和质量措施，及成品保护手段。

③参加审核工程项目实施总进度计划，主要审查电气安装工程是否符合总工期控制

目标的需要，是否合理安排了电气安装施工期，以及施工方案的协调性及合理性。了解工程进度安排，劳动及机具情况。

④施工现场临时用电组织设计是确保工程施工顺利进行的先决条件。施工用电要求确保安全可靠，准确计算施工用电负荷；合理分配负载；正确选用导线截面及开关整定值，用电器器具经检查合格后准许使用；

⑤监理工程师组织土建与电气专业人员进行中间验收，电气设备安装前土建施工应具备下列条件：

a）屋顶楼板施工完毕，不得遗漏；

b）室内地面基层施工完毕，并在墙上标出地面标高；

c）预埋件及预留孔符合设计要求，预埋件牢固；

d）混凝土基础及构支架达到允许安装的强度和刚度，其坐标位置、标高、外形尺寸、应符合设计要求和施工规范中的有关规定。设备支架焊接质量符合要求；

e）模板、施工设备及杂物清除干净，并有足够的安装用地，施工道路通畅；

f）基坑已回填夯实；

g）土建结构验收时电气施工人员应按内墙水平线、墙面线、按图查对核实预留施工孔洞及预埋管路、箱盒。符合要求后将箱盒稳好。

全部暗装电气工程的管路安装完毕并将管路扫通，查对位置和管路是否符合设计要求。

18. 电气安装工程质量控制要点

施工过程中的监理控制是把好质量的最后一关。监理工程师要坚持每道工序不验收认可，不准转入下道工序的原则。必须熟读设计图纸，默记供电方案及关键数据，对有关图纸会审记录和设计变更单，应及时标注在相应的施工图上。

(1) 执行持证上岗制度，电气技术管理人员，操作人员，应有相应的技术职务和有效合格的岗位操作证，并登记备案，监理工程师要掌握、了解、技术素质及流动情况做到心中有数。

(2) 落实电气安装施工条件，监理工程师要对施工方报来的各项工程及隐蔽工程报验单，以施工图纸和规范及施工工艺设计要求认真审查。问题、疑点、缺陷应及时处理，交待清楚，不得遗留到下道工序。

(3) 监理工程师要严格执行规章制度，控制工程洽商。发生设计、工艺、材料、设备变动都应先办理工程洽商再施工。各项手续以文字为凭，及时填写日志，掌握施工动态。

(4) 监理工程师要检查监督施工单位质量保证体系是否健全，落实三检（自检、互检、交接检）制度，三按（按图纸、按工艺、按标准）制度执行情况。

(5) 对供电系统、切换系统主要设备的安装调试，监理工程师要亲自监督校验，掌握详细的技术资料及真实情况。检查是否满足设计要求和施工验收规范要求，作好记录。

(6) 对施工中的新技术、新设备、新工艺、新方法及代用器材，施工中必须修改的工艺及方案，监理工程师必须对照原设计要求，进行审核，并取得建设单位和设计单位的书面同意，及有关业务部门的认可。

(7) 监理工程师要定期参加工地例会，根据需要组织召开专业性协调会议，如加工订货划项会，建设单位直接分包的项目与总承包单位之间的划项会，专业性较强的分包单位进场协调会。

(8) 在承包单位质检人员自检合格的基础上，对承包单位报验的部位进行隐蔽工程验收。要及时全面收集相关技术资料及检验记录。按实际进度及质量情况，按期填写进度表，工程质量应符合有关技术标准、设计文件及合同规定的要求。做好中间测试和收尾调试，具有完整的技术档案和竣工图资料。

(9) 结合供用电条件，必要时可协助建设单位拟定相应的运行规章制度，为初送电试运行创造条件，顺利地转入工程保修阶段。

(10) 电气安装施工与其他专业施工配合及协调

监理工程师要在施工全过程中始终督促、检查、协调电气专业与其他专业的配合关系、明确职责分工，加快工程进度，保证工程质量、降低消耗。

①基础施工阶段，督促土建专业施工人员按土建图注明的穿过基础的管线位置预留孔洞，电气专业人员配合土建施工、预留土建图中未注明的应预留孔洞及需埋入基础垫层的管线，接地装置。

②结构施工阶段，督促电气专业人员与土建专业人员密切配合，对防雷设施及引下线的施工，对距地面1.8m处引出断链检查点，每三层设置一个均压带，均应提前备好预埋件，土建施工到位时及时埋入。

③抹灰阶段

a）督促检查电气工程的箱、盒、管卡、套管是否齐全完好，不合格及时补救、修理。

b）贴壁纸或喷浆前应检查，轻体结构上箱、盒、管卡和预留孔位置及尺寸，发现遗漏及时补救。

c）电气工程的管路、配电箱贴脸面等应安装完毕，如与墙面不平或有缺口，应及时补救。

d）箱、盒口要规矩平整，不允许留大喇叭口，应与墙面平齐。

e）电气施工人员必须将箱、盒封堵（用纸或其他物品保护箱体，防止污染，掉进异物）。

④喷浆及其后期阶段

a）督促喷浆人员保护好接线盒、开关盒、插座盒、箱、盒。

b）喷浆后进行照明器具及面板的安装，操作时站位正确，保护土建成品，防止墙面弄脏碰坏。

⑤电气施工与土建配合时应掌握的几条线

a）轴线，通过轴线计算出管、线、箱、盒的平面位置及相互关系。

b）水平线，一般为50cm线或1m线、电气器具以此位置定位。

c）墙面线，抹灰前，土建冲筋确定墙面，电气施工应以此标准，调整各种盒及箱位置。

d）吊顶下皮线，精装修时，吊顶下皮线是调整安装嵌入式灯具及拉线开关，接线盒位置的基准。

e）隔墙线及门中线，以此为据确定灯具、开关的位置。

十四、电梯工程

(一) 电力驱动的曳引式或强制式

电梯安装工程质量验收

1. 设备进场验收

主 控 项 目

(1) 随机文件必须包括下列资料：

①土建布置图；

②产品出厂合格证；

③门锁装置、限速器、安全钳及缓冲器的型式试验证书复印件。

一 般 项 目

(2) 随机文件还应包括下列资料：

①装箱单；

②安装、使用维护说明书；

③动力电路和安全电路的电气原理图。

(3) 设备零部件应与装箱单内容相符。

(4) 设备外观不应存在明显的损坏。

2. 土建交接检验

主 控 项 目

(1) 井道必须符合下列规定：

①当底坑底面下有人员能到达的空间存在，且对重（或平衡重）上未设有安全钳装置时，对重缓冲器必须能安装在（或平衡重运行区域的下边）一直延伸到坚固地面上的实心桩墩上；

②电梯安装之前，所有层门预留孔必须设有高度不小于 1.2m 的安全保护围封，并应保证有足够的强度；

③当相邻两层门地坎间的距离大于 11m 时，其间必须设置井道安全门，井道安全门严禁向井道内开启，且必须装有安全门处于关闭时电梯才能运行的电气安全装置。当相邻轿厢间有相互救援用轿厢安全门时，可不执行本款。

一 般 项 目

(2) 机房（如果有）还应符合下列规定：

①机房内应设有固定的电气照明，地板表面上的照度不应小于 200lx。机房内应设置一个或多个电源插座。在机房内靠近入口的适当高度处应设有一个开关或类似装置控制机房照明电源。

②机房内应通风，从建筑物其他部分抽出的陈腐空气，不得排入机房内。

③应根据产品供应商的要求，提供设备进场所需要的通道和搬运空间。

④电梯工作人员应能方便地进入机房或滑轮间，而不需要临时借助于其他辅助设施。

⑤机房应采用经久耐用且不易产生灰尘的材料建造，机房内的地板应采用防滑材料。

注：此项可在电梯安装后验收。

⑥在一个机房内，当有两个以上不同平面的工作平台，且相邻平台高度差大于 0.5m 时，应设置楼梯或台阶，并应设置高度不小于 0.9m 的安全防护栏杆。当机房地面有深度

大于0.5m的凹坑或槽坑时，均应盖住。供人员活动空间和工作台面以上的净高度不应小于1.8m。

⑦供人员进出的检修活板门应有不小于0.8m×0.8m的净通道，开门到位后应能自行保持在开启位置。检修活板门关闭后应能支撑两个人的重量（每个人按在门的任意0.2m×0.2m面积上作用1000N的力计算），不得有永久性变形。

⑧门或检修活板门应装有带钥匙的锁，它应从机房内不用钥匙打开。只供运送器材的活板门，可只在机房内部锁住。

⑨电源零线和接地线应分开。机房内接地装置的接地电阻值不应大于4Ω。

3. 驱动主机

主 控 项 目

（1）紧急操作装置动作必须正常。可拆卸的装置必须置于驱动主机附近易接近处，紧急救援操作说明必须贴于紧急操作时易见处。

一 般 项 目

（2）当驱动主机承重梁需埋入承重墙时，埋入端长度应超过墙厚中心至少20mm，且支承长度不应小于75mm。

4. 导轨

一 般 项 目

（1）两列导轨顶面间的距离偏差应为：轿厢导轨0～+2mm；对重导轨0～+3mm。

（2）轿厢导轨和设有安全钳的对重（平衡重）导轨工作面接头处不应有连续缝隙，导轨接头处台阶不应大于0.05mm。如超过应修平，修平长度应大于150mm。

（3）不设安全钳的对重（平衡重）导轨接头处缝隙不应大于1.0mm，导轨工作面接头处台阶不应大于0.15mm。

5. 门系统

主 控 项 目

（1）层门强迫关门装置必须动作正常。

（2）层门锁钩必须动作灵活，在证实锁紧的电气安全装置动作之前，锁紧元件的最小啮合长度为7mm。

一 般 项 目

（3）门刀与层门地坎、门锁滚轮与轿厢地坎间隙不应小于5mm。

（4）层门地坎水平度不得大于2/1000，地坎应高出装修地面2～5mm。

6. 轿厢

主 控 项 目

（1）当距轿底面在1.1m以下使用玻璃轿壁时，必须在距轿底面0.9～1.1m的高度安装扶手，且扶手必须独立地固定，不得与玻璃有关。

一 般 项 目

（2）当轿厢有反绳轮时，反绳轮应设置防护装置和挡绳装置。

（3）当轿顶外侧边缘至井道壁水平方向的自由距离大于0.3m时，轿顶应装设防护栏及警示性标识。

7. 对重（平衡重）

一　般　项　目

(1) 当对重（平衡重）架有反绳轮，反绳轮应设置防护装置和挡绳装置。

(2) 对重（平衡重）块应可靠固定。

8. 安全部件

主　控　项　目

(1) 限速器动作速度整定封记必须完好，且无拆动痕迹。

(2) 当安全钳可调节时，整定封记应完好，且无拆动痕迹。

一　般　项　目

(3) 轿厢在两端站平层位置时，轿厢、对重的缓冲器撞板与缓冲器顶面间的距离应符合土建布置图要求。轿厢、对重的缓冲器撞板中心与缓冲器中心的偏差不应大于20mm。

(4) 液压缓冲器柱塞铅垂度不应大于0.5%，充液量应正确。

9. 悬挂装置、随行电缆、补偿装置

主　控　项　目

(1) 绳头组合必须安全可靠，且每个绳头组合必须安装防螺母松动和脱落的装置。

一　般　项　目

(2) 每根钢丝绳张力与平均值偏差不应大于5%。

(3) 随行电缆的安装应符合下列规定：

①随行电缆端部应固定可靠。

②随行电缆在运行中应避免与井道内其他部件干涉。当轿厢完全压在缓冲器上时，随行电缆不得与底坑地面接触。

10. 电气装置

主　控　项　目

(1) 电气设备接地必须符合下列规定：

①所有电气设备及导管、线槽的外露可导电部分均必须可靠接地（PE）；

②接地支线应分别直接接至接地干线接线柱上，不得互相连接后再接地。

一　般　项　目

(2) 主电源开关不应切断下列供电电路：

①轿厢照明和通风；

②机房和滑轮间照明；

③机房、轿顶和底坑的电源插座；

④井道照明；

⑤报警装置。

11. 整机安装验收

主　控　项　目

(1) 层门与轿门的试验必须符合下列规定：

①每层层门必须能够用三角钥匙正常开启；

②当一个层门或轿门（在多扇门中任何一扇门）非正常打开时，电梯严禁启动或继续运行。

一 般 项 目

(2) 平层准确度检验应符合下列规定：

①额定速度小于等于 0.63m/s 的交流双速电梯，应在 ±15mm 的范围内；

②额定速度大于 0.63m/s 且小于等于 1.0m/s 的交流双速电梯，应在 ±30mm 的范围内；

③其他调速方式的电梯，应在 ±15mm 的范围内。

(3) 运行速度检验应符合下列规定：

当电源为额定频率和额定电压、轿厢载有 50% 额定载荷时，向下运行至行程中段（除去加速加减速段）时的速度，不应大于额定速度的 105%，且不应小于额定速度的 92%。

(二) 液压电梯安装工程质量验收

1. 设备进场验收

主 控 项 目

(1) 随机文件必须包括下列资料：

①土建布置图；

②产品出厂合格证；

③门锁装置、限速器（如果有）、安全钳（如果有）及缓冲器（如果有）的型式试验合格证书复印件。

一 般 项 目

(2) 随机文件还应包括下列资料：

①装箱单；

②安装、使用维护说明书；

③动力电路和安全电路的电气原理图；

④液压系统原理图。

2. 液压系统

主 控 项 目

(1) 液压泵站及液压顶升机构的安装必须按土建布置图进行。顶升机构必须安装牢固，缸体垂直度严禁大于 0.4‰。

一 般 项 目

(2) 液压管路应可靠连接，且无渗漏现象。

3. 悬挂装置、随行电缆

主 控 项 目

(1) 如果有钢丝绳，严禁有死弯。

(2) 当轿厢悬挂在两根钢丝绳或链条上，其中一根钢丝绳或链条发生异常相对伸长时，为此装设的电气安全开关必须动作可靠。对具有两个或多个液压顶升机构的液压电梯，每一组悬挂钢丝绳均应符合上述要求。

一 般 项 目

(3) 如果有钢丝绳或链条，每根张力与平均值偏差不应大于 5%。

4. 整机安装验收

主 控 项 目

（1）液压电梯安全保护验收必须符合下列规定：

①必须检查以下安全装置或功能；

②下列安全开关，必须动作可靠。

（2）限速器（安全绳）安全钳联动试验必须符合下列规定：

①限速器（安全绳）与安全钳电气开关在联动试验中必须动作可靠，且应使电梯停止运行。

②联动试验时轿厢载荷及速度应符合下列规定：

a）当液压电梯额定载重量与轿厢最大有效面积符合表 6-203 的规定时，轿厢应载有均匀分布的额定载重量；当液压电梯额定载重量小于表 6-203 规定的轿厢最大有效面积对应的额定载重量时，轿厢应载有均匀分布的 125％的液压电梯额定载重量，但该载荷不应超过表 6-203 规定的轿厢最大有效面积对应的额定载重量；

b）对瞬时式安全钳，轿厢应以额定速度下行；对渐进式安全钳，轿厢应以检修速度下行。

③当装有限速器安全钳时，使下行阀保持开启状态（直到钢丝绳松弛为止）的同时，人为使限速器机械动作，安全钳应可靠动作，轿厢必须可靠制动，且轿底倾斜度不应大于 5％。

④当装有安全绳安全钳时，使下行阀保持开启状态（直到钢丝绳松弛为止）的同时，人为使安全绳机械动作，安全钳应可靠动作，轿厢必须可靠制动，且轿底倾斜度不应大于 5％。

额定载重量与轿厢最大有效面积之间关系 **表 6-203**

额定载重量（kg）	轿厢最大有效面积（m^2）	额定载重量（kg）	轿厢最大有效面积（m^2）	额定载重量（kg）	轿厢最大有效面积（m^2）	额定载重量（kg）	轿厢最大有效面积（m^2）
100[1]	0.37	525	1.45	900	2.20	1275	2.95
180[2]	0.58	600	1.60	975	2.35	1350	3.10
225	0.70	630	1.66	1000	2.40	1425	3.25
300	0.90	675	1.75	1050	2.50	1500	3.40
375	1.10	750	1.90	1125	2.65	1600	3.56
400	1.17	800	2.00	1200	2.80	2000	4.20
450	1.30	825	2.05	1250	2.90	2500[3]	5.00

注：1. 一人电梯的最小值；

2. 二人电梯的最小值；

3. 额定载重量超过 2500kg 时，每增加 100kg 面积增加 0.16m^2，对中间的载重量其面积由线性插入法确定。

一 般 项 目

（1）液压电梯安装后应进行运行试验；轿厢在额定载重量工况下，按产品设计规定的每小时启动次数运行 1000 次（每天不少于 8h），液压电梯应平稳、制动可靠、连续运行无故障。

（2）平层准确度检验应符合下列规定：

液压电梯平层准确度应在 ±15mm 范围内。

（3）运行速度检验应符合下列规定：

空载轿厢上行速度与上行额定速度的差值不应大于上行额定速度的 8%；载有额定载重量的轿厢下行速度与下行额定速度的差值不应大于下行额定速度的 8%。

（三）自动扶梯、自动人行道安装工程质量验收

1. 土建交接检验

主 控 项 目

（1）自动扶梯的梯级或自动人行道的踏板或胶带上空，垂直净高度严禁小于 2.3m。

（2）在安装之前，井道周围必须设有保证安全的栏杆或屏障，其高度严禁小于 1.2m。

一 般 项 目

（3）土建工程应按照土建布置图进行施工，且其主要尺寸允许误差应为：

提升高度 -15～+15mm；跨度 0～+15mm。

2. 整机安装验收

主 控 项 目

（1）应测量不同回路导线对地的绝缘电阻。测量时，电子元件应断开。导体之间和导体对地之间的绝缘电阻应大于 1000Ω/V，且其值必须大于：

①动力电路和电气安全装置电路 0.5MΩ；

②其他电路（控制、照明、信号等）0.25MΩ。

一 般 项 目

（2）自动扶梯、自动人行道制动试验应符合下列规定：

①自动扶梯、自动人行道应进行空载制动试验，制停距离应符合表 6-204 的规定。

制 停 距 离　　表 6-204

额定速度（m/s）	制停距离范围（m）	
	自动扶梯	自动人行道
0.5	0.20～1.00	0.20～1.00
0.65	0.30～1.30	0.30～1.30
0.75	0.35～1.50	0.35～1.50
0.90	—	0.40～1.70

注：若速度在上述数值之间，制停距离用插入法计算。制停距离应从电气制动装置动作开始测量。

②自动扶梯应进行载有制动载荷的制停距离试验（除非制停距离可以通过其他方法检验），制动载荷应符合表 6-205 规定，制停距离应符合表 6-204 的规定；对自动人行道，制造商应提供按载有表 6-205 规定的制动载荷计算的制停距离，且制停距离应符合表 6-204 的规定。

制 动 载 荷　　表 6-205

梯级、踏板或胶带的名义宽度（m）	自动扶梯每个梯级上的载荷（kg）	自动人行道每 0.4m 长度上的载荷（kg）
$z \leqslant 0.6$	60	50
$0.6 < z \leqslant 0.8$	90	75
$0.8 < z \leqslant 1.1$	120	100

注：1. 自动扶梯受载的梯级数量由提升高度除以最大可见梯级踢板高度求得，在试验时允许将总制动载荷分布在所求得的 2/3 的梯级上；

2. 当自动人行道倾斜角度不大于 6°，踏板或胶带的名义宽度大于 1.1m 时，宽度每增加 0.3m，制动载荷应在每 0.4m 长度上增加 25kg；

3. 当自动人行道在长度范围内有多个不同倾斜角度（高度不同）时，制动载荷应仅考虑到那些能组合成最不利载荷的水平区段和倾斜区段。

（四）电梯工程安装应注意的质量问题

1. 样板安装及基准线放设应注意的质量问题

（1）确定轿厢导轨基准线时，应先复核图纸尺寸与实物尺寸两者是否一致。不一致时应以实物尺寸为依据，并通过有关部门核验。

（2）每次作业前，均应复查一次基准线，确认无移位，与其他物体不接触后，方可作业。

（3）如果在挂放铅垂线时发现井道偏斜较大时，则应根据实际情况，在保证运动部件距井道壁不小于 30mm 的前提下，将上、下样板架做适当移位补偿，并注意照顾多数，尽量减少剔凿作业，但上、下样板架任意方向的水平偏差不应大于 1mm。

（4）对钢门套及大理石门套的电梯，应根据门套及土建施工尺寸，确定厅门位置，使门套与墙面尽量平行一致，要考虑门套口与厅门边间隙不宜过大，不要剔墙过多。

2. 导轨支架和导轨安装应注意的质量问题

（1）用混凝土灌注的导轨支架若有松动的，要剔出来，按前述的方法重新灌注，不可在原有基础上修补。

（2）用膨胀螺栓固定的导轨支架若松动，要向上或向下改变导轨支架的位置，重新打膨胀螺栓进行安装。

（3）焊接的导轨支架要一次焊接成功。不可在调整轨道后再补焊，以防影响调整精度。

（4）组合式导轨支架在导轨调整完毕后，须将其连接部分点焊，以防位移。

（5）固定导轨用的压道板、紧固螺栓一定要和导轨配套使用。不允许采用焊接的方法或直接用螺栓固定（不用压道板）的方法将导轨固定在导轨支架上。

（6）调整导轨时，为了保证调整精度，要在导轨支架处及相邻的两导轨支架中间的导轨处设置测量点。

（7）冬季不宜用混凝土灌注导轨支架的方法安装导轨支架。在砖结构井壁剔凿导轨支架孔洞时，要注意不可破坏墙体。

（8）与电梯安装相关的预埋铁、金属构架及其焊口，均应做好清除焊药、除锈防腐工作，不得遗漏。

（9）电梯导轨严禁焊接，不允许用汽焊切割。

3. 对重安装应注意的质量问题

（1）导靴安装调整后，所有螺栓一定要紧牢防松。

（2）若发现个别的螺孔位置不符合安装要求，要及时解决，绝不允许漏装。

（3）吊装对重过程中，不要碰基准线，以免影响安装精度。

（4）对重下撞板处应加装补偿墩 2～3 个，当电梯的曳引绳伸长时，以使调整其缓冲距离符合规范要求。

4. 轿厢安装应注意的质量问题

（1）安装立柱时应使其自然垂直，达不到要求时，要在上、下梁和立柱间加垫片。进行调整，不可强行安装。

（2）轿厢底盘调整水平后，轿厢底盘与底盘座之间，底盘座与下梁之间的各连接处都要接触严密，若有缝隙要用垫片垫实，不可使斜拉杆过分受力。

（3）斜拉杆一定要上双母拧紧，轿厢各连接螺栓必须紧固、垫圈齐全。

（4）吊轿厢用的吊索钢丝绳与钢丝绳轧头的规格必须互相匹配，轧头压板应装在钢丝绳受力的一边，对 ϕ16mm 以下的钢丝绳，所使用的钢丝绳轧头应不少于 3 只，被夹绳的长度应大于钢丝绳直径的 15 倍，且最短长度不小于 300mm，每个轧头间的间距应大于钢丝绳直径的 6 倍，而且只准将两根相同规格的钢丝绳用轧头轧住；严禁 3 根或不同规格的钢丝绳用轧头轧在一起。

（5）在轿厢对重全部装好，并用曳引钢丝绳挂在曳引轮上，将要拆除上端站所架设的支承轿厢的横梁和对重的支撑之前，一定要先将限速器、限速器钢丝绳、张紧装置、安全钳拉杆、安全钳开关等装接完成，才能拆除支承横梁，这样做，万一出现电梯失控打滑现象时，安全钳起作用将轿厢轧住在导轨上，而不发生坠落的危险。

（6）在安装轿厢过程中，如需将轿厢整体吊起后用倒链悬空或停滞较长时期，这是很不安全的。正确的做法是用两根钢丝绳作保险用，这种钢丝绳应做有绳头，使用时配以卸扣，使轿厢重量完全由两根保险钢丝绳承载，这时应松去倒链的链条，使倒链完全呈现不承担荷载的状态。

5. 厅门安装应注意的质量问题

（1）固定钢门套时，要焊在门套的加强筋上，不可在门套上随意焊接。

（2）所有焊接连接和膨胀螺栓固定的部件一定要牢固可靠。砖墙上不准用膨胀螺栓固定。

（3）凡是需埋入混凝土中的部件，一定要经有关部门检查办理隐蔽工程手续后，才能浇灌混凝土。不准在空心砖或泡沫砖墙上用灌注混凝土方法固定。

（4）厅门各部件若有损坏、变形的，要及时修理或更换，合格后方可使用。

（5）厅门与井道固定的可调式连接件，在厅门调好后，应将连接件长孔处的垫圈点焊固定，以防位移。

6. 机房机械设备安装应注意的质量问题

(1) 凡是浇灌混凝土内的部件，在浇灌混凝土之前要经质检人员检查，当符合要求，经检验者签字后，才能进行下一道工序。

(2) 曳引机在调试中，发现有异常现象，需拆开检修调整，首先应由厂家来人检查处理，如经厂家同意，要由技术部门会同有经验的钳工按有关规定操作。

(3) 限速器的整定值已由厂家调整好，现场施工不能调整。若机件有损坏或运行不正常，需送到厂家检验调整，或者换新。

(4) 在安装过程中，应始终使承重钢梁上下翼缘和腹板同时受垂直方向的弯曲载荷，而不允许其侧向受水平方向的弯曲载荷，以免产生变形。

(5) 曳引轮、飞轮（惯性轮）、限速器轮外侧面应漆成黄色，制动器手动松闸扳手应漆成红色，并挂在易接近的墙上。

7. 井道机械设备安装应注意的质量问题

(1) 浇灌缓冲器底座混凝土标号及外形尺寸应符合设计要求。

(2) 限速器断绳开关、钢带张紧装置的断带开关、补偿绳轮的限位开关的功能可靠。

(3) 限速器绳要无断丝、锈蚀、油污或死弯现象、限速器绳径要与夹绳制动块间距相对应。

(4) 钢带不能有折迹和锈蚀现象。

(5) 补偿链环不能有开焊现象。补偿绳不能有断丝、锈蚀等现象。

(6) 当修理曳引绳头，需将轿厢吊起时，应注意松去补偿钢丝绳的张紧装置，否则易发生倒拉现象，甚至拉断倒链造成轿厢坠落的严重事故。

(7) 油压缓冲器在使用前一定要按要求加油，油路应畅通，并检查有无渗油情况及油号应符合产品要求，以保证其功能可靠。还应设置在缓冲器被压缩而未复位时使电梯不能运行的电气安全开关。

8. 钢丝绳安装应注意的质量问题

(1) 断绳时不可使用电气焊，以免破坏钢丝绳强度。在作绳头需去掉麻芯时，应用锯条锯断或用刀割断，不得用火烧断。

(2) 断绳时应注意扣除钢绳悬挂轿厢和对重自重负载会使钢绳产生伸长，这与钢绳的弹性系数，钢丝的截面之和，钢绳长度和钢绳所受载荷有关，一般可按伸长量为钢绳总长度的2‰～4‰计算。

(3) 安装悬挂钢丝绳前一定要使钢丝绳自然悬垂于井道，消除其内应力。

(4) 曳引钢绳应在曳引机座上平面处用黄漆在钢绳四周做出平层标记，用编码法准确地表示出轿厢在各层的平层位置。

(5) 曳引钢绳严禁涂润滑油。

9. 电气装置安装应注意的质量问题

(1) 安装在墙内、地面内的电线管、槽，安装后要经有关部门验收合格，且有验收签证后才能隐蔽墙内或地面内。

(2) 线槽箱盒等不允许用电气焊切割或开孔。

(3) 对于易受外部信号干扰的电子线路，应有防干扰措施。

(4) 电线管、槽及箱、盒连接处的跨接地线不可遗漏，若使用铜线跨接时，连接螺丝必须加弹簧垫。各接地线应分别直接接到专用接地端子上，不得串接后再接地。

(5) 随行电缆敷设前必须悬挂松劲后，方可固定。

(6) 各安全保护开关应固定可靠，安装后不得因电梯正常运行的碰撞或因钢绳、钢带、电缆、皮带等正常的摆动，而使其开关产生位移、损坏和误动作。

10. 调整试验、试运行应注意的质量问题

(1) 电梯的调试工作应按照产品图纸、调试说明及有关资料的要求进行。调试中不可随意更改线路或盲目调整可调元件，以免造成意外损失。

(2) 更换控制距内熔断保险时，应注意其额定电流与回路的额定电流要相符。对电动机回路，熔断器的电流应为电动机额定电流的 2.5～3 倍。

(3) 可调管形电阻器的电阻丝较细，调整卡子的夹紧力要适当，否则会压断电阻丝使线路失灵，凡是与可调管形电阻有关的线路发生故障时，都应考虑到电阻丝被压断的可能。

(4) 当与电解电容有关的回路不正常时，应注意检查电容外观是否有膨胀、电解液外漏、防爆阀已动作及异常发热现象，必要时检查其容量是否下降、有无击穿等。

(5) 接触器、继电器的质量不良将会造成电梯运行故障。为保证吸合接触良好和断电释放可靠，其触头应用银合金制成，铁芯接触面不得有油污，断电不应有剩磁，当短路环断裂或铁芯接触不良时将会产生明显的噪声和振动。

(6) 如电梯运行抖动现象与机械系统无关时，应注意检查测速发电机的电枢是否有断路或短路、接线是否松动、绕组有无断线等现象。

(7) 当电梯采用微机控制时，必须注意线路板上有些电子元器件易受静电击穿损坏。不能用手随便接触这些电子元器件，当需取放线路板时，首先使身体接触接地金属导体进行放电。取下的线路板应放在导电乙烯膜、铝箔或白铁板等可导电的材料上，在存放线路板时亦应如此，防止电子器件静电击穿损坏。

(8) 电梯的脉冲线路、光电线路、传感器及有关接口线路等，均需按要求使用金属屏蔽线，并做好接地处理，避免干扰信号发生。如有光纤电缆线路时，要注意光纤电缆比一般导线脆弱，不能踩踏或大力拉伸；弯曲半径应大于 15mm；如光纤电缆较长时，可盘一个直径约 200mm 的圈，再用绝缘带固定；在线槽内敷设的光纤电缆要加强保护，在控制柜内可用绝缘带或电缆卡子固定。

(9) 在电梯调整试验的全过程中，每项工作均应按规定填写测试记录或调试报告，并满足北京市建筑安装工程技术资料管理规定的有关要求。

(10) 电梯的调整试验工作是电梯安装的最后一道工序。在调试中如发现电梯的某设备或某零部件不合格，应及时找制造厂更换；如属安装调试不合格则应重新予以认真调试，直到合格为止。

11. 电梯安装工程质量预控内容

(1) 建设工程所用电梯，必须是国家颁发许可证的厂家生产的、有合格证的产品。国家明令淘汰的电梯产品不得安装使用。国外进口的电梯还必须有商检合格证明方可进场安装。监理工程师应检查下列产品的生产合格证：

①电梯曳引装置；

②导轨；

③轿厢、导靴、门窗；

④电气装置（电缆及设备）；

⑤电气保护装置（配件及设备）。

（2）严格对安装企业进行资审

①电梯安装企业实行总、分包应按有关规定执行，总包单位应对分包单位工程质量负责，分包单位对分包的工程质量向总包单位负责。

②安装企业必须持有国家颁发的电梯安装许可证。外省、市电梯安装企业还应有本市建委核发的《外地进本市安装企业临时安装许可证》（以下简称《临时安装证》）和《外地进本市企业承（分）包工程施工证》，外国及香港、澳门、台湾地区的电梯安装企业应持有本市建委核发的《建筑企业承包工程许可证》。安装企业还应持有电梯安装营业执照，严格按规定的营业范围承揽工程。

③安装企业必须有健全的质量保证体系和质量责任制，并对安装质量负责。

④单位工程的电梯安装现场必须具备以下条件：

a）安装现场必须明确具体负责人，对工程质量全面负责。并负责制定施工组织、管理措施。

b）必须设有电气和机械工程师担任技术负责人，并熟悉电梯的技术性能和各项技术指标，对电梯安装质量负直接责任。

c）施工现场工长及技术管理人员应有助理工程师以上的技术服务，并有五年以上安装经验的人员担任。

d）电梯安装工长和质量检查员应有主管部门颁发的岗位合格证。

e）电梯安装工人必须经过专业培训，持证上岗。

f）有保证质量的规章制度、质量责任制、安装操作规程，并严格执行国家规范标准。

g）必须有专职质量检查人员、检验测试手段及调试仪器，并按有关规定经法定计量部门检定。

h）电梯安装单位必须建立资料管理制度，安装中填写各种原始安装测试记录，确保资料齐全、准确、有效。

（3）电梯设备开箱检查其外形、外观应与图纸相符，完好无变形，无损坏；零部件规格符合图纸要求，数量齐全。各传动、转动部分活动灵活，功能可靠。

（4）必要时应根据条件对设备进行预装配检验，如电梯轿厢也配重的导轨等，通过预装配做好调整，以保证安装质量。

12．电梯安装工程质量控制要点

（1）以基准垂线为准，复核电梯机房、井道的尺寸。

电梯安装一般要设置十条基准垂线（轿厢导轨基准线四根，对重导轨基准线四根，厅门地坎基准线二根）。每次作业前，均应复查一次基准线，确认无位移，与其他物体不接触后，方可作业。基准线尺寸必须符合图纸要求，各线偏差不应大于0.3mm。梯井墙面的宽度、深度（进深）、垂直度应符合施工要求。

（2）检查曳引装置的组装

①蜗轮减速器的油位及油质应符合要求；

②各部轴承油位及油质应符合要求；

③油标齐全，油量充足；

④凡机房内通井道的孔，要防止漏油、漏水，在孔四周筑高 75mm 以上，宽度适当的台阶；

⑤钢丝绳与机房楼板孔洞每边的间隙均应为 25～50mm；

⑥限速器绳索至导轨的距离（两个方向）的偏差均应不超过 ±5mm；

⑦绳索在电梯正常运行时不应触及夹绳钳。

（3）检查导轨的安装

①每根导轨至少有两个导轨架，其间距不应大于 2.5m；

②导轨架的水平度误差不应超过 5mm，（超差过大，将影响导轨垂直度、跨距、接头等尺寸）；

③直埋式导轨架的埋入深度不小于 120mm，地角螺栓的埋入深度不应小于 120mm；

④导轨架与墙面间允许增加等于导轨宽度的方形金属垫板以调整高度。垫板厚度超过 10mm 时，应与导轨架焊接，焊接导轨架时，应双面焊牢；

⑤导轨应用压板固定在导轨架上，不应用焊接或螺栓连接；

⑥电梯撞顶与蹲底时，各导靴均不应越出导轨。

（4）检查轿厢、层门组装

①轿厢底盘平面的不水平度不应超过 2/1000；

②反绳轮与轿厢架上梁间的间隙相互的差值均不应超过 1mm；

③反绳轮的不垂直度不应超过 0.5mm；

④门扇跳动（振动）要小，无噪声。

（5）检查电气装置安装

①电线槽内敷设导线的总面积（包括绝缘层）不应超过槽内净面积的 60%；电线管内敷设导线总面积（包括绝缘层）不应超过管内净面积的 40%；

②导线要标号，两端要注明接线编号；

③机房控制柜（屏）的安装位置应距墙 600～700mm，且远离门或窗，防止雨水侵入；

④电源总开关应装在机房内入口处，距地面高 1.3～1.5m 墙上；

⑤检查控制屏上元器件安装及标志，包括标志名称或代号；检查各种保险、接触器，继电器使其符合电梯工作要求；检查选型和工作状态；

⑥机组、控制柜、井道、轿厢、厅门等应接地或接零，超过 50m 应重复接地；接地电阻＜4Ω；

⑦轿顶和底坑或轿底需设电源插座和检视用灯，还应有 220V 电线插座供检修测试用。

（6）检查整机系统安全设施（表 6-206）

以下部分有一项次不合格则视为“整机性能试验与检测”不合格。

（7）对试运转的监测（表 6-207）

（8）电梯井及电梯外观检查

①机房是否清洁、整齐、线槽是否完整、美观；

②抱闸扳手是否放在机房内合适的地方；

③井道是否清洁、无杂物；

整机性能的试验与检测要求 表 6-206

	检查项目	技术要求
1	供电系统断相、错相保护装置	控制屏上要安装断相错相保护器
2	超速保护装置	慢速下行检测限速器安全钳
3	撞底缓冲装置	缓冲器功能可靠
4	超越上下极限工作位置时的保护设施	切断控制电路，切断主电源
5	厅门与轿门联锁装置	检查联锁装置的可靠性
6	井道底坑有通道时的保护措施	对重应有防止超速或有绳断下落的装置
7	停电或故障时，轿厢慢速移动的措施	检查装置和其功能
8	安全窗及电气限位开关	安全窗在轿内不能打开，在轿顶可以打开，安全窗开启时应切断控制回路

对试运转的监测 表 6-207

	试验项目	试验方法	技术要求
1	静载试验	将轿厢位于底层，陆续平稳地加入载荷；乘客、医用电梯和额定载荷不大于 2000kg 的载货电梯，以额定载重量的 200%，其余各种电梯载以额定起重量的 150%，历时 10min	试验中各承重构件应无损坏，曳引绳在槽内应无滑移，制动器应可靠的刹紧
2	运行试验	轿厢内应分别载以空载、额定载重量的 50%，额定载重量的 100%，在通电持续率 40% 的情况下，往复升降各自历时 1.5h	电梯起动、运行和停止时，轿厢内应无剧烈的振动和冲击，制动器的动作可靠，运行时，制动器闸瓦不应与制动轮摩擦，制动器线圈温升不应超过 60℃，减速器油的温升不应超过 60℃，且温度不应高于 85℃

④轿厢顶是否清洁、无杂物；

⑤各井道线槽盒盖、各护板是否齐全盖好；

⑥轿顶各盒槽是否齐全完好、护栏螺丝是否装好；

⑦坑底是否清洁卫生、无污水杂物；

⑧对重保护网是否安装；

⑨厅门、门套、轿门碰撞、划伤、磨损检查；

⑩轿内门头、轿壁、轿内操纵盘、外呼钮及面板碰撞、划伤、磨损检查；

⑪轿内、轿外，楼层显示器面板碰撞、划伤、磨损检查；

⑫外呼、内选楼层显示等，显示（亮度）情况检查；

⑬轿内照明或星光顶显示有否划伤、磨损；

⑭轿内紧急照明检查；

⑮轿内对讲（机房对讲）或电话检查；

⑯机房曳引机、机座、工字梁油漆检查；

⑰导轨架及附件、轿顶 、厅门、轿门的油漆情况检查；

⑱厅门、轿门、地坎槽及轿内卫生情况检查。

第七章 工程建设信息管理

工程建设监理过程实质上是工程建设信息管理的过程，即具有相应资质的社会化监理企业受工程业主的委托，在明确监理信息流程的基础上，通过建立一定的组织机构，对工程建设监理信息进行收集、加工、存储、传递、分析和应用的过程。由此可见，信息管理在工程建设监理工作中具有十分重要的作用，它是监理工程师控制工程建设投资、质量、进度三大目标的基础。

第一节 工程建设信息管理概述

一、工程建设监理信息

（一）信息

在管理科学领域中，信息通常被认为是一种已被加工或处理成特定形式的数据。它能够提高人们对事物认识的深刻程度，因此，对信息接收者当前和将来的行动或决策具有明显的实用价值。一般地，人们把这种在特定领域中引用的信息概念称为管理信息。

数据与信息是密不可分的，它们之间的关系可以看作是原料与产品之间的关系，如图 7-1 所示。也就是说，信息是由数据产生的，它可以简单地理解为数据加工后得到的结果，该结果对人们的某种活动具有一定的指导意义。

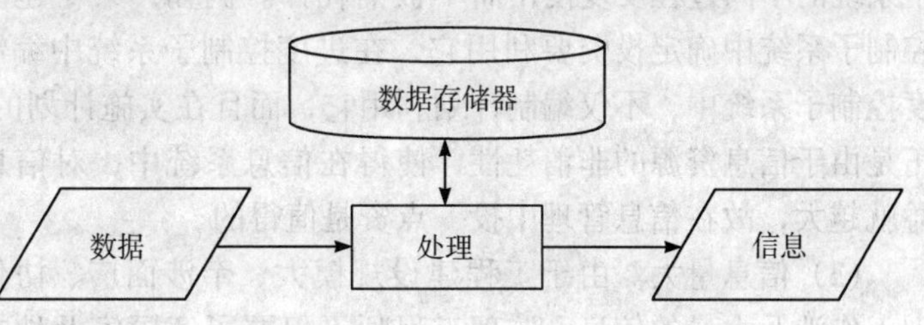

图 7-1 从数据到信息的转换过程

信息是反映客观事物规律的一些数据，它是我们进行决策的依据；而数据则纯属客观，只反映某一客观现象。例如混凝土试块抗压强度的测试数据，仅仅是一些离散的测试数据，反映不出规律性的东西，如果将这些数据按一定的数学方法（如直方图法）加工处理后，得到的质量分析报告就具有一定的指导作用，人们就可以此对照质量标准判定产品的质量状况。上述质量分析报告对于质量控制人员来说，就是信息。当然，对于那些与质量控制毫无关系的人来说，它仍然是数据，因为它不影响这些人的行动，也不会产生相应的决策活动。正是由于“信息”与“数据”这两个术语之间存在着这种关系，因此，这两个词经常替换使用，甚至不加以区别，例如“信息处理”和“数据处理”这两个术语就经常互用，而不加以区分。

信息在工程建设监理工作中是一项极其重要的资源，这种资源是可以反复使用的。

当信息被检索并予以使用之后，其价值不因此而消失或损失。而信息的价值也必须通过决策过程进行判断，只有对决策或行动产生影响的信息，才是有价值的信息。

现代工程项目的建设，不但内部组织庞大、分工复杂，而且其外部市场竞争也日趋激烈，从而使项目管理者对信息的需求不但在数量上大幅度增加，而且在质量上也要求不断地提高其正确性、精确性、相关性和时间性。传统的手工或机械式信息处理系统已无法适应现代管理的需要，以电子计算机及现代通信系统为基础的管理信息系统为了满足上述需要而飞速发展起来，它的出现使工程项目的管理发生了根本性的变革。

（二）工程建设监理信息

所谓工程建设监理信息，是指反映和控制工程建设监理活动的信息。工程建设监理信息属于管理信息，有时简称为信息。

1. 监理信息的特点

工程建设监理信息除具有信息可识别、可转换、可存储、可处理、可传递、可再生、可扩散、可共享等一般特征外，还具有以下几个方面的特点：

（1）信息来源的广泛性。工程建设监理信息来自工程业主（建设单位）、设计单位、施工承包单位、材料供应单位及监理组织内部各个部门；来自可行性研究、设计、施工招标、施工及保修等各个阶段中的各个环节，乃至各个专业；来自投资控制、质量控制、进度控制、合同管理等各个方面。由于监理信息来源的广泛性，往往给信息的收集工作造成很大困难。如果信息收集的不完整、不准确、不及时，必然会影响到监理工程师判断和决策的正确性和及时性。

（2）信息资源的非消耗性。工程建设监理信息可供信息系统中的多个子系统或一个子系统的不同过程反复使用而不被消耗掉。例如，某一建设项目的工程量信息，在投资控制子系统中确定投资要利用它，在进度控制子系统中编制进度计划也要利用它。在进度控制子系统中，不仅编制计划利用它，而且在实施计划的动态控制过程中还要利用它。正是由于信息资源的非消耗性，使得在信息系统中，对信息投资的效果是应用越广、效益就越大，故在信息管理中投一点资是值得的。

（3）信息量大。由于工程建设规模大、牵涉面广、协作关系复杂，使得工程建设监理工作涉及大量的信息。监理工程师不仅要了解国家及地方有关的政策、法规、技术标准及规范，而且要掌握工程建设各个方面的信息。既要掌握计划的信息，又要掌握实际进展的信息，还要对它们进行对比分析。因此，监理工程师每天都要处理成千上万的数据。而这样大的数据量单靠人手工操作处理是极困难的，只有使用电子计算机才能及时、准确地进行处理，从而为监理工程师的正确决策提供及时、可靠的支持。

（4）信息的发生、加工及其应用在时空上的不一致性。在工程建设监理的不同阶段、不同地点都将发生、处理和应用大量的信息。如工程项目的实际进展信息的发生源在每一个具体的施工现场，它的加工处理可能在施工现场、办公室，也可能在计算中心，而其应用则在各个监理业务部门。

（5）信息的系统性。工程建设监理信息是在一定时空内形成的，与工程建设监理活动密切相关，而且，工程建设监理信息的收集、加工、传递及反馈是一个连续的闭合环路，具有明显的系统性。

（6）信息表现形式的多样性。工程建设监理信息可以文字、语言、图表、图像等多种形式表现。由于多媒体计算机的飞速发展，为监理信息的多媒体表现提供了极大的方便。

工程建设监理信息的上述特点，对于工程建设监理信息系统中的信息处理方法和手段的选择、信息流的组织及管理有着很大的影响。

2. 监理信息的分类

为了有效地管理和应用工程建设监理信息，须将之进行分类。按照不同的分类标准，可将工程建设监理信息分为不同的类型（见表 7-1）。

工程建设监理信息分类表 **表 7-1**

<table>
<tr><th>分类标准</th><th>类 型</th><th>内 容</th></tr>
<tr><td rowspan="5">按照工程建设监理职能划分</td><td>投资控制信息</td><td>如各种投资估算指标，类似工程造价，物价指数，概（预）算定额，建设项目投资估算，设计概预算，合同价，工程进度款支付单，竣工结算与决算，原材料价格，机械台班费，人工费，运杂费，投资控制的风险分析等</td></tr>
<tr><td>质量控制信息</td><td>如国家有关的质量政策及质量标准，项目建设标准，质量目标的分解结果，质量控制工作流程，质量控制工作制度，质量控制的风险分析，质量抽样检查结果等</td></tr>
<tr><td>进度控制信息</td><td>如工期定额，项目总进度计划，进度目标分解结果，进度控制工作流程，进度控制工作制度，进度控制的风险分析，某段时间的施工进度记录等</td></tr>
<tr><td>合同管理信息</td><td>如国家有关法律规定,招标投标法,合同法,建设工程招标投标管理办法,建设工程施工合同管理办法,工程建设监理合同,建设工程勘察设计合同,建设工程施工承包合同,土木工程施工合同条件,合同变更协议,建设工程中标通知书、投标书和招标文件等</td></tr>
<tr><td>行政事务管理信息</td><td>如上级主管部门、设计单位、承包商、业主的来函文件，有关技术资料等</td></tr>
<tr><td rowspan="2">按照工程建设监理信息来源划分</td><td>工程建设内部信息</td><td>内部信息取自建设项目本身。如工程概况，可行性研究报告，设计文件，施工组织设计，施工方案，合同文件，信息资料的编码系统，会议制度，监理组织机构，监理工作制度，监理委托合同，监理规划，项目的投资目标，项目的质量目标，项目的进度目标等</td></tr>
<tr><td>工程建设外部信息</td><td>来自建设项目外部环境的信息称为外部信息。如国家有关的政策及法规，国内及国际市场上原材料及设备价格，物价指数，类似工程的造价，类似工程进度，投标单位的实力，投标单位的信誉，毗邻单位的有关情况等</td></tr>
<tr><td rowspan="2">按照工程建设监理信息稳定程度划分</td><td>固定信息</td><td>固定信息是指那些具有相对稳定性的信息，或者在一段时间内可以在各项监理工作中重复使用而不发生质的变化的信息，它是工程建设监理工作的重要依据。这类信息有：
①定额标准信息。这类信息内容很广，主要是指各类定额和标准。如概预算定额，施工定额，原材料消耗定额，投资估算指标，生产作业计划标准，监理工作制度等
②计划合同信息。指计划指标体系，合同文件等
③查询信息。指国家标准，行业标准，部门标准，设计规范，施工规范，监理工程师的人事卡片等</td></tr>
<tr><td>流动信息</td><td>即作业统计信息，它是反映工程项目建设实际进程和实际状态的信息，它随着工程项目的进展而不断更新。这类信息时间性较强，一般只有一次使用价值。如项目实施阶段的质量、投资及进度统计信息，就是反映在某一时刻项目建设的实际进程及计划完成情况。再如，项目实施阶段的原材料的消耗量、机械台班数、人工工日数等。及时收集这类信息，并与计划信息进行对比分析是实施项目目标控制的重要依据，是不失时机地发现、克服薄弱环节的重要手段。在工程建设监理过程中，这类信息的主要表现形式是统计报表</td></tr>
</table>

续表

分类标准	类 型	内 容
按照工程建设监理活动层次划分	总监理工程师所需信息	如有关工程建设监理的程序和制度，监理目标和范围，监理组织机构的设置状况，承包商提交的施工组织设计和施工技术方案，建设监理委托合同，施工承包合同等
	各专业监理工程师所需信息	如工程建设的计划信息，实际进展信息，实际进展与计划的对比分析结果等。监理工程师通过掌握这些信息可以及时了解工程建设是否达到预期目标并指导其采取必要措施，以实现预定目标
	监理检查员所需信息	主要是工程建设实际进展信息，如工程项目的日进展情况。这类信息较具体、详细，精度较高，使用频率也高
按照工程建设监理阶段划分	设计阶段	如可行性研究报告，工程地质和水文地质勘察报告，地形测量图，气象和地震烈度等自然条件资料，矿藏资源报告，规定的设计标准，国家或地方有关的技术经济指标和定额，国家和地方的监理法规等
	施工招标阶段	如国家批准的概算，有关施工图纸及技术资料，国家规定的技术经济标准、定额及规范，投标单位的实力，投标单位的信誉，国家和地方颁布的招投标法律、法规等
	施工阶段	如施工承包合同，施工组织设计、施工技术方案和施工进度计划，工程技术标准，工程建设实际进展情况报告，工程进度款支付申请，施工图纸及技术资料，工程质量检查验收报告，工程建设监理合同，国家和地方的监理法规等

以上是常见的几种分类形式。按照一定的标准将工程建设监理信息予以分类，对工程建设监理工作有着重要意义。因为不同的监理范畴，需要不同的信息，而把监理信息予以分类，有助于根据监理工作的不同要求，提供适当的信息。

(三) 工程建设监理信息的作用

工程建设监理信息资源对工程建设的监理活动产生着巨大的影响，其主要作用体现在以下几个方面。

1. 信息是工程建设监理不可缺少的资源

工程项目的建设过程，实际上是人、财、物、技术、设备等五项资源的投入过程，而要高效、优质、低耗地完成工程建设任务，还必须通过信息的收集、加工和应用实现对上述资源的规划和控制。工程项目的建设过程可用图 7-2 表示。

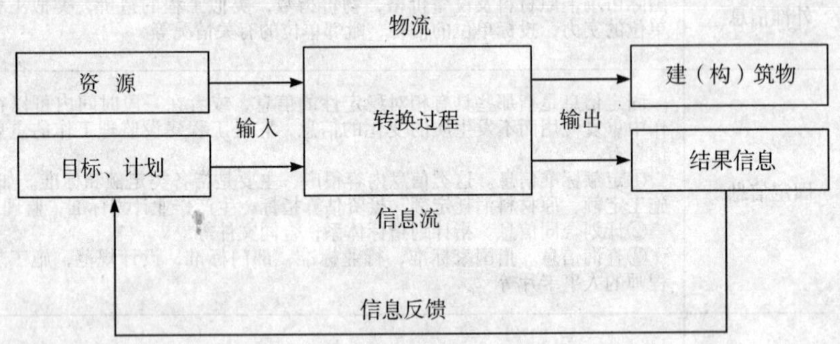

图 7-2 工程项目建设过程

从图中可以看出，在工程项目的建设过程中有两大流通，即物流和信息流。其中，物流是客观存在的实体，它的畅通无阻，要求有足够的信息流来保护。信息流是伴随着物流而产生的，它对物流起着主导作用，如果不能充分发挥信息流的主导作用，就会导致物流的混乱。工程建设监理的主要功能就是通过信息流的作用来规划、调节物流的数量、方向、速度和目标，使其按照一定的规划运动，最终实现工程建设的三大目标。因此，信息也是工程建设监理中不可缺少的重要资源。

2. 信息是监理工程师实施控制的基础

控制是工程建设监理的主要手段。控制的主要任务是将计划的执行情况与计划目标进行对比分析，找出差异及其产生的原因，然后采取有效措施排除和预防产生差异的原因，保证项目总体目标得以实现。

为了有效地控制工程项目投资目标、质量目标及进度目标,监理工程师应首先掌握有关项目三大目标的计划值,它们是控制的依据;其次,监理工程师还应掌握三大目标的实际执行情况。只有充分掌握了这两方面的信息,监理工程师才能实施控制工作。因此,从控制的角度讲,如果没有信息,或信息不准确、不及时,监理工程师将无法实施正确的监理。

3. 信息是进行监理决策的依据

建设监理决策正确与否，直接影响工程项目建设总目标的实现及监理企业、监理工程师的信誉。而影响监理决策正确与否的主要因素之一就是信息。如果没有可靠的、充分的信息作为依据，正确的决策是断然不能作出的。例如，在工程施工招标阶段，监理工程师要对投标单位进行资质预审，以确定哪些报名参加投标的承包单位能适应招标工程的需要。为了进行这项工作，监理工程师就必须了解各个报名参加投标的承包单位的技术水平、财务实力和施工管理经验等方面的信息。再如，施工阶段对工程进度款的支付决策，监理工程师也只有在掌握有关承包合同的规定及实际施工状况等信息后，才能决定是否支付及支付多少等。由此可见，信息是监理决策的重要依据。

4. 信息是监理工程师协调工程项目建设各参与单位之间关系的纽带

工程项目的建设过程涉及众多的单位，如：与工程项目审批有关的政府部门、业主、设计单位、承包商、材料设备供应单位、资金供应单位、外围工程单位（水、电、煤、通讯、……)、毗邻单位、运输单位、保险单位、税收单位等，这些单位都会给工程项目目标的顺利实现带来一定的影响。要想让他们协调一致地工作，实现工程项目的建设目标，就必须用信息将它们组织起来，处理好它们之间的关系，协调好它们之间的活动。

5. 信息是建设监理单位竞争的有力工具

如果监理工程师能掌握完善、准确的信息，就能为业主提供可靠的决策支持，就能有效地控制工程项目的建设目标。特别是监理信息系统的建立，会使监理工程师的工作更加有效。随着市场竞争的加剧，信息和信息技术会为建设监理单位创造越来越多的竞争优势，使建设监理单位在竞争中得到生存与发展。

总之，建设监理信息渗透到监理工作的每一个方面，它是建设监理工作不可缺少的要素。如同其他资源一样，信息是十分宝贵的资源，要充分地开发和利用它。

二、工程建设信息管理

(一) 信息处理与信息管理

对数据进行综合、加工和分析被称为数据处理。而由于信息与数据的密切关系，近年来人们也称其为信息处理。它是对信息的收集、加工、转换、存储、检索、传递和应用等一系列工作的总称。信息处理属于技术范畴的问题，从其使用的手段来讲，是以电子计算机为中心的。

而信息管理远比信息处理的内容丰富、广泛。它主要是研究如何有效地利用信息资源，提出信息加工要求。信息管理属于管理范畴的问题，它是以人为中心的。

信息管理是工程建设监理工作的一项重要内容，其目的就是通过有组织的信息流通，使监理工程师及时掌握完整、准确的信息，为进行科学决策提供可靠依据。信息管理工作的好坏，将会直接影响工程建设监理工作的成败。因此，监理工程师应充分重视信息管理工作，建立健全信息管理机构，掌握工程建设信息管理的理论、方法和手段，实现工程建设监理工作的现代化。

(二) 工程建设信息管理的内容

工程建设信息管理主要包括四项内容，即明确监理信息流程；建立监理信息编码系统；建立健全监理信息采集制度；利用高效的信息处理手段处理监理信息。

1. 明确工程建设监理信息流程

工程建设监理信息流程反映了工程项目建设过程中各参与单位、部门之间的关系。为了保证工程建设监理工作的顺利进行，监理工程师应首先明确工程建设监理信息流程，使监理信息在工程建设监理组织机构内部上下级之间及监理内部组织与外部环境之间的流动畅通无阻。

(1) 工程建设监理信息流结构

工程建设监理信息流结构如图7-3所示,它反映了工程项目建设各参与单位之间的关系。

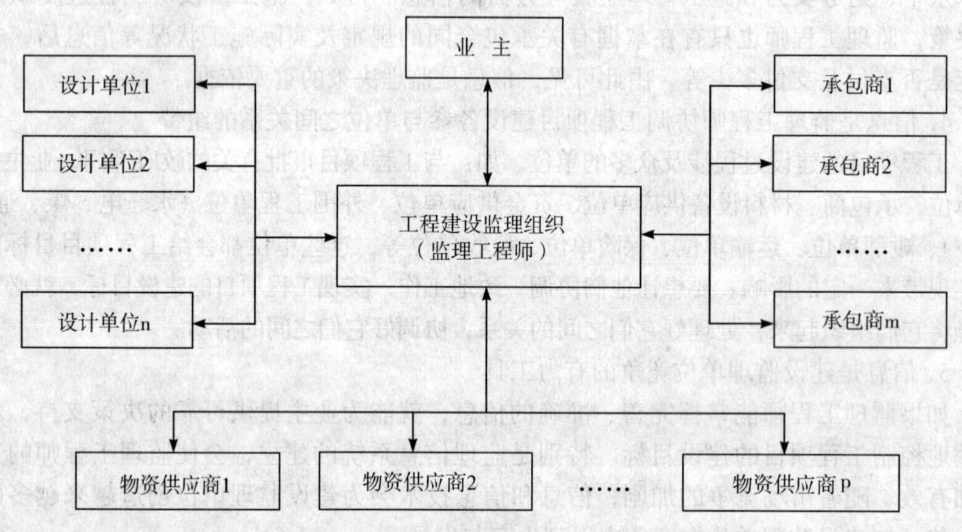

图7-3 工程建设监理信息流结构图

(2) 工程建设监理组织内部信息流程

工程建设监理组织内部存在着三种信息流：一是自上而下的信息流；二是自下而上的信息流；三是各监理职能部门横向间的信息流。这三种信息流都应畅通无阻，以保证监理工作的顺利实施。

1) 自上而下的信息流

所谓自上而下的信息流，是指从总监理工程师开始，流向各专业监理工程师、监理检查员的信息，即信息源在上，信息接收者是其下属。这类信息主要包括工程建设监理目标和任务，监理工作制度，指令、办法及规定，业务指导意见等。

2）自下而上的信息流

所谓自下而上的信息流，是指从监理检查员开始，流向各专业监理工程师及总监理工程师的信息，即信息源在下，信息接收者是其上级。这类信息主要是指工程建设实施情况和监理工作目标的完成情况，包括工程进度、费用支出、质量、安全及监理人员的工作情况等。此外，还包括上级部门及有关领导所关注的意见和建议等

3）横向间的信息流

横向流动的信息是指在工程建设监理工作中，同一层次的职能部门或工作人员之间相互提供和接收的信息。这类信息一般是由于分工不同而产生的。为了共同的目标，各部门之间需要相互协作、互通有无或相互补充。此外，在紧急、特殊情况下，为了节省信息流动时间，有时也需要各部门之间横向提供信息。

(3) 工程建设监理信息流程实例

1）鲁布革水电站引水工程 CI 合同月报制度

鲁布革水电站引水工程 CI 合同月报制度可用图 7-4 表示。它反映了该建设项目中监理信息的流通过程。

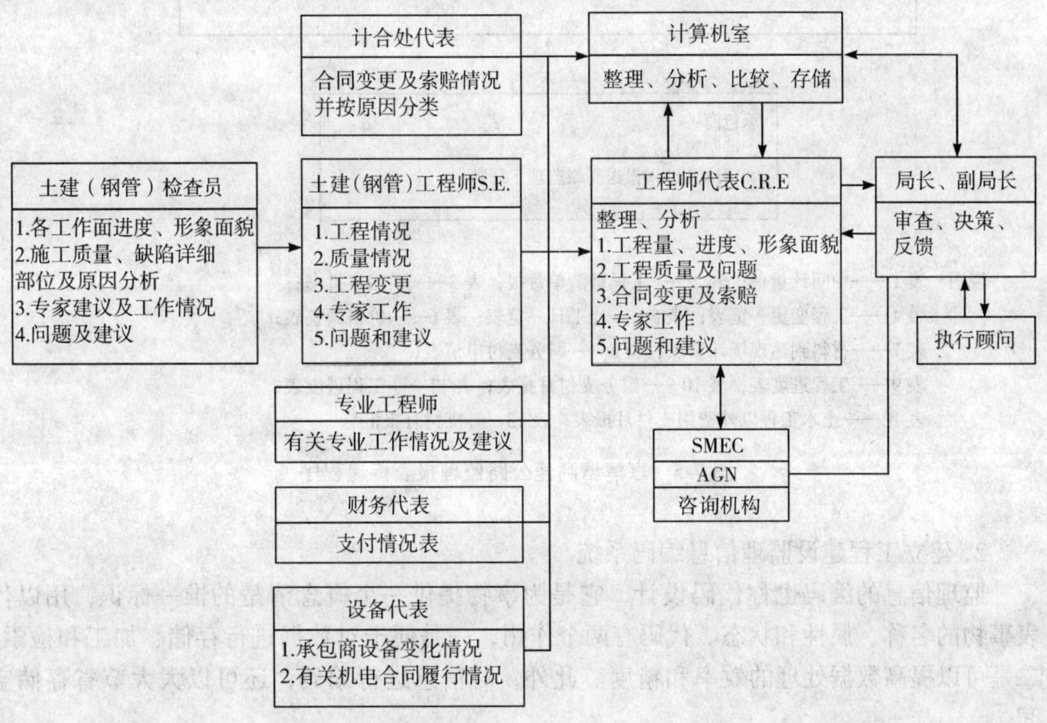

简要说明：

①各工作面检查员在每 5 日前报出本工作面上工作情况月报。

②工地工程师和各处代表及专业工程师于每月 10 日前报出“工程情况综合月报”、“支付情况月报”、“承包商设备情况月报”、“合同执行情况月报”及专业工程师的工作报告。

③以上月报一式两份，一份送工程师代表进行审阅、分析及处理，一份送计算机室进行处理。

④工程师代表于每月 15 日前将审核分析、整理的综合月报送局办计算机室，计算机室将已存储的信息进行修改和补充（如有的话），打印成固定格式的报表送局长（副局长）、总工程师及执行顾问，如有必要，可分送各处室。

图 7-4 CI 合同信息流程图

2）京津塘高速公路监理报表传递程序

京津塘高速公路监理报表传递程序可用图 7-5 表示。

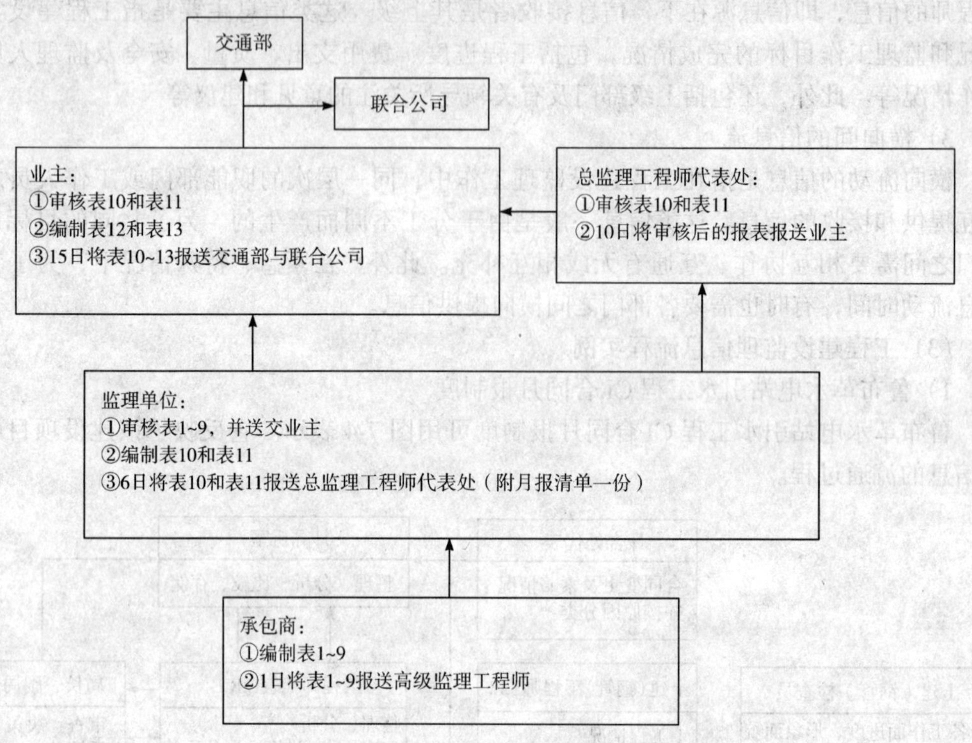

说明：表 1——中间计量单；表 2——工程量清单月报；表 3——索赔审批书；
表 4——工程变更一览表；表 5——计工日一览表；表 6——价格调整表；
表 7——材料到达现场计量表；表 8——财务支付申请表；
表 9——工程进度表；表 10——财务支付月报表；表 11——工程进度表；
表 12——土木工程以外费用支付月报表；表 13——支付月报汇总

图 7-5　京津塘高速公路监理报表传递程序

2. 建立工程建设监理信息编码系统

监理信息的编码也称代码设计，它是为事物提供一个概念清楚的惟一标识，用以代表事物的名称、属性和状态。代码有两个作用，一是便于对数据进行存储、加工和检索；二是可以提高数据处理的效率和精度。此外，对信息进行编码，还可以大大节省存储空间。

在工程建设监理工作中，会涉及大量的信息，不仅包括文字、报表，而且还有图纸、声像等，因此，不论是单靠人工进行数据处理还是利用计算机进行数据处理，都需要建立监理信息编码系统。这样，在一定程度上可以减少监理工作量，并大大提高监理工作的效率。对于大中型建设项目来说，没有计算机辅助监理是难以想象的，而没有适当的信息编码系统，计算机辅助监理的作用也难以充分发挥。

（1）监理信息编码原则

信息编码是信息管理的基础，进行编码时要遵循下列原则：

1）惟一确定性。每一个代码仅代表惟一的实体属性或状态。

2）可扩充性和稳定性。代码设计应留出适当的扩充位置，以便当增加新的内容时，可直接利用原代码扩充，而无需更改代码系统。

3）标准化与通用性。国家有关编码标准是代码设计的重要依据，要严格遵照国家标准及行业标准进行代码设计，以便于系统的拓展。

4）逻辑性与直观性。代码不但要具有一定的逻辑含义，以便于数据的统计汇总；而且要简明直观，以便于识别和记忆。

5）精炼性。代码的长度不仅会影响所占据的存储空间和信息处理的速度，而且也会影响代码输入时出错的概率及输入输出的速度，因而要适当压缩代码的长度。

（2）监理信息的编码方法

1）顺序编码法。顺序编码法是一种按对象出现的顺序进行排列编码的方法。例如，表 7-2 所示施工过程的编码方法就是顺序编码法。

施工过程编码表 表 7-2

施工过程名称	施工过程代码
土方工程	01
基础工程	02
±0.000 下外墙工程	03
外墙工程	04
内墙与柱	05
楼板与楼梯	06
屋面工程	07

顺序编码法简明易懂，用途广泛。但这种代码缺乏逻辑性，不易分类。而且当增加新数据时，只能追加到最后；删除数据时又会产生空码。所以，此法一般不单独使用，而是在用其他方法分类编码后进行细分类时才用它。

2）分组编码法。分组编码法是在顺序编码法的基础上发展起来的。它是先将信息进行分组，然后对每组内的信息进行顺序编码。每个组内应留有后备编码，便于增加新的数据。

这种方法同顺序编码法相比，更易于进行分类处理，但仍有逻辑性不强的问题。

3）十进制编码法。这种编码方法是先把编码对象分成若干大类，编以若干位十进制代码，然后将每一大类再分成若干小类，编以若干位十进制代码，依次下去，直至不再分类为止。例如，图 7-6 所示的建筑材料编码体系所采用的就是这种方法。

采用十进制编码法，编码、分类比较简单，直观性强，可以无限扩充下去。但代码位数较多，空码也较多。

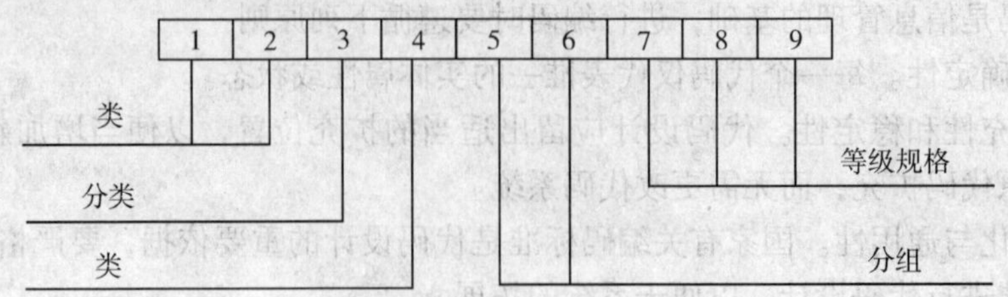

图 7-6　建筑材料编码体系

4）缩写编码法。缩写编码法是把人们惯用的缩写字直接用作代码。例如，kg 表示公斤，cm 表示厘米等。这种编码直观性较好，便于记忆，使用也方便。但有的缩写字在不同的场合可能会有不同的含义，因此容易造成误解。

上述几种编码方法，各有其优缺点，在实际工作中可以针对具体情况而选用适当的方法。有时甚至可以将它们组合起来使用。

(3) 工程建设监理信息编码示例

这里以民用建设项目投资为例，说明工程建设监理信息的编码方法。

如果把一个民用建设项目的总投资作为一个整体的话，要进行投资控制，首先就要对这个整体进行分解。本例先将其分解成 8 块，即：(1) 建筑基地费；(2) 建筑基地外围（红线外）开拓费；(3) 建筑物造价；(4) 设备费；(5) 建筑物外围（红线内）设施费；(6) 附加设施费；(7) 业主管理费；(8) 业主专项预留费。这 8 块可称为建设项目投资子系统。然后对子系统再进行分解。以建筑物造价为例，将其分解成 5 片，即 (31) 建筑工程造价；(32) 设备安装工程造价；(33) 预留费；(34) 建筑设施费；(35) 特殊施工费。这 5 片则称为投资子系统的组成项，如图 7-7 所示。

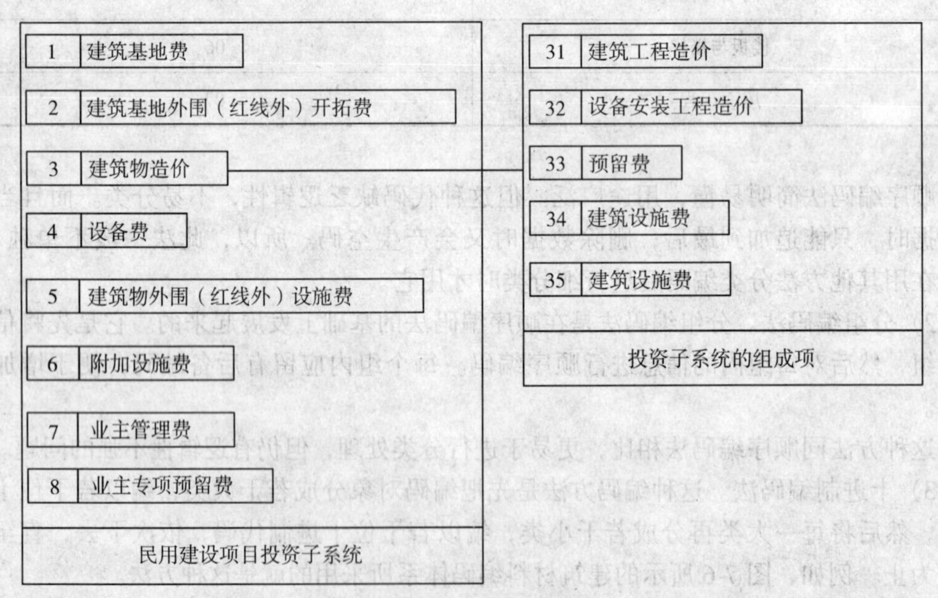

图 7-7　民用建设项目投资分解（1）

对子系统的组成项还可继续往下分解。如建筑工程造价可分解成如下8条：（311）土方工程；（312）基础工程；（313）±0.00以下外墙工程；（314）外墙工程；（315）内墙与柱；（316）楼板、楼梯工程；（317）屋面工程；（318）大型临时设施费。又如设备安装工程造价可分解成如下9条：（321）排水工程；（322）上水工程；（323）供暖工程；（324）煤气工程；（325）供电工程；（326）通讯工程；（327）通风工程；（328）运输工程；（329）其他工程。这8条或9条可称为投资大类项。如图7-8所示。

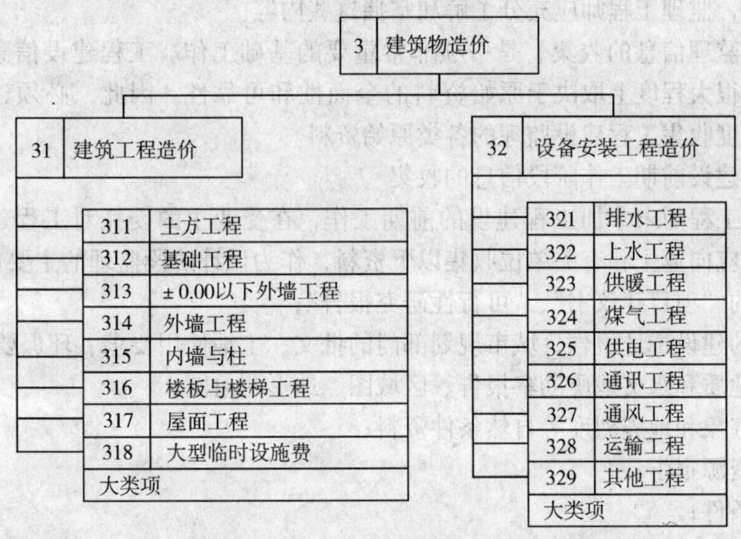

图7-8　民用建设项目投资分解（2）

对投资大类项还可继续往下分解。以内墙为例，可将其切成8个功能项：（3151）承重墙；（3152）框架；（3153）轻质隔墙；（3154）墙体抹灰粉刷（墙纸）；（3155）内部窗；（3156）内部门；（3157）内墙防护设施；（3158）其他内墙构造。功能项还可再往下分解，如框架可以分解成柱（315210）、柱子装饰（315220）、柱子悬挂构造（315230）等构造分项。如图7-9所示。

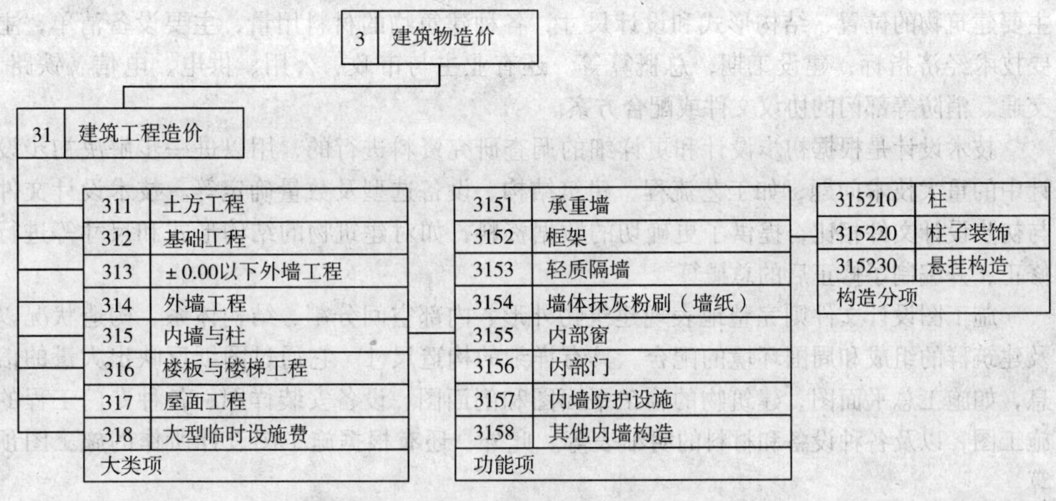

图7-9　民用建设项目投资分解（3）

本投资结构的编码体系，原则上是一个层次一位数。但这也不是绝对的，也就是说层次数与编码的位数不一定是一对一的关系，当某一层所包含的项数超过10时，该层所对应的编码位数就要超过一位数。

3. 工程建设监理信息的收集

在工程项目建设的每一个阶段，都要进行大量的工作，这些工作将会产生大量的信息，而在这些信息中包含着丰富的内容，它们将是监理工程师实施监理、提供咨询的重要依据，因此，监理工程师应充分了解和掌握这些内容。

工程建设监理信息的收集，是一项非常重要的基础工作。工程建设信息管理工作的质量好坏，在很大程度上取决于原始资料的全面性和可靠性。因此，必须建立一套完善的信息采集制度收集工程建设监理的各类原始资料。

（1）工程建设前期工作阶段信息的收集

如果监理工程师未参加工程建设的前期工作，在受业主的委托对工程建设设计阶段实施监理时，应向业主和有关单位收集以下资料，作为设计阶段监理的主要依据。

1）批准的“项目建议书”、“可行性研究报告”；

2）批准的建设选址报告、城市规划部门的批文、土地使用要求、环保要求；

3）工程地质和水文地质勘察报告、区域图、地形测量图；

4）地质气象和地震烈度等自然条件资料；

5）矿藏资源报告；

6）设备条件；

7）规定的设计标准；

8）国家或地方的监理法规或规定；

9）国家或地方有关的技术经济指标和定额等。

（2）工程建设设计阶段信息的收集

在工程建设的设计阶段将产生一系列的设计文件，它们是监理工程师协助业主选择承包商以及在施工阶段实施监理的重要依据。

建设项目的初步设计文件包含大量的信息，如：建设项目的规模、总体规划布置，主要建筑物的位置、结构形式和设计尺寸，各种建筑物的材料用量，主要设备清单，主要技术经济指标，建设工期，总概算等。还有业主与市政、公用、供电、电信、铁路、交通、消防等部门的协议文件或配合方案。

技术设计是根据初步设计和更详细的调查研究资料进行的，用以进一步解决初步设计中的重大技术问题，如工艺流程、建筑结构、设备选型及数量确定等。技术设计文件与初步设计文件相比，提供了更确切的数据资料，如对建筑物的结构形式和尺寸等进行修正，并编制了修正后的总概算。

施工图设计文件则完整地表现建筑物外形、内部空间分割、结构体系、构造状况以及建筑群的组成和周围环境的配合，具有详细的构造尺寸。它通过图纸反映出大量的信息，如施工总平面图、建筑物的施工平面图和剖面图、设备安装详图、各种专门工程的施工图，以及各种设备和材料的明细表等。此外，还有根据施工图设计所作的施工图预算。

（3）工程建设施工招标阶段信息的收集

在工程建设招标阶段，业主或其委托的监理企业要编制招标文件，而投标单位要编制投标文件，在招投标过程中以及在决标以后，招、投标文件及其他一些文件将形成一套对工程建设起制约作用的合同文件，这些合同文件是工程建设监理的法规文件，是监理工程师必须要熟悉和掌握的。

这些文件主要包括：投标邀请书、投标须知、合同双方签署的合同协议书、履约保函、合同条款、投标书及其附件、工程报价表及其附件、技术规范、招标图纸、发包单位在招标期内发出的所有补充通知、投标单位在投标期内补充的所有书面文件、投标单位在投标时随同投标书一起递送的资料与附图、发包单位发出的中标通知书、合同双方在洽商合同时共同签字的补充文件等。

除上述各种文件资料外，上级有关部门关于建设项目的批文和有关批示，有关征用土地、迁建赔偿等协议文件，都是十分重要的文件。

(4) 工程建设施工阶段信息的收集

在工程建设的整个施工阶段，每天都会产生大量的信息，需要及时收集和处理。因此，工程建设的施工阶段，可以说是大量的信息产生、传递和处理的阶段，监理工程师的信息管理工作，也就主要集中在这一阶段。

1）收集业主提供的信息。业主作为工程建设的组织者，在施工过程中要按照合同文件规定提供相应的条件，并要不时发表对工程建设各方面的意见和看法，下达某些指令。因此，监理工程师应及时收集业主提供的信息。

当业主负责某些材料的供应时，监理工程师需收集业主所提供材料的品种、数量、规格、价格、提货地点、提货方式等信息。例如，有一些工程项目，如果在施工过程中由业主负责供应钢材、木材、水泥、砂石等主要材料，业主就应及时将这些材料在各个阶段提供的数量、材质证明、检验（试验）资料、运输距离等情况告知有关方面。监理工程师也应及时收集这些信息资料。

另外，业主对施工过程中有关进度、质量、投资、合同等方面的看法和意见，监理工程师也应及时收集，同时还应及时收集业主的上级主管部门对工程建设的各种意见和看法。

2）收集承包商提供的信息。在建设项目的施工过程中，随着工程的进展，在承包商一方会产生大量的信息，除承包商本身必须收集和掌握这些信息外，监理工程师在现场管理中也必须收集和掌握以下信息。这类信息主要包括：开工报告、施工组织设计、各种计划、施工技术方案、材料报验单、月支付申请表、分包申请、工料价格调整申报表、索赔申报表、竣工报验单、复工申请、各种工程项目自检报告、质量问题报告、有关问题的意见等等。承包商应向监理单位报送这些信息资料，监理工程师也应全面系统地收集和掌握这些信息资料。

3）工程建设监理的记录

①驻地工程师的监理记录。监理工程师在进行现场监理工作时，必须详细记录各施工部位的各种情况，这些记录是了解施工实际情况，解决合同纠纷，进行工程结算的重要基础资料。各级监理人员必须逐日认真加以记录。

a.工地日记。主要包括：现场监理人员的日报表；现场每日的天气记录；监理工作纪要；其他有关情况与说明等。

现场监理人员的日报表主要包括如下内容：当天的施工内容；当天参加施工的人员

(工种、数量等)；当天施工用的机械（名称、数量等)；当天发现的施工质量问题；当天的施工进度与计划施工进度的比较（若发生施工进度拖延，应说明其原因)；当天的综合评语；其他说明（应注意的事项）等。

现场监理人员的日报表可采用表格的形式，力求简明，要求每日填报，一式两份。

现场每日的天气记录主要包括如下内容：当天的最高、最低气温；当天的降雨、降雪量；当天的风力；当天的天气状况；因气候原因当天损失的工作时间等。

若施工现场区域大、战线长，工地的气候情况差别较大，则应记录两个或多个施工地点的气象资料。

b. 驻施工现场监理负责人的日记。主要包括如下内容：当天所作的重大决定；当天对承包商所作的主要指示；当天发生的纠纷及可能的解决办法；项目总监理工程师（或其代表）来施工现场谈及的问题；当天与该项目总监理工程师（或其代表）的口头谈话摘要；当天对驻施工现场监理工程师（监理人员）的指示；当天与其他人达成的任何协议，或对其他人的主要指示等。

c. 驻施工现场监理负责人周报。驻施工现场监理负责人应每周向建设项目总监理工程师汇报一周内所发生的重大事件。

d. 驻施工现场监理负责人月报。驻施工现场监理负责人应每月向建设项目总监理工程师及业主汇报下列情况：工程施工进度状况（与合同规定的进度作比较)；工程款支付情况；工程进度拖延的原因分析；工程质量情况与问题；工程进展中的主要困难与问题，如施工中的重大差错，重大索赔事件，材料、设备供货困难，组织、协调方面的困难，异常的天气情况等。

e. 驻施工现场监理负责人对承包商的指示。主要内容包括：正式函件（用于极重大的指示)；日常指示，如在每日的工地协调会中发出的指示，在施工现场发出的指示等。

f. 驻施工现场监理负责人给承包商的补充图纸。

g. 工程质量记录。主要包括试验结果记录（表 7-3）和样本记录（表 7-4）等。

试验结果记录示例　　**表 7-3**

试验对象（试验类型）	要求的试验	已进行的试验	试验已获认可或被拒绝	遗漏的试验及采取的措施
……				
土工试验	……			
	压实试验 —同意压实厚度 —同意压实设备和遍数 —同意材料含水量	现场观察结果： —已量测的压实厚度 —所用的压实设备和遍数 —已量测的含水量		

工程试验样本记录示例　　**表 7-4**

编号	试验对象（试验类型）	要求的试验	已进行的试验	试验已获认可或被拒绝	遗漏的试验及采取的措施
0	地下勘察				
1	土工试验				
2	材料试验				
3	混凝土试验				
……	……				

h. 工程计量和工程款记录。

i. 工程竣工记录。

②工地会议的信息。工地会议是监理工作的一种重要方法，会议中包含着大量的信息。监理工程师必须重视工地会议，并建立一套完善的会议制度，以便于会议信息的收集。会议制度包括会议的名称、主持人、参加人、举行会议的时间及地点等，每次会议都应有专人记录，会议后应有正式会议纪要。会议记录见表 7-5。

会议记录表　　表 7-5

建设项目名称		项目编号	
会议名称		会议召开时间	
会议主持人		会议召开地点	
会议参加人			
会议主要内容：			
记录人		记录日期	

工地会议属于监理工程师行政管理工作的一部分，它包括开工前的第一次会议及开工后的经常性工地会议。

a. 第一次工地会议。这次会议应在监理工程师下达开工令之前举行。也即当监理工程师对第一次工地会议满意之后，才能下达开工令。第一次工地会议应使合同的所有基本规则得以规定，必须认真准备，以确保会议有一个良好的开端。

第一次工地会议的主要内容有：

- 介绍业主、监理企业、承包商、分包商的职员。
- 澄清组织。
- 检查承包商的动员情况（履约保证金、进度计划、保险、组织、人员、工料等）。
- 检查业主对合同的履行情况（如资金、投保、移交工地、图纸等）。
- 监理工程师动员阶段的工作情况（提交水准点、图纸、职责分工等）。
- 检查为监理工程师提供的设施情况（如住宿、试验、通讯、交通工具、水电等）。
- 明确监理例行程序。主要包括：填报支付报表，下达有关表样，明确上报统计时间；下发工程质量验收程序，下发有关表格；下发工程计量表；下发工程中间交工证书；明确监理办公室与承包商之间往来信件、文件、报表等公文手续；明确驻地监理工程师与承包商之间往来公文、验收、支付手续；明确经常性工地会议召开的地点、大致时间、会议议程等。

第一次工地会议是以相互了解、检查各方面准备情况，明确监理程序为主要目的的。当上述目的达到，并具备下列条件时，监理工程师即可下达开工令：

- 承包商已证实工地周围环境和情况与投标时相符；
- 承包商已得到施工图纸且后续图纸无需担忧；
- 承包商已得到占用土地的权利。

b. 经常性工地会议。经常性工地会议一般每月召开一次，会议由监理人员、承包商及分包商参加，有时也邀请业主参加。会议主要内容包括：确认上次工地会议纪要；当月进度总结；进度预测；技术事宜；变更事宜；财务事宜；管理事宜；索赔和延期；下次工地会议及其他事宜。工地会议确定的事宜视为合同文件的一部分，承包商必须执行。工地会议的记录应忠实于会议发言者，原话必录，不要加入记录人的感情色彩，以确保记录的真实性。

4）收集来自其他方面的信息。在工程建设的施工阶段，除上述几个方面产生各种信息外，其他方面也有信息产生，如设计单位、材料物资供应单位、建设银行、国家及地方政府有关部门、供电部门、供水部门、通讯及交通运输部门等都会产生大量信息，监理工程师也应注意收集这些信息，它们同样都是实施工程建设监理的重要依据。

（5）工程建设竣工阶段信息的收集

在工程建设竣工验收阶段，需要大量与竣工验收有关的各种信息资料，这些信息资料一部分是在整个施工过程中，长期积累形成的；一部分是在竣工验收期间，根据积累的资料整理分析得到的，完整的竣工资料应由承包商收集整理，经监理工程师及有关方面审查后，移交业主。

4. 工程建设监理信息的加工整理和存储

监理工程师为了有效地控制工程建设的投资、质量和进度目标，提高工程建设的投资效益，应在全面、系统收集监理信息的基础上，加工整理收集来的信息资料。通过对信息资料的加工整理，一方面可以掌握工程建设实施过程中各方面的进展情况；另一方面可直接或借助于数学模型来预测工程建设未来的进展状况，从而为监理工程师作出正确的决策提供可靠的依据。

在建设项目的施工过程中，监理工程师加工整理的监理信息主要有以下几个方面。

（1）工程施工进展情况。监理工程师每月、每季度都要对工程进度进行分析对比并做出综合评价，包括当月（季）整个工程各方面实际完成量，实际完成数量与合同规定的计划数量之间的比较。如果某些工作的进度拖后，应分析其原因、存在的主要困难和问题，并提出解决问题的建议。

（2）工程质量情况与问题。监理工程师应系统地将当月（季）施工过程中的各种质量情况在月报（季报）中进行归纳和评价，包括现场监理检查中发现的各种问题、施工中出现的重大事故，对各种情况、问题、事故的处理意见。如有必要的话，可定期印发专门的质量情况报告。

（3）工程结算情况。工程价款结算一般按月进行。监理工程师要对投资耗费情况进行统计分析，在统计分析的基础上作一些短期预测，以便为业主在组织资金方面的决策提供可靠依据。

（4）施工索赔情况。在工程施工过程中，由于业主的原因或外界客观条件的影响使承包商遭受损失，承包商提出索赔；或由于承包商违约使工程蒙受损失，业主提出索赔，监理工程师可提出索赔处理意见。

经收集和整理后的大量信息资料，应当存档以备将来使用。为了便于管理和使用监理信息，必须在监理组织内部建立完善的信息资料存储制度，将各种资料按不同的类别，进行详细的登录、存放。

目前，信息存储的介质主要有各类纸张、胶卷、录音（像）带和计算机存储器等。用纸张存储信息的主要优点是便宜，永久保存性好，不易涂改，其缺点是占用大量的空间，不便于检索，传递速度慢。我们应掌握各种存储介质的特点，扬长避短，将纸和计算机及其他存储介质结合起来使用。随着科学技术的不断发展，计算机的存储量越来越大，且成本越来越低。有人估计，将来用计算机存储器存储信息的成本会比纸低，到那时，无纸的信息管理系统将会更广泛地得到推广。因此，监理信息的存储应尽量采用电子计算机及其他微缩系统，以节省存储时间、空间和费用。

5. 工程建设监理信息的检索和传递

无论是存储在档案库还是存储在计算机中的信息资料，为了查找方便，在建库时都要拟定一套科学的查找方法和手段，做好分类编目工作。完善健全的检索系统可以使报表、文件、资料、人事和技术档案既保存完好，又查找方便。否则会使资料杂乱无章，无法利用。

信息的传递就是工程建设各参与单位、部门之间交流、交换工程建设监理信息的过程。信息通过传递，才形成各种信息流。信息流渠道必须畅通无阻，只有这样才能保证监理工程师及时得到完整、准确的信息，从而为监理工程师的科学决策提供可靠支持。电子计算机技术及通信技术的迅速发展，为工程建设监理信息的快速传递提供了良好的条件，人们可以通过建立计算机网络来传递各类信息。

6. 工程建设监理信息的使用

工程建设信息管理的最终目的，就是为了更好地使用信息，为监理决策服务。经过加工处理的信息，要按照监理工作的实际要求，以各种形式提供给各类监理人员，如报表、文字、图形、图像、声音等。信息的使用效率和使用质量随着电子计算机的普及而提高。存储于电子计算机中的信息，是一种为各个部门所共享的资源。因此，利用电子计算机进行信息管理，已成为更好地使用工程建设监理信息的前提条件。

第二节 工程建设监理的现代化手段——电子计算机

电子数字计算机（简称计算机）是当代科学技术最伟大的成就之一，它是一种不需要人工直接干预，能够自动地对各种数字化信息进行高速处理和存储的电子设备。它的出现部分地解放了人类的脑力劳动，开创了信息处理现代化的新纪元。在工程建设监理工作中，有大量的信息需要处理，而且对信息的质量（如信息的准确性、及时性等）也有很高的要求。显然，单靠人工处理这些工作是不能胜任的，必须借助于电子计算机来完成。利用电子计算机不仅可以存储监理工作需要的大量信息，还可以高效准确地处理建设项目实施过程中产生的信息，并可自动地形成各种需求的图形和报表，以便为监理工程师的决策工作提供可靠依据。

一、电子计算机辅助管理发展概况

电子计算机在管理中的应用始于20世纪50年代，50多年来电子计算机用于信息处理发展很快。特别是微型计算机的出现和普及，为信息处理提供了物美价廉的手段，这对于推动信息管理现代化起到了重要的作用。

从计算机对信息处理的方式来看，计算机辅助管理大体上经历了以下几个发展阶段。

（一）单项数据处理阶段

这是电子计算机应用于管理的低级阶段。在这一阶段，电子计算机主要用于处理工资、会计、统计方面的计算工作及计划编制、统计报表、职工考勤等部分事务性的工作。其特点是由人工收集原始数据，隔一定时间集中一批数据送入计算机，进行数据分类、加工、整理等处理工作。这一阶段由于有关管理业务在计算机上是按项目分别进行的，不同项目之间在计算机上没有联系，因此称为单项数据处理阶段。

（二）综合数据处理阶段

随着计算机软硬件系统特别是外围设备和通讯技术的发展，计算机信息处理的能力大大提高，出现了单处理中心网络（面向终端的计算机网络）。这种网络结构由多个终端设备通过通讯线路与一台主处理机相连接，构成了一个联机系统。这种系统可以把远距离的单位联结起来，进行信息的汇集、交换，并使一台计算机为多个终端的用户服务。利用这种系统可以把输入数据从发生地点直接输入计算机，运算处理后输出的数据直接传送到使用场所。这不仅使计算机的使用效率大为提高，而且推动了管理向实时性和集中化方向的发展。

以上两个阶段，即单项和综合数据处理的主要目标是提高管理人员处理日常事务的效率，节省人力。由于其所建立的系统是一种纯数据处理系统，故称之为事务处理系统（TPS，Transaction Processing System）。

（三）管理信息系统阶段

事务处理系统主要处理日常的管理业务，其处理的结果（报表）虽能对操作层和部分控制层的管理活动辅以支持，但远远不能满足战略决策层进行管理决策的需要。为此，20世纪60年代中期开始出现了管理信息系统（MIS，Management Information System）。所谓管理信息系统，就是为实现企业的整体目标，对管理信息进行系统、综合的处理，并由辅助各级管理决策的计算机软硬件、通讯设备及有关人员组成的一个人—机系统。它不但要求在事务处理上的高效率，而且更强调对各级管理决策的有效支持。

在这个阶段，各级管理人员可以借助于管理信息系统进行计划的编制、执行和控制，以保证管理目标的实现。这个阶段的一个重要特点，就是数据库的出现和应用。所谓数据库就是各个管理系统所应用的数据的统一集合体。应用它能减少数据的重复性，使一数一用变为一数多用，从而实现了管理系统的数据共享。这样不但能大大减少数据输入的工作量，而且还保证了企业各个管理系统中所使用数据的一致性。

20世纪70年代以来，发达国家在管理中全面使用计算机处理管理信息，各级管理部门乃至企业最高决策层都利用管理信息系统提供的信息，并依靠计算机进行辅助决策。计算机远程网络、局域网络和数据库技术的发展以及微型计算机的广泛应用，大大提高了管理信息系统处理信息和辅助决策的能力。大型的管理信息系统已克服了地域的限制，甚至跨越国界，为世界各地的大公司服务。

（四）决策支持系统和专家系统阶段

从20世纪70年代起，人们开始研究计算机如何在复杂、多变的环境中为管理决策者提供更强有力的支持，于是出现了决策支持系统（DSS，Decision Support System）。

管理决策过程包含明确目标、收集信息、探索方案以及对方案进行分析、预测、评价与抉择等环节。管理信息系统只能按照它在建立时所确定的结构、规则和程序来收集、存储与加工信息。对于那些目标明确，具有确定的信息需求的问题，即所谓的结构化管理任务，管理信息系统尚能给管理决策者以有效的支持。但是对有些决策问题（主要是高层战略性决策任务），由于没有或来不及收集必要的信息，也没有条件按常规进行决策，管理信息系统就显得有些无能为力了。它只能被动地提供按固定模式收集的不完整的信息。而决策支持系统则面向管理决策问题，具有较强的处理能力。它可以通过人机对话，把收集到的信息、各种经济管理模型与方法和决策者的知识、经验等充分结合起来，协助决策者进行各阶段的决策工作。

20世纪80年代以来，决策支持系统的研究进展很快，不少决策支持系统已接近或达到实用阶段。近年来又出现了专家系统（ES，Expert System），该系统是一个具有大量专门知识和经验的计算机程序系统。它装入了某一领域专家的知识，能模仿该领域专家的思维过程和思维方法，解决实际问题。在某种程度上，专家系统已经代替了专家的管理决策工作。

在目前的技术水平上，决策支持系统和专家系统是不同类型的系统。今后研究与开发的方向应是智能决策支持系统，该系统将同时具有决策支持系统和专家系统的功能。

和决策支持系统、专家系统一起常被人们提到的另一个概念，就是办公自动化（OA，Office Automation）系统。所谓办公自动化系统，是一个以计算机、通信设备和办公室内专用设备为基础的人机系统。其主要功能就是对文字、声音、图像、数字等办公信息进行收集、传输、加工和利用，从而提高办公室内事务处理的效率和质量。

办公自动化系统与决策支持系统和专家系统不同，前者强调的是事务处理的效率，后者强调的是能否实现预期的目标。办公自动化系统通常在一定的设备条件下就可以实现，而决策支持系统和专家系统则主要靠专门的软件开发来实现（包括数据、程序、模型和规则等）。但它们之间又有一定的联系，办公自动化系统并不排斥决策支持系统和专家系统在办公事务处理过程中被应用。同样，办公自动化设备也可以成为决策支持系统和专家系统使用的工具。专家系统可以看做是决策支持系统的特例，决策支持系统可以看做是管理信息系统功能的进一步发展，而办公自动化系统实际上是管理信息系统在办公室这一特殊环境下的延伸，是办公室人员与管理信息系统的接口。

二、计算机在工程建设监理中的应用

根据国际惯例，工程建设监理的主要任务是监理工程师受业主的委托，在工程建设的总目标——投资目标、质量目标和工期目标明确的前提下，采用合同管理这一有效手段，在项目实施过程中进行动态控制，跟踪纠偏，以达到既定目标。而要想圆满完成此任务，信息管理是基础。如前所述，由于建设监理信息量大、来源广泛，而且要求信息处理及时、准确，单靠监理工程师手工处理是不能适应工程建设监理工作需要的。

为了使监理工作流程程序化，监理记录标准化，监理报告系统化，可以利用电子计算机存储量大及运算速度快的特点，将与工程项目有关的各类信息集中存储于计算机之中，进行高效、准确的加工处理，并在必要时按不同要求形成各种形式的报告，从而为监理工程师进行科学的规划和决策提供可靠的信息支持。

（一）电子计算机在投资控制中的应用

电子计算机在工程建设投资控制中有着广泛的用途。

1. 电子计算机在建设前期的应用

主要是利用电子计算机对拟建项目进行投资估算，技术经济评价及多方案比选。甚至对拟建项目在政治、国防、技术、经济、环境保护等方面进行综合评估。

2. 电子计算机在设计阶段的应用

主要是利用电子计算机编制设计概算和预算，并能根据投资控制的需要，按单项工程、单位工程、分部分项工程进行投资切块。利用电子计算机编制的设计概算和预算，可以大大减少监理工程师的审查工作量，因为监理工程师只需审查原始输入数据即可，而无需审查计算过程。

3. 电子计算机在施工招标阶段的应用

主要是利用电子计算机编制工程标底，并辅助监理工程师进行评标工作。最后，可将业主与承包商签订的工程合同总价款及承包商的报价明细输入计算机，作为投资控制的依据。

4. 电子计算机在施工阶段的应用

主要是在工程计量的基础上，核定月工程进度款，并对工程变更和费用索赔进行处理。随时注意合同计划值与实际工程量及工程款的对比分析，实现工程建设投资的动态控制。

5. 电子计算机在竣工验收阶段的应用

利用计算机可以编制建设项目竣工决算报告。

(二) 电子计算机在质量控制中的应用

在建设项目的实施过程中，监理工程师利用电子计算机可以有效地控制工程项目的质量。

1. 利用电子计算机可以实施主动预控

实施主动预控，是工程建设质量控制工作的重点。为了做好这项工作，监理工程师可以利用计算机进行设计文件及设计变更的登录、查询；对主要的建筑材料、成品、半成品及构件应建立计算机台账，进行分析统计，以便于及时发现问题。

2. 利用电子计算机可以实施跟踪管理

在建设项目的实施过程中，运用数理统计方法，对重点工序和重要质量指标的数据进行统计分析，绘制直方图、控制图等管理图表，从而实现对工程项目质量的动态控制。并能根据质量监控人员的不同要求，提供多种质量报表和报告。

3. 利用电子计算机可以进行工程事故统计分析

监理工程师可以利用电子计算机存储重大工程事故报告和登录一般事故摘要，并能根据不同要求提供多种工程事故统计分析报告。

4. 利用电子计算机可以进行质量评定

根据有关质量检验评定标准和分项、分部工程验评结果，可以对分部工程、单位工程的质量进行评定，最终为评定建设项目的质量提供可靠依据。

(三) 电子计算机在进度控制中的应用

利用电子计算机可以进行工程建设进度计划的编制、优化，以及在进度计划执行过程中的动态控制。

1. 工程建设进度计划的编制

利用电子计算机可以编制工程建设设计总进度计划及分阶段、分专业的设计进度计划；可以编制工程建设施工总进度计划、单位工程施工进度计划及分部分项工程进度计划等。即可以用横道计划表示，又可以用网络计划表示。对于大型复杂的建设项目，还可以编制多级网络计划系统，以有效地控制工程项目的进度。

2. 工程建设进度计划的优化

利用电子计算机可以对初始进度计划进行不断的调整，以寻求比较满意的进度计划方案 。根据所追求的目标不同，工程建设进度计划的优化又分为工期优化、费用优化及资源优化三种，监理工程师可以借助于电子计算机实现进度计划的优化。

3. 工程建设进度的动态控制

在工程建设进度计划的执行过程中，将收集到的实际进度数据输入电子计算机，利用电子计算机进行实际进度与计划进度的对比分析，找出偏差，并对工程进度进行预测。监理工程师可以在分析原因的基础上，采取有效措施，利用电子计算机调整原进度计划，从而达到动态控制工程建设进度的目的。

（四）电子计算机在合同管理中的应用

电子计算机可以辅助监理工程师进行工程建设的合同管理。

1. 电子计算机在国内合同管理中的应用

利用电子计算机存储量大的特点，可以存储各种合同的常规模式，以便于监理工程师选用、编辑和打印。在合同执行过程中，还可以登录、查询、统计合同的执行情况，并对合同执行计划进行预测。此外，还可根据实际需求提供多种合同报表。

2. 电子计算机在涉外合同管理中的应用

将国际上通用的合同条件范本（如 FIDIC 合同条件）存储于计算机之中，便于监理工程师随时查询、打印。并在合同执行过程中进行跟踪管理。

除此之外，还可将国家、地方及部门有关监理法规和国际、国内的经济法规等文件存入计算机之中，供监理工程师查询使用。

（五）电子计算机在文档管理中的应用

在工程建设监理过程中，会产生大量的信息资料。根据制定的信息采集制度，及时收集、整理、存储这些信息资料，了解工程建设的实际进展情况，并协助项目总监理工程师编写监理月报，是监理工程师的一项重要任务。在目前情况下，主要是通过建立计算机台账，分类存储有关监理文档资料，即节约了存储空间，又便于查询。随着多媒体计算机的广泛应用，声像信息也可得到处理。于是，监理工程师就可将所拍摄的监理录像按需要输入计算机，对每一幅图像进行编辑、存储，并形成完整的档案资料。若干年后，仍可生动地再现当时的情况，以提供详细的分析资料，而图像的质量不会受到丝毫的损失。

总之，电子计算机在工程建设监理领域有很多用武之地，有待于我们去努力开发。而且由于工程建设监理信息的特殊性，应结合工程建设的具体特点开发工程建设监理信息系统，使工程建设监理信息得到综合、系统的管理，从而为监理工程师进行工程建设的投资控制、质量控制、进度控制及合同管理等提供可靠的信息支持。

第三节　工程建设监理信息系统的开发

在工程项目的建设过程中，随时都有大量的信息产生，而用常规的信息管理方法和手段很难准确、及时地对其进行收集、处理、存储和传递。因此，建立以电子计算机为核心的工程建设监理信息系统是十分必要的。

一、工程建设监理信息系统概述

（一）工程建设监理信息系统的概念

所谓工程建设监理信息系统，是一个由人、电子计算机等组成的能进行工程建设监理信息的收集、加工整理、存储、检索、传递、维护和使用的集成化系统，它也是一个计算机辅助管理系统。其目的是实现工程建设监理信息的全面管理、系统管理、规范管理和科学管理，从而为监理工程师进行工程建设的投资控制、质量控制、进度控制及合同管理等提供可靠的信息支持。工程建设监理信息系统的总体概念如图 7-10 所示。

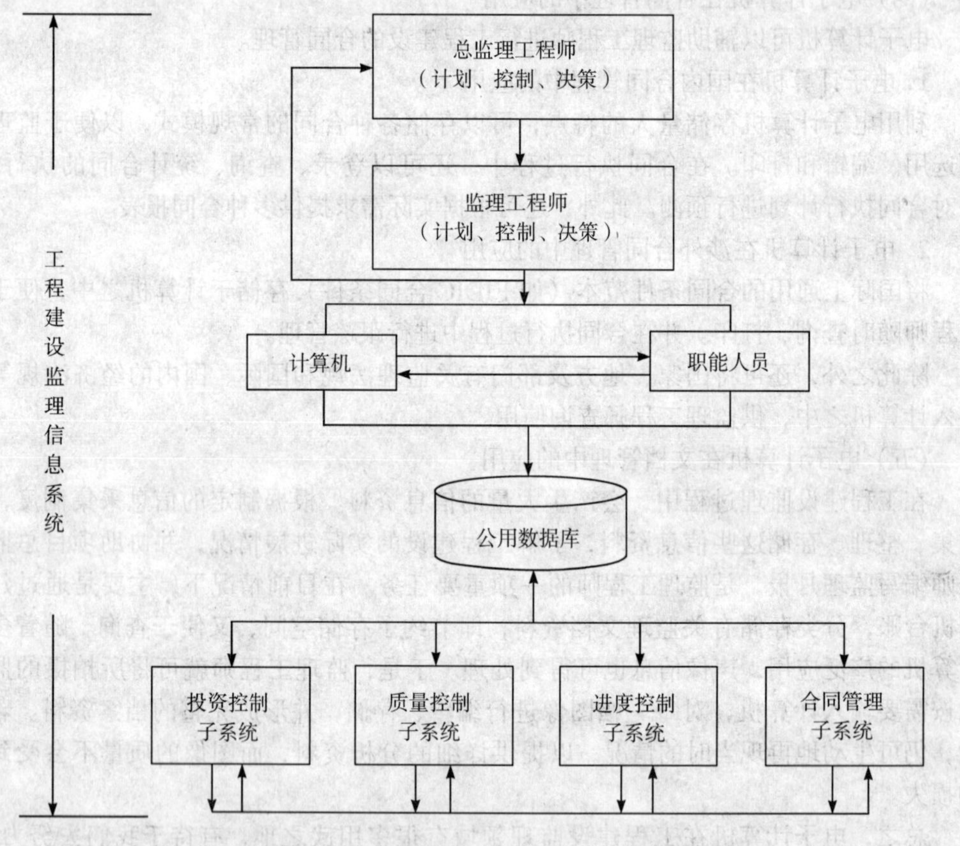

图 7-10　工程建设监理信息系统概念示意图

从图中可以看出，工程建设监理信息系统是一个由投资控制、质量控制、进度控制及合同管理等多个子系统构成的综合系统。其功能的实现要靠公用数据库的支持，该公用数据库将各子系统共用的数据按一定的方式组织并存储起来，以实现各子系统之间的数据共享。

工程建设监理信息系统不应是一个孤立存在的系统，它还必须建立与外界的通讯联系，例如与国家经济信息网联网，收集国内各部门、各地区工程建设信息，国际工程招标信息，建设物资、设备信息等，这些都是监理工程师进行监理决策所必需的外部环境信息。

（二）工程建设监理信息系统的功能和作用

1. 工程建设监理信息系统的功能

为了有效地辅助监理工程师实施工程建设监理，工程建设监理信息系统应具有以下基本功能。

（1）数据处理功能

工程建设监理信息系统能把输入系统的各种形式的原始数据分类、整理和存储，以供查询和检索之用。此外，该系统能提供各种统一格式的信息，简化各种统计和综合工作，以提高工作效率和工作质量。

（2）预测功能

利用预测模型和方法，根据所掌握的历史数据分析和预测建设项目未来的进展情况，为监理工程师进行科学决策提供可靠依据。

（3）计划功能

工程建设监理信息系统能合理地计划和安排各种具体工作，为不同层次的监理人员提供不同的信息，提高监理工作效率。

（4）辅助决策功能

利用运筹学等管理技术和方法，在模拟和预测的基础上，能为监理工程师及时、准确地提供决策信息，以期达到合理地利用人、财、物、设备和信息等资源，提高建设项目投资效益的目的。

（5）控制功能

对整体计划的执行情况和主要工作环节进行监测、检查，分析计划与实际执行情况的差距及其产生的原因，及时采取有效措施加以纠正，以达到预期目标。

2. 工程建设监理信息系统的作用

由于工程建设监理信息系统具有上述功能，所以该系统在工程建设监理工作中具有十分重要的作用。主要体现在以下几个方面：

（1）能为建设项目各层次、各岗位的监理人员收集、处理、传递、存储和分发各类数据和信息；

（2）能为高层次的建设监理人员提供预测、决策所需的数据、数学分析模型和必要的手段，为科学决策提供可靠支持；

（3）能提供人、财、物、设备诸要素之间综合性强的数据及必要的调控手段，以便于监理工程师实现对工程建设的动态控制；

（4）能提供必要的办公自动化手段，使监理工程师能摆脱繁琐的日常事务，集中精力分析、处理监理工作中的一些重大问题。

（三）工程建设监理信息系统的结构和构成

1. 工程建设监理信息系统的基本结构

工程建设监理信息系统是一个信息处理体系，它为不同的监理职能和不同的监理层次提供信息服务，其基本结构如图 7-11 所示。

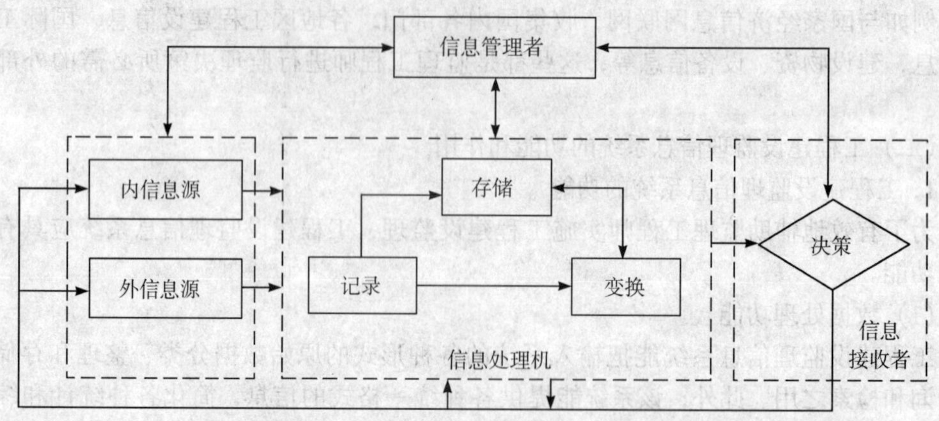

图 7-11 工程建设监理信息系统基本结构示意图

其中内信息源是指来自建设项目本身的信息，如工程概况、设计文件、施工方案、合同文件、工程实际进展情况等。外信息源是指来自项目外部环境的信息，如国家有关政策及法规、国内及国际市场上原材料及设备价格、物价指数、类似工程造价及进度等。

信息处理机是由数据采集、数据变换、数据传输、数据存储等装置所组成。它的主要功能是获取数据，并将其转换为信息，提供给信息接收者。信息管理者负责工程建设监理信息系统的开发和运行工作，并负责系统中其他各个组成部分的协调配合，使之成为一个有机的整体。信息的接收者也就是信息的使用者，主要是指处于建设项目监理组织内部不同职能、不同层次的监理人员，他们在从事工程建设监理工作时都需要监理信息的支持。对于实际开发的工程建设监理信息系统，可能因组织形式及信息处理规律不同而导致其具有不同的结构，但最终都可归结为上图所示的基本结构模型。

2. 工程建设监理信息系统的构成

构成工程建设监理信息系统的主要部分有硬件、软件、数据库、操作规程和操作人员等。

(1) 硬件

硬件指的是计算机及其有关的各种设备。硬件必须提供输入、输出、通信、存储数据和程序，进行数据处理等功能。

(2) 软件

软件分系统软件和应用软件。系统软件主要用于计算机的管理、维护、控制以及程序的装入和翻译等工作；应用软件是指挥计算机进行数据处理的程序。

(3) 数据库

数据库是系统中数据文件的逻辑组合，它包含了所有应用软件使用的数据。这些数据存放在外部存储器的物理介质上，如磁带、磁盘、光盘等。

(4) 操作规程

正规的操作规程是以手册或说明书之类的物理形式存在的。系统需要的主要规程有三种：

1）用户手册。用户手册供系统用户在记录数据、利用终端输入或检索数据、使用系统输出结果等场合使用。

2）操作手册。操作手册供计算机操作人员使用。

3）运行手册。运行手册供数据准备人员进行输入准备时使用。

(5) 操作人员

操作人员主要包括计算机操作人员、程序设计员、系统分析员、信息系统管理人员、数据管理员等。

二、工程建设监理信息系统开发的目标、条件和策略

所谓信息系统的开发，就是在对现行旧系统进行详细调查研究的基础上，通过系统设计提出对新系统的展望及其模型，最终建立一个具有先进水平的、能够满足用户需要，而且运行效率高、经济效益好的新系统。

(一) 工程建设监理信息系统的开发目标

工程建设监理信息系统应是一个功能完善、性能优良、适用性强的计算机管理系统。它必须具有数据处理、预测、计划、控制及辅助决策等功能，能够为监理工程师进行工程建设的投资控制、质量控制、进度控制及合同管理等提供可靠的信息支持，并能代替监理工程师从事一定的行政事务管理工作。除此之外，在建立系统时还应考虑以下几方面的基本要求：

1. 简单性

系统应设计得尽量简单，只要能达到既定目的，产生所需要的结果即可。应该避免那种华而不实，盲目追求高水平的作法。系统设计得简单可以提高效率，缩短开发周期，减少开发费用，提高可靠性。同时，也便于监理人员操作和使用，节省数据处理的时间，还可以大大提高监理人员的工作效率。此外，要注意处理好人－机分工的问题，那种认为一切由计算机包打天下的想法是不正确的。有些环节恰当地使用人工管理往往会取得更佳的效果。

2. 灵活性

在工程建设监理信息系统的使用过程中，由于系统环境的变化，建设项目实施情况的发展和变化，用户（监理人员）需求的变化等原因，客观上要求工程建设监理信息系统必须具有较灵活的结构，以便能根据实际需求对系统的功能和基础数据进行增添、删除和修改。

3. 完整性

工程建设监理信息系统是作为一个整体而存在的，要求系统的功能要尽量完善，各子系统之间的接口要尽量完备，数据采集要统一，描述的语言、格式要一致，以保证系统是一个有机整体。

4. 可靠性

工程建设监理信息系统必须具有较高的可靠性，具体地说，就是系统的结构设计要合理，软硬件要可靠稳定，数据要准确，故障处理及安全措施要完备等。

5. 经济性

工程建设监理信息系统应能够为其使用者（监理工程师）带来一定的经济效益，即

系统的开发、运行费用和收益相比应该符合经济原则。如果系统的开发、运行费用得不到相应的补偿，系统就会失去存在的基础。当然，在进行经济比较时，不能只考虑有形的效果，如节省人力、财力等，还应考虑其无形效果，如提高工作质量、工作效率等。

只有满足以上要求，所开发的系统才是一个有生命力的系统。

工程建设监理信息系统的开发涉及面广、工作量大，需要消耗大量的人、财、物和时间。建设监理单位一定要结合具体情况，确定系统的目标，尤其是对大中型系统或受一定条件限制的系统，应根据统一的总体规划，从比较容易实现的数据处理入手，分期分批逐步完成完整的计算机管理系统。

（二）工程建设监理信息系统开发的基本条件

工程建设监理信息系统的开发是一项十分艰巨的任务，它必须在一定的条件下才可以着手进行。否则盲目开发系统，会造成大量人力、物力、财力和时间的浪费，达不到预期效果。要开发工程建设监理信息系统就必须具备以下几个方面的条件：

1. 具有一定的科学管理基础

具有一定的科学管理基础是实现工程建设监理信息系统的前提条件。只有在合理的管理体制、完善的规章制度、稳定的生产秩序、科学的管理方法和规程，以及完整、准确的原始数据的基础上，才能建成有效的信息系统。国外有句名言："输进去的是垃圾，输出来的也是垃圾"。如果不重视基础工作，很难发挥计算机的有效作用。为此，必须逐步实现管理工作的程序化，日常业务的标准化，报表文件的统一化，数据资料的完整化和代码化。

2. 领导要重视，监理人员积极性要高

领导是否重视，对工程建设监理信息系统的实现起着决定性作用。因为开发一个信息系统，涉及管理体制、管理方法、人事安排、资金调配等多方面的问题，而这些问题的决策权都掌握在领导手中，只有领导的真正重视和参加，才能保证系统开发工作的顺利进行。领导的参加还有利于对系统开发工作的监督和审查，能够及时发现系统设计中不能满足要求、甚至与组织系统目标相抵触的地方。

监理人员的积极性也非常重要。因为在系统开发阶段需要他们积极配合，介绍监理业务，提供有关数据。而在系统建成以后，他们又是系统的主要操作者和使用者。他们的业务水平、工作习惯以及对系统开发的积极性，将直接影响工程建设监理信息系统的使用效果和生命力。因此，对工程建设监理人员进行宣传和培训，消除他们对计算机的神秘感或抵触情绪，将具有十分重要的意义。

3. 建立一支高水平的信息系统开发队伍

在工程建设监理信息系统的开发和运行过程中，需要解决复杂的管理技术，计算机信息处理及通信技术，系统运行操作维护等高科技问题。为了建立有效的建设项目监理信息系统，必须建立一支强有力的专业技术队伍，该队伍需要有熟悉计算机硬件和软件知识的人才；需要有掌握系统开发技术和方法的人才；还需要具有丰富实际工作经验、熟知建设监理业务的专门人才。

由于工程建设监理信息系统的开发是一项边缘学科的工作，它既涉及管理学科的问题，又涉及计算机学科的问题，因此，要开发工程建设监理信息系统，就必须要有既懂计算机信息处理知识又熟悉建设项目监理业务的复合型人才。而目前这种复合型人才在我国还为数不多，往往需要计算机专业人员和工程建设监理人员紧密配合，互相取长补短才能使系统开发成功。为此，在系统开发之前，应对有关人员进行培训。首先应对各级领导进行信息系统基本知识的培训，使他们掌握信息系统开发的基本步骤和一般原则，从而自觉地将信息系统的开发与实际工作紧密结合起来。其次应对监理人员进行计算机信息处理知识的普及教育，使他们了解系统开发各阶段的任务和调查分析的方法与技术，从而能与计算机专业人员进行密切配合。再次应对计算机专业人员进行建设监理知识的培训，使他们对工程建设监理信息系统的功能有更深入的理解。

除了上述三个条件之外，选择好计算机及其他配套设备，选定合作开发单位等也是重要的开发条件。不考虑条件的盲目开发，结果是要失败的。但也不是说，只有一切条件都完全具备之后，才考虑系统的开发，因为有些条件可以在系统开发过程中逐步得到完善。工程建设监理信息系统的开发是建立在科学管理的基础上的，而工程建设监理信息系统的应用，又将进一步促进工程建设监理的科学化和现代化。

（三）工程建设监理信息系统的开发策略

在实际开发工程建设监理信息系统的时候，通常有多种方式和方法可以借鉴和选择，而这些方式和方法又各有优缺点，所以，建设监理企业应根据本单位的资源条件、技术力量、外部环境等客观因素做出适当的选择。

1. 信息系统的开发方式

工程建设监理信息系统的开发方式主要有自行开发、委托开发、合作开发及全套引进等。无论采用哪种方式，建设监理企业的领导和有关监理人员都必须参加，以便通过参加系统开发的全过程，使自己的系统开发和维护队伍得到培养、锻炼和壮大。

各种开发方式的特点见表 7-6。

工程建设监理信息系统的开发方式　　**表 7-6**

特点＼开发方式	自行开发	委托开发	合作开发	全套引进
系统分析和设计力量	非常需要	不太需要	逐渐培养	少量需要
编程力量	非常需要	不需要	需要	少量需要
系统维护	容易	困难	较容易	困难
开发费用	低	高	较低	较低
说明	开发时间较长，但可得到比较满意的系统，并培养自己的系统开发人员。该方式需要强有力的领导及需要进行一定的咨询	最省事，但开发费用高。必须配备精通业务的人员参加，并经常进行监督、检查和协调	通常是在具有一定编程力量的基础上进行。合作对象是具有一定系统分析和设计力量的本行业单位。此时，必须注意搞好双方关系，做到真诚合作	要有鉴别与校验软件包功能及适应条件的能力。即使其通用性较强，仍需根据具体项目的特点进行必要的调整

2. 信息系统的开发方法

信息系统的开发方法有很多，其中最常用的有生命周期法和原型法。

生命周期法是将系统开发过程划分为几个不同的工作阶段，然后严格按这些工作阶段所确定的工作程序和内容完成整个系统的开发任务。其特点是考虑问题周全，所开发的系统功能完善可靠。但是开发周期长，特别是当系统开发人员的经验不足时，严格按照生命周期法中的工作步骤进行工作实际上是不可能的。

原型法是一个迭代过程。即首先根据用户（监理工程师）的需求，借助于软件开发工具快速建造一个系统模型，交给用户试用，然后在用户试用过程中再根据用户的意见不断地对该系统模型进行修改、补充和完善，直至用户满意为止。原型法特别适用于设计方案的阐述和用户界面的设计，而且能缩短系统开发周期，提高开发质量，降低开发成本，并能最大限度地满足用户的要求。但是它代替不了细致的信息需求分析和详尽的文件编制。

如前所述，工程建设监理信息系统的主要功能是辅助监理工程师进行工程建设的投资控制、质量控制、进度控制及合同管理。但是，由于不同的建设项目具有不同的特点，而且其监理工作的广度和深度也不相同，因而使不同的工程建设监理信息系统的具体功能有很大的差异。所以，在开发系统时，必须进行详细的信息需求分析。此外，为了适应工程建设监理的具体需求，信息系统的开发周期又不能太长。因此，在目前情况下开发工程建设监理信息系统适宜于采用生命周期法和原型法相结合的方式。这种组合方法对系统开发队伍中工程建设监理人员的计算机信息处理知识要求不高，因而容易为系统开发人员所接受。

第四节　数据库系统

数据库是信息系统中至关重要的一个组成部分，它为信息系统存储和管理有关数据，是信息系统的核心。由于工程建设监理信息系统要处理大量的监理信息，因此，该系统必须以数据库为基础，没有数据库的工程建设监理信息系统是不可想象的。

一、数据库系统概述

（一）数据库及其类型

1. 数据库的概念

数据库（DB，Data Base）技术自20世纪60年代末出现以来，经过数十年的发展，已得到广泛应用。据估计，目前在世界上已有成千上万的数据库系统在运行。但对于什么是数据库，至今还没有一个统一的、公认的定义。一般认为，数据库是存储在计算机中的数据及数据间逻辑关系的集合体，它能够通过数据库管理系统及类似程序系统对其进行建立、存取和维护，并为用户提供有效的服务。

上述概念具有以下几层含义：

（1）数据库是数据及数据间逻辑关系的集合体，它不但要存储数据本身，而且要存储数据之间的逻辑关系。如果不能反映数据间的逻辑关系，该集合体就只能叫数据文件，而不能称做数据库。

（2）数据库必须能够通过某个数据库管理系统或类似的程序系统对其进行建立、存取和维护，为此，数据库应建立在计算机可以直接存取的外部存储设备中。

（3）数据库必须能够为用户提供行之有效的服务，准确、快速地提供有用的信息，以满足用户的实际需要。否则，建立数据库也就失去了意义。

2. 数据库的类型

根据数据库中表达数据间逻辑关系所采用的方法不同，可将数据库分为三种基本类型，即层次型数据库、网状型数据库及关系型数据库。

(1) 层次型数据库

层次型数据库中数据之间的逻辑关系如图 7-12 所示。其结构如同一棵树，故有时也将其称为树型数据库。

在层次型数据库结构中，树的结点是实体，树枝表示实体间的联系。树中有惟一的一个结点向上没有联系，该结点称为根。根以外的结点向上只与一个结点相联系，而向下可与多个结点相联系。习惯上，将上一层的结点称作“父”结点，而把下一层的结点称作“子”结点。层次型数据库中数据之间的逻辑关系是一种一对多的关系。

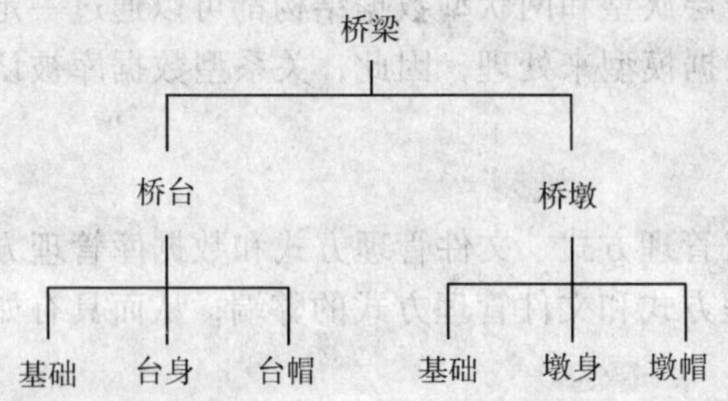

图 7-12 层次型数据库结构示例

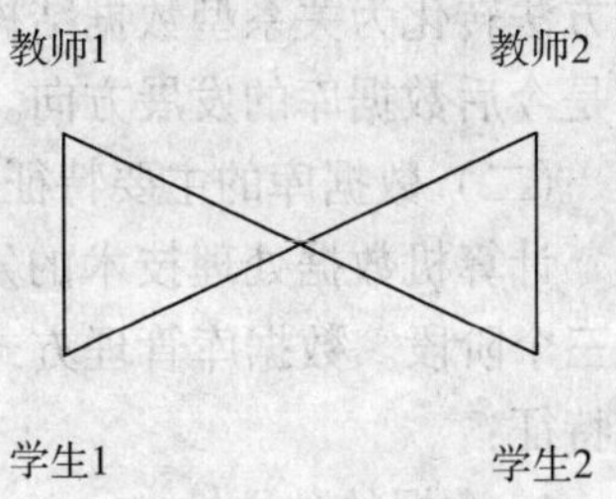

图 7-13 网状型数据库结构示例

(2) 网状型数据库

网状型数据库中数据之间的逻辑关系如图 7-13 所示。这种结构必须满足如下两个条件：①可以有一个以上的结点无父结点；②至少有一个结点有多于一个的父结点。它同层次型数据库的区别是：①一个子结点可以有两个以上的父结点；②在两个结点之间可以有两种或多种联系。

(3) 关系型数据库

在关系型数据库中，数据处于一张二维表格之中，数据间的联系由该二维表（也称作关系表）来反映。表 7-7 所示工程项目一览表即为一张关系表。

工程项目一览表 **表 7-7**

工程项目名称	建设地点	建筑面积 (m^2)	结构类型	地下层数	地上层数	基础深 (m)	高度 (m)
Ⅱ（东主楼）	北京西郊莲花池	16954	框架剪力墙体系	2～3	11	－12.8	40.5
Ⅳ（东附楼）	北京西郊莲花池	35346	框架剪力墙体系	2	7	－10.85	23.2
Ⅵ（东配楼）	北京西郊莲花池	36047	框架剪力墙体系	2	10	－10.85	34.8
Ⅵ（深车库）	北京西郊莲花池	12358.8	柱一双向密肋板	2	0	－11.55	
Ⅵ（浅车库）	北京西郊莲花池	12358.8	柱一双向密肋板	1	0	－7.80	

在关系表中，每一竖列（数据项）反映客观事物（实体）的某一特性，实体的多方面特性可用多个竖列来反映；每一行形成一个实体记录，它由各个数据项（字段）所组成，反映了某一实体的所有有关特性。这种由许多行、许多列组成的二维表可以用来反映同类实体中全部实体的所有有关的信息。也正是由于表中的实体属于同一类实体，它

们具有某种共同的特征，所以将这种表称作关系表。关系表必须满足如下条件：

1）每一列的元素是类型相同的数据；

2）列的顺序可以是任意的；

3）行的顺序可以是任意的；

4）表中元素是不可再分的最小数据项；

5）表中任意两行的记录不能完全相同。表中不允许有表。

关系型数据库是一种发展较晚的数据库类型，但是由于其数据结构具有坚实的数学理论基础，简单、明了、直观，特别容易理解和掌握，在现实生活中应用最多，所以关系型数据库得到了非常广泛的应用。而且由于层次型和网状型数据结构都可以通过一定的方法转化为关系型数据结构，应用关系型数据模型来处理，因此，关系型数据库被认为是今后数据库的发展方向。

（二）数据库的主要特征

计算机数据处理技术的发展，经历了人工管理方式、文件管理方式和数据库管理方式三个阶段。数据库管理方式克服了人工管理方式和文件管理方式的弊端，从而具有如下特征：

1. 数据的独立性

数据的独立性是数据库的最基本特征。所谓数据的独立性是指应用程序对数据库中数据的非依赖性。在数据文件系统中，数据存取方式的任何微小变化都要求应用程序随之修改，而在数据库系统中，当数据存取方式、存取时间发生变化时，并不需要改变用户程序，从而减轻了用户的负担，节省了人力和时间，提高了数据库应用系统的工作效率。

2. 数据的共享性

数据库环境下的数据共享包括以下几个方面：

(1) 系统中当前所有的用户都可以同时访问数据库中的数据，数据库系统能够以最优的方式满足每个用户的请求。

(2) 数据库不仅可以为当前的用户服务，而且也可以为将要使用该数据库的任何用户服务。

(3) 用户可以通过各种语言访问数据库，如批处理用的 COBOL、FORTRAN、PASCAL、BASIC 等高级程序设计语言，联机处理用的终端命令语言等。

3. 最小的数据重复性

在文件管理方式下，由于数据不能充分地共享，每个用户都根据自己的需要建立各自的文件，从而有大量的数据被重复存储，于是出现数据冗余现象。数据的冗余不仅浪费了大量的存储空间，也使数据的修改变得十分困难。而在数据库管理方式下，只要将各用户的公用数据在物理存储器上存储一次，这些数据就可根据需要出现在每个用户的逻辑数据文件之中，而无需重复存储，浪费存储空间。当然，减少数据冗余只能是相对的，有时为了提高系统的效率，只能使数据冗余减少到一定程度。

4. 数据的安全性

安全性指的是采取各种措施保护数据库，以防止非法使用数据，特别是防止恶意破坏和非法存取。在数据库中，对用户是否属于非法或越权使用数据设有严格的检查措施，规定了使用数据的规程，从而保证了数据的安全性、完整性和正确性。在计算机出现故障或人为错误的情况下，数据库系统能够自动或人工恢复，从而使数据得到有效的保护。

5. 数据的一致性

如果同一数据放在多个文件中，且各自的更新日期又不相同，于是在某一时期不同文件中的数据就会产生差异。而在数据库管理方式下，由于减少了数据的冗余，也就自然减少了产生数据不一致的来源，从而提高了数据的可靠性。

6. 数据使用的方便性

一般的数据库系统都设计了管理软件——数据库管理系统，用户可以通过它方便地进行数据库的建立、修改以及数据的统计分析和查询，而且由于其常常配置最接近用户的程序设计语言，从而使编程工作大为简化，且极易进行。在数据库管理系统的支持下，计算机能够快速、准确地向用户提供所需信息，从而为用户的管理决策工作提供了极大的方便。

以上是数据库的一些主要特点，正是由于其具有上述特点，才使得数据库技术得到越来越广泛的应用。在目前情况下，将图形、图像、文字、声音等各种类型的数据存储在计算机存储设备上，并由数据库系统进行管理已成为可能，而且在某些方面已变为现实。可以预见，随着计算机技术的进一步发展，数据库的使用会遍及人们生产、生活的各个角落，在未来的社会生活中发挥更大的作用。

二、数据库管理系统

数据库管理系统（DBMS，Data Base Management System）是数据库软件的核心，是数据库系统中各部分取得联系的中心枢纽。对数据库的一切操作都是在数据库管理系统的指挥、控制下完成的。同时，数据库管理系统也是用户应用程序与物理数据库之间的桥梁。

（一）数据库管理系统的功能

数据库管理系统主要包括以下几方面的功能：

1. 数据库定义功能

数据库定义功能也称数据库描述功能，它是把数据描述语言所描述的各项内容从源形式（用语言书写的形式）转换成目标形式（用机器代码表示的形式）存放在数据库中供系统查阅。

2. 数据库管理功能

数据库管理功能也称数据库控制功能，它包括控制整个数据库系统的运行；控制用户的并发性访问；实施数据检索、插入、删除、修改等操作；执行对数据的安全、保密、完整性检验等。

3. 数据库维护功能

数据库维护功能包括数据库的建立、数据库的更新、数据库的重新组织、数据库的恢复、数据库的性能测试等。

4. 数据通讯功能

数据通讯功能主要是负责处理数据的流动，包括程序与系统之间，计算机终端与其他系统之间等。

为完成上述功能，数据库管理系统需要有大量的程序。

(二)数据库管理系统的工作过程和工作方式

1. 数据库管理系统的工作过程

数据库管理系统是用户应用程序与物理数据库之间的桥梁，用户的应用程序必须通过数据库管理系统才能完成对数据库的操作。现以用户通过应用程序从数据库中读取一个记录为例，来分析数据库管理系统的工作过程，以便进一步了解数据库管理系统的作用及其与应用程序和操作系统的关系。

用户通过应用程序从数据库中读取一个记录，需要经过下列步骤，参见图 7-14。

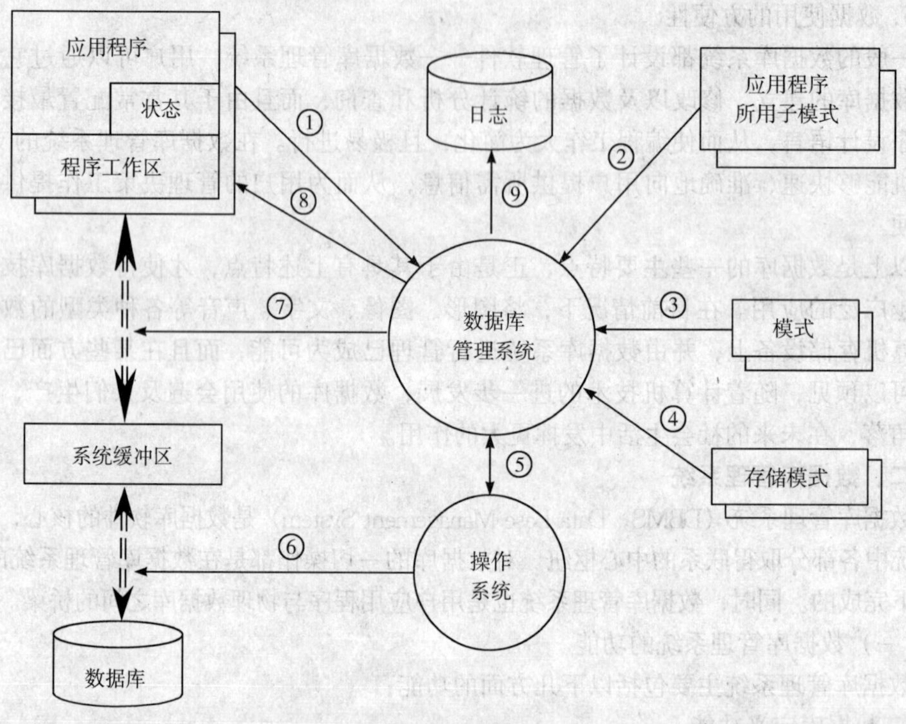

图 7-14 数据库管理系统工作过程示意图

(1) 应用程序向数据库管理系统发出读取一个记录的调用命令，并给出必要的参数。

(2) 数据库管理系统找出该应用程序使用的子模式，查验用户的合法性及有关的数据描述。若操作不合法，则拒绝执行该操作，并回送出错状态信息。

(3) 数据库管理系统找到相应的模式，从中确定该操作涉及的逻辑记录类型。这里还有可能进一步检查操作的有效性、保密性。若不能通过，则拒绝执行该操作，并回送出错状态信息。

(4) 数据库管理系统找到物理存储模式，确定要读取的记录在存储器上的位置。

(5) 数据库管理系统向操作系统发出读取所需记录的请求。

(6) 操作系统控制存有所需记录的物理存储器工作，从中读出数据并送到内存的系统缓冲区。

(7) 当操作系统的读取操作结束后，数据库管理系统经过与子模式及模式比较，从系统缓冲区找出应用程序所需的记录，并进行某些转换，变成应用程序所要求的格式后，送到应用程序的工作区。

(8) 数据库管理系统给应用程序返回读取记录成功与否的状态信息，如“执行成功”、“数据未找到”等。

(9) 记载系统工作日志。

(10) 应用程序检查状态信息，若执行成功，则可对程序工作区中的数据作正常处理；如果数据未找到或有其他错误，则决定下一步如何执行。

以上为应用程序读取一个记录的工作过程，当应用程序的任务是修改一个记录时，其工作过程与上述过程类似。即：先读出记录，然后在程序工作区中进行修改，再向数据库管理系统发出写记录的请求，数据库管理系统先根据模式完成必要的数据转换，然后向操作系统发出适当的“写入”命令，将修改好的记录写到数据库中原记录的位置上。

2. 数据库管理系统的工作方式

数据库管理系统有以下几种工作方式：

(1) 终端用户工作方式

在这种方式下，用户使用键盘输入某一带有参数的命令，向数据库存取数据。用户发出的命令经过远程处理程序处理后，由数据库管理系统作进一步加工，然后给出命令执行结果。这种工作方式一般称为单命令工作方式或问答式工作方式。

(2) 批命令工作方式

批命令工作方式也称程序方式。用户应用数据操纵语言编写出完整的程序，然后通过运行程序完成所需的一系列工作。

(3) 联机用户工作方式

联机用户（在线用户）工作方式也是借助于数据操纵语言工作的，这一点与批命令工作方式相同。但因为其程序是通过键盘输入，也要先经过远程处理程序，所以这一点又与终端用户工作方式相似。

第五节　工程建设监理信息系统的基本内容

当监理工程师受业主的委托进行工程建设监理时，其主要任务就是采取有效的组织管理措施，对建设项目的投资、质量、工期等三大目标实施动态控制，确保三大目标得到最合理的实现。而工程建设监理信息系统就应该能够辅助监理工程师完成上述任务，为此，工程建设监理信息系统应由四个子系统组成，即投资控制子系统、质量控制子系统、进度控制子系统和合同管理子系统。各子系统之间既相互独立，各有其自身目标控制的内容和方法；又相互联系，互为其他子系统提供信息。

一、工程建设投资控制子系统

(一) 投资控制子系统功能概述

工程建设投资控制子系统用于收集、存储和分析工程建设投资信息，在项目实施的各个阶段制定投资计划，收集实际投资信息，并进行计划投资与实际投资的比较分析，从而实现工程建设投资的动态控制。为此，本系统应具有以下功能：

(1) 输入计划投资数据，从而明确投资控制的目标。

(2) 根据实际情况，调整有关价格和费用，以反映投资控制目标的变动情况。

(3) 输入实际投资数据，并进行投资数据的动态比较。

(4) 进行投资偏差分析。

(5) 未完工程投资预测。

(6) 输出有关报表。

根据上述功能，工程建设投资控制子系统的逻辑结构如图 7-15 所示。

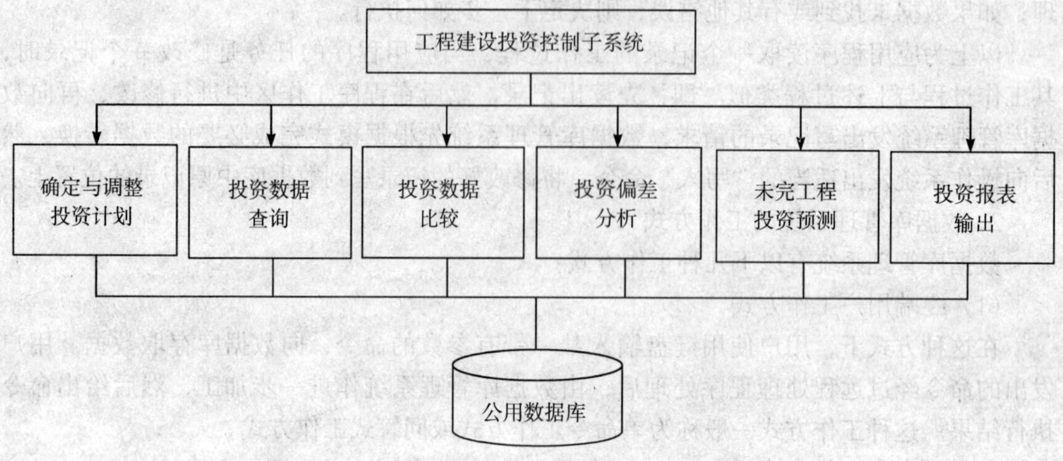

图 7-15　工程建设投资控制子系统逻辑结构图

(二) 投资控制子系统的组成

1. 确定与调整投资计划

确定与调整投资计划，就是输入投资计划数据，并根据实际情况对其进行调整。该模块的逻辑结构如图 7-16 所示。

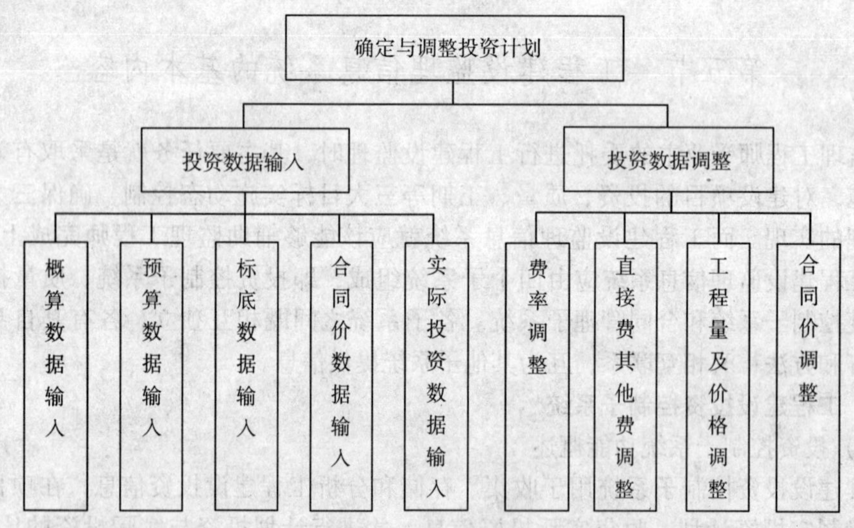

图 7-16　确定与调整投资计划模块逻辑结构图

2. 投资数据查询

投资数据查询，就是查询建设项目的概算数据、预算数据、标底数据、合同价数据以及实际投资数据，其中合同价数据和实际投资数据还可以分别按项目、按合同和按承包商进行查询。投资数据查询模块的逻辑结构如图 7-17 所示。

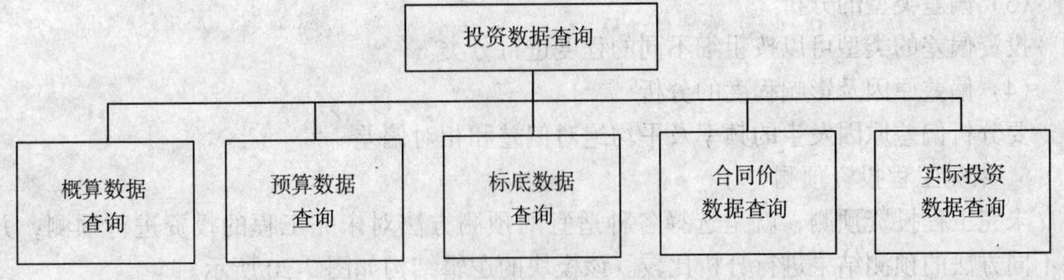

图 7-17　投资数据查询模块逻辑结构图

3. 投资数据比较

投资数据比较，就是进行概算数据、预算数据、标底数据、合同价数据以及实际投资数据之间的比较。其中合同价与实际投资之间的比较，既可以按项目进行比较，也可以按合同进行比较，还可以按承包商进行比较。投资数据比较模块的逻辑结构如图 7-18 所示。

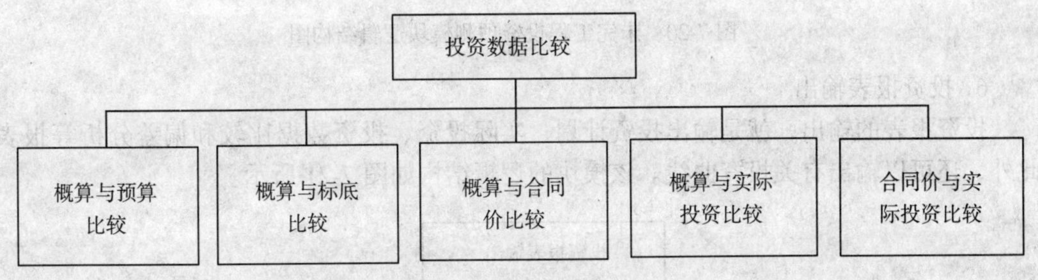

图 7-18　投资数据比较模块逻辑结构图

4. 投资偏差分析

投资偏差分析，就是对投资偏差的大小、程度、类型、偏差原因发生的频率及影响程度等进行分析。该模块的逻辑结构如图 7-19 所示。

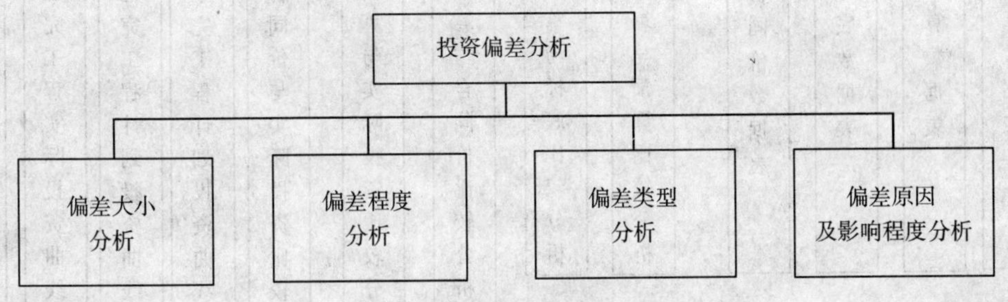

图 7-19　投资偏差分析模块逻辑结构图

（1）偏差大小分析

投资偏差大小的分析，包括累计偏差分析和局部偏差分析。

(2) 偏差程度分析

投资偏差程度的分析，包括分析绝对偏差和相对偏差。

(3) 偏差类型的分析

投资偏差的类型可以按粗细不同的程度进行分类。

(4) 偏差原因及影响程度的分析

要分析偏差原因发生的频率及平均绝对偏差和相对偏差。

5. 未完工程投资预测

未完工程投资预测，就是选择各种适宜的预测方法对未完工程的投资进行预测，并对不同方法的预测结果进行分析比较。该模块的逻辑结构如图 7-20 所示。

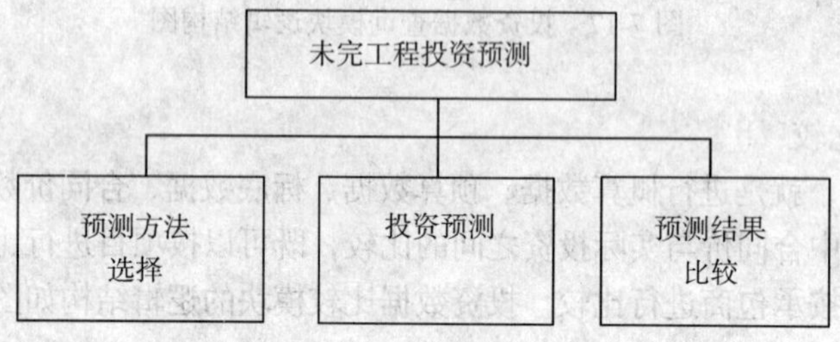

图 7-20 未完工程投资预测模块逻辑结构图

6. 投资报表输出

投资报表的输出，就是输出投资计划、实际投资、投资数据比较和偏差分析等报表。此外，还可以输出有关投资曲线。该模块的逻辑结构如图 7-21 所示。

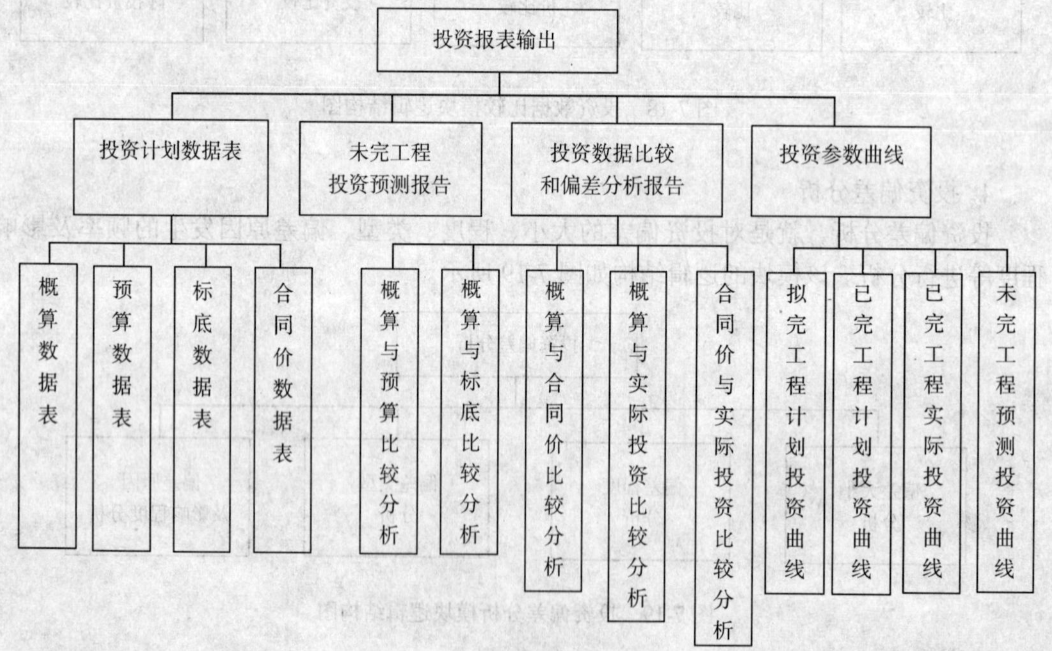

图 7-21 投资报表输出模块逻辑结构图

工程建设投资控制中几个有代表性的报表见表 7-8 至表 7-10 所示格式。

概算与合同价比较表　　**表 7-8**

项目编号	项目名称	单位	概　算		合同价		综合费差额	
			工程量	综合费	工程量	综合费	数量	%

合同价与实际投资比较和偏差分析表　　**表 7-9**

项目编号	项目名称	单位	计　划			已完工程					投资局部偏差			
			单位	工程量	投资	工程量	计划投资	实际单价	其他款项	实际投资	绝对偏差	相对偏差	偏差程度	原因
(1)	(2)	(3)	(4)	(5)	(6)	(7)	(8)	(9)	(10)	(11)	(12)	(13)	(14)	(15)
合　计								—					—	
投资累计偏差	绝对偏差（∑（12））													
	相对偏差（∑（12）/∑（8））													
	偏差程度（∑（11）/∑（8））													

注：①(6)=(4)×(5)；　②(8)=(4)×(7)；　③(11)=(7)×(9)+(10)；　④(12)=(11)-(8)；
⑤(13)=(12)/(8)；　⑥(6)=(11)/(8)。

投资偏差原因分析表　　**表 7-10**

偏差原因	次数	频率	已完工程计划投资	绝对偏差	平均绝对偏　差	相对偏差
合　计						

二、工程建设质量控制子系统

(一) 质量控制子系统功能概述

监理工程师为了实施对工程建设质量的动态控制，需要对工程建设质量控制子系统提供必要的信息支持。为此，本系统应具有以下功能：

(1) 存储有关设计文件及设计修改、变更文件，进行设计文件的档案管理，并能进行设计质量的评定。

(2) 存储有关工程质量标准，为监理工程师实施质量控制提供依据。

(3) 运用数理统计方法对重点工序进行统计分析，并绘制直方图、控制图等管理图表。

(4) 处理分项工程、分部工程、隐蔽工程及单位工程的质量检查评定数据，为最终进行工程建设质量评定提供可靠依据。

(5) 建立计算机台账，对主要建筑材料、设备、成品、半成品及构件进行跟踪管理。

(6) 对工程质量事故和工程安全事故进行统计分析，并能提供多种工程事故统计分析报告。

根据上述功能，工程建设质量控制子系统的逻辑结构如图 7-22 所示。

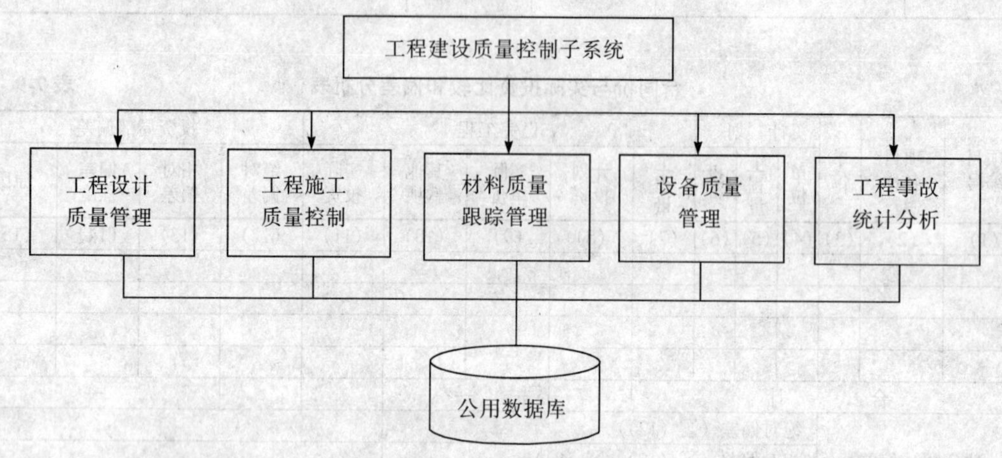

图 7-22 工程建设质量控制子系统逻辑结构图

(二) 质量控制子系统的组成

1. 工程设计质量管理

工程设计质量管理，就是记录设计文件的交付情况，并将设计文件及设计修改、变更等文件存放在计算机中，以便于查询统计。此外，还要根据有关设计质量标准对设计质量进行评定。因此，工程设计质量管理模块逻辑结构如图 7-23 所示。

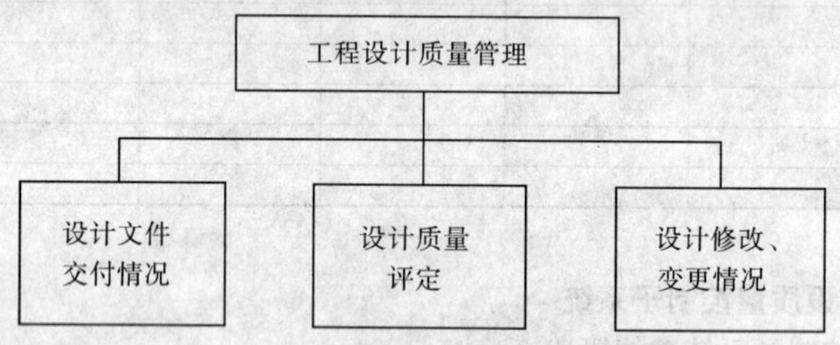

图 7-23 工程设计质量管理模块逻辑结构图

(1) 设计文件交付情况

主要记录设计文件的交付情况，包括：文件编号、文件名称、设计单位、图纸份数、交付日期等，并将相应图纸及有关说明通过扫描设备录入计算机，以便于查询统计。

(2) 设计质量评定

根据有关设计质量标准，在建立设计质量评定指标体系的基础上，对工程设计质量进行综合评定，并能输出质量评定报表。

(3) 设计修改、变更情况

存储设计修改及变更文件，以便于查询统计。

2. 工程施工质量控制

工程施工质量控制，是监理工程师控制工程建设质量的重点。根据其功能划分，得到工程施工质量控制模块逻辑结构如图 7-24 所示。

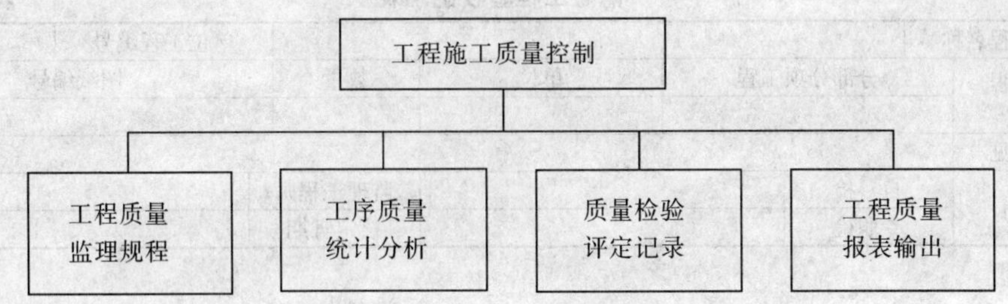

图 7-24　工程施工质量控制模块逻辑结构图

(1) 工程质量监理规程

工程质量监理规程是监理工程师实施工程建设质量控制的主要依据，利用电子计算机将其存储起来，便于查询统计。

(2) 工序质量统计分析

运用数理统计方法，对重点工序进行统计分析，通过绘制直方图、控制图等管理图表，实现工程施工质量的动态控制。

(3) 质量检验评定记录

质量检验评定记录包括下列功能：

1) 分项工程质量验评数据的登录、删除及查询统计。

2) 分部工程质量验评数据及有关质量保证资料的登录、删除和查询统计。

3) 隐蔽工程验收数据的登录、删除及查询统计。

4) 单位工程观感质量数据的登录、删除及查询统计。

5) 单位工程质量综合评定数据及有关质量保证资料的登录、删除和查询统计。

(4) 工程质量报表输出

根据质量控制人员的不同要求，输出各种报表。如分部工程质量评定表、隐蔽工程验收记录表、单位工程观感质量评定表、单位工程质量综合评定表及质量保证资料核查表等。其格式分别见表 7-11 至表 7-15。

分部工程质量评定表　　**表 7-11**

分部工程：　　评定日期：　　编号

序号	分项工程名称	项数	合格项数	备　注

续表

序号	分项工程名称	项数	合格项数	备　注
合　计				合格率　%
承包商	自检		监理工程师	
	专职检		核定日期	

隐蔽工程验收记录表　　**表 7-12**

单位工程名称				单位工程编号	
隐蔽工程内容	分部分项工程	单位	数量	图纸编号	
验收意见					
承包商	自　检		监理工程师		
	专职检		核定日期		

单位工程（民用工程）观感质量评定表　　**表 7-13**

单位工程名称			单位工程编号	
评定项目		分值	观感验收等级	得分
室外工程20分	大角	2		
	外墙面	10		
	横竖线角	3		
	滴水槽（线）	1		
	水落管及变形缝	2		
	散水、台阶、明沟	2		
室内工程46分	内墙面	10		
	室内顶棚	4		
	室内地面	10		
	门安装	4		
	窗安装	4		
	玻璃安装	2		
	油漆工程	4		
	细木、护栏	2		
	楼梯、踏步	2		
	厕浴、阳台泛水	2		
	抽气道、垃圾道	2		
屋面9分	屋面坡度	2		
	屋面防水层	3		
	屋面细部	3		
	屋面保护层	1		
室内安装工程46分	给排水	8		
	室内采暖	7		
	室内煤气	4		
	室内电气	10		
	通风、空调	12		
	电梯	5		
应得分			实得分	
评定组负责人		得分率	日期	

单位工程质量综合评定表　　**表 7-14**

单位工程名称				编号	
建筑面积		结构类型		开竣工日期	
项次	项目	评定情况			核定情况
1	分部工程 评定汇总	共　项，其中合格　项 主体分部质量合格/不合格 装饰分部质量合格/不合格 安装分部质量合格/不合格			
2	质量保证资料	共核查　　项，其中符合要求　　项，经鉴定符合要求　　项			
3	观感评定	应得　　分，实得　　分，得分率　　%			
承包商		质检工程师		日期	
技术负责人		总监理工程师		日期	

质量保证资料核查表　　**表 7-15**

工程项目名称			工程项目编号	
序号	工程名称	资　料　名　称	份数	核查情况
1	建筑工程	钢材出厂合格证、试验报告		
2		焊接试（检）验报告、焊条（剂）合格证		
3		水泥出厂合格证、试验报告		
4		砖出厂合格证、试验报告		
5		防水材料出厂合格证、试验报告		
6		构件合格证		
7		混凝土试块试验报告		
8		砂浆试块试验报告		
9		土壤试验、打（试）桩记录		
10		地基验槽记录		
11		结构安装、结构验收记录		
12	建筑采暖卫生与煤气工程	材料、设备出厂合格证		
13		管道、设备强度和严密性试验记录		
14		系统清洗记录		
15		排水管的灌水、通水试验记录		
16		锅炉、煮炉、设备试运转记录		
17	建筑电气安装工程	主要电气设备、材料合格证		
18		电气设备试验、调整记录		
19		绝缘、接地电阻测试记录		
20	通风与空调工程	材料、设备出厂合格证		
21		空调调试报告		
22		制冷管道试验报告		
23	电梯安装工程	绝缘、接地电阻测试记录		
24		空、满、超载运行记录		
25		调整试验报告		

核查结果：

总监理工程师：　　　　日期：

3. 材料质量跟踪管理

材料质量跟踪管理，就是从业主的角度出发，对主要建筑材料、成品、半成品及构件等进行跟踪管理。材料质量跟踪管理模块逻辑结构如图 7-25 所示。

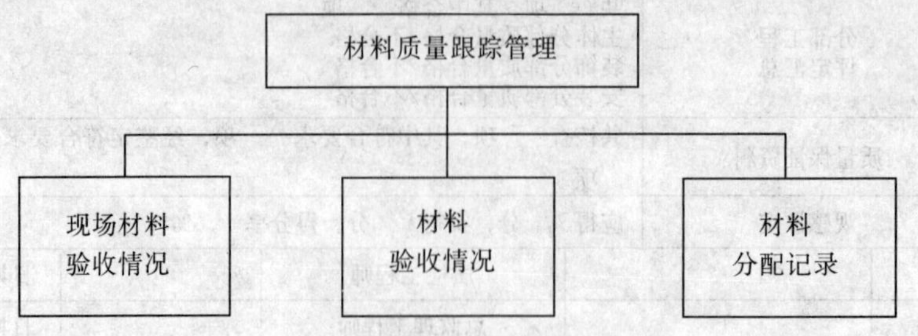

图 7-25 材料质量跟踪管理模块逻辑结构图

(1) 现场材料验收情况

进行施工现场材料验收数据的登录、删除、修改及查询统计。

(2) 材料验收情况

进行材料入库、到货验收数据的登录、删除、修改及查询统计。

(3) 材料分配记录

进行材料分配记录数据的登录、删除、修改及查询统计。

4. 设备质量管理

设备质量管理，主要是对大型设备及其安装调试进行质量管理。大型设备的供应方式有订购和委托加工两种。订购设备的质量管理包括开箱检验、安装调试和试运行三个环节，而委托加工的设备还包括设计控制和设备监造等环节。因此，设备质量管理模块的主要功能就是存储上述各环节的有关数据，并能根据实际需求提供有关报表。其逻辑结构如图 7-26 所示。

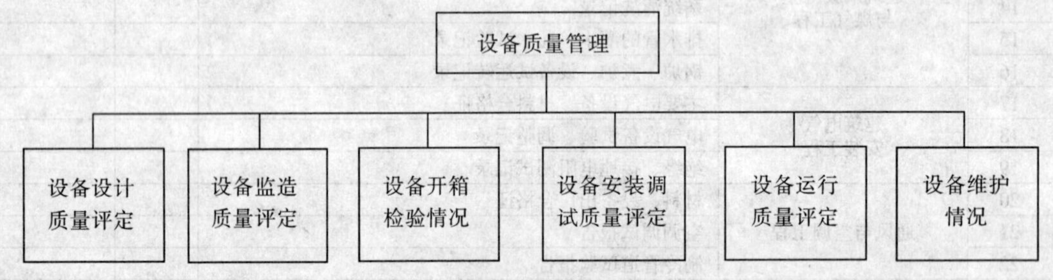

图 7-26 设备质量管理模块逻辑结构图

5. 工程事故统计分析

工程事故统计分析，就是存储重大工程事故报告，登录一般事故摘要，并能根据实际需求提供工程事故统计分析报告。工程事故统计分析模块逻辑结构如图 7-27 所示。

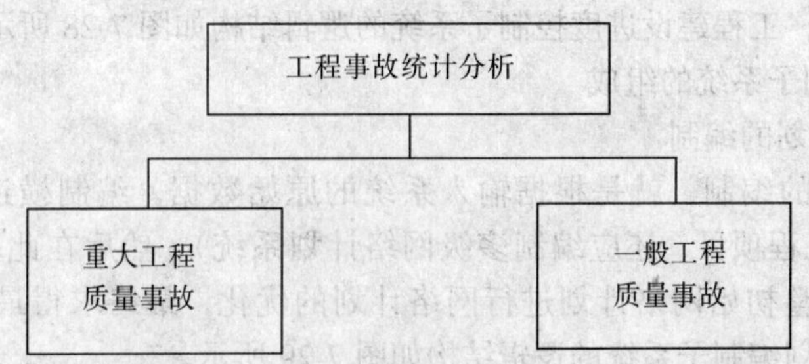

图 7-27　工程事故统计分析模块逻辑结构图

三、工程建设进度控制子系统

(一) 进度控制子系统功能概述

工程建设进度控制子系统不仅要辅助监理工程师编制和优化工程建设进度计划，更要对建设项目的实际进展情况进行跟踪检查，并采取有效措施调整进度计划以纠正偏差，从而实现工程建设进度的动态控制。为此，本系统应具有以下功能：

(1) 输入原始数据，为工程建设进度计划的编制及优化提供依据。

(2) 根据原始数据编制进度计划，包括横道计划、网络计划及多级网络计划系统。

(3) 进行进度计划的优化，包括工期优化、费用优化和资源优化。

(4) 工程实际进度的统计分析。即随着工程的实际进展，对输入系统的实际进度数据进行必要的统计分析，形成与计划进度数据有可比性的数据。同时，可对工程进度做出预测分析，检查项目按目前进展能否实现工期目标，从而为进度计划的调整提供依据。

(5) 实际进度与计划进度的动态比较。即定期将实际进度数据同计划进度数据进行比较，形成进度比较报告，从中发现偏差，以便于及时采取有效措施加以纠正。

(6) 进度计划的调整。当实际进度出现偏差时，为了实现预定的工期目标，就必须在分析偏差产生原因的基础上，采取有效措施对进度计划加以调整。

(7) 各种图形及报表的输出。图形包括：网络图、横道图、实际进度与计划进度比较图等。报表包括：各类计划进度报表、进度预测报表及各种进度比较报表等。

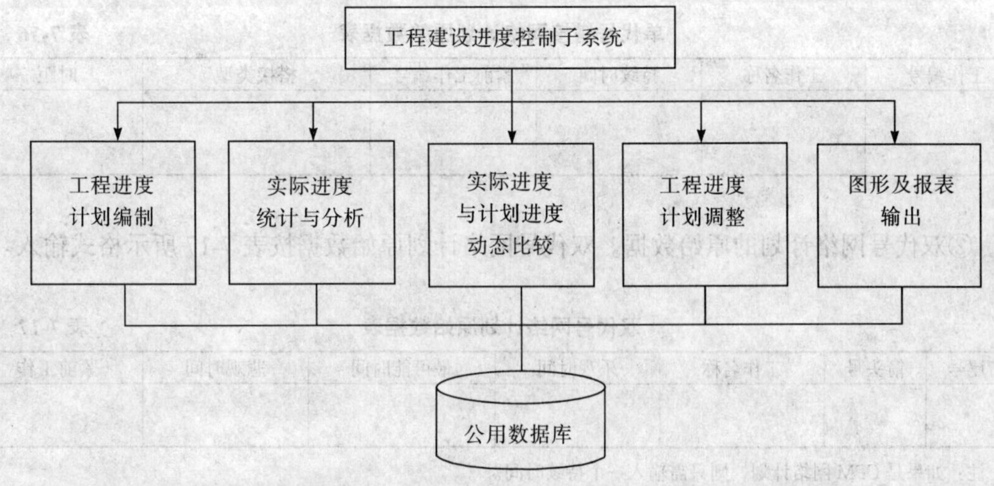

图 7-28　工程建设进度控制子系统逻辑结构图

根据上述功能，工程建设进度控制子系统的逻辑结构如图 7-28 所示。

（二）进度控制子系统的组成

1. 工程进度计划的编制

工程进度计划的编制，就是根据输入系统的原始数据，编制横道计划或网络计划（对于大型复杂的工程项目，还应编制多级网络计划系统）。然后在此基础上，根据实际需要，通过不断调整初始网络计划进行网络计划的优化，最终求得最优进度计划方案。为此，工程进度计划编制子系统的逻辑结构如图 7-29 所示。

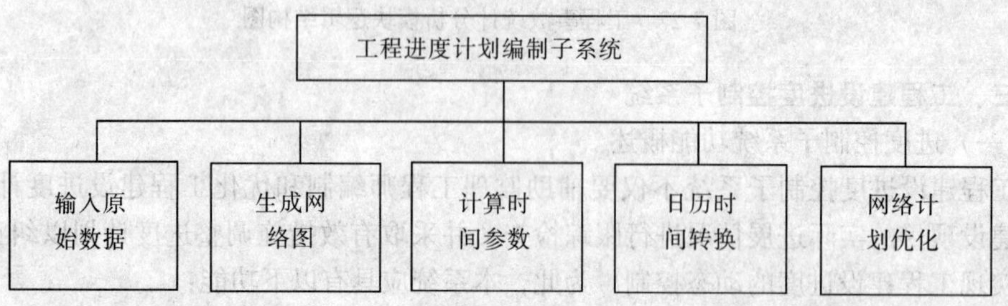

图 7-29 工程进度计划编制子系统模块结构图

（1）输入原始数据

为了编制工程进度计划，应该首先输入工程建设的各类原始数据。这些数据包括：

1）工程概况数据。工程概况数据包括：建设项目名称、建设工期、计划开工日期和计划竣工日期等。

2）工作原始数据。工作原始数据主要是指建设项目中所包含的各项工作的原始数据，包括：工作编号（单代号或双代号）、工作名称、持续时间及其逻辑关系等，它们是编制初始网络计划的基础数据。

①单代号搭接网络计划的原始数据。单代号搭接网络计划原始数据按表 7-16 所示格式输入。

单代号搭接网络计划原始数据表 **表 7-16**

工作编号	工作名称	持续时间	紧前工作编号	搭接类型	时距

②双代号网络计划的原始数据。双代号网络计划原始数据按表 7-17 所示格式输入。

双代号网络计划原始数据表 **表 7-17**

箭尾号	箭头号	工作名称	乐观时间	最可能时间	悲观时间	紧前工作

注：如果是 CPM 网络计划，则只需输入一个持续时间。

3）网络优化原始数据。如果需要进行网络计划的优化，则必须输入工程项目的间接费率和各种资源限量，以及各项工作的有关数据。各项工作的数据按表7-18所示格式输入。

网络优化原始数据表 表7-18

工作编号	工作名称	极限时间	正常费用	极限费用	资源强度1	资源强度2	……	资源强度n

(2）生成网络图

首先根据工作编号及逻辑关系生成单代号搭接网络图或双代号网络图，对于大型复杂的工程项目还应生成群体多级网络，以便于按层次进行分级管理、分级控制。其次，对所生成的网络图进行必要的检查，主要是根据网络图的基本规则，检查所生成的网络图是否存在逻辑错误。例如，网络图中是否存在循环回路，是否存在孤立节点等。要指出错误发生的位置，并对其正确性进行确认。

(3）计算网络计划时间参数

网络计划的时间参数主要包括：各项工作的最早开始时间、最早完成时间、最迟开始时间、最迟完成时间、总时差、自由时差以及工作与其紧后工作之间的时间间隔。此外，还需要确定网络计划的关键线路。当采用群体多级网络计划时，除了计算各个子网络的时间参数外，还需要计算总网络的时间参数。因此，网络计划时间参数计算模块逻辑结构如图7-30所示。

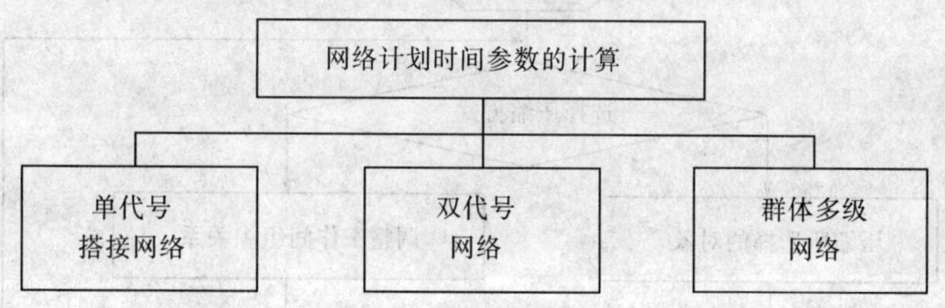

图7-30 网络计划时间参数计算模块逻辑结构图

(4）日历时间转换

在实际工作中，通常习惯于采用日历时间表达各项工作的进度安排，而网络计划中各项工作的时间参数是以开工时间为零或某一特定数值计算而来的。为了便于使用，系统可以按照工程项目的开工日期，把各项工作的时间参数（主要指开始时间和完成时间）转换为日历时间。在系统进行日历时间转换的同时，还可根据实际需要自动扣除节假日休息时间。

以上所述的日历时间转换，是指对初始网络计划时间参数的转换。事实上，对网络计划优化后的时间参数，也可作类似的处理。

(5）网络计划的优化

所谓网络计划的优化，就是在满足既定约束条件下，通过不断改善网络计划的初始方案，按某一目标寻求满意方案。根据优化目标不同，网络计划的优化又分为工期优化、费用优化和资源优化三种，由此得到的网络计划优化模块逻辑结构如图 7-31 所示。

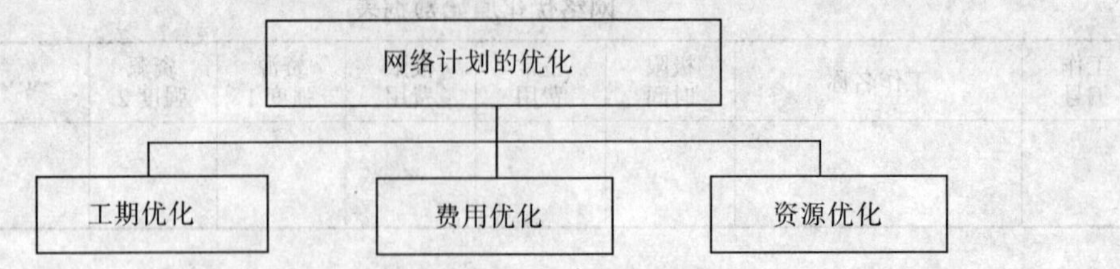

图 7-31　网络计划优化模块逻辑结构图

1）工期优化。当通过网络计划时间参数计算而得到的计算工期超过要求工期（规定工期）时，就要进行工期优化，从而使计算工期满足要求工期的限制。而要想压缩网络计划的计算工期，只有缩短关键线路的长度。缩短关键线路长度的途径有两条：一是不改变网络计划中各项工作之间的逻辑关系，通过采取有效措施来缩短关键工作的持续时间，从而达到缩短关键线路长度的目的；二是不改变各项工作的持续时间，而通过改变关键工作的开始时间和结束时间（即组织搭接作业）来达到目的。在实际工作中，可以根据具体情况选择采用上述两种方式，也可综合采用它们。

工期优化的过程是一个人机对话过程，该过程如图 7-32 所示。

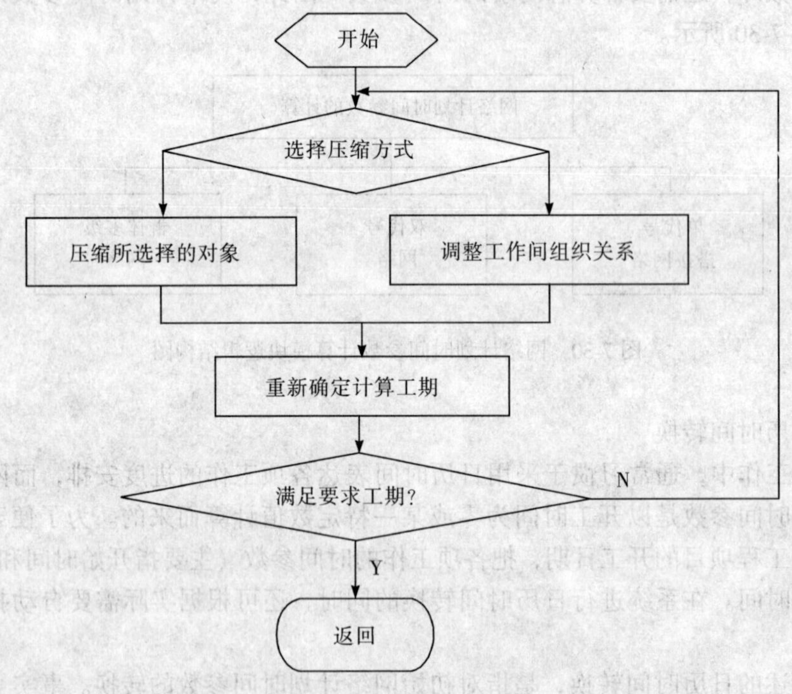

图 7-32　工期优化过程

2）费用优化。费用优化，又称工期－成本优化。其基本思路是在网络计划的关键线路上选择费用变化率（或组合费用变化率）最小的工作，作为压缩对象，缩短其持续时间。通过如此反复迭代，最终求得最低工程费用下的最优工期。费用优化过程如图 7-33 所示。

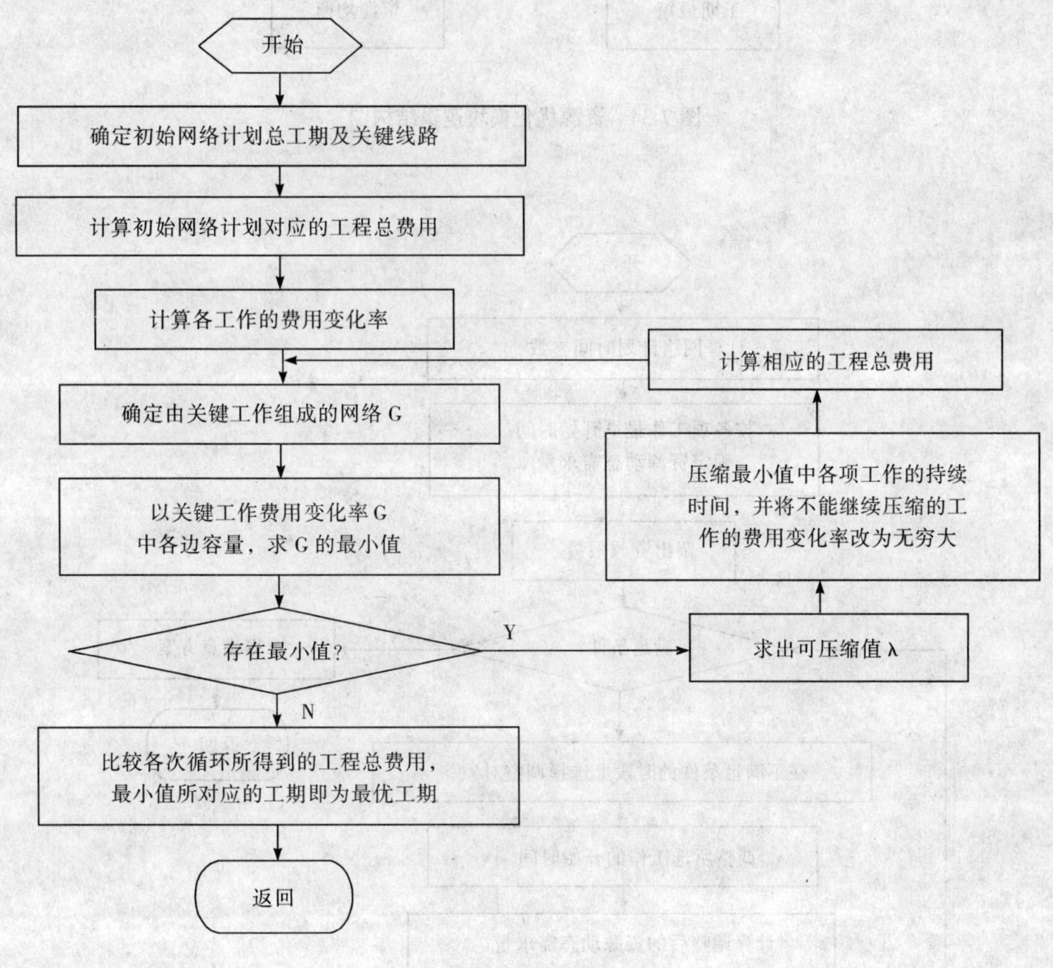

图 7-33 费用优化过程

3）资源优化。所谓资源，是指为完成工程项目的建设所需投入的劳动力、材料、机械设备等的统称。完成一项工程项目的建设任务所需要的资源总量基本上是不变的，不可能通过资源优化将其减少。资源优化的目的是通过改变工作的开始时间，使资源按时间的分布符合优化目标。

根据优化的目标不同，资源优化又分为“资源有限，工期最短”和“工期固定，资源均衡”两种。由此得到资源优化模块逻辑结构如图 7-34 所示。

①资源有限，工期最短的优化。资源有限，工期最短的优化是通过调整网络计划的安排，在满足资源限制条件的基础上使工期拖延最少。其优化过程如图 7-35 所示。

②工期固定，资源均衡的优化。工期固定，资源均衡的优化是通过调整网络计划的

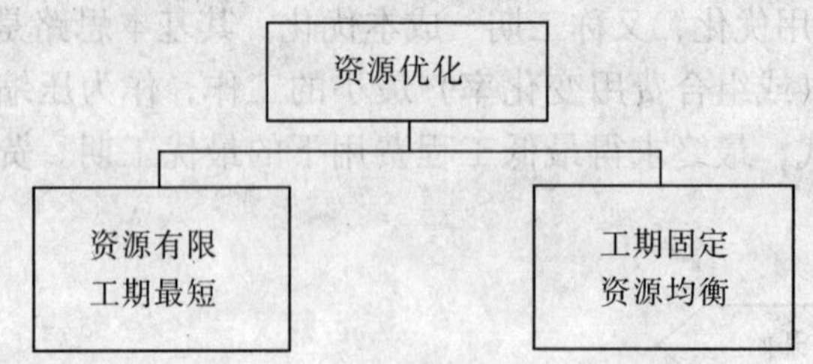

图 7-34　资源优化模块逻辑结构图

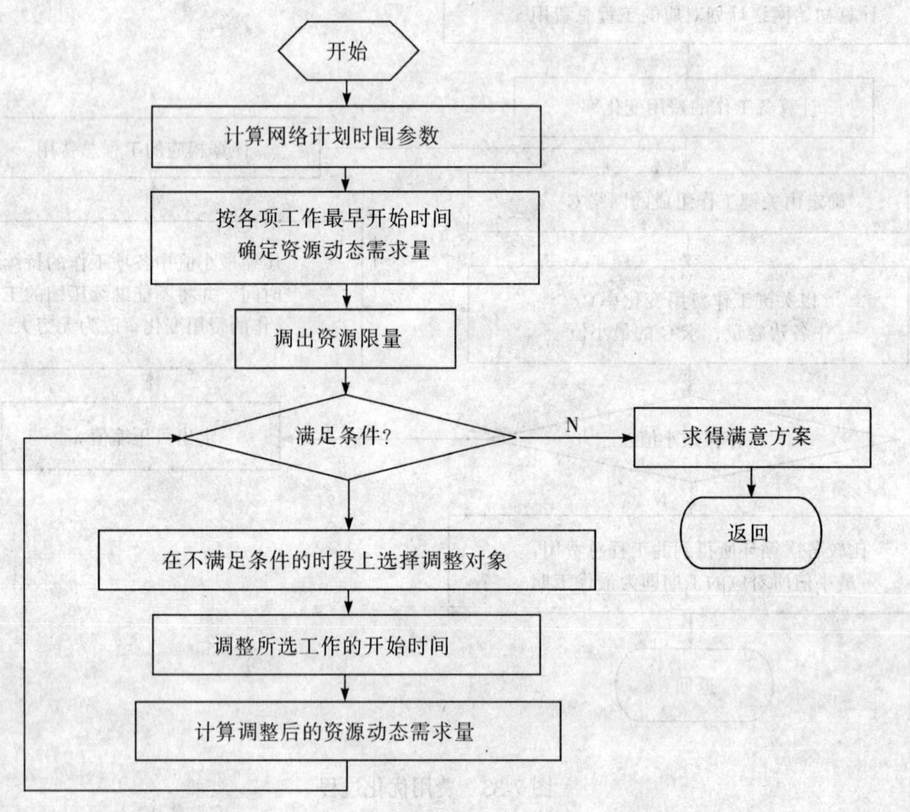

图 7-35　资源有限工期最短的优化过程

安排，在工期保持不变的情况下，使资源需用量尽可能地均衡。其优化过程如图 7-36 所示。

以上讨论的是一种资源优化的问题，多种资源的优化原理基本上与之相同。

2. 实际工程进度统计与分析

实际工程进度的统计与分析，就是在统计实际进度数据的基础上检查目前工程项目的进展情况，判断项目总工期及后续工作是否会受到影响。实际工程进度的统计按表 7-19 所示格式进行。

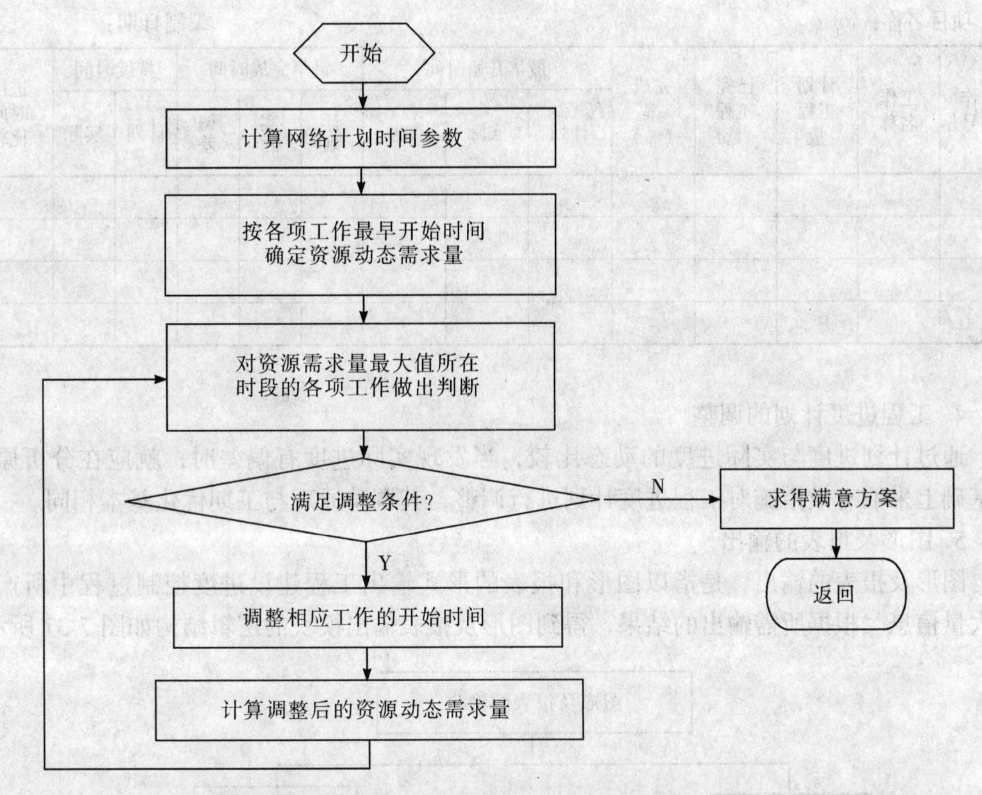

图 7-36 工期固定资源均衡的优化过程

实际工程进度统计表 **表 7-19**

项目名称： 统计日期：

工作编号	工作名称	实际开始日期	计划工程量	已完工程量

在分析判断总工期及后续工作是否会受到影响时，其主要根据就是原网络计划中有关工作的总时差和自由时差。

3. 实际进度与计划进度的动态比较

实际进度与计划进度的动态比较，就是将计划进度数据和实际进度数据进行比较，从而产生进度比较报告或横道图、S形曲线、香蕉曲线等进度比较图。进度比较报告的格式见表 7-20。

进度比较报告 表 7-20

项目名称： 编制日期：

工作编号	工作名称	计划工程量	已完工程量	完成率（%）	最早开始时间			最早完成时间			持续时间		进度时间比较
					计划	实际	偏差	计划	实际	偏差	计划	实际	

4．工程进度计划的调整

通过计划进度与实际进度的动态比较，当发现实际进度有偏差时，就应在分析原因的基础上采取有效措施对工程进度计划进行调整，其调整原理与工期优化基本相同。

5．图形及报表的输出

图形及报表的输出，是指以图形和报表的形式输出工程建设进度控制过程中所产生的大量信息。根据所需输出的结果，得到图形及报表输出模块的逻辑结构如图 7-37 所示。

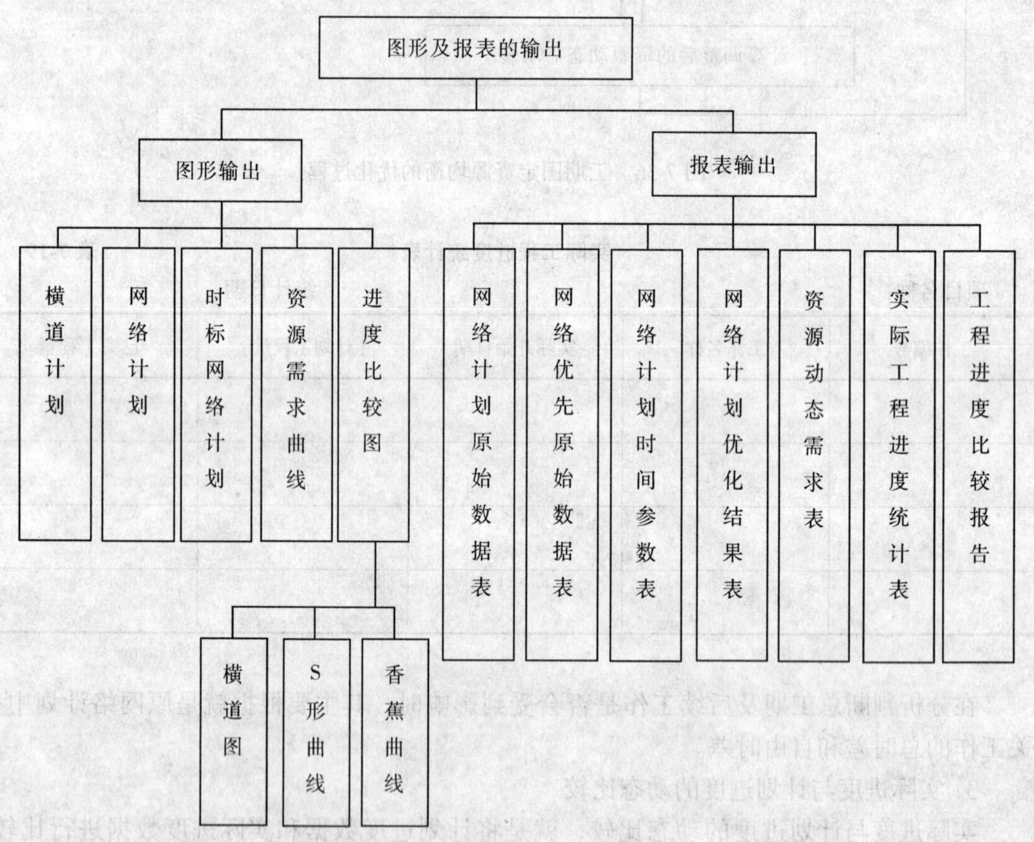

图 7-37 图形及报表输出模块逻辑结构图

四、工程建设合同管理子系统

(一) 合同管理子系统功能概述

工程建设合同管理子系统主要是通过公文处理及合同信息统计等方法辅助监理工程师进行合同的起草、签订,以及合同执行过程中的跟踪管理。为此,本系统应具有以下功能:

(1) 提供常规合同模式,以便于监理工程师进行合同模式的选用。

(2) 编辑和打印有关合同文件。

(3) 进行合同信息的登录、查询及统计。

(4) 进行合同变更分析。

(5) 索赔报告的审查分析与计算。

(6) 反索赔报告的建立与分析。

(7) 各类经济法规的查询等。

根据上述功能,工程建设合同管理子系统的逻辑结构如图 7-38 所示。

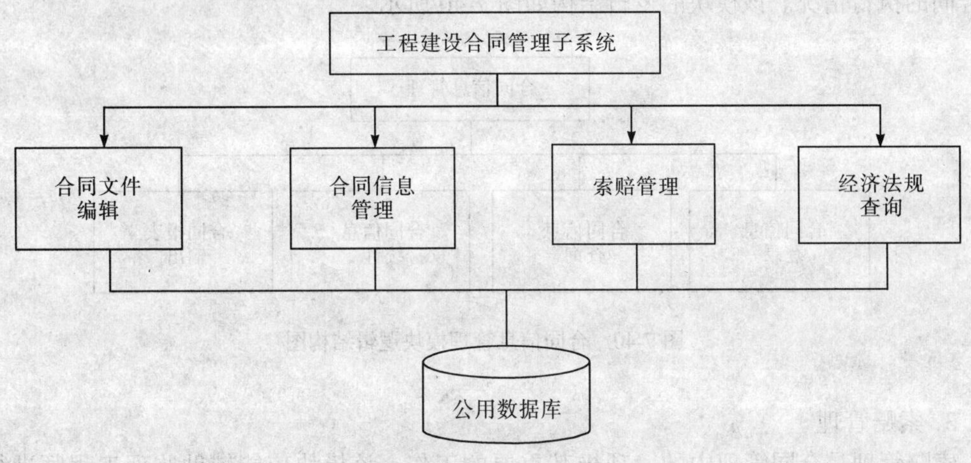

图 7-38 工程建设合同管理子系统逻辑结构图

(二) 合同管理子系统的组成

1. 合同文件编辑

合同文件编辑,就是提供和选用合同结构模式,并在此基础上进行合同文件的补充、修改和打印输出。该模块的逻辑结构如图 7-39 所示。

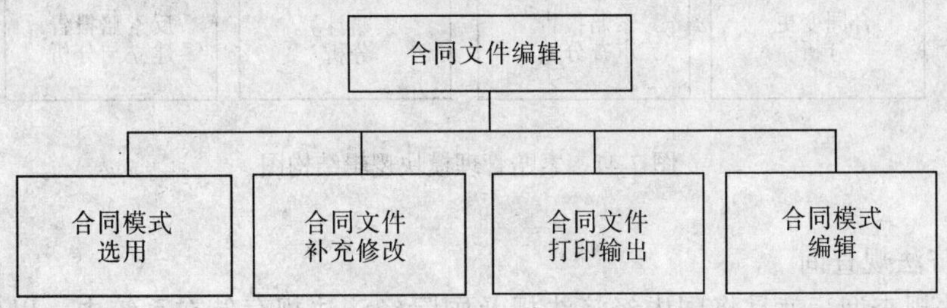

图 7-39 合同文件编辑模块逻辑结构图

(1) 合同模式选用

系统中可存贮 FIDIC 合同条件、《建设工程施工合同(示范文本)》(GF—99—0201)及普通合同文本等多种合同模式，它们各有其适用对象和范围，可以根据建设项目的性质和特点选用合适的合同模式。

(2) 合同文件补充修改

当选定合同模式后，可根据具体工程的特点对有关合同条款进行修改或补充。

(3) 合同文件打印输出

合同文件必须打印输出，经双方协商一致，签字盖章后才能生效。

(4) 合同模式编辑

主要是进行合同模式的增加、删除和修改。

2. 合同信息管理

合同信息管理，就是对合同信息进行登录、查询及统计，以便于监理工程师随时掌握合同的执行情况。该模块的逻辑结构如图 7-40 所示。

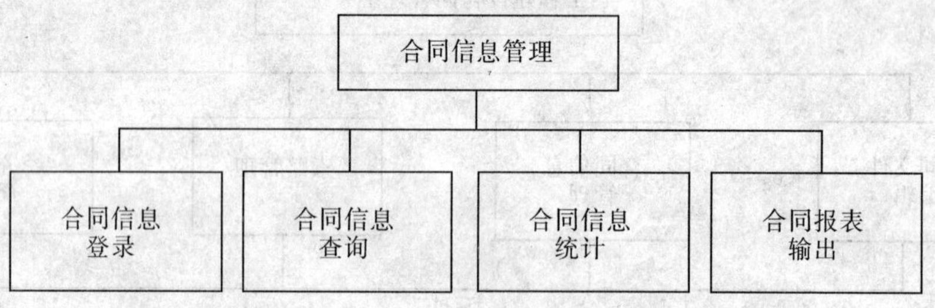

图 7-40 合同信息管理模块逻辑结构图

3. 索赔管理

索赔管理是合同管理中的一项极其重要的工作，该模块应能辅助监理工程师进行索赔报告的审查、分析和计算，从而为监理工程师的科学决策提供可靠支持。索赔管理模块的逻辑结构如图 7-41 所示。

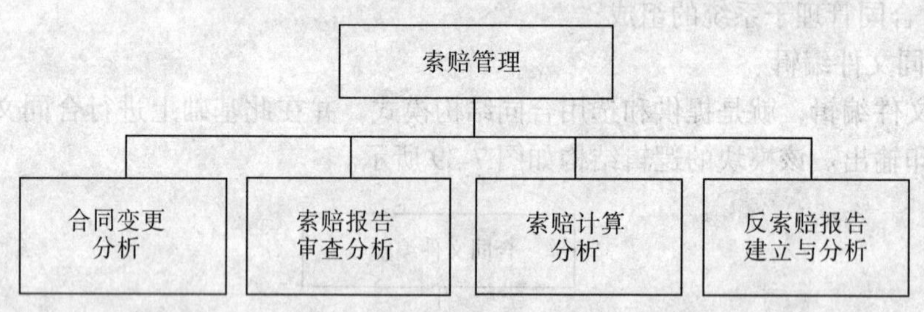

图 7-41 索赔管理模块逻辑结构图

4. 经济法规查询

经济法规查询，就是将国内经济法规及国际经济法规存储在系统中，以便于监理工程师随时查询。该模块的逻辑结构如图 7-42 所示。

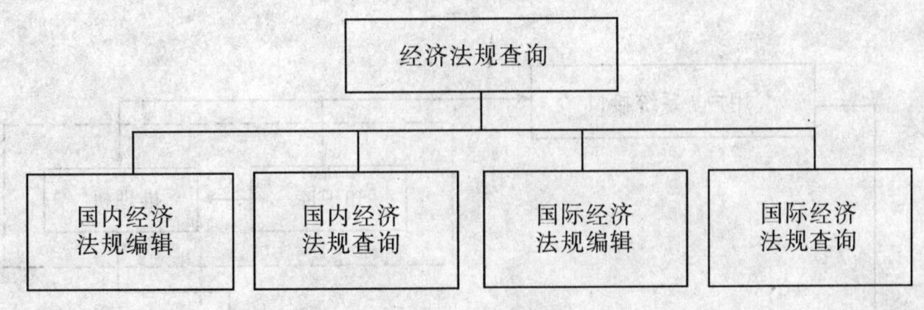

图 7-42　经济法规查询模块逻辑结构图

第六节　工程建设监理决策支持系统

工程建设监理是一项高智能的专业技术服务工作，它需要集人的经验、知识和解决问题的能力于一体去保证工程建设总体目标的实现。电子计算机作为工程建设监理的辅助工具，如果能模拟监理专家的思维方法和思维过程，帮助监理工程师对工程建设的实施过程进行分析、检查、判断、解释、评估，为监理工程师进行科学决策提供可靠支持，将对于提高工程建设监理工作的质量，以及促进工程建设监理的现代化具有十分重要的意义。因此，计算机辅助监理应由一般事务性的辅助向智能辅助决策方面发展，最终建立智能决策支持系统。

一、系统的特征与结构

在工程建设的实施过程中，由于受许多因素的影响，即使是经过优化的计划，在实施过程中的变化也是不可避免的。为了辅助监理工程师实施有效的控制，建设项目监理决策支持系统不仅要能利用知识库中的知识审核项目实施计划，并能编制合理的项目实施计划，而且要能定期检查工程建设的实施情况，并在分析偏差产生原因的基础上，辅助监理工程师提出相应的控制措施。因此，工程建设监理决策支持系统是一个动态控制系统。

工程建设监理的基本任务是采取有效措施，确保建设项目三大目标（投资、质量、进度）的实现。而由于投资、质量、进度三大目标之间存在着相互制约关系，使得监理工程师的任何决策都必须以三者之间的最佳匹配为目标，由此可见，工程建设监理决策支持系统应是一个多目标的动态优化控制系统。系统结构如图 7-43 所示。

二、系统功能分析

工程建设监理的核心工作就是使投资、质量和工期始终控制在预期目标之内，因此，工程建设监理决策支持系统应具有如下功能：

（一）工程进度计划的审核与编制

利用专家知识对承包商所提交的工程进度计划进行审核，提出改进意见。并在必要时编制工程建设总进度计划。

（二）工程进度动态控制

定期收集实际进度数据，在分析统计的基础上与计划进度数据进行比较，如果出现偏差，则进行计划调整与控制决策。同时，对工程未来进展趋势进行预测，并制定进度预控措施。

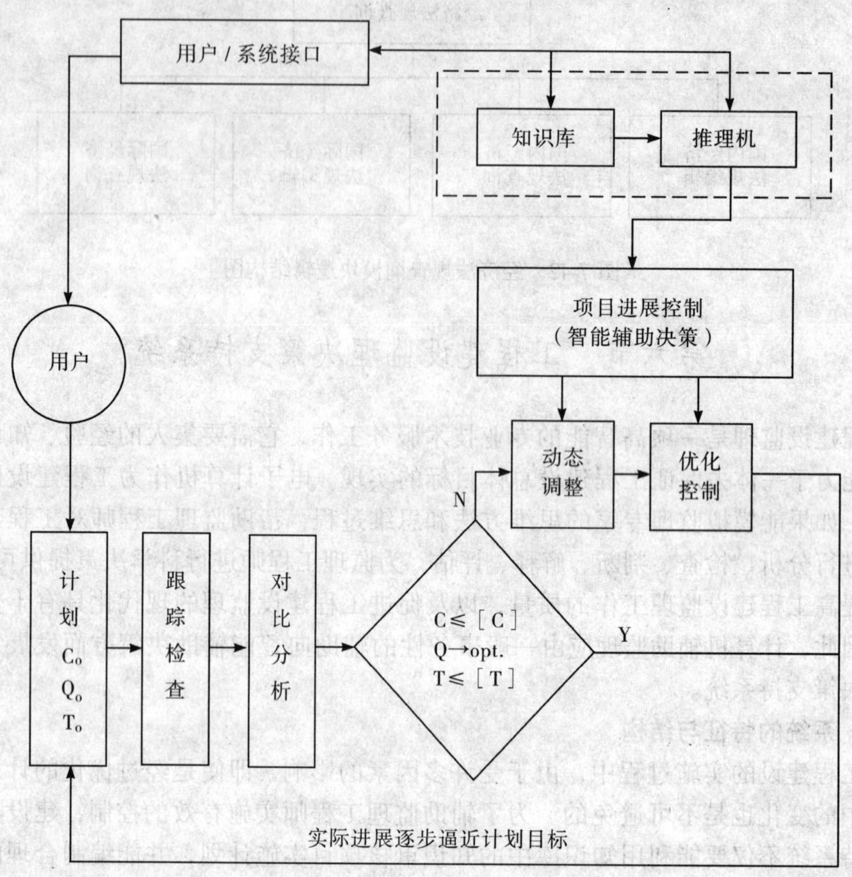

图 7-43　工程建设监理决策支持系统结构图

（三）质量控制与评定

选定质量控制标准，确定合理的质量要求方案，通过制定质量控制措施对建设项目的质量进行全面控制，最后进行质量评定。

（四）投资的最合理分配

根据建设项目的结构及进度计划，进行投资切块，建立投资控制目标体系。

（五）实际费用支出的动态分析与预测

随着工程的进展，定期收集实际费用支出数据，将之与计划投资目标进行对比分析，找出偏差及其产生的原因。同时对费用支出总额进行预测，并制定投资预控措施。

（六）工程索赔分析与决策

进行工期索赔分析和费用索赔分析，为监理工程师的科学决策提供可靠依据。

（七）组织协调策略的制定

利用专家知识制定组织协调策略。

三、系统模块结构

为了实现上述功能，工程建设监理决策支持系统的模块结构如图 7-44 所示。

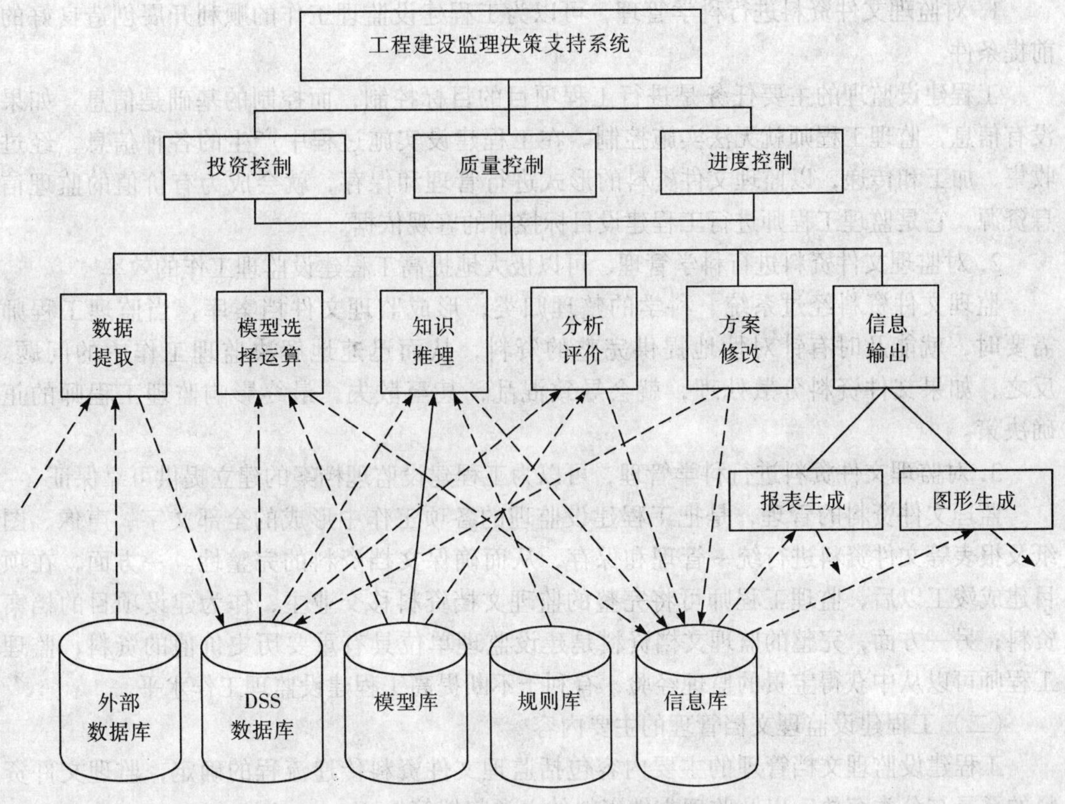

图 7-44　工程建设监理决策支持系统模块结构图

工程建设监理决策支持系统的结构框架是一个三库结构，它包括数据库、模型库和知识库。其中知识库应包括事实和规则两部分。而由于工程建设监理决策支持系统中大量的事实均由数据库和模型库提供，所以在本系统中，由数据库、模型库及规则库的联合才构成一个知识库系统。

第七节　工程建设监理文档管理

工程建设监理文件档案的管理，是工程建设信息管理的一项重要工作，它是监理工程师实施工程建设监理，进行目标控制的基础性工作。工程建设监理组织中必须配备专门的人员负责监理文件资料的管理和保存工作。

一、工程建设监理文档管理概述

（一）工程建设监理文档管理的意义

所谓工程建设监理文档的管理，是指监理工程师受业主的委托，在进行工程建设监理的工作期间，对工程建设实施过程中形成的文件资料进行收集积累、加工整理、立卷归档和检索利用等一系列工作。工程建设监理文档管理的对象是监理文件资料，它们是工程建设监理信息的载体。配备专门人员对监理文件资料进行系统、科学的管理，对于工程建设监理工作具有重要意义。

1. 对监理文件资料进行科学管理，可以为工程建设监理工作的顺利开展创造良好的前提条件

工程建设监理的主要任务是进行工程项目的目标控制，而控制的基础是信息。如果没有信息，监理工程师就无法实施控制。在工程建设实施过程中产生的各种信息，经过收集、加工和传递，以监理文件资料的形式进行管理和保存，就会成为有价值的监理信息资源，它是监理工程师进行工程建设目标控制的客观依据。

2. 对监理文件资料进行科学管理，可以极大地提高工程建设监理工作的效率

监理文件资料经过系统、科学的整理归类，形成监理文件档案库，当监理工程师需要时，就能及时有针对性地提供完整的资料，从而迅速地解决监理工作中的问题。反之，如果文件资料分散处理，就会导致混乱，甚至散失，最终影响监理工程师的正确决策。

3. 对监理文件资料进行科学管理，可以为工程建设监理档案的建立提供可靠保证

监理文件资料的管理，是把工程建设监理的各项工作中形成的全部文字、声像、图纸及报表等文件资料进行统一管理和保存，从而确保文档资料的完整性。一方面，在项目建成竣工以后，监理工程师可将完整的监理文档资料移交业主，作为建设项目的档案资料；另一方面，完整的监理文档资料是建设监理单位具有重要历史价值的资料，监理工程师可以从中获得宝贵的监理经验，有利于不断提高工程建设监理工作水平。

（二）工程建设监理文档管理的主要内容

工程建设监理文档管理的主要内容包括监理文件资料传递流程的确定，监理文件资料的登录与分类存放，以及监理文件资料的立卷归档等。

1. 工程建设监理文件资料的传递流程

工程建设监理组织中的信息管理部门是专门负责工程建设信息管理工作的，其中包括监理文件资料的管理，因此，在工程建设全过程中形成的所有文件资料，都应统一归口传递到信息管理部门，进行集中收发和管理。如图 7-45 所示，信息管理部门是监理文件资料传递渠道的中枢。

图 7-45 明确了工程建设监理文件资料的传递流程。首先，在监理组织内部，所有文件资料都必须先送交信息管理部门，进行统一整理分类，归档保存，然后由信息管理部门根据总监理工程师的指令和监理工作的需要，分别将文件资料传递给有关的监理工程师。当然，任何监理人员都可以随时自行查阅经整理分类后的文件资料。其次，在监理组织外部，在发送或接收业主、设计单位、承包商、材料供应单位及其他单位的文件资料时，也应由信息管理部门负责进行，这样使所有的文件资料只有一个进出口通道，从而在组织上保证了监理文件资料的有效管理。

工程建设监理文件资料的管理和保存，主要由信息管理部门中的资料管理人员负责。作为文件资料管理的监理人员，必须熟悉各项监理业务，通过分析研究监理文件资料的特点和规律，对其进行系统、科学的管理，使其在工程建设监理工作中得到充分利用。除此之外，监理资料管理人员还应全面了解和掌握工程建设进展和监理工作开展的实际情况，结合对文件资料的整理分析，编写有关专题材料，对重要文件资料进行摘要综述，包括编写监理工作月报，工程建设周报等。

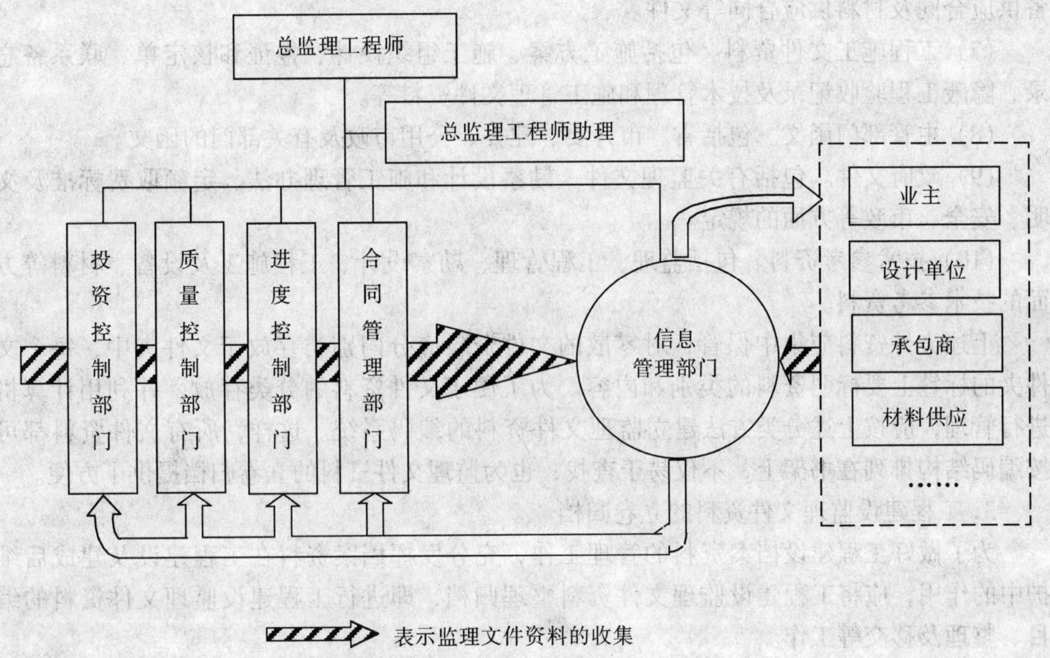

图 7-45 监理文件资料传递流程图

2. 工程建设监理文件资料的登录与分类存放

工程建设监理信息管理部门在获得各种文件资料之后，首先要对这些资料进行登记，建立监理文件资料的完整记录。登录一般应包括文件资料的编号、名称和内容、收发单位、收发日期等内容。对文件资料进行登录，就是将其列为建设监理单位的正式财产。这样做不仅有据可查，而且也便于分类、加工和整理。此外，监理资料管理人员还可以通过登录掌握文档资料及其变化情况，有利于文件资料的清点和补缺等。

随着工程建设的进展，所积累的文件资料会越来越多，如果随意存放，不仅查找困难，而且极易丢失。因此，为了能在工程建设监理过程中有效地利用和传递这些文件资料，必须按照科学的方法将它们分类存放。工程建设监理文件资料可以分为以下几类：

(1) 监理日常工作文件。包括监理工作计划、监理工作月报、工程施工周报及工程信函等。

(2) 监理工程师函件。包括监理工程师主送业主、设计单位、承包商等有关单位的函件。

(3) 会议纪要。包括监理工作会议、工程协调会议、设计工作会议、施工工作会议及工程施工例会等会议的纪要。

(4) 勘察、设计文件。包括勘察、方案设计、初步设计、施工图设计及设计变更等文件资料。

(5) 工程收函。包括业主、勘察设计单位、承包商等单位送交的函文。

(6) 合同文件。包括监理委托合同、勘察设计合同、施工总包合同和分包合同、设备供应合同及材料供应合同等文件。

(7) 工程施工文件资料。包括施工方案、施工组织设计、签证和核定单、联系备忘录、隐蔽工程验收记录及技术管理和施工管理文件资料等。

(8) 主管部门函文。包括省、市计委、建委、公用市政及有关部门的函文。

(9) 政府文件。包括有关监理文件、勘察设计和施工管理办法、定额取费标准及文明、安全、市政等方面的规定。

(10) 技术参考资料。包括监理、工程管理、勘察设计、工程施工及设备、材料等方面的技术参考资料。

上述文件资料应集中保管，对零散的文件资料应分门别类存放于文件夹中，每个文件夹的标签上要标明资料的类别和内容。为了便于文件资料的分类存放，并利用计算机进行管理，应按上述分类方法建立监理文件资料的编码系统。这样，所有文件资料都可按编码结构排列在书架上，不仅易于查找，也为监理文件资料的立卷归档提供了方便。

3.工程建设监理文件资料的立卷归档

为了做好工程建设档案资料的管理工作，充分发挥档案资料在工程建设及建成后维护中的作用，应将工程建设监理文件资料整理归档，即进行工程建设监理文件资料的编目、整理及移交等工作。

(1) 编制案卷类目

案卷类目是为了便于立卷而事先拟定的分类提纲。案卷类目也叫“立卷类目”或“归卷类目”。工程建设监理文件资料可以按照工程建设的实施阶段以及工程内容的不同进行分类。例如，某工程项目的监理文档按其实施阶段的不同分为六卷，每一卷内资料所反映的实施阶段如下：

第Ⅰ卷　设计准备阶段及方案设计阶段；

第Ⅱ卷　初步设计阶段及基坑维护工程施工阶段；

第Ⅲ卷　施工图设计阶段及地下结构工程施工阶段；

第Ⅳ卷　上部结构工程施工阶段；

第Ⅴ卷　设备安装工程及装修工程施工阶段；

第Ⅵ卷　竣工验收及工程保修阶段。

根据监理文件资料的数量及存档要求，每一卷文档还可再分为若干分册，文档的分册可以按照工程建设内容以及围绕工程建设投资控制、质量控制、进度控制和合同管理等内容进行划分。

(2) 案卷的整理

案卷的整理一般包括：清理、拟题、编排、登录、书封、装订、编目等工作。

1) 清理。即对所有的监理文件资料进行彻底的整理。它包括收集所有的文件资料，并根据工程技术档案的有关规定，剔除不归档的文件资料。同时，要对归档范围内的文件资料再进行一次全面的分类整理，通过修正、补充，乃至重新组合，使立卷的文件资料符合实际需要。

2) 拟题。文件归入案卷后，应在案卷封面上写上卷名，以备检索。

3) 编排。即编排文件的页码。卷内文件的排列要符合事物的发展过程，保持文件的相互关系。

4）登录。每个案卷都应该有自己的目录，简介文件的概况，以便于查找。目录的项目一般包括顺序号、发文字号、发文机关、发文日期、文件内容、页号等。

5）书封。即按照案卷封皮上印好的项目填写，一般包括机关名称、立卷单位名称、标题（卷名）、类目条款号、起止日期、文件总页数、保管期限，以及由档案室写的全宗号、目录号、案卷号。

6）装订。立卷的案卷应当装订，装订要用棉线，每卷的厚度一般不得超过2cm。卷内金属物均应清除，以免锈污。

7）编目。案卷装订成册后，就要进行案卷目录的编制，以便统计、查考和移交。目录项目一般包括案卷顺序号、案卷类目号、案卷标题、卷内文件起止日期、卷内页数、保管期限、备注等。

(3) 案卷的移交

案卷目录编成，立卷工作即宣告结束，然后按照有关规定准备案卷的移交。建设项目监理文档案卷应一式两份，一份移交业主，一份由监理单位归档保存。

二、计算机辅助监理文档管理

为了对工程建设监理文件资料进行有效的管理，应充分利用电子计算机存储潜力大和信息处理速度快等特点，建立计算机辅助监理文档管理系统。

(一) 计算机辅助监理文档管理系统功能概述

计算机辅助监理文档管理系统是一个相对独立的系统，它既可以作为工程建设监理信息系统中的一个子系统而存在，也可以单独存在，因为它与工程建设监理信息系统中其他子系统之间没有数据传递关系，更没有功能调用关系。

计算机辅助监理文档管理系统的主要功能是对工程建设实施过程中与监理工程师有关的各种往来文件、图纸、资料以及各种重要会议和重大事件等信息进行管理，该系统的逻辑结构如图7-46所示。

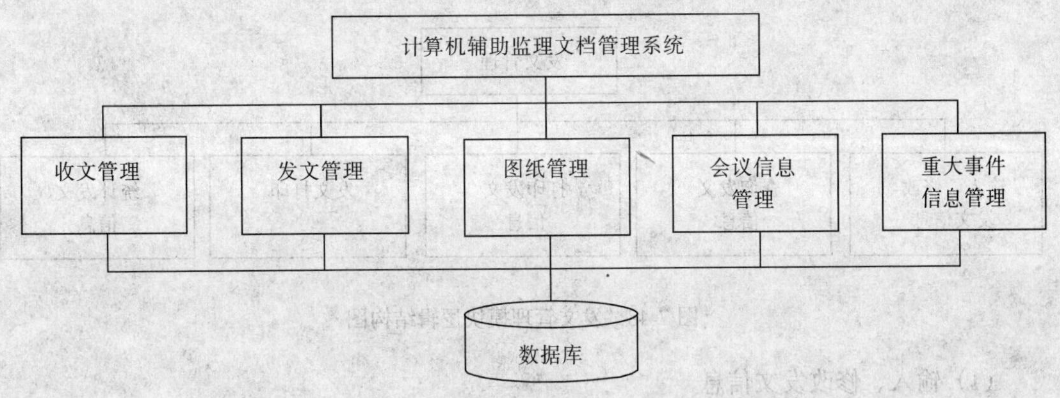

图7-46　计算机辅助监理文档管理系统逻辑结构图

(二) 计算机辅助监理文档管理系统的组成

1. 收文管理

收文管理就是输入、修改、查询、统计、打印收文的各种信息，该模块的逻辑结构如图7-47所示。

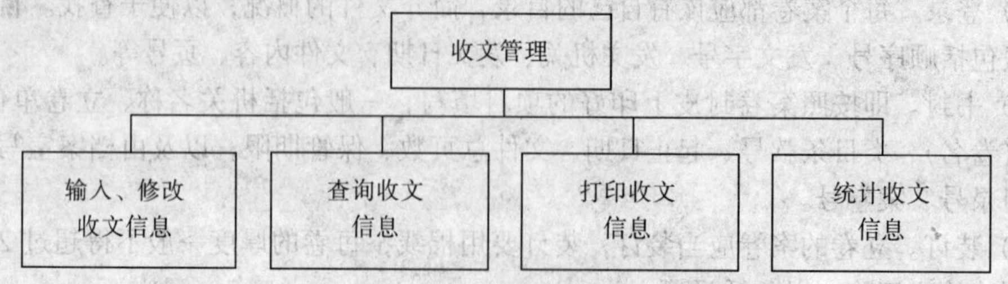

图 7-47　收文管理模块逻辑结构图

(1) 输入、修改收文信息

输入、修改收文的各种信息，内容包括：①收文日期；②来文名称；③来文单位；④主题词；⑤文件分类；⑥文件字号；⑦收文份数；⑧发文日期；⑨存档编号；⑩文件内容(利用扫描输入设备录入)。此外，对于要求回复的文件，还要输入应回复日期。当文件已经回复，则输入实际回复日期。

(2) 查询收文信息

根据设定的各种查询条件进行收文信息的查询，其中包括对应回复而尚未回复的文件的查询，以便提醒有关人员及时回复。

(3) 打印收文信息

按不同的要求打印不同的收文信息表。

(4) 统计收文信息

统计有关收文情况，并打印输出有关统计结果。

2. 发文管理

发文管理就是输入、修改、查询、统计有关发文信息，并可打印有关文件。该模块的逻辑结构如图 7-48 所示。

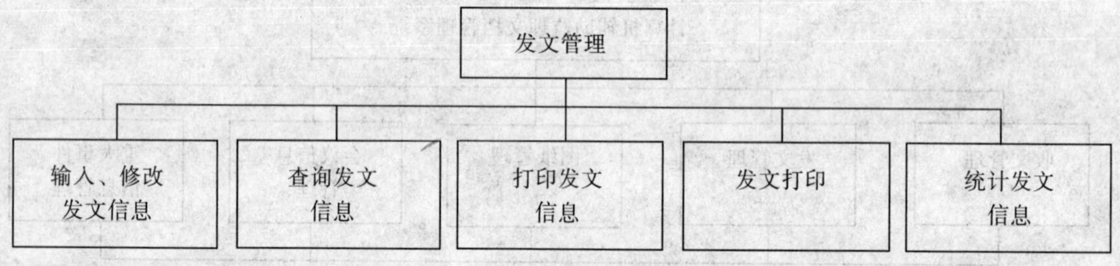

图 7-48　发文管理模块逻辑结构图

(1) 输入、修改发文信息

输入、修改发文的各种信息，内容包括：①发文日期；②发文名称；③文件字号；④主题词；⑤文件分类；⑥发文份数；⑦签发人；⑧主送单位；⑨抄送单位；⑩文件内容。此外，如果文件需要收文单位回复时，还应输入回复期限及实际回复日期。

(2) 查询发文信息

根据设定的各种查询条件进行发文信息的查询，其中包括对应回复而尚未回复的文件的查询，以便于监理工程师督促对方回复。

(3) 打印发文信息

按不同的要求打印不同的发文信息表。

(4) 发文打印

系统提供标准的文件打印格式，以便于打印监理通知、函件等文件资料。

(5) 统计发文信息

统计有关发文情况，并打印输出有关统计结果。

3. 图纸管理

图纸管理就是对图纸收发信息的输入、修改、查询、统计及打印。该模块的逻辑结构如图 7-49 所示。

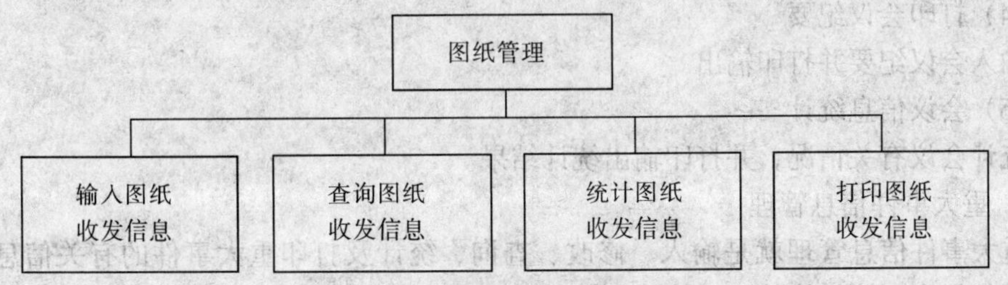

图 7-49　图纸管理模块逻辑结构图

(1) 输入图纸收发信息

输入、修改收发图纸的各种信息，内容包括：①收图日期；②图纸编号；③图纸名称；④图纸分类；⑤收图份数；⑥协议供图日期；⑦发图日期；⑧发送承包商名称；⑨发图份数；⑩设计修改通知号。

如果有条件的话，还可以利用扫描输入设备将有关图纸输入计算机图形库中，以备查询使用。

(2) 查询图纸收发信息

根据设定的各种查询条件进行图纸收发信息的查询。

(3) 统计图纸收发信息

统计图纸收发的有关情况，并打印输出统计结果。

(4) 打印图纸收发信息

按不同的要求打印不同的图纸收发信息表。

4. 会议信息管理

会议信息管理就是输入、修改、查询、统计及打印工程会议的有关信息，并能打印会议纪要。该模块的逻辑结构如图 7-50 所示。

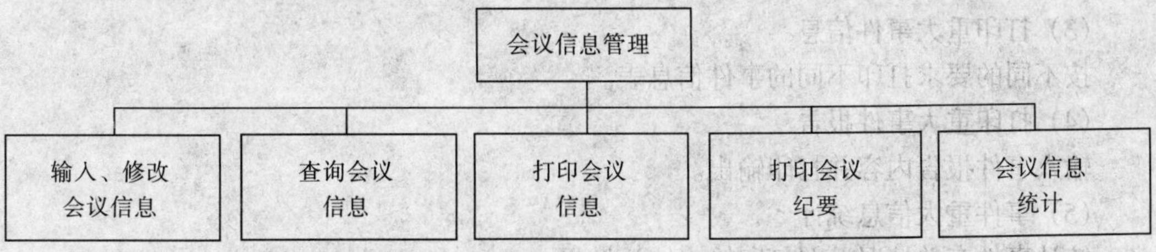

图 7-50　会议信息管理模块逻辑结构图

(1) 输入、修改会议信息

输入、修改工程会议的各种信息，内容包括：①会议召开日期；②会议名称；③会议议题；④会议召开地点；⑤会议主持人；⑥会议参加人数及主要参加人员；⑦会议结论；⑧会议类别（施工措施、设计变更、经济问题、合同纠纷、事故处理等）；⑨会议主题词；⑩备注。

(2) 查询会议信息

根据设定的各种查询条件进行会议信息的查询。

(3) 打印会议信息

按不同的要求打印不同的会议信息表。

(4) 打印会议纪要

输入会议纪要并打印输出。

(5) 会议信息统计

统计会议有关情况，并打印输出统计结果。

5. 重大事件信息管理

重大事件信息管理就是输入、修改、查询、统计及打印重大事件的有关信息，并能打印事件报告。该模块的逻辑结构如图 7-51 所示。

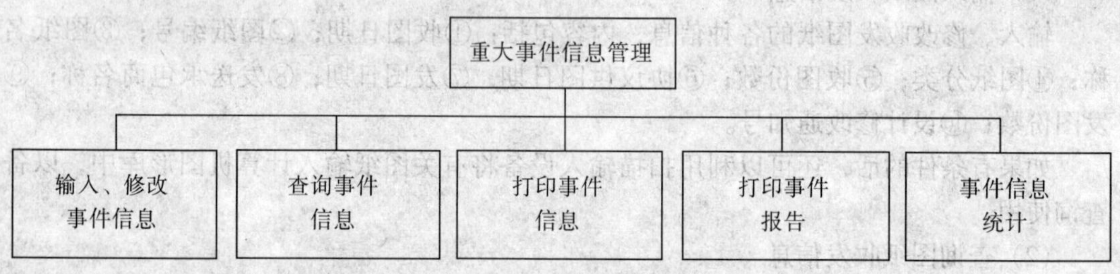

图 7-51　重大事件信息管理模块逻辑结构图

(1) 输入、修改重大事件信息

输入、修改重大事件的各种信息，内容包括：①事件发生日期；②事件发生时间；③事件发生地点；④事件主题词；⑤事件属性；⑥事件发生工程部位；⑦事件发生原因；⑧事件处理概要；⑨备注。

(2) 查询重大事件信息

根据设定的各种查询条件进行事件信息的查询。

(3) 打印重大事件信息

按不同的要求打印不同的事件信息表。

(4) 打印重大事件报告

输入事件报告内容并打印输出。

(5) 事件重大信息统计

统计事件有关情况，并打印输出统计结果。

第八章 工程项目监理资料的管理

工程项目监理资料，是建设监理企业对工程项目实施监理过程中直接形成的，是工程建设过程真实、全面的反映，工程项目监理资料的管理水平反映了工程建设监理企业的管理水平、人员的素质，工程项目监理的质量和水平。因此，加强对工程项目监理资料的管理是十分重要的。

1. 加强对工程项目监理资料的管理，将促进工程建设监理企业工程项目监理工作的规划化；

2. 加强对工程项目监理资料的管理，将促进工程项目监理的质量和水平的提高；

3. 加强对工程项目监理资料的管理，将有助于保证工程建设监理机构能顺利的按监理合同的要求完成项目监理任务；

4. 加强对工程项目监理资料的管理，将有利于工程建设监理企业积累经验和总结教训，提高市场竞争力。

因此，许多部门、地方政府主管部门都非常重视工程项目监理资料的管理，做出了明确的规定和要求，多数监理企业也都制定了工程项目监理资料的管理规定和办法。

第一节 《建设工程监理规范》对施工阶段监理资料管理的规定

一、施工阶段监理资料应包括的内容

1. 施工合同文件及委托监理合同；
2. 勘察设计文件；
3. 监理规划；
4. 监理实施细则；
5. 分包单位资格报审表；
6. 设计交底与图纸会审会议纪要；
7. 施工组织设计（方案）报审表；
8. 工程开工/复工报审表及工程暂停令；
9. 测量核验资料；
10. 工程进度计划；
11. 工程材料、构配件、设备的质量证明文件；
12. 检查试验资料；
13. 工程变更资料；
14. 隐蔽工程验收资料；

15. 工程计量单和工程款支付证书；
16. 监理工程师通知单；
17. 监理工作联系单；
18. 报验申请表；
19. 会议纪要；
20. 来往函件；
21. 监理日记；
22. 监理月报；
23. 质量缺陷与事故的处理文件；
24. 分部工程、单位工程等验收资料；
25. 索赔文件资料；
26. 竣工结算审核意见书；
27. 工程项目施工阶段质量评估报告等专题报告；
28. 监理工作总结。

二、施工阶段监理月报应包括的内容

1. 本月工程概况；
2. 本月工程形象进度；
3. 工程进度：
(1) 本月实际完成情况与计划进度比较；
(2) 对进度完成情况及采取措施效果的分析。
4. 工程质量：
(1) 本月工程质量情况分析；
(2) 本月采取的工程质量措施及效果。
5. 工程计量与工程款支付：
(1) 工程量审核情况；
(2) 工程款审批情况及月支付情况；
(3) 工程款支付情况分析；
(4) 本月采取的措施及效果。
6. 合同其他事项的处理情况：
(1) 工程变更；
(2) 工程延期；
(3) 费用索赔。
7. 本月监理工作小结：
(1) 对本月进度、质量、工程款支付等方面情况的综合评价；
(2) 本月监理工作情况；
(3) 有关本工程的意见和建议；
(4) 下月监理工作的重点。

监理月报应由总监理工程师组织编制，签认后报建设单位和本监理机构。

三、监理工作总结应包括的内容

1. 工程概况；
2. 监理组织机构、监理人员和投入的监理设施；
3. 监理合同履行情况；
4. 监理工作成效；
5. 施工过程中出现的问题及其处理情况和建议；
6. 工程照片（有必要时）。

施工阶段监理工作结束时，监理机构应向建设单位提交监理工作总结。

四、对监理资料管理的要求

1. 监理资料必须及时整理、真实完整、分类有序；
2. 监理资料的管理应由总监理工程师负责，并指定专人具体实施；
3. 监理资料应在各阶段监理工作结束后及时整理归档；
4. 监理档案的编制及保存应按有关规定执行。

五、设备采购监理的监理资料内容

1. 委托监理合同；
2. 设备采购方案计划；
3. 设计图纸和文件；
4. 市场调查、考察报告；
5. 设备采购招投标文件；
6. 设备采购订货合同；
7. 设备采购监理工作总结。

设备采购监理工作结束时，监理机构应向建设单位提交设备采购监理工作总结。

六、设备监造工作的监理资料内容：

1. 设备制造合同及委托监理合同；
2. 设备监造规划；
3. 设备制造的生产计划和工艺方案；
4. 设备制造的检验计划和检验要求；
5. 分包单位资格报审表；
6. 原材料、零配件等的质量证明文件和检验报告；
7. 开工/复工报审表、暂停令；
8. 检验记录及试验报告；
9. 报验申请表；
10. 设计变更文件；
11. 会议纪要；
12. 来往文件；
13. 监理日记；
14. 监理工程师通知单；
15. 监理工作联系单；
16. 监理月报；

17. 质量事故处理文件；
18. 设备制造索赔文件；
19. 设备验收文件；
20. 设备交接文件；
21. 支付证书和设备制造结算审核文件；
22. 设备监造工作总结。

设备监造工作结束时，监理机构应向建设单位提交设备监造工作总结。

施工阶段监理工作的基本表式

A类表（承包单位用表）	B类表（监理企业用表）	C类表（各方通用表）
A1 工程开工/复工报审表	B1 监理工程师通知单	C1 监理工作联系单
A2 施工组织设计（方案）报审表	B2 工程暂停令	C2 工程变更单
A3 分包单位资格报审表	B3 工程款支付证书	
A4 ______报验申请表	B4 工程临时延期审批表	
A5 工程款支付申请表	B5 工程最终延期审批	
A6 监理工程师通知回复单	B6 费用索赔审批表	
A7 工程临时延期申请表		
A8 费用索赔申请表		
A9 工程材料/构配件/设备报审表		
A10 工程竣工报验单		

第二节 工程项目决策阶段监理资料的主要内容

决策阶段监理资料主要内容 **表 8-1**

编号	档案资料	资料类别
1	准备工作记录 （含投资选择、市场调查、投资机会论证）	A
2	项目建议书及批复文件	A
3	可行性研究报告及评估文件	A
4	投资计划	A
5	建设用地及规划许可证（批准文号）	A
6	建设工程报建文件	A
7	开工批复文件	A
8	监理大纲（或监理投标申请书及中标通知书）	B
9	监理合同	合 同
10	规划部门审批文件（批准文号）	A
11	审计部门审批文件（批准文号）	A
12	消防部门审批文件（批准文号）	A
13	市政部门审批文件（批准文号）	A
14	水、电、气部门审批文件（批准文号）	A
15	设计基础资料一览表（有资料附件）	B
16	施工用水、电、路协议	A

注：A类为监理公司协助办理（或编写），B类为监理企业编写，建设单位签认。

第三节　设计阶段监理资料的主要内容

设计阶段监理资料主要内容　表 8-2

编　号	档　案　资　料	资料类别
1	工程设计任务书（已标准）	A
2	规划设计通知书（已批准）	A
3	监理大纲（或监理投标申请书）	B
4	监理合同	合　同
5	工程设计大纲（或方案竞赛文件）	B
6	工程勘察设计委托合同书	合　同
7	地质勘察设计要求文件	B
8	地质勘察报告收发记录（附地质勘察报告）	B
9	初步设计审核意见	B
10	设计进度计划意见	B
11	设计总方案审核签认书	B
12	专业设计方案审核签认书	B
13	设计中间审查意见	B
14	设计概算审核签认书（附设计概算）	B
15	设计文件审核验收记录	B
16	设计文件分发、使用记录	B
17	设计交底与图纸会审记录	B
18	勘察设计费用审核书	B
19	设计变更通知书	B
20	设计图纸	C

注：A、B类同前期档案，C类为设计单位负责完成资料。

第四节　施工阶段监理资料的主要内容

施工阶段监理资料可分五部分归档：即合同管理、质量控制、投资控制、进度控制、监理工作管理。五部分档案的管理以合同管理为主线，贯穿于一体，其内容相隔相关，又各自独立。旨在摆脱把质量控制作为监理工作中心内容的片面思想，强化合同管理意识。因为合同从签订、履行、到履行结束的全过程与目标控制密切相关。只有熟悉合同的内容（含规范）和条款，对实际工作中遇到的问题才会做出快速而正确的决策。在周期长、投资大的施工阶段，有许多内在和外在的因素会促使合同的某些条款发生争议或变更，这就需要监理工程师要注意分析工程进展的实际情况，以便为合同争议或变更提出依据，尤其注意消除索赔的潜在因素。

监理工作管理资料，主要将监理工程师的内业台账，协调与管理工作及其他原始记录等加以整理归档，以便总结经验，作为后续工作的借鉴。

以下为施工阶段监理归档的五部分资料的内容：

一、合同管理

合同管理资料的主要内容　表 8-3

编号	档案资料	资料类别
1	监理合同	合同
2	施工投标申请书和中标通知书	合同
3	施工承包合同	合同
4	业主授权监理工程师通知	合同
5	总监理工程师授权通知	A
6	分包申请书	B
7	分包单位资质认定书	A
8	分包合同书	合同
9	材料、设备、构件供销合同书	合同
10	施工组织设计审核签认 (附施工组织设计)	A
11	工程变更	A
12	工程索赔申请书	B
13	工程索赔批复意见书	A
14	合同外工程协议	合同
15	开工批准文件	A
16	工程报验单	B
17	工程竣工移交证书	A
18	工程保修期解除证书	A
19	最终证书	A

注：A类为监理工程师编写（或签认、签发），B类为承包商向监理工程师申报单。

二、进度控制

进度控制资料主要内容　表 8-4

编号	档案资料	资料类别
1	进度控制实施细则	A
2	开工申请	B
3	开工令	A
4	施工进度计划审批（年、月）（附施工进度计划）	A
5	进度计划与实际完成偏差分析报告	A
6	施工计划变更申请	B
7	施工计划变更审批	A
8	延长工期申请	B
9	延长工期批复	A
10	停 工 令	A
11	复工申请	B
12	复 工 令	A
13	材料、设备、构件进场计划	B
14	材料、设备、构件进场计划审批	A
15	每月进度报表	B
16	每月进度报表审核	A
17	施工人员、机械（日）进场记录复核	A

三、质量控制

质量控制资料主要内容 **表 8-5**

编 号	档 案 资 料	资料类别
1	质量控制实施细则	A
2	施工方案和施工措施审批	A
3	工程质量问题报告	A
4	隐蔽工程检查记录	A
5	原材料抽检记录	A
6	进场设备、构件抽检记录	A
7	工程质量抽检记录	A
8	不合格工程通知	A
9	不合格材料构件、设备通知	A
10	工程暂停指令与复工令	A
11	工程质量事故评估报告	A
12	工程质量事故处理核查意见书	A
13	新工艺、新技术、新材料、新结构技术鉴定审核意见书(附鉴定书)	A
14	检测部门质量信息反馈处理记录	A
15	分项、分部工程报验单	B
16	分项、分部工程验收记录	A
17	单位工程质量综合评定表	A
18	技术资料汇总表 (复印件)	A
19	单位工程（ ）质量保证资料检查表（复印件）	C
20	分部工程（ ）质量保证资料检查表（复印件）	C

注：C类资料取自交工技术档案。

四、投资控制

投资控制资料主要内容 **表 8-6**

编 号	档 案 资 料	资料类别
1	投资控制实施细则	A
2	计量清单（或工程预算书）	A
3	年度（季）资金使用计划申报表	B
4	年度（季）资金使用计划批复	A
5	年度（月）资金使用分析	A
6	工程变更预算审核	A
7	工程索赔付款审核	A
8	计日工单价审核认证书	A
9	投资动态情况报告	A
10	工程（ ）月结算申报	B
11	工程（ ）月结算审核	A
12	工程（ ）月付款申请	B
13	工程（ ）月付款凭证	A
14	工程竣工结算申报	B
15	工程竣工结算审核	A
16	工程付款汇总表	A
17	合同外工程预算审核	A

五、监理工作管理资料

监理工作管理主要资料　表 8-7

编　号	档　案　资　料	资料类别
1	监理规划	A
2	监理日记	A
3	监理月报	A
4	监理通知	A
5	现场指示	A
6	总监理工程师巡视记录	A
7	备忘录	A
8	会议记录	A
9	商洽记录	A
10	合理化建议采纳情况	A
11	监理档案交接记录	A
12	监理总结	A
13	收发文登记本（附收文）	A
14	图纸收发登录	A

六、监理资料管理方法

（一）监理资料的传递流程

工程项目监理资料管理，是工程项目监理信息管理的一项重要工作。它是监理工程师实施工程项目监理，进行目标控制的基础性工作。在项目监理机构中必须配备专门的人员负责监理资料的收发、整理、管理和保存工作。

项目监理机构信息管理部门是专门负责建设工程信息管理工作的，其中包括监理资料的管理。因此在工程全过程中形成的所有资料，都应统一归口传递给信息管理部门，进行集中收发和管理。

在项目监理机构内部，所有资料都必须先送交信息管理部门，进行统一整理分类，归档保存，然后由信息管理部门根据总监理工程师或其授权监理工程师的指令和监理工作的需要，分别将资料传递给有关的监理工程师。在项目监理机构外部，在发送或接收建设单位、设计单位、承包单位、材料供应单位及其他单位的资料时，也应由信息管理部门负责进行，这样使所有的资料只有一个进出口通道，从而在组织上保证监理资料的有效管理。

资料的管理和保存，主要由信息管理部门中的资料管理人员负责。作为资料管理人员，必须熟悉各项监理业务，通过分析研究监理资料的特点和规律，对其进行系统、科学的管理，使其在工程建设监理工作中得到充分利用。除此之外，监理资料管理人员还应全面了解和掌握工程建设进展和监理工作开展的实际情况，结合对资料的整理分析，编写有关专题材料，对重要资料进行摘要综述，参与编写监理工作月报，监理工作周报等。

（二）监理资料的分类与管理

1．监理资料分类

随着工程建设的进展，所积累的资料会越来越多，如果随意存放，不仅查找困难，而且极易丢失。因此为了能在监理过程中有效地利用和传递这些资料，资料管理人员和监理工程师必须清楚了解监理资料的分类，在此基础上再根据项目规模和管理模式确定具体的存放方法。监理文件可按资料性质可以分为以下几类。

(1) 监理审批文件。包括承包单位、材料供应单位向监理单位报审的各类文件。

(2) 监理函件。包括监理工程师发送给建设单位、设计单位、承包单位等有关单位的函件。

(3) 监理记录。包括监理巡视记录、旁站检查记录、实测实量记录、平行监测资料、测量资料、监理日记、工程照片及声像资料。

(4) 监理指导资料。包括监理大纲、监理规划、监理实施细则。

(5) 会议纪要。包括监理工作会议、工程协调会议、设计工作会议、施工工作会议及工程例会等会议的纪要。

(6) 勘察、设计文件。包括可行性研究报告、勘察报告、方案设计、初步设计、施工图设计及设计变更等文件。

(7) 施工文件。包括施工组织设计、施工方案、工作量签证、技术核定单、隐蔽工程验收记录等资料。

(8) 合同文件。包括各类招投标文件以及委托监理合同、勘察设计合同、施工总包合同和分包合同、设备供应合同、材料供应合同等文件。

(9) 工程管理往来函件。包括建设单位函件、承包单位函件、政府部门函件。

(10) 监理内部资料。包括技术性资料（规范、标准)、法规性文件（政府法律、法规)、管理性文件（公司管理文件)。

需要特别说明的是上述分类以资料性质为划分依据，具体工作过程中，尚应根据各类资料在项目上可能出现的频率，以及所牵涉工作的关联性，合理规划档案柜（夹）所包含的资料种类，最大限度满足项目建设过程中，监理人员可以方便查阅各类资料，又要兼顾项目竣工时资料归档的要求。

2. 监理资料管理

工程项目监理资料管理主要内容是：监理资料收文与登录；监理资料传阅；监理资料分发；监理资料分类存放；监理资料借阅、更改与作废；监理资料归档。

(1) 收文与登录

所有收文应在收文登记表上进行登记（按监理信息分类别进行登记)。应记录资料名称、资料摘要信息、资料的发放单位（部门)、资料编号以及收文日期，必要时应注明接收资料的具体时间，最后项目监理机构负责收文人员签字。

监理信息在有追溯性要求的情况下，应注意核查所填部分内容是否可追溯。如材料报审表中是否明确注明该材料所使用的具体部位，以及该材料质保证明的原件保存处等。

如不同类型的监理信息之间存在相互对照或追溯关系时（如监理通知单和监理通知单回复)，在分类存放的情况下，应在资料和记录上注明相关信息的编号和存放处。

资料管理人员应检查资料的各项内容的填写和记录应真实完整，签字确认人员应为符合相关规定的责任人员，并且不得以盖章和打印代替手写签认。资料以及存储介质质量应符合要求，所有资料必须使用符合档案归档要求填写或打印，以适应长时间保存的要求。

有关工程建设照片及声像资料等应注明拍摄日期及所反映工程建设部位等摘要信息。收文登记后应交给项目总监或由其授权的监理工程师进行处理，重要资料内容应在监理日记中记录。

部分收文如涉及建设单位的工程建设指令或设计单位的技术核定单以及其他重要文件，应将复印件在项目监理机构专栏内予以公布。

(2) 资料传阅

由项目总监或其授权的监理工程师确定资料、记录是否需传阅，如需传阅应确定传阅人员名单和范围，并注明在资料传阅纸上，资料传阅纸随同资料进行传阅。也可按资料传阅纸样式刻制方形图章，盖在资料空白处，代替资料传阅纸。每位传阅人员阅后应在资料传阅纸上签名，并注明日期。资料和记录传阅期限不应超过该资料的处理期限。传阅完毕后，资料原件应交还信息管理人员归档。

(3) 监理发文

发文由总监或其授权的监理工程师签名，并加盖项目监理机构图章，对盖章工作应进行专项登记。如为紧急处理的文件，应在文件首页标注“急件”字样。

所有发文按监理信息文件分类和编码要求进行分类编码，并在发文登记表上登记。登记内容包括：文件的分类编码、发文文件名称、摘要信息、接收文件的单位（部门）名称、发文日期（强调时效性的文件应注明发文的具体时间）。收件人收到文件后应签名。

发文应留有底稿，并附一份文件传阅纸，资料员根据文件签发人指示确定文件责任人和相关传阅人员。文件传阅过程中，每位传阅人员阅后应签名并注明日期。发文的传阅期限不应超过其处理期限。重要文件的发文内容应在监理日记中予以记录。

项目监理机构的资料管理人员应及时将发文原件归入相应的文件柜（夹）中，并在目录清单中予以记录。

(4) 监理资料分类存放

监理资料经收/发文、登录和传阅工作程序后，必须使用科学的分类方法进行存放，这样既可满足项目实施过程查阅、求证的需要，又方便项目竣工后资料的归档和移交。项目监理机构应备有存放监理信息的专用资料柜和用于监理信息分类归档存放的专用资料夹。在大中型项目中应采用计算机对监理信息进行辅助管理。

信息管理人员则应根据项目规模，规划各资料柜和资料夹内容。具体实施可参考后例，但不一定机械地按顺序将每个资料夹与各类资料一一对应。例如，合同类资料（A类）和勘察设计资料（B类）数量比较少可合并存放在一个资料夹内；工程质量控制申报审批文件（H类）中建筑材料、构配件、设备报审表的数量较多，可单独存放在一个资料夹内，在某些大项目中，甚至可以考虑按材料、设备分类存放在多个资料夹内。某些资料内容比较多（如监理规划、施工组织设计）不宜存放在资料夹中，可在资料夹内附目录上说明资料编号和存放地点，然后将有关资料保存在指定位置。

资料应保持清晰，不得随意涂改记录，保存过程中应保持记录介质的清洁和不破损。

工程项目建设过程中资料的具体分类原则应根据工程特点制定，监理企业的技术管理部门可以明确本企业资料管理的框架性原则，以便统一管理并体现出企业的特色。下文推荐的施工阶段监理资料分类方法供监理工程师在具体项目操作中予以参考。

示例：监理资料的基本内容及编号

1　合同类（A类）

1）委托监理合同（包括监理招投标文件）　(A-1)

2）建设工程施工合同（包括施工招投标文件）　(A-2)

3）工程分包合同，建设单位与第三方签订的涉及监理业务的各类合同　(A-3)

4）有关合同变更的协议文件　(A-4)

5）工程暂停及复工文件　(A-5)

6）费用索赔处理文件　(A-6)

7）工程延期及工程延误处理文件　(A-7)

8）合同争议调解的文件　(A-8)

9）违约处理文件　(A-9)

2　勘察、设计类（B类）

1）可行性研究报告　(B-1)

2）设计任务书、扩大初步设计　(B-2)

3）工程测绘资料、地形图　(B-3)

4）工程地质、水文地质勘察报告　(B-4)

5）测量基础资料　(B-5)

6）施工图及说明文件　(B-6)

7）图纸会审有关记录　(B-7)

8）设计交底有关记录及会议纪要　(B-8)

9）工程变更文件　(B-9)

3　监理工作指导类（C类）

1）工程项目监理大纲　(C-1)

2）工程项目监理规划　(C-2)

3）监理实施细则　(C-3)

4）工程监理机构编制的工程进度总控制计划、质量控制计划、造价控制计划等其他有关资料　(C-4)

4　施工作业指导类（D类）

1）施工组织设计（总体或分阶段）　(D-1)

2）分部工程施工方案　(D-2)

3）季节性施工方案　(D-3)

4）其他专项（分项工程）施工方案　(D-4)

5　资质资料（E类）

1）总包单位资质资料及人员上岗证　(E-1)

2）分包单位资质资料及人员上岗证　(E-2)

3）材料、构配件、设备供应单位资质资料 （E-3）

4）工程试验室（包括由见证取样送检试验室）
资质资料 （E-4）

6 工程进度（F类）

1）工程开工报审文件 （F-1）

2）工程进度计划报审文件 （F-2）

3）工程竣工报审文件 （F-3）

4）其他有关工程进度控制的文件 （F-4）

7 工程质量（G类）

1）建筑材料、构配件、设备报审文件 （G-1）

2）施工测量放线报审文件 （G-2）

3）施工试验报审文件 （G-3）

4）监理抽验（包括由见证取样送检试验）报审文件 （G-4）

5）分项工程质量报审文件 （G-5）

6）分部/单位工程质量报审文件 （G-6）

7）工程质量问题及质量事故处理记录 （G-7）

8）其他有关工程质量控制的文件 （G-8）

8 工程造价审批（H类）

1）工程施工概（预）算报验资料 （H-1）

2）工程量申报及审批资料 （H-2）

3）工程预付款报批文件 （H-3）

4）工程款报批文件 （H-4）

5）工程变更费用报批文件 （H-5）

6）工程竣工结算报批文件 （H-6）

7）其他有关工程造价控制的资料 （H-7）

9 会议纪要（I类）

1）第一次工地会议纪要 （I-1）

2）监理例会会议纪要 （I-2）

3）专题工地会议纪要 （I-3）

4）其他会议纪要文件 （I-4）

10 监理报告（J类）

1）监理周报 （J-1）

2）监理月报 （J-2）

3）专题报告 （J-3）

11 监理工作函件（K类）

1）监理工程师通知单、监理工程师通知回复单 （K-1）

2）监理工作联系单 （K-2）

3）其他有关监理通知的资料 （K-3）

12 工程验收类（L类）

1）工程基础、主体结构等中间验收文件 （L-1）
2）设备安装专项验收记录 （L-2）
3）单位工程验收记录 （L-3）
4）工程竣工报验单 （L-4）
5）工程竣工验收证书 （L-5）
6）人防工程验收记录 （L-6）
7）消防工程验收记录 （L-7）
8）其他有关工程的验收记录 （L-8）

13 监理日记（M类）

1）项目监理日记 （M-1）
2）监理人员监理日记 （M-2）

14 监理工作总结（N类）

1）阶段工作小结 （N-1）
2）监理工作总结 （N-2）

15 监理工作记录（O类）

1）监理巡视记录 （O-1）
2）旁站检查记录 （O-2）
3）实测实量记录 （O-3）
4）平行监测资料 （O-4）
5）监理测量资料 （O-5）
6）工程照片及声像资料 （O-6）

16 工程管理往来函件（P类）

1）建设单位函件 （P-1）
2）承包单位函件
3）设计单位函件 （P-2）
4）政府部门函件
5）其他部门函件 （P-3）

17 监理内部资料（Q类）

1）技术性文件 （Q-1）
2）法规性文件 （Q-2）
3）管理性文件 （Q-3）

示例说明：

①资料按类保存，A-Q为“类号”-1、-2、-3、……为“分类号”。如委托监理合同（A-1）中“A”为类号，“-1”为分类号。每类资料保存在一个资料夹（柜）中，资料夹（柜）中设分页纸（分隔器）以保存各分类资料。

②监理信息的分类可按照本部分内容定出框架，同时应考虑所监理工程项目的施工顺序、施工承包体系、单位工程的划分以及质量验收工作程序并结合自身监理业务工作的开展情况进行分类编排，原则上可考虑按承包单位、按专业施工部位、按单位工程等进行划分，以保证监理信息检索和归档工作的顺利进行。

③信息管理部门应注意建立适宜的资料存放地点，防止资料受潮霉变或虫害侵蚀。

④资料夹装满或工程项目某一分部或单位工程结束时，资料应转存至档案袋，袋面应以相同编号标识。

⑤如资料缺项时，类号、分类号不变，资料可空缺。

(5) 监理资料借阅、更改与作废。

项目监理机构存放的资料原则上不得外借，如政府部门、建设单位或承包单位确有需要，应经总监理工程师或其授权的监理工程师同意，并在信息管理部门办理借阅手续。监理人员在项目实施过程中需要借阅资料时，应填写资料借阅单，并明确归还时间。信息管理人员办理有关借阅手续后，应在资料夹的内附目录上作特殊标记，避免其他监理人员查阅该文件时，因找不到资料引起工作混乱。

监理资料的更改应由原制定部门相应责任人执行，涉及审批程序的，由原审批责任人执行。若指定其他责任人进行更改和审批时，新责任人必须获得所依据的背景资料。监理资料更改后，由信息管理部门填写监理资料更改通知单，并负责发放新版本资料。发放过程中必须保证项目参建单位中所有相关部门都得到相应资料的有效版本。资料换发新版时，应由信息管理部门负责将原版本收回作废。考虑到日后有可能出现追溯需求，信息管理部门可以保存作废资料的样本以备查阅。

(6) 监理资料归档。

监理资料归档内容、组卷方法，以及监理档案的验收、移交和管理工作，应根据工作项目所在地区建设行政主管部门，建设监理行业主管部门、地方城市建设档案管理部门的规定执行，目前在全国范围内尚未形成比较统一的标准。具体操作过程中，信息管理部门应在开工前和政府部门取得联系，了解相关要求，并形成本项目资料管理作业指导书，在总承包单位以及分包单位进场时及时组织交底，避免出现工程竣工时资料缺少的尴尬局面。

对一些需连续产生的监理信息，如对其有统计要求，在归档过程中应对该类信息建立相关的统计汇总表格以便进行核查和统计，并及时发现错漏之处从而保证该类监理信息的完整性。

监理资料的归档保存中应严格遵照原件和顺序归档的原则。如在监理工作中出现作废和遗失等情况应给予明确的记录过程做相关的处理。

如采用计算机对监理信息进行辅助管理的，当相关的资料和记录经相关责任人员签字确定、正式生效并已存入项目监理机构相关资料夹中时，计算机管理人员应将储存在计算机中的相关资料和记录改变其资料属性为“只读”，并将保存的目录记录在书面文件上以便于进行查阅。在项目资料归档前不得将计算机中保存的有效资料和记录删除。

(三) 建设工程文件归档整理规范的要求

根据《建设工程文件归档整理规范》(GB/T50328—2001) 规定，监理文件需要归档的文件类别、保存单位和保管期限应满足表8-8要求。

(四) 监理表格体系及填表说明

1. 承包单位报审用表

表 8-8

序号	归档文件	保存单位和保管期限				
		建设单位	承包单位	设计单位	监理企业	城建档案馆
监理文件						
1	监理规划					
①	监理规划	长期			短期	√
②	监理实施细则	长期			短期	√
③	项目监理机构总控制计划等	长期			短期	
2	监理月报中有关质量问题	长期			长期	√
3	监理会议纪要中的有关质量问题	长期			长期	√
4	进度控制					
①	工程开工/复工审批表	长期			长期	√
②	工程开工/复工暂停令	长期			长期	√
5	质量控制					
①	不合格项目通知	长期			长期	√
②	质量事故报告及处理意见	长期			长期	√
6	造价控制					
①	预付款报审与支付	短期				
②	月付款报审与支付	短期				
③	设计变更、洽商费用报审与签认	长期				
④	工程竣工决算审核意见书	长期				√
7	分包资质					
①	分包单位资质材料	长期				
②	供货单位资质材料	长期				
③	试验等单位资质材料	长期				
8	监理通知					
①	有关进度控制的监理通知	长期			长期	
②	有关质量控制的监理通知	长期			长期	
③	有关造价控制的监理通知	长期			长期	
9	合同与其他事项管理					
①	工程延期报告及审批	永久			长期	√
②	费用索赔报告及审批	长期			长期	
③	合同争议、违约报告及处理意见	永久			长期	√
④	合同变更材料	长期			长期	√
10	监理工作总结					
①	专题总结	长期			短期	
②	月报总结	长期			短期	
③	工程竣工总结	长期			长期	√
④	质量评估意见报告	长期			长期	√

(1) 工程开工/复工报审表（A1）

工程开工/复工报审表 **表 8-9**

工程名称： 编号：

<table>
<tr><td>致：（监理企业）
我方承担的________工程，已完成了以下各项工作，具备了开工/复工条件，特此申请施工，请核查并签发开工/复工指令。
附：1. 开工报告
2.（证明文件）

承包单位（章）________
项目经理________
日　期________</td></tr>
<tr><td>审查意见：

项目监理机构________
总监理工程师________
日　期________</td></tr>
</table>

说明：①本表的用途有二：

a）承包单位认为施工现场具备开工条件，向项目监理机构报送本表申请开工；此时将表头上的“复工”两个字划掉。如整个项目一次开工，只填报一次，如工程项目中涉及较多单位工程且开工时间不同则每个工程开工都应填报一次。

b）由于承包单位原因，总监理工程师下达“工程暂停令”（B2），指令承包单位暂停施工进行整改。承包单位认为整改完毕，暂停施工原因已消除，向项目监理机构报送本表申请复工。此时将表头上的“开工”划掉。

②申请开工时应附开工报告，申请复工时应附必要的证明文件。

③监理工程师应核查施工现场开工/复工情况，认为合格时由总监理工程师批准开工/复工。

④本表由承包单位填报，一式三份，建设、承包、监理企业各存一份。

⑤表中证明文件，是指证明已具备开工或复工条件的相关文件。

(2) 施工组织设计（施工方案）报审表（A2）

施工组织设计（方案）报审表 **表 8-10**

工程名称： 编号：

<table>
<tr><td>致：（监理企业）
我方根据施工合同的有关规定完成________工程施工组织设计（方案）的编制，并经我单位上级技术负责人审查批准，请予以审查。
附：施工组织设计（方案）

承包单位（章）________
项目经理________
日　期________</td></tr>
<tr><td>专业监理工程师审查意见：

专业监理工程师________
日　期________</td></tr>
<tr><td>总监理工程师审核意见：

项目监理机构________
总监理工程师________
日　期________</td></tr>
</table>

说明：①本表用于承包单位向项目监理机构报送施工组织设计或施工方案。施工过程中如经批准的施工组织设计（方案）发生改变，项目监理机构要求将变更的方案报送时，也采用此表。施工方案包括应项目监理机构要求报

送的分部（分项）工程施工方案、季节性施工方案，重点部位及关键工序的施工工艺方案，采用新材料、新设备、新技术、新工艺的方案等。

②申报时应附施工组织设计文件或施工方案文件。

③经专业监理工程师审核后，提出意见，在本表上签字，并报请总监理工程师签批。

④如项目经理部对施工组织设计进行修改或补充时，仍应填报本表，并重新履行报审程序。

⑤本表由承包单位填报，一式三份、建设、承包、监理单位各存一份。

(3) 分包单位资质报审表（A3）

分包单位资质报审表　　**表 8-11**

工程名称：　　编号：

致：　　　　　　（监理企业）

经考察，我方认为拟选择的__________（分包单位）具有承担下列工程的施工资质和施工能力，可以保证本工程项目按合同的规定进行施工。分包后，我方仍承担总包单位的全部责任。请予以审查和批准。

附：1. 分包单位资质材料；

2. 分包单位业绩材料。

分包工程名称（部位）	工程数量	拟分包工程合同额	分包工程占全部工程
合　　计			

承包单位（章）________

项目经理________

日　　期________

专业监理工程师审查意见：

专业监理工程师________

日　　期________

总监理工程师审核意见：

项目监理机构________

总监理工程师________

日　　期________

说明：①本表用于总包单位向项目监理机构申报拟选用的分包单位，请予确认。

②申报时应将表中需要填报的项目填写清楚，并附上分包单位的资质资料及业绩资料，以及拟签订的工程分包合同。

③项目监理机构组织监理人员对分包单位的有关情况进行审查，由专业监理工程师签署审查意见，报送总监理工程师审批。如认为符合条件时，征得建设单位同意后，总监理工程师可签字批准。总包单位应将签订后的分包合同报送建设、监理单位各一份。

④本表由项目经理部填报，一式三份，建设、承包、监理单位各存一份。

(4) ＿＿＿＿＿＿报验申请表（A4）

＿＿＿＿＿＿＿＿＿报验申请表　　　　表 8-12

工程名称：　　　　　　　　　　　　　　　　　　　　编号：

<table>
<tr><td>致：＿＿＿＿＿＿＿＿（监理企业）
我单位已完成了＿＿＿＿＿＿＿＿＿＿＿＿＿工作，现报上该工程报验申请表，请予以审查和验收。
附件：

承包单位（章）＿＿＿＿＿＿
项目经理＿＿＿＿＿＿
日　　期＿＿＿＿＿＿</td></tr>
<tr><td>审查意见：

项目监理机构＿＿＿＿＿＿
总/专业监理工程师＿＿＿＿＿＿
日　　期＿＿＿＿＿＿</td></tr>
</table>

说明：①本表用于下列情况的申报：

a）用于隐蔽工程的检查和验收时，当承包单位完成自检，填报此表提请监理人员确认。

b）施工测量定线、放样报验申请。

c）向项目监理机构申报施工试验（如灰土、素土、级配砂石的干容量，混凝土试块强度、屋面及厕浴间的蓄水试验等）结果，请予检查验收。

d）检验批、分项、分部、单位工程质量检验评定报审。

②随本表应同时报送有关的附件，工程质量评定资料、其他有关规范要求的资料等。如承包单位对工程预检、隐检、分项、分部工程验收、施工试验及工程测量定线成果等有自备的表格应同时报送。

③监理工程师对申请验收的项目进行检查，合格后予以签认，但分部、单位工程的验收必须由总监理工程师签认。

④本表由承包单位填报，一式两份，承包、监理单位各存一份。

(5) 工程款支付申请表（A5）

工程款支付申请表　　　　表 8-13

工程名称：　　　　　　　　　　　　　　　　　　　　编号：

<table>
<tr><td>致：＿＿＿＿＿＿＿＿（监理企业）
我方已完成了＿＿＿＿＿＿＿＿＿＿＿＿＿＿＿＿＿＿＿＿＿＿＿＿＿＿＿＿＿＿＿＿＿＿＿＿＿＿＿工作，按施工合同的规定，建设单位应在＿＿＿年＿＿＿月＿＿＿日前支付该项工程款共（大写）＿＿＿＿＿＿＿（小写：＿＿＿＿＿＿＿），现报上＿＿＿＿＿＿＿＿＿工程付款申请表，请予以审查并开具工程款支付证书。
附：
1. 工程量清单；
2. 计算方法。

承包单位（章）＿＿＿＿＿＿
项目经理＿＿＿＿＿＿
日　　期＿＿＿＿＿＿</td></tr>
</table>

说明：①本表用于承包单位按照施工合同的有关规定，向建设单位申请支付合同内项目及合同外项目的工程款时，向项目监理机构申报用。

②随本表应附的附件：

a）工程预付款：说明施工合同中有关的规定；

b）工程进度款：已经核准的工程量清单，监理工程师的审核报告、款额计算和其他有关的资料；

c）工程竣工结算款：竣工结算资料、竣工结算协议书；

d）设计变更、工程洽商费用："工程变更单"（C2）及有关资料；

e）索赔费用："费用索赔审批表"（B6）及有关资料；

f）合同内项目及合同外项目其他应附的付款凭证。

③项目监理机构有关监理工程师对本表及其附件进行审批，提出审核记录，同意或不同意本表提出的付款要求。同意付款时应注明应付的款额及其计算方法，报总监理工程师审批，并将审批结果以"工程款支付证书"（B3）通知建设单位。不同意付款时应说明理由。

④本表由承包单位填报，一式三份，建设、承包、监理单位各存一份。

（6）监理工程师通知回复单（A6）

监理工程师通知回复单

表 8-14

工程名称：　　　　　　　　　　　　　　　　　　　　　　编号：

<table>
<tr><td>致：　　　　　　　　　　（监理企业）
我方接到编号为＿＿＿＿＿＿＿＿的监理工程师通知后，已按要求完成了＿＿＿＿＿＿＿＿工作，现报上，请予以复查。
详细内容：

承包单位（章）＿＿＿＿＿＿
项目经理＿＿＿＿＿＿
日　期＿＿＿＿＿＿</td></tr>
<tr><td>复查意见：

项目监理机构＿＿＿＿＿＿
总/专业监理工程师＿＿＿＿＿＿
日　期＿＿＿＿＿＿</td></tr>
</table>

说明：①本表用于承包单位接到项目监理机构的"监理工程师通知单"（B1），并已完成了通知单上指令的工作后，报请项目监理机构进行核查。表中应对完成指令工作的情况进行详细的说明。

②监理工程师应对本表所述完成的工作进行核查，签署同意或不同意的意见，批复给承包单位。

③本表一般可由专业监理工程师签发，重大问题由总监理工程师签发。

④本表由承包单位填报，一式两份，承包、监理单位各保存一份。

（7）工程临时延期申请表（A7）

工程临时延期申请表　　　　**表 8-15**

工程名称：　　　　　　　　　　　　　　　　　　编号：

致：　　　　　　　　　　（监理企业）

根据施工合同条款________条的规定，由于________原因，我方申请工程延期，请予以批准。

附件：

1. 工程延期的依据及工期计算

合同竣工日期：

申请延长竣工日期：

2. 证明材料

承包单位（章）________

项目经理________

日　期________

说明：①本表的用途有二：

a）当发生工程延期事件，并有持续性影响时，承包单位填报本表，向项目监理机构申请工程临时延期；

b）工程延期事件结束，承包单位向项目监理机构最终申请确定工程延期的日历天数，延迟后的竣工日期。此时应将本表表头的“临时”两字改为“最终”。

②申报时应在本表中详细说明工程延期的依据、工期计算、申请延长竣工日期，并附证明材料。

③项目监理机构对本表所述情况进行审核评估，分别用“工程临时延期审批表”（B4）及“工程最终延期审批表”（B5）批复项目经理部。

④本表由承包单位填报，一式三份，建设、承包、监理单位各存一份。

（8）费用索赔申请表（A8）

费用索赔申请表　　　　**表 8-16**

工程名称：　　　　　　　　　　　　　　　　　　编号：

致：　　　　　　　　　　（监理企业）

根据施工合同条款________条的规定，由于________原因，我方要求索赔金额（大写），________________请予以批准。

索赔的详细理由及经过：

索赔金额的计算：

附件：证明材料

承包单位（章）________

项目经理________

日　期________

说明：①本表用于费用索赔事件结束后，承包单位向项目监理机构提出费用索赔的具体要求时填报。

②在本表中详细说明索赔事件的经过、索赔理由、索赔金额的计算等，并附必要的证明材料。

③总监理工程师应组织监理工程师对本表所述情况及所提要求进行审查与评估，并与建设单位协商后，由总监理工程师签发“费用索赔审批表”(B6)，批复承包单位。

④本表由承包单位填报，一式三份，建设、承包、监理单位各存一份。

(9) 工程材料/构配件/设备报审表（A9）

工程材料/构配件/设备报审表　　**表 8-17**

工程名称：　　编号：

致：　　　　　　　　（监理企业） 我方于________年______月______日进场的工程材料/构配件/设备数量如下（见附件）。现将质量证明文件及自检结果报上，拟用于下述部位： ________________________________ ________________________________ 请予以审核。 附：1. 数量清单 2. 质量证明文件 3. 自检结果 承包单位（章）________________ 项目经理________________ 日　期________________
审查意见： 经检查上述工程材料/构配件/设备，符合/不符合设计文件和规范的要求，准许/不准许进场，同意/不同意使用于拟定部位。 项目监理机构________________ 总/专业监理工程师________________ 日　期________________

说明：①本表用于承包单位将进入施工现场的工程材料/构配件经自检合格后向项目监理机构申请验收；对运到施工现场的设备经检查包装无破损后，向项目监理机构申请验收，并移交给设备安装单位。工程材料/构配件还应注明使用部位。

②随本表应同时报送材料/构配件/设备数量清单、质量证明文件（产品出厂合格证、材质化验单等）、自检结果文件（如复试合格证明书等）。

③项目监理机构应对进入施工现场的工程材料/构配件进行检验（包括抽验、平行检验、见证取样送检等）对进厂的大中型设备要会同设备安装单位共同开箱验收。检验合格准予验收，监理工程师在本表上签认；检验不合格时，在本表上签批不同意验收，工程材料/构配件/设备应清退出场，也可批示不得使用于原定部位。

④本表由承包单位填报，一式两份，承包、监理单位各存一份。

(10) 工程竣工报验单（A10）

工程竣工报验单 **表 8-18**

工程名称：　　　　　　　　　　　　　　　　　　　　　　　　　　　　编号：

致：　　　　　　　　　　（监理企业） 我方已按合同要求完成了＿＿＿＿＿＿＿＿＿＿工程，经自检合格，请予以检查和验收。 附件： 承包单位（章）＿＿＿＿＿＿ 项目经理＿＿＿＿＿＿ 日　期＿＿＿＿＿＿
审查意见： 经初步验收，该工程 1. 符合/不符合我国现行法律、法规要求； 2. 符合/不符合我国现行工程建设标准； 3. 符合/不符合设计文件要求； 4. 符合/不符合施工合同要求。 综上所述，该工程初步验收合格/不合格，可以/不可以组织正式验收。 项目监理机构＿＿＿＿＿＿ 总监理工程师＿＿＿＿＿＿ 日　期＿＿＿＿＿＿

说明：①单位工程竣工，承包单位自检合格，各项竣工资料齐备后，承包单位填报本表向项目监理机构申请竣工预验收。

②表中附件是指可用于证明工程已按合同约定完成并符合竣工验收要求的资料。

③总监理工程师收到本表后应组织建设、设计、承包单位对竣工工程进行验收，发现问题在本表上签认同意验收。

④本表由承包单位填报，一式三份，建设、承包、监理单位各执一份。

2. 监理企业用表

(1) 监理工程师通知单 (B1)

监理工程师通知单 **表 8-19**

工程名称：　　　　　　　　　　　　　　　　　　　　　　　　　　　　编号：

致： 事由   内容   项目监理机构＿＿＿＿＿＿ 总/专业监理工程师＿＿＿＿＿＿ 日　期＿＿＿＿＿＿

说明：①本表用于在监理工作中，项目监理机构按委托监理合同授予权限，对承包单位所发出的指令、提出的要求，除另有规定外，均应采用此表。监理工程师现场发出的口头指令及要求，也应采用此表予以确认。

②承包单位应使用“监理工程师通知回复单”(A6) 回复。

③本表一般可由专业监理工程师签发，重大问题应由总监理工程师签发。

④本表由项目监理机构填报，一式两份，承包、监理单位各存一份。

(2) 工程暂停令（B2）

工　程　暂　停　令　　　　**表 8-20**

工程名称：　　　　　　　　编号：

致：　　　　　　　　（承包单位） 由于： 原因，现通知你方必须于＿＿＿＿年＿＿＿月＿＿＿日＿＿＿时起，对本工程的＿＿＿＿＿＿＿＿＿＿＿＿＿部位（工序）实施暂停施工，并按下述要求做好各项工作：   项目监理机构＿＿＿＿＿＿ 总监理工程师＿＿＿＿＿＿ 日　　期＿＿＿＿＿＿

说明：①应建设单位的要求暂停施工，或由于承包单位原因工程必须暂停施工，以及发生其他必须暂停施工的紧急事件时，总监理工程师签发本表向承包单位下达工程暂停的指令。

②表内必须注明工程暂停的原因、范围、停工期间应进行的工作及责任人、复工条件等。

③签发本表要慎重，要考虑工程暂停后一切后果，并应事前与建设单位取得协商一致。

④本表由项目监理机构填报，一式三份，建设、承包、监理单位各存一份。

(3) 工程款支付证书（B3）

工程款支付证书　　　　**表 8-21**

工程名称：　　　　　　　　编号：

致：　　　　　　　　（建设单位） 根据施工合同的规定，经审核承包单位的付款申请和报表，并扣除有关款项，同意本期支付工程款共（大写）＿＿＿＿＿＿＿＿＿＿＿＿（小写：＿＿＿＿＿＿＿）。请按合同规定及时付款。 其中： 1. 承包单位申报款为： 2. 经审核承包单位应得款为： 3. 本期应扣款为： 4. 本期应付款为： 附件： 1. 承包单位的工程付款申请表及附件； 2. 项目监理机构审查记录。 项目监理机构＿＿＿＿＿＿ 总监理工程师＿＿＿＿＿＿ 日　　期＿＿＿＿＿＿

说明：①本表为项目监理机构对承包单位报送的申请支付工程款的文件进行审核后，明确应支付工程款的项目及款

额，请建设单位支付的通知与证明。

②随本表应附送承包单位报送的“工程款支付申请表”（A5）及其附件。

③项目监理机构收到“工程款支付申请表”（A5）后，由有关监理工程师进行审核，提出同意或不同意的意见，同意支付时应注明本期承包单位申报款，经审核后应得款、应扣款及应付款的款额，并将审核经过写成审查记录，作为本表的附件。本表经总监理工程师审核签认后报送建设单位。

④本表由项目监理机构填报，一式三份，建设、承包、监理单位各存一份。

（4）工程临时延期审批表（B4）

工程临时延期审批表　　**表 8-22**

工程名称：　　编号：

致：　　　　　　　　　　（承包单位） 根据施工合同条款__________条的规定，我方对你方提出的__________工程延期申请（第____号）要求延长工期____日历天的要求，经过审核评估： □　暂时同意工期延长______日历天。使竣工日期（包括已指令延长的工期）从原来的____年____月____日延迟到____年____月____日。请你方执行。 □　不同意延长工期，请按约定竣工日期组织施工。 说明： 项目监理机构________ 总监理工程师________ 日　　期________

说明：①本表用于项目监理机构接到承包单位报送的“工程临时延期申请表”（A7）后，对申报情况进行调查、审核与评估后，初步做出是否同意延期申请的批复。

②表中“说明”是指总监理工程师同意或不同意工程临时延期或工程最终延期的理由和依据。如同意应注明暂时同意工期延长的日数，延长后的竣工日期。同时应指令承包单位在工程延长期间，随延期时间的发展应陆续补充的信息与资料。

③本表由总监理工程师签发，签发前应征得建设单位同意。

④本表由项目监理机构填报，一式三份，建设、承包、监理企业各存一份。

（5）工程最终延期审批表（B5）

工程最终延期审批表 **表 8-23**

工程名称： 编号：

致： (承包单位)
根据施工合同条款______________条的规定，我方对你方提出的______________工程延期申请（第____号）要求延长工期______日历天的要求，经过审核评估：
□ 最终同意工期延长________日历天。使竣工日期（包括已指令延长的工期）从原来的_____年_____月_____日延迟到_____年_____月_____日。请你方执行。
□ 不同意延长工期，请按约定竣工日期组织施工。

说明：

项目监理机构______________
总监理工程师______________
日 期______________

说明：①本表用于工程延期事件结束后，项目监理机构根据承包单位报送的"工程最终延期申请表"（A7）及随延期时间的发展陆续报送的有关资料，对申报情况进行调查、审核与评估后，向承包单位下达的最终同意工程延期日数的批复。

②表中"说明"是指总监理工程师同意或不同意工程临时延期或工程最终延期的理由和依据，同时应注明最终同意工期延长的日数及竣工日期。

③本表由总监理工程师签发，签发前应征得建设单位同意。

④本表由项目监理机构填报，一式三份，建设、承包、监理单位各存一份。

（6）费用索赔审批表（B6）

费用索赔审批表 **表 8-24**

工程名称： 编号：

致： (承包单位)
根据施工合同条款______________条的规定，我方对你方提出的______________费用索赔申请（第____号），索赔（大写）______经我方审核评估：
□ 不同意此项索赔。
□ 同意此项索赔，金额为（大写）______________。

同意/不同意索赔的理由：

索赔金额的计算：

项目监理机构______________
总监理工程师______________
日 期______________

说明：①本表用于收到承包单位报送的“费用索赔申请表”（A8）后，项目监理机构对此项索赔事件进行全面的调查了解、审核与评估后，作出的批复。

②本表中应详细说明同意或不同意此项索赔的理由，同意索赔时，同意支付索赔的金额及其计算方法，并附有关的资料。

③本表由总监理工程师签发，签发前应与建设单位协商取得一致。

④本表由项目监理机构填报，一式三份，建设、承包、监理单位各存一份。

3. 各方通用表

（1）监理工作联系单（C1）

监理工作联系单　　**表 8-25**

工程名称：　　编号：

致： 事由： 内容： 单　位__________ 负责人__________ 日　期__________

说明：①本表用于建设、承包、监理单位以及设计单位相互之间就有关事项的联系，适用于建设单位驻现场代表机构、承包单位项目经理部、监理单位项目监理机构、设计单位本工程项目设计部门之间使用。使用时应详细说明事由及内容，并写明主送及抄送的单位。

②对于重要问题或重大事项，宜在建设单位、承包单位、监理单位、设计单位之间，使用法人名义，用正式函件形式进行通知或联系，不宜使用本表。

③本表可由建设单位驻现场代表、项目经理部经理、项目监理机构总监理工程师、设计单位本工程项目设计总负责人签发。

④本表签发的份数根据内容及涉及范围而定。

（2）工程变更单（C2）

工 程 变 更 单 **表 8-26**

工程名称： 编号：

致：（监理单位） 由于________________原因，兹提出________________工程变更（内容见附件），请予以审批。 附件： 提出单位________ 代 表 人________ 日　期________
一致意见： 建设单位代表　　　设计单位代表　　　项目监理机构 签字：　　　　　　签字：　　　　　　签字： 日期________　日期________　日期________

说明：①本表用于建设、承包、设计、监理单位任一方提出工程变更（设计变更）或工程洽商时填报用，填报后送项目监理机构。

②附件应包括工程变更的详细内容，变更的依据，对工程造价及工期的影响程度，对工程项目功能、安全的影响分析及必要的图示。

③总监理工程师组织监理工程师收集资料，进行调研，并与有关单位磋商，如取得一致意见时，在本表中写明，并分别在本表上签字，此项变更/洽商生效，由有关单位具体实施。

④本表目前形式仅适于承包单位提出变更/洽商要求，如其他单位提出变更/洽商要求时，承包单位作为签字单位在表中将无位置可签，此时可对表式做适当修改。

本表由提出变更/洽商单位填报，份数视内容而定，如涉及设计单位一式四份，不涉及设计单位时一式三份。

（五）监理音像资料管理要求

项目监理机构应加强工程监理过程中音像资料的收集和管理，并保证音像资料的正确性、完整性和说明性。以上海市为例，上海市建管办发布的《加强建设监理企业现场质量行为管理若干规定》［沪建建管（2002）第 064 号］文对重大工程及建筑面积大于 3000 平方米的建设工程，明确规定，项目监理机构必须提供音像资料。

1. 音像资料载体

监理企业提供音像资料的载体主要包括：

（1）照片

（2）录像带

（3）可用光盘（电子文件）

照片用于记录静止图像，录像带用于记录动态的过程，光盘根据其中存放电子文件的类型，既可记录静止图像又可记录动态过程。上述三种载体，在拍摄过程中都需要一定的拍摄技巧，监理企业对所摄录的全部音像资料要进行筛选，用于归档或提供给政府部门的音像资料（包括经打印输出或播放输出的各类电子文件）要求图像清晰、声音清楚，文字说明和内容正确。

2. 音像资料内容和数量要求

各个分项工程开工之前，总监理工程师应组织专业监理工程师对本工程音像资料所应反映的主要内容、工程具体部位、数量进行总体规划，并将其反映在相应分项工程的监理实施细则之中。音像资料的内容以反映本工程的特点、质量状况和重要工作结点为主，要根据工程类型、工程规模具体确定，不可能对所有工程提出统一的要求。

从通常意义上讲，监理音像资料反映的主要内容应包括但不限于下列项目。需要提醒的是，下列项目只对总监理工程师规划音像资料内容起指导作用，并非强制性要求和规定。

（1）施工过程中的重要现场情况。

（2）主要施工工序的施工情况，新技术、新工艺、新材料、新设备的实施情况。

（3）下道工序施工后难以检查的重点部位的隐蔽过程、质量情况和验收情况。如桩基施工、基坑开挖、基础施工、结构施工、门窗安装、屋面和厕浴间防水施工、管线敷设、设备安装和室内外装修过程等的质量情况和验收情况。

（4）反映施工过程中质量问题、质量事故的情况和处理过程。

（5）涉及工程结构安全和强制性要求的施工现场的检测和试验活动的情况。如桩基试验、基础验槽、钢结构探伤、工程定位、沉降观测、设备安装工程的功能性试验等。

（6）反映工程项目阶段性成果和实物效果情况。

（7）项目监理机构根据项目类型和规模，认为有必要时。

音像资料数量的规划应保证工程竣工后提供的音像资料可以全面反映主要旁站监理内容、工程总体质量控制情况和施工过程中出现的质量问题。

3. 音像资料管理

（1）项目监理机构应指派专业监理工程师负责工程监理音像资料的摄制和管理工作。

①照片必须保证影像层次清晰、色彩准确、底片曝光正确、无机械损伤。

②录像带必须保证图像清晰、声音清楚。

光盘必须保证可读性好、清洁、无划伤、无病毒。其中所记录数据根据文件类型不同分别满足照片和录像带的要求。

（2）项目监理机构应按工程项目档案管理规定对工程监理音像资料集中统一管理。

①音像资料应按专题内容和拍摄时间进行排序和归档。

②音像资料应附有文字或声像说明，内容包括（图像号、图像题名、拍摄时间、拍摄地点、摄影者和简要解说）。

（六）监理企业根据 ISO 9001—2000 标准中，对监理资料的要求

凡通过 ISO 9001—2000（即 GB/T 19001—2000）的监理企业，建立起质量管理体系。对该监理企业质量手册与服务管理办法的监理资料归档，应遵照标准认证的要求，结合本企业特点，建立监理资料档案。表 8-26 为某监理企业归档资料目录。

某监理企业监理归档资料目录一览表　　**表 8-27**

大类号	名称	小类号	监　理　资　料	保管期限
1	项目前期资料	1	建设用地规划许可证	永久
		2	建设工程开工报告书	
		3	建设工程设计审核意见书	
		4	建设工程质量人员从业资格审查表	
		5	上海市建筑工程首次监督交底会议纪要	
		6	有关批文	
2	合同	1	监理合同	永久
		2	总承包合同	长期
		3	专业分包合同	
3	监理工作质量计划	1	监理规划	长期
		2	监理实施细则	
4	设计文件	1	设计交底记录/图纸会审记录	短期
		2	设计变更通知	
		3	工程变更单	
		4	技术核定单	
		5	其他设计文件	
5	质量复核签证资料	1	施工组织设计（方案）报审表	长期
		2	工程开工/复工报告	短期
		3	分包单位资格报审表	
		4	×××××报验申请表	
		5	工程材料/构配件/设备报审表	
		6	工程竣工报验单	
6	监理文件	1	监理工程师通知单、通知单回复	长期
		2	工程暂停令	
		3	监理工作联系单	
		4	来往文件	
7	会议记录	1	工程例会纪要	
		2	专题会议记录	
8	监理报表	1	监理日记	长期
		2	监理工作月报	
		3	其他报告	
		4	发文本	
	质量评估	1	平行独立检测资料	长期
		2	工程初验报告	
		3	工程质量评估报告	
10	进度控制	1	工程临时延期申请表、审批表	短期
		2	工程最终延期审批表	
11	投资控制	1	工程款支付申请表、支付证书	短期
		2	费用索赔申请表、审批表	
12	工程竣工资料	1	分部、分项工程质量验收证明单	永久
		2	建设工程竣工验收备案表	
		3	监理工作总结	
		4	监理工作音像图片资料	
		5	保修阶段监理工作计划	短期
		6	工程保修回访记录	

第五节 监理台账与监理月报

工程建设监理月报是现场建设监理组织对本月工程施工情况和监理工作实施情况的综合描述。为了系统、准确地反映工程的实际情况，监理工程师应及时采集、登录工程实际产生的一切数据，并以工程台账的形式分类登录和处理，只有这样才能保持信息的适时性、真实性、准确性，使监理工程师对工程问题做出正确的、即时的分析、判断，保证监理工作的质量。

一、监理台账示例

某监理公司某工程建设监理台账示例：

1. 工程进度计划

工程名称：某工程　　　　施工单位：某建筑总公司　　　　第　页

序号	分项名称	单位	数量	类别	日期																														
					1	2	3	4	5	6	7	8	9	10	11	12	13	14	15	16	17	18	19	20	21	22	23	24	25	26	27	28	29	30	31
				1																															
				2																															
				3																															
				1																															
				2																															
				3																															

注：1 为总进度；2 为施工单位安排进度；3 为实际进度。

2. 月度工程形象进度情况分析台账

工程名称：某工程　　　　施工单位：某建筑总公司　　　　第　页

序号	施工单位计划部位	完成日期		月末实际到达部位	完成计划程度（%）	完成情况	完成情况分析									
		计划	实际				材料	机械	劳动	图纸	变更	资金	气候	电力	组织	其他

3. 分部分项工程验收台账

工程名称：　　　　　　　　施工单位：　　　　　　　　　　　　　第　页

序号	分部： 分项工程名称	保证项目	基本项目			允许偏差项目			验评结果	验评时间	验评人	验收累计		
			检查项数	优良项数	优良率(%)	检查点数	合格点数	合格率(%)				总次数	优良次数	优良率(%)
												1	0	0.0

4. 材料质量情况台账

工程名称：　　　　　　　　施工单位：　　　　　　　　　　　　　第　页

序号	材料名称	规格型号	单位	数量	进货日期	生产厂家	实用部位	质量和预控情况				归档编号
								出厂合格证	复试报告	材质外观	结论	

5. 钢筋原材料实验台账

工程名称：　　　　　　　　施工单位：　　　　　　　　　　　　　第　页

序号	实验编号	材料使用部位	规格型号	钢材种类	生产厂家	代表数量	实验日期	力学实验						出厂证明	结论	备注
								屈服点 (N/mm^2)	极限强度 (N/mm^2)	延伸率 δ(%)	断口位置及判定	弯心直径	角度			

6. 钢筋焊接实验台账

工程名称：　　　　　　　　施工单位：　　　　　　　　　　　　　第　页

序号	实验编号	材料使用部位	规格型号	钢材种类	生产厂家	代表数量(根)	实验日期	焊接方式	力学实验						结论	备注
									屈服点 (N/mm^2)	极限强度 (N/mm^2)	延伸率 δ(%)	断口位置及判定	弯心直径	角度		

7. 混凝土实验台账

工程名称：　　　　　　　　　　施工单位：　　　　　　　　　　第　　页

试块编号	构件所在结构部位	强度等级	实验日期	实测坍落度	配合比编号	水灰比	砂率(%)	材料用量				外加剂		标准养护			同条件			抗渗			备注
								水泥	水	砂	石	名称	掺量	实验编号	强度(N/mm^2)	%	实验编号	强度(N/mm^2)	%	实验编号	设计P	实测P	

8. 混凝土养护预控台账

工程名称：　　　　　　　　　　施工单位：　　　　　　　　　　第　　页

序号	施工部位	强工等级		混凝土数量(m^3)	试块组数		施工(制模)时间	预计报告日期		养护方法				强度记录						试块编号
														R7			R28			
		设计	变更		应做	实做		R7	R28	标养	同条件	抗渗	回弹	最高(%)	最低(%)	平均(%)	最高(%)	最低(%)	平均(%)	

9. 质量问题及处理情况台账

工程名称：　　　　　　　　　　施工单位：　　　　　　　　　　第　　页

序号	分项工程名称	质量问题摘要	发现时间	处理措施	责任人	处理结果	验收人	验收时间

10. 单位工程实物工程量统计台账

工程名称：　　　　　　　　　　施工单位：　　　　　　　　　　第　　页

序号	分项工程名称	计量单位	概预算工程量	施工单位申报完成工程量	监理核定完成工程量	累计完成工程量	申报与核定工程量差值	出现差值原因	申报日期核定日期

11. 工程款支付台账

工程名称：　　　　　　　　　　施工单位：　　　　　　　　　　单位：万元　第　页

时间 年，月，日	工程形象进度或分项工程名称	工程合同总价款	预付工程款	本期施工单位申报工程款	本期监理核定工程款	预付款抵扣	工程款累计	工程款余额	合同外付款	说明

12. 工程变更及洽商台账

工程名称：　　　　　　　　　　施工单位：　　　　　　　　　　第　页

序号	变更及洽商编号	变更及洽商日期	图纸号	变更及洽商部位	变更及洽商概述	变更及洽商理由	监理签认

13. 安全文明施工问题及改进情况台账

工程名称：　　　　　　　　　　施工单位：　　　　　　　　　　第　页

序号	现场情况	存在问题	处理措施	处理情况	处理时间	监理验收

14. 装饰材料抽检台账

工程名称：首都××××工程　　　　施工单位：F　　　　　　　　　　第　页

序号	材料名称	规格	产地	单位	数量	抽检率（%）	等级	尺寸偏差						外观偏差			角度偏差		表面平整度	性能复试	出厂证明情况	结论	备注
								长（mm）		宽（mm）		厚（mm）		色差	光泽度	缺陷	最大	平均					
								最大	平均	最大	平均	最大	平均										
																				合格	有	合格	

15. 建筑设备进场台账

工程名称：首都××××工程　　施工单位：F　　第　页

序号	设备名称	规格型号	进货日期	生产厂家	单位	数量	资料附件	合格证	检查结果	监理签认	备注
								有	合格		

二、监理月报

(一)《建设工程监理规范》对监理月报的规定

施工阶段的监理月报应包括以下内容：

1. 本月工程概况；

2. 本月工程形象进度；

3. 工程进度：

①本月实际完成情况与计划进度比较；

②对进度完成情况及采取措施效果的分析。

4. 工程质量：

①本月工程质量情况分析；

②本月采取的工程质量措施及效果。

5. 工程计量与工程款支付：

①工程量审核情况；

②工程款审批情况及月支付情况；

③工程款支付情况分析；

④本月采取的措施及效果。

6. 合同其他事项的处理情况：

①工程变更；

②工程延期；

③费用索赔。

7. 本月监理工作小结：

①对本月进度、质量、工程款支付等方面情况的综合评价；

②本月监理工作情况；

③有关本工程的意见和建议；

④下月监理工作的重点。

监理月报应由总监理工程师组织编制，签认后报建设单位和本监理企业。

(二) 监理月报示例

某监理企业某工程建设监理月报示例：

监理月报目录

一、工程概况

1. 工程概述

(1) 工程基本情况

工程名称：首都××××工程

工程地理位置	总建筑面积(m^2)	结构形式	层数		工程分段情况	工程总工期	工程总投资	要求工程质量等级	其他
			地上	地下					

(2) 本期工程施工概述

简要描述本月工程进展情况。

2. 工程形象进度照片（本月底工程在施部位鸟瞰照片）

反映到本月底，工程施工形象进度的照片。

二、项目组织系统

	单位名称	负责人	职务	职称	电话
建设单位					
设计单位					
施工单位					
监理单位					

三、建筑安装工程形象部位完成情况

1. 月度工程形象部位完成情况

施工单位计划部位	月末实际到达部位	完成计划程度（%）

2. 月度工程形象部位完成情况分析

计划部位	完成情况	完成情况分析								
		材料	机械	劳动力	图纸	变更	资金	气候	电力	组织

四、分项工程完成情况

1. 分项工程完成情况

序号	分项工程名称	计量单位	本期施工单位申报完成工程量	本期监理核定完成工程量	完成程度（%）	
					本期	累计

2. 分项工程完成情况分析

序　号	未经监理工程师认定分项工程名称	计量单位	工 程 量	不认可原因

注：工程量一栏中“+”表示施工单位多报，“-”表示施工单位少报

五、工程材料及设备

1. 工程材料

序号	材料名称	型号规格	单位	数量	生产厂家	进场日期	质量和预控情况			
							出厂合格证	复试报告	材质外观	结论

2. 建筑设备

序号	设备名称	型号规格	单　位	数　量	生产厂家	进货日期	合 格 证	检查结果	监理签认	备　注

六、工程质量

1. 分项工程质量验评情况

序　号	分项工程名称	本月验评记录				本月验收累计		
		施工自评结果（次数）		监理核定结果（次数）		总次数	核定优良项数	优良率（%）
		合　格	优　良	合　格	优　良			

2. 分部工程质量验评情况

序　号	分项工程名称	验　评　记　录				分项工程验收累计		
		施工自评等级		监理核定等级		分项工程验收总项数	核定优良项数	优良率（%）
		合　格	优　良	合　格	优　良			

3. 分项工程累计优良率控制图

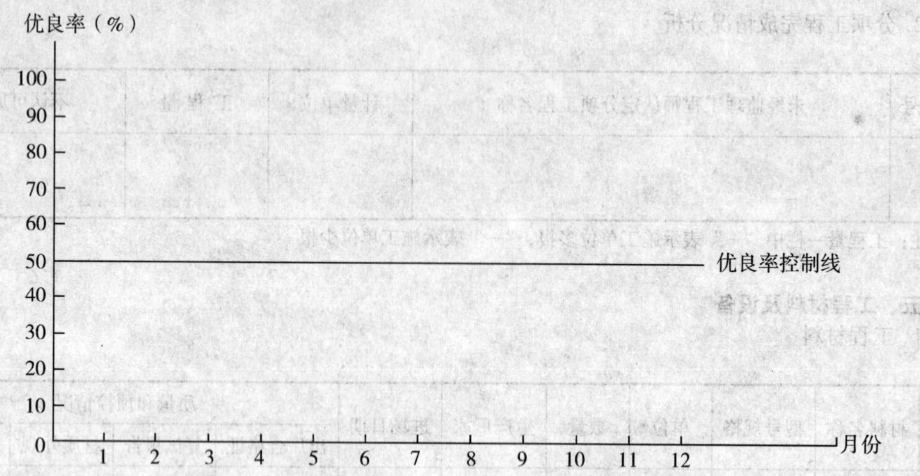

4. 本期分部分项工程一次验收合格率统计

序号	分部分项工程名称	本期验收总次数	其　中：			一次验收合格率（%）
			一次验收合格	二次验收合格	三次验收合格	

5. 施工试验情况

序　号	试验项目	施工部位	试验组数	合格组数	合格率（%）

6. 质量事故报告

发生日期	事故部位	事故摘要	处理措施	处理结果	验 收 人	验收日期

7. 暂停施工指令

暂停施工指令摘要	现场处理	复工指令摘要	暂停指令日期

8. 本期工程质量分析

序　号	分项工程名称	本期存在的质量问题	处理措施	处理结果	监理验收签字

七、工程变更

1. 各项变更及洽商概述

序 号	编 号	日 期	变更及洽商部位	变更及洽商概述	变更及洽商理由	监理签认

2. 未经监理工程师认可的变更及洽商

序 号	变更及洽商编号	变更及洽商概述	变更及洽商理由	监理签认

八、施工现场情况

现 场 情 况	检 查 日 期	存 在 问 题	处 理 情 况

九、工程款支付情况

合同款项	工程合同总价款（万元）	合同内付款（万元）				合 计（万元）	余 额	合同外付款
		工程预付款	工程进度款		预付款抵扣			
			本月	累计				

十、气象数据

日期	星期	天 气 情 况				日期	星期	天 气 情 况			
		最高气温（℃）	最低气温（℃）	风 力（级）	天 气			最高气温（℃）	最低气温（℃）	风 力（级）	天 气

十一、监理企业

1. 工程项目监理机构组织框图

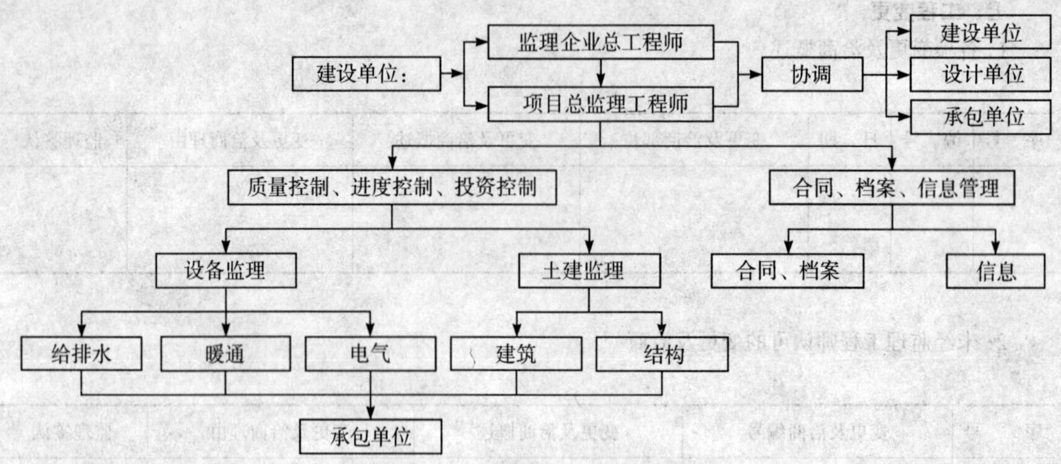

2. 监理人员构成

专　业	职务、职称	人　数	培 训 情 况

3. 监理工作统计

项 目 名 称	单　位	本月进行	累计进行

十二、结论

(一) 对本月工程施工总的评价。

(二) 监理组织本月工作（投资、进度、质量控制及合同管理、信息管理方面的）情况。

(三) 存在的问题及建议。

十三、附录（包括重要的会议记要、监理通知等）

第九章 国外工程项目管理

第一节 项目管理（PM）

项目管理 Preject Management 是在 20 世纪 60 年代起源于美国。项目管理包含进行一个项目有关的所有阶段，也就是说，用项目管理模式监督管理整个项目，从开始策划，到试运行，最后移交给业主的全部活动。因此项目管理涉及完成某个项目所需的一切资源的规划、进度计划、指令、管理和协调。

一、项目管理的基本概念

1. 用项目管理模式来组织一个项目的建设时，最重要的一个概念就是项目经理所起的中心和关键的作用。项目经理在业主、各种咨询专家、施工承包商等所有工程各方之间，是中心人物。

2. 用项目管理模式进行一个项目的建设时，项目经理参与工程项目建设的各个阶段，而不是像通常在传统管理中进行一个项目时只是参与施工阶段的活动。

3. 用项目管理模式进行一个项目的建设时，项目经理努力将工程所有各方团结到项目建设的总目标上来，各方的共同目的就是以最有效的可能方式完成项目的建设。

4. 用项目管理模式进行一个项目的建设时，项目管理机构是为进行一个项目建设的单一目的而设立的，在这个项目之外没有其他义务。

5. 用项目管理模式进行一个项目建设时，由于项目经理的中心作用，使得所有各方面的管理工作可以较快的得以进行。

由此可见，项目经理的作用是一个顾问、组织者和助手，而不是一个争执双方的仲裁人。

二、项目管理机构的组织

用项目管理组织大型土木和工程项目时，项目管理机构除管理土木和机电工程等各项活动之外，还需要管理与财务、环境、经济评估、立法机构的要求等等有关的各项活动。因为项目所涉及的各项活动在项目建设过程中会随时间而改变，因而项目管理机构也应是灵活的。没有一个简单的标准的管理结构，可用来管理所有类型的项目，项目管理机构必须适应项目的类型和特点，以及业主的要求。尽管项目管理机构的规模和功能是不断变化的，但重要的是自始至终应采用某种恰当的正式的管理机构，以保证职权、责任和义务的划分和理解明确。应注意的是，项目经理的机构必须与业主的机构和承包商的机构区别开来。在项目建设期间，项目管理机构应广泛地和间断地利用外部咨询专家和人员，代之以机构内部的资源。因此，项目经理的机构常常较小，其主要责任是选择、监督和协调其他专家组织，以最有效的可能方式达到本项目的目标。当然，用项目管理模式管理一个项目的建设并取得成功，要靠有关人员的素质，一个好的项目经理不仅在技术业务上称职，而且应有创业精神和高超的管理本领。

第二节　施工阶段项目的管理

一、概述

有效的行政管理对于一个项目的成功起着关键作用，下面详述已在国外许多项目施工阶段广泛应用的一整套管理程序。

施工现场的管理程序大致包括以下：

1. 与业主的协调工作，向业主了解情况，并向其提供信息。

2. 与承包商的协调工作，向承包商了解情况，并向其提供信息。

3. 检查和评估承包商的工作，比如进度、质量和费用。

4. 协调现场有关各方的工作，履行这些职责一般需做的具体工作有：

(1) 确保业主履行合同中对他规定的全部职责，如施工场地应具备可移交给承包商的条件，必要的安全设施已就绪。

(2) 确保由业主提供的所有设施和服务，诸如供电、供水、电话等，在规定时间内准备就绪。

(3) 确保合同规定的所有测量工作，测量控制点已明确，并能向承包商提供有关的测量资料。

(4) 如承包商不止一个时，则应定期召开承包商现场协调会，以协调各方的工作和施工场地。

(5) 采用开会、正式报告和非正式讨论等方式定期同业主联络，以便及时解决存在的问题。

(6) 通过现场会议、正式信函、报告以及情况交流等方式与承包商定期联络，及时解决存在的问题和争执。

(7) 向承包商提供补充规范、图纸和技术资料，对可能引起合同变更的修改或补充的技术资料应进行仔细分析。

(8) 在工程施工过程中指派合格的工程技术人员和检查人员监督承包商的工作，必要时可签发通知和规定，保证工程按设计要求施工。

(9) 按合同要求监督承包商的施工进度，如果承包商的进度落后于合同进度，应责令其采取适当的措施。

(10) 定期向承包商索取进度的报告，并评估进度报告。

(11) 审查承包商递交的进度付款单，按照合同规定进行测量，根据合同中的价格表和其他支付条款确认承包商所完成的实际工作量。签发，必要时可修改承包商的进度付款单，并将其递交给业主，以便付款。

(12) 按通常算法监控总的工地费用，并编写相应的财务报告。

(13) 定期向总部提供工程的进度、费用和质量报告。

(14) 要求承包商在现场保持有条不紊，并应有足够的安全措施，履行合同要求。

(15) 监察承包商现场的安全项目，保证采用和维护安全工作设施，对违反安全条例的承包商提出警告，并责令其采取纠正措施。

(16) 根据合同条款有关规定，与承包商协调行业关系，对有可能发生争执的行业关系问题应与承包商取得联系。

(17) 安排工程的试验和检查，评定试验证书，并将结果通知承包商。

(18) 验证承包商进行的试验和检查，确保向承包商提供试验证书，对试验和检查结果进行评定。

(19) 责令承包商进行应有的校正工作，安排重复试验和检查。

(20) 就合同变更和附加工作与承包商协调。

(21) 对因延期的索赔与承包商协调，并及时就任何这种索赔提出处理意见。

(22) 确保承包商在工作连续进行的基础上提供竣工图纸。

(23) 安排合同的调试、验收和移交阶段的监察工作。

二、实用的程序

为了有条不紊地进行上述各项工作，重要的是驻地工程师的工作人员都要受过一定训练，能够编写记录和报告，以便能在项目结束时建立一套完整而详细的记录，其内容包括技术和合同的各个方面。同样，保存好完整的现场记录和工作日志也很重要，这样就能把整项工作清楚地成文归档，并保证同承包商的各种联系都有书面材料来确认。

所有的工程技术人员都应该认识到一个有趣的事实：任何工程都有可能引起诉讼，在工程完工若干年之后要求证人出具以前的证据。工作人员将以有可靠性的格式所作的任何记录都可在他们出席作证时用作参考。这是一种允许的提示证人追忆的方法。

除某种类型的公职人员在他们的公务活动中所作的记录之外，或者除在"正常商务活动中保存正规记录"的原则下所裁定的可接受的记录之外，上述记录本身不作为证据。尽管这些记录不作为证据，但能仅供记录方在出庭时参考，并且只能起提示作用。

不能过分强调现代施工工程被大量潜在的争执或法律问题所困扰。任何检查员或工程师如果没有保存足够的记录，他就不能胜任自己的工作，并应该被撤换。这样的检查员，不能替业主服务，相反在后期要为他付出代价，只会增加工程的管理费，或者更糟的是：会使业主产生一种所谓的安全感，认为有检查员或工程师在工作，他的利益将能得到充分保护。要是业主及时了解情况，还能采取补救措施。

三、档案和记录

(一) 概述

驻地工程师的职责是确定业主对某一项目需建立和保存的施工记录类型有何具体要求。

在某些国家中，政府机关经常提供一个要求的所有种类的记录、报告和其他文件的专用表格，对有关必须保存的那种记录的格式外加一些特殊要求，常常提供他们自己印刷好的表格。

许多地方公共机构，以及一些大型私营建筑和工程企业，都预先印好这种表格，以便于检查员记录有关的工作资料，许多企业和机构还制定了处理、分发、保存工作记录的程序。

无论建筑师、工程师、公共机构、业主或其他受益单位是否已把编写记录作为一项政策性的事宜，每一个检查员和工程师（不只是驻地检查员和工程师）都应该每天写日志，记下每天进行的工作和会谈内容，这类日志应该概括所有向承包商作的或由承包商作的口头承诺、施工中发生的问题、解决问题的方法、给承包商发的通知以及其他类似的资料。然而，应该记住的是，这些日记（或有时称为工作日志）并不能代替每日的施工报告，施工日报描述施工进度，而且分发范围也往往较广些。检查员或工程师的日记和工作日志中记录的情况通常是私人性质的，只供检查员和雇员使用。

（二）施工记录

下面是驻地工程师在每个工程项目中都应编写的施工记录的主要类型。

• 工作进度记录

每天的施工报告的内容包括工作开始的情况、新开始的工作、工作进展状况、现场的人员和设备、天气情况和到现场的参观者。如果根本没有工作，也应该在日报告中注明“没有工作”。在有若干个检查员参加的工程中，每个检查员都应递交一份报告，然后将每个检查员的工作进度日志收集整理出一份总的报告。进行中的每项工作都应单独编写报告。

• 电话记录

所有打出和接到的电话都应登记，注明各方的单位、身份，并简要记下电话的主要内容或目的。

• 材料试验记录

所有送到实验室试验以及在现场试验的材料样品都应登记。这种报告应留有一定空白，以便以后能填入试验结果以及具体材料用于结构中的位置。

• 日记或工作日志

每一个现场人员都应该有日记或工作日志本。这种记录本是一种准法律性文献。记录时应力求工整、准确。不管有无工作，每天都应做记录。工作日志的详细内容和格式将在后面叙述。

• 收发文件记录

通过驻地工程师转交给建筑师或工程师的所有材料都应进行收发登记。

（三）施工现场办公室文件

现场办公室的所有资料都应不断编入新的内容，并应妥善保管，以备在整个施工阶段查阅参考。到工程竣工时，把这些资料转交建筑师或工程师单位，由他们保留一部分，其余部分将递交业主保存，现场办公室的资料应该包括以下各类：

• 信函

所有发给驻地工程师的有关该项目的信函的副本，都应按日期归档并保存。

• 工作图

除一套完整的作为招标用的合同图纸外，还有施工图、澄清或更改图纸以及补充资料图纸都应在现场办公室整理归档。

• 加工图

驻地工程师应有一份图纸记录册，记下递交和收到的最终审定和批准的加工图文件。

• 付款申请

所有已批准的付款申请副本都应在现场存档备查，并作为审查承包商下月部分付款申请的依据。

• 报告

各种类型的全部报告的副本应按日期归档。

• 样品

所有反映材料性质和工艺水平的样品都应保留在施工现场，以作为比较的基础，并应作相应的标注和登记。

• 操作试验

驻地工程师有责任监督全部要求的试验都能按时进行，记录资料应包括所有这类试验的结果。

• 修改要求

每当收到一个更改申请，都应将更改申请及其处理情况的副本存档。

四、施工进度记录

施工进度记录最常用的形式是施工日报表，由驻地工程师或高级检查员填写。

作为进度记录的日报告是非常必要的，这种报告与检查员的日记或工作日志综合使用，允许两种资料用各自的方式记录。这样，许多特殊类型的资料都限定在日记里记录，施工日报告则可记录实际工作进度，而其分发面更广一些。

施工日报告应包括下列各项内容（但应记住，只要单独作了日记或工作日志，施工日报告只应记录有关工作进度的内容，无需涉及会谈或其他事项）：

• 项目名称和工作编号。

• 业主名称。

• 承包商名称（只列总承包商）。

• 设计单位的项目经理的姓名。

• 报告的编号和日期（使用流水号）。

• 星期几。

• 天气情况（风力、湿度、晴天、多云等）。

• 现场的平均人力：

——当日作业的承包商或分包商的名称；

——现场手工作业工人的人数（熟练工和学徒）；

——现场非手工作业工人的人数（管理人员和工长）。

• 现场参观人员，包括姓名、单位和出入时间。

• 列出现场每天所有的主要施工设备的名称、容量和型号，如处于闲置应予注明，适当时加注闲置原因。

• 记下全部工作的开始，进行中的全部工作状况以及所有新开始的工作。注明各项工作的工区及其简介，并说明是哪家承包商或分包商在施工。

• 在日报告上签上你的姓名、职务和日期。

在大工程中，施工日报告表格上一般都预印了编号，以免现场人员每次都要抄写这些数字，既费时又费力。

五、现场日记或施工日志

（一）概述

施工日志或现场日记通常叫法不同，实际上却是一回事。下面所说明的是对日记表格中保存的不具法律效力的记录的几点要求。尽管记录有多种形式而不失其可信性，这里所提的一些建议却能保证其最大的可靠性。

在法庭审问期间，有必要经常查阅现场日志，以提供证据。日志本身一般不能作为证据，而只能给写原始记录的人在出庭作证时帮助他回忆。正因为如此，这种基本记录应遵循一些具体规定，以保持记录的完整性。

日志通常称作检查员日记。上面也曾提到其内容的"特殊性"，但这并非暗示它是一份仅供检查员参阅和单独拥有的材料。相反，记录通常属于设计单位或业主，尽管检查员保留一份日志的副本是合理的，但是在填满之后或在施工项目结束时通常必须连同工作记录一起上交。

在施工过程中，建议将日志呈交业主，以便检查其内容。这样，项目经理可就现场发生的所有事件提出处理建议。通常，项目经理此时可能要复印几份留下，但这并不是要废除将已填好的记录本在工作结束时交给项目经理的这一要求，因为它们通常同其他永久性的工作记录一起被保存。

日记或日志的编写要求可分为两大类，即格式和内容。两者都有其各自的重要性。

（二）日记或日志格式

- 只用一个硬皮封面，如测量人员所使用的那样是线装的记录本。
- 页码应连号，用自来水笔填写，不得漏号。
- 不应擦拭。如出了错，可直接划掉错处，并在其后面加进正确的内容。
- 任何时候都不得从记录本中撕掉纸页。如果有一页被空出，在这一页划上一个大"×"，并注明"空出"。
- 必须每天记录，每个日历日都应该有说明。

如果在某一天没有任何工作，也应在随后的页上写上该日期，并注明"没有工作"或类似字样。在"没有工作"的日子里仍应该注明当时的天气。这样在以后可能的违约罚金的索赔中可找到为何不施工的原因。

- 所有的事件都必须记录在其发生的同一天里。如果记录是分别记在不同的草稿纸上，以后又抄进日记中，而这个事实在审问时又被发现，那整个日记的可信性就会引起怀疑。

（三）日记或日志的内容

- 记录进出的电话、电话的性质和主要内容，包括打电话时所作的声明或承诺，应写明发话方的单位和姓名。
- 记录任何工作或材料的位置与图纸或规范不相符的地方，并记下采取的措施。列出每天发生的任何其他问题或异常情况，包括承包商方面未进行某项工作的原因，注明采取的补救措施。
- 记下接受现场指令的承包商代表的姓名和时间以及现场指令的内容。
- 记下检查员发现的可能延误承包商施工进度的不可预见情况。
- 承包商因不可预见的地下条件变化而需进行额外工作时，应详细记下现场为此而工作的人员和设备的数量以及使用情况，记下本可工作但却闲置的人数和工种以及闲置的设备。

• 记下在现场同承包商举行的所有会谈的真实内容以及任何一方所提出的交换、交易和承诺。

• 记下任何一方在现场出现的所有错误，详细地鉴别和说明由此而可能产生的影响和后果。

• 在每页开头写明工作名称。

• 应紧接每天所写报告的最后一行签上姓名和职务。这样做将可杜绝以后要求再加内容进去。

六、应由谁来记录工作日记和日报告

日记或日志应由参与工程的每个人员编写。施工日报、周报、月报只由驻地工程师编写和递交，编写时驻地工程师可使用每个检查员提供的简短的日工作进度报告作为资料来源。在审阅承包商进度付款申请时必须对照检查员的这些中间报告来检查承包商的工作进度。

七、专用报告

在现场不同的施工队伍之间，以及现场和总部之间建立信息反馈制度，尽管一般合同不作要求，就在大部分建筑师/工程师办公室也不是常见的做法，然而却是极有好处的。这种信息交换，可使一个工程的施工队伍和设计单位之间，因习惯上缺乏联系而经常产生的许多重复性错误或现场问题减少。

(一) 现场校正报告

当从原来颁发的计划和规范的要求出发，在现场判明需要对其作任何校正性更改时，驻地工程师应当准备一份完整而详细的报告，并递交给项目经理，让设计和规范组评估，并查明要是设计或规范作点更改就能在今后防止问题的发生。

报告应该足够地详细，以便工程师或设计者弄清问题，作出决定，并给现场人员下达指示。这个文件仅作为信息的来源，不得用来作为执行工作的授权书，也不应用作更改指令。

每当需要更改时，则必须按合同中规定的更改工作的正常程序进行。

• 明确问题，说明为什么原来规定的施工方式不被采用。

• 解决方法，详细介绍所建议的更改方法。

• 指出这种情况是个别现象还是可以通过修改规范或图纸而得到解决的普遍现象。

• 驻地工程师应在现场更改报告中附上草图，不管其是否有助于问题的理解或解决。

• 在这一点上，驻地工程师必须小心谨慎。上述说明并不意味着：在没有得到授权建筑师或工程师的批准前，检查员可采取引起计划和规范变更的任何修改行动。根据定义，授权建筑师或工程师是指在计划上签字的作为证人的那个人，他或作为个人，或作为设计单位、公共机构或业主的代表，对其所签的计划承担法律责任。任何有职权的人，在未经授权建筑师或工程师的同意而要采取现场行动，只限于在：当他所采取的这种行动与已批准的计划和规范不发生矛盾时才允许。换句话说，所有这种行动事先都应得到授权建筑师或工程师的批准。只有在现场必须马上作出决定的紧急情况下才可能允许有例外。即使这样，合理的方法是事前打电话给建筑师或工程师，报告出现的详细情况和建议采取的解决方法，然后给他们递上书面报告，再由其发布正式的更改令。无论如何，如检查员要被迫作出决定时，他则应告诉承包商，检查员是无权作出这样的决定的，但是只要承包商完全明白采取这些措施必须得到建筑师/工程师的批准和确认，检查员将不会阻止承包商根据自己的判断而单方面采取紧急措施；而且，如这种行动没有获得批准，承包商可能被要求采取纠正措施，撤去因采用紧急措施而改变工程的那部分工作，其费用由承包商自理。

（二）混凝土搅拌站日报

在有必要控制关键部位的混凝土拌和时，如像水工结构的施工经常有此要求，可在整个混凝土施工过程中单独派检查员到搅拌站。搅拌站检查员记录的资料应每日递交驻地工程师和项目经理，并在现场应与相应的发料单作比较。所有这类资料可方便地记录在预先准备的表格里。

这些资料应该仔细地记录并同其他永久的工程记录保存在一起，在以后它可利用来解决可能发生的混凝土方面的现场问题。

（三）现场调查报告

在施工中的许多情况下，有些问题只有等到弄清更多的事实后才能解决。在这种情况下，项目经理或驻地项目代表应该作调查，并记下所发现的情况。这些资料可有效地使用于决定今后的活动的过程中，并给他们以证据。

（四）杂项报告

有许多类型的各种记录，重要的是要记录并保存下来作为今后参考，必须作的许多记录主要是技术方面的，而不是管理方面的。下列清单只是一项工程的许多技术记录中所必须且实用的部分技术记录。记录编好后，它们的保存和处理就成了管理事务了：

- 厂家的产品合格证书；
- 实验室的试验证书；
- 混凝土拌和输送发货单；
- 打桩记录；
- 结构焊接检查记录；
- 管道压力试验报告；
- 制造厂检查报告；
- 特殊检查报告；
- 焊缝射线探伤图；
- 公共机构检查员的验收证书；
- 误差报告；
- 偏差要求和处理措施记录；
- 混凝土配和比设计；
- 混凝土浇筑报告；
- 混凝土浇筑检查单；
- 灌浆报告；
- 坝体填筑报告，等等。

八、会议的报告

各种会议和会谈记录的工作通常被忽略，但同样很重要。这些会议包括管理会议、安全会议、协调会议、进度计划会议和其他类似的会议。

驻地工程师应该参加所有这类会议，在每次这样的会上，为工程和合同方面充分准备资料，并处理事务。记录应包括会议的时间、日期和地点、每个与会者的姓名和单位以及会议结束的时间。在会议期间，应该仔细记录，以使会议上所有重要讲话的内容有一个完整的资料。如会上发言的不止一人，则应列出发言人的身份。一些重要的、官方召集的会议的纪要应准确记录、分发给与会各方核实，并经他们同意后作为一份真实的档案。在一些特定会议上，不适合作纪要，应准备一个卷宗，用来记录重要的内容。

九、承包商递交的资料

承包商递交资料的一般程序是要求由总承包商直接将资料（如图纸、样品、证书及其他类似资料）递交给驻地工程师。因此，如资料直接寄给设计单位或业主，则应原封退回，并要求通过驻地工程师现场办公室转交。同样，如资料是由分包商直接交给驻地工程师的，则也应原封退给分包商，并要求其通过总承包商来递交。这种做法并非有意要搞繁琐的公文程序，而是遵守行之有效的制度，防止因合同各方缺乏联系而引起争执或者甚至现场出现差错。

对所有的资料应尽快作出处理，需要时应该送设计室审阅。

十、施工照片

（一）照片的类型

现在人们越来越依靠使用照相摄像方法来记录施工进度、损坏情况、技术细节、材料的类型、安装的方法、开工前的现场状况和其他内容。照片拍摄、摄像工作一般由驻地项目代表或驻地工程师进行。因此，了解施工中一般要使用的照片的类型以及各类照片的目的是有好处的。

- 公关摄影

照片的题材、构图和用光的选择要有艺术性。照片的目的是为了吸引非专业人士，向他们展示建筑物的高大和宏伟。例如，在拍摄一幢在建的高耸的建筑物时，摄影师会用广角镜头，加大景深，甚至还可能用红滤色镜以产生鲜明的用光效果，使钢架结构的建筑在戏剧性变化的云彩映衬下显现出巍然挺立的轮廓。这种照片一般不能反映技术细节，但确实非常漂亮。

- 进度摄影

进度照片的选题原则上要尽可能多地反映施工情况。照片的构图是次要的，而主要意图是表示从上次拍摄进度照片以来所完成的工程量和工作种类。此外，有的照片只用来表明所使用的材料类型和安装的方法。因此，照片可能要舍去优美的画面和动人的立意，而刻意要保证所拍的照片中的材料标签和质量鉴定标记清晰可辨。进度照片不宜过分追求鲜明的反差效果，因为这样常使照片的阴影部分不能很好地反映细节。

- 时间间隔摄影

如果不提间隔摄影，工程进度的摄影术就不能算完整。简单地说，就是用自动的摄影器具，按一定的间隔时间在同一位置拍摄照片。这种照片通常要用专业摄影器材拍摄，即使用一台带电动马达的相机，并接上电子时间间隔计时器或“定时器”。与这种器材配套的可以是照相机，也可以是摄像机。对任何部位，通过设置连续照片之间的间隔时间（从几秒到几天），可记录施工活动的完整工序和到某一给定日期或时段为止工程完成的真实情况及数量。如果使用摄像机，这种技术可用于模拟加速的施工活动，时间间隔摄影也可以使用较便宜的手动控制器材，即只要把相机固定在三脚架上，并保证在整个施工期间，每次都在同一位置上拍摄就行了。相机的操作可以人工手动完成，但必须按每天预定的时间表精确地进行拍摄。

（二）照片的说明

尽管公关照片很少要求加注说明，但进度照片作为一种参考资料，甚至被当作今后索赔或争议案的潜在证据，为使照片具有最大的价值，每张进度照片背后应加注某些资料：

打印照片的说明

- 拍摄日期；
- 被摄物的名称、性质；
- 照片或底片编号（为重排方便）。

如果已经知道正在拍摄的某几张专用照片将作为索赔案的辩护证据，则应在每张照片上再继续加注下列补充资料：

索赔辩护照片——补充资料

- 拍摄时间（日期、钟点）和拍摄者姓名；
- 镜头所对方向；
- 拍摄者所处位置。

（三）防索赔的辩护照片

不管是作为设计单位的雇员，还是作为业主或承包商的雇员，对于所有现场工作人员来说，照相机是一件非常重要而又必不可少的常用工具。拍照是在某一状况被永远掩盖起来之前，记录实际情况的常用办法，照相机是使驻地项目代表、设计单位、业主或承包商免受可能的指控的很好工具，而这些指控只是在没有照片记录的情况下听信了某人反对另一个人的话而引起的。

一些经常在城市商业和住宅区街道下面施工大型管道工程的承包商，通常在工程开始之前派一些摄影人员到现场，要求他们拍下管道沿线所有的马路、路沿、人行道以及居民和商业点前的空地。空地的每一个角落都拍下来作为开工前状况的永久记录，以备在完工后出现无聊的损坏索赔时用作证据。有意思的是，那么多诚实的人居然都发现他们的人行道或路缘出现了裂缝，而直到在承包商开始挖开房子前面街道时，他们还绝没有发觉早已存在的裂缝。由于某种原因，房屋的主人很肯定所有这些裂缝或者其他破坏现象都是由于新的施工引起的。驻地工程师或承包商代表应该能从这个例子中吸取教训，它指出了如何保护设计单位、业主或承包商免于无聊的索赔指控。

（四）照相器材

建议现场人员或使用自动测光的相机，或用一个单独测光表，这样便于确定合适的快门速度和镜头光圈。这在彩色摄影中尤其重要，因为在同档光圈上，只要差一级速度，就可能导致照片的失败。

对大部分现场拍摄用途来说，有 F3.5 镜头的相机就足够了，而且价格也较适中。另外，一般人准确判断距离的能力往往要比他们自认的估计能力稍差些，重要的是：选用有景深器的相机，或者是选用单镜反光相机，以便使检查员能看清被摄物体和调焦结果。

有时，需要近距离拍摄某一部分工程的细部情况，但不爬上高大的建筑物又无法接近，这时，使用长焦镜也同样能达到近摄效果。

第三节 CM模式简介

一、CM（Construction Management）模式的概念

CM模式从理论上说，它的创始人是美国的 Charles B. Thomsen。随着国际建筑市场的发展变化，人们对CM概念有各种不同的解释。尽管各种解释不尽相同，但众多的解释有一个共同点，即业主委托一个单位来负责与设计协调，并管理施工。

1981年，Charles B. Thomsen 在其代表作《CM：Developing，Marketing，and Delivering Construction Management Services》一书中指出，CM的全称应为："Fast-Track-Construction Management"，并认为 Fast Track 是CM最主要的特点。

Thomsen 认为，在CM（Fast-Track）模式中，"项目的设计过程被看做一个由业主和设计人员共同连续地进行项目决策的过程。这些决策从粗到细，涉及项目各个方面，而某个方面的主要决策一经确定，即可进行这部分工程施工。"

采用CM（Fast-Track）模式实项工程项目建设的过程见图9-1。

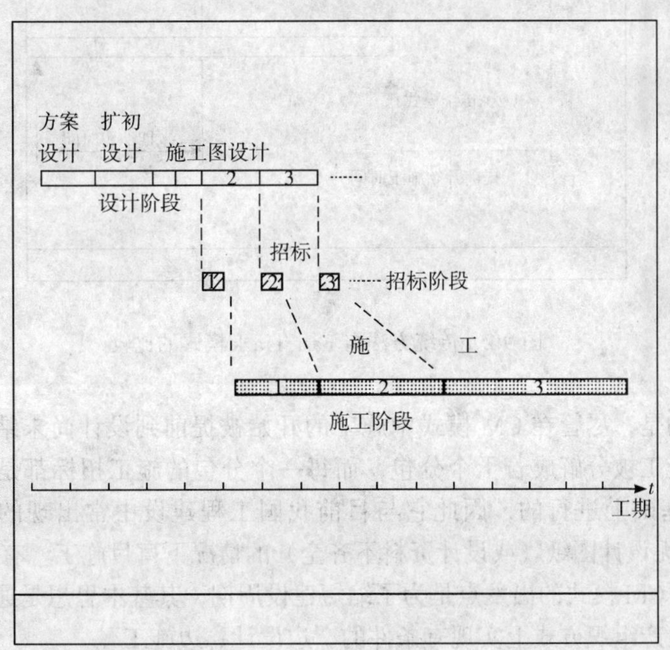

图9-1 用 Fast-Track 模式的工程项目建设过程

从上图可以看出，所谓CM（Fast Track），是指在设计尚未结束之前，当工程某些部分的施工图设计已经完成，即先进行该部分施工招标，从而使这部分工程施工提前到项目尚处于设计阶段时即开始。

在这种情况下，项目的设计过程被分解成若干部分，每一部分施工图设计后面都紧跟着进行这部分施工招标。整个项目的施工不再由一家施工单位总包，而是被分解成若干个分包，按不同先后分别进行招标。这样，设计、招标、施工三者充分搭接，施工可以在尽可能早的时间开始，与传统模式相比之，大大缩短了整个项目的建设周期，如图 9-2 所示。

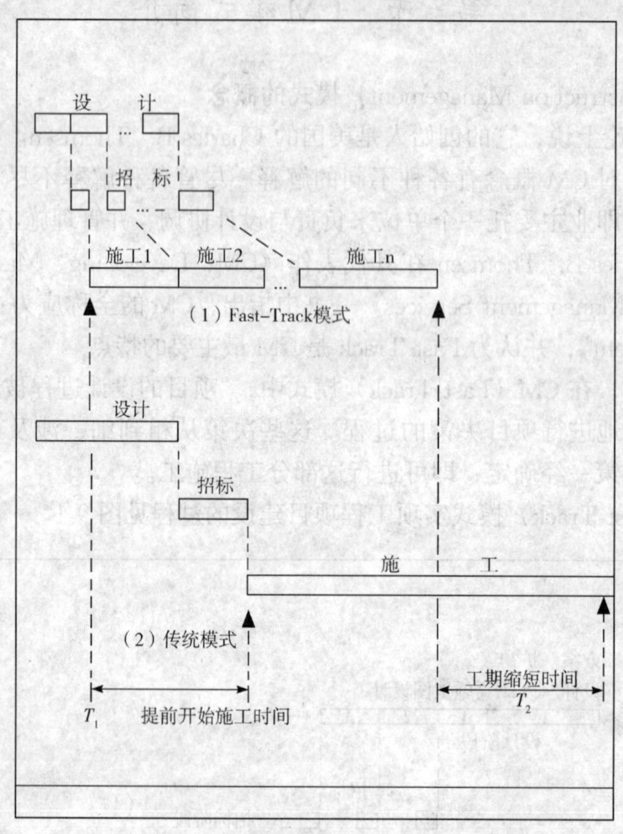

图 9-2 传统方法与 Fast Track 模式的比较

值得注意的是，尽管在 CM 模式中施工的开始被提前到设计尚未结束之前进行，但是，由于整个施工被分解成若干个分包，而每一个分包的施工招标都是在有了该部分完整的施工图的基础上进行的，因此它与目前我国工程建设中常出现的“边设计、边施工”，也就是在无设计图纸（或设计资料不齐全）的情况下盲目施工，有着本质的区别。

可以看出，CM 模式的出发点是为了缩短建设周期，其基本思想是通过设计与施工的充分搭接，在生产组织方式上实现有条件的“边设计、边施工”。

二、CM 模式的定义

1. CM 的基本指导思想是缩短建设周期，其生产组织方式是采用“Fast-Track”，即设计一部分，招标一部分，施工一部分，实现有条件的“边设计、边施工”。

2. 由于管理工作的相对复杂化，要求业主委托一家单位来担任这一新的管理角色。该单位的基本属性是承包商，但它既区别于施工总承包，也不同于项目总承包，而是一种新型的承包商角色。

3.CM班子的早期介入，改变了传统承发包模式设计与施工相互脱离的弊病，使设计人员在设计阶段可以获得有关施工成本、施工方法等方面的信息，因而在一定程度上有利于设计优化。

4.由于设计与施工的搭接，对于大型工程项目来说，设计过程被分解开来，设计一部分，招标一部分，设计在施工上的可行性在设计尚未完全结束时已逐步明朗，因此使设计变更在很大程度上减少。

5.施工招标由一次性工作被分解成进行若干次，使施工合同价也由传统的一次确定改变成分若干次确定，施工合同价被化整为零，有一部分完整图纸即进行一部分招标、确定一部分合同价，因此合同价的确定较有依据。

6.由于CM签约时设计尚未结束，因此CM合同价通常既不采用单价合同，也不采用总价合同，而采用"成本加利润"方式，即CM单位向业主收取其工作成本，再加上一定比例的利润。CM单位不赚总包与分包之间的差价，它与分包商的合同价对业主是公开的。

7.由于CM班子介入项目的时间在设计前期甚至设计之前，而施工合同总价要随着各分包合同的签订而逐步确定，因此，CM班子很难在整个工程开始前固定或保证一个施工总造价，这是业主要承担的最大风险（解决这一问题的办法是采用最大保证工程费用GMP）。

归纳起来，我们可以得出CM模式的定义：

CM模式是由业主委托CM单位，以一个承包商的身份，采取有条件的"边设计、边施工"，即Fast Track的生产组织方式，来进行施工管理，直接指挥施工活动，在一定程度上影响设计活动，而它与业主的合同通常采用"成本加利润"方式的这样一种承发包模式。

三、CM单位的性质和地位

采用Fast Track，将使施工招标工作量明显增加，使承包合同的数量明显增加，使合同管理工作变得复杂些；同时也给对分包单位的组织和协调工作增加了一定的难度。因此，采用Fast Track，业主必须委托一家公司来承担CM工作，由它负责协调设计、管理施工，以解决因采用Fast Track方式而使业主管理工作复杂化的问题。CM单位受业主的委托，在项目班子中担当着非常重要的建设组织者和管理者角色。

1.CM单位的基本属性是承包商，而不是咨询单位，它区别于PM（项目管理），可直接参与施工活动。因此一般咨询单位不宜承担CM任务。

2.CM承包是一种管理型承包，CM单位的工作重点是协调设计与施工的关系，以及对分包商和施工现场进行管理，它区别于施工总承包。

3.CM单位不是仅仅拥有技术和管理人员的纯管理型公司。很多CM单位的背景是大型建筑公司，拥有施工机械和工人，拥有直接从事施工活动的力量（不排除有其他背景的公司承担CM任务，但这不是本质上的CM单位）。

4.CM单位介入项目的时间很早，CM单位的委托不取决于设计深度，也不依附于施工图和工程量清单，因此它区别于一般的施工总承包管理。

5.CM单位与设计单位的关系是相互协调的关系，CM单位在一定程度上不是单纯的按图施工，它可以通过合理化建议来影响设计，但它区别于项目总承包，它与设计单位没有紧密的合作关系。

6.CM单位受业主的委托，其基本属性决定了它所处的承包商的地位。因此CM单位的基本身份不同于代表业主利益的项目管理，在经济关系上与业主有一定的对立。

四、**CM与PM的比较**［CM（Construction Management）**与PM**（Project Management）］

1. 两者的基本属性不同

PM是为业主提供咨询，在工作中代表业主的利益（on behalf of the client），而CM是承包商的身份，从整体上说CM并不是代表业主利益的身份，它与设计单位、分包商及供货商共处于项目实施方。

2. 两者的出发点不同

PM的出发点是实现项目的三大目标控制——投资控制、进度控制和质量控制；而CM尽管对投资控制、质量控制亦带来一定好处，但其根本出发点是缩短项目建设周期，因此CM模式在方法上的最大特点是Fast-Track——快速路径法。

3. 两者介入项目的时间不同

顾名思义，PM（项目管理）是指项目全过程的管理，因此PM的工作应从项目一开始就介入，而且对PM来说项目前期的工作对目标控制尤为重要；而CM的工作往往在设计阶段中途（施工图设计结束前）介入，因此取名CM，意即其工作重点是施工生产系统的组织与管理，如图9-3所示。

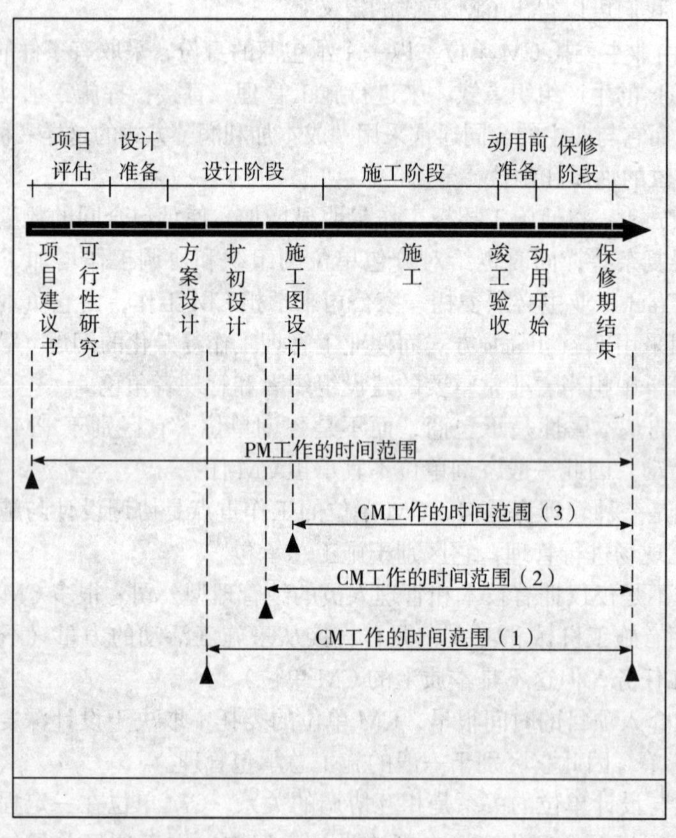

图9-3　CM与PM工作的时间范围

可以看出，CM单位开始工作的时间有多种可能性：

①在方案设计结束后开始；

②在扩初设计结束后开始；

③在施工图设计期间（施工图结束前）开始。

4. 两者与分包商的关系不同

PM对分包商是指令关系，绝没有合同关系，即PM不可能直接与分包商签合同，但是CM却可以与分包商有合同关系，在Non-Agency的CM组织结构中，CM将直接与分包商签合同。

5. 两者与设计单位的关系不同

PM代表业主的利益工作，在工作中依据业主的意见，PM方可向设计方发指令，而CM与设计单位之间没有指令关系，它只能向设计方提合理化建议，在一定程度上影响设计，如图9-4所示。

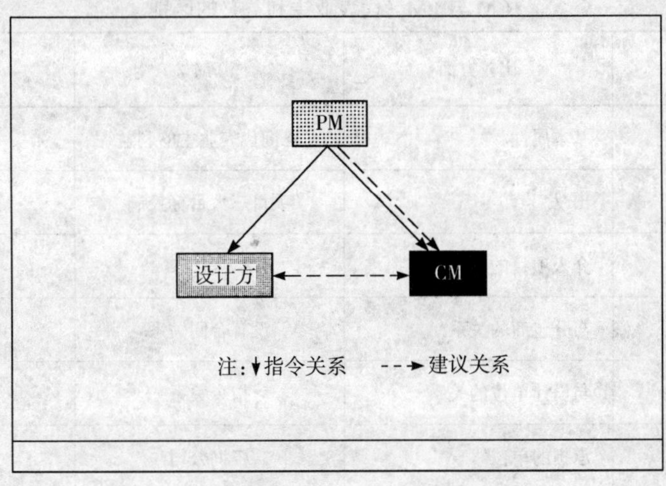

图9-4　CM、PM与设计单位的关系

6. 两者承担的单位不同

PM既不参与设计活动，亦不从事施工活动，因此PM工作一般都由咨询公司承担，而CM往往可承担部分施工零星工程或未分包工程，甚至参加某个分部工程的投标，因此CM工作往往由承包商承担，这个承包商不是仅拥有技术和管理人员的纯管理型公司，而是拥有机械和工人的具有施工力量的承包公司。

7. 两者取费方式不同

PM获得提供服务的咨询酬金，合同价通常采用按投资百分比的计算方法，或按人月单价和工作人月数计算方法，其酬金的组成相对比较简单，而CM合同价通常采用成本加利润的方式，其成本除了提供CM服务的管理成本外，还包括未分包及零星工程费用，以及CM单位为完成任务所发生的其他直接成本（Cost of the Work），它由多项内容组成。CM单位除收取固定的利润外，尚在合同中增加了多项有关奖励的条款，使CM合同价的组成变得较为复杂。

8. 两者承担的风险不同

PM提供的是咨询服务，因此它只为在其专业领域内的活动承担专业责任。在FIDIC条款中明确规定，咨询工程师只在下列情况之一，要承担经济责任：

（1）违反法律规定的行为；

（2）严重的疏忽和失职；

（3）由咨询工程师的重大失误和直接错误指示导致项目损失。

（一般而言，PM承担的经济责任将不超过PM合同总酬金）。

相比之下，CM承担的风险要大得多。在CM/Non-Agency合同中有关于GMP（保证最大工程费用）的条款，要求CM经理向业主保证工程费用的总和不超过合同文件中规定的最大数额，如果超过要由CM承担。这也是CM工作要由具有一定实力的承包商来承担的原因之一。

综合以上分析，可以得出CM与PM的区别如表9-1所示。

CM与PM（代表业主利益）的区别　　表9-1

序　号	比较方面	PM	CM
1	基本属性	咨询代表业主的利益	承 包 商
2	出 发 点	项目三大目标控制	缩短建设周期
3	介入项目的时间	早	较　迟
4	与分包商的关系	没有合同关系	可以有合同关系
5	与设计单位的关系	指令关系	协调关系
6	承担的单位	咨询公司	承 包 商
7	取费方式	简　单	复　杂
8	承担的风险	小	大

正因为CM与PM有以上的区别，因此在同一项目中，CM与PM可以同时存在。

通过以上分析，可以得出如下结论：

PM的身份是代表业主利益的咨询，其工作核心是项目策划和项目目标控制，而CM是为加快建设速度而产生的一种承发包模式，因此，CM不同于PM，也不能取代PM，但它也不同于常规的总承包管理模式，它是一种特殊的承发包模式。

五、PM与CM的组织机构

（一）CM/Non-Agency的组织机构（见图9-5）

（二）CM/Non-Agency与PM并存的组织机构

从前面的介绍可知，PM与CM从基本属性、工作内容等几个方面都有很大区别，因而，CM不能取代PM，但在同一项目中，存在着CM与PM同时工作的可能性，其组织机构见图9-6。

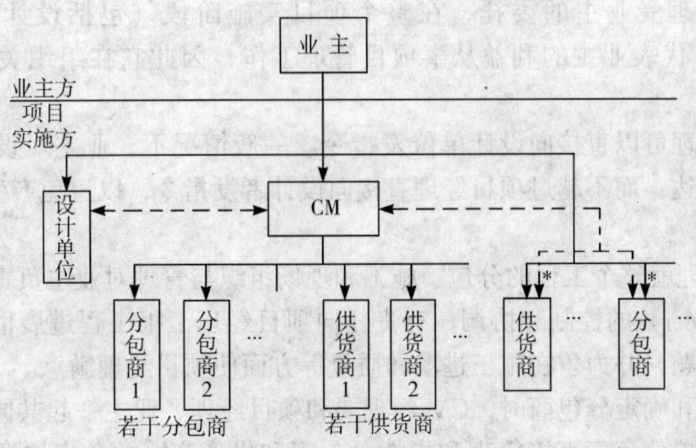

注：（1）↓指令关系　- - →协调关系
（2）*：此为业主自行采购和分包的部分

图 9-5　CM/Non-Agency 组织结构图

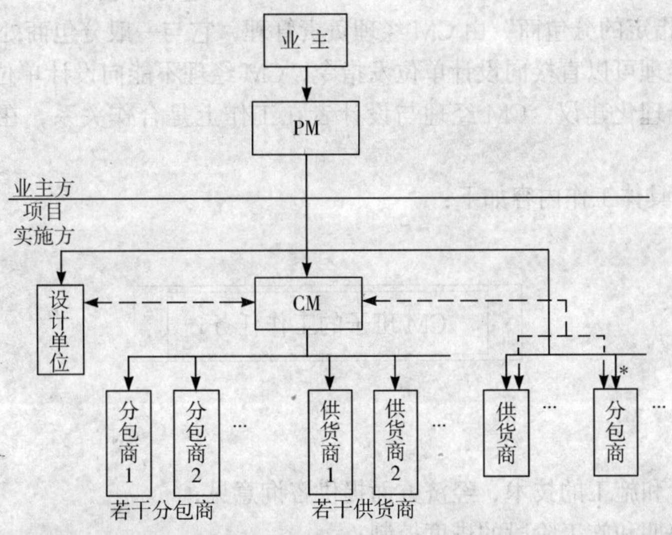

注：（1）↓指令关系　- - →协调关系
（2）*：此为业主自行采购和分包的部分

图 9-6　CM/Non-Agency 与 PM 并存的组织结构图

在这种情况下，其特点如下：

1. PM

(1) 一般情况下，业主只向项目经理（PMer）发指令，业主既不直接指挥 CM 经理，更不直接与分包商、供货商发生关系，而由项目经理向 CM 经理发指令。项目经理是业主与CM经理之间组织联系的桥梁。

(2) 项目经理受业主的委托，在整个项目实施阶段（包括设计前阶段、设计阶段、施工阶段）代表业主的利益从事项目管理工作，因此它在组织关系上与业主同处一方。

(3) 项目经理可以直接向设计单位发指令。一般情况下，业主对设计者的要求均通过项目经理来传达，而不越过项目经理直接向设计者发指令，以避免产生矛盾。

2.CM

(1) CM经理就整个工程的分包、施工和现场组织与管理对业主负责。在工作中应接受项目经理（PMer）的控制和协调，有责任向项目经理汇报工程进展情况、反映施工中出现的困难和问题，并力争在施工进度和质量等方面使项目经理满意。

(2) 在选择和确定分包商时，CM经理要和项目经理、业主一起共同研究，但在施工过程中，由CM单位负责直接管理和指挥分包商和供货商，并负责协调各分包商和供货商之间的关系。一般情况下，项目经理与分包商/供货商之间不发生直接的指令关系，项目经理对分包商/供货商的要求和指示原则上均通过CM经理来传达。CM经理是施工现场的总指挥。

(3) 由业主自行签约的分包商和供货商，原则上由项目经理负责管理，但如果业主与项目经理、CM经理三方有约定，也可以由CM单位进行管理。

(4)“业主指定的分包商”由CM经理负责管理，它与一般分包商处于同等地位。

(5) 项目经理可以直接向设计单位发指令，CM经理不能向设计单位发指令，但他可以向设计者提合理化建议。CM经理与设计者在工作上是合作关系，在组织上是协调关系。

CM班子的具体工作内容如下：

CM班子的工作任务

——对设计和施工的技术、经济方面提供咨询意见；
——施工前期和施工阶段的进度控制；
——施工费用控制；
——施工质量控制；
——对分包的招标和合同管理；
——施工现场总平面管理与组织协调；
——信息管理；
——承担分包工程和零星工程施工，以及业主指定的其他工作。

第四节 几个国家及地区项目管理模式简介

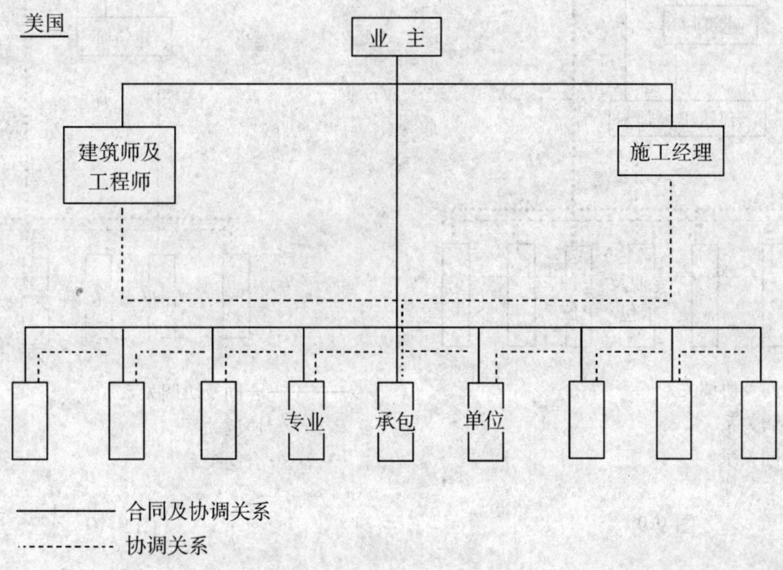

图 9-7

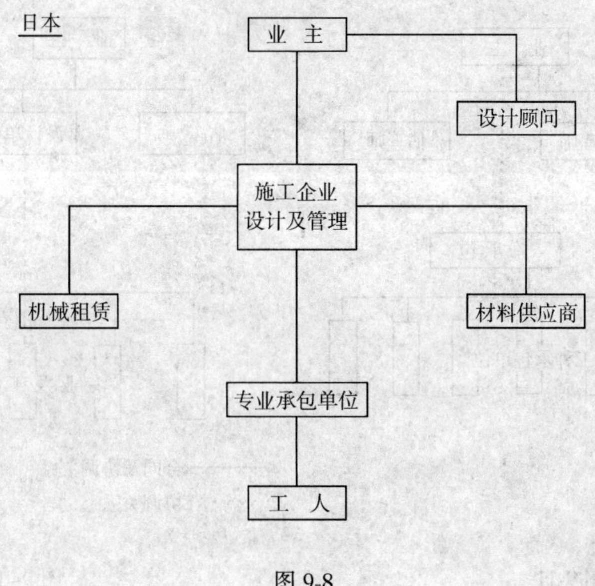

图 9-8

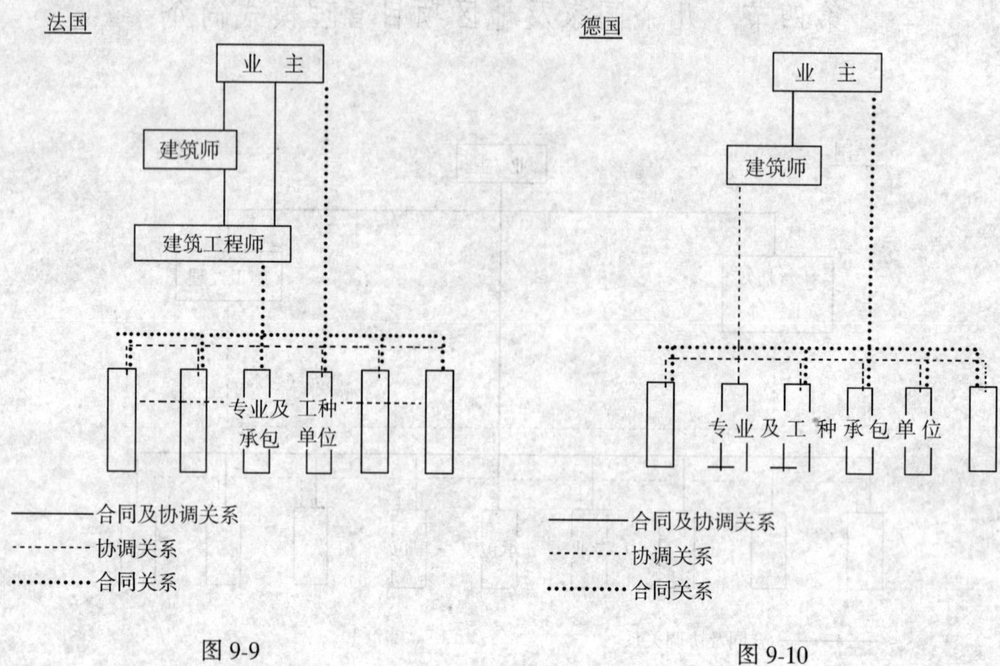

图 9-9

图 9-10

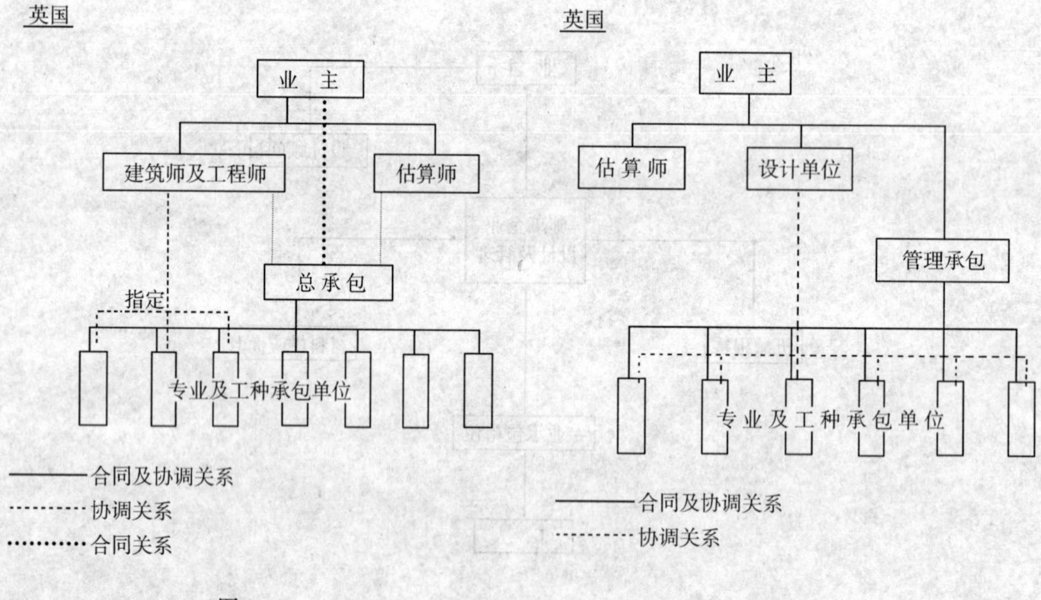

图 9-11

图 9-12

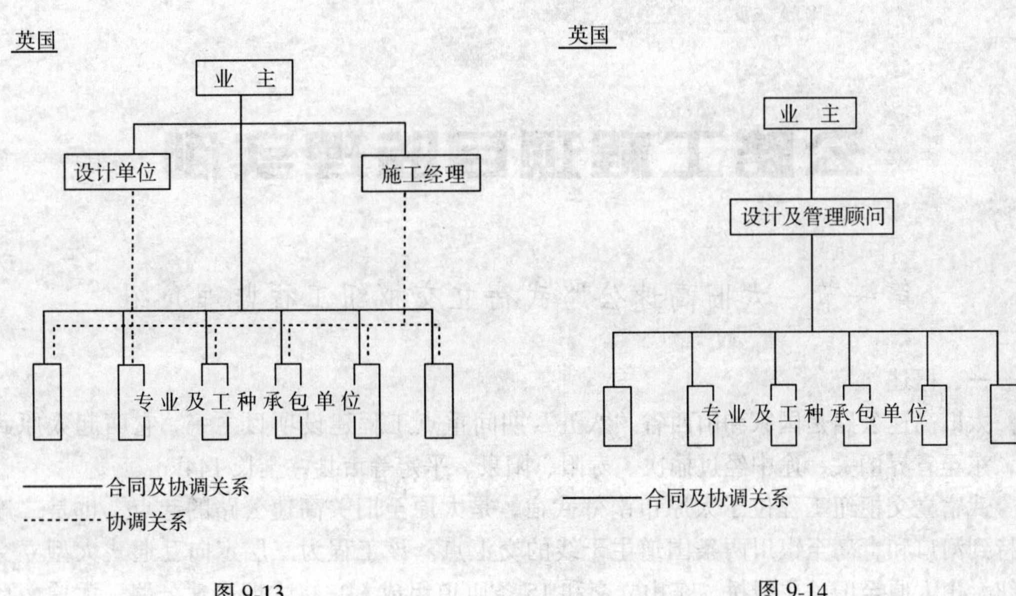

图 9-13　　图 9-14

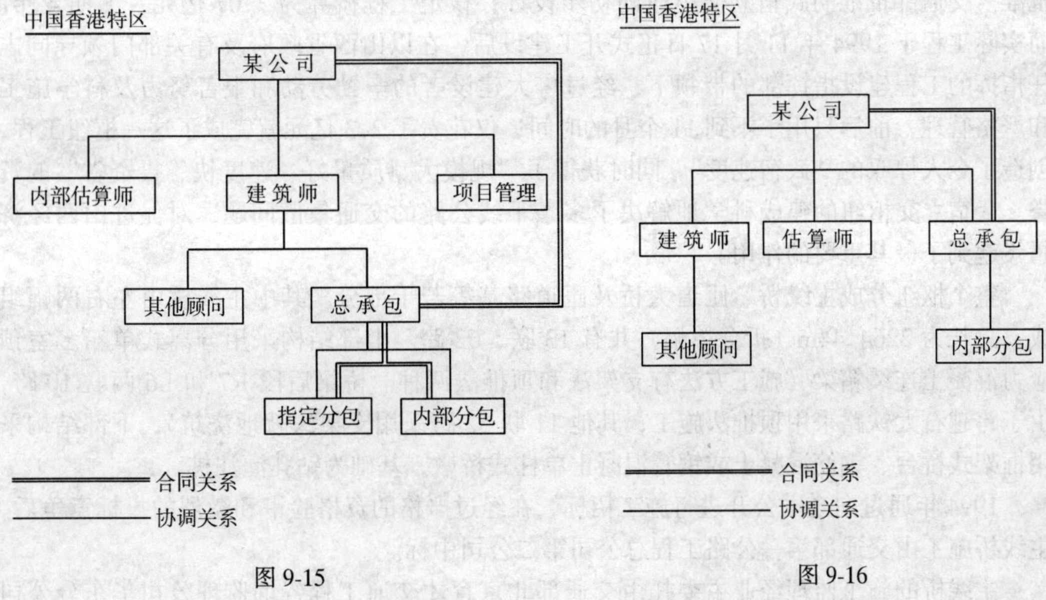

图 9-15　　图 9-16

第十章 公路工程项目监理实例

第一节 太旧高速公路武宿立交枢纽工程监理介绍

一、概述

太旧高速公路是国家和山西省“八五”期间重点工程建设项目之一。它西起太原武宿，东至省界旧关，途中经过榆次、寿阳、阳泉、平定等市县，全长144km。

武宿立交枢纽工程位于太原市南郊武宿，是太原至旧关高速公路的起点，也是二连浩特到河口和青岛至银川两条国道主干线的交汇点。该工程为三层定向互通式大型立交枢纽，由太原至旧关主线桥，东山立交和15条匝道组成。它将太旧高速公路、太原南环高速公路、太原东山过境高速公路、太榆一级公路和机场一级公路有机地连接在一起。枢纽总长度16.49km，桥梁总建筑面积为45366m^2，整个工程占地1175亩，是当时国内建成的规模最大的城市立交枢纽。

1992年5月国家计委正式批准太旧路立项。1993年3月太旧高速公路项目经国务院批准。交通部批准的武宿立交枢纽的初步设计，核定工程概算为3.07亿元，工期4年。而实际工程于1994年11月17日正式开工建设后，在以山西省政府及有关部门领导同志任指挥的工程建设指挥部的带领下，经过广大建设者的辛勤劳动和艰苦努力及科学施工和严格管理，前后只用了不到11个月的时间，仅花费了2.3亿元就完成了这一枢纽工程，创造了令人惊叹的“武宿速度”。同时获得了“规模大、质量好、速度快、投资省”的赞誉。武宿立交枢纽的建成科学地解决了多条干线公路的交通集散问题，对促进山西经济腾飞起到了极其重要的作用。

整个枢纽分成主线桥、匝道大桥及匝道路基等若干部分。其中主线桥由左右两幅组成，总长为2264.44m（折合单幅）共有13联、62跨。上部结构采用分离式单箱多室预应力混凝土连续箱梁（施工方法有支架法和顶推法两种。桥梁后段R7和L6两联10跨，由于跨越石太铁路采用顶推法施工；其他11联52跨采用支架法就地浇筑），下部结构采用框架式桥台、钢筋混凝土或钢管混凝土单柱式桥墩，基础为钻孔灌注桩。

1994年通过向全国公开进行施工招标，在经过严格的资格验审和激烈的投标竞争后，主线桥施工由交通部第一公路工程总公司第二公司中标。

主线桥的施工监理经业主委托由交通部北京育才交通工程咨询监理公司华东分公司（江苏华宁交通工程咨询监理公司）承担。

1994年11月17日由山西省政府副省长、太原市副市长及省土地局、交通局等部门领导同志任指挥的工程建设指挥部正式成立。工程建设指挥部设总监理工程师主要负责整个工程监理工作的协调和管理。主线桥（一标段）设监理部，由育才华东分公司指派一名高级驻地监理工程师主持工作，执行和承担监理服务合同所赋予的权利和义务。高级驻地监理工程师在业务上受总监理工程师的指导。

二、驻地监理组织及监理制度

自1994年11月14日北京育才交通工程咨询监理公司华东分公司（江苏华宁交通工程咨询监理公司）的监理人员分批进场。驻地监理部采用直线职能式机构，如图10-1所示。

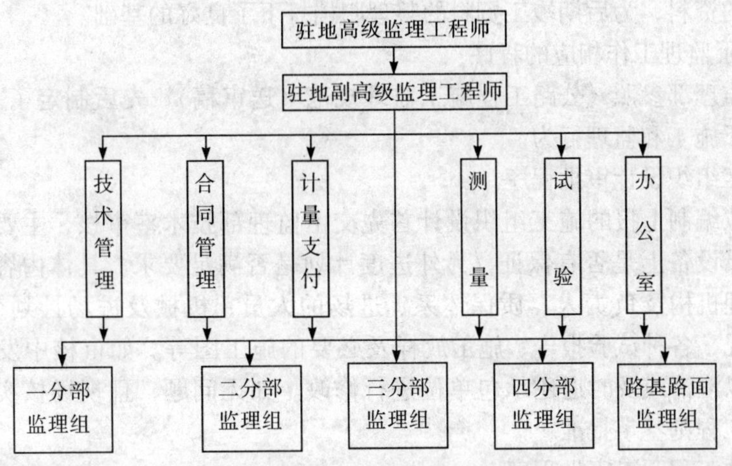

图10-1　直线职能式机构

监理部有集中办公地点和必要的工作条件，具备交通、通讯手段。整个监理部共有30人组成，其中驻地高级、副高级各1人，项目经理1人（兼合同管理），技术管理、计量支付监理工程师各1人，办公室2人，测量监理工程师1人，试验监理工程师及试验员各1人。另按照施工单位的段落划分下设5个监理组，每个监理组设组长1人，监理工程师和监理员3～4名，对各分部的施工进行现场监督。检查每道工序，进行日常巡视、检查和记录工作。监理部工程技术人员占94%。

在施工监理过程中监理部除参照FIDIC条款、《公路工程施工监理规范》（送审稿）和本工程的"监理技术方案"以及合同规定的监理依据开展工作外，还结合本工程的具体情况制定了"监理人员岗位责任制"、"监理程序"、"工程质量检测程序"、"工程用表及填报要则"、"连续箱梁施工监理抽查要则"等制度，规范了监理行为。

三、监理工作简况

自1994年11月中旬监理人员进场后，监理部主要做了以下工作：

1. 树立正确的监理思想和监理工作方针

监理部在认真贯彻执行"严格监理、热情服务、秉公办事、一丝不苟"方针的同时，要求监理人员正确地处理严格监理与主动监理、热情服务与监督管理、前馈控制与事后检评的关系。使大家明白严格监理把好质量关是监理的主要任务，但控制质量并不应该把监理和承包单位视为对头，做出一流的工程应是施工和监理双方的目标和责任。

2. 编制监理细则，建立统一的监理记录、报表格式，使监理工作程序化、规范化，对钻孔灌柱桩、承台、墩柱、盖梁以及箱梁的施工，监理部均提前编写了施工监理实施细则。在箱梁的监理中，还根据监理细则和监理技术方案制定了箱梁监理要则。详细地规定了巡视、旁站、抽查、签证的项目与要求，规范了监理人员的行为。

建立健全监理记录、报表与档案管理制度是监理工程师完成三大控制，全面有效地执行合同的重要保证。监理部对此十分重视，进驻现场后认真向施工单位交待各种施工原始记录表及监表、检表、试验、计量支付、质量评定等表格的填写、使用。并结合工程特点与总监代表配合，经过协商、修改、补充直到最后确定了四大类共120种表格作为内业必须的资料，为后期竣工资料的整理归档打下了良好的基础。

3. 制定了监理工作相应的程序

进场后监理部参照《公路工程施工监理规范（送审稿）》先后制定了一些监理程序，较好地规范了施工和监理行为。

（1）施工组织设计审批程序

承包单位编制上报的施工组织设计首先交由监理部技术室审核，主要看其技术上是否可行、人员设备上是否有保证，另外进度计划是否满足要求。具体内容包括：施工技术方案、管理机构及负责人、质保体系、进场的人员、机械及进场计划、试验室情况、材料准备情况、各种试验报告、施工放样及必要的施工图等。如审核中发现问题可要求承包单位予以澄清或及时退还承包单位进行修改。如无问题，且现场核实无误，上报高级驻地监理工程师签字批准。

（2）单项工程开工审批程序

单项工程开工，应由承包单位书面提出开工申请报告（附施工技术方案及材料检验报告等资料），交负责该单项工程的监理组长审查，并提出初步意见，经技术室及试验监理工程师复核后，由高级驻地监理工程师签字批准。单项工程只有在开工申请报告批准后方能进行施工。

（3）中间检验质量控制程序

单项工程批准开工后，监理的主要工作是工序检验。检验程序如下：首先由承包单位对完成的工序进行自检并填写检验表送现场监理工程师，提出报检申请。现场监理工程师在接到承包人报检申请后，应尽快到现场进行抽检复核（当工期较紧时，监理抽检可以和承包人自检同时进行）。现场检测方式可采用现场检查、旁站、试验抽检等形式。现场监理抽检合格的报监理试验室再进行抽检，稍后可通知承包人进行下一道工序。所有的质量检测必须按国家标准，合同文件规定的标准、检测方法及频率进行。对于没有自检报告的工序应不予验收。当现场检测与监理试验室的检测结果不同时，以试验室的结果为准。经检查不合格的工序应要求承包人返工、处理。

当一个单项工程的各项工序完成后，承包人进行中间交工并申请支付。此前承包人应对该单项工程作一次系统的自检，汇总各项工序的检测记录及报检单等资料，填写单项工程质量检验单，交监理组，由监理组会同监理部计量工程师对资料进行审核并现场计量无误后，由高级驻地监理工程师签发期中支付证书，由业主进行支付。对不符合技术规范和合同文件要求的工程项目和施工活动，监理有权暂拒支付，直至上述项目和活动达到要求。支付按每月一次进行。

（4）工程变更的审批程序

施工中承包单位认为某项工程需要变更时（包括更改设计、修改施工方案、增加工程数量等)，应以书面形式向监理组提出变更申请报告，监理组认为有必要变更时，上报监理部由驻地高级监理工程师召集合同管理、技术室负责人及其他有关人员审核评价。若不同意或要求修改变更，则退还给承包单位。若同意或经部分修改后同意，则应做出变更决定，研究变更工程的单价和价格，报业主审批后下达变更令。

(5) 索赔程序

施工承包单位的索赔可先由其负责人向现场监理组提出口头索赔要求。监理组若认为其要求合理则可让承包单位提出正式书面索赔申请，在收到正式索赔申请后监理组应进一步分析查证所要求的索赔是否有合同依据。然后将承包单位所附的原始记录、账目等资料与现场监理工程师的记录核对，以核查承包单位所受损失的原因。如果经查证，承包人所提索赔理由成立，接下来应核实承包单位的索赔费用计算是否正确（主要是价格、费率标准和数量)，如此项审核均无差错，上报监理部由合同管理工程师复核、高级驻地监理工程师签署意见报业主审批。工期延长的审批程序同上。为做好这一工作，监理部要求各监理人员记好监理日记，将工程中存在的问题及时、准确地记录下来。在索赔的处理过程中，基本做到了既维护了业主的利益，也考虑了承包单位的情况。

4. 定期工地会议制度

为了对工程施工情况进行全面管理和了解、更好地检查、督促承包单位对工程项目承包合同的执行情况，监理部坚持了监理规范中规定的常规工地会议和周六现场协调会的会议制度。在这些会议上监理部能同施工承包单位积极沟通、密切协调有关进度、质量及监理工作中遇到的各种问题，并重点解决一些主要问题。通过这些会议协调了业主、监理部与承包单位三方的关系，及时避免了一些对工程质量、进度及费用控制等方面产生的影响。

5. 测量控制

控制测量与施工放样测量的复检抽查对保证工程质量起着关键的作用，是施工监理工作的重点。监理部结合立交桥的特点给专业测量工程师配置了全站速测仪和自动安平水准仪等设备，并编制了桥梁中线和桩基坐标计算机软件对主线桥 336 根灌注桩的平面坐标进行了全面复核。在现场测量交桩后，监理部即组织承包单位对原有的测量控制系统进行了复核。施工中承包单位各分部均配有 3～6 人的测量组负责各自的放样与检测测量工作，并由监理进行复核。对各分部的衔接与全桥联测工作则要求在监理部统一组织下进行，从而保证了结构物整体的位置满足设计要求。

6. 重点部位旁站

监理部在整个监理工作中始终要求各监理组对一些关键工程、关键工序（如灌注桩、箱梁施工及顶推等过程）进行全过程的现场检查，及时发现事故苗头，尽早采取措施，避免发生大的问题，保证了隐蔽工程的质量。这些工序通常都是连续施工，监理人员不分昼夜坚持在现场，付出了艰苦的劳动。监理部同时也组织人员加强了巡视、抽查工作。

7. 充分发挥合同赋予监理工程师的权利

施工中，监理部对一些施工质量问题适时向承包单位发出监理通知表，要求其采取改进措施，对个别拒不改进的单位及时下达暂时停工令，责令其停工整顿。这一作法，对施工单位产生了较大震动，通过整顿增强了承包单位领导及施工人员的质量意识。监理部对一些不宜采用的材料，也采取坚决不允许用于工程的态度，因此较好地保证了工程质量。

四、工程评价

由于武宿立交枢纽工程在向全国招标时就明确提出了全优的质量目标，在施工过程中，指挥部始终把工程质量放在首位，加上监理单位严格把关和施工承包单位的努力和密切配合，武宿立交无论是分项工程、分部工程还是单位工程的质量均获得山西省交通部各方面的一致好评。

1995年5月交通部组织北京、黑龙江、山东、河南、甘肃五省市专家组成专家组检查后认为：武宿立交枢纽工程的质量在全国是少见的。

以省档案局为主有其他各有关单位参加的竣工档案资料验收委员会对该工程档案资料通过实地查看、现场抽查表明：工程资料的完整率为95％，准确率为100％。委员会认为：竣工档案资料分类科学、内容完备、整理规范、手续完备，达到了竣工档案资料验收标准。

1996年4月中旬山西省交通基本建设质量监督站对建成的武宿立交枢纽工程进行了全面和详细的检测。结果表明：桥梁工程、路基工程、路面工程、交通工程4个单位工程、7个分部工程、13个分项工程的外业和内业资料的评分均达到优良标准。

1996年4月底在山西省交通厅主持下，由建设单位、接管单位、设计单位、施工和监理单位并邀请省重点工程办公室和档案局参加组成的交工验收委员会对武宿立交枢纽工程进行了交工验收。验收委员会在听取各方面的汇报后，分组进行了内业和外业检查。经过认真地讨论，验收委员会提出了质量鉴定意见，并通过了交工验收报告。报告建议武宿立交枢纽工程评为优良工程。后评定为省优良工程。

1996年10月武宿立交枢纽工程获得国家建筑工程最高奖——鲁班奖。

第二节　公路工程质量控制要点

一、概述

公路工程主要包括路基土石方、排水、挡土墙、防护及其他，如砌石、路面、桥梁、涵洞隧道及交通安全设施等新建和改造工程。

公路工程建设项目投资大，施工环境复杂，且技术要求较高，质量控制环节较多。根据建设任务，施工管理和质量控制需要，一般将其划分为若干个具有独立施工条件，可以单独作为成本计算对象的工程——单位工程（如路基、路面、大中型桥梁互通立交及隧道等工程）。在单位工程中按结构部位、路段长度及施工特点或施工任务又划分若干个分部工程（如路基土石方、排水工程、小桥、涵洞、大中桥梁的下部或上部工程、防护工程、互通立交的桥梁、匝道等工程）。在分部工程中又按照不同的施工方法、材料、工序及路段长度等进一步划分为若干个分项工程（如土方路基、软土地基处治、管道基础及管节安装、急流槽、盖板涵、箱涵底基层、基层、面层等工程）。因此，对公路工程的质量控制可分解为对其分项、分部及单位工程的分层次的质量控制，即不仅仅是对建成后的各种结构物的质量进行事后的检查，同时要对施工过程中不同的施工阶段的各种施工质量进行全过程的工序检查与控制。由于质量控制是工程建设的关键环节，而影响公路工程质量的因素又很多，因此，要求施工及监理单位对影响工程质量的各个环节从原材料、施工工艺到成品进行全过程严格的质量控制。

二、公路路基路面工程质量控制

公路路基路面工程质量控制主要包括：公路路线放样质量控制、路基质量控制、路面基层（含底基层）工程质量控制和路面面层工程质量控制四个方面。排水工程及小型构造物本是路基工程的部分，但考虑到其施工工艺的特殊性，在这里将其质量控制作为独立的一部分加以叙述。

（一）路基路面工程质量控制工作流程

路基路面工程质量控制流程首先是审查承包单位的施工组织设计，检查承包单位机具设备、试验设备及人员进场情况，批准开工报告，并通过施工阶段监理旁站在承包单位自检合格并填写工序报验单的基础上，再由监理工程师按频率检测或在承包单位检测时旁站监理认可。质量控制工作将是全方位的，它是从原材料、施工工艺到工程各部位质量的全过程管理来实现的。

监理工程师通过工程质量检测，对合格工程签字认可，允许进入下道工序施工，并对该项目进行计量支付。对施工中出现的达不到规范要求的工程，监理工程师应视质量问题的程度，指令承包单位修补或令其返工达到规范要求。对承包单位进场的不合格材料，监理工程师有责任令其将该批材料清理出场。所有施工记录包括达不到工程质量标准的原始记录，承包单位对有缺陷或不合格工程制定的修补措施和返工前的施工记录以及监理工程师在复查合格后的记录均应经监理、承包单位双方签字后存档备查。

1. 路基路面工程施工工艺流程，见图 10-2。

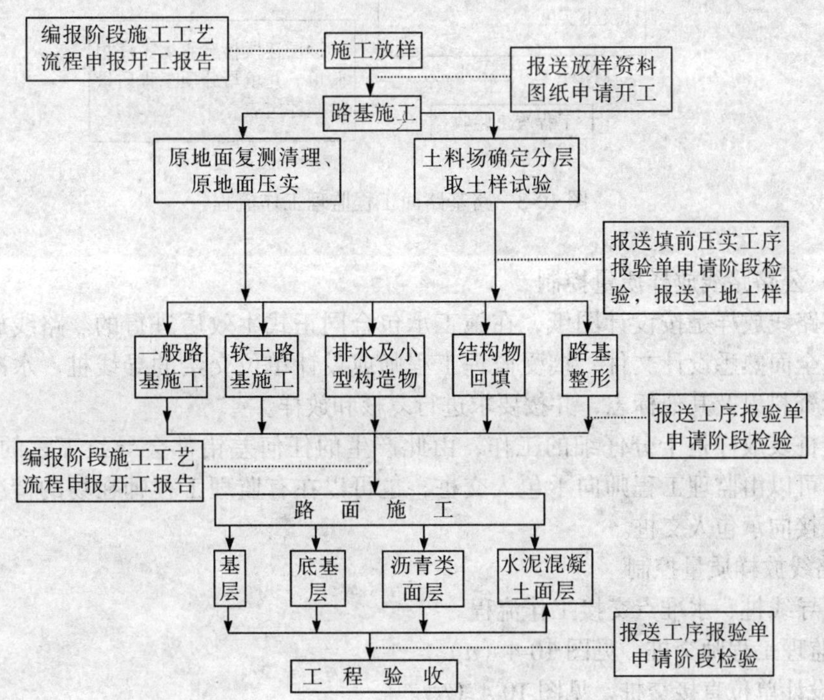

图 10-2 路基路面工程施工工艺流程

2. 路基路面工程监理工作流程，见图 10-3。

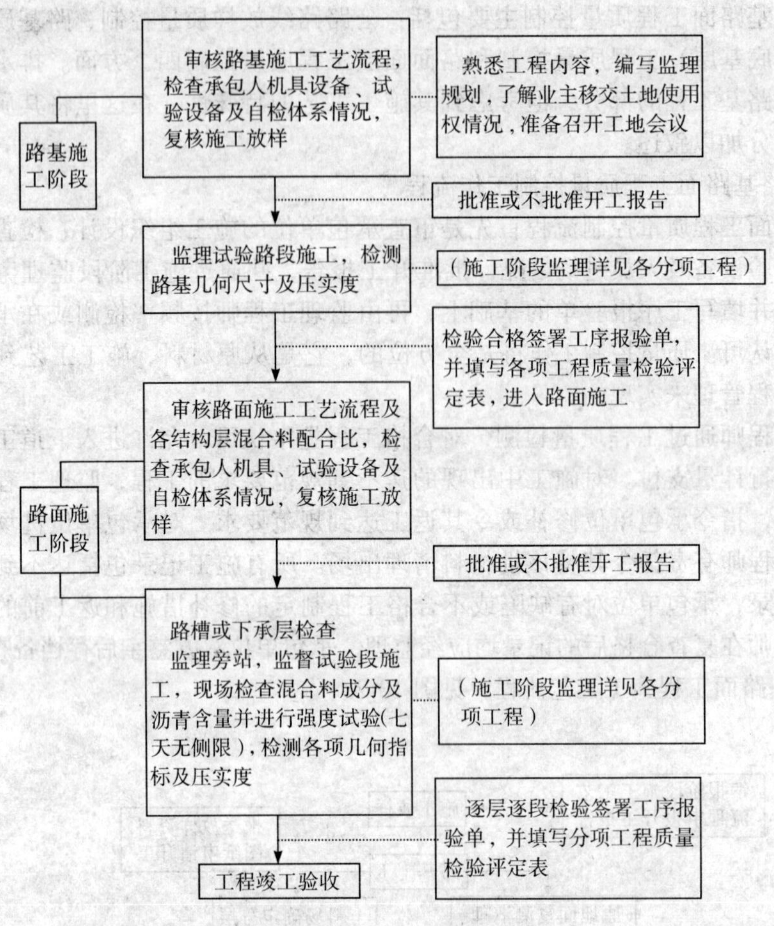

图 10-3　路基路面工程监理工作流程

（二）公路路线放样质量控制

公路路线放样是按设计图纸，在施工承包合同正式生效后进行的。路线放样前施工承包人应全面熟悉设计文件，接受监理工程师或设计单位交给的导线桩、水准点设计的逐桩坐标资料以及其他标志，并按要求进行复核和放样。

交接桩及放样是十分仔细的工作，由此产生的任何差错都会导致工程的巨大损失。交桩工作可以由监理工程师向承包人交桩，也可以在有监理工程师在场的情况下，由设计单位直接向承包人交桩。

1. 路线放样质量控制

(1) 导线桩、水准点交接工作流程

1) 监理工程师交桩，见图 10-4（a）。

2) 设计单位直接交桩，见图 10-4（b）。

(2) 路线放样监理工作流程，见图 10-5

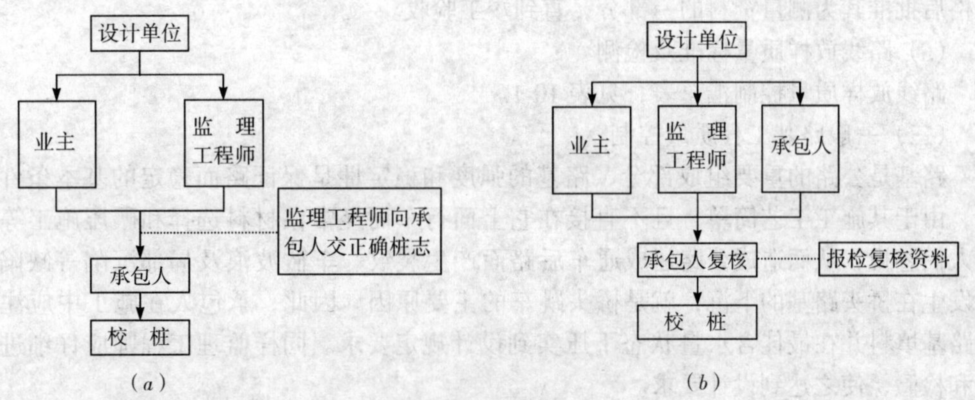

图 10-4 导线、水准点交接工作流程

（a）监理工程师交桩；（b）设计单位直接交桩

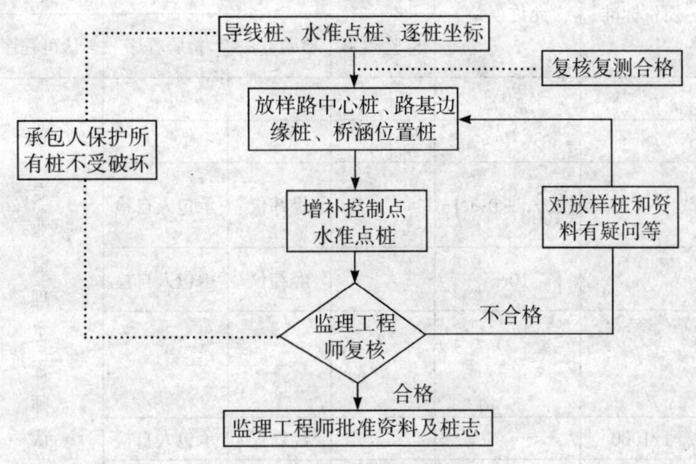

图 10-5 路线放样监理工作流程

2. 监理工作内容

(1) 公路路线放样应放出路基中线桩、路基坡脚或路堑上边线桩志。同时，还需测量出路基边沟、取土坑、护坡道、弃土堆等具体位置。

(2) 路线中线桩的间距一般取为 20m，地形平坦时，不应大于 50m。曲线上的中桩间距一般为 20m，高程桩每 400～500m 设一个。

(3) 承包人在接受桩志和资料后，应立即组织力量进行复核和放样（一般要求在 14d 内)，并将所有测量资料，包括计算书和图纸报监理工程师。经监理工程师审核和复测桩志后决定批准与否。

承包人通过复核、放样应向监理工程师递交一份资料，证明原设计的原地面和原工程量是正确的。如有异议时应正式递交一份表格列出原设计错误的位置、标高以及工程数量，供监理工程师复核批准后转报业主。

(4) 监理工程师对承包人因施工需要所增加的水准点、附和导线应进行复核，复核合格后批准其为测量资料的一部分，直到竣工验收。

(5) 路线放样质量标准及检测

路线放样质量控制汇总表，见表 10-1。

(三) 一般路基工程质量控制

路基是公路的重要组成部分，路基的强度和稳定性是保证路面稳定的基本条件。但是，由于其施工工艺简单，且不直接在它上面行车而经常在材料选择和碾压施工等方面被人们忽视，从而造成公路建成通车后路面产生裂纹、车辙波浪及局部沉陷等缺陷。又如发生在桥头路基的下沉，就是桥头跳车的主要原因。因此，承包人在施工中应注意选择路基填料并在最佳含水量状态下压实到设计规定要求。同样监理工程师应仔细进行监督和检验，使之达到设计要求。

路线放样质量控制汇总表　　**表 10-1**

项　目	质量标准	允许误差	检　验　及　认　可				备　注
			检验频率	检验方法	检验程序	认可程序	
JTJ061—85						专业监理工程师认可	
中桩桩位允许误差							
纵　向		$\left(\frac{S}{1000}+0.1\right)$m		经纬仪	承包人自检		式中 S 为交点或转点至桩位距离
横向		10cm		经纬仪	承包人自检		
圆曲线大于 500m 以上曲线闭合差							
纵向	1/1000			经纬仪	承包人自检		
横向	10cm			经纬仪	承包人自检		
水平角闭合差	$66\sqrt{n}$			水准仪	承包人自检		
高程测量	$\pm 50\sqrt{l}$mm			水准仪	承包人自检		限差 ±10cm

一般路基质量控制内容包括：路线放样、路基原地面清理压实、填料选择、挖方路基、填方路基、渗水路堤的填土压实、结构物台背回填及路基修整等几个方面。

1. 一般路基工程监理工作流程

(1) 一般路基工程施工工艺流程见图 10-6。

(2) 路基工程监理工作流程见图 10-7。

2. 监理工作要点

(1) 监理应认真阅读设计文件，了解全路线纵坡、弯道、超高、加宽路段及沿线地质情况，掌握取土坑位置等。

(2) 复核承包人的放样资料及复测中线桩位置和高程，复核承包人因施工需要增加的水准点和控制点。

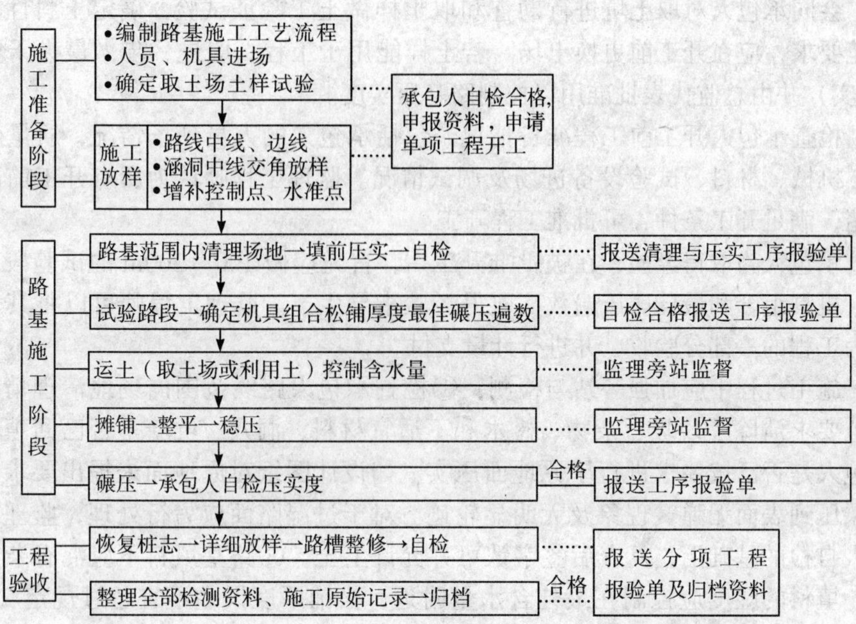

图 10-6　路基工程施工工艺流程

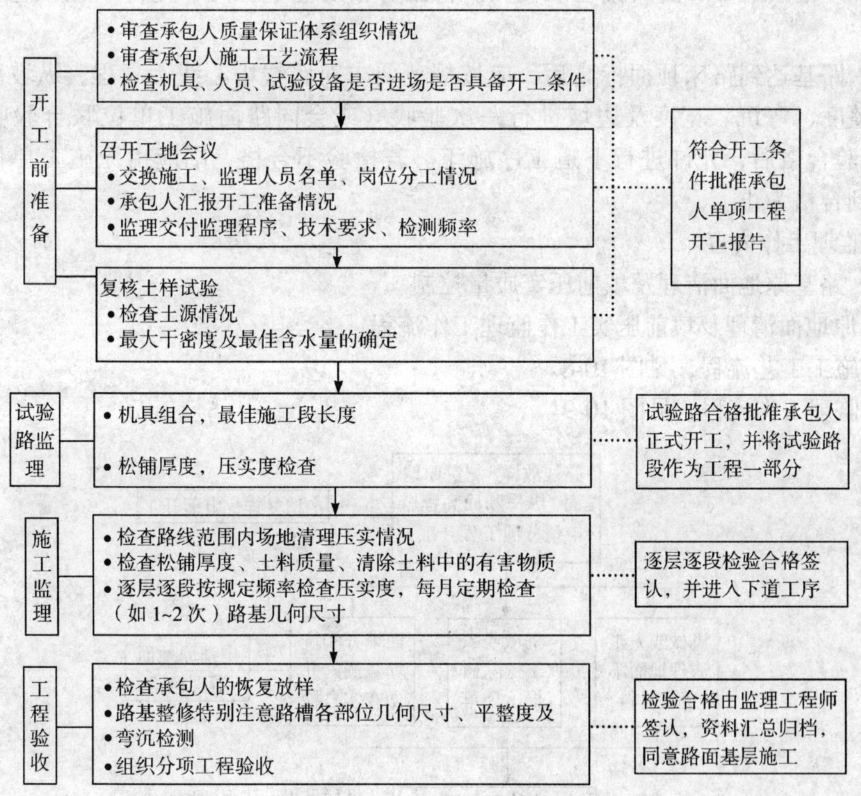

图 10-7　路基工程监理工作流程

（3）会同承包人对取土坑进行勘查和取土样做土工验证试验，确定土料性质。若不符合规范要求，应在开工前更换土场。若土样能用于工程，应进一步做最大干密度试验（重型击实）并由总监代表批准用以控制路基压实度。

（4）检查承包人开工前工程准备情况，包括承包人的人员到场情况，质量保证体系的建立，机械、材料、试验设备进场及调试情况。监理工程师认为所有开工前准备工作均已就绪，满足开工条件，可批准工程开工。

（5）承包人为取得经验，在被批准开工后，首先应做100～200m的试验段。确定松铺厚度、机具组合和最佳碾压遍数，取得经验指导生产。监理工程师可以将其合格的试验段作为工程的一部分验收，并进行计量支付。

（6）施工过程中应加强旁站与检测：①检查承包人路线范围内场地清理情况，是否已按规范要求清除了垃圾、杂物、树木和不适宜材料；洞穴、坑塘是否已回填夯实。②检查承包人是否已按要求进行了原地面压实。如设计图纸对原地面未提出要求，施工时至少要碾压到表面无弹簧现象及无明显轮迹。对于过湿路面应另行处理，监理工程师应在承包人自检的基础上，复查后签字认可并允许上土。③路基填料不应混有杂质和不适宜材料。填料的湿度应控制在最佳含水量附近，松铺厚度误差不宜超过规定2cm以上。监理工程师认为符合要求时，承包人可以进行大致平整和碾压。④承包人应逐层逐段自检碾压后的路基填土，合格后填写工序报验单，并向监理工程师申请复验，监理工程师应在收到申请后的24h内安排现场检测。检测合格后签字认可，允许承包人进行上层土铺筑。

（7）路基达到路床顶面标高后，应按规范要求对路线中心线、高程、纵坡度、横坡度、平整度、弯沉、宽度及边坡进行一次验收（或会同路面施工单位联合验收效果更好）。检验合格后，允许进行下道工序施工。若检验不合格，则应由原施工单位负责修整，直到合格为止。

3. 监理工作内容

（1）路基原地面清理及填前压实质量控制

1）原地面清理及填前压实工作监理工作流程

a. 施工工艺流程，见图10-8。

b. 监理工作流程，见图10-9。

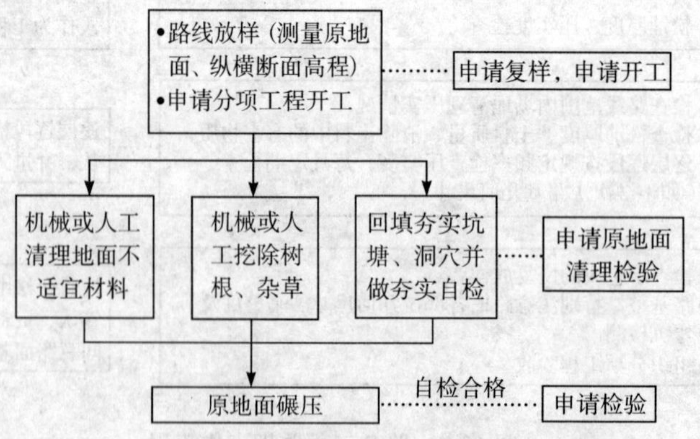

图10-8　原地面清理及填前压实工程施工工艺流程

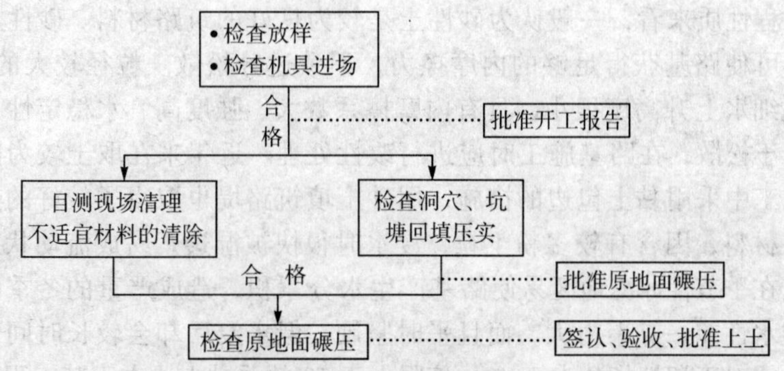

图 10-9　原地面清理及填前压实工程监理工作流程

2）原地面清理及填前压实监理工作要点

a. 复核承包人路线放样，检查放样线与征地边界线是否一致，注意路段内是否有超高或加宽路段在放样时被遗漏。

b. 地面树根、拆迁建筑物后的残渣或遗留的不适宜材料，承包人必须组织力量彻底清理出现场。

c. 复测原地面纵横断面的高程，当与设计文件有较大出入时，应报业主审核，并作为计量支付的依据。

d. 检查沿线是否有隐蔽的水井、坟坑等地段或洞穴，并要认真回填夯实。

e. 承包人必须在监理工程师对现场清理情况检查合格后，才能进行填土前的碾压工作。若设计单位对填前碾压未做明确要求时，原地面必须压实到无弹簧现象和无明显轮迹。

f. 原地面清理及填前压实质量监理汇总表见表 10-2。

原地面清理及填前压实质量控制汇总表　　**表 10-2**

项　目	质 量 标 准	允许误差	检 验 及 认 可				备　注
			检验频率	检验方法	检验程序	认可程序	
清　理	路基范围垃圾淤泥杂草清除		全施工段检查	目　测	承包人自　检	专业监理工程师认可	
回　填	坑塘洞穴回填并按要求夯实						
路基排水	路基施工范围内积水排除、开挖边沟						
表土清除	按设计要求清除不适宜土壤						
填前压实	按设计要求压实度检验（设计无要求时压实到无轮迹、无弹簧）						

(2) 路基填料质量控制

路堤强度、稳定性与填筑路堤选用的材料有十分密切的关系。规范规定植物土、重黏土及黏土、白垩土、硅藻土、腐烂的泥土必须在一定条件的限制下才可以采用。承包人及监理工程师对路堤填料应十分慎重。

从土的工程性质来看，一般认为砂性土是较为良好的筑路材料。砂性土含有一定数量的粗颗粒，可使路基获得足够的内摩擦力，不致过分松散。粒径较大的无塑性砂土，透水性好，毛细水上升高度很小，具有内摩擦系数大、强度高、水稳定性好的特点。砂土黏结力小易于松散，在路基施工时应进行改性处理。近年来在取土较为困难的某些高等级公路的施工中采用黏土包边的措施，用砂土填筑路堤也取得了较好的效果。粉性土为最差的筑路材料，因含有较多粉土粒，浸水时很快被湿透，易成流动状态，且毛细水上升高度大，在季节性冰冻地区易使路基产生水分累积，造成严重的冬季冻胀，春季翻浆。黏性土透水性差，黏聚力大，而且平时坚硬，但水浸后却会较长时间保持水分，降低路堤承载力。对于塑性指数大于40，液限大于70的重黏土，由于其工程性质较黏性土更差，且具有较大的膨胀性和塑性，一般不宜作为路基填料。

路基填方材料，应有一定的深度。高速公路及一级公路的填料应经土源现场取土试验符合表10-3的规定时，方可使用；二级及二级以下的公路路基填方材料，亦宜按表10-3的规定使用。

1）路基填料监理工作流程

a. 施工工艺流程见图10-10；

b. 监理工作流程见图10-11。

2）路基填料监理要点

a. 严禁将规范、设计文件明文规定不能用于路基的填料用于工程。

路基填方材料最小深度和最大粒径表　　表10-3

项目分类（路面底面以下深度）		填料最小深度（CBR）（%）		填料最大粒径（cm）
		高速公路及一级公路	二级及二级以下公路	
路堤	上路床（0～30cm）	8.0	6.0	10
	下路床（30～80cm）	5.0	4.0	10
	上路堤（80～150cm）	4.0	3.0	15
	下路堤（>150cm）	3.0	2.0	15
零填及路堑路床（0～30cm）		8.0	6.0	10

注：1. 二级及二级以下上路作高等级路面时，应按高速及一级公路的规定；
2. 表列强度按《公路土工试验规程》，对试样浸水96h的CBR试验方法规定；
3. 黄土、膨胀土及盐渍土的填料深度按有关规范的规定办理。

b. 监理工程师进场后应亲自或委派试验工程师对沿线土场作调查，并会同承包人取样做土工试验。试验工程师在做出最大干密度和报总监代表批准后才能用于工程。

c. 试验工程师做出的最大干密度应分别为各土场各层次不同土类的最大干密度，土质不同的土层应分开挖运，分层填筑。

d. 施工过程中，应严格禁止填料中混有不适宜材料及杂草、垃圾等，如有发现，监理工程师应立即令承包人将其清除出施工现场。

e. 对于高等级公路最大干容重试验应用JTJ051—93重型击实标准。

(3) 挖方路基工程监理

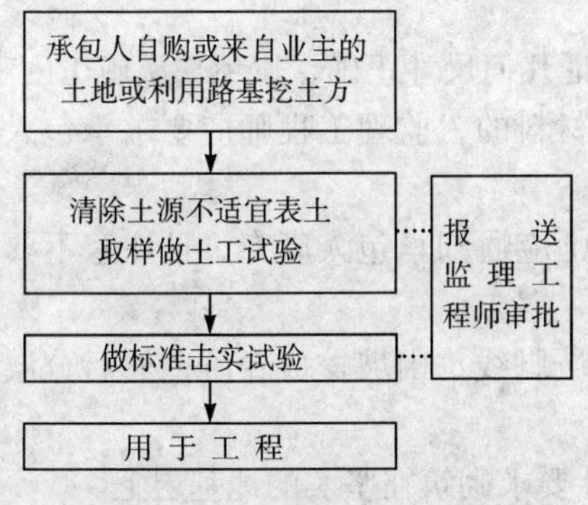

图 10-10　路基填料施工工艺流程

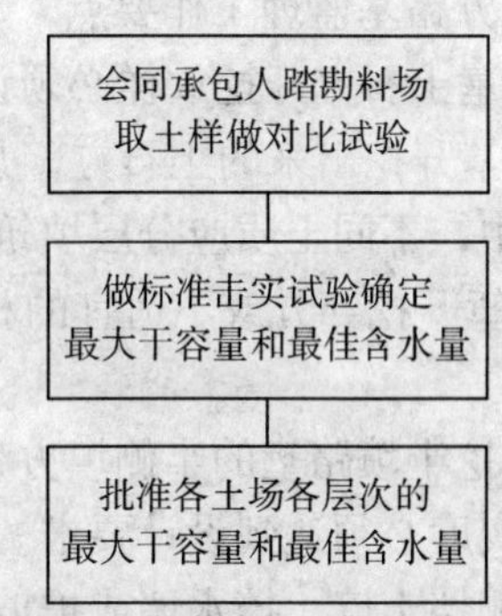

图 10-11　路基填料监理工作流程

路基开挖有土方开挖和石方开挖，开挖后形成路堑或半填半挖式断面路基。路堑开挖前首先应做好排水处理。

1）挖方路基工程监理工作流程。

a. 挖方路基施工工艺流程，见图 10-12。

b. 挖方路基监理工作流程，见图 10-13。

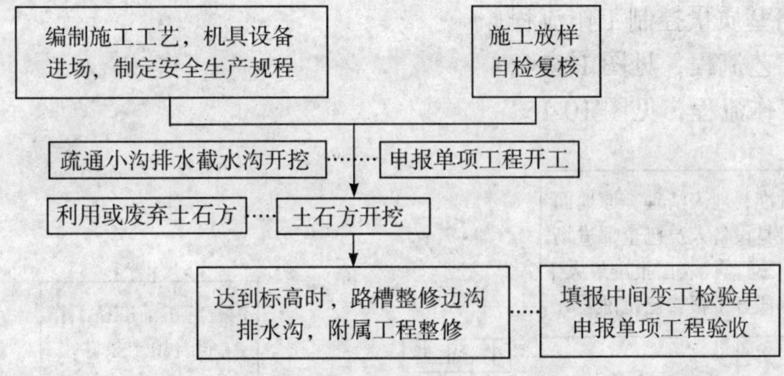

图 10-12　挖方路基施工工艺流程

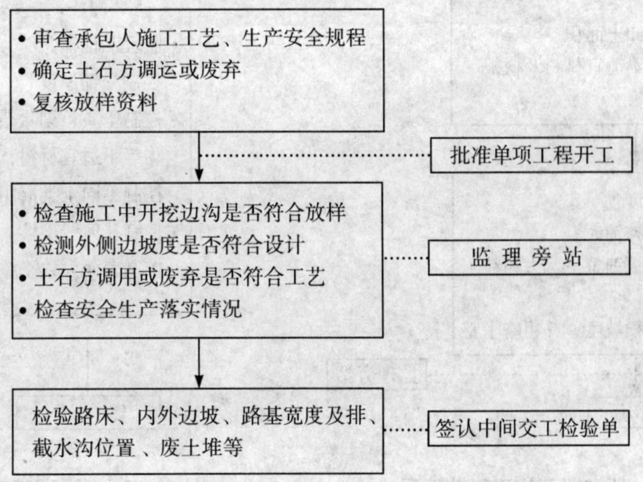

图 10-13　挖方路基工程监理工作流程

2）挖方路基监理工作要点

a.路基土石方开挖放样必须认真细致，以保证几何尺寸正确，避免二次施工困难。

b.路基开挖出来的土石方，凡适宜用作筑路材料的，监理工程师应要求承包人将其用于工程中，不同土质应分层填筑。

c.路堑开挖弃方或不适宜的材料，监理工程师应通知承包人废弃，且注意不要占用农田。

d.半挖半填路堑的半侧填方处，必须先放出坡脚线，山坡挖成台阶，然后分层填筑碾压，压实度必须达到设计要求。

内外侧挡土墙、挡水墙或护坡，一定要按设计要求砌筑在坚实的地基层上。

e.爆破施工中，开炸石方的施工方法应能保证边坡稳定。爆破后必须由专业人员清除危石后，工人方能进入作业区。在接近路床底标高时，不宜用大爆破方式开挖，以避免路床下不必要的松动，应避免过量爆破损害自然环境。

f.挖方路基质量控制标准及检测频率见表10-4。

(4) 填方路基工程质量控制

填方路基施工前，首先要在路基用地和取土坑范围内。认真清除地表植被、杂物、积水、淤泥和表土，处理坑塘，并对基底按路基施工规范要求认真压实。

1）填方路基质量控制工作流程

a.施工工艺流程，见图10-14。

b.监理工作流程，见图10-15。

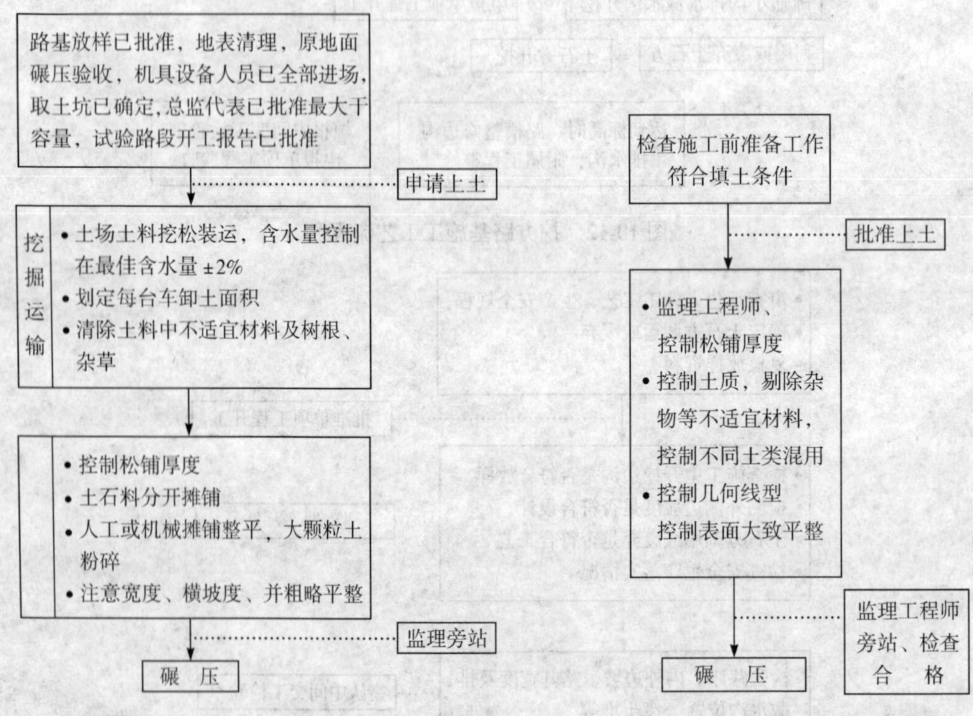

图10-14　填方路基施工工艺流程　　　　图10-15　填方路基工程监理工作流程

2）填方路基监理工作要点

a．路基填筑必须在监理工程师已验收过的地面上开始进行。

b．填方路基开始施工前宜做 50～100m 试验段，以确定在所用土质条件下机具设备的合理组合和最佳碾压遍数。

c．填方路基是公路的关键部位，应禁止不同土料的混用，并不得采用设计或规范规定的不适用土料作为路基填料。

d．当使用透水性差的材料填筑时，应使土料的含水量均匀，在接近最佳含水量时摊铺碾压。

e．路基填筑松铺厚度宜控制在 30cm（允许误差±2cm）。若承包人使用大功能压路机碾压时，可申请加大松铺厚度，并在试验路中验证，经监理工程师同意，方可实施。

f．路基填筑宽度宜考虑有足够的余宽，以保证路基有效的压实宽度，使之经整修后能满足设计宽度的要求，其计量支付由设计或合同文件中规定。

g．每两段路基新、老填土的结合部和构造物台背填土的结合部，均是路基填土中的薄弱环节，填土时应在原填土的端部挖出台阶，并检验其密实度已达到设计要求时，方可填筑，不可将薄层新填土粘贴在原有土层上。

h．修筑填石路基应逐层水平填筑，石块应摆放平稳。填筑层厚度及石块尺寸应符合设计和施工规范的规定，填石空隙用小石或石屑填满铺平，采用振动压路机分层碾压至填筑层顶面石块稳定。土石混合时，应尽量把土石分开填筑，如不易分开时，当石块含量多于 75％时，将石块大面向下，分开摆放平稳，缝隙填以土或石屑，层厚以压路机的压实功能而定。当石块含量在 50％～70％之间时，石块也应摆放平稳，并掺土和石屑，松铺层厚不超过 30cm。当石块少于 50％时，可在卸料后边摆石块边匀土，石块在下土在上，松铺厚度不超过 30cm。当石块过大时，应破碎至 20cm 以下。

i．摊铺的松土在未经碾压前切忌被雨水淋湿。对未及时碾压而被雨水淋湿的土在雨后必须翻晒晾干后才能重新摊铺碾压，若雨水过大时，监理工程师应视具体情况决定是否要对下层土重新检测压实度。

j．土方路基和石方路基质量控制汇总表分别见表 10-4 和表 10-5。

土方路基质量控制汇总表　　**表 10-4**

检查项目			规定值或允许偏差		检查方法和频率	检查程序和认可程序	备注
			高速一级公路	其他公路			
压实度（％）	零填及路堑	0～30cm	95	93	灌砂法或环刀法等方法按 JTJ071-98 要求检测，50m 一个断面，每断面 3 点	承包人自检 监理工程师抽检（现场监理抽 30％，监理试验室抽 30％）	
	路堤（cm）	0～80	95	93			
		80～150	93	90			
		＞150	90	90			
弯沉（0.01mm）			不大于设计计算值		每 1km 每车道 40～50 个点贝克曼梁或自动弯沉仪	承包人监理联合检测	

续表

检查项目	规定值或允许偏差		检查方法和频率	检查程序和认可程序	备注
	高速一级公路	其他公路			
纵断高程（mm）	+10,-15	+10,-20	水准仪，40（或20）m 1个断面：3～4点/断面	承包人自检，监理抽检	
中线偏位（mm）	50	100	经纬仪，每200m测4点，弯道加HY、YH两点	承包人自检，监理旁站认可或抽检	
宽度（mm）	不小于设计值		米尺量每200m测4处	承包人自检，监理旁站认可或抽检	
平整度（mm）	20	30	3m直尺每200m测4处×3尺	承包人自检，监理旁站认可或抽检	
横坡（%）	±0.5	±0.5	水准仪，每200m测4个断面	承包人自检，监理旁站认可或抽检	
边　坡	不陡于设计值		每200m测4处边坡样板尺	承包人自检，监理旁站认可或抽检	

注：1. 压实度检查深度从路床顶面算起。
2. 表列压实度以重型击实试验法为准。
3. 特殊干旱、特殊潮湿地区或过湿土，以及铺筑中、低级路面的三、四级公路路基，应按交通部颁发的路基设计、施工规范所规定的击实试验方法及压实标准检测。

石方路基质量控制汇总表　　**表10-5**

<table>
<tr><th colspan="2" rowspan="2">检查项目</th><th colspan="2">规定值或允许偏差</th><th rowspan="2">检查方法和频率</th><th rowspan="2">检查和认可程序</th><th rowspan="2">备注</th></tr>
<tr><th>高速一级公路</th><th>其他公路</th></tr>
<tr><td colspan="2">压实度</td><td colspan="2">层厚和碾压遍数符合要求</td><td>查施工记录，监理旁站</td><td>承包人自检，监理认可</td><td></td></tr>
<tr><td colspan="2">纵断高程（mm）</td><td>+10，-30</td><td>+10，-50</td><td>水准仪，每40测1个断面，每个断面3～4点</td><td>承包人自检，监理旁站认可或抽检</td><td></td></tr>
<tr><td colspan="2">中线偏位（mm）</td><td>50</td><td>100</td><td>经纬仪，每200m测4点弯道加HY，YH两点</td><td>承包人自检，监理旁站或抽检</td><td></td></tr>
<tr><td colspan="2">宽度（mm）</td><td colspan="2">不小于设计</td><td>米尺量每200m测4处</td><td>承包人自检、监理旁站认可或抽检</td><td></td></tr>
<tr><td colspan="2">平整度（mm）</td><td>20</td><td>30</td><td>3m直尺每200m测4处×3尺</td><td>承包人自检，监理旁站认可或抽检</td><td></td></tr>
<tr><td colspan="2">横坡（%）</td><td>±0.5</td><td>±0.5</td><td>水准仪，每200m测5个断面</td><td>承包人自检，监理旁站认可或抽检</td><td></td></tr>
<tr><td rowspan="2">坡</td><td>坡　度</td><td colspan="2">不陡于设计值</td><td rowspan="2">每200m抽查4处</td><td rowspan="2">承包人自检，监理旁站认可或抽检</td><td rowspan="2"></td></tr>
<tr><td>平顺度</td><td colspan="2">符合设计</td></tr>
</table>

石混填路基可根据实际可能性进行压实度或固体体积率检验。

(5) 路基填土压实工程质量控制

路基是公路的重要组成部分，而路基压实则是保证路基质量的关键。对于没有压实好的路基，无论在它上面修筑什么样的路面，往往也是无效的，必然会导致过早的损坏。因此，目前在公路工程实验规范中采用了重型击实标准，并相应规定了在路基不同的部位采用不同的压实标准。实践证明，施工时达到要求的压实度后，在公路使用的过程中，路堤将不易产生沉降。

路基压实的实际含义是指土料在通过外力碾压作用下，其颗料重新排列并互相接近，小颗粒进入大颗料间的空隙中，其结果增加了单位体积内固体颗粒的数量，减少了空隙率。

压实度的具体表示方法：

$$压实度=\frac{干密度}{标准干密度}\times 100\%$$

式中　干密度——指土料压实后实测的单位体积质量（g/cm^3）；

标准干密度——指土料通过标准击实试验得到的最大单位体积质量，也称为最大干密度。

标准干密度的试验程序应是由监理工程师和承包人双方在料场共同取样，分别做标准（平行、对比）击实试验。若结果一致，监理工程师可以批准承包人申报的标准干密度数值；若结果差距较大，不能统一时，应共同再次取样，在监理工程师在场的情况下，做复核性试验。

路基填筑施工开始前，承包人应做 100～200m 试验路段。通过试验路应达到以下目的：

a. 摸清土的含水量与土的性质之间的关系，例如在当时的条件下，土的含水量应是偏高或偏低于最佳含水量多少个百分点可使碾压时不产生“弹簧”或“干松”现象，施工中就可以按此控制合适的含水量。从达到压实度要求来看，选择合适的含水量往往比增加压路机的碾压遍数有效得多。

b. 选择合适的压实机具。在一般情况下对于砂性土选择振动式压路机和钢轮压路机效果较好。对于黏性土，选择羊足碾和轮胎式压路机效果较好。不同压实机具在相同的最佳含水量状态下其压实效果也是不同的。

c. 确定最佳松铺厚度和碾压遍数。不同的压路机自重不同，单位线压力（N/cm）也不同，作用的影响深度也不一样。一般松铺厚度规定为 30cm，不同功率的压路机可通过试验路段适当调整松铺厚度（压实度是随土层的深度而递减的，试验路压实度的取得必须是分 5cm 或 8cm 逐层取样检测，证明试验路最下层的压实度符合要求才能认为合格。单取上层不能代表土层全厚度范围内均已符合要求）。但当碾压遍数增多，而压实度的增长已趋于缓慢或不再增长，此时，若压实度已达到要求数值，则可认为该遍数即为最佳碾压遍数。若屡次检测均不能达到要求，则应减小松铺厚度或调换更大压实功能的压路机进行碾压。

试验路可在路基上进行，通过检测合格时监理工程师可将其作为工程的一部分验收进行计量支付，若不成功必须重新做试验路，已做的不合格路段承包人应自费清理出场。

压实度随土层深度变化参考表，见表10-6。

压实度随土层深度变化参考表　　**表10-6**

项　目	土　层　深　度		
	5cm以内	中部10cm附近	下部20cm以内
素　土	平均96%		87.9%
石灰土	平均99%～100%	97.3%	89.7%
水泥土	平均94.2%	90%	85.4%

不同塑性指数与最大干密度及最佳含水量关系参考表，见表10-7。

机械压实土方工作定额参考表，见表10-8。

1）路基填土压实工作流程

不同塑性指数与最大干密度及最佳含水量关系参考表　　**表10-7**

塑性指数	最大干密度（g/cm^3）	最佳含水量（%）
＜10	＞1.85	＜13
10～14	1.75～1.85	13～15
14～17	1.60～1.75	15～17
17～20	1.65～1.70	17～19
20～22	1.60～1.65	19～21

机械压实土方工作定额参考表　（台班数/1000m^3）　**表10-8**

机械名称	填方路段				填方及挖方路段			
	光轮压路机		振动压路机		光轮压路机		振动压路机	
	12t～15t	18t～22t	10t以内	15t以内	12t～15t	18t～20t	10t以内	15t以内
75kW以内履带式推土机	2.05	2.05	2.05	2.05	0.62	0.62	0.62	0.62
120kW以内自行式平地机	1.43	1.43	1.43	1.43	0.43	0.43	0.43	0.43
双筒式羊足碾（含拖头）	—	—	—	—	—	—	—	—
6～8t光轮压路机	1.83	1.83	1.83	1.83	0.55	0.55	0.55	0.55
12～15t光轮压路机	8.52	—	—	—	3.23	—	—	—
18～20t光轮压路机	—	6.26	—	—	—	2.45	—	—
10t以内振动压路机	—	—	4.63	—	—	—	1.76	—
以内振动压路机	—	—	—	3.22	—	—	—	1.26

表摘要摘于交通部1992年公路工程预算定额。

a. 路基填土压实施工工艺流程见图 10-16。

b. 填土压实监理工作流程见图 10-17。

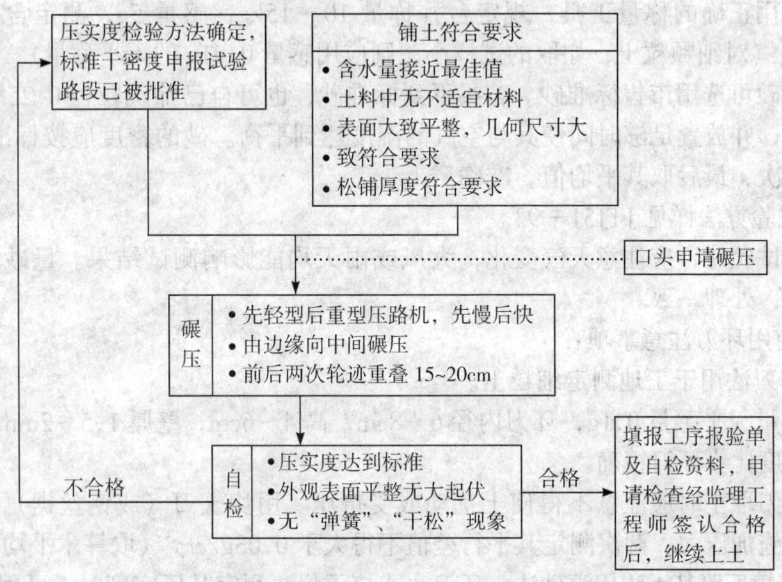

图 10-16　填土压实施工工艺流程

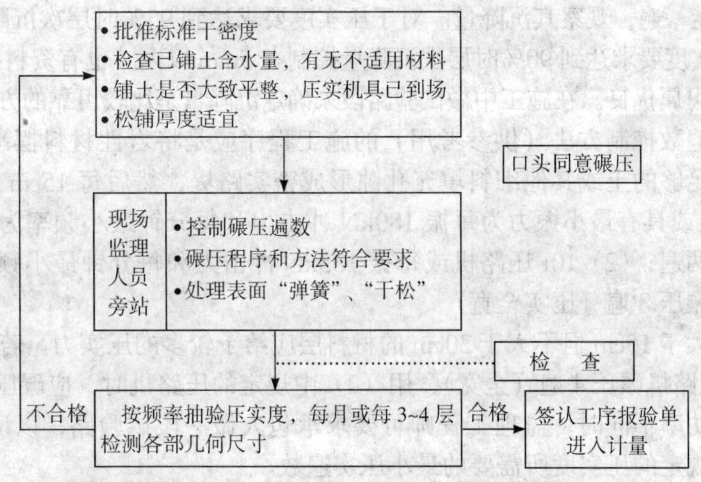

图 10-17　填土压实监理工作流程

2）监理工作要点

（*A*）路基土填料标准干密度（最大干密度）采用 JTJ051—93 所规定的重型击实标准，并在承包人和监理中心试验室做平行试验后由总监理工程师代表批准。不同土料其最大干密度也不同，不能混用，更不能以小替大。

（*B*）路基压实度检测以灌砂法为主，也可用环刀法和核子仪法检测，但使用核子仪法时，事先必须要和灌砂法做对比试验。

（*C*）使用灌砂法的注意事项：

（*a*）灌砂法适用于工地测定砂土、砂砾土、砂砾料、级配碎石、水泥稳定土、石灰稳定土等各种粒径不大于40cm的材料，测定层厚一般不超过150～200mm。

（*b*）使用正确的称量工具，规定台秤称量10～15kg，感量5g，测定含水量用感量0.1g的天平（对细颗粒土，如取的试样小，则应用感量0.01g的天平称量）。

（*c*）量砂可选用市售标准砂。若买不到标准砂，也可自己筛洗粒径0.25～0.5mm的均匀砂烘干，并放置足够时间使其与空气的湿度达到平衡。砂的密度应按标准方法确定，重复至少三次，最后取其平均值，准确至1g。

（*d*）试验方法详见JTJ51—93。

（*e*）做试验时，应注意天气变化，大风或雨天均能影响测试结果。量砂重复使用时应注意晾干，处理一致。

（*D*）使用环刀注意事项：

（*a*）环刀法用于工地测定细粒土。

（*b*）称量天平感量0.1g，环刀内径6～8cm，高4～6cm，壁厚1.5～2mm。较大的环刀测试的精度比小环刀精确。

（*c*）环刀取土时应注意不得使土扰动或受挤压。用切土刀（或钢丝锯）削平土样时对土样不能施加压力。两次测定其平行差值不得大于0.03g/cm^3（取算术平均值）。

（*E*）当填石路基无法用灌砂法、环刀法或核子仪法测定其压实度时，可用试验路或经验碾压遍数或其他方法来测定。工程中也习惯采用沉降量方法来测定（现行规范尚未有规定），即当压路机碾压到规定遍数后，在路基上选几个硬点，测量其高程，然后用18t压路机在其上面行走一遍，观察其沉降量。对于压实度要求达到95%时层次沉降量控制在3mm以内，对于压实度要求达到90%时层次沉降量控制在5mm以内。也有资料推荐沉降量为层厚的4%～5%可属优良。在施工中做试验路段来确定沉降量是比较可靠的方法。

关于碾压遍数控制方法（供参考用）的施工程序应是将岩性材料摆平放稳铺筑于路堤全宽，并用足够的土或其他细料填充孔隙形成密实路堤，然后每15cm材料层用：（1）50t静碾压路机或具有最小振力为每振180kN冲击力和每分钟最小频率为1000振的振动式压路机碾压两遍；（2）10t压路机或每振135kN冲击力和每分钟最小频率为1000振的振动式压路机碾压8遍（压实全宽）。

对于厚度大于15cm但不大于30cm的材料层应给予较多的压实力。若30cm层厚用上述（1）中的压路机碾压4遍（全宽），用（2）中规定的压路机时，应碾压16遍（全宽）。

当压路机功率不同时，监理工程师可要求承包人做一段试验路，以证明所提供的压实机具要达到规定的压实度所需要的最小压实遍数。

（*F*）在碾压过程中，路基若出现"弹簧"现象则表示该区域内土的含水量过大或表示有过湿土块，应挖掘换土或晾晒后再碾压。若出现"干松"现象，表示该区域内土的含水量不足，低于最佳含水量，宜洒水翻拌后再碾压，这样效果会更好。

（*G*）路基达到碾压遍数后，均应由承包人自己检测，不合格时，自行补压。若检验合格，承包人应填写工序报验单，连同检测记录，报监理工程师进行抽验或者在碾压到规定遍数后，承包人会同监理工程师共同到达工地，监理监督检验，合格时即可签字认可，不合格时承包人自费进行补压或反工。

（*H*）碾压成型的路基，凡遭雨淋湿，不论验收与否，雨后必须重新碾压才能继续上土。

（*I*）总监理中心试验室有权对工地压实度进行20%～30%抽测，检测点压实度的测试值达不到允许偏差规定极值时，分析原因后，可在此点附近重新测试 1 点，新测点的测试值仍不合格时，该段工程列为不合格，应返工处理。

（*J*）路基压实质量控制汇总表见表 10-9。

路基压实质量控制汇总表 表 10-9

<table>
<tr><th colspan="2">检查项目</th><th colspan="2">质量标准</th><th colspan="4">检验及认可</th></tr>
<tr><th colspan="2">填土路基</th><th>高速一级公路</th><th>其他公路</th><th>检验频率</th><th>检验方法</th><th>检验程序</th><th>认可程序</th></tr>
<tr><td rowspan="3">路床顶面以下</td><td>0～80cm</td><td>≥95%</td><td>≥93%</td><td rowspan="4">每百米全断面5～6点</td><td rowspan="4">灌砂法
环刀法
核子仪法</td><td rowspan="4">承包人自检</td><td rowspan="4">专业监理工程师抽查20%～30%</td></tr>
<tr><td>80～150cm</td><td>≥93%</td><td>≥90%</td></tr>
<tr><td>>150cm</td><td>≥90%</td><td>≥90%</td></tr>
<tr><td>零填及路堑</td><td>0～30cm</td><td>≥95%</td><td>≥93%</td></tr>
<tr><td colspan="2">标准（最大）干密度</td><td></td><td></td><td>每个土场每层土做1～3个土样</td><td>重型击实</td><td>承包人自检</td><td>总监代表批准</td></tr>
</table>

注：1. 评定路段内的压实度最低界限不得小于规定标准，单点测定值不得小于极值（表列规定值－5个百分点）。
2. 采用核子仪检验压实度时应进行标定试验，确认其可靠性。
3. 特殊干旱、特殊潮湿地区或过湿土，以及铺筑中低级路面的三、四级公路路基，应按交通部颁发的路基设计、施工规范所规定的击实方法及压实度标准进行检测。

（6）结构物回填工程质量控制

结构物回填是路基工程中的关键部位，为保证桥（涵）头路堤稳定，在施工中承包人及监理工程师一定要精心施工、精心管理，做到万无一失。应克服那种认为结构物回填工程量小、操作空间小，而往往被工程、监理人员忽视，致使回填材料不符合要求，压实度达不到设计标准的现象。为防止造成桥头跳车等弊病，监理工程师必须对这些要害部位的施工派专职人员旁站监理。

1）结构物回填工作流程

（*a*）结构物回填施工工艺流程，见图 10-18。

（*b*）结构物回填监理工作流程，见图 10-19。

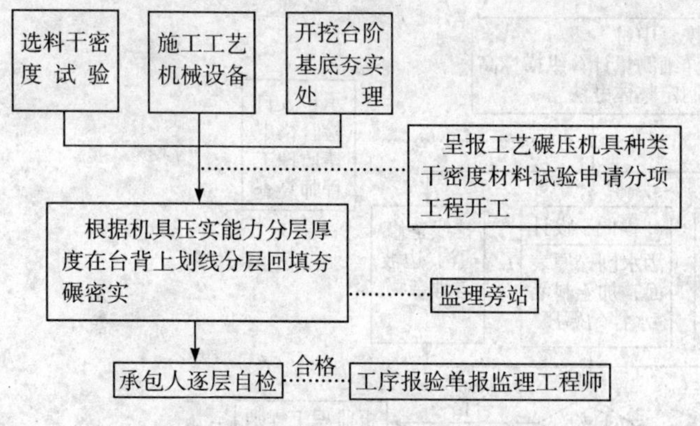

图 10-18 结构物回填施工工艺流程

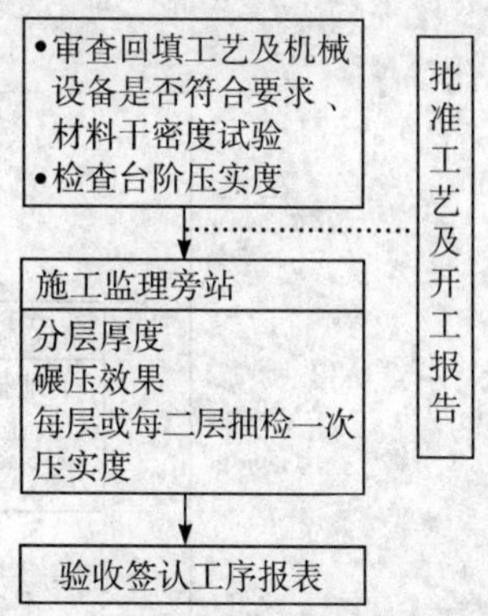

图 10-19 结构物回填监理工作流程

2）结构物回填监理要点

a. 结构物回填应选择适宜的材料并通过检验，所用机具应适应回填操作空间，若不适宜用大型压路机碾压时必须采用小型手扶压路机或机动夯击板夯实。

b. 结构物回填处顺路线方向的长度应按设计或规范规定，并挖成台阶，经监理工程师检查后才能分层回填。检查时应仔细丈量回填的几何尺寸以作为计量的依据并摄影作为隐蔽工程资料备案。回填分层厚度一般规定每层 15cm，并应在桥台背墙或明显地的地方标明高度，逐层填筑、逐层碾压或夯实，检测验收。

c. 回填处如有泄水孔或其他构筑物时，一定要按设计要求或设置碎石、粗砂或砂砾料层，以使达到泄水孔处的过滤作用。

d. 回填钢筋混凝土圆管时，必须注意两边对称同时进行，直至管顶。回填时特别要注意管道两侧腋下的回填夯实。

回填钢筋混凝土盖板涵时，只有在盖上钢筋混凝土板后才能回填。当客观情况需要两侧不均匀填筑时，必须等到涵台（墙）的混凝土或圬工砌体的砂浆达到规定强度后才能进行。

e. 结构物回填应分层平铺，在紧接桥台、翼墙处，应注意与结构物相接处的压实度，同时也应注意任何压实不能对结构物部位造成损害。

f. 对于圆柱式桥台或肋柱式桥台的台背回填，应内、外两侧同时分层填筑，并随时砌筑护坡以减少单向推力。填料到盖梁底部无法夯实或碾压时，应允许承包人用浆砌片石或其他监理工程师认为可行的办法代替，但应注意效果必须是相等的。

g. 结构物回填质量监理汇总表，在无特殊要求时可参照路基压实质量控制汇总表 10-9。

(7) 路基修整工程质量控制

路基整修是指在路基土石方基本完成即将交付路面工程施工时，由承包人对路槽、边坡、边沟进行的一次全面整修。整修工作应从恢复中桩开始，达到修整后的路槽表面平整、密实，纵横坡度、平整度及弯沉均能满足规范或设计要求。

1）路基整修工作流程

a. 路基整修施工工艺流程，见图 10-20。

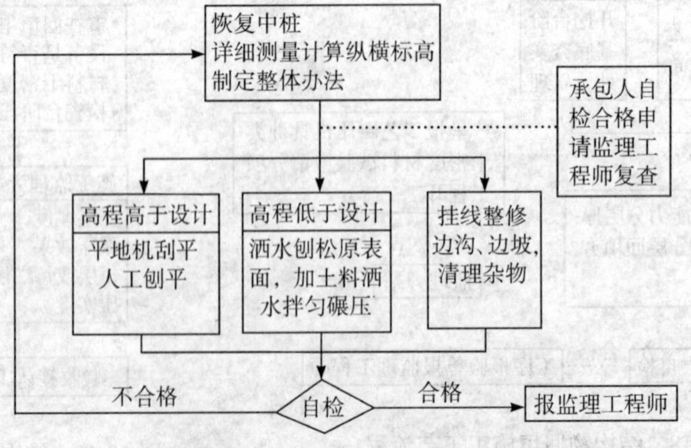

图 10-20 路基整修施工工艺流程

b. 路基整修监理工作流程，见图 10-21。

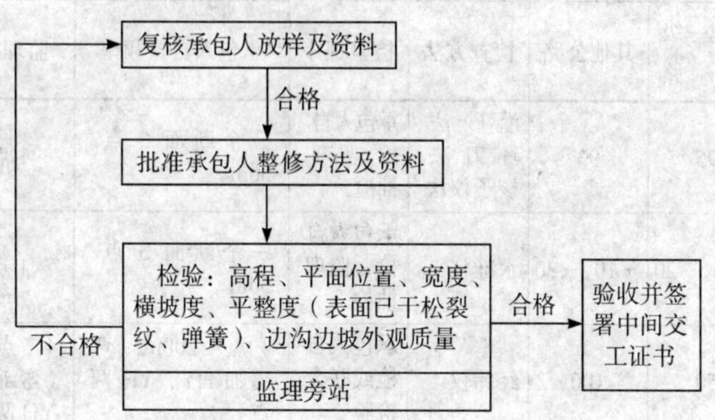

图 10-21　路基整修监理工作流程

2）监理工作要点

a. 路堑的边坡整修要注意深路堑上边坡的稳定性和边坡坡度符合设计要求，上边坡整修原则上宁刷不贴。

b. 路堤整修时应注意到边坡度符合要求，若路基超宽或坡度缓于设计时可按设计要求清除或在对占地、边沟等无不良影响的情况下只清除路肩线以下 50～100cm。若宽度和边坡度不能满足设计要求时，应将该处全长范围内挖成台阶，在监理工程师指导下分层填补并认真夯实。

c. 土石方边沟及用浆砌或干砌加固的边沟整修时必须挂线。应检查水沟和纵坡、宽度、路肩线及内外边坡坡度。凡不符合设计或不顺直者，必须修整。截水沟的检查应注意位置正确，适应地形情况，地基牢固，不易受山水冲刷淘空基础下部而造成破坏。

d. 路床整修应按规范规定进行（路肩工程作为路面工程的分项工程进行检查，这里不单独列出）。对高程和横坡度的修整应做到宁刮勿填。对超出误差范围的高出部分应用平地机刮去，对超出误差允许范围的低值或局部坑洼，须要填补时，一定要做到先洒水松软，将低洼处耙松，然后加填土料，在最佳含水量时拌和整平，达到预计高度后才能碾压，不能草率施工。碾压后监理工程师应认真检查有无松散、重皮和空洞回声。如有上述缺陷，监理工程师不应予以验收。

e. 路床整修后外观应无“弹簧”起伏和干松散现象。检查程序应由承包人自检合格后填写中间工程交工验收单，监理工程师复验或会同下道工序承包人联合检查验收，如不符合要求应令承包人重新修整，若符合要求，监理工程师可签署中间交付证书，并同意进入下道工序施工。

f. 路基整修工程质量控制汇总表。路槽质量控制汇总表，见表 10-10、表 10-11。

（四）软土路基加固工程监理

软土路基是指在路基敷设的自然地面下存在着含水量丰富、承载力低的地基。软土路基加固就是将低承载力加固到足以承担路基所需要的强度。

土方路基路床质量控制汇总表 表 10-10

检查项目		规定值或允许偏差		检查及认可				
		高速一级公路	其他公路	检查方法	检验程序	承包人自检频率	监理抽查频率	认可程序
压实度（%）		95	93	灌砂法、环刀法、核子仪法	承包人自检，监理抽检	一个断面3点/50m	1点/50m	专业监理工程师认可
纵断高程（mm）		+10，-20	+10，-30	水准仪	承包人自检，监理抽检	一个断面3点/50m	1点/50m	
中线偏位（mm）		50	100	经纬仪	承包人自检或联合检验	4点/200m（弯道加HY、YH两点）	4点/200m（弯道加HY、YH两点）	
平整度（mm）		20	30	3m直尺	承包人自检，监理抽检	4处/200m每处连续3尺	4处/200m每处连续3尺	
弯沉（0.01mm）		不大于设计计算值		弯沉仪	承包人与监理联合检查	每一双车道路段（不超过1km）检查80~100个点		
横坡（%）	±0.5	±0.5		水准仪	承包人自检，监理抽检	4个断面/200m	4个断面/200m	
路基宽度（mm）		不小于设计		米尺	承包人自检，监理抽检	4处/200m	4处/200m	
边坡		不陡于设计值		坡度尺、米尺	承包人自检，监理抽检	4处/200m	4处 200m	

石方路基路床质量控制汇总表 表 10-11

检查项目		规定值或允许偏差		检查及认可				
		高速一级公路	其他公路	检查方法	检验程序	承包人自检频率	监理抽查频率	认可程序
压实度（%）		层厚及碾压遍数符合要求		查施工记录	监理与承包人共查			专业监理师认可
纵断高程（mm）		+10，-30	+10，-50	水准仪	承包人自检，监理抽检	一个断面3点/40m	1点/50m	
边坡	坡度	不陡于设计值		坡度尺、米尺	承包人自检，监理抽检	4处/200m	4处/200m	
	平顺度	符合设计						
平整度（mm）		30	50	3m直尺	承包商自检，监理抽检	每200m测4处×3尺	每200m测4处×3尺	

注：此表仅列出石方路基路床压实度、纵断高程和边坡三个检查项目，其他项目可参见表10-9。

软土路基加固形式通常有渗水填层法、换填土法、化学加固法、粉喷桩地基加固法、预压法、挤密砂桩（石灰柱）法和排水固结法等多种形式。

渗水填层法在处理泥沼或软土表面比较有效，施工方法为在泥沼或软土表面垫厚度为0.5～0.7m的砂砾或碎石材料。其宽度应宽出路基坡脚两侧各3m，在其上铺设反滤层，然后再以一般土施工方法分层夯填作路堤。

换填土法是将路堤底下一定深度范围内的软土挖去，换以强度较大的砂、碎（砾）石、灰土或素土并加以压实。换填砂砾层厚度，一般在0.6～1.0m之间或按设计规定。

以上两种方法对处理地表软湿土比较有效，但对下卧层较深的过湿土施工有一定难度。化学加固法效果虽好，但由于施工成本高，也难于在工程上推广。目前常用于工程上的是将路堤土填到预压高度，迫使底部软土加速压缩或挤出，加速路堤沉落的预压法；和采用砂井或塑板桩透过软弱的下卧层，地面以上加设砂垫层或砂沟，使底部水迅速排出，上面再加载预压的排水固结法；以及为加快工期采用的粉体喷搅桩地基加固法等多种形式。本节中将分别叙述砂桩（井）、塑板桩、填土预压和粉喷桩的施工监理。

1. 软土地基加固工程监理总流程

(1) 软土地基加固施工工艺流程见图10-22。

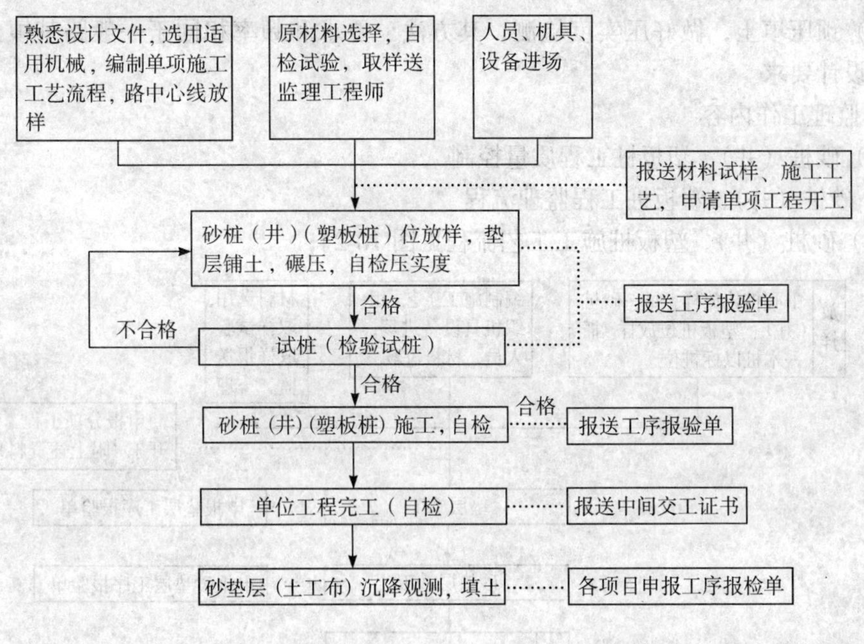

图10-22　软土地基加固施工工艺流程

(2) 软土地基加固监理工作流程见图10-23。

2. 软土地基加固监理工作要点

(1) 逐桩检查砂桩（井）、塑板桩放样位置与数量是否和设计相符，弄清不同桩号砂桩（井）、塑板桩的长度。

(2) 逐个检查沉降板埋设位置，测定基准标高，随着填土逐节测量沉降量并做好记录、分析，作为判断沉降稳定与否的依据。

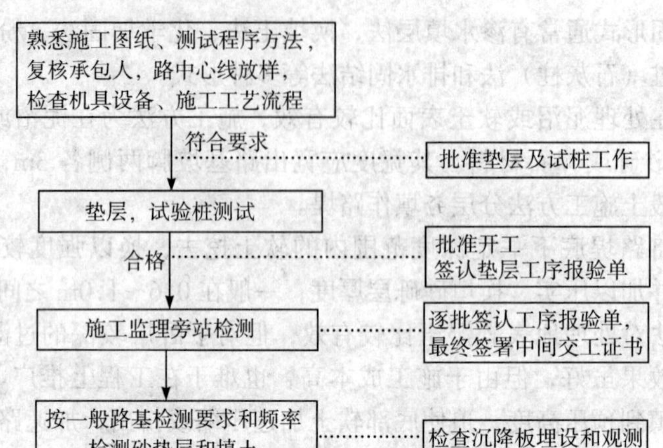

图 10-23　软土地基加固监理工作流程

(3) 加强旁站检查，确保砂桩（井）、塑板的打入深度符合设计要求，灌砂量符合要求，塑板桩回带高度小于 50cm。

(4) 预压填土，做好压实度检测，其方法、要求和频率相同于一般路基填土及压实或满足设计要求。

3. 监理工作内容

(1) 砂桩（井）、塑板桩工程质量控制

1) 砂桩（井）、塑板桩工程监理流程

(*a*) 砂桩（井）、塑板桩施工工艺流程见图 10-24；

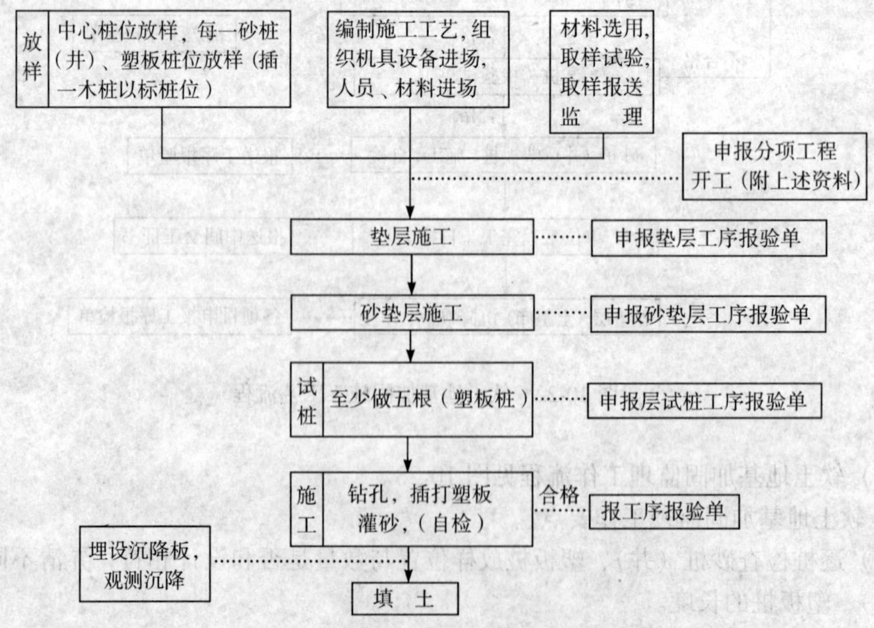

图 10-24　砂桩（井）、塑板桩施工工艺流程

（*b*）砂桩（井）、塑板桩监理工作流程见图 10-25。

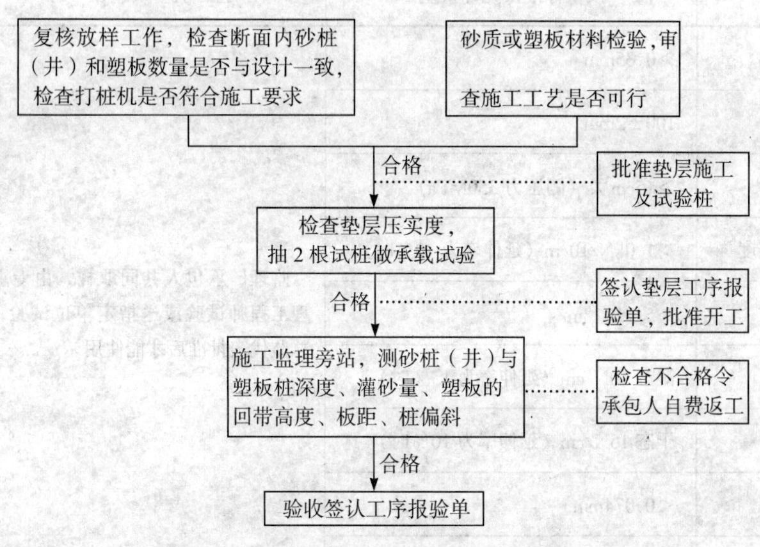

图 10-25　砂桩（井）、塑板桩施工工艺流程

2）砂桩（井）、塑板桩监理要点

（*a*）检查砂桩（井）、塑板桩桩位放样，数量符合设计要求，放样误差在允许范围以内，填土预压和垫层土宽度、坡度、压实度均符合设计要求。

（*b*）检查砂桩（井）、塑板桩打入深度，灌砂量必须达到规范要求，并检查袋装砂和塑板是否有回带高度。

（*c*）砂桩要求采用中、粗砂，其含泥量应小于 5%，实际灌砂量（不含水重）不小于体积的 95%（重量计），允许位置偏差为该桩的直径，竖直度允许偏差为 1.5%。

（*d*）排水砂井要求采用中、粗砂，其含泥量一般宜小于 3%，实际灌砂量（不含水重）不小于体积的 95%（重量计），砂袋必须用透水性好韧性强的织物制作，袋口必须扎紧，装袋应密实，且口袋应高出井口 50cm，以便埋入砂垫层中，竖直度的允许偏差为 1.5%。

（*e*）塑料排水板桩的塑板材料要求应符合表 10-12 的质量要求，打入深度必须符合设计要求，回带高度不得大于 50cm（或按设计要求）。

（*f*）砂桩（井）、塑板桩工程质量控制汇总表

塑料排水板材料要求见表 10-12，砂桩（井）塑板桩质量控制汇总表见表 10-13。

(2) 软土路基填土预压与沉降质量控制

1）填土预压与沉降监理流程。

（*a*）填土预压施工工艺流程，见图 10-26。

（*b*）填土预压监理工作流程，见图 10-27。

2）填土预压与沉降监理

（*a*）填土预压的压实度检测等均可参阅一般路基施工要求。

SPB－1 塑料排水板材料要求　**表 10-12**

项　　目	质量标准及允许误差	检　验　及　认　可	备　注
截面厚度	＞0.35mm	监理、承包人共同取样，由专业监理工程师试验或送指定单位试验，由总监代表批准后才能使用	
截面宽度	100±2mm		
纵向通水量	＞$15cm^3/s$（侧压力 350MPa）		
复合体抗拉强度	＞1.0kN/10cm（延伸率为 10%时）		
滤膜透水系数	＞$5\times10^{-6}m/s$		
滤膜抗拉强度	湿态 10N/cm（延伸率为 15%时）		
	干态 15N/cm（延伸率为 10%时）		
滤膜隔土性	＜0.074mm		
外　　观	完好，无松散		

砂桩（井）、塑板桩质量控制汇总表　**表 10-13**

项　　目	规定值或允许偏差	检　查　及　认　可				备　　注
		检验方法	检验频率	检验程序	认可程序	
桩(井)板间距(mm)	±150	米尺量	抽查 10%	承包人自检	专业监理工程师认可	监理抽查 2%
桩(井)板长度	不小于设计	测杆长	逐桩检查	承包人自检		监理旁站及查施工记录
竖直度	1.5%	挂　线	抽查 10%	承包人自检		监理查施工记录
砂桩（井）直径(mm)	+10，−0	挖　验	抽查 2%	监理、承包人联合进行		
灌砂量	5%	重量计算	逐桩检查	承包人自检		监理旁站及查施工记录
塑板回带高度	50cm	自　测	逐桩检查	承包人自检		监理旁站及查施工记录
砂沟或砂垫层	不小于设计	米尺量	抽查 10%	承包人自检		监理抽查 10%
工后碾压	按设计要求	目测或试验	抽查 10%	承包人自检		

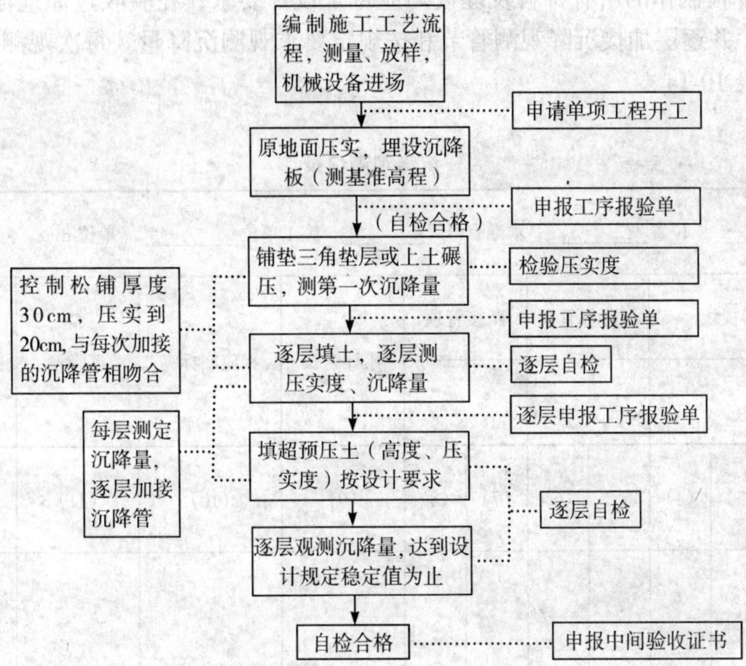

图 10-26 填土预压施工工艺流程

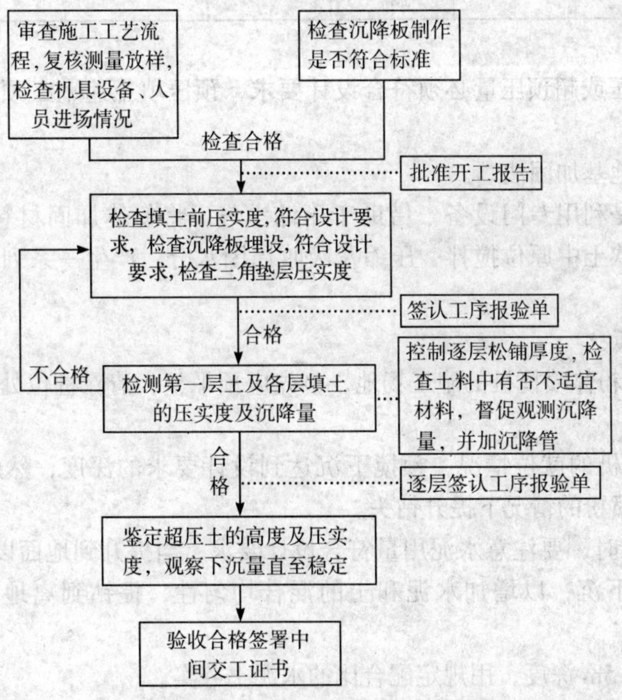

图 10-27 填土预压监理工作流程

（*b*）沉降板制作的所有材料及埋设均应符合设计要求，在验收过原地面后并压实后应立即埋设，并逐层加接沉降观测管节和按规定要求观测沉降量。每次观测后做好记录，记录格式见表 10-14。

沉降观测记录　　**表 10-14**

桩号________　位置________　水准点号________　施工单位________　单位 m

观测日期	仪器视线			沉降标管顶		新接管顶		累计管长	相应底标高	沉降量	观测者（签名）
(1)	(2)	(3)	(4)	(5)	(6)	(7)	(8)	(9)	(10)	(11)	(12)

（*c*）路基预压或超预压量必须符合设计要求，预压填土速率必须控制在设计规定范围内。

(3) 粉喷桩地基加固法

粉体喷搅桩是利用专门设备，借助于压缩空气，将粉体加固材料（如水泥）喷射，并在加固的深层软土中原位搅拌、压缩及吸收周围水分，产生一系列化学反应形成一定强度的桩体。

监理工作要点：

1）进行深层粉体喷搅桩的施工场地，事先应预平整，清除桩位处地上、地下的一切杂物。

2）检查搅拌机的就位情况，预搅下沉达到设计要求的深度，然后边提升钻头边喷粉。禁止在尚未喷粉的情况下提升钻头。

3）提钻喷粉时，要注意水泥用量符合设计要求，当提升到地面以下 0.5m 处，停止喷粉，重复搅拌下沉，以增加水泥和土的混合均匀性，提钻到离地面以下 0.5m 时停止。

4）地面至 0.5m 深度，用规定配合比的水泥土夯实。

5）对使用过的钻头，必须随时复核检查，其磨损量不得大于 1cm。

6）施工中如发现喷粉量不足，或在无喷粉情况下提钻或因机械事故使喷粉中断等，复打重叠段应大于 1m。

粉喷桩质量控制汇总表　**表 10-15**

项　目	规定值或允许偏差	检查方法	检查频率	检查程序	认可程序	备　注
桩距（mm）	±100	尺量	抽查 2%	承包人自检	专业监理工程师认可	
桩径（mm）	不小于设计	开挖尺量	抽查 2%			
桩长（m）	不小于设计	查施工记录，旁站检测				
竖直度（%）	1.5	查施工记录，旁站，经纬仪检测				
单桩喷粉量	符合设计	查施工记录，旁站计量				
强度（kPa）	不小于设计	取芯做抗压强度试验	抽查 5%			

（五）路面基层质量控制

公路路面是由路面面层和路面基层（底基层）二个层次构成的。路面基层又分为上基层和下基层，工程上一般称上基层为基层，称下基层为底基层。

基层在路面工程中的作用主要是承受由面层传递而来的车辆荷载的垂直力，并把它扩散到底基层和土基中，故基层应有足够的强度和刚度，JTJ034—2000 对不同层次和不同稳定类别的基层深度规定见表 10-16。

稳定土强度标准（MPa）　**表 10-16**

层次 ＼ 公路等级	高速和一级公路	其　他　公　路
（1）水泥稳定类		
基　　层	3~5	2.5~3
底　基　层	1.5~2.5	1.5~2.0
（2）石灰稳定细粒土		
基　　层	—	≥0.8①
底　基　层	≥0.8	0.5~0.7②
（3）二灰稳定类		
基　　层	0.8~1.1	0.6~0.8
底　基　层	≥0.6	≥0.5

1. 在低塑性土（塑性指数小于 7）地区，石灰稳定砂砾土和碎石土的 7 天浸水抗压强度应大于 0.5MPa。
2. 低限用于塑性指数小于 7 的黏性土，高限用于塑性指数大于 7 的黏性土。

1. 路面基层监理工作流程

（1）路面基层施工工艺流程，见图 10-28。

（2）路面基层监理工作流程，见图 10-29。

2. 路面基层监理要点

（1）审阅承包人申报的施工工艺流程，各种混合料配合比，并做对比试验。检查承

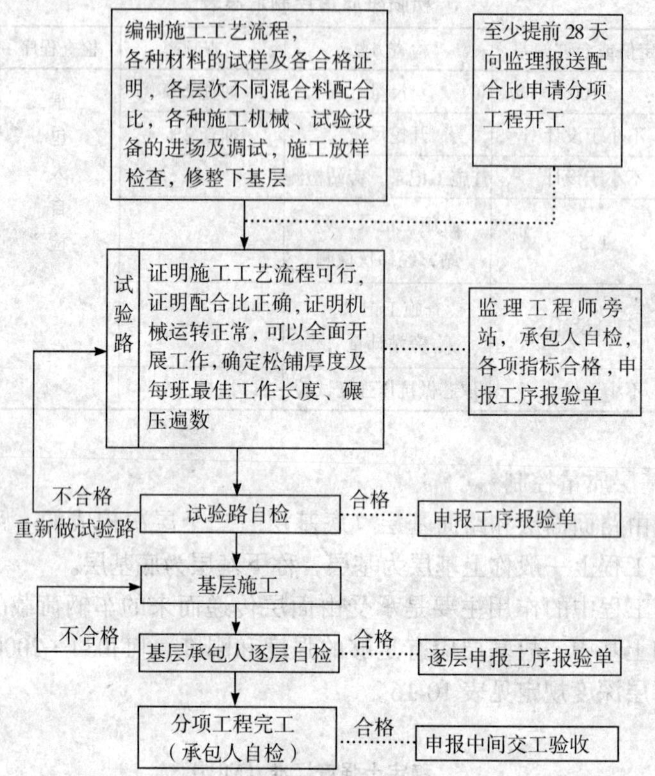

图 10-28　路面基层施工工艺流程

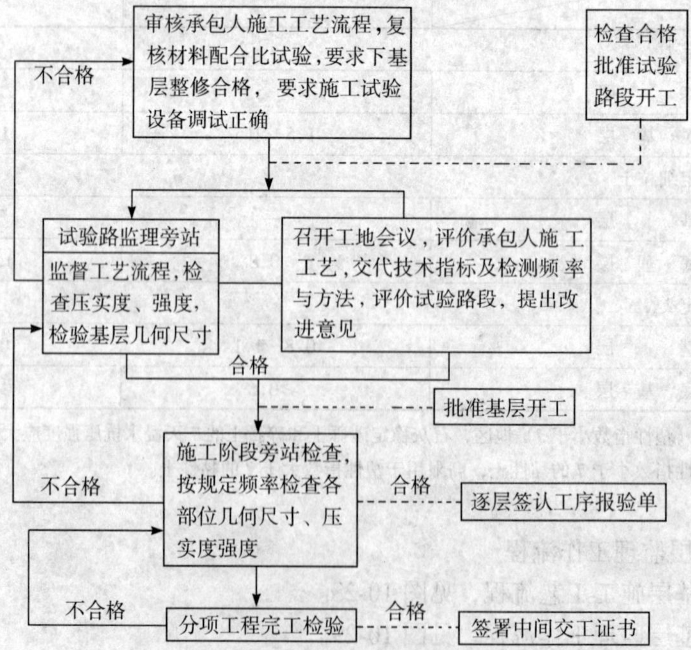

图 10-29　路面基层监理工作流程

包人进场的人员、机具设备和试验设备的完好情况，各种计量工具是否进行标定，是否已达到开工要求。

(2) 配合承包人对路槽或其他下基层复验，检查验收放样资料和桩志，检查标高、平面位置、横坡度、平整度等是否符合设计要求，目测检验路槽表面是否有坑槽、"弹簧"、薄层粘贴等缺陷。对有缺陷部位应令承包人修整到合格后才能开工。

(3) 会同承包人对各层材料取样试验，检验材料的合格率，把好材料进场第一关。对检查材料不合格时，可要求承包人改变料源。

(4) 开好工地会议，召开工地会议时要对承包人所建议的施工工艺做出评价，提出修改意见或批准施工工艺。会议上还须及时向承包人交待关于基层施工中的检测项目、质量标准及检测频率、方法及应遵循的规范等。

(5) 施工工艺被批准后，应要求承包人做100～200m试验路段，以验证其工艺及配合比是否正确。检测的项目应包括：混合料的压实度、厚度、高程、强度及几何尺寸等。若某一部分出现偏差应找出原因加以改正，并重新做试验路段。不成功的试验路由承包人自费清理出现场，不计量支付。若试验路各项指标符合要求，监理工程师可将其作为工程的一部分验收，并进入计量支付。

(6) 施工期间监理工程师应加强监督或巡视。掌握各层次施工的实际质量情况，每层次在承包人自检合格的基础上，填写工序报验单，经工程师按规定频率抽查合格后签字认可。单项工程完工后，可签署中间交工证书。

3. 路面基层监理工作内容

(1) 石灰稳定基层（底基层）工程质量控制。

公路路面基层有石灰稳定土、水泥稳定土、石灰稳定工业废渣、级配碎（砾）石、填隙碎石等多种形式，高等级公路常用水泥稳定土（工业废渣）和石灰稳定土两大类。本节仅叙述常用于的这两类稳定土的施工监理。

1) 石灰稳定土监理流程

(*A*) 石灰稳定土操作监理流程

a. 石灰稳定土施工工艺流程，见图10-30。

b. 石灰稳定土监理工作流程，见图10-31。

(*B*) 石灰稳定土配合比流程

a. 混合料配合比施工工艺流程，见图10-32。

b. 混合料配合比监理工作流程，见图10-33。

2) 石灰稳定土监理工作要点

(*A*) 无论是基层或底基层必须修筑在经监理工程师验收过的合格的下基层上。凡下基层有不平整、路拱不符合要求，高程超出允许误差或任何表面有松散、弹簧现象都应重新修整到合格，才能铺筑。

(*B*) 施工前应对路线精确放样，直线段每20m设一桩，平曲线段每10m或15m设一桩以控制中心高程和横坡度。

采用培槽式路面施工时，路肩必须与路面同步进行，以使碾压达到规定要求。

(*C*) 监理工程师必须对进场的材料按频率抽检，并注意(*a*)土料中不应含有树根、杂草和不适宜材料。(*b*)石灰在使用前7～10天充分消解，石灰质量必须在Ⅲ级以上。

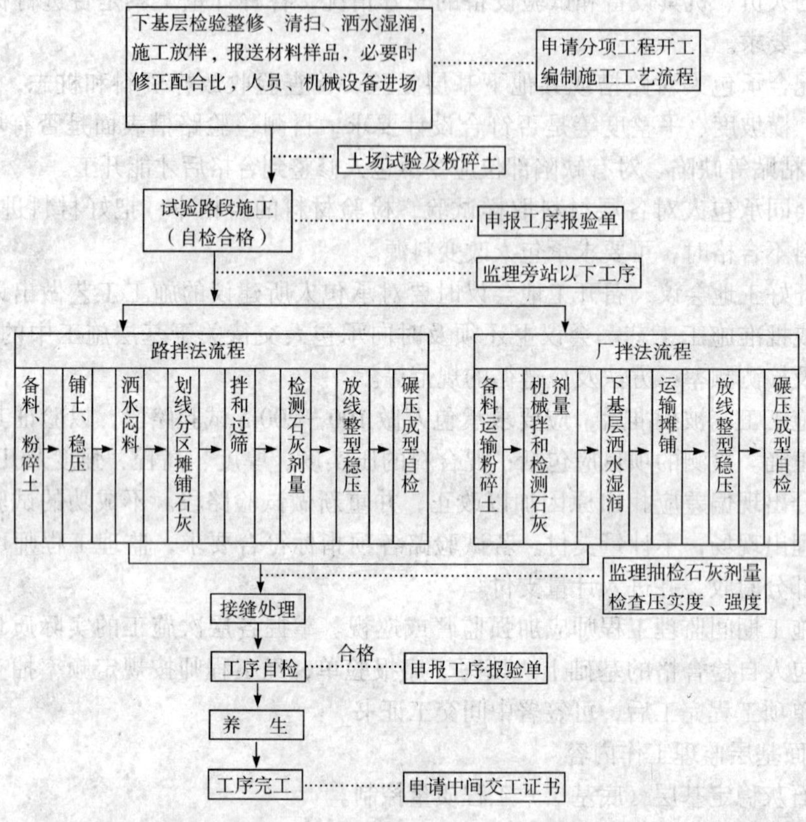

图 10-30　石灰稳定土施工工艺流程

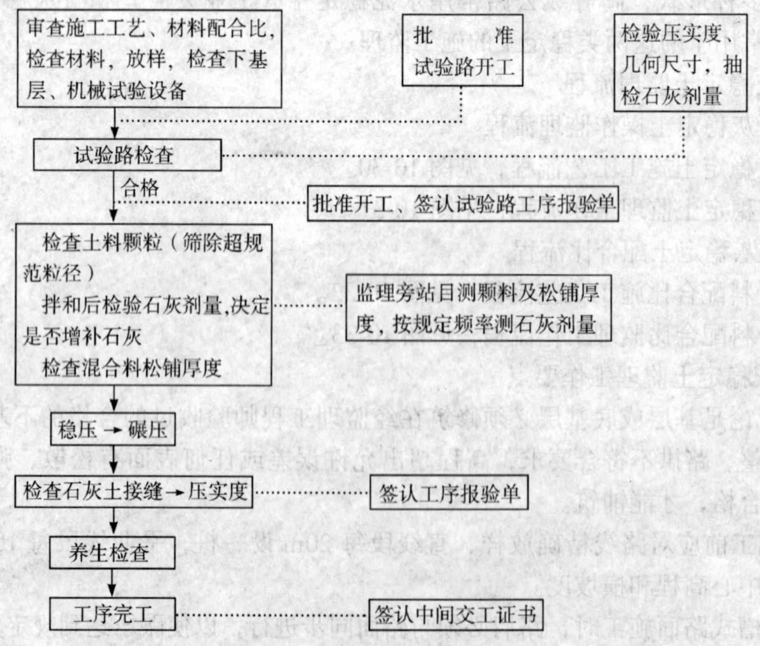

图 10-31　石灰稳定土监理工作流程

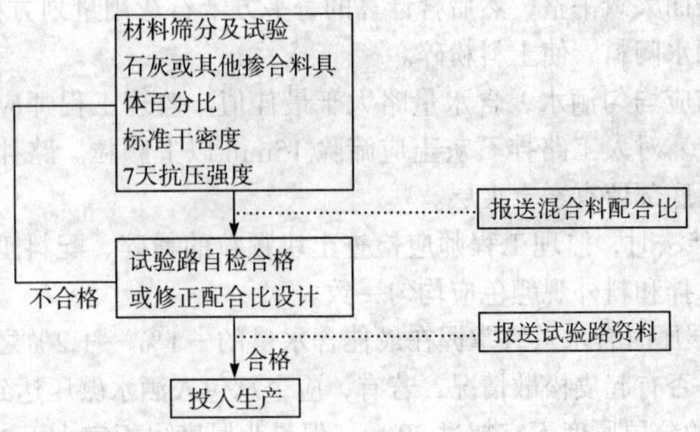

图 10-32　混合料配合比施工工艺流程

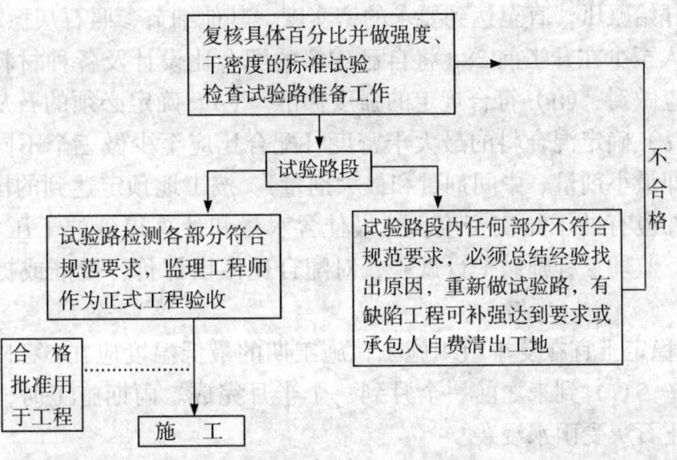

图 10-33　混合料配合比监理工作流程

(*D*) 集料摊铺应注意：(*a*) 摊铺路段长度应按试验路段经验控制。当天摊铺应当天碾压完成，对封闭交通路段可提前一天摊铺集料以提高效率。(*b*) 雨期施工时，尽量做到当天铺当天拌和当天碾压完成。(*c*) 根据试验路经验检查材料的松铺厚度，一般为：松铺厚度 = 压实厚度 × 松铺系数。

混合料松铺系数见表 10-17。

混合料松铺系数参考表　　**表 10-17**

材料名称	松铺系数	备注
石灰土	1.53～1.58	现场人工摊铺土和石灰，机械拌和，人工整平
	1.65～1.70	路外集中拌和，运到现场人工摊铺
石灰土砂砾	1.52～1.50	路外集中拌和，运到现场人工摊铺

（E）路拌法石灰土施工监理控制：（a）在人工摊铺的集料上，用6～8t两轮压路机碾压一遍，使其表面大致平整，然后含计算的每平方米石灰用量划方框布灰。（b）若集料过干，应事先洒水闷料，使土料粉碎。

石灰土路拌前应均匀洒水，含水量略大于最佳值。监理工程师应适时抽检混合料的含水量和石灰剂量。对人工路拌石灰土应筛除15mm以上颗粒。路拌法应拌和到颜色均匀一致并注意防止底部留有素土夹层。

（F）采用厂拌法时，监理工程师应检查土块颗粒的粉碎、配料正确，并适时抽查含水量和石灰剂量，拌和料外观颜色应均匀一致。

（G）石灰土碾压时含水量宜掌握在最佳含水量的－1%～＋2%之间，对低塑性指数的砂土，应检查是否有起皮松散情况，若有，应令承包人洒水碾压达到压实度要求。

（H）石灰土的分层厚度不宜超过20cm，但最小厚度也不宜小于10cm。

（I）石灰稳定工业废渣（粉煤灰或煤渣）必须遵循以下规定：（a）配料准确，石灰摊铺均匀，洒水拌和均匀；厚度、标高、横坡度必须达到规范标准；混合料处于略大于最佳含水量时开始碾压，直至达到要求的密实度。其他细节参照石灰稳定土监理。

（J）承包人至少在开工前28d将自己建议的配合比设计及各种材料试样送交监理工程师，配合比应做到：（a）符合规定的强度标准。（b）确定必须的石灰剂量和混合料的最佳含水量。（c）确定混合料的最大干密度（配合比应至少做三个不同石灰剂量混合料的击实试验，即最小剂量、中间剂量和最大剂量）。按工地预定达到的压实度，分别计算不同剂量时试件应有的干压实密度。按最佳含水量和计算得到的干压实密度制备试件，进行强度试验。监理工程师做平行试验，对配合比做出评价，批准或提出修改配合比的意见。

（K）石灰稳定土宜在夏季组织施工，施工期的最低温度应在5℃以上，并在第一次重冰冻（－3～－5℃）到来之前一个月到一个半月完成。雨期施工时，应采取排除表面水的措施，防止石灰受雨水浸袭。

（L）石灰稳定土的施工质量等要求详见JTJ034—2000、JTJ071—98的有关章节。

（2）水泥稳定基层（底基层）工程质量控制

水泥稳定土可作基层或底基层。施工时将土粉碎掺入适量水泥，按照规定的技术要求在最佳含水量的情况下，进行拌和和碾压。水泥稳定土根据混合材料不同又分为水泥土、水泥砂、水泥碎石、水泥石渣等等。当它同石灰混合时称为综合稳定土，综合稳定土中若水泥用量占结合料的40%以上时，则按水泥稳定土设计。

影响水泥稳定土强度的主要因素：（1）土的矿物成分。有资料证明，除有机质或硫酸盐含量高的土以外，各种砂砾土、砂土、粉土和黏土均可用水泥稳定，但其效果不尽相同。各种土用水泥稳定后的一些特殊要求，见表10-18。水泥土要达到一定的强度，水泥剂量是随粉粒和黏粒含量的增加而增高的。因此，稳定重黏土水泥用量过高则不经济。（2）水泥成分和剂量。资料证明，同一种土，水泥成分不同强度也不同，硅酸盐水泥稳定效果较好，而铝酸盐水泥则较差。（3）水的影响。当水泥土含水量不足时，就不能保证水泥的完全水化和水解作用。一般认为对于砂性土，应略高于最佳含水量，对于黏性土则相反。（4）水泥和土的充分拌和将会满足水泥土的强度，拌和不均匀则造成强度的不均匀，而且在水泥较多的地方往往会使裂缝增加。同时水泥土碾压成型后必须维持混合料中含有充分的水分，养生期间应视天气情况一般每天洒水4～6次，从而保证水泥土的强度随龄期增长。(5) 控制水泥摊铺到成型的时间。水泥土的强度随成型时间的延迟而强度下降，一般从漏水到成型规定为3～4h，至迟不能超过水泥的终凝时间。

各种不同土用水泥稳定后强度参考　　**表 10-18**

土　类	7天无侧限抗压强度（MPa）	弯拉弹性模量（MPa）	CBR	水泥大致用量（干土重%）
级配良好的砾石、砂、黏土	2.08～1.05以上	(7～21) ×10^3	>600	≤5
粉质砂，砂质黏土	1.7～3.5	7×10^3	600	7
粉质、砂质黏土、级配差的砂	0.7～1.7	(3.5～7) ×10^3	200	9
粉土、粉质黏土、级配很差的砂	0.35～1.05	小于3.5×10^3	100	10
重　黏　土	<0.7	1.4×10^3	50	≥13

1）水泥稳定土监理流程

水泥稳定土操作流程和配合比工作流程见3、(1)、1)、(*A*) 和3、(1)、1)、(*B*)。

2）监理工作要点

(*A*) 无论是路面的基层或底基层，必须修筑在经监理工程师验收过的合格的下基层上。凡下基层不平整、路拱不符合要求，标高超过允许误差或其表面任何一部分松散、"弹簧"现象，都应重新处理到合格，才能铺筑。

(*B*) 施工前应对路线精确放样，直线段每20m设一桩，平面线段每10m或15m设一桩，控制路中心高程和横坡度。若采用培槽式路面施工时，路肩必须与路面同步进行，碾压达到压实度要求。

(*C*) 严格控制材料质量，对进入工地的材料监理工程师必须按规定频率抽检。应注意控制：(*a*) 土料中不应含有树根、杂草和不适宜土，对超过允许范围的颗粒必须筛除。(*b*) 综合稳定用的石灰应是Ⅲ级以上的消石灰粉或生石灰粉。(*c*) 水泥稳定土用的碎石，其压碎值按重交通道路要求不大于30%。(*d*) 水泥应是普通硅酸盐水泥、硅酸盐水泥、矿渣水泥或火山灰质水泥。凡快凝水泥、早强水泥及已受潮变质的水泥均不能用于工程上。(*e*) 水的要求，凡人、畜饮用水均可用于水泥稳定土施工，遇到可疑水源时应进行化验鉴定。

(*D*) 集料混合料配合及拌和控制

适用于水泥稳定的集料的颗粒范围见表10-19。

适用于水泥稳定的集料的颗粒组成范围（高速公路、一级公路）　　表 10-19

编　号		1	2
通过下列筛孔（mm）的重量百分率（%）	40	100	
	30	90～100	100
	20	75～90	90～100
	10	50～70	60～80
	5	30～55	30～50
	2	15～35	15～30
	0.5	10～20	10～20
	0.075	0～7①	0～7①
液　限（%）		<25	<25
塑性指数		<6	<6

1. 集料中 0.5mm 以下细土有塑性指数时，小于 0.075mm 的颗粒含量不应超过 5%；细土无塑性指数时，小于 0.075mm 颗粒含量不应超过 7%。
2. 1 号级配用于底基层，2 号级配用于基层。

（*E*）混合料摊铺碾压控制

（*a*）水泥稳定摊铺路段的最佳长度应根据试验路经验决定。摊铺路段过长会造成在水泥终凝时间内无法成型，无法达到规定的强度。（*b*）集料摊铺的松铺系数也应在试验路时取得经验，以试验路的松铺系数施工。人工摊铺时松铺系数参见表 10-21。（*c*）摊铺集料应不含有超尺寸颗粒，集料含水量过小时，可洒水闷料，但洒水要均匀，不能造成泥泞。摊铺时控制含水量应低于最佳含水量 1%～2%，以减少收缩裂缝。（*d*）摊铺集料前一天，应在下基层上洒水湿润，再摊铺集料。集料应粗略整平，用 6～8t 压路机轻压一遍，再在上面划出投放每袋水泥的纵横距离。每格放上水泥，打开水泥袋用刮板将水泥均开，然后干拌达到均匀状态，洒水湿拌到混合料色泽均匀一致，没有灰条、灰团和花面，没有粗细颗粒集中现象，且水分合适和均匀。

（*F*）水泥稳定的整型和碾压是工序的关键，整型应分二步进行，先用推土机、平地机配合轮胎压路机初平一遍，初平时注意对不平整处找补。再次按标高、路拱及接缝整型碾压。

碾压工作应在整型好的层面上全幅路宽进行。碾压表面要保持潮湿。如水分蒸发过快，应及时补洒少量水。碾压中如发现有局部“弹簧”现象应及时翻开重新拌和（或可加少量水泥）或其他处理方法使其达到质量要求。

水泥最小剂量百分比　　表 10-20

土　类 ＼ 拌和方法	路　拌　法	集中（厂）拌和法
中粒土和粗粒土	3%	2%
细　粒　土	5%	3%

人工摊铺时混合料松铺系数参考表 表 10-21

材料名称	松铺系数	备注
水泥稳定砂砾	1.30～1.35	现场人工摊铺砂砾和水泥
水泥土	1.53～1.58	现场人工摊铺土和水泥、机械拌和、人工整平

(*G*) 水泥稳定土施工应掌握好天气变化情况，雨期施工勿使水泥及混合料遭受雨淋。水泥稳定土宜在夏季或将至夏季组织施工。施工期最低温度应在5℃以上，并在第一次重冰冻（-3～-5℃）到来之前半个月到一个月完成。已完成的结构层过冬，特别是有粉煤灰的综合稳定的结构层，应及时做上面层，或覆盖土以防止冰冻季节因受冻而松散。

(*H*) 水泥稳定土层上，未铺封层或面层时，不应开放交通。当中断施工临时开放交通时，也应采取保护措施。

(*I*) 水泥稳定土基层施工时，严禁用薄层贴补的办法进行找平。

(*J*) 水泥稳定土的检测质量要求等详见JTJ071—94、JTJ034—93的有关章节。

（六）路面面层质量控制

公路路面按其力学性能可分为柔性路面和刚性路面以及半刚性路面几种型式。柔性路面主要包括用各种基层和各类沥青面层、碎（砾）石面层组成的各种路面结构层。刚性路面则主要指用水泥混凝土作面层或基层的路面结构。半刚性路面则是指用石灰或水泥稳定土或稳定碎（砾）石，以及用各种含有水硬性结合料的工业废料修筑的基层，在前期具有柔性路面的力学性能，当环境适宜时，其强度和刚度会随着时间的推移而不断增大，但其最终抗弯拉强度和弹性模量还是远较刚性基层为低，因此，在这类基础上修建的路面称为半刚性路面。

路面面层是直接受车辆荷载的作用力及雨水和气温变化的外部不利因素影响的，因此它和土基和基层相比应具有更高的强度、刚度和稳定性，以及耐磨和不透水性，为保证行车安全还应具有良好的平整度和粗糙度。

1. 路面面层质量控制流程

(1) 施工工艺流程参见图10-28的内容。

(2) 监理工作流程参见图10-28的内容。

2. 路面面层质量控制要点

(1) 审阅承包人申报的施工工艺流程、各种混合料配合比，并做对比（平行）试验。检查承包人进场的人员、机具设备和试验设备的安装和检修情况，水泥混凝土和沥青混凝土拌和机械的试拌是否达到标准要求。

检查复核承包人放样资料和桩志是否符合要求。检查下基层是否合格。

召开工地会议，交待技术标准及检测方法和频率。

(2) 要求承包人按自己建议的施工工艺和设备在工程范围内做50～100m试验路段，以验证机械设备能正常运转，配合比符合要求，几何尺寸及压实厚度均能满足设计要求。试验路合格，工程师应签认工序报验单，作为工程的一部分，试验路不合格，承包人应自费将其不合格部分清理出场，监理工程师应会同承包人总结经验，找出问题所在，重新做试验路。

(3) 施工期间监理工程师应加强旁站，加强巡视、检测，防止不合格材料和低温沥青混合料用于工程中。

3. 监理工作内容

(1) 沥青面层质量控制。沥青面层是用沥青材料作粘结料、粘结矿料或混合料与各类基层所组成的路面结构层。与水泥混凝土路面比，沥青类路面具有表面平整、接缝少、行车舒适、耐磨、噪声低、便于维修和养护等优点。但也由于本身存在抗弯强度较低的原因，要求其基层有足够的强度和稳定性。沥青面层施工中应严格掌握拌和配合比及沥青含量、天气情况和碾压温度，防止路面出现开裂、松散、剥落和拥包等损坏现象。

沥青面层的类型大致可分为五种：沥青表面处治、沥青贯入式、路拌沥青碎石（用于次高级路面)、厂拌沥青碎石、热拌热铺沥青混凝土（两种用于高等级路面)。

影响沥青面层质量的因素很多，一般认为基层强度不足、标高和表面不平整是原因之一。更主要的影响是材料本身，如：沥青的性能与含蜡量，沥青与骨料的黏结力，碎石级配与压碎值及磨光值等。除此之外配合比设计不当、施工工艺不合理、在雨天或恶劣天气施工也是影响沥青面层质量的重要因素。监理工程师应在施工中严格控制各关键环节，使工程质量有所保证。

1) 沥青面层监理工作流程

a. 沥青面层施工工艺流程，见图 10-34。

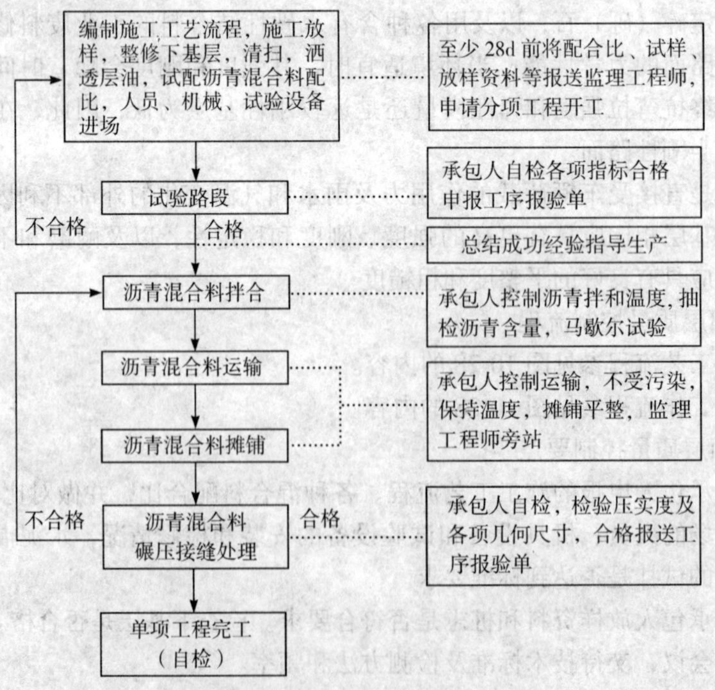

图 10-34 沥青面层施工工艺流程

b. 沥青面层监理工作流程，见图 10-35。

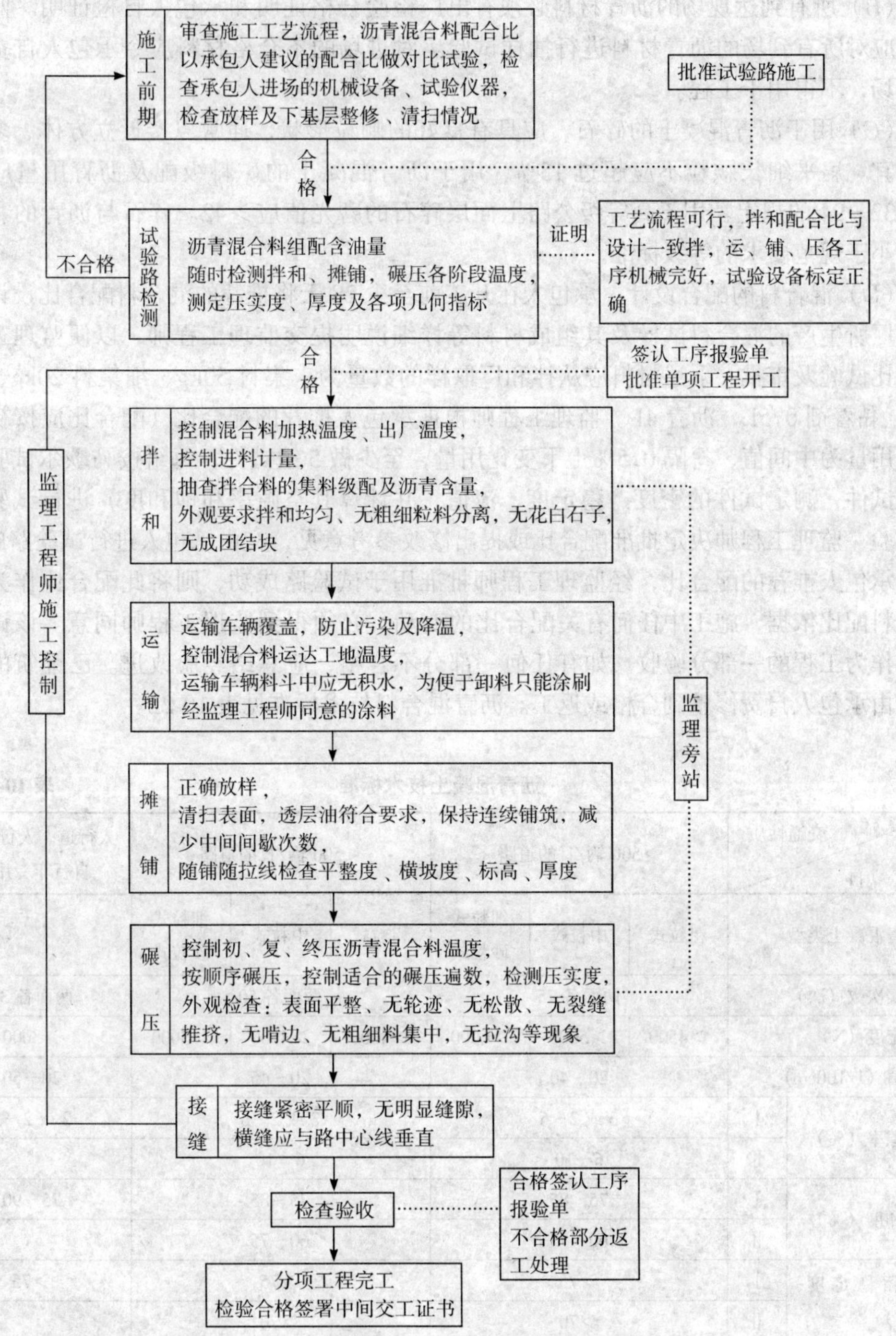

图 10-35　沥青面层监理工作流程

2）沥青面层监理工作要点

（*A*）任何沥青面层施工，必须在承包人对下基层整修好，并且已做好精确放样，而全部工作都已得到监理工程师检查和批准的下承层上进行。

（*B*）所有到达现场的沥青材料必须有出厂检验合格证明和承包人自检证明。监理工程师应对所有到场的沥青材料进行抽样试验。对进场的不合格材料应令承包人自费清理出现场，不得用于工程。

（*C*）用于沥青混凝土的碎石，应具有良好的颗粒形状，通常以接近立方体、多棱角体为宜。扁平细长颗粒不应超过15%，用于沥青混凝土的矿料级配及沥青用量应符合JTJ032—94的规定。用于高等级公路上面层碎石的磨光值应＞42。碎石与沥青的黏结力应不小于规范要求的等级标准。

（*D*）混合料的配合设计：承包人在开工前至少28天将推荐的混合料配合比设计和在拌和厂所生产的混合料试样及其组成材料等详细说明提交监理工程师，以便监理工程师做对比试验及审批。上述材料应从拌和厂取样的数量为：集料50kg、细集料20kg、填料5kg、黏着剂0.5L、沥青4L。监理工程师根据承包人推荐的配合比（配合比应按初估的沥青用量为中间值，每隔0.5%上下变化用量，至少做5组试件，每组按马歇尔试验方法制备试件，测定试件的密度、稳定度、流值，并计算其空隙率和饱和度）进行试验，通过试验，监理工程师决定批准配合比或提出修改参考意见，交由承包人进行试验路施工。

承包人推荐的配合比，经监理工程师批准用于试验路成功，则将此配合比作为施工混合料配比依据，施工中任何有关配合比的变动，必须得到监理工程师同意。该试验路也应作为工程的一部分验收。如有任何一部分不合格，应总结经验改进。已铺筑的试验路段由承包人自费修整到合格或返工。沥青混合料技术标准见表10-22。

沥青混凝土技术标准　　**表10-22**

项目＼交通性质		＞500辆/日的道路			＜500辆/日的道路			人行道、人行广场、自行车专用道
沥青混凝土类型		粗粒式	中粒式	细粒式 砂粒式	粗粒式	中粒式	细粒式 砂粒式	
击实次数（次）		两面各75			两面各50			两面各35
稳定度（N）		＞4500	＞5000	＞6000	＞4000	＞4500	＞5000	＞3000
流值（1/100cm）		20～40			20～45			20～50
空隙率（%）	Ⅰ	3或2～6			3或2～6			2或2～5
	Ⅱ	6～10			6～10			
饱和度（%）	Ⅰ	75～85			75～85			75～90
	Ⅱ	60～75			60～75			
残留稳定度（%）	Ⅰ	＞75			＞75			＞75
	Ⅱ	＞70			＞70			

注：交通量以后轴重10t标准车为准。

（*E*）监理工程师对沥青混凝土（碎石）控制：

（*a*）所有沥青混凝土的铺筑，必须是在监理工程师已验收过的路基上进行，铺筑前应清扫干净，正确放样，安装好路缘石，浇洒透层油。若洒布透层油后由于行车需要洒布的石屑或砂等物质，均需在铺筑沥青混凝土前将松散颗粒清扫干净，以免造成松散夹层。

（*b*）沥青混凝土拌和工艺流程，见图10-36。

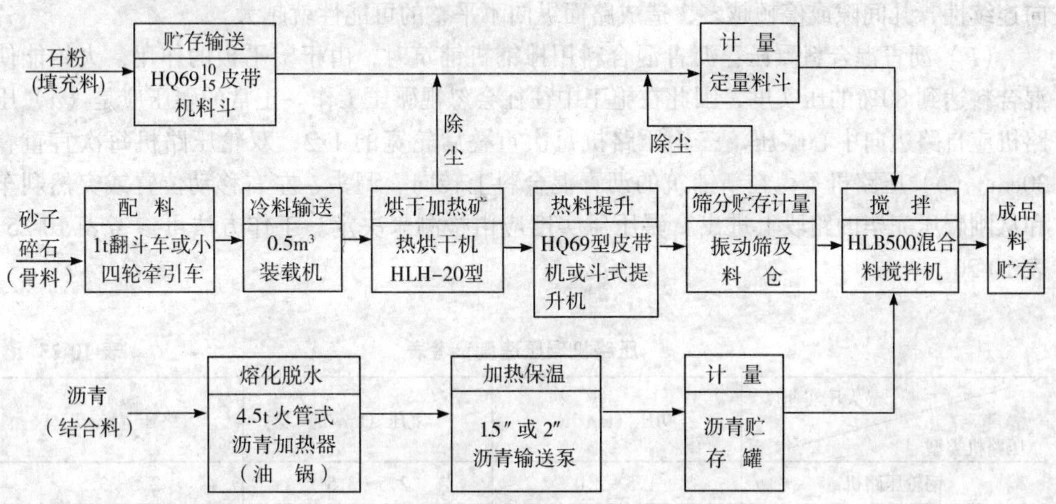

图10-36　沥青混凝土拌和工艺流程

拌制沥青混合料时监理工程师应做到三个及时、二个坚持、一个保证。三及时是每天拌和机拌制3～5车混合料后，试验室应及时取样、及时试验、及时反馈（将油石比、级配情况及时通知承包人拌和机技术负责人或工程技术主管）。二个坚持是坚持开盘证制度和坚持每天上下午各抽测一次油石比及级配的制度。一个保证是保证好施工各环节沥青混合料温度。温度的保证体系应是：沥青及集料加热温度──→沥青混合料拌和温度──→沥青混合料出厂温度──→沥青混合料到达现场温度──→沥青混合料开始碾压温度──→沥青混合料复压温度──→沥青混合料终压温度。沥青混合料各阶段温度控制值见表10-23、表10-24。

沥青混合料加热温度（℃）　　**表10-23**

种　类	石油沥青	煤沥青	砂、石	矿　粉	沥青混合料出厂温度
石油沥青混合料	130～160		140～170	不加热	130～160
煤沥青混合料		100～120	100～130	不加热	90～120

沥青混合料不同阶段温度控制（℃）　　**表10-24**

种　类	出厂温度	到达工地温度	开始碾压温度	碾压终了温度
石油沥青混合料	130～160	120～150	110～140	＞70
煤沥青混合料	90～120	＞90	80～110	＞50

(*c*) 沥青混合料宜选用能在全幅宽度上一次完成的摊铺机械。若机械性能决定只能半幅施工时，宜采用二台以上摊铺机前后间隔较短距离成梯队作业进行联合摊铺。或一台摊铺机调转作业但需控制终压温度最低不能低于70℃，若只能一台拌和机摊铺而又不能保证在70℃温度以上碾压密实时，则应按规范做冷接缝处理。摊铺混合料时宜任意纵向连续性，凡间隙或停顿越多，造成路面纵向不平整的可能性就越大。

(*F*) 沥青混合料碾压：沥青混合料用摊铺机铺筑时，由于熨平板的作用，大约能使混合料达到80%的压实度，因此在施工中往往会忽视碾压工作。正常的碾压应是 (*a*) 压路机应自路边向中心碾压，三轮压路机每次重叠后轮宽的1/2，双轮压路机每次宜重叠30cm。(*b*) 压路机不得在新铺筑的沥青混合料上转向、调头、左右移动位置或突然刹车和从刚碾压完毕的路段上进出。碾压压实度应由检测来决定。工作方法可参考表10-25、表10-26。

压路机碾压速度参考表　　　　**表10-25**

最大压实速度 / 压路机类型	初压（km/h）	复压（km/h）	终压（km/h）
钢轮压路机	1.5～2.0	2.5～3.5	2.5～3.5
轮胎压路机	—	4.5～5.5	—
振动压路机	静压1.5～2.0	振动5～6	静压2～3

压路机碾压遍数参考表　　　　**表10-26**

压路机吨位 / 压次	6～8t 或6～10t	10～12t三轮 10t振动或轮胎	6～8t双轮 或6～8t振动	备　　注
初　压	静压2遍			检查路拱、平整度
复　压		4～6遍		路面稳定，无明显轮迹
终　压			2～4遍（无振动状态）	

(*G*) 沥青混凝土面层的施工缝，直接影响路面的平整度，因此必须严格控制。一般为纵向缝采用热接缝时碾压温度不低于70℃，或按施工规范接缝处理。接缝施工一般在接缝处设挡板，使端部整齐。

双层或三层式路面，上下层接缝位置宜错开30cm以上。对雨水井进水口和各检查井口等压不到的边角处，应用人工补充夯实烫平。

(*H*) 沥青混合料施工气候控制：

(*a*) 气温在5℃以下或冬季气温虽在5℃以上，但有大风时，应符合下列条件规定方能施工：①运输车辆有覆盖，到工地沥青混合料温度石油沥青混合料不低于140℃，煤沥青混合料不低于100℃。②摊铺机的刮平板及其他接触热沥青混合料的部位要经常加热。③摊铺时间宜在上午9时至下午4时进行，且应做到快卸料、快摊铺、快碾压。④在接缝处摊铺沥青混合料前对已被压实的沥青混凝土面层进行预热，沥青混合料摊铺后，在接缝处用热夯、热烙铁烫平并使压路机沿缝加强碾压。

(*b*) 雨季施工应符合：①注意天气预报，尽量缩短施工路段长度，工序要紧密衔接。②运输汽车要有防雨设备。③基层和路肩做好排水措施。④被雨淋湿或潮湿和有水迹的下承层上不能立即摊铺沥青混合料。未经压实即遭雨淋的沥青混合料，要全部清除，更换新料。

(*I*) 沥青混合料施工质量控制汇总表，见表10-27。

沥青混合料施工质量控制汇总表　　**表10-27**

检查项目		规定值或允许偏差		检查方法和频率	检查程序	认可程序	备注
		高速一级公路	其他公路				
压实度（%）		95（98）	94（98）	灌砂，核子仪每100m　2～5点	承包人自检	专业监理工程师认可	
纵断高程（mm）		±15	±20	水准仪每200m　4点	承包人自检		
平整度（mm）	标准偏差σ	1.8	2.5	平整度仪：全线连续按每100m计算σ	联合检测		σ为平整度仪测定的标准偏差，h为3m直尺与路面的最大间隙
	最大间隙h	3.0	5.0	3m直尺：每200m　2处×10尺	承包人自检		
抗滑	摩擦系数	符合设计	—	摆式仪或摩擦系数测定车	承包人自检或联合检测		
	构造深度			砂铺法，每200m　1处			
厚度（mm）	代表值	总厚度－8 上面层－4	≤60时－5 >60时－8%	挖验，钻芯取样每200m每车道1点	承包人自检或联合检测		
	极　值	总厚度－15 上面层－8	≤60时－10 >60时－15%				
中线平面偏位（mm）		20		经纬仪每200m　4点	承包人自检		
宽度（mm）	有侧石	±20	±30	尺量：每200m　4处	承包人自检		
	无侧石	不小于设计值					
横坡（%）		±0.3	±0.5	水准仪每200m　4断面	承包人自检		
弯沉值（0.01mm）		≤设计允许值		弯沉仪：每一双车道（不超过1km）检查80～100个点	承包人自检或联合检测		
沥青含量（%）		±0.3	±0.5	1点/km抽提仪或快速沥青含量检测仪	承包人自检		
集料成分		符合级配范围					
温　度		设计（规范）要求		温度计随机抽测	承包人自检		

(2) 水泥混凝土面层质量控制

水泥混凝土有素混凝土、钢筋混凝土、连续钢筋混凝土等多种。水泥混凝土路面和其他路面相比具有较高的抗压和抗弯强度以及耐磨耗能力，稳定性好。特别是它的强度能随着时间的延长而逐渐提高（不存在沥青类面层的“老化”现象）、耐久性好、养护费用少等优点，但是造价较高，需用大量水泥，且噪音较大。

影响水泥混凝土面层质量的主要原因是：(*a*) 由于土基或基层的不均匀沉陷和冻胀，

以及膨胀土的影响等；（*b*）施工工艺影响，特别是胀缝不符合要求；（*c*）混凝土的施工方法和质量对路面的影响等。

1）水泥混凝土面层监理工作流程

a. 水泥混凝土面层施工工艺流程，见图 10-37。

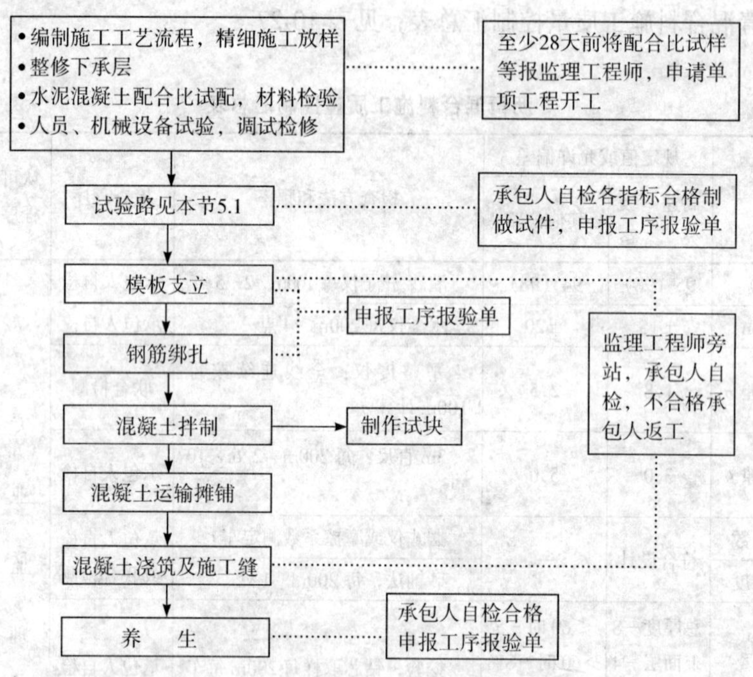

图 10-37　水泥混凝土面层施工工艺流程

b. 水泥混凝土面层监理工作流程，见图 10-38。

2）水泥混凝土面层监理工作要点

（*A*）任何水泥混凝土面层施工，必须在承包人对下承层修整好，并且经过精心放样而全部工作都得到监理工程师审查批准的下承层上进行。

（*B*）水泥混凝土配合比设计：承包人至少在开工前 28d，将配合比设计和样品送交监理工程师。工程师根据承包人推荐的配合比进行复核试验，证明承包人推荐的混凝土配合比要比设计要求强度等级的配合比能提高 10%～15%，方可用于试验路段上。混凝土中的水泥用量不应小于 300kg/m^3，水灰比不大于 0.46～0.5，坍落度宜为 1～2.5cm。

（*C*）水泥混凝土施工控制

（*a*）水泥混凝土施工配合比应控制在误差允许范围之内，其允许误差，见表 10-28；

（*b*）水泥混凝土最短搅拌时间参见表 10-29；

（*c*）控制混凝土搅拌至浇筑完毕的允许最长时间参见表 10-30；

（*d*）混凝土强度检验按每 200m^3 制作试件 2 组。

（*D*）混凝土板施工质量控制

（*a*）钢模板高度与混凝土板厚度一致，木模板应是质地坚实，变形小，无腐朽、扭曲、裂纹的木料制成（高等级公路水泥路面施工不应采用木模板）。高度允许误差为

±2mm。企口舌部或凹槽的长度允许误差：钢模板为±1mm，木模板为±2mm。

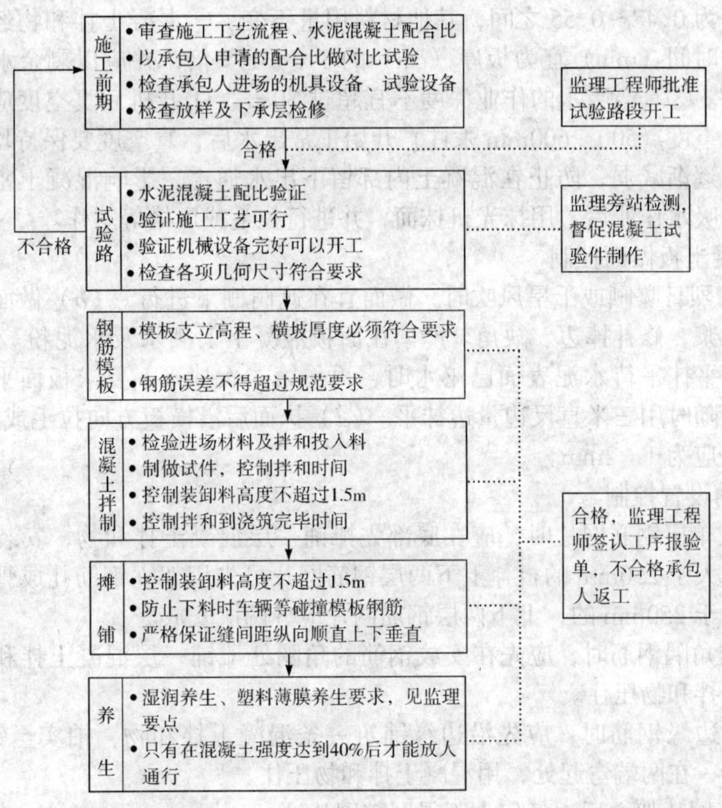

图 10-38　水泥混凝土面层监理工作流程

水泥混凝土拌制配合比允许误差　表 10-28

项　目	允许误差
水　泥	±1%
粗、细骨料	±3%
水	±1%
外加剂	±2%

水泥混凝土拌和时间控制表　表 10-29

搅拌机容量		转　速（转/min）	搅拌时间（s）	
			低流动性混凝土	干硬性混凝土
自由式	400L	18	105	120
	800L	14	165	210
强制式	375L	38	90	100
	1500L	20	180	240

（*b*）板厚在 22cm 以下可一次摊铺，在 22cm 以上时应分二次摊铺，下部厚度宜为总厚的 3/5。振捣必须密实，应先用插入式振捣器振捣，然后用平板式振动器和振动梁振捣，振捣时应辅以人工找平（禁止用砂浆找补），及时检查模板，如有变动应及时纠正。

水泥混凝土搅拌至浇筑控制时间参考表　表 10-30

施工气温（℃）	允许最长时间（h）
5～10	2
10～20	1.5
20～30	1
30～35	0.75

（*c*）采用真空吸水工艺时要求控制：①混凝土拌和物按设计配合比适当增大用水量，水灰比可为0.48～0.55之间，其他材料用量不变。②混凝土拌和物经振实整平后进行真空吸水的时间（min）宜为板厚（cm）的1.0～1.5倍，并应以剩余水灰比来检验真空吸水的效果。③真空吸水的作业深度不宜超过30cm。④开机后真空度应逐渐增加，当达到要求的真空度（500～600mm汞柱）开始正常出水后，真空度要保持均匀，结束吸水前，真空度应逐渐减弱，防止在混凝土内部留下出水通道，影响混凝土密实度。⑤混凝土板完成真空吸水作业后，用抹光机抹面，并进行拉毛或压槽等工作。

（*E*）混凝土板做面控制

（*a*）当有烈日曝晒或干旱风吹时，做面宜在遮荫棚下进行。（*b*）做面前应做好清边整缝，清除粘浆，修补掉边、缺角。严禁在面板混凝土上洒水及水泥粉。（*c*）做面宜二次进行。先找平抹平待水泥表面已泌水时，再作第二次抹平。要求板面平整密实，为保证平整度，可随时用三米直尺边量边抹平。（*d*）抹面后沿横板方向拉毛或采用机具压槽。（*e*）压槽深度应为1～2mm。

（*F*）钢筋设置控制

（*a*）安放单层钢筋网片时，应在底部先摊铺一层混凝土拌和物，安装双层钢筋网片时，对厚度不大于250mm的板，上下两层钢筋网片可先用架立钢筋扎成骨架后一次安放就位。厚度大于250mm的，上下两层钢筋网片应分两次安放。

（*b*）安放角隅钢筋时，应先在安放钢筋的角隅处摊铺一层混凝土拌和物，钢筋就位后，用混凝土拌和物压住。

（*c*）安放边缘钢筋时，应先沿边缘铺筑一条混凝土拌和物，拍实至钢筋设置高度，然后安放钢筋，在两端弯起处，用混凝土拌和物压住。

（*d*）钢筋网片架立后，任何人不得踩踏网片。

（*G*）接缝施工控制

（*a*）胀缝必须与路面中心线垂直，且自身应垂直，缝宽必须一致。填料应符合图纸要求，传力杆必须平行于板面及路面中心线，其误差不得大于5mm。

（*b*）采用切缝法施工时必须在混凝土强度达到25%～30%时，方能进行切割。

（*c*）施工缝位置宜与胀缝或缩缝吻合，缝的位置应与路面中心线垂直，多车道路面及民航机场道路面的施工缝，应避免设在同一横截面上。

（*d*）平面纵缝对已浇混凝土板的缝壁应涂沥青，刷涂时应避免涂在拉杆上。浇筑相邻板时，缝的上部应压成规则深度的缝槽，企口板等施工也应注意沥青涂刷的有关规定。

（*H*）填缝料施工控制

（*a*）聚氯乙烯胶泥在工厂整批生产，装桶储运使用。使用时缓慢加热至130℃，保持恒温15min并不断搅拌，灌注后冷却成型（加热最高温度不得超过160℃）。如为现场调制的聚氯乙烯胶泥，先将脱水煤焦油倒入锅内，加热至60℃拌匀，再加入其他材料，边加边搅拌，加热至140℃后，恒温塑化10～20min即灌注，加热温度不得超过150℃。

（*b*）沥青橡胶膏，使用时将油－10沥青加热脱水，温度升到180～220℃时，加入柴油拌匀，再加入预热的石粉和石棉的混合物，最后加入橡胶粉，边加边搅拌，慢火升温到180～220℃，恒温1～1.5h，使具有较大的流动性，即可灌注。

（*c*）预制嵌缝条，胀缝板宜用软木条、木纤维板或沥青浸制的油毛毡压制而成，适用于胀缝的下半部。沥青橡胶嵌缝条、采用沥青、石棉粉、石粉按比例配合压制成板条，适用于胀缝、缩缝及纵缝的上半部。有孔氯丁橡胶嵌缝条，采用氯丁橡胶原料，按设计图形用橡胶挤出机挤压成型，然后放在硫化罐内硫化而成，适用于胀缝的上半部。

（*I*）混凝土养护

（*a*）混凝土浇筑后应及时养护。对昼夜温差大的地区，3d 内应采用保温措施。养护期间禁止通车。

（*b*）混凝土养护方法应遵循 *J* 条。

（*J*）混凝土板塑料薄膜养护工艺控制

（*a*）过氯乙烯树脂喷洒要求：喷洒机具采用小型空压机和喷漆枪，先在混凝土板外试喷，待均匀后再进入混凝土板喷洒，喷液的压力宜为 0.5MPa。

（*b*）氯偏乳液喷洒要求：喷嘴距混凝土板面的距离宜在 300～600mm，第一次喷洒成无色透明后，应再喷一次，两次的喷洒移动方向应保持垂直，两次喷洒用量宜在 10kg/m^2（按一份乳液掺一份水计算）。贮存温度不宜低于 0℃。

（*K*）混凝土混合料的捣实，应是由平板振捣（2.2～2.8kW）、插入式振捣器和振捣梁（各 1.1kW）的配套作业。平板振捣器应是纵横交错、全面振捣，插入式振捣器应是靠边缘顺序振捣，振动梁应按标高和横坡拖平振捣，以达到混凝土各部位振捣密实，表面平整。

（*L*）施工条件控制：当室外温度连续 5 天低于 5℃时，应按冬季施工方法进行。当混凝土拌制温度在 30～35℃时，混凝土板的施工应按夏季施工规定进行。

（*M*）水泥混凝土面层质量控制汇总表见表 10-31。

水泥混凝土面层质量控制汇总表　　**表 10-31**

<table>
<tr><th colspan="2" rowspan="2">检查项目</th><th colspan="2">规定值或允许偏差</th><th rowspan="2">检查方法和频率</th><th rowspan="2">检验程序</th><th rowspan="2">认可程序</th><th rowspan="2">备注</th></tr>
<tr><th>高速一级公路</th><th>其他公路</th></tr>
<tr><td colspan="2">弯拉强度（MPa）</td><td colspan="2">在合格标准内</td><td>弯拉强度试验，每 200m^3 取 2 组试样</td><td>承包人自检</td><td rowspan="13">专业监理工程师认可</td><td>监理试验旁站</td></tr>
<tr><td rowspan="2">板厚度（mm）</td><td>代表值</td><td colspan="2">－5</td><td rowspan="2">钻芯取样每 200m 每车道 2 处</td><td rowspan="2">承包人自检</td><td rowspan="2"></td></tr>
<tr><td>极　值</td><td colspan="2">－10</td></tr>
<tr><td rowspan="2">平整度（mm）</td><td>标准偏差 σ</td><td>1.8</td><td>2.5</td><td>平整度仪：抽一车道连续检测按每 100m 计算 σ</td><td>联合检测</td><td rowspan="3">σ 为平整度仪测定的标准偏差，h 为 3m 直尺与面层的最大间隙</td></tr>
<tr><td>最大间隙 h</td><td>3.0</td><td>5.0</td><td>3m 直尺：半幅车道板带每 200m　2 处×10 尺</td><td>承包人自检</td></tr>
<tr><td colspan="2">抗滑构造深度（mm）</td><td>0.8</td><td>0.6</td><td>砂铺法：每 200m2 处</td><td>承包人自检</td></tr>
<tr><td colspan="2">相邻板高差（mm）</td><td>2</td><td>3</td><td>直尺：每条胀缝 2 点，每 200m 抽纵、横缝各 2 条，每条 2 点</td><td>承包人自检</td><td></td></tr>
<tr><td colspan="2">纵、横缝顺直度（mm）</td><td colspan="2">10</td><td>纵缝 20m 拉线、横缝沿板宽拉线：每 200m　4 处，每 200m　4 条</td><td>承包人自检</td><td></td></tr>
<tr><td colspan="2">中线平面偏位（mm）</td><td colspan="2">20</td><td>经纬仪每 200m 测 4 点</td><td>承包人自检</td><td></td></tr>
<tr><td colspan="2">路面宽度（mm）</td><td colspan="2">±20</td><td>尺量：每 200m 测 4 处</td><td>承包人自检</td><td></td></tr>
<tr><td colspan="2">纵断高程（mm）</td><td>±10</td><td>±15</td><td>水准仪每 200m 测 4 个断面</td><td>承包人自检</td><td></td></tr>
<tr><td colspan="2">横坡（%）</td><td>±0.15</td><td>±0.25</td><td>水准仪每 200m 测 4 个断面</td><td>承包人自检</td><td></td></tr>
<tr><td colspan="2">外　观</td><td colspan="4">无蜂窝麻面，无裂缝脱皮，无石子外落面，边缘顺直，曲线圆滑</td><td></td></tr>
</table>

4. 路肩质量控制

(1) 路肩分为硬路肩和土路肩两类。高等级公路为硬路肩，多为沥青混凝土结构，其质量要求与路面结构层相同。土路肩又分为素土和水泥或石灰稳定土，其施工方法与路基或相应稳定土的施工方法相同。但因土路肩宽度一般较窄（通常不到1m），大型压实机械不易操作，可根据情况采用小型手扶振动压路机碾压或蛙式打夯机夯实，此时应注意相应减少每层填土厚度。施工中要注意路肩横坡度应符合设计要求，表面要平整密实，无"弹簧"、松散及积水现象。肩线要直顺、曲线要圆滑。

(2) 路肩质量控制汇总表见表10-32。

路肩质量控制汇总表　　**表10-32**

检查项目		规定值或允许偏差	检查方法和频率	检验程序	认可程序
压实度（%）		不小于设计值	环刀、灌砂、钻芯取样每200m 2处	承包人自检	监理工程师抽检20%～30%
平整度（mm）	土路肩	20	3m直尺 每200m 4处×4尺	承包人自检	监理工程师抽检 每200m 2处×4尺
	硬路肩	10			
横坡（%）		±1.0	水准仪：每200m 4处	承包人自检	监理工程师抽检 每200m 2处
宽度（mm）		不小于设计值	尺量：每200m 4处	承包人自检	监理工程师抽检 每200m 2处

（七）排水及小型构造物质量控制

路基排水和小型构造物在工程施工管理中都纳入路基施工管理中。工程监理也可随着施工管理和项目招投标惯例，将此项监理工作附属在路基工程中。

排水和小型构造物分别是路基工程中两个分部。路基排水包含排地面水的路基边沟、截水沟、跌水与急流槽，排地下水的明沟、排水槽及渗沟等。路基小型构造物包括涵洞及人行通道等人工构造物。

由于上述二部分构造虽不同，但使用材料和施工工艺几乎相同，因此拟将材料及预制件部分集中，分成材料、预制件和施工管理三部分来叙述。

1. 排水及小型构造物监理工作流程

(1) 排水及小型构造物施工工艺流程，见图10-39。

(2) 排水及小型构造物监理工作流程，见图10-40。

2. 监理工作要点

(1) 审查承包人施工工艺及放样，对承包人报送的砂浆、混凝土配合比进行对比试验，符合要求后才能批准开工。

(2) 审查进场的分包人的资质，严格控制不合格的分包人参与施工。对预制件的分包人应不定期进行抽查或派人员常驻预制厂旁站监督，产品应逐个（件）检验并做好试验检测。

(3) 排水及小型构造物所用材料必须符合规范和设计的质量要求。

3. 监理工作内容

(1) 材料质量控制

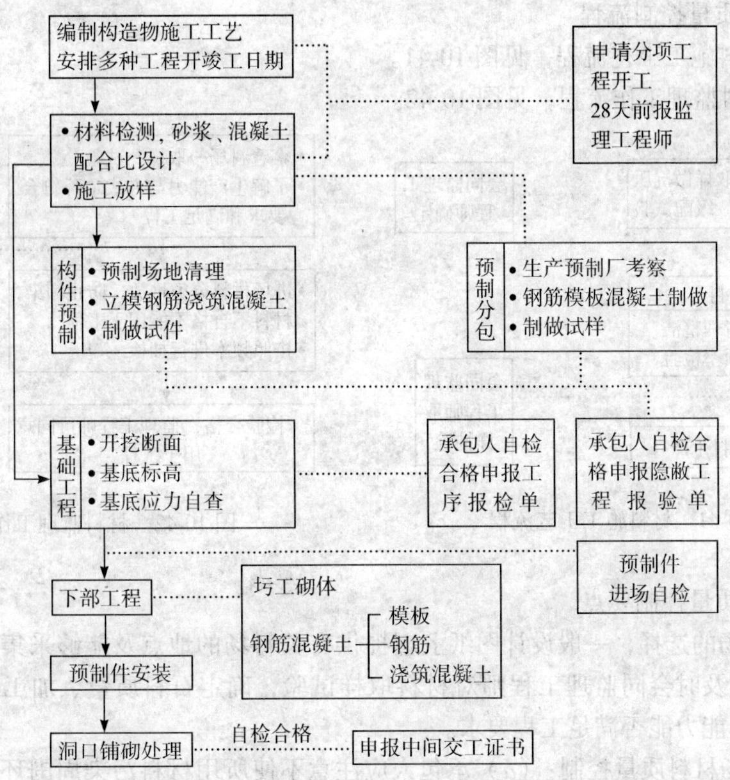

图 10-39　排水及小型构造物施工工艺流程

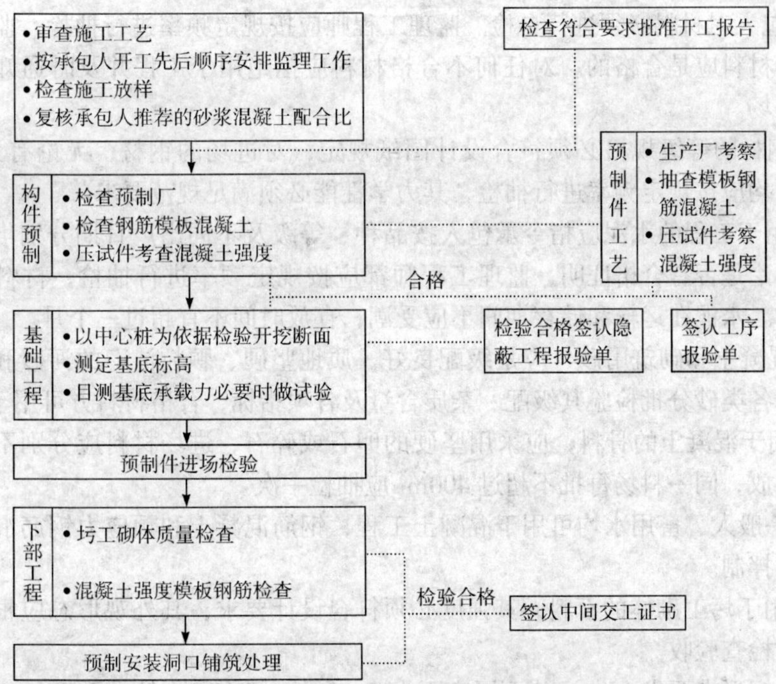

图 10-40　排水及小型构造物监理工作流程

1）材料质量控制流程

（A）材料施工工艺流程，见图 10-41。

（B）材料监理工作流程，见图 10-42。

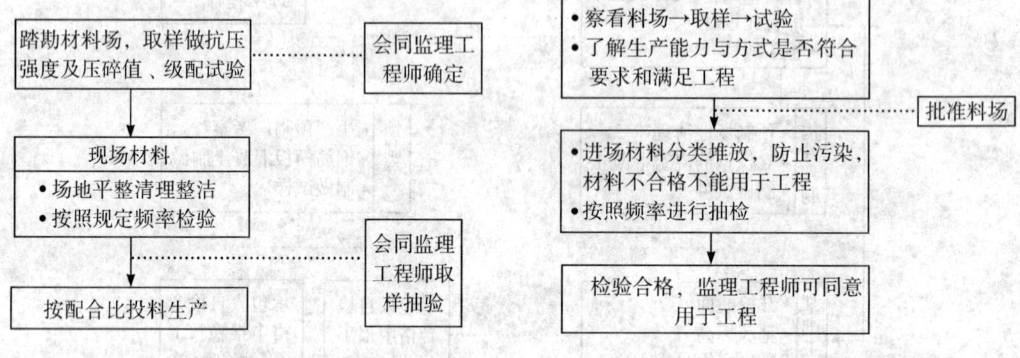

图 10-41　材料施工工艺流程

图 10-42　材料监理工作流程

2）材料质量控制要点

（A）料场的选择，一般设计图纸上应提供有关料场的地点及能够采集的数量，但承包人进场后应及时会同监理工程师对材料取样试验，确定石料质量、加工方法和成品料的规格及生产能力能否满足工程要求。

（B）进场材料质量控制：（a）承包人应注意不使所用材料污染周围环境，材料场地必须整平或做成水泥地面，以防止材料受地面泥土或其他有害物质的污染。（b）所有用于工程的材料进场时必须有出产厂家的产品质量合格证书（特别是钢材、水泥和沥青等材料）。承包人对材料必须进行自检。监理工程师应按规定频率进行抽检，监理工程师检验和验收的材料应是合格的。对任何不合格材料应拒绝用于工程并及时通知承包人停止该类材料进场。

（C）钢材的等级规格必须符合设计图纸规定，对进场的钢材，无论有无合格证明，监理工程师均应按规定频率进行抽检，其力学性能必须满足规范要求。

（D）用于工程的水泥应指令承包人按品种、等级及不同出厂日期分别堆放。对于进场水泥，不论是否有合格证明，监理工程师都应按规定频率进行抽检，材料品质必须符合规范要求。水泥在运输和储存期间不应受潮，存放时间不宜超过三个月。

（E）混凝土和砌筑用砂，应是级配良好、质地坚硬、颗粒洁净的河砂和海砂。监理工程师应对各类砂分批检验其级配、杂质含量及各项指标，合格材料方可用于工程。

（F）用于混凝土的骨料，应采用坚硬的卵石或碎石，进场材料应分别不同产地规格分批检验堆放，同一料场每批不超过 400m^3 应抽检一次。

（G）一般人、畜用水均可用于混凝土工程，钢筋混凝土和预应力钢筋混凝土结构物不能用海水拌制。

（H）用于圬工砌体的石料，其强度必须符合设计要求，其外观形态应根据结构物要求标准进行检查验收。

石料外观形态要求：（a）片石厚度不小于 15cm，且有一个较大平面；（b）块石形状大致方正，上下面一致平行，厚度 20～30cm，宽度为厚度的 1.0～1.5 倍，长度为厚度的

1.5～3.0 倍；（*c*）粗料石外形方正成六面体，厚度 20～30cm，宽度为厚度的 1.0～1.5 倍，长度为厚度的 2.5～4.0 倍；（*d*）拱石要求立纹破料，厚度不小于 20cm，高度为厚度的 1.2～2.0 倍，长度为厚度的 2.5～4.0 倍。

（2）排水及小型构造物预制件质量控制

排水及小型构造物预制件包括钢筋混凝土圆管和钢筋混凝土盖板及帽石、枕梁等。

1）排水及小型构造物预制件监理流程

（*A*）预制件施工工艺流程，见图 10-43。

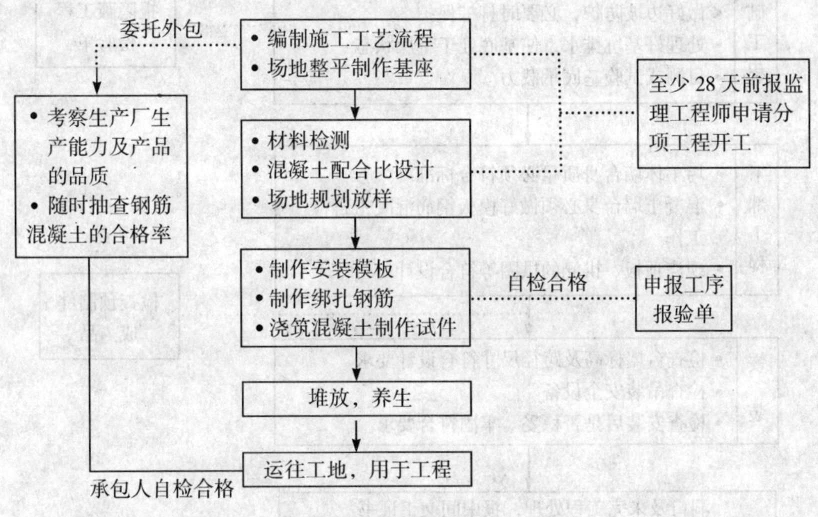

图 10-43　预制件施工工艺流程

（*B*）预制件监理工作流程，见图 10-44。

2）预制件监理工作要点：（*a*）只有经监理工程师检验合格的材料才能用于预制件施工。（*b*）预制件的模板必须坚固、顺直，并经监理工程师检验认可。（*c*）预制件浇筑工艺和混凝土配合比必须得到监理工程师的复核批准才能用于施工。承包人在施工中如要求变动，必须取得监理工程师的同意。（*d*）预制件的任何修补必须得到监理工程师同意并在有监理工程师在场的情况下进行修补。（*e*）预制件混凝土浇筑应按规范要求制备试件，试件制备时应有监理在场。（*f*）任何预制件在安装前，须经监理工程师检查验收，不合格的不得使用。检查标准见表 10-33 和表 10-34。

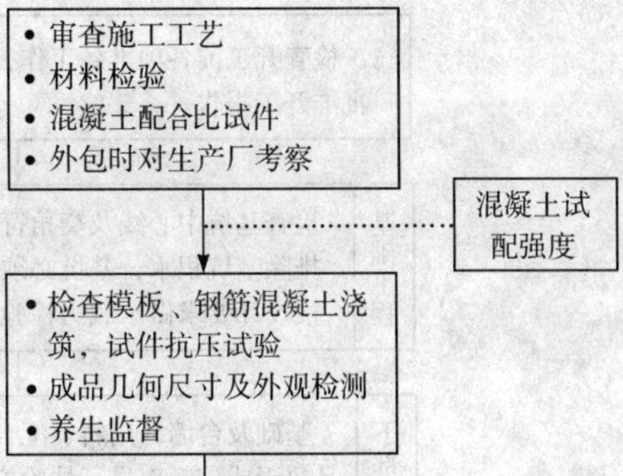

• 审查施工工艺
• 材料检验
• 混凝土配合比试件
• 外包时对生产厂考察

混凝土试配强度

• 检查模板、钢筋混凝土浇筑，试件抗压试验
• 成品几何尺寸及外观检测
• 养生监督

安装前
• 外观检验运输途中有无损伤断裂
• 委托外包构件必要时做承（压）试验

签认工序报验单

图 10-44　预制件监理工作流程

（3）排水及小型构造物质量控制

1）工程施工监理工作流程

（*A*）排水及小型构造物施工工艺流程，见图 10-45。

（B）排水及小型构造物监理工作流程，见图10-46。

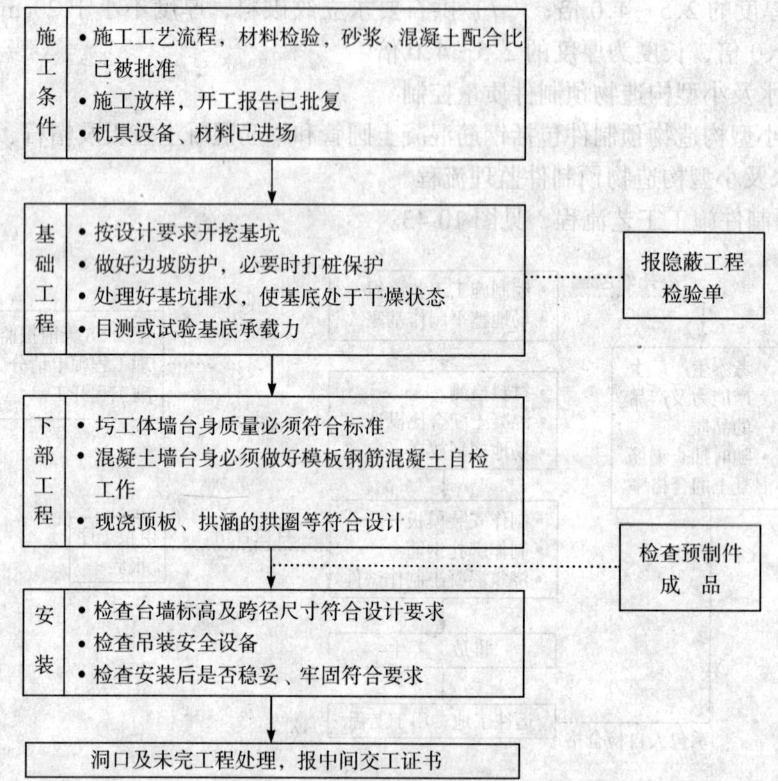

图10-45　排水及小型构造物施工工艺流程

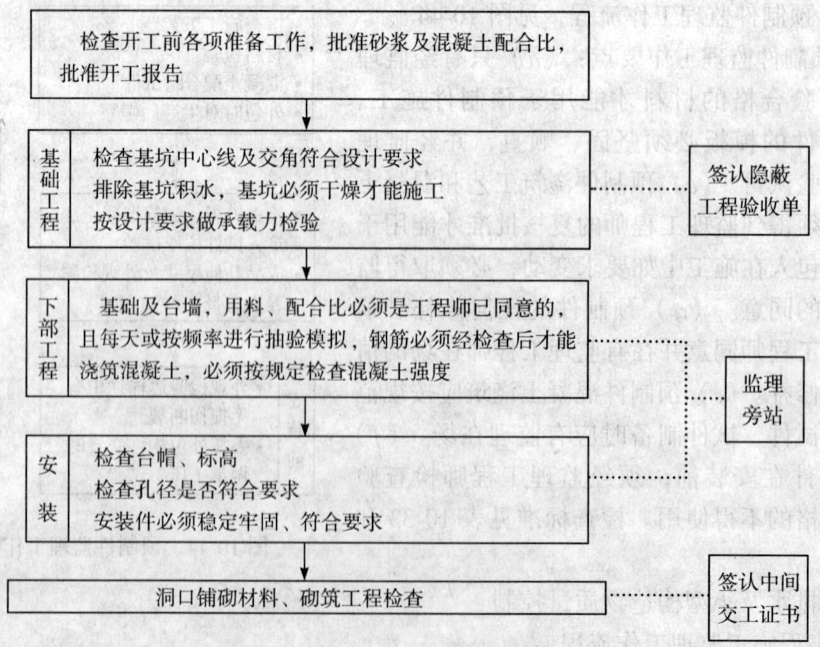

图10-46　排水及小型构造物监理工作流程

2）工程监理要点

（*A*）用于工程的砂石材料应符合（1）材料质量控制规定；用于工程的混凝土、砂浆配合比应符合（2）排水及小型构造物预制件质量控制的规定。

（*B*）监理工程师应及时对砂浆和混凝土进行抽检，以作为对工程质量评定的依据。

（*C*）构造物基坑开挖到设计底标高后，均应由监理工程师检验地基承载力是否符合设计要求，基底是否土质均匀和未被扰动，平面尺寸及高程是否满足设计要求，凡超控部分不允许用土填补。对任何一部分不符合要求时必须由承包人处理并经监理工程师检验合格后，才能进行基础施工。

（*D*）排水工程土质边沟必须密实稳定，其底标高、沟深沟宽和边沟外侧边坡度必须符合设计要求，外观应达到外形顺直美观。干砌片石必须镶嵌密实，任何一处均不应有松动石料。浆砌圬工必须砂浆饱满，表面平整，各处几何尺寸均须符合设计要求。圬工外观应达到直线段顺直，曲线段圆滑。

（*E*）冬季施工中任何构件、任何部位在其混凝土或砂浆未达到设计强度前不得受冻（掺外加剂的除外）。

（*F*）所有构造物附属工程如八字墙、洞口铺砌等均应按主体工程质量同等要求。

（*G*）构造物回填质量控制要求见路基结构物回填。

（*H*）采用顶推法施工的管（箱）涵洞，混凝土及圬工砌体工程的要求同前述。施工时所有顶压设备在使用前必须认真检查并得到监理工程师的认可。

（*I*）排水及小型构造物质量控制汇总表

（*a*）浆砌排水沟质量控制汇总表，见表10-33；

（*b*）检查（雨水）井质量控制汇总表，见表10-34；

（*c*）管道基础及管节安装质量控制汇总表，见表10-35；

（*d*）盲沟质量控制汇总表，见表10-36；

（*e*）排水泵站质量控制汇总表，见表10-37；

（*f*）浆砌砌体和混凝土挡土墙质量控制汇总表，见表10-38；

（*g*）干砌片石挡土墙质量控制汇总表，见表10-39。

浆砌排水沟质量控制汇总表 **表10-33**

检查项目	规定值或允许偏差	检查方法和频率	检验程序	认可程序	备注
砂浆强度（MPa）	在合格标准内	抗压试验，每工作班取1～2组试样	承包人自检	专业监理工程师认可	监理试验旁站
轴线偏位（mm）	50	经纬仪：每200米测5点	承包人自检		
沟底高程（mm）	±50	水准仪：每200m测5点	承包人自检		
墙面直顺度或坡度（mm）	±30 或不陡于设计	20m拉线、坡度尺：每200m测4点	承包人自检		
断面尺寸（mm）	±30	尺量：每200m查4处	承包人自检		
铺砌厚度（mm）	不小于设计	尺量：每200m查2点	联合检查		施工中监理随时检查
基础垫层宽、厚（mm）	不小于设计	尺量：每200m查2点	承包人自检		

检查（雨水）井质量控制汇总表　　**表 10-34**

检查项目	规定值或允许偏差		检查方法和频率	检验程序	认可程序	备注
砂浆强度（MPa）	在合格标准内		抗压试验：每工作班取 1 组试件	承包人自检	专业监理工程师认可	监理试验旁站
轴线偏位（mm）	50		经纬仪：每个检查井检查			
圆井直径或方井长、宽（mm）	±20		尺量：每个检查井检查			
井盖与相邻路面高差（mm）	高速、一级公路	−2，−5	水准仪、水平尺：逐个检查			
	其他公路	−5，−10				

管道基础及管节安装质量控制汇总表　　**表 10-35**

检查项目		规定值或允许偏差	检查方法和频率	检验程序	认可程序	备注
混凝土抗压强度或砂浆强度（MPa）		在合格标准内	抗压试验每工作班取 1～2 组试件	承包人自检	专业监理工程师认可	
管轴线偏位（mm）		20	经纬仪或拉线：每两井间测 3 处			
管内底高程（mm）		±10	水准仪：每两井间测 2 处			
基础厚度（mm）		不小于设计值	尺量：每两井间测 3 处			
管座宽度（mm）		不小于设计值	尺量、拉边线：每两井之间测 2 处			
抹带	宽度	不小于设计值	尺量：按 10％抽查			
	厚度	不小于设计值				

盲沟质量控制汇总表　　**表 10-36**

检查项目	规定值或允许偏差	检查方法和频率	检验程序	认可程序	备注
沟底纵坡（％）	±1	水准仪：每 10～20m 测 1 点	承包人自检	专业监理工程师认可	
断面尺寸（mm）	不小于设计值	尺量：每 20m 检查 1 处			

排水泵站质量控制汇总表　　**表 10-37**

检查项目	规定值或允许偏差	检查方法和频率	检验程序	认可程序	备注
混凝土强度（MPa）	在合格标准内	抗压试验，每工作班取 1～2 组试件	承包人自检	专业监理工程师认可	监理试验旁站
轴线平面偏位（mm）	1.0％井深	用经纬仪检查，纵、横各 2 点			
垂直度（mm）	1.0％井深	用垂线检查纵，横向各 1 点			
底面高程（mm）	±50	水准仪检查 4 点			

浆砌砌体和混凝土挡土墙质量控制汇总表 **表 10-38**

检查项目		规定值或允许偏差	检查方法和频率	检验程序	认可程序	备注
砂浆或混凝土强度(MPa)		在合格标准内	抗压试验：每工作班取2组试件	承包人自检	专业监理工程师认可	
平面位置(mm)	浆砌挡土墙	50	经纬仪：每20m检查3点			
	混凝土挡土墙	30				
顶面高程(mm)	浆砌挡土墙	±20	每20m用水准仪检查1点			
	混凝土挡土墙	±10				
断面尺寸（mm）		不小于设计	尺量：每20m用尺量2个断面			
底面高程（mm）		±50	水准仪：每20m检查1点			
表面平整度(mm)	块石	20	2m直尺：每20m检查3处			
	片石	30				
	混凝土	10				

干砌片石挡土墙质量控制汇总表 **表 10-39**

检查项目	规定值或允许偏差	检查方法和频率	检验程序	认可程序	备注
平面位置（mm）	50	经纬仪：每20m查3点	承包人自检	专业监理工程师认可	
顶面高程（mm）	±20	水准仪：每20m测3点			
竖直度或坡度	0.5%	每20m吊垂线检查3处			
断面尺寸（mm）	不小于设计值	每20m检查2处			
底面高程（mm）	±50	水准仪：每20m测1点			
表面平整度（mm）	50	2m直尺：每20m检查3处			

(*h*) 加筋挡土墙面板安装质量控制汇总表，见表10-40（*a*）；
(*i*) 加筋挡土墙总体质量控制汇总表，见表10-40（*b*）；
(*j*) 锥、护坡质量控制汇总表，见表10-41；
(*k*) 浆砌砌体质量控制汇总表，见表10-42；
(*l*) 干砌片石质量控制汇总表，见表10-43；
(*m*) 导流工程质量控制汇总表，见表10-44；
(*n*) 管涵质量控制汇总表，见表10-45；
(*o*) 盖板涵、箱涵质量控制汇总表，见表10-46；
(*p*) 拱涵质量控制汇总表，见表10-47；
(*q*) 倒虹吸管质量控制汇总表，见表10-48；
(*r*) 顶入法施工的桥、涵质量控制汇总表，见表10-49。

加筋挡土墙面板安装质量控制汇总表 表 10-40（*a*）

检查项目	规定值或允许偏差	检查方法和频率	检验程序	认可程序	备注
每层面板顶高程（mm）	±10	每 20m 水准仪抽查 4 组板	承包人自检	专业监理工程师认可	面板安装以同层相邻两板为一组
轴线偏位（mm）	10	每 20m 挂线量 3 处	承包人自检	专业监理工程师认可	
面板竖直度或坡度	+0，-0.5%	每 20m 挂吊垂线或坡度板量 2 处	承包人自检	专业监理工程师认可	

加筋挡土墙总体质量控制汇总表 表 10-40（*b*）

检查项目		规定值或允许偏差	检查方法和频率	检查程序	认可程序	备注
墙顶平面位置(mm)	路堤式	+50，-100	水准仪：每 20m 检查 3 处	承包人自检	专业监理工程师认可	“+”指向外，“-”指向内
墙顶平面位置(mm)	路肩式	±50	水准仪：每 20m 检查 3 处	承包人自检	专业监理工程师认可	“+”指向外，“-”指向内
墙顶高程（mm）	路堤式	±50	水准仪：每 20m 检查 3 点	承包人自检	专业监理工程师认可	
墙顶高程（mm）	路肩式	±30	水准仪：每 20m 检查 3 点	承包人自检	专业监理工程师认可	
墙面竖直度或坡度（mm）		+0.5%H 及 +50 -1%H 及 -100	每 20m 吊垂线或坡度板测 2 处	承包人自检	专业监理工程师认可	H 指墙高，“+”、“-”意思同上
面板缝宽（mm）		10	每 20m 至少检查 5 条	承包人自检	专业监理工程师认可	
墙面平整度（mm）		15	每 20m 用 2m 直尺测 3 处	承包人自检	专业监理工程师认可	

锥、护坡质量控制汇总表 表 10-41

检查项目	规定值或允许偏差	检查方法和频率	检验程序	认可程序	备注
砂浆强度（MPa）	在合格标准内	抗压试验：每班取 1～2 组试件	承包人自检	专业监理工程师认可	
顶面高程（mm）	±50	水准仪：每 50m 查 3 点，不足 50m 时至少 3 点	承包人自检	专业监理工程师认可	
表面平整度（mm）	30	2m 直尺：锥坡检查 3 处，护坡每 50m 检查 3 处	承包人自检	专业监理工程师认可	
坡度	不陡于设计	每 50m 用坡度尺抽查 3 处	承包人自检	专业监理工程师认可	
厚度（mm）	不小于设计	每 100m 检查 3 处	承包人自检	专业监理工程师认可	
底面高程（mm）	±50	水准仪：每 50m 检查 3 点	承包人自检	专业监理工程师认可	

浆砌砌体质量控制汇总表 表10-42

检查项目		规定值或允许偏差	检查方法和频率	检查程序	认可程序	备注
砂浆强度（MPa）		在合格标准内	抗压试验，每工作班取1～2组试件：	承包人自检	专业监理工程师认可	试验监理旁站
大面平整度（mm）	料石	10	2m直尺：每20m检查5处			
	块石	20				
	片石	30				
顶面高程（mm）	料、块石	±15	水准仪：每20m检查3点			
	片石	±20				
竖直度或坡度	料、块石	0.3%	每20m吊垂线检查3处			
	片石	0.5%				
断面尺寸（mm）	料石	±20	每20m用尺检查2处			
	块石	±30				
	片石	±50				

干砌片石质量控制汇总表 表10-43

检查项目	规定值或允许偏差	检查方法和频率	检查程序	认可程序	备注
大面平整度（mm）	50	2m直尺：每20m检查5处	承包人自检	专业监理工程师认可	
顶面高程（mm）	±30	水准仪：每20m测3点			
外形尺寸（mm）	±100	尺量：每20m或自然段长、宽各量3处			
厚度（mm）	±50	尺量：每20m量3处			

导流工程质量控制汇总表 表10-44

检查项目		规定值或允许偏差	检查方法和频率	检查程序	认可程序	备注
混凝土或砂浆强度（MPa）		在合格标准内	抗压试验：每工作班取2组试件	承包人自检	专业监理工程师认可	试验监理旁站
平面位置（mm）		30	经纬仪：按设计图控制坐标检查			
长度（mm）		－100	尺量			
断面尺寸（mm）		±50	尺量：5处			
高程（mm）	基底	不大于设计	水准仪：检查5点			
	顶面	±30				

管涵质量控制汇总表 **表 10-45**

检查项目		规定值或允许偏差	检查方法和频率	检查程序	认可程序	备注
混凝土强度(MPa)		在合格标准内	抗压试验：每工作班取2组试件	承包人自检	专业监理工程师认可	试验监理旁站
轴线偏位（mm）		50	经纬仪：纵、横向各2处			
涵底流水面高程(mm)		±20	水准仪：检查洞口2处拉线，检查中间2处			
涵管长度（mm）		+100，-50	尺量			
管座宽度（mm）		大于设计	尺量：3处			
相邻管节底面错口(mm)	管径≤1m	3	水平尺：检查接头			
	管径>1m	5				

盖板涵、箱涵质量控制汇总表 **表 10-46**

检查项目		规定值或允许偏差	检查方法和频率	检查程序	认可程序	备注
混凝土强度(MPa)		在合格标准内	抗压强度试验：每工作班取2组试件	承包人自检	专业监理工程师认可	试验监理旁站
轴线偏位(mm)	明涵	20	经纬仪：纵、横向各2处			
	暗涵	50				
涵底流水面高程(mm)		±20	水准仪：洞口查2处，拉线中间查2处			
长度（mm）		+100，-50	尺量			
顶面高程(mm)	明涵	±20	水准仪：检查3处			
	暗涵	±50				
孔径（mm）		±20	尺量：3处			

拱涵质量控制汇总表 **表 10-47**

检查项目		规定值或允许偏差	检查方法和频率	检查程序	认可程序	备注
混凝土或砂浆强度(MPa)		在合格标准内	抗压试验：每工作班取2组试件	承包人自检	专业监理工程师认可	监理试验旁站
轴线偏位（mm）		30	经纬仪：纵、横向各2处			
拱圈厚度(mm)	混凝土	±15	尺量：检查5处			
	石料	±20				
涵底流水面高程(mm)		±20	水准仪：洞口查2处，中间拉线查2处			
跨径（mm）		±20	尺量：3处			
长度（mm）		±100，-50	尺量			
砌体平整度（mm）		20	每侧墙用2m直尺检查5处			

倒虹吸管质量控制汇总表　表 10-48

检查项目		规定值或允许偏差	检查方法和频率	检查程序	认可程序	备注
混凝土强度（MPa）		在合格标准内	抗压试验：每工作班取 2 组试件	承包人自检	专业监理工程师认可	监理试验旁站
轴线偏位（mm）		30	经纬仪：纵、横向各 2 处			
涵底流水面高程（mm）		±20	水准仪：洞口查 2 处，拉线中间查 2 处			
相邻管节底部错口（mm）	管径≤1m	3	水平尺：检查接头			
	管径＞1m	5				
竖井尺寸（mm）	长　宽	±20	尺　量			
	直　径	±20				
竖井高程（mm）	顶　部	±20	水准仪检查			
	底　部	±15				

顶入法施工的桥、涵质量控制汇总表　表 10-49

检查项目		规定值或允许偏差	检查方法和频率	检查程序	认可程序	备注
轴线偏位（mm）	涵（桥）长＜15m	箱 100	经纬仪检查	承包人自检	专业监理工程师认可	
		管 50				
	涵（桥）长 15～30m	箱 150				
		管 100				
	涵（桥）长＞30m	箱 300				
		管 200				
高程（mm）	涵（桥）长＜15m	箱＋30，－100	水准仪检查两端			
		管±20				
	涵（桥）长 15～30m	箱＋40，－150				
		管±40				
	涵（桥）长＞30m	箱＋50，－200				
		管＋50，－100				
相邻两节高差（mm）		箱 30	涵内用尺			
		箱 20				

三、桥梁工程质量控制

公路桥梁有两大类：一是跨河桥，二是立交桥。跨河桥大多有水上、水下作业，跨度较大，施工难度较大。立交桥大多是旱地作业，跨度相对较小，但桥面系因线型复杂而增加了施工难度。

公路桥梁的下部结构主要是钢筋混凝土结构或圬工砌体，上部构造有预应力、非预应力的梁式结构，圬工砌体为主的拱式结构和钢桁架结构。在桥梁监理的工作中，钢筋混凝土施工的监理是一项主要的工作，这包括对各种材料的检验、配合比试验及认可直到混凝土的浇筑、养生等一系列工序的监理。

基础工程是桥梁监理工作的一个重点，其施工条件复杂、既是重要部位，又是隐蔽工程，在监理工作中必须给予充分的重视。

桥梁上部结构的型式很多，施工技术复杂，要求监理工程师必须做好施工准备阶段的工作。在开工前，必须对施工技术方案作充分可靠的论证，施工的设备和人员也必须落实。

桥梁工程的外部质量要求较高，一般不允许在结构表面另外做装饰（如喷涂），因此现场监理工程师应做好质量控制工作，特别注意对模板、支承及混凝土的拌和和振捣的检查，努力确保外观质量的完好。

监理工程师必须在施工过程中控制每一道工序，对于可能发生重大质量缺陷的一些施工环节予以特别的重视。

在施工准备阶段，应做好下述工作：（*a*）接桩与交桩工作。必须仔细、准确地复测基准点和导线点数据资料，以避免因全桥施工定位的差错造成巨大损失。（*b*）施工技术方案及设备机械的审核工作。施工技术方案及施工机械设备的落实，是施工顺利进行的主要条件，必须有可靠的施工技术方案及保证施工需要机械设备进场。若承包人报来的方案尚不落实，应有预备方案，避免施工过程中临时改变施工方案，延误工程进度。

在基础施工阶段，应做好下述工作：（*a*）注意地质情况的变化。出现地质情况与设计勘查资料不符时，应及时与设计单位会商，采取工程措施，以免造成难以弥补的工程隐患。（*b*）隐蔽工程要严格旁站，基底覆盖前应由监理工程师到场认可，保证能及时发现地质情况的变化及工程施工的缺陷。要避免断桩等重大质量事故的发生。

在桥台、墩台施工阶段，应做好下述工作：（*a*）仔细准确地测量定位。当墩台完成后，桥梁的平面位置即已确定而无法调整，因此，必须保证定位测量按设计要求精度进行，不能出现差错。（*b*）要注意墩台构造物的外形尺寸和混凝土的外观质量。

在桥梁上部结构的施工阶段，应做好下述工作：（*a*）要求承包人严格按照设计要求进行施工，保证混凝土达到强度要求。对预应力张拉要严格旁站，以确保构件的承载力。（*b*）要重视桥梁的桥面标高控制。预应力梁的预拱度值，现浇筑梁的支架沉降，悬臂施工时的梁体变形等诸多因素都会导致梁体顶面标高的变化，在梁体施工时就应注意及时纠正，否则将导致桥面标高的改变。（*c*）要注意构造物的外形尺寸及外观质量。

在桥面结构施工阶段，应做好下述工作：（*a*）注意桥面标高控制。（*b*）注意铺装厚度的控制。（*c*）注意外形尺寸及外观质量。（*d*）伸缩缝施工必须准确、仔细，避免行车跳车和过早损坏的情况发生。伸缩缝应按要求留出间隙，不能阻塞。

在桥台回填阶段，应做好下述工作：（*a*）选用压缩性小的透水材料作为桥台的回填材料。以避免桥头引道沉降，导致跳车。（*b*）为尽可能减少桥头回填土的沉降，监理工程师应严格控制压实度。回填土要分层填筑，严格碾压、夯实，监理人员要旁站至层层检测。

在施工结束阶段，要注意测量桩志的保护，避免测桩丢失，直到竣工验收。

（一）桥梁工程质量控制工作流程

桥梁工程质量控制工作流程，见图10-47。

（二）桥梁施工测量质量控制

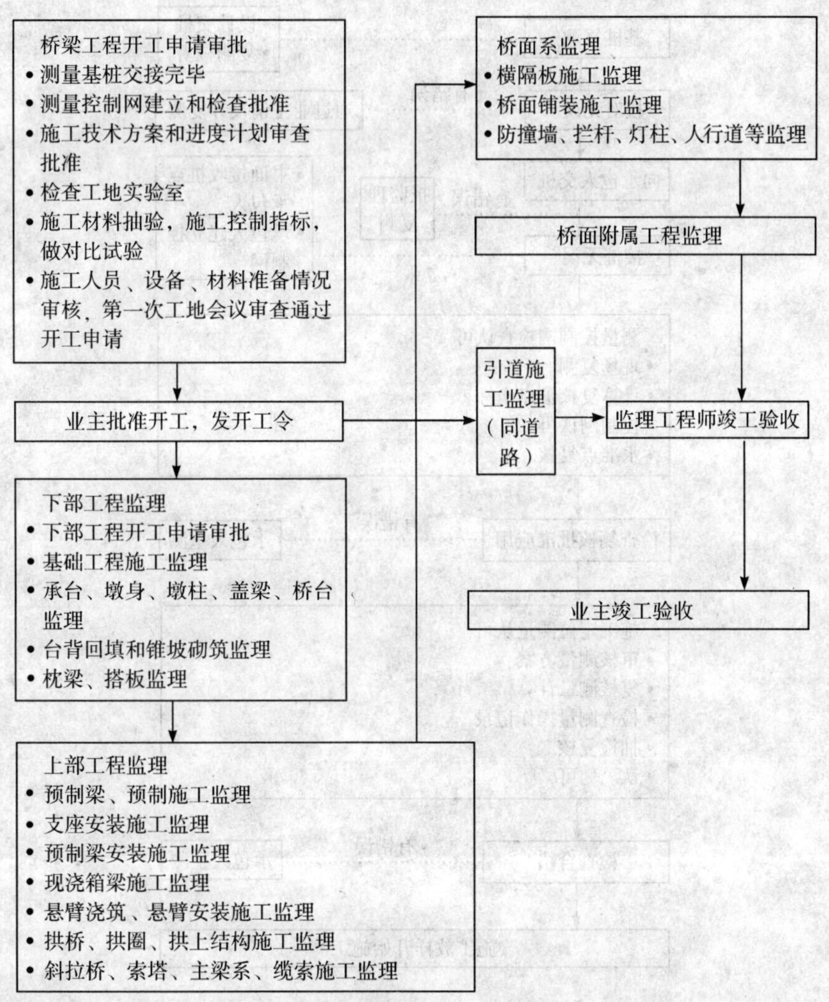

图 10-47　桥梁工程质量控制工作流程

1. 监理工作流程

（1）施工测量工作流程：基桩的复测和接收⟶建立施工测量控制网⟶施工定位测量⟶施工放样⟶工程施工。

（2）施工测量监理工作流程，见图 10-48。

2. 监理工作内容

（1）工地测量基桩的接受与交桩

在桥梁的结构设计开始之前，设计单位要首先测绘桥位平面图，建立导线网，设定导线点、中轴线位等一些平面基准桩点和水准基准桩点，作为设计定位的依据。这些桩位同时又是施工放样的基准点，必须保护好。在施工开始之前移交给施工承包人。移交的具体工作应在监理工程师主持下进行。桩位是最基础的施工资料，移交工作必须十分慎重地进行，以免在施工中出现错误，以及有了错误之后出现责任不清的情况。

交桩的程序是先由设计院按照图纸资料在现场向监理工程师交桩。由监理工程师组

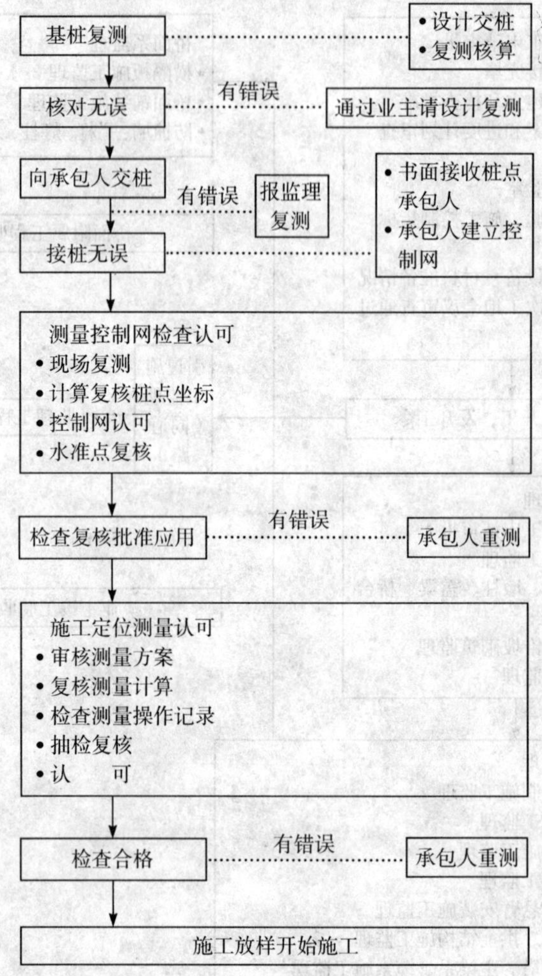

图 10-48 施工测量监理工作流程

织复测检查，如发现桩点有丢失或被移动的情况，图纸计算的桩位坐标或标高有错误等问题存在时，由监理工程师会同业主向设计院交涉，并由设计院负责解释、改正、补桩等工作，直到监理工程师认为桩位没有错误，精度符合设计和施工的要求，并符合技术规范的标准为止，这样则可认为接桩结束。然后由监理工程师向承包人移交桩位，承包人在接到监理工程师发出的桩位图及坐标、标高等数据并现场交桩之后，应在规定的期限内（一般为 14d）进行复测核对并交出自己的测量成果，如果没有错误且精度符合设计及施工的要求，应书面表示正式接受桩志，并负责以后的维护和使用。如承包人对任一测量标志及数据持有异议，应向监理工程师提交一份表格，列出认为有误的桩点的位置和修正的数据。在监理工程师确认以前，不得触动原有地面。

基桩移交后，监理工程师应督促承包人做好桩志保护，基桩应保护到竣工验收以后，所有桩志应设立护桩等参考标志，使得基桩可以准确地重新定位。监理工程师应定期对桩位作复核检查，以保证施工放样准确无误。

(2) 测量控制网的建立及其监理

设计院提供的基准桩位，只是提供现场的坐标点和基准标高，并不能保证现场测量放样的需要，其中有些桩点在施工过程中会被破坏而消失，因此，在开工之前承包人应加密控制网点，建立施工用测量控制网，以保证构造物各部位都能准确定位，施工过程中若个别桩位丢失后也能有足够的精度恢复桩位。

1）桥梁控制网的图形

（*A*）中小桥的测量控制网的图形。中小桥的控制要求较低，控制图形有桥轴线的桥位桩及其护桩组成，见图 10-49。桥位桩是主要测量用桩，其坐标、桩号应准确测定，桥位桩间的距离丈量要符合测量规范的标准。为保证桥位桩能随时校核和必要时可以随时恢复，护桩的方向及距离也应准确测定。

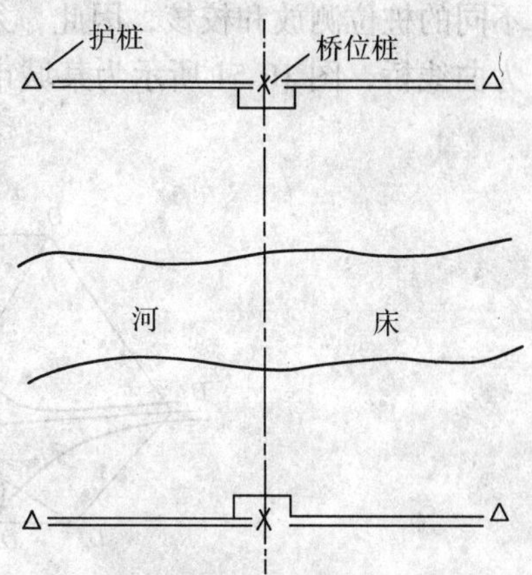

图 10-49　中小桥测量控制网图形

（*B*）大桥、特大桥的测量控制网图形。桥址控制网的基本图形是三角形和四边形，以控制跨河正桥部分为主，见图 10-50。桥轴线是控制网的一条边，桥轴线与控制网直接联系，桥轴线的长度由基线直接传递、校核，可保证桥轴线的精度。

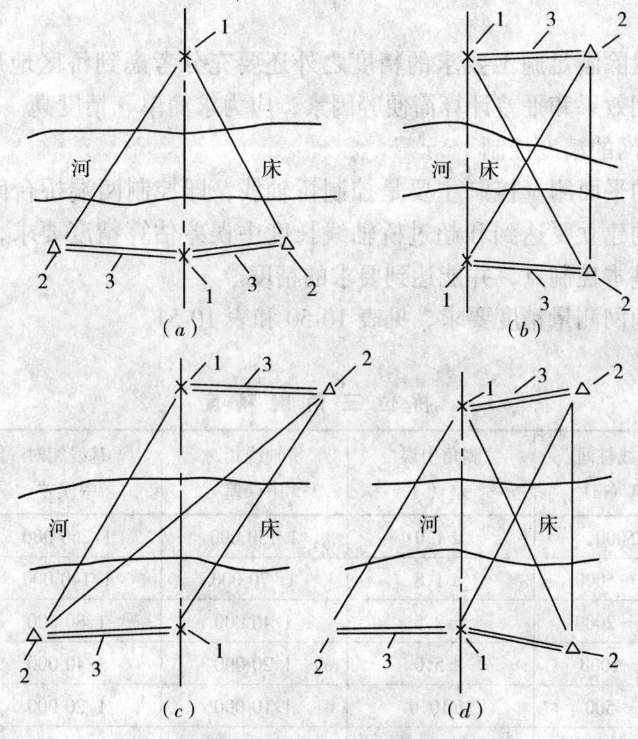

图 10-50　控制网图形

1—桥轴线桥位桩；2—控制网桩点；3—测量基线

控制网的各条边和角都必须准确测量，测量的闭合误差应符合规范要求，各桩点的坐标值应经平差计算最后得到。控制网的精度与形状关系较大，一般控制网内三角形较多，复核测量的次数较多时控制网的精度较好。

除了上面举例之外，还有许多其他组合，施工中可由测量工程师根据情况选定。

（C）曲线桥的测量控制网。曲线桥一般只能用坐标法做墩位放样，须从多个方向从不同的桩位测放和校核，因此，须在桥位建立起一个多点的三角连锁网。城市立交桥多为曲线桥，图 10-51 所示为某城市立交桥的测量控制网。

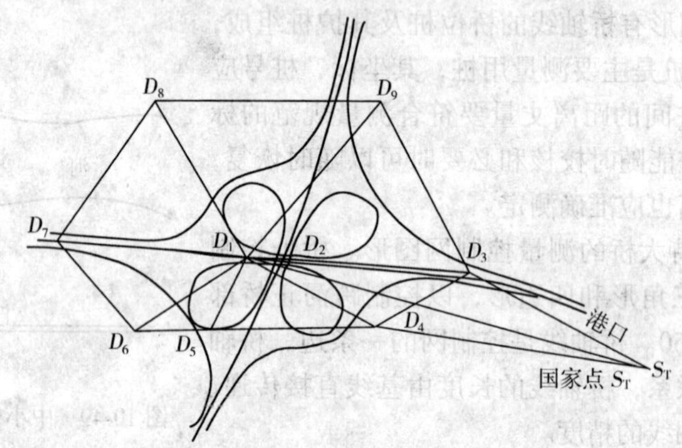

图 10-51　某城市立交桥的测量控制网

控制网的布设除满足施工要求的精度之外还要充分考虑到桥区地形、观测条件、桩点的稳定性、使用效果和平差计算简便等因素，应力求简单、精度高。

2）测量控制网的精度控制

跨河直线桥的平面测量控制主要是控制桥轴线，即控制两端桥台间桥梁轴线的方向和长度。控制网的建立要达到和超过桥轴线长度中误差估算精度要求，并为施工墩台时定位提供测量的基本控制点，并能达到要求的精度。

桥位控制三角网测量精度要求，见表 10-50 和表 10-51。

桥位三角网精度　　　　**表 10-50**

等　级	桥轴线桩间距离（m）	测角中误差（″）	桥轴线相对中误差	基线相对中误差	三角形最大闭合差（″）
二	＞5000	±1.0	1/130 000	1/260 000	±3.5
三	2001～5000	±1.8	1/ 70 000	1/140 000	±7.0
四	1001～2000	±2.5	1/40 000	1/80 000	±9.0
五	501～1000	±5.0	1/20 000	1/40 000	±15.0
六	201～500	±10.0	1/10 000	1/20 000	±30.0
七	≤200	±20.0	1/5 000	1/10 000	±60.0

注：对精度有特殊要求的桥梁，其桥轴线和基线精度应按设计要求或另行规定。

按规范要求测量结束后，经平差计算，若测角，测边的闭合差、中误差及相对中误差都能满足规范的要求，控制网即被认为是合格的，可准予使用。

测　回　数　　表 10-51

等　级	丈量测回数		测距仪测回数		方向观测法测回数		
	桥轴线	基　线	桥轴线	基　线	J_1	J_2	J_3
二	3	4	4	6	12		
三	2	3	3	5	9	12	
四	1（3）	2（4）	2	4	6	9	12
五	（2）	（3）	2	3	4	6	9
六	（1）	（2）	2	2	2	4	6
七	（1）	（1）	1～2	1～2		2	4

注：1. J_1、J_2、J_3 分别为经纬仪型号；

2. 丈量测回数栏括弧内测回数系指普通钢尺，余指铟钢基线尺；

3. 丈量一个往返为一个测回；测距仪往返各测一次为一个测回，测回超过 2 次的，应在不同时间分别观测；测角盘左、盘右各测一次为一个测回，各次的算术平均数值为观测结果；

4. 测量结果达不到精度要求时，应检查原因，采取措施。

3）控制网测量的监理工作程序

承包人接收了监理工程师移交的基点桩标志后，应立即开始建立测量控制网。控制网的建立可由承包人独立完成或委托专门的测量部门来完成。完成此项工作的人员要有合格的资历和工作经验，使用的仪器须经检验标定，符合精度要求。工作完成后，应书面向监理工程师提出报告和计算资料，并现场交桩。监理工程师接到报告后要独立地组织复测检查，认为准确无误，精度符合要求后可以批准使用。

经批准使用的桩位标志，应责令承包人妥善保护，保证施工中及竣工验收时使用。

测桩未经监理工程师批准不得在施工中使用。

控制网在施工过程应定期复测。监理工程师在任何时候认为控制网稳定性有问题时可指令承包人限期对控制网复测检查。复测前停止使用有可能已被移动的桩位。

（3）施工定位测量的控制

控制网建立并经监理批准后，可以开始具体工程部位的施工定位测量放样工作。具体实施应遵照下面的工作程序。

1）在测量放样前，承包人应提交一份测量放样方案，内容包括：

A. 测设部位。*B*. 测设的方法。具体使用的置镜点、后视点的桩位编号。*C*. 测设计算书。根据测放点位、置镜点、后视点计算出相应的偏角与边长。*D*. 校核的方法。校核时的置镜点、后视点桩位编号及相应的计算书。

2）由测量专业工程师对测量方案进行审核。测量方案应满足以下的要求：

（*A*）测量放样所用的所有置镜点、后视点均必须是控制网的桩点，不能用临时桩点或临时测放的桩点作为放样的置镜点或后视点。

（*B*）测量方案必须能保证有足够的精度，在测量过程中应不受施工的干扰。

（*C*）所有定位放样的测量都必须有可靠的校核方法，以保证测量没有错误，保证误差在允许的范围之内。如交会法放样应取三点交会，坐标法放样应从两个桩点放样核对等。

（D）所有计算应准确无误。

满足上述要求后，可以批准方案实施。

3）承包人必须在得到监理工程师对测量方案的书面批准后方可进行测量放样。测量时须使用经过检验标定的仪器，监理人员应旁站以保证测读无误。

4）放样测量的报验表和原始记录应在施工开始前交现场监理工程师审阅签认。

（4）桥梁水准测量的控制

1）桥梁水准测量的等级及其测量精度。桥梁水准的等级选择和精度应满足设计的要求，设计未规定的可参考表 10-52 和表 10-53。

桥涵水准测量等级 **表 10-52**

项　目	桥长 1000m 以上	桥长 500m 以上	桥上 200～500m	桥长 200m 以下	中小桥及涵洞
桥涵水准点与已知高程水准点联测	三	三	四	四	五
跨河水准测量	一	二	三	四	五
施工水准点测量	二	二	四	四	五

注：1. 表中桥长除跨河水准测量系指正桥桥长外，其余二项包括引桥桥长；

2. 对单跨≥40m 的 T 型钢构、连续梁、斜拉桥等，其水准测量等级按三等考虑。

水准测量等级和测量精度 **表 10-53**

水准测量等级	每公里高差中数中误差 M_Δ（mm）	限　差（mm）			
		检测已测段高差之差	往返测不符值	路线闭合差	环闭合差
一	≤0.5	$\pm3\sqrt{R}$	$\pm2\sqrt{R}$	$\pm2\sqrt{L}$	$\pm2\sqrt{F}$
二	≤1.0	$\pm6\sqrt{R}$	$\pm4\sqrt{R}$	$\pm4\sqrt{L}$	$\pm4\sqrt{F}$
三	≤3.0	$\pm20\sqrt{R}$	$\pm12\sqrt{R}$	$\pm12\sqrt{L}$	$\pm12\sqrt{F}$
四	≤5.0	$\pm30\sqrt{R}$	$\pm20\sqrt{R}$	$\pm20\sqrt{L}$	$\pm20\sqrt{F}$
五	≤7.5	$\pm30\sqrt{R}$	$\pm30\sqrt{R}$	$\pm30\sqrt{L}$	$\pm30\sqrt{F}$

注：表中 R 为测段长度，L 为路线长度，F 为环线长度，以 km 计。$M_\Delta=\pm\sqrt{\frac{l}{4n}\left[\frac{\Delta^2}{R}\right]}$，其中：$\Delta$ 为测段高差不符值（mm）；n 为测段数。

2）水准基点的布设

（A）布设原则

（a）大桥，特大桥施工水准点测设精度，应不低于三等水准测量的要求，桥头两岸应设置不少于二个水准点，每岸至少设一个稳固的水准点。

（b）中、小桥和涵洞水准测量按五等水准要求设置水准点。

（c）根据施工需要及地质不良或易受破坏的地段应适当增设辅助水准点，其精度应符合五等水准要求，并须符合下列要求：转镜不超过 2 次，高差不超过 2m 和不在同一岩石或结构物的基础上。

（B）布设方法。特大桥和大、中桥施工水准点应根据设计单位测定的水准点测出，其高程偏差（Δh）不得超过，$\Delta h_1=\pm 20\sqrt{L}$（mm）。

对单跨≥40m 的 T 型刚构、连续梁、斜拉桥等的高程偏差不得超过：

$$\Delta h_2=\pm 10\sqrt{L}\ (\text{mm})$$

在山丘区，当平均每公里单程测站多于 25 站时，高程偏差（Δh）不得超过：

$$\Delta h_3=\pm 4\sqrt{n}\ (\text{mm})$$

式中　L——水准点间距离，km；

n——水准点间单程测站数。

水准点应设在桥址附近安全稳固处，并便于施工观测。

小桥和涵洞也可利用路线测量的水准点。

3）跨河水准测量。有水河流当水面宽度在 150m 以上时，两岸水准点的高程应采用跨河水准测量方法校测。

跨河水准测量应在阴天、早晨或傍晚、无风或弱风时进行。

视线在 300m 以下时可单线过河，在 300m 以上时宜采用双线过河，并以同等精度在两岸联测。两岸设置的水准点应接近等高，且距水面高度不小于 2～3m。具体的测量方法应参照国家水准测量有关规范进行，观测的测回数、组数及允许偏差按三、四等跨河水准测量执行，见表 10-54。

观测的测回数、组数及允许偏差　　表 10-54

跨河视线长度 S（m）	一等		二等		三、四等		五等	
	双测回数	组数	双测回数	组数	双测回数	组数	双测回数	组数
<200	—	—	1	2	1	2	1	2
201～500	4	4	2	2	2	2	1	2
501～1000	8	4	4	2	2	2	2	2
1001～1500	12	6	6	3	4	2	3	2
1501～2000	18	8	10	4	4	3	3	3
>2000	24	8	14	4	6	3	4	3

注：用同一仪器设于两岸各观测一次，称为一单测回；用两台仪器设于两岸各测一次称为一双测回，跨河水准测量建议用两台仪器测，采用一台仪器时，其测回数应加倍。

（三）钢筋混凝土工程质量控制

1. 监理工作流程

（1）钢筋混凝土施工工艺流程，见图 10-52。

（2）钢筋混凝土工程质量控制工作流程，见图 10-53。

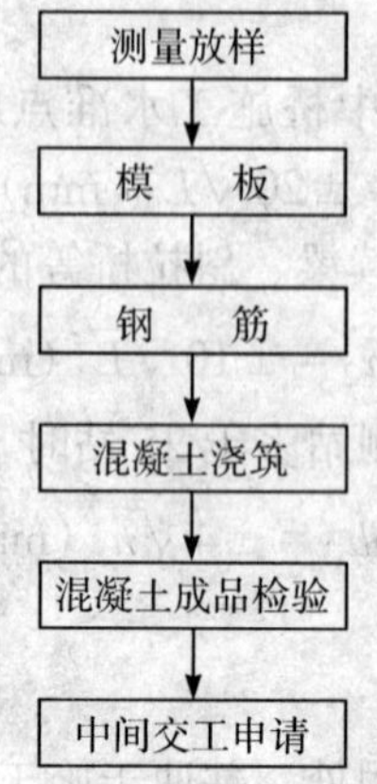

图 10-52　钢筋混凝土施工工艺流程

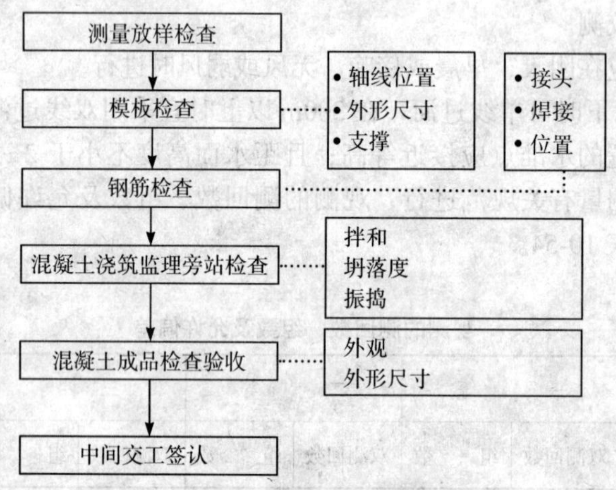

图 10-53　钢筋混凝土工程质量控制工作流程

2. 监理工作内容

钢筋混凝土工程是桥梁结构的主要组成部分。基础、承台、墩身、墩柱、盖梁，直到桥梁的上部结构都可以用钢筋混凝土来修建。因此，钢筋混凝土工程的监理工作是监理质量控制工作中量最大的部分，它渗透在桥梁各结构部位质量监理内容之中。这里给出了各结构部分钢筋混凝土质量监理工作中共同的部分，其内容在以后分结构部位叙述时不再重复。

钢筋混凝土施工工序主要有：模板、钢筋和混凝土。

(1) 模板检查

1) 模板制作的检查

(*A*) 模板材料应根据工程质量需要采用木模、钢模和防水胶合板等。选用材料应得到监理工程师批准。

(*B*) 模板制作允许偏差由设计和监理工程师规定，设计无规定时可参照交通部标准 JTJ041—2000 执行，见表 10-55。

模板、拱架及支架制作时的允许偏差 表 10-55

项次	项目	允许偏差（mm）
木模板制作	(1) 模板的长度和宽度	±5
	(2) 不刨光模板相邻两板表面高低差	3
	(3) 刨光模板相邻两板表面高低差	1
	(4) 平板模板表面最大的局部不平（用2m直尺检查）	
	刨光模板	3
	不刨光模板	5
	(5) 拼合板中木板间的缝隙宽度	2
	(6) 拱架、支架尺寸	±5
	(7) 榫槽嵌接紧密度	2
钢模板制作	(1) 外形尺寸	
	长和宽	0，-1
	肋 高	±5
	(2) 面板端偏斜	≤0.5
	(3) 连接配件（螺栓、卡子等）的孔眼位置	
	孔中心与板面的间距	±0.3
	板端孔中心与板端的间距	0，-0.5
	沿板长、宽方向的孔	±0.6
	(4) 板面局部不平（用300mm长平尺检查）	1.0
	(5) 板面和板侧挠度	±1.0

注：木模板中第（5）项已考虑木板干燥后在拼合板中发生缝隙的可能；2mm以下的缝隙，可在浇筑前浇湿模板，使其密合。

2）模板安装的检查

（*A*）模板安装、拼装的允许偏差按设计和监理工程师的要求控制，设计无规定时，可按交通部标准JTJ041—2000执行，见表10-56。

（*B*）检查模板及其支架的结构稳定性。模板必须保证在灌筑过程中不变形，不松动，不沉降。施工用的脚手架不应与模板相连，以免施工时模板松动变形。

（*C*）所有模板的连接缝、空隙必须堵塞严实和平整，可以用胶纸贴缝等方法防止漏浆，以保持外观平整。

(2) 钢筋检查

1）钢筋材料检查

（*a*）应要求承包人按规定的频率对每批进场钢筋进行抽检。抽检的项目包括：强度、伸长量（延伸率）、冷弯、焊接试件和监理工程师认为需要而指定的试验项目。抽检合格后，方可加工用在工程上。监理试验室应随时抽检进场钢筋性能。

（*b*）应要求承包人将钢筋表面的浮皮、铁锈清除干净。

模板、拱架及支架安装的允许偏差　　**表 10-56**

项次	项　　目	允许偏差（mm）
一	模板标高	
	（1）基础	±15
	（2）柱、墙和梁	±10
	（3）墩台	±10
二	模板内部尺寸	
	（1）上部构造的所有构件	+5，−0
	（2）基础	±30
	（3）墩台	±20
三	轴线偏位	
	（1）基础	15
	（2）柱或墙	8
	（3）梁	10
	（4）墩台	10
四	装配式构件支承面的标高	+2，−5
五	模板相邻两板表面高低差	2
	模板表面平整（用2m直尺检查）	5
六	预埋件中心线位置	3
	预留孔洞中心线位置	10
	预留孔洞截面内部尺寸	+10，0
七	拱架和支架	
	（1）纵轴的平面位置	跨度的1/1000或30
	（2）曲线形拱架的标高（包括建筑拱度在内）	+20，−10

2）各种钢筋接头的检查

（A）检查接头的搭接长度。应按规范要求对绑扎搭接和各种焊接接头进行检查验收。

搭接电弧焊接头焊缝长度：

双面焊：≮$5d$　　单面焊：≮$10d$

帮条电弧焊接头焊缝长度：

双面焊：≮$5d$　　单面焊：≮$10d$

绑扎钢筋接头搭接长度，见表 10-57。

钢筋绑扎搭接最小长度　　**表 10-57**

钢筋种类	混凝土强度等级			
	C15		≥C20	
	受力情况			
	受拉	受压	受拉	受压
Ⅰ级钢筋	$35d$	$25d$	$30d$	$20d$
Ⅱ级钢筋	$40d$	$30d$	$35d$	$25d$
Ⅲ级钢筋	$45d$	$35d$	$40d$	$30d$

注：1.d 为钢筋直径；

2.位于受拉区的搭接长度同时不应小于25cm，位于受压区的搭接长度同时不应小于20cm；当受拉和受压区分不清时，搭接长度按受拉区规定。

在可能的条件下应优先采用焊接接头，并以双面焊接头为好。

（*B*）检查接头位置。钢筋接头的位置应在下料以前做好安排并满足以下条件：

（*a*）接头应设置在内力较小的部位，并错开布置，接头间距离不小于1.3倍搭接长度。

（*b*）配置在搭接长度区段内的受力钢筋，接头的截面面积占总截面面积的百分率应符合表10-58的规定。

搭接长度区段内受力钢筋接头面积的最大百分率　　表10-58

接头形式	接头面积最大百分率（%）	
	受拉区	受压区
主钢筋绑扎接头	25	50
主钢筋焊接接头	50	不限制

注：1. 搭接长度区段内是指30*d*长度范围内，但不得小于50cm（*d*为钢筋直径）；

2. 在同一根钢筋上应尽量少设接头；

3. 装配式构件连接处的受力钢筋焊接接头，可不受本表限制。

（*c*）接头位置离钢筋弯曲处的距离不应小于10*d*，不要在构件最大弯矩位置做接头。

（*C*）接头焊接质量检查。

（*a*）钢筋电弧焊所采用的焊条，其性能应符合低碳钢和低合金钢电焊条标准的有关规定，其牌号应符合设计要求，设计未做规定时，参照表10-59的规定使用。

钢筋电弧焊接使用焊条　　表10-59

项次	钢筋级别	搭接焊帮条焊	熔槽帮条焊
1	Ⅰ级	结421	结426
2	Ⅱ级	结502、结506	结556
3	Ⅲ级	结606	结606

（*b*）操作电焊工应经过岗位培训，具有岗位操作合格证，上岗前应检查电焊工的焊接试件，试验合格后方可上岗操作。

（*c*）施焊场地应有适当的防风雨雪的措施，环境在5～－20℃施焊时，应采取技术措施，温度低于－20℃时不得施焊。

（*d*）电弧焊接的焊缝上不允许有裂缝或焊瘤，用小锤锤击时，声音清晰。焊接的允许偏差参照表10-60的要求执行。

焊接的允许偏差　　表10-60

项目	允许偏差
焊接中线的纵轴线偏差	0.5*d*
焊接处钢筋轴线交角	4°
焊接处钢筋轴线偏心	0.1*d*并＜3mm
焊缝宽度	≮0.7*d*并≮10mm
焊缝深度	≮0.25*d*且≮4mm
气孔和夹渣	在2*d*长度范围内不多于2处，直径不大于3mm

（e）闪光对焊接头应满足以下要求：

a）钢筋表面无横向裂纹，与电极接触的钢筋表面无明显烧伤。

b）接头处弯折，不得大于4°，被焊接钢筋轴线偏差＜$0.1d$ 且≯2mm。

c）每100～300个接头为一批，取6个试件做试验，3个做拉力试验，3个做冷弯试验，规格按规范要求，试验合格后方可用于工程。

d）闪光对焊连接的钢筋面积不应超过钢筋总面积的50％。

3）钢筋的成形加工和绑扎的检查

钢筋的成形加工和绑扎应严格按图纸要求进行，其允许偏差，见表10-61和表10-62。

钢筋位置允许偏差　　**表10-61**

项次	项目		允许偏差（mm）
1	两排以上受力钢筋的钢筋排距		±5
2	同一排受力钢筋的钢筋间距	梁、板、拱肋	±10
		基础、墩、台、柱	±20
3	灌注桩受力钢筋间距		±20
4	钢筋弯起点位置		±20
5	箍筋、横向钢筋间距		±20
6	焊接预埋件	中心线位置	5
		水平高差	+3
7	保护层厚度	墩、台、基础	±10
		柱、梁、拱肋	±5
		板	±3

焊接钢筋网和焊接骨架的允许偏差　　**表10-62**

项次	项目	允许偏差（mm）
1	网的长、宽	±10
2	网眼的尺寸	±10
3	骨架的宽、高	±5
4	骨架的长	±10
5	箍筋间距	点焊±10，绑扎±20

(3) 混凝土浇筑质量检查

1）混凝土生产的检查

（A）检查混凝土拌和前的配料数量。配合比应在生产前28d报监理工程师批准，才能用于工程上。施工中应严格按所批的配合比配料生产混凝土，在生产过程中监理工程师应随时抽检，数量允许偏差见表10-63。

（B）抽检混凝土坍落度。承包人应按规定频率抽检混凝土拌和物的坍落度，发现不合要求的混凝土应退回重拌。监理工程师可随时要求承包人做坍落度试验，并检查配料数量情况和拌和质量，标准坍落度可参照表10-64选用。

（C）混凝土生产应保证有足够的拌和时间，控制最短拌和时间见表10-65。

配料数量允许偏差 表10-63

项次	材料类别	允许偏差（%）	
		现场拌制	预制厂或集中搅拌站拌制
1	水泥干燥状态下外掺混合材料	±2	±1
2	粗、细骨料	±3	±2
3	水、外加剂	±2	±1

混凝土浇筑入模时的坍落度 表10-64

项次	结构类别	坍落度（cm）（振动器振动）
1	小型预制块及便于浇筑振动的结构	0～2
2	桥涵基础墩台等无筋或少筋的结构	1～3
3	普通配筋率的钢筋混凝土结构	3～5
4	配筋较密、断面较小的钢筋混凝土结构	5～7
5	配筋极密、断面高而狭的钢筋混凝土结构	7～9

注：1. 水下混凝土、泵送混凝土的坍落度，另见JTJ041—2000有关章节的规定；

2. 用人工捣实时，坍落度宜增加2～3cm。

混凝土最短搅拌时间（min） 表10-65

项次	搅拌机类别	搅拌机容量（L）	混凝土坍落度（cm）		
			0～2	3～7	>7
1	自落式	≤400	2.0	1.5	1.0
		≤800	2.5	2.0	1.5
		≤1200	—	2.5	1.5
2	强制式	≤400	1.5	1.0	1.0
		≤1500	2.5	1.5	1.5

注：1. 搅拌细砂混凝土或掺有外加剂的混凝土时，搅拌时间应适当延长1～2min；

2. 外加剂应先调成适当浓度的溶液再掺入；

3. 搅拌机装料数量（装入粗骨料、细骨料、水泥等松体积的总数）不应大于搅拌机标定容量110%；

4. 搅拌时间也不宜过长；

5. 表列时间为从搅拌加水算起。

（D）混凝土拌和后，必须在规定的时间内浇筑，时间过长，开始初凝的混凝土拌和料应废弃，运输控制时间，见表10-66。

浇筑混凝土的允许间断时间　　表 10-66

项　次	混凝土的入模温度（℃）	允许间断时间（min）	
		使用普通硅酸盐水泥	使用矿渣水泥、火山灰水泥或粉煤灰水泥
1	20～30	90	120
2	10～19	120	150
3	5～9	150	180

注：1. 表列时间为自前层混凝土搅拌加水算起；
2. 表列数值未考虑掺用外加剂的影响。

（*E*）现场监理人员发现混凝土在运输过程中发生离析，严重泌水或坍落度不符合要求等现象时，应要求承包人退回作第二次搅拌。二次拌和时不得任意加水，注意保持水灰比不变。如二次拌和后仍不符合要求则应废弃。

2）混凝土浇筑、振捣的检查

（*A*）在浇筑前，监理人员应检查模板内基底或施工缝的处理情况，并要求对其彻底清理，不留杂物、积水和污垢。施工缝的混凝土表面应凿毛，清除松动的混凝土及浮皮，并用水冲净。

（*B*）在浇筑前，施工缝的混凝土表面应湿润，并应铺一层 10～20mm 厚 1∶2 水泥砂浆。

（*C*）浇筑过程中，应要求承包人控制振捣时间和铺层厚度，防止过振及漏振，倾卸混凝土时要防止离析。浇筑铺层厚度见表 10-67。

混凝土分层浇筑厚度　　表 10-67

项　次	捣　实　方　法		浇筑层厚度（cm）
1	用插入式振动器		30
2	用附着式振动器		30
3	用表面振动器	无筋或配筋稀疏时	25
		配筋较密时	15
4	人　工　捣　实	无筋或配筋稀疏时	20
		配筋较密时	15

注：表列规定可根据结构物和振动器型号等情况适宜调整。

（*D*）浇筑过程中，现场监理人员应随时检查，模板、钢筋和预埋件在施工中不得发生移动和变形。

3）现场监理人员应做好施工记录，记录浇筑过程中的抽检数据和施工情况。

4）现场监理人员应旁站抽样做混凝土试件检查混凝土的强度。

（4）混凝土构造物成品检查

1）检查构造物的轴线位置和外形尺寸，其允许偏差见表 10-68 和表 10-69。

2）检查结构物混凝土表面质量

混凝土、钢筋混凝土基础及墩台允许偏差（mm）　　表 10-68

项　次	项　　目		基　础	承　台	墩台身	柱式墩台	墩台帽
1	断面尺寸		±50	±30	±20		±20
2	垂直或斜坡				0.2%H	0.3%H≤20	
3	底面高程		±50				
4	顶面高程		±30	±20	±10	±10	
5	轴线偏位		25	15	10	10	10
6	预埋件位置				10		
7	相邻间距					±15	
8	平整度						
9	跨　径	L_0≤60m			±20		
		L_0>60m			±L_0/3000		
10	支座处顶面高程	简支梁					±10
		连续梁					±5
		双支座梁					±2

注：1. 表中的 H 为结构高度；

2. L_0 为标准跨径。

混凝土、钢筋混凝土桥梁上部结构允许偏差（mm）　　表 10-69

项　次	项　　目		预制梁及板	预制拱肋	小型预制构件	就地浇筑梁及板
1	断面尺寸			+10，−5	±10	+8，−5
2	宽　度	干接缝	±10			
		湿接缝	±20			
3	高　度		±5	+5，−10		
4	长　度		+5，−10	+0，−10	+5，−10	+0，−10
5	梁肋（腹板）厚度		+10，−0			
6	跨度（支座中心至中心）		±20			
7	轴线偏位			5		10
8	预埋件位置		5	5		
9	平整度（2m 直尺检测）		5			8
10	支座表面平整度（检查四角）		1			2

（A）表面应平整、密实。

（B）如有蜂窝麻面，其面积应不超过同侧面积的 1%，外观要求较高的部位，应严格控制。

（C）如有裂缝，应分析其原因性质。因张拉、支架沉降导致的应力断裂必须会同设计采取补救措施，否则不能作为合格产品。由混凝土收缩或温度变化导致表面裂缝，其宽度应不大于设计或规范规定，且宽度超过 0.2mm 的裂缝应用环氧树脂修补。

(*D*) 桩顶、桩头等重要部位不允许有掉边或蜂窝。

(*E*) 局部的蜂窝、麻面等质量缺陷应要求承包人凿除并刷洗干净，经监理工程师检查认可后，用高强度等级水泥砂浆或混凝土修补好，应注意力求表面颜色一致。

3) 检查混凝土的抗压强度。混凝土抗压试验应按试验规程进行，试验应由监理人员旁站，由承包人在试验室进行。试块强度不合格时，可采用钻取试样、无破损检测等方法检查构造物混凝土的抗压强度。

4) 检查发现构造物有严重质量缺陷时，应通报业主，会同设计、施工有关方面研究处理。

(四) 基础工程质量控制

1. 监理工作流程

基础工程质量控制工作流程见图 10-54。

2. 监理工作内容

(1) 明挖基础质量控制

1) 明挖基础监理工作流程

(*A*) 明挖基础施工工艺流程见图 10-55。

(*B*) 明挖基础质量控制工作流程见图 10-56。

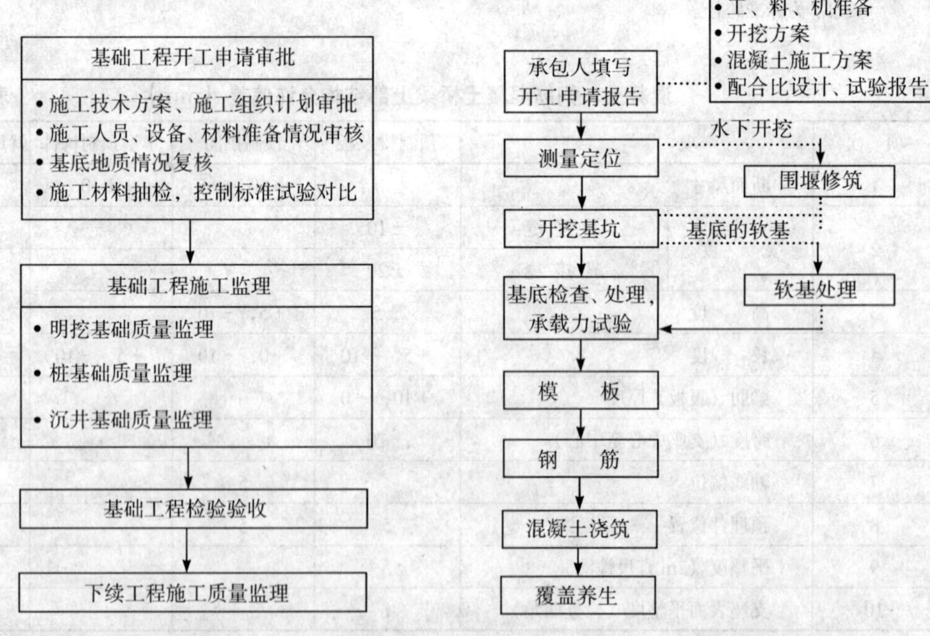

图 10-54　基础工程质量控制工作流程

图 10-55　明挖基础施工工艺流程

2) 明挖基础监理工作要点

(*A*) 明挖地基及基础适用于中小桥梁、大桥陆地墩台、地基土的承载力比较好的情况，在该部位的监理工作中，最重要的就是要验证地基上有足够的承载力。

如果基础在水下或地下水位以下，应注意降水、排水，防止基坑积水并保证地基土

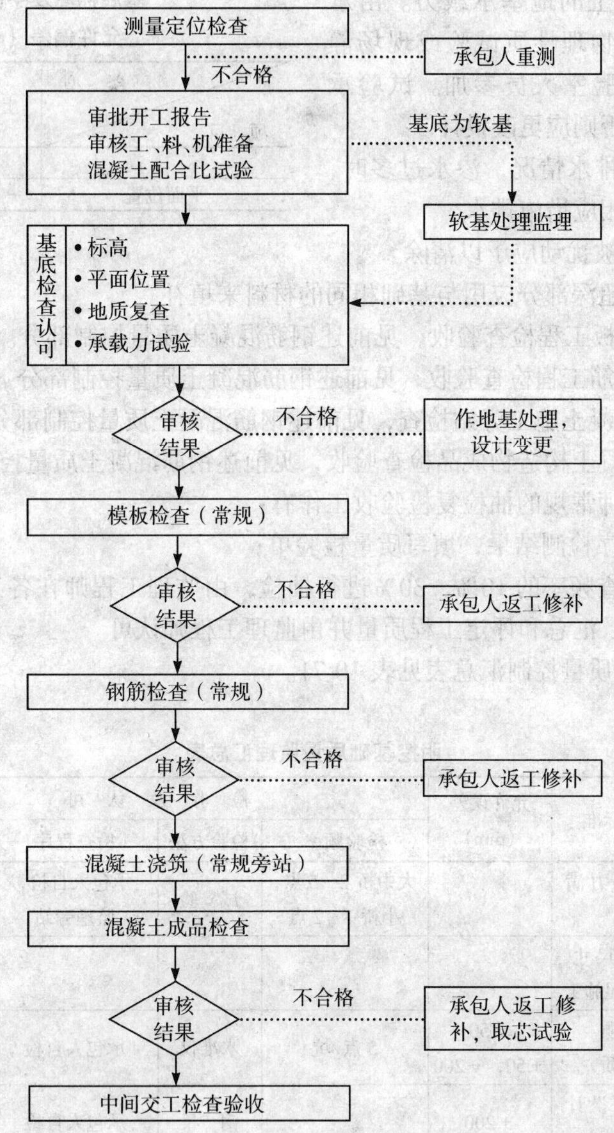

图 10-56　明挖基础质量控制工作流程

不受扰动破坏。

(*B*) 基础是下部工程的首项工程，在开工前承包人应提交开工报告。单项基础工程施工的开工报告应附有：基坑开挖施工方案、混凝土施工方案等。单项工程报批的施工技术方案应做到详尽具体，可操作，应附有开挖剖面、支撑、模板和支架等施工图纸。若所报的技术措施合理，人员设备到位，材料检查合格，可以批准开工。

(*C*) 测量的监理工作内容见前述桥梁施工测量控制。

(*D*) 软基处理监理工作内容见前述基础工程质量控制。

(*E*) 基底检查

(*a*) 检查基底的标高及平面位置，其允许偏差见表 10-70。

(*b*) 检查基底土的地基承载力。由承包人试验室做土的物理性质试验或现场静载荷试验，监理试验室人员参加。试验承载力应大于设计，否则应更改设计。

(*c*) 检查基底排水情况，渗水过多时，应要求承包人采取相应措施排水。

基底标高及平面位置允许偏差（mm）　表 10-70

项目 \ 类型	土　质	石　质
标　高	±50	+50，-200
平面位置	+200	

(*d*) 基底土若被扰动应予以清除。

(*e*) 基底标高超深部分应用与基础相同的材料来填补。

(*F*) 按常规模板工程检查验收，见前述钢筋混凝土质量控制部分。

(*G*) 按常规钢筋工程检查验收，见前述钢筋混凝土质量控制部分。

(*H*) 按常规混凝土施工旁站检查，见前述钢筋混凝土质量控制部分。

(*I*) 按常规混凝土构造物成品检查验收，见前述钢筋混凝土质量控制部分。

(*J*) 监理工程师常规的抽检复检验收工作有：

(*a*) 汇总各工序检测结果，填写质量检验单；

(*b*) 按工序检查频率的10%～30%进行抽检，由监理工程师在各工序进行时独立抽检。在验收支付前，汇总和评定工程质量并由监理工程师认可。

(*K*) 明挖基础质量控制汇总表见表10-71。

明挖基础质量监理汇总表　表 10-71

<table>
<tr><th colspan="2" rowspan="2">项　目</th><th rowspan="2">质量标准</th><th rowspan="2">允许误差（mm）</th><th colspan="4">检　验　及　认　可</th><th rowspan="2">备　注</th></tr>
<tr><th>检验频率</th><th>检验方法</th><th>检查程序</th><th>认可程序</th></tr>
<tr><td colspan="2" rowspan="2">基底检查</td><td>承载力满足设计</td><td></td><td>大中桥2～5点，小桥1～2点</td><td>试　验</td><td>承包人自检，监理旁站</td><td rowspan="13">专业监理工程师认可</td><td rowspan="13">①基底扰动土应清除
②超挖部位须用基础相同材料填补</td></tr>
<tr><td>平面尺寸、边坡满足施工</td><td></td><td></td><td></td><td></td></tr>
<tr><td colspan="2">底标高</td><td>土　质
石　质</td><td>±50
+50，-200</td><td>5点/坑</td><td>水准仪</td><td>承包人自检</td></tr>
<tr><td colspan="2">平面位置（基抗）</td><td>超出设计边线</td><td>+200</td><td></td><td>钢　尺</td><td>承包人自检</td></tr>
<tr><td rowspan="3">基础模板</td><td>标　高</td><td rowspan="3"></td><td>±15</td><td rowspan="3">逐　块</td><td rowspan="3">钢　尺</td><td rowspan="3">承包人自检</td></tr>
<tr><td>内部尺寸</td><td>±30</td></tr>
<tr><td>轴线偏位</td><td>±15</td></tr>
<tr><td rowspan="3">基础钢筋</td><td>排　距</td><td rowspan="3"></td><td>±5</td><td rowspan="3">逐　块</td><td rowspan="3">钢　尺</td><td rowspan="3">承包人自检，监理旁站</td></tr>
<tr><td>间　距</td><td>±20</td></tr>
<tr><td>保护层</td><td>±10</td></tr>
<tr><td rowspan="3">混凝土成品检查</td><td>断面尺寸</td><td rowspan="3"></td><td>±50</td><td rowspan="3">逐　块</td><td>钢　尺</td><td rowspan="3">承包人自检，监理抽检</td></tr>
<tr><td>底面标高</td><td>±50</td><td>水准仪</td></tr>
<tr><td>轴线偏位</td><td>25</td><td>钢尺仪器</td></tr>
</table>

(2) 桩基础质量控制

桩基础有很大的承载力，适用于大中型桥梁。根据桩身传递荷载的工作方法，桩基础可分为：(a) 摩擦桩；(b) 支承桩（柱桩）。根据桩基础的施工方法，桩基础可分为：(a) 沉入桩；(b) 灌注桩。

1）桩基础监理工作流程

(A) 沉入桩施工工艺流程见图10-57；

(B) 沉入桩质量控制工作流程见图10-58；

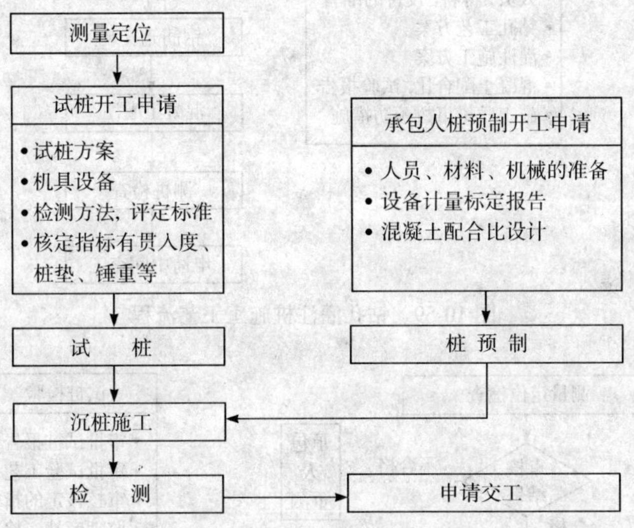

图10-57　沉入桩施工工艺流程

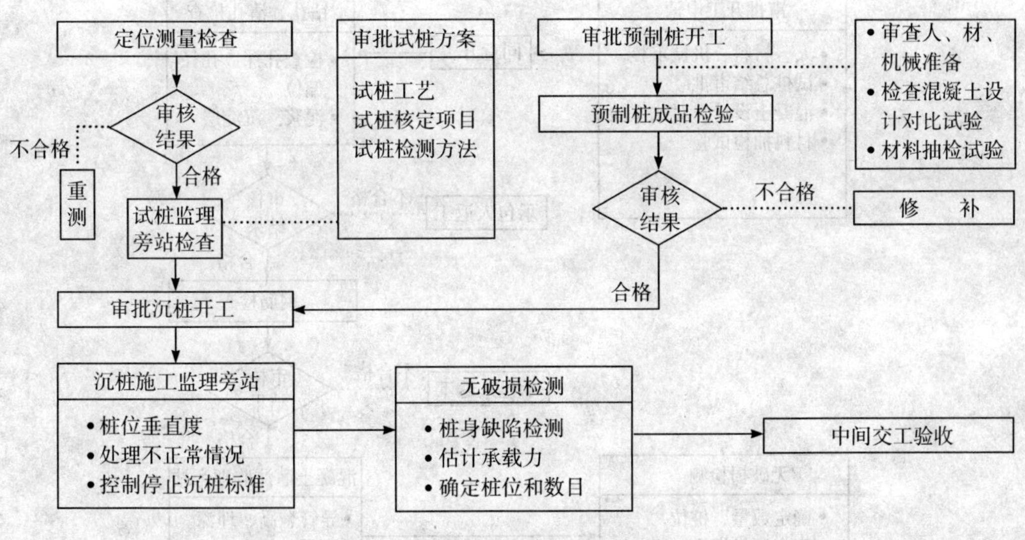

图10-58　沉入桩质量控制工作流程

(C) 钻孔灌注桩施工工艺流程见图10-59；

(D) 钻孔灌注桩质量控制工作流程见图10-60。

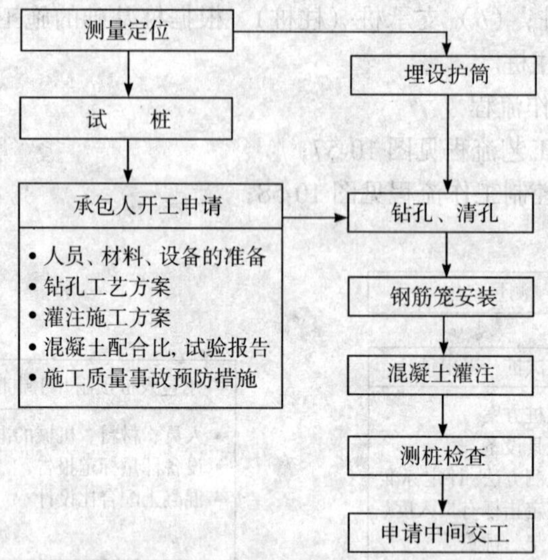

图 10-59　钻孔灌注桩施工工艺流程

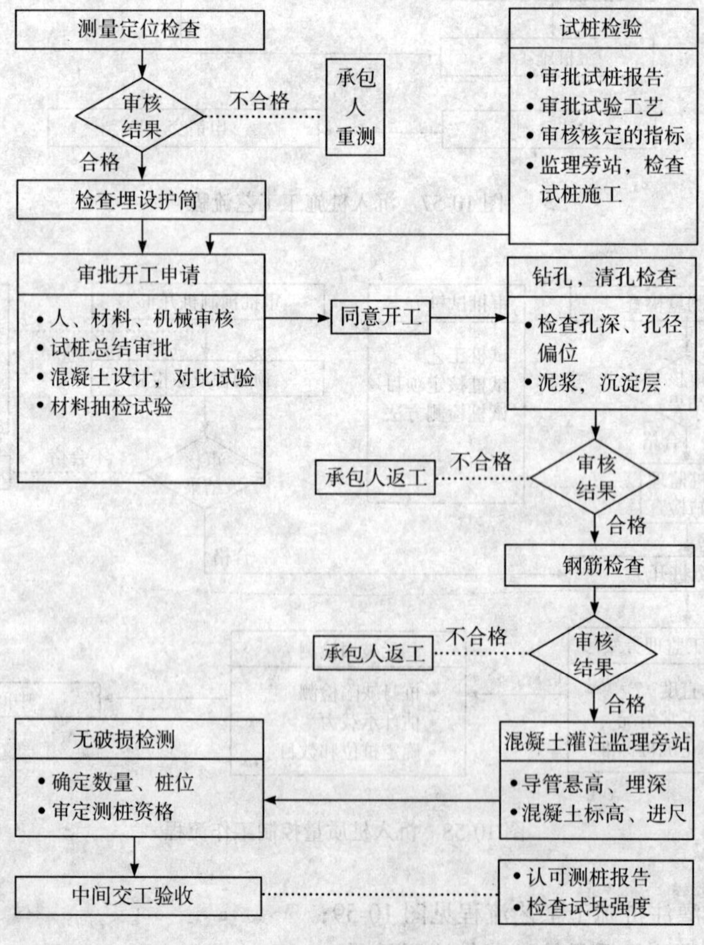

图 10-60　钻孔灌注桩质量控制工作流程

2）桩基础监理工作要点

（A）沉入桩质量控制工作要点

（a）桩身预制质量控制与其他钢筋混凝土制品一样，若桩身是采购的成品，则应抽样进行试验检查。

（b）沉入桩施工质量控制工作的目标是保证桩基础有足够的承载力，应特别重视试桩工作，做好试桩的准备和观测检查工作，选择和批准正确的施工工艺和控制标准。

（c）审批试桩方案。在沉桩施工之前，承包人应提交试桩方案。试桩的目的是确定施工工艺，选定施工机具及检验桩的承载力。试桩方案应包括以下内容：a）试桩的位置数量；b）试桩的目的及待核定的指标；c）试桩的试验检测项目、检测方法和试验装置、试桩的机具及施工方法；d）试验人员名单；e）日程安排。

试桩方案应报总监理工程师或总监代表批准。为准确检验桩的实际承载力，应对试桩作静载荷试验。

（d）审批预制桩开工报告。若预制桩由承包人自己施工制作，承包人应提出开工申请。监理工程师审查确认承包人已具备预制条件时可以批准开工。

若预制桩是由承包人购进的成品桩，则监理应对生产厂家作现场考察，必须在生产厂家的现场设备、施工工艺能够保证成品的质量要求时，方可同意订购该厂成品。成品桩进场后须抽样检查，必要时应作荷载试验。

（e）测量定位检查。a）检查基桩轴线标志位置；b）在陆地与静水区，基桩轴线允许偏差为：每根基桩纵横轴线位置 2cm，单排桩的每根基桩轴线位置 1cm，流速较大的深水河流内沉桩允许偏差由设计规定。

（f）试桩时监理检查。a）试桩期间，监理人员及监理试验室人员应参加现场的观测和记录；b）试桩须检测，并核对地基的地质情况，选定桩锤、桩垫及其参数，检验桩的实际承载力，确定施工工艺和停止沉桩的控制标准。

（g）审批试桩报告和沉桩开工报告。试桩结束后，由承包人提出试验报告，监理工程师审查并由总监或总监代表审批。试验检测和分析评价应按技术规范、设计要求和试桩方案实行。若试桩的各项指标都能满足设计和规范要求，可以按试桩方案推荐的施工方案和工艺开始沉桩施工。

（h）预制桩若为承包人自己制作，可以按常规混凝土构件进行监理和检查，其控制标准见表 10-72 和表 10-73。

桩的钢筋骨架允许偏差　　表 10-72

项　目	允许偏差（mm）
纵钢筋间距	±5
螺旋筋或箍筋间距	±10
纵钢筋与模板净距	±5
桩顶钢筋网片位置	±5
纵钢筋底尖端的位置	±5

成品预制桩的检验，除满足表 10-73 的要求外，还必须满足以下要求：a）桩表面应平整，无蜂窝；b）有棱角的柱，棱角碰损深度应小于 10mm，总长不大于 50cm；c）桩顶、桩头不得有蜂窝或碰损，桩身不得有钢筋露出；d）桩身收缩裂缝宽度不大于 0.2mm，横向裂缝长度，方桩$\ngtr \frac{1}{2}$边长，其他桩不超过直径或对角线的$\frac{1}{2}$，纵向裂缝长度，方桩$\ngtr$2 倍边长，管桩$\ngtr$2 倍直径，预应力混凝土桩不得有裂缝；e）预制桩出厂前

应进行检验和附有检验合格的记录（外购成品桩）。检查不合格的桩不得用于施工。

钢筋混凝土桩和预应力混凝土桩的允许偏差　　　　表 10-73

项　次	偏差名称及说明		允许偏差
1	长　度		±50mm
2	横　截　面	横截面边长	±5mm
3		空心桩空心（管芯）直径	±10mm
4		空心（管芯或管桩）中心与桩中心	±20mm
5	桩尖对桩纵轴线		10mm
6	桩纵轴的弯曲矢高	桩　长　的	0.1%
		并　不　大　于	20mm
7	桩顶顶面与桩纵轴线倾斜偏差为桩顶横截面边长（或直径、对角线）的		1%及≤3mm
8	桩顶外伸钢筋长度		±20mm
9	接桩处接头平面与桩轴平面垂直度		0.5%

（i）沉桩施工检查。a）沉桩前检查桩位、桩架的垂直度、桩锤的中心轴线，允许偏差控制标准，见表 10-74。b）沉桩过程中遇到贯入度突然变化，桩身突然倾斜、位移、锤头严重回弹，桩头破裂或桩身开裂，桩周地面严重隆起或下沉，桩架发生倾斜或晃动，桩身上浮等情况应暂停施工分析原因。c）发生“假极限”、“吸入”现象的桩，射水下沉的桩和有上浮现象的桩都应复打。复打前“休息”的天数及复打要求，按试桩报告核定的标准确定。d）沉桩结束时，监理工程师应检查和记录贯入度和桩尖标高，贯入度和桩尖标高应符合设计的规定，也不应低于试桩核定的标准。e）沉桩时，要按试桩核定落距和桩垫施工，否则，不能得到准确的贯入度。

允许偏差控制标准　　　　表 10-74

项　目	承台底群桩平面位置		帽梁底单排桩平面位置		承台边缘至边桩净距		桩轴倾斜度	
	边　桩	中间桩	沿帽梁轴线	垂直帽梁轴线	桩径≤1m	桩径>1m	直桩	斜桩（设计倾角 θ）
允许偏差	$0.25d$	$0.5d$	5cm	4cm	≮$0.5d$ 且 ≮25cm	≮$0.3d$ 且 ≮50cm	$<\frac{1}{100}$	$\pm 0.15\mathrm{tg}\theta$

注：d 为桩的直径或短边长。

（j）沉入桩检查验收。在沉桩完成后，承台施工前，应按设计要求的频率和规定项目检测。

（k）沉入桩质量控制汇总表见表 10-75。

（B）钻孔灌注桩质量控制工作要点

沉入桩质量控制汇总表 **表 10-75**

项目		质量标准	允许误差（mm）	检验及认可				备注
				检验频率	检验方法	检查程序	认可程序	
桩位偏移		基础柱	$<\frac{1}{2}$边长 $\not>250$	逐桩	钢尺	承包人自检	专业监理工程师认可	
		排架桩	<50					
预制桩	混凝土强度	合格标准内		逐批	试件	承包人自检 监理员旁站		
	弯曲矢高比		0.1%	逐桩	钢尺	承包人自检		
	截面边长		±5					
	管壁厚度		±10					
	桩尖偏位		10					
沉桩	垂直度	桩顶	1.5%	逐桩	垂球钢尺	承包人自检		
		接桩处	0.5%					
	贯入度	不低于试桩核定标准		逐桩	钢尺	承包人自检 监理员旁站		
	桩尖高程	不低于设计		逐桩	钢尺	承包人自检 监理员旁站		
	倾斜度		1/100 ±15%·tgθ	逐桩	垂球钢尺	承包人自检		

（*a*）测量定位检查请参见桥梁施工测量质量方式监理。

（*b*）审批开工报告。在灌注桩开工前，承包人应提交开工申请报告，并附有：*a*）灌注桩施工的技术方案与组织设计。*b*）所有桩位的坐标计算和测量定位方案。*c*）机械设备到位清单。*d*）施工管理人员名单。*e*）所有施工材料的检测试验报告。*f*）混凝土配合比设计。

承包人提交申请报告后，征得监理工程师同意可以先做试桩施工。试桩的目的是复核地层情况和检验施工技术方案的可靠性，确定护筒埋深、泥浆比重等参数。试桩可在桥位上进行，成功后经监理验收作为工程一部分。也可在场外做，试桩后废弃，废弃的试桩一般不灌注混凝土。监理工程师应随时检查试桩的情况。若承包人申请的施工方案可以满足设计和规范要求，试桩成功，可以批准开工，否则应修改施工方案。

（*c*）护筒的检查验收。*a*）检查护筒中心位置，允许偏差为 5cm。*b*）检查护筒顶标高，筒顶标高以满足施工的需要为准。

（*d*）钻孔、清孔检查。*a*）检查孔深（桩长）。在钻进过程中应注意地层变化，在地层发生变化时，应测孔深和推算地层界面的标高。在终孔后，应测孔深推算桩长，桩长应不小于设计要求。*b*）检查孔径。终孔后，监理应用孔规检查孔径，孔规为一用钢筋制作的圆柱体，长度为 4～6 倍孔径，检查时若能把孔规沉到孔底。即可认为孔径合格。*c*）检查孔位偏差。孔位的准确位置应标在护筒周边上，并用十字线交点显示孔的中心位置，检孔器的中心点与十字线的交点的偏差即为孔位偏差。孔位的允许偏差见表10-76。*d*）检查孔底沉淀层厚度。终孔后，每个灌注桩在灌注前都必须检查沉淀厚度。沉淀层厚度用测绳栓上测锤检查。其允许偏差见表10-76。*e*）检查泥浆比重。在钻孔的过程中和终孔后均应检查泥浆比重。其允许偏差见表10-76。

钻孔灌注桩成孔质量允许偏差　　**表10-76**

编　号	项　目	允　许　偏　差	附　注
1	孔的中心位置	群桩：不大于10cm 单排桩：不大于5cm	斜桩以水平面偏差值计算
2	孔　径	不小于设计桩径	
3	倾斜度	直桩：小于1/100 斜桩：小于设计斜度的±2.5%	
4	孔　深	摩擦桩：不小于设计规定 柱桩：比设计深度超深不小于5cm	柱桩是指支承在岩面及嵌入岩层的桩
5	孔内沉淀土厚度	摩擦桩：不大于0.4～0.6*d*（*d*为设计桩径） 柱桩：不大于设计规定	应尽量争取不大于0.4*d*
6	清孔后泥浆指标	相对密度1.05～1.2 粘度17～20，含砂率＜4%	在钻孔的顶、中、底分别取样检验，以其平均值为准

注：编号6是指用换浆法清孔后，拟在泥浆中灌注水下混凝土的要求。

（*e*）钢筋笼检查。*a*）在钢筋笼下沉之前，按常规检查其规格、绑扎、焊接等各个项目。*b*）在钢筋笼下沉过程中检查钢筋笼各段对接的质量。所有焊缝要满足规范要求。笼的上下段应在同一轴线上。下沉过程中应掌握钢筋笼的垂直和对中及周围的保护层。*c*）钢筋笼下沉完毕后，要检查其顶面标高和中心位置。位置固定好再开始灌注混凝土。

（*f*）水下混凝土灌注的旁站检查：*a*）按常规检查灌注桩混凝土的拌和与运输。*b*）导管检查，其接头不允许漏水。导管的孔底悬高应以25～40cm为宜。首盘混凝土灌注，导管的埋深不应小于1cm。*c*）在灌注过程中要记录灌注的混凝土方量和混凝土顶面标高。导管埋深保证在2m～6m之间。*d*）记录灌注过程中有无故障。若出现卡管、坍孔等情况应及时采取措施防止断桩，一旦发生断桩，应及时通报业主。*e*）灌注结束时混凝土顶面应高出设计标高至少5～10cm。*f*）灌注中随时检查钢筋笼是否上浮，如有上浮应采取措施予以控制。

（*g*）测桩验收。a）测桩前，监理工程师应检查所有桩头，然后按设计要求频率指定测桩位置。*b*）无破损检测一般委托专门的单位进行。测试前总监或总监代表要对测试单位的资质进行审查和认可。测试单位应具有省部级的资格审查证书。*c*）测试应分批进行。测试时混凝土龄期应在14d以上。*d*）若无破损检测不合格，应进一步做钻芯取样，检查桩身混凝土质量。*e*）若灌注的混凝土试件强度不够应钻芯取样，再做抗压试验，试验强度合乎设计要求，应认为桩身混凝土强度合格。

（*h*）按常规要求作监理抽查复检。钻孔灌注桩质量监理汇总表见表10-77。

(3) 沉井基础质量控制

钻孔灌注桩质量控制汇总表　　表 10-77

项目		质量标准	允许误差	检验及认可				备注
				检验频率	检验方法	检查程序	认可程序	
桩位	群桩	按图纸要求	10cm	逐桩	经纬仪或钢尺	承包人自检	专业监理工程师认可	钻孔灌注桩施工监理应做详细的记录
	单排桩	按图纸要求	5cm					
护筒	直径	比孔径大 30～40cm		逐桩	钢尺	承包人自检		
	顶高	高出地面 30cm 高出地下水位 1.5～2.0cm						
	埋深	冲刷线 1m 以上						
	偏位		5cm					
钻孔	桩长	不短于设计规定		逐桩	测锤	承包人自检 监理员旁站		
	孔径	不小于设计孔径			检孔器			
	倾斜度		1/100		垂球			
钢筋笼底高程			±5cm		钢尺	承包人自检		
泥浆		相对密度 粘度 含砂率	1.05～1.20 17～20 <8%～4%	每孔 2～3 次	试验	承包人自检		
混凝土灌注	剪球导管悬高	20～40cm		逐桩	测锤	承包人自检		
	导管埋深	首次封底 1.0m		逐桩	测锤			
		后续灌注 2.0m		拆导管后检查	测锤			
	混凝土	坍落度	16～20cm	随时抽检	试验			
成桩检验	桩头混凝土	混凝土良好无松散残余混凝土		逐桩	目检	承包人自检		
	测桩	按设计要求		按设计要求	仪器	专职单位承担检查		
混凝土强度		在合格标准内		逐桩	试件	承包人自检 监理旁站		

1）沉井基础监理工作流程

（*A*）沉井基础施工工艺流程，见图 10-61。

（*B*）沉井基础质量控制工作流程，见图 10-62。

2）沉井基础质量控制工作要点。

（*A*）开工前，承包人应提交沉井施工开工报告。报告应附有：

（*a*）施工技术方案，包括沉井预制、浮运定位、入土下沉和封底混凝土浇筑等主要施工工序的工艺流程，施工机具和施工组织安排等。（*b*）到场机械设备和人员名单。（*c*）施工材料的试验检测报告。

监理工程师审查认为方案可行，准备充分应批准开工。

（*B*）沉井制作检查：

（*a*）原地制作沉井应仔细定位。（*b*）按常规项目对沉井结构混凝土作模板、钢筋、混凝土浇筑等项监理检查。沉井制作的允许偏差，见表10-78。（*c*）检查筑岛的材料和平面位置。应满足设计与施工的要求。（*d*）沉井刃脚下的支垫位置除满足设计要求外，还要注意使刃脚受力均匀，抽垫方便。（*e*）抽除垫木应分区对称，同步依次进行，抽垫前沉井混凝土强度应达到设计要求。

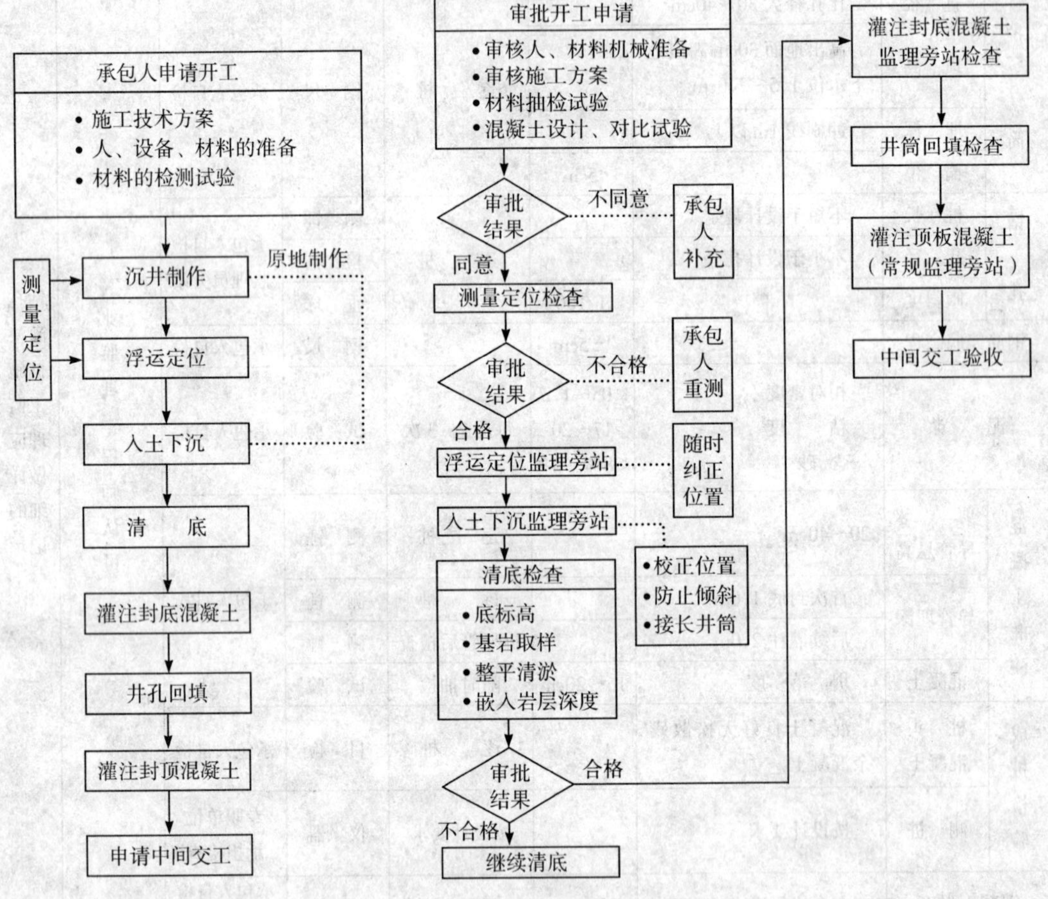

图10-61　沉井基础施工工艺流程　　　　图10-62　沉井基础质量控制工作流程

沉井制作允许偏差　　　　**表10-78**

项　次	项　　目	允　许　偏　差
1	沉井平面尺寸	
	（1）长度、宽度	±0.5%，当长、宽大于24m时，±12cm
	（2）曲线部分的半径	±0.5%，当半径大于12m时，±6cm
	（3）两对角线的差异	对角线长度的±1%，最大±18cm
2	沉井井壁厚度	
	（1）混凝土、片石混凝土	±40mm，−30mm
	（2）钢筋混凝土和钢壳	±15mm

注：1. 对于钢沉井及结构构造、拼装等方面有特殊要求的沉井，其平面尺寸允许偏差值应按照设计要求确定；
2. 井壁的表面要平滑而不外凸，且不得向外倾斜。

（*C*）浮运定位检查：

（*a*）原地制作的沉井在制作前应仔细定位。（*b*）浮运定位的工作在水中进行，应做好充分准备。监理人员应旁站检查定位工作。定位的允许偏差见表10-81。

导管不同灌注深度的最小埋深　　表10-79

灌注深度（m）	≤10	10～15	15～20	>20
导管最小埋深（m）	0.6～0.8	1.1	1.3	1.5

导管不同间距的最小埋深　　表10-80

导管间距（m）	≤5	6	7	8
导管最小埋深（m）	0.6～0.9	0.9～1.2	1.2～1.4	1.3～1.6

沉井基础质量控制汇总表　　表10-81

检查项目		规定值或允许偏差	检查方法和频率	检查和认可程序	备注
各节沉井混凝土强度（MPa）		在合格标准内	每工作班取1～3组试件，抗压试验	承包人自检，监理旁站认可	
沉井平面尺寸（mm）	长、宽	±0.5%，大于24m±120	用尺量	承包人自检，监理旁站认可或抽查	
	半　径	±0.5%，大于12m时±60			
井壁厚度（mm）	混凝土	+40，－30	沿周边用尺量4点	承包人自检，监理旁站认可或抽查	
	钢壳和钢筋混凝土	±15			
沉井刃脚高程（mm）		符合设计规定	水准仪检查	承包人自检，监理旁站认可	
顶、底面中心偏位（纵、横向）（mm）	一般	1/50井高	经纬仪检查	承包人自检，监理旁站认可或抽查	
	浮式	1/50井高，+250			
沉井最大倾斜度（纵、横方向）（mm）		1/50井高	吊垂线检查	承包人自检，监理旁站认可或抽查	
平面扭转角（°）	一般	1	吊垂线检查	承包人自检，监理旁站认可	
	浮式	2			

（*D*）沉井入土下沉的检查：

（*a*）监理人员应随时抽检沉井记录并了解现场地质情况，随时校正位置，防止倾斜。

（*b*）按常规模板、钢筋、混凝土浇筑的检查顺序检查沉井接长的施工。控制标准同沉井制作。

（*c*）沉井落底后，封底前应得到监理工程师的认可，并检查下列项目：

a）沉井刃脚底标高，应与设计要求相符；*b*）检查基底情况，不排水时由潜水员作水下检查和取样鉴定，一般井底应放在基岩上；*c*）基底面应尽量整平，清除淤泥和岩石残留物，防止封底混凝土和基底间掺入有害夹层。刃脚须有2/3以上嵌搁在岩层上，嵌

入深度不小于0.25m。其余部分用袋装水泥填塞缺口。刃脚以内井内岩层的倾斜面应凿成台阶或榫槽。

（*E*）灌注封底混凝土的检查参见钻孔灌注桩水下混凝土灌注的监理。另外要求：

（*a*）最终灌注高度应比设计提高不小于15cm；

（*b*）检查导管的埋深不小于最小埋深，见表10-79和表10-80。

（*F*）填孔检查，抽水和回填应在封底混凝土强度满足设计要求后进行。

（*G*）顶板浇筑，按常规项目检查。沉井基础质量监理汇总表，见表10-81。

（五）桥台、桥墩质量控制

1. 钢筋混凝土承台（系梁）、墩台、墩柱、盖梁（桥台）质量控制

（1）监理工作流程

1）钢筋混凝土承台（系梁）、墩台、墩柱、盖梁（桥台）施工工艺流程，见图10-63。

2）钢筋混凝土承台（系梁）、墩台、墩柱、盖梁（桥台）质量控制工作流程见图10-64。

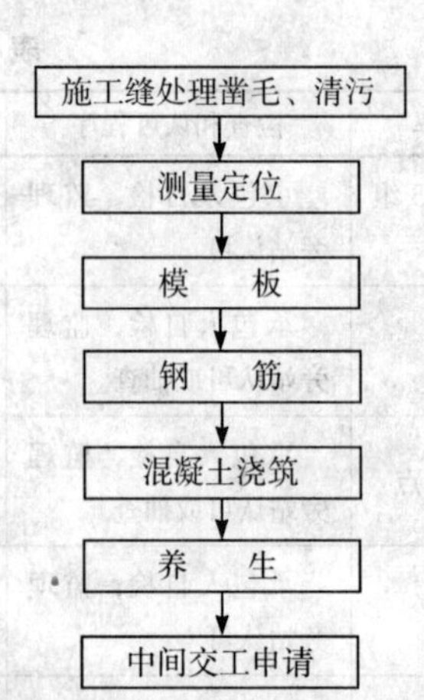

图10-63 钢筋混凝土承台（系梁）、墩台、墩柱、盖梁(桥台)施工工艺流程

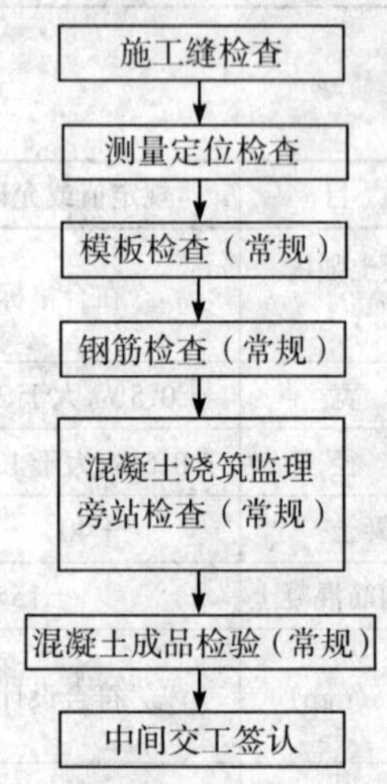

图10-64 钢筋混凝土承台（系梁）、墩台、墩柱、盖梁（桥台）质量控制工作流程

（2）监理工作要点：桥台、桥墩、承台等桥梁下部工程，大多是钢筋混凝土结构，具有相同的施工工艺流程和监理工作流程。在此归为一类叙述。

1）由于桥台、桥墩、承台都是起传递荷载作用的构造物。因此其强度必须达到设计要求。

2）桥台、桥墩、盖梁都是地面工程，不允许表面做任何装饰，要特别注意混凝土的表面质量，控制标准通常应高出规范的一般要求。

3）施工缝的处理参见钢筋混凝土工程质量控制。

4）测量定位的检查见桥梁施工测量控制。

5）模板、钢筋、混凝土浇筑及混凝土成品检验均按常规项目进行。参见监理工作有关内容。

6）钢筋混凝土承台、墩柱、盖梁质量控制汇总表见表10-82。

钢筋混凝土承台、墩柱、盖梁质量控制汇总表　　**表 10-82**

项目		质量要求及允许误差				检验及认可				备注
						检验频率	检验方法	检查程序	认可程序	
施工缝		凿毛，清洗 浇筑前铺 1～2cm1∶2 水泥砂浆				100%	目　测	承包人自检	专业监理工程师认可	H为墩、台身高度
模板		承台(系梁)	墩(台)身	墩　柱	桥台(盖梁)			承包人自检		
	轴线偏位(mm)	10	7	7	7	每个 4 处				
	断面尺寸(mm)	±15	±10		±5	各 3 处				
	垂直度(mm)		0.15%H	≤20 0.1%H		每侧面 2 处				
	平整度(mm)	3	3	3	3	6 点(每面)	3m 直尺			
	相邻高差(mm)	木模 3 钢模 2	3	3	3		直尺			
钢筋	受力筋间距(mm)	±20	±20	±20	±10	2 断面/个	直尺	承包人自检		
	箍筋间距(mm)	±10	±10	±5	±5	5 处/个	直尺			
	主筋长度(mm)	+5，-10	+5，-10	+5，-10	+5，-10	30%	直尺			
	保护层(mm)	±10	±10	±5	±5	6 处/个	直尺			
混凝土成品检验	轴线偏径(mm)	15	10	10	10	2 点平均	经纬仪 纵横各 2 点	承包人自检监理抽检		
	断面尺寸(mm)	±30	±20		±20	3 点平均	尺量			
	顶面标高(mm)	±20	±10	±10	简支梁±10 连续梁±5		水准仪			
	垂直度(mm)		0.2%H	0.3%H <20		每侧 2 处	垂线			
	相邻间距(mm)			±15			尺量			
	预埋件位置(mm)				5		尺量			
	支座位置(mm)				5		尺量			

2. 圬工砌体墩台质量控制

圬工墩台各个部位的圬工砌体有大体相同的质量要求和监理工作流程，其他部位的圬工砌体质量控制可以参照本节所述的内容操作。

(1) 监理工作流程

1) 圬工砌体墩台施工工艺流程，见图 10-65；

2) 圬工砌体墩台质量控制工作流程，见图 10-66。

(2) 监理工作要点

1) 备料检查

砌体包括有砖、石和混凝土预制块几种，石料又分为片石、块石、粗料石等几种。石料的石质应符合设计规定的要求。其尺寸规格的要求参见排水及小型构造的质量控制所述。

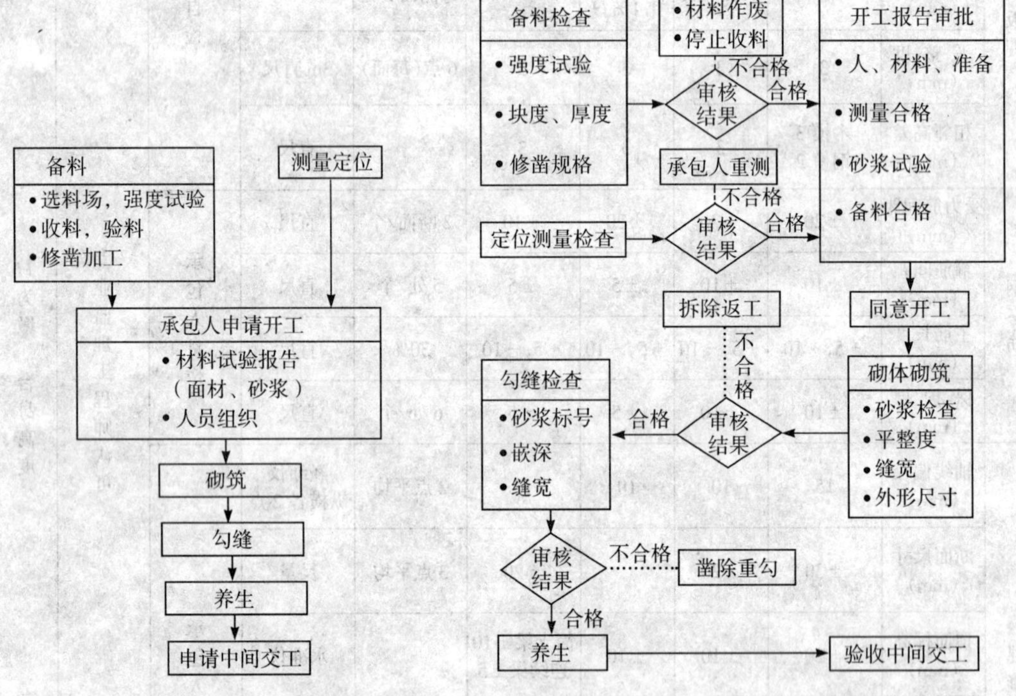

图 10-65　圬工砌体墩台施工工艺流程　　　图 10-66　圬工砌体墩台质量控制工作流程

对于镶面粗料石，丁石长度应比相邻顺石宽度至少大 15cm。修凿面每 10cm 长须有錾路约 4～5 条，侧面修凿面应与外露面垂直，修凿部分应＞7cm，正面凹陷深度不应超过 1.5cm。

2) 测量检查

轴线测量检查见桥梁施工测量控制。

3) 审批开工报告

备料符合要求，测量放样准确，修砌工人到场后，监理工程师就可同意开工。

4) 砌筑物检查

(A) 砌筑前检查施工缝处理情况，施工缝应冲洗干净。(B) 砂浆检查。砂浆的类型和强度等级应符合设计规定。砂的最大粒径用于砌片石时不宜超过 5mm，用于砌块石和粗料石时不宜超过 2.5mm，砂的含泥量在强度等级大于 M5 时不超过 5%，小于 M5 时不超过 7%。(*C*）砂浆配合比应通过试验确定，并报监理批准。施工时应严格按规定配合比拌和生产。(*D*）砂浆应随拌随用。泌水的砂浆应重新拌和，已凝结的砂浆应废弃。(*E*）砌体应分层坐浆砌筑，水平缝要对齐一致。(*F*）各砌层应先砌外，后砌内，内外交错连成一体。(*G*）各砌层的砌块应放稳固，砌块间应砂浆饱满，粘结牢固，不得直接贴靠或脱空。砌筑上层时应避免振动下层。(*H*）应控制砌缝宽度和各相邻层的竖缝间距，具体要求见表 10-81。(*I*）砌筑时，应拉线对齐，准确控制外形尺寸。

5）勾缝和砌体成品检查

(*A*）勾缝的形式有凸缝、凹缝和平缝，应按设计选用。

(*B*）勾缝砂浆强度等级不应低于砌体砂浆强度等级，主体工程不得低于 M10，附属工程不低于 M7.5。

(*C*）勾缝应嵌入砌缝约 2cm 深。深度不够时应凿够深度再勾缝。

(*D*）检查验收标准见表 10-83。

砌体工程检验标准　　**表 10-83**

<table>
<tr><th>检查项目</th><th>规定值或允许偏差</th><th>检查频率</th><th>检验方法</th><th>检验及认可程序</th><th>备　注</th></tr>
<tr><td>砂浆强度（MPa）</td><td>在合格标准内</td><td>每工作班测试块 1～2 组</td><td>抗压试验</td><td>承包人试验，监理旁站并认可</td><td rowspan="14">砌缝要求：
片　石：< 4cm
块　石：< 3cm
上、下错缝 8cm 以上。
粗料石：2cm
上、下错缝 1.0cm 以上。
混凝土砌块同粗料石要求</td></tr>
<tr><td rowspan="2">跨径（mm）</td><td>$L_0 \leqslant 60m \pm 20$</td><td rowspan="2">每个构造物</td><td rowspan="2">尺量或测距仪</td><td rowspan="2">承包人自检，监理旁站认可</td></tr>
<tr><td>$L_0 > 60m \pm L_0/300$</td></tr>
<tr><td rowspan="3">墩台宽度与长度（mm）</td><td>片石　+40，−10</td><td rowspan="3">每个构造物检查</td><td rowspan="3">尺　量</td><td rowspan="3">承包人自检，专业监理工程师认可</td></tr>
<tr><td>块石镶面　+30，−10</td></tr>
<tr><td>粗料石镶面　+20，−10</td></tr>
<tr><td rowspan="2">竖直度或坡度</td><td>片石　0.5%H</td><td rowspan="2">每个构造物检查</td><td rowspan="2">垂线或经纬仪</td><td rowspan="2">承包人自检，专业监理工程师旁站认可</td></tr>
<tr><td>块、粗料石　0.3%H</td></tr>
<tr><td>顶面高程（mm）</td><td>墩台　±10</td><td>每个构造物检查</td><td>水准仪</td><td>承包人自检，专业监理工程师旁站认可</td></tr>
<tr><td>轴线偏位（mm）</td><td>10</td><td>每个构造物检查</td><td>经纬仪纵横各两点</td><td>承包人自检，专业监理工程师旁站认可</td></tr>
<tr><td rowspan="3">大面积平整度（mm）</td><td>片石　30</td><td rowspan="3">每个构造物检查</td><td rowspan="3">2m 直尺</td><td rowspan="3">承包人自检，专业监理工程师旁站认可</td></tr>
<tr><td>块石镶面　20</td></tr>
<tr><td>粗料石　10</td></tr>
</table>

3. 桥头回填、锥坡砌筑质量控制

(1）监理工作流程

1）桥头回填、锥坡砌筑施工工艺流程，见图 10-67。

2）桥头回镇、锥坡砌筑质量监理工作流程，见图 10-68。

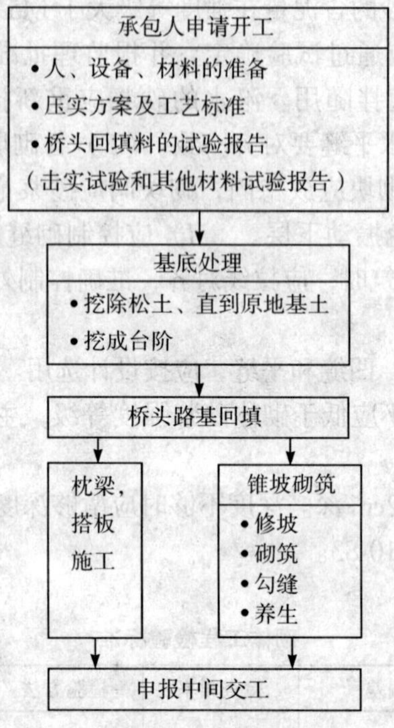

图 10-67　桥头回填、锥坡砌筑施工工艺流程

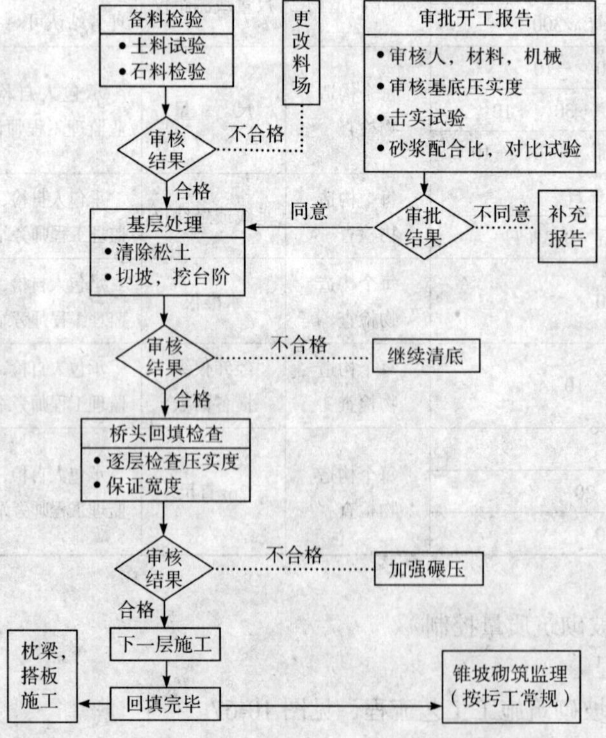

图 10-68　桥头回填、锥坡砌筑质量控制工作流程

（2）监理工作要点

1）基底检查

（*A*）桥台后边坡上，表面路基土未压实的部分应清除，直到压实度满足设计要求为止。

（*B*）路基土的坡面应挖成台阶状。台背路线方向的长度，自台身起顶面应不小于桥台高度底面不小于 2m。

2）审批开工报告

回填前，承包人应提交开工报告，报告应附有回填土料的击实试验报告，分层压实的施工工艺及机具等，回填应选择压缩性小稳定性好的土料。报告中还应附有回填断面尺寸图。在各项指标均符合要求时，监理工程师可以批准开工报告。

3）填土压实检查

（*A*）填土须分层压实，每层松铺厚度应＜30cm 若采用小型压实工具时，每层松铺厚度应＜15cm。

（*B*）监理工程师应逐层抽检填土压实度。如无特殊要求，压实度与路基要求相同，抽检点须达到 100％合格才能继续填筑上一层。

（*C*）锥坡坡面的填土应留出修坡宽度。

4）枕梁、搭板的检查应按常规进行，包括模板、钢筋、混凝土浇筑及成品。

5）锥坡砌体的检查

锥坡砌体一般由浆砌片石砌筑，监理工程师检查的项目和要求参见圬工砌体墩台质量控制。

（六）装配式预制梁桥控制质量

装配式预制梁桥的上部结构是由在桥外场地上预制梁片，吊运到桥位上安装建成的梁式桥。其主要施工工序是预制梁制作和吊装。

预制梁有钢筋混凝土和预应力钢筋混凝土两种。预应力预制梁又有先张法预应力梁和后张法预应力梁。后张法是先浇筑混凝土梁体，然后在梁体上做预应力张拉，一般用来生产跨度大于 20m 的大梁。先张法是先做预应力张拉，然后浇筑混凝土梁体与张拉过的钢绞线结合起来。先张法预应力梁一般跨度相对较小，大多用在预应力大孔板梁的施工中。

预制梁的施工，最重要的是保证梁体的承载能力。因此，混凝土强度，水泥、钢材的质量都必须得到保证。钢筋、钢丝束的位置都必须准确地按图纸放置。

预制梁的预应力张拉是一个十分重要的工序，它直接决定梁体的承载能力，必须按设计要求进行施工。由于张拉工艺事后无法复检，因此要求施工时监理人员严格旁站记录。

预应力梁张拉后，不可避免地会发生起拱变形。由于混凝土的徐变作用，预拱值往往比较大，直接影响到桥面标高的控制。因此在施工前，估算梁体的预拱度值和张拉后随时观察预拱的变化是十分重要的。梁体预拱值的处理大体有三种方式，即降低支座标高，预制梁底模作反拱和修改桥面标高。采用何种方式应由监理工程师根据实际情况与设计单位协商确定。

在预制梁开工前，承包人应提交开工报告交监理工程师审批。

1. 监理工作流程

装配式预制梁质量控制工作流程见图 10-69

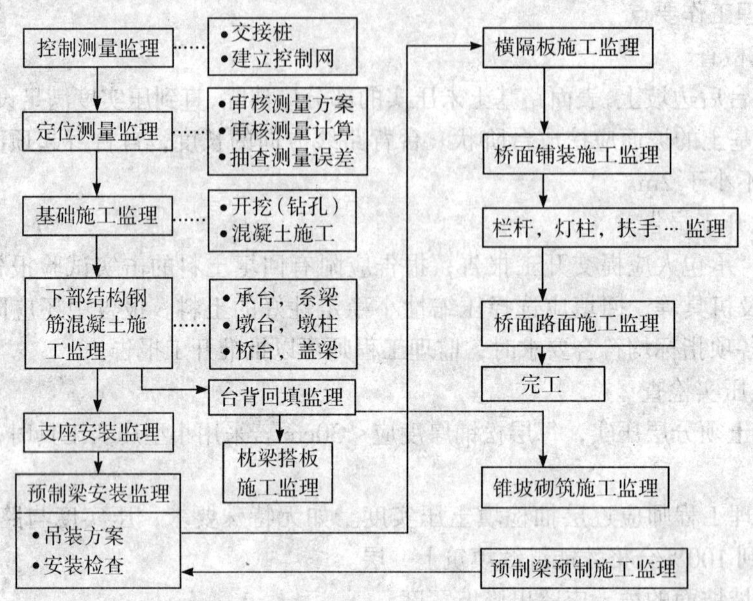

图 10-69 装配式预制梁质量控制工作流程

2. 监理工作内容

（1）预制场地、设施的检查

1）预制梁底模的检查

（A）小型非预应力梁的底模可用混凝土也可用木模。底模应平整、坚固；

（B）先张法预应力梁的底座与底模应与张拉台结合在一起；

（C）梁长＞20m 的薄腹工字梁和 T 梁的梁底须用附着式振动器助振，底模应能引起共振以保证梁底混凝土密实；

（D）底模的尺寸必须准确，误差在允许范围内；

（E）注意检查底梁端部，横向要保持水平，避免梁体两端支座发生扭曲，影响安装质量。

2）张拉台的检查签认

（A）张拉台两端钢梁具有足够强度和刚度，能承受全部张拉荷载，并不产生过大的变形。

（B）张拉台两侧顶梁必须能承受全部张拉力并保持稳定。

（C）预应力梁的松弛以整体松弛为好，张拉台应考虑安装松弛装置，如砂箱、千斤顶等。

3）张拉机具设施的检查和签认。

（A）油泵须定期检查，油压量程和油泵台数均应满足施工需要；

（B）千斤顶及油压表应定期配套标定，后张法须用自锚式专用千斤顶；

（C）锚固件必须由专门厂家生产，应具有合格的强度和硬度，到场后应做探伤和硬度的检验，有裂痕、伤痕的锚固件不可使用；

（*D*）应具有合格的吊运设备和足够的堆放场地。

（2）预制梁施工方案的审批

开工前承包人应提交开工申请报告，并附有预制梁施工技术方案，方案应包括以下内容：

1）所有材料试验报告。包括钢丝，钢铰线，锚具，钢筋，水泥，砂石料和混凝土配合比等。

2）张拉、压浆工艺设计

（*A*）张拉，压浆的设备，机具装备的检验标定证书。

（*B*）预应力张拉程序（应满足规范要求）。

（*C*）梁内各束钢丝，钢铰线的张拉次序。张拉时对称进行，避免梁体扭曲。

（*D*）张拉控制应力计算。

实际施加的张拉应力应由设计提供，若设计要求，还须对锚圈口、孔道摩阻力和张拉台变形等导致的应力损失进行调整。调整可在现场进行。

（*E*）各束钢丝束（钢铰线）的伸长量计算。

（*F*）先张法张拉钢铰线的松弛方案。

（*G*）后张法张拉灌浆预埋管的埋设及压浆方案。预埋管的成形及固定，水泥浆的配合比及试验报告等。

3）预制梁的起吊运输方案。

4）预制梁的预拱值计算及调整措施。因张力的作用，预应力梁都有起拱的情况，最终的变形量约为弹性变形量的2～4倍，因而预先应估算预拱值和准备补救措施。

经过现场设施的检查，且技术方案合理。准备充分，应批准开工申请报告。

（3）非预应力钢筋混凝土预制梁质量控制

非预应力钢筋混凝土预制梁质量控制流程与钢筋混凝土工程相同。

（4）先张法预应力混凝土预制梁板质量控制

1）监理工作流程

（*A*）施工工艺流程，见图10-70；

（*B*）监理工作流程，见图10-71。

2）监理工作要点

（*A*）底模、张拉台检查，开工申请的审批。

（*B*）张拉检查：（*a*）张拉全过程应由监理监督检查；（*b*）检查张拉应力（油压表读数）；（*c*）检查伸长量，用钢尺量。应量测 $\sigma_0 \sim \sigma_k$ 之间的伸长量，并与理论计算值对比，差值应小于理论伸长量的6%，超过限值应暂停张拉，分析原因。（*d*）要严格按施工方案的应力程序和钢铰线的次序张拉。（*e*）控制断丝和锚头滑丝。断丝的钢铰线应调换，滑移的钢铰线要重新张拉，并调换锚具。（*f*）张拉后，须静置4h方可进行绑扎钢筋等其他施工

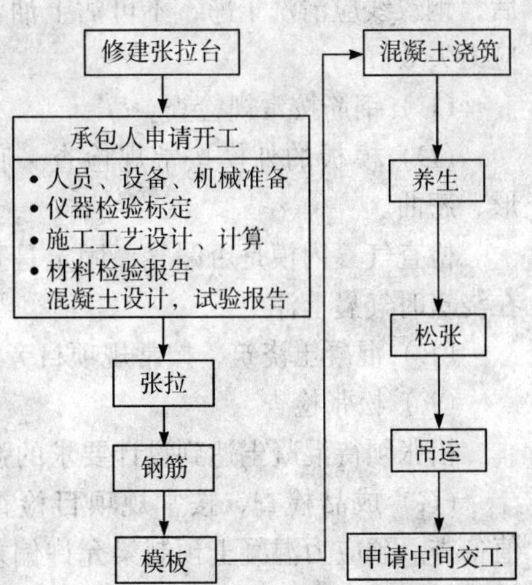

图10-70　先张法预应力混凝土预制梁施工工艺流程

操作。若是预应力钢筋张拉，应力应退到90％σ_k时方可进行绑扎钢筋等操作。(g) 张拉

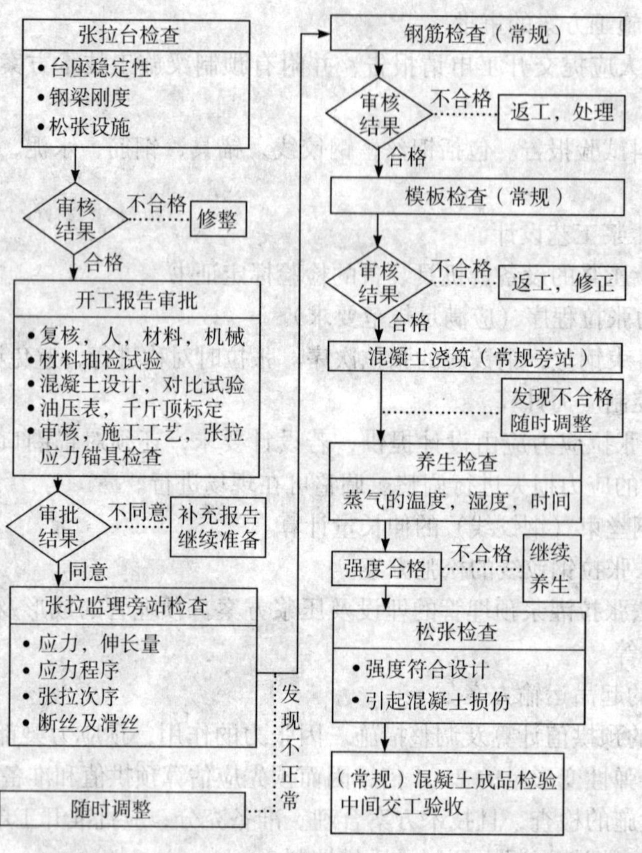

图 10-71　先张法预应力混凝土预制梁质量控制工作流程

后，钢铰线应清洗干净，不可沾上油污，以防止造成应力失效。

(C) 钢筋按常规检查。

(D) 模板的外模按常规检查。底模注意是否变形、翘曲。

检查气囊内模是否漏气，固定是否牢靠，应防止在浇筑时气囊上浮。

(E) 混凝土浇筑，按常规项目旁站检查。

(F) 松张检查

松张须待混凝土达到设计要求的强度后进行。

(G) 成品检查，按常规项目检查，应记录预拱值备查。预应力混凝土预制梁允许偏差，见表10-84。质量监理汇总表见表10-85。

(5) 后张法预应力混凝土预制梁质量控制

1) 监理工作流程

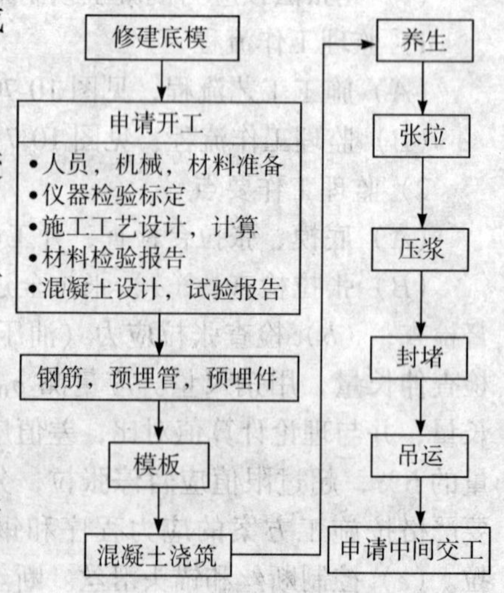

图 10-72　后张法预应力混凝土预制梁施工工艺流程

（A）施工工艺流程，见图 10-72；

（B）监理工作流程，见图 10-73。

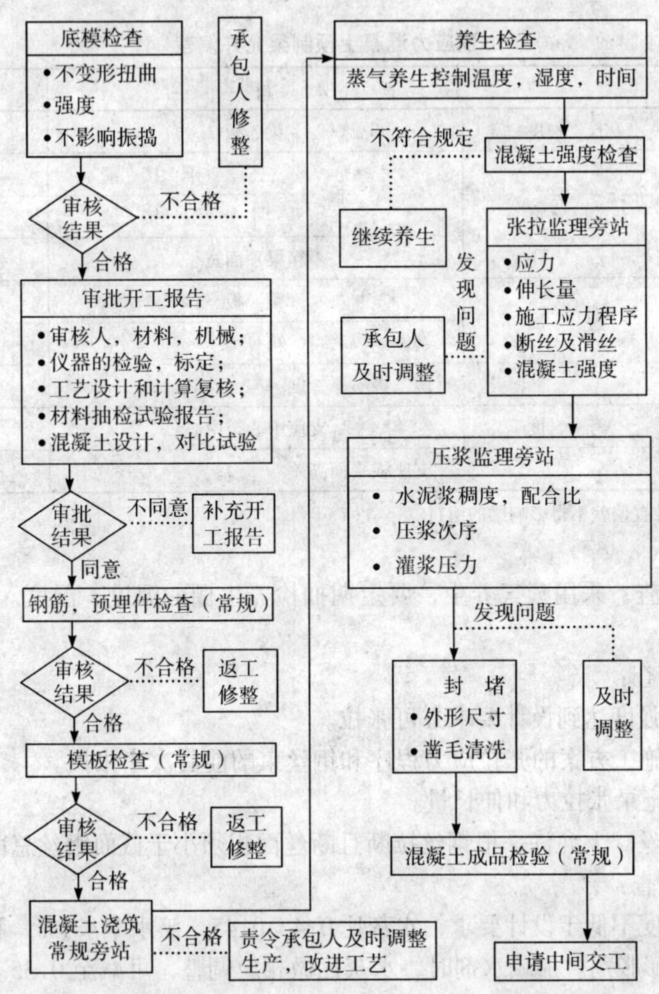

图 10-73　后张法预应力混凝土预制梁监理工作流程

2）监理工作要点

（A）底模检查和开工报告审批。

（B）钢筋检查：

（a）按常规检查钢筋。逐根检查预埋管及其井字架，保证定位准确，无漏孔。

（b）预埋锚件、垫板、支座等须定位准确，焊点牢固。

（C）模板检查：

（a）应采用整体大模板，多次使用宜用钢模板，应及时对变形予以调整。

（b）按常规检查模板、预应力混凝土预制梁允许偏差见表 10-84。

（D）混凝土浇筑检查：

（a）按常规项目检查，见钢筋混凝土质量控制。

（b）预应力梁应用高标号水泥，为减少徐变影响，水泥用量应小于 500kg/m^3。

（*c*）振捣时应注意不能损坏预埋管。

（*E*）成品检验。按常规项目检查构件质量。其允许偏差同表 10-84。

预应力混凝土预制梁允许偏差　　表 10-84

<table>
<tr><th>项　次</th><th colspan="3">检　查　项　目</th><th>允许偏差（mm）</th></tr>
<tr><td>1</td><td>长　度</td><td colspan="2">梁、板</td><td>+5，−10</td></tr>
<tr><td rowspan="3">2</td><td rowspan="3">宽　度</td><td rowspan="2">梁、板</td><td>干　接　缝</td><td>±10</td></tr>
<tr><td>湿　接　缝</td><td>±20</td></tr>
<tr><td colspan="2">箱梁顶面宽</td><td>±30</td></tr>
<tr><td rowspan="2">3</td><td rowspan="2">高　度</td><td colspan="2">梁、板</td><td>±5</td></tr>
<tr><td colspan="2">箱　梁</td><td>+5，−10</td></tr>
<tr><td>4</td><td colspan="3">腹　板　厚　度</td><td>+10，−0</td></tr>
<tr><td>5</td><td>跨　度</td><td colspan="2">支座中心至中心</td><td>±20</td></tr>
<tr><td>6</td><td colspan="3">支座板平面高差</td><td>2</td></tr>
</table>

注：桥面板边缘位置偏差不得影响梁的组拼。

（*F*）养生检查：采用蒸气养生，要定期抽检养生棚的温度、湿度。要保证足够蒸养的时间。

（*G*）张拉检查：

（*a*）混凝土强度达到设计要求方可张拉。

（*b*）严格按施工方案的张拉应力程序和钢丝束的前后次序张拉。

（*c*）检查和记录张拉力和伸长量。

（*d*）控制断丝。上允许一根钢丝拉断且断丝面积须小于截面钢丝总面积的 1%。

（*H*）压浆检查：

（*a*）水泥强度不低于设计要求，水灰比 0.4～0.45，泌水率＜4%，稠度 14～18s，可适当加减水剂和膨胀剂。加减水剂时，水灰比做相应调整，可减至 0.35。

（*b*）压浆前冲洗孔道，孔内不可留有积水。

（*c*）压浆应从最低点进入，最高点排出空气和泌水。孔道应两端各压一次水泥浆，压浆应连续进行，一次完成。

（*d*）最大压浆压力控制在 0.5～0.7MPa。

（*e*）压浆开始 48h 内，混凝土温度不可低于 5℃，气温不高于 30℃。

（*I*）封堵检查：

（*a*）封堵混凝土的强度等级应符合设计规定，不宜低于构件混凝土强度等级的 80%，且不低于 C30；

（*b*）封堵前，先将锚固件周围冲洗干净并凿毛；

（*c*）封堵时应严格控制梁体长度；

（*d*）长期外露的金属锚具应采取防锈措施。

（*J*）吊运检查：

压浆水泥强度必须达到设计规定的要求后方可吊运。若设计未规定，应不低于梁体混凝土强度等级的55%，且不低于20MPa。

（K）预应力混凝土预制梁质量控制汇总表见表10-85。

（6）支座安装质量控制

预应力混凝土预制梁质量控制汇总表　　**表10-85**

项目		质量标准	允许误差（mm）	检验及认可：检验频率	检验方法	检查程序	认可程序	备注
模板	长度		-5，-10	逐片	钢尺 水平尺		专业监理工程师认可	张拉前承包人提交张拉工艺报告包括张拉应力程序，各束张拉次序理论伸长量等。经监理审查认可
	宽度	干接缝	±10					
		湿接缝	±20					
	高度		±5					
	腹板厚度		+10，-0					
	支座板平面高差		2					
钢筋	排距		±5	逐片	钢尺	承包人自检		
	间距		±10					
	弯起位置		±20					
	箍筋间距		±20					
	保护层厚度		±5					
	主筋长度		+5，-10					
预埋件		中心位置	5	逐件	抽镜 锤重			
		水平高差	3					
混凝土浇筑		按设计、规范要求				承包人自检		
张拉	应力	按设计要求	<控制应力	逐束	油压表	监理员旁站		
	伸长量		<6%		钢尺			
	锚固	锚具检验合格 断丝小于规定			合格证书 试验抽检			
压浆	水泥浆	强度符合设计 水灰比0.4～0.45 稠度14～18 泌水24小时吸收	<4%	拌浆时抽验	试验检查	承包人自检 监理员旁站		
	压浆	孔道冲洗干净 最大压力0.5～0.7MPa		逐孔	油压表			
松张（先张）		混凝土强度	>设计规定	逐批	试件			
封堵		封堵混凝土强度等级	≮80%梁体	逐片		承包人自检		
成品检验		外形尺寸同模板		逐片	钢尺	承包人自检		
混凝土强度		符合设计要求		逐梁	试件	承包人自检 监理员旁站		

1）监理工作流程

（A）施工工艺流程见图 10-74；

（B）监理工作流程见图 10-75。

2）监理工作要点

（A）支座成品检查验收：

（a）支座成品应由指定厂家生产,并附有检验合格证证明,经监理工程师调查审批同意后再与指定厂家签约供货。

（b）对已定型的支座型式，经过鉴定和工程实际应用，证明其指标符合规范要求的，可以不再做试验验收。否则应做抽样试验。

（B）审批开工，支座成品和测量放样经过检查合格后，可以同意按工艺安装支座。

（C）支座垫石的检查：

（a）顶面标高应精确测定。允许偏差为：

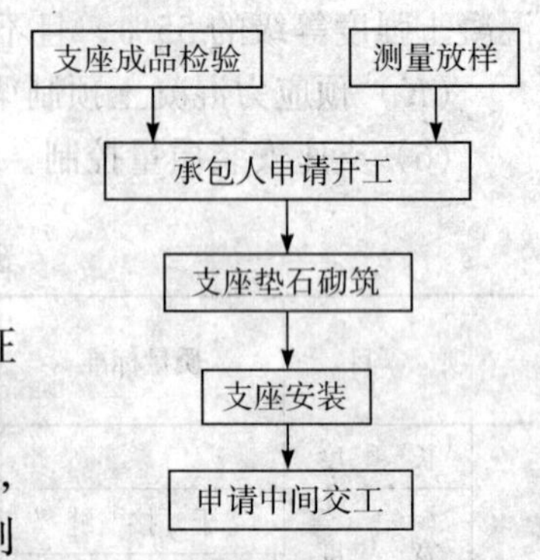

图 10-74 支座安装施工工艺流程

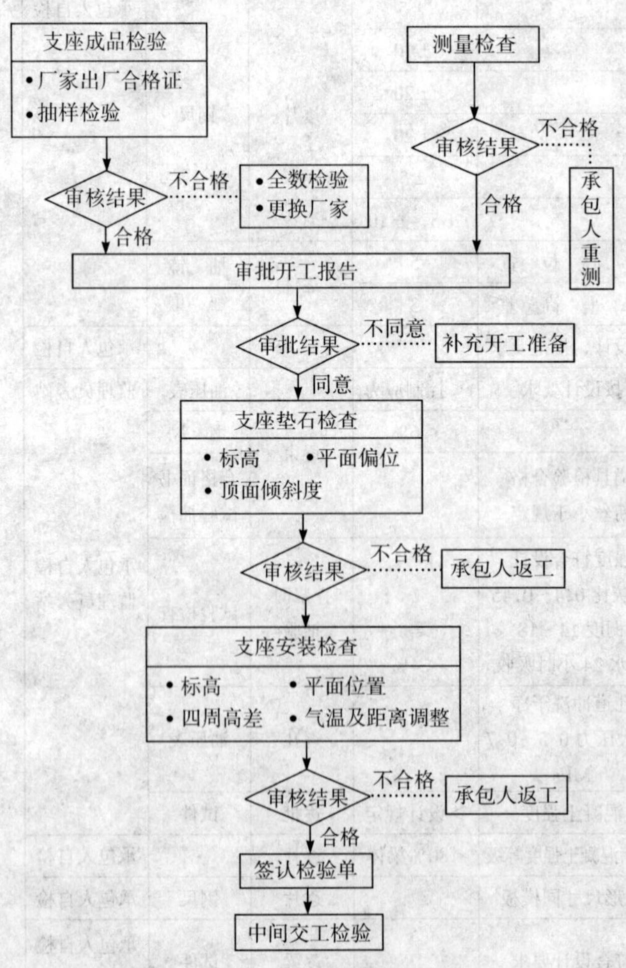

图 10-75 支座安装监理工作流程

连续梁：±5mm　简支梁：±10mm

顶面水平高差：2mm。

（*b*）垫石砂浆或细石混凝土应满足设计要求并大于墩柱的设计强度。

（*c*）垫石顶面应划十字线标志支座中心位置，支座偏位允许值为：

梁长≤6m　<10mm

梁长>60m　<20mm

（*D*）支座安装检查：

（*a*）支座的安装工艺应按设计和支座制造厂家规定的要求进行，板式支座一般在预制梁吊装落梁时安放。盆式支座应在浇筑上部梁体时安装，并同时施工支座垫石。

（*b*）盆式支座安装的允许偏差为四角高差：

支座承压　≤5000kN　≯1mm

　　　　　>5000kN　≯2mm

（*c*）纵向活动的盆式支座导向挡块必须平行最大交角≯5′。

（*d*）支座安装质量控制汇总表见表10-86。

支座、预制梁安装质量控制汇总表　　**表10-86**

<table>
<tr><th colspan="2" rowspan="2">项　目</th><th rowspan="2">质量标准</th><th rowspan="2">允许误差（mm）</th><th colspan="4">检　验　及　认　可</th><th rowspan="2">备　注</th></tr>
<tr><th>检验频率</th><th>检验方法</th><th>检查程序</th><th>认可程序</th></tr>
<tr><td colspan="2">预制梁</td><td>同预制梁成品</td><td></td><td>逐片</td><td>目测</td><td rowspan="11">承包人自检</td><td rowspan="11">专业监理工程师认可</td><td rowspan="2"></td></tr>
<tr><td colspan="2">支座成品检查</td><td>符合设计，规范要求</td><td></td><td>逐个</td><td>合格证
抽样试验</td></tr>
<tr><td rowspan="6">吊装</td><td rowspan="2">支座偏位</td><td>横桥向</td><td>5mm</td><td rowspan="6">逐个</td><td rowspan="6">水准仪
钢尺
垂球</td><td rowspan="6">吊装时日均温度为5～20℃</td></tr>
<tr><td>顺桥向</td><td>10mm</td></tr>
<tr><td>倾斜度</td><td></td><td>1.2%H</td></tr>
<tr><td rowspan="2">标　高</td><td>简支梁</td><td>±10mm</td></tr>
<tr><td>连续梁</td><td>±5mm</td></tr>
<tr><td>支座顶面高差</td><td></td><td>2mm</td></tr>
<tr><td rowspan="3">盆式支座安装</td><td rowspan="2">四角高差</td><td>≤5000kN</td><td>≯1mm</td><td rowspan="3">逐个</td><td rowspan="3">水平尺
钢尺</td><td rowspan="3">横轴线位置应根据安装时温度计算调整</td></tr>
<tr><td>>5000kN</td><td>≯2mm</td></tr>
<tr><td>纵向活动支座偏角</td><td></td><td>≯5′</td></tr>
</table>

（7）预制梁安装质量控制

1）预制梁安装监理工作流程

（*A*）施工工艺流程，见图10-76。

（*B*）监理工作流程，见图10-77。

2）预制梁安装监理工作要点：

（*A*）预制梁的安装施工应确保安全、准确。开工前，承包人应递交附有详尽吊装方案的开工报告，经监理工程师审查批准后方能开工。监理工程师审批安装施工前，应先

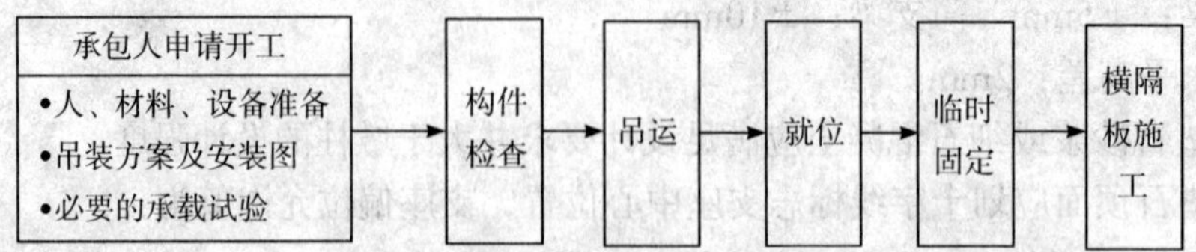

图 10-76　预制梁安装施工工艺流程

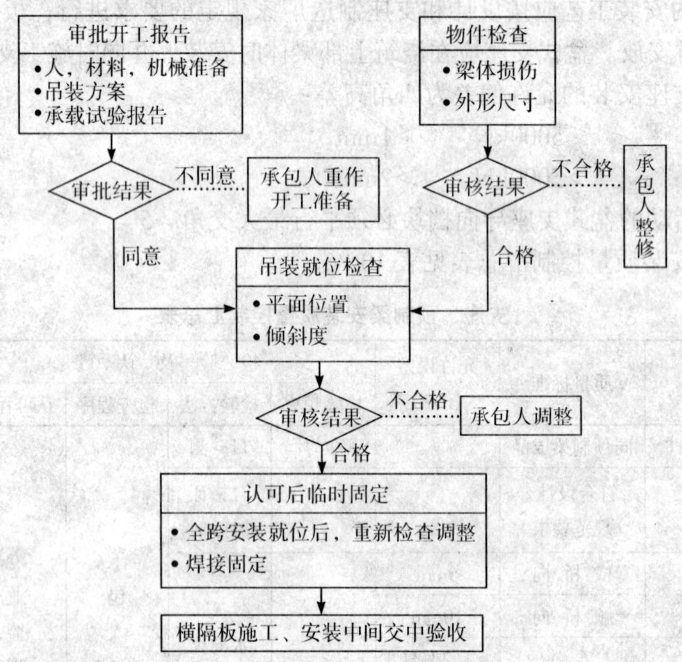

图 10-77　预制梁安装监理工作流程

检查支座及垫石的情况，检查吊装设备的安全情况。检查合格后，可以同意开始吊装。

（*B*）预制梁构件检查：主要检查梁的起拱值，起吊运输中是否损伤以及梁的长度等。

（*C*）就位检查：

（*a*）就位前应在支座处划十字线标明支座中心位置，就位时应对齐落梁；

（*b*）落梁后用水平尺检查梁体的垂直度，检查合格后再用横撑固定；

（*c*）吊装就位时，注意不要移动板式橡胶支座的位置；

（*d*）落梁的允许偏差见表 10-87。

落梁的允许偏差　　**表 10-87**

项　目		允许偏差
顺桥方向		±10mm
横桥方向	跨度≤9m	±5mm
	跨度＞10m	±10mm
相邻梁体高差		±10mm

（D）横隔梁施工检查：

（a）按常规项目检查钢筋、模板和混凝土施工及成品。

（b）横隔梁施工前，应焊接拉杆及联结钢板，固定已经定位的梁体。

（E）预制梁安装质量监理汇总表，见表 10-86。

（七）连续梁桥、T 构梁桥质量控制

1. 连续梁桥、T 构梁桥监理工作流程

（1）施工工艺流程

1）就地浇筑连续梁桥施工工艺流程，见图 10-78。

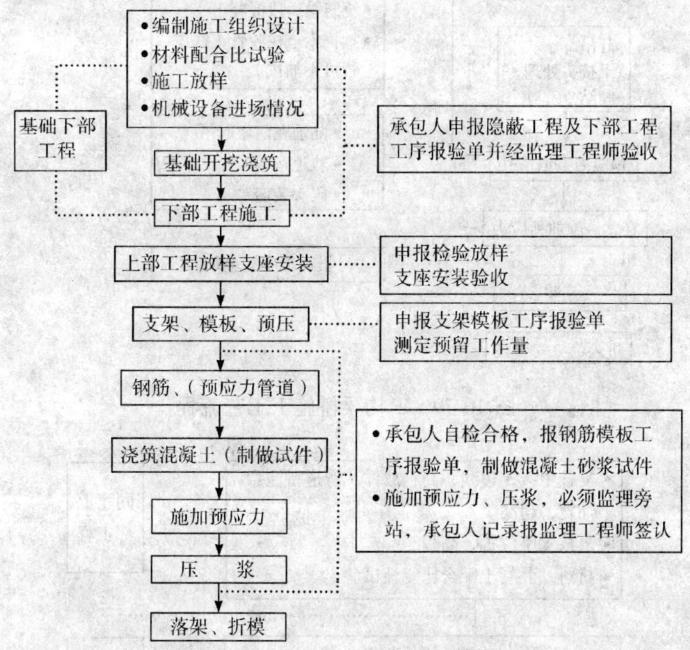

图 10-78　连续梁施工工艺流程

2）T 构梁桥施工工艺流程见图 10-79。

（2）连续梁桥、T 构梁桥监理工作流程，见图 10-80。

2. 连续梁桥、T 构梁桥监理要点

（1）桥位放样、基础、下部工程前面均已叙述。

（2）上部工程施工开始前，应对桥台认真复核、检验，然后放出上部构造的中线、边线、高程（应注意弯道桥超高、加宽）。

（3）模板支架应注意原地面承载能力。

（4）T 构梁陆上预制，必须按设计先放 1∶1 大样及按设计分段，所有吊装，运输设备能力必须满足预制件吊装的需要。

（5）所有混凝土配合比、掺加剂、张拉工艺必须由监理工程师认可。施工时若有变动必须经监理工程师同意。

3. 监理工作内容

（1）现浇连续梁质量控制

1）质量控制工作流程参见图 10-80。

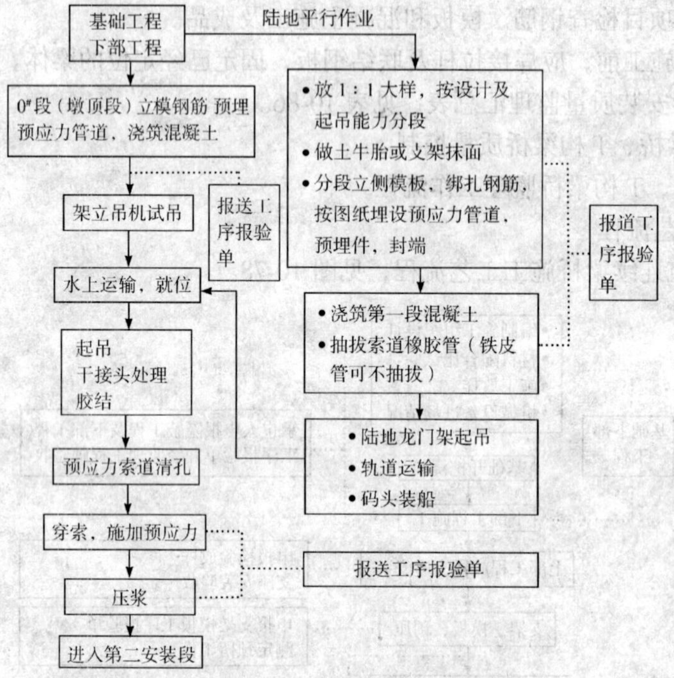

图 10-79　T 构梁桥施工工艺流程

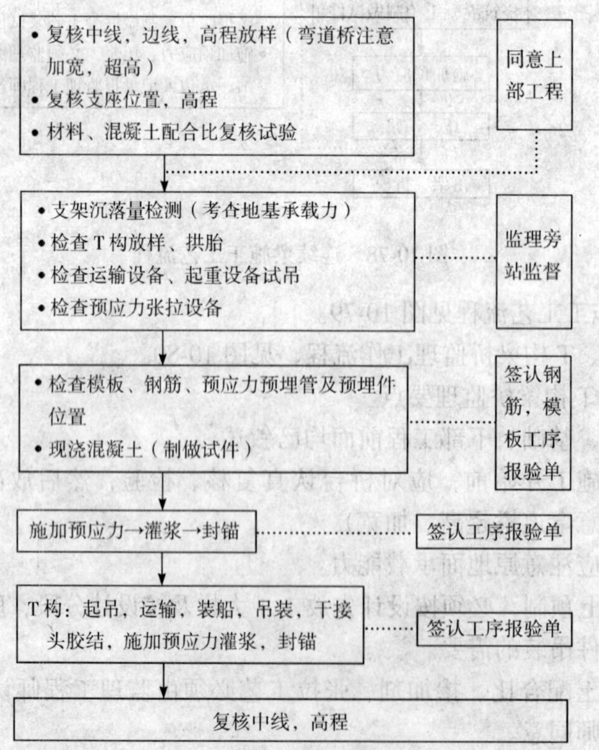

图 10-80　连续梁、T 构梁桥监理工作流程

2）监理工作要点

（*A*）审批承包人申报的施工工艺、混凝土配合比，支架及支架的压载方案。为防止地基下陷造成支架沉落，支架的柱子宜支承在桥墩台基础襟边或现浇混凝土基座上。

（*B*）为了减少支架的压缩变形造成模板和梁体塌腰，浇筑混凝土前必须对支架进行预压。预压吨位及加载次数，应在支架设计时考虑。预压后根据沉落和反弹量决定预留拱度。

（*C*）为了梁体混凝土表面平整美观，监理应按 JTJ041—89 对模板进行认真检查。检查标准见表 10-88。

模板制作、安装允许误差 **表 10-88**

检 测 项 目	制 作 (mm)		安 装 (mm)
	木 模	钢 模	
相邻两板表面高低差（刨光板）	1	—	2
表面最大不平(以 2m 直尺检查)	3	1	5
标 高			±10
内部尺寸			+5，−0
轴线偏位			+10

（*D*）非预应力钢筋的力学性能必须符合GB 1499—84要求，所有加工工艺和焊接均应按 JTJ041—2000 规定。预埋件位置正确，定位牢固。钢筋的允许偏差范围见表 10-89。

钢筋位置允许偏差 **表 10-89**

项 目	允 许 偏 差 (mm)
两排以上受力钢筋的钢筋排距	±5
同排受力钢筋的钢筋间距、梁、板、肋	±10
钢筋弯起点位置	±20
箍筋、横向钢筋间距	±20
焊接预埋件中心线位置	5
水平高差	+3
保护层厚度 梁	±5

（*E*）混凝土配合比经监理批准后不得随意变动。各种砂、石、水泥等材料必须检验合格。

（*F*）振捣时应注意不使预埋管件位移或上浮。周边和四角必须振捣密实。

（*G*）穿钢铰线或钢丝束时，必须与波纹管顺茬送进。

（*H*）已浇筑的混凝土体任何地方出现疵病在未征得监理工程师同意的情况下不得私自修补涂抹。修补须有监理在场。

（*I*）施加预应力应符合常规规定。

（*J*）孔道压浆的水泥浆水灰比一般为0.35，稠度控制在14～18s，泌水率最大不超过4%，拌和后3h内泌水率不超过2%。孔道压浆必须每一工作班至少做试件3组。每束孔道宜从两端先后各压浆一次，两次压浆时间一般为30～45min。压浆时当水泥浆自出口溢出后，立即封闭出口，然后持压3～5min，压力保持在0.5～0.7MPa，长束保持在1MPa。

（*K*）连续梁浇筑前，必须观测支架下沉量，在施工中也应不断观测。浇筑后应在24h内分三次观测，并做好记录。

（*L*）混凝土达到设计强度后才能落架，落架程序应按设计要求进行，卸落量宜先小后大。

（*M*）连续梁质量控制汇总表

支架模板质量控制汇总表，见表10-90，连续梁汇总表，见表10-91。

支架模板质量控制汇总表　　**表10-90**

项　目	质量标准	允许误差（mm）	检验及认可				备　注
			检验频率	检验方法	检查程序	认可程序	
截面尺寸		+10，−5	每孔10～15点	钢　尺	承包人自检	专业监理工程师认可	
长　　度		+10，−10	每孔10～15点	钢　尺			
轴线偏位		10	每孔5～10点	经纬仪			
平 整 度		8	每孔10～15点	水平仪、2m杆			
支座表面平整度		2	每孔5～10点	水准尺			
外观鉴定	模板平整无空洞接缝严丝合缝						

连续箱梁质量控制汇总表　　**表10-91**

项　目	质量标准	允许误差（mm）	检验及认可				备　注
			检验频率	检验方法	检查程序	认可程序	
断面尺寸		+8，−5	每孔检查5～10点	钢　尺	承包人自检	专业监理工程师认可	
长　　度		0，−10	每孔检查2～5点	钢　尺			
跨　　度		±20	每孔检查2～5点	钢　尺			
轴线偏位		10	每孔检查3处	经纬仪			
预埋件位置		5	每个预埋件检查	钢　尺			
平 整 度		8	每孔检查5～10点	2m直杆			

（2）悬臂吊装T构梁质量控制

1）质量控制工作流程参见图10-80。

2）监理工作要点

（*A*）审查承包人有关吊装的施工工艺。

（*B*）悬臂吊装吊机架设后必须试吊，成功后方能用于吊装施工。

（*C*）悬臂拼装若做成干接头时，使用环氧树脂胶结，涂胶结料的混凝土面必须凿毛，胶结前再清洗烤干，然后才能涂抹胶结料。

（*D*）当新吊装段胶结后，应立即清孔，将流入索道管的胶结料清除出来，防止管道堵塞。清孔后穿索张拉、压浆。待压浆强度达到要求后，才能移走吊机。

（*E*）悬臂吊装 T 构质量控制汇总表，见表 10-92。

悬臂吊装 T 构质量控制汇总表　　**表 10-92**

项　目	质量标准	允许误差（mm）	检验及认可				备　注
			检验频率	检验方法	检查程序	认可程序	
预制梁（箱）							
混凝土强度		在合格标准内	每节做 1～3 组试件	压试件			
长　　度		+5，−10	每梁（箱）测 1～2 点	钢　尺	承包人自检	专业监理工程师	
宽度（干接缝）		±10					
（湿接缝）		±20					
顶　　宽		±30					
高　　度		+5，−10					

（八）拱桥工程质量控制

拱桥的施工方法大体有支架施工法和无支架施工法两种，监理工作将分此两种方法叙述。

1. 拱桥监理工作流程

（1）施工工艺流程见图 10-81。

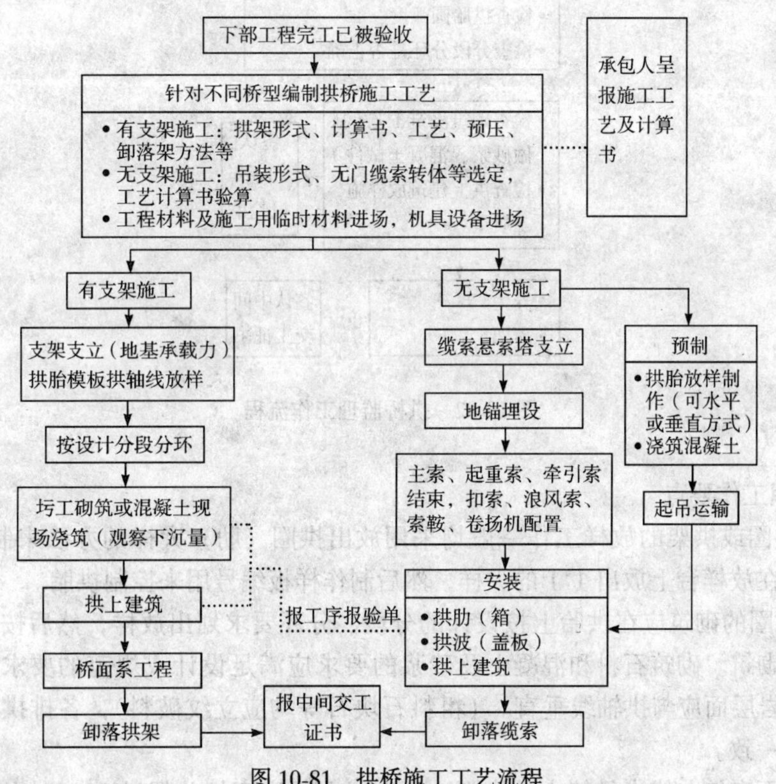

图 10-81　拱桥施工工艺流程

（2）监理工作流程见图 10-82。

2. 拱桥监理工作要点

（1）拱桥下部工程质量控制可参见 3.1～3.5 内容。上部施工必须在下部工程验收的情况下进行。

（2）拱桥施工前承包人必须将采用的施工形式和施工工艺报送监理工程师批准，其内容应包括支架（或缆索吊装形式），结构计算书，落架方式，沉降计算及结构图纸。

（3）对石拱桥，现浇混凝土拱桥、混凝土预制块砌筑拱桥宜采用满堂支架方式施工。双曲拱、箱形拱等可采用支架安装方法或缆索安装方法施工。

（4）拱桥墩台、拱圈等材料必须严格按规范要求选择。

3. 监理工作内容

（1）拱桥有支架施工监理

1）监理工作流程参见图 10-82。

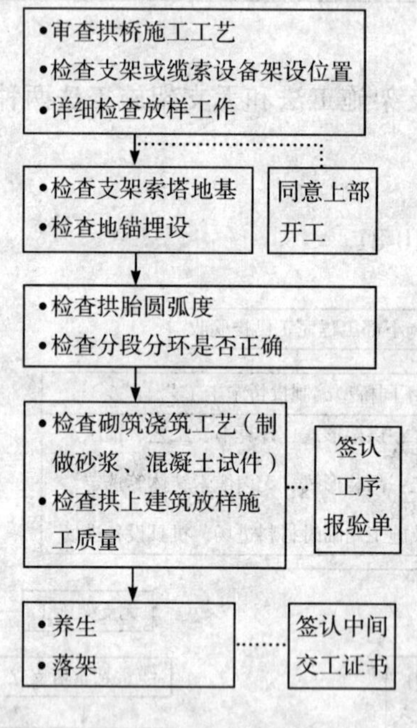

图 10-82　拱桥监理工作流程

2）监理工作要点

（*A*）拱圈或拱架的放样工作一般均采用放出拱圈（肋）大样的办法来制作样板的，放样方法可在放样台上放出 1∶1 的大样，然后制作样板编号用来控制拱胎。

（*B*）拱圈的砌筑应在拱胎上按设计的分段、分环要求划出放样，然后按照先后程序分段、分环砌筑。砌筑石料和混凝土及砂浆的要求应满足设计或规范的要求，拱石的形态要求是，岩层面应与拱轴线垂直。（粗料石块石等均应立纹破料），各排拱石沿拱圈内弧的厚度应一致。

用粗料石砌筑曲线半径较小的拱圈，辐射线上下宽度相差超过 30％时，宜将料石加工成楔形，其具体尺寸根据设计及施工条件确定，但应符合规定：（*a*）厚度不应小于

20cm，上顶按设计或施工放样确定。(*b*) 高度为最小厚度的1.2~2.0倍。(*c*) 长度应为最小厚度的2.5~4.0倍。

(*C*) 拱上建筑施工应在拱圈合拢，混凝土或砂浆强度达到设计强度的30%以上时才能进行，对于石拱桥一般不少于3昼夜。

(*D*) 拱上建筑与拱腹填料，应避免使主拱圈产生过大的不均匀变形。实腹式拱上建筑应由拱脚向拱顶对称地进行，空腹式拱桥一般应在腹拱顶砌完后就落架，然后才对称均衡地砌筑腹拱圈，以免由于主拱圈的不均匀下沉而使腹拱圈开裂。多孔连续拱桥，当桥墩不是按施工单向受力墩设计时，应注意相邻孔的对称均衡施工，避免桥墩承受过大的单向推力。尤其是在裸拱圈上建筑拱上结构的多孔连续拱时，更应注意。以免影响拱圈的质量和安全。

(*E*) 砌筑料石拱圈应控制：拱石受力面的砌缝应是辐射方向，辐射砌缝可以做成通缝，不必错缝。当拱厚度不大时，可采用单层拱石砌筑。若拱圈厚度较大时可采用双层或多层砌筑。要求垂直于受压面的顺桥方向砌缝应错开，错缝间距不小于10cm。在拱圈横截面内，拱石的竖向砌筑缝应错开，错缝宽度不小于10cm。拱圈与墩台、空腹拱拱上建筑的腹孔墩与拱圈相连处，均应采用特制的五角石砌筑。

(*F*) 有支架施工质量控制汇总表，见表10-93。

有支架施工质量控制汇总表　　**表10-93**

<table>
<tr><th rowspan="2">项　目</th><th rowspan="2">质量标准</th><th rowspan="2">允许误差(mm)</th><th colspan="4">检　验　及　认　可</th><th rowspan="2">备　注</th></tr>
<tr><th>检验频率</th><th>检验方法</th><th>检查程序</th><th>认可程序</th></tr>
<tr><td>混凝土强度</td><td>符合设计</td><td></td><td rowspan="2">每工作日或每100m³制作一组试件</td><td rowspan="2">试件试压</td><td rowspan="2">承包人自检</td><td rowspan="2">专业监理工程师旁站认可</td><td rowspan="10"></td></tr>
<tr><td>砂浆强度</td><td>符合设计</td><td></td></tr>
<tr><td>拱圈砌筑</td><td></td><td></td><td></td><td></td><td></td><td></td></tr>
<tr><td>粗料石拱圈砌缝</td><td>1~2cm</td><td></td><td rowspan="3">随机检测</td><td rowspan="3">钢　尺</td><td rowspan="5">承包人自检</td><td rowspan="5">专业监理工程师旁站认可</td></tr>
<tr><td>块石拱圈砌缝</td><td>1~3cm</td><td></td></tr>
<tr><td>片石拱圈砌缝</td><td>1~4cm</td><td></td></tr>
<tr><td>腹拱起拱线高程</td><td></td><td>±20</td><td rowspan="2">每孔检查5~10点</td><td rowspan="2">水准仪及钢尺</td></tr>
<tr><td>腹拱净跨</td><td></td><td>±20</td></tr>
<tr><td>立柱或横墙直</td><td></td><td></td><td></td><td></td><td></td><td></td></tr>
<tr><td>顺　度</td><td></td><td>±20</td><td>每孔检查5~10点</td><td>水准仪及钢尺</td><td>承包人自检</td><td>专业监理工程师旁站认可</td></tr>
</table>

(*G*) 未谈及内容请参考规范最新版本。

(2) 拱桥无支架施工质量控制

拱桥无支架施工法较多，这里仅以缆索吊装施工为例，其他施工法的监理可参照缆索吊装施工实施。

1) 拱桥无支架施工监理工作流程。

2) 拱桥无支架施工监理工作要点。

（*A*）缆索架桥施工方法适用性比较广，由于他的跨越能力大，垂直水平运输较灵活，因而常常被用于跨度较大的双曲拱桥和箱形拱桥上，下面叙述这二种桥型缆索吊装的工程监理。

（*B*）吊装前必须做好吊装设计，监理工程师应复核各缆索承载能力能否满足施工要求。

（*C*）混凝土预制及拱上建筑等施工参见拱桥有支架部分。

（*D*）双曲拱，箱形拱监理汇总表

（*a*）拱肋，拱波预制监理汇总表，见表10-94；

（*b*）拱肋安装监理汇总表，见表10-95；

（*c*）拱箱预制监理汇总表，见表10-96；

（*d*）拱箱安装监理汇总表，见表10-97。

（九）斜拉桥质量控制

斜拉桥材料组成有以钢柱钢箱为主体的和以混凝土梁、混凝土索塔为主体的两种类型。施工中常把钢箱钢柱委托桥梁厂加工，运到工地拼装架设，其加工制作工艺相似于钢桥。就地浇筑混凝土的斜拉桥也有以陆地预制浮运起吊安装和挂篮就地浇筑等形式。这里拟叙述以挂篮浇筑形式的施工监理，其他形式可参阅本小节规定。

拱肋、拱波预制质量控制汇总表　　**表10-94**

项　目	质量标准	允许误差（mm）	检验及认可				备注
			检验频率	检验方法	检查程序	认可程序	
拱肋预制							
混凝土强度		合格标准之内	每班至少制作一组试件	制试件承压	承包人自检	专业监理工程师监督	
每段拱肋内弦长		±5	逐根丈量	钢　尺		专业监理工程师抽查	
拱肋宽度、高度		+10，−5					
接头尺寸	符合设计						
接头连接件	符合设计						
预留孔、预埋件		10					
轴线偏位		5					
拱波及腹拱圈							
混凝土强度		合格标准之内	每班做一组试件	压试件	承包人自检	专业监理工程师监督	
长　度		±10	逐件丈量	钢　尺		专业监理工程师抽查	
厚　度		+10，−5					
翘　曲		15					
内弧矢高		10					

拱肋安装质量控制汇总表 **表 10-95**

项目	质量标准	允许误差（mm）	检验及认可				备注
			检验频率	检验方法	检查程序	认可程序	
轴线偏位		10	逐根检查	钢尺、经纬仪	承包人自检	专业监理工程师认可	
两对接头点相对高差		15		水准仪			
接头点与设计高差		±15		水准仪			
接头混凝土强度		合格标准之内		压试件			

拱箱预制质量控制汇总表 **表 10-96**

项目	质量标准	允许误差（mm）	检验及认可				备注
			检验频率	检验方法	检查程序	认可程序	
混凝土强度		合格标准之内	每班做一组试件	压试件	承包人自检	专业监理工程师监督	
每段拱箱内弧长或内弦长		+0，-10	每根检查	钢尺		专业监理工程师认可	
内弧偏离设计弧线		±5					
拱箱宽度高度		+5，-10					
轴线偏离		10					
预埋件位置		±10					
顶、底板厚度		0，+10					
侧壁厚度		0，+10					

拱箱安装质量控制汇总表 **表 10-97**

项目	质量标准	允许误差（mm）	检验及认可				备注
			检验频率	检验方法	检查程序	认可程序	
拱顶高程		+20，-10	每个检查	水准仪	承包人自检	专业监理工程师认可	
L/4点及箱拱接头高程		+20，-10		水准仪			
对接头相对高差		≯15		钢尺			
拱圈安装宽度		+30，-10		钢尺			
拱箱中线横向偏离		<15		经纬仪			
拱箱中线间距		±20		钢尺			
相邻箱拱顶点高差		<20		钢尺			
相邻接头纵、横中线对中误差		<10		钢尺、经纬仪			

斜拉桥基础也有灌注桩和沉井等多种形式，关于他们的施工已在前面讨论过，这里不再赘述。

1. 斜拉桥监理工作流程

（1）施工工艺流程，见图 10-83；

（2）监理工作流程，见图 10-84。

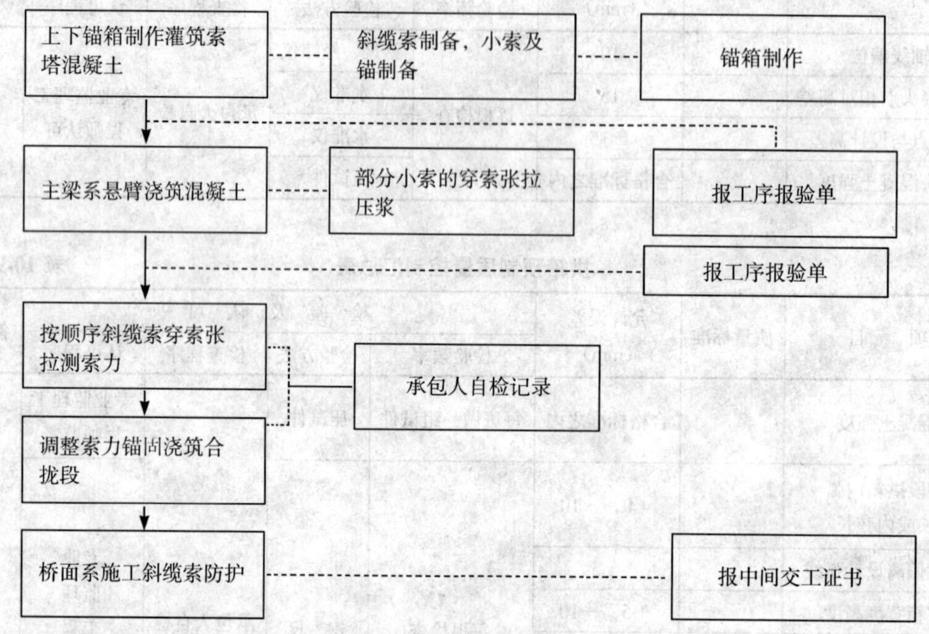

图 10-83　斜拉桥施工工艺流程

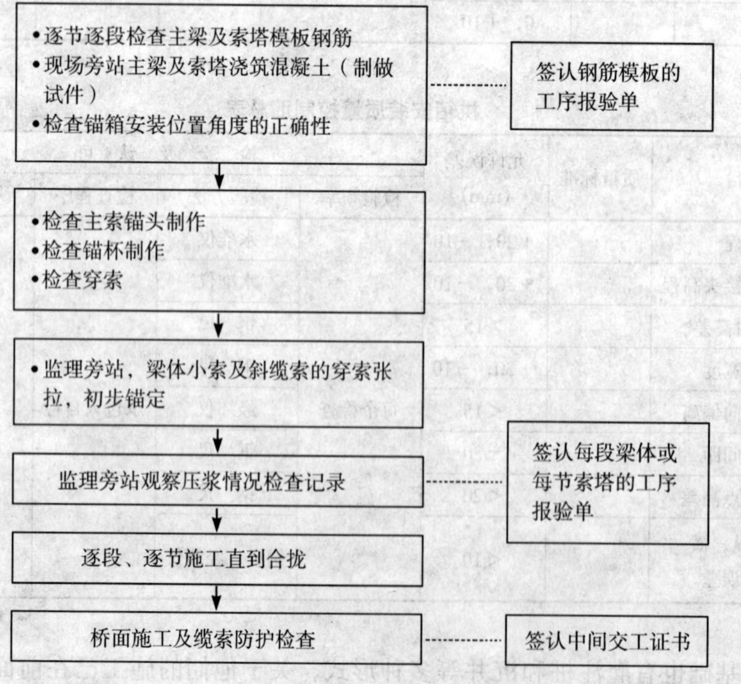

图 10-84　斜拉桥监理工作流程

2. 斜拉桥监理工作要点

(1) 支立支架时在任何方向上不能影响观测索塔的视线。

(2) 张拉设备必须经计量单位标定或有监理工程师在场的情况下标定，并把详细记录存档。

3. 监理工作内容

(1) 索塔工程质量控制

1) 监理工作流程

(A) 施工工艺流程，见图 10-85；

(B) 监理工作流程，见图 10-86。

2) 监理工作要点

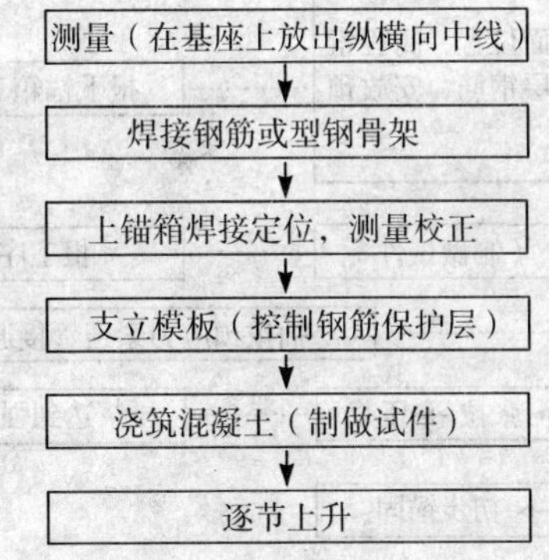

图 10-85 索塔施工工艺流程

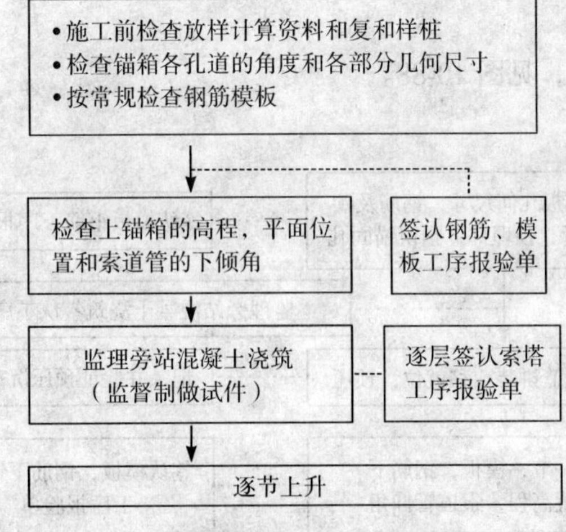

图 10-86 索塔监理工作流程

(A) 索塔逐节上升其垂直度或斜度应从下往上保持在规定范围内。

(B) 浇筑混凝土前必须检查钢筋、模板、预埋件和上锚箱位置的正确性。

(C) 施工中任何支架的设立均应避开观测索塔纵横向中线的方向。

(2) 主梁系工程质量控制

1）主梁系工程监理流程

（A）施工工艺流程，见图10-87。

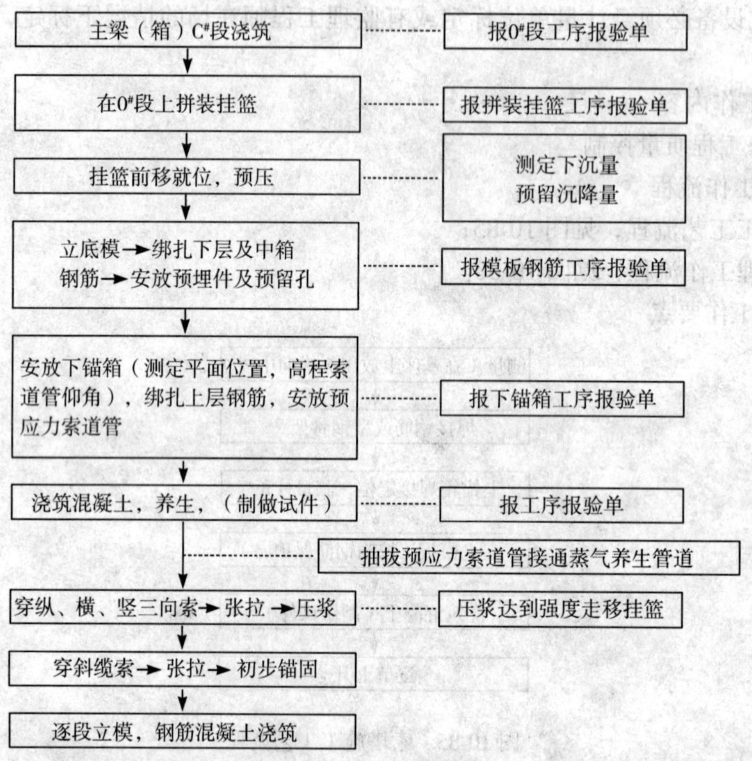

图10-87 主梁系工程施工工艺流程

（B）监理工作流程，见图10-88。

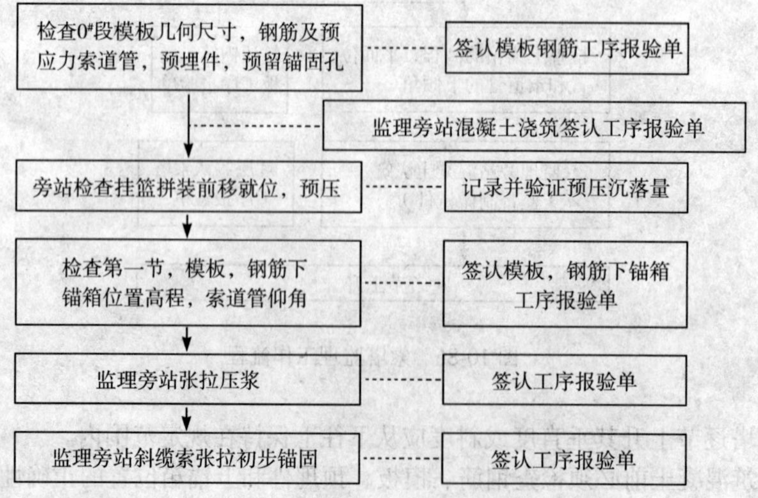

图10-88 主梁系工程监理工作流程

2）主梁系工程监理工作要点

（A）挂篮拼装必须注意其安全性，应令承包人检查各部位销子稳定带的可靠性，并在使用进行预压，以检验挂篮的安全性，消除非弹性挠度和确定弹性挠度以确定预留沉落量。

（B）挂篮浇筑混凝土、钢筋、模板可按常规检查，但浇筑混凝土时应自前端向近端浇筑。使新老混凝土接触处最后浇筑，避免在新老混凝土处产生裂缝。

（3）斜缆索制备质量控制

斜缆索制备应是包含钢丝束和冷铸墩头锚二部分。

1）监理工作流程

（A）施工工艺流程，见图10-89。

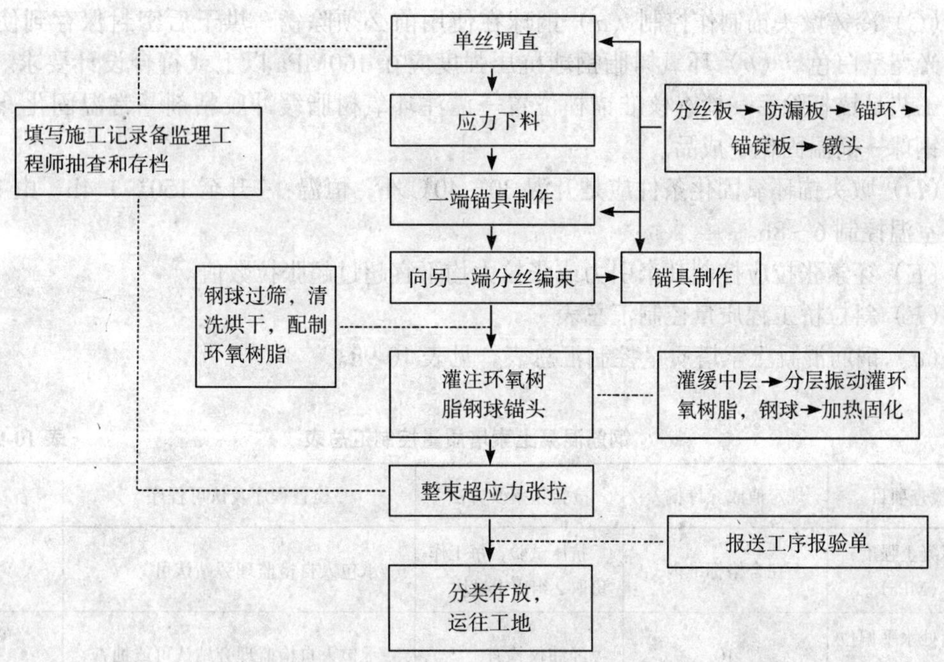

图10-89　斜缆索制备施工工艺

（B）监理工作流程，见图10-90。

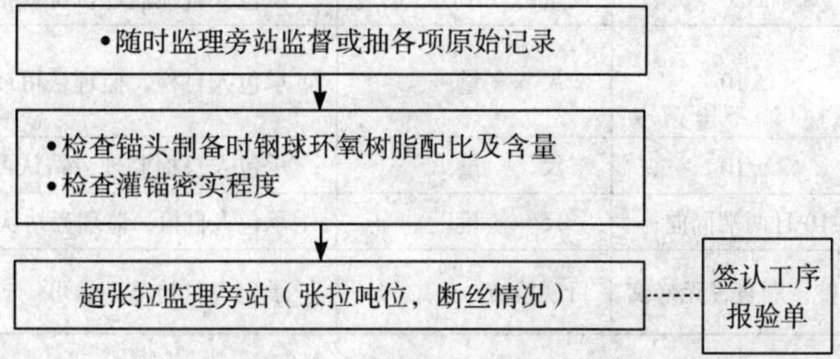

图10-90　斜缆索制备监理工作流程

2）斜缆索制备监理工作要点

（A）斜缆索制备应严格控制索的长度，下料程序一般分粗下料和应力下料二步。

粗下料计算公式：

$$L = L_1 + \Delta L + A \ (\text{cm})$$

式中　L——下料长度；

L_1——设计斜缆索长；

ΔL——应力下料时钢丝延伸量（一般不计）；

A——应力下料时夹具需用长度，约30cm。

（B）斜缆索制备的铸锚工序也十分重要。以冷铸锚头为例，其环氧树脂粘结剂的配方和灌注密实程度将影响锚头的使用。

（C）冷铸墩头锚制作控制（a）钢球在使用前必须除锈，烘干后密封保存到使用前仍应光亮呈白色。（b）环氧树脂钢球抗压强度应在160MPa以上或符合设计要求。（c）制作工艺是锚杯除污→检查核准锚杯位置→灌注环氧树脂缓冲胶粘剂→常温固化→灌注环氧钢球→高温固化→成品。

（D）墩头锚环氧固化条件应是升温30～40℃/h，恒温：（升至150℃）4h，由150℃降至室温控制6～8h。

（E）穿索张拉应控制其牵引力或张拉力均不宜超过超张拉数值。

（F）斜拉桥工程质量控制汇总表

（a）钢筋混凝土索塔质量控制汇总表，见表10-98。

钢筋混凝土索塔质量控制汇总表　　**表10-98**

检查项目	规定值或允许偏差	检验频率及方法	检查程序及认可程序	备　注
混凝土强度（MPa）	在合格标准内	抗压试验，每工作班取2组以上试块	承包人自检监理旁站认可	
地面处水平偏位（mm）	10	经纬仪检查	承包人自检监理旁站认可或抽查	
倾斜度（mm）	桥面以上塔高的1/2500，且不大于30或设计要求	经纬仪纵横方向检查4～6点	承包人自检监理旁站认可或抽查	
断面尺寸（mm）	±20	尺量每5m查2点	承包人自检监理认可或抽查	
锚固点高程（mm）	±10	尺　量	承包人自检，监理认可或抽查	
塔顶高程（mm）	±10	尺　量	承包人自检监理旁站认可	
孔道位置（mm）	10且两端同向	尺　量	承包人自检，监理旁站认可或抽查	
表面工艺	平整，顺直，无蜂窝	目视检查	承包人自检监理认可	

（b）斜缆索制备质量控制汇总表，见表10-99。

斜缆索制备质量控制汇总表　　**表 10-99**

检查项目		规定值或允许偏差	检验频率及方法	检查程序及认可程序	备　注
钢索长度（mm）	$L \leqslant 100m$	±20	每种规格钢索抽查20%	承包人自检，监理旁站认可	
	$L > 100m$	$\pm L/5000$			
锚杯螺帽		在合格标准内	探伤，肉眼不见偏斜	承包人自检，监理旁站认可	
锚杯孔眼直径（mm）		>钢丝直径，<钢丝直径+0.1d	尺量　逐个孔眼	承包人自检，监理旁站认可或抽查	
锚头纵向裂纹宽度（mm）		0.1	刻度放大镜，每索查10个	承包人自检，监理旁站认可或抽查	
冷铸填料的强度		不小于设计	每锚 3 个边长 3cm 的立方体试件	承包人自检，监理旁站认可	
防护层厚度（mm）	$\delta < 7$	±1	用尺量，每种规格钢索抽查20%	承包人自检，监理抽查认可	
	$\delta \geqslant 7$	±1.5			
锚具附近的密封处理		符合设计要求	目视检查	承包人自检，监理认可	

（c）主梁系质量控制汇总表，见表 10-100。

主梁系质量控制汇总表　　**表 10-100**

项　　目	质量标准	允许误差（mm）	检　验　及　认　可				备注
			检验频率	检验方法	检查程序	认可程序	
挂篮预压	全部荷载，稳定 12h		每个测定	水准仪	承包人自检	专业监理工程师认可	试压监理须旁站
下锚箱轴线偏位		±10		经纬仪			
断面尺寸		±20		钢　尺			
高　　程		±5		水准仪			
索道预埋管				钢　尺			
中线偏位		<5		钢　尺			
保护层厚度		符合设计		钢　尺			
混凝土		在合格标准内	每浇一段至少做三组试件	压试件			

（十）钢桥工程质量控制

1. 钢桥工程监理工作流程

（1）施工工艺流程，见图 10-91；

（2）监理工作流程，见图 10-92。

2. 钢桥监理工作要点

（1）架设钢桁、钢箱前必须对下部结构进行复测，经检查各项指标合格后才能按桥中线支立架桥机架设。

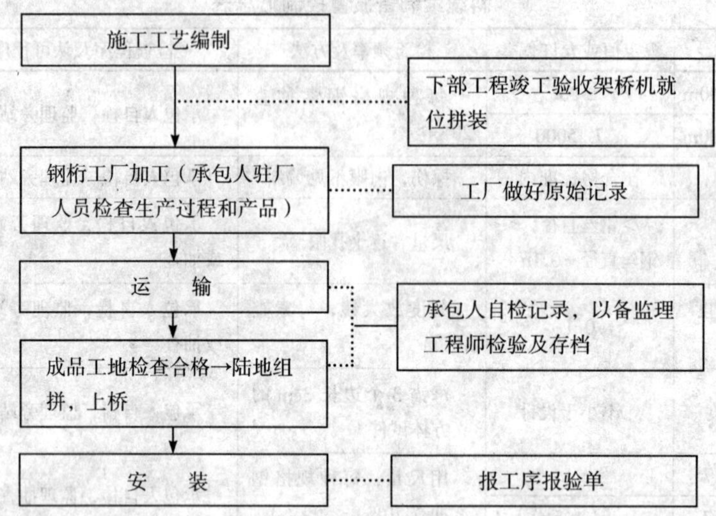

图 10-91　钢桥施工工艺流程

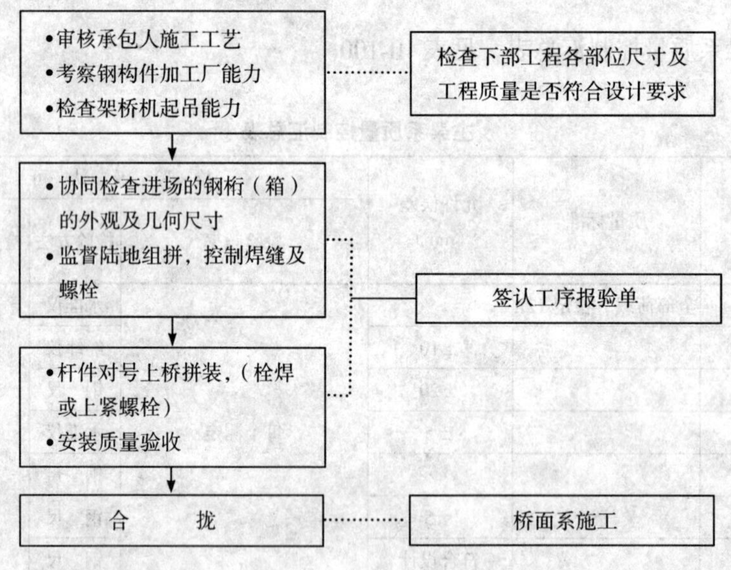

图 10-92　钢桥监理工作流程

(2) 架桥机应先选一安全地带进行试吊，当起吊能力及运转性能达到要求时，才能进行正式吊装工作。

3. 钢桥监理工作内容

(1) 钢构件（钢桁或钢箱）工厂加工质量监理

1) 钢构件工厂加工工艺流程，参见图 10-91。

2) 钢构件工厂加工监理工作要点

(*A*) 钢构件工厂加工前，监理工程师应会同承包人对工厂进行考察，证明生产厂的加工工艺和生产能力符合工程要求才能同意委托加工，若有不足之处，应提出改换生产厂或要求生产厂改进工艺或增加设备。

(*B*) 对钢材的要求必须符合设计图纸或规范的要求。承包人驻厂工作人员必须监督加工厂按图下料，按工艺要求加工并保证生产进度。

(*C*) 钢构件制作好后，必须在工厂进行试装，试装主要尺寸在规定允许偏差之内，才能运往工地。

(*D*) 钢构件质量控制汇总表。

(*a*) 钢构件制作质量控制汇总表，见表 10-101。

钢构件制作质量控制汇总表　　**表 10-101**

项　目	质量标准（简图）	允许误差（mm）		检　验　及　认　可				备注
		H	长　度	检验频率	检验方法	检查程序	认可程序	
主桁杆件	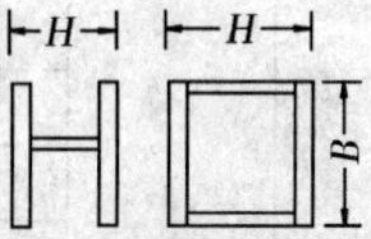 *H*　*H*　*B*	±1	±5	按工厂加工质量自行决定	钢　尺	承包人驻厂检验员	专业监理工程师抽验	
纵、横梁	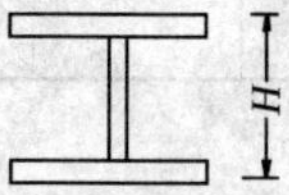 *H*	±1	连接角背至角背±1	按工厂加工质量自行决定	钢　尺	承包人驻厂检验员	专业监理工程师抽验	
联 接 系	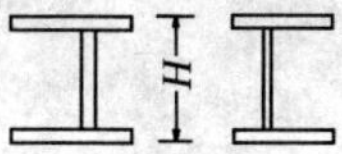 *H*	±1	±5	按工厂加工质量自行决定	钢　尺	承包人驻厂检验员	专业监理工程师抽验	
隔　板	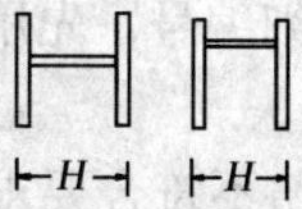 *H*　*H*	−1 −2	±5	按工厂加工质量自行决定	钢　尺	承包人驻厂检验员	专业监理工程师抽验	

(*b*) 桁架试装质量控制汇总表，见表 10-102。

桁梁试装质量控制汇总表　　**表 10-102**

项　目	质量标准	允许误差（mm）	检　验　及　认　可				备　注
			检验频率	检验方法	检查程序	认可程序	
桁　高		±2	每段检查	钢尺、经纬仪	驻厂检验员	专业监理工程师旁站	S表示试装全长，*f* 表示计算拱度
节间长度		±2					
旁　弯		≤*S*/5000					
试装全长		±5					*S*≤50000
		±*S*/10000					*S*>50000
拱　度		±3					当 *f*≤60 时
		±5*f*%					当 *f*>60 时
对 角 线		±3					主桁斜杆与弦杆中线交点距离
主桁中心距		±3					

（c）箱形梁试装质量控制汇总表，见表10-103。

箱形梁试装质量控制汇总表 **表10-103**

项目	质量标准	允许误差（mm）	检验及认可				备注
			检验频率	检验方法	检验程序	认可程序	
梁高（H）		±2	每段检查	钢尺 经纬仪	承包人驻厂 质量检验员	专业 监理工程 师旁站	$H<2000$
		±4					$H>2000$
跨度（L）		$(5+0.5L)$					L以m计
全长		±15					
腹板中心距		±3					
横断面对角线		<4					
盖板宽		±4					
湾弯		$3+0.1L$					
拱度		$+1.0-5$					$L\leqslant40000$
支点高低差		$\leqslant5$					
盖板、腹板平面度		$\leqslant H/250$且$\leqslant8$					
扭曲		每m不超过1 且每段$\leqslant10$					

（2）钢桥架设质量控制

1）钢桥架设工艺流程，参见图10-91。

2）钢桥架设监理工作要点

（A）钢桥所有构件由工厂运往工地时，必须妥善包装并详细编号，先用先运避免堆压翻乱。运输时要防止损伤漆面及杆件扭曲变形，防止紧固件丢失。

（B）监理工程师对运到工地的杆件进行目测鉴定，对有损伤不符合要求者应立即退回原生产厂或由厂派员到工地修整。

（C）对铆钉或高强螺栓必须做强度试验，对拼装栓焊梁用的定扭力矩扳手要按规定标定。

（D）用栓焊形式施工，其结点板必须用高压喷枪喷擦干净无锈后才能栓结。

（E）钢梁安装质量监理汇总表，见表10-104。

（十一）桥面系工程质量控制

桥面系工程包括桥面铺装，桥面排水设施，桥面伸缩缝，人行道，栏杆（或防护栏）与灯柱等。监理工作将分上述五部分叙述。

1. 桥面系工程监理工作流程

（1）施工工艺流程，见图10-93；

（2）监理工作流程，见图10-94。

2. 监理工作要点

（A）桥面铺装前，承包人应进行认真放样，报监理工程师复样，以保证铺装的厚度、平整度、横坡度及纵坡度。

钢梁安装质量控制汇总表 **表 10-104**

检查项目			规定值或允许偏差	检查方法和频率	检查程序和认可程序	备注
轴线偏位（mm）	钢梁中线		10	经纬仪	承包人自检，专业监理工程师旁站认可或抽查	
	两孔相邻横梁中线相对偏位		5			
梁底标高（mm）	墩台处梁底		±10	水准仪	承包人自检，专业监理工程师旁站认可或抽查	
	两孔相邻横梁相对高差		5			
支座偏位（mm）	支座纵，横线扭转		1	经纬仪每个支座	承包人自检，专业监理工程师旁站认可或抽查	
	固定支座顺桥向偏差	连续梁	20			
		>60m 简支梁				
		<60m	10			
	活动支座按设计气温，定位前偏差		3			
支座底板四角相对高差（mm）			2	水准仪逐个检查	承包人自检，专业监理工程师旁站认可或抽查	
连接	对接焊缝的焊缝尺寸、气孔率		符合规范要求	超声探伤，抽10%射线探伤	承包人自检，专业监理工程师旁站认可	
	高强螺栓扭矩		±10%	用测力扳手检查，线螺栓群查5%，每主桁节点不少于5个	承包人自检，专业监理工程师旁站认可	
涂膜厚度（mm）			不小于设计要求	用测厚仪检查，每杆件3处	承包人自检，专业监理工程师旁站认可	

监理工程师应认真推测铺装层的厚度，钢筋网铺设的高度及钢筋的数量、间距等指标。

铺装前应检查装配式梁（板）的横向联结钢筋是否已按设计或规范要求焊接，焊接长度是否满足要求，进行铺装前，应将桥面清扫干净，浇筑混凝土前应洒水湿润。

桥面铺装应用插入式振捣棒和平板式（附着式）振捣器配合使用以求平整密实。其外观应美观，无麻面掉皮等现象。平整度、横坡度、纵坡度必须符合设计要求。

（*B*）桥面排水工程必须做到纵、横坡符合设计要求，防止雨水滞积于桥面坑洼而渗入梁体。泄水管埋设位置应正确，管嘴应伸出结构物底面10～15cm，管口周围设置相应的聚水槽，以使雨水排放畅通。金属管必须做防锈处理。若使用其他管材代替设计规定的滞水管时，必须得到监理工程师同意。

（*C*）桥面伸缩缝是为了保证桥跨结构在气温变化、活载作用、混凝土徐变等影响下自由的变形。保证车辆在伸缩缝处平稳地通过和防止雨水，垃圾及泥土等渗入而设置的。监理工程师除应对进场原材料进行检查外，在施工中还应建议做好以下工作。（*a*）上层沥青混凝土应覆盖到伸缩缝范围内。（*b*）在覆盖的沥青混凝土处精确放样，再用切割机将多余的沥青层去除。(*c*) 预埋或焊接的连接钢筋必须牢固，数量符合设计，焊接时应防止已浇混凝土被烧伤。(*d*) 在清理干净伸缩缝处杂物后，按设计规定的混凝土强度等级，精心浇筑伸缩缝周围的混凝土，沿顺桥方向以 3m 直尺严格控制伸缩缝周围的标高与附近沥青混凝土顶面标高一致。并注意振捣密实，及时压抹平整并养生。(*e*) 待后浇混凝土达到强度后再仔细安装伸缩缝。(*f*) 梳形伸缩缝安装时的间隙按 JTJ041—2000 规定。但应注意接缝四周的混凝土宜在接缝伸缩开放状态下浇筑。

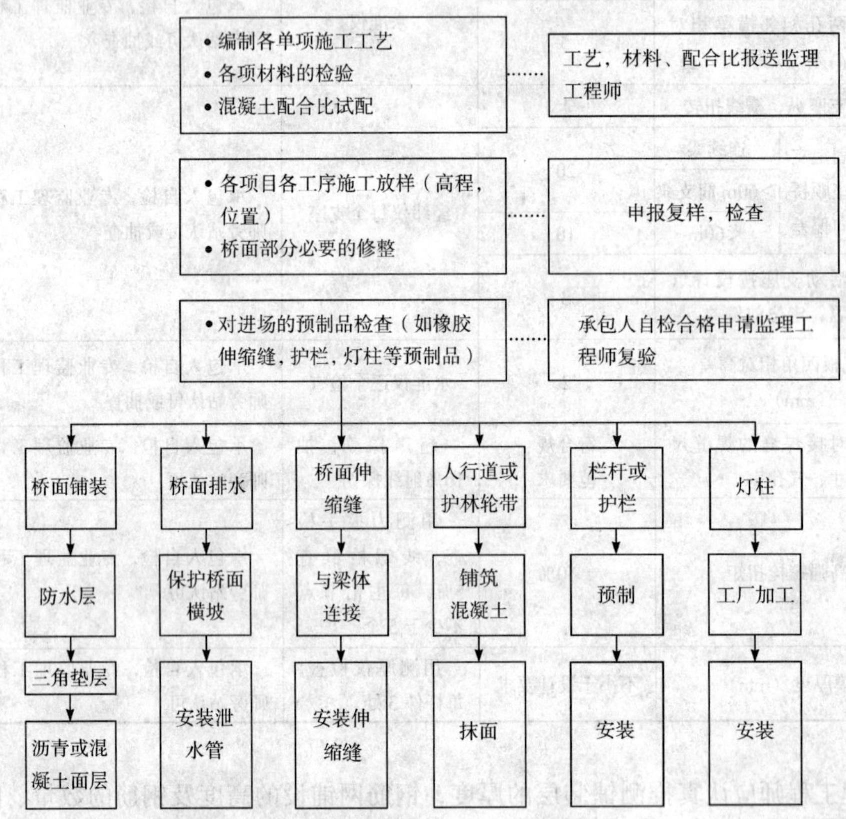

图 10-93　桥面工程施工工艺流程

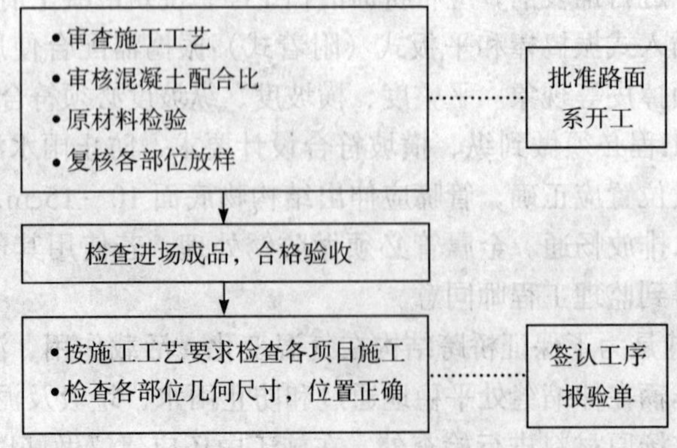

图 10-94　桥面系工程监理工作流程

（*D*）人行道及栏杆，一般设在城市或近郊人行繁忙的桥梁上。对全封闭的高等级公路一般均设计防撞护栏以替代栏杆。悬臂式人行道安装应特别注意：（*a*）必须是构件在横向与主梁牢固连接或拱上建筑完成后才能进行。锚固点焊接必须达到强度要求。（*b*）栏杆、护栏不得有断裂或弯曲现象，栏杆块件必须在人行道板铺完后才可安装。栏杆和扶手接缝处的填缝料必须饱满平整。护栏的外露钢件应按设计要求进行防护处理。整个栏杆、护栏的外观要求线型流畅美观。

（*E*）灯柱及照明系统的质量控制。

（*F*）桥面工程质量控制汇总表

（*a*）桥面铺装质量控制汇总表，见表10-105。

桥面铺装质量控制汇总表　　表10-105

检查项目			规定值或允许偏差	检查方法和频率	检查程序和认可程序	备注
强度或压实度			在合格标准内	每次铺装做1～3组试件抗压试验，压实度检验	承包人自检，监理旁站认可	
厚度（mm）			+10，−5	对比路面浇筑前后标高提高每100m 5处，水准仪	承包人自检，监理抽查认可	
平整度（mm）	高速一级公路	平整度仪	1.8	用平整度仪抽一车道检测，每100m检查3处，每处用3m直尺连续量3尺，每尺取最大间隙值	承包人自检，监理旁站认可或抽查	平整度仪检查标准偏差σ规定值为1.8mm和2.5mm
		3m直尺	3			
	其他公路	平整度仪	2.5			
		3m直尺	5			
纵断高程（mm）			+10，−0	每100m水准仪测5个断面，每个断面2～4点	承包人自检监理旁站或抽查认可	
横坡	水泥混凝土		±0.15%	每100m检查3个断面水准仪	承包人自检，监理旁站认可或抽查	
	沥青面层		±0.25%			
宽度（mm）			±10	每100m尺量3处	承包人自检监理旁站认可	

（*b*）人行道铺设质量控制汇总表，见表10-106。

人行道铺设质量控制汇总表　　表10-106

检查项目	规定值或允许偏差	检查方法和频率	检查和认可程序	备注
人行道边缘平面偏位（mm）	5	30m拉线检查	承包人自检，监理旁站认可	桥长不满100m者，按100m处理
纵向高程（mm）	+10，−0	水准仪，每100m查5处	承包人自检，监理旁站认可	
接缝两侧高差（mm）	2	水准仪或尺量	承包人自检，监理旁站认可	
横　坡	±0.3%	水准仪100m查3处	承包人自检监理旁站认可	
平整度（mm）	5	3m直尺每100m查3处		

（c）栏杆与护栏安装质量控制汇总表，见表 10-107。

栏杆与护栏安装质量控制汇总表　　**表 10-107**

检查项目		规定值或允许偏差	检查方法和频率	检查和认可程序	备　注
栏杆	柱平面偏位（mm）	4	每 5 根柱拉线检查	承包人自检，监理认可	
	扶手平面偏位（mm）	3	30m 拉线或用经纬仪检查	承包人自检，监理认可	
	柱顶面高程（mm）	4	水准仪逐根检查	承包人自检，监理抽查认可	
	柱纵横向竖直度（mm）	4	垂线检查，抽查 50%	承包人自检，监理抽查认可	
	相邻扶手高差（mm）	5	尺量、抽查 50%	承包人自检，监理抽查认可	
护栏	混凝土强度（MPa）	在合格标准内	每一工作班取 1～2 组试块，抗压试验	承包人自检，监理旁站认可	
	平面偏位（mm）	4	30m 或每 4 节段拉线检查	承包人自检，监理抽查认可	
	断面尺寸（mm）	±5	尺量，每 20m 查一处	承包人自检，监理抽查认可	
	竖直度（mm）	4	垂线检查，每 100m 每侧 4 处	承包人自检，监理抽查认可	
	护栏接缝两侧高差（mm）	5	尺量，每 100m 每侧 4 处	承包人自检，监理抽查认可	

四、公路附属工程质量控制

公路附属工程包含护栏、边界隔离栅、交通标志、路面标线、通讯管道和照明等工程。目前附属工程施工，一般由业主或承包人委托专业工厂加工成成品，再由承包人或专业工厂组织安装。设计中亦有指定加工厂家产品的情况。因此，就有可能涉及对制造厂商的分包或指定分包的监理问题。质量控制也将分成生产和安装二个阶段叙述，施工中监理工程师应组织人员从产品到安装的整个过程进行检查验收。

附属工程中某些项目的质量标准未能在现行的规范中规定。这也是参考一些已建或在建的高等级公路暂行标准作为推荐资料，待规范有规定后，另行修整。本小节未包括的其他公路附属工程项目的质量标准可根据设计文件和参照其他有关规范执行。

（一）附属工程监理工作流程

1. 施工工艺流程，见图 10-95；

2. 监理工作流程，见图 10-96。

（二）附属工程监理工作要点

1. 审查生产厂（分包人或指定分包人）报送的有关工程经历和以往生产的产品质量资料。考察生产厂的生产设备和工艺流程，并应注意到生产厂是否有能力在合同期内完成制作任务。如有疑问时，应向业主或承包人提出改进或转换分包人。

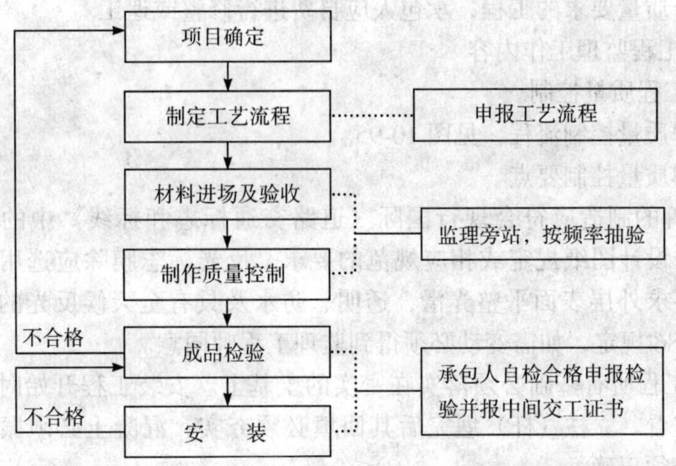

图 10-95 附属工程施工工艺流程

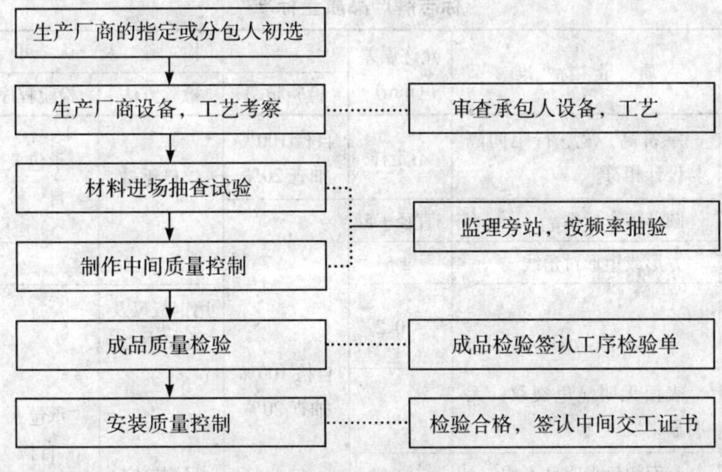

图 10-96 附属工程监理工作流程

2. 考察生产厂材料的进口渠道，能否满足加工要求和材料品质，能否符合规范要求。如有疑问亦应向生产厂提出改进或建议业主转换分包人。

3. 监理工程师应定期或不定期对生产厂进行检查。主要检查生产工艺。除锈及涂料或镀层的厚度能否达到质量标准要求。

4. 产品进入工地，应有生产厂的出厂合格证书，并由承包人检查其是否有缺件，掉角、扭曲、擦伤等缺陷。金属构件镀锌面的损坏面积不应超过该构件表面积的1‰。监理工程师可随同旁站检查或另抽样20%～30%复查。当检查出的缺陷产品超过误差允许规定时可加倍检查，无论加倍检查合格与否，该批产品在未修复到合格前不能用于工程上。

5. 施工中的质量控制：凡立柱等入土深度一定要符合设计规定，所有用于工程的混凝土必须满足设计和规范要求，其他成品也必须是无疵病和缺陷。工程完工时必须由承包人自检合格，并向监理工程师报送中间交工证书，监理工程师按规范标准及频率进行验收。对不符合质量要求的工程，承包人应自费进行修整或返工。

（三）附属工程监理工作内容

1. 标志牌工程质量控制

（1）标志牌质量控制流程，见图 10-95。

（2）标志牌质量控制要点

（*A*）标志牌的制造应符合现行国际《道路交通标志和标线》中的规定(GB 5768)。其材料必须符合设计图纸规定或相应规范的要求。反光标志膜除应选用高强级反光标志膜制作外，还要求外层表面平整光滑，透明、防水及具有全天候反光的特性，其颜色应符合GB 5768—86 规定，如需变动必须得到监理工程师同意。

（*B*）附属工程所有基础必须落实在密实的土基上。安装工程开始时，监理工程师应对基槽（坑）查看。立柱（杆）埋完后其回填必须夯实，混凝土必须振捣密实。预埋件或锚固件位置必须正确。

（*C*）标志牌产品质量标准，见表 10-108。

标志牌产品质量标准　　　　**表 10-108**

	项　目	质　量　标　准	允许误差（mm）	检　验　及　认　可				备注
				检验频率	检验方法	检验程序	认可程序	
标志牌板面	字符、图案	字符高、宽、行距间隔与设计相符	不走样	自检 100% 抽查 20%	钢尺丈量	承包人自检	监理工程师抽查	
	几何形状	圆形禁令标志	直径＋5					
		方形或矩形对角线	±5					
	平面凹凸		<0.2		用钢板尺及塞尺测检			
	反光膜	表面无明显龟裂纹、无明显刻痕		自检 100% 抽查 20%	目测鉴定	承包人自检	监理工程师抽查	
		表面颜色无明显不均匀						
		10×10cm 范围内无两个以上面积大于 $1mm^2$ 气泡						
		板面无回归反射不均匀			在光照度 80 勒克司的光照下检查	承包人自检	监理工程师抽查	
		反光膜粘贴无褶皱、剥离		自检 100% 抽查 20%	目测			
		图案、字符表面色调无不一致			目测			
柱杆	垂直度		≤1%					
	椭圆度	$D_{max}-D_{min}<6mm$						
	外观鉴定	表面光滑、无明显凹刻痕和划伤，镀层上无任何不均匀及锈迹						

（*D*）标志牌安装质量控制汇总表，见表 10-109。

标志牌安装质量控制汇总表 表 10-109

检 查 项 目	规定值或允许偏差	检查方法和频率	检查和认可程序	备 注
立柱竖直度（mm/m）	±3	垂线、直尺逐根检查	承包人自检，监理旁站认可	
标志牌安装角度	±2°	拉线，量角尺抽检 30%	承包人自检，监理旁站认可	
标志牌下缘至路面净空（mm）	+50，－20	直尺逐根检查	承包人自检，监理旁站认可	
标志牌内侧距路肩边线距离（mm）	±20	直尺，抽检 50%	承包人自检，监理旁站认可	
基础尺寸（mm）	±15	直尺，逐个检查	承包人自检，监理旁站认可	
混凝土强度（MPa）	在合格标准内	每班抽 1～2 组试块抗压试验	承包人自检，监理旁站认可	

2. 隔离栅工程质量控制

(1) 监理流程，见图 10-96。

(2) 监理要点

(*A*) 用于隔离栅的材料必须符合设计规定或《高速公路交通安全设施设计施工技术规范》的要求。

(*B*) 隔离栅安装各施工程序控制：

(*a*) 隔离栅位置应通过准确放样，并经监理验收后才能安装。(*b*) 隔离栅跨越桥梁、通道等处需要断开的地方应按设计或视情况征得监理工程师同意后方能施工。(*c*) 隔离栅下穿输电线路的地方，应接上地线，地线应采用直径 12mm，长为 2.5m 的镀锌或镀铜的接地钢棒。钢棒应垂直打入地下，棒顶距地面 30cm，并用一根 6 号实心铜导线或等效导体把隔离栅与接地棒连接起来。当电力线的走向平行于隔离栅，而两者的水平距离在 10m 以内时，应在隔离栅上按不大于 400m 的间距埋设地线。若接地钢棒不能垂直埋设时，也可采用等效的水平地线系统。

(*C*) 监理工程师应对隔离栅逐段验收。

(*a*) 隔离栅成品质量控制汇总表，见表 10-110；

(*b*) 隔离栅安装质量控制汇总表，见表 10-111。

3. 护栏工程质量控制

(1) 监理流程，见图 10-96。

(2) 监理要点：

(*A*) 用于护栏的材料必须符合设计规定或《高速公路交通安全设施设计施工技术规范》的要求。

(*B*) 监理工程师应及时对进场成品进行检验，凡偏差超出允许范围或外观质量有扭曲、擦痕的成品，应令生产厂派员到工地修复到符合要求或退回生产厂返工处理。

隔离栅成品检验质量控制汇总表　　表 10-110

项　目	质量标准	允许误差（mm）	检验及认可				备注
			检验频率	检验方法	检验程序	认可程序	
立柱、边框、支撑	内外壁光滑无毛刺		自检全部，抽查 20%	目　测	承包人自检	专业监理工程师认可	
	表面镀锌完好、无气泡、裂纹、无疤痕折皱、端部无分层情况						
编　织　网							
网片拉紧后，孔径对各线误差		＜5mm	承包人每 20m 检查一孔或二孔	钢　尺	承包人自检	专业监理工程师认可	

隔离栅安装质量控制汇总表　　表 10-111

检查项目	规定值或允许偏差	检查方法或频率	检验和认可程序	备　注
立柱竖直度（mm）	±3	直尺，垂线逐根检查	承包人自检，监理认可或抽查	
柱顶高度（mm）	±10	直尺，抽检 50%	承包人自检，监理旁站认可或抽查	
立柱中距（mm）	±20	尺量，逐根检查	承包人自检，监理旁站认可或抽查	
隔离栅顺直度（mm/m）	±5	拉线、尺量逐段检查	承包人自检，监理认可或抽查	

（*C*）护栏施工控制

（*a*）护栏搭接头方向，应与临近车道的交通流向一致。（*b*）护栏位置应与路面线型相吻合，敷设应有统一、协调、整齐的美的感觉。（*c*）护栏一般采用打入法或压入法施工。（*d*）护栏梁的连接螺栓和拼接螺栓，初始不宜拧紧，以便在安装过程中充分利用护栏梁上的长圆孔进行上下左右的调整，使其形成平顺的线形。（*e*）立柱打入深度必须达到设计要求，若用挖坑或埋设时，回填必须认真夯实。除非因由于埋深达不到要求改用混凝土外，其他不得随意改变，以免破坏波形梁护栏的半刚性体系。

（*D*）监理工程师对护栏应逐级逐段检查验收。

（*a*）波形梁护栏成品质量控制汇总表，见表 10-112；

（*b*）波形梁护栏施工质量控制汇总表，见表 10-113。

4．路面标线工程质量控制

(1) 监理流程，见图 10-96。

(2) 监理要点：

（*A*）路面标线施工前，承包人将拟用于工程的材料样品按规定数量提供给监理工程师，样品经试验同意后材料才可以用于工程上。

（*B*）所有路面标线施工，必须是在经监理工程师检查过的清洁、干燥、无松散颗粒、无灰尘无油腻堆积及其他有害物质的表面上进行。

波形梁护栏产品质量控制汇总表　　表 10-112

项　目	质量标准	允许误差（mm）	检验及认可				备注
			检验频率	检验方法	检验程序	认可程序	
立体							
长度	设计要求	+10	自检100%抽查20%～30%	钢尺丈量	承包人自检	监理工程师	
弯曲度	正直	2mm/m					
波形梁							
平面翘曲、立面弯曲		3	自检100%抽查20%～30%	钢尺丈量	承包人自检	监理工程师	测量距端部100mm断面处
厚度		-0.2					
宽度	板宽482mm	5					
长度4320mm		+10，-5					
3820mm		+9，-4					
3320mm		+8，-3.5					
2320mm		+5，-2.6					
外观鉴定	色泽均匀一致，光洁无裂纹，无疤痕、无气泡或剥落、无凹凸不平缺陷						

波形梁护栏施工质量控制汇总表　　表 10-113

检查项目	规定值或允许偏差	检查方法和频率	检验和认可程序	备注
立柱外边缘距路肩边线距离（mm）	±20	直尺，抽检40%	承包人自检，监理旁站认可	
立柱中距（mm）	±5	直尺，抽检40%	承包人自检，监理旁站认可	
立柱竖直度（mm/m）	±2	垂线、直尺、抽检40%	承包人自检，监理旁站认可	
护栏顺直度（mm/m）	±3	拉线、塞尺抽检20%	承包人自检，监理旁站认可	
横梁中心高度（mm）	±10	直尺：抽检20%	承包人自检，监理旁站认可	

（*C*）所有标线应具有清晰，匀整及精美的外观，否则承包人应予以更正，达到规定要求。

（*D*）施工与所用材料应符合设计图纸规定，若设计无明确规定时，可参考有关规范或下列要求：

（*a*）涂漆标线：*a*）涂漆标线应为喷洒式，每台机器应具有能喷洒出二条分开标线的喷嘴，每个喷嘴应具有合适的切断阀，它可以自动做出虚线或点线。每嘴应有一个机械分配玻璃珠器，它可以和喷嘴同时操作，均匀分布玻璃珠。*b*）喷漆施工应在白天进行，潮湿，尘埃大风大或温度低于4℃时应停止施工。*c*）涂漆标线湿膜厚应为0.35～0.4mm。玻璃珠施加率应为涂漆面的0.35kg/m^2。*d*）涂漆标线要求直线顺直，曲线圆滑，边缘清晰，点线或虚线断点明确。*e*）涂漆区域禁止开放交通。

（*b*）热塑标线：*a*）热塑标线可采用热压或热喷法施工，但被喷压表面一定要清洗干净。用于沥青路面的最小粘结力为 0.8MPa，用于水泥混凝土路面的最小粘结力为 1.2MPa。*b*）热塑标线须在路面干燥，路面温度大于 13℃以上时才能施工。镶嵌在热塑材料中的玻璃珠用量为 10%。

（*c*）预塑塑料标线：预塑塑料标线应按生产厂提供的施工方法施工，薄膜应使标线简洁、耐久、抗风化。并应无明显褪色、剥落、收缩、扯裂和翻转或其他表示粘结不良的象征。

（*d*）突起的路面标线：*a*）施加标线的水泥混凝土路面应用硬刷刷 10% 的盐酸溶液，然后用淡水冲净，施加标线前必须彻底干燥。*b*）冷天施工应用强辐射加热（不直接用火焰）到 20℃。在安装前应将 RPM 在 10 分钟内加热到 50℃，在使用前及使用时，应将粘着剂温度维持在 15℃至 30℃内。*c*）突起的路面标线，配方及工艺应按规定要求施行。

（*E*）标线喷涂施工质量控制汇总表，见表 10-114。

标线喷涂施工质量控制汇总表 **表 10-114**

检查项目		规定值或允许偏差	检查方法和频率	检查程序和认可程序	备注
厚度（mm）	湿漆膜	±0.2	按材料用量计算或抽查 10%	承包人自检，监理旁站认可	
	冷膜	+0.5，−0			
	突起路标	<25			
标线宽度（mm）		+8，−0	直尺，抽查 20%	承包人自检，监理旁站认可	
标线长度（mm）		±50	直尺，抽查 20%	承包人自检，监理旁站认可	
纵向间距（mm）		±50	直尺，抽查 20%	承包人自检，监理旁站认可	
横向偏差（mm）		±20	直尺，抽查 20%	承包人自检，监理旁站认可	

5. 通信管道工程质量控制

通信管道一般埋设在道路中央分隔带或路肩的位置上，建成后通信光缆将从管孔中穿过。

(1) 通信管道监理流程图，见图 10-96。

(2) 通信管道监理要点：

1) 通信管道由人（手）孔井和管块组成，但人（手）孔井及管块必须砌筑或铺设在经监理工程师检验认可的坚实地面上。

2) 人（手）孔井及管块基础开挖到设计标高时，应由承包人申报监理工程师检验，如有超出误差应令承包人返工处理。

3) 预制管块的混凝土强度，必须达到设计要求，管块运到工地不应有掉角、裂缝等现象。如发现有此现象，应退回预制厂，不能用于工程。预制管块预制施工的监理同一般混凝土施工质量控制要求，可参照执行。

4) 现场浇筑的混凝土和砌筑砂浆的强度，必须达到设计要求。管块混凝土包封必须密实。无蜂窝麻面且不漏水。

5) 管道用混凝土包封后，必须用 8# 铁丝拉略小于管孔的圆形木球通过管孔，清除管道内残留的土块和砂浆残渣。

6）管块及人（手）孔回填压实度应满足设计要求或达到90%。

7）通信管道质量控制汇总表，见表10-115。

通信管道质量控制汇总表　　**表10-115**

项　目	质量标准	允许误差（mm）	检验及认可				备注
			检验频率	检验方法	检验程序	认可程序	
人（手）孔砌筑			抽检50%或全部	钢尺、垂球	承包人自检	专业监理工程师认可	
墙体垂直度	垂　直	±10					
铁盖的外缘与口圈的内缘间隙		<3					
口圈顶部高程		±20					
基础中心偏位		±20					
管块基础			每100m抽查20m	水准仪、钢尺			
纵向高程		±10					
中线偏位		±10					
基础宽度		±10					
管道铺设			要求全部通过	通　孔　器			
试通管道	管孔无杂质						
顶面及包封混凝土	密　实						

6. 照明工程质量控制

(1) 照明工程监理工作流程，见图10-96。

(2) 照明工程监理工作要点：

1）所有10kV及以下架空线路的施工及验收须有相应级别的供电部门认可。直埋电缆的埋设深度应大于700mm。电缆上部和下部均需铺盖100mm厚过筛细砂。细砂上部加盖预制混凝土盖板后再用土回填。电缆端部应预留足够长度。

2）高杆照明设备应包括：地脚螺栓预埋法兰盘，灯杆，灯伞、电光源、自动挂钩、防断绳装置、升降卷扬机、避雷装置、电缆系统及配电、保护、控制等设施在内的整套设备。

(*A*) 灯杆监理要求：钢材符合设计或规范要求。其锥形拔梢杆锥度≥1:100。灯杆垂直度误差为1/1000，灯杆不圆度任一断面误差为 $D_{man}-D_{min}\leqslant 6$mm，整体长度误差≤+30mm。灯杆焊接缝表面平整光滑，无夹渣、无气泡、无明显凹凸不平。

(*B*) 圆形灯伞的直径误差≤±10mm；多边形灯伞的边长误差≤±5mm，对角线误差≤±10mm。

灯伞的底盘与灯伞外边沿及各平面之间的水平误差≤10mm，圆心对中误差≤10mm。

(*C*) 高杆灯必须设有独立的避雷保护系统。

3）分散灯一般指12m以下照明灯具。其成品质量要求为：

(*A*) 各种杆形要求表面光洁顺直，无明显电焊疤痕。线杆不直度不大于10mm，任何一个断面各方向最大误差不大于5mm。

（*B*）双臂灯的双臂除有特殊要求外，两臂应在同一平面上，误差≤1°。

（*C*）灯杆下面小门应有锁定装置，内设挂板，以备安装熔断丝、镇流器、启动器和补偿电容器等电器元件。

4）安装要求

（*A*）高杆灯地脚螺栓预埋垂直度误差≤1%；预埋法兰盘的水平误差≤1%。

（*B*）灯杆竖直度不超过10mm/m。灯杆地面以上高度允许误差为±40mm。平面位置纵向偏差不大于100mm，横向偏差不大于20mm。

（*C*）安装时灯具俯角方位应调整准确，以便充分发挥泛光及聚光灯的照明功能。

（*D*）分散照明路灯一般均固定在混凝土基座上，基座高出周围地面最小50mm。路灯杆的安装垂直误差≤1‰。分散照明灯头的配光曲线的光强度角应≥60°，并有良好的密封性。

第十一章 附　录

附录一　中华人民共和国建筑法

1997年11月1日第八届全国人民代表大会
常务委员会第二十八次会议通过

第一章　总　　则

第一条　为了加强对建筑活动的监督管理，维护建筑市场秩序，保证建筑工程的质量和安全，促进建筑业健康发展，制定本法。

第二条　在中华人民共和国境内从事建筑活动，实施对建筑活动的监督管理，应当遵守本法。

本法所称建筑活动，是指各类房屋建筑及其附属设施的建造和与其配套的线路、管道、设备的安装活动。

第三条　建筑活动应当确保建筑工程质量和安全，符合国家的建筑工程安全标准。

第四条　国家扶持建筑业的发展，支持建筑科学技术研究，提高房屋建筑设计水平，鼓励节约能源和保护环境，提倡采用先进技术、先进设备、先进工艺、新型建筑材料和现代管理方式。

第五条　从事建筑活动应当遵守法律、法规，不得损害社会公共利益和他人的合法权益。

任何单位和个人都不得妨碍和阻挠依法进行的建筑活动。

第六条　国务院建设行政主管部门对全国的建筑活动实施统一监督管理。

第二章　建筑许可

第一节　建筑工程施工许可

第七条　建筑工程开工前，建设单位应当按照国家有关规定向工程所在地县级以上人民政府建设行政主管部门申请领取施工许可证；但是，国务院建设行政主管部门确定的限额以下的小型工程除外。

按照国务院规定的权限和程序批准开工报告的建筑工程，不再领取施工许可证。

第八条　申请领取施工许可证，应当具备下列条件：

（一）已经办理该建筑工程用地批准手续；

（二）在城市规划区的建筑工程，已经取得规划许可证；

（三）需要拆迁的，其拆迁进度符合施工要求；

（四）已经确定建筑施工企业；

（五）有满足施工需要的施工图纸及技术资料；

（六）有保证工程质量和安全的具体措施；

（七）建设资金已经落实；

（八）法律、行政法规规定的其他条件。

建设行政主管部门应当自收到申请之日起十五日内，对符合条件的申请颁发施工许可证。

第九条　建设单位应当自领取施工许可证之日起三个月内开工。因故不能按期开工的，应当向发证机关申请延期；延期以两次为限，每次不超过三个月。既不开工又不申请延期或者超过延期时限的，施工许可证自行废止。

第十条　在建的建筑工程因故中止施工的，建设单位应当自中止施工之日起一个月内，向发证机关报告，并按照规定做好建筑工程的维护管理工作。

建筑工程恢复施工时，应当向发证机关报告；中止施工满一年的工程恢复施工前，建设单位应当报发证机关核验施工许可证。

第十一条　按照国务院有关规定批准开工报告的建筑工程，因故不能按期开工或者中止施工的，应当及时向批准机关报告情况，因故不能按期开工超过六个月的，应当重新办理开工报告的批准手续。

第二节　从 业 资 格

第十二条　从事建筑活动的建筑施工企业、勘察单位、设计单位和工程监理单位，应当具备下列条件：

（一）有符合国家规定的注册资本；

（二）有与其从事的建筑活动相适应的具有法定执业资格的专业技术人员；

（三）有从事相关建筑活动所应有的技术装备；

（四）法律、行政法规规定的其他条件。

第十三条　从事建筑活动的建筑施工企业、勘察单位、设计单位和工程监理单位，按照其拥有的注册资本、专业技术人员、技术装备和已完成的建筑工程业绩等资质条件，划分为不同的资质等级，经资质审查合格，取得相应等级的资质证书后，方可在其资质等级许可的范围内从事建筑活动。

第十四条　从事建筑活动的专业技术人员，应当依法取得相应的执业资格证书，并在执业资格证书许可的范围内从事建筑活动。

第三章 建筑工程发包与承包

第一节 一般规定

第十五条 建筑工程的发包单位与承包单位应当依法订立书面合同，明确双方的权利和义务。

发包单位和承包单位应当全面履行合同约定的义务。不按照合同约定履行义务的，依法承担违约责任。

第十六条 建筑工程发包与承包的招标投标活动，应当遵循公开、公正、平等竞争的原则，择优选择承包单位。

建筑工程的招标投标，本法没有规定的，适用有关招标投标法律的规定。

第十七条 发包单位及其工作人员在建筑工程发包中不得收受贿赂、回扣或者索取其他好处。

承包单位及其工作人员不得利用向发包单位及其工作人员行贿、提供回扣或者给予其他好处等不正当手段承揽工程。

第十八条 建筑工程造价应当按照国家有关规定，由发包单位与承包单位在合同中约定。公开招标发包的，其造价的约定，须遵守招标投标法律的规定。

发包单位应当按照合同的约定，及时拨付工程款项。

第二节 发包

第十九条 建筑工程依法实行招标发包，对不适于招标发包的可以直接发包。

第二十条 建筑工程实行公开招标的，发包单位应当依照法定程序和方式，发布招标公告，提供载有招标工程的主要技术要求、主要的合同条款、评标的标准和方法以及开标、评标、定标的程序等内容的招标文件。

开标应当在招标文件规定的时间、地点公开进行。开标后应当按照招标文件规定的评标标准和程序对标书进行评价、比较，在具备相应资质条件的投标者中，择优选定中标者。

第二十一条 建筑工程招标的开标、评标、定标由建设单位依法组织实施，并接受有关行政主管部门的监督。

第二十二条 建筑工程实行招标发包的，发包单位应当将建筑工程发包给依法中标的承包单位。建筑工程实行直接发包的，发包单位应当将建筑工程发包给具有相应资质条件的承包单位。

第二十三条 政府及其所属部门不得滥用行政权力，限定发包单位将招标发包的建筑工程发包给指定的承包单位。

第二十四条 提倡对建筑工程实行总承包，禁止将建筑工程肢解发包。

建筑工程的发包单位可以将建筑工程的勘察、设计、施工、设备采购一并发包给一个工程总承包单位，也可以将建筑工程勘察、设计、施工、设备采购的一项或者多项发包给一个工程总承包单位；但是，不得将应当由一个承包单位完成的建筑工程肢解成若干部分发包给几个承包单位。

第二十五条　按照合同约定，建筑材料、建筑构配件和设备由工程承包单位采购的，发包单位不得指定承包单位购入用于工程的建筑材料、建筑构配件和设备或者指定生产厂、供应商。

第三节　承　包

第二十六条　承包建筑工程的单位应当持有依法取得的资质证书，并在其资质等级许可的业务范围内承揽工程。

禁止建筑施工企业超越本企业资质等级许可的业务范围或者以任何形式用其他建筑施工企业的名义承揽工程。禁止建筑施工企业以任何形式允许其他单位或者个人使用本企业的资质证书、营业执照，以本企业的名义承揽工程。

第二十七条　大型建筑工程或者结构复杂的建筑工程，可以由两个以上的承包单位联合共同承包。共同承包的各方对承包合同的履行承担连带责任。

两个以上不同资质等级的单位实行联合共同承包的，应当按照资质等级低的单位的业务许可范围承揽工程。

第二十八条　禁止承包单位将其承包的全部建筑工程转包给他人，禁止承包单位将其承包的全部建筑工程肢解以后以分包的名义分别转包给他人。

第二十九条　建筑工程总承包单位可以将承包工程中的部分工程发包给具有相应资质条件的分包单位；但是，除总承包合同中约定的分包外，必须经建设单位认可。施工总承包的，建筑工程主体结构的施工必须由总承包单位自行完成。

建筑工程总承包单位按照总承包合同的约定对建设单位负责；分包单位按照分包合同的约定对总承包单位负责。总承包单位和分包单位就分包工程对建设单位承担连带责任。

禁止总承包单位将工程分包给不具备相应资质条件的单位。禁止分包单位将其承包的工程再分包。

第四章　建筑工程监理

第三十条　国家推行建筑工程监理制度。

国务院可以规定实行强制监理的建筑工程的范围。

第三十一条　实行监理的建筑工程，由建设单位委托具有相应资质条件的工程监理单位监理。建设单位与其委托的工程监理单位应当订立书面委托监理合同。

第三十二条　建筑工程监理应当依照法律、行政法规及有关的技术标准、设计文件和建筑工程承包合同，对承包单位在施工质量、建设工期和建设资金使用等方面，代表建设单位实施监督。

工程监理人员认为工程施工不符合工程设计要求、施工技术标准和合同约定的，有权要求建筑施工企业改正。

工程监理人员发现工程设计不符合建筑工程质量标准或者合同约定的质量要求的，应当报告建设单位要求设计单位改正。

第三十三条　实施建筑工程监理前，建设单位应当将委托的工程监理单位、监理的内容及监理权限，书面通知被监理的建筑施工企业。

第三十四条　工程监理单位应当在其资质等级许可的监理范围内，承担工程监理业务。

工程监理单位应当根据建设单位的委托，客观、公正地执行监理任务。

工程监理单位与被监理工程的承包单位以及建筑材料、建筑构配件和设备供应单位不得有隶属关系或者其他利害关系。

工程监理单位不得转让工程监理业务。

第三十五条　工程监理单位不按照委托监理合同的约定履行监理义务，对应当监督检查的项目不检查或者不按照规定检查，给建设单位造成损失的，应当承担相应的赔偿责任。

工程监理单位与承包单位串通，为承包单位谋取非法利益，给建设单位造成损失的，应当与承包单位承担连带赔偿责任。

第五章　建筑安全生产管理

第三十六条　建筑工程安全生产管理必须坚持安全第一、预防为主的方针，建立健全安全生产的责任制度和群防群治制度。

第三十七条　建筑工程设计应当符合按照国家规定制定的建筑安全规程和技术规范，保证工程的安全性能。

第三十八条　建筑施工企业在编制施工组织设计时，应当根据建筑工程的特点制定相应的安全技术措施；对专业性较强的工程项目，应当编制专项安全施工组织设计，并采取安全技术措施。

第三十九条　建筑施工企业应当在施工现场采取维护安全、防范危险、预防火灾等措施；有条件的，应当对施工现场实行封闭管理。

施工现场对毗邻的建筑物、构筑物和特殊作业环境可能造成损害的，建筑施工企业应当采取安全防护措施。

第四十条　建设单位应当向建筑施工企业提供与施工现场相关的地下管线资料，建筑施工企业应当采取措施加以保护。

第四十一条　建筑施工企业应当遵守有关环境保护和安全生产方面的法律、法规的规定，采取控制和处理施工现场的各种粉尘、废气、废水、固体废物以及噪声、振动对环境的污染和危害的措施。

第四十二条　有下列情形之一的，建设单位应当按照国家有关规定办理申请批准手续：

（一）需要临时占用规划批准范围以外场地的；

（二）可能损坏道路、管线、电力、邮电通讯等公共设施的；

（三）需要临时停水、停电、中断道路交通的；

（四）需要进行爆破作业的；

（五）法律、法规规定需要办理报批手续的其他情况。

第四十三条 建设行政主管部门负责建筑安全生产的管理，并依法接受劳动行政主管部门对建筑安全生产的指导和监督。

第四十四条 建筑施工企业必须依法加强对建筑安全生产的管理，执行安全生产责任制度，采取有效措施，防止伤亡和其他安全生产事故的发生。

建筑施工企业的法定代表人对本企业的安全生产负责。

第四十五条 施工现场安全由建筑施工企业负责。实行施工总承包的，由总承包单位负责。分包单位向总承包单位负责，服从总承包单位对施工现场的安全生产管理。

第四十六条 建筑施工企业应当建立健全劳动安全生产教育培训制度，加强对职工安全生产的教育和培训；未经安全生产教育培训的人员，不得上岗作业。

第四十七条 建筑施工企业和作业人员在施工过程中，应当遵守有关安全生产的法律、法规和建筑行业安全规章、规程，不得违章指挥或者违章作业。作业人员有权对影响人身健康的作业程序和作业条件提出改进意见，有权获得安全生产所需的防护用品。作业人员对危及生命安全和人身健康的行为有权提出批评、检举和控告。

第四十八条 建筑施工企业必须为从事危险作业的职工办理意外伤害保险，支付保险费。

第四十九条 涉及建筑主体和承重结构变动的装修工程，建设单位应当在施工前委托原设计单位或者具有相应资质条件的设计单位提出设计方案；没有设计方案的，不得施工。

第五十条 房屋拆除应当由具备保证安全条件的建筑施工单位承担，由建筑施工单位负责人对安全负责。

第五十一条 施工中发生事故时，建筑施工企业应当采取紧急措施减少人员伤亡和事故损失，并按照国家有关规定及时向有关部门报告。

第六章 建筑工程质量管理

第五十二条 建筑工程勘察、设计、施工的质量必须符合国家有关建筑工程安全标准的要求，具体管理办法由国务院规定。

有关建筑工程安全的国家标准不能适应确保建筑安全的要求时，应当及时修订。

第五十三条 国家对从事建筑活动的单位推行质量体系认证制度。从事建筑活动的单位根据自愿原则可以向国务院产品质量监督管理部门或者国务院产品质量监督管理部门授权的部门认可的认证机构申请质量体系认证。经认证合格的，由认证机构颁发质量体系认证证书。

第五十四条 建设单位不得以任何理由，要求建筑设计单位或者建筑施工企业在工程设计或者施工作业中，违反法律、行政法规和建筑工程质量、安全标准，降低工程质量。

建筑设计单位和建筑施工企业对建设单位违反前款规定提出的降低工程质量的要求，应当予以拒绝。

第五十五条 建筑工程实行总承包的，工程质量由工程总承包单位负责，总承包单位将建筑工程分包给其他单位的，应当对分包工程的质量与分包单位承担连带责任。分包单位应当接受总承包单位的质量管理。

第五十六条　建筑工程的勘察、设计单位必须对其勘察、设计的质量负责。勘察、设计文件应当符合有关法律、行政法规的规定和建筑工程质量、安全标准、建筑工程勘察、设计技术规范以及合同的约定。设计文件选用的建筑材料、建筑构配件和设备，应当注明其规格、型号、性能等技术指标，其质量要求必须符合国家规定的标准。

第五十七条　建筑设计单位对设计文件选用的建筑材料、建筑构配件和设备，不得指定生产厂、供应商。

第五十八条　建筑施工企业对工程的施工质量负责。

建筑施工企业必须按照工程设计图纸和施工技术标准施工，不得偷工减料。工程设计的修改由原设计单位负责，建筑施工企业不得擅自修改工程设计。

第五十九条　建筑施工企业必须按照工程设计要求、施工技术标准和合同的约定，对建筑材料、建筑构配件和设备进行检验，不合格的不得使用。

第六十条　建筑物在合理使用寿命内，必须确保地基基础工程和主体结构的质量。

建筑工程竣工时，屋顶、墙面不得留有渗漏、开裂等质量缺陷；对已发现的质量缺陷，建筑施工企业应当修复。

第六十一条　交付竣工验收的建筑工程，必须符合规定的建筑工程质量标准，有完整的工程技术经济资料和经签署的工程保修书，并具备国家规定的其他竣工条件。

建筑工程竣工经验收合格后，方可交付使用；未经验收或者验收不合格的，不得交付使用。

第六十二条　建筑工程实行质量保修制度。

建筑工程的保修范围应当包括地基基础工程、主体结构工程、屋面防水工程和其他土建工程，以及电气管线、上下水管线的安装工程，供热、供冷系统工程等项目；保修的期限应当按照保证建筑物合理寿命年限内正常使用，维护使用者合法权益的原则确定。具体的保修范围和最低保修期限由国务院规定。

第六十三条　任何单位和个人对建筑工程的质量事故、质量缺陷都有权向建设行政主管部门或者其他有关部门进行检举、控告、投诉。

第七章　法律责任

第六十四条　违反本法规定，未取得施工许可证或者开工报告未经批准擅自施工的，责令改正。对不符合开工条件的责令停止施工，可以处以罚款。

第六十五条　发包单位将工程发包给不具有相应资质条件的承包单位的，或者违反本法规定将建筑工程肢解发包的，责令改正，处以罚款。

超越本单位资质等级承揽工程的，责令停止违法行为，处以罚款，可以责令停业整顿，降低资质等级；情节严重的，吊销资质证书；有违法所得的，予以没收。

未取得资质证书承揽工程的，予以取缔，并处罚款；有违法所得的，予以没收。

以欺骗手段取得资质证书的，吊销资质证书，处以罚款；构成犯罪的，依法追究刑事责任。

第六十六条　建筑施工企业转让、出借资质证书或者以其他方式允许他人以本企业的名义承揽工程的，责令改正，没收违法所得，并处罚款，可以责令停业整顿，降低资质等级；情节严重的，吊销资质证书。对因该项承揽工程不符合规定的质量标准造成的损失，建筑施工企业与使用本企业名义的单位或者个人承担连带赔偿责任。

第六十七条　承包单位将承包的工程转包的，或者违反本法规定进行分包的，责令改正，没收违法所得，并处罚款，可以责令停业整顿，降低资质等级；情节严重的，吊销资质证书。

承包单位有前款规定的违法行为的，对因转包工程或者违法分包的工程不符合规定的质量标准造成的损失，与接受转包或者分包的单位承担连带赔偿责任。

第六十八条　在工程发包与承包中索贿、受贿、行贿，构成犯罪的，依法追究刑事责任；不构成犯罪的，分别处以罚款，没收贿赂的财物，对直接负责的主管人员和其他直接责任人员给予处分。

对在工程承包中行贿的承包单位，除依照前款规定处罚外，可以责令停业整顿，降低资质等级或者吊销资质证书。

第六十九条　工程监理单位与建设单位或者建筑施工企业串通，弄虚作假、降低工程质量的，责令改正，处以罚款，降低资质等级或者吊销资质证书；有违法所得的，予以没收；造成损失的，承担连带赔偿责任；构成犯罪的，依法追究刑事责任。

工程监理单位转让监理业务的，责令改正，没收违法所得，可以责令停业整顿，降低资质等级；情节严重的，吊销资质证书。

第七十条　违反本法规定，涉及建筑主体或者承重结构变动的装修工程擅自施工的，责令改正，处以罚款；造成损失的，承担赔偿责任；构成犯罪的，依法追究刑事责任。

第七十一条　建筑施工企业违反本法规定，对建筑安全事故隐患不采取措施予以消除的，责令改正，可以处以罚款；情节严重的，责令停业整顿，降低资质等级或者吊销资质证书；构成犯罪的，依法追究刑事责任。

建筑施工企业的管理人员违章指挥、强令职工冒险作业，因而发生重大伤亡事故或者造成其他严重后果的，依法追究刑事责任。

第七十二条　建设单位违反本法规定，要求建筑设计单位或者建筑施工企业违反建筑工程质量、安全标准，降低工程质量的，责令改正，可以处以罚款；构成犯罪的，依法追究刑事责任。

第七十三条　建筑设计单位不按照建筑工程质量、安全标准进行设计的，责令改正，处以罚款，造成工程质量事故的，责令停业整顿，降低资质等级或者吊销资质证书，没收违法所得，并处罚款；造成损失的，承担赔偿责任；构成犯罪的，依法追究刑事责任。

第七十四条　建筑施工企业在施工中偷工减料的，使用不合格的建筑材料、建筑构配件和设备的，或者有其他不按照工程设计图纸或者施工技术标准施工的行为的，责令改正，处以罚款；情节严重的，责令停业整顿，降低资质等级或者吊销资质证书；造成建筑工程质量不符合规定的质量标准的，负责返工、修理，并赔偿因此造成的损失；构成犯罪的，依法追究刑事责任。

第七十五条　建筑施工企业违反本法规定，不履行保修义务或者拖延履行保修义务的，责令改正，可以处以罚款，并对在保修期内因屋顶、墙面渗漏、开裂等质量缺陷造成的损失，承担赔偿责任。

第七十六条　本法规定的责令停业整顿、降低资质等级和吊销资质证书的行政处罚，由颁发资质证书的机关决定；其他行政处罚，由建设行政主管部门或者有关部门依照法律和国务院规定的职权范围决定。

依照本法规定被吊销资质证书的，由工商行政管理部门吊销其营业执照。

第七十七条　违反本法规定，对不具备相应资质等级条件的单位颁发该等级资质证书的，由其上级机关责令收回所发的资质证书，对直接负责的主管人员和其他直接责任人员给予行政处分；构成犯罪的，依法追究刑事责任。

第七十八条　政府及其所属部门的工作人员违反本法规定，限定发包单位将招标发包的工程发包给指定的承包单位的，由上级机关责令改正；构成犯罪的，依法追究刑事责任。

第七十九条　负责颁发建筑工程施工许可证的部门及其工作人员对不符合施工条件的建筑工程颁发施工许可证的，负责工程质量监督检查或者竣工验收的部门及其工作人员对不合格的建筑工程出具质量合格文件或者按合格工程验收的，由上级机关责令改正，对责任人员给予行政处分；构成犯罪的，依法追究刑事责任；造成损失的，由该部门承担相应的赔偿责任。

第八十条　在建筑物的合理使用寿命内，因建筑工程质量不合格受到损害的，有权向责任者要求赔偿。

第八章　附　则

第八十一条　本法关于施工许可、建筑施工企业资质审查和建筑工程发包、承包、禁止转包，以及建筑工程监理、建筑工程安全和质量管理的规定，适用于其他专业建筑工程的建筑活动，具体办法由国务院规定。

第八十二条　建设行政主管部门和其他有关部门在对建筑活动实施监督管理中，除按照国务院有关规定收取费用外，不得收取其他费用。

第八十三条　省、自治区、直辖市人民政府确定的小型房屋建筑工程的建筑活动，参照本法执行。

依法核定作为文物保护的纪念建筑物和古建筑等的修缮，依照文物保护的有关法律规定执行。

抢险救灾及其他临时性房屋建筑和农民自建低层住宅的建筑活动，不适用本法。

第八十四条　军用房屋建筑工程建筑活动的具体管理办法，由国务院，中央军事委员会依据本法制定。

第八十五条　本法自 1998 年 3 月 1 日起施行。

附录二　中华人民共和国合同法

（1999年3月15日第九届全国人民代表大会第二次会议通过）

目　录

总　　则

第一章　一 般 规 定

第一条　为了保护合同当事人的合法权益，维护社会经济秩序，促进社会主义现代化建设，制定本法。

第二条　本法所称合同是平等主体的自然人、法人、其他组织之间设立、变更、终止民事权利义务关系的协议。

婚姻、收养、监护等有关身份关系的协议，适用其他法律的规定。

第三条　合同当事人的法律地位平等，一方不得将自己的意志强加给另一方。

第四条　当事人依法享有自愿订立合同的权利，任何单位和个人不得非法干预。

第五条　当事人应当遵循公平原则确定各方的权利和义务。

第六条　当事人行使权利、履行义务应当遵循诚实信用原则。

第七条　当事人订立、履行合同，应当遵守法律、行政法规，尊重社会公德，不得扰乱社会经济秩序，损害社会公共利益。

第八条　依法成立的合同，对当事人具有法律约束力。当事人应当按照约定履行自己的义务，不得擅自变更或者解除合同。

依法成立的合同，受法律保护。

第二章　合 同 的 订 立

第九条　当事人订立合同，应当具有相应的民事权利能力和民事行为能力。

当事人依法可以委托代理人订立合同。

第十条　当事人订立合同，有书面形式、口头形式和其他形式。

第十一条　书面形式是指合同书、信件和数据电文（包括电报、电传、传真、电子数据交换和电子邮件）等可以有形地表现所载内容的形式。

法律、行政法规规定采用书面形式的，应当采用书面形式。当事人约定采用书面形式的，应当采用书面形式。

第十二条　合同的内容由当事人约定，一般包括以下条款：

（一）当事人的名称或者姓名和住所；

（二）标的；

（三）数量；

（四）质量；

（五）价款或者报酬；

（六）履行期限、地点和方式；

（七）违约责任；

（八）解决争议的方法。

当事人可以参照各类合同的示范文本订立合同。

第十三条　当事人订立合同，采取要约、承诺方式。

第十四条　要约是希望和他人订立合同的意思表示，该意思表示应当符合下列规定：

（一）内容具体确定；

（二）表明经受要约人承诺，要约人即受该意思表示约束。

第十五条　要约邀请是希望他人向自己发出要约的意思表示。寄送的价目表、拍卖公告、招标公告、招股说明书、商业广告等为要约邀请。

商业广告的内容符合要约规定的，视为要约。

第十六条　要约到达受要约人时生效。

采用数据电文形式订立合同，收件人指定特定系统接收数据电文的，该数据电文进入该特定系统的时间，视为到达时间；未指定特定系统的，该数据电文进入收件人的任何系统的首次时间，视为到达时间。

第十七条　要约可以撤回。撤回要约的通知应当在要约到达受要约人之前或者与要约同时到达受要约人。

第十八条　要约可以撤销。撤销要约的通知应当在受要约人发出承诺通知之前到达受要约人。

第十九条　有下列情形之一的，要约不得撤销：

（一）要约人确定了承诺期限或者以其他形式明示要约不可撤销；

（二）受要约人有理由认为要约是不可撤销的，并已经为履行合同作了准备工作。

第二十条　有下列情形之一的，要约失效：

（一）拒绝要约的通知到达要约人；

（二）要约人依法撤销要约；

（三）承诺期限届满，受要约人未做出承诺；

（四）受要约人对要约的内容做出实质性变更。

第二十一条　承诺是受要约人同意要约的意思表示。

第二十二条　承诺应当以通知的方式做出，但根据交易习惯或者要约表明可以通过行为做出承诺的除外。

第二十三条　承诺应当在要约确定的期限内到达要约人。

要约没有确定承诺期限的，承诺应当依照下列规定到达：

（一）要约以对话方式作出的，应当及时做出承诺，但当事人另有约定的除外；

（二）要约以非对话方式作出的，承诺应当在合理期限内到达。

第二十四条　要约以信件或者电报作出的，承诺期限自信件载明的日期或者电报交发之日开始计算。信件未载明日期的，自投寄该信件的邮戳日期开始计算。要约以电话、传真等快速通讯方式作出的，承诺期限自要约到达受要约人时开始计算。

第二十五条　承诺生效时合同成立。

第二十六条　承诺通知到达要约人时生效。承诺不需要通知的，根据交易习惯或者要约的要求做出承诺的行为时生效。

采用数据电文形式订立合同的，承诺到达的时间适用本法第十六条第二款的规定。

第二十七条　承诺可以撤回。撤回承诺的通知应当在承诺通知到达要约人之前或者与承诺通知同时到达要约人。

第二十八条　受要约人超过承诺期限发出承诺的，除要约人及时通知受要约人该承诺有效的以外，为新要约。

第二十九条　受要约人在承诺期限内发出承诺，按照通常情形能够及时到达要约人，但因其他原因承诺到达要约人时超过承诺期限的，除要约人及时通知受要约人因承诺超过期限不接受该承诺的以外，该承诺有效。

第三十条　承诺的内容应当与要约的内容一致。受要约人对要约的内容做出实质性变更的，为新要约。有关合同标的、数量、质量、价款或者报酬、履行期限、履行地点和方式、违约责任和解决争议方法等的变更，是对要约内容的实质性变更。

第三十一条　承诺对要约的内容做出非实质性变更的，除要约人及时表示反对或者要约表明承诺不得对要约的内容做出任何变更的以外，该承诺有效，合同的内容以承诺的内容为准。

第三十二条　当事人采用合同书形式订立合同的，自双方当事人签字或盖章时合同成立。

第三十三条　当事人采用信件、数据电文等形式订立合同的，可以在合同成立之前要求签订确认书。签订确认书时合同成立。

第三十四条　承诺生效的地点为合同成立的地点。

采用数据电文形式订立合同的，收件人的主营业地为合同成立的地点；没有主营业地的，其经常居住地为合同成立的地点。当事人另有约定的，按照其约定。

第三十五条　当事人采用合同书形式订立合同的，双方当事人签字或者盖章的地点为合同成立的地点。

第三十六条　法律、行政法规规定或者当事人约定采用书面形式订立合同，当事人未采用书面形式但一方已经履行主要义务，对方接受的，该合同成立。

第三十七条　采用合同书形式订立合同，在签字或者盖章之前，当事人一方已经履行主要义务，对方接受的，该合同成立。

第三十八条　国家根据需要下达指令性任务或者国家订货任务的，有关法人、其他组织之间应当依照有关法律、行政法规规定的权利和义务订立合同。

第三十九条　采用格式条款订立合同的，提供格式条款的一方应当遵循公平原则确定当事人之间的权利和义务，并采取合理的方式提请对方注意免除或者限制其责任的条款，按照对方的要求，对该条款予以说明。

格式条款是当事人为了重复使用而预先拟定，并在订立合同时未与对方协商的条款。

第四十条　格式条款具有本法第五十二条和第五十三条规定情形的，或者提供格式条款一方免除其责任、加重对方责任、排除对方主要权利的，该条款无效。

第四十一条　对格式条款的理解发生争议的，应当按照通常理解予以解释。对格式条款有两种以上解释的，应当做出不利于提供格式条款一方的解释。格式条款和非格式条款不一致的，应当采用非格式条款。

第四十二条　当事人在订立合同过程中有下列情形之一，给对方造成损失的，应当承担损害赔偿责任：

（一）假借订立合同，恶意进行磋商；

（二）故意隐瞒与订立合同有关的重要事实或者提供虚假情况；

（三）有其他违背诚实信用原则的行为。

第四十三条 当事人在订立合同过程中知悉的商业秘密，无论合同是否成立，不得泄露或者不正当地使用。泄露或者不正当地使用该商业秘密给对方造成损失的，应当承担损害赔偿责任。

第三章 合同的效力

第四十四条 依法成立的合同，自成立时生效。

法律、行政法规规定应当办理批准、登记等手续生效的，依照其规定。

第四十五条 当事人对合同的效力可以约定附条件。附生效条件的合同，自条件成就时生效。附解除条件的合同，自条件成就时失效。

当事人为自己的利益不正当地阻止条件成就的，视为条件已成就；不正当地促成条件成就的，视为条件不成就。

第四十六条 当事人对合同的效力可以约定附期限。附生效期限的合同，自期限届至时生效。附终止期限的合同，自期限届满时失效。

第四十七条 限制民事行为能力人订立的合同，经法定代理人追认后，该合同有效，但纯获利益的合同或者与其年龄、智力、精神健康状况相适应而订立的合同，不必经法定代理人追认。

相对人可以催告法定代理人在一个月内予以追认。法定代理人未作表示的，视为拒绝追认。合同被追认之前，善意相对人有撤销的权利。撤销应当以通知的方式做出。

第四十八条 行为人没有代理权、超越代理权或者代理权终止后以被代理人名义订立的合同，未经被代理人追认，对被代理人不发生效力，由行为人承担责任。

相对人可以催告被代理人在一个月内予以追认。被代理人未作表示的，视为拒绝追认。合同被追认之前，善意相对人有撤销的权利。撤销应当以通知的方式做出。

第四十九条 行为人没有代理权、超越代理权或者代理权终止后以被代理人名义订立合同，相对人有理由相信行为人有代理权的，该代理行为有效。

第五十条 法人或者其他组织的法定代表人、负责人超越权限订立的合同，除相对人知道或者应当知道其超越权限的以外，该代表行为有效。

第五十一条 无处分权的人处分他人财产，经权利人追认或者无处分权的人订立合同后取得处分权的，该合同有效。

第五十二条 有下列情形之一的，合同无效：

（一）一方以欺诈、胁迫的手段订立合同，损害国家利益；

（二）恶意串通，损害国家、集体或者第三人利益；

（三）以合法形式掩盖非法目的；

（四）损害社会公共利益；

（五）违反法律、行政法规的强制性规定。

第五十三条 合同中的下列免责条款无效：

（一）造成对方人身伤害的；

（二）因故意或者重大过失造成对方财产损失的。

第五十四条　下列合同，当事人一方有权请求人民法院或者仲裁机构变更或者撤销：

（一）因重大误解订立的；

（二）在订立合同时显失公平的。

一方以欺诈、胁迫的手段或者乘人之危，使对方在违背真实意思的情况下订立的合同，受损害方有权请求人民法院或者仲裁机构变更或者撤销。

当事人请求变更的，人民法院或者仲裁机构只能变更或不变更。

第五十五条　有下列情形之一的，撤销权消灭：

（一）具有撤销权的当事人自知道或者应当知道撤销事由之日起一年内没有行使撤销权；

（二）具有撤销权的当事人知道撤销事由后明确表示或者以自己的行为放弃撤销权。

第五十六条　无效的合同或者被撤销的合同自始没有法律约束力。合同部分无效，不影响其他部分效力的，其他部分仍然有效。

第五十七条　合同无效、被撤销或者终止的，不影响合同中独立存在的有关解决争议方法的条款的效力。

第五十八条　合同无效或者被撤销后，因该合同取得的财产，应当予以返还；不能返还或者没有必要返还的，应当折价补偿。有过错的一方应当赔偿对方因此所受到的损失，双方都有过错的，应当各自承担相应的责任。

第五十九条　当事人恶意串通，损害国家、集体或者第三人利益的，因此取得的财产收归国家所有或者返还集体、第三人。

第四章　合同的履行

第六十条　当事人应当按照约定全面履行自己的义务。

当事人应当遵循诚实信用原则，根据合同的性质、目的和交易习惯履行通知、协助、保密等义务。

第六十一条　合同生效后，当事人就质量、价款或者报酬、履行地点等内容没有约定或者约定不明确的，可以协议补充；不能达成补充协议的，按照合同有关条款或者交易习惯确定。

第六十二条　当事人就有关合同内容约定不明确，依照本法第六十一条的规定仍不能确定的，适用下列规定：

（一）质量要求不明确的，按照国家标准、行业标准履行；没有国家标准、行业标准的，按照通常标准或者符合合同目的的特定标准履行。

（二）价款或者报酬不明确的，按照订立合同时履行地的市场价格履行；依法应当执行政府定价或者政府指导价的，按照规定履行。

（三）履行地点不明确，给付货币的，在接受货币一方所在地履行；交付不动产的，在不动产所在地履行；其他标的，在履行义务一方所在地履行。

（四）履行期限不明确的，债务人可以随时履行，债权人也可以随时要求履行，但应当给对方必要的准备时间。

（五）履行方式不明确的，按照有利于实现合同目的的方式履行。

（六）履行费用的负担不明确的，由履行义务一方负担。

第六十三条 执行政府定价或者政府指导价的，在合同约定的交付期限内政府价格调整时，按照交付时的价格计价。逾期交付标的物的，遇价格上涨时，按照原价格执行；价格下降时，按照新价格执行。逾期提取标的物或者逾期付款的，遇价格上涨时，按照新价格执行；价格下降时，按照原价格执行。

第六十四条 当事人约定由债务人向第三人履行债务的，债务人未向第三人履行债务或者履行债务不符合约定，应当向债权人承担违约责任。

第六十五条 当事人约定由第三人向债权人履行债务的，第三人不履行债务或者履行债务不符合约定，债务人应当向债权人承担违约责任。

第六十六条 当事人互负债务，没有先后履行顺序的，应当同时履行。一方在对方履行之前有权拒绝其履行要求。一方在对方履行债务不符合约定时，有权拒绝其相应的履行要求。

第六十七条 当事人互负债务，有先后履行顺序，先履行一方未履行的，后履行一方有权拒绝其履行要求。先履行一方履行债务不符合约定的，后履行一方有权拒绝其相应的履行要求。

第六十八条 应当先履行债务的当事人，有确切证据证明对方有下列情形之一的，可以中止履行：

（一）经营状况严重恶化；

（二）转移财产、抽逃资金，以逃避债务；

（三）丧失商业信誉；

（四）有丧失或者可能丧失履行债务能力的其他情形。

当事人没有确切证据中止履行的，应当承担违约责任。

第六十九条 当事人依照本法第六十八条的规定中止履行的，应当及时通知对方。对方提供适当担保时，应当恢复履行。中止履行后，对方在合理期限内未恢复履行能力并且未提供适当担保的，中止履行的一方可以解除合同。

第七十条 债权人分立、合并或者变更住所没有通知债务人，致使履行债务发生困难的，债务人可以中止履行或者将标的物提存。

第七十一条 债权人可以拒绝债务人提前履行债务，但提前履行不损害债权人利益的除外。

债务人提前履行债务给债权人增加的费用，由债务人负担。

第七十二条 债权人可以拒绝债务人部分履行债务，但部分履行不损害债权人利益的除外。

债务人部分履行债务给债权人增加的费用，由债务人负担。

第七十三条 因债务人怠于行使其到期债权，对债权人造成损害的，债权人可以向人民法院请求以自己的名义代位行使债务人的债权，但该债权专属于债务人自身的除外。

代位权的行使范围以债权人的债权为限。债权人行使代位权的必要费用，由债务人负担。

第七十四条 因债务人放弃其到期债权或者无偿转让财产，对债权人造成损害的，债权人可以请求人民法院撤销债务人的行为。债务人以明显不合理的低价转让财产，对债权人造成损害，并且受让人知道该情形的，债权人也可以请求人民法院撤销债务人的行为。

撤销权的行使范围以债权人的债权为限。债权人行使撤销权的必要费用，由债务人负担。

第七十五条　撤销权自债权人知道或者应当知道撤销事由之日起一年内行使。自债务人的行为发生之日起五年内没有行使撤销权的，该撤销权消灭。

第七十六条　合同生效后，当事人不得因姓名、名称的变更或者法定代表人、负责人、承办人的变动而不履行合同义务。

第五章　合同的变更和转让

第七十七条　当事人协商一致，可以变更合同。

法律、行政法规规定变更合同应当办理批准、登记等手续的，依照其规定。

第七十八条　当事人对合同变更的内容约定不明确的，推定为未变更。

第七十九条　债权人可以将合同的权利全部或者部分转让给第三人，但有下列情形之一的除外：

（一）根据合同性质不得转让；

（二）按照当事人约定不得转让；

（三）依照法律规定不得转让。

第八十条　债权人转让权利的，应当通知债务人。未经通知，该转让对债务人不发生效力。

债权人转让权利的通知不得撤销，但经受让人同意的除外。

第八十一条　债权人转让权利的，受让人取得与债权有关的从权利，但该从权利专属于债权人自身的除外。

第八十二条　债务人接到债权转让通知后，债务人对让与人的抗辩，可以向受让人主张。

第八十三条　债务人接到债权转让通知时，债务人对让与人享有债权，并且债务人的债权先于转让的债权到期或者同时到期的，债务人可以向受让人主张抵消。

第八十四条　债务人将合同的义务全部或者部分转移给第三人的，应当经债权人同意。

第八十五条　债务人转移义务的，新债务人可以主张原债务人对债权人的抗辩。

第八十六条　债务人转移义务的，新债务人应当承担与主债务有关的从债务，但该从债务专属于原债务人自身的除外。

第八十七条　法律、行政法规规定转让权利或者转移义务应当办理批准、登记等手续的，依照其规定。

第八十八条　当事人一方经对方同意，可以将自己在合同中的权利和义务一并转让给第三人。

第八十九条　权利和义务一并转让的，适用本法第七十九条、第八十一条至第八十三条、第八十五条至第八十七条的规定。

第九十条 当事人订立合同后合并的，由合并后的法人或者其他组织行使合同权利，履行合同义务。当事人订立合同后分立的，除债权人和债务人另有约定的以外，由分立的法人或者其他组织对合同的权利和义务享有连带债权，承担连带债务。

第六章 合同的权利义务终止

第九十一条 有下列情形之一的，合同的权利义务终止：

（一）债务已经按照约定履行；

（二）合同解除；

（三）债务相互抵消；

（四）债务人依法将标的物提存；

（五）债权人免除债务；

（六）债权债务同归于一人；

（七）法律规定或者当事人约定终止的其他情形。

第九十二条 合同的权利义务终止后，当事人应当遵循诚实信用原则，根据交易习惯履行通知、协助、保密等义务。

第九十三条 当事人协商一致，可以解除合同。

当事人可以约定一方解除合同的条件。解除合同的条件成就时，解除权人可以解除合同。

第九十四条 有下列情形之一的，当事人可以解除合同：

（一）因不可抗力致使不能实现合同目的；

（二）在履行期限届满之前，当事人一方明确表示或者以自己的行为表明不履行主要债务；

（三）当事人一方迟延履行主要债务，经催告后在合理期限内仍未履行；

（四）当事人一方迟延履行债务或者有其他违约行为致使不能实现合同目的；

（五）法律规定的其他情形。

第九十五条 法律规定或者当事人约定解除权行使期限，期限届满当事人不行使的，该权利消灭。

法律没有规定或者当事人没有约定解除权行使期限，经对方催告后在合理期限内不行使的，该权利消灭。

第九十六条 当事人一方依照本法第九十三条第二款、第九十四条的规定主张解除合同的，应当通知对方。合同自通知到达对方时解除。对方有异议的，可以请求人民法院或者仲裁机构确认解除合同的效力。

法律、行政法规规定解除合同应当办理批准、登记等手续的，依照其规定。

第九十七条 合同解除后，尚未履行的，终止履行；已经履行的，根据履行情况和合同性质，当事人可以要求恢复原状、采取其他补救措施，并有权要求赔偿损失。

第九十八条 合同的权利义务终止，不影响合同中结算和清理条款的效力。

第九十九条 当事人互负到期债务，该债务的标的物种类、品质相同的，任何一方可以将自己的债务与对方的债务抵销，但依照法律规定或者按照合同性质不得抵消的除外。

当事人主张抵消的，应当通知对方。通知自到达对方时生效。抵消不得附条件或者附期限。

第一百条　当事人互负债务，标的物种类、品质不相同的，经双方协商一致，也可以抵消。

第一百零一条　有下列情形之一，难以履行债务的，债务人可以将标的物提存：

（一）债权人无正当理由拒绝受领；

（二）债权人下落不明；

（三）债权人死亡未确定继承人或者丧失民事行为能力未确定监护人；

（四）法律规定的其他情形。

标的物不适于提存或者提存费用过高的，债务人依法可以拍卖或者变卖标的物，提存所得的价款。

第一百零二条　标的物提存后，除债权人下落不明的以外，债务人应当及时通知债权人或者债权人的继承人、监护人。

第一百零三条　标的物提存后，毁损、灭失的风险由债权人承担。提存期间，标的物的孳息归债权人所有。提存费用由债权人负担。

第一百零四条　债权人可以随时领取提存物，但债权人对债务人负有到期债务的，在债权人未履行债务或者提供担保之前，提存部门根据债务人的要求应当拒绝其领取提存物。

债权人领取提存物的权利，自提存之日起五年内不行使而消灭，提存物扣除提存费用后归国家所有。

第一百零五条　债权人免除债务人部分或者全部债务的，合同的权利义务部分或者全部终止。

第一百零六条　债权和债务同归于一人的，合同的权利义务终止，但涉及第三个人利益的除外。

第七章　违 约 责 任

第一百零七条　当事人一方不履行合同义务或者履行合同义务不符合约定的，应当承担继续履行、采取补救措施或者赔偿损失等违约责任。

第一百零八条　当事人一方明确表示或者以自己的行为表明不履行合同义务的，对方可以在履行期限届满之前要求其承担违约责任。

第一百零九条　当事人一方未支付价款或者报酬的，对方可以要求其支付价款或者报酬。

第一百一十条　当事人一方不履行非金钱债务或者履行非金钱债务不符合约定的，对方可以要求履行，但有下列情形之一的除外：

（一）法律上或者事实上不能履行；

（二）债务的标的不适于强制履行或者履行费用过高；

（三）债权人在合理期限内未要求履行。

第一百一十一条　质量不符合约定的，应当按照当事人的约定承担违约责任。对违约责任没有约定或者约定不明确，依照本法第六十一条的规定仍不能确定的，受损害方根据标的性质以及损失的大小，可以合理选择要求对方承担修理、更换、重作、退货、减少价款或者报酬等违约责任。

第一百一十二条　当事人一方不履行合同义务或者履行合同义务不符合约定的，在履行义务或者采取补救措施后，对方还有其他损失的，应当赔偿损失。

第一百一十三条　当事人一方不履行合同义务或者履行合同义务不符合约定，给对方造成损失的，损失赔偿额应当相当于因违约所造成的损失，包括合同履行后可以获得的利益，但不得超过违反合同一方订立合同时预见到或者应当预见到的因违反合同可能造成的损失。

经营者对消费者提供商品或者服务有欺诈行为的，依照《中华人民共和国消费者权益保护法》的规定承担损害赔偿责任。

第一百一十四条　当事人可以约定一方违约时应当根据违约情况向对方支付一定数额的违约金，也可以约定因违约产生的损失赔偿额的计算方法。

约定的违约金低于造成的损失的，当事人可以请求人民法院或者仲裁机构予以增加；约定的违约金过分高于造成的损失的，当事人可以请求人民法院或者仲裁机构予以适当减少。

当事人就迟延履行约定违约金的，违约方支付违约金后，还应当履行债务。

第一百一十五条　当事人可以依照《中华人民共和国担保法》约定一方向对方给付定金作为债权的担保。债务人履行债务后，定金应当抵作价款或者收回。给付定金的一方不履行约定的债务的，无权要求返还定金；收受定金的一方不履行约定的债务的，应当双倍返还定金。

第一百一十六条　当事人既约定违约金，又约定定金的，一方违约时，对方可以选择适用违约金或者定金条款。

第一百一十七条　因不可抗力不能履行合同的，根据不可抗力的影响，部分或者全部免除责任，但法律另有规定的除外。当事人迟延履行后发生不可抗力的，不能免除责任。

本法所称不可抗力，是指不能预见、不能避免并不能克服的客观情况。

第一百一十八条　当事人一方因不可抗力不能履行合同的，应当及时通知对方，以减轻可能给对方造成的损失，并应当在合理期限内提供证明。

第一百一十九条　当事人一方违约后，对方应当采取适当措施防止损失的扩大；没有采取适当措施致使损失扩大的，不得就扩大的损失要求赔偿。

当事人因防止损失扩大而支出的合理费用，由违约方承担。

第一百二十条　当事人双方都违反合同的，应当各自承担相应的责任。

第一百二十一条　当事人一方因第三人的原因造成违约的，应当向对方承担违约责任。当事人一方和第三人之间的纠纷，依照法律规定或者按照约定解决。

第一百二十二条　因当事人一方的违约行为，侵害对方人身、财产权益的，受损害方有权选择依照本法要求其承担违约责任或者依照其他法律要求其承担侵权责任。

第八章 其他规定

第一百二十三条 其他法律对合同另有规定的，依照其规定。

第一百二十四条 本法分则或者其他法律没有明文规定的合同，适用本法总则的规定，并可以参照本法分则或者其他法律最相类似的规定。

第一百二十五条 当事人对合同条款的理解有争议的，应当按照合同所使用的词句、合同的有关条款、合同的目的、交易习惯以及诚实信用原则，确定该条款的真实意思。

合同文本采用两种以上文字订立并约定具有同等效力的，对各文本使用的词句推定具有相同含义。各文本使用的词句不一致的，应当根据合同的目的予以解释。

第一百二十六条 涉外合同的当事人可以选择处理合同争议所适用的法律，但法律另有规定的除外。涉外合同的当事人没有选择的，适用与合同有最密切联系的国家的法律。

在中华人民共和国境内履行的中外合资经营企业合同、中外合作经营企业合同、中外合作勘探开发自然资源合同，适用中华人民共和国法律。

第一百二十七条 工商行政管理部门和其他有关行政主管部门在各自的职权范围内，依照法律、行政法规的规定，对利用合同危害国家利益、社会公共利益的违法行为，负责监督处理；构成犯罪的，依法追究刑事责任。

第一百二十八条 当事人可以通过和解或者调解解决合同争议。

当事人不愿和解、调解或者和解、调解不成的，可以根据仲裁协议向仲裁机构申请仲裁。涉外合同的当事人可以根据仲裁协议向中国仲裁机构或者其他仲裁机构申请仲裁。当事人没有订立仲裁协议或者仲裁协议无效的，可以向人民法院起诉。当事人应当履行发生法律效力的判决、仲裁裁决、调解书；拒不履行的，对方可以请求人民法院执行。

第一百二十九条 因国际货物买卖合同和技术进出口合同争议提起诉讼或者申请仲裁的期限为四年，自当事人知道或者应当知道其权利受到侵害之日起计算。因其他合同争议提起诉讼或者申请仲裁的期限，依照有关法律的规定。

分 则

第九章 买卖合同

第一百三十条 买卖合同是出卖人转移标的物的所有权于买受人，买受人支付价款的合同。

第一百三十一条 买卖合同的内容除依照本法第十二条的规定以外，还可以包括包装方式、检验标准和方法、结算方式、合同使用的文字及其效力等条款。

第一百三十二条 出卖的标的物，应当属于出卖人所有或者出卖人有权处分。

法律、行政法规禁止或者限制转让的标的物，依照其规定。

第一百三十三条 标的物的所有权自标的物交付时起转移，但法律另有规定或者当事人另有约定的除外。

第一百三十四条 当事人可以在买卖合同中约定买受人未履行支付价款或者其他义务的，标的物的所有权属于出卖人。

第一百三十五条 出卖人应当履行向买受人交付标的物或者交付提取标的物单证，并转移标的物所有权的义务。

第一百三十六条 出卖人应当按照约定或者交易习惯向买受人交付提取标的物单证以外的有关单证和资料。

第一百三十七条 出卖具有知识产权的计算机软件等标的物的，除法律另有规定或者当事人另有约定的以外，该标的物的知识产权不属于买受人。

第一百三十八条 出卖人应当按照约定的期限交付标的物。约定交付期间的，出卖人可以在该交付期间内的任何时间交付。

第一百三十九条 当事人没有约定标的物的交付期限或者约定不明确的，适用本法第六十一条、第六十二条第四项的规定。

第一百四十条 标的物在订立合同之前已为买受人占有的，合同生效的时间为交付时间。

第一百四十一条 出卖人应当按照约定的地点交付标的物。

当事人没有约定交付地点或者约定不明确，依照本法第六十一条的规定仍不能确定的，适用下列规定：

（一）标的物需要运输的，出卖人应当将标的物交付给第一承运人以运交给买受人；

（二）标的物不需要运输，出卖人和买受人订立合同时知道标的物在某一地点的，出卖人应当在该地点交付标的物；不知道标的物在某一地点的，应当在出卖人订立合同时的营业地交付标的物。

第一百四十二条 标的物毁损、灭失的风险，在标的物交付之前由出卖人承担，交付之后由买受人承担，但法律另有规定或者当事人另有约定的除外。

第一百四十三条 因买受人的原因致使标的物不能按照约定的期限交付的，买受人应当自违反约定之日起承担标的物毁损、灭失的风险。

第一百四十四条 出卖人出卖交由承运人运输的在途标的物，除当事人另有约定的以外，毁损、灭失的风险自合同成立时起由买受人承担。

第一百四十五条 当事人没有约定交付地点或者约定不明确，依照本法第一百四十一条第二款第一项的规定标的物需要运输的，出卖人将标的物交付给第一承运人后，标的物毁损、灭失的风险由买受人承担。

第一百四十六条 出卖人按照约定或者依照本法第一百四十一条第二款第二项的规定将标的物置于交付地点，买受人违反约定没有收取的，标的物毁损、灭失的风险自违反约定之日起由买受人承担。

第一百四十七条 出卖人按照约定未交付有关标的物的单证和资料的，不影响标的物毁损、灭失风险的转移。

第一百四十八条 因标的物质量不符合质量要求，致使不能实现合同目的的，买受人可以拒绝接受标的物或者解除合同。买受人拒绝接受标的物或者解除合同的，标的物毁损、灭失的风险由出卖人承担。

第一百四十九条 标的物毁损、灭失的风险由买受人承担的，不影响因出卖人履行债务不符合约定，买受人要求其承担违约责任的权利。

第一百五十条 出卖人就交付的标的物，负有保证第三人不得向买受人主张任何权利的义务，但法律另有规定的除外。

第一百五十一条 买受人订立合同时知道或者应当知道第三人对买卖的标的物享有权利的，出卖人不承担本法第一百五十条规定的义务。

第一百五十二条 买受人有确切证据证明第三人可能就标的物主张权利的，可以中止支付相应的价款，但出卖人提供适当担保的除外。

第一百五十三条 出卖人应当按照约定的质量要求交付标的物。出卖人提供有关标的物质量说明的，交付的标的物应当符合该说明的质量要求。

第一百五十四条 当事人对标的物的质量要求没有约定或者约定不明确，依照本法第六十一条的规定仍不能确定的，适用本法第六十二条第一项的规定。

第一百五十五条 出卖人交付的标的物不符合质量要求的，买受人可以依照本法第一百一十一条的规定要求承担违约责任。

第一百五十六条 出卖人应当按照约定的包装方式交付标的物。对包装方式没有约定或者约定不明确，依照本法第六十一条的规定仍不能确定的，应当按照通用的方式包装，没有通用方式的，应当采取足以保护标的物的包装方式。

第一百五十七条 买受人收到标的物时应当在约定的检验期间内检验。没有约定检验期间的，应当及时检验。

第一百五十八条 当事人约定检验期间的，买受人应当在检验期间内将标的物的数量或者质量不符合约定的情形通知出卖人。买受人怠于通知的，视为标的物的数量或者质量符合约定。

当事人没有约定检验期间的，买受人应当在发现或者应当发现标的物的数量或者质量不符合约定的合理期间内通知出卖人。买受人在合理期间内未通知或者自标的物收到之日起两年内未通知出卖人的，视为标的物的数量或者质量符合约定，但对标的物有质量保证期的，适用质量保证期，不适用该两年的规定。

出卖人知道或者应当知道提供的标的物不符合约定的，买受人不受前两款规定的通知时间的限制。

第一百五十九条 买受人应当按照约定的数额支付价款。对价款没有约定或者约定不明确的，适用本法第六十一条、第六十二条第二项的规定。

第一百六十条 买受人应当按照约定的地点支付价款。对支付地点没有约定或者约定不明确，依照本法第六十一条的规定仍不能确定的，买受人应当在出卖人的营业地支付，但约定支付价款以交付标的物或者交付提取标的物单证为条件的，在交付标的物或者交付提取标的物单证的所在地支付。

第一百六十一条 买受人应当按照约定的时间支付价款。对支付时间没有约定或者约定不明确，依照本法第六十一条的规定仍不能确定的，买受人应当在收到标的物或者提取标的物单证的同时支付。

第一百六十二条 出卖人多交标的物的，买受人可以接收或者拒绝接收多交的部分。买受人接收多交部分的，按照合同的价格支付价款；买受人拒绝接收多交部分的，应当及时通知出卖人。

第一百六十三条 标的物在交付之前产生的孳息，归出卖人所有，交付之后产生的孳息，归买受人所有。

第一百六十四条 因标的物的主物不符合约定而解除合同的，解除合同的效力及于从物。因标的物的从物不符合约定被解除的，解除的效力不及于主物。

第一百六十五条 标的物为数物，其中一物不符合约定的，买受人可以就该物解除，但该物与他物分离使标的物的价值显受损害的，当事人可以就数物解除合同。

第一百六十六条 出卖人分批交付标的物的，出卖人对其中一批标的物不交付或者交付不符合约定，致使该批标的物不能实现合同目的的，买受人可以就该批标的物解除。

出卖人不交付其中一批标的物或者交付不符合约定，致使今后其他各批标的物的交付不能实现合同目的的，买受人可以就该批以及今后其他各批标的物解除。

买受人如果就其中一批标的物解除，该批标的物与其他各批标的物相互依存的，可以就已经交付和未交付的各批标的物解除。

第一百六十七条 分期付款的买受人未支付到期价款的金额达到全部价款的五分之一的，出卖人可以要求买受人支付全部价款或者解除合同。

出卖人解除合同的，可以向买受人要求支付该标的物的使用费。

第一百六十八条 凭样品买卖的当事人应当封存样品，并可以对样品质量予以说明。出卖人交付的标的物应当与样品及其说明的质量相同。

第一百六十九条 凭样品买卖的买受人不知道样品有隐蔽瑕疵的，即使交付的标的物与样品相同，出卖人交付的标的物的质量仍然应当符合同种物的通常标准。

第一百七十条 试用买卖的当事人可以约定标的物的试用期间。对试用期间没有约定或者约定不明确，依照本法第六十一条的规定仍不能确定的，由出卖人确定。

第一百七十一条 试用买卖的买受人在试用期内可以购买标的物，也可以拒绝购买。试用期间届满，买受人对是否购买标的物未作表示的，视为购买。

第一百七十二条 招标投标买卖的当事人的权利和义务以及招标投标程序等，依照有关法律、行政法规的规定。

第一百七十三条 拍卖的当事人的权利和义务以及拍卖程序等，依照有关法律、行政法规的规定。

第一百七十四条 法律对其他有偿合同有规定的，依照其规定；没有规定的，参照买卖合同的有关规定。

第一百七十五条 当事人约定易货交易，转移标的物的所有权的，参照买卖合同的有关规定。

第十章　供用电、水、气、热力合同

第一百七十六条 供用电合同是供电人向用电人供电，用电人支付电费的合同。

第一百七十七条 供用电合同的内容包括供电的方式、质量、时间，用电容量、地址、性质，计量方式，电价、电费的结算方式，供用电设施的维护责任等条款。

第一百七十八条 供用电合同的履行地点，按照当事人约定；当事人没有约定或者约定不明确的，供电设施的产权分界处为履行地点。

第一百七十九条　供电人应当按照国家规定的供电质量标准和约定安全供电。供电人未按照国家规定的供电质量标准和约定安全供电，造成用电人损失的，应当承担损害赔偿责任。

第一百八十条　供电人因供电设施计划检修、临时检修、依法限电或者用电人违法用电等原因，需要中断供电时，应当按照国家有关规定事先通知用电人。未事先通知用电人中断供电，造成用电人损失的，应当承担损害赔偿责任。

第一百八十一条　因自然灾害等原因断电，供电人应当按照国家有关规定及时抢修。未及时抢修，造成用电人损失的，应当承担损害赔偿责任。

第一百八十二条　用电人应当按照国家有关规定和当事人的约定及时交付电费。用电人逾期不交付电费的，应当按照约定支付违约金。经催告用电人在合理期限内仍不交付电费和违约金的，供电人可以按照国家规定的程序中止供电。

第一百八十三条　用电人应当按照国家有关规定和当事人的约定安全用电。用电人未按照国家有关规定和当事人的约定安全用电，造成供电人损失的，应当承担损害赔偿责任。

第一百八十四条　供用水、供用气、供用热力合同，参照供用电合同的有关规定。

第十一章　赠与合同

第一百八十五条　赠与合同是赠与人将自己的财产无偿给予受赠人，受赠人表示接受赠与的合同。

第一百八十六条　赠与人在赠与财产的权利转移之前可以撤销赠与。

具有救灾、扶贫等社会公益、道德义务性质的赠与合同或者经过公证的赠与合同，不适用前款规定。

第一百八十七条　赠与的财产依法需要办理登记等手续的，应当办理有关手续。

第一百八十八条　具有救灾、扶贫等社会公益、道德义务性质的赠与合同或者经过公证的赠与合同，赠与人不交付赠与的财产的，受赠人可以要求交付。

第一百八十九条　因赠与人故意或者重大过失致使赠与的财产毁损、灭失的，赠与人应当承担损害赔偿责任。

第一百九十条　赠与可以附义务。

赠与附义务的，受赠人应当按照约定履行义务。

第一百九十一条　赠与的财产有瑕疵的，赠与人不承担责任。附义务的赠与，赠与的财产有瑕疵的，赠与人在附义务的限度内承担与出卖人相同的责任。

赠与人故意不告知瑕疵或者保证无瑕疵，造成受赠人损失的，应当承担损害赔偿责任。

第一百九十二条　受赠人有下列情形之一的，赠与人可以撤销赠与：

(一) 严重侵害赠与人或者赠与人的近亲属；

(二) 对赠与人有扶养义务而不履行；

(三) 不履行赠与合同约定的义务。

赠与人的撤销权，自知道或者应当知道撤销原因之日起一年内行使。

第一百九十三条　因受赠人的违法行为致使赠与人死亡或者丧失民事行为能力的，赠与人的继承人或者法定代理人可以撤销赠与。

赠与人的继承人或者法定代理人的撤销权，自知道或者应当知道撤销原因之日起六个月内行使。

第一百九十四条　撤销权人撤销赠与的，可以向受赠人要求返还赠与的财产。

第一百九十五条　赠与人的经济状况显著恶化，严重影响其生产经营或者家庭生活的，可以不再履行赠与义务。

第十二章　借款合同

第一百九十六条　借款合同是借款人向贷款人借款，到期返还借款并支付利息的合同。

第一百九十七条　借款合同采用书面形式，但自然人之间借款另有约定的除外。

借款合同的内容包括借款种类、币种、用途、数额、利率、期限和还款方式等条款。

第一百九十八条　订立借款合同，贷款人可以要求借款人提供担保。担保依照《中华人民共和国担保法》的规定。

第一百九十九条　订立借款合同，借款人应当按照贷款人的要求提供与借款有关的业务活动和财务状况的真实情况。

第二百条　借款的利息不得预先在本金中扣除。利息预先在本金中扣除的，应当按照实际借款数额返还借款并计算利息。

第二百零一条　贷款人未按照约定的日期、数额提供借款，造成借款人损失的，应当赔偿损失。

借款人未按照约定的日期、数额收取借款的，应当按照约定的日期、数额支付利息。

第二百零二条　贷款人按照约定可以检查、监督借款的使用情况。借款人应当按照约定向贷款人定期提供有关财务会计报表等资料。

第二百零三条　借款人未按照约定的借款用途使用借款的，贷款人可以停止发放借款、提前收回借款或者解除合同。

第二百零四条　办理贷款业务的金融机构贷款的利率，应当按照中国人民银行规定的贷款利率的上下限确定。

第二百零五条　借款人应当按照约定的期限支付利息。对支付利息的期限没有约定或者约定不明确，依照本法第六十一条的规定仍不能确定，借款期间不满一年的，应当在返还借款时一并支付；借款期间一年以上的，应当在每届满一年时支付，剩余期间不满一年的，应当在返还借款时一并支付。

第二百零六条　借款人应当按照约定的期限返还借款。对借款期限没有约定或者约定不明确，依照本法第六十一条的规定仍不能确定的，借款人可以随时返还；贷款人可以催告借款人在合理期限内返还。

第二百零七条　借款人未按照约定的期限返还借款的，应当按照约定或者国家有关规定支付逾期利息。

第二百零八条　借款人提前偿还借款的，除当事人另有约定的以外，应当按照实际借款的期间计算利息。

第二百零九条　借款人可以在还款期限届满之前向贷款人申请展期。贷款人同意的，可以展期。

第二百一十条　自然人之间的借款合同，自贷款人提供借款时生效。

第二百一十一条　自然人之间的借款合同对支付利息没有约定或者约定不明确的，视为不支付利息。

自然人之间的借款合同约定支付利息的，借款的利率不得违反国家有关限制借款利率的规定。

第十三章　租赁合同

第二百一十二条　租赁合同是出租人将租赁物交付承租人使用、收益，承租人支付租金的合同。

第二百一十三条　租赁合同的内容包括租赁物的名称、数量、用途、租赁期限、租金及其支付期限和方式、租赁物维修等条款。

第二百一十四条　租赁期限不得超过二十年。超过二十年的，超过部分无效。

租赁期间届满，当事人可以续订租赁合同，但约定的租赁期限自续订之日起不得超过二十年。

第二百一十五条　租赁期限六个月以上的，应当采用书面形式。当事人未采用书面形式的，视为不定期租赁。

第二百一十六条　出租人应当按照约定将租赁物交付承租人，并在租赁期间保持租赁物符合约定的用途。

第二百一十七条　承租人应当按照约定的方法使用租赁物。对租赁物的使用方法没有约定或者约定不明确，依照本法第六十一条的规定仍不能确定的，应当按照租赁物的性质使用。

第二百一十八条　承租人按照约定的方法或者租赁物的性质使用租赁物，致使租赁物受到损耗的，不承担损害赔偿责任。

第二百一十九条　承租人未按照约定的方法或者租赁物的性质使用租赁物，致使租赁物受到损失的，出租人可以解除合同并要求赔偿损失。

第二百二十条　出租人应当履行租赁物的维修义务，但当事人另有约定的除外。

第二百二十一条　承租人在租赁物需要维修时可以要求出租人在合理期限内维修。出租人未履行维修义务的，承租人可以自行维修，维修费用由出租人负担。因维修租赁物影响承租人使用的，应当相应减少租金或者延长租期。

第二百二十二条　承租人应当妥善保管租赁物，因保管不善造成租赁物毁损、灭失的，应当承担损害赔偿责任。

第二百二十三条　承租人经出租人同意，可以对租赁物进行改善或者增设他物。

承租人未经出租人同意，对租赁物进行改善或者增设他物的，出租人可以要求承租人恢复原状或者赔偿损失。

第二百二十四条　承租人经出租人同意，可以将租赁物转租给第三人。承租人转租的，承租人与出租人之间的租赁合同继续有效，第三人对租赁物造成损失的，承租人应当赔偿损失。

承租人未经出租人同意转租的，出租人可以解除合同。

第二百二十五条　在租赁期间因占有、使用租赁物获得的收益，归承租人所有，但当事人另有约定的除外。

第二百二十六条　承租人应当按照约定的期限支付租金。对支付期限没有约定或者约定不明确，依照本法第六十一条的规定仍不能确定，租赁期间不满一年的，应当在租赁期间届满时支付；租赁期间一年以上的，应当在每届满一年时支付，剩余期间不满一年的，应当在租赁期间届满时支付。

第二百二十七条　承租人无正当理由未支付或者迟延支付租金的，出租人可以要求承租人在合理期限内支付。承租人逾期不支付的，出租人可以解除合同。

第二百二十八条　因第三人主张权利，致使承租人不能对租赁物使用、收益的，承租人可以要求减少租金或者不支付租金。

第三人主张权利的，承租人应当及时通知出租人。

第二百二十九条　租赁物在租赁期间发生所有权变动的，不影响租赁合同的效力。

第二百三十条　出租人出卖租赁房屋的，应当在出卖之前的合理期限内通知承租人，承租人享有以同等条件优先购买的权利。

第二百三十一条　因不可归责于承租人的事由，致使租赁物部分或者全部毁损、灭失的，承租人可以要求减少租金或者不支付租金；因租赁物部分或者全部毁损、灭失，致使不能实现合同目的的，承租人可以解除合同。

第二百三十二条　当事人对租赁期限没有约定或者约定不明确，依照本法第六十一条的规定仍不能确定的，视为不定期租赁。当事人可以随时解除合同，但出租人解除合同应当在合理期限之前通知承租人。

第二百三十三条　租赁物危及承租人的安全或者健康的，即使承租人订立合同时明知该租赁物质量不合格，承租人仍然可以随时解除合同。

第二百三十四条　承租人在房屋租赁期间死亡的，与其生前共同居住的人可以按照原租赁合同租赁该房屋。

第二百三十五条　租赁期间届满，承租人应当返还租赁物。返还的租赁物应当符合按照约定或者租赁物的性质使用后的状态。

第二百三十六条　租赁期间届满，承租人继续使用租赁物，出租人没有提出异议的，原租赁合同继续有效，但租赁期限为不定期。

第十四章　融资租赁合同

第二百三十七条　融资租赁合同是出租人根据承租人对出卖人、租赁物的选择，向出卖人购买租赁物，提供给承租人使用，承租人支付租金的合同。

第二百三十八条　融资租赁合同的内容包括租赁物名称、数量、规格、技术性能、检验方法、租赁期限、租金构成及其支付期限和方式、币种、租赁期间届满租赁物的归属等条款。

融资租赁合同应当采用书面形式。

第二百三十九条 出租人根据承租人对出卖人、租赁物的选择订立的买卖合同，出卖人应当按照约定向承租人交付标的物，承租人享有与受领标的物有关的买受人的权利。

第二百四十条 出租人、出卖人、承租人可以约定，出卖人不履行买卖合同义务的，由承租人行使索赔的权利。承租人行使索赔权利的，出租人应当协助。

第二百四十一条 出租人根据承租人对出卖人、租赁物的选择订立的买卖合同，未经承租人同意，出租人不得变更与承租人有关的合同内容。

第二百四十二条 出租人享有租赁物的所有权。承租人破产的，租赁物不属于破产财产。

第二百四十三条 融资租赁合同的租金，除当事人另有约定的以外，应当根据购买租赁物的大部分或者全部成本以及出租人的合理利润确定。

第二百四十四条 租赁物不符合约定或者不符合使用目的的，出租人不承担责任，但承租人依赖出租人的技能确定租赁物或者出租人干预选择租赁物的除外。

第二百四十五条 出租人应当保证承租人对租赁物的占有和使用。

第二百四十六条 承租人占有租赁物期间，租赁物造成第三人的人身伤害或者财产损害的，出租人不承担责任。

第二百四十七条 承租人应当妥善保管、使用租赁物。

承租人应当履行占有租赁物期间的维修义务。

第二百四十八条 承租人应当按照约定支付租金。承租人经催告后在合理期限内仍不支付租金的，出租人可以要求支付全部租金；也可以解除合同，收回租赁物。

第二百四十九条 当事人约定租赁期间届满租赁物归承租人所有，承租人已经支付大部分租金，但无力支付剩余租金，出租人因此解除合同收回租赁物的，收回的租赁物的价值超过承租人欠付的租金以及其他费用的，赁租人可以要求部分返还。

第二百五十条 出租人和承租人可以约定租赁期间届满租赁物的归属。对租赁物的归属没有约定或者约定不明确，依照本法第六十一条的规定仍不能确定的，租赁物的所有权归出租人。

第十五章 承揽合同

第二百五十一条 承揽合同是承揽人按照定作人的要求完成工作，交付工作成果，定作人给付报酬的合同。

承揽包括加工、定作、修理、复制、测试、检验等工作。

第二百五十二条 承揽合同的内容包括承揽的标的、数量、质量、报酬、承揽方式、材料的提供、履行期限、验收标准和方法等条款。

第二百五十三条 承揽人应当以自己的设备、技术和劳力，完成主要工作，但当事人另有约定的除外。

承揽人将其承揽的主要工作交由第三人完成的，应当就该第三人完成的工作成果向定作人负责；未经定作人同意的，定作人也可以解除合同。

第二百五十四条 承揽人可以将其承揽的辅助工作交由第三人完成。承揽人将其承揽的辅助工作交由第三人完成的，应当就该第三人完成的工作成果向定作人负责。

第二百五十五条　承揽人提供材料的，承揽人应当按照约定选用材料，并接受定作人检验。

第二百五十六条　定作人提供材料的，定作人应当按照约定提供材料。承揽人对定作人提供的材料，应当及时检验，发现不符合约定时，应当及时通知定作人更换、补齐或者采取其他补救措施。

承揽人不得擅自更换定作人提供的材料，不得更换不需要修理的零部件。

第二百五十七条　承揽人发现定作人提供的图纸或者技术要求不合理的，应当及时通知定作人。因定作人怠于答复等原因造成承揽人损失的，应当赔偿损失。

第二百五十八条　定作人中途变更承揽工作的要求，造成承揽人损失的，应当赔偿损失。

第二百五十九条　承揽工作需要定作人协助的，定作人有协助的义务。

定作人不履行协助义务致使承揽工作不能完成的，承揽人可以催告定作人在合理期限内履行义务，并可以顺延履行期限；定作人逾期不履行的，承揽人可以解除合同。

第二百六十条　承揽人在工作期间，应当接受定作人必要的监督检验。定作人不得因监督检验妨碍承揽人的正常工作。

第二百六十一条　承揽人完成工作的，应当向定作人交付工作成果，并提交必要的技术资料和有关质量证明。定作人应当验收该工作成果。

第二百六十二条　承揽人交付的工作成果不符合质量要求的，定作人可以要求承揽人承担修理、重作、减少报酬、赔偿损失等违约责任。

第二百六十三条　定作人应当按照约定的期限支付报酬。对支付报酬的期限没有约定或者约定不明确，依照本法第六十一条的规定仍不能确定的，定作人应当在承揽人交付工作成果时支付；工作成果部分交付的，定作人应当相应支付。

第二百六十四条　定作人未向承揽人支付报酬或者材料费等价款的，承揽人对完成的工作成果享有留置权，但当事人另有约定的除外。

第二百六十五条　承揽人应当妥善保管定作人提供的材料以及完成的工作成果，因保管不善造成毁损、灭失的，应当承担损害赔偿责任。

第二百六十六条　承揽人应当按照定作人的要求保守秘密，未经定作人许可，不得留存复制品或者技术资料。

第二百六十七条　共同承揽人对定作人承担连带责任，但当事人另有约定的除外。

第二百六十八条　定作人可以随时解除承揽合同，造成承揽人损失的，应当赔偿损失。

第十六章　建设工程合同

第二百六十九条　建设工程合同是承包人进行工程建设，发包人支付价款的合同。

建设工程合同包括工程勘察、设计、施工合同。

第二百七十条　建设工程合同应当采用书面形式。

第二百七十一条　建设工程的招标投标活动，应当依照有关法律的规定公开、公平、公正进行。

第二百七十二条　发包人可以与总承包人订立建设工程合同，也可以分别与勘察人、设计人、施工人订立勘察、设计、施工承包合同。发包人不得将应当由一个承包人完成的建设工程肢解成若干部分发包给几个承包人。

总承包人或者勘察、设计、施工承包人经发包人同意，可以将自己承包的部分工作交由第三人完成。第三人就其完成的工作成果与总承包人或者勘察、设计、施工承包人向发包人承担连带责任。承包人不得将其承包的全部建设工程转包给第三人或者将其承包的全部建设工程肢解以后以分包的名义分别转包给第三人。

禁止承包人将工程分包给不具备相应资质条件的单位。禁止分包单位将其承包的工程再分包。建设工程主体结构的施工必须由承包人自行完成。

第二百七十三条　国家重大建设工程合同，应当按照国家规定的程序和国家批准的投资计划、可行性研究报告等文件订立。

第二百七十四条　勘察、设计合同的内容包括提交有关基础资料和文件（包括概预算）的期限、质量要求、费用以及其他协作条件等条款。

第二百七十五条　施工合同的内容包括工程范围、建设工期、中间交工工程的开工和竣工时间、工程质量、工程造价、技术资料交付时间、材料和设备供应责任、拨款和结算、竣工验收、质量保修范围和质量保证期、双方相互协作等条款。

第二百七十六条　建设工程实行监理的，发包人应当与监理人采用书面形式订立委托监理合同。发包人与监理人的权利和义务以及法律责任，应当依照本法委托合同以及其他有关法律、行政法规的规定。

第二百七十七条　发包人在不妨碍承包人正常作业的情况下，可以随时对作业进度、质量进行检查。

第二百七十八条　隐蔽工程在隐蔽以前，承包人应当通知发包人检查。发包人没有及时检查的，承包人可以顺延工程日期，并有权要求赔偿停工、窝工等损失。

第二百七十九条　建设工程竣工后，发包人应当根据施工图纸及说明书、国家颁发的施工验收规范和质量检验标准及时进行验收。验收合格的，发包人应当按照约定支付价款，并接收该建设工程。

建设工程竣工经验收合格后，方可交付使用；未经验收或者验收不合格的，不得交付使用。

第二百八十条　勘察、设计的质量不符合要求或者未按照期限提交勘察、设计文件拖延工期，造成发包人损失的，勘察人、设计人应当继续完善勘察、设计，减收或者免收勘察、设计费并赔偿损失。

第二百八十一条　因施工人的原因致使建设工程质量不符合约定的，发包人有权要求施工人在合理期限内无偿修理或者返工、改建。经过修理或者返工、改建后，造成逾期交付的，施工人应当承担违约责任。

第二百八十二条　因承包人的原因致使建设工程在合理使用期限内造成人身和财产损害的，承包人应当承担损害赔偿责任。

第二百八十三条　发包人未按照约定的时间和要求提供原材料、设备、场地、资金、技术资料的，承包人可以顺延工程日期，并有权要求赔偿停工、窝工等损失。

第二百八十四条　因发包人的原因致使工程中途停建、缓建的，发包人应当采取措施弥补或者减少损失，赔偿承包人因此造成的停工、窝工、倒运、机械设备调迁、材料和构件积压等损失和实际费用。

第二百八十五条　因发包人变更计划，提供的资料不准确，或者未按照期限提供必需的勘察、设计工作条件而造成勘察、设计的返工、停工或者修改设计，发包人应当按照勘察人、设计人实际消耗的工作量增付费用。

第二百八十六条　发包人未按照约定支付价款的，承包人可以催告发包人在合理期限内支付价款。发包人逾期不支付的，除按照建设工程的性质不宜折价、拍卖的以外，承包人可以与发包人协议将该工程折价，也可以申请人民法院将该工程依法拍卖。建设工程的价款就该工程折价或者拍卖的价款优先受偿。

第二百八十七条　本章没有规定的，适用承揽合同的有关规定。

第十七章　运输合同

第一节　一般规定

第二百八十八条　运输合同是承运人将旅客或者货物从起运地点运输到约定地点，旅客、托运人或者收货人支付票款或者运输费用的合同。

第二百八十九条　从事公共运输的承运人不得拒绝旅客、托运人通常、合理的运输要求。

第二百九十条　承运人应当在约定期间或者合理期间内将旅客、货物安全运输到约定地点。

第二百九十一条　承运人应当按照约定的或者通常的运输路线将旅客、货物运输到约定地点。

第二百九十二条　旅客、托运人或者收货人应当支付票款或者运输费用。承运人未按照约定路线或者通常路线运输增加票款或者运输费用的，旅客、托运人或者收货人可以拒绝支付增加部分的票款或者运输费用。

第二节　客运合同

第二百九十三条　客运合同自承运人向旅客交付客票时成立，但当事人另有约定或者另有交易习惯的除外。

第二百九十四条　旅客应当持有效客票乘运。旅客无票乘运、超程乘运、越级乘运或者持失效客票乘运的，应当补交票款，承运人可以按照规定加收票款。旅客不交付票款的，承运人可以拒绝运输。

第二百九十五条　旅客因自己的原因不能按照客票记载的时间乘坐的，应当在约定的时间内办理退票或者变更手续。逾期办理的，承运人可以不退票款，并不再承担运输义务。

第二百九十六条　旅客在运输中应当按照约定的限量携带行李。超过限量携带行李的，应当办理托运手续。

第二百九十七条　旅客不得随身携带或者在行李中夹带易燃、易爆、有毒、有腐蚀性、有放射性以及有可能危及运输工具上人身和财产安全的危险物品或者其他违禁物品。

旅客违反前款规定的，承运人可以将违禁物品卸下、销毁或者送交有关部门。旅客坚持携带或者夹带违禁物品的，承运人应当拒绝运输。

第二百九十八条　承运人应当向旅客及时告知有关不能正常运输的重要事由和安全运输应当注意的事项。

第二百九十九条　承运人应当按照客票载明的时间和班次运输旅客。承运人迟延运输的，应当根据旅客的要求安排改乘其他班次或者退票。

第三百条　承运人擅自变更运输工具而降低服务标准的，应当根据旅客的要求退票或者减收票款；提高服务标准的，不应当加收票款。

第三百零一条　承运人在运输过程中，应当尽力救助患有急病、分娩、遇险的旅客。

第三百零二条　承运人应当对运输过程中旅客的伤亡承担损害赔偿责任，但伤亡是旅客自身健康原因造成的或者承运人证明伤亡是旅客故意、重大过失造成的除外。

前款规定适用于按照规定免票、持优待票或者经承运人许可搭乘的无票旅客。

第三百零三条　在运输过程中旅客自带物品毁损、灭失，承运人有过错的，应当承担损害赔偿责任。

旅客托运的行李毁损、灭失的，适用货物运输的有关规定。

第三节　货运合同

第三百零四条　托运人办理货物运输，应当向承运人准确表明收货人的名称或者姓名或者凭指示的收货人，货物的名称、性质、重量、数量，收货地点等有关货物运输的必要情况。

因托运人申报不实或者遗漏重要情况，造成承运人损失的，托运人应当承担损害赔偿责任。

第三百零五条　货物运输需要办理审批、检验等手续的，托运人应当将办理完有关手续的文件提交承运人。

第三百零六条　托运人应当按照约定的方式包装货物。对包装方式没有约定或者约定不明确的，适用本法第一百五十六条的规定。

托运人违反前款规定的，承运人可以拒绝运输。

第三百零七条　托运人托运易燃、易爆、有毒、有腐蚀性、有放射性等危险物品的，应当按照国家有关危险物品运输的规定对危险物品妥善包装，做出危险物标志和标签，并将有关危险物品的名称、性质和防范措施的书面材料提交承运人。

托运人违反前款规定的，承运人可以拒绝运输，也可以采取相应措施以避免损失的发生，因此产生的费用由托运人承担。

第三百零八条　在承运人将货物交付收货人之前，托运人可以要求承运人中止运输、返还货物、变更到达地或者将货物交给其他收货人，但应当赔偿承运人因此受到的损失。

第三百零九条　货物运输到达后，承运人知道收货人的，应当及时通知收货人，收货人应当及时提货。收货人逾期提货的，应当向承运人支付保管费等费用。

第三百一十条　收货人提货时应当按照约定的期限检验货物。对检验货物的期限没有约定或者约定不明确，依照本法第六十一条的规定仍不能确定的，应当在合理期限内检验货物。收货人在约定的期限或者合理期限内对货物的数量、毁损等未提出异议的，视为承运人已经按照运输单证的记载交付的初步证据。

第三百一十一条　承运人对运输过程中货物的毁损、灭失承担损害赔偿责任，但承运人证明货物的毁损、灭失是因不可抗力、货物本身的自然性质或者合理损耗以及托运人、收货人的过错造成的，不承担损害赔偿责任。

第三百一十二条　货物的毁损、灭失的赔偿额，当事人有约定的，按照其约定；没有约定或者约定不明确，依照本法第六十一条的规定仍不能确定的，按照交付或者应当交付时货物到达地的市场价格计算。法律、行政法规对赔偿额的计算方法和赔偿限额另有规定的，依照其规定。

第三百一十三条　两个以上承运人以同一运输方式联运的，与托运人订立合同的承运人应当对全程运输承担责任。损失发生在某一运输区段的，与托运人订立合同的承运人和该区段的承运人承担连带责任。

第三百一十四条　货物在运输过程中因不可抗力灭失，未收取运费的，承运人不得要求支付运费；已收取运费的，托运人可以要求返还。

第三百一十五条　托运人或者收货人不支付运费、保管费以及其他运输费用的，承运人对相应的运输货物享有留置权，但当事人另有约定的除外。

第三百一十六条　收货人不明或者收货人无正当理由拒绝受领货物的，依照本法第一百零一条的规定，承运人可以提存货物。

第四节　多式联运合同

第三百一十七条　多式联运经营人负责履行或者组织履行多式联运合同，对全程运输享有承运人的权利，承担承运人的义务。

第三百一十八条　多式联运经营人可以与参加多式联运的各区段承运人就多式联运合同的各区段运输约定相互之间的责任，但该约定不影响多式联运经营人对全程运输承担的义务。

第三百一十九条　多式联运经营人收到托运人交付的货物时，应当签发多式联运单据。按照托运人的要求，多式联运单据可以是可转让单据，也可以是不可转让单据。

第三百二十条　因托运人托运货物时的过错造成多式联运经营人损失的，即使托运人已经转让多式联运单据，托运人仍然应当承担损害赔偿责任。

第三百二十一条　货物的毁损、灭失发生于多式联运的某一运输区段的，多式联运经营人的赔偿责任和责任限额，适用调整该区段运输方式的有关法律规定。货物毁损、灭失发生的运输区段不能确定的，依照本章规定承担损害赔偿责任。

第十八章　技术合同

第一节　一般规定

第三百二十二条　技术合同是当事人就技术开发、转让、咨询或者服务订立的确立相互之间权利和义务的合同。

第三百二十三条　订立技术合同，应当有利于科学技术的进步，加速科学技术成果的转化、应用和推广。

第三百二十四条　技术合同的内容由当事人约定，一般包括以下条款：

（一）项目名称；

（二）标的的内容、范围和要求；

（三）履行的计划、进度、期限、地点、地域和方式；

（四）技术情报和资料的保密；

（五）风险责任的承担；

（六）技术成果的归属和收益的分成办法；

（七）验收标准和方法；

（八）价款、报酬或者使用费及其支付方式；

（九）违约金或者损失赔偿的计算方法；

（十）解决争议的方法；

（十一）名词和术语的解释。

与履行合同有关的技术背景资料、可行性论证和技术评价报告、项目任务书和计划书、技术标准、技术规范、原始设计和工艺文件，以及其他技术文档，按照当事人的约定可以作为合同的组成部分。

技术合同涉及专利的，应当注明发明创造的名称、专利申请人和专利权人、申请日期、申请号、专利号以及专利权的有效期限。

第三百二十五条　技术合同价款、报酬或者使用费的支付方式由当事人约定，可以采取一次总算、一次总付或者一次总算、分期支付，也可以采取提成支付或者提成支付附加预付入门费的方式。

约定提成支付的，可以按照产品价格，实施专利和使用技术秘密后新增的产值、利润或者产品销售额的一定比例提成，也可以按照约定的其他方式计算。提成支付的比例可以采取固定比例、逐年递增比例或者逐年递减比例。

约定提成支付的，当事人应当在合同中约定查阅有关会计账目的办法。

第三百二十六条　职务技术成果的使用权、转让权属于法人或者其他组织的，法人或者其他组织可以就该项职务技术成果订立技术合同。法人或者其他组织应当从使用和转让该项职务技术成果所取得的收益中提取一定比例，对完成该项职务技术成果的个人给予奖励或者报酬。法人或者其他组织订立技术合同转让职务技术成果时，职务技术成果的完成人享有以同等条件优先受让的权利。

职务技术成果是执行法人或者其他组织的工作任务，或者主要是利用法人或者其他组织的物质技术条件所完成的技术成果。

第三百二十七条　非职务技术成果的使用权、转让权属于完成技术成果的个人，完成技术成果的个人可以就该项非职务技术成果订立技术合同。

第三百二十八条　完成技术成果的个人有在有关技术成果文件上写明自己是技术成果完成者的权利和取得荣誉证书、奖励的权利。

第三百二十九条　非法垄断技术、妨碍技术进步或者侵害他人技术成果的技术合同无效。

第二节 技术开发合同

第三百三十条 技术开发合同是指当事人之间就新技术、新产品、新工艺或者新材料及其系统的研究开发所订立的合同。

技术开发合同包括委托开发合同和合作开发合同。

技术开发合同应当采用书面形式。

当事人之间就具有产业应用价值的科技成果实施转化订立的合同，参照技术开发合同的规定。

第三百三十一条 委托开发合同的委托人应当按照约定支付研究开发经费和报酬；提供技术资料、原始数据；完成协作事项；接受研究开发成果。

第三百三十二条 委托开发合同的研究开发人应当按照约定制定和实施研究开发计划；合理使用研究开发经费；按期完成研究开发工作，交付研究开发成果，提供有关的技术资料和必要的技术指导，帮助委托人掌握研究开发成果。

第三百三十三条 委托人违反约定造成研究开发工作停滞、延误或者失败的，应当承担违约责任。

第三百三十四条 研究开发人违反约定造成研究开发工作停滞、延误或者失败的，应当承担违约责任。

第三百三十五条 合作开发合同的当事人应当按照约定进行投资，包括以技术进行投资；分工参与研究开发工作；协作配合研究开发工作。

第三百三十六条 合作开发合同的当事人违反约定造成研究开发工作停滞、延误或者失败的，应当承担违约责任。

第三百三十七条 因作为技术开发合同标的的技术已经由他人公开，致使技术开发合同的履行没有意义的，当事人可以解除合同。

第三百三十八条 在技术开发合同履行过程中，因出现无法克服的技术困难，致使研究开发失败或者部分失败的，该风险责任由当事人约定。没有约定或者约定不明确，依照本法第六十一条的规定仍不能确定的，风险责任由当事人合理分担。

当事人一方发现前款规定的可能致使研究开发失败或者部分失败的情形的，应当及时通知另一方并采取适当措施减少损失。没有及时通知并采取适当措施，致使损失扩大的，应当就扩大的损失承担责任。

第三百三十九条 委托开发完成的发明创造，除当事人另有约定的以外，申请专利的权利属于研究开发人。研究开发人取得专利权的，委托人可以免费实施该专利。

研究开发人转让专利申请权的，委托人享有以同等条件优先受让的权利。

第三百四十条 合作开发完成的发明创造，除当事人另有约定的以外，申请专利的权利属于合作开发的当事人共有。当事人一方转让其共有的专利申请权的，其他各方享有以同等条件优先受让的权利。

合作开发的当事人一方声明放弃其共有的专利申请权的，可以由另一方单独申请或者由其他各方共同申请。申请人取得专利权的，放弃专利申请权的一方可以免费实施该专利。

合作开发的当事人一方不同意申请专利的，另一方或者其他各方不得申请专利。

第三百四十一条　委托开发或者合作开发完成的技术秘密成果的使用权、转让权以及利益的分配办法，由当事人约定。没有约定或者约定不明确，依照本法第六十一条的规定仍不能确定的，当事人均有使用和转让的权利，但委托开发的研究开发人不得在向委托人交付研究开发成果之前，将研究开发成果转让给第三人。

第三节　技术转让合同

第三百四十二条　技术转让合同包括专利权转让、专利申请权转让、技术秘密转让、专利实施许可合同。

技术转让合同应当采用书面形式。

第三百四十三条　技术转让合同可以约定让与人和受让人实施专利或者使用技术秘密的范围，但不得限制技术竞争和技术发展。

第三百四十四条　专利实施许可合同只在该专利权的存续期间内有效。专利权有效期限届满或者专利权被宣布无效的，专利权人不得就该专利与他人订立专利实施许可合同。

第三百四十五条　专利实施许可合同的让与人应当按照约定许可受让人实施专利，交付实施专利有关的技术资料，提供必要的技术指导。

第三百四十六条　专利实施许可合同的受让人应当按照约定实施专利，不得许可约定以外的第三人实施该专利；并按照约定支付使用费。

第三百四十七条　技术秘密转让合同的让与人应当按照约定提供技术资料，进行技术指导，保证技术的实用性、可靠性，承担保密义务。

第三百四十八条　技术秘密转让合同的受让人应当按照约定使用技术，支付使用费，承担保密义务。

第三百四十九条　技术转让合同的让与人应当保证自己是所提供的技术的合法拥有者，并保证所提供的技术完整、无误、有效，能够达到约定的目标。

第三百五十条　技术转让合同的受让人应当按照约定的范围和期限，对让与人提供的技术中尚未公开的秘密部分，承担保密义务。

第三百五十一条　让与人未按照约定转让技术的，应当返还部分或者全部使用费，并应当承担违约责任；实施专利或者使用技术秘密超越约定的范围的，违反约定擅自许可第三人实施该项专利或者使用该项技术秘密的，应当停止违约行为，承担违约责任；违反约定的保密义务的，应当承担违约责任。

第三百五十二条　受让人未按照约定支付使用费的，应当补交使用费并按照约定支付违约金；不补交使用费或者支付违约金的，应当停止实施专利或者使用技术秘密，交还技术资料，承担违约责任；实施专利或者使用技术秘密超越约定的范围的，未经让与人同意擅自许可第三人实施该专利或者使用该技术秘密的，应当停止违约行为，承担违约责任；违反约定的保密义务的，应当承担违约责任。

第三百五十三条　受让人按照约定实施专利、使用技术秘密侵害他人合法权益的，由让与人承担责任，但当事人另有约定的除外。

第三百五十四条　当事人可以按照互利的原则，在技术转让合同中约定实施专利、使用技术秘密后续改进的技术成果的分享办法。没有约定或者约定不明确，依照本法第六十一条的规定仍不能确定的，一方后续改进的技术成果，其他各方无权分享。

第三百五十五条 法律、行政法规对技术进出口合同或者专利、专利申请合同另有规定的，依照其规定。

第四节 技术咨询合同和技术服务合同

第三百五十六条 技术咨询合同包括就特定技术项目提供可行性论证、技术预测、专题技术调查、分析评价报告等合同。

技术服务合同是指当事人一方以技术知识为另一方解决特定技术问题所订立的合同，不包括建设工程合同和承揽合同。

第三百五十七条 技术咨询合同的委托人应当按照约定阐明咨询的问题，提供技术背景材料及有关技术资料、数据；接受受托人的工作成果，支付报酬。

第三百五十八条 技术咨询合同的委托人应当按照约定的期限完成咨询报告或者解答问题；提出的咨询报告应当达到约定的要求。

第三百五十九条 技术咨询合同的委托人未按照约定提供必要的资料和数据，影响工作进度和质量，不接受或者逾期接受工作成果的，支付的报酬不得追回，未支付的报酬应当支付。

技术咨询合同的受托人未按期提出咨询报告或者提出的咨询报告不符合约定的，应当承担减收或者免收报酬等违约责任。

技术咨询合同的委托人按照受托人符合约定要求的咨询报告和意见作出决策所造成的损失，由委托人承担，但当事人另有约定的除外。

第三百六十条 技术服务合同的委托人应当按照约定提供工作条件，完成配合事项；接受工作成果并支付报酬。

第三百六十一条 技术服务合同的受托人应当按照约定完成服务项目，解决技术问题，保证工作质量，并传授解决技术问题的知识。

第三百六十二条 技术服务合同的委托人不履行合同义务或者履行合同义务不符合约定，影响工作进度和质量，不接受或者逾期接受工作成果的，支付的报酬不得追回，未支付的报酬应当支付。

技术服务合同的受托人未按照合同约定完成服务工作的，应当承担免收报酬等违约责任。

第三百六十三条 在技术咨询合同、技术服务合同履行过程中，受托人利用委托人提供的技术资料和工作条件完成的新的技术成果，属于受托人。委托人利用受托人的工作成果完成的新的技术成果，属于委托人。当事人另有约定的，按照其约定。

第三百六十四条 法律、行政法规对技术中介合同、技术培训合同另有规定的，依照其规定。

第十九章 保 管 合 同

第三百六十五条 保管合同是保管人保管寄存人交付的保管物，并返还该物的合同。

第三百六十六条 寄存人应当按照约定向保管人支付保管费。

当事人对保管费没有约定或者约定不明确，依照本法第六十一条的规定仍不能确定的，保管是无偿的。

第三百六十七条 保管合同自保管物交付时成立，但当事人另有约定的除外。

第三百六十八条 寄存人向保管人交付保管物的，保管人应当给付保管凭证，但另有交易习惯的除外。

第三百六十九条 保管人应当妥善保管保管物。

当事人可以约定保管场所或者方法。除紧急情况或者为了维护寄存人利益的以外，不得擅自改变保管场所或者方法。

第三百七十条 寄存人交付的保管物有瑕疵或者按照保管物的性质需要采取特殊保管措施的，寄存人应当将有关情况告知保管人。寄存人未告知，致使保管物受损失的，保管人不承担损害赔偿责任；保管人因此受损失的，除保管人知道或者应当知道并且未采取补救措施的以外，寄存人应当承担损害赔偿责任。

第三百七十一条 保管人不得将保管物转交第三人保管，但当事人另有约定的除外。

保管人违反前款规定，将保管物转交第三人保管，对保管物造成损失的，应当承担损害赔偿责任。

第三百七十二条 保管人不得使用或者许可第三人使用保管物，但当事人另有约定的除外。

第三百七十三条 第三人对保管物主张权利的，除依法对保管物采取保全或者执行的以外，保管人应当履行向寄存人返还保管物的义务。

第三人对保管人提起诉讼或者对保管物申请扣押的，保管人应当及时通知寄存人。

第三百七十四条 保管期间，因保管人保管不善造成保管物毁损、灭失后，保管人应当承担损害赔偿责任，但保管是无偿的，保管人证明自己没有重大过失的，不承担损害赔偿责任。

第三百七十五条 寄存人寄存货币、有价证券或者其他贵重物品的，应当向保管人声明，由保管人验收或者封存。寄存人未声明的，该物品毁损、灭失的，保管人可以按照一般物品予以赔偿。

第三百七十六条 寄存人可以随时领取保管物。

当事人对保管期间没有约定或者约定不明确的，保管人可以随时要求寄存人领取保管物；约定保管期间的，保管人无特别事由，不得要求寄存人提前领取保管物。

第三百七十七条 保管期间届满或者寄存人提前领取保管物的，保管人应当将原物及其孳息归还寄存人。

第三百七十八条 保管人保管货币的，可以返还相同种类、数量的货币。保管其他可替代物的，可以按照约定返还相同种类、品质、数量的物品。

第三百七十九条 有偿的保管合同，寄存人应当按照约定的期限向保管人支付保管费。

当事人对支付期限没有约定或者约定不明确，依照本法第六十一条的规定仍不能确定的，应当在领取保管物的同时支付。

第三百八十条 寄存人未按照约定支付保管费以及其他费用的，保管人对保管物享有留置权，但当事人另有约定的除外。

第二十章 仓储合同

第三百八十一条 仓储合同是保管人储存存货人交付的仓储物，存货人支付仓储费的合同。

第三百八十二条 仓储合同自成立时生效。

第三百八十三条 储存易燃、易爆、有毒、有腐蚀性、有放射性等危险物品或者易变质物品，存货人应当说明该物品的性质，提供有关资料。

存货人违反前款规定的，保管人可以拒收仓储物，也可以采取相应措施以避免损失的发生，因此产生的费用由存货人承担。

保管人储存易燃、易爆、有毒、有腐蚀性、有放射性等危险物品的，应当具备相应的保管条件。

第三百八十四条 保管人应当按照约定对入库仓储物进行验收。保管人验收时发现入库仓储物与约定不符合的，应当及时通知存货人。保管人验收后，发生仓储物的品种、数量、质量不符合约定的，保管人应当承担损害赔偿责任。

第三百八十五条 存货人交付仓储物的，保管人应当给付仓单。

第三百八十六条 保管人应当在仓单上签字或者盖章。仓单包括下列事项：

（一）存货人的名称或者姓名和住所；

（二）仓储物的品种、数量、质量、包装、件数和标记；

（三）仓储物的损耗标准；

（四）储存场所；

（五）储存期间；

（六）仓储费；

（七）仓储物已经办理保险的，其保险金额、期间以及保险人的名称；

（八）填发人、填发地和填发日期。

第三百八十七条 仓单是提取仓储物的凭证。存货人或者仓单持有人在仓单上背书并经保管人签字或者盖章的，可以转让提取仓储物的权利。

第三百八十八条 保管人根据存货人或者仓单持有人的要求，应当同意其检查仓储物或者提取样品。

第三百八十九条 保管人对入库仓储物发现有变质或者其他损坏的，应当及时通知存货人或者仓单持有人。

第三百九十条 保管人对入库仓储物发现有变质或者其他损坏，危及其他仓储物的安全和正常保管的，应当催告存货人或者仓单持有人做出必要的处置。因情况紧急，保管人可以做出必要的处置，但事后应当将该情况及时通知存货人或者仓单持有人。

第三百九十一条 当事人对储存期间没有约定或者约定不明确的，存货人或者仓单持有人可以随时提取仓储物，保管人也可以随时要求存货人或者仓单持有人提取仓储物，但应当给予必要的准备时间。

第三百九十二条 储存期间届满，存货人或者仓单持有人应当凭仓单提取仓储物。

存货人或者仓单持有人逾期提取的，应当加收仓储费；提前提取的，不减收仓储费。

第三百九十三条　储存期间届满，存货人或者仓单持有人不提取仓储物的，保管人可以催告其在合理期限内提取，逾期不提取的，保管人可以提存仓储物。

第三百九十四条　储存期间，因保管人保管不善造成仓储物毁损、灭失的，保管人应当承担损害赔偿责任。

因仓储物的性质、包装不符合约定或者超过有效储存期造成仓储物变质、损坏的，保管人不承担损害赔偿责任。

第三百九十五条　本章没有规定的，适用保管合同的有关规定。

第二十一章　委托合同

第三百九十六条　委托合同是委托人和受托人约定、由受托人处理委托人事务的合同。

第三百九十七条　委托人可以特别委托受托人处理一项或者数项事务，也可以概括委托受托人处理一切事务。

第三百九十八条　受托人应当预付处理委托事务的费用。受托人为处理委托事务垫付的必要费用，委托人应当偿还该费用及其利息。

第三百九十九条　受托人应当按照委托人的指示处理委托事务。需要变更委托人指示的，应当经委托人同意；因情况紧急，难以和委托人取得联系的，受托人应当妥善处理委托事务，但事后应当将该情况及时报告委托人。

第四百条　受托人应当亲自处理委托事务。经委托人同意，受托人可以转委托。转委托经同意的，委托人可以就委托事务直接指示转委托的第三人，受托人仅就第三人的选任及其对第三人的指示承担责任。转委托未经同意的，受托人应当对转委托的第三人的行为承担责任，但在紧急情况下受托人为维护委托人的利益需要转委托的除外。

第四百零一条　受托人应当按照委托人的要求，报告委托事务的处理情况。委托合同终止时，受托人应当报告委托事务的结果。

第四百零二条　受托人以自己的名义，在委托人的授权范围内与第三人订立的合同，第三人在订立合同时知道受托人与委托人之间的代理关系的，该合同直接约束委托人和第三人，但有确切证据证明该合同只约束受托人和第三人的除外。

第四百零三条　受托人以自己的名义与第三人订立合同时，第三人不知道受托人与委托人之间的代理关系的，受托人因第三人的原因对委托人不履行义务，受托人应当向委托人披露第三人，委托人因此可以行使受托人对第三人的权利，但第三人与受托人订立合同时如果知道该委托人就不会订立合同的除外。

受托人因委托人的原因对第三人不履行义务，受托人应当向第三人披露委托人，第三人因此可以选择受托人或者委托人作为相对人主张其权利，但第三人不得变更选定的相对人。

委托人行使受托人对第三人的权利的，第三人可以向委托人主张其对委托人的抗辩。第三人选定委托人作为其相对人的，委托人可以向第三人主张其对委托人的抗辩以及受托人对第三人的抗辩。

第四百零四条　受托人处理委托事务取得的财产，应当转交给委托人。

第四百零五条　受托人完成委托事务的，委托人应当向其支付报酬。因不可归责于受托人的事由，委托合同解除或者委托事务不能完成的，委托人应当向受托人支付相应的报酬。当事人另有约定的，按照其约定。

第四百零六条　有偿的委托合同，因受托人的过错给委托人造成损失的，委托人可以要求赔偿损失。无偿的委托合同，因受托人的故意或者重大过失给委托人造成损失的，委托人可以要求赔偿损失。

受托人超越权限给委托人造成损失的，应当赔偿损失。

第四百零七条　受托人处理委托事务时，因不可归责于自己的事由受到损失的，可以向委托人要求赔偿损失。

第四百零八条　委托人经受托人同意，可以在受托人之外委托第三人处理委托事务。因此给受托人造成损失的，受托人可以向委托人要求赔偿损失。

第四百零九条　两个以上的受托人共同处理委托事务的，对委托人承担连带责任。

第四百一十条　委托人或者受托人可以随时解除委托合同。因解除合同给对方造成损失的，除不可归责于该当事人的事由以外，应当赔偿损失。

第四百一十一条　委托人或者受托人死亡、丧失民事行为能力或者破产的，委托合同终止，但当事人另有约定或者根据委托事务的性质不宜终止的除外。

第四百一十二条　因委托人死亡、丧失民事行为能力或者破产，致使委托合同终止将损害委托人利益的，在委托人的继承人、法定代理人或者清算组织承受委托事务之前，受托人应当继续处理委托事务。

第四百一十三条　因受托人死亡、丧失民事行为能力或者破产，致使委托合同终止的，受托人的继承人、法定代理人或者清算组织应当及时通知委托人。因委托合同终止将损害委托人利益的，在委托人做出善后处理之前，受托人的继承人、法定代理人或者清算组织应当采取必要措施。

第二十二章　行纪合同

第四百一十四条　行纪合同是行纪人以自己的名义为委托人从事贸易活动，委托人支付报酬的合同。

第四百一十五条　行纪人处理委托事务支出的费用，由行纪人负担，但当事人另有约定的除外。

第四百一十六条　行纪人占有委托物的，应当妥善保管委托物。

第四百一十七条　委托物交付给行纪人时有瑕疵或者容易腐烂、变质的，经委托人同意，行纪人可以处分该物；和委托人不能及时取得联系的，行纪人可以合理处分。

第四百一十八条　行纪人低于委托人指定的价格卖出或者高于委托人指定的价格买入的，应当经委托人同意。未经委托人同意，行纪人补偿其差额的，该买卖对委托人发生效力。

行纪人高于委托人指定的价格卖出或者低于委托人指定的价格买入的，可以按照约定增加报酬。没有约定或者约定不明确，依照本法第六十一条的规定仍不能确定的，该利益属于委托人。

委托人对价格有特别指示的，行纪人不得违背该指示卖出或者买入。

第四百一十九条　行纪人卖出或者买入具有市场定价的商品，除委托人有相反的意思表示的以外，行纪人自己可以作为买受人或者出卖人。

行纪人有前款规定情形的，仍然可以要求委托人支付报酬。

第四百二十条　行纪人按照约定买入委托物，委托人应当及时受领。经行纪人催告，委托人无正当理由拒绝受领的，行纪人依照本法第一百零一条的规定可以提存委托物。

委托物不能卖出或者委托人撤回出卖，经行纪人催告，委托人不取回或者不处分该物的，行纪人依照本法第一百零一条的规定可以提存委托物。

第四百二十一条　行纪人与第三人订立合同的，行纪人对该合同直接享有权利、承担义务。

第三人不履行义务致使委托人受到损害的，行纪人应当承担损害赔偿责任，但行纪人与委托人另有约定的除外。

第四百二十二条　行纪人完成或者部分完成委托事务的，委托人应当向其支付相应的报酬。委托人逾期不支付报酬的，行纪人对委托物享有留置权，但当事人另有约定的除外。

第四百二十三条　本章没有规定的，适用委托合同的有关规定。

第二十三章　居间合同

第四百二十四条　居间合同是居间人向委托人报告订立合同的机会或者提供订立合同的媒介服务，委托人支付报酬的合同。

第四百二十五条　居间人应当就有关订立合同的事项向委托人如实报告。

居间人故意隐瞒与订立合同有关的重要事实或者提供虚假情况，损害委托人利益的，不得要求支付报酬并应当承担损害赔偿责任。

第四百二十六条　居间人促成合同成立的，委托人应当按照约定支付报酬。对居间人的报酬没有约定或者约定不明确，依照本法第六十一条的规定仍不能确定的，根据居间人的劳务合同确定。因居间人提供订立合同的媒介服务而促成合同成立的，由该合同的当事人平均负担居间人的报酬。

居间人促成合同成立的，居间活动的费用，由居间人负担。

第四百二十七条　居间人未促成合同成立的，不得要求支付报酬，但可以要求委托人支付从事居间活动支出的必要费用。

附　则

第四百二十八条　本法自1999年10月1日起施行，《中华人民共和国经济合同法》、《中华人民共和国涉外经济合同法》、《中华人民共和国技术合同法》同时废止。

附录三 中华人民共和国招标投标法

（1999年8月30日第九届全国人民代表大会
常务委员会第十一次会议通过）

目 录

第一章 总 则

第一条 为了规范招标投标活动，保护国家利益、社会公共利益和招标投标活动当事人的合法权益，提高经济效益，保证项目质量，制定本法。

第二条 在中华人民共和国境内进行招标投标活动，适用本法。

第三条 在中华人民共和国境内进行下列工程建设项目包括项目的勘察、设计、施工、监理以及与工程建设有关的重要设备、材料等的采购，必须进行招标：

（一）大型基础设施、公用事业等关系社会公共利益、公众安全的项目；

（二）全部或者部分使用国有资金投资或者国家融资的项目；

（三）使用国际组织或者外国政府贷款、援助资金的项目。

前款所列项目的具体范围和规模标准，由国务院发展计划部门会同国务院有关部门制订，报国务院批准。

法律或者国务院对必须进行招标的其他项目的范围有规定的，依照其规定。

第四条 任何单位和个人不得将依法必须进行招标的项目化整为零或者以其他任何方式规避招标。

第五条 招标投标活动应当遵循公开、公平、公正和诚实信用的原则。

第六条 依法必须进行招标的项目，其招标投标活动不受地区或者部门的限制。任何单位和个人不得违法限制或者排斥本地区、本系统以外的法人或者其他组织参加投标，不得以任何方式非法干涉招标投标活动。

第七条 招标投标活动及其当事人应当接受依法实施的监督。

有关行政监督部门依法对招标投标活动实施监督，依法查处招标投标活动中的违法行为。

对招标投标活动的行政监督及有关部门的具体职权划分，由国务院规定。

第二章　招　　标

第八条　招标人是依照本法规定提出招标项目、进行招标的法人或者其他组织。

第九条　招标项目按照国家有关规定需要履行项目审批手续的，应当先履行审批手续，取得批准。

招标人应当有进行招标项目的相应资金或者资金来源已经落实，并应当在招标文件中如实载明。

第十条　招标分为公开招标和邀请招标。

公开招标，是指招标人以招标公告的方式邀请不特定的法人或者其他组织投标。

邀请招标，是指招标人以投标邀请书的方式邀请特定的法人或者其他组织投标。

第十一条　国务院发展计划部门确定的国家重点项目和省、自治区、直辖市人民政府确定的地方重点项目不适宜公开招标的，经国务院发展计划部门或者省、自治区、直辖市人民政府批准，可以进行邀请招标。

第十二条　招标人有权自行选择招标代理机构，委托其办理招标事宜。任何单位和个人不得以任何方式为招标人指定招标代理机构。

招标人具有编制招标文件和组织评标能力的，可以自行办理招标事宜。任何单位和个人不得强制其委托招标代理机构办理招标事宜。

依法必须进行招标的项目，招标人自行办理招标事宜的，应当向有关行政监督部门备案。

第十三条　招标代理机构是依法设立、从事招标代理业务并提供相关服务的社会中介组织。

招标代理机构应当具备下列条件：

（一）有从事招标代理业务的营业场所和相应资金；

（二）有能够编制招标文件和组织评标的相应专业力量；

（三）有符合本法第三十七条第三款规定条件、可以作为评标委员会成员人选的技术、经济等方面的专家库。

第十四条　从事工程建设项目招标代理业务的招标代理机构，其资格由国务院或者省、自治区、直辖市人民政府的建设行政主管部门认定。具体办法由国务院建设行政主管部门会同国务院有关部门制定。从事其他招标代理业务的招标代理机构，其资格认定的主管部门由国务院规定。

招标代理机构与行政机关和其他国家机关不得存在隶属关系或者其他利益关系。

第十五条　招标代理机构应当在招标人委托的范围内办理招标事宜，并遵守本法关于招标人的规定。

第十六条　招标人采用公开招标方式的，应当发布招标公告。依法必须进行招标的项目的招标公告，应当通过国家指定的报刊、信息网络或者其他媒介发布。

招标公告应当载明招标人的名称和地址、招标项目的性质、数量、实施地点和时间以及获取招标文件的办法等事项。

第十七条　招标人采用邀请招标方式的，应当向三个以上具备承担招标项目的能力、资信良好的特定的法人或者其他组织发出投标邀请书。

投标邀请书应当载明本法第十六条第二款规定的事项。

第十八条 招标人可以根据招标项目本身的要求，在招标公告或者投标邀请书中，要求潜在投标人提供有关资质证明文件和业绩情况，并对潜在投标人进行资格审查；国家对投标人的资格条件有规定的，依照其规定。

招标人不得以不合理的条件限制或者排斥潜在投标人，不得对潜在投标人实行歧视待遇。

第十九条 招标人应当根据招标项目的特点和需要编制招标文件。招标文件应当包括招标项目的技术要求、对招标人资格审查的标准、投标报价要求和评标标准等所有实质性要求和条件以及拟签订合同的主要条款。

国家对招标项目的技术、标准有规定的，招标人应当按照其规定在招标文件中提出相应要求。

招标项目需要划分标段、确定工期的，招标人应当合理划分标段、确定工期，并在招标文件中载明。

第二十条 招标文件不得要求或者标明特定的生产供应者以及含有倾向或者排斥潜在投标人的其他内容。

第二十一条 招标人根据招标项目的具体情况，可以组织潜在投标人踏勘项目现场。

第二十二条 招标人不得向他人透露已获取招标文件的潜在投标人的名称、数量以及可能影响公平竞争的有关招标投标的其他情况。

招标人设有标底的，标底必须保密。

第二十三条 招标人对已发出的招标文件进行必要的澄清或者修改的，应当在招标文件要求提交投标文件截止时间至少十五日前，以书面形式通知所有招标文件收受人。该澄清或者修改的内容为招标文件的组成部分。

第二十四条 招标人应当确定投标人编制投标文件所需要的合理时间；但是，依法必须进行招标的项目，自招标文件开始发出之日起至投标人提交投标文件截止之日止，最短不得少于二十日。

第三章 投 标

第二十五条 投标人是响应招标、参加投标竞争的法人或者其他组织。

依法招标的科研项目允许个人参加投标的，投标的个人适用本法有关投标人的规定。

第二十六条 投标人应当具备承担招标项目的能力；国家有关规定对投标人资格条件或者招标文件对投标人资格条件有规定的，投标人应当具备规定的资格条件。

第二十七条 投标人应当按照招标文件的要求编制投标文件。投标文件应当对招标文件提出的实质性要求和条件做出响应。

招标项目属于建设施工的，投标文件的内容应当包括拟派出的项目负责人与主要技术人员的简历、业绩和拟用于完成招标项目的机械设备等。

第二十八条 投标人应当在招标文件要求提交投标文件的截止时间前，将投标文件送达投标地点。招标人收到投标文件后，应当签收保存，不得开启。投标人少于三个的，招标人应当依照本法重新招标。

在招标文件要求提交投标文件的截止时间后送达的投标文件，招标人应当拒收。

第二十九条 投标人在招标文件要求提交投标文件的截止时间前，可以补充、修改或者撤回已提交的投标文件，并书面通知招标人。补充、修改的内容为投标文件的组成部分。

第三十条 投标人根据招标文件载明的项目实际情况，拟在中标后将中标项目的部分非主体、非关键性工作进行分包的，应当在投标文件中载明。

第三十一条 两个以上法人或者其他组织可以组成一个联合体，以一个投标人的身份共同投标。

联合体各方均应当具备承担招标项目的相应能力；国家有关规定或者招标文件对投标人资格条件有规定的，联合体各方均应当具备规定的相应资格条件。由同一专业的单位组成的联合体，按照资质等级较低的单位确定资质等级。

联合体各方应当签订共同投标协议，明确约定各方拟承担的工作和责任，并将共同投标协议连同投标文件一并提交招标人。联合体中标的，联合体各方应当共同与招标人签订合同，就中标项目向招标人承担连带责任。

招标人不得强制投标人组成联合体共同投标，不得限制投标人之间的竞争。

第三十二条 投标人不得相互串通投标报价，不得排挤其他投标人的公平竞争，损害招标人或者其他投标人的合法权益。

投标人不得与招标人串通投标，损害国家利益、社会公共利益或者他人的合法权益。

禁止投标人以向招标人或者评标委员会成员行贿的手段谋取中标。

第三十三条 投标人不得以低于成本的报价竞标，也不得以他人名义投标或者以其他方式弄虚作假，骗取中标。

第四章 开标、评标和中标

第三十四条 开标应当在招标文件确定的提交投标文件截止时间的同一时间公开进行；开标地点应当为招标文件中预先确定的地点。

第三十五条 开标由招标人主持，邀请所有投标人参加。

第三十六条 开标时，由投标人或者其推选的代表检查投标文件的密封情况，也可以由招标人委托的公证机构检查并公证；经确认无误后，由工作人员当众拆封，宣读投标人名称、投标价格和投标文件的其他主要内容。

招标人在招标文件要求提交投标文件的截止时间前收到的所有投标文件，开标时都应当当众予以拆封、宣读。

开标过程应当记录，并存档备查。

第三十七条 评标由招标人依法组建的评标委员会负责。

依法必须进行招标的项目，其评标委员会由招标人的代表和有关技术、经济等方面的专家组成，成员人数为五人以上单数，其中技术、经济等方面的专家不得少于成员总数的三分之二。

前款专家应当从事相关领域工作满八年并具有高级职称或者具有同等专业水平，由招标人从国务院有关部门或者省、自治区、直辖市人民政府有关部门提供的专家名册或者招标代理机构的专家库内的相关专业的专家名单中确定；一般招标项目可以采取随机抽取方式，特殊招标项目可以由招标人直接确定。

与投标人有利害关系的人不得进入相关项目的评标委员会；已经进入的应当更换。

评标委员会成员的名单在中标结果确定前应当保密。

第三十八条 招标人应当采取必要的措施，保证评标在严格保密的情况下进行。

任何单位和个人不得非法干预、影响评标的过程和结果。

第三十九条 评标委员会可以要求投标人对投标文件中含义不明确的内容作必要的澄清或者说明，但是澄清或者说明不得超出投标文件的范围或者改变投标文件的实质性内容。

第四十条 评标委员会应当按照招标文件确定的评标标准和方法，对投标文件进行评审和比较；设有标底的，应当参考标底。评标委员会完成评标后，应当向招标人提出书面评标报告，并推荐合格的中标候选人。

招标人根据评标委员会提出的书面评标报告和推荐的中标候选人确定中标人。招标人也可以授权评标委员会直接确定中标人。

国务院对特定招标项目的评标有特别规定的，从其规定。

第四十一条 中标人的投标应当符合下列条件之一：

（一）能够最大限度地满足招标文件中规定的各项综合评价标准；

（二）能够满足招标文件的实质性要求，并且经评审的投标价格最低；但是投标价格低于成本的除外。

第四十二条 评标委员会经评审，认为所有投标都不符合招标文件要求的，可以否决所有投标。

依法必须进行招标的项目的所有投标被否决的，招标人应当依照本法重新招标。

第四十三条 在确定中标人前，招标人不得与投标人就投标价格、投标方案等实质性内容进行谈判。

第四十四条 评标委员会成员应当客观、公正地履行职务，遵守职业道德，对所提出的评审意见承担个人责任。

评标委员会成员不得私下接触投标人，不得收受投标人的财物或者其他好处。

评标委员会成员和参与评标的有关工作人员不得透露对投标文件的评审和比较、中标候选人的推荐情况以及与评标有关的其他情况。

第四十五条 中标人确定后，招标人应当向中标人发出中标通知书，并同时将中标结果通知所有未中标的投标人。

中标通知书对招标人和中标人具有法律效力。中标通知书发出后，招标人改变中标结果的，或者中标人放弃中标项目的，应当依法承担法律责任。

第四十六条 招标人和中标人应当自中标通知书发出之日起三十日内，按照招标文件和中标人的投标文件订立书面合同。招标人和中标人不得再行订立背离合同实质性内容的其他协议。

招标文件要求中标人提交履约保证金的，中标人应当提交。

第四十七条 依法必须进行招标的项目，招标人应当自确定中标人之日起十五日内，向有关行政监督部门提交招标投标情况的书面报告。

第四十八条　中标人应当按照合同约定履行义务，完成中标项目。中标人不得向他人转让中标项目，也不得将中标项目肢解后分别向他人转让。

中标人按照合同约定或者经招标人同意，可以将中标项目的部分非主体、非关键性工作分包给他人完成。接受分包的人应当具备相应的资格条件，并不得再次分包。

中标人应当就分包项目向招标人负责，接受分包的人就分包项目承担连带责任。

第五章　法律责任

第四十九条　违反本法规定，必须进行招标的项目而不招标的，将必须进行招标的项目化整为零或者以其他任何方式规避招标的，责令限期改正，可以处项目合同金额千分之五以上千分之十以下的罚款；对全部或者部分使用国有资金的项目，可以暂停项目执行或者暂停资金拨付；对单位直接负责的主管人员和其他直接责任人员依法给予处分。

第五十条　招标代理机构违反本法规定，泄露应当保密的与招标投标活动有关的情况和资料的，或者与招标人、投标人串通损害国家利益、社会公共利益或者他人合法权益的，处五万元以上二十五万元以下的罚款，对单位直接负责的主管人员和其他直接责任人员处单位罚款数额百分之五以上百分之十以下的罚款；有违法所得的，并处没收违法所得；情节严重的，暂停直至取消招标代理资格；构成犯罪的，依法追究刑事责任，给他人造成损失的，依法承担赔偿责任。

前款所列行为影响中标结果的，中标无效。

第五十一条　招标人以不合理的条件限制或者排斥潜在投标人的，对潜在投标人实行歧视待遇的，强制要求投标人组成联合体共同投标的，或者限制投标人之间竞争的，责令改正，可以处一万元以上五万元以下的罚款。

第五十二条　依法必须进行招标的项目的招标人向他人透露已获取招标文件的潜在投标人的名称、数量或者可能影响公平竞争的有关招标投标的其他情况的，或者泄露标底的，给予警告，可以并处一万元以上十万元以下的罚款；对单位直接负责的主管人员和其他直接责任人员依法给予处分；构成犯罪的，依法追究刑事责任。

前款所列行为影响中标结果的，中标无效。

第五十三条　投标人相互串通投标或者与招标人串通投标的，投标人以向招标人或者评标委员会成员行贿的手段谋取中标的，中标无效，处中标项目金额千分之五以上千分之十以下的罚款，对单位直接负责的主管人员和其他直接责任人员处单位罚款数额百分之五以上百分之十以下的罚款；有违法所得的，并处没收违法所得；情节严重的，取消其一年至二年内参加依法必须进行招标的项目的投标资格并予以公告，直至由工商行政管理机关吊销营业执照；构成犯罪的，依法追究刑事责任。给他人造成损失的，依法承担赔偿责任。

第五十四条　投标人以他人名义投标或者以其他方式弄虚作假，骗取中标的，中标无效，给招标人造成损失的，依法承担赔偿责任；构成犯罪的，依法追究刑事责任。

依法必须进行招标的项目的投标人有前款所列行为尚未构成犯罪的，处中标项目金额千分之五以上千分之十以下的罚款，对单位直接负责的主管人员和其他直接责任人员处单位罚款数额百分之五以上百分之十以下的罚款；有违法所得的，并处没收违法所得；情节严重的，取消其一年至三年内参加依法须进行招标的项目的投标资格并予以公告，直至由工商行政管理机关吊销管理执照。

第五十五条 依法必须进行招标的项目，招标人违反本法规定，与投标人就投标价格、投标方案等实质性内容进行谈判的，给予警告，对单位直接负责的主管人员和其他直接责任人员依法给予处分。

前款所列行为影响中标结果，中标无效。

第五十六条 评标委员会成员收受投标人的财物或者其他好处的，评标委员会成员或者参加评标的有关工作人员向他人透露对投标文件的评审和比较、中标候选人的推荐以及评标有关的其他情况的，给予警告，没收收受的财物，可以并处三千元以上五万元以下的罚款，对有所列违法行为的评标委员会成员取消担任评标委员会成员的资格，不得再参加任何依法必须进行招标的项目的评标；构成犯罪的，依法追究刑事责任。

第五十七条 招标人在评标委员会依法推荐的中标候选人以外确定中标人的，依法必须进行招标的项目在所有投标被评标委员会否决后自行确定中标人的，中标无效。责令改正，可以处中标项目金额千分之五以上千分之十以下的罚款；对单位直接负责的主管人员和其他直接责任人员依法给予处分。

第五十八条 中标人将中标项目转让给他人的，将中标项目肢解后分别转让给他人的，违反本法规定将中标项目的部分主体、关键性工作分包给他人的，或者分包人再次分包的，转让、分包无效，处转让、分包项目金额千分之五以上千分之十以下的罚款；有违法所得的，并处没收违法所得；可以责令停业整顿；情节严重的，由工商行政管理机关吊销营业执照。

第五十九条 招标人与中标人不按照招标文件和中标人的投标文件订立合同的，或者招标人、中标人订立背离合同实质性内容的协议的，责令改正；可以处中标项目金额千分之五以上千分之十以下的罚款。

第六十条 中标人不履行与招标人订立的合同的，履约保证金不予退还，给招标人造成的损失超过履约保证金数额的，还应当对超过部分予以赔偿；没有提交履约保证金的，应当对招标人的损失承担赔偿责任。

中标人不按照与招标人订立的合同履行义务，情节严重的，取消其二年至五年内参加依法必须进行招标的项目的投标资格并予以公告，直至由工商行政管理机关吊销营业执照。

因不可抗力不能履行合同的，不适用前两款规定。

第六十一条 本章规定的行政处罚，由国务院规定的有关行政监督部门决定。本法已对实施行政处罚的机关作出规定的除外。

第六十二条 任何单位违反本法规定，限制或者排斥本地区、本系统以外的法人或者其他组织参加投标的，为招标人指定招标代理机构的，强制招标人委托招标代理机构办理招标事宜的，或者以其他方式干涉招标投标活动的，责令改正；对单位直接负责的主管人员和其他直接责任人员依法给予警告、记过、记大过的处分，情节较重的，依法给予降级、撤职、开除的处分。

个人利用职权进行前款违法行为的，依照前款规定追究责任。

第六十三条　对招标投标活动依法负有行政监督职责的国家机关工作人员徇私舞弊、滥用职权或者玩忽职守，构成犯罪的，依法追究刑事责任；不构成犯罪的，依法给予行政处分。

第六十四条　依法必须进行招标的项目违反本法规定，中标无效的，应当依照本法规定的中标条件从其余投标人中重新确定中标人或者依照本法重新进行招标。

第六章　附　则

第六十五条　投标人和其他利害关系人认为招标投标活动不符合本法有关规定的，有权向招标人提出异议或者依法向有关行政监督部门投诉。

第六十六条　涉及国家安全、国家秘密、抢险救灾或者属于利用扶贫资金实行以工代赈、需要使用农民工等特殊情况，不适宜进行招标的项目，按照国家有关规定可以不进行招标。

第六十七条　使用国际组织或者外国政府贷款、援助资金的项目进行招标，贷款方、资金提供方对招标投标的具体条件和程序有不同规定的，可以适用其规定，但违背中华人民共和国的社会公共利益的除外。

第六十八条　本法自2000年1月1日起施行。

附录四　建设工程质量管理条例

国务院令　第279号　2000年1月30日

第一章　总　则

第一条　为了加强对建设工程质量的管理，保证建设工程质量，保护人民生命和财产安全，根据《中华人民共和国建筑法》，制定本条例。

第二条　凡在中华人民共和国境内从事建设工程的新建、扩建、改建等有关活动及实施对建设工程质量监督管理的，必须遵守本条例。

本条例所称建设工程，是指土木工程、建筑工程、线路管道和设备安装工程及装修工程。

第三条　建设单位、勘察单位、设计单位、施工单位、工程监理单位依法对建设工程质量负责。

第四条　县级以上人民政府建设行政主管部门和其他有关部门应当加强对建设工程质量的监督管理。

第五条　从事建设工程活动，必须严格执行基本建设程序，坚持先勘察、后设计、再施工的原则。

县级以上人民政府及其有关部门不得超越权限审批建设项目或者擅自简化基本建设程序。

第六条　国家鼓励采用先进的科学技术和管理方法，提高建设工程质量。

第二章　建设单位的质量责任和义务

第七条　建设单位应当将工程发包给具有相应资质等级的单位。

建设单位不得将建设工程肢解发包。

第八条　建设单位应当依法对工程建设项目的勘察、设计、施工、监理以及与工程建设有关的重要设备、材料等的采购进行招标。

第九条　建设单位必须向有关的勘察、设计、施工、工程监理等单位提供与建设工程有关的原始资料。

原始资料必须真实、准确、齐全。

第十条　建设工程发包单位不得迫使承包方以低于成本的价格竞标，不得任意压缩合理工期。

建设单位不得明示或者暗示设计单位或者施工单位违反工程建设强制性标准，降低建设工程质量。

第十一条　建设单位应当将施工图设计文件报县级以上人民政府建设行政主管部门或者其他有关部门审查。施工图设计文件审查的具体办法，由国务院建设行政主管部门会同国务院其他有关部门制定。

施工图设计文件未经审查批准的，不得使用。

第十二条　实行监理的建设工程，建设单位应当委托具有相应资质等级的工程监理单位进行监理，也可以委托具有工程监理相应资质等级并与被监理工程的施工承包单位没有隶属关系或者其他利害关系的该工程的设计单位进行监理。

下列建设工程必须实行监理：

（一）国家重点建设工程；

（二）大中型公用事业工程；

（三）成片开发建设的住宅小区工程；

（四）利用外国政府或者国际组织贷款、援助资金的工程；

（五）国家规定必须实行监理的其他工程。

第十三条　建设单位在领取施工许可证或者开工报告前，应当按照国家有关规定办理工程质量监督手续。

第十四条　按照合同约定，由建设单位采购建筑材料、建筑构配件和设备的，建设单位应当保证建筑材料、建筑构配件和设备符合设计文件和合同要求。

建设单位不得明示或者暗示施工单位使用不合格的建筑材料、建筑构配件和设备。

第十五条　涉及建筑主体和承重结构变动的装修工程，建设单位应当在施工前委托原设计单位或者具有相应资质等级的设计单位提出设计方案；没有设计方案的，不得施工。

房屋建筑使用者在装修过程中，不得擅自变动房屋建筑主体和承重结构。

第十六条　建设单位收到建设工程竣工报告后，应当组织设计、施工、工程监理等有关单位进行竣工验收。

建设工程竣工验收应当具备下列条件：

（一）完成建设工程设计和合同约定的各项内容；

（二）有完整的技术档案和施工管理资料；

（三）有工程使用的主要建筑材料、建筑构配件和设备的进场试验报告；

（四）有勘察、设计、施工、工程监理等单位分别签署的质量合格文件；

（五）有施工单位签署的工程保修书。

建设工程经验收合格的，方可交付使用。

第十七条　建设单位应当严格按照国家有关档案管理的规定，及时收集、整理建设项目各环节的文件资料，建立、健全建设项目档案，并在建设工程竣工验收后，及时向建设行政主管部门或者其他有关部门移交建设项目档案。

第三章　勘察、设计单位的质量责任和义务

第十八条　从事建设工程勘察、设计的单位应当依法取得相应等级的资质证书，并在其资质等级许可的范围内承揽工程。

禁止勘察、设计单位超越其资质等级许可的范围或者以其他勘察、设计单位的名义承揽工程。禁止勘察、设计单位允许其他单位或者个人以本单位的名义承揽工程。

勘察、设计单位不得转包或者违法分包所承揽的工程。

第十九条　勘察、设计单位必须按照工程建设强制性标准进行勘察、设计，并对其勘察、设计的质量负责。

注册建筑师、注册结构工程师等注册执业人员应当在设计文件上签字，对设计文件负责。

第二十条　勘察单位提供的地质、测量、水文等勘察成果必须真实、准确。

第二十一条　设计单位应当根据勘察成果文件进行建设工程设计。

设计文件应当符合国家规定的设计深度要求，注明工程合理使用年限。

第二十二条　设计单位在设计文件中选用的建筑材料、建筑构配件和设备，应当注明规格、型号、性能等技术指标，其质量要求必须符合国家规定的标准。

除有特殊要求的建筑材料、专用设备、工艺生产线等外，设计单位不得指定生产厂、供应商。

第二十三条　设计单位应当就审查合格的施工图设计文件向施工单位做出详细说明。

第二十四条　设计单位应当参与建设工程质量事故分析，并对因设计造成的质量事故，提出相应的技术处理方案。

第四章　施工单位的质量责任和义务

第二十五条　施工单位应当依法取得相应等级的资质证书，并在其资质等级许可的范围内承揽工程。

禁止施工单位超越本单位资质等级许可的业务范围或者以其他施工单位的名义承揽工程。禁止施工单位允许其他单位或者个人以本单位的名义承揽工程。

施工单位不得转包或者违法分包工程。

第二十六条　施工单位对建设工程的施工质量负责。

施工单位应当建立质量责任制，确定工程项目的项目经理、技术负责人和施工管理负责人。

建设工程实行总承包的，总承包单位应当对全部建设工程质量负责；建设工程勘察、设计、施工、设备采购的一项或者多项实行总承包的，总承包单位应当对其承包的建设工程或者采购的设备的质量负责。

第二十七条　总承包单位依法将建设工程分包给其他单位的，分包单位应当按照分包合同的约定对其分包工程的质量向总承包单位负责，总承包单位与分包单位对分包工程的质量承担连带责任。

第二十八条　施工单位必须按照工程设计图纸和施工技术标准施工，不得擅自修改工程设计，不得偷工减料。

施工单位在施工过程中发现设计文件和图纸有差错的，应当及时提出意见和建议。

第二十九条　施工单位必须按照工程设计要求、施工技术标准和合同约定，对建筑材料、建筑构配件、设备和商品混凝土进行检验，检验应当有书面记录和专人签字；未经检验或者检验不合格的，不得使用。

第三十条　施工单位必须建立、健全施工质量的检验制度，严格工序管理，作好隐蔽工程的质量检查和记录。隐蔽工程在隐蔽前，施工单位应当通知建设单位和建设工程质量监督机构。

第三十一条　施工人员对涉及结构安全的试块、试件以及有关材料，应当在建设单位或者工程监理单位监督下现场取样，并送具有相应资质等级的质量检测单位进行检测。

第三十二条　施工单位对施工中出现质量问题的建设工程或者竣工验收不合格的建设工程，应当负责返修。

第三十三条　施工单位应当建立、健全教育培训制度，加强对职工的教育培训；未经教育培训或者考核不合格的人员，不得上岗作业。

第五章　工程监理单位的质量责任和义务

第三十四条　工程监理单位应当依法取得相应等级的资质证书，并在其资质等级许可的范围内承担工程监理业务。

禁止工程监理单位超越本单位资质等级许可的范围或者以其他工程监理单位的名义承担工程监理业务。禁止工程监理单位允许其他单位或者个人以本单位的名义承担工程监理业务。

工程监理单位不得转让工程监理业务。

第三十五条　工程监理单位与被监理工程的施工承包单位以及建筑材料、建筑构配件和设备供应单位有隶属关系或者其他利害关系的，不得承担该项建设工程的监理业务。

第三十六条　工程监理单位应当依照法律、法规以及有关技术标准、设计文件和建设工程承包合同，代表建设单位对施工质量实施监理，并对施工质量承担监理责任。

第三十七条　工程监理单位应当选派具备相应资格的总监理工程师和监理工程师进驻施工现场。

未经监理工程师签字，建筑材料、建筑构配件和设备不得在工程上使用或者安装，施工单位不得进行下一道工序的施工。未经总监理工程师签字，建设单位不拨付工程款，不进行竣工验收。

第三十八条　监理工程师应当按照工程监理规范的要求，采取旁站、巡视和平行检验等形式，对建设工程实施监理。

第六章　建设工程质量保修

第三十九条　建设工程实行质量保修制度。

建设工程承包单位在向建设单位提交工程竣工验收报告时，应当向建设单位出具质量保修书。质量保修书中应当明确建设工程的保修范围、保修期限和保修责任等。

第四十条　在正常使用条件下，建设工程的最低保修期限为：

（一）基础设施工程、房屋建筑的地基基础工程和主体结构工程，为设计文件规定的该工程的合理使用年限；

（二）屋面防水工程、有防水要求的卫生间、房间和外墙面的防渗漏，为5年；

（三）供热与供冷系统，为2个采暖期、供冷期；

（四）电气管线、给排水管道、设备安装和装修工程，为2年。

其他项目的保修期限由发包方与承包方约定。

建设工程的保修期，自竣工验收合格之日起计算。

第四十一条　建设工程在保修范围和保修期限内发生质量问题的，施工单位应当履行保修义务，并对造成的损失承担赔偿责任。

第四十二条　建设工程在超过合理使用年限后需要继续使用的，产权所有人应当委托具有相应资质等级的勘察、设计单位鉴定，并根据鉴定结果采取加固、维修等措施，重新界定使用期。

第七章　监督管理

第四十三条　国家实行建设工程质量监督管理制度。

国务院建设行政主管部门对全国的建设工程质量实施统一监督管理。国务院铁路、交通、水利等有关部门按照国务院规定的职责分工，负责对全国的有关专业建设工程质量的监督管理。

县级以上地方人民政府建设行政主管部门对本行政区域内的建设工程质量实施监督管理。县级以上地方人民政府交通、水利等有关部门在各自的职责范围内，负责对本行政区域内的专业建设工程质量的监督管理。

第四十四条　国务院建设行政主管部门和国务院铁路、交通、水利等有关部门应当加强对有关建设工程质量的法律、法规和强制性标准执行情况的监督检查。

第四十五条　国务院发展计划部门按照国务院规定的职责，组织稽查特派员，对国家出资的重大建设项目实施监督检查。

国务院经济贸易主管部门按照国务院规定的职责，对国家重大技术改造项目实施监督检查。

第四十六条　建设工程质量监督管理，可以由建设行政主管部门或者其他有关部门委托的建设工程质量监督机构具体实施。

从事房屋建筑工程和市政基础设施工程质量监督的机构，必须按照国家有关规定经国务院建设行政主管部门或者省、自治区、直辖市人民政府建设行政主管部门考核；从事专业建设工程质量监督的机构，必须按照国家有关规定经国务院有关部门或者省、自治区、直辖市人民政府有关部门考核。经考核合格后，方可实施质量监督。

第四十七条　县级以上地方人民政府建设行政主管部门和其他有关部门应当加强对有关建设工程质量的法律、法规和强制性标准执行情况的监督检查。

第四十八条　县级以上人民政府建设行政主管部门和其他有关部门履行监督检查职责时，有权采取下列措施：

（一）要求被检查的单位提供有关工程质量的文件和资料；

（二）进入被检查单位的施工现场进行检查；

（三）发现有影响工程质量的问题时，责令改正。

第四十九条　建设单位应当自建设工程竣工验收合格之日起15日内，将建设工程竣工验收报告和规划、公安消防、环保等部门出具的认可文件或者准许使用文件报建设行政主管部门或者其他有关部门备案。

建设行政主管部门或者其他有关部门发现建设单位在竣工验收过程中有违反国家有关建设工程质量管理规定行为的，责令停止使用，重新组织竣工验收。

第五十条　有关单位和个人对县级以上人民政府建设行政主管部门和其他有关部门进行的监督检查应当支持与配合，不得拒绝或者阻碍建设工程质量监督检查人员依法执行职务。

第五十一条　供水、供电、供气、公安消防等部门或者单位不得明示或者暗示建设单位、施工单位购买其指定的生产供应单位的建筑材料、建筑构配件和设备。

第五十二条　建设工程发生质量事故，有关单位应当在24小时内向当地建设行政主管部门和其他有关部门报告。对重大质量事故，事故发生地的建设行政主管部门和其他有关部门应当按照事故类别和等级向当地人民政府和上级建设行政主管部门和其他有关部门报告。

特别重大质量事故的调查程序按照国务院有关规定办理。

第五十三条　任何单位和个人对建设工程的质量事故、质量缺陷都有权检举、控告、投诉。

第八章　罚　则

第五十四条　违反本条例规定，建设单位将建设工程发包给不具有相应资质等级的勘察、设计、施工单位或者委托给不具有相应资质等级的工程监理单位的，责令改正，处50万元以上100万元以下的罚款。

第五十五条　违反本条例规定，建设单位将建设工程肢解发包的，责令改正，处工程合同价款百分之零点五以上百分之一以下的罚款；对全部或者部分使用国有资金的项目，并可以暂停项目执行或者暂停资金拨付。

第五十六条　违反本条例规定，建设单位有下列行为之一的，责令改正，处20万元以上50万元以下的罚款：

（一）迫使承包方以低于成本的价格竞标的；

（二）任意压缩合理工期的；

（三）明示或者暗示设计单位或者施工单位违反工程建设强制性标准，降低工程质量的；

（四）施工图设计文件未经审查或者审查不合格，擅自施工的；

（五）建设项目必须实行工程监理而未实行工程监理的；

（六）未按照国家规定办理工程质量监督手续的；

（七）明示或者暗示施工单位使用不合格的建筑材料、建筑构配件和设备的；

（八）未按照国家规定将竣工验收报告、有关认可文件或者准许使用文件报送备案的。

第五十七条　违反本条例规定，建设单位未取得施工许可证或者开工报告未经批准，擅自施工的，责令停止施工，限期改正，处工程合同价款百分之一以上百分之二以下的罚款。

第五十八条　违反本条例规定，建设单位有下列行为之一的，责令改正，处工程合同价款百分之二以上百分之四以下的罚款；造成损失的，依法承担赔偿责任：

（一）未组织竣工验收，擅自交付使用的；

（二）验收不合格，擅自交付使用的；

（三）对不合格的建设工程按照合格工程验收的。

第五十九条　违反本条例规定，建设工程竣工验收后，建设单位未向建设行政主管部门或者其他有关部门移交建设项目档案的，责令改正，处1万元以上10万以下的罚款。

第六十条　违反本条例规定，勘察、设计、施工、工程监理单位超越本单位资质等级承揽工程的，责令停止违法行为，对勘察、设计单位或者工程监理单位处合同约定的勘察费、设计费或者监理酬金1倍以上2倍以下的罚款；对施工单位处工程合同价款百分之二以上百分之四以下的罚款，可以责令停业整顿，降低资质等级；情节严重的，吊销资质证书；有违法所得的，予以没收。

未取得资质证书承揽工程的，予以取缔，依照前款规定处以罚款；有违法所得的，予以没收。

以欺骗手段取得资质证书承揽工程的，吊销资质证书，依照本条第一款规定处以罚款；有违法所得的，予以没收。

第六十一条　违反本条例规定，勘察、设计、施工、工程监理单位允许其他单位或者个人以本单位名义承揽工程的，责令改正，没收违法所得，对勘察、设计单位和工程监理单位处合同约定的勘察费、设计费和监理酬金1倍以上2倍以下的罚款；对施工单位处工程合同价款百分之二以上百分之四以下的罚款；可以责令停业整顿，降低资质等级；情节严重的，吊销资质证书。

第六十二条　违反本条例规定，承包单位将承包的工程转包或者违法分包的，责令改正，没收违法所得，对勘察、设计单位处合同约定的勘察费、设计费百分之二十五以上百分之五十以下的罚款；对施工单位处工程合同价款百分之零点五以上百分之一以下的罚款；可以责令停业整顿，降低资质等级；情节严重的，吊销资质证书。

工程监理单位转让工程监理业务的，责令改正，没收违法所得，处合同约定的监理酬金百分之二十五以上百分之五十以下的罚款；可以责令停业整顿，降低资质等级，情节严重的，吊销资质证书。

第六十三条　违反本条例规定，有下列行为之一的，责令改正，处10万元以上30万元以下的罚款：

（一）勘察单位未按照工程建设强制性标准进行勘察的；

（二）设计单位未根据勘察成果文件进行工程设计的；

（三）设计单位指定建筑材料、建筑构配件的生产厂、供应商的；

（四）设计单位未按照工程建设强制性标准进行设计的。

有前款所列行为，造成工程质量事故的，责令停业整顿，降低资质等级；情节严重的，吊销资质证书；造成损失的，依法承担赔偿责任。

第六十四条　违反本条例规定，施工单位在施工中偷工减料的，使用不合格的建筑材料、建筑构配件和设备的，或者有不按照工程设计图纸或者施工技术标准施工的其他行为的，责令改正，处工程合同价款百分之二以上百分之四以下的罚款；造成建设工程质量不符合规定的质量标准的，负责返工、修理，并赔偿因此造成的损失；情节严重的，责令停业整顿，降低资质等级或者吊销资质证书。

第六十五条　违反本条例规定，施工单位未对建筑材料、建筑构配件、设备和商品混凝土进行检验，或者未对涉及结构安全的试块、试件以及有关材料取样检测的，责令改正，处10万元以上20万元以下的罚款；情节严重的，责令停业整顿，降低资质等级或者吊销资质证书；造成损失的，依法承担赔偿责任。

第六十六条　违反本条例规定，施工单位不履行保修义务或者拖延履行保修义务的，责令改正，处10万元以上20万元以下的罚款，并对在保修期内因质量缺陷造成的损失承担赔偿责任。

第六十七条　工程监理单位有下列行为之一的，责令改正，处50万元以上100万元以下的罚款，降低资质等级或者吊销资质证书；有违法所得的，予以没收；造成损失的，承担连带赔偿责任：

（一）与建设单位或者施工单位串通，弄虚作假、降低工程质量的；

（二）将不合格的建设工程、建筑材料、建筑构配件和设备按照合格签字的。

第六十八条　违反本条例规定，工程监理单位与被监理工程的施工承包单位以及建筑材料、建筑构配件和设备供应单位有隶属关系或者其他利害关系承担该项建设工程的监理业务的，责令改正，处5万元以上10万元以下的罚款，降低资质等级或者吊销资质证书；有违法所得的，予以没收。

第六十九条　违反本条例规定，涉及建筑主体或者承重结构变动的装修工程，没有设计方案擅自施工的，责令改正，处50万元以上100万元以下的罚款；房屋建筑使用者在装修过程中擅自变动房屋建筑主体和承重结构的，责令改正，处5万元以上10万元以下的罚款。

有前款所列行为，造成损失的，依法承担赔偿责任。

第七十条　发生重大工程质量事故隐瞒不报、谎报或者拖延报告期限的，对直接负责的主管人员和其他责任人员依法给予行政处分。

第七十一条　违反本条例规定，供水、供电、供气、公安消防等部门或者单位明示或者暗示建设单位或者施工单位购买其指定的生产供应单位的建筑材料、建筑构配件和设备的，责令改正。

第七十二条　违反本条例规定，注册建筑师、注册结构工程师、监理工程师等注册执业人员因过错造成质量事故的，责令停止执业 1 年；造成重大质量事故的，吊销执业资格证书，5 年以内不予注册；情节特别恶劣的，终身不予注册。

第七十三条　依照本条例规定，给予单位罚款处罚的，对单位直接负责的主管人员和其他直接责任人员处单位罚款数额百分之五以上百分之十以下的罚款。

第七十四条　建设单位、设计单位、施工单位、工程监理单位违反国家规定，降低工程质量标准，造成重大安全事故，构成犯罪的，对直接责任人员依法追究刑事责任。

第七十五条　本条例规定的责令停业整顿，降低资质等级和吊销资质证书的行政处罚，由颁发资质证书的机关决定；其他行政处罚，由建设行政主管部门或者其他有关部门依照法定职权决定。

依照本条例规定被吊销资质证书的，由工商行政管理部门吊销其营业执照。

第七十六条　国家机关工作人员在建设工程质量监督管理工作中玩忽职守、滥用职权、徇私舞弊，构成犯罪的，依法追究刑事责任；尚不构成犯罪的，依法给予行政处分。

第七十七条　建设、勘察、设计、施工、工程监理单位的工作人员因调动工作、退休等原因离开该单位后，被发现在该单位工作期间违反国家有关建设工程质量管理规定，造成重大工程质量事故的，仍应当依法追究法律责任。

第九章　附　　则

第七十八条　本条例所称肢解发包，是指建设单位将应当由一个承包单位完成的建设工程分解成若干部分发包给不同的承包单位的行为。

本条例所称违法分包，是指下列行为：

（一）总承包单位将建设工程分包给不具备相应资质条件的单位的；

（二）建设工程总承包合同中未有约定，又未经建设单位认可，承包单位将其承包的部分建设工程交由其他单位完成的；

（三）施工总承包单位将建设工程主体结构的施工分包给其他单位的；

（四）分包单位将其承包的建设工程再分包的。

本条例所称转包，是指承包单位承包建设工程后，不履行合同约定的责任和义务，将其承包的全部建设工程转给他人或者将其承包的全部建设工程肢解以后以分包的名义分别转给其他单位承包的行为。

第七十九条　本条例规定的罚款和没收的违法所得，必须全部上缴国库。

第八十条　抢险救灾及其他临时性房屋建筑和农民自建低层住宅的建设活动，不适用本条例。

第八十一条　军事建设工程的管理，按照中央军事委员会的有关规定执行。

第八十二条 本条例自发布之日起施行。

附刑法有关条款

第一百三十七条 建设单位、设计单位、施工单位、工程监理单位违反国家规定，降低工程质量标准，造成重大安全事故的，对直接责任人员处五年以下有期徒刑或者拘役，并处罚金；后果特别严重的，处五年以上十年以下有期徒刑，并处罚金。

附录五 建设工程勘察设计管理条例

国务院令第293号 2000年9月25日

第一章 总 则

第一条 为了加强对建设工程勘察、设计活动的管理，保证建设工程勘察、设计质量，保护人民生命和财产安全，制定本条例。

第二条 从事建设工程勘察、设计活动，必须遵守本条例。

本条例所称建设工程勘察，是指根据建设工程的要求，查明、分析、评价建设场地的地质地理环境特征和岩土工程条件，编制建设工程勘察文件的活动。

本条例所称建设工程设计，是指根据建设工程的要求，对建设工程所需的技术、经济、资源、环境等条件进行综合分析、论证、编制建设工程设计文件的活动。

第三条 建设工程勘察、设计应当与社会、经济发展水平相适应，做到经济效益、社会效益和环境效益相统一。

第四条 从事建设工程勘察、设计活动，应当坚持先勘察、后设计、再施工的原则。

第五条 县级以上人民政府建设行政主管部门和交通、水利等有关部门应当依照本条例的规定，加强对建设工程勘察、设计活动的监督管理。

建设工程勘察、设计单位必须依法进行建设工程勘察、设计，严格执行工程建设强制性标准，并对建设工程勘察、设计的质量负责。

第六条 国家鼓励在建设工程勘察、设计活动中采用先进技术、先进工艺、先进设备、新型材料和现代管理方法。

第二章 资质资格管理

第七条 国家对从事建设工程勘察、设计活动的单位，实行资质管理制度。具体办法由国务院建设行政主管部门商国务院院有关部门制定。

第八条 建设工程勘察、设计单位应当在其资质等级许可的范围内承揽建设工程勘察、设计业务。

禁止建设工程勘察、设计单位超越其资质等级许可的范围或者以其他建设工程勘察、设计单位的名义承揽建设工程勘察、设计业务。禁止建设工程勘察、设计单位允许其他单位或者个人以本单位的名义承揽建设工程勘察、设计业务。

第九条 国家对从事建设工程勘察、设计活动的专业技术人员，实行执业资格注册管理制度。

未经注册的建设工程勘察、设计人员，不得以注册执业人员的名义从事建设工程勘察、设计活动。

第十条 建设工程勘察、设计注册执业人员和其他专业技术人员只能受聘于一个建设工程勘察、设计单位；未受聘于建设工程勘察、设计单位的，不得从事建设工程的勘察、设计活动。

第十一条 建设工程勘察、设计单位资质证书和执业人员注册证书，由国务院建设行政主管部门统一制作。

第三章 建设工程勘察设计发包与承包

第十二条 建设工程勘察、设计发包依法实行招标发包或者直接发包。

第十三条 建设工程勘察、设计应当依照《中华人民共和国招标投标法》的规定，实行招标发包。

第十四条 建设工程勘察、设计方案评标，应当以投标人的业绩、信誉和勘察、设计人员的能力以及勘察、设计方案的优劣为依据，进行综合评定。

第十五条 建设工程勘察、设计的招标人应当在评标委员会推荐的候选方案中确定中标方案。但是，建设工程勘察、设计的招标人认为评标委员会推荐的候选方案不能最大限度满足招标文件规定的要求的，应当依法重新招标。

第十六条 下列建设工程的勘察、设计，经有关主管部门批准，可以直接发包：

（一）采用特定的专利或者专有技术的；

（二）建筑艺术造型有特殊要求的；

（三）国务院规定的其他建设工程的勘察、设计。

第十七条 发包方不得将建设工程勘察、设计业务发包给不具有相应勘察、设计资质等级的建设工程勘察设计单位。

第十八条 发包方可以将整个建设工程的勘察、设计发包给一个勘察、设计单位；也可以将建设工程的勘察、设计分别发包给几个勘察、设计单位。

第十九条 除建设工程主体部分的勘察、设计外，经发包方书面同意，承包方可以将建设工程其他部分的勘察、设计再分包给其他具有相应资质等级的建设工程勘察、设计单位。

第二十条 建设工程勘察、设计单位不得将所承揽的建设工程勘察、设计转包。

第二十一条 承包方必须在建设工程勘察、设计资质证书规定的资质等级和业务范围内承揽建设工程的勘察、设计业务。

第二十二条 建设工程勘察、设计的发包方与承包方，应当执行国家规定的建设工程勘察、设计程序。

第二十三条 建设工程勘察、设计的发包方与承包方应当签订建设工程勘察、设计合同。

第二十四条 建设工程勘察、设计发包方与承包方应当执行国家有关建设工程勘察费、设计费的管理规定。

第四章 建设工程勘察设计文件的编制与实施

第二十五条 编制建设工程勘察、设计文件，应当以下列规定为依据：

（一）项目批准文件；

（二）城市规划；

（三）工程建设强制性标准；

（四）国家规定的建设工程勘察、设计深度要求。

铁路、交通、水利等专业建设工程，还应当以专业规划的要求为依据。

第二十六条 编制建设工程勘察文件，应当真实、准确，满足建设工程规划、选址、设计、岩土治理和施工的需要。

编制方案设计文件，应当满足编制初步设计文件和控制概算的需要。

编制初步设计文件，应当满足编制施工招标文件、主要设备材料订货和编制施工图设计文件的需要。

编制施工图设计文件，应当满足设备材料采购、非标准设备制作和施工的需要，并注明建设工程合理使用年限。

第二十七条 设计文件中选用的材料、构配件、设备，应当注明其规格、型号、性能等技术指标，其质量要求必须符合国家规定的标准。

除有特殊要求的建筑材料、专用设备和工艺生产线等外，设计单位不得指定生产厂、供应商。

第二十八条 建设单位、施工单位、监理单位不得修改建设工程勘察、设计文件；确需修改建设工程勘察、设计文件的，应当由原建设工程勘察、设计单位修改。经原建设工程勘察、设计单位书面同意，建设单位也可以委托其他具有相应资质的建设工程勘察、设计单位修改。修改单位对修改的勘察、设计文件承担相应责任。

施工单位、监理单位发现建设工程勘察、设计文件不符合工程建设强制性标准、合同约定的质量要求的，应当报告建设单位，建设单位有权要求建设工程勘察、设计单位对建设工程勘察、设计文件进行补充、修改。

建设工程勘察、设计文件内容需要做重大修改的，建设单位应当报经原审批机关批准后，方可修改。

第二十九条 建设工程勘察、设计文件中规定采用的新技术、新材料，可能影响建设工程质量和安全，又没有国家技术标准的，应当由国家认可的检测机构进行试验、论证，出具检测报告，并经国务院有关部门或者省、自治区、直辖市人民政府有关部门组织的建设工程技术专家委员会审定后，方可使用。

第三十条 建设工程勘察、设计单位应当在建设工程施工前，向施工单位和监理单位说明建设工程勘察、设计意图、解释建设工程勘察、设计文件。

建设工程勘察、设计单位应当及时解决施工中出现的勘察、设计问题。

第五章 监督管理

第三十一条 国务院建设行政主管部门对全国的建设工程勘察、设计活动实施统一监督管理。国务院铁路、交通、水利等有关部门按照国务院规定的职责分工，负责对全国的有关专业建设工程勘察、设计活动的监督管理。

县级以上地方人民政府建设行政主管部门对本行政区域内的建设工程勘察、设计活动实施监督管理。县级以上地方人民政府交通、水利等有关部门在各自的职责范围内，负责对本行政区域内的有关专业建设工程勘察、设计活动的监督管理。

第三十二条 建设工程勘察、设计单位在建设工程勘察、设计资质证书规定的业务范围内跨部门、跨地区承揽勘察、设计业务的，有关地方人民政府及其所属部门不得设置障碍，不得违反国家规定收取任何费用。

第三十三条 县级以上人民政府建设行政主管部门或者交通、水利等有关部门应当对施工图设计文件中涉及公共利益、公众安全、工程建设强制性标准的内容进行审查。

施工图设计文件未经审查批准的，不得使用。

第三十四条 任何单位和个人对建设工程勘察、设计活动中的违法行为都有权检举、控告、投诉。

第六章 罚 则

第三十五条 违反本条例第八条规定的，责令停止违法行为，处合同约定的勘察费、设计费1倍以上2倍以下的罚款，有违法所得的，予以没收；可以责令停业整顿，降低资质等级；情节严重的，吊销资质证书。

未取得资质证书承揽工程的，予以取缔，依照前款规定处以罚款；有违法所得的，予以没收。

以欺骗手段取得资质证书承揽工程的，吊销资质证书，依照本条第一款规定处以罚款；有违法所得的，予以没收。

第三十六条 违反本条例规定，未经注册，擅自以注册建设工程勘察、设计人员的名义从事建设工程勘察、设计活动的，责令停止违法行为，没收违法所得，处违法所得2倍以上5倍以下的罚款；给他人造成损失的，依法承担赔偿责任。

第三十七条 违反本条例规定，建设工程勘察、设计注册执业人员和其他专业技术人员未受聘于一个建设工程勘察、设计单位或者同时受聘于两个以上建设工程勘察、设计单位，从事建设工程勘察、设计活动的，责令停止违法行为，没收违法所得，处违法所得2倍以上5倍以下的罚款；情节严重的，可以责令停止执业业务或者吊销资格证书；给他人造成损失的，依法承担赔偿责任。

第三十八条 违反本条例规定，发包方将建设工程勘察、设计业务发包给不具有相应资质等级的建设工程勘察、设计单位的，责令改正，处50万元以上100万元以下的罚款。

第三十九条 违反本条例规定，建设工程勘察、设计单位将所承揽的建设工程勘察、设计转包的，责令改正，没收违法所得，处合同约定的勘察费、设计费25%以上50%以下的罚款，可以责令停业整顿，降低资质等级；情节严重的，吊销资质证书。

第四十条　违反本条例规定，有下列行为之一的，依照《建设工程质量管理条例》第六十三条的规定给予处罚：

（一）勘察单位未按照工程建设强制性标准进行勘察的；

（二）设计单位未根据勘察成果文件进行工程设计的；

（三）设计单位指定建筑材料、建筑构配件的生产厂、供应商的；

（四）设计单位未按照工程建设强制性标准进行设计的。

第四十一条　本条例规定的责令停业整顿、降低资质等级和吊销资质证书、资格证书的行政处罚，由颁发资质证书、资格证书的机关决定；其他行政处罚，由建设行政主管部门或者其他有关部门依据法定职权范围决定。

依照本条例规定被吊销资质证书的，由工商行政管理部门吊销其营业执照。

第四十二条　国家机关工作人员在建设工程勘察、设计活动的监督管理工作中玩忽职守、滥用职权、徇私舞弊，构成犯罪的，依法追究刑事责任；尚不构成犯罪的，依法给予行政处分。

第七章　附　　则

第四十三条　抢险救灾及其他临时性建筑和农民自建两层以下住宅的勘察、设计活动，不适用本条例。

第四十四条　军事建设工程勘察、设计的管理，按照中央军事委员会的有关规定执行。

第四十五条　本条例自公布之日起施行。

附录六　建设工程委托监理合同

GF—2000—0202

（示范文本）

第一部分　建设工程委托监理合同

委托人__________与监理人__________经双方协商一致，签订本合同。

一、委托人委托监理人监理的工程（以下简称“本工程”）概况如下：

工程名称：

工程地点：

工程规模：

总 投 资：

二、本合同中的有关词语含义与本合同第二部分《标准条件》中赋予它们的定义相同。

三、下列文件均为本合同的组成部分：

①监理投标书或中标通知书；

②本合同标准条件；

③本合同专用条件；

④在实施过程中双方共同签署的补充与修正文件。

四、监理人向委托人承诺，按照本合同的规定，承担本合同专用条件中议定范围内的监理业务。

五、委托人向监理人承诺按照本合同注明的期限、方式、币种，向监理人支付报酬。

本合同自____年____月____日开始实施，至____年____月____日完成。

本合同一式　份，具有同等法律效力，双方各执　份。

委托人：(签章)	监理人：(签章)
住所：	住所：
法定代表人：(签章)	法定代表人：(签章)
开户银行：	开户银行：
账号：	账号：
邮编：	邮编：
电话：	电话：

本合同签订于：______年______月______日

第二部分　标准条件

词语定义、适用范围和法规

第一条　下列名词和用语，除上下文另有规定外，有如下含义：

(1)“工程”是指委托人委托实施监理的工程。

(2)“委托人”是指承担直接投资责任和委托监理业务的一方以及其合法继承人。

(3)“监理人”是指承担监理业务和监理责任的一方，以及其合法继承人。

(4)“监理机构”是指监理人派驻本工程现场实施监理业务的组织。

(5)“总监理工程师”是指经委托人同意，监理人派到监理机构全面履行本合同的全权负责人。

(6)“承包人”是指除监理人以外，委托人就工程建设有关事宜签订合同的当事人。

(7)“工程监理的正常工作”是指双方在专用条件中约定，委托人委托的监理工作范围和内容。

(8)“工程监理的附加工作”是指：①委托人委托监理范围以外，通过双方书面协议另外增加的工作内容；②由于委托人或承包人原因，使监理工作受到阻碍或延误，因增加工作量或持续时间而增加的工作。

(9)“工程监理的额外工作”是指正常工作和附加工作以外，或非监理人自己的原因而暂停或终止监理业务，其善后工作及恢复监理业务的工作。

(10)“日”是指任何一天零时至第二天零时的时间段。

(11)“月”是指根据公历从一个月份中任何一天开始到下一个月相应日期的前一天的时间段。

第二条　建设工程委托监理合同适用的法律是指国家的法律、行政法规，以及专用条件中议定的部门规章或工程所在地的地方法规、地方规章。

第三条　本合同文件使用汉语语言文字书写、解释和说明。如专用条件约定使用两种以上（含两种）语言文字时，汉语应为解释和说明本合同的标准语言文字。

监 理 人 义 务

第四条　监理人按合同约定派出监理工作需要的监理机构及监理人员，向委托人报送委派的总监理工程师及其监理机构主要成员名单、监理规划，完成监理合同专用条件中约定的监理工程范围内的监理业务。在履行合同义务期间，应按合同约定定期向委托人报告监理工作。

第五条　监理人在履行本合同的义务期间，应认真、勤奋地工作，为委托人提供与其水平相应的咨询意见，公正维护各方面的合法权益。

第六条　监理人使用委托人提供的设施和物品属委托人的财产。在监理工作完成或中止时，应将其设施和剩余的物品按合同约定的时间和方式移交给委托人。

第七条　在合同期内或合同终止后，未征得有关方同意，不得泄露与本工程、本合同业务有关的保密资料。

委 托 人 义 务

第八条　委托人在监理人开展监理业务之前应向监理人支付预付款。

第九条　委托人应当负责工程建设的所有外部关系的协调，为监理工作提供外部条件。根据需要，如将部分或全部协调工作委托监理人承担，则应在专用条件中明确委托的工作和相应的报酬。

第十条　委托人应当在双方约定的时间内免费向监理人提供与工程有关的为监理工作所需要的工程资料。

第十一条　委托人应当在专用条款约定的时间内就监理人书面提交并要求做出决定的一切事宜作出书面决定。

第十二条　委托人应当授权一名熟悉工程情况、能在规定时间内做出决定的常驻代表（在专用条款中约定），负责与监理人联系。更换常驻代表，要提前通知监理人。

第十三条　委托人应当将授予监理人的监理权利，以及监理人主要成员的职能分工、监理权限及时书面通知已选定的承包合同的承包人，并在与第三人签订的合同中予以明确。

第十四条　委托人应在不影响监理人开展监理工作的时间内提供如下资料：

（1）与本工程合作的原材料、构配件、设备等生产厂家名录。

（2）提供与本工程有关的协作单位、配合单位的名录。

第十五条　委托人应免费向监理人提供办公用房、通讯设施、监理人员工地住房及合同专用条件约定的设施，对监理人自备的设施给予合理的经济补偿（补偿金额＝设施在工程使用时间占折旧年限的比例×设施原值＋管理费）。

第十六条　根据情况需要，如果双方约定，由委托人免费向监理人提供其他人员，应在监理合同专用条件中予以明确。

监 理 人 权 利

第十七条　监理人在委托人委托的工程范围内，享有以下权利：

(1) 选择工程总承包人的建议权。

(2) 选择工程分包人的认可权。

(3) 对工程建设有关事项包括工程规模、设计标准、规划设计、生产工艺设计和使用功能要求，向委托人的建议权。

(4) 对工程设计中的技术问题，按照安全和优化的原则，向设计人提出建议；如果拟提出的建议可能会提高工程造价，或延长工期，应当事先征得委托人的同意。当发现工程设计不符合国家颁布的建设工程质量标准或设计合同约定的质量标准时，监理人应当书面报告委托人并要求设计人更正。

(5) 审批工程施工组织设计和技术方案，按照保质量、保工期和降低成本的原则，向承包人提出建议，并向委托人提出书面报告。

(6) 主持工程建设有关协作单位的组织协调，重要协调事项应当事先向委托人报告。

(7) 征得委托人同意，监理人有权发布开工令、停工令、复工令，但应当事先向委托人报告。如在紧急情况下未能事先报告时，则应在24小时内向委托人做出书面报告。

(8) 工程上使用的材料和施工质量的检验权。对于不符合设计要求和合同约定及国家质量标准的材料、构配件、设备，有权通知承包人停止使用；对于不符合规范和质量标准的工序、分部、分项工程和不安全施工作业，有权通知承包人停工整改、返工。承包人得到监理机构复工令后才能复工。

(9) 工程施工进度的检查、监督权，以及工程实际竣工日期提前或超过工程施工合同规定的竣工期限的签认权。

(10) 在工程施工合同约定的工程价格范围内，工程款支付的审核和签认权，以及工程结算的复核确认权与否决权。未经总监理工程师签字确认，委托人不支付工程款。

第十八条　监理人在委托人授权下，可对任何承包人合同规定的义务提出变更。如果由此严重影响了工程费用或质量、或进度，则这种变更须经委托人事先批准。在紧急情况下未能事先报委托人批准时，监理人所做的变更也应尽快通知委托人。在监理过程中如发现工程承包人人员工作不力，监理机构可要求承包人调换有关人员。

第十九条　在委托的工程范围内，委托人或承包人对对方的任何意见和要求（包括索赔要求），均必须首先向监理机构提出，由监理机构研究处置意见，再同双方协商确定，当委托人和承包人发生争议时，监理机构应根据自己的职能，以独立的身份判断，公正地进行调解。当双方争议由政府建设行政主管部门调解或仲裁机关仲裁时，应当提供作证的事实材料。

委 托 人 权 利

第二十条　委托人有选定工程总承包人，以及与其订立合同的权利。

第二十一条　委托人有对工程规模、设计标准、规划设计、生产工艺设计和设计使用功能要求的认定权，以及对工程设计变更的审批权。

第二十二条　监理人调换总监理工程师须事先经委托人同意。

第二十三条　委托人有权要求监理人提交监理工作月报及监理业务范围内的专项报告。

第二十四条　当委托人发现监理人员不按监理合同履行监理职责，或与承包人串通给委托人或工程造成损失的，委托人有权要求监理人更换监理人员，直到终止合同并要求监理人承担相应的赔偿责任或连带赔偿责任。

监理人责任

第二十五条　监理人的责任期即委托监理合同有效期。在监理过程中，如果因工程建设进度的推迟或延误而超过书面约定的日期，双方应进一步约定相应延长的合同期。

第二十六条　监理人在责任期内，应当履行约定的义务。如果因监理人过失而造成了委托人的经济损失，应当向委托人赔偿。累计赔偿总额（除本合同第二十四条规定以外）不应超过监理报酬总额（除去税金）。

第二十七条　监理人对承包人违反合同规定的质量要求和完工（交图、交货）时限，不承担责任。因不可抗力导致委托监理合同不能全部或部分履行，监理人不承担责任。但对违反第五条规定引起的与之有关的事宜，向委托人承担赔偿责任。

第二十八条　监理人向委托人提出赔偿要求不能成立时，监理人应当补偿由于该索赔所导致委托人的各种费用支出。

委托人责任

第二十九条　委托人应当履行委托监理合同约定的义务，如有违反则应当承担违约责任，赔偿给监理人造成的经济损失。

监理人处理委托业务时，因非监理人原因的事由受到损失的，可以向委托人要求补偿损失。

第三十条　委托人如果向监理人提出赔偿的要求不能成立，则应当补偿由该索赔所引起的监理人的各种费用支出。

合同生效、变更与终止

第三十一条　由于委托人或承包人的原因使监理工作受到阻碍或延误，以致发生了附加工作或延长了持续时间，则监理人应当将此情况与可能产生的影响及时通知委托人。完成监理业务的时间相应延长，并得到附加工作的报酬。

第三十二条　在委托监理合同签订后，实际情况发生变化，使得监理人不能全部或部分执行监理业务时，监理人应当立即通知委托人。该监理业务的完成时间应予延长。当恢复执行监理业务时，应当增加不超过 42 日的时间用于恢复执行监理业务，并按双方约定的数量支付监理报酬。

第三十三条　监理人向委托人办理完竣工验收或工程移交手续，承包人和委托人已签订工程保修责任书，监理人收到监理报酬尾款，本合同即终止。保修期间的责任，双方在专用条款中约定。

第三十四条　当事人一方要求变更或解除合同时，应当在42日前通知对方，因解除合同使一方遭受损失的，除依法可以免除责任的外，应由责任方负责赔偿。

变更或解除合同的通知或协议必须采取书面形式，协议未达成之前，原合同仍然有效。

第三十五条　监理人在应当获得监理报酬之日起30日内仍未收到支付单据，而委托人又未对监理人提出任何书面解释时，或根据第三十一条及第三十二条已暂停执行监理业务时限超过六个月的，监理人可向委托人发出终止合同的通知，发出通知后14日内仍未得到委托人答复，可进一步发出终止合同的通知，如果第二份通知发出后42日内仍未得到委托人答复，可终止合同或自行暂停或继续暂停执行全部或部分监理业务。委托人承担违约责任。

第三十六条　监理人由于非自己的原因而暂停或终止执行监理业务，其善后工作以及恢复执行监理业务的工作，应当视为额外工作，有权得到额外的报酬。

第三十七条　当委托人认为监理人无正当理由而又未履行监理义务时，可向监理人发出指明其未履行义务的通知。若委托人发出通知后21日内没有收到答复，可在第一个通知发出后35日内发出终止委托监理合同的通知，合同即行终止。监理人承担违约责任。

第三十八条　合同协议的终止并不影响各方应有的权利和应当承担的责任。

监理报酬

第三十九条　正常的监理工作、附加工作和额外工作的报酬，按照监理合同专用条件中约定的方法计算，并按约定的时间和数额支付。

第四十条　如果委托人在规定的支付期限内未支付监理报酬，自规定之日起，还应向监理人支付滞纳金。滞纳金从规定支付期限最后一日起计算。

第四十一条　支付监理报酬所采取的货币币种、汇率由合同专用条件约定。

第四十二条　如果委托人对监理人提交的支付通知中报酬或部分报酬项目提出异议，应当在收到支付通知书24小时内向监理人发出表示异议的通知，但委托人不得拖延其他无异议报酬项目的支付。

其他

第四十三条　委托的建设工程监理所必要的监理人员出外考察、材料、设备复试，其费用支出经委托人同意的，在预算范围内向委托人实报实销。

第四十四条　在监理业务范围内，如需聘用专家咨询或协助，由监理人聘用的，其费用由监理人承担；由委托人聘用的，其费用由委托人承担。

第四十五条　监理人在监理工作过程中提出的合理化建议，使委托人得到了经济效

第四十五条　奖励办法：

奖励金额＝工程费用节省额×报酬比率

第四十九条　本合同在履行过程中发生争议时，当事人双方应及时协商解决。协商不成时，双方同意由仲裁委员会仲裁（当事人双方不在本合同中约定仲裁机构，事后又未达成书面仲裁协议的，可向人民法院起诉）。

附加协议条款：

附录七　关于发布工程建设监理费有关规定的通知

[1992] 价费字 479 号

各省、自治区、直辖市及计划单列市物价局（委员会）、建委（建设厅），国务院各有关部门：

1988 年以来，我国开始试行工程建设监理制度。几年的实践表明，实行工程建设监理制度，在控制工期、投资和保证质量等方面都发挥了积极作用。为了保证工程建设监理事业的顺利发展，维护建设单位和监理单位的合法权益，现对工程建设监理费有关问题规定如下：

一、工程建设监理，由取得法人资格，具备监理条件的工程监理单位实施，是工程建设的一种技术性服务。

二、工程建设监理，要体现“自愿互利、委托服务”的原则，建设单位与监理单位要签订监理合同，明确双方的权利和义务。

三、工程建设监理费，根据委托监理业务的范围、深度和工程的性质、规模、难易程度以及工作条件等情况，按照下列方法之一计收：

（一）按所监理工程概（预）算的百分比计收（见附表）；

（二）按照参与监理工作的年度平均人数计算：3.5 万元～5 万元/人·年；

（三）不宜按（一）、（二）两项办法计收的，由建设单位和监理单位按商定的其他方法计收。

四、以上（一）、（二）两项规定的工程建设监理收费标准为指导性价格，具体收费标准由建设单位和监理单位在规定的幅度内协商确定。

五、中外合资、合作、外商独资的建设工程，工程建设监理费由双方参照国际标准协商确定。

六、工程建设监理费用于监理工作中的直接、间接成本开支，交纳税金和合理利润。

七、各监理单位要加强对监理费的收支管理，自觉接受物价和财务监督。

八、国务院各有关部门和各省、自治区、直辖市物价部门、建设部门可依据本通知规定，结合本地区、本部门情况制定具体实施办法，报国家物价局、建设部备案。

九、本通知自 1992 年 10 月 1 日起施行。

附表：工程建设监理收费标准

国家物价局　建设部

1992 年 9 月 18 日

附表： 工程建设监理收费标准

序 号	工程概（预）算 M（万元）	设计阶段（含设计招标）监理取费 a（%）	施工（含施工招标）及保修阶段监理取费 b（%）
1	$M<500$	$0.20<a$	$2.50<b$
2	$500\leqslant M<1000$	$0.15<a\leqslant 0.20$	$2.00<b\leqslant 2.50$
3	$1000\leqslant M<5000$	$0.10<a\leqslant 0.15$	$1.40<b\leqslant 2.00$
4	$5000\leqslant M<10000$	$0.08<a\leqslant 0.10$	$1.20<b\leqslant 1.40$
5	$10000\leqslant M<50000$	$0.05<a\leqslant 0.08$	$0.80<b\leqslant 1.20$
6	$50000\leqslant M<100000$	$0.03<a\leqslant 0.05$	$0.60<b\leqslant 0.80$
7	$100000\leqslant M$	$a\leqslant 0.03$	$b\leqslant 0.60$

附录八 房屋建筑工程和市政基础设施工程竣工验收备案管理暂行办法

建设部令第78号 二〇〇〇年四月七日

第一条 为了加强房屋建筑工程和市政基础设施工程质量的管理，根据《建设工程质量管理条例》，制定本办法。

第二条 在中华人民共和国境内新建、扩建、改建各类房屋建筑工程和市政基础设施工程的竣工验收备案，适用本办法。

第三条 国务院建设行政主管部门负责全国房屋建筑工程和市政基础设施工程（以下统称工程）的竣工验收备案管理工作。

县级以上地方人民政府建设行政主管部门负责本行政区域内工程的竣工验收备案管理工作。

第四条 建设单位应当自工程竣工验收合格之日起15日内，依照本办法规定，向工程所在地的县级以上地方人民政府建设行政主管部门（以下简称备案机关）备案。

第五条 建设单位办理工程竣工验收备案应当提交下列文件：

（一）工程竣工验收备案表；

（二）工程竣工验收报告。竣工验收报告应当包括工程报建日期，施工许可证号，施工图设计文件审查意见，勘察、设计、施工、工程监理等单位分别签署的质量合格文件及验收人员签署的竣工验收原始文件，市政基础设施的有关质量检测和功能性试验资料以及备案机关认为需要提供的有关资料；

（三）法律、行政法规规定应当由规划、公安消防、环保等部门出具的认可文件或者准许使用文件；

（四）施工单位签署的工程质量保修书；

（五）法规、规章规定必须提供的其他文件。

商品住宅还应当提交《住宅质量保证书》和《住宅使用说明书》。

第六条 备案机关收到建设单位报送的竣工验收备案文件，验证文件齐全后，应当在工程竣工验收备案表上签署文件收讫。

工程竣工验收备案表一式二份，一份由建设单位保存，一份留备案机关存档。

第七条 工程质量监督机构应当在工程竣工验收之日起5日内，向备案机关提交工程质量监督报告。

第八条 备案机关发现建设单位在竣工验收过程中有违反国家有关建设工程质量管理规定行为的，应当在收讫竣工验收备案文件15日内，责令停止使用，重新组织竣工验收。

第九条 建设单位在工程竣工验收合格之日起15日内未办理工程竣工验收备案的，备案机关责令限期改正，处20万元以上30万元以下罚款。

第十条 建设单位将备案机关决定重新组织竣工验收的工程，在重新组织竣工验收前，擅自使用的，备案机关责令停止使用，处工程合同价款2%以上4%以下罚款。

第十一条 建设单位采用虚假证明文件办理工程竣工验收备案的，工程竣工验收无效，备案机关责令停止使用，重新组织竣工验收，处20万元以上50万元以下罚款；构成犯罪的，依法追究刑事责任。

第十二条 备案机关决定重新组织竣工验收并责令停止使用的工程，建设单位在备案之前已投入使用或者建设单位擅自继续使用造成使用人损失的，由建设单位依法承担赔偿责任。

第十三条 竣工验收备案文件齐全，备案机关及其工作人员不办理备案手续的，由有关机关责令改正，对直接责任人员给予行政处分。

第十四条 抢险救灾工程、临时性房屋建筑工程和农民自建低层住宅工程，不适用本办法。

第十五条 军用房屋建筑工程竣工验收备案，按照中央军事委员会的有关规定执行。

第十六条 省、自治区、直辖市人民政府建设行政主管部门可以根据本办法制定实施细则。

第十七条 本办法由国务院建设行政主管部门负责解释。

第十八条 本办法自发布之日起施行。

附录九 房屋建筑工程和市政基础设施工程竣工验收暂行规定

建建［2000］142号 二〇〇〇年六月三十日

第一条 为规范房屋建筑工程和市政基础设施工程的竣工验收，保证工程质量，根据《中华人民共和国建筑法》和《建设工程质量管理条例》，制订本规定。

第二条 凡在中华人民共和国境内新建、扩建、改建的各类房屋建筑工程和市政基础设施工程的竣工验收（以下简称工程竣工验收），应当遵守本规定。

第三条 国务院建设行政主管部门负责全国工程竣工验收的监督管理工作。

县级以上地方人民政府建设行政主管部门负责本行政区域内工程竣工验收的监督管理工作。

第四条　工程竣工验收工作，由建设单位负责组织实施。

县级以上地方人民政府建设行政主管部门应当委托工程质量监督机构对工程竣工验收实施监督。

第五条　工程符合下列要求方可进行竣工验收：

（一）完成工程设计和合同约定的各项内容。

（二）施工单位在工程完工后对工程质量进行了检查，确认工程质量符合有关法律、法规和工程建设强制性标准，符合设计文件及合同要求，并提出工程竣工报告。工程竣工报告应经项目经理和施工单位有关负责人审核签字。

（三）对于委托监理的工程项目，监理单位对工程进行了质量评估，具有完整的监理资料，并提出工程质量评估报告。工程质量评估报告应经总监理工程师和监理单位有关负责人审核签字。

（四）勘察、设计单位对勘察、设计文件及施工过程中由设计单位签署的设计变更通知书进行了检查，并提出质量检查报告。质量检查报告应经该项目勘察、设计负责人和勘察、设计单位有关负责人审核签字。

（五）有完整的技术档案和施工管理资料。

（六）有工程使用的主要建筑材料、建筑构配件和设备的进场试验报告。

（七）建设单位已按合同约定支付工程款。

（八）有施工单位签署的工程质量保修书。

（九）城乡规划行政主管部门对工程是否符合规划设计要求进行检查，并出具认可文件。

（十）有公安消防、环保等部门出具的认可文件或者准许使用文件。

（十一）建设行政主管部门及其委托的工程质量监督机构等有关部门责令整改的问题全部整改完毕。

第六条　工程竣工验收应当按以下程序进行：

（一）工程完工后，施工单位向建设单位提交工程竣工报告，申请工程竣工验收。实行监理的工程，工程竣工报告须经总监理工程师签署意见。

（二）建设单位收到工程竣工报告后，对符合竣工验收要求的工程，组织勘察、设计、施工、监理等单位和其他有关方面的专家组成验收组，制定验收方案。

（三）建设单位应当在工程竣工验收7个工作日前将验收的时间、地点及验收组名单书面通知负责监督该工程的工程质量监督机构。

（四）建设单位组织工程竣工验收。

1. 建设、勘察、设计、施工、监理单位分别汇报工程合同履约情况和在工程建设各个环节执行法律、法规和工程建设强制性标准的情况；

2. 审阅建设、勘察、设计、施工、监理单位的工程档案资料；

3. 实地查验工程质量；

4. 对工程勘察、设计、施工、设备安装质量和各管理环节等方面做出全面评价，形成经验收组人员签署的工程竣工验收意见。

参与工程竣工验收的建设、勘察、设计、施工、监理等各方不能形成一致意见时，应当协商提出解决的方法，待意见一致后，重新组织工程竣工验收。

第七条　工程竣工验收合格后，建设单位应当及时提出工程竣工验收报告。工程竣工验收报告主要包括工程概况，建设单位执行基本建设程序情况，对工程勘察、设计、施工、监理等方面的评价，工程竣工验收时间、程序、内容和组织形式，工程竣工验收意见等内容。

工程竣工验收报告还应附有下列文件：

(一) 施工许可证。

(二) 施工图设计文件审查意见。

(三) 本规定第五条 (二)、(三)、(四)、(九)、(十) 项规定的文件。

(四) 验收组人员签署的工程竣工验收意见。

(五) 市政基础设施工程应附有质量检测和功能性试验资料。

(六) 施工单位签署的工程质量保修书。

(七) 法规、规章规定的其他有关文件。

第八条　负责监督该工程的工程质量监督机构应当对工程竣工验收的组织形式、验收程序、执行验收标准等情况进行现场监督，发现有违反建设工程质量管理规定行为的，责令改正，并将对工程竣工验收的监督情况作为工程质量监督报告的重要内容。

第九条　建设单位应当自工程竣工验收合格之日起15日内，依照《房屋建筑工程和市政基础设施工程竣工验收备案管理暂行办法》的规定，向工程所在地的县级以上地方人民政府建设行政主管部门备案。

第十条　抢险救灾工程、临时性房屋建筑工程和农民自建低层住宅工程，不适用本规定。

第十一条　军事建设工程的管理，按照中央军事委员会的有关规定执行。

第十二条　省、自治区、直辖市人民政府建设行政主管部门可以根据本规定制定实施细则。

第十三条　本规定由国务院建设行政主管部门负责解释。

第十四条　本规定自发布之日起施行。

附录十　工程建设项目招标代理机构资格认定办法

建设部令　第79号　二〇〇〇年六月三十日

第一条　为了加强对工程建设项目招标代理机构的资格管理，维护工程建设项目招标投标活动当事人的合法权益，根据《中华人民共和国招标投标法》，制定本办法。

第二条　在中华人民共和国境内从事各类工程建设项目招标代理活动机构资格的认定，适用本办法。

本办法所称工程建设项目（以下简称工程），是指土木工程、建筑工程、线路管道和设备安装工程及装修工程项目。

本办法所称工程招标代理，是指对工程的勘察、设计、施工、监理以及与工程建设有关的重要设备（进口机电设备除外）、材料采购招标的代理。

第三条 国务院建设行政主管部门负责全国工程招标代理机构资格认定的管理。

省、自治区、直辖市人民政府建设行政主管部门负责本行政区域内的工程招标代理机构资格认定的管理。

第四条 从事工程招标代理业务的机构，必须依法取得国务院建设行政主管部门或者省、自治区、直辖市人民政府建设行政主管部门认定的工程招标代理机构资格。

第五条 工程招标代理机构资格分为甲、乙两级。

甲级工程招标代理机构资格按行政区划，由省、自治区、直辖市人民政府建设行政主管部门初审，报国务院建设行政主管部门认定。

乙级工程招标代理机构资格由省、自治区、直辖市人民政府建设行政主管部门认定，报国务院建设行政主管部门备案。

国务院建设行政主管部门将认定的甲级工程招标代理机构名单在认定后的15日内通报国务院发展计划部门和有关部门。

第六条 工程招标代理机构可以跨省、自治区、直辖市承担工程招标代理业务。

任何单位和个人不得限制或者排斥工程招标代理机构依法开展工程招标代理业务。

第七条 申请工程招标代理机构资格的单位应当具备下列条件：

（一）是依法设立的中介组织；

（二）与行政机关和其他国家机关没有行政隶属关系或者其他利益关系；

（三）有固定的营业场所和开展工程招标代理业务所需设施及办公条件；

（四）有健全的组织机构和内部管理的规章制度；

（五）具备编制招标文件和组织评标的相应专业力量；

（六）具有可以作为评标委员会成员人选的技术、经济等方面的专家库。

第八条 申请甲级工程招标代理机构资格，除具备本办法第七条规定的条件外，还应当具备下列条件：

（一）近3年内代理中标金额3000万元以上的工程不少于10个，或者代理招标的工程累计中标金额在8亿元以上（以中标通知书为依据，下同）；

（二）具有工程建设类执业注册资格或者中级以上专业技术职称的专职人员不少于20人，其中具有造价工程师执业资格人员不少于2人；

（三）法定代表人、技术经济负责人、财会人员为本单位专职人员，其中技术经济负责人具有高级职称或者相应执业注册资格并有10年以上从事工程管理的经验；

（四）注册资金不少于100万元。

第九条 申请乙级工程招标代理机构资格，除具备本办法第七条规定的条件外，还应当具备下列条件：

（一）近3年内代理中标金额1000万元以上的工程不少于10个，或者代理招标的工程累计中标金额在3亿元以上；

（二）具有工程建设类执业注册资格或者中级以上专业技术职称的专职人员不少于10人，其中具有造价工程师执业资格人员不少于2人；

（三）法定代表人、技术经济负责人、财会人员为本单位专职人员，其中技术经济负责人具有高级职称或者相应执业注册资格并有7年以上从事工程管理的经验；

（四）注册资金不少于50万元。

乙级工程招标代理机构只能承担工程投资额（不含征地费、大市政配套费与拆迁补偿费）3000万元以下的工程招标代理业务。

第十条　申请工程招标代理机构资格的单位，应当提供以下资料：

（一）企业法人营业执照（复印件加盖原登记机关的确认章）；

（二）工程招标代理机构章程；

（三）《工程招标代理机构资格申请表》；

（四）其他有关工程招标代理机构的资料。

申请甲级工程招标代理机构资格的，还需提供所在地省、自治区、直辖市人民政府建设行政主管部门的初审意见。

任何单位和个人不得弄虚作假或者以其他手段骗取工程招标代理机构资格证书。

第十一条　工程招标代理机构的资格，在认定前由建设行政主管部门组织专家委员会评审。专家委员会由有关部门和勘察、设计、施工、监理等单位的技术人员组成。

第十二条　对申请甲级工程招标代理机构资格的，实行定期集中认定。国务院建设行政主管部门在申请文件资料齐全后，3个月内完成审核。对申请乙级工程招标代理机构资格的，实行即时认定或者定期集中认定，由省、自治区、直辖市人民政府建设行政主管部门确定。

对审核合格的工程招标代理机构，颁发相应的《工程招标代理机构资格证书》。

第十三条　新成立的工程招标代理机构，其工程招标代理业绩未满足本办法规定条件的，国务院建设行政主管部门可以根据市场需要设定暂定资格，颁发《工程招标代理机构资格暂定证书》，具体办法另行规定。

取得暂定资格的工程招标代理机构，只能承担工程投资额（不含征地费、大市政配套费与拆迁补偿费）3000万元以下的工程招标代理业务。

第十四条　《工程招标代理机构资格证书》和《工程招标代理机构资格暂定证书》分为正本和副本。《工程招标代理机构资格证书》有效期3年，《工程招标代理机构资格暂定证书》有效期1年。

第十五条　工程招标代理机构应当在其《工程招标代理机构资格证书》或者《工程招标代理机构资格暂定证书》有效期届满3个月前，向原发证的机关提出复审申请。申请复审除提供本办法第十条规定的申报材料外，还需提交经工商、税务部门年审通过的财务报表（即损益表、资产负债表）及报表说明。

第十六条　原发证机关应当在复审申请文件资料齐全后，3个月内完成审核；对于符合条件的，核发相应的资格证书。

逾期不申请资格复审的工程招标代理机构，其资格证书自动失效。需继续从事工程招标代理业务的，应当重新申请工程招标代理机构资格。

第十七条　发生下列情况之一的，工程招标代理机构应当自情况发生之日起30日内到原发证机关办理变更或者注销手续：

（一）登记事项发生变更；

（二）解散、破产或者其他原因终止业务。

第十八条　工程招标代理机构发生分立或者合并，应当按照本办法重新核定资格等级。

第十九条　工程招标代理机构可以接受招标人委托编制工程招标方案、招标文件、工程标底和草拟工程合同等。

工程招标代理机构应当与招标人签订书面委托代理合同。未经招标人书面同意，工程招标代理机构不得向他人转让代理业务。

第二十条　工程招标代理机构不得与被代理招标工程的投标人有隶属关系或者其他利益关系。

第二十一条　工程招标代理机构在申请资格认定或者资格复审时弄虚作假的，建设行政主管部门应当退回其资格认定、资格复审申请，或者收回已发的资格证书，并在3年内不受理其资格申请。

第二十二条　未取得资格认定承担工程招标代理业务的，该工程招标代理无效，由招标工程所在地的建设行政主管部门处以1万元以上3万元以下的罚款。

第二十三条　工程招标代理机构超越规定范围承担工程招标代理业务的，由建设行政主管部门处以1万元以上3万元以下的罚款；情节严重的，收回其工程招标代理资格证书，并在3年内不受理其资格申请。

第二十四条　工程招标代理机构出借、转让或者涂改资格证书的，由建设行政主管部门处以1万元以上3万元以下的罚款；情节严重的，收回其工程招标代理资格证书，并在3年内不受理其资格申请。

第二十五条　本办法规定收回工程招标代理资格证书，由原发证机关决定。

第二十六条　本办法由国务院建设行政主管部门负责解释。

第二十七条　本办法自发布之日起施行。

附录十一　房屋建筑工程质量保修办法

建设部令　第80号　二〇〇〇年六月三十日

第一条　为保护建设单位、施工单位、房屋建筑所有人和使用人的合法权益，维护公共安全和公众利益，根据《中华人民共和国建筑法》和《建设工程质量管理条例》，制订本办法。

第二条　在中华人民共和国境内新建、扩建、改建各类房屋建筑工程（包括装修工程）的质量保修，适用本办法。

第三条　本办法所称房屋建筑工程质量保修，是指对房屋建筑工程竣工验收后在保修期限内出现的质量缺陷，予以修复。

本办法所称质量缺陷，是指房屋建筑工程的质量不符合工程建设强制性标准以及合同的约定。

第四条　房屋建筑工程在保修范围和保修期限内出现质量缺陷，施工单位应当履行保修义务。

第五条　国务院建设行政主管部门负责全国房屋建筑工程质量保修的监督管理。

县级以上地方人民政府建设行政主管部门负责本行政区域内房屋建筑工程质量保修的监督管理。

第六条　建设单位和施工单位应当在工程质量保修书中约定保修范围、保修期限和保修责任等，双方约定的保修范围、保修期限必须符合国家有关规定。

第七条　在正常使用条件下，房屋建筑工程的最低保修期限为：

（一）地基基础工程和主体结构工程，为设计文件规定的该工程的合理使用年限；

（二）屋面防水工程、有防水要求的卫生间、房间和外墙面的防渗漏，为5年；

（三）供热与供冷系统，为2个采暖期、供冷期；

（四）电气管线、给排水管道、设备安装为2年；

（五）装修工程为2年。

其他项目的保修期限由建设单位和施工单位约定。

第八条　房屋建筑工程保修期从工程竣工验收合格之日起计算。

第九条　房屋建筑工程在保修期限内出现质量缺陷，建设单位或者房屋建筑所有人应当向施工单位发出保修通知。施工单位接到保修通知后，应当到现场核查情况，在保修书约定的时间内予以保修。发生涉及结构安全或者严重影响使用功能的紧急抢修事故，施工单位接到保修通知后，应当立即到达现场抢修。

第十条　发生涉及结构安全的质量缺陷，建设单位或者房屋建筑所有人应当立即向当地建设行政主管部门报告，采取安全防范措施；由原设计单位或者具有相应资质等级的设计单位提出保修方案，施工单位实施保修，原工程质量监督机构负责监督。

第十一条　保修完成后，由建设单位或者房屋建筑所有人组织验收。涉及结构安全的，应当报当地建设行政主管部门备案。

第十二条　施工单位不按工程质量保修书约定保修的，建设单位可以另行委托其他单位保修，由原施工单位承担相应责任。

第十三条　保修费用由质量缺陷的责任方承担。

第十四条　在保修期限内，因房屋建筑工程质量缺陷造成房屋所有人、使用人或者第三方人身、财产损害的，房屋所有人、使用人或者第三方可以向建设单位提出赔偿要求。建设单位向造成房屋建筑工程质量缺陷的责任方追偿。

第十五条　因保修不及时造成新的人身、财产损害，由造成拖延的责任方承担赔偿责任。

第十六条　房地产开发企业售出的商品房保修，还应当执行《城市房地产开发经营管理条例》和其他有关规定。

第十七条　下列情况不属于本办法规定的保修范围：

（一）因使用不当或者第三方造成的质量缺陷；

（二）不可抗力造成的质量缺陷。

第十八条　施工单位有下列行为之一的，由建设行政主管部门责令改正，并处1万元以上3万元以下的罚款。

（一）工程竣工验收后，不向建设单位出具质量保修书的；

（二）质量保修的内容、期限违反本办法规定的。

第十九条　施工单位不履行保修义务或者拖延履行保修义务的，由建设行政主管部门责令改正，处10万元以上20万元以下的罚款。

第二十条　军事建设工程的管理，按照中央军事委员会的有关规定执行。

第二十一条 本办法由国务院建设行政主管部门负责解释。

第二十二条 本办法自发布之日起施行。

附录十二 实施工程建设强制性标准监督规定

建设部令 第81号 二○○○年八月二十五日

第一条 为加强工程建设强制性标准实施的监督工作，保证建设工程质量，保障人民的生命、财产安全，维护社会公共利益，根据《中华人民共和国标准化法》、《中华人民共和国标准化法实施条例》和《建设工程质量管理条例》，制定本规定。

第二条 在中华人民共和国境内从事新建、扩建、改建等工程建设活动，必须执行工程建设强制性标准。

第三条 本规定所称工程建设强制性标准是指直接涉及工程质量、安全、卫生及环境保护等方面的工程建设标准强制性条文。

国家工程建设标准强制性条文由国务院建设行政主管部门会同国务院有关行政主管部门确定。

第四条 国务院建设行政主管部门负责全国实施工程建设强制性标准的监督管理工作。

国务院有关行政主管部门按照国务院的职能分工负责实施工程建设强制性标准的监督管理工作。

县级以上地方人民政府建设行政主管部门负责本行政区域内实施工程建设强制性标准的监督管理工作。

第五条 工程建设中拟采用的新技术、新工艺、新材料，不符合现行强制性标准规定的，应当由拟采用单位提请建设单位组织专题技术论证，报批准标准的建设行政主管部门或者国务院有关主管部门审定。

工程建设中采用国际标准或者国外标准，现行强制性标准未作规定的，建设单位应当向国务院建设行政主管部门或者国务院有关行政主管部门备案。

第六条 建设项目规划审查机构应当对工程建设规划阶段执行强制性标准的情况实施监督。

施工图设计文件审查单位应当对工程建设勘察、设计阶段执行强制性标准的情况实施监督。

建筑安全监督管理机构应当对工程建设施工阶段执行施工安全强制性标准的情况实施监督。

工程质量监督机构应当对工程建设施工、监理、验收等阶段执行强制性标准的情况实施监督。

第七条 建设项目规划审查机关、施工设计图设计文件审查单位、建筑安全监督管理机构、工程质量监督机构的技术人员必须熟悉、掌握工程建设强制性标准。

第八条 工程建设标准批准部门应当定期对建设项目规划审查机关、施工图设计文件审查单位、建筑安全监督管理机构、工程质量监督机构实施强制性标准的监督进行检查，对监督不力的单位和个人，给予通报批评，建议有关部门处理。

第九条　工程建设标准批准部门应当对工程项目执行强制性标准情况进行监督检查。监督检查可以采取重点检查、抽查和专项检查的方式。

第十条　强制性标准监督检查的内容包括：

(一) 有关工程技术人员是否熟悉、掌握强制性标准；

(二) 工程项目的规划、勘察、设计、施工、验收等是否符合强制性标准的规定；

(三) 工程项目采用的材料、设备是否符合强制性标准的规定；

(四) 工程项目的安全、质量是否符合强制性标准的规定；

(五) 工程中采用的导则、指南、手册、计算机软件的内容是否符合强制性标准的规定。

第十一条　工程建设标准批准部门应当将强制性标准监督检查结果在一定范围内公告。

第十二条　工程建设强制性标准的解释由工程建设标准批准部门负责。

有关标准具体技术内容的解释，工程建设标准批准部门可以委托该标准的编制管理单位负责。

第十三条　工程技术人员应当参加有关工程建设强制性标准的培训，并可以计入继续教育学时。

第十四条　建设行政主管部门或者有关行政主管部门在处理重大工程事故时，应当有工程建设标准方面的专家参加；工程事故报告应当包括是否符合工程建设强制性标准的意见。

第十五条　任何单位和个人对违反工程建设强制性标准的行为有权向建设行政主管部门或者有关部门检举、控告、投诉。

第十六条　建设单位有下列行为之一的，责令改正，并处以20万元以上50万元以下的罚款：

(一) 明示或者暗示施工单位使用不合格的建筑材料、建筑构配件和设备的；

(二) 明示或者暗示设计单位或者施工单位违反工程建设强制性标准，降低工程质量的。

第十七条　勘察、设计单位违反工程建设强制性标准进行勘察、设计的，责令改正，并处以10万元以上30万元以下的罚款。

有前款行为，造成工程质量事故的，责令停业整顿，降低资质等级；情节严重的，吊销资质证书；造成损失的，依法承担赔偿责任。

第十八条　施工单位违反工程建设强制性标准的，责令改正，处工程合同价款2%以上4%以下的罚款；造成建设工程质量不符合规定的质量标准的，负责返工、修理，并赔偿因此造成的损失；情节严重的，责令停业整顿，降低资质等级或者吊销资质证书。

第十九条　工程监理单位违反强制性标准规定，将不合格的建设工程以及建筑材料、建筑构配件和设备按照合格签字的，责令改正，处50万元以上100万元以下的罚款，降低资质等级或者吊销资质证书；有违法所得的，予以没收；造成损失的，承担连带赔偿责任。

第二十条　违反工程建设强制性标准造成工程质量、安全隐患或者工程事故的，按照《建设工程质量管理条例》有关规定，对事故责任单位和责任人进行处罚。

第二十一条　有关责令停业整顿、降低资质等级和吊销资质证书的行政处罚，由颁发资质证书的机关决定；其他行政处罚，由建设行政主管部门或者有关部门依照法定职权决定。

第二十二条　建设行政主管部门和有关行政部门工作人员，玩忽职守、滥用职权、徇私舞弊的，给予行政处分；构成犯罪的，依法追究刑事责任。

第二十三条　本规定由国务院建设行政主管部门负责解释。

第二十四条　本规定自发布之日起施行。

附录十三　建筑工程设计招标投标管理办法

建设部令　第82号　二〇〇〇年十月十八日

第一条　为规范建筑工程设计市场，优化建筑工程设计，促进设计质量的提高，根据《中华人民共和国招标投标法》，制定本办法。

第二条　符合《工程建设项目招标范围和规模标准规定》的各类房屋建筑工程，其设计招标投标适用本办法。

第三条　建筑工程的设计，采用特定专利技术、专有技术，或者建筑艺术造型有特殊要求的，经有关部门批准，可以直接发包。

第四条　国务院建设行政主管部门负责全国建筑工程设计招标投标的监督管理。

县级以上地方人民政府建设行政主管部门负责本行政区域内建筑工程设计招标投标的监督管理。

第五条　建筑工程设计招标依法可以公开招标或者邀请招标。

第六条　招标人具备下列条件的，可以自行组织招标：

（一）有与招标项目工程规模及复杂程度相适应的工程技术、工程造价、财务和工程管理人员，具备组织编写招标文件的能力；

（二）有组织评标的能力。

招标人不具备前款规定条件的，应当委托具有相应资格的招标代理机构进行招标。

第七条　依法必须招标的建筑工程项目，招标人自行组织招标的，应当在发布招标公告或者发出招标邀请书15日前，持有关材料到县级以上地方人民政府建设行政主管部门备案；招标人委托招标代理机构进行招标的，招标人应当在委托合同签订后15日内，持有关材料到县级以上地方人民政府建筑行政主管部门备案。

备案机关应当在接受备案之日起5日内进行审核，发现招标人不具备自行招标条件、代理机构无相应资格、招标前期条件不具备、招标公告或者招标邀请书有重大瑕疵的，可以责令招标人暂时停止招标活动。

备案机关逾期未提出异议的，招标人可以实施招标活动。

第八条　公开招标的，招标人应当发布招标公告。邀请招标的，招标人应当向三个以上设计单位发出招标邀请书。

招标公告或者招标邀请书应当载明招标人名称和地址、招标项目的基本要求、投标人的资质要求以及获取招标文件的办法等事项。

第九条　招标文件应当包括以下内容：

（一）工程名称、地址、占地面积、建筑面积等；

（二）已批准的项目建议书或者可行性研究报告；

（三）工程经济技术要求；

（四）城市规划管理部门确定的规划控制条件和用地红线图；

（五）可供参考的工程地质、水文地质、工程测量等建设场地勘察成果报告；

（六）供水、供电、供气、供热、环保、市政道路等方面的基础资料；

（七）招标文件答疑、踏勘现场的时间和地点；

（八）投标文件编制要求及评标原则；

（九）投标文件送达的截止时间；

（十）拟签订合同的主要条款；

（十一）未中标方案的补偿办法。

第十条　招标文件一经发出，招标人不得随意变更。确需进行必要的澄清或者修改，应当在提交投标文件截止日期15日前，书面通知所有招标文件收受人。

第十一条　招标人要求投标人提交投标文件的时限为：特级和一级建筑工程不少于45日；二级以下建筑工程不少于30日；进行概念设计招标的，不少于20日。

第十二条　投标人应当具有与招标项目相适应的工程设计资质。

境外设计单位参加国内建筑工程设计投标的，应当经省、自治区、直辖市人民政府建设行政主管部门批准。

第十三条　投标人应当按照招标文件、建筑方案设计文件编制深度规定的要求编制投标文件；进行概念设计招标的，应当按照招标文件要求编制投标文件。

投标文件应当由具有相应资格的注册建筑师签章，加盖单位公章。

第十四条　评标由评标委员会负责。

评标委员会由招标人代表和有关专家组成。评标委员会人数一般为五人以上单数，其中技术方面的专家不得少于成员总数的三分之二。

投标人或者与投标人有利害关系的人员不得参加评标委员会。

第十五条　国务院建设行政主管部门，省、自治区、直辖市人民政府建设行政主管部门应当建立建筑工程设计评标专家库。

第十六条　有下列情形之一的，投标文件作废：

（一）投标文件未经密封的；

（二）无相应资格的注册建筑师签字的；

（三）无投标人公章的；

（四）注册建筑师受聘单位与投标人不符的。

第十七条　评标委员会应当在符合城市规划、消防、节能、环保的前提下，按照投标文件的要求，对投标设计方案的经济、技术、功能和造型等进行比选、评价，确定符合招标文件要求的最优设计方案。

第十八条　评标委员会应当在评标完成后，向招标人提出书面评标报告。

采用公开招标方式的，评标委员会应当向招标人推荐2～3个中标候选方案。

采用邀请招标方式的，评标委员会应当向招标人推荐 1～2 个中标候选方案。

第十九条 招标人根据评标委员会的书面评标报告和推荐的中标候选方案，结合投标人的技术力量和业绩确定中标方案。

招标人也可以委托评标委员会直接确定中标方案。

招标人认为评标委员会推荐的所有候选方案均不能最大限度满足招标文件规定要求的，应当依法重新招标。

第二十条 招标人应当在中标方案确定之日起 7 日内，向中标人发出中标通知，并将中标结果通知所有未中标人。

第二十一条 依法必须进行招标的项目，招标人应当在中标方案确定之日起 15 日内，向县级以上地方人民政府建设行政主管部门提交招标投标情况的书面报告。

第二十二条 对达到招标文件规定要求的未中标方案，公开招标的，招标人应当在招标公告中明确是否给予未中标单位经济补偿及补偿金额；邀请招标的，应当给予未中标单位经济补偿，补偿金额应当在招标邀请书中明确。

第二十三条 招标人应当在中标通知书发出之日起 30 日内与中标人签订工程设计合同。确需另择设计单位承担施工图设计的，应当在招标公告或招标邀请书中明确。

第二十四条 招标人、中标人使用未中标方案的，应当征得提交方案的招标人同意并付给使用费。

第二十五条 依法必须招标的建筑工程项目，招标人自行组织招标的，未在发布招标公告的或招标邀请书 15 日前到县级以上地方人民政府建设行政主管部门备案，或者委托招标代理机构进行招标的，招标人未在委托合同签订后 15 日内到县级以上地方人民政府建设行政主管部门备案的，由县级以上地方人民政府建设行政主管部门责令改正，并可处以 1 万元以上 3 万元以下罚款。

第二十六条 招标人未在中标方案确定之日起 15 日内，向县级以上地方人民政府建设行政主管部门提交招标投标情况的书面报告的，由县级以上地方人民政府建设行政主管部门责令改正，并可处以 1 万元以上 3 万元以下的罚款。

第二十七条 招标人将必须进行设计招标的项目不招标的，或将必须进行招标的项目化整为零或者以其他方式规避招标的，由县级以上地方人民政府建设行政主管部门责令其限期改正，并可处以项目合同金额千分之五以上千分之十以下的罚款。

第二十八条 招标代理机构有下列行为之一的，由省、自治区、直辖市地方人民政府建设行政主管部门处 5 万元以上 25 万元以下的罚款；有违法所得的，并处没收违法所得；情节严重的，由国务院建设行政主管部门或者省、自治区、直辖市地方人民政府建设行政主管部门暂停直至取消代理机构资格；构成犯罪的，依法追究刑事责任。给他人造成损失的，依法承担赔偿责任：

（一）在开标前泄漏应当保密的与招标有关的情况和资料的；

（二）与招标人或者投标人串通损害国家利益、社会公众利益或投标人利益的。

前款所列行为影响中标结果的，中标结果无效。

第二十九条 投标人相互串通投标，或者以向招标人、评标委员会成员行贿的手段谋取中标的，中标无效，由县级以上地方人民政府建设行政主管部门处中标项目金额千分之五以上千分之十以下的罚款；情节严重的，取消一至二年内参加依法必须进行招标的工程项目设计招标的投标资格，并予以公告。

第三十条　评标委员会成员收受投标人财物或其他好处，或者向他人透露投标方案评审有关情况的，由县级以上地方人民政府建设行政主管部门给予警告，没收收受财物，并可处以3000元以上5万元以下的罚款。

评标委员会成员有前款所列行为的，由国务院建设行政主管部门或者省、自治区、直辖市人民政府建设行政主管部门取消担任评标委员会成员的资格，不得再参加任何依法进行的建筑工程设计招投标的评标；构成犯罪的，依法追究刑事责任。

第三十一条　建设行政主管部门或者有关职能部门的工作人员徇私舞弊、滥用职权，干预正常招标投标活动的，由所在单位给予行政处分；构成犯罪的，依法追究刑事责任。

第三十二条　省、自治区、直辖市人民政府建设行政主管部门，可以根据本办法制定实施细则。

第三十三条　城市市政公用工程设计招标投标参照本办法执行。

第三十四条　本办法由国务院建设行政主管部门解释。

第三十五条　本办法自发布之日起施行。

附录十四　建设工程监理范围和规模标准规定

建设部第86号令　2001年1月17日

第一条　为了确定必须实行监理的建设工程项目具体范围和规模标准，规范建设工程监理活动，根据《建设工程质量管理条例》，制定本规定。

第二条　下列建设工程必须实行监理：

（一）国家重点建设工程；

（二）大中型公用事业工程；

（三）成片开发建设的住宅小区工程；

（四）利用外国政府或者国际组织贷款、援助资金的工程；

（五）国家规定必须实行监理的其他工程。

第三条　国家重点建设工程，是指依据《国家重点建设项目管理办法》所确定的对国民经济和社会发展有重大影响的骨干项目。

第四条　大中型公用事业工程，是指项目总投资额在3000万元以上的下列工程项目：

（一）供水、供电、供气、供热等市政工程项目；

（二）科技、教育、文化等项目；

（三）体育、旅游、商业等项目；

（四）卫生、社会福利等项目；

（五）其他公用事业项目。

第五条　成片开发建设的住宅小区工程，建筑面积在5万平方米以上的住宅建设工程必须实行监理；5万平方米以下的住宅建设工程，可以实行监理，具体范围和规模标准，由省、自治区、直辖市人民政府建设行政主管部门规定。

为了保证住宅质量，对高层住宅及地基、结构复杂的多层住宅应当实行监理。

第六条　利用外国政府或者国际组织贷款、援助资金的工程范围包括：

（一）使用世界银行、亚洲开发银行等国际组织贷款的项目；

（二）使用国外政府及其机构贷款的项目；

（三）使用国际组织或者国外政府援助资金的项目。

第七条　国家规定必须实行监理的其他工程是指：

（一）项目总投资额在3000万元以上关系社会公共利益、公众安全的下列基础设施项目：

（1）煤炭、石油、化工、天然气、电力、新能源等项目；

（2）铁路、公路、管道、水运、民航以及其他交通运输业等项目。

（3）邮政、电信枢纽、通信、信息网络等项目；

（4）防洪、灌溉、排涝、发电、引（供）水、滩涂治理、水资源保护、水土保持等水利建设项目；

（5）道路、桥梁、地铁和轻轨交通、污水排放及处理、垃圾处理、地下管道、公共停车场等城市基础设施项目；

（6）生态环境保护项目；

（7）其他基础设施项目。

（二）学校、影剧院、体育场馆项目。

第八条　国务院建设行政主管部门商同国务院有关部门后，可以对本规定确定的必须实行监理的建设工程具体范围和规模标准进行调整。

第九条　本规定由国务院建设行政主管部门负责解释。

第十条　本规定自发布之日起施行。

附录十五　建设部关于修改《建筑工程施工许可管理办法》的决定

建设部令　第91号　二〇〇〇年七月四日

建设部决定对《建筑工程施工许可管理办法》作如下修改：

第十三条修改为“本办法中的罚款，法律、法规有幅度规定的从其规定。无幅度规定的，有违法所得的处5000元以上30000元以下的罚款，没有违法所得的处5000元以上10000元以下的罚款。”

本决定自发布之日起施行。

《建筑工程施工许可管理办法》根据本决定作相应的修改，重新发布。

建筑工程施工许可管理办法

（1999年10月15日建设部令第71号发布，根据2001年7月4日《建设部发布关于修改〈建筑工程施工许可管理办法〉的决定》修正）

第一条　为了加强对建筑活动的监督管理，维护建筑市场秩序，保证建筑工程的质量和安全，根据《中华人民共和国建筑法》，制定本办法。

第二条　在中华人民共和国境内从事各类房屋建筑及其附属设施的建造、装修装饰和与其配套的线路、管道、设备的安装，以及城镇市政基础设施工程的施工，建设单位在开工前应当依照本办法的规定，向工程所在地的县级以上人民政府建设行政主管部门(以下简称发证机关)申请领取施工许可证。

工程投资额在30万元以下或者建筑面积在300平方米以下的建筑工程，可以不申请办理施工许可证。省、自治区、直辖市人民政府建设行政主管部门可以根据当地的实际情况，对限额进行调整，并报国务院建设行政主管部门备案。

按照国务院规定的权限和程序批准开工报告的建筑工程，不再领取施工许可证。

第三条　本办法规定必须申请领取施工许可证的建筑工程未取得施工许可证的，一律不得开工。

任何单位和个人不得将应该申请领取施工许可证的工程项目分解为若干限额以下的工程项目，规避申请领取施工许可证。

第四条　建设单位申请领取施工许可证，应当具备下列条件，并提交相应的证明文件:

(一)已经办理该建筑工程用地批准手续。

(二)在城市规划区的建筑工程，已经取得建设工程规划许可证。

(三)施工场地已经基本具备施工条件，需要拆迁的，其拆迁进度符合施工要求。

(四)已经确定施工企业。按照规定应该招标的工程没有招标，应该公开招标的工程没有公开招标，或者肢解发包工程，以及将工程发包给不具备相应资质条件的，所确定的施工企业无效。

(五)有满足施工需要的施工图纸及技术资料，施工图设计文件已按规定进行了审查。

(六)有保证工程质量和安全的具体措施。施工企业编制的施工组织设计中有根据建筑工程特点制定的相应质量、安全技术措施，专业性较强的工程项目编制的专项质量、安全施工组织设计，并按照规定办理了工程质量、安全监督手续。

(七)按照规定应该委托监理的工程已委托监理。

(八)建设资金已经落实。建设工期不足一年的，到位资金原则上不得少于工程合同价的50%，建设工期超过一年的，到位资金原则上不得少于工程合同价的30%。建设单位应当提供银行出具的到位资金证明，有条件的可以实行银行付款保函或者其他第三方担保。

(九)法律、行政法规规定的其他条件。

第五条　申请办理施工许可证，应当按照下列程序进行:

(一)建设单位向发证机关领取《建筑工程施工许可证申请表》。

(二)建设单位持加盖单位及法定代表人印鉴的《建筑工程施工许可证申请表》，并附本办法第四条规定的证明文件，向发征机关提出申请。

(三)发证机关在收到建设单位报送的《建筑工程施工许可证申请表》和所附证明文件后，对于符合条件的，应当自收到申请之日起十五日内颁发施工许可证；对于证明文件不齐全或者失效的，应当限期要求建设单位补正，审批时间可以自证明文件补正齐全后作相应顺延；对于不符合条件的，应当自收到申请之日起十五日内书面通知建设单位，并说明理由。

建筑工程在施工过程中，建设单位或者施工单位发生变更的，应当重新申请领取施工许可证。

第六条 建设单位申请领取施工许可证的工程名称、地点、规模，应当与依法签订的施工承包合同一致。

施工许可证应当放置在施工现场备查。

第七条 施工许可证不得伪造和涂改。

第八条 建设单位应当自领取施工许可证之日起三个月内开工。因故不能按期开工的，应当在期满前向发证机关申请延期，并说明理由；延期以两次为限，每次不超过三个月。既不开工又不申请延期或者超过延期次数、时限的，施工许可证自行废止。

第九条 在建的建筑工程因故中止施工的，建设单位应当自中止施工之日起一个月内向发证机关报告，报告内容包括中止施工的时间、原因、在施部位、维修管理措施等，并按照规定做好建筑工程的维护管理工作。

建筑工程恢复施工时，应当向发证机关报告；中止施工满一年的工程恢复施工前，建设单位应当报发证机关核验施工许可证。

第十条 对于未取得施工许可证或者为规避办理施工许可证将工程项目分解后擅自施工的，由有管辖权的发证机关责令改正，对于不符合开工条件的责令停止施工，并对建设单位和施工单位分别处以罚款。

第十一条 对于采用虚假证明文件骗取施工许可证的，由原发证机关收回施工许可证，责令停止施工，并对责任单位处以罚款；构成犯罪的，依法追究刑事责任。

第十二条 对于伪造施工许可证的，该施工许可证无效，由发证机关责令停止施工，并对责任单位处以罚款；构成犯罪的，依法追究刑事责任。

对于涂改施工许可证的，由原发证机关责令改正，并对责任单位处以罚款；构成犯罪的，依法追究刑事责任。

第十三条 本办法中的罚款，法律、法规有幅度规定的从其规定。无幅度规定的，有违法所得的处 5000 元以上 30000 元以下的罚款，没有违法所得的处 5000 元以上 10000 元以下的罚款。

第十四条 发证机关及其工作人员对不符合施工条件的建筑工程颁发施工许可证的，由其上级机关责令改正，对责任人员给予行政处分；徇私舞弊、滥用职权的，不得继续从事施工许可管理工作；构成犯罪的，依法追究刑事责任。

对于符合条件、证明文件齐全有效的建筑工程，发证机关在规定时间内不予颁发施工许可证的，建设单位可以依法申请行政复议或者提起行政诉讼。

第十五条 建筑工程施工许可证由国务院建设行政主管部门制定格式，由各省、自治区、直辖市人民政府建设行政主管部门统一印制。

施工许可证分为正本和副本，正本和副本具有同等法律效力。复印的施工许可证无效。

第十六条 本办法关于施工许可管理的规定适用于其他专业建筑工程。有关法律、行政法规有明确规定的，从其规定。

抢险救灾工程、临时性建筑工程、农民自建两层以下（含两层）住宅工程，不适用本办法。

军事房屋建筑工程施工许可的管理，按国务院、中央军事委员会制定的办法执行。

第十七条　省、自治区、直辖市人民政府建设行政主管部门可以根据本办法制定实施细则。

第十八条　本办法由国务院建设行政主管部门负责解释。

第十九条　本办法自1999年12月1日起施行。

发送范围：全国人大法工委（3），国务院法制办（25），《国务院公报》编辑室，各省、自治区、直辖市人民政府、建委（建设厅）、计划单列市建委、国务院各部委本部领导，部机关各司（厅、局），部直属各单位

附录十六　工程监理企业资质管理规定

建设部令第102号

第一章　总　　则

第一条　为了加强对工程监理企业资质管理，维护建筑市场秩序，保证建设工程的质量、工期和投资效益的发挥，根据《中华人民共和国建筑法》、《建设工程质量管理条例》，制定本规定。

第二条　在中华人民共和国境内申请工程监理企业资质，实施对工程监理企业资质管理，适用本规定。

第三条　工程监理企业应当按照其拥有的注册资本、专业技术人员和工程监理业绩等资质条件申请资质，经审查合格，取得相应等级的资质证书后，方可在其资质等级许可的范围内从事工程监理活动。

第四条　国务院建设行政主管部门负责全国工程监理企业资质的归口管理工作。国务院铁道、交通、水利、信息产业、民航等有关部门配合国务院建设行政主管部门实施相关资质类别工程监理企业资质的管理工作。

省、自治区、直辖市人民政府建设行政主管部门负责本行政区域内工程监理企业资质的归口管理工作。省、自治区、直辖市人民政府交通、水利、通信等有关部门配合同级建设行政主管部门实施相关资质类别工程监理企业资质的管理工作。

第二章　资质等级和业务范围

第五条　工程监理企业的资质等级分为甲级、乙级和丙级，并按照工程性质和技术特点划分为若干工程类别。

工程监理企业的资质等级标准如下：

（一）甲级

1. 企业负责人和技术负责人应当具有15年以上从事工程建设工作的经历，企业技术

负责人应当取得监理工程师注册证书；

2. 取得监理工程师注册证书的人员不少于 25 人；

3. 注册资本不少于 100 万元；

4. 近三年内监理过五个以上二等房屋建筑工程项目或者三个以上二等专业工程项目。

（二）乙级

1. 企业负责人和技术负责人应当具有 10 年以上从事工程建设工作的经历，企业技术负责人应当取得监理工程师注册证书；

2. 取得监理工程师注册证书的人员不少于 15 人；

3. 注册资本不少于 50 万元；

4. 近三年内监理过五个以上三等房屋建筑工程项目或者三个以上三等专业工程项目。

（三）丙级

1. 企业负责人和技术负责人应当具有 8 年以上从事工程建设工作的经历，企业技术负责人应当取得监理工程师注册证书；

2. 取得监理工程师注册证书的人员不少于 5 人；

3. 注册资本不少于 10 万元；

4. 承担过二个以上房屋建筑工程或者一个以上专业工程项目。

第六条 甲级工程监理企业可以监理经核定的工程类别中一、二、三等工程；乙级工程监理企业可以监理经核定的工程类别中二、三等工程；丙级工程监理企业可以监理经核定的工程类别中三等工程。

第七条 工程监理企业可以根据市场需求，开展家庭居室装修监理业务。具体管理办法另行规定。

第三章 资质申请和审批

第八条 工程监理企业应当向企业注册所在地的县级以上地方人民政府建设行政主管部门申请资质。

中央管理的企业直接向国务院建设行政主管部门申请资质，其所属的工程监理企业申请甲级资质的，由中央管理的企业向国务院建设行政主管部门申请，同时向企业注册所在地省、自治区、直辖市人民政府建设行政主管部门报告。

第九条 新设立的工程监理企业，到工商行政管理部门登记注册并取得企业法人营业执照后，方可到建设行政主管部门办理资质申请手续。

新设立的工程监理企业申请资质，应当向建设行政主管部门提供下列资料：

（一）工程监理企业资质申请表；

（二）企业法人营业执照；

（三）企业章程；

（四）企业负责人和技术负责人的工作简历、监理工程师注册证书等有关证明材料；

（五）工程监理人员的监理工程师注册证书；

（六）需要出具的其他有关证件、资料。

第十条 工程监理企业申请资质升级，除向建设行政主管部门提供本规定第九条所益，委托人应按专用条件中的约定给予经济奖励。

第四十六条　监理人驻地监理机构及其职员不得接受监理工程项目施工承包人的任何报酬或者经济利益。

监理人不得参与可能与合同规定的与委托人的利益相冲突的任何活动。

第四十七条　监理人在监理过程中，不得泄露委托人申明的秘密，监理人亦不得泄露设计人、承包人等提供并申明的秘密。

第四十八条　监理人对于由其编制的所有文件拥有版权，委托人仅有权为本工程使用或复制此类文件。

争议的解决

第四十九条　因违反或终止合同而引起的对对方损失和损害的赔偿，双方应当协商解决，如未能达成一致，可提交主管部门协调，如仍未能达成一致时，根据双方约定提交仲裁机关仲裁，或向人民法院起诉。

第三部分　专用条件

第二条　本合同适用的法律及监理依据：

第四条　监理范围和监理工作内容：

第九条　外部条件包括：

第十条　委托人应提供的工程资料及提供时间：

第十一条　委托人应在____天内对监理人书面提交并要求做出决定的事宜做出书面答复。

第十二条　委托人的常驻代表为__________。

第十五条　委托人免费向监理机构提供如下设施：

监理人自备的、委托人给予补偿的设施如下：

补偿金额＝

第十六条　在监理期间，委托人免费向监理机构提供__________名工作人员，由总监理工程师安排其工作，凡涉及服务时，此类职员只应从总监理工程师处接受指示。并免费提供__________名服务人员。监理机构应与此类服务的提供者合作，但不对此类人员及其行为负责。

第二十六条　监理人在责任期内如果失职，同意按以下办法承担责任，赔偿损失[累计赔偿额不超过监理报酬总数（扣税）]：

赔偿金＝直接经济损失×报酬比率（扣除税金）

第三十九条　委托人同意按以下的计算方法、支付时间与金额，支付监理人的报酬：

委托人同意按以下的计算方法、支付时间与金额，支付附加工作报酬：（报酬＝附加工作日数×合同报酬/监理服务日）

委托人同意按以下的计算方法、支付时间与金额，支付额外工作报酬：

第四十一条　双方同意用________支付报酬，按________汇率计付。

列资料外，还应当提供下列资料；

（一）企业原资质证书正、副本；

（二）企业的财务决算年报表；

（三）《监理业务手册》及已完成代表工程的监理合同、监理规划及监理工作总结。

第十一条　甲级工程监理企业资质，经省、自治区、直辖市人民政府建设行政主管部门审核同意后，由国务院建设行政主管部门组织专家委员会进行评审，并提出初审意见；其中涉及铁道、交通、水利、信息产业、民航工程等方面监理企业资质的，由省、自治区、直辖市人民政府建设行政主管部门商同级有关专业部门审核同意后，报国务院建设行政主管部门，由国务院建设行政主管部门送国务院有关部门初审。国务院建设行政主管部门根据初审意见审批。

审核部门应当对工程监理企业的资质条件和申请资质提供的资料审查核实。

第十二条　乙、丙级工程监理企业资质，由企业注册所在地省、自治区、直辖市人民政府建设行政主管部门审批；其中交通、水利、通信等方面的工程监理企业资质，由省、自治区、直辖市人民政府建设行政主管部门征得同级有关部门初审同意后审批。

第十三条　申请甲级工程监理企业资质的，国务院建设行政主管部门每年定期集中审批一次。国务院建设行政主管部门应当在工程监理企业申请材料齐全后3个月内完成审批。由有关部门负责初审的，初审部门应当从收齐工程监理企业的申请材料之日起1个月内完成初审。国务院建设行政主管部门应当将审批结果通知初审部门。

国务院建设行政主管部门应当将经专家评审合格和国务院有关部门初审合格的甲级资质的工程监理企业名单及基本情况，在中国工程建设和建筑业信息网上公示。经公示后，对于工程监理企业符合资质条件的，予以审批，并将审批结果在中国工程建设和建筑业信息网上公告。

申请乙、丙级工程监理企业资质的，实行即时审批或者定期审批，由省、自治区、直辖市人民政府建设行政主管部门规定。

第十四条　新设立的工程监理企业，其资质等级按照最低等级核定。并设一年的暂定期。

第十五条　由于企业改制，或者企业分立、合并后组建设立的工程监理企业，其资质等级根据实际达到的资质条件，按照本规定的审批程序核定。

第十六条　工程监理企业申请晋升资质等级，在申请之日前一年内有下列行为之一的，建设行政主管部门不予批准：

（一）与建设单位或者工程监理企业之间相互串通投标，或者以行贿等不正当手段谋取中标的；

（二）与建设单位或者施工单位串通，弄虚作假、降低工程质量的；

（三）将不合格的建设工程、建筑材料、建筑构配件和设备按照合格签字的；

（四）超越本单位资质等级承揽监理业务的；

（五）允许其他单位或者个人以本单位的名义承揽工程的；

（六）转让工程监理业务的；

（七）因监理责任而发生过三级以上工程建设重大质量事故或者发生过两起以上四级工程建设质量事故的；

（八）其他违反法律法规的行为。

第十七条　工程监理企业资质条件符合资质等级标准，且未发生本规定第十六条所列行为的，建设行政主管部门颁发相应资质等级的《工程监理企业资质证书》。

《工程监理企业资质证书》分为正本和副本，由国务院建设行政主管部门统一印刷，正、副本具有同等法律效力。

第十八条　任何单位和个人不得涂改、伪造、出借、转让《工程监理企业资质证书》，不得非法扣压、没收《工程监理企业资质证书》。

第十九条　工程监理企业在领取新的《工程监理企业资质证书》的同时，应当将原资质证书交回原发证机关予以注销。

工程监理企业因破产、倒闭、撤销、歇业的，应当将资质证书交回原发证机关予以注销。

第四章　监 督 管 理

第二十条　县级以上人民政府建设行政主管部门和其他有关部门应当加强对工程监理企业资质的监督管理。

禁止任何部门采取法律、行政法规规定以外的其他资信、许可等建筑市场准入限制。

第二十一条　建设行政主管部门对工程监理企业资质实行年检制度。

甲级工程监理企业资质，由国务院建设行政主管部门负责年检；其中铁道、交通、水利、信息产业、民航等方面的工程监理企业资质，由国务院建设行政主管部门会同国务院有关部门联合年检。

乙、丙级工程监理企业资质，由企业注册所在地省、自治区、直辖市人民政府建设行政主管部门负责年检；其中交通、水利、通信等方面的工程监理企业资质，由建设行政主管部门会同同级有关部门联合年检。

第二十二条　工程监理企业资质年检按照下列程序进行：

（一）工程监理企业在规定时间内向建设行政主管部门提交《工程监理企业资质年检表》、《工程监理企业资质证书》、《监理业务手册》以及工程监理人员变化情况及其他有关资料，并交验《企业法人营业执照》。

（二）建设行政主管部门会同有关部门在收到工程监理企业年检资料后40日内，对工程监理企业资质年检做出结论，并记录在《工程监理企业资质证书》副本的年检记录栏内。

第二十三条　工程监理企业资质年检的内容，是检查工程监理企业资质条件是否符合资质等级标准，是否存在质量、市场行为等方面的违法违规行为。

工程监理企业年检结论分为合格、基本合格、不合格三种。

第二十四条　工程监理企业资质条件符合资质等级标准，且在过去一年内未发生本规定第十六条所列行为的，年检结论为合格。

第二十五条　工程监理企业资质条件中监理工程师注册人员数量、经营规模未达到资质标准，但不低于资质等级标准的80%，其他各项均达到标准要求，且在过去一年内未发生本规定第十六条所列行为的，年检结论为基本合格。

第二十六条　有下列情形之一的，工程监理企业的资质年检结论为不合格：

（一）资质条件中监理工程师注册人员数量、经营规模的任何一项未达到资质等级标准的80%，或者其他任何一项未达到资质等级标准；

（二）有本规定第十六条所列行为之一的。

已经按照法律、法规的规定予以降低资质等级处罚的行为，年检中不再重复追究。

第二十七条　工程监理企业资质年检不合格或者连续两年基本合格的，建设行政主管部门应当重新核定其资质等级。新核定的资质等级应当低于原资质等级，达不到最低资质等级标准的，取消资质。

第二十八条　工程监理企业连续两年年检合格，方可申请晋升上一个资质等级。

第二十九条　降级的工程监理企业，经过一年以上时间的整改，经建设行政主管部门核查确认，达到规定的资质标准，且在此期间内未发生本规定第十六条所列行为的，可以按照本规定重新申请原资质等级。

第三十条　在规定时间内没有参加资质年检的工程监理企业，其资质证书自行失效，且一年内不得重新申请资质。

第三十一条　工程监理企业遗失《工程监理企业资质证书》，应当在公众媒体上声明作废。其中，甲级监理企业应当在中国工程建设和建筑业信息网上声明作废。

第三十二条　工程监理企业变更名称、地址、法定代表人、技术负责人等，应当在变更后一个月内，到原审批部门办理变更手续。其中，由国务院建设行政主管部门审批的企业除企业名称变更由国务院建设行政主管部门办理外，企业地址、法定代表人、技术负责人的变更委托省、自治区、直辖市人民政府建设行政主管部门办理，办理结果向国务院建设行政主管部门备案。

第五章　罚　　则

第三十三条　以欺骗手段取得《工程监理企业资质等级证书》承揽工程的，吊销资质证书，处合同约定的监理酬金1倍以上2倍以下的罚款；有违法所得的，予以没收。

第三十四条　未取得《工程监理企业资质等级证书》承揽监理业务的，予以取缔，处合同约定的监理酬金1倍以上2倍以下的罚款；有违法所得的，予以没收。

第三十五条　超越本企业资质等级承揽监理业务的，责令停止违法行为，处合同约定的监理酬金1倍以上2倍以下的罚款；可以责令停业整顿，降低资质等级；情节严重的，吊销资质证书；有违法所得的，予以没收。

第三十六条　转让监理业务的，责令改正，没收违法所得，处合同约定的监理酬金25%以上50%以下的罚款；可以责令停业整顿，降低资质等级；情节严重的，吊销资质证书。

第三十七条　工程监理企业允许其他单位或者个人以本企业名义承揽监理业务的，责令改正，没收违法所得，处合同约定的监理酬金1倍以上2倍以下的罚款；可以责令停业整顿，降低资质等级；情节严重的，吊销资质证书。

第三十八条　有下列行为之一的，责令改正，处50万元以上100万元以下的罚款，降低资质等级或者吊销资质证书；有违法所得的，予以没收，造成损失的，承担连带赔偿责任；

（一）与建设单位或者施工单位串通，弄虚作假、降低工程质量的；

（二）将不合格的建设工程、建筑材料、建筑构配件和设备按照合格签字的。

第三十九条 工程监理单位与被监理工程的施工承包单位以及建筑材料、建筑构配件和设备供应单位有隶属关系或者其他利害关系承担该项建设工程的监理业务的，责令改正，处5万元以上10万元以下的罚款降低资质等级或者吊销资质证书；有违法所得的，予以没收。

第四十条 本规定的责令停业整顿、降低资质等级和吊销资质证书的行政处罚，由颁发资质证书的机关决定；其他行政处罚，由建设行政主管部门或者其他有关部门依照法定职权决定。

第四十一条 资质审批部门未按照规定的权限和程序审批资质的，由上级资质审批部门责令改正，已审批的资质无效。

第四十二条 从事资质管理的工作人员在资质审批和管理工作中玩忽职守、滥用职权、徇私舞弊的，依法给予行政处分；构成犯罪的，依法追究刑事责任。

第六章 附 则

第四十三条 省、自治区、直辖市人民政府建设行政主管部门可以根据本规定制定实施细则，并报国务院建设行政主管部门备案。

第四十四条 本规定由国务院建设行政主管部门负责解释。

第四十五条 本规定自发布之日起施行。1992年1月1日建设部颁布的《工程建设监理单位资质管理试行办法》（建设部令第16号）同时废止。

附录十七 建筑工程施工发包与承包计价管理办法

建设部令第107号

第一条 为了规范建筑工程施工发包与承包价行为，维护建筑工程发包与承包双方的合法权，促进建筑市场的健康发展，根据有关法律、法规，制定本办法。

第二条 在中华人民共和国境内的建筑工程施工发包与承包计价（以下简称工程发承包计价）管理，适用本办法。

本办法所称建筑工程是指房屋建筑和市政基础设施工程。

本办法所称房屋建筑工程，是指各类房屋建筑及其附属设施和与其配套的线路、管道、设备安装工程及室内外装饰装修工程。

本办法所称市政基础设施工程，是指城市道路、公共交通、供水、排水、燃气、热力、园林、环卫、污水处理、垃圾处理、防洪、地下公共设施及附属设施的土建、管道、设备安装工程。

工程发承包计价包括编制施工图预算、招标标底、投标报价、工程结算和签订合同价等活动。

第三条　建筑工程施工发包与承包价在政府宏观调控下，由市场竞争形成。

工程发承包计价应当遵循公平、合法和诚实信用的原则。

第四条　国务院建设行政主管部门负责全国工程发承包计价工作的管理。

县级以上地方人民政府建设行政主管部门负责本行政区域内工程发承包计价工作的管理。其具体工作可以委托工程造价管理机构负责。

第五条　施工图预算、招标标底和投标报价由成本（直接费、间接费）、利润和税金构成。其编制可以采用以下计价方法：

（一）工料单价法。分部分项工程量的单价为直接费。直接费以人工、材料、机械的消耗量及其相应价格确定。间接费、利润、税金按照有关规定另行计算。

（二）综合单价法。分部分项工程量的单价为全费用单价。全费用单价综合计算完成分部分项工程所发生的直接费、间接费、利润、税金。

第六条　招标标底编制的依据为：

（一）国务院和省、自治区、直辖市人民政府建设行政主管部门制定的工程造价计价办法以及其他有关规定；

（二）市场价格信息。

第七条　投标报价应当满足招标文件要求。

投标报价应当依据企业定额和市场价格信息，并按照国务院和省、自治区、直辖市人民政府建设行政主管部门发布的工程造价计价办法进行编制。

第八条　招标投标工程可以采用工程量清单方法编制招标标底和投标报价。

工程量清单应当依据招标文件、施工设计图纸、施工现场条件和国家制定的统一工程量计算规则、分部分项工程项目划分、计量单位等进行编制。

第九条　招标标底和工程量清单由具有编制招标文件能力的招标人或其委托的具有相应资质的工程造价咨询机构、招标代理机构编制。

投标报价由投标人或其委托的具有相应资质的工程造价咨询机构编制。

第十条　对是否低于成本报价的异议，评标委员会可以参照建设行政主管部门发布的计价办法和有关规定进行评审。

第十一条　招标人与中标人应当根据中标价订立合同。

不实行招标投标的工程，在承包方编制的施工图预算的基础上，由发承包双方协商订立合同。

第十二条　合同价可以采用以下方式：

（一）固定价。合同总价或者单价在合同约定的风险范围内不可调整。

（二）可调价。合同总价或者单价在合同实施期内，根据合同约定的办法调整。

（三）成本加酬金。

第十三条　发承包双方在确定合同价时，应当考虑市场环境和生产要素价格变化对合同价的影响。

第十四条　建筑工程的发承包双方应当根据建设行政主管部门的规定，结合工程款、建设工期和包工包料情况在合同中约定预付工程款的具体事宜。

第十五条　建筑工程发承包双方应当按照合同约定定期或者按照工程进度分段进行工程款结算。

第十六条 工程竣工验收合格，应当按照下列规定进行竣工结算：

（一）承包方应当在工程竣工验收合格后的约定期限内提交竣工结算文件。

（二）发包方应当在收到竣工结算文件后的约定期限内予以答复。逾期未答复的，竣工结算文件视为已被认可。

（三）发包方对竣工结算文件有异议的，应当在答复期内向承包方提出，并可以在提出之日起的约定期限内与承包方协商。

（四）发包方在协商期内未与承包方协商或者经协商未能与承包方达成协议的，应当委托工程造价咨询单位进行竣工结算审核。

（五）发包方应当在协商期满后的约定期限内向承包方提出工程造价咨询单位出具的竣工结算审核意见。

发承包双方在合同中对上述事项的期限没有明确约定的，可认为其约定期限均为28日。

发承包双方对工程造价咨询单位出具的竣工结算审核意见仍有异议的，在接到该审核意见后一个月内可以向县级以上地方人民政府建设行政主管部门申请调解，调解不成的，可以依法申请仲裁或者向人民法院提起诉讼。

工程竣工结算文件经发包方与承包方确认即应当作为工程决算的依据。

第十七条 招标标底、投标报价、工程结算审核和工程造价鉴定文件应当由造价工程师签字，并加盖造价工程师执业专用章。

第十八条 县级以上地方人民政府建设行政主管部门应当加强对建筑工程发承包计价活动的监督检查。

第十九条 造价工程师在招标标底或者投标报价编制、工程结算审核和工程造价鉴定中，有意抬高、压低价格，情节严重的，由造价工程师注册管理机构注销其执业资格。

第二十条 工程造价咨询单位在建筑工程计价活动中有意抬高、压低价格或者提供虚假报告的，县级以上地方人民政府建设行政主管部门责令改正，并可处以一万元以上三万元以下的罚款；情节严重的，由发证机关注销工程造价咨询单位资质证书。

第二十一条 国家机关工作人员在建筑工程计价监督管理工作中，玩忽职守、徇私舞弊、滥用职权的，由有关机关给予行政处分；构成犯罪的，依法追究刑事责任。

第二十二条 建筑工程以外的工程施工发包与承包计价管理可以参照本办法执行。

第二十三条 本办法由国务院建设行政主管部门负责解释。

第二十四条 本办法自2001年12月1日施行。

附录十八 住宅室内装饰装修管理办法

建设部令 第110号 二〇〇二年三月五日

第一章 总 则

第一条 为加强住宅室内装饰装修管理，保证装饰装修工程质量和安全，维护公共安全和公众利益，根据有关法律、法规，制定本办法。

第二条 在城市从事住宅室内装饰装修活动，实施对住宅室内装饰装修活动的监督管理，应当遵守本办法。

本办法所称住宅室内装饰装修，是指住宅竣工验收合格后，业主或者住宅使用人(以下简称装修人) 对住宅室内进行装饰装修的建筑活动。

第三条 住宅室内装饰装修应当保证工程质量和安全，符合工程建设强制性标准。

第四条 国务院建设行政主管部门负责全国住宅室内装饰装修活动的管理工作。

省、自治区人民政府建设行政主管部门负责本行政区域内的住宅室内装饰装修活动的管理工作。

直辖市、市、县人民政府房地产行政主管部门负责本行政区域内的住宅室内装饰装修活动的管理工作。

第二章 一般规定

第五条 住宅室内装饰装修活动，禁止下列行为:

(一) 未经原设计单位或者具有相应资质等级的设计单位提出设计方案，变动建筑主体和承重结构;

(二) 将没有防水要求的房间或者阳台改为卫生间、厨房间;

(三) 扩大承重墙上原有的门窗尺寸，拆除连接阳台的砖、混凝土墙体;

(四) 损坏房屋原有节能设施，降低节能效果;

(五) 其他影响建筑结构和使用安全的行为。

本办法所称建筑主体，是指建筑实体的结构构造，包括屋盖、楼盖、梁、柱、支撑、墙体、连接接点和基础等。

本办法所称承重结构，是指直接将本身自重与各种外加作用力系统地传递给基础地基的主要结构构件和其连接接点，包括承重墙体、立杆、柱、框架柱、支墩、楼板、梁、屋架、悬索等。

第六条 装修人从事住宅室内装饰装修活动，未经批准，不得有下列行为:

(一) 搭建建筑物、构筑物;

(二) 改变住宅外立面，在非承重外墙上开门、窗;

(三) 拆改供暖管道和设施;

(四) 拆改燃气管道和设施。

本条所列第（一）项、第（二）项行为，应当经城市规划行政主管部门批准；第(三) 项行为，应当经供暖管理单位批准；第（四）项行为应当经燃气管理单位批准。

第七条 住宅室内装饰装修超过设计标准或者规范增加楼面荷载的，应当经原设计单位或者具有相应资质等级的设计单位提出设计方案。

第八条 改动卫生间、厨房间防水层的，应当按照防水标准制订施工方案，并做闭水试验。

第九条 装修人经原设计单位或者具有相应资质等级的设计单位提出设计方案变动建筑主体和承重结构的，或者装修活动涉及本办法第六条、第七条、第八条内容的，必须委托具有相应资质的装饰装修企业承担。

第十条 装饰装修企业必须按照工程建设强制性标准和其他技术标准施工，不得偷工减料，确保装饰装修工程质量。

第十一条 装饰装修企业从事住宅室内装饰装修活动，应当遵守施工安全操作规程，按照规定采取必要的安全防护和消防措施，不得擅自动用明火和进行焊接作业，保证作业人员和周围住房及财产的安全。

第十二条 装修人和装饰装修企业从事住宅室内装饰装修活动，不得侵占公共空间，不得损害公共部位和设施。

第三章 开工申报与监督

第十三条 装修人在住宅室内装饰装修工程开工前，应当向物业管理企业或者房屋管理机构（以下简称物业管理单位）申报登记。

非业主的住宅使用人对住宅室内进行装饰装修，应当取得业主的书面同意。

第十四条 申报登记应当提交下列材料：

（一）房屋所有权证（或者证明其合法权益的有效凭证）；

（二）申请人身份证件；

（三）装饰装修方案；

（四）变动建筑主体或者承重结构的，需提交原设计单位或者具有相应资质等级的设计单位提出的设计方案；

（五）涉及本办法第六条行为的，需提交有关部门的批准文件，涉及本办法第七条、第八条行为的，需提交设计方案或者施工方案；

（六）委托装饰装修企业施工的，需提供该企业相关资质证书的复印件。

非业主的住宅使用人，还需提供业主同意装饰装修的书面证明。

第十五条 物业管理单位应当将住宅室内装饰装修工程的禁止行为和注意事项告知装修人和装修人委托的装饰装修企业。

装修人对住宅进行装饰装修前，应当告知邻里。

第十六条 装修人，或者装修人和装饰装修企业，应当与物业管理单位签订住宅室内装饰装修管理服务协议。

住宅室内装饰装修管理服务协议应当包括下列内容：

（一）装饰装修工程的实施内容；

（二）装饰装修工程的实施期限；

（三）允许施工的时间；

（四）废弃物的清运与处置；

（五）住宅外立面设施及防盗窗的安装要求；

（六）禁止行为和注意事项；

（七）管理服务费用；

（八）违约责任；

（九）其他需要约定的事项。

第十七条 物业管理单位应当按照住宅室内装饰装修管理服务协议实施管理，发现装修人或者装饰装修企业有本办法第五条行为的，或者未经有关部门批准实施本办法第六条所列行为的，或者有违反本办法第七条、第八条、第九条规定行为的，应当立即制止；已造成事实后果或者拒不改正的，应当及时报告有关部门依法处理。对装修人或者装饰装修企业违反住宅室内装饰装修管理服务协议的，追究违约责任。

第十八条　有关部门接到物业管理单位关于装修人或者装饰装修企业有违反本办法行为的报告后，应当及时到现场检查核实，依法处理。

第十九条　禁止物业管理单位向装修人指派装饰装修企业或者强行推销装饰装修材料。

第二十条　装修人不得拒绝和阻碍物业管理单位依据住宅室内装饰装修管理服务协议的约定，对住宅室内装饰装修活动的监督检查。

第二十一条　任何单位和个人对住宅室内装饰装修中出现的影响公众利益的质量事故、质量缺陷以及其他影响周围住户正常生活的行为，都有权检举、控告、投诉。

第四章　委托与承接

第二十二条　承接住宅室内装饰装修工程的装饰装修企业，必须经建设行政主管部门资质审查，取得相应的建筑业企业资质证书，并在其资质等级许可的范围内承揽工程。

第二十三条　装修人委托企业承接其装饰装修工程的，应当选择具有相应资质等级的装饰装修企业。

第二十四条　装修人与装饰装修企业应当签订住宅室内装饰装修书面合同，明确双方的权利和义务。

住宅室内装饰装修合同应当包括下列主要内容：

（一）委托人和被委托人的姓名或者单位名称、住所地址、联系电话；

（二）住宅室内装饰装修的房屋间数、建筑面积，装饰装修的项目、方式、规格、质量要求以及质量验收方式；

（三）装饰装修工程的开工、竣工时间；

（四）装饰装修工程保修的内容、期限；

（五）装饰装修工程价格，计价和支付方式、时间；

（六）合同变更和解除的条件；

（七）违约责任及解决纠纷的途径；

（八）合同的生效时间；

（九）双方认为需要明确的其他条款。

第二十五条　住宅室内装饰装修工程发生纠纷的，可以协商或者调解解决。不愿协商、调解或者协商、调解不成的，可以依法申请仲裁或者向人民法院起诉。

第五章　室内环境质量

第二十六条　装饰装修企业从事住宅室内装饰装修活动，应当严格遵守规定的装饰装修施工时间，降低施工噪音，减少环境污染。

第二十七条　住宅室内装饰装修过程中所形成的各种固体、可燃液体等废物，应当按照规定的位置、方式和时间堆放和清运。严禁违反规定将各种固体、可燃液体等废物堆放于住宅垃圾道、楼道或者其他地方。

第二十八条　住宅室内装饰装修工程使用的材料和设备必须符合国家标准，有质量检验合格证明和有中文标识的产品名称、规格、型号、生产厂厂名、厂址等。禁止使用国家明令淘汰的建筑装饰装修材料和设备。

第二十九条　装修人委托企业对住宅室内进行装饰装修的，装饰装修工程竣工后，空气质量应当符合国家有关标准。装修人可以委托有资格的检测单位对空气质量进行检测。检测不合格的，装饰装修企业应当返工，并由责任人承担相应损失。

第六章　竣工验收与保修

第三十条　住宅室内装饰装修工程竣工后，装修人应当按照工程设计合同约定和相应的质量标准进行验收。验收合格后，装饰装修企业应当出具住宅室内装饰装修质量保修书。

物业管理单位应当按照装饰装修管理服务协议进行现场检查，对违反法律、法规和装饰装修管理服务协议的，应当要求装修人和装饰装修企业纠正，并将检查记录存档。

第三十一条　住宅室内装饰装修工程竣工后，装饰装修企业负责采购装饰装修材料及设备的，应当向业主提交说明书、保修单和环保说明书。

第三十二条　在正常使用条件下，住宅室内装饰装修工程的最低保修期限为二年，有防水要求的厨房、卫生间和外墙面的防渗漏为五年。保修期自住宅室内装饰装修工程竣工验收合格之日起计算。

第七章　法 律 责 任

第三十三条　因住宅室内装饰装修活动造成相邻住宅的管道堵塞、渗漏水、停水停电、物品毁坏等，装修人应当负责修复和赔偿；属于装饰装修企业责任的，装修人可以向装饰装修企业追偿。

装修人擅自拆改供暖、燃气管道和设施造成损失的，由装修人负责赔偿。

第三十四条　装修人因住宅室内装饰装修活动侵占公共空间，对公共部位和设施造成损害的，由城市房地产行政主管部门责令改正，造成损失的，依法承担赔偿责任。

第三十五条　装修人未申报登记进行住宅室内装饰装修活动的，由城市房地产行政主管部门责令改正，处5百元以上1千元以下的罚款。

第三十六条　装修人违反本办法规定，将住宅室内装饰装修工程委托给不具有相应资质等级企业的，由城市房地产行政主管部门责令改正，处5百元以上1千元以下的罚款。

第三十七条　装饰装修企业自行采购或者向装修人推荐使用不符合国家标准的装饰装修材料，造成空气污染超标的，由城市房地产行政主管部门责令改正，造成损失的，依法承担赔偿责任。

第三十八条　住宅室内装饰装修活动有下列行为之一的，由城市房地产行政主管部门责令改正，并处罚款：

（一）将没有防水要求的房间或者阳台改为卫生间、厨房间的，或者拆除连接阳台的砖、混凝土墙体的，对装修人处5百元以上1千元以下的罚款，对装饰装修企业处1千元以上1万元以下的罚款；

（二）损坏房屋原有节能设施或者降低节能效果的，对装饰装修企业处1千元以上5千元以下的罚款；

（三）擅自拆改供暖、燃气管道和设施的，对装修人处5百元以上1千元以下的罚款；

（四）未经原设计单位或者具有相应资质等级的设计单位提出设计方案，擅自超过设计标准或者规范增加楼面荷载的，对装修人处5百元以上1千元以下的罚款，对装饰装修企业处1千元以上1万元以下的罚款。

第三十九条　未经城市规划行政主管部门批准，在住宅室内装饰装修活动中搭建建筑物、构筑物的，或者擅自改变住宅外立面、在非承重外墙上开门、窗的，由城市规划行政主管部门按照《城市规划法》及相关法规的规定处罚。

第四十条　装修人或者装饰装修企业违反《建设工程质量管理条例》的，由建设行政主管部门按照有关规定处罚。

第四十一条　装饰装修企业违反国家有关安全生产规定和安全生产技术规程，不按照规定采取必要的安全防护和消防措施，擅自动用明火作业和进行焊接作业的，或者对建筑安全事故隐患不采取措施予以消除的，由建设行政主管部门责令改正，并处1千元以上1万元以下的罚款；情节严重的，责令停业整顿，并处1万元以上3万元以下的罚款；造成重大安全事故的，降低资质等级或者吊销资质证书。

第四十二条　物业管理单位发现装修人或者装饰装修企业有违反本办法规定的行为不及时向有关部门报告的，由房地产行政主管部门给予警告，可处装饰装修管理服务协议约定的装饰装修管理服务费2至3倍的罚款。

第四十三条　有关部门的工作人员接到物业管理单位对装修人或者装饰装修企业违法行为的报告后，未及时处理，玩忽职守的，依法给予行政处分。

第八章　附　　则

第四十四条　工程投资额在30万元以下或者建筑面积在300平方米以下，可以不申请办理施工许可证的非住宅装饰装修活动参照本办法执行。

第四十五条　住宅竣工验收合格前的装饰装修工程管理，按照《建设工程质量管理条例》执行。

第四十六条　省、自治区、直辖市人民政府建设行政主管部门可以依据本办法，制定实施细则。

第四十七条　本办法由国务院建设行政主管部门负责解释。

第四十八条　本办法自2002年5月1日起施行。

附录十九　超限高层建筑工程抗震设防管理规定

建设部令　第111号　二〇〇二年七月二十五日

第一条　为了加强超限高层建筑工程的抗震设防管理，提高超限高层建筑工程抗震设计的可靠性和安全性，保证超限高层建筑工程抗震设防的质量，根据《中华人民共和国建筑法》、《中华人民共和国防震减灾法》、《建设工程质量管理条例》、《建设工程勘察设计管理条例》等法律、法规，制定本规定。

第二条　本规定适用于抗震设防区内超限高层建筑工程的抗震设防管理。

本规定所称超限高层建筑工程，是指超出国家现行规范、规程所规定的适用高度和适用结构类型的高层建筑工程，体型特别不规则的高层建筑工程，以及有关规范、规程规定应进行抗震专项审查的高层建筑工程。

第三条　国务院建设行政主管部门负责全国超限高层建筑工程抗震设防的管理工作。

省、自治区、直辖市人民政府建设行政主管部门负责本行政区内超限高层建筑工程抗震设防的管理工作。

第四条　超限高层建筑工程的抗震设防应当采取有效的抗震措施，确保超限高层建筑工程达到规范规定的抗震设防目标。

第五条　在抗震设防区内进行超限高层建筑工程的建设时，建设单位应当在初步设计阶段向工程所在地的省、自治区、直辖市人民政府建设行政主管部门提出专项报告。

第六条　超限高层建筑工程所在地的省、自治区、直辖市人民政府建设行政主管部门，负责组织省、自治区、直辖市超限高层建筑工程抗震设防专家委员会对超限高层建筑工程进行抗震设防专项审查。

审查难度大或审查意见难以统一的，工程所在地的省、自治区、直辖市人民政府建设行政主管部门可请全国超限高层建筑工程抗震设防专家委员会提出专项审查意见，并报国务院建设行政主管部门备案。

第七条　全国和省、自治区、直辖市的超限高层建筑工程抗震设防审查专家委员会委员分别由国务院建设行政主管部门和省、自治区、直辖市人民政府建设行政主管部门聘任。

超限高层建筑工程抗震设防专家委员会应当由长期从事并精通高层建筑工程抗震的勘察、设计、科研、教学和管理专家组成，并对抗震设防专项审查意见承担相应的审查责任。

第八条　超限高层建筑工程的抗震设防专项审查内容包括：建筑的抗震设防分类、抗震设防烈度（或者设计地震动参数）、场地抗震性能评价、抗震概念设计、主要结构布置、建筑与结构的协调、使用的计算程序、结构计算结果、地基基础和上部结构抗震性能评估等。

第九条　建设单位申报超限高层建筑工程的抗震设防专项审查时，应当提供以下材料：

（一）超限高层建筑工程抗震设防专项审查表；

（二）设计的主要内容、技术依据、可行性论证及主要抗震措施；

（三）工程勘察报告；

（四）结构设计计算的主要结果；

（五）结构抗震薄弱部位的分析和相应措施；

（六）初步设计文件；

（七）设计时参照使用的国外有关抗震设计标准、工程和震害资料及计算机程序；

（八）对要求进行模型抗震性能试验研究的，应当提供抗震试验研究报告。

第十条　建设行政主管部门应当自接到抗震设防专项审查全部申报材料之日起 25 日内，组织专家委员会提出书面审查意见，并将审查结果通知建设单位。

第十一条　超限高层建筑工程抗震设防专项审查费用由建设单位承担。

第十二条　超限高层建筑工程的勘察、设计、施工、监理，应当由具备甲级（一级及以上）资质的勘察、设计、施工和工程监理单位承担，其中建筑设计和结构设计应当分别由具有高层建筑设计经验的一级注册建筑师和一级注册结构工程师承担。

第十三条　建设单位、勘察单位、设计单位应当严格按照抗震设防专项审查意见进行超限高层建筑工程的勘察、设计。

第十四条　未经超限高层建筑工程抗震设防专项审查，建设行政主管部门和其他有关部门不得对超限高层建筑工程施工图设计文件进行审查。

超限高层建筑工程的施工图设计文件审查应当由经国务院建设行政主管部门认定的具有超限高层建筑工程审查资格的施工图设计文件审查机构承担。

施工图设计文件审查时应当检查设计图纸是否执行了抗震设防专项审查意见；未执行专项审查意见的，施工图设计文件审查不能通过。

第十五条　建设单位、施工单位、工程监理单位应当严格按照经抗震设防专项审查和施工图设计文件审查的勘察设计文件进行超限高层建筑工程的抗震设防和采取抗震措施。

第十六条　对国家现行规范要求设置建筑结构地震反应观测系统的超限高层建筑工程，建设单位应当按照规范要求设置地震反应观测系统。

第十七条　建设单位违反本规定，施工图设计文件未经审查或者审查不合格，擅自施工的，责令改正，处以 20 万元以上 50 万元以下的罚款。

第十八条　勘察、设计单位违反本规定，未按照抗震设防专项审查意见进行超限高层建筑工程勘察、设计的，责令改正，处以 1 万元以上 3 万元以下的罚款；造成损失的，依法承担赔偿责任。

第十九条　国家机关工作人员在超限高层建筑工程抗震设防管理工作中玩忽职守，滥用职权，徇私舞弊，构成犯罪的，依法追究刑事责任；尚不构成犯罪的，依法给予行政处分。

第二十条　省、自治区、直辖市人民政府建设行政主管部门，可结合本地区的具体情况制定实施细则，并报国务院建设行政主管部门备案。

第二十一条 本规定自2002年9月1日起施行。1997年12月23日建设部颁布的《超限高层建筑工程抗震设防管理暂行规定》（建设部令第59号）同时废止。

附录二十 房屋建筑工程和市政基础设施工程实行见证取样和送检的规定

建设部 建建［2000］211号 2000年9月26日

第一条 为规范房屋建筑工程和市政基础设施工程中涉及结构安全的试块、试件和材料的见证取样和送检工作，保证工程质量，根据《建设工程质量管理条例》，制定本规定。

第二条 凡从事房屋建筑工程和市政基础设施工程的新建、扩建、改建等有关活动，应当遵守本规定。

第三条 本规定所称见证取样和送检是指在建设单位或工程监理单位人员的见证下，由施工单位的现场试验人员对工程中涉及结构安全的试块、试件和材料在现场取样，并送至经过省级以上建设行政主管部门对其资质认可和质量技术监督部门对其计量认证的质量检测单位（以下简称“检测单位”）进行检测。

第四条 国务院建设行政主管部门对全国房屋建筑工程和市政基础设施工程的见证取样和送检工作实施统一监督管理。

县级以上地方人民政府建设行政主管部门对本行政区域内的房屋建筑工程和市政基础设施工程的见证取样和送检工作实施监督管理。

第五条 涉及结构安全的试块、试件和材料见证取样和送检的比例不得低于有关技术标准中规定应取样数量的30%。

第六条 下列试块、试件和材料必须实施见证取样和送检：

（一）用于承重结构的混凝土试块；

（二）用于承重墙体的砌筑砂浆试块；

（三）用于承重结构的钢筋及连接接头试件；

（四）用于承重墙的砖和混凝土小型砌块；

（五）用于拌制混凝土和砌筑砂浆的水泥；

（六）用于承重结构的混凝土中使用的掺加剂；

（七）地下、屋面、厕浴间使用的防水材料；

（八）国家规定必须实行见证取样和送检的其他试块、试件和材料。

第七条 见证人员应由建设单位或该工程的监理单位具备建筑施工试验知识的专业技术人员担任，并应由建设单位或该工程的监理单位书面通知施工单位、检测单位和负责该项工程的质量监督机构。

第八条 在施工过程中，见证人员应按照见证取样和送检计划，对施工现场的取样和送检进行见证，取样人员应在试样或其包装上做出标识、封志。标识和封志应标明工程名称、取样部位、取样日期、样品名称和样品数量，并由见证人员和取样人员签字。见证人员应制作见证记录，并将见证记录归入施工技术档案。

见证人员和取样人员应对试样的代表性和真实性负责。

第九条　见证取样的试块、试件和材料送检时，应由送检单位填写委托单，委托单应有见证人员和送检人员签字。检测单位应检查委托单及试样上的标识和封志，确认无误后方可进行检测。

第十条　检测单位应严格按照有关管理规定和技术标准进行检测，出具公正、真实、准确的检测报告。见证取样和送检的检测报告必须加盖见证取样检测的专用章。

第十一条　本规定由国务院建设行政主管部门负责解释。

第十二条　本规定自发布之日起施行。

附录二十一　建设工程设计合同（一）

GF—2000—0209

（民用建设工程设计合同）

工程名称：＿＿＿＿＿＿＿＿＿＿

工程地点：＿＿＿＿＿＿＿＿＿＿

合同编号：＿＿＿＿＿＿＿＿＿＿

（由设计人编填）

设计证书等级：＿＿＿＿＿＿＿＿

发包人：＿＿＿＿＿＿＿＿＿＿＿

设计人：＿＿＿＿＿＿＿＿＿＿＿

签订日期：＿＿＿＿＿＿＿＿＿＿

中华人民共和国建设部
国家工商行政管理局　监制

发包人：＿＿＿＿＿＿＿＿＿＿＿＿＿＿＿＿＿＿＿＿＿＿＿＿＿＿＿＿

设计人：＿＿＿＿＿＿＿＿＿＿＿＿＿＿＿＿＿＿＿＿＿＿＿＿＿＿＿＿

发包人委托设计人承担＿＿＿＿＿＿＿＿工程设计，经双方协商一致，签订本合同。

第一条　本合同依据下列文件签订：

1.1　《中华人民共和国合同法》、《中华人民共和国建筑法》和《建设工程勘察设计市场管理规定》。

1.2　国家及地方有关建设工程勘察设计管理法规和规章。

1.3　建设工程批准文件。

第二条　本合同设计项目的内容：名称、规模、阶段、投资及设计费等见下表。

序号	分项目名称	建设规模		设计阶段及内容			估算总投资（万元）	费率 %	估算设计费（元）
		层数	建筑面积 (m^2)	方案	初步设计	施工图			

第三条 发包人应向设计人提交的有关资料及文件：

序号	资料及文件名称	份数	提交日期	有关事宜

第四条 设计人应向发包人交付的设计资料及文件：

序号	资料及文件名称	份数	提交日期	有关事宜

第五条 本合同设计收费估算为＿＿＿＿＿＿元人民币。设计费支付进度详见下表。

付费次序	占总设计费 %	付费额（元）	付费时间（由交付设计文件所决定）
第一次付费	20％定金		本合同签订后三日内
第二次付费			
第三次付费			
第四次付费			
第五次付费			

说明：

1. 提交各阶段设计文件的同时支付各阶段设计费。
2. 在提交最后一部分施工图的同时结清全部设计费，不留尾款。
3. 实际设计费按初步设计概算（施工图设计概算）核定，多退少补。实际设计费与估算设计费出现差额时，双方另行签订补充协议。
4. 本合同履行后，定金抵作设计费。

第六条　双方责任

6.1　发包人责任：

6.1.1　发包人按本合同第三条规定的内容，在规定的时间内向设计人提交资料及文件，并对其完整性、正确性及时限负责，发包人不得要求设计人违反国家有关标准进行设计。

发包人提交上述资料及文件超过规定期限15天以内，设计人按合同第四条规定交付设计文件时间顺延；超过规定期限15天以上时，设计人员有权重新确定提交设计文件的时间。

6.1.2　发包人变更委托设计项目、规模、条件或因提交的资料错误，或所提交资料作较大修改，以致造成设计人设计需返工时，双方除需另行协商签订补充协议（或另订合同）、重新明确有关条款外，发包人应按设计人所耗工作量向设计人增付设计费。

在未签合同前发包人已同意，设计人为发包人所做的各项设计工作，应按收费标准，相应支付设计费。

6.1.3　发包人要求设计人比合同规定时间提前交付设计资料及文件时，如果设计人能够做到，发包人应根据设计人提前投入的工作量，向设计人支付赶工费。

6.1.4　发包人应为派赴现场处理有关设计问题的工作人员，提供必要的工作、生活及交通等方便条件。

6.1.5　发包人应保护设计人的投标书、设计方案、文件、资料图纸、数据、计算软件和专利技术。未经设计人同意，发包人对设计人交付的设计资料及文件不得擅自修改、复制或向第三人转让或用于本合同外的项目，如发生以上情况，发包人应负法律责任，设计人有权向发包人提出索赔。

6.2　设计人责任：

6.2.1　设计人应按国家技术规范、标准、规程及发包人提出的设计要求，进行工程设计，按合同规定的进度要求提交质量合格的设计资料，并对其负责。

6.2.2　设计人采用的主要技术标准是：

6.2.3　设计合理使用年限为__________年。

6.2.4　设计人按本合同第二条和第四条规定的内容、进度及份数向发包人交付资料及文件。

6.2.5　设计人交付设计资料及文件后，按规定参加有关的设计审查，并根据审查结论负责对不超出原定范围的内容做必要调整补充。设计人按合同规定时限交付设计资料及文件，本年内项目开始施工，负责向发包人及施工单位进行设计交底、处理有关设计问题和参加竣工验收。在一年内项目尚未开始施工，设计人仍负责上述工作，但应按所需工作量向发包人适当收取咨询服务费，收费额由双方商定。

6.2.6　设计人应保护发包人的知识产权，不得向第三人泄露、转让发包人提交的产品图纸等技术经济资料。如发生以上情况并给发包人造成经济损失，发包人有权向设计人索赔。

第七条　违约责任：

7.1　在合同履行期间，发包人要求终止或解除合同，设计人未开始设计工作的，不退还发包人已付的定金；已开始设计工作的，发包人应根据设计人已进行的实际工作量，不足一半时，按该阶段设计费的一半支付；超过一半时，按该阶段设计费的全部支付。

7.2　发包人应按本合同第五条规定的金额和时间向设计人支付设计费，每逾期支付一天，应承担支付金额千分之二的逾期违约金。逾期超过 30 天以上时，设计人有权暂停履行下阶段工作，并书面通知发包人。发包人的上级或设计审批部门对设计文件不审批或本合同项目停缓建，发包人均按 7.1 条规定支付设计费。

7.3　设计人对设计资料及文件出现的遗漏或错误负责修改或补充。由于设计人员错误造成工程质量事故损失，设计人除负责采取补救措施外，应免收直接受损失部分的设计费。损失严重的根据损失的程度和设计人责任大小向发包人支付赔偿金，赔偿金由双方商定为实际损失的________%。

7.4　由于设计人自身原因，延误了按本合同第四条规定的设计资料及设计文件的交付时间，每延误一天，应减收该项目应收设计费的千分之二。

7.5　合同生效后，设计人要求终止或解除合同，设计人应双倍返还定金。

第八条　其他

8.1　发包人要求设计人派专人留驻施工现场进行配合与解决有关问题时，双方应另行签订补充协议或技术咨询服务合同。

8.2　设计人为本合同项目所采用的国家或地方标准图，由发包人自费向有关出版部门购买。本合同第四条规定设计人交付的设计资料及文件份数超过《工程设计收费标准》规定的份数，设计人另收工本费。

8.3　本工程设计资料及文件中，建筑材料、建筑构配件和设备。应当注明其规格、型号、性能等技术指标，设计人不得指定生产厂、供应商。发包人需要设计人的设计人员配合加工定货时，所需要费用由发包人承担。

8.4　发包人委托设计配合引进项目的设计任务，从询价、对外谈判、国内外技术考察直至建成投产的各个阶段，应吸收承担有关设计任务的设计人参加。出国费用，除制装费外，其他费用由发包人支付。

8.5　发包人委托设计人承担本合同内容之外的工作服务，另行支付费用。

8.6　由于不可抗力因素致使合同无法履行时，双方应及时协商解决。

8.7　本合同发生争议，双方当事人应及时协商解决。也可由当地建设行政主管部门调解，调解不成时，双方当事人同意由________________仲裁委员会仲裁。双方当事人未在合同中约定仲裁机构，事后又未达成仲裁书面协议的，可向人民法院起诉。

8.8　本合同一式________份，发包人________份，设计人________份。

8.9　本合同经双方签章并在发包人向设计人支付订金后生效。

8.10　本合同生效后，按规定到项目所在省级建设行政主管部门规定的审查部门备案。双方认为必要时，到项目所在地工商行政管理部门申请鉴证。双方履行完合同规定的义务后，本合同即行终止。

8.11　本合同未尽事宜，双方可签订补充协议，有关协议及双方认可的来往电报、传真、会议纪要等，均为本合同组成部分，与本合同具有同等法律效力。

8.12　其他约定事项：

发包人名称：	设计人名称：
（盖章）	（盖章）
法定代表人：（签字）	法定代表人：（签字）
委托代理人：（签字）	委托代理人：（签字）
住　　所：	住　　所：
邮政编码：	邮政编码：
电　　话：	电　　话：
传　　真：	传　　真：
开户银行：	开户银行：
银行账号：	银行账号：
建设行政主管部门备案：	鉴证意见：
（盖章）	（盖章）
备案号：	经办人：
备案日期：　　年　月　日	鉴证日期：　　年　月　日

附录二十二　建设工程设计合同（二）

GF—2000—0210

（专业建设工程设计合同）

工程名称：____________

工程地点：____________

合同编号：____________

（由设计人编填）

设计证书等级：____________

发包人：____________

设计人：____________

签订日期：____________

中华人民共和国建设部
国家工商行政管理局　监制

发包人：____________

设计人：____________

发包人委托设计人承担________工程设计，工程地点为________________，经双方协商一致，签订本合同，共同执行。

第一条 本合同签订论据

1.1 《中华人民共和国合同法》、《中华人民共和国建筑法》和《建设工程勘察设计市场管理规定》。

1.2 国家及地方有关建设工程勘察设计管理法规和规章。

1.3 建设工程批准文件。

第二条 设计依据

2.1 发包人给设计人的委托书或设计中标文件

2.2 发包人提交的基础资料

2.3 设计人采用的主要技术标准是：____

____

第三条 合同文件的优先次序

构成本合同的文件可视为是能互相说明的，如果合同文件存在歧义或不一致，则根据如下优先次序来判断：

3.1 合同书

3.2 中标函（文件）

3.3 发包人要求及委托书

3.4 投标书

第四条 本合同项目的名称、规模、阶段、投资及设计内容（根据行业特点填写）

____

____

第五条 发包人向设计人提交的有关资料、文件及时间

第六条 设计人向发包人交付的设计文件、份数、地点及时间

第七条 费用

7.1 双方商定，本合同的设计费为________万元。收费依据和计算方法按国家和地方有关规定执行，国家和地方没有规定的，由双方商定。

7.2 如果上述费用为估算设计费，则双方在初步设计审批后，按批准的初步设计概算核算设计费。工程建设期间如遇概算调整，则设计费也应做相应调整。

第八条 支付方式

8.1 本合同生效后三天内，发包人支付设计费总额的20%，计________万元作为定金（合同结算时，定金抵作设计费）。

8.2 设计人提交________设计文件后三天内，发包人支付设计费总额的30%，计________万元；之后，发包人应按设计人所完成的施工图工作量比例，分期分批向设计人支付总设计费的50%，计________万元，施工图完成后，发包人结清设计费，不留尾款。

8.3 双方委托银行代付代收有关费用。

第九条 双方责任

9.1　发包人责任

9.1.1　发包人按本合同第五条规定的内容，在规定的时间内向设计人提交基础资料及文件，并对其完整性、正确性及时限负责。发包人不得要求设计人违反国家有关标准进行设计。

发包人提交上述资料及文件超过规定期限15天以内，设计人按本合同第六条规定的交付设计文件时间顺延；发包人交付上述资料及文件超过规定期限15天以上时，设计人有权重新确定提交设计文件的时间。

9.1.2　发包人变更委托设计项目、规模、条件或因提交的资料错误，或所提交资料作较大修改，以致造成设计人设计返工时，双方除另行协商签订补充协议（或另订合同）、重新明确有关条款外，发包人应按设计人所耗工作量向设计人支付返工费。

在未签订合同前发包人已同意，设计人为发包人所做的各项设计工作，发包人应支付相应设计费。

9.1.3　在合同履行期间，发包人要求终止或解除合同，设计人未开始设计工作的，不退还发包人已付的定金；已开始设计工作的，发包人应根据设计人已进行的实际工作量，不足一半时，按该阶段设计费的一半支付；超过一半时，按该阶段设计费的全部支付。

9.1.4　发包人必须按合同规定支付定金，收到定金作为设计人设计开工的标志。未收到定金，设计人有权推迟设计工作的开工时间，且交付文件的时间顺延。

9.1.5　发包人应按本合同规定的金额和日期向设计人支付设计费，每逾期支付一天，应承担应支付金额千分之二的逾期违约金，且设计人提交设计文件的时间顺延。逾期超过30天以上时，设计人有权暂停履行下阶段工作，并书面通知发包人。发包人的上级或设计审批部门对设计文件不审批或本合同项目停缓建，发包人均应支付应付的设计费。

9.1.6　发包人要求设计人比合同规定时间提前交付设计文件时，须征得设计人同意，不得严重背离合理设计周期，且发包人应支付赶工费。

9.1.7　发包人应为设计人派驻现场的工作人员提供工作、生活及交通等方面的便利条件及必要的劳动保护装备。

9.1.8　设计文件中选用的国家标准图、部标准图及地方标准图由发包人负责解决。

9.1.9　承担本项目外国专家来设计人办公室工作的接待费（包括传真、电话、复印、办公等费用）。

9.2　设计人责任

9.2.1　设计人应按国家规定和合同约定的技术规范、标准进行设计，按本合同第六条规定的内容、时间及份数向发包人交付设计文件（出现9.1.1、9.1.2、9.1.4、9.1.5规定有关交付设计文件顺延的情况除外）。并对提交的设计文件的质量负责。

9.2.2　设计合理使用年限为________________年。

9.2.3　负责对外商的设计资料进行审查，负责该合同项目的设计联络工作。

9.2.4　设计人对设计文件出现的遗漏或错误负责修改或补充。由于设计人设计错误造成工程质量事故损失，设计人除负责采取补救措施外，应免收受损失部分的设计费，并根据损失程度向发包人支付赔偿金，赔偿金数额由双方商定为实际损失的　　　%。

9.2.5　由于设计人原因，延误了设计文件交付时间，每延误一天，应减收该项目应收设计费的千分之二。

9.2.6　合同生效后，设计人要求终止或解除合同，设计人应双倍返还发包人已支付的定金。

9.2.7　设计人交付设计文件后，按规定参加有关上级的设计审查，并根据审查结论负责不超出原定范围的内容做必要调整补充。设计人按合同规定时限交付设计文件一年内项目开始施工，负责向发包人及施工单位进行设计交底、处理有关设计问题和参加竣工验收。在一年内项目尚未开始施工，设计人仍负责上述工作，可按所需工作量向发包人适当收取咨询服务费，收费额由双方商定。

第十条　保密

双方均应保护对方的知识产权，未经对方同意，任何一方均不得对对方的资料及文件擅自修改、复制或向第三人转让或用于本合同项目外的项目。如发生以上情况，泄密方承担一切由此引起的后果并承担赔偿责任。

第十一条　仲裁

本建设工程设计合同发生争议，发包人与设计人应及时协商解决。也可由当地建设行政主管部门调解，调解不成时，双方当事人同意由__________________仲裁委员会仲裁。双方当事人未在合同中约定仲裁机构，当事人又未达成仲裁书面协议的，可向人民法院起诉。

第十二条　合同生效及其他

12.1　发包人要求设计人派专人长期驻施工现场进行配合与解决有关问题时，双方应另行签订技术咨询服务合同。

12.2　设计人为本合同项目的服务至施工安装结束为止。

12.3　本工程项目中，设计人不得指定建筑材料、设备的生产厂或供货商。发包人需要设计人配合建筑材料、设备的加工订货时，所需费用由发包人承担。

12.4　发包人委托设计人配合引进项目的设计任务，从询价、对外谈判、国内外技术考察直至建成投产的各个阶段，应吸收承担有关设计任务的设计人员参加。出国费用，除制装费外，其他费用由发包人支付。

12.5　发包人委托设计人承担本合同内容以外的工作服务，另行签订协议并支付费用。

12.6　由于不可抗力因素致使合同无法履行时，双方应及时协商解决。

12.7　本合同双方签字盖章即生效，一式________份，发包人________份，设计人________份。

12.8　本合同生效后，按规定应到项目所在地省级建设行政主管部门规定的审查部门备案；双方认为必要时，到工商行政管理部门鉴证。双方履行完合同规定的义务后，本合同即行终止。

12.9　双方认可的来往传真、电报、会议纪要等，均为合同的组成部分，与本合同具有同等法律效力。

12.10　未尽事宜，经双方协商一致，签订补充协议，补充协议与本合同具有同等效力。

发包人名称：	设计人名称：
（盖章）	（盖章）
法定代表人：（签字）	法定代表人：（签字）
委托代理人：（签字）	委托代理人：（签字）
项目经理：（签字）	项目经理：（签字）
住　　所：	住　　所：
邮政编码：	邮政编码：
电　　话：	电　　话：
传　　真：	传　　真：
开户银行：	开户银行：
银行账号：	银行账号：
建设行政主管部门备案：	鉴证意见：
（盖章）	（盖章）
备案号：	经办人：
备案日期：　　年　月　日	鉴证日期：　　年　月　日

附录二十三　建设工程勘察合同（一）

GF—2000—0203

［岩土工程勘察、水文地质勘察（含凿井）、工程测量、工程物探］

工程名称：________________

工程地点：________________

合同编号：________________

（由勘察人编填）

勘察证书等级：________________

发包人：________________

勘察人：________________

签订日期：________________

中华人民共和国建设部
国家工商行政管理局　监制

发包人：________________

勘察人：________________

发包人委托勘察人承担＿＿＿＿＿＿＿＿＿＿＿＿＿＿＿＿任务。

根据《中华人民共和国合同法》及国家有关法规规定，结合本工程的具体情况，为明确责任，协作配合，确保工程勘察质量，经发包人、勘察人协商一致，签订本合同，共同遵守。

第一条　工程概况

1.1　工程名称：＿＿＿＿＿＿＿＿＿＿＿＿＿＿＿＿

1.2　工程建设地点：＿＿＿＿＿＿＿＿＿＿＿＿＿＿＿＿

1.3　工程规模、特征：＿＿＿＿＿＿＿＿＿＿＿＿＿＿＿＿

1.4　工程勘察任务委托文号、日期：＿＿＿＿＿＿＿＿＿＿＿＿

1.5　工程勘察任务（内容）与技术要求：＿＿＿＿＿＿＿＿＿＿＿

1.6　承接方式：＿＿＿＿＿＿＿＿＿＿＿＿＿＿＿＿

1.7　预计勘察工作量：＿＿＿＿＿＿＿＿＿＿＿＿＿＿＿＿

第二条　发包人应及时向勘察人提供下列文件资料，并对其准确性、可靠性负责。

2.1　提供本工程批准文件（复印件），以及用地（附红线范围）、施工、勘察许可等批件（复印件）。

2.2　提供工程勘察任务委托书、技术要求和工作范围的地形图、建筑总平面布置图。

2.3　提供勘察工作范围已有的技术资料及工程所需的坐标与标高资料。

2.4　提供勘察工作范围地下已有埋藏物的资料（如电力、电讯电缆、各种管道、人防设施、洞室等）及具体位置分布图。

2.5　发包人不能提供上述资料，由勘察人收集的，发包人需向勘察人支付相应费用。

第三条　勘察人向发包人提交勘察成果资料并对其质量负责。

勘察人负责向发包人提交勘察成果资料四份，发包人要求增加的份数另行收费。

第四条　开工及提交勘察成果资料的时间和收费标准及付费方式

4.1　开工及提交勘察成果资料的时间

4.1.1　本工程的勘察工作定于＿＿＿年＿＿＿月＿＿＿日开工，＿＿＿年＿＿＿月＿＿＿日提交勘察成果资料，由于发包人或勘察人的原因未能按期开工或提交成果资料时，按本合同第六条规定办理。

4.1.2　勘察工作有效期限以发包人下达的开工通知书或合同规定的时间为准，如遇特殊情况（设计变更、工作量变化、不可抗力影响以及非勘察人原因造成的停、窝工等）时，工期顺延。

4.2　收费标准及付费方式

4.2.1　本工程勘察按国家规定的现行收费标准＿＿＿＿＿计取费用；或以“预算包干”、“中标价加签证”、“实际完成工作量结算”等方式计取收费。国家规定的收费标准中没有规定的收费项目，由发包人、勘察人另行议定。

4.2.2　本工程勘察费预算为＿＿＿＿元（大写＿＿＿＿＿），合同生效后3天内，发包人应向勘察人支付预算勘察费的20%作为定金、计＿＿＿＿元（本合同履行后，定金抵作勘察费）；勘察规模大、工期长的大型勘察工程，发包人还应按实际完成工程进度＿＿＿%时，向勘察人支付预算勘察费的＿＿＿%的工程进度款，计＿＿＿元；勘察工作外业结束后＿＿＿天内，发包人向勘察人支付预算勘察费的＿＿＿%，计＿＿＿元；

提交勘察成果资料后 10 天内，发包人应一次付清全部工程费用。

第五条　发包人、勘察人责任

5.1　发包人责任

5.1.1　发包人委托任务时，必须以书面形式向勘察人明确勘察任务及技术要求，并按第二条规定提供文件资料。

5.1.2　在勘察工作范围内，没有资料、图纸的地区（段），发包人应负责查清地下埋藏物，若因未提供上述资料、图纸，或提供的资料图纸不可靠、地下埋藏物不清，致使勘察人在勘察工作过程中发生人身伤害或造成经济损失时，由发包人承担民事责任。

5.1.3　发包人应及时为勘察人提供并解决勘察现场的工作条件和出现的问题（如：落实土地征用、青苗树木赔偿、拆除地上地下障碍物、处理施工扰民及影响施工正常进行的有关问题、平整施工现场、修好通行道路、接通电源水源、挖好排水沟渠以及水上作业用船等），并承担其费用。

5.1.4　若勘察现场需要看守，特别是在有毒、有害等危险现场作业时，发包人应派人负责安全保卫工作，按国家有关规定，对从事危险作业的现场人员进行保健防护，并承担费用。

5.1.5　工程勘察前，若发包人负责提供材料的，应根据勘察人提出的工程用料计划，按时提供各种材料及其产品合格证明，并承担费用和运到现场，派人与勘察人的人员一起验收。

5.1.6　勘察过程中的任何变更，经办理正式变更手续后，发包人应按实际发生的工作量支付勘察费。

5.1.7　为勘察人的工作人员提供必要的生产、生活条件，并承担费用；如不能提供时，应一次性付给勘察人临时设施费________元。

5.1.8　由于发包人原因造成勘察人停、窝工，除工期顺延外。发包人应支付停、窝工费（计算方法见 6.1）；发包人若要求在合同规定时间内提前完工（或提交勘察成果资料）时，发包人应按每提前一天向勘察人支付__________元计算加班费。

5.1.9　发包人应保护勘察人的投标书、勘察方案、报告书、文件、资料图纸、数据、特殊工艺（方法）、专利技术和合理化建议，未经勘察人同意，发包人不得复制、不得泄露、不得擅自修改、传送或向第三人转让或用于本合同外的项目；如发生上述情况，发包人应负法律责任，勘察人有权索赔。

5.1.10　本合同有关条款规定和补充协议中发包人应负的其他责任。

5.2　勘察人责任

5.2.1　勘察人应按国家技术规范、标准、规程和发包人的任务委托书及技术要求进行工程勘察。按本合同规定的时间提交质量合格的勘察成果资料，并对其负责。

5.2.2　由于勘察人提供的勘察成果资料质量不合格，勘察人应负责无偿给予补充完善使其达到质量合格；若勘察人无力补充完善，需另委托其他单位时，勘察人应承担全部勘察费用；或因勘察质量造成重大经济损失或工程事故时，勘察人除应负法律责任和免收直接受损失部分的勘察费外，并根据损失程度向发包人支付赔偿金，赔偿金由发包人、勘察人商定为实际损失的______%。

5.2.3 在工程勘察前，提出勘察纲要或勘察组织设计，派人与发包人的人员一起验收发包人提供的材料。

5.2.4 勘察过程中，根据工程的岩土工程条件（或工作现场地形地貌、地质和水文地质条件）及技术规范要求，向发包人提出增减工作量或修改勘察工作的意见。并办理正式变更手续。

5.2.5 在现场工作的勘察人的人员，应遵守发包人的安全保卫及其他有关的规章制度，承担其有关资料保密义务。

5.2.6 本合同有关条款规定和补充协议中勘察人应负的其他责任。

第六条 违约责任

6.1 由于发包人未给勘察人提供必要的工作生活条件而造成停、窝工或来回进出场地，发包人除应付给勘察人停、窝工费（金额按预算的平均工日产值计算），工期按实际工日顺延外，还应付给勘察人来回进出场费和调遣费。

6.2 由于勘察人原因造成勘察成果资料质量不合格，不能满足技术要求时，其返工勘察费用由勘察人承担。

6.3 合同履行期间，由于工程停建而终止合同或发包人要求解除合同时，勘察人未进行勘察工作的，不退还发包人已付定金；已进行勘察工作的，完成的工作量在50%以内时，发包人应向勘察人支付预算额50%的勘察费计__________元；完成的工作量超过50%时，则应向勘察人支付预算额100%的勘察费。

6.4 发包人未按合同规定时间（日期）拨付勘察费，每超过一日，应偿付未支付勘察费的千分之一逾期违约金。

6.5 由于勘察人原因未按合同规定时间（日期）提交勘察成果资料，每超过一日，应减收勘察费千分之一。

6.6 本合同签订后，发包人不履行合同时，无权要求退还定金；勘察人不履行合同时，双倍返还定金。

第七条 本合同未尽事宜，经发包人与勘察人协商一致，签订补充协议，补充协议与本合同具有同等效力。

第八条 其他约定事项：____

____

____

第九条 本合同发生争议，发包人、勘察人应及时协商解决，也可由当地建设行政主管部门调解，协商或调解不成时，发包人、勘察人同意由__________仲裁委员会仲裁。发包人、勘察人未在本合同中约定仲裁机构，事后又未达成书面仲裁协议的，可向人民法院起诉。

第十条 本合同自发包人、勘察人签字盖章后生效；按规定到省级建设行政主管部门规定的审查部门备案；发包人、勘察人认为必要时，到项目所在地工商行政管理部门申请鉴证。发包人、勘察人履行完合同规定的义务后，本合同终止。

本合同一式__________份，发包人__________份、勘察人__________份。

发包人名称：　　　　　　　　　　　　勘察人名称：

（盖章）　　　　　　　　　　　　　　（盖章）

法定代表人：（签字）　　　　　　　　法定代表人：（签字）

委托代理人：（签字）　　　　　　　　委托代理人：（签字）

住　　所：　　　　　　　　　　　　　住　　所：

邮政编码：　　　　　　　　　　　　　邮政编码：

电　　话：　　　　　　　　　　　　　电　　话：

传　　真：　　　　　　　　　　　　　传　　真：

开户银行：　　　　　　　　　　　　　开户银行：

银行账号：　　　　　　　　　　　　　银行账号：

建设行政主管部门备案：　　　　　　　鉴证意见：

（盖章）　　　　　　　　　　　　　　（盖章）

备案号：　　　　　　　　　　　　　　经办人：

备案日期：　　年　月　日　　　　　　鉴证日期：　　年　月　日

附录二十四　建设工程勘察合同（二）

GF—2000—0204

[岩土工程设计、治理、监测]

工程名称：________________

工程地点：________________

合同编号：________________

（由承包人编填）

勘察证书等级：________________

发包人：________________

承包人：________________

签订日期：________________

中华人民共和国建设部
国家工商行政管理局　监制

发包人：________________________________

承包人：________________________________

发包人委托承包人承担________________________________

工程项目的岩土工程任务，根据《中华人民共和国合同法》及国家有关法规，经发包人、承包人协商一致，签订本合同。

第一条 工程概况

1.1 工程名称：________________

1.2 工程地点：________________

1.3 工程立项批准文件号、日期：________________

1.4 岩土工程任务委托文号、日期：________________

1.5 工程规模、特征：________________

____

1.6 岩土工程任务（内容）与技术要求：________________

____

1.7 承接方式：________________

1.8 预订的岩土工程工作量：________________

____

____

第二条 发包人向承包人提供的有关资料文件

序号	资料文件名称	份数	内容要求	提交时间

第三条 承包人应向发包人交付的报告、成果、文件

序号	资料文件名称	份数	内容要求	提交时间

第四条 工期

本岩土工程自________年________月________日开工至________年________月________日完工，工期为________天。由于发包人或承包人的原因，未能按期开工、完工或交付成果资料时，按本合同第八条规定执行。

第五条 收费标准及支付方式

5.1 本岩土工程收费按国家规定的现行收费标准________________计取；或以“预算包干”、“中标价加签证”、“实际完成工作量结算”等方式计取收费。国家规定的收费标准中没有规定的收费项目，由发包人、承包人另行议定。

5.2 本岩土工程费总额为________元（大写________________），合同生效后3天内，发包人应向承包人支付预算工程费总额的20%，计________元作为定金（本合同履

行后，定金抵作工程费）。

5.3　本合同生效后，发包人按下表约定分________次向承包人预付（或支付）工程费，发包人不按时向承包人拨付工程费，从应拨付之日起承担应拨付工程费的滞纳金。

拨付工程费时间（工程进度）	占合同总额百分比	金额人民币（元）

第六条　变更及工程费的调整

6.1　本岩土工程进行中，发包人对工程内容与技术要求提出变更，发包人应在变更前__________天向承包人发出书面变更通知，否则承包人有权拒绝变更；承包人接通知后于__________天内，提出变更方案的文件资料，发包人收到该文件资料之日起________天内予以确认，如不确认或不提出修改意见的，变更文件资料自送达之日起第__________天自行生效，由此延误的工期顺延外，因变更导致承包人经济支出和损失，由发包人承担。

6.2　变更后，工程费按如下方法（或标准）进行调整：____

第七条　发包人、承包人责任

7.1　发包人责任

7.1.1　发包人按本合同第二条规定的内容，在规定的时间内向承包人提供资料文件，并对其完整性、正确性及时限性负责；发包人提供上述资料、文件超过规定期限15天以内，承包人按合同规定交付报告、成果、文件的时间顺延，规定期限超过15天以上时，承包人有权重新确定交付报告、成果、文件的时间。

7.1.2　发包人要求承包人在合同规定时间内提前交付报告、成果、文件时，[illegible]应按每提前一天向承包人支付________元计算加班费。

7.1.3　发包人应为承包人现场工作人员提供必要的生产、生[illegible]时，应一次性付给承包人临时设施费________元。

7.1.4　开工前，发包人应办理完毕开工许可、工作[illegible]地迁移、房屋构筑物拆迁、障碍物清除等工作，及[illegible]问题，并承担费用；

发包人应向承包人提供工作现场地下已有埋[illegible]人防设施、洞室等）的资料及其具体位置分布图，[illegible]

现场工作中发生人身伤害或造成经济损失时，由发包人承担民事责任；

在有毒、有害环境中作业时，发包人应按有关规定，提供相应的防护措施，并承担有关的费用；

以书面形式向承包人提供水准点和坐标控制点；

发包人应解决承包人工作现场的平整，道路通行和用水用电，并承担费用。

7.1.5 发包人应对工作现场周围建筑物、构筑物、古树名木和地下管道、线路的保护负责，对承包人提出书面具体保护要求（措施），并承担费用。

7.1.6 发包人应保护承包人的投标书、报告书、文件、设计成果、专利技术、特殊工艺和合理化建议，未经承包人同意，发包人不得复制泄露或向第三人转让或用于本合同外的项目，如发生以上情况，发包人应负法律责任，承包人有权索赔。

7.1.7 本合同中有关条款规定和补充协议中发包人应负的责任。

7.2 承包人责任

7.2.1 承包人按本合同第三条规定的内容、时间、数量向发包人交付报告、成果、文件，并对其质量负责。

7.2.2 承包人对报告、成果、文件出现的遗漏或错误负责修改补充；由于承包人的遗漏、错误造成工程质量事故，承包人除负法律责任和负责采取补救措施外，应减收或免收直接受损失部分的岩土工程费，并根据受损失程度向发包人支付赔偿金，赔偿金额由发包人、承包人商定为实际损失的________%。

7.2.3 承包人不得向第三人扩散、转让第二条中发包人提供的技术资料、文件。发生上述情况，承包人应负法律责任，发包人有权索赔。

7.2.4 遵守国家及当地有关部门对工作现场的有关管理规定，做好工作现场保卫和环卫工作，并按发包人提出的保护要求（措施），保护好工作现场周围的建、构筑物，古树、名木和地下管线（管道）、文物等。

7.2.5 本合同有关条款规定和补充协议中承包人应负的责任。

第八条 违约责任

8.1 由于发包人提供的资料、文件错误、不准确，造成工期延误或返工时，除工期顺延外，发包人应向承包人支付停工费或返工费，造成质量、安全事故时，由发包人承担法律责任和经济责任。

8.2 在合同履行期间，发包人要求终止或解除合同，承包人未开始工作的，不退还发包人已付的定金；已进行工作的，完成的工作量在50%以内时，发包人应支付承包人
程费的50%的费用；完成的工作量超过50%时，发包人应支付承包人工程费的100%
用。

发包人不按时支付工程费（进度款），承包人在约定支付时间10天后，向发包
催款的通知，发包人收到通知后仍不按要求付款，承包人有权停工，工期顺
应承担滞纳金。

包人原因延误工期或未按规定时间交付报告、成果、文件，每延误一天
之一计算的违约金。

成果、文件达不到合同约定条件的部分，发包人可要求承包人返
的时间返工，直到符合约定条件，因承包人原因达不到约定条

件，由承包人承担返工费，返工后仍不能达到约定条件，承包人承担违约责任，并根据因此造成的损失程度向发包人支付赔偿金，赔偿金额最高不超过返工项目的收费。

第九条　材料设备供应

9.1　发包人、承包人应对各自负责供应的材料设备负责，提供产品合格证明，并经发包人、承包人代表共同验收认可，如与设计和规范要求不符的产品，应重新采购符合要求的产品，并经发包人、承包人代表重新验收认定，各自承担发生的费用。若造成停、窝工的，原因是承包人的，则责任自负；原因是发包人的，则应向承包人支付停、窝工费。

9.2　承包人需使用代用材料时，须经发包人代表批准方可使用，增减的费用由发包人、承包人商定。

第十条　报告、成果、文件检查验收

10.1　由发包人负责组织对承包人交付的报告、成果、文件进行检查验收。

10.2　发包人收到承包人交付的报告、成果、文件后________天内检查验收完毕，并出具检查验收证明，以示承包人已完成任务，逾期未检查验收的，视为接受承包人的报告、成果、文件。

10.3　隐蔽工程工序质量检查，由承包人自检后，书面通知发包人检查；发包人接通知后，当天组织质检，经检验合格，发包人、承包人签字后方能进行下一道工序；检验不合格，承包人在限定时间内修补后重新检验，直至合格；若发包人接通知后 24 小时内仍未能到现场检验，承包人可以顺延工程工期，发包人应赔偿停、窝工的损失。

10.4　工程完工，承包人向发包人提交岩土治理工程的原始记录、竣工图及报告、成果、文件，发包人应在________天内组织验收，如有不符合规定要求及存在质量问题，承包人应采取有效补救措施。

10.5　工程未经验收，发包人提前使用和擅自动用，由此发生的质量、安全问题，由发包人承担责任，并以发包人开始使用日期为完工日期。

10.6　完工工程经验收符合合同要求和质量标准，自验收之日起____________天内，承包人向发包人移交完毕，如发包人不能按时接管，致使已验收工程发生损失，应由发包人承担，如承包人不能按时交付，应按逾期完工处理，发包人不得因此而拒付工程款。

第十一条　本合同未尽事宜，经发包人与承包人协商一致，签订补充协议，补充协议与本合同具有同等效力。

第十二条　其他约定事项：

____

____

____

____

第十三条　争议解决办法

本合同发生争议时，发包人、承包人应及时协商解决，也可由当地建设行政主管部门调解，协商或调解不成时，发包人、承包人同意由________________仲裁委员会仲裁。发包人、承包人未在本合同中约定仲裁机构，事后又未达成书面仲裁协议的，可向人民

法院起诉。

第十四条 合同生效与终止

本合同自发包人、承包人签字盖章后生效；按规定到省级建设行政主管部门规定的审查部门备案；发包人、承包人认为必要时，到项目所在地工商行政管理部门申请鉴证。发包人、承包人履行完合同规定的义务后，本合同终止。

本合同一式________份，发包人________份、承包人________份。

发包人名称：	承包人名称：
（盖章）	（盖章）
法定代表人：（签字）	法定代表人：（签字）
委托代理人：（签字）	委托代理人：（签字）
住　所：	住　所：
邮政编码：	邮政编码：
电　话：	电　话：
传　真：	传　真：
开户银行：	开户银行：
银行账号：	银行账号：
建设行政主管部门备案：	鉴证意见：
（盖章）	（盖章）
备案号：	经办人：
备案日期：　　年　月　日	鉴证日期：　　年　月　日

附录二十五 建设工程施工合同

GF—1999—0201

（示范文本）

第一部分 协 议 书

发包人（全称）：________________________

承包人（全称）：________________________

依照《中华人民共和国合同法》、《中华人民共和国建筑法》及其他有关法律、行政法规，遵循平等、自愿、公平和诚实信用的原则，双方就本建设工程施工事项协商一致，订立本合同。

一、工程概况

工程名称：____

工程地点：______

工程内容：______

群体工程应附承包人承揽工程项目一览表（附件 1）

工程立项批准文号：______

资金来源：______

二、工程承包范围

承包范围：______

三、合同工期

开工日期：______

竣工日期：______

合同工期总日历天数______天。

四、质量标准

工程质量标准：______

五、合同价款

金额（大写）：______元（人民币）

¥：______元

六、组成合同的文件

组成本合同的文件包括：

1. 本合同协议书
2. 中标通知书
3. 投标书及其附件
4. 本合同专用条款
5. 本合同通用条款
6. 标准、规范及有关技术文件
7. 图纸
8. 工程量清单
9. 工程报价单或预算书

双方有关工程的洽商、变更等书面协议或文件视为本合同的组成部分。

七、本协议书中有关词语含义与本合同第二部分《通用条款》中分别赋予它们的定义相同。

八、承包人向发包人承诺按照合同约定进行施工、竣工并在质量保修期内承担工程质量保修责任。

九、发包人向承包人承诺按照合同约定的期限和方式支付合同价款及其他应当支付的款项。

十、合同生效

合同订立时间：______年______月______日

合同订立地点：______

本合同双方约定______后生效。

发 包 人：(公章)	承 包 人：(公章)
住 所：	住 所：
法定代表人：	法定代表人：
委托代理人：	委托代理人：
电 话：	电 话：
传 真：	传 真：
开户银行：	开户银行：
账 号：	账 号：
邮政编码：	邮政编码：

第二部分 通用条款

一、词语定义及合同文件

1. 词语定义

下列词语除专用条款另有约定外，应具有本条所赋予的定义：

1.1 通用条款：是根据法律、行政法规规定及建设工程施工的需要订立，通用于建设工程施工的条款。

1.2 专用条款：是发包人与承包人根据法律、行政法规规定，结合具体工程实际，经协商达成一致意见的条款，是对通用条款的具体化、补充或修改。

1.3 发包人：指在协议书中约定，具有工程发包主体资格和支付工程价款能力的当事人以及取得该当事人资格的合法继承人。

1.4 承包人：指在协议书中约定，被发包人接受的具有工程施工承包主体资格的当事人以及取得该当事人资格的合法继承人。

1.5 项目经理：指承包人在专用条款中指定的负责施工管理和合同履行的代表。

1.6 设计单位：指发包人委托的负责本工程设计并取得相应工程设计资质等级证书的单位。

1.7 监理单位：指发包人委托的负责本工程监理并取得相应工程监理资质等级证书的单位。

1.8 工程师：指本工程监理单位委派的总监理工程师或发包人指定的履行本合同的代表，其具体身份和职权由发包人承包人在专用条款中约定。

1.9 工程造价管理部门：指国务院有关部门、县级以上人民政府建设行政主管部门或其委托的工程造价管理机构。

1.10 工程：指发包人承包人在协议书中约定的承包范围内的工程。

1.11 合同价款：指发包人承包人在协议书中约定，发包人用以支付承包人按照合同约定完成承包范围内全部工程并承担质量保修责任的款项。

1.13 追加合同价款：指在合同履行中发生需要增加合同价款的情况，经发包人确认后按计算合同价款的方法增加的合同价款。

1.14 费用：指不包含在合同价款之内的应当由发包人或承包人承担的经济支出。

1.15 工期：指发包人承包人在协议书中约定，按总日历天数（包括法定节假日）

计算的承包天数。

1.16 开工日期：指发包人承包人在协议书中约定，承包人开始施工的绝对或相对的日期。

1.17 竣工日期：指发包人承包人在协议书中约定，承包人完成承包范围内工程的绝对或相对的日期。

1.18 图纸：指由发包人提供或由承包人提供并经发包人批准，满足承包人施工需要的所有图纸（包括配套说明和有关资料）。

1.19 施工场地：指由发包人提供的用于工程施工的场所以及发包人在图纸中具体指定的供施工使用的任何其他场所。

1.20 书面形式：指合同书、信件和数据电文（包括电报、电传、传真、电子数据交换和电子邮件）等可以有形地表现所载内容的形式。

1.21 违约责任：指合同一方不履行合同义务或履行合同义务不符合约定所应承担的责任。

1.22 索赔：指在合同履行过程中，对于并非自己的过错，而是应由对方承担责任的情况造成的实际损失，向对方提出经济补偿和（或）工期顺延的要求。

1.23 不可抗力：指不能预见、不能避免并不能克服的客观情况。

1.24 小时或天：本合同中规定按小时计算时间的，从事件有效开始时计算（不扣除休息时间）；规定按天计算时间的，开始当天不计入，从次日开始计算。时限的最后一天是休息日或者其他法定节假日的，以节假日次日为时限的最后一天，但竣工日期除外。时限的最后一天的截止时间为当日 24 时。

2. 合同文件及解释顺序

2.1 合同文件应能相互解释，互为说明。除专用条款另有约定外，组成本合同的文件及优先解释顺序如下：

（1）本合同协议书

（2）中标通知书

（3）投标书及其附件

（4）本合同专用条款

（5）本合同通用条款

（6）标准、规范及有关技术文件

（7）图纸

（8）工程量清单

（9）工程报价单或预算书

合同履行中，发包人承包人有关工程的洽商、变更等书面协议或文件视为本合同的组成部分。

2.2 当合同文件内容含糊不清或不相一致时，在不影响工程正常进行的情况下，由发包人承包人协商解决。双方也可以提请负责监理的工程师作出解释。双方协商不成或不同意负责监理的工程师的解释时，按本通用条款 37 条关于争议的约定处理。

3. 语言文字和适用法律、标准及规范

3.1 语言文字

本合同文件使用汉语语言文字书写、解释和说明。如专用条款约定使用两种以上（含两种）语言文字时，汉语应为解释和说明本合同的标准语言文字。

在少数民族地区，双方可以约定使用少数民族语言文字书写和解释、说明本合同。

3.2　适用法律和法规

本合同文件适用国家的法律和行政法规。需要明示的法律、行政法规，由双方在专用条款中约定。

3.3　适用标准、规范

双方在专用条款内约定适用国家标准、规范的名称；没有国家标准、规范但有行业标准、规范的，约定适用行业标准、规范的名称；没有国家和行业标准、规范的，约定适用工程所在地地方标准、规范的名称。发包人应按专用条款约定的时间向承包人提供一式两份约定的标准、规范。

国内没有相应标准、规范的，由发包人按专用条款约定的时间向承包人提出施工技术要求，承包人按约定的时间和要求提出施工工艺，经发包人认可后执行。发包人要求使用国外标准、规范的，应负责提供中文译本。

本条所发生的购买、翻译标准、规范或制定施工工艺的费用，由发包人承担。

4. 图纸

4.1　发包人应按专用条件约定的日期和套数，向承包人提供图纸。承包人需要增加图纸套数的，发包人应代为复制，复制费用由承包人承担。发包人对工程有保密要求的，应在专用条款中提出保密要求，保密措施费用由发包人承担，承包人在约定保密期限内履行保密义务。

4.2　承包人未经发包人同意，不得将本工程图纸转给第三人。工程质量保修期满后，除承包人存档需要的图纸外，应将全部图纸退还给发包人。

4.3　承包人应在施工现场保留一套完整图纸，供工程师及有关人员进行工程检查时使用。

二、双方一般权利和义务

5. 工程师

5.1　实行工程监理的，发包人应在实施监理前将委托的监理单位名称、监理内容及监理权限以书面形式通知承包人。

5.2　监理单位委派的总监理工程师在本合同中称工程师，其姓名、职务、职权由发包人承包人在专用条款内写明。工程师按合同约定行使职权，发包人在专用条款内要求工程师在行使某些职权前需要征得发包人批准的，工程师应征得发包人批准。

5.3　发包人派驻施工场地履行合同的代表在本合同中也称工程师，其姓名、职务、职权由发包人在专用条款内写明，但职权不得与监理单位委派的总监理工程师职权相互交叉。双方职权发生交叉或不明确时，由发包人予以明确，并以书面形式通知承包人。

5.4　合同履行中，发生影响发包人承包人双方权利或义务的事件时，负责监理的工程师应依据合同在其职权范围内客观公正地进行处理。一方对工程师的处理有异议时，按本通用条款 37 条关于争议的约定处理。

5.5　除合同内有明确约定或经发包人同意外，负责监理的工程师无权解除本合同约定的承包人的任何权利与义务。

5.6　不实行工程监理的，本合同中工程师专指发包人派驻施工场地履行合同的代表，其具体职权由发包人在专用条款内写明。

6. 工程师的委派和指令

6.1　工程师可委派工程师代表，行使合同约定的自己的职权，并可在认为必要时撤回委派。委派和撤回均应提前 7 天以书面形式通知承包人，负责监理的工程师还应将委派和撤回通知发包人。委派书和撤回通知作为本合同附件。

工程师代表在工程师授权范围内向承包人发出的任何书面形式的函件，与工程师发出的函件具有同等效力。承包人对工程师代表向其发出的任何书面形式的函件有疑问时，可将此函件提交工程师，工程师应进行确认。工程师代表发出指令有失误时，工程师应进行纠正。

除工程师或工程师代表外，发包人派驻工地的其他人员均无权向承包人发出任何指令。

6.2　工程师的指令、通知由其本人签字后，以书面形式交给项目经理，项目经理在回执上签署姓名和收到时间后生效。确有必要时，工程师可发出口头指令，并在 48 小时内给予书面确认，承包人对工程师的指令应予执行。工程师不能及时给予书面确认的，承包人应于工程师发出口头指令后 7 天内提出书面确认要求。工程师在承包人提出确认要求后 48 小时内不予答复的，视为口头指令已被确认。

承包人认为工程师指令不合理，应在收到指令后 24 小时内向工程师提出修改指令的书面报告，工程师在收到承包人报告后 24 小时内做出修改指令或继续执行原指令的决定，并以书面形式通知承包人。紧急情况下，工程师要求承包人立即执行的指令或承包人虽有异议，但工程师决定仍继续执行的指令，承包人应予执行。因指令错误发生的追加合同价款和给承包人造成的损失由发包人承担，延误的工期相应顺延。

本款规定同样适用于由工程师代表发出的指令、通知。

6.3　工程师应按合同约定，及时向承包人提供所需指令、批准并履行约定的其他义务。由于工程师未能按合同约定履行义务造成工期延误，发包人应承担延误造成的追加合同价款，并赔偿承包人有关损失，顺延延误的工期。

6.4　如需更换工程师，发包人应至少提前 7 天以书面形式通知承包人，后任继续行使合同文件约定的前任的职权，履行前任的义务。

7. 项目经理

7.1　项目经理的姓名、职务在专用条款内写明。

7.2　承包人依据合同发出的通知，以书面形式由项目经理签字后送交工程师，工程师在回执上签署姓名和收到时间后生效。

7.3　项目经理按发包人认可的施工组织设计（施工方案）和工程师依据合同发出的指令组织施工。在情况紧急且无法与工程师联系时，项目经理应当采取保证人员生命和工程、财产安全的紧急措施，并在采取措施后 48 小时内向工程师送交报告。责任在发包人或第三人，由发包人承担由此发生的追加合同价款，相应顺延工期；责任在承包人，由承包人承担费用，不顺延工期。

7.4　承包人如需更换项目经理，应至少提前 7 天以书面形式通知发包人，并征得发包人同意。后任继续行使合同文件约定的前任的职权，履行前任的义务。

7.5　发包人可以与承包人协商，建议更换其认为不称职的项目经理。

8. 发包人工作

8.1　发包人按专用条款约定的内容和时间完成以下工作：

(1) 办理土地征用、拆迁补偿、平整施工场地等工作，使施工场地具备施工条件，在开工后继续负责解决以上事项遗留问题；

(2) 将施工所需水、电、电讯线路从施工场地外部接至专用条款约定地点，保证施工期间的需要；

(3) 开通施工场地与城乡公共道路的通道，以及专用条款约定的施工场地内的主要道路，满足施工运输的需要，保证施工期间的畅通；

(4) 向承包人提供施工场地的工程地质和地下管线资料，对资料的真实准确性负责；

(5) 办理施工许可证及其他施工所需证件、批件和临时用地、停水、停电、中断道路交通、爆破作业等的申请批准手续（证明承包人自身资质的证件除外）；

(6) 确定水准点与坐标控制点，以书面形式交给承包人，进行现场交验；

(7) 组织承包人和设计单位进行图纸会审和设计交底；

(8) 协调处理施工场地周围地下管线和邻近建筑物、构筑物（包括文物保护建筑）、古树名木的保护工作，承担有关费用；

(9) 发包人应做的其他工作，双方在专用条款内约定。

8.2　发包人可以将 8.1 款部分工作委托承包人办理，双方在专用条款内约定，其费用由发包人承担。

8.3　发包人未能履行 8.1 款各项义务，导致工期延误或给承包人造成损失的，发包人赔偿承包人有关损失，顺延延误的工期。

9. 承包人工作

9.1　承包人按专用条款约定的内容和时间完成以下工作：

(1) 根据发包人委托，在其设计资质等级和业务允许的范围内，完成施工图设计或与工程配套的设计，经工程师确认后使用，发包人承担由此发生的费用；

(2) 向工程师提供年、季、月度工程进度计划及相应进度统计报表；

(3) 根据工程需要，提供和维修非夜间施工使用的照明、围栏设施，并负责安全保卫；

(4) 按专用条款约定的数量和要求，向发包人提供施工场地办公和生活的房屋及设施，发包人承担由此发生的费用；

(5) 遵守政府有关主管部门对施工场地交通、施工噪声以及环境保护和安全生产等的管理规定，按规定办理有关手续，并以书面形式通知发包人，发包人承担由此发生的费用，因承包人责任造成的罚款除外；

(6) 已竣工工程未交付发包人之前，承包人按专用条款约定负责已完工程的保护工作，保护期间发生损坏，承包人自费予以修复；发包人要求承包人采取特殊措施保护的工程部位和相应的追加合同价款，双方在专用条款内约定；

(7) 按专用条款约定做好施工场地地下管线和邻近建筑物、构筑物（包括文物保护建筑）、古树名木的保护工作；

(8) 保证施工场地清洁符合环境卫生管理的有关规定，交工前清理现场达到专用条款约定的要求，承担因自身原因违反有关规定造成的损失和罚款；

（9）承包人应做的其他工作，双方在专用条款内约定。

9.2　承包人未能履行9.1款各项义务，造成发包人损失的，承包人赔偿发包人有关损失。

三、施工组织设计和工期

10. 进度计划

10.1　承包人应按专用条款约定的日期，将施工组织设计和工程进度计划提交工程师，工程师按专用条款约定的时间予以确认或提出修改意见，逾期不确认也不提出书面意见的，视为同意。

10.2　群体工程中单位工程分期进行施工的，承包人应按照发包人提供图纸及有关资料的时间，按单位工程编制进度计划，其具体内容双方在专用条款中约定。

10.3　承包人必须按工程师确认的进度计划组织施工，接受工程师对进度的检查、监督。工程实际进度与经确认的进度计划不符时，承包人应按工程师的要求提出改进措施，经工程师确认后执行。因承包人的原因导致实际进度与进度计划不符，承包人无权就改进措施提出追加合同价款。

11. 开工及延期开工

11.1　承包人应当按照协议书约定的开工日期开工。承包人不能按时开工，应当不迟于协议书约定的开工日期前7天，以书面形式向工程师提出延期开工的理由和要求。工程师应当在接到延期开工申请后的48小时内以书面形式答复承包人。工程师在接到延期开工申请后48小时内不答复，视为同意承包人要求，工期相应顺延。工程师不同意延期要求或承包人未在规定时间内提出延期开工要求，工期不予顺延。

11.2　因发包人原因不能按照协议书约定的开工日期开工，工程师应以书面形式通知承包人，推迟开工日期。发包人赔偿承包人因延期开工造成的损失，并相应顺延工期。

12. 暂停施工

工程师认为确有必要暂停施工时，应当以书面形式要求承包人暂停施工，并在提出要求后48小时内提出书面处理意见。承包人应当按工程师要求停止施工，并妥善保护已完工程。承包人实施工程师作出的处理意见后，可以书面形式提出复工要求，工程师应当在48小时内给予答复。工程师未能在规定时间内提出处理意见，或收到承包人复工要求后48小时内未予答复，承包人可自行复工。因发包人原因造成停工的，由发包人承担所发生的追加合同价款，赔偿承包人由此造成的损失，相应顺延工期；因承包人原因造成停工的，由承包人承担发生的费用，工期不予顺延。

13. 工期延误

13.1　因以下原因造成工期延误，经工程师确认，工期相应顺延：

（1）发包人未能按专用条款的约定提供图纸及开工条件；

（2）发包人未能按约定日期支付工程预付款、进度款，致使施工不能正常进行；

（3）工程师未按合同约定提供所需指令、批准等，致使施工不能正常进行；

（4）设计变更和工程量增加；

（5）一周内非承包人原因停水、停电、停气造成停工累计超过8小时；

（6）不可抗力；

（7）专用条款中约定或工程师同意工期顺延的其他情况。

13.2 承包人在13.1款情况发生后14天内，就延误的工期以书面形式向工程师提出报告。工程师在收到报告后14天内予以确认，逾期不予确认也不提出修改意见，视为同意顺延工期。

14. 工程竣工

14.1 承包人必须按照协议书约定的竣工日期或工程师同意顺延的工期竣工。

14.2 因承包人原因不能按照协议书约定的竣工日期或工程师同意顺延的工期竣工的，承包人承担违约责任。

14.3 施工中发包人如需提前竣工，双方协商一致后应签订提前竣工协议，作为合同文件组成部分。提前竣工协议应包括承包人为保证工程质量和安全采取的措施、发包人为提前竣工提供的条件以及提前竣工所需的追加合同价款等内容。

四、质量与检验

15. 工程质量

15.1 工程质量应当达到协议书约定的质量标准，质量标准的评定以国家或行业的质量检验评定标准为依据。因承包人原因工程质量达不到约定的质量标准，承包人承担违约责任。

15.2 双方对工程质量有争议，由双方同意的工程质量检测机构鉴定，所需费用及因此造成的损失，由责任方承担。双方均有责任，由双方根据其责任分别承担。

16. 检查和返工

16.1 承包人应认真按照标准、规范和设计图纸要求以及工程师依据合同发出的指令施工，随时接受工程师的检查检验，为检查检验提供便利条件。

16.2 工程质量达不到约定标准的部分，工程师一经发现，应要求承包人拆除和重新施工，承包人应按工程师的要求拆除和重新施工，直到符合约定标准。因承包人原因达不到约定标准，由承包人承担拆除和重新施工的费用，工期不予顺延。

16.3 工程师的检查检验不应影响施工正常进行。如影响施工正常进行，检查检验不合格时，影响正常施工的费用由承包人承担。除此之外影响正常施工的追加合同价款由发包人承担，相应顺延工期。

16.4 因工程师指令失误或其他非承包人原因发生的追加合同价款，由发包人承担。

17. 隐蔽工程和中间验收

17.1 工程具备隐蔽条件或达到专用条款约定的中间验收部位，承包人进行自检，并在隐蔽或中间验收前48小时以书面形式通知工程师验收。通知包括隐蔽和中间验收的内容、验收时间和地点。承包人准备验收记录，验收合格，工程师在验收记录上签字后，承包人可进行隐蔽和继续施工。验收不合格，承包人在工程师限定的时间内修改后重新验收。

17.2 工程师不能按时进行验收，应在验收前24小时以书面形式向承包人提出延期要求，延期不能超过48小时。工程师未能按以上时间提出延期要求，不进行验收，承包人可自行组织验收，工程师应承认验收记录。

17.3 经工程师验收，工程质量符合标准、规范和设计图纸等要求，验收24小时后，工程师不在验收记录上签字，视为工程师已经认可验收记录，承包人可进行隐蔽或继续施工。

18. 重新检验

无论工程师是否进行验收，当其要求对已经隐蔽的工程重新检验时，承包人应按要求进行剥离或开孔，并在检验后重新覆盖或修复。检验合格，发包人承担由此发生的全部追加合同价款，赔偿承包人损失，并相应顺延工期。检验不合格，承包人承担发生的全部费用，工期不予顺延。

19. 工程试车

19.1　双方约定需要试车的，试车内容应与承包人承包的安装范围相一致。

19.2　设备安装工程具备单机无负荷试车条件，承包人组织试车，并在试车前 48 小时以书面形式通知工程师。通知包括试车内容、时间、地点。承包人准备试车记录，发包人根据承包人要求为试车提供必要条件。试车合格，工程师在试车记录上签字。

19.3　工程师不能按时参加试车，须在开始试车前 24 小时以书面形式向承包人提出延期要求，延期不能超过 48 小时。工程师未能按以上时间提出延期要求，不参加试车，应承认试车记录。

19.4　设备安装工程具备无负荷联动试车条件，发包人组织试车，并在试车前 48 小时以书面形式通知承包人。通知包括试车内容、时间、地点和对承包人的要求，承包人按要求做好准备工作。试车合格，双方在试车记录上签字。

19.5　双方责任

(1) 由于设计原因试车达不到验收要求，发包人应要求设计单位修改设计，承包人按修改后的设计重新安装。发包人承担修改设计、拆除及重新安装的全部费用和追加合同价款，工期相应顺延。

(2) 由于设备制造原因试车达不到验收要求，由该设备采购一方负责重新购置或修理，承包人负责拆除和重新安装。设备由承包人采购的，由承包人承担修理或重新购置、拆除及重新安装的费用，工期不予顺延；设备由发包人采购的，发包人承担上述各项追加合同价款，工期相应顺延。

(3) 由于承包人施工原因试车达不到验收要求，承包人按工程师要求重新安装和试车，并承担重新安装和试车的费用，工期不予顺延。

(4) 试车费用除已包括在合同价款之内或专用条款另有约定外，均由发包人承担。

(5) 工程师在试车合格后不在试车记录上签字，试车结束 24 小时后，视为工程师已经认可试车记录，承包人可继续施工或办理竣工手续。

19.6　投料试车应在工程竣工验收后由发包人负责，如发包人要求在工程竣工验收前进行或需要承包人配合时，应征得承包人同意，另行签订补充协议。

五、安全施工

20. 安全施工与检查

20.1　承包人应遵守工程建设安全生产有关管理规定，严格按安全标准组织施工，并随时接受行业安全检查人员依法实施的监督检查，采取必要的安全防护措施，消除事故隐患。由于承包人安全措施不力造成事故的责任和因此发生的费用，由承包人承担。

20.2　发包人应对其在施工场地的工作人员进行安全教育，并对他们的安全负责。发包人不得要求承包人违反安全管理的规定进行施工。因发包人原因导致的安全事故，由发包人承担相应责任及发生的费用。

21. 安全防护

21.1　承包人在动力设备、输电线路、地下管道、密封防震车间、易燃易爆地段以及临街交通要道附近施工时，施工开始前应向工程师提出安全防护措施，经工程师认可后实施，防护措施费用由发包人承担。

21.2　实施爆破作业，在放射、毒害性环境中施工（含储存、运输、使用）及使用毒害性、腐蚀性物品施工时，承包人应在施工前 14 天以书面形式通知工程师，并提出相应的安全防护措施，经工程师认可后实施，由发包人承担安全防护措施费用。

22. 事故处理

22.1　发生重大伤亡及其他安全事故，承包人应按有关规定立即上报有关部门并通知工程师，同时按政府有关部门要求处理，由事故责任方承担发生的费用。

22.2　发包人承包人对事故责任有争议时，应按政府有关部门的认定处理。

六、合同价款与支付

23. 合同价款及调整

23.1　招标工程的合同价款由发包人承包人依据中标通知书中的中标价格在协议书内约定。非招标工程的合同价款由发包人承包人依据工程预算书在协议书内约定。

23.2　合同价款在协议书内约定后，任何一方不得擅自改变。下列三种确定合同价款的方式，双方可在专用条款内约定采用其中一种：

(1) 固定价格合同。双方在专用条款内约定合同价款包含的风险范围和风险费用的计算方法，在约定的风险范围内合同价款不再调整。风险范围以外的合同价款调整方法，应当在专用条款内约定。

(2) 可调价格合同。合同价款可根据双方的约定而调整，双方在专用条款内约定合同价款调整方法。

(3) 成本加酬金合同。合同价款包括成本和酬金两部分，双方在专用条款内约定成本构成和酬金的计算方法。

23.3　可调价格合同中合同价款的调整因素包括：

(1) 法律、行政法规和国家有关政策变化影响合同价款；

(2) 工程造价管理部门公布的价格调整；

(3) 一周内非承包人原因停水、停电、停气造成停工累计超过 8 小时；

(4) 双方约定的其他因素。

23.4　承包人应当在 23.3 款情况发生后 14 天内，将调整原因、金额以书面形式通知工程师，工程师确认调整金额后作为追加合同价款，与工程款同期支付。工程师收到承包人通知后 14 天内不予确认也不提出修改意见，视为已经同意该项调整。

24. 工程预付款

实行工程预付款的，双方应当在专用条款内约定发包人向承包人预付工程款的时间和数额，开工后按约定的时间和比例逐次扣回。预付时间应不迟于约定的开工日期前 7 天。发包人不按约定预付，承包人在约定预付时间 7 天后向发包人发出要求预付的通知，发包人收到通知后仍不能按要求预付，承包人可在发出通知后 7 天停止施工，发包人应从约定应付之日起向承包人支付应付款的贷款利息，并承担违约责任。

25. 工程量的确认

25.1　承包人应按专用条款约定的时间，向工程师提交已完工程量的报告。工程师接到报告后7天内按设计图纸核实已完工程量（以下称计量），并在计量前24小时通知承包人，承包人为计量提供便利条件并派人参加。承包人收到通知后不参加计量，计量结果有效，作为工程价款支付的依据。

25.2　工程师收到承包人报告后7天内未进行计量，从第8天起，承包人报告中开列的工程量即视为被确认，作为工程价款支付的依据，工程师不按约定时间通知承包人，致使承包人未能参加计量，计量结果无效。

25.3　对承包人超出设计图纸范围和因承包人原因造成返工的工程量，工程师不予计量。

26. 工程款（进度款）支付

26.1　在确认计量结果后14天内，发包人应向承包人支付工程款（进度款）。按约定时间发包人应扣回的预付款，与工程款（进度款）同期结算。

26.2　本通用条款第23条确定调整的合同价款，第31条工程变更调整的合同价款及其他条款中约定的追加合同价款，应与工程款（进度款）同期调整支付。

26.3　发包人超过约定的支付时间不支付工程款（进度款），承包人可向发包人发出要求付款的通知，发包人收到承包人通知后仍不能按要求付款，可与承包人协商签订延期付款协议，经承包人同意后可延期支付。协议应明确延期支付的时间和从计量结果确认后第15天起计算应付款的贷款利息。

26.4　发包人不按合同约定支付工程款（进度款），双方又未达成延期付款协议，导致施工无法进行，承包人可停止施工，由发包人承担违约责任。

七、材料设备供应

27. 发包人供应材料设备

27.1　实行发包人供应材料设备的，双方应当约定发包人供应材料设备的一览表，作为本合同附件（附件2）。一览表包括发包人供应材料设备的品种、规格、型号、数量、单价、质量等级、提供时间和地点。

27.2　发包人按一览表约定的内容提供材料设备，并向承包人提供产品合格证明，对其质量负责。发包人在所供材料设备到货前24小时，以书面形式通知承包人，由承包人派人与发包人共同清点。

27.3　发包人供应的材料设备，承包人派人参加清点后由承包人妥善保管，发包人支付相应保管费用。因承包人原因发生丢失损坏，由承包人负责赔偿。

发包人未通知承包人清点，承包人不负责材料设备的保管，丢失损坏由发包人负责。

27.4　发包人供应的材料设备与一览表不符时，发包人承担有关责任。发包人应承担责任的具体内容，双方根据下列情况在专用条款内约定：

（1）材料设备单价与一览表不符，由发包人承担所有价差；

（2）材料设备的品种、规格、型号、质量等级与一览表不符，承包人可拒绝接收保管，由发包人运出施工场地并重新采购；

（3）发包人供应的材料规格、型号与一览表不符，经发包人同意，承包人可代为调剂串换，由发包人承担相应费用；

(4) 到货地点与一览表不符，由发包人负责运至一览表指定地点；

(5) 供应数量少于一览表约定的数量时，由发包人补齐，多于一览表约定数量时，发包人负责将多出部分运出施工场地；

(6) 到货时间早于一览表约定时间，由发包人承担因此发生的保管费用；到货时间迟于一览表约定的供应时间，发包人赔偿由此造成的承包人损失，造成工期延误的，相应顺延工期；

27.5　发包人供应的材料设备使用前，由承包人负责检验或试验，不合格的不得使用，检验或试验费用由发包人承担。

27.6　发包人供应材料设备的结算方法，双方在专用条款内约定。

28. 承包人采购材料设备

28.1　承包人负责采购材料设备的，应按照专用条款约定及设计和有关标准要求采购，并提供产品合格证明，对材料设备质量负责。承包人在材料设备到货前 24 小时通知工程师清点。

28.2　承包人采购的材料设备与设计或标准要求不符时，承包人应按工程师要求的时间运出施工场地，重新采购符合要求的产品，承担由此发生的费用，由此延误的工期不予顺延。

28.3　承包人采购的材料设备在使用前，承包人应按工程师的要求进行检验或试验，不合格的不得使用，检验或试验费用由承包人承担。

28.4　工程师发现承包人采购并使用不符合设计或标准要求的材料设备时，应要求由承包人负责修复、拆除或重新采购，并承担发生的费用，由此延误的工期不予顺延。

28.5　承包人需要使用代用材料时，应经工程师认可后才能使用，由此增减的合同价款双方以书面形式议定。

28.6　由承包人采购的材料设备，发包人不得指定生产厂或供应商。

八、工程变更

29. 工程设计变更

29.1　施工中发包人需对原工程设计进行变更，应提前 14 天以书面形式向承包人发出变更通知。变更超过原设计标准或批准的建设规模时，发包人应报规划管理部门和其他有关部门重新审查批准，并由原设计单位提供变更的相应图纸和说明。承包人按照工程师发出的变更通知及有关要求，进行下列需要的变更：

(1) 更改工程有关部分的标高、基线、位置和尺寸；

(2) 增减合同中约定的工程量；

(3) 改变有关工程的施工时间和顺序；

(4) 其他有关工程变更需要的附加工作。

因变更导致合同价款的增减及造成的承包人损失，由发包人承担，延误的工期相应顺延。

29.2　施工中承包人不得对原工程设计进行变更。因承包人擅自变更设计发生的费用和由此导致发包人的直接损失，由承包人承担，延误的工期不予顺延。

29.3　承包人在施工中提出的合理化建议涉及对设计图纸或施工组织设计的更改及对材料、设备的换用，须经工程师同意。未经同意擅自更改或换用时，承包人承担由此发生的费用，并赔偿发包人的有关损失，延误的工期不予顺延。

工程师同意采用承包人合理化建议，所发生的费用和获得的收益，发包人承包人另行约定分担或分享。

30. 其他变更

合同履行中发包人要求变更工程质量标准及发生其他实质性变更，由双方协商解决。

31. 确定变更价款

31.1　承包人在工程变更确定后14天内，提出变更工程价款的报告，经工程师确认后调整合同价款。变更合同价款按下列方法进行：

(1) 合同中已有适用于变更工程的价格，按合同已有的价格变更合同价款；

(2) 合同中只有类似于变更工程的价格，可以参照类似价格变更合同价款；

(3) 合同中没有适用或类似于变更工程的价格，由承包人提出适当的变更价格，经工程师确认后执行。

31.2　承包人在双方确定变更后14天内不向工程师提出变更工程价款报告时，视为该项变更不涉及合同价款的变更。

31.3　工程师应在收到变更工程价款报告之日起14天内予以确认，工程师无正当理由不确认时，自变更工程价款报告送达之日起14天后视为变更工程价款报告已被确认。

31.4　工程师不同意承包人提出的变更价款，按本通用条款第37条关于争议的约定处理。

31.5　工程师确认增加的工程变更价款作为追加合同价款，与工程款同期支付。

31.6　因承包人自身原因导致的工程变更，承包人无权要求追加合同价款。

九、竣工验收与结算

32. 竣工验收

32.1　工程具备竣工验收条件，承包人按国家工程竣工验收有关规定，向发包人提供完整竣工资料及竣工验收报告。双方约定由承包人提供竣工图的，应当在专用条款内约定提供的日期和份数。

32.2　发包人收到竣工验收报告后28天内组织有关单位验收，并在验收后14天内给予认可或提出修改意见。承包人按要求修改，并承担由自身原因造成修改的费用。

32.3　发包人收到承包人送交的竣工验收报告后28天内不组织验收，或验收后14天内不提出修改意见，视为竣工验收报告已被认可。

32.4　工程竣工验收通过，承包人送交竣工验收报告的日期为实际竣工日期。工程按发包人要求修改后通过竣工验收的，实际竣工日期为承包人修改后提请发包人验收的日期。

32.5　发包人收到承包人竣工验收报告后28天内不组织验收，从第29天起承担工程保管及一切意外责任。

32.6　中间交工工程的范围和竣工时间，双方在专用条款内约定，其验收程序按本通用条款32.1款至32.4款办理。

32.7　因特殊原因，发包人要求部分单位工程或工程部位甩项竣工的，双方另行签订甩项竣工协议，明确双方责任和工程价款的支付方法。

32.8　工程未经竣工验收或竣工验收未通过的，发包人不得使用。发包人强行使用时，由此发生的质量问题及其他问题，由发包人承担责任。

33. 竣工结算

33.1　工程竣工验收报告经发包人认可后28天内，承包人向发包人递交竣工结算报告及完整的结算资料，双方按照协议书约定的合同价款及专用条款约定的合同价款调整内容，进行工程竣工结算。

33.2　发包人收到承包人递交的竣工结算报告及结算资料后28天内进行核实，给予确认或者提出修改意见。发包人确认竣工结算报告后通知经办银行向承包人支付工程竣工结算价款。承包人收到竣工结算价款后14天内将竣工工程交付发包人。

33.3　发包人收到竣工结算报告及结算资料后28天内无正当理由不支付工程竣工结算价款，从第29天起按承包人同期向银行贷款利率支付拖欠工程价款的利息，并承担违约责任。

33.4　发包人收到竣工结算报告及结算资料后28天内不支付工程竣工结算价款，承包人可以催告发包人支付结算价款。发包人在收到竣工结算报告及结算资料后56天内仍不支付的，承包人可以与发包人协议将该工程折价，也可以由承包人申请人民法院将该工程依法拍卖，承包人就该工程折价或者拍卖的价款优先受偿。

33.5　工程竣工验收报告经发包人认可后28天内，承包人未能向发包人递交竣工结算报告及完整的结算资料，造成工程竣工结算不能正常进行或工程竣工结算价款不能及时支付，发包人要求交付工程的，承包人应当交付；发包人不要求交付工程的，承包人承担保管责任。

33.6　发包人承包人对工程竣工结算价款发生争议时，按本通用条款37条关于争议的约定处理。

34. 质量保修

34.1　承包人应按法律、行政法规或国家关于工程质量保修的有关规定，对交付发包人使用的工程在质量保修期内承担质量保修责任。

34.2　质量保修工作的实施。承包人应在工程竣工验收之前，与发包人签订质量保修书，作为本合同附件（附件3）。

34.3　质量保修书的主要内容包括：

(1) 质量保修项目内容及范围；

(2) 质量保修期；

(3) 质量保修责任；

(4) 质量保修金的支付方法。

十、违约、索赔和争议

35. 违约

35.1　发包人违约。当发生下列情况时：

(1) 本通用条款第24条提到的发包人不按时支付工程预付款；

(2) 本通用条款第26.4款提到的发包人不按合同约定支付工程款，导致施工无法进行；

(3) 本通用条款第33.3款提到的发包人无正当理由不支付工程竣工结算价款；

(4) 发包人不履行合同义务或不按合同约定履行义务的其他情况。

发包人承担违约责任，赔偿因其违约给承包人造成的经济损失，顺延延误的工期。

双方在专用条款内约定发包人赔偿承包人损失的计算方法或者发包人应当支付违约金的数额或计算方法。

35.2　承包人违约。当发生下列情况时：

(1) 本通用条款第14.2款提到的因承包人原因不能按照协议书约定的竣工日期或工程师同意顺延的工期竣工；

(2) 本通用条款第15.1款提到的因承包人原因工程质量达不到协议书约定的质量标准；

(3) 承包人不履行合同义务或不按合同约定履行义务的其他情况。

承包人承担违约责任，赔偿因其违约给发包人造成的损失。双方在专用条款内约定承包人赔偿发包人损失的计算方法或者承包人应当支付违约金的数额或计算方法。

35.3　一方违约后，另一方要求违约方继续履行合同时，违约方承担上述违约责任后仍应继续履行合同。

36. 索赔

36.1　当一方向另一方提出索赔时，要有正当索赔理由，且有索赔事件发生时的有效证据。

36.2　发包人未能按合同约定履行自己的各项义务或发生错误以及应由发包人承担责任的其他情况，造成工期延误和（或）承包人不能及时得到合同价款及承包人的其他经济损失，承包人可按下列程序以书面形式向发包人索赔：

(1) 索赔事件发生后28天内，向工程师发出索赔意向通知；

(2) 发出索赔意向通知后28天内，向工程师提出延长工期和（或）补偿经济损失的索赔报告及有关资料；

(3) 工程师在收到承包人送交的索赔报告和有关资料后，于28天内给予答复，或要求承包人进一步补充索赔理由和证据；

(4) 工程师在收到承包人送交的索赔报告和有关资料后28天内未予答复或未对承包人作进一步要求，视为该项索赔已经认可；

(5) 当该索赔事件持续进行时，承包人应当阶段性向工程师发出索赔意向，在索赔事件终了后28天内，向工程师送交索赔的有关资料和最终索赔报告。索赔答复程序与(3)、(4) 规定相同。

36.3　承包人未能按合同约定履行自己的各项义务或发生错误，给发包人造成经济损失，发包人可按36.2款确定的时限向承包人提出索赔。

37. 争议

37.1　发包人承包人在履行合同时发生争议，可以和解或者要求有关主管部门调解。当事人不愿和解、调解或者和解、调解不成的，双方可以在专用条款内约定以下一种方式解决争议：

第一种解决方式：双方达成仲裁协议，向约定的仲裁委员会申请仲裁；

第二种解决方式：向有管辖权的人民法院起诉。

37.2　发生争议后，除非出现下列情况的，双方都应继续履行合同，保持施工连续，保护好已完工程：

(1) 单方违约导致合同确已无法履行，双方协议停止施工；

(2) 调解要求停止施工，且为双方接受；

(3) 仲裁机构要求停止施工；

(4) 法院要求停止施工。

十一、其他

38. 工程分包

38.1 承包人按专用条款的约定分包所承包的部分工程，并与分包单位签订分包合同。非经发包人同意，承包人不得将承包工程的任何部分分包。

38.2 承包人不得将其承包的全部工程转包给他人，也不得将其承包的全部工程肢解以后以分包的名义分别转包给他人。

38.3 工程分包不能解除承包人任何责任与义务。承包人应在分包场地派驻相应管理人员，保证本合同的履行。分包单位的任何违约行为或忽疏导致工程损害或给发包人造成其他损失，承包人承担连带责任。

38.4 分包工程价款由承包人与分包单位结算。发包人未经承包人同意不得以任何形式向分包单位支付各种工程款项。

39. 不可抗力

39.1 不可抗力包括因战争、动乱、空中飞行物体坠落或其他非发包人承包人责任造成的爆炸、火灾，以及专用条款的约定的风、雨、雪、洪、震等自然灾害。

39.2 不可抗力事件发生后，承包人应立即通知工程师，并在力所能及的条件下迅速采取措施，尽力减少损失，发包人应协助承包人采取措施。工程师认为应当暂停施工的，承包人应暂停施工。不可抗力事件结束后48小时内承包人向工程师通报受害情况的损失情况，及预计清理和修复的费用。不可抗力事件持续发生，承包人应每隔7天向工程师报告一次受害情况。不可抗力事件结束后14天内，承包人向工程师提交清理和修复费用的正式报告及有关资料。

39.3 因不可抗力事件导致的费用及延误的工期由双方按以下方法分别承担：

(1) 工程本身的损害、因工程损害导致第三人人员伤亡和财产损失以及运至施工场地用于施工的材料和待安装的设备的损害，由发包人承担；

(2) 发包人承包人人员伤亡由其所在单位负责，并承担相应费用；

(3) 承包人机械设备损坏及停工损失，由承包人承担；

(4) 停工期间，承包人应工程师要求留在施工场地的必要的管理人员及保卫人员的费用由发包人承担；

(5) 工程所需清理、修复费用，由发包人承担；

(6) 延误的工期相应顺延。

39.4 因合同一方迟延履行合同后发生不可抗力的，不能免除迟延履行方的相应责任。

40. 保险

40.1 工程开工前，发包人为建设工程和施工场地内的自有人员及第三人人员生命财产办理保险，支付保险费用。

40.2 运至施工场地内用于工程的材料和待安装设备，由发包人办理保险，并支付保险费用。

40.3 发包人可以将有关保险事项委托承包人办理，费用由发包人承担。

40.4 承包人必须为从事危险作业的职工办理意外伤害保险，并为施工场地内自有人员生命财产和施工机械设备办理保险，支付保险费用。

40.5　保险事故发生时,发包人承包人有责任尽力采取必要的措施,防止或者减少损失。

40.6　具体投保内容和相关责任，发包人承包人在专用条款中约定。

41. 担保

41.1　发包人承包人为了全面履行合同，应互相提供以下担保：

(1) 发包人向承包人提供履约担保，按合同约定支付工程价款及履行合同约定的其他义务。

(2) 承包人向发包人提供履约担保，按合同约定履行自己的各项义务。

41.2　一方违约后，另一方可要求提供担保的第三人承担相应责任。

41.3　提供担保的内容、方式和相关责任，发包人承包人除在专用条款中约定外，被担保方与担保方还应签订担保合同，作为本合同附件。

42. 专利技术及特殊工艺

42.1　发包人要求使用专利技术或特殊工艺，应负责办理相应的申报手续，承担申报、试验、使用等费用；承包人提出使用专利技术或特殊工艺，应取得工程师认可，承包人负责办理申报手续并承担有关费用。

42.2　擅自使用专利技术侵犯他人专利权的，责任者依法承担相应责任。

43. 文物和地下障碍物

43.1　在施工中发现古墓、古建筑遗址等文物及化石或其他有考古、地质研究等价值的物品时，承包人应立即保护好现场并于 4 小时内以书面形式通知工程师，工程师应于收到书面通知后 24 小时内报告当地文物管理部门，发包人承包人按文物管理部门的要求采取妥善保护措施。发包人承担由此发生的费用，顺延延误的工期。

如发现后隐瞒不报，致使文物遭受破坏，责任者依法承担相应责任。

43.2　施工中发现影响施工的地下障碍物时，承包人应于 8 小时内以书面形式通知工程师，同时提出处置方案，工程师收到处置方案后 24 小时内予以认可或提出修正方案。发包人承担由此发生的费用，顺延延误的工期。

所发现的地下障碍物有归属单位时，发包人应报请有关部门协同处置。

44. 合同解除

44.1　发包人承包人协商一致，可以解除合同。

44.2　发生本通用条款第 26.4 款情况，停止施工超过 56 天，发包人仍不支付工程款(进度款)，承包人有权解除合同。

44.3　发生本通用条款第 38.2 款禁止的情况，承包人将其承包的全部工程转包给他人或者肢解以后以分包的名义分别转包给他人，发包人有权解除合同。

44.4　有下列情形之一的，发包人承包人可以解除合同：

(1) 因不可抗力致使合同无法履行；

(2) 因一方违约（包括因发包人原因造成工程停建或缓建）致使合同无法履行。

44.5　一方依据 44.2、44.3、44.4 款约定要求解除合同的，应以书面形式向对方发出解除合同的通知，并在发出通知前 7 天告知对方，通知到达对方时合同解除。对解除合同有争议的，按本通用条款第 37 条关于争议的约定处理。

44.6　合同解除后，承包人应妥善做好已完工程和已购材料、设备的保护和移交工作，按发包人要求将自有机械设备和人员撤出施工场地。发包人应为承包人撤出提供必要条件，支付以上所发生的费用，并按合同约定支付已完工程价款。已经订货的材料、设备由订货方负责退货或解除订货合同，不能退还的货款和因退货、解除订货合同发生的费用，由发包人承担，因未及时退货造成的损失由责任方承担。除此之外，有过错的一方应当赔偿因合同解除给对方造成的损失。

44.7 合同解除后，不影响双方在合同中约定的结算和清理条款的效力。

45. 合同生效与终止

45.1 双方在协议书中约定合同生效方式。

45.2 除本通用条款第 34 条外，发包人承包人履行合同全部义务，竣工结算价款支付完毕，承包人向发包人交付竣工工程后，本合同即告终止。

45.3 合同的权利义务终止后，发包人承包人应当遵循诚实信用原则，履行通知、协助、保密等义务。

46. 合同份数

46.1 本合同正本两份，具有同等效力，由发包人承包人分别保存一份。

46.2 本合同副本份数，由双方根据需要在专用条款内约定。

47. 补充条款

双方根据有关法律、行政法规规定，结合工程实际，经协商一致后，可对本通用条款内容具体化、补充或修改，在专用条款内约定。

第三部分 专用条款

一、词语定义及合同文件

2. 合同文件及解释顺序

合同文件组成及解释顺序：________________________________

____

____

3. 语言文字和适用法律、标准及规范

3.1 本合同除使用汉语外，还使用________语言文字。

3.2 适用法律和法规

需要明示的法律、行政法规：________________________________

____

3.3 适用标准、规范

适用标准、规范的名称：__________________________________

____

发包人提供标准、规范的时间：______________________________

国内没有相应标准、规范时的约定：____________________________

____

4. 图纸

4.1 发包人向承包人提供图纸日期和套数：________________________

发包人对图纸的保密要求：＿＿＿＿＿＿＿＿
使用国外图纸的要求及费用承担：＿＿＿＿＿＿＿＿

二、双方一般权利和义务

5. 工程师

5.2　监理单位委派的工程师

姓名：＿＿＿＿＿职务：＿＿＿＿＿

发包人委托的职权：＿＿＿＿＿＿＿＿

需要取得发包人批准才能行使的职权：＿＿＿＿＿＿＿＿

5.3　发包人派驻的工程师

姓名：＿＿＿＿＿职务：＿＿＿＿＿

职权：＿＿＿＿＿＿＿＿

5.6　不实行监理的，工程师的职权：＿＿＿＿＿＿＿＿

7. 项目经理

姓名：＿＿＿＿＿职务：＿＿＿＿＿

8. 发包人工作

8.1　发包人应按约定的时间和要求完成以下工作：

(1) 施工场地具备施工条件的要求及完成的时间：＿＿＿＿＿＿＿＿

(2) 将施工所需的水、电、电讯线路接至施工场地的时间、地点和供应要求：＿＿＿＿＿＿＿＿

(3) 施工场地与公共道路的通道开通时间和要求：＿＿＿＿＿＿＿＿

(4) 工程地质和地下管线资料的提供时间：＿＿＿＿＿＿＿＿

(5) 由发包人办理的施工所需证件、批件的名称和完成时间：＿＿＿＿＿＿＿＿

(6) 水准点与坐标控制点交验要求：＿＿＿＿＿＿＿＿

(7) 图纸会审和设计交底时间：＿＿＿＿＿＿＿＿

(8) 协调处理施工场地周围地下管线和邻近建筑物、构筑物（含文物保护建筑）、古

树名木的保护工作：______________________________

____

____

(9) 双方约定发包人应做的其他工作：______________________________

____

8.2 发包人委托承包人办理的工作：

____

____

9. 承包人工作

9.1 承包人应按约定时间和要求，完成以下工作：

(1) 需由设计资质等级和业务范围允许的承包人完成的设计文件提交时间：

____

(2) 应提供计划、报表的名称及完成时间：

____

____

(3) 承担施工安全保卫工作及非夜间施工照明的责任和要求：

____

(4) 向发包人提供的办公和生活房屋及设施的要求：

____

____

(5) 需承包人办理的有关施工场地交通、环卫和施工噪音管理等手续：

____

(6) 已完工程成品保护的特殊要求及费用承担：

____

____

(7) 施工场地周围地下管线和邻近建筑物、构筑物（含文物保护建筑）、古树名木的保护要求及费用承担：______________________________

____

(8) 施工场地清洁卫生的要求：

____

____

(9) 双方约定承包人应做的其他工作：

____

____

三、施工组织设计和工期

10. 进度计划

10.1 承包人提供施工组织设计（施工方案）和进度计划的时间：

____

____

工程师确认的时间：________

10.2　群体工程中有关进度计划的要求：________

____

13. 工期延误

13.1　双方约定工期顺延的其他情况：________

____

四、质量与验收

17. 隐蔽工程和中间验收

17.1　双方约定中间验收部位：________

____

19. 工程试车

19.5　试车费用的承担：________

五、安全施工

六、合同价款与支付

23. 合同价款及调整

23.2　本合同价款采用________方式确定。

(1) 采用固定价格合同，合同价款中包括的风险范围：

____

____

风险费用的计算方法：________

____

风险范围以外合同价款调整方法：________

____

(2) 采用可调价格合同，合同价款调整方法：

____

____

(3) 采用成本加酬金合同，有关成本和酬金的约定：

____

____

23.3　双方约定合同价款的其他调整因素：

____

____

24. 工程预付款

发包人向承包人预付工程款的时间和金额或占合同价款总额的比例：

____

____

扣回工程款的时间、比例：________

25. 工程量确认

25.1 承包人向工程师提交已完工程量报告的时间：

26. 工程款（进度款）支付

双方约定的工程款（进度款）支付的方式和时间：

七、材料设备供应

27. 发包人供应材料设备

27.4 发包人供应的材料设备与一览表不符时，双方约定发包人承担责任如下：

(1) 材料设备单价与一览表不符：

(2) 材料设备的品种、规格、型号、质量等级与一览表不符：

(3) 承包人可代为调剂串换的材料：

(4) 到货地点与一览表不符：

(5) 供应数量与一览表不符：

(6) 到货时间与一览表不符：

27.6 发包人供应材料设备的结算方法：

28. 承包人采购材料设备

28.1 承包人采购材料设备的约定：

八、工程变更

九、竣工验收与结算

32. 竣工验收

32.1 承包人提供竣工图的约定：

32.6 中间交工工程的范围和竣工时间：

十、违约、索赔和争议

35. 违约

35.1　本合同中关于发包人违约的具体责任如下

本合同通用条款第 24 条约定发包人违约应承担的违约责任：

____

本合同通用条款第 26.4 款约定发包人违约应承担的违约责任：

____

本合同通用条款第 33.3 款约定发包人违约应承担的违约责任：

____

双方约定的发包人其他违约责任：

____

35.2　本合同中关于承包人违约的具体责任如下：

本合同通用条款第 14.2 款约定承包人违约应承担的违约责任：

____

本合同通用条款第 15.1 款约定承包人违约应承担的违约责任：

____

双方约定的承包人其他违约责任：

____

37. 争议

37.1　双方约定，在履行合同过程中产生争议时：

(1) 请__________________调解；

(2) 采取第__________种方式解决，并约定向__________仲裁委员会提请仲裁或向__________________人民法院提起诉讼。

十一、其他

38. 工程分包

38.1　本工程发包人同意承包人分包的工程：

____

____

分包施工单位为：______________________________

39. 不可抗力

39.1　双方关于不可抗力的约定：______________________________

____

40. 保险

40.6　本工程双方约定投保内容如下：

(1) 发包人投保内容：______________________________

____

发包人委托承包人办理的保险事项：______________________________

____

(2) 承包人投保内容：______________________________

41. 担保

41.3　本工程双方约定担保事项如下：

（1）发包人向承包人提供履约担保，担保方式为：＿＿＿＿＿＿担保合同作为本合同附件。

（2）承包人向发包人提供履约担保，担保方式为：＿＿＿＿＿＿担保合同作为本合同附件。

（3）双方约定的其他担保事项：＿＿＿＿＿＿＿＿＿＿＿＿＿＿＿＿＿＿

46. 合同份数

46.1　双方约定合同副本份数：＿＿＿＿＿＿＿＿＿＿

47. 补充条款

附件1

承包人承揽工程项目一览表

单位工程名称	建设规模	建筑面积（平方米）	结构	层数	跨度（米）	设备安装内容	工程造价（元）	开工日期	竣工日期

附件 2

发包人供应材料设备一览表

序号	材料设备品　种	规格型号	单位	数量	单价	质量等级	供应时间	送达地点	备注

附件 3

工程质量保修书

发包人（全称）：____________________

承包人（全称）：____________________

为保证__________________（工程全称）在合理使用期限内正常使用，发包人承包人协商一致签订工程质量保修书。承包人在质量保修期内按照有关管理规定及双方约定承担工程质量保修责任。

一、工程质量保修范围和内容

质量保修范围包括地基基础工程、主体结构工程、屋面防水工程和双方约定的其他土建工程，以及电气管线、上下水管线的安装工程，供热、供冷系统工程等项目。具体质量保修内容双方约定如下：

____

____

____

二、质量保修期

质量保修期从工程实际竣工之日算起。分单项竣工验收的工程，按单项工程分别计算质量保修期。

双方根据国家有关规定，结合具体工程约定质量保修期如下：

1. 土建工程为________年，屋面防水工程为________年；

2. 电气管线、上下水管线安装工程为________；

3. 供热及供冷为________个采暖期及供冷期；

4. 室外的上下水和小区道路等市政公用工程为________年；

5. 其他约定：

____

____

三、质量保修责任

1. 属于保修范围和内容的项目，承包人应在接到修理通知之日后 7 天内派人修理。承包人不在约定期限内派人修理，发包人可委托其他人员修理，保修费用从质量保修金内扣除。

2. 发生须紧急抢修事故（如上水跑水、暖气漏水漏气、燃气漏气等），承包人接到事故通知后，应立即到达事故现场抢修。非承包人施工质量引起的事故，抢修费用由发包人承担。

3. 在国家规定的工程合理使用期限内，承包人确保地基基础工程和主体结构的质量。因承包人原因致使工程在合理使用期限内造成人身和财产损害的，承包人应承担损害赔偿责任。

四、质量保修金的支付

工程质量保修金一般不超过施工合同价款的 3%，本工程约定的工程质量保修金为施工合同价款的_____%。

本工程双方约定承包人向发包人支付工程质量保修金金额为________________（大写）。质量保修金银行利率为____________。

五、质量保修金的返还

发包人在质量保修期满后 14 天内，将剩余保修金和利息返还承包人。

六、其他

双方约定的其他工程质量保修事项：________________________

____

____

____

本工程质量保修书作为施工合同附件，由施工合同发包人承包人双方共同签署。

发　包　人（公章）：　　　　　　　　承　包　人（公章）：

法定代表人（签字）：　　　　　　　　法定代表人（签字）：

_____年_____月_____日　　　　　　　_____年_____月_____日

附录二十六 工程建设项目施工招标投标办法

中华人民共和国国家发展计划委员会
中华人民共和国建设部
中华人民共和国铁道部
中华人民共和国交通部 令
中华人民共和国信息产业部
中华人民共和国水利部
中国民用航空总局

第 30 号

二〇〇三年三月八日

第一章 总 则

第一条 为规范工程建设项目施工（以下简称工程施工）招标投标活动，根据《中华人民共和国招标投标法》和国务院有关部门的职责分工，制定本办法。

第二条 在中华人民共和国境内进行工程施工招标投标活动，适用本办法。

第三条 工程建设项目符合《工程建设项目招标范围和规模标准规定》（国家计委令第 3 号）规定的范围和标准的，必须通过招标选择施工单位。

任何单位和个人不得将依法必须进行招标的项目化整为零或者以其他任何方式规避招标。

第四条 工程施工招标投标活动应当遵循公开、公平、公正和诚实信用的原则。

第五条 工程施工招标投标活动，依法由招标人负责。任何单位和个人不得以任何方式非法干涉工程施工招标投标活动。

施工招标投标活动不受地区或者部门的限制。

第六条 各级发展计划、经贸、建设、铁道、交通、信息产业、水利、外经贸、民航等部门依照《国务院办公厅印发国务院有关部门实施招标投标活动行政监督的职责分工意见的通知》（国办发〔2000〕34 号）和各地规定的职责分工，对工程施工招标投标活动实施监督，依法查处工程施工招标投标活动中的违法行为。

第二章 招 标

第七条 工程施工招标人是依法提出施工招标项目、进行招标的法人或者其他组织。

第八条 依法必须招标的工程建设项目，应当具备下列条件才能进行施工招标：

（一）招标人已经依法成立；

（二）初步设计及概算应当履行审批手续的，已经批准；

（三）招标范围、招标方式和招标组织形式等应当履行核准手续的，已经核准；

（四）有相应资金或资金来源已经落实；

（五）有招标所需的设计图纸及技术资料。

第九条 工程施工招标分为公开招标和邀请招标。

第十条 依法必须进行施工招标的工程建设项目，按工程建设项目审批管理规定，凡应报送项目审批部门审批的，招标人必须在报送的可行性研究报告中将招标范围、招标方式、招标组织形式等有关招标内容报项目审批部门核准。

第十一条 国务院发展计划部门确定的国家重点建设项目和各省、自治区、直辖市人民政府确定的地方重点建设项目，以及全部使用国有资金投资或者国有资金投资占控股或者主导地位的工程建设项目，应当公开招标；有下列情形之一的，经批准可以进行邀请招标：

（一）项目技术复杂或有特殊要求，只有少量几家潜在投标人可供选择的；

（二）受自然地域环境限制的；

（三）涉及国家安全、国家秘密或者抢险救灾，适宜招标但不宜公开招标的；

（四）拟公开招标的费用与项目的价值相比，不值得的；

（五）法律、法规规定不宜公开招标的。

国家重点建设项目的邀请招标，应当经国务院发展计划部门批准；地方重点建设项目的邀请招标，应当经各省、自治区、直辖市人民政府批准。

全部使用国有资金投资或者国有资金投资占控股或者主导地位的并需要审批的工程建设项目的邀请招标，应当经项目审批部门批准，但项目审批部门只审批立项的，由有关行政监督部门批准。

第十二条 需要审批的工程建设项目，有下列情形之一的，由本办法第十一条规定的审批部门批准，可以不进行施工招标：

（一）涉及国家安全、国家秘密或者抢险救灾而不适宜招标的；

（二）属于利用扶贫资金实行以工代赈需要使用农民工的；

（三）施工主要技术采用特定的专利或者专有技术的；

（四）施工企业自建自用的工程，且该施工企业资质等级符合工程要求的；

（五）在建工程追加的附属小型工程或者主体加层工程，原中标人仍具备承包能力的；

（六）法律、行政法规规定的其他情形。

不需要审批但依法必须招标的工程建设项目，有前款规定情形之一的，可以不进行施工招标。

第十三条 采用公开招标方式的，招标人应当发布招标公告，邀请不特定的法人或者其他组织投标。依法必须进行施工招标项目的招标公告，应当在国家指定的报刊和信息网络上发布。

采用邀请招标方式的，招标人应当向三家以上具备承担施工招标项目的能力、资信良好的特定的法人或者其他组织发出投标邀请书。

第十四条　招标公告或者投标邀请书应当至少载明下列内容：

（一）招标人的名称和地址；

（二）招标项目的内容、规模、资金来源；

（三）招标项目的实施地点和工期；

（四）获取招标文件或者资格预审文件的地点和时间；

（五）对招标文件或者资格预审文件收取的费用；

（六）对招标人的资质等级的要求。

第十五条　招标人应当按招标公告或者投标邀请书规定的时间、地点出售招标文件或资格预审文件。自招标文件或者资格预审文件出售之日起至停止出售之日止，最短不得少于五个工作日。

招标人可以通过信息网络或者其他媒介发布招标文件，通过信息网络或者其他媒介发布的招标文件与书面招标文件具有同等法律效力，但出现不一致时以书面招标文件为准。招标人应当保持书面招标文件原始正本的完好。

对招标文件或者资格预审文件的收费应当合理，不得以营利为目的。对于所附的设计文件，招标人可以向投标人酌收押金；对于开标后投标人退还设计文件的，招标人应当向投标人退还押金。

招标文件或者资格预审文件售出后，不予退还。招标人在发布招标公告、发出投标邀请书后或者售出招标文件或资格预审文件后不得擅自终止招标。

第十六条　招标人可以根据招标项目本身的特点和需要，要求潜在投标人或者投标人提供满足其资格要求的文件，对潜在投标人或者投标人进行资格审查；法律、行政法规对潜在投标人或者投标人的资格条件有规定的，依照其规定。

第十七条　资格审查分为资格预审和资格后审。

资格预审，是指在投标前对潜在投标人进行的资格审查。

资格后审，是指在开标后对投标人进行的资格审查。

进行资格预审的，一般不再进行资格后审，但招标文件另有规定的除外。

第十八条　采取资格预审的，招标人可以发布资格预审公告。资格预审公告适用本办法第十三条、第十四条有关招标公告的规定。

采取资格预审的，招标人应当在资格预审文件中载明资格预审的条件、标准和方法；采取资格后审的，招标人应当在招标文件中载明对投标人资格要求的条件、标准和方法。

招标人不得改变载明的资格条件或者以没有载明的资格条件对潜在投标人或者投标人进行资格审查。

第十九条　经资格预审后，招标人应当向资格预审合格的潜在投标人发出资格预审合格通知书，告知获取招标文件的时间、地点和方法，并同时向资格预审不合格的潜在投标人告知资格预审结果。资格预审不合格的潜在投标人不得参加投标。

经资格后审不合格的投标人的投标应作废标处理。

第二十条　资格审查应主要审查潜在投标人或者投标人是否符合下列条件：

（一）具有独立订立合同的权利；

（二）具有履行合同的能力，包括专业、技术资格和能力，资金、设备和其他物质设施状况，管理能力，经验、信誉和相应的从业人员；

（三）没有处于被责令停业，投标资格被取消，财产被接管、冻结，破产状态；

（四）在最近三年内没有骗取中标和严重违约及重大工程质量问题；

（五）法律、行政法规规定的其他资格条件。

资格审查时，招标人不得以不合理的条件限制、排斥潜在投标人或者投标人，不得对潜在投标人或者投标人实行歧视待遇。任何单位和个人不得以行政手段或者其他不合理方式限制投标人的数量。

第二十一条　招标人符合法律规定的自行招标条件的，可以自行办理招标事宜。任何单位和个人不得强制其委托招标代理机构办理招标事宜。

第二十二条　招标代理机构应当在招标人委托的范围内承担招标事宜。招标代理机构可以在其资格等级范围内承担下列招标事宜：

（一）拟订招标方案，编制和出售招标文件、资格预审文件；

（二）审查投标人资格；

（三）编制标底；

（四）组织投标人踏勘现场；

（五）组织开标、评标，协助招标人定标；

（六）草拟合同；

（七）招标人委托的其他事项。

招标代理机构不得无权代理、越权代理，不得明知委托事项违法而进行代理。

招标代理机构不得接受同一招标项目的投标代理和投标咨询业务；未经招标人同意，不得转让招标代理业务。

第二十三条　工程招标代理机构与招标人应当签订书面委托合同，并按双方约定的标准收取代理费；国家对收费标准有规定的，依照其规定。

第二十四条　招标人根据施工招标项目的特点和需要编制招标文件。招标文件一般包括下列内容：

（一）投标邀请书；

（二）投标人须知；

（三）合同主要条款；

（四）投标文件格式；

（五）采用工程量清单招标的，应当提供工程量清单；

（六）技术条款；

（七）设计图纸；

（八）评标标准和方法；

（九）投标辅助材料。

招标人应当在招标文件中规定实质性要求和条件，并用醒目的方式标明。

第二十五条　招标人可以要求投标人在提交符合招标文件规定要求的投标文件外，提交备选投标方案，但应当在招标文件中做出说明，并提出相应的评审和比较办法。

第二十六条　招标文件规定的各项技术标准应符合国家强制性标准。

招标文件中规定的各项技术标准均不得要求或标明某一特定的专利、商标、名称、设计、原产地或生产供应者，不得含有倾向或者排斥潜在投标人的其他内容。如果必须引用某一生产供应者的技术标准才能准确或清楚地说明拟招标项目的技术标准时，则应当在参照后面加上“或相当于”的字样。

第二十七条　施工招标项目需要划分标段、确定工期的，招标人应当合理划分标段、确定工期，并在招标文件中载明。对工程技术上紧密相连、不可分割的单位工程不得分割标段。

招标人不得以不合理的标段或工期限制或者排斥潜在投标人或者投标人。

第二十八条　招标文件应当明确规定评标时除价格以外的所有评标因素，以及如何将这些因素量化或者据以进行评估。

在评标过程中，不得改变招标文件中规定的评标标准、方法和中标条件。

第二十九条　招标文件应当规定一个适当的投标有效期，以保证招标人有足够的时间完成评标和与中标人签订合同。投标有效期从投标人提交投标文件截止之日起计算。

在原投标有效期结束前，出现特殊情况的，招标人可以书面形式要求所有投标人延长投标有效期。投标人同意延长的，不得要求或被允许修改其投标文件的实质性内容，但应当相应延长其投标保证金的有效期；投标人拒绝延长的，其投标失效，但投标人有权收回其投标保证金。因延长投标有效期造成投标人损失的，招标人应当给予补偿，但因不可抗力需要延长投标有效期的除外。

第三十条　施工招标项目工期超过十二个月的，招标文件中可以规定工程造价指数体系、价格调整因素和调整方法。

第三十一条　招标人应当确定投标人编制投标文件所需要的合理时间；但是，依法必须进行招标的项目，自招标文件开始发出之日起至投标人提交投标文件截止之日止，最短不得少于二十日。

第三十二条　招标人根据招标项目的具体情况，可以组织潜在投标人踏勘项目现场，向其介绍工程场地和相关环境的有关情况。潜在投标人依据招标人介绍情况作出的判断和决策，由投标人自行负责。

招标人不得单独或者分别组织任何一个投标人进行现场踏勘。

第三十三条　对于潜在投标人在阅读招标文件和现场踏勘中提出的疑问，招标人可以书面形式或召开投标预备会的方式解答，但需同时将解答以书面方式通知所有购买招标文件的潜在投标人。该解答的内容为招标文件的组成部分。

第三十四条　招标人可根据项目特点决定是否编制标底。编制标底的，标底编制过程和标底必须保密。

招标项目编制标底的，应根据批准的初步设计、投资概算，依据有关计价办法，参照有关工程定额，结合市场供求状况，综合考虑投资、工期和质量等方面的因素合理确定。

标底由招标人自行编制或委托中介机构编制。一个工程只能编制一个标底。

任何单位和个人不得强制招标人编制或报审标底，或干预其确定标底。

招标项目可以不设标底，进行无标底招标。

第三章 投 标

第三十五条 投标人是响应招标、参加投标竞争的法人或者其他组织。招标人的任何不具独立法人资格的附属机构（单位），或者为招标项目的前期准备或者监理工作提供设计、咨询服务的任何法人及其任何附属机构（单位），都无资格参加该招标项目的投标。

第三十六条 投标人应当按照招标文件的要求编制投标文件。投标文件应当对招标文件提出的实质性要求和条件做出响应。

投标文件一般包括下列内容：

（一）投标函；

（二）投标报价；

（三）施工组织设计；

（四）商务和技术偏差表。

投标人根据招标文件载明的项目实际情况，拟在中标后将中标项目的部分非主体、非关键性工作进行分包的，应当在投标文件中载明。

第三十七条 招标人可以在招标文件中要求投标人提交投标保证金。投标保证金除现金外，可以是银行出具的银行保函、保兑支票、银行汇票或现金支票。

投标保证金一般不得超过投标总价的百分之二，但最高不得超过八十万元人民币。投标保证金有效期应当超出投标有效期三十天。

投标人应当按照招标文件要求的方式和金额，将投标保证金随投标文件提交给招标人。

投标人不按招标文件要求提交投标保证金的，该投标文件将被拒绝，作废标处理。

第三十八条 投标人应当在招标文件要求提交投标文件的截止时间前，将投标文件密封送达投标地点。招标人收到投标文件后，应当向投标人出具标明签收人和签收时间的凭证，在开标前任何单位和个人不得开启投标文件。

在招标文件要求提交投标文件的截止时间后送达的投标文件，为无效的投标文件，招标人应当拒收。

提交投标文件的投标人少于三个的，招标人应当依法重新招标。重新招标后投标人仍少于三个的，属于必须审批的工程建设项目，报经原审批部门批准后可以不再进行招标；其他工程建设项目，招标人可自行决定不再进行招标。

第三十九条 投标人在招标文件要求提交投标文件的截止时间前，可以补充、修改、替代或者撤回已提交的投标文件，并书面通知招标人。补充、修改的内容为投标文件的组成部分。

第四十条 在提交投标文件截止时间后到招标文件规定的投标有效期终止之前，投标人不得补充、修改、替代或者撤回其投标文件。投标人补充、修改、替代投标文件的，招标人不予接受；投标人撤回投标文件的，其投标保证金将被没收。

第四十一条 在开标前，招标人应妥善保管好已接收的投标文件、修改或撤回通知、备选投标方案等投标资料。

第四十二条　两个以上法人或者其他组织可以组成一个联合体，以一个投标人的身份共同投标。

联合体各方签订共同投标协议后，不得再以自己名义单独投标，也不得组成新的联合体或参加其他联合体在同一项目中投标。

第四十三条　联合体参加资格预审并获通过的，其组成的任何变化都必须在提交投标文件截止之日前征得招标人的同意。如果变化后的联合体削弱了竞争，含有事先未经过资格预审或者资格预审不合格的法人或者其他组织，或者使联合体的资质降到资格预审文件中规定的最低标准以下，招标人有权拒绝。

第四十四条　联合体各方必须指定牵头人，授权其代表所有联合体成员负责投标和合同实施阶段的主办、协调工作，并应当向招标人提交由所有联合体成员法定代表人签署的授权书。

第四十五条　联合体投标的，应当以联合体各方或者联合体中牵头人的名义提交投标保证金。以联合体中牵头人名义提交的投标保证金，对联合体各成员具有约束力。

第四十六条　下列行为均属投标人串通投标报价：

（一）投标人之间相互约定抬高或压低投标报价；

（二）投标人之间相互约定，在招标项目中分别以高、中、低价位报价；

（三）投标人之间先进行内部竞价，内定中标人，然后再参加投标；

（四）投标人之间其他串通投标报价的行为。

第四十七条　下列行为均属招标人与投标人串通投标：

（一）招标人在开标前开启投标文件，并将投标情况告知其他投标人，或者协助投标人撤换投标文件，更改报价；

（二）招标人向投标人泄露标底；

（三）招标人与投标人商定，投标时压低或抬高标价，中标后再给投标人或招标人额外补偿；

（四）招标人预先内定中标人；

（五）其他串通投标行为。

第四十八条　投标人不得以他人名义投标。

前款所称以他人名义投标，指投标人挂靠其他施工单位，或从其他单位通过转让或租借的方式获取资格或资质证书，或者由其他单位及其法定代表人在自己编制的投标文件上加盖印章和签字等行为。

第四章　开标、评标和定标

第四十九条　开标应当在招标文件确定的提交投标文件截止时间的同一时间公开进行；开标地点应当为招标文件中确定的地点。

第五十条　投标文件有下列情形之一的，招标人不予受理：

（一）逾期送达的或者未送达指定地点的；

（二）未按招标文件要求密封的。

投标文件有下列情形之一的，由评标委员会初审后按废标处理：

（一）无单位盖章并无法定代表人或法定代表人授权的代理人签字或盖章的；

（二）未按规定的格式填写，内容不全或关键字迹模糊、无法辨认的；

（三）投标人递交两份或多份内容不同的投标文件，或在一份投标文件中对同一招标项目报有两个或多个报价，且未声明哪一个有效，按招标文件规定提交备选投标方案的除外；

（四）投标人名称或组织结构与资格预审时不一致的；

（五）未按招标文件要求提交投标保证金的；

（六）联合体投标未附联合体各方共同投标协议的。

第五十一条 评标委员会可以书面方式要求投标人对投标文件中含义不明确、对同类问题表述不一致或者有明显文字和计算错误的内容作必要的澄清、说明或补正。评标委员会不得向投标人提出带有暗示性或诱导性的问题，或向其明确投标文件中的遗漏和错误。

第五十二条 投标文件不响应招标文件的实质性要求和条件的，招标人应当拒绝，并不允许投标人通过修正或撤销其不符合要求的差异或保留，使之成为具有响应性的投标。

第五十三条 评标委员会在对实质上响应招标文件要求的投标进行报价评估时，除招标文件另有约定外，应当按下述原则进行修正：

（一）用数字表示的数额与用文字表示的数额不一致时，以文字数额为准；

（二）单价与工程量的乘积与总价之间不一致时，以单价为准。若单价有明显的小数点错位，应以总价为准，并修改单价。

按前款规定调整后的报价经投标人确认后产生约束力。

投标文件中没有列入的价格和优惠条件在评标时不予考虑。

第五十四条 对于投标人提交的优越于招标文件中技术标准的备选投标方案所产生的附加收益，不得考虑进评标价中。符合招标文件的基本技术要求且评标价最低或综合评分最高的投标人，其所提交的备选方案方可予以考虑。

第五十五条 招标人设有标底的，标底在评标中应当作为参考，但不得作为评标的惟一依据。

第五十六条 评标委员会完成评标后，应向招标人提出书面评标报告。评标报告由评标委员会全体成员签字。

评标委员会提出书面评标报告后，招标人一般应当在十五日内确定中标人，但最迟应当在投标有效期结束日三十个工作日前确定。

中标通知书由招标人发出。

第五十七条 评标委员会推荐的中标候选人应当限定在一至三人，并标明排列顺序。招标人应当接受评标委员会推荐的中标候选人，不得在评标委员会推荐的中标候选人之外确定中标人。

第五十八条 依法必须进行招标的项目，招标人应当确定排名第一的中标候选人为中标人。排名第一的中标候选人放弃中标、因不可抗力提出不能履行合同，或者招标文件规定应当提交履约保证金而在规定的期限内未能提交的，招标人可以确定排名第二的中标候选人为中标人。

排名第二的中标候选人因前款规定的同样原因不能签订合同的，招标人可以确定排名第三的中标候选人为中标人。

招标人可以授权评标委员会直接确定中标人。

国务院对中标人的确定另有规定的，从其规定。

第五十九条　招标人不得向中标人提出压低报价、增加工作量、缩短工期或其他违背中标人意愿的要求，以此作为发出中标通知书和签订合同的条件。

第六十条　中标通知书对招标人和中标人具有法律效力。中标通知书发出后，招标人改变中标结果的，或者中标人放弃中标项目的，应当依法承担法律责任。

第六十一条　招标人全部或者部分使用非中标单位投标文件中的技术成果或技术方案时，需征得其书面同意，并给予一定的经济补偿。

第六十二条　招标人和中标人应当自中标通知书发出之日起三十日内，按照招标文件和中标人的投标文件订立书面合同。招标人和中标人不得再行订阅背离合同实质性内容的其他协议。

招标文件要求中标人提交履约保证金或者其他形式履约担保的，中标人应当提交；拒绝提交的，视为放弃中标项目。招标人要求中标人提供履约保证金或其他形式履约担保的，招标人应当同时向中标人提供工程款支付担保。

招标人不得擅自提高履约保证金，不得强制要求中标人垫付中标项目建设资金。

第六十三条　招标人与中标人签订合同后五个工作日内，应当向未中标的投标人退还投标保证金。

第六十四条　合同中确定的建设规模、建设标准、建设内容、合同价格应当控制在批准的初步设计及概算文件范围内；确需超出规定范围的，应当在中标合同签订前，报原项目审批部门审查同意。凡应报经审查而未报的，在初步设计及概算调整时，原项目审批部门一律不予承认。

第六十五条　依法必须进行施工招标的项目，招标人应当自发出中标通知书之日起十五日内，向有关行政监督部门提交招标投标情况的书面报告。

前款所称书面报告至少应包括下列内容：

（一）招标范围；

（二）招标方式和发布招标公告的媒介；

（三）招标文件中投标人须知、技术条款、评标标准和方法、合同主要条款等内容；

（四）评标委员会的组成和评标报告；

（五）中标结果。

第六十六条　招标人不得直接指定分包人。

第六十七条　对于不具备分包条件或者不符合分包规定的，招标人有权在签订合同或者中标人提出分包要求时予以拒绝。发现中标人转包或违法分包时，可要求其改正；拒不改正的，可终止合同，并报请有关行政监督部门查处。

监理人员和有关行政部门发现中标人违反合同约定进行转包或违法分包的，应当要求中标人改正，或者告知招标人要求其改正；对于拒不改正的，应当报请有关行政监督部门查处。

第五章 法律责任

第六十八条 依法必须进行招标的项目而不招标的，将必须进行招标的项目化整为零或者以其他任何方式规避招标的，有关行政监督部门责令限期改正，可以处项目合同金额千分之五以上千分之十以下的罚款；对全部或者部分使用国有资金的项目，项目审批部门可以暂停项目执行或者暂停资金拨付；对单位直接负责的主管人员和其他直接责任人员依法给予处分。

第六十九条 招标代理机构违法泄露应当保密的与招标投标活动有关的情况和资料的，或者与招标人、投标人串通损害国家利益、社会公共利益或者他人合法权益的，由有关行政监督部门处五万元以上二十五万元以下罚款，对单位直接负责的主管人员和其他直接责任人员处单位罚款数额百分之五以上百分之十以下罚款；有违法所得的，并处没收违法所得；情节严重的，有关行政监督部门可停止其一定时期内参与相关领域的招标代理业务，资格认定部门可暂停直至取消招标代理资格；构成犯罪的，由司法部门依法追究刑事责任。给他人造成损失的，依法承担赔偿责任。

前款所列行为影响中标结果，并且中标人为前款所列行为的受益人的，中标无效。

第七十条 招标人以不合理的条件限制或者排斥潜在投标人的，对潜在投标人实行歧视待遇的，强制要求投标人组成联合体共同投标的，或者限制投标人之间竞争的，有关行政监督部门责令改正，可处一万元以上五万元以下罚款。

第七十一条 依法必须进行招标项目的招标人向他人透露已获取招标文件的潜在投标人的名称、数量或者可能影响公平竞争的有关招标投标的其他情况的，或者泄露标底的，有关行政监督部门给予警告，可以并处一万元以上十万元以下的罚款；对单位直接负责的主管人员和其他直接责任人员依法给予处分；构成犯罪的，依法追究刑事责任。

前款所列行为影响中标结果，并且中标人为前款所列行为的受益人的，中标无效。

第七十二条 招标人在发布招标公告、发出投标邀请书或者售出招标文件或资格预审文件后终止招标的，除有正当理由外，有关行政监督部门给予警告，根据情节可处三万元以下的罚款；给潜在投标人或者投标人造成损失的，并应当赔偿损失。

第七十三条 招标人或者招标代理机构有下列情形之一的，有关行政监督部门责令其限期改正，根据情节可处三万元以下的罚款；情节严重的，招标无效：

（一）未在指定的媒介发布招标公告的；

（二）邀请招标不依法发出投标邀请书的；

（三）自招标文件或资格预审文件出售之日起至停止出售之日止，少于五个工作日的；

（四）依法必须招标的项目，自招标文件开始发出之日起至提交投标文件截止之日止，少于二十日的；

（五）应当公开招标而不公开招标的；

（六）不具备招标条件而进行招标的；

（七）应当履行核准手续而未履行的；

（八）不按项目审批部门核准内容进行招标的；

（九）在提交投标文件截止时间后接收投标文件的；

（十）投标人数量不符合法定要求不重新招标的。

被认定为招标无效的，应当重新招标。

第七十四条　投标人相互串通投标或者与招标人串通投标的，投标人以向招标人或者评标委员会成员行贿的手段谋取中标的，中标无效，由有关行政监督部门处中标项目金额千分之五以上千分之十以下的罚款，对单位直接负责的主管人员和其他直接责任人员处单位罚款数额百分之五以上百分之十以下的罚款；有违法所得的，并处没收违法所得；情节严重的，取消其一至二年的投标资格，并予以公告，直至由工商行政管理机关吊销营业执照；构成犯罪的，依法追究刑事责任。给他人造成损失的，依法承担赔偿责任。

第七十五条　投标人以他人名义投标或者以其他方式弄虚作假，骗取中标的，中标无效，给招标人造成损失的，依法承担赔偿责任；构成犯罪的，依法追究刑事责任。

依法必须进行招标项目的投标人有前款所列行为尚未构成犯罪的，有关行政监督部门处中标项目金额千分之五以上千分之十以下的罚款，对单位直接负责的主管人员和其他直接责任人员处单位罚款数额百分之五以上百分之十以下的罚款；有违法所得的，并处没收违法所得；情节严重的，取消其一至三年投标资格，并予以公告，直至由工商行政管理机关吊销营业执照。

第七十六条　依法必须进行招标的项目，招标人违法与投标人就投标价格、投标方案等实质性内容进行谈判的，有关行政监督部门给予警告，对单位直接负责的主管人员和其他直接责任人员依法给予处分。

前款所列行为影响中标结果的，中标无效。

第七十七条　评标委员会成员收受投标人的财物或者其他好处的，评标委员会成员或者参加评标的有关工作人员向他人透露对投标文件的评审和比较、中标候选人的推荐以及与评标有关的其他情况的，有关行政监督部门给予警告，没收收受的财物，可以并处三千元以上五万元以下的罚款，对有所列违法行为的评标委员会成员取消担任评标委员会成员的资格并予以公告，不得再参加任何招标项目的评标；构成犯罪的，依法追究刑事责任。

第七十八条　评标委员会成员在评标过程中擅离职守，影响评标程序正常进行，或者在评标过程中不能客观公正地履行职责的，有关行政监督部门给予警告；情节严重的，取消担任评标委员会成员的资格，不得再参加任何招标项目的评标，并处一万元以下的罚款。

第七十九条　评标过程有下列情况之一的，评标无效，应当依法重新进行评标或者重新进行招标，有关行政监督部门可处三万元以下的罚款：

（一）使用招标文件没有确定的评标标准和方法的；

（二）评标标准和方法含有倾向或者排斥投标人的内容，妨碍或者限制投标人之间竞争，且影响评标结果的；

（三）应当回避担任评标委员会成员的人参与评标的；

（四）评标委员会的组建及人员组成不符合法定要求的；

（五）评标委员会及其成员在评标过程中有违法行为，且影响评标结果的。

第八十条　招标人在评标委员会依法推荐的中标候选人以外确定中标人的，依法必须进行招标的项目在所有投标被评标委员会否决后自行确定中标人的，中标无效。有关行政监督部门责令改正，可以处中标项目金额千分之五以上千分之十以下的罚款；对单位直接负责的主管人员和其他直接责任人员依法给予处分。

第八十一条　招标人不按规定期限确定中标人的，或者中标通知书发出后，改变中标结果的，无正当理由不与中标人签订合同的，或者在签订合同时向中标人提出附加条件或者更改合同实质性内容的，有关行政监督部门给予警告，责令改正，根据情节可处三万元以下的罚款；造成中标人损失的，并应当赔偿损失。

中标通知书发出后，中标人放弃中标项目的，无正当理由不与招标人签订合同的，在签订合同时向招标人提出附加条件或者更改合同实质性内容的，或者拒不提交所要求的履约保证金的，招标人可取消其中标资格，并没收其投标保证金；给招标人的损失超过投标保证金数额的，中标人应当对超过部分予以赔偿；没有提交投标保证金的，应当对招标人的损失承担赔偿责任。

第八十二条　中标人将中标项目转让给他人的，将中标项目肢解后分别转让给他人的，违法将中标项目的部分主体、关键性工作分包给他人的，或者分包人再次分包的，转让、分包无效，有关行政监督部门处转让、分包项目金额千分之五以上千分之十以下的罚款；有违法所得的，并处没收违法所得；可以责令停业整顿；情节严重的，由工商行政管理机关吊销营业执照。

第八十三条　招标人与中标人不按照招标文件和中标人的投标文件订立合同的，招标人、中标人订立背离合同实质性内容的协议的，或者招标人擅自提高履约保证金或强制要求中标人垫付中标项目建设资金的，有关行政监督部门责令改正；可以处中标项目金额千分之五以上千分之十以下的罚款。

第八十四条　中标人不履行与招标人订立的合同的，履约保证金不予退还，给招标人造成的损失超过履约保证金数额的，还应当对超过部分予以赔偿；没有提交履约保证金的，应当对招标人的损失承担赔偿责任。

中标人不按照与招标人订立的合同履行义务，情节严重的，有关行政监督部门取消其二至五年参加招标项目的投标资格并予以公告，直至由工商行政管理机关吊销营业执照。

因不可抗力不能履行合同的，不适用前两款规定。

第八十五条　招标人不履行与中标人订立的合同的，应当双倍返还中标人的履约保证金；给中标人造成的损失超过返还的履约保证金的，还应当对超过部分予以赔偿；没有提交履约保证金的，应当对中标人的损失承担赔偿责任。

因不可抗力不能履行合同的，不适用前款规定。

第八十六条　依法必须进行施工招标的项目违反法律规定，中标无效的，应当依照法律规定的中标条件从其余投标人中重新确定中标人或者依法重新进行招标。

中标无效的，发出的中标通知书和签订的合同自始没有法律约束力，但不影响合同中独立存在的有关解决争议方法的条款的效力。

第八十七条　任何单位违法限制或者排斥本地区、本系统以外的法人或者其他组织参加投标的，为招标人指定招标代理机构的，强制招标人委托招标代理机构办理招标事宜的，或者以其他方式干涉招标投标活动的，有关行政监督部门责令改正；对单位直接负责的主管人员和其他直接责任人员依法给予警告、记过、记大过的处分，情节较重的，依法给予降级、撤职、开除的处分。

个人利用职权进行前款违法行为的，依照前款规定追究责任。

第八十八条　对招标投标活动依法负有行政监督职责的国家机关工作人员徇私舞弊、滥用职权或者玩忽职守，构成犯罪的，依法追究刑事责任；不构成犯罪的，依法给予行政处分。

第八十九条　任何单位和个人对工程建设项目施工招标投标过程中发生的违法行为，有权向项目审批部门或者有关行政监督部门投诉或举报。

第六章　附　　则

第九十条　使用国际组织或者外国政府贷款、援助资金的项目进行招标，贷款方、资金提供方对工程施工招标投标活动的条件和程序有不同规定的，可以适用其规定，但违背中华人民共和国社会公共利益的除外。

第九十一条　本办法由国家发展计划委员会会同有关部门负责解释。

第九十二条　本办法自 2003 年 5 月 1 日起施行。

参考文献

1. 钱昆润等. 简明监理师手册. 北京：中国建筑工业出版社，1997
2. 胡文清主编. 决策支持系统. 辽宁：东北财经大学出版社，1992
3. 周苏，陈敏玲等编著. 软件工程及其应用. 天津：天津科学技术出版社，1992
4. 建设工程监理规范. 北京：中国建筑工业出版社，2001
5. 建筑工程施工质量验收统一标准. 北京：中国建筑工业出版社，2001
6. 投资项目可行性研究指南（试用版）. 北京：中国电力出版社，2002
7. 房屋建筑和市政基础设施工程施工招标文件范本. 北京：中国建筑工业出版社，2002